中国鸟类野外手册

马敬能新编版

—— 上册 ——

Guide to the Birds of China

编著

约翰·马敬能

合作

卢和芬

翻译

李一凡

绘图

卡伦·菲利普斯

杨小农

刘丽华

肖瑶

高栀

高畅

兰建军

安妮·马敬能

商务印书馆
创于1897
The Commercial Press

中国地图

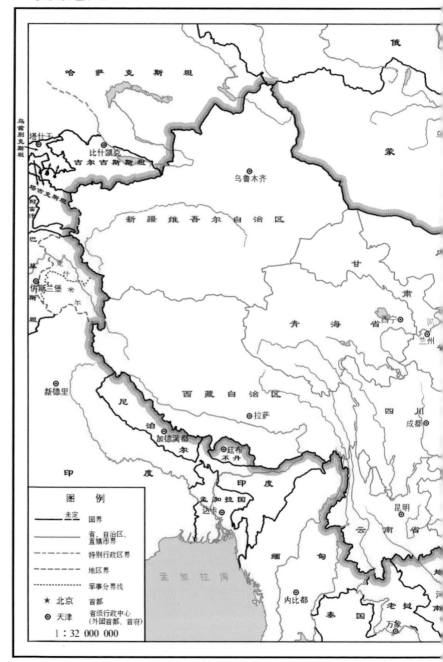

审图号：GS(2016)1578号

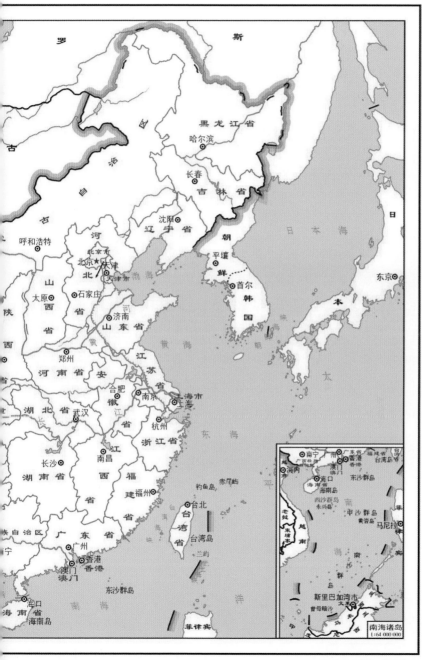

自然资源部 监制

编著者：

约翰•马敬能（John MacKinnon）是英国肯特大学杜勒尔保护与生态研究所（Durrell Institute of Conservation and Ecology）的名誉教授。他曾在中国工作多年，为世界自然基金会（WWF）、世界银行、欧盟和联合国开发计划署（UNDP）开展过多个生物多样性保护项目，撰写了许多与中国生物多样性有关的论文、报告和书籍。此外，马敬能先生还撰写了几本关于亚洲鸟类的书籍，并参与了一些动物题材的纪录片创作。

绘图者：

卡伦•菲利普斯（Karen Phillipps）出生于东南亚，为中国和东南亚地区的鸟类、兽类以及植物方面的书籍绘制了许多精美的插画。她用画笔诠释的野生动植物形象备受读者青睐，并鼓励了许多人积极参与观察和欣赏当地物种。本手册收录了1000多幅卡伦的画作。其他画作则分别出自7位新人画家之手：杨小农绘制了颇为难画的柳莺、鹀类和一些鹟类，刘丽华绘制了一些棘手的鹪鹛和莺类，肖瑶绘制了朱雀和凤鹛的插图，高柜贡献了部分鸦科鸟类、鸠鹃类、凤鹛和噪鹛等鸟类的插图，高畅补充了数个科中的缺失种的插图，兰建军贡献了许多游禽和涉禽的插图，安妮•马敬能更新了一些啄木鸟、鹟类和山雀的插图。

谨以此书献给卡伦·菲利普斯，她于 2020 年 2 月因癌症与世长辞。

跟随观鸟先驱埃德蒙·塞卢斯（Edmund Selous）的足迹。

"让每个拥有眼睛和大脑的人放下猎枪并拿起望远镜吧，如果他足够幸运，他将不再希望变回原来的样子。"

——埃德蒙·塞卢斯，《观鸟》，1901 年

作者引言

牛津大学出版社出版的《中国鸟类野外手册》(*A Field Guide to the Birds of China*)距今已有 20 多年了。该书在中国很受欢迎,是观鸟爱好者、科研人员、摄影爱好者等经常使用的鸟类识别参考工具书之一。有人认为,这本书对中国观鸟活动的发展以及观鸟人群的增加起到了重要推动作用。尽管已出版 20 多年,《中国鸟类野外手册》依然很受读者欢迎。

然而,20 多年前的那一版本已经过时。在那一版中,我描述了 1329 种鸟类,但在最新的这一版中,我收录了 1484 种鸟类,另外还有一些补充鸟种。在过去 20 多年间,鸟类分类学有了比较大的变化,一些亚种被提升为种,一些种类的种名、属名甚至所属的科和目都发生了变化,比如鹰形目早已变为鹰形目和隼形目,曾经的大科,诸如曾包含了各种鹛类和莺类的莺科,如今已枝分叶散。此外,在过去 20 年间,一些新种和已知种类在中国有了新发现,比如四川短翅莺、褐头朱雀以及一些其他的中国鸟类新记录。随着科研工作的深入以及观鸟活动的普及,我们对中国鸟类的分布也有了更深入的了解,一些鸟类的分布区较过去有了重大变化。上述这些变化,在新版《中国鸟类野外手册》中都有体现。

本书旨在满足中国观鸟人群的需求,我们所面临的一个巨大挑战是:中国的鸟类种类非常多,以至于在提供所有必要信息的同时,很难保持其便携性。近年来,中国本土的作者也出版了数本观鸟图鉴,各有特色,但大多不够便携。经过数次探讨,我和出版社决定将此书拆分为上下两册,上册为图版,下册为文字描述。经拆分后的上册非常便携,为了方便辨识,我在绝大多数鸟种上都添加了识别要点,并添加了鸣声二维码以及相关的体长数据,这些细节能够让读者在户外观鸟时实现对大多数鸟类的辨识。而下册则尽可能地保留了比较详细的文字描述，读者能够更方便地通过对比图文信息来识别鸟类。

中国是世界上面积第三大的国家，国土面积约 960 万平方公里，占地球陆地总面积的近 6.5%。这里有着非常多样的生境，从海拔 8848 米的世界最高峰珠穆朗玛峰到海拔 –155 米的吐鲁番盆地，从最北端的永久冻土带到最南端的热带海洋，包括了山脉、森林、草原、荒漠、湿地和海洋等多种生境。

生境的高度多样性和国土面积之巨，为中国带来了极其丰富的生物多样性。就物种丰富程度而言，中国排名世界第三——这对于一片大部分位于温带的土地而言，是非同寻常的。而就鸟类而言，这种丰富性则表现在中国已有记录或预计有分布的超过 1484 个鸟种（考虑到分类系统的不同，这一数字还要更大），其中不乏相当一批地球上最为华丽且迷人的鸟类。

大部分的科下都有着一长串的鸟种名单，其中一些科和类群则是中国特有的。中国是世界雉类的分布中心，拥有全球约 200 种中的 64 种。中国还拥有种类繁多的鸦雀、柳莺、鸦类和朱雀，以及约占全球总种数四分之一的 50 多种雁鸭类。此外，全球 15 种鹤中有 9 种见于中国，它们多数于北方繁殖，并迁至南方湿地越冬。超过 100 种鸟类是中国的特有种，或者仅在中国以外呈边缘性分布。而对于中国部分地区的鸟类区系我们还是知之甚少，每年都有新的发现。

本书对 1484 种鸟类进行了描述并配图，并描述了数百个亚种。所附的分布图则显示了每个鸟种在中国及周边邻国的分布和居留状况。此外，本书还补充了 21 种最新的中国鸟类新记录以及可能有分布的鸟类，并为它们添加了绘图。因此，本书实际绘制的鸟种多达 1505 种。

最后，希望这版最新的手册能够为中国读者所喜欢，并为中国观鸟活动的发展继续做出贡献。

约翰·马敬能

2020 年 6 月于英国

致谢

编写这本新的《中国鸟类野外手册》绝对是一项艰巨的任务，相比旧版，内容增加了很多，所涉及的工作也要复杂许多。能最终顺利成稿并出版，得益于在此过程中，我获得的多方的热情和无私协助。

我首先要感谢卡伦·菲利普斯女士的慷慨授权，让我在本书中能再次使用所有她在旧版手册和其他书籍中绘制的相关作品。令人痛惜的是，卡伦于 2020 年 2 月因癌症与世长辞，没能看到本书最终问世，但我相信本书的出版是对她最好的纪念。我还要感谢卡伦的弟弟昆汀·菲利普斯（Quentin Phillipps），帮助我取得这些绘画作品。

此外，我还要感谢另外 7 名画家，他们是杨小农、刘丽华、肖瑶、高栀、高畅、兰建军以及我的女儿安妮，他们共同完成了约 500 个物种的插图。

张琼悦女士协助制作了新版手册中的物种分布图，这项工作也非常艰巨，需要在旧版手册的分布图基础上，根据近年来的各种新记录，修改和编辑相关物种的分布范围，并为所有新种和新划分的种绘制新的分布图。张子婕女士协助制作了本书中的鸟类鸣声二维码，以方便读者访问 xeno-canto 网站（www.xeno-canto.org）获取各种鸟鸣的音频文件。

我的妻子卢和芬女士是旧版手册的翻译。在编写新版手册的过程中，她帮助我翻译了相关的中文参考资料，协调组织插画绘制，并负责与出版社的沟通等工作。此外，她还协助寻找合适的鸟鸣录音，并为图片文件添加相关注释和标记。在这里，我要衷心感谢她为本书所做的贡献。

李一凡是本书的中文翻译，作为一位资深的观鸟者以及观鸟组织的运营者，他在本书的翻译过程中审阅和修订了许多内容，并在帮助我解决本书所采用的分类学标准上起到了重要作用。本书的责任编辑胡运彪先生曾是一位专业的鸟类研究人员，他在编辑过程中对本书的很多内容提供了宝贵的修改意见。在这里对他们两人为本书所做的贡献一并表示感谢。

感谢唐瑞（Terry Townshend）承担本书英文原稿的整体校对工作，在本书的编写过程中，他提供了许多非常有用的新信息，并且一直鼓励和支持我的工作。

我要感谢以下机构：世界自然基金会（WWF）、世界银行、世界自然保护联盟（IUCN）、联合国开发计划署（UNDP）、欧盟以及中国风景名胜区协会（CNPA）等，是他们让我在过去30多年里能参与中国的自然保护工作。感谢包括山水自然保护中心在内的数十家中国本土机构以及保护区，是他们向我介绍了其所在的地区和当地的野生动植物。在过去的几十年里，有成百上千的人为我提供了各种帮助，在此，我要特别感谢曾与我分享其专业知识和独到见解的以下诸位：汪松、解焱、梅伟义（David Melville）、李理、雍怡、陈承彦（Simba Chan）、石瑞德、何芬奇、周志勤、韦铭、冷斐、阎璐、申晓莉、唐素君、卢刚、陈辈乐（Bosco Chan）、克雷格·贝雷斯福德（Craig Beresford）、李晔、顾长明、李明璞、沈尤、林剑声、斯派克·米林顿（Spike Millington）、佩尔·阿尔斯特伦（Per Alström）、保罗·贝茨（Paul Bates）、王海滨等。

得益于网络科技的发展我才能获得最新的资讯信息，如影像、地图、录音、eBird 记录、世界鸟类手册（已整合至"世界鸟类"网站 https://birdsoftheworld.org/）和已发表的文章等，这些都帮助我及时更新本书中的内容。此外，通过访问一些中国本土的网络和文献资源，如鸟网等平台的精彩照片、《中国观鸟年报》的中国鸟类名录更新信息，以及最新物种分布记录等，均让我受益匪浅。在这里，对这些网络平台以及相关资源的作者一并表示感谢。

最后，我要特别感谢世界自然基金会（WWF），不仅为我在中国的科考工作和生活提供了很多便利，还对本书的翻译和插画绘制工作给予了慷慨的支持，让本书得以顺利出版。

使用说明

地理学界限和分类学依据

这本新版手册所涵盖的区域范围为中国政府官方地图上声明为中国领土的所有陆地和海域，包括香港、澳门特别行政区和台湾。

本手册所采用的分类学依据主要参考了中国观鸟年报《中国鸟类名录 8.0》（2020年），包括中文正名、英文正名和学名。该名录本身则遵循最新的《国际鸟类学委员会世界鸟类名录》（*IOC World Bird List*）以及其他国际通用的鸟类名录，如《克莱门兹世界鸟类名录》（*Clements Checklist of the Birds of the World*）、《霍华德－摩尔世界鸟类完全名录》（*Howard & Moore Complete Checklist of the Birds of the World*）以及《世界鸟类手册和国际鸟盟世界鸟类电子名录》（*HBW and BirdLife International Digital Checklist of the Birds of the World*）。我们仅在数笔新记录和少许内容修正上与中国观鸟年报《中国鸟类名录 8.0》存在出入。对于一些分类有变化或在不同分类系统中有差异的鸟种，我们在本书文字部分加入了"分类学订正"加以说明。

保护级别

每个物种都给出了其在 IUCN 物种红色名录中的受胁等级，如 CR（极危）、EN（濒危）、VU（易危）、NT（近危）、LC（低度关注）和 DD（数据缺乏）等，标注为 NR 者代表该物种尚未被 IUCN 承认。本书中所列出的等级参考的为截至 2021 年的信息，各位读者在参考时还需自行查阅最新信息。国家重点保护等级参考的是 2021 年 2 月 5 日公布的《国家重点保护野生动物名录》。

分布图

所有的鸟种均附上了分布图。不同的颜色代表着不同的居留型。

绿色 – 留鸟

橙色 – 夏候鸟

紫色 – 冬候鸟

黄色 – 旅鸟

● 红色点 – 迷鸟

↙ 红色箭头 – 偶见过境鸟

分布图有助于指示某个特定物种在某个位置是否有可能被发现，通常可以解决分布区不重叠的相似种的辨识问题。此外，也有助于提醒观察者留意某个特定物种在其传统分布区以外的记录，这样的记录往往意义非凡，值得上报。

分布区域是基于对博物馆标本、论文、照片以及中国观鸟记录中心网站、eBird网站和其他报告中的成千上万份记录进行研究而得出的。由于采用了历史记录，某些物种可能已不再占据其分布区的全域。此外，即便在分布范围内，鸟类也只会利用其适合的生境。

鸣声

鸣声对于鸟类识别至关重要。鸣声也是大部分物种进行自我识别的方式。学习不同的鸣声需要时间和经验，但是对于发现和识别野生鸟类有着莫大的帮助。

众所周知，用人类语言来描述鸟类鸣声非常困难，同样的一个声音由两个人来描述可能完全不同。此外，大部分物种都有着多种不同的鸣叫（call）——召唤声、告警声、乞食声等，而对于鸟类识别而言，最重要的声音则是其在占域和求偶时所使用的鸣唱（song）。

我们对大部分的鸣声进行了文字描述，并通过二维码提供了国际鸟鸣声音网站 xeno-canto 上公众可访问的一些标志性鸣声以供参考。由于篇幅限制，每个物种仅附上了一个二维码，但读者可以访问 xeno-canto 网站（www.xeno-canto.org）获取每个物种更多的鸣声录音。当然，由于每个物种往往有着多条鸣声录音，这导致了一定程度的困惑，并可能包含一些错误识别的记录。另外，出于保护原因，部分鸟种的鸣声无法正常访问，还望各位读者知悉。

　　文本中包含的二维码仅是对公共平台上录音记录的电子化引用。每条录音的记录者保有该记录的全部版权，复制或使用这些录音均受到相应版权条件的约束。

鸟类身体各部位及羽毛名称

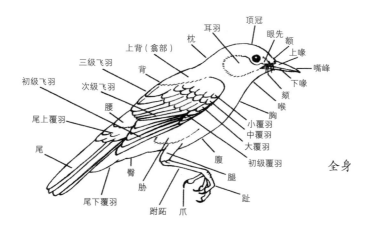

全身

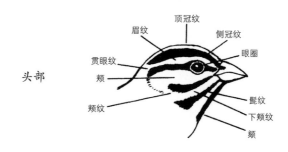

头部

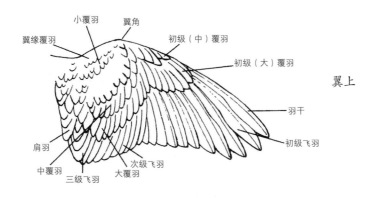

翼上

小覆羽　翼角
翼缘覆羽　　　　　初级（中）覆羽
　　　　　　　　　　初级（大）覆羽
　　　　　　　　　　　羽干
肩羽　　　　　　　　　初级飞羽
中覆羽　　　次级飞羽
三级飞羽　大覆羽

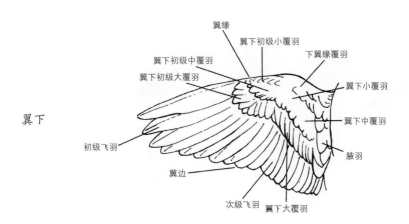

翼下

翼缘
　　　翼下初级小覆羽
翼下初级中覆羽　　　下翼缘覆羽
翼下初级大覆羽　　　　翼下小覆羽
　　　　　　　　　　　翼下中覆羽
初级飞羽　　　　　　　腋羽
翼边
次级飞羽　翼下大覆羽

文本和图片中使用的缩写（可能组合出现）：

ad.	成鸟
imm.	未成年鸟
juv.	幼鸟
br.	繁殖羽
non-br.	非繁殖羽
worn	旧羽
♂	雄鸟
♀	雌鸟

图版 11　　　　　　　　　　鸡形目　雉科

棕尾虹雉　白尾梢虹雉

绿尾虹雉　黑鹇　白鹇　蓝腹鹇

白马鸡　藏马鸡　褐马鸡　蓝马鸡

图版 12　　　　　　　　　　鸡形目　雉科

红原鸡　白颈长尾雉　黑颈长尾雉

黑长尾雉　白冠长尾雉　雉鸡

红腹锦鸡　白腹锦鸡　灰孔雀雉

海南孔雀雉　绿孔雀

图版 13　　　　鹱形目　信天翁科　鹱科

黑背信天翁　黑脚信天翁

短尾信天翁　白额鹱　楔尾鹱

灰鹱　短尾鹱　淡足鹱

图版 14　　鹱形目　洋海燕科　鹱科　海燕科

黄蹼洋海燕　黑叉尾海燕

白腰叉尾海燕　褐翅叉尾海燕

日本叉尾海燕　暴雪鹱

白额圆尾鹱　钩嘴圆尾鹱　褐燕鹱

图版 15　　潜鸟目　潜鸟科　䴙䴘目　䴙䴘科

红喉潜鸟　黑喉潜鸟　太平洋潜鸟

黄嘴潜鸟　小䴙䴘　赤颈䴙䴘

凤头䴙䴘　角䴙䴘　黑颈䴙䴘

图版 16　　红鹳目　红鹳科　鹳形目　鹳科

大红鹳　彩鹳　钳嘴鹳　黑鹳

白颈鹳　白鹳　东方白鹳　秃鹳

图版 17　　鹮形目　鹮科　鹈形目　鹮科

红嘴鹲　红尾鹲　白尾鹲

黑头白鹮　白肩黑鹮　朱鹮

彩鹮　白琵鹭　黑脸琵鹭

埃及圣鹮

图版 18　　　　　　　　　　鹈形目　鹭科

大麻鳽　小苇鳽　黄苇鳽

紫背苇鳽　栗苇鳽　黑鳽

海南鳽　栗鳽　黑冠鳽　棕夜鹭

图版 19　　　　　　　　　　鹈形目　鹭科

夜鹭　绿鹭　印度池鹭　池鹭

爪哇池鹭　苍鹭　草鹭　白脸鹭

图版 20　　　　　　　　　　鹈形目　鹭科

牛背鹭　白腹鹭　大白鹭

中白鹭　斑鹭　白鹭　岩鹭

黄嘴白鹭

图版 21　　鹈形目　鹈鹕科　鲣鸟目　鸬鹚科

白鹈鹕　斑嘴鹈鹕　卷羽鹈鹕

黑颈鸬鹚　侏鸬鹚　海鸬鹚

红脸鸬鹚　普通鸬鹚　暗绿背鸬鹚

黑腹蛇鹈

图版 22　　　　鲣鸟目　军舰鸟科　鲣鸟科

白腹军舰鸟　大军舰鸟

白斑军舰鸟　蓝脸鲣鸟

红脚鲣鸟　褐鲣鸟

图版 23　　　**鹰形目**　鹗科　鹰科

鹗　黑翅鸢　褐冠鹃隼
黑冠鹃隼　蛇雕　短趾雕
凤头鹰雕　鹰雕

图版 24　　　**鹰形目**　鹰科

胡兀鹫　白兀鹫　鹃头蜂鹰
凤头蜂鹰　白背兀鹫　高山兀鹫
兀鹫　黑兀鹫　秃鹫

图版 25　　　**鹰形目**　鹰科

棕腹隼雕　林雕　乌雕　靴隼雕
草原雕　白肩雕　金雕　白腹隼雕

图版 26　　　**鹰形目**　鹰科

凤头鹰　褐耳鹰　赤腹鹰
日本松雀鹰　松雀鹰　雀鹰
苍鹰

图版 27　　　**鹰形目**　鹰科

白头鹞　白腹鹞　白尾鹞

图版 28　　　**鹰形目**　鹰科

草原鹞　鹊鹞　乌灰鹞

图版 29　　　**鹰形目**　鹰科

黑鸢　栗鸢　白腹海雕　玉带海雕
白尾海雕　虎头海雕　渔雕

图版 30，31　　　**鹰形目**　鹰科

白眼鵟鹰　棕翅鵟鹰　灰脸鵟鹰
毛脚鵟　大鵟　普通鵟　喜山鵟
棕尾鵟　欧亚鵟

图版 32　**鸨形目**　鸨科　**鹤形目**　秧鸡科

大鸨　波斑鸨　小鸨　花田鸡
红腿斑秧鸡　白喉斑秧鸡
蓝胸秧鸡　西方秧鸡　普通秧鸡

图版 33　　　**鹤形目**　秧鸡科

长脚秧鸡　红脚苦恶鸟　棕背田鸡
姬田鸡　小田鸡　斑胸田鸡
红胸田鸡　斑胁田鸡　白胸苦恶鸟
白眉田鸡

图版 34　**鸡形目**　雉科　**鹤形目**　秧鸡科

鸻形目　三趾鹑科

西鹌鹑　鹌鹑　蓝胸鹑　董鸡
紫水鸡　黑背紫水鸡　黑水鸡
骨顶鸡　林三趾鹑　黄脚三趾鹑
棕三趾鹑

图版 35　　　**鹤形目**　鹤科

白鹤　沙丘鹤　白枕鹤　赤颈鹤
蓑羽鹤　丹顶鹤　灰鹤　白头鹤
黑颈鹤

图版 36　　　　　**鸻形目**　石鸻科　蛎鹬科

　　　　　　　鹮嘴鹬科　反嘴鹬科

欧石鸻　大石鸻　蛎鹬　鹮嘴鹬
黑翅长脚鹬　反嘴鹬　凤头麦鸡
灰头麦鸡

图版 37　　　　　　　**鸻形目**　鸻科

距翅麦鸡　肉垂麦鸡　黄颊麦鸡
白尾麦鸡　欧金鸻　金斑鸻
美洲金鸻　灰斑鸻

图版 38　　　　　　　**鸻形目**　鸻科

剑鸻　长嘴剑鸻　金眶鸻
环颈鸻　白脸鸻　蒙古沙鸻
铁嘴沙鸻　红胸鸻　东方鸻
小嘴鸻

图版 39　　　　　**鸻形目**　水雉科　鹬科

水雉　铜翅水雉　中杓鹬　小杓鹬
大杓鹬　白腰杓鹬　斑尾塍鹬
黑尾塍鹬　流苏鹬

图版 40　　　　　　　**鸻形目**　鹬科

翻石鹬　大滨鹬　红腹滨鹬
阔嘴鹬　尖尾滨鹬　高跷鹬
岩滨鹬

图版 41　　　　　　　**鸻形目**　鹬科

青脚滨鹬　长趾滨鹬　勺嘴鹬
红颈滨鹬　黑腰滨鹬　小滨鹬
姬滨鹬　西方滨鹬

图版 42　　　　　　　**鸻形目**　鹬科

弯嘴滨鹬　三趾滨鹬　黑腹滨鹬
白腰滨鹬　饰胸鹬　斑胸滨鹬
半蹼鹬　长嘴鹬　短嘴半蹼鹬

图版 43　　　　　**鸻形目**　彩鹬科　鹬科

彩鹬　丘鹬　姬鹬　孤沙锥
澳南沙锥　林沙锥　针尾沙锥
大沙锥　扇尾沙锥

图版 44　　　　　　　**鸻形目**　鹬科

翘嘴鹬　红颈瓣蹼鹬　灰瓣蹼鹬
矶鹬　白腰草鹬　小黄脚鹬
泽鹬　林鹬　大黄脚鹬

图版 45　　　**鸻形目**　鹬科　燕鸻科　鸥科

漂鹬　灰尾漂鹬　红脚鹬　鹤鹬
青脚鹬　小青脚鹬　领燕鸻
普通燕鸻　黑翅燕鸻　灰燕鸻
白顶玄鸥　玄燕鸥

图版 46　　　　　　　**鸻形目**　鸥科

三趾鸥　棕头鸥　红嘴鸥
黑嘴鸥　遗鸥　渔鸥

图版 47　　　　　　　**鸻形目**　鸥科

叉尾鸥　细嘴鸥　澳洲红嘴鸥
小鸥　楔尾鸥　笑鸥　弗氏鸥

图版 48　　　　　　　　**鸻形目**　鸥科

黑尾鸥　海鸥　灰翅鸥　北极鸥
西伯利亚银鸥　蒙古银鸥
黄脚银鸥　灰背鸥　乌灰银鸥

图版 49　　　　　　　　**鸻形目**　鸥科

大凤头燕鸥　小凤头燕鸥
中华凤头燕鸥　白嘴端凤头燕鸥
白腰燕鸥　黄嘴河燕鸥
黑腹燕鸥　黑浮鸥

图版 50　　　　　　　　**鸻形目**　鸥科

白额燕鸥　褐翅燕鸥　乌燕鸥
粉红燕鸥　黑枕燕鸥　普通燕鸥

图版 51　　　　　　　　**鸻形目**　鸥科

白玄鸥　鸥嘴噪鸥　红嘴巨鸥
须浮鸥　白翅浮鸥

图版 52　　　　　　**鸻形目**　贼鸥科　海雀科

麦氏贼鸥　中贼鸥　短尾贼鸥
长尾贼鸥　崖海鸦　斑海雀
扁嘴海雀　冠海雀　角嘴海雀

图版 53　**沙鸡目**　沙鸡科　**鸽形目**　鸠鸽科

西藏毛腿沙鸡　毛腿沙鸡
黑腹沙鸡　原鸽　岩鸽
雪鸽　欧鸽　中亚鸽　斑尾林鸽

图版 54　　　　　　　　**鸽形目**　鸠鸽科

点斑林鸽　灰林鸽　紫林鸽
黑林鸽　绿翅金鸠　绿皇鸠
山皇鸠

图版 55　　　　　　　　**鸽形目**　鸠鸽科

欧斑鸠　山斑鸠　灰斑鸠
火斑鸠　珠颈斑鸠　棕斑鸠
斑尾鹃鸠　菲律宾鹃鸠　小鹃鸠
斑姬地鸠

图版 56　　　　　　　　**鸽形目**　鸠鸽科

橙胸绿鸠　灰头绿鸠　厚嘴绿鸠
黄脚绿鸠　针尾绿鸠　楔尾绿鸠
红翅绿鸠　红顶绿鸠　琉球绿鸠
黑颏果鸠　白腹针尾绿鸠

图版 57　　　　　　　　**鹃形目**　杜鹃科

褐翅鸦鹃　小鸦鹃　绿嘴地鹃
红翅凤头鹃　斑翅凤头鹃　噪鹃
狭嘴金鹃　翠金鹃　紫金鹃
栗斑杜鹃　八声杜鹃

图版 58　　　　　　　　**鹃形目**　杜鹃科

乌鹃　鹰鹃　普通鹰鹃　北鹰鹃
霍氏鹰鹃　马来鹰鹃　小杜鹃
四声杜鹃　中杜鹃　北方中杜鹃
大杜鹃

图版 59　　　　　　　　**鸮形目**　草鸮科　鸱鸮科

仓鸮　草鸮　栗鸮　黄嘴角鸮
领角鸮　日本角鸮　纵纹角鸮
西红角鸮　红角鸮　琉球角鸮

图版 60   **鸮形目**   **鸱鸮科**

雪鸮　雕鸮　林雕鸮　乌雕鸮
毛腿渔鸮　褐渔鸮　黄腿渔鸮

图版 61   **鸮形目**   **鸱鸮科**

褐林鸮　灰林鸮　长尾林鸮
四川林鸮　乌林鸮　长耳鸮
短耳鸮

图版 62   **鸮形目**   **鸱鸮科**

猛鸮　花头鸺鹠　领鸺鹠
斑头鸺鹠　纵纹腹小鸮
横斑腹小鸮　鬼鸮　鹰鸮　北鹰鸮

图版 63   **夜鹰目**   **蟆口鸱科**   **夜鹰科**

黑顶蟆口鸱　毛腿耳夜鹰
普通夜鹰　欧夜鹰　埃及夜鹰
中亚夜鹰　长尾夜鹰　林夜鹰

图版 64   **雨燕目**   **树燕科**   **雨燕科**

凤头树燕　短嘴金丝燕
戈氏金丝燕　白喉针尾雨燕
灰喉针尾雨燕　褐背针尾雨燕
紫针尾雨燕

图版 65   **雨燕目**   **雨燕科**

棕雨燕　高山雨燕　普通楼燕
白腰雨燕　青藏白腰雨燕
印支白腰雨燕　暗背雨燕
小白腰雨燕

图版 66   **咬鹃目**   **咬鹃科**   **佛法僧目**

佛法僧科   **犀鸟目**   **戴胜科**

橙胸咬鹃　红头咬鹃　红腹咬鹃
棕胸佛法僧　蓝胸佛法僧
三宝鸟　戴胜

图版 67   **佛法僧目**   **翠鸟科**

鹳嘴翡翠　赤翡翠　白胸翡翠
蓝翡翠　白领翡翠　蓝耳翠鸟
普通翠鸟　斑头大翠鸟
三趾翠鸟　冠鱼狗　斑鱼狗

图版 68   **佛法僧目**   **蜂虎科**

蓝须夜蜂虎　绿喉蜂虎　蓝颊蜂虎
栗喉蜂虎　彩虹蜂虎　蓝喉蜂虎
栗头蜂虎　黄喉蜂虎

图版 69   **犀鸟目**   **犀鸟科**

双角犀鸟　冠斑犀鸟　白喉犀鸟
棕颈犀鸟　花冠皱盔犀鸟

图版 70   **䴕形目**   **拟啄木鸟科**   **响蜜䴕科**

大拟啄木鸟　斑头绿拟啄木鸟
黄纹拟啄木鸟　金喉拟啄木鸟
黑眉拟啄木鸟　台湾拟啄木鸟
蓝喉拟啄木鸟　蓝耳拟啄木鸟
赤胸拟啄木鸟　黄腰响蜜䴕

图版 71　　　　　　　　**䴕形目**　啄木鸟科

蚁䴕　斑姬啄木鸟　白眉棕啄木鸟
星头啄木鸟　小星头啄木鸟
三趾啄木鸟　暗腹三趾啄木鸟
褐额啄木鸟　赤胸啄木鸟
小斑啄木鸟　棕腹啄木鸟

图版 72　　　　　　　　**䴕形目**　啄木鸟科

茶胸斑啄木鸟　纹胸啄木鸟
黄颈啄木鸟　白翅啄木鸟
大斑啄木鸟　白背啄木鸟
白腹黑啄木鸟　黑啄木鸟
黄嘴栗啄木鸟　栗啄木鸟
大灰啄木鸟

图版 73　　　　　　　　**䴕形目**　啄木鸟科

大黄冠啄木鸟　黄冠啄木鸟
花腹绿啄木鸟　鳞喉绿啄木鸟
鳞腹绿啄木鸟　红颈绿啄木鸟
灰头绿啄木鸟　黑枕啄木鸟
金背三趾啄木鸟　大金背啄木鸟
竹啄木鸟

图版 74　　　　　　　　**隼形目**　隼科

红腿小隼　白腿小隼　黄爪隼
红隼　西红脚隼　红脚隼
灰背隼　燕隼　猛隼

图版 75　　　　　　　　**隼形目**　隼科

猎隼　矛隼　游隼

图版 76　　　　　　　　**鹦形目**　鹦鹉科

蓝腰短尾鹦鹉　灰头鹦鹉　青头鹦鹉
花头鹦鹉　绯胸鹦鹉　大紫胸鹦鹉
亚历山大鹦鹉　红领绿鹦鹉
短尾鹦鹉　小葵花凤头鹦鹉

图版 77　　　　　**雀形目**　阔嘴鸟科　八色鸫科

长尾阔嘴鸟　银胸丝冠鸟
双辫八色鸫　蓝枕八色鸫
蓝背八色鸫　栗头八色鸫
蓝八色鸫　绿胸八色鸫　仙八色鸫
蓝翅八色鸫

图版 78　　　　　**雀形目**　钩嘴䴗科　燕䴗科

　　　　　　　　　　雀鹎科　莺雀科

褐背鹟䴗　钩嘴林䴗　灰燕䴗
黑翅雀鹎　大绿雀鹎　大鹃䴗
白腹凤鹛

图版 79　　　　　　　　**雀形目**　鹃䴗科

灰喉山椒鸟　短嘴山椒鸟
长尾山椒鸟　赤红山椒鸟
灰山椒鸟　琉球山椒鸟
小灰山椒鸟　粉红山椒鸟
黑鸣鹃䴗　暗灰鹃䴗

图版 80　　　　　　　　**雀形目**　伯劳科

虎纹伯劳　牛头伯劳　红尾伯劳
红背伯劳　荒漠伯劳　棕尾伯劳
栗背伯劳　褐背伯劳　棕背伯劳
灰背伯劳　黑额伯劳

图版 81　　　　　**雀形目**　伯劳科　莺雀科

灰伯劳　西方灰伯劳　楔尾伯劳
棕腹鸡鹛　红翅鸡鹛　淡绿鸡鹛
栗喉鸡鹛　栗额鸡鹛

图版 82 　　　　　　**雀形目** 黄鹂科

金黄鹂　印度金黄鹂　细嘴黄鹂
黑枕黄鹂　黑头黄鹂　朱鹂
鹊色鹂　和平鸟

图版 83 　　　　　　**雀形目** 卷尾科

黑卷尾　灰卷尾　鸦嘴卷尾
古铜色卷尾　小盘尾　发冠卷尾
大盘尾

图版 84 　　**雀形目** 扇尾鹟科　王鹟科

白喉扇尾鹟　白眉扇尾鹟
黑枕王鹟　印缅寿带　中南寿带
寿带　紫寿带

图版 85 　　　　　　**雀形目** 鸦科

北噪鸦　黑头噪鸦　松鸦
灰喜鹊　台湾蓝鹊　黄嘴蓝鹊
红嘴蓝鹊　白翅蓝鹊　蓝绿鹊
印支绿鹊

图版 86 　　　　　　**雀形目** 鸦科

棕腹树鹊　灰树鹊　黑额树鹊
塔尾树鹊　欧亚喜鹊　青藏喜鹊
喜鹊　黑尾地鸦　白尾地鸦
星鸦

图版 87 　　　　　　**雀形目** 鸦科

寒鸦　达乌里寒鸦　家鸦
小嘴乌鸦　白颈鸦　大嘴乌鸦
丛林鸦　渡鸦

图版 88 　**雀形目** 鸦科　太平鸟科　仙莺科

红嘴山鸦　黄嘴山鸦　秃鼻乌鸦
冠小嘴乌鸦　太平鸟　小太平鸟
黄腹扇尾鹟　方尾鹟

图版 89 　　　　　　**雀形目** 山雀科

棕枕山雀　黑冠山雀　杂色山雀
台湾杂色山雀　白眉山雀
红腹山雀　沼泽山雀　黑喉山雀
褐头山雀　川褐头山雀

图版 90 　　　　　　**雀形目** 山雀科

煤山雀　黄腹山雀　大山雀
远东山雀　苍背山雀　绿背山雀
眼纹黄山雀　黄颊山雀

图版 91 　　　**雀形目** 山雀科　攀雀科

火冠雀　黄眉林雀　冕雀
褐冠山雀　灰蓝山雀　地山雀
台湾黄山雀　白冠攀雀　中华攀雀

图版 92 　　　　　　**雀形目** 百灵科

白翅百灵　小云雀　云雀
日本云雀　大短趾百灵　二斑百灵
蒙古百灵　亚洲短趾百灵

图版 93 　　　**雀形目** 百灵科　鹡科

歌百灵　凤头百灵　角百灵
细嘴短趾百灵　蒙古短趾百灵
草原百灵　黑百灵　长嘴百灵
凤头雀嘴鹎　领雀嘴鹎

图版 94   **雀形目** 鹎科

纵纹绿鹎　黑头鹎　黑冠黄鹎
红耳鹎　黄臀鹎　白头鹎
台湾鹎　白颊鹎　黑喉红臀鹎
白眉黄臀鹎　灰眼短脚鹎

图版 95   **雀形目** 鹎科

白喉红臀鹎　纹喉鹎　黄绿鹎
黄臀冠鹎　白喉冠鹎　绿翅短脚鹎
灰短脚鹎　栗背短脚鹎
黑短脚鹎　栗耳短脚鹎

图版 96   **雀形目** 燕科

褐喉沙燕　崖沙燕　淡色沙燕
家燕　洋斑燕　线尾燕　岩燕
纯色岩燕　金腰燕　斑腰燕
黄额燕

图版 97   **雀形目** 燕科　鳞胸鹪鹛科

白腹毛脚燕　烟腹毛脚燕
黑喉毛脚燕　鳞胸鹪鹛　中华鹪鹛
台湾鹪鹛　尼泊尔鹪鹛
小鳞胸鹪鹛

图版 98   **雀形目** 树莺科

黄腹鹟莺　棕脸鹟莺　黑脸鹟莺
宽尾树莺　大树莺　棕顶树莺
栗头地莺　鳞头树莺　淡脚树莺

图版 99   **雀形目** 树莺科

金头缝叶莺　宽嘴鹟莺　日本树莺
远东树莺　强脚树莺　休氏树莺
黄腹树莺　异色树莺　灰腹地莺
金冠地莺

图版 100 **雀形目** 文须雀科　长尾山雀科

文须雀　北长尾山雀　银喉长尾山雀
红头长尾山雀　棕额长尾山雀
黑眉长尾山雀　银脸长尾山雀
花彩雀莺　凤头雀莺

图版 101   **雀形目** 柳莺科

林柳莺　橙斑翅柳莺　灰喉柳莺
淡眉柳莺　黄眉柳莺　云南柳莺
淡黄腰柳莺　四川柳莺
甘肃柳莺　黄腰柳莺

图版 102   **雀形目** 柳莺科

棕眉柳莺　巨嘴柳莺　灰柳莺
黄腹柳莺　华西柳莺　烟柳莺
褐柳莺　棕腹柳莺　欧柳莺
东方叽喳柳莺　叽喳柳莺

图版 103   **雀形目** 柳莺科

冕柳莺　饭岛柳莺　白眶鹟莺
灰脸鹟莺　金眶鹟莺　灰冠鹟莺
韦氏鹟莺　比氏鹟莺　淡尾鹟莺
峨眉鹟莺

图版 104   **雀形目** 柳莺科

双斑绿柳莺　暗绿柳莺　峨眉柳莺
乌嘴柳莺　库页岛柳莺　淡脚柳莺
日本柳莺　堪察加柳莺
极北柳莺　栗头鹟莺

图版 105   **雀形目** 柳莺科

灰岩柳莺　黑眉柳莺　黄胸柳莺
西南冠纹柳莺　冠纹柳莺
华南冠纹柳莺　白斑尾柳莺
海南柳莺　云南白斑尾柳莺
灰头柳莺

图版 106　　　　**雀形目**　苇莺科

大苇莺　东方大苇莺　噪大苇莺
钝翅苇莺　远东苇莺　稻田苇莺
布氏苇莺　芦苇莺　厚嘴苇莺

图版 107　　　　**雀形目**　苇莺科　扇尾莺科

黑眉苇莺　须苇莺　水蒲苇莺
细纹苇莺　靴篱莺　赛氏篱莺
草绿篱莺　长尾缝叶莺
黑喉缝叶莺

图版 108　　　　**雀形目**　蝗莺科

库页岛蝗莺　苍眉蝗莺　小蝗莺
史氏蝗莺　北蝗莺　矛斑蝗莺
棕褐短翅莺　鸲蝗莺
高山短翅莺　四川短翅莺

图版 109　　　　**雀形目**　蝗莺科

斑背大尾莺　巨嘴短翅莺
黑斑蝗莺　中华短翅莺
北短翅莺　斑胸短翅莺
台湾短翅莺　沼泽大尾莺

图版 110　　　　**雀形目**　扇尾莺科

棕扇尾莺　金头扇尾莺　山鹪莺
褐山鹪莺　黑胸山鹪莺
黑喉山鹪莺　暗冕山鹪莺
灰胸山鹪莺　黄腹山鹪莺
纯色山鹪莺

图版 111　　　　**雀形目**　鹛科

台湾斑胸钩嘴鹛　斑胸钩嘴鹛
华南斑胸钩嘴鹛　灰头钩嘴鹛
棕颈钩嘴鹛　台湾棕颈钩嘴鹛
棕头钩嘴鹛　红嘴钩嘴鹛　剑嘴鹛

图版 112　　　　**雀形目**　鹛科　幽鹛科

长嘴钩嘴鹛　锈脸钩嘴鹛
棕喉鹩鹛　锈喉鹩鹛　斑翅鹩鹛
长尾鹩鹛　淡喉鹩鹛
黑胸楔嘴鹩鹛　楔嘴鹩鹛　大草莺

图版 113　　　　**雀形目**　鹛科　幽鹛科

弄岗穗鹛　黑头穗鹛　斑颈穗鹛
黄喉穗鹛　红头穗鹛　黑额穗鹛
金头穗鹛　纹胸巨鹛　红顶鹛
黄喉雀鹛

图版 114　　　　**雀形目**　幽鹛科

金额雀鹛　栗头雀鹛　棕喉雀鹛
褐胁雀鹛　褐顶雀鹛　褐脸雀鹛
台湾雀鹛　灰眶雀鹛　云南雀鹛
淡眉雀鹛　白眶雀鹛

图版 115　　　　**雀形目**　幽鹛科

灰岩鹪鹛　短尾鹪鹛　纹胸鹪鹛
白头鸡鹛　领鹛鹛　瑙蒙短尾鹛
长嘴鹩鹛　白腹幽鹛　棕头幽鹛
棕胸雅鹛

图版 116　　　　**雀形目**　噪鹛科

白冠噪鹛　白颈噪鹛　褐胸噪鹛
栗颊噪鹛　画眉　台湾画眉
黑额山噪鹛　矛纹草鹛　大草鹛
棕草鹛

图版 117　　　　**雀形目**　噪鹛科

小黑领噪鹛　灰翅噪鹛
棕颏噪鹛　斑背噪鹛　白点噪鹛
大噪鹛　眼纹噪鹛　黑脸噪鹛
白喉噪鹛　黑领噪鹛

图版 118　　　　　　**雀形目**　噪鹛科

台湾白喉噪鹛　黑喉噪鹛
栗颈噪鹛　靛冠噪鹛　棕臀噪鹛
山噪鹛　灰胁噪鹛　台湾棕噪鹛
棕噪鹛　黄喉噪鹛

图版 119　　　　　　**雀形目**　噪鹛科

斑胸噪鹛　条纹噪鹛　白颊噪鹛
细纹噪鹛　丽星噪鹛　蓝翅噪鹛
纯色噪鹛　橙翅噪鹛　灰腹噪鹛
黑顶噪鹛　玉山噪鹛

图版 120　　　　　　**雀形目**　噪鹛科

杂色噪鹛　红头噪鹛　金翅噪鹛
银耳噪鹛　丽色噪鹛　赤尾噪鹛
斑胁姬鹛　蓝翅希鹛　斑喉希鹛
火尾希鹛

图版 121　　　　　　**雀形目**　噪鹛科

赤脸薮鹛　红翅薮鹛　灰胸薮鹛
黑冠薮鹛　黄痣薮鹛　锈额斑翅鹛
白眶斑翅鹛　纹头斑翅鹛
纹胸斑翅鹛　灰头斑翅鹛
台湾斑翅鹛

图版 122　　　　　　**雀形目**　噪鹛科　莺鹛科

银耳相思鸟　红嘴相思鸟
栗背奇鹛　黑顶奇鹛　灰奇鹛
黑头奇鹛　白耳奇鹛　丽色奇鹛
长尾奇鹛　火尾绿鹛

图版 123　　　　　　**雀形目**　莺鹛科

黑顶林莺　横斑林莺　白喉林莺
沙白喉林莺　休氏白喉林莺
东歌林莺　亚洲漠地林莺
灰白喉林莺　宝兴鹛雀　金眼鹛雀

图版 124　　　　　　**雀形目**　莺鹛科

金胸雀鹛　白眉雀鹛　高山雀鹛
棕头雀鹛　印支雀鹛　路德雀鹛
灰头雀鹛　褐头雀鹛　玉山雀鹛
山鹛　西域山鹛

图版 125　　　　　　**雀形目**　莺鹛科

红嘴鸦雀　三趾鸦雀　褐鸦雀
黑眉鸦雀　白胸鸦雀　红头鸦雀
灰头鸦雀　点胸鸦雀　震旦鸦雀
斑胸鸦雀

图版 126　　　　　　**雀形目**　莺鹛科

白眶鸦雀　棕头鸦雀　灰喉鸦雀
褐翅鸦雀　暗色鸦雀　灰冠鸦雀
黄额鸦雀　橙额鸦雀　金色鸦雀
短尾鸦雀

图版 127　　　　　　**雀形目**　绣眼鸟科

栗耳凤鹛　栗颈凤鹛　白项凤鹛
黄颈凤鹛　纹喉凤鹛　白领凤鹛
棕臀凤鹛　褐头凤鹛　黑颏凤鹛

图版 128　　　**雀形目**　绣眼鸟科　和平鸟科

戴菊科　丽星鹩鹛科　鹩鹛科

红胁绣眼鸟　暗绿绣眼鸟
低地绣眼鸟　灰腹绣眼鸟　和平鸟
台湾戴菊　戴菊　丽星鹩鹛　鹩鹛

图版 129　　　　　　**雀形目**　鸦科

普通鸦　栗臀鸦　栗腹鸦
白尾鸦　黑头鸦　滇鸦　白脸鸦
绒额鸦　淡紫鸦　巨鸦　丽鸦

图版 130 **雀形目** 旋壁雀科 旋木雀科

红翅旋壁雀　旋木雀　霍氏旋木雀
高山旋木雀　锈红腹旋木雀
褐喉旋木雀　休氏旋木雀
四川旋木雀

图版 131 **雀形目** 椋鸟科

斑翅椋鸟　金冠树八哥　鹩哥
林八哥　八哥　白领八哥
家八哥　粉红椋鸟　紫翅椋鸟

图版 132 **雀形目** 椋鸟科

红嘴椋鸟　丝光椋鸟　灰椋鸟
黑领椋鸟　斑椋鸟　北椋鸟
紫背椋鸟　灰背椋鸟　灰头椋鸟
黑冠椋鸟

图版 133 **雀形目** 鸫科

橙头地鸫　白眉地鸫　光背地鸫
四川光背地鸫　喜山光背地鸫
长尾地鸫　怀氏虎鸫　虎斑地鸫
大长嘴地鸫　长嘴地鸫

图版 134 **雀形目** 鸫科

蓝大翅鸲　灰背鸫　黑胸鸫
乌灰鸫　白颈鸫　灰翅鸫
欧乌鸫　乌鸫　藏鸫

图版 135 **雀形目** 鸫科

蒂氏鸫　台湾岛鸫　灰头鸫
棕背黑头鸫　褐头鸫
白眉鸫　白腹鸫　赤胸鸫
黑颈鸫　赤颈鸫

图版 136 **雀形目** 鸫科

红尾鸫　斑鸫　田鸫　白眉歌鸫
欧歌鸫　宝兴歌鸫　槲鸫
紫宽嘴鸫　绿宽嘴鸫

图版 137 **雀形目** 鹟科

棕薮鸲　鹊鸲　白腰鹊鸲　斑鹟
灰纹鹟　乌鹟　北灰鹟　褐胸鹟
棕尾褐鹟　白喉姬鹟

图版 138 **雀形目** 鹟科

海南蓝仙鹟　山蓝仙鹟　蓝喉仙鹟
中华仙鹟　白尾蓝仙鹟
棕腹大仙鹟　棕腹仙鹟
棕腹蓝仙鹟　大棕腹蓝仙鹟
大仙鹟　小仙鹟

图版 139 **雀形目** 鹟科

白腹蓝鹟　琉璃蓝鹟　铜蓝鹟
纯蓝仙鹟　灰颊仙鹟　白喉林鹟
栗背短翅鸫　锈腹短翅鸫
白喉短翅鸫　蓝短翅鸫

图版 140 **雀形目** 鹟科

欧亚鸲　栗腹歌鸲　蓝歌鸲
红尾歌鸲　棕头歌鸲　琉球歌鸲
日本歌鸲　蓝喉歌鸲　新疆歌鸲
白腹短翅鸲

图版 141 **雀形目** 鹟科

黑胸歌鸲　白须黑胸歌鸲
红喉歌鸲　金胸歌鸲　黑喉歌鸲
白尾蓝地鸲　白眉林鸲
棕腹林鸲　台湾林鸲

图版 142　　　　　**雀形目**　鸫科

红胁蓝尾鸲　蓝眉林鸲　金色林鸲
小燕尾　黑背燕尾　灰背燕尾
斑背燕尾　白冠燕尾　紫啸鸫
台湾紫啸鸫

图版 143　　　　　**雀形目**　鸫科

蓝额长脚地鸲　栗尾姬鹟
斑姬鹟　白眉姬鹟　黄眉姬鹟
绿背姬鹟　鸲姬鹟　橙胸姬鹟
红胸姬鹟　红喉姬鹟

图版 144　　　　　**雀形目**　鸫科

锈胸蓝姬鹟　棕胸蓝姬鹟
小斑姬鹟　白眉蓝姬鹟
灰蓝姬鹟　玉头姬鹟　侏蓝仙鹟
贺兰山红尾鸲　红背红尾鸲

图版 145　　　　　**雀形目**　鸫科

蓝头红尾鸲　赭红尾鸲
欧亚红尾鸲　黑喉红尾鸲
白喉红尾鸲　北红尾鸲
红腹红尾鸲　蓝额红尾鸲
红尾水鸲　白顶溪鸲

图版 146　　　　　**雀形目**　鸫科

白背矶鸫　蓝矶鸫　栗腹矶鸫
白喉矶鸫　白喉石䳭　黑喉石䳭
东亚石䳭　白斑黑石䳭
黑白林䳭　灰林䳭

图版 147　**雀形目**　鸫科　河乌科　叶鹎科

穗䳭　沙䳭　漠䳭　白顶䳭
东方斑䳭　河乌　褐河乌
蓝翅叶鹎　金额叶鹎　橙腹叶鹎

图版 148　　　**雀形目**　啄花鸟科　太阳鸟科

厚嘴啄花鸟　黄臀啄花鸟
黄腹啄花鸟　纯色啄花鸟
红胸啄花鸟　朱背啄花鸟
蓝枕花蜜鸟　长嘴捕蛛鸟
纹背捕蛛鸟

图版 149　　　　　**雀形目**　太阳鸟科

紫颊直嘴太阳鸟　褐喉食蜜鸟
紫色花蜜鸟　黄腹花蜜鸟
蓝喉太阳鸟　绿喉太阳鸟
叉尾太阳鸟　海南叉尾太阳鸟
黑胸太阳鸟　黄腰太阳鸟
火尾太阳鸟

图版 150　　　　　**雀形目**　雀科

黑顶麻雀　家麻雀　黑胸麻雀
山麻雀　麻雀　石雀　白斑翅雪雀
藏雪雀　褐翅雪雀　白腰雪雀

图版151　**雀形目**　雀科　织雀科　梅花雀科

黑喉雪雀　棕颈雪雀　棕背雪雀
纹胸织雀　黄胸织雀　红梅花雀
长尾鹦雀　白腰文鸟　斑文鸟
栗腹文鸟

图版 152　　　　**雀形目**　岩鹨科　鹡鸰科

领岩鹨　高原岩鹨　鸲岩鹨
棕胸岩鹨　棕眉山岩鹨　褐岩鹨
黑喉岩鹨　贺兰山岩鹨
栗背岩鹨　山鹡鸰　日本鹡鸰

图版 153　　　　　**雀形目**　鹡鸰科

西黄鹡鸰　黄鹡鸰　黄头鹡鸰
灰鹡鸰　白鹡鸰　大斑鹡鸰

图版 154 **雀形目** 鹡鸰科

理氏鹨　田鹨　布氏鹨　平原鹨
草地鹨　林鹨　树鹨　北鹨
粉红胸鹨

图版155 **雀形目** 鹡鸰科　朱鹀科　燕雀科

红喉鹨　黄腹鹨　水鹨　山鹨
朱鹀　苍头燕雀　燕雀　松雀
金枕黑雀

图版 156 **雀形目** 燕雀科

黄颈拟蜡嘴雀　白点翅拟蜡嘴雀
白斑翅拟蜡嘴雀　锡嘴雀
黑尾蜡嘴雀　黑头蜡嘴雀　褐灰雀
红头灰雀　灰头灰雀　红腹灰雀

图版 157 **雀形目** 燕雀科

赤朱雀　暗胸朱雀　林岭雀
高山岭雀　粉红腹岭雀
普通朱雀　血雀　拟大朱雀
大朱雀　喜山红腰朱雀

图版 158 **雀形目** 燕雀科

红腰朱雀　喜山红眉朱雀
红眉朱雀　曙红朱雀　玫红眉朱雀
棕朱雀　喜山点翅朱雀　点翅朱雀
酒红朱雀　台湾酒红朱雀

图版 159 **雀形目** 燕雀科

沙色朱雀　藏雀　褐头岭雀
长尾雀　北朱雀　斑翅朱雀
喜山白眉朱雀　白眉朱雀
红胸朱雀　红眉松雀

图版 160 **雀形目** 燕雀科　铁爪鹀科

红翅沙雀　蒙古沙雀　红眉金翅雀
欧金翅雀　金翅雀　高山金翅雀
黑头金翅雀　巨嘴沙雀　铁爪鹀
雪鹀

图版 161 **雀形目** 燕雀科

黄嘴朱顶雀　赤胸朱顶雀
白腰朱顶雀　极北朱顶雀
红交嘴雀　白翅交嘴雀
西红额金翅雀　红额金翅雀
金额丝雀　藏黄雀　黄雀

图版 162 **雀形目** 鹀科

凤头鹀　蓝鹀　黍鹀　黄鹀
白头鹀　灰眉岩鹀　戈氏岩鹀
三道眉草鹀　白顶鹀　栗斑腹鹀

图版 163 **雀形目** 鹀科　雀鹀科

灰颈鹀　圃鹀　白眉鹀　栗耳鹀
小鹀　黄眉鹀　田鹀　黄喉鹀
黄胸鹀　栗鹀　稀树草鹀

图版 164 **雀形目** 鹀科　雀鹀科

藏鹀　黑头鹀　褐头鹀　硫黄鹀
灰头鹀　灰鹀　苇鹀　红颈苇鹀
芦鹀　白冠带鹀

图版 165 **补充鸟种**

美洲潜鸭　环颈潜鸭　小潜鸭　绒海番鸭
细嘴兀鹫　白喉林鸽　喜山金背啄木鸟
小金背啄木鸟　日本绣眼鸟　菲律宾斑扇尾鹟
黑头攀雀　琉球姬鹟

特别致谢 354

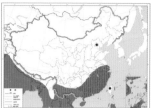

1. 栗树鸭
Lesser Whistling Duck
Dendrocygna javanica
39 cm

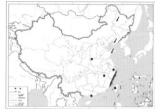

2. 黑雁
Brant Goose
Branta bernicla
62 cm

3. 红胸黑雁
Red-breasted Goose
Branta ruficollis
54 cm

4. 加拿大黑雁
Canada Goose
Branta canadensis
100 cm

5. 白颊黑雁
Barnacle Goose
Branta leucopsis
65 cm

6. 小美洲黑雁
Cackling Goose
Branta hutchinsii
63 cm

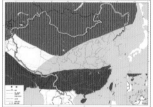

9. 灰雁
Greylag Goose
Anser anser
80 cm

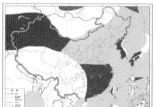

11. 豆雁
Taiga Bean Goose
Anser fabalis
80 cm

12. 短嘴豆雁
Tundra Bean Goose
Anser serrirostris
80 cm

13. 白额雁
Greater White-fronted Goose
Anser albifrons
78 cm

14. 小白额雁
Lesser White-fronted Goose
Anser erythropus
60 cm

全黑色

白色斑纹，
几乎闭合成环

2 黑雁

白色

5 白颊黑雁

黑色

头圆形

嘴短小

3 红胸黑雁

喙较长

白色

粉红

9 灰雁

4 加拿大黑雁

喙较短

6 小美洲黑雁

黑色

粉红

无眼圈

13 白额雁

部分亚种具
白色颈环

喙短，黄色较少

12 短嘴豆雁

翅尖不超过尾尖

白色额延伸更高

黄色眼圈

喙较 13 短

14 小白额雁

较 12 喙长

橘色

（有研究认为 11 和 12
应为同一物种）

11 豆雁

无白色斑纹

颈挺立

翅尖超过尾尖

1 栗树鸭

橘色

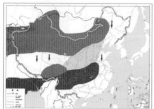

7. 斑头雁
Bar-headed Goose
Anser indicus
73 cm

8. 雪雁
Snow Goose
Anser caerulescens
75 cm

10. 鸿雁
Swan Goose
Anser cygnoides
88 cm

15. 疣鼻天鹅
Mute Swan
Cygnus olor
150 cm

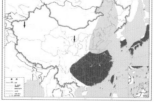

16. 小天鹅
Tundra Swan
Cygnus columbianus
140 cm

17. 大天鹅
Whooper Swan
Cygnus cygnus
155 cm

18. 瘤鸭
Knob-billed Duck
Sarkidiornis melanotos
76 cm

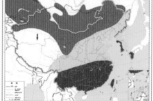

19. 翘鼻麻鸭
Common Shelduck
Tadorna tadorna
60 cm

20. 赤麻鸭
Ruddy Shelduck
Tadorna ferruginea
63 cm

21. 冠麻鸭　61 cm
Crested Shelduck
Tadorna cristata

22. 白翅栖鸭　75 cm
White-winged Duck
Asarcornis scutulata

两道黑斑

7 斑头雁

头顶平直

10 鸿雁

喙长，黑色

蓝色型

粉红

8 雪雁

黑色

粉红

黑疣

橘色

15 疣鼻天鹅

16 小天鹅

17

17 大天鹅

喙基大片黄色

黄色片较小

16

角质瘤

♀

22 白翅栖鸭

具杂斑

♂

18 瘤鸭

白色

皮黄

雌鸟无突起

红色

21 冠麻鸭

♂

20 赤麻鸭

橘黄

雌鸟无黑色颈环

栗色斑带

19 翘鼻麻鸭

♂

（已多年未有记录）

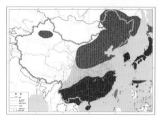

23. 鸳鸯

Mandarin Duck

Aix galericulata

45 cm

24. 棉凫

Cotton Pygmy Goose

Nettapus coromandelianus

34 cm

25. 花脸鸭

Baikal Teal

Sibirionetta formosa

42 cm

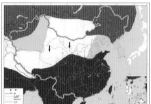

26. 白眉鸭

Garganey

Spatula querquedula

40 cm

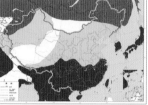

27. 琵嘴鸭

Northern Shoveler

Spatula clypeata

50 cm

28. 赤膀鸭

Gadwall

Mareca strepera

50 cm

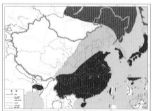

29. 罗纹鸭

Falcated Duck

Mareca falcata

50 cm

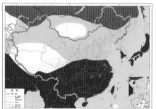

30. 赤颈鸭

Eurasian Wigeon

Mareca penelope

47 cm

31. 绿眉鸭

American Wigeon

Mareca americana

52 cm

25 花脸鸭
白斑
♀
黄色
♂

24 棉凫
白色
♀
♂
黑而带绿

眼后纹白色
♀
23 鸳鸯
红色
♂

喙端黑色
♀
皮黄色
♂
栗色

30 赤颈鸭
无鳞状斑

31 绿眉鸭
绿色
♂

边缘橙黄色
♀
28 赤膀鸭
翼镜白色
♂

翼镜墨绿色
黑色
♀
米黄色
♂
29 罗纹鸭

26 白眉鸭
翼镜绿色
眉纹色浅
♀
白色眉纹明显
♂

翼镜墨绿色
27 琵嘴鸭
喙宽
♂
♀

32. 棕颈鸭

Philippine Duck

Anas luzonica

53 cm

33. 印缅斑嘴鸭

Indian Spotbill Duck

Anas poecilorhyncha

60 cm

34. 斑嘴鸭

Chinese Spotbill Duck

Anas zonorhyncha

60 cm

35. 绿头鸭

Mallard

Anas platyrhynchos

60 cm

36. 针尾鸭

Northern Pintail

Anas acuta

60 cm

37. 绿翅鸭

Eurasian Teal

Anas crecca

37 cm

38. 美洲绿翅鸭

Green-winged Teal

Anas carolinensis

37 cm

39. 云石斑鸭

Marbled Teal

Marmaronetta augustirostris

40 cm

黄色斑块
色浅，近白色
翼镜蓝紫色
34 斑嘴鸭

眉纹棕色
翼镜绿色
32 棕颈鸭

无明显下颊纹
翼镜绿色
33 印缅斑嘴鸭

灰黑色
尾羽较尖
♀

亮灰色
翼镜蓝紫色
35 绿头鸭
♂

36 针尾鸭
♂

贯眼纹细
♀

翼镜绿色
♀
37 绿翅鸭
♂

无黄色边缘
白色纵纹
♂
38 美洲绿翅鸭

雄鸟具羽冠，雌鸟无
灰白色点斑
39 云石斑鸭

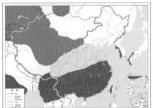

40. 赤嘴潜鸭
Red-creasted Pochard
Netta rufina

55 cm

41. 帆背潜鸭
Canvasback
Aythya valisineria

56 cm

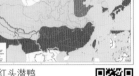

42. 红头潜鸭
Common Pochard
Aythya ferina
46 cm

43. 青头潜鸭
Baer's Pochard
Aythya baeri

45 cm

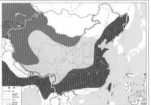

44. 白眼潜鸭
Ferruginous Pochard
Aythya nyroca

41 cm

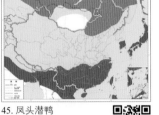

45. 凤头潜鸭
Tufted Duck
Aythya fuligula
42 cm

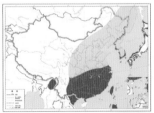

46. 斑背潜鸭
Greater Scaup
Aythya marila

48 cm

47. 小绒鸭
Steller's Eider
Polysticta stelleri

45 cm

45 凤头潜鸭
具羽冠，但较雄鸟短
♀
♂
白色无斑

46
斑背潜鸭
白斑
♀
♂
波浪状横斑

斑纹不明显
♀
41 帆背潜鸭
灰白色
喙较大
♂

42 红头潜鸭
眼圈皮黄色
♀
斑纹不明显

40 赤嘴潜鸭
灰黑色，次末端偏红
♀
♂
红色

44
白眼潜鸭
棕色
虹膜白色，雌鸟褐色
♂

47 小绒鸭
♀
深色点斑
♂
黑色点斑

墨绿色具光泽，雌鸟黑褐色
虹膜白色，雌鸟暗褐色
♂

43 青头潜鸭

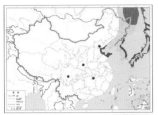

48. 丑鸭

Harlequin Duck

Histrionicus histrionicus

42 cm

49. 斑脸海番鸭

Siberian Scoter

Melanitta stegnegerii

56 cm

50. 黑海番鸭

Black Scoter

Melanitta americana

50 cm

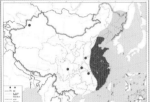

51. 长尾鸭

Long-tailed Duck

Clangula hyemalis

55 cm

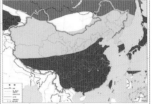

52. 鹊鸭

Common Goldeneye

Bucephala clangula

45 cm

53. 白秋沙鸭

Smew

Mergellus albellus

40 cm

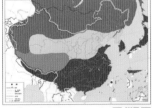

54. 普通秋沙鸭

Common Merganser

Mergus merganser

60 cm

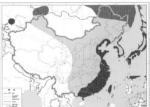

55. 红胸秋沙鸭

Red-breasted Merganser

Mergus serrator

55 cm

56. 中华秋沙鸭

Scaly-sided Merganser

Mergus squamatus

58 cm

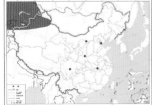

57. 白头硬尾鸭

White-headed Duck

Oxyura leucocephala

46 cm

57 白头硬尾鸭
♀
蓝灰色，雌鸟灰黑色
♂

48 丑鸭
头高耸
喙小
♂
♀

51 长尾鸭
尾长
♀
♂
♂

53 白秋沙鸭
♂
♀
喙黑色

50 黑海番鸭
无翼镜
♀
黄色肉瘤
♂

白色
两圆斑
49 斑脸海番鸭
♀
♂
红色

52 鹊鸭
♀
虹膜黄色
白斑
♂

55 红胸秋沙鸭
眼先上黑下白
♀
♂
棕红色

56 中华秋沙鸭
♀
雌雄羽冠均明显
♂
鳞状斑

羽冠无或不明显
♀
♂

54 普通秋沙鸭
强烈对比，纯白无斑

58. 花尾榛鸡
Hazel Grouse
Tetrastes bonasia

36 cm

59. 斑尾榛鸡
Chinese Grouse
Tetrastes sewerzowi
33 cm

60. 镰翅鸡
Siberian Grouse
Falcipennis falcipennis
40 cm

61. 西方松鸡
Western Capercaillie
Tetrao urogallus

97 cm

62. 黑嘴松鸡
Black-billed Capercaillie
Tetrao parvirostris
90 cm

63. 黑琴鸡
Black Grouse
Lyrurus tetrix

54 cm

64. 岩雷鸟
Rock Ptarmigan
Lagopus muta

38 cm

65. 柳雷鸟
Willow Ptarmigan
Lagopus lagopus
38 cm

66. 雪鹑
Snow Partridge
Lerwa lerwa
35 cm

74. 中华鹧鸪
Chinese Francolin
Francolinus pintadeanus

30 cm

无羽冠
（已多年未有野外记录）
60 镰翅鸡
点斑
♀
♂

无贯眼纹
65
冬 柳雷鸟
暖棕色
♀

灰色
♂
64 岩雷鸟
♀

贯眼纹
冬

♂
59
斑尾榛鸡
♀
斑带明显

♀
♂

58 花尾榛鸡
具栗斑

♂
63 黑琴鸡
叉状尾，弯曲

♀
74 中华鹧鸪
点斑
♂

红色
66 雪鹑

喙偏褐色
♀
棕黄色

喙黑色
♀

♂
62
黑嘴松鸡

♂
61 西方松鸡
各亚种腹部颜色差别较大；
自白色至黑色过渡。
暗色

67. 红喉雉鹑
Chestnut-throated Partridge

Tetraophasis obscurus

48 cm

68. 黄喉雉鹑
Buff-throated Partridge

Tetraophasis szechenyii

48 cm

69. 暗腹雪鸡
Himalayan Snowcock

Tetraogallus himalayensis

58 cm

70. 藏雪鸡
Tibetan Snowcock

Tetraogallus tibetanus

60 cm

71. 阿尔泰雪鸡
Altai Snowcock

Tetraogallus altaicus

60 cm

72. 石鸡
Chukar Partridge

Alectoris chukar

35 cm

73. 大石鸡
Rusty-necklaced Partridge

Alectoris magna

40 cm

75. 灰山鹑
Grey Partridge

Perdix perdix

30 cm

76. 斑翅山鹑
Daurian Partridge

Perdix dauurica

28 cm

77. 高原山鹑
Tibetan Partridge

Perdix hodgsoniae

28 cm

橙红色

70 藏雪鸡

黑色纵纹

71 阿尔泰雪鸡

皮黄色

69 暗腹雪鸡

无纵纹

黑色

深灰具纵纹

栗色

土黄色

67 红喉雉鹑

68 黄喉雉鹑

边缘红褐色

73 大石鸡

黑色

栗红色

77 高原山鹑

黑斑

72 石鸡

♀ 无羽须

♂

75 灰山鹑

栗色

♀ 具羽须

76 斑翅山鹑

橘色延伸至腹部

黑色

♂

81. 环颈山鹧鸪

Common Hill Partridge

Arborophila torqueola

28 cm

82. 红喉山鹧鸪

Rufous-throated Partridge

Arborophila rufogularis

27 cm

83. 白颊山鹧鸪

White-cheeked Partridge

Arborophila atrogularis

26 cm

84. 台湾山鹧鸪

Taiwan Partridge

Arborophila crudigularis

24 cm

85. 红胸山鹧鸪

Chestnut-breasted Partridge

Arborophila mandellii

26 cm

86. 褐胸山鹧鸪

Bar-backed Partridge

Arborophila brunneopectus

28 cm

87. 四川山鹧鸪

Sichuan Partridge

Arborophila rufipectus

30 cm

88. 白眉山鹧鸪

White-necklaced Partridge

Arborophila gingica

30 cm

89. 海南山鹧鸪

Hainan Partridge

Arborophila ardens

24 cm

118. 绿脚树鹧鸪

Green-legged Partridge

Tropicoperdix chloropus

29 cm

81 环颈山鹧鸪　棕色　♀
batemani
蓝灰色
torqueola
♂
♂

82 红喉山鹧鸪
intermedia　　　　rufogularis
棕黄
♂　　　　　　　　　♂

85 红胸山鹧鸪
栗红色

84 台湾山鹧鸪
白色

83 白颊山鹧鸪
白色
黑色

88 白眉山鹧鸪

耳羽棕黄色
白色斑带
87 四川山鹧鸪
栗红色

86 褐胸山鹧鸪
皮黄色　灰褐色

耳羽白色
118 绿脚树鹧鸪

89 海南山鹧鸪
绿色

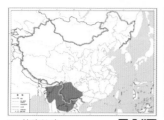

90. 棕胸竹鸡
Mountain Bamboo Partridge
Bambusicola fytchii

34 cm

91. 灰胸竹鸡
Chinese Bamboo Partridge
Bambusicola thoracicus
33 cm

92. 台湾竹鸡
Taiwan Bamboo Partridge
Bambusicola sonorivox

32 cm

93. 血雉
Blood Pheasant
Ithaginis cruentus
42 cm

94. 黑头角雉
Western Tragopan
Tragopan melanocephalus

70 cm

95. 红胸角雉
Satyr Tragopan
Tragopan satyra

70 cm

96. 灰腹角雉
Blyth's Tragopan
Tragopan blythii

68 cm

97. 红腹角雉
Temminck's Tragopan
Tragopan temminckii

60 cm

98. 黄腹角雉
Cabot's Tragopan
Tragopan caboti

61 cm

99. 勺鸡
Koklass Pheasant
Pucrasia macrolopha

55 cm

93 血雉 　（各亚种羽色差异较大）

94 黑头角雉

♀

95 红胸角雉

灰褐色

♀

腹部黑色

点斑小

♂

♀

灰色，
点斑灰白色

96 灰腹角雉

♂

红褐色

♂

♀

98 黄腹角雉

点斑大

♂

97 红腹角雉

心形斑

90 棕胸竹鸡

棕红色

91 灰胸竹鸡

灰色

羽冠明显

♀

92 台湾竹鸡

♂

99 勺鸡

100. 棕尾虹雉
Himalayan Monal
Lophophorus impejanus

70 cm

101. 白尾梢虹雉
Sclater's Monal
Lophophorus sclateri

70 cm

102. 绿尾虹雉
Chinese Monal
Lophophorus lhuysii

76 cm

104. 黑鹇
Kalij Pheasant
Lophura leucomelanos

70 cm

105. 白鹇
Silver Pheasant
Lophura nycthemera

105 cm

106. 蓝腹鹇
Swinhoe's Pheasant
Lophura swinhoii

75 cm

107. 白马鸡
White Eared Pheasant
Crossoptilon crossoptilon

85 cm

108. 藏马鸡
Tibetan Eared Pheasant
Crossoptilon harmani

85 cm

109. 褐马鸡
Brown Eared Pheasant
Crossoptilon mantchuricum

95 cm

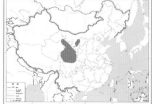

110. 蓝马鸡
Blue Eared Pheasant
Crossoptilon auritum

95 cm

100 棕尾虹雉
♀
白色斑带
具羽冠
♂
端部白

101 白尾梢虹雉
♀
无羽冠
灰白
♂

102 绿尾虹雉
白色
♀
绿色带金属光泽
♂

104 黑鹇
深褐色
♀
♂

105 白鹇
♂
无羽冠
♀
偏粉色

106 蓝腹鹇
白色
♂
♀

108 藏马鸡
灰白色
灰褐色

107 白马鸡

110 蓝马鸡
基部白色
蓝灰色

109 褐马鸡
灰白色
褐色

103. 红原鸡

Red Junglefowl

Gallus gallus

60 cm

111. 白颈长尾雉

Elliot's Pheasant

Syrmaticus ellioti

85 cm

112. 黑颈长尾雉

Mrs Hume's Pheasant

Syrmaticus humiae

100 cm

113. 黑长尾雉

Mikado Pheasant

Syrmaticus mikado

86 cm

114. 白冠长尾雉

Reeves's Pheasant

Syrmaticus reevesii

180 cm

115. 雉鸡

Common Pheasant

Phasianus colchicus

85 cm

116. 红腹锦鸡

Golden Pheasant

Chrysolophus pictus

95 cm

117. 白腹锦鸡

Lady Amherst's Pheasant

Chrysolophus amherstiae

130 cm

119. 灰孔雀雉

Grey Peacock Pheasant

Polyplectron bicalcaratum

70 cm

120. 海南孔雀雉

Hainan Peacock Pheasant

Polyplectron katsumatae

60 cm

121. 绿孔雀

Green Peafowl

Pavo muticus

230 cm

112 黑颈长尾雉

蓝紫色

棕褐色

♀

白色

♂

白色

113 黑长尾雉

♀

111 白颈长尾雉

蓝紫色

119 灰孔雀雉

♂

♀

黑紫色

♂

♀

114 白冠长尾雉

金属绿色

120 海南孔雀雉

♂

金属绿色

115 雉鸡

（各亚种差异较大）

♂

♀

pallasi

suehschanensis

torquatus

116 红腹锦鸡

♂

♀

灰褐色

♂

117 白腹锦鸡

♀

灰白色

♂

121 绿孔雀

♀

103 红原鸡

♂

127. 黑背信天翁

Laysan Albatross

Phoebastria immutabilis

75 cm

128. 黑脚信天翁

Black-footed Albatross

Phoebastria nigripes

78 cm

129. 短尾信天翁　90 cm

Short-tailed Albatross

Phoebastria albatrus

137. 白额鹱　48 cm

Streaked Shearwater

Calonectris leucomelas

138. 楔尾鹱

Wedge-tailed Shearwater

Ardenna pacifica

43 cm

139. 灰鹱

Sooty Shearwater

Ardenna grisea

44 cm

140. 短尾鹱

Short-tailed Shearwater

Ardenna tenuirostris

42 cm

141. 淡足鹱

Flesh-footed Shearwater

Ardenna carneipes

43 cm

137 白额鹱
楔形尾
沾白色

138 楔尾鹱
浅色型
楔形尾
深色型

139 灰鹱
银灰色，不均匀

140 短尾鹱
尾短，脚伸出尾尖
浅灰色

141 淡足鹱

128 黑脚信天翁
黑色

127 黑背信天翁
白色

129 短尾信天翁
皮黄色
白色

126. 黄蹼洋海燕　18 cm

Wilson's Storm Petrel

Oceanites oceanicus

130. 黑叉尾海燕

Swinhoe's Storm-Petrel

Hydrobates monorhis

20 cm

131. 白腰叉尾海燕

Leach's Storm-Petrel

Hydrobates leucorhoa

20 cm

132. 褐翅叉尾海燕

Tristram's Storm-Petrel

Hydrobates tristrami

26 cm

133. 日本叉尾海燕　25 cm

Matsudaira's Storm-Petrel

Hydrobates matsudairae

134. 暴雪鹱

Northern Fulmar

Fulmarus glacialis

48 cm

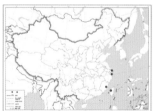

135. 白额圆尾鹱

Bonin Petrel

Pterodroma hypoleuca

30 cm

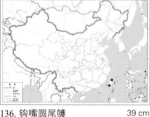

136. 钩嘴圆尾鹱　39 cm

Tahiti Petrel

Pseudobulweria rostrata

142. 褐燕鹱

Bulwer's Petrel

Bulweria bulwerii

28 cm

142 褐燕鹱
浅色斑带

141 淡足鹱
喙尖深色

136 钩嘴圆尾鹱
白色

132
褐翅叉尾海燕
尾叉较130深
浅色斑
深色
尾叉较132浅

130 黑叉尾海燕
黑褐色

133
日本叉尾海燕

黑色条带
尾较圆

135 白额圆尾鹱

白色

131 白腰叉尾海燕

134 暴雪鹱

腰白
尾平，脚伸出尾尖

126
黄蹼洋海燕

蹼黄

深色型

浅色型

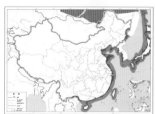

122. 红喉潜鸟
Red-throated Loon
Gavia stellata
61 cm

123. 黑喉潜鸟
Black-throated Loon
Gavia arctica
68 cm

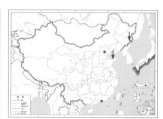

124. 太平洋潜鸟
Pacific Loon
Gavia pacifica
66 cm

125. 黄嘴潜鸟
Yellow-billed Loon
Gavia adamsii
83 cm

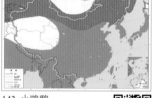

143. 小鸊鷉
Little Grebe
Tachybaptus ruficollis
27 cm

144. 赤颈鸊鷉
Red-necked Grebe
Podiceps grisegena
45 cm

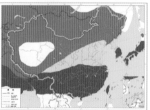

145. 凤头鸊鷉
Great Crested Grebe
Podiceps cristatus
50 cm

146. 角鸊鷉
Horned Grebe
Podiceps auritus
35 cm

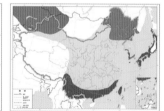

147. 黑颈鸊鷉
Black-necked Grebe
Podiceps nigricollis
30 cm

色比 123 浅

br.

紫黑色

124 太平洋潜鸟

黑色细颈纹

non-br.

无点斑

br.

栗色

non-br.

点斑明显

122 红喉潜鸟

纵纹明显

br.

123 黑喉潜鸟

喙白色或浅黄色

br.

125

黄嘴潜鸟

non-br.

non-br.

头部黑白对比分明

br.

146 角鸊鷉

br.

non-br.

浅黑色

145 凤头鸊鷉

羽冠较小

147 黑颈鸊鷉

non-br.

143

br.

小鸊鷉

br.

non-br.

几乎无羽冠

红褐色

br.

灰色

non-br.

144 赤颈鸊鷉

148. 大红鹳

Greater Flamingo

Phoenicopterus roseus

130 cm

152. 彩鹳

Painted Stork

Mycteria leucocephala

100 cm

153. 钳嘴鹳

Asian Openbill

Anastomus oscitans

80 cm

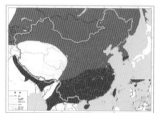

154. 黑鹳

Black Stork

Ciconia nigra

100 cm

155. 白颈鹳

Woolly-necked Stork

Ciconia episcopus

90 cm

156. 白鹳

White Stork

Ciconia ciconia

105 cm

157. 东方白鹳

Oriental Stork

Ciconia boyciana

105 cm

158. 秃鹳

Lesser Adjutant

Leptoptilos javanicus

115 cm

154 黑鹳

157 东方白鹳

152 彩鹳

喙黑色

喙红色

158
秃鹳

156
白鹳

155
白颈鹳

喙不能闭合

juv.

br.

148
大红鹳

153
钳嘴鹳

149. 红嘴鹲

Red-billed Tropicbird

Phaethon aethereus

46 cm

150. 红尾鹲

Red-tailed Tropicbird

Phaethon rubricauda

46 cm

151. 白尾鹲

White-tailed Tropicbird

Phaethon lepturus

37 cm

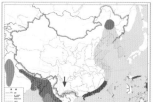

159. 黑头白鹮

Black-headed Ibis

Threskiornis melanocephalus

70 cm

160. 白肩黑鹮

White-shouldered Ibis

Pseudibis davisoni

75 cm

161. 朱鹮

Crested Ibis

Nipponia nippon

60 cm

162. 彩鹮

Glossy Ibis

Plegadis falcinellus

60 cm

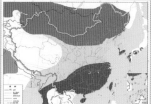

163. 白琵鹭

Eurasian Spoonbill

Platalea leucorodia

84 cm

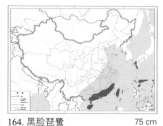

75 cm

164. 黑脸琵鹭

Black-faced Spoonbill

Platalea minor

149 红嘴鹲

juv.

喙黄

151 白尾鹲

juv.

尾白

喙红

细的黑色横斑

尾白

斜的黑斑

juv.

150 红尾鹲

尾红

160 白肩黑鹮

白斑

162
彩鹮

具金属光泽

161
朱鹮

br.

163 白琵鹭

眼周白色

略黄

眼周黑色

黑色

164
黑脸琵鹭

埃及圣鹮

飞羽末端黑色

br.

飞羽末端白色

暗红色裸皮

159 黑头白鹮

165. 大麻鸦
Great Bittern
Botaurus stellaris
75 cm

166. 小苇鸦
Little Bittern
Ixobrychus minitus
35 cm

167. 黄苇鸦
Yellow Bittern
Ixobrychus sinensis
32 cm

168. 紫背苇鸦
Von Schrenck's Bittern
Ixobrychus eurhythmus
35 cm

169. 栗苇鸦
Cinnamon Bittern
Ixobrychus cinnamomeus
35 cm

170. 黑鸦
Black Bittern
Ixobrychus flavicollis
54 cm

171. 海南鸦
White-eared Night Heron
Gorsachius magnificus
58 cm

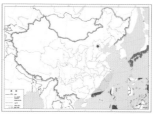

172. 栗鸦
Japanese Night Heron
Goraschius goisagi
45 cm

173. 黑冠鸦
Malayan Night Heron
Gorsachius melanolophus
45 cm

175. 棕夜鹭
Nankeen Night Heron
Nycticorax caledonicus
58 cm

♀

沾粉色

背黑色

♂

166 小苇鳽

juv.

背黄褐色

167 黄苇鳽

juv.

栗红色

169 栗苇鳽

栗色，密布白色斑点

紫红色

♀

♂

♀

168 紫背苇鳽

栗褐色

栗褐色

黑色条带

172 栗鳽

具白色贯眼纹

171 海南鳽

黑色

淡黄色

170 黑鳽

♂

♀

黑色

173 黑冠鳽

点斑

juv.

蓝黑色

颜色较均匀

165 大麻鳽

175 棕夜鹭

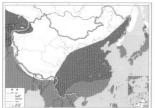

174. 夜鹭

Black-crowned Night Heron

Nycticorax nycticorax

60 cm

176. 绿鹭

Striated Heron

Butorides striata

43 cm

177. 印度池鹭

Indian Pond-Heron

Ardeola grayii

46 cm

178. 池鹭

Chinese Pond-Heron

Ardeola bacchus

46 cm

179. 爪哇池鹭

Javan Pond-Heron

Ardeola speciosa

45 cm

181. 苍鹭

Grey Heron

Ardea cinerea

95 cm

183. 草鹭

Purple Heron

Ardea purpurea

90 cm

187. 白脸鹭

White-faced Heron

Egretta novaehollandiae

65 cm

183
草鹭

181 苍鹭

imm.

脸部白色

imm.

187 白脸鹭

色浅

非br.
背灰色
non-br.

br.

背棕红色

177 印度池鹭

179
爪哇池鹭

imm.

imm.

色深
br.

176
绿鹭

imm.

黑色斑纹

178
池鹭

174
夜鹭

180. 牛背鹭

Eastern Cattle Egret

Bubulcus coromandus

50 cm

182. 白腹鹭

White-bellied Heron

Ardea insignis

125 cm

184. 大白鹭

Great Egret

Ardea alba

90 cm

185. 中白鹭

Intermediate Egret

Ardea intermedia

65 cm

186. 斑鹭

Pied Heron

Egretta picata

50 cm

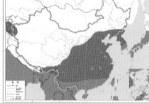

188. 白鹭

Little Egret

Egretta garzetta

60 cm

189. 岩鹭

Pacific Reef-Heron

Egretta sacra

60 cm

190. 黄嘴白鹭

Chinese Egret

Egretta eulophotes

65 cm

偏橙色

180 牛背鹭

黄色

br.

黑色

non-br.

成体偏灰蓝色

腹部以下白色

imm.

186 斑鹭

色浅

喉白色

182 白腹鹭

br.

橙黄色

黄褐色

黑色

190 黄嘴白鹭

189 岩鹭

浅黄色

br.

深色型

黄绿色，较短

浅色型

嘴裂至眼下

喙尖黑色

br.

184 大白鹭

嘴裂延伸至眼后

br.

黄色

深色型
（罕见）

黑色

185 中白鹭

188 白鹭

趾黄色

191. 白鹈鹕
Great White Pelican
Pelecanus onocrotalus
160 cm

192. 斑嘴鹈鹕
Spot-billed Pelican
Pelecanus philippensis
140 cm

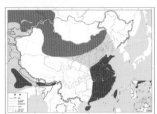

193. 卷羽鹈鹕
Dalmatian Pelican
Pelicanus crispus
170 cm

200. 黑颈鸬鹚
Little Cormorant
Microcarbo niger
55 cm

201. 侏鸬鹚
Pygmy Cormorant
Microcarbo pygmaeus
50 cm

202. 海鸬鹚
Pelagic Cormorant
Urile pelagicus
70 cm

203. 红脸鸬鹚
Red-faced Cormorant
Urile urile
76 cm

204. 普通鸬鹚
Great Cormorant
Phalacrocorax carbo
90 cm

205. 暗绿背鸬鹚
Japanese Cormorant
Phalacrocorax capillatus
85 cm

红色区域多位于眼下

深棕色

br. 202 海鸬鹚

201 侏鸬鹚

br.

黄色区域边缘尖锐

br. 205 暗绿背鸬鹚

br. 200 黑颈鸬鹚

金属绿色

黄色区域边缘钝圆

204 普通鸬鹚

黑色

脸部皮肤裸露，红色

br. 203 红脸鸬鹚

（2021年10月，云南瑞丽有目击记录）

黑腹蛇鹈

juv.

冠羽不卷曲

191 白鹈鹕

粉色裸皮

204 普通鸬鹚

non-br.

冠羽卷曲

193 卷羽鹈鹕

juv.

193

192

上喙具蓝色斑点 斑嘴鹈鹕

（已多年无有确切记录）

194. 白腹军舰鸟
Christmas Island Frigatebird
Fregata andrewsi
95 cm

195. 大军舰鸟
Great Frigatebird
Fregata minor
95 cm

196. 白斑军舰鸟 75 cm
Lesser Frigatebird
Fregata ariel

197. 蓝脸鲣鸟
Masked Booby
Sula dactylatra
86 cm

198. 红脚鲣鸟
Red-footed Booby
Sula sula
71 cm

199. 褐鲣鸟
Brown Booby
Sula leucogaster
69 cm

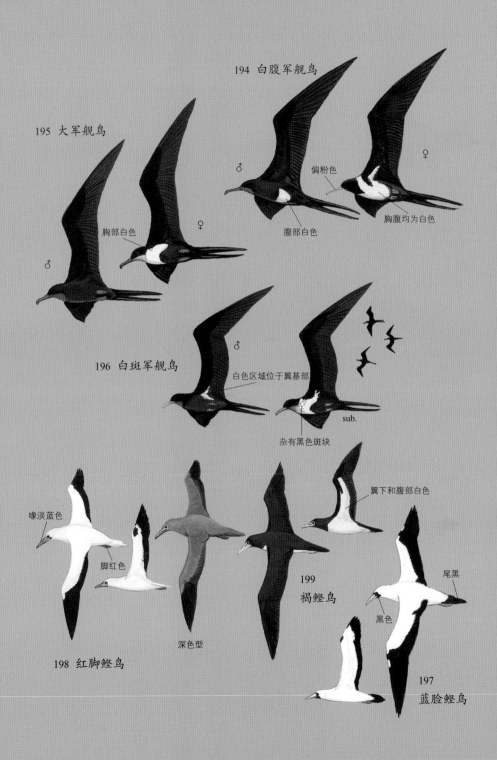

194 白腹军舰鸟

195 大军舰鸟

♂

♀

偏粉色

腹部白色

胸腹均为白色

胸部白色

♂

♀

196 白斑军舰鸟

♂

白色区域位于翼基部

sub.

杂有黑色斑块

喙淡蓝色

脚红色

深色型

翼下和腹部白色

199 褐鲣鸟

尾黑

黑色

198 红脚鲣鸟

197 蓝脸鲣鸟

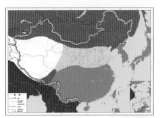

206. 鹗

Western Osprey

Pandion haliaetus

55 cm

207. 黑翅鸢

Black-winged Kite

Elanus caeruleus

35 cm

212. 褐冠鹃隼

Jerdon's Baza

Aviceda jerdoni

45 cm

213. 黑冠鹃隼

Black Baza

Aviceda leuphotes

32 cm

219. 蛇雕

Crested Serpent Eagle

Spilornis cheela

60 cm

220. 短趾雕

Short-toed Snake Eagle

Circaetus gallicus

65 cm

221. 凤头鹰雕

Changeable Hawk-Eagle

Nisaetus cirrhatus

70 cm

222. 鹰雕

Mountain Hawk-Eagle

Nisaetus nipalensis

74 cm

206 鹗

翼指 5 枚

虹膜红色

207 黑翅鸢

翼尖黑

juv.

213 黑冠鹃隼

末端白色

juv.

219 蛇雕

具喉中线

212 褐冠鹃隼

褐色

褐色

220 短趾雕

白色，具横斑

点斑

白斑

尤明显羽冠

orientalis

横斑

羽冠长

国内分布的亚种停歇时
羽冠不明显

具纵纹

222 鹰雕

221 凤头鹰雕

nipalensis

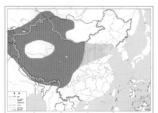

208. 胡兀鹫

Lammergeier

Gypaetus barbatus

110 cm

209. 白兀鹫

Egyptian Vulture

Neophron percnopterus

65 cm

210. 鹃头蜂鹰

European Honey Buzzard

Pernis apivorus

55 cm

211. 凤头蜂鹰

Oriental Honey-Buzzard

Pernis ptilorhynchus

58 cm

214. 白背兀鹫

White-rumped Vulture

Gyps bengalensis

85 cm

215. 高山兀鹫

Himalayan Vulture

Gyps himalayensis

120 cm

216. 兀鹫

Griffon Vulture

Gyps fulvus

100 cm

217. 黑兀鹫　80 cm

Red-headed Vulture

Sarcogyps calvus

218. 秃鹫

Cinereous Vulture

Aegypius monachus

110 cm

211 凤头蜂鹰

翼指通常 6 枚

ruficollis

orientalis

头较小

具不同色型

juv.

虹膜黄色

210 鹃头蜂鹰

裸皮黄色

209 白兀鹫

楔形尾

214 白背兀鹫

白色

深褐色

腰白色

深褐色

208 胡兀鹫

具"胡须"

浅灰或灰褐色

215 高山兀鹫

黄褐色

218 秃鹫

白色区域较 215 少

粉红色

具白斑

偏白

216 兀鹫

217 黑兀鹫

223. 棕腹隼雕
Rufous-bellied Eagle
Lophotriorchis kienerii
55 cm

224. 林雕
Black Eagle
Ictinaetus malayensis
70 cm

225. 乌雕
Greater Spotted Eagle
Clanga clanga
70 cm

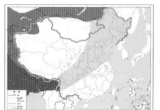

226. 靴隼雕
Booted Eagle
Hieraaetus pennatus
50 cm

227. 草原雕
Steppe Eagle
Aquila nipalensis
75 cm

228. 白肩雕
Eastern Imperial Eagle
Aquila heliaca
75 cm

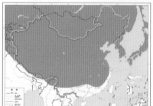

229. 金雕
Golden Eagle
Aquila chrysaetos
90 cm

230. 白腹隼雕
Bonelli's Eagle
Aquila fasciata
60 cm

喉白

ad.

juv.
亚成鸟腹部白色

棕色

223 棕腹隼雕

ad.

浅色型

juv.

ad.
皮黄色

225 乌雕

具深色横斑

227 草原雕

ad.

juv.

白色横带

长方形翼

近黑色

ad.

juv.

224 林雕

皮黄色

ad.
肩羽白色

228 白肩雕

浅色翼窗

juv.

深色型

浅色型

226
靴隼雕

ad.

腹部具纵纹

juv.

棕色

白斑明显

金黄色

ad.

juv.

229 金雕

230 白腹隼雕

231. 凤头鹰
Crested Goshawk
Accipiter trivirgatus
42 cm

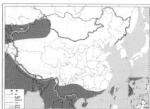

232. 褐耳鹰
Shikra
Accipiter badius
35 cm

233. 赤腹鹰
Chinese Sparrowhawk
Accipiter soloensis
33 cm

234. 日本松雀鹰
Japanese Sparrowhawk
Accipiter gularis
27 cm

235. 松雀鹰
Besra
Accipiter virgatus
33 cm

236. 雀鹰
Eurasian Sparrowhawk
Accipiter nisus
35 cm

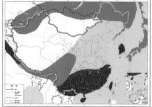

237. 苍鹰
Northern Goshawk
Accipiter gentilis
55 cm

喉中线

羽冠较明显

indicus

juv.

横斑

231 凤头鹰

juv.

灰白色

末端黑

喉中线
不明显

232 褐耳鹰

灰褐色

233 赤腹鹰

234 日本松雀鹰

羽缘色浅

喉中线细

橙红色

juv.

juv.

白眉纹明显

褐色横纹

236 雀鹰

♀

juv.

♀

红色横纹

细横斑

♂

nisosimilis

237 苍鹰

albidus

翼下斑纹较 234 明显

♀

235 松雀鹰

喉中线较 234 粗

♂

深褐色纵纹

juv.

♂

白色眉纹

ad.

横纹密而细

juv.

schvedowi

affinis

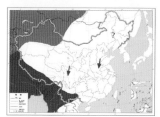

238. 白头鹞
Western Marsh Harrier
Circus aeruginosus
50 cm

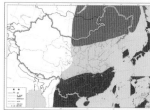

239. 白腹鹞
Eastern Marsh Harrier
Circus spilonotus
54 cm

240. 白尾鹞
Hen Harrier
Circus cyaneus
50 cm

238 白头鹞
♀
皮黄色
无白色
无白色
灰色
灰色
♂
juv.
翼指 5 枚

239 白腹鹞
♂
黑色
黑灰带纵纹
灰白
灰白
♂
♀
白色胸环
juv.
翼指 5 枚

240 白尾鹞
♀
♂
灰
白色
♂
♀
白
斑纹明显
翼指 5 枚
juv.

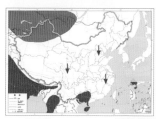

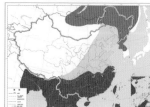

241. 草原鹞

Pallid Harrier

Circus macrourus

45 cm

242. 鹊鹞

Pied Harrier

Circus melanoleucos

44 cm

243. 乌灰鹞

Montagu's Harrier

Circus pygargus

45 cm

♀

肩白　翼指5枚

♂

黑白分明

juv.

242 鹊鹞

♀

灰白色

♂

白色

♀

色浅

翼指4枚

juv.

241 草原鹞

♂

白色区域窄

黑色横带

♀

棕褐色纵纹

♂

juv.

243 乌灰鹞

翼指4枚

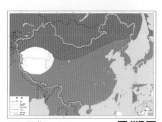

244. 黑鸢

Black Kite

Milvus migrans

60 cm

245. 栗鸢

Brahminy Kite

Haliastur indus

45 cm

246. 白腹海雕

White-bellied Sea Eagle

Haliaeetus leucogaster

75 cm

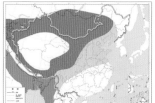

247. 玉带海雕

Pallas's Fish Eagle

Haliaeetus leucoryphus

80 cm

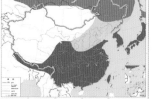

248. 白尾海雕

White-tailed Eagle

Haliaeetus albicilla

85 cm

249. 虎头海雕

Steller's Sea Eagle

Haliaeetus pelagicus

100 cm

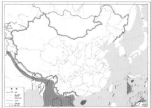

250. 渔雕

Lesser Fish Eagle

Ichthyophaga humilis

60 cm

翼指 6 枚

246 白腹海雕

翼指 7 枚

尾白

248 白尾海雕

皮黄色，
亚成鸟色深

翼指 6 枚

端黑

翼指 7 枚

247 玉带海雕

翼指 7 枚

250 渔雕

喙粗壮

肩白

249 虎头海雕

244

juv.

lineatus

migrans

244 黑鸢

245 粟鸢

叉尾

juv.

白色翅窗

juv.

翼指 6 枚

翼指 6 枚

251. 白眼鵟鹰
White-eyed Buzzard
Butastur teesa

40 cm

252. 棕翅鵟鹰
Rufous-winged Buzzard
Butastur liventer

38 cm

253. 灰脸鵟鹰
Grey-faced Buzzard
Butastur indicus

45 cm

虹膜白色

ad.

喉中线

juv.

251 白眼鹭鹰

ad.

栗红色

252 棕翅鹭鹰

ad.

253 灰脸鹭鹰

ad.

juv.

白眉纹

喉中线明显

被羽

254 毛脚鹭

256 普通鹭

259 欧亚鹭

258 棕尾鹭

尾棕色

257 喜山鹭

被羽

255 大鹭

254. 毛脚鵟

Rough-legged Buzzard

Buteo lagopus

55 cm

255. 大鵟

Upland Buzzard

Buteo hemilasius

70 cm

257. 喜山鵟

Himalayan Buzzard

Buteo refectus

50 cm

258. 棕尾鵟

Long-legged Buzzard

Buteo rufinus

60 cm

256. 普通鵟

Eastern Buzzard

Buteo japonicus

55 cm

259. 欧亚鵟

Eurasian Buzzard

Buteo buteo

55 cm

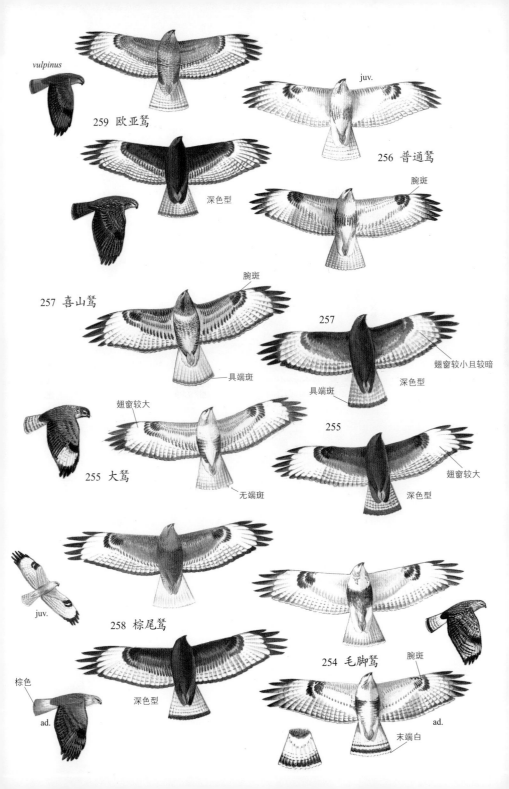

vulpinus

259 欧亚鵟

juv.

256 普通鵟

深色型

腕斑

257 喜山鵟

腕斑

具端斑

257

翅窗较小且较暗

深色型

具端斑

翅窗较大

255

255 大鵟

无端斑

深色型

翅窗较大

juv.

258 棕尾鵟

254 毛脚鵟

腕斑

棕色

ad.

深色型

ad.

末端白

260. 大鸨

Great Bustard

Otis tarda

100 cm

60 cm

261. 波斑鸨

Mcqueen's Bustard

Chlamydotis macqueeni

262. 小鸨

Little Bustard

Tetrax tetrax

43 cm

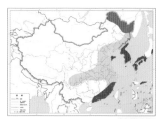

263. 花田鸡

Swinhoe's Crake

Coturnicops exquisitus

13 cm

264. 红腿斑秧鸡

Red-legged Crake

Rallina fasciata

23 cm

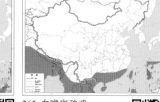

265. 白喉斑秧鸡

Slaty-legged Crake

Rallina eurizonoides

25 cm

266. 蓝胸秧鸡

Slaty-breasted Rail

Lewinia striata

29 cm

267. 西方秧鸡

Water Rail

Rallus aquaticus

29 cm

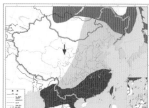

268. 普通秧鸡

Brown-cheeked Rail

Rallus indicus

29 cm

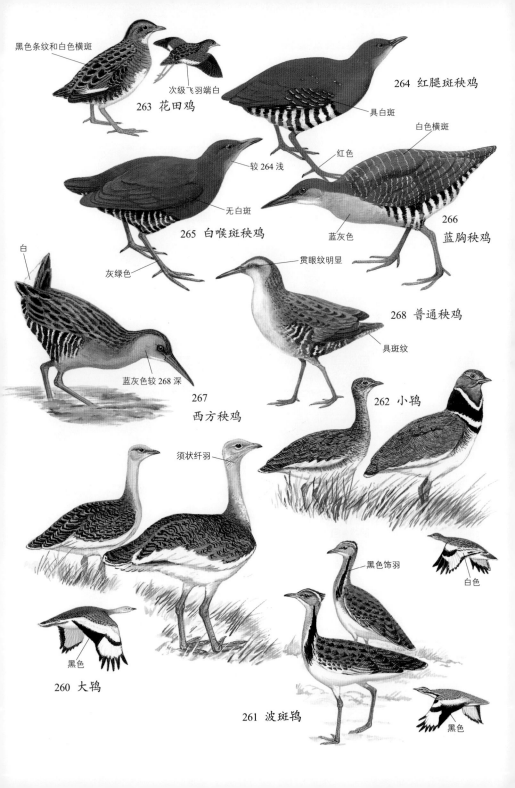

黑色条纹和白色横斑

次级飞羽端白

263 花田鸡

264 红腿斑秧鸡

具白斑

白色横斑

较264浅

红色

无白斑

265 白喉斑秧鸡

蓝灰色

266
蓝胸秧鸡

白

贯眼纹明显

灰绿色

268 普通秧鸡

具斑纹

蓝灰色较268深

267
西方秧鸡

262 小鸨

须状纤羽

黑色饰羽

白色

黑色

260 大鸨

261 波斑鸨

黑色

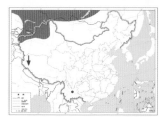

269. 长脚秧鸡
Corn Crake
Crex crex
26 cm

270. 红脚苦恶鸟
Brown Crake
Zapornia akool
27 cm

271. 棕背田鸡
Black-tailed Crake
Zapornia bicolor
22 cm

272. 姬田鸡
Little Crake
Zapornia parva
19 cm

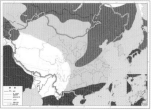

273. 小田鸡
Baillon's Crake
Zapornia pusilla
18 cm

274. 斑胸田鸡
Spotted Crake
Porzana porzana
23 cm

275. 红胸田鸡
Ruddy-breasted Crake
Zapornia fusca
20 cm

276. 斑胁田鸡
Band-bellied Crake
Zapornia paykullii
23 cm

277. 白胸苦恶鸟
White-breasted Waterhen
Amaurornis phoenicurus
33 cm

278. 白眉田鸡
White-browed Crake
Amaurornis cinerea
20 cm

灰眉纹

褐色

褐色

270 红脚苦恶鸟

褐色斑带

269 长脚秧鸡

277 白胸苦恶鸟

尾黑色 棕色

271 棕背田鸡

白色

背部点斑

喙基部红色

栗色

272 姬田鸡

翼无白斑

横纹窄

点斑比 272 多

273 小田鸡

275 红胸田鸡

斑点密布

较 275 色淡

翼上白点斑

两胁具横纹

眉及颊纹白色

喉部色浅

278 白眉田鸡

宽横纹

274 斑胸田鸡

276 斑胁田鸡

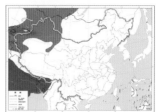

78. 西鹌鹑
Common Quail
Coturnix coturnix
18 cm

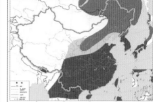

79. 鹌鹑
Japanese Quail
Coturnix japonica
20 cm

80. 蓝胸鹑
King Quail
Synoicus chinensis
14 cm

279. 董鸡
Watercock
Gallicrex cinerea
40 cm

280. 紫水鸡
Grey-headed Swamphen
Porphyrio poliocephalus
45 cm

281. 黑背紫水鸡
Black-backed Swamphen
Porphyrio indicus
40 cm

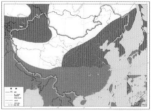

282. 黑水鸡
Common Moorhen
Gallinula chloropus
31 cm

283. 骨顶鸡
Eurasian Coot
Fulica atra
40 cm

293. 林三趾鹑
Common Buttonquail
Turnix sylvaticus
14 cm

294. 黄脚三趾鹑
Yellow-legged Buttonquail
Turnix tanki
16 cm

295. 棕三趾鹑
Barred Buttonquail
Turnix suscitator
15 cm

栗色

♂ ♀

79 鹌鹑

无栗色

♂ ♀

78 西鹌鹑

皮黄色

♀

白色半颈环

♂

80

蓝胸鹑

黑棕相间斑纹

♂

♀

国内分布亚种
颜色较淡

293 林三趾鹑

沾棕色

♀

黄色

♂

294 黄脚三趾鹑

黑斑

♂

295 棕三趾鹑

全黑

♀

281 黑背紫水鸡

偏黑

280 紫水鸡

偏蓝

偏绿

红色突起

279 董鸡

♀

♂

红色

端黄

白色细纹

282 黑水鸡

两侧白色

白色

283 骨顶鸡

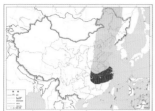

284. 白鹤

Siberian Crane

Leucogeranus leucogeranus

135 cm

285. 沙丘鹤

Sandhill Crane

Antigone canadensis

105 cm

286. 白枕鹤

White-naped Crane

Antigone vipio

135 cm

287. 赤颈鹤

Sarus Crane

Antigone antigone

150 cm

288. 蓑羽鹤

Demoiselle Crane

Grus virgo

85 cm

289. 丹顶鹤

Red-crowned Crane

Grus japonensis

140 cm

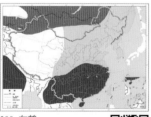

290. 灰鹤

Common Crane

Grus grus

110 cm

291. 白头鹤

Hooded Crane

Grus monacha

95 cm

292. 黑颈鹤

Black-necked Crane

Grus nigricollis

115 cm

初级飞羽黑色　284 白鹤

287 赤颈鹤

红色裸皮

灰色

灰黑色

286 白枕鹤

285 沙丘鹤

灰色

灰白

288 蓑羽鹤

下垂羽毛

红色

白色

290 灰鹤

灰白色斑

初级飞羽白色

白色

黑色

灰白色

暗灰色

289 丹顶鹤

292 黑颈鹤

291 白头鹤

次级和
三级飞
羽黑色

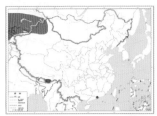

296. 欧石鸻
Eurasian Thick-knee
Burhinus oedicnemus
41 cm

297. 大石鸻
Great Thick-knee
Esacus recurvirostris
55 cm

298. 蛎鹬
Eurasian Oystercatcher
Haematopus ostralegus
44 cm

299. 鹮嘴鹬
Ibisbill
Ibidorhyncha struthersii
40 cm

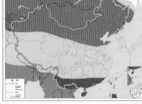

300. 黑翅长脚鹬
Black-winged Stilt
Himantopus himantopus
37 cm

301. 反嘴鹬
Pied Avocet
Recurvirostra avosetta
43 cm

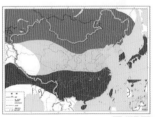

302. 凤头麦鸡
Northern Lapwing
Vanellus vanellus
30 cm

304. 灰头麦鸡
Grey-headed Lapwing
Vanellus cinereus
35 cm

灰褐色
296 欧石鸻

喙长且粗壮
眼后黑色
297 大石鸻

298 蛎鹬
喙直，红色

299 鹮嘴鹬
长且下弯
灰褐色
黑色胸带

300 黑翅长脚鹬

301 反嘴鹬
喙上翘
覆羽黑
飞羽黑
红色

灰色
304 灰头麦鸡

具羽冠
胸部黑色
302 凤头麦鸡

黑色胸带

303. 距翅麦鸡

River Lapwing

Vanellus duvaucelli

30 cm

305. 肉垂麦鸡

Red-wattled Lapwing

Vanellus indicus

33 cm

306. 黄颊麦鸡

Sociable Lapwing

Vanellus gregarius

28 cm

307. 白尾麦鸡

White-tailed Lapwing

Vanellus leucurus

28 cm

308. 欧金鸻

European Golden Plover

Pluvialis apricaria

28 cm

309. 金斑鸻

Pacific Golden Plover

Pluvialis fulva

25 cm

310. 美洲金鸻

American Golden Plover

Pluvialis dominica

25 cm

311. 灰斑鸻

Grey Plover

Pluvialis squatarola

28 cm

白色无斑　307　白尾麦鸡

305　肉垂麦鸡

耳羽白色

喙尖黑色

较繁殖羽色浅

黑色贯眼纹

non-br.

br.

306　黄颊麦鸡

深色斑块

尾黑

黑色

灰白色

肉质距

303　距翅麦鸡

non-br.

白色夹杂斑纹

br.

309　金斑鸻

non-br.

纯黑

br.

310　美洲金鸻

灰色

喙较粗壮

non-br.

下腹部白色

non-br.

br.

311　灰斑鸻

白色宽且几乎无杂斑

br.

308　欧金鸻

312. 剑鸻

Common Ringed Plover

Charadrius hiaticula

19 cm

313. 长嘴剑鸻

Long-billed Plover

Charadrius placidus

22 cm

314. 金眶鸻

Little Ringed Plover

Charadrius dubius

16 cm

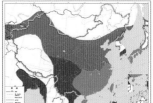

315. 环颈鸻

Kentish Plover

Charadrius alexandrinus

16 cm

316. 白脸鸻

White-faced Plover

Charadrius dealbatus

16 cm

317. 蒙古沙鸻

Lesser Sand Plover

Charadrius mongolus

20 cm

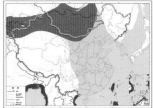

318. 铁嘴沙鸻

Greater Sand Plover

Charadrius leschenaultii

23 cm

319. 红胸鸻

Caspian Plover

Charadrius asiaticus

20 cm

320. 东方鸻

Oriental Plover

Charadrius veredus

24 cm

321. 小嘴鸻

Eurasian Dotterel

Charadrius morinellus

22 cm

312 剑鸻

juv.

喙尖黑

313 长嘴剑鸻

juv.

314 金眶鸻

juv.

金色眼圈

金色眼圈不明显

喙较 314 长

315 环颈鸻

juv.

棕色

颈环不闭合

317 蒙古沙鸻

juv.

喙短

灰黑色细纹

无白斑

atrifrons

几乎无黑色

颈环短

juv.

白眉纹

321 小嘴鸻

白色斑带

316 白脸鸻

juv.

319 红胸鸻

白色

喙较 317 长且粗壮

juv.

斑带较窄

灰白

分界不清晰

juv.

318 铁嘴沙鸻

320 东方鸻

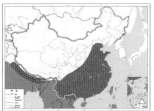

323. 水雉
Pheasant-tailed Jacana
Hydrophasianus chirurgus
50 cm

324. 铜翅水雉
Bronze-winged Jacana
Metopidius indicus
29 cm

325. 中杓鹬
Whimbrel
Numenius phaeopus
43 cm

326. 小杓鹬
Little Curlew
Numenius minutus
30 cm

327. 大杓鹬
Eastern Curlew
Numenius madagascariensis
63 cm

328. 白腰杓鹬
Eurasian Curlew
Numenius arquata
60 cm

329. 斑尾塍鹬
Bar-tailed Godwit
Limosa lapponica
40 cm

330. 黑尾塍鹬
Black-tailed Godwit
Limosa limosa
40 cm

334. 流苏鹬
Ruff
Calidris pugnax
28 cm

328 白腰杓鹬

长且下弯

325 中杓鹬

白

灰色眉纹短

下弯

326 小杓鹬

略下弯

偏白

白色

白

长且下弯

无白色

327 大杓鹬

灰褐

灰褐

饰羽

334 流苏鹬

non-br.

br.

330 黑尾塍鹬

br.

黑

melanuroides

白斑

limosa

端黑

330

br.

略上翘

non-br.

带斑

329 斑尾塍鹬

non-br.

带斑

boveri

329

lapponica

金黄色

白色眉纹

栗色

泛金属光泽

324 铜翅水雉

323 水雉

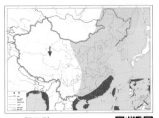

331. 翻石鹬

Ruddy Turnstone

Arenaria interpres

23 cm

332. 大滨鹬

Great Knot

Calidris tenuirostris

28 cm

333. 红腹滨鹬

Red Knot

Calidris canutus

24 cm

335. 阔嘴鹬

Broad-billed Sandpiper

Calidris falcinellus

17 cm

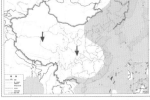

336. 尖尾滨鹬

Sharp-tailed Sandpiper

Calidris acuminata

19 cm

337. 高跷鹬

Stilt Sandpiper

Calidris himantopus

21 cm

345. 岩滨鹬

Rock Sandpiper

Calidris ptilocnemis

21 cm

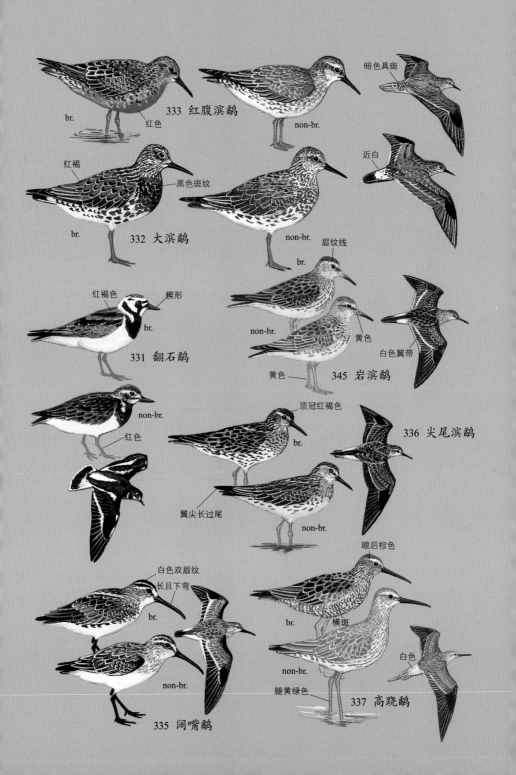

br.
红色
333 红腹滨鹬
non-br.
暗色具斑

红褐
黑色斑纹
br.
332 大滨鹬
non-br.
近白

红褐色
楔形
br.
331 翻石鹬
眉纹线
non-br.
黄色
白色翼带
黄色
345 岩滨鹬

non-br.
红色
336 尖尾滨鹬
顶冠红褐色
br.
翼尖长过尾
non-br.

白色双眉纹
长且下弯
br.
眼后棕色
br.
横斑
non-br.
白色
non-br.
腿黄绿色
337 高跷鹬
335 阔嘴鹬

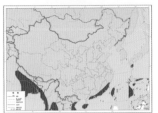

339. 青脚滨鹬
Temminck's Stint
Calidris temminckii
14 cm

340. 长趾滨鹬
Long-toed Stint
Calidris subminuta
14 cm

341. 勺嘴鹬
Spoon-billed Sandpiper
Calidris pygmaea
15 cm

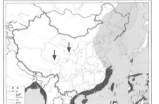

342. 红颈滨鹬
Red-necked Stint
Calidris ruficollis
15 cm

346. 黑腰滨鹬
Baird's Sandpiper
Calidris bairdii
15 cm

347. 小滨鹬
Little Stint
Calidris minuta
14 cm

348. 姬滨鹬
Least Sandpiper
Calidris minutilla
14 cm

352. 西方滨鹬
Western Sandpiper
Calidris mauri
16 cm

342 红颈滨鹬

较339 对比不明显
短厚
红色
br.
non-br.
黑色
juv.

浅色 "V"
较342 长
347 小滨鹬
br.
深灰
juv.
non-br.

341 勺嘴鹬
br.
勺形
non-br.

339 青脚滨鹬
短，黄色
br.
non-br.
尾外沿白

贯眼纹略棕
脸白
br.
352 西方滨鹬
non-br.
粗，略下弯
近黑

眉纹浅
外缘暗淡
眉纹明显
juv.
br.
non-br.
偏绿
340 长趾滨鹬

翼尖长过尾
br.
细
348 姬滨鹬
较340 浅
不明显
背呈弯形
黑纵纹
br.
non-br.
灰色
非non-br.
黄色
346 黑腰滨鹬

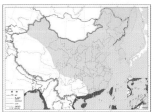

338. 弯嘴滨鹬
Curlew Sandpiper
Calidris ferruginea
21 cm

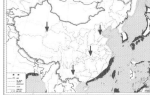

343. 三趾滨鹬
Sanderling
Calidris alba
20 cm

344. 黑腹滨鹬
Dunlin
Calidris alpina
19 cm

349. 白腰滨鹬
White-rumped Sandpiper
Calidris fuscicollis
17 cm

350. 饰胸鹬
Buff-breasted Sandpiper
Calidris subruficollis
19 cm

351. 斑胸滨鹬
Pectoral Sandpiper
Calidris melanotos
22 cm

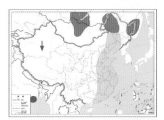

353. 半蹼鹬
Asian Dowitcher
Limnodromus semipalmatus
35 cm

354. 长嘴鹬
Long-billed Dowitcher
Limnodromus scolopaceus
27 cm

343 三趾滨鹬

br.

non-br.

无后趾

暗色肩

白色翼带

灰色纵纹

碎纹多

喙两色，基部黄色

br.

non-br.

纵纹

黄色

351 斑胸滨鹬

两侧白色

br.

黑

暗色腰

喙下弯较338短

non-br.

344 黑腹滨鹬

眉纹

br.

白色

non-br.

喙长且下弯

non-br.

338 弯嘴滨鹬

皮黄色

皮黄色

头顶红褐

斑纹重

略下弯

350 饰胸鹬

腰白色

349 白腰滨鹬

354 长嘴鹬

non-br.

黄色

色暗

尖端较钝

繁殖羽黄褐色或红褐色

non-br.

较354色深

繁殖羽红褐色

黄色

腋羽色较深

较淡

色暗

短嘴半蹼鹬
（可能有分布）

353 半蹼鹬

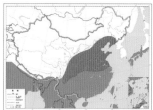

322. 彩鹬
Greater Painted Snipe
Rostratula benghalensis
25 cm

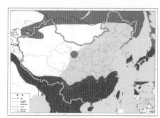

355. 丘鹬
Eurasian Woodcock
Scolopax rusticola
35 cm

356. 姬鹬
Jack Snipe
Lymnocryptes minimus
19 cm

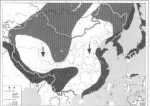

357. 孤沙锥
Solitary Snipe
Gallinago solitaria
29 cm

358. 澳南沙锥
Latham's Snipe
Gallinago hardwickii
30 cm

359. 林沙锥
Wood Snipe
Gallinago nemoricola
30 cm

360. 针尾沙锥
Pintail Snipe
Gallinago stenura
25 cm

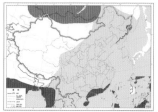

361. 大沙锥
Swinhoe's Snipe
Gallinago megala
28 cm

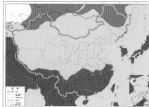

362. 扇尾沙锥
Common Snipe
Gallinago gallinago
26 cm

322 彩鹬

♀　♂

黑色粗纹

355 丘鹬

360 针尾沙锥

翅与尾几乎平齐

趾出尾较多

色暗

359 林沙锥

362 扇尾沙锥

边缘白色

白斑

趾出尾

褐色横斑
喙较 362 短

358 澳南沙锥

361 大沙锥

翅不到尾

趾略出尾

红褐色较重

357 孤沙锥

无白斑

趾不出尾

从内到外逐渐变窄

360　　　362　　　361　　　357

针状　尾羽等宽

斑纹清晰

356 姬鹬

皮黄色纹

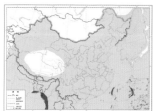

363. 翘嘴鹬
Terek Sandpiper
Xenus cinereus
23 cm

364. 红颈瓣蹼鹬
Red-necked Phalarope
Phalaropus lobatus
18 cm

365. 灰瓣蹼鹬
Red Phalarope
Phalaropus fulicarius
21 cm

366. 矶鹬
Common Sandpiper
Actitis hypoleucos
19 cm

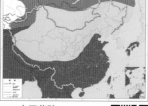

367. 白腰草鹬
Green Sandpiper
Tringa ochropus
23 cm

370. 小黄脚鹬
Lesser Yellowlegs
Tringa flavipes
24 cm

372. 泽鹬
Marsh Sandpiper
Tringa stagnatilis
24 cm

373. 林鹬
Wood Sandpiper
Tringa glareola
20 cm

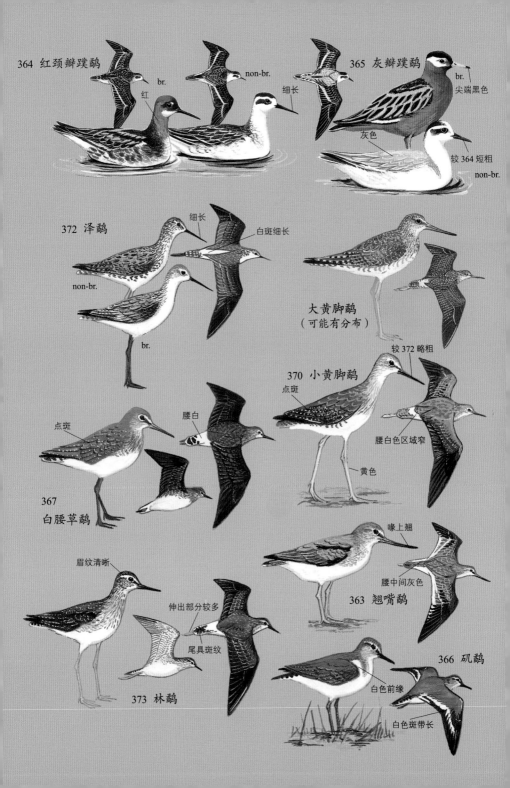

364 红颈瓣蹼鹬
br.
红
non-br.
细长

365 灰瓣蹼鹬
br.
尖端黑色
灰色
较364短粗
non-br.

372 泽鹬
细长
白斑细长
non-br.
br.

大黄脚鹬
（可能有分布）

较372略粗

370 小黄脚鹬
点斑
腰白色区域窄
黄色

点斑
腰白

367
白腰草鹬

喙上翘
腰中间灰色
363 翘嘴鹬

眉纹清晰
伸出部分较多
尾具斑纹
373 林鹬

白色前缘

366 矶鹬
白色斑带长

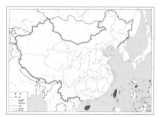

368. 漂鹬

Wandering Tattler

Tringa incana

28 cm

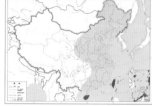

369. 灰尾漂鹬

Grey-tailed Tattler

Tringa brevipes

25 cm

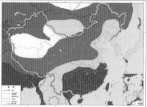

371. 红脚鹬

Common Redshank

Tringa totanus

28 cm

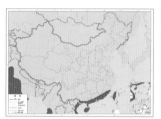

374. 鹤鹬

Spotted Redshank

Tringa erythropus

30 cm

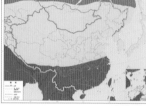

375. 青脚鹬

Common Greenshank

Tringa nebularia

32 cm

376. 小青脚鹬

Nordmann's Greenshank

Tringa guttifer

31 cm

377. 领燕鸻

Collared Pratincole

Glareola pratincola

25 cm

378. 普通燕鸻

Oriental Pratincole

Glareola maldivarum

25 cm

379. 黑翅燕鸻

Black-winged Pratincole

Glareola nordmanni

25 cm

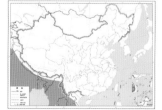

380. 灰燕鸻

Small Pratincole

Glareola lactea

18 cm

381. 白顶玄鸥

Brown Noddy

Anous stolidus

42 cm

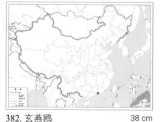

382. 玄鸥

Black Noddy

Anous minutus

38 cm

374 鹤鹬

黑色
br.

non-br.

371 红脚鹬

br.

non-br.

上下喙基部红色
371

374

喙更长更细

下喙基部红色

眉纹长

翅和尾平齐

br.

369 灰尾漂鹬

non-br.
尾灰

喙长且略上翘
白色较长
br.

375
青脚鹬

non-br.
具横斑

具斑纹

眉纹短

翅长于尾

368 漂鹬

喙末端较粗，
略上翘
br.

无横斑

376 小青脚鹬

non-br.
无斑纹

喙较 382 略短粗

381 白顶玄鸥

较 382 色浅

黑色

382 玄燕鸥

377 领燕鸻

379 黑翅燕鸻

br.
深色

无白色后缘

后缘白色
较 378 长

380 灰燕鸻

白色
皮黄色

胸灰色

juv.

378 普通燕鸻

br.

384. 三趾鸥
Black-legged Kittiwake
Rissa tridactyla
40 cm

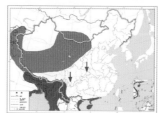

388. 棕头鸥
Brown-headed Gull
Chroicocephalus brunnicephalus
42 cm

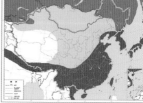

389. 红嘴鸥
Black-headed Gull
Chroicocephalus ridibundus
40 cm

390. 黑嘴鸥
Saunders's Gull
Chroicocephalus saundersi
32 cm

395. 遗鸥
Relict Gull
Ichthyaetus relictus
45 cm

396. 渔鸥
Pallas's Gull
Ichthyaetus ichthyaetus
68 cm

396 渔鸥

第一冬

端黑

端黑带粉色

杂斑

第一冬

尾黑

br.

粉色带黑环

non-br.

白眼圈明显

br. 暗红色

颈后有斑纹

喙黑

395 遗鸥

第一冬

388 棕头鸥

non-br.

br.

虹膜明显与389不同

第一冬

点斑

non-br.

第一冬

br.

389 红嘴鸥

non-br.

br.

喙黑，较短

390 黑嘴鸥

non-br.

第一冬

黄色

384 三趾鸥

"M"形图案

第一冬

br.

non-br.

385. 叉尾鸥
Sabine's Gull
Xema sabini
30 cm

386. 细嘴鸥
Slender-billed Gull
Chroicocephalus genei
43 cm

387. 澳洲红嘴鸥
Silver Gull
Chroicocephalus novaehollandiae　40 cm

391. 小鸥
Little Gull
Hydrocoloeus minutus
26 cm

392. 楔尾鸥
Ross's Gull
Rhodostethia rosea
31 cm

393. 笑鸥
Laughing Gull
Leucophaeus atricilla
38 cm

394. 弗氏鸥
Franklin's Gull
Leucophaeus pipixcan
34 cm

眼周红色
387 澳洲红嘴鸥
鲜红色

上喙下弯明显
393 笑鸥
星状白斑
br.

394 弗氏鸥
较393色浅
白斑大且明显
br.

喙较细长
386 细嘴鸥
br.
略沾粉色
第一冬

br.
第一冬

暗红
眼圈不明显
边缘白色
br.
385 叉尾鸥
深灰黑色
尖端黄
"M"形
391 小鸥
黑色尾带
第一冬
浅叉状
第一冬
non-br.
non-br.

黑色
br.
具颈环
392 楔尾鸥
楔状
第一冬
br. 沾粉色
non-br.

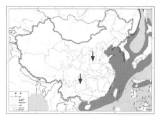

397. 黑尾鸥

Black-tailed Gull

Larus crassirostris

47 cm

398. 海鸥

Mew Gull

Larus canus

45 cm

399. 灰翅鸥

Glaucous-winged Gull

Larus glaucescens

65 cm

400. 北极鸥

Glaucous Gull

Larus hyperboreus

70 cm

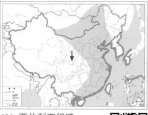

401. 西伯利亚银鸥

Vega Gull

Larus vegae

62 cm

402. 蒙古银鸥

Mongolian Gull

Larus mongolicus

60 cm

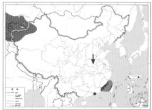

403. 黄脚银鸥

Yellow-legged Gull

Larus cachinnans

60 cm

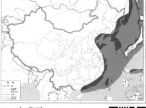

404. 灰背鸥

Slaty-backed Gull

Larus schistisagus

61 cm

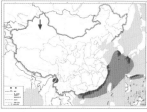

405. 乌灰银鸥

Heuglin's Gull

Larus heuglini

60 cm

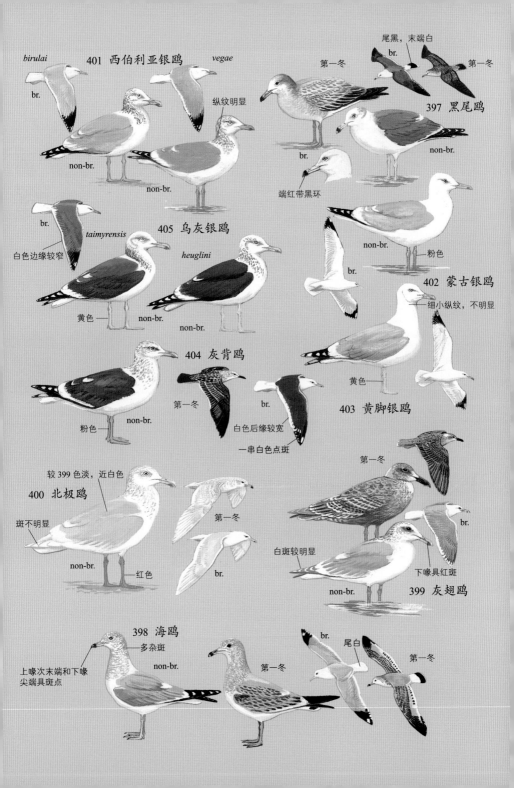

birulai　401 西伯利亚银鸥　*vegae*

第一冬　尾黑，末端白　br.　第一冬

397 黑尾鸥

纵纹明显

br.

non-br.

non-br.

non-br.

br.

端红带黑环

non-br.

405 乌灰银鸥

taimyrensis

白色边缘较窄

heuglini

non-br.

粉色

402 蒙古银鸥

黄色　non-br.

细小纵纹，不明显

non-br.

404 灰背鸥

黄色

第一冬

br.

白色后缘较宽

一串白色点斑

403 黄脚银鸥

第一冬

br.

较399色淡，近白色

400 北极鸥

斑不明显

白斑较明显

下喙具红斑

non-br.

红色

第一冬

br.

non-br.

399 灰翅鸥

398 海鸥

多杂斑

non-br.

br.　尾白

第一冬

上喙次末端和下喙
尖端具斑点

第一冬

408. 大凤头燕鸥
Great Crested Tern
Thalasseus bergii
48 cm

409. 小凤头燕鸥
Lesser Crested Tern
Thalasseus bengalensis
40 cm

410. 中华凤头燕鸥
Chinese Crested Tern
Thalasseus bernsteini

40 cm

411. 白嘴端凤头燕鸥
Sandwich Tern
Thalasseus sandvicensis
42 cm

413. 白腰燕鸥
Aleutian Tern
Onychoprion aleuticus
33 cm

416. 黄嘴河燕鸥
River Tern
Sterna aurantia

40 cm

420. 黑腹燕鸥
Black-bellied Tern
Sterna acuticauda
33 cm

423. 黑浮鸥
Black Tern
Chlidonias niger

24 cm

416 黄嘴河燕鸥

黄色
br.
红色
non-br.

浅黄色

409 小凤头燕鸥
juv.
羽冠小
橙黄色
non-br.
br.

黄绿色　羽冠较大且蓬松
br.
juv.

408 大凤头燕鸥
non-br.

410 中华凤头燕鸥
端部黑色
non-br.
br.
羽冠

端部黑色
non-br.
具斑
br.

420 黑腹燕鸥
从上到下逐渐变深

端部黄色
411 白嘴端凤头燕鸥

juv.
non-br.
边缘深色

深灰色斑
non-br.
juv.
黑色
白色
br.

br.　413 白腰燕鸥

423 黑浮鸥

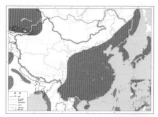

412. 白额燕鸥

Little Tern

Sternula albifrons

414. 褐翅燕鸥

Bridled Tern

Onychoprion anaethetus

37 cm

415. 乌燕鸥

Sooty Tern

Onychoprion fuscata

42 cm

417. 粉红燕鸥

Roseate Tern

Sterna dougallii

39 cm

418. 黑枕燕鸥

Black-naped Tern

Sterna sumatrana

32 cm

419. 普通燕鸥

Common Tern

Sterna hirundo

35 cm

24 cm

non-br. 有的亚种喙为黑色
br. juv.
黑色
419 普通燕鸥

br. 有时为红色
沾粉色
尾叉深 br.
juv.
灰色 non-br. juv.
417 粉红燕鸥

枕黑色 头顶白色
白色眉纹 外侧色深
juv.
418 黑枕燕鸥

br.
juv.
深灰色
414 褐翅燕鸥

白色集中在额部
br.
黑色
juv.
imm.
415 乌燕鸥

黄色带黑色尖端
br.
non-br. juv.
412 白额燕鸥

383. 白玄鸥
Common White Tern
Gygis alba
30 cm

406. 鸥嘴噪鸥
Gull-billed Tern
Gelochelidon nilotica
39 cm

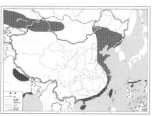

407. 红嘴巨鸥
Caspian Tern
Hydroprogne caspia
50 cm

421. 须浮鸥
Whiskered Tern
Chlidonias hybrida
25 cm

422. 白翅浮鸥
White-winged Tern
Chlidonias leucopterus
23 cm

421 须浮鸥
黑　暗红
br.
非br.
non-br.
br.
浅灰色
深灰色
non-br.
第一冬
juv.

422 白翅浮鸥
br.
br.
黑白对比明显
黑色
non-br.
non-br.
第一冬
juv.

406 鸥嘴噪鸥
br.
粗壮
non-br.
juv.
第一冬

407 红嘴巨鸥
non-br.
红色，末端黑
br.
juv.
br.

383 白玄鸥
黑色
juv.

424. 麦氏贼鸥

South Polar Skua

Catharacta maccormicki

55 cm

425. 中贼鸥

Pomarine Jaeger

Stercorarius pomarinus

53 cm

426. 短尾贼鸥

Parasitic Jaeger

Stercorarius parasiticus

45 cm

427. 长尾贼鸥

Long-tailed Jaeger

Stercorarius longicaudus

53 cm

428. 崖海鸦

Common Murre

Uria aalge

40 cm

429. 斑海雀

Long-billed Murrelet

Brachyramphus perdix

25 cm

430. 扁嘴海雀

Ancient Murrelet

Synthliboramphus antiquus

25 cm

431. 冠海雀

Japanese Murrelet

Synthliboramphus wumizusume

25 cm

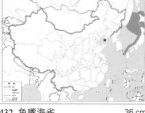

36 cm

432. 角嘴海雀

Rhinoceros Auklet

Cerorhinca monocerata

427 长尾贼鸥

br.

尾长

换羽期

juv.

浅色型

ad. 深色型

中间型

juv.

425 中贼鸥

br.

深色型

中央尾羽
末端钝

br.

浅色型

non-br.

浅色型
juv.

426 短尾贼鸥

br.

浅色型

non-br.

浅色型

juv.

中间型

尾短

深色型

br.

ad. 浅色型

ad. 中间型

近楔形

浅色型
juv.

424 麦氏贼鸥

br.

432 角嘴海雀

白色眉纹

黑色

黄色

non-br.

430

扁嘴海雀

br.

429 斑海雀

斑带

non-br.

br.

431 冠海雀

黑羽冠

br.

non-br.

428 崖海鸦

具眼后纹

non-br.

433. 西藏毛腿沙鸡

Tibetan Sandgrouse

Syrrhaptes tibetanus

40 cm

434. 毛腿沙鸡

Pallas's Sandgrouse

Syrrhaptes paradoxus

36 cm

435. 黑腹沙鸡

Black-bellied Sandgrouse

Pterocles orientalis

36 cm

436. 原鸽

Rock Pigeon

Columba livia

32 cm

437. 岩鸽

Hill Pigeon

Columba rupestris

32 cm

438. 雪鸽

Snow Pigeon

Columba leuconota

35 cm

439. 欧鸽

Stock Pigeon

Columba oenas

31 cm

440. 中亚鸽

Yellow-eyed Pigeon

Columba eversmanni

26 cm

441. 斑尾林鸽

Common Wood Pigeon

Columba palumbus

42 cm

433 西藏毛腿沙鸡
♀
白色
♂

434 毛腿沙鸡
锈红色
♀
♂

435 黑腹沙鸡
♀
三角形黑斑
♂
黑色

尾无白色斑带

436 原鸽

尾具白色斑带

437 岩鸽

黑斑较436短

颈部白色

438 雪鸽

腹白色

440 中亚鸽
虹膜和眼周黄色
斑带短

灰色

439 欧鸽

皮黄色或白色

441 斑尾林鸽

442. 点斑林鸽

Speckled Wood Pigeon

Columba hodgsonii

38 cm

443. 灰林鸽

Ashy Wood Pigeon

Columba pulchricollis

35 cm

444. 紫林鸽

35 cm

Pale-capped Pigeon

Columba punicea

445. 黑林鸽

Japanese Wood Pigeon

Columba janthina

42 cm

455. 绿翅金鸠

Emerald Dove

Chalcophaps indica

25 cm

466. 绿皇鸠

Green Imperial Pigeon

Ducula aenea

43 cm

467. 山皇鸠

Mountain Imperial Pigeon

Ducula badia

46 cm

467 山皇鸠

紫褐色

466 绿皇鸠

绿色

442 点斑林鸽

点斑

淡黄色 443 灰林鸽

褐色

♀

灰白色

白斑

♂

455 绿翅金鸠

偏绿色

444 紫林鸽

绿色

紫黑色

445 黑林鸽

446. 欧斑鸠
European Turtle Dove
Streptopelia turtur

27 cm

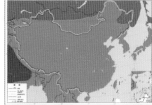

447. 山斑鸠
Oriental Turtle Dove
Streptopelia orientalis
32 cm

448. 灰斑鸠
Eurasian Collared Dove
Streptopelia decaocto
32 cm

449. 火斑鸠
Red Turtle Dove
Streptopelia tranquebarica

21 cm

450. 珠颈斑鸠
Spotted Dove
Spilopelia chinensis

30 cm

451. 棕斑鸠
Laughing Dove
Spilopelia senegalensis

25 cm

452. 斑尾鹃鸠
Barred Cuckoo Dove
Macropygia unchall

38 cm

453. 菲律宾鹃鸠
Philippine Cuckoo Dove
Macropygia tenuirostris

38 cm

454. 小鹃鸠
Little Cuckoo Dove
Macropygia ruficeps

30 cm

斑姬地鸠　　　　　　22 cm
Zebra Dove
Geopelia striata

2021 年 1 月首次发现于西双版纳热带植物园。

446 欧斑鸠

裸区较 447 大　体型较 446 大

447 山斑鸠

棕色区域较 446 少

尾羽末端全白

点斑

451 棕斑鸠

粉色

450 珠颈斑鸠

零散点斑

中央尾羽末端不白

449 火斑鸠

两侧尾羽端白

黑色横斑

尾羽末端全白

偏红色

♂

448 灰斑鸠

♀

♂

♂

452

斑尾鹃鸠

尾长且密布横斑

454

小鹃鸠

偏白具杂斑

♂

无横斑

略沾粉色，无斑

♂

♂

♀

♀

453 菲律宾鹃鸠

456. 橙胸绿鸠
Orange-breasted Green Pigeon
Treron bicinctus
28 cm

457. 灰头绿鸠
Ashy-headed Green Pigeon
Treron phayrei
26 cm

458. 厚嘴绿鸠
Thick-billed Green Pigeon
Treron curvirostra
27 cm

459. 黄脚绿鸠
Yellow-footed Green Pigeon
Treron phoenicopterus
32 cm

460. 针尾绿鸠
Pin-tailed Green Pigeon
Treron apicauda
35 cm

461. 楔尾绿鸠
Wedge-tailed Green Pigeon
Treron sphenurus
32 cm

462. 红翅绿鸠
White-bellied Green Pigeon
Treron sieboldii
31 cm

463. 红顶绿鸠
Whistling Green Pigeon
Treron formosae
32 cm

464. 琉球绿鸠
Ryukyu Green Pigeon
Treron permagnus
34 cm

465. 黑颜果鸠
Black-chinned Fruit Dove
Ptilinopus leclancheri
28 cm

白腹针尾绿鸠
Yellow-vented Green Pigeon
Treron seimundi
32 cm

2020 年 10 月首次发现于大理南涧。

淡棕色

灰色 ♂

喙粗厚 ♂

458 厚嘴绿鸠

紫红色

♂

黄色区域多

白色

456 橙胸绿鸠

457 灰头绿鸠

黄绿色

459 黄脚绿鸠

462 红翅绿鸠

紫红具黄斑

近白色具斑纹

黄色

♂

略带橙棕色

♂

淡棕色

461 楔尾绿鸠

楔状

中央尾羽长

460 针尾绿鸠

橙红色　463 红顶绿鸠

♀

灰绿　464 琉球绿鸠

黑色 ♂

棕红色

紫色横斑

♂

♂

淡黄绿色

465 黑颏果鸠

468. 褐翅鸦鹃

Greater Coucal

Centropus sinensis

52 cm

469. 小鸦鹃

Lesser Coucal

Centropus bengalensis

36 cm

470. 绿嘴地鹃

Green-billed Malkoha

Phaenicophaeus tristis

55 cm

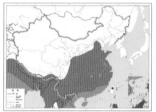

471. 红翅凤头鹃

Chestnut-winged Cuckoo

Clamator coromandus

44 cm

472. 斑翅凤头鹃

Pied Cuckoo

Clamator jacobinus

32 cm

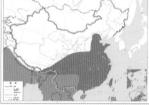

473. 噪鹃

Asian Koel

Eudynamys scolopacea

42 cm

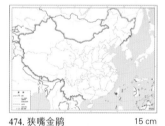

474. 狭嘴金鹃　15 cm

Horsefield's Bronze-Cuckoo

Chrysococcyx basalis

475. 翠金鹃

Asian Emerald Cuckoo

Chrysococcyx maculatus

17 cm

476. 紫金鹃

Violet Cuckoo

Chrysococcyx xanthorhynchus

16 cm

477. 栗斑杜鹃

Banded Bay Cuckoo

Cacomantis sonneratii

22 cm

478. 八声杜鹃

Plaintive Cuckoo

Cacomantis merulinus

24 cm

471 红翅凤头鹃

白色较 478 亚成鸟多，具明显贯眼纹

juv.

472
斑翅凤头鹃

颈白

白斑

栗红色

点斑

虹膜红色

477
栗斑杜鹃

473 噪鹃

♀

♂

具红色裸皮

喙绿色

470
绿嘴地鹃

尾甚长

灰色

橙色

♂

imm.

478
八声杜鹃

蓝紫色

imm.

sinensis

474 狭嘴金鹃

468 褐翅鸦鹃

偏黄褐色

♀

绿色

475
翠金鹃

♂

469 小鸦鹃

imm.

♀

紫色

476
紫金鹃

♂

黑色，具浅纵纹

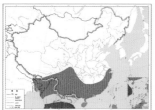

479. 乌鹃

Square-tailed Drongo Cuckoo

Surniculus lugubris

26 cm

480. 鹰鹃

Large Hawk Cuckoo

Hierococcyx sparverioides

40 cm

481. 普通鹰鹃

Common Hawk Cuckoo

Hierococcyx varius

35 cm

482. 北鹰鹃

Northern Hawk Cuckoo

Hierococcyx hyperythrus

29 cm

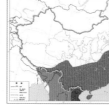

483. 霍氏鹰鹃

Hodgson's Hawk Cuckoo

Hierococcyx nisicolor

28 cm

484. 马来鹰鹃

Malay Hawk Cuckoo

Hierococcyx fugax

28 cm

485. 小杜鹃

Asian Lesser Cuckoo

Cuculus poliocephalus

26 cm

486. 四声杜鹃

Indian Cuckoo

Cuculus micropterus

32 cm

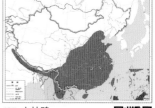

487. 中杜鹃

Himalayan Cuckoo

Cuculus saturatus

32 cm

488. 北方中杜鹃

Oriental Cuckoo

Cuculus optatus

32 cm

489. 大杜鹃

Common Cuckoo

Cuculus canorus

32 cm

480 鹰鹃

imm.

纵纹明显

横纹

纵纹不明显或没有

481 普通鹰鹃

白斑

无纵纹

imm.

482
北鹰鹃

棕色型 ♀

489 大杜鹃

canorus

横纹密而细

背部色深

眼周黄色

小块白斑

♂

♀

纵纹无横纹

imm.

483
霍氏鹰鹃

486 四声杜鹃

棕色型 ♀

487 中杜鹃

偏白色

484 马来鹰鹃

尾分叉
较浅

翼角具白斑

横纹较489稀疏

点斑
imm.

479 乌鹃

斑纹较487粗、野外
可通过鸣声辨别

488 北方中杜鹃

横纹稀疏

另有棕色型雌鸟

485 小杜鹃

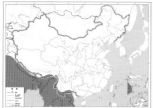

490. 仓鸮

Eastern Barn Owl

Tyto alba

36 cm

491. 草鸮

Eastern Grass Owl

Tyto longimembris

35 cm

492. 栗鸮

Oriental Bay Owl

Phodilus badius

27 cm

493. 黄嘴角鸮

Mountain Scops Owl

Otus spilocephalus

19 cm

494. 领角鸮

Collared Scops Owl

Otus lettia

24 cm

495. 日本角鸮

Japanese Scops Owl

Otus semitorques

25 cm

496. 纵纹角鸮

Pallid Scops Owl

Otus brucei

21 cm

497. 西红角鸮

Eurasian Scops Owl

Otus scops

20 cm

498. 红角鸮

Oriental Scops Owl

Otus sunia

19 cm

499. 琉球角鸮

Elegant Scops Owl

Otus elegans

20 cm

490
仓鸮
宽脸盘
白色

491
草鸮
宽脸盘
皮黄色
红褐色

492
粟鸮

latouchei
喙浅黄色
红褐色

496
纵纹角鸮
灰色
粗纵纹

棕色型

497
西红角鸮
虹膜黄色
粗纵纹

493
黄嘴角鸮

虹膜橘色
"领带"

棕色型

498 红角鸮
虹膜黄色
暗色
粗纵纹

褐色

499
琉球角鸮
红褐色

495 日本角鸮

494
领角鸮

glabripes

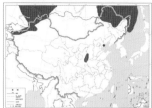

500. 雪鸮

Snowy Owl

Bubo scandiacus

61 cm

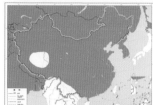

501. 雕鸮

Eurasian Eagle Owl

Bubo bubo

69 cm

502. 林雕鸮

Spot-bellied Eagle Owl

Bubo nipalensis

63 cm

503. 乌雕鸮

Dusky Eagle Owl

Bubo coromandus

56 cm

504. 毛腿渔鸮

Blakiston's Fish Owl

Bubo blakistoni

70 cm

505. 褐渔鸮

Brown Fish Owl

Ketupa zeylonensis

53 cm

506. 黄腿渔鸮

Tawny Fish Owl

Ketupa flavipes

55 cm

501 雕鸮

长耳羽

虹膜橘黄色

纵纹及细小横纹

502 林雕鸮

褐色

黄色

点斑

503 乌雕鸮

略黑

（历史记录存疑，
可能无分布）

冷灰色

504 毛腿渔鸮

纵纹及细小横纹

黄色

505 褐渔鸮

红褐色

506 黄腿渔鸮

被羽多集中在跗跖上半段

♂

斑纹较多

500 雪鸮

♀

507. 褐林鸮
Brown Wood Owl
Strix leptogrammica

50 cm

508. 灰林鸮
Himalayan Owl
Strix nivicolum
38 cm

509. 长尾林鸮
Ural Owl
Strix uralensis

50 cm

510. 四川林鸮
Sichuan Wood Owl
Strix davidi
50 cm

511. 乌林鸮
Great Grey Owl
Strix nebulosa

60 cm

521. 长耳鸮
Long-eared Owl
Asio otus
36 cm

522. 短耳鸮
Short-eared Owl
Asio flammeus

36 cm

黑色眼圈明显

507 褐林鸮

棕色型

508 灰林鸮

nivicolum

ma

纵纹带横纹

509 长尾林鸮

面盘灰白色

近"X"形斑

511
乌林鸮

斑纹呈同心
圆状

纵纹无横纹

尾羽较 508 长

整体羽色较 509 深

510 四川林鸮

耳羽长   虹膜红色

521 长耳鸮

耳羽短

虹膜黄色

522 短耳鸮

512. 猛鸮

Northern Hawk Owl

Surnia ulula

38 cm

513. 花头鸺鹠

Eurasian Pygmy Owlet

Glaucidium passerinum

18 cm

514. 领鸺鹠

Collared Owlet

Glaucidium brodiei

16 cm

515. 斑头鸺鹠

Asian Barred Owlet

Glaucidium cuculoides

24 cm

516. 纵纹腹小鸮

Little Owl

Athene noctua

23 cm

517. 横斑腹小鸮

Spotted Owlet

Athene brama

20 cm

518. 鬼鸮

Boreal Owl

Aegolius funereus

25 cm

519. 鹰鸮

Brown Hawk Owl

Ninox scutulata

30 cm

520. 北鹰鸮

Northern Boobook

Ninox japonica

30 cm

514 领鸺鹠

灰褐色，具点斑

点斑

横纹

515 斑头鸺鹠

黄褐色

纵纹清晰

头后"伪眼"

513 花头鸺鹠

whitelyi

较 519 色浅

512 猛鸮

点斑

白眉纹明显

518 鬼鸮

脸盘较白

纵纹更清晰

520 北鹰鸮

sibiricus

519 鹰鸮

516 纵纹腹小鸮

517 横斑腹小鸮

burmanica

ludlowi

斑纹不规则

纵纹

横斑

523. 黑顶蟆口鸱

Hodgson's Frogmouth

Batrachostomus hodgsoni

24 cm

524. 毛腿耳夜鹰

Great Eared Nightjar

Lyncornis macrotis

35 cm

525. 普通夜鹰

Grey Nightjar

Caprimulgus indicus

27 cm

526. 欧夜鹰

Eurasian Nightjar

Caprimulgus europaeus

27 cm

527. 埃及夜鹰

Egyptian Nightjar

Caprimulgus aegyptius

26 cm

528. 中亚夜鹰

Vaurie's Nightjar

Caprimulgus centralasicus

19 cm

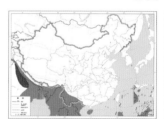

529. 长尾夜鹰

Large-tailed Nightjar

Caprimulgus macrurus

27 cm

530. 林夜鹰

Savanna Nightjar

Caprimulgus affinis

23 cm

♂ ♀ 523 黑顶蟆口鸱

嘴裂开阔

白斑明显

灰褐色 525 普通夜鹰

具耳羽簇

具颈环 524 毛腿耳夜鹰

527 埃及夜鹰

沙灰色

灰色 ♂

皮黄色斑纹

526 欧夜鹰

（记录存疑）

沙黄色

528 中亚夜鹰

529 长尾夜鹰

具颈环

（最新研究表明，该种非有效种）

530 林夜鹰

两侧各有一处小白斑

最外侧尾羽大部分白色

531. 凤头树燕

Crested Treeswift

Hemiprocne coronata

24 cm

532. 短嘴金丝燕

Himalayan Swiftlet

Aerodramus brevirostris

14 cm

533. 戈氏金丝燕

Germain's Swiftlet

Aerodramus germani

12 cm

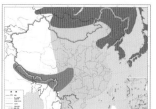

534. 白喉针尾雨燕

White-throated Needletail

Hirundapus caudacutus

20 cm

535. 灰喉针尾雨燕

Silver-backed Needletail

Hirundapus cochinchinensis

20 cm

536. 褐背针尾雨燕

Brown-backed Needletail

Hirundapus giganteus

24 cm

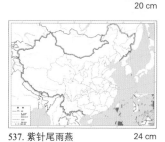

537. 紫针尾雨燕

Purple Needletail

Hirundapus celebensis

24 cm

532

灰白色

532 短嘴金丝燕

brevirostris

灰色

innominata

533 戈氏金丝燕

535
灰喉针尾雨燕

具灰色羽簇

橙红色

531 凤头树燕

尾细长

喉部白色

喉部浅褐色

534
白喉针尾雨燕

536
褐背针尾雨燕

褐色

偏紫色

537
紫针尾雨燕

538. 棕雨燕

Asian Palm Swift

Cypsiurus balasiensis

11 cm

539. 高山雨燕

Alpine Swift

Tachymarptis melba

21 cm

540. 普通楼燕

Common Swift

Apus apus

17 cm

541. 白腰雨燕

Pacific Swift

Apus pacificus

18 cm

542. 青藏白腰雨燕

Salim Ali's Swift

Apus salimali

18 cm

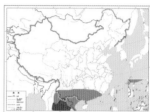

543. 印支白腰雨燕

Cook's Swift

Apus cooki

18 cm

544. 暗背雨燕

Dark-rumped Swift

Apus acuticauda

18 cm

545. 小白腰雨燕

House Swift

Apus nipalensis

15 cm

538 棕雨燕

尾叉深

544 暗背雨燕

暗褐色

喉灰白色

540 普通楼燕

窄

细长

542 青藏白腰雨燕

窄

543 印支白腰雨燕

541 白腰雨燕

宽

较 542 粗

灰色斑带

539 高山雨燕

白色

545 小白腰雨燕

尾叉浅

腰白色

546. 橙胸咬鹃

Orange-breasted Trogon

Harpactes oreskios

29 cm

547. 红头咬鹃

Red-headed Trogon

Harpactes erythrocephalus

33 cm

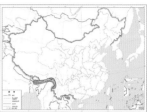

548. 红腹咬鹃

Ward's Trogon

Harpactes wardi

38 cm

549. 棕胸佛法僧

Indochinese Roller

Coracias affinis

33 cm

550. 蓝胸佛法僧

European Roller

Coracias garrulus

30 cm

551. 三宝鸟

Dollarbird

Eurystomus orientalis

30 cm

571. 戴胜

Common Hoopoe

Upupa epops

27 cm

546 橙胸咬鹃

绿色

灰色

♂

♀

547 红头咬鹃

暗红色

红色

白色斑带

♂

♀

548 红腹咬鹃

♂

♀

辉蓝色

549 棕胸佛法僧

棕色夹杂紫色

550 蓝胸佛法僧

白斑明显

551 三宝鸟

红色

571 戴胜

552. 鹳嘴翡翠
Stork-billed Kingfisher
Pelargopsis capensis
38 cm

553. 赤翡翠
Himalayan Swiftlet
Halcyon coromanda
25 cm

554. 白胸翡翠
White-throated Kingfisher
Halcyon smyrnensis
27 cm

555. 蓝翡翠
Black-capped Kingfisher
Halcyon pileata
30 cm

556. 白领翡翠
Collared Kingfisher
Todirhamphus chloris
24 cm

557. 蓝耳翠鸟
Blue-eared Kingfisher
Alcedo meninting
15 cm

558. 普通翠鸟
Common Kingfisher
Alcedo atthis
15 cm

559. 斑头大翠鸟
Blyth's Kingfisher
Alcedo hercules
23 cm

560. 三趾翠鸟
Oriental Dwarf Kingfisher
Ceyx erithaca
14 cm

561. 冠鱼狗
Crested Kingfisher
Megaceryle lugubris
40 cm

562. 斑鱼狗
Pied Kingfisher
Ceryle rudis
27 cm

耳羽无橙色　　　斑点偏蓝色

559　斑头大翠鸟

558

耳羽橙色

普通翠鸟

耳羽蓝色

557 蓝耳翠鸟

偏蓝

偏蓝绿色

亮蓝

棕红

560

三趾翠鸟

淡褐色　　　　　喙粗大，端部黑

552 鹈嘴翡翠

偏黄

栗红

棕色型，也被认为独立成棕背三趾翠鸟

深栗色

554 白胸翡翠

胸白

553 赤翡翠

黑

白

555 蓝翡翠

棕色，雄鸟
白色

羽冠明显

白斑大

具明显横斑

眉纹明显

羽冠较小

♂

561

冠鱼狗

斑纹无规律

562

斑鱼狗

蓝绿色

白

556

白领翡翠

♀

563. 蓝须夜蜂虎

Blue-bearded Bee-eater

Nyctyornis athertoni

30 cm

564. 绿喉蜂虎

Green Bee-eater

Merops orientalis

20 cm

565. 蓝颊蜂虎

Blue-cheeked Bee-eater

Merops persicus

30 cm

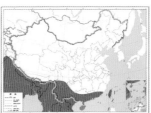

566. 栗喉蜂虎

Blue-tailed Bee-eater

Merops philippinus

29 cm

567. 彩虹蜂虎

Rainbow Bee-eater

Merops ornatus

21 cm

568. 蓝喉蜂虎

Blue-throated Bee-eater

Merops viridis

28 cm

569. 栗头蜂虎

Chestnut-headed Bee-eater

Merops leschenaulti

20 cm

570. 黄喉蜂虎

European Bee-eater

Merops apiaster

28 cm

567 彩虹蜂虎

564 绿喉蜂虎

绿色带黑色横斑

imm.

栗色

黄色

深蓝色

569 栗头蜂虎

中央尾羽不延长

绿色，偶尔略带栗色

栗色

蓝色

imm.

喉下部栗色

568 蓝喉蜂虎

566 栗喉蜂虎

蓝色

淡蓝色

碧蓝色

亮蓝

亮黄色

栗色

黑色半领环

蓝绿色

570 黄喉蜂虎

563 蓝须夜蜂虎

565 蓝颊蜂虎

绿色

中央尾羽不延长

短

572. 双角犀鸟

Great Hornbill

Buceros bicornis

125 cm

573. 冠斑犀鸟

Oriental Pied Hornbill

Anthracoceros albirostris

75 cm

574. 白喉犀鸟

White-throated Brown Hornbill

Anorrhinus austeni

70 cm

575. 棕颈犀鸟

Rufous-necked Hornbill

Aceros nipalensis

110 cm

576. 花冠皱盔犀鸟

Wreathed Hornbill

Rhyticeros undulatus

100 cm

黑斑

573 冠斑犀鸟

♂ ♀

外侧尾羽端部白色

淡黄色

翼下带白斑

次末端黑色

572 双角犀鸟

♀ ♂

574
白喉犀鸟

污白

♂ ♀

尾羽端部白色

白色

棕色

红色

红色喉囊

♀ ♂

575 棕颈犀鸟

黄色喉囊

♂

蓝色喉囊

♀

尾羽白色

黑色

尾羽后半段白色

白色

576 花冠皱盔犀鸟

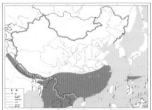

577. 大拟啄木鸟
Great Barbet
Psilopogon virens

30 cm

578. 斑头绿拟啄木鸟
Lineated Barbet
Psilopogon lineatus
29 cm

579. 黄纹拟啄木鸟
Green-eared Barbet
Psilopogon faiostrictus

24 cm

580. 金喉拟啄木鸟
Golden-throated Barbet
Psilopogon franklinii
23 cm

581. 黑眉拟啄木鸟
Chinese Barbet
Psilopogon faber
20 cm

582. 台湾拟啄木鸟
Taiwan Barbet
Psilopogon nuchalis

21 cm

583. 蓝喉拟啄木鸟
Blue-throated Barbet
Psilopogon asiatica

20 cm

584. 蓝耳拟啄木鸟
Blue-eared Barbet
Psilopogon duvaucelii

18 cm

585. 赤胸拟啄木鸟
Coppersmith Barbet
Psilopogon haemacephala

17 cm

586. 黄腰响蜜鴷
Yellow-rumped Honeyguide
Indicator xanthonotus

15 cm

577 大拟啄木鸟

蓝黑色　　黄色

578 斑头绿拟啄木鸟

579 黄纹拟啄木鸟

偏粉色

黄色裸皮

铅灰色

耳羽黄绿色

clamator

灰白具纵纹

franklinii

金色

灰色

沾黑色
ramsayi

582 台湾拟啄木鸟

580 金喉拟啄木鸟

额黑色

581 黑眉拟啄木鸟

583 蓝喉拟啄木鸟

asiatica

黄色

585 赤胸拟啄木鸟

喉部为蓝色

sini

额红色

红色

davisoni

额黑色

耳羽蓝色

带纵纹

蓝色

586 黄腰响蜜䴕

腰黄

584 蓝耳拟啄木鸟

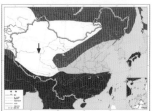

587. 蚁鴷
Eurasian Wryneck
Jynx torquilla
17 cm

588. 斑姬啄木鸟
Speckled Piculet
Picumnus innominatus
10 cm

589. 白眉棕啄木鸟
White-browed Piculet
Sasia ochracea
9 cm

590. 星头啄木鸟
Grey-capped Pygmy
Woodpecker
Yungipicus canicapillus
15 cm

591. 小星头啄木鸟
Japanese Pygmy Woodpecker
Yungipicus kizuki
14 cm

592. 三趾啄木鸟
Eurasian Three-toed
Woodpecker
Picoides tridactylus
23 cm

593. 暗腹三趾啄木鸟
Dark-bodied Woodpecker
Picoides funebris
23 cm

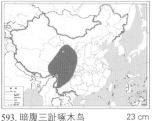

594. 褐额啄木鸟
Brown-fronted Woodpecker
Dendrocoptes auriceps
20 cm

595. 赤胸啄木鸟
Crimson-breasted Woodpecker
Dryobates cathpharius
18 cm

596. 小斑啄木鸟
Lesser Spotted Woodpecker
Dryobates minor
15 cm

597. 棕腹啄木鸟
Rufous-bellied Woodpecker
Dendrocopos hyperythrus
20 cm

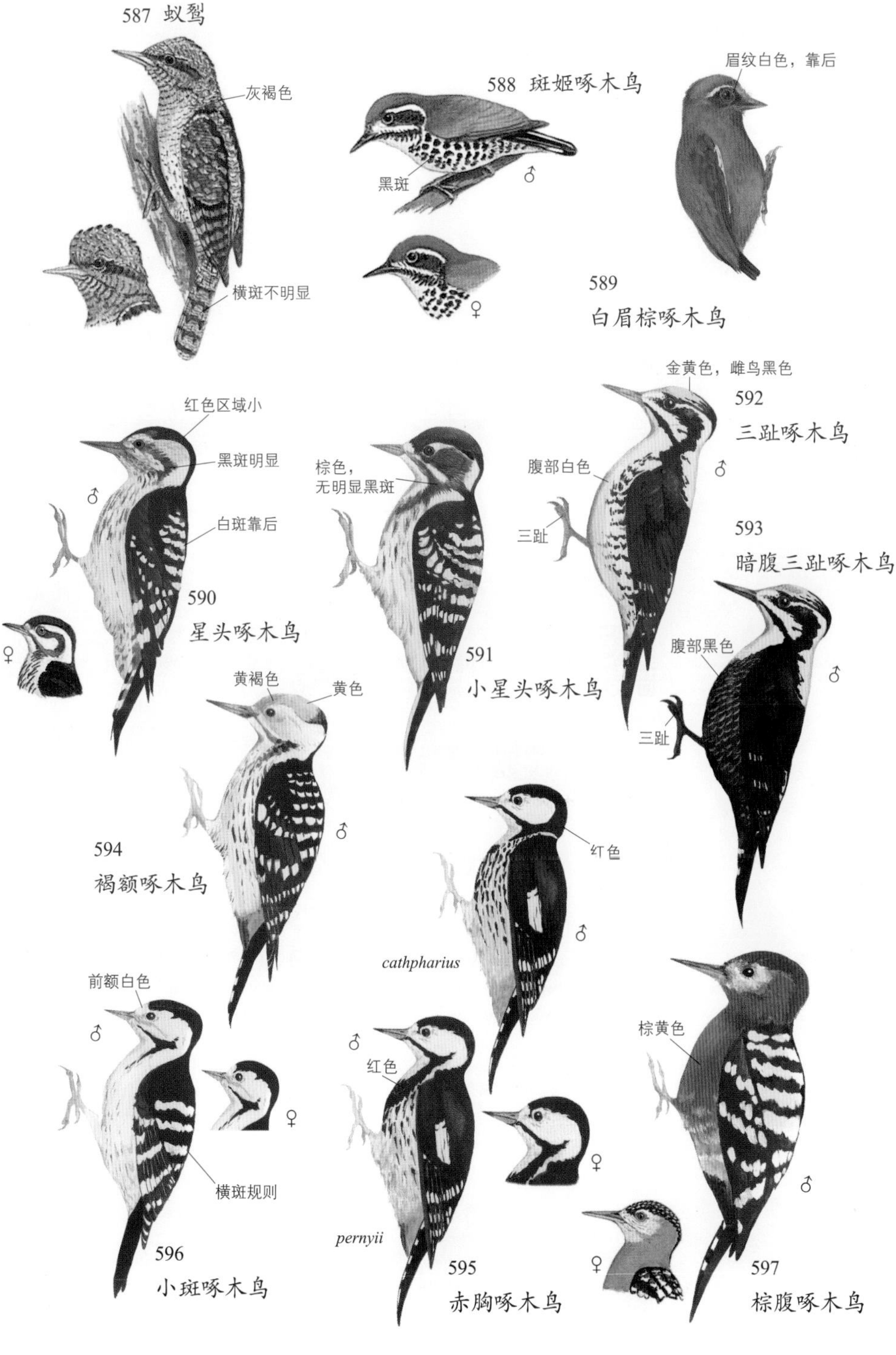

587 蚁鴷

灰褐色

横斑不明显

588 斑姬啄木鸟

黑斑

♂

♀

眉纹白色，靠后

589 白眉棕啄木鸟

金黄色，雌鸟黑色

592 三趾啄木鸟

腹部白色

三趾

♂

红色区域小

黑斑明显

白斑靠后

♂

♀

590 星头啄木鸟

棕色，无明显黑斑

591 小星头啄木鸟

593 暗腹三趾啄木鸟

腹部黑色

三趾

♂

黄褐色

黄色

♂

594 褐额啄木鸟

红色

♂

cathpharius

前额白色

♂

♀

横斑规则

596 小斑啄木鸟

pernyii

♂

红色

♀

595 赤胸啄木鸟

棕黄色

♂

♀

597 棕腹啄木鸟

598. 茶胸斑啄木鸟
Fulvous-breasted Woodpecker
Dendrocopos macei
18 cm

599. 纹胸啄木鸟
Stripe-breasted Woodpecker
Dendrocopos atratus
22 cm

600. 黄颈啄木鸟
Darjeeling Woodpecker
Dendrocopos darjellensis
25 cm

601. 白翅啄木鸟
White-winged Woodpecker
Dendrocopos leucopterus
23 cm

602. 大斑啄木鸟
Great Spotted Woodpecker
Dendrocopos major
24 cm

603. 白背啄木鸟
White-backed Woodpecker
Dendrocopos leucotos
25 cm

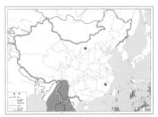

604. 白腹黑啄木鸟
White-bellied Woodpecker
Dryocopus javensis
42 cm

605. 黑啄木鸟
Black Woodpecker
Dryocopus martius
46 cm

617. 黄嘴栗啄木鸟
Bay Woodpecker
Blythipicus pyrrhotis
30 cm

618. 栗啄木鸟
Rufous Woodpecker
Micropternus brachyurus
21 cm

619. 大灰啄木鸟
Great Slaty Woodpecker
Mulleripicus pulverulentus
50 cm

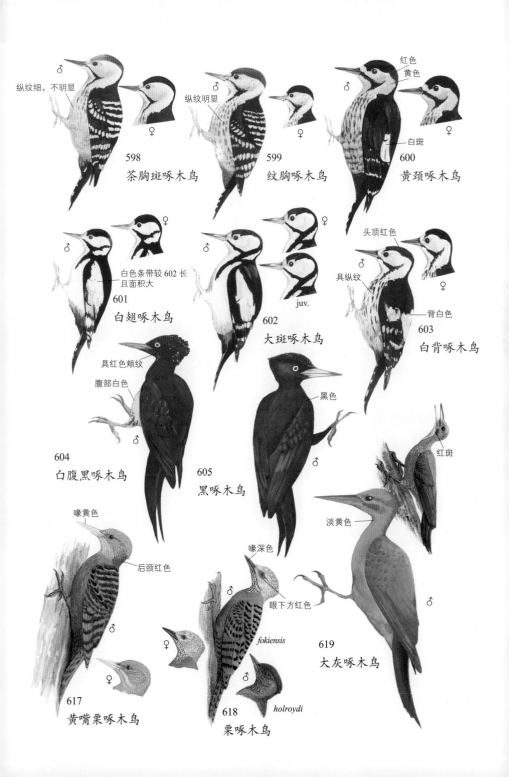

纵纹细，不明显

纵纹明显

红色
黄色

白斑

598
茶胸斑啄木鸟

599
纹胸啄木鸟

600
黄颈啄木鸟

白色条带较 602 长
且面积大

601
白翅啄木鸟

juv.

602
大斑啄木鸟

头顶红色

具纵纹

背白色

603
白背啄木鸟

具红色颊纹

腹部白色

604
白腹黑啄木鸟

黑色

605
黑啄木鸟

红斑

淡黄色

喙黄色

后颈红色

喙深色

眼下方红色

fokiensis

617
黄嘴栗啄木鸟

618
栗啄木鸟

holroydi

619
大灰啄木鸟

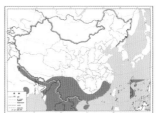

606. 大黄冠啄木鸟
Greater Yellownape
Chrysophlegma flavinucha
34 cm

607. 黄冠啄木鸟
Lesser Yellownape
Picus chlorolophus
26 cm

608. 花腹绿啄木鸟
Laced Woodpecker
Picus vittatus

30 cm

609. 鳞喉绿啄木鸟
Streak-throated Woodpecker
Picus xanthopygaeus
29 cm

610. 鳞腹绿啄木鸟
Scaly-bellied Woodpecker
Picus squamatus
35 cm

611. 红颈绿啄木鸟
Red-collared Woodpecker
Picus rabieri
30 cm

612. 灰头绿啄木鸟
Grey-headed Woodpecker
Picus canus
27 cm

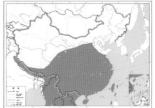

613. 黑枕啄木鸟
Black-naped Woodpecker
Picus guerini
27 cm

614. 金背三趾啄木鸟
Common Flameback
Dinopium javanense
30 cm

615. 大金背啄木鸟
Greater Flameback
Chrysocolaptes guttacristatus
31 cm

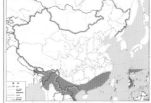

616. 竹啄木鸟
Pale-headed Woodpecker
Gecinulus grantia
25 cm

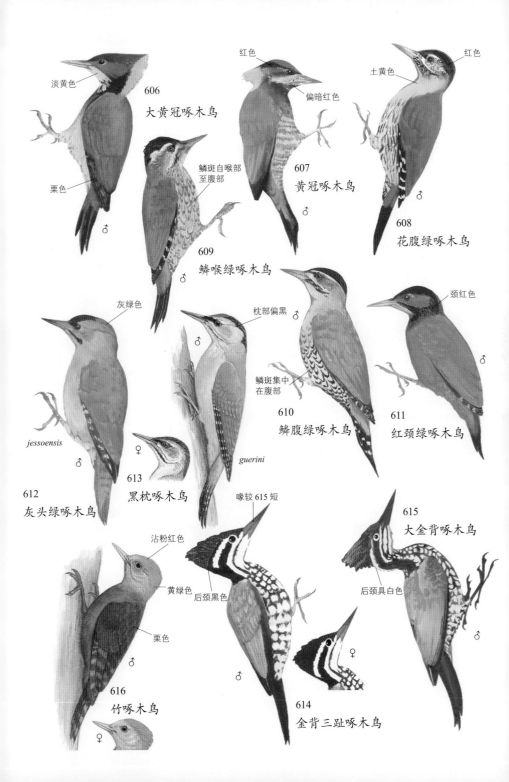

淡黄色

606
大黄冠啄木鸟

红色

偏暗红色

607
黄冠啄木鸟
♂

土黄色

红色

608
花腹绿啄木鸟
♂

栗色

鳞斑自喉部
至腹部

♂

609
鳞喉绿啄木鸟
♂

灰绿色

枕部偏黑 ♂

颈红色

♂

鳞斑集中
在腹部

610
鳞腹绿啄木鸟

611
红颈绿啄木鸟

jessoensis

♂

♀

613
黑枕啄木鸟

guerini

612
灰头绿啄木鸟

喙较 615 短

615
大金背啄木鸟

沾粉红色

黄绿色

后颈黑色

后颈具白色

♂

栗色

♂

616
竹啄木鸟

♀

♀

614
金背三趾啄木鸟

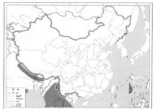

620. 红腿小隼

Collared Falconet

Microhierax caerulescens

16 cm

621. 白腿小隼

Pied Falconet

Microhierax melanoleucos

18 cm

622. 黄爪隼

Lesser Kestrel

Falco naumanni

30 cm

623. 红隼

Common Kestrel

Falco tinnunculus

33 cm

624. 西红脚隼

Red-footed Falcon

Falco vespertinus

30 cm

625. 红脚隼

Amur Falcon

Falco amurensis

30 cm

626. 灰背隼

Merlin

Falco columbarius

30 cm

627. 燕隼

Eurasian Hobby

Falco subbuteo

30 cm

628. 猛隼

Oriental Hobby

Falco severus

25 cm

无灰色斑带

尾较平

♂

623
红隼

灰色

楔形

♂

无点斑

♂

灰色区域
较623多

♀

眉纹窄

621
白腿小隼

红色

620
红腿小隼

622
黄爪隼

橙色

灰色

深灰色

♂

♀

红色

624
西红脚隼

626
灰背隼

♂

灰色

棕褐色

眉纹明显

♀

面罩明显

白色

♂

灰黑色

628
猛隼

327
燕隼

♀

棕色

棕红色

斑纹多

625
红脚隼

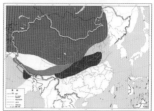

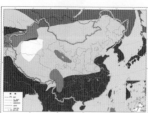

629. 猎隼
Saker Falcon
Falco cherrug
50 cm

630. 矛隼
Gyrfalcon
Falco rusticolus
56 cm

631. 游隼
Peregrine Falcon
Falco peregrinus
45 cm

obsoletus

浅色型

白色

深色型

深灰色

630 矛隼

眉纹白色，清晰

629 猎隼

milvipes

629

altaicus

灰黑色

631 游隼

peregrinator

略带红色

面罩色浅

631

peregrinoides

色浅

浅棕色

白色带斑纹

calidris

632. 蓝腰短尾鹦鹉
Blue-rumped Parrot
Psittinus cyanurus

19 cm

633. 灰头鹦鹉
Grey-headed Parakeet
Psittacula finschii

35 cm

634. 青头鹦鹉
Slaty-headed Parakeet
Psittacula himalayana

35 cm

635. 花头鹦鹉
Blossom-headed Parakeet
Psittacula roseata

30 cm

636. 绯胸鹦鹉
Red-breasted Parakeet
Psittacula alexandri

34 cm

637. 大紫胸鹦鹉
Derbyan Parakeet
Psittacula derbiana

43 cm

638. 亚历山大鹦鹉
Alexandrine Parakeet
Psittacula eupatria

56 cm

639. 红领绿鹦鹉
Rose-ringed Parakeet
Psittacula krameri

38 cm

640. 短尾鹦鹉
Vernal Hanging Parrot
Loriculus vernalis

13 cm

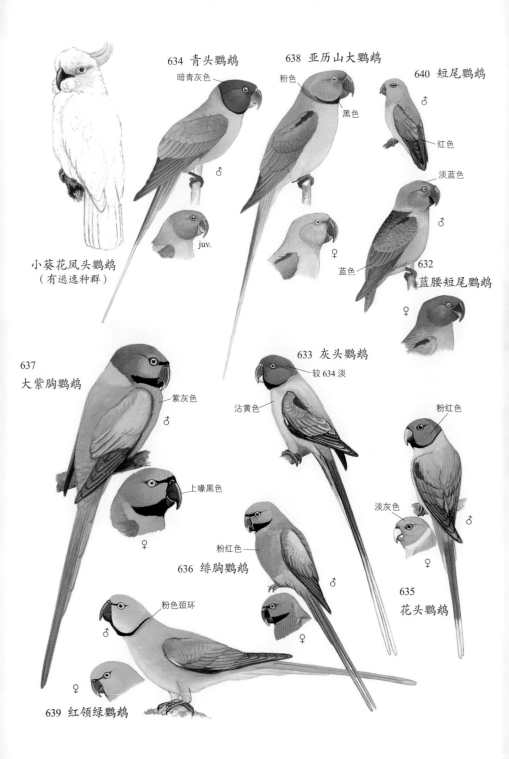

634 青头鹦鹉
暗青灰色

638 亚历山大鹦鹉
粉色
黑色

640 短尾鹦鹉
红色 ♂
淡蓝色 ♂
蓝色 ♀

632
蓝腰短尾鹦鹉 ♀

juv. ♀

小葵花凤头鹦鹉
（有逃逸种群）

637
大紫胸鹦鹉
紫灰色 ♂
上喙黑色 ♀

633 灰头鹦鹉
较634淡
沾黄色 ♂

635
花头鹦鹉
粉红色
淡灰色 ♀

636 绯胸鹦鹉
粉红色 ♂
♀

639 红领绿鹦鹉
粉色颈环 ♂
♀

641. 长尾阔嘴鸟
Long-tailed Broadbill
Psarisomus dalhousiae
25 cm

642. 银胸丝冠鸟
Silver-breasted Broadbill
Serilophus lunatus
15 cm

643. 双辫八色鸫
Eared Pitta
Hydrornis phayrei
25 cm

644. 蓝枕八色鸫
Blue-naped Pitta
Hydrornis nipalensis
25 cm

645. 蓝背八色鸫
Blue-rumped Pitta
Hydrornis soror
25 cm

646. 栗头八色鸫
Rusty-naped Pitta
Hydrornis oatesi
26 cm

647. 蓝八色鸫
Blue Pitta
Hydrornis cyanea
24 cm

648. 绿胸八色鸫
Hooded Pitta
Pitta sordida
18 cm

649. 仙八色鸫
Fairy Pitta
Pitta nympha
20 cm

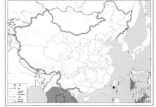

650. 蓝翅八色鸫
Blue-winged Pitta
Pitta moluccensis
19 cm

641
长尾阔嘴鸟

642
银胸丝冠鸟
雌鸟色浅

黑色贯眼纹　头棕色
♂
646　栗头八色鸫

尾长，蓝色
649　仙八色鸫

650　蓝翅八色鸫
白眉纹明显
白色，略灰

无白眉纹
皮黄色

栗色
翼收起时白斑不明显
绿色
648　绿胸八色鸫

647　蓝八色鸫
雌鸟偏褐色
具横斑
♂

黑色顶冠纹
"辫"状饰羽
643　双辫八色鸫
♂
雌鸟具横斑

蓝色区域多集于枕部，
雌鸟茶色
644
蓝枕八色鸫
♂

蓝色区域较 644
多延伸至头顶，
雌鸟多偏绿色
645
蓝背八色鸫
♂

651. 褐背鹟鵙
Bar-winged Flycatcher-shrike
Hemipus picatus

15 cm

652. 钩嘴林鵙
Large Woodshrike
Tephrodornis virgatus

18 cm

653. 灰燕鵙
Ashy Woodswallow
Artamus fuscus

18 cm

654. 黑翅雀鹎
Common Iora
Aegithina tiphia

14 cm

655. 大绿雀鹎
Great Iora
Aegithina lafresnayei

17 cm

664. 大鹃鵙
Large Cuckooshrike
Coracina macei

28 cm

681. 白腹凤鹛
White-bellied Erpornis
Erpornis zantholeuca

13 cm

652
钩嘴林鵙

喙不如伯劳粗壮

♂

腰白色

latouchei

♀

腰白色

651
褐背鹟鵙

♀

♂

具白色翼斑

capitalis

654
黑翅雀鹎

白色翼斑明显

philipi

较雌鸟色深

♀

♂

无翼斑

较雌鸟色深

♀

♂

655
大绿雀鹎

653
灰燕鵙

灰蓝色，较亮

♀

颊、喉部黑色

664
大鹃鵙

♂

灰色横纹

腰白色

尾扇形，端部白色

具羽冠

淡黄绿色

灰白色

681
白腹凤鹛

656. 灰喉山椒鸟
Grey-chinned Minivet

Pericrocotus solaris
17 cm

657. 短嘴山椒鸟
Short-billed Minivet

Pericrocotus brevirostris
19 cm

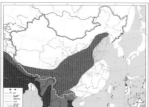

658. 长尾山椒鸟
Long-tailed Minivet

Pericrocotus ethologus
20 cm

659. 赤红山椒鸟
Scarlet Minivet

Pericrocotus speciosus
19 cm

660. 灰山椒鸟
Ashy Minivet

Pericrocotus divaricatus
20 cm

661. 琉球山椒鸟
Ryukyu Minivet

Pericrocotus tegimae
20 cm

662. 小灰山椒鸟
Swinhoe's Minivet

Pericrocotus cantonensis
18 cm

663. 粉红山椒鸟
Rosy Minivet

Pericrocotus roseus
20 cm

665. 黑鸣鹃鵙
Pied Triller

Lalage nigra
18 cm

666. 暗灰鹃鵙
Black-winged Cuckooshrike

Lalage melaschistos
23 cm

666 暗灰鹃鵙

比 664 小

头部黑色区域少

♀

♂

665 黑鸣鹃鵙

白色眉纹较粗

白色翅斑明显

白色区域窄

灰色

较 660、662 色深

661 琉球山椒鸟

喉白

♀

灰色略沾粉色

腰浅棕色

♂

腰灰色

停歇时翼斑不明显

662 小灰山椒鸟

♂

白色区域集中于眼前方

♀

♂

660 灰山椒鸟

663 粉红山椒鸟

♀

内侧具条带

♂

658 长尾山椒鸟

♀

喙相对较短

内侧无条带和斑块

♂

657 短嘴山椒鸟

无黄色

♀

灰色

♂

656 灰喉山椒鸟

偏橙黄

♀

颊部黄色

内侧具斑块

♂

内侧具斑块

659 赤红山椒鸟

667. 虎纹伯劳

Tiger Shrike

Lanius tigrinus

19 cm

668. 牛头伯劳

Bull-header Shrike

Lanius bucephalus

19 cm

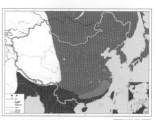

669. 红尾伯劳

Brown Shrike

Lanius cristatus

20 cm

670. 红背伯劳

Red-backed Shrike

Lanius collurio

19 cm

671. 荒漠伯劳

Isabelline Shrike

Lanius isabellinus

19 cm

672. 棕尾伯劳

Rufous-tailed Shrike

Lanius phoenicuroides

18 cm

673. 栗背伯劳

Burmese Shrike

Lanius collurioides

20 cm

674. 褐背伯劳

Bay-backed Shrike

Lanius vittatus

18 cm

675. 棕背伯劳

Long-tailed Shrike

Lanius schach

25 cm

676. 灰背伯劳

Grey-backed Shrike

Lanius tephronotus

25 cm

677. 黑额伯劳

Lesser Grey Shrike

Lanius minor

20 cm

juv.
具黑色鳞状斑
667 虎纹伯劳
♀
♂

668 牛头伯劳
♀
棕红色
♂
non-br.
br.
浅棕色，具鳞状斑
♂

眉纹白色
669 红尾伯劳
♀
imm.
红褐色
♂
lucionensis
cristatus
♂
眉纹色浅

670 红背伯劳
棕褐色
眼先白色
juv.
灰色
pallidifrons
红色较深
♀
♂
外侧尾羽白

671 荒漠伯劳

深灰色
♀
♂
phoenicuroides
♂
棕尾伯劳 672
棕色

偏黑色
673 栗背伯劳
♂
浅灰
较 675 深
栗色较 673 重
674 褐背伯劳
formosae
tricolor
♂ 棕色
675 棕背伯劳
深色型

676 灰背伯劳
背灰色
imm.
近棕色
imm.
额黑色
略带粉色
白斑大
677 黑额伯劳

678. 灰伯劳

Northern Shrike

Lanius borealis

26 cm

679. 西方灰伯劳

Great Grey Shrike

Lanius excubitor

24 cm

680. 楔尾伯劳

Chinese Grey Shrike

Lanius sphenocercus

31 cm

682. 棕腹鹀鹛

Black-headed Shrike Babbler

Pteruthius rufiventer

21 cm

683. 红翅鹀鹛

Blyth's Shrike Babbler

Pteruthius aeralatus

17 cm

684. 淡绿鹀鹛

Green Shrike Babbler

Pteruthius xanthochlorus

12 cm

685. 栗喉鹀鹛

Black-eared Shrike Babbler

Pteruthius melanotis

11 cm

686. 栗额鹀鹛

Clicking Shrike Babbler

Pteruthius intermedius

11 cm

678 灰伯劳

imm.

680 楔尾伯劳

灰色

翼斑较大

眉纹不明显

pallidirostris

682 棕腹鸠鹛

棕红

翅黑

♂

679 西方灰伯劳

喙较柳莺类厚且短

684 淡绿鸠鹛

具白色眉纹

♀

683 红翅鸠鹛

♂

三级飞羽栗色
或亮橙色

具一道翼斑

xanthochlorus

端白

具一黑色半环

♀

685 栗喉鸠鹛

栗色

♀

栗色延伸到胸部

♂

♂

686 栗额鸠鹛

687. 金黄鹂

Eurasian Golden Oriole

Oriolus oriolus

24 cm

688. 印度金黄鹂

Indian Golden Oriole

Oriolus kundoo

24 cm

689. 细嘴黄鹂

Slender-billed Oriole

Oriolus tenuirostris

25 cm

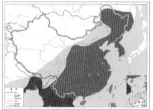

690. 黑枕黄鹂

Black-naped Oriole

Oriolus chinensis

26 cm

691. 黑头黄鹂

Black-hooded Oriole

Oriolus xanthornus

23 cm

692. 朱鹂

Maroon Oriole

Oriolus traillii

26 cm

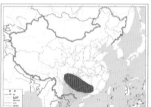

693. 鹊色鹂

Silver Oriole

Oriolus mellianus

25 cm

1128. 和平鸟

Asian Fairy Bluebird

Irena puella

25 cm

687 金黄鹂

黑色延伸至眼后

imm.

691 黑头黄鹂

黄斑较687大

688 印度金黄鹂

689 细嘴黄鹂

imm.

较690细　较690细

沾绿色

690 黑枕黄鹂

imm.

较693深

无纵纹 ♀

692 朱鹂

♂

灰褐色

具纵纹

♀

693 鹊色鹂

♂

♀

♂

1128 和平鸟

694. 黑卷尾

Black Drongo

Dicrurus macrocercus

30 cm

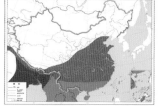

695. 灰卷尾

Ashy Drongo

Dicrurus leucophaeus

29 cm

696. 鸦嘴卷尾

Crow-billed Drongo

Dicrurus annectans

30 cm

697. 古铜色卷尾

Bronzed Drongo

Dicrurus aeneus

23 cm

698. 小盘尾

Lesser Racket-tailed Drongo

Dicrurus remifer

26 cm

699. 发冠卷尾

Spangled Drongo

Dicrurus hottentottus

30 cm

700. 大盘尾

Greater Racket-tailed Drongo

Dicrurus paradiseus

33 cm

694 黑卷尾

imm.

具横斑

分叉深

695 灰卷尾

hopwoodi   *salangensis*

灰色

灰黑色

imm.

696 鸦嘴卷尾

喙较粗厚

697 古铜色卷尾

无羽冠

具铜绿色光泽

698 小盘尾

tectirostris

具羽冠

700 大盘尾

grandis

整体较694小

479 乌鹃

近椭圆形

较696长   非繁殖期无

imm.

上卷

699 发冠卷尾

分叉浅

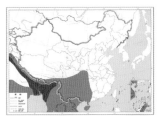

701. 白喉扇尾鹟
White-throated Fantail
Rhipidura albicollis
18 cm

702. 白眉扇尾鹟
White-browed Fantail
Rhipidura aureola
16 cm

703. 黑枕王鹟
Black-naped Monarch
Hypothymis azurea
16 cm

704. 印缅寿带
Indian Paradise-Flycatcher
Terpsiphone paradisi
21 cm

705. 中南寿带
Blyth's Paradise-Flycatcher
Terpsiphone affinis
21 cm

706. 寿带
Amur Paradise-Flycatcher
Terpsiphone incei
21 cm

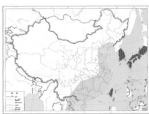

707. 紫寿带
Japanese Paradise-Flycatcher
Terpsiphone atrocaudata
20 cm

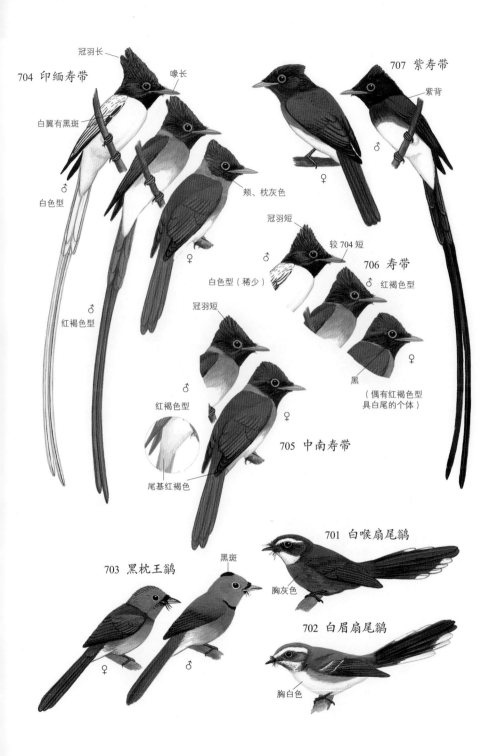

704 印缅寿带
冠羽长
嘴长
白翼有黑斑
白色型
♂
红褐色型
♂
颊、枕灰色
♀

707 紫寿带
紫背
♂

冠羽短
♂
较704短
白色型（稀少）
706 寿带
♂
红褐色型
冠羽短
红褐色型
♂
黑
♀
（偶有红褐色型
具白尾的个体）

冠羽短
♂
红褐色型
♀
705 中南寿带
尾基红褐色

701 白喉扇尾鹟
黑斑
703 黑枕王鹟
胸灰色
♀
♂
702 白眉扇尾鹟
胸白色

708. 北噪鸦

Siberian Jay

Perisoreus infaustus

28 cm

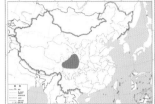

709. 黑头噪鸦

Sichuan Jay

Perisoreus internigrans

30 cm

710. 松鸦

Eurasian Jay

Garrulus glandarius

35 cm

711. 灰喜鹊

Azure-winged Magpie

Cyanopica cyanus

35 cm

712. 台湾蓝鹊

Taiwan Blue Magpie

Urocissa caerulea

65 cm

713. 黄嘴蓝鹊

Yellow-billed Blue Magpie

Urocissa flavirostris

65 cm

714. 红嘴蓝鹊

Red-billed Blue Magpie

Urocissa erythrorhyncha

60 cm

715. 白翅蓝鹊

White-winged Magpie

Urocissa whiteheadi

46 cm

716. 蓝绿鹊

Common Green Magpie

Cissa chinensis

38 cm

717. 印支绿鹊

Indochinese Green Magpie

Cissa hypoleuca

32 cm

leucotis 脸白

sinensis

710 松鸦

腰白

翼上蓝色

黑

喙红

712 台湾蓝鹊

喙红

白

714 红嘴蓝鹊

brandtii

栗色

708 北噪鸦

通常偏黄色

709 黑头噪鸦

全部灰色

喙黄

713 黄嘴蓝鹊

橘黄

具羽冠

黑白色

715 白翅蓝鹊

白色带斑

716 蓝绿鹊

尾羽较 717 长

喙黑

灰蓝

711 灰喜鹊

淡绿色

717 印支绿鹊

718. 棕腹树鹊
Rufous Treepie
Dendrocitta vagabunda
40 cm

719. 灰树鹊
Grey Treepie
Dendrocitta formosae
38 cm

720. 黑额树鹊
Collared Treepie
Dendrocitta frontalis
38 cm

721. 塔尾树鹊
Ratchet-tailed Treepie
Temnurus temnurus
30 cm

722. 欧亚喜鹊
Eurasian Magpie
Pica pica
45 cm

723. 青藏喜鹊
Black-rumped Magpie
Pica bottanensis
47 cm

724. 喜鹊
Oriental Magpie
Pica serica
45 cm

725. 黑尾地鸦
Mongolian Ground Jay
Podoces hendersoni
30 cm

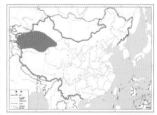

726. 白尾地鸦
Xinjiang Ground Jay
Podoces biddulphi
29 cm

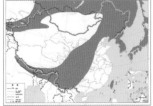

727. 星鸦
Spotted Nutcracker
Nucifraga caryocatactes
33 cm

725 黑尾地鸦

无黑色

尾黑

726 白尾地鸦

略带黑色

尾白

721 塔尾树鹊

"宝塔形"尾

带白色纵纹

臀白

尾下白

727 星鸦

棕褐色

720 黑额树鹊

718 棕腹树鹊

724 喜鹊

窄

宽

无

723 青藏喜鹊

722 欧亚喜鹊

灰白色

具白斑

灰白色

黑色

719 灰树鹊

hemileucoptera

722 723 724

730. 寒鸦

Eurasian Jackdaw

Corvus monedula

32 cm

731. 达乌里寒鸦

Daurian Jackdaw

Corvus dauuricus

32 cm

732. 家鸦

House Crow

Corvus splendens

42 cm

734. 小嘴乌鸦

Carrion Crow

Corvus corone

50 cm

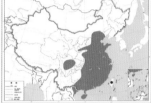

736. 白颈鸦

Collared Crow

Corvus torquatus

54 cm

737. 大嘴乌鸦

Large-billed Crow

Corvus macrorhynchos

50 cm

738. 丛林鸦

Jungle Crow

Corvus levaillantii

47 cm

739. 渡鸦

Common Raven

Corvus corax

70 cm

白色

736 白颈鸦

较 731 大

白色区域窄

喙粗壮

739 渡鸦

较 737 和 734 大

楔形

730 寒鸦

眼圈白色

灰白色颈环

juv.

上喙较 734 弯

737 大嘴乌鸦

额弓明显

尾圆

731 达乌里寒鸦

白

juv.

白

上喙较平

额弓不明显

734 小嘴乌鸦

深灰色

732 家鸦

738 丛林鸦

较 737 略小

尾较平

728. 红嘴山鸦

Red-billed Chough

Pyrrhocorax pyrrhocorax

45 cm

729. 黄嘴山鸦

Alpine Chough

Pyrrhocorax graculus

38 cm

733. 秃鼻乌鸦

Rook

Corvus frugilegus

47 cm

735. 冠小嘴乌鸦

Hooded Crow

Corvus cornix

50 cm

740. 太平鸟

Bohemian Waxwing

Bombycilla garrulus

20 cm

741. 小太平鸟

Japanese Waxwing

Bombycilla japonica

18 cm

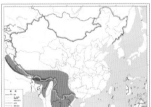

742. 黄腹扇尾鹟

Yellow-bellied Fantail

Chelidorhynx hypoxanthus

14 cm

743. 方尾鹟

Grey-headed Canary Flycatcher

Culicicapa ceylonensis

13 cm

733 秃鼻乌鸦

喙基灰白色

729 黄嘴山鸦

黄

728 红嘴山鸦

红

灰色

735 冠小嘴乌鸦

黄眉纹

端白

742 黄腹扇尾鹟

灰色

眼圈白色

743 方尾鹟

740
太平鸟

白斑

黄色

红色

741
小太平鸟

红色

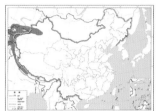

747. 棕枕山雀
Rufous-naped Tit
Periparus rufonuchalis
13 cm

748. 黑冠山雀
Rufous-vented Tit
Periparus rubidiventris
12 cm

752. 杂色山雀
Varied Tit
Sittiparus varius
13 cm

753. 台湾杂色山雀
Chestnut-bellied Tit
Sittiparus castaneoventris
12 cm

754. 白眉山雀
White-browed Tit
Poecile superciliosus
13 cm

755. 红腹山雀
Rusty-breasted Tit
Poecile davidi
13 cm

756. 沼泽山雀
Marsh Tit
Poecile palustris
11 cm

757. 黑喉山雀
Black-bibbed Tit
Poecile hypermelaenus
11 cm

758. 褐头山雀
Willow Tit
Poecile montanus
11 cm

759. 川褐头山雀
Sichuan Tit
Poecile weigoldicus
11 cm

757 黑喉山雀

756 沼泽山雀
略具光泽
hellmayri
无浅色翼斑
songarus

759 川褐头山雀
黑色区域边缘不清晰
沾深褐色

黑色延伸至上胸

少光泽
baicalensis
浅色翼纹

758
758 褐头山雀
红色

754 白眉山雀
白色眉纹

755 红腹山雀

752 杂色山雀
棕色
上胸具白色斑

753 台湾杂色山雀
偏白
无白色

747 棕枕山雀
沾棕色
胸黑色

748 黑冠山雀
灰色
棕色
beavani

749. 煤山雀
Coal Tit
Periparus ater
11 cm

750. 黄腹山雀
Yellow-bellied Tit
Pardaliparus venustulus
10 cm

762. 大山雀
Great Tit
Parus major
14 cm

763. 远东山雀
Japanese Tit
Parus minor
14 cm

764. 苍背山雀
Cinereous Tit
Parus cinereus
14 cm

765. 绿背山雀
Green-backed Tit
Parus monticolus
13 cm

767. 眼纹黄山雀
Himalayan Black-lored Tit
Machlolophus xanthogenys
14 cm

768. 黄颊山雀
Yellow-cheeked Tit
Machlolophus spilonotus
14 cm

白色 **749 煤山雀**
ater

749
aemodius

略沾棕色

762 大山雀
bokharensis

kapustini

一道翼斑

750 黄腹山雀
♂ br.
♂
non-br.
♀

765 绿背山雀

两道翼斑

763 远东山雀
略沾黄绿色
763
juv.
灰白色
commixtus
tibetanus

764 苍背山雀
灰白色

768 黄颊山雀
眼先黄色
spilonotus
♂
♂
rex

黑色贯眼纹
767 眼纹黄山雀

juv.

744. 火冠雀
Fire-capped Tit
Cephalopyrus flammiceps
10 cm

745. 黄眉林雀
Yellow-browed Tit
Sylviparus modestus
10 cm

746. 冕雀
Sultan Tit
Melanochlora sultanea
20 cm

751. 褐冠山雀
Grey-crested Tit
Lophophanes dichrous
12 cm

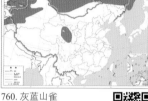

760. 灰蓝山雀
Azure Tit
Cyanistes cyanus
13 cm

761. 地山雀
Ground Tit
Pseudopodoces humilis
17 cm

766. 台湾黄山雀
Yellow Tit
Machlolophus holsti
13 cm

769. 白冠攀雀
White-crowned Penduline Tit
Remiz coronatus
11 cm

770. 中华攀雀
Chinese Penduline Tit
Remiz consobrinus
11 cm

746 冕雀 — 羽冠黄色 — ♀ — ♂

766 台湾黄山雀 — 白色 — ♂

745 黄眉林雀 — 具羽冠

744 火冠雀 — 红色 — ♂ — br. — juv. — olivaceus — ♀

760 灰蓝山雀 — juv. — berezowskii — 灰蓝色 — tianschanicus

751 褐冠山雀 — 羽冠 — 月牙形白斑 — wellsi — 浅黄色

761 地山雀 — 喙较长且下弯

769 白冠攀雀 — 白色 — ♂

770 中华攀雀 — 灰色 — ♂ — ♀ — 贯眼纹浅

773. 白翅百灵
White-winged Lark
Alauda leucoptera
18 cm

774. 小云雀
Oriental Skylark
Alauda gulgula
16 cm

775. 云雀
Eurasian Skylark
Alauda arvensis
18 cm

776. 日本云雀
Japanese Skylark
Alauda japonica
17 cm

781. 大短趾百灵
Greater Short-toed Lark
Calandrella brachydactyla
14 cm

782. 二斑百灵
Bimaculated Lark
Melanocorypha bimaculata
16 cm

785. 蒙古百灵
Mongolian Lark
Melanocorypha mongolica
18 cm

787. 亚洲短趾百灵
Asian Short-toed Lark
Alaudala cheleensis
13 cm

782 二斑百灵
端白
具黑斑

785 蒙古百灵
肉桂色
棕色
黑色胸带
黑色
白斑

773 白翅百灵
无黑色
白斑
♀
♂

白
红褐
红褐
776 日本云雀

喙短粗
具纵纹
短
787 亚洲短趾百灵

皮黄色翼缘
喙较细
边缘白色
774 小云雀

781 大短趾百灵
白边
黑斑较明显
三级飞羽长

白色边缘
喙略粗
尾略长
775 云雀
dulcivox

772. 歌百灵

Australasian Bush Lark

Mirafra javanica

14 cm

777. 凤头百灵

Crested Lark

Galerida cristata

18 cm

778. 角百灵

Horned Lark

Eremophila alpestris

16 cm

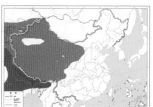

779. 细嘴短趾百灵

Hume's Short-toed Lark

Calandrella acutirostris

14 cm

780. 蒙古短趾百灵

Mongolian Short-toed Lark

Calandrella dukhunensis

14 cm

783. 草原百灵

Calandra Lark

Melanocorypha calandra

19 cm

784. 黑百灵

Black Lark

Melanocorypha yeltoniensis

20 cm

786. 长嘴百灵

Tibetan Lark

Melanocorypha maxima

22 cm

788. 凤头雀嘴鹎

Crested Finchbill

Spizixos canifrons

22 cm

789. 领雀嘴鹎

Collared Finchbill

Spizixos semitorques

23 cm

784 黑百灵

♀

粗

短

♂

灰褐色

粗

786 长嘴百灵

具黑斑，不规则

白边

细

无黑色块斑

780
蒙古短趾百灵

粗

783 草原百灵

不规则黑斑

褐色

779
细嘴短趾百灵

沾皮黄色

角状羽

albigula

778
角百灵

brandti

国内亚种偏灰色

772 歌百灵

具纵纹

红褐色

具羽冠

非红褐色

777 凤头百灵

略短

具羽冠

788 凤头雀嘴鹎

白

789 领雀嘴鹎

790. 纵纹绿鹎
Striated Bulbul
Pycnonotus striatus

20 cm

791. 黑头鹎
Black-headed Bulbul
Pycnonotus atriceps

17 cm

792. 黑冠黄鹎
Black-crested Bulbul
Pycnonotus flaviventris
18 cm

793. 红耳鹎
Red-whiskered Bulbul
Pycnonotus jocosus

20 cm

794. 黄臀鹎
Brown-breasted Bulbul
Pycnonotus xanthorrhous

20 cm

795. 白头鹎
Light-vented Bulbul
Pycnonotus sinensis
19 cm

796. 台湾鹎
Styan's Bulbul
Pycnonotus taivanus

19 cm

797. 白颊鹎
Himalayan Bulbul
Pycnonotus leucogenys

20 cm

798. 黑喉红臀鹎
Red-vented Bulbul
Pycnonotus cafer

20 cm

799. 白眉黄臀鹎
Yellow-vented Bulbul
Pycnonotus goiavier

20 cm

805. 灰眼短脚鹎
Grey-eyed Bulbul
Iole propinqua

19 cm

791 黑头鹎
黑
眼圈蓝色

羽冠
790
纵纹绿鹎
羽冠短

眼圈偏白色

具斑纹

792
黑冠黄鹎

端黄

羽冠短
794 黄臀鹎
灰色

羽冠
颊白
797
白颊鹎

耳羽红色

793 红耳鹎

黄

红

眉纹宽

头顶黑，无白色
hainanus

799
白眉黄臀鹎

795 白头鹎
sinensis

红
798 黑喉红臀鹎

黄色

灰色

黑
颊纹黑

796 台湾鹎

805
灰眼短脚鹎

肉桂色

800. 白喉红臀鹎
Sooty-headed Bulbul
Pycnonotus aurigaster
20 cm

801. 纹喉鹎
Stripe-throated Bulbul
Pycnonotus finlaysoni
19 cm

802. 黄绿鹎
Flavescent Bulbul
Pycnonotus flavescens
20 cm

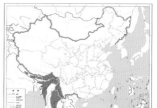

803. 黄腹冠鹎
White-throated Bulbul
Alophoixus flaveolus
22 cm

804. 白喉冠鹎
Puff-throated Bulbul
Alophoixus pallidus
23 cm

806. 绿翅短脚鹎
Mountain Bulbul
Ixos mcclellandii
24 cm

807. 灰短脚鹎
Ashy Bulbul
Hemixos flavala
20 cm

808. 栗背短脚鹎
Chestnut Bulbul
Hemixos castanonotus
21 cm

809. 黑短脚鹎
Black Bulbul
Hypsipetes leucocephalus
24 cm

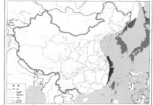

810. 栗耳短脚鹎
Brown-eared Bulbul
Hypsipetes amaurotis
28 cm

800 白喉红臀鹎
喉白
红

801 纹喉鹎
具纵纹

802 黄绿鹎
黄绿色

803 黄腹冠鹎
具羽冠
褐色
柠檬黄

804 白喉冠鹎
羽冠
白
较803浅

808 栗背短脚鹎
羽冠短
栗色

806 绿翅短脚鹎
短羽冠
栗色
绿色

807 灰短脚鹎
黑色
灰色
白色

809 黑短脚鹎
白头型
imm.

810 栗耳短脚鹎
栗色
点状斑纹

811. 褐喉沙燕
Grey-throated Martin
Riparia chinensis
12 cm

812. 崖沙燕
Sand Martin
Riparia riparia
12 cm

813. 淡色沙燕
Pale Martin
Riparia diluta
12 cm

814. 家燕
Barn Swallow
Hirundo rustica
20 cm

815. 洋斑燕
Pacific Swallow
Hirundo tahitica
17 cm

816. 线尾燕
Wire-tailed Swallow
Hirundo smithii
19 cm

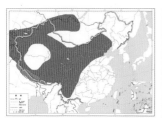

817. 岩燕
Eurasian Crag Martin
Ptyonoprogne rupestris
15 cm

818. 纯色岩燕
Dusky Crag Martin
Ptyonoprogne concolor
13 cm

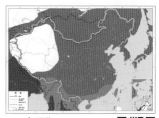

822. 金腰燕
Red-rumped Swallow
Cecropis daurica
18 cm

823. 斑腰燕
Striated Swallow
Cecropis striolata
18 cm

824. 黄额燕
Streak-throated Swallow
Petrochelidon fluvicola
12 cm

812
崖沙燕

813 淡色沙燕

胸带色深

胸带色浅

较812色浅

811 褐喉沙燕

整体灰色

817 岩燕

较818色浅

818
纯色岩燕

较817色深

棕黄色

814 家燕

gutturalis

具黑色
横带

tyteri

棕红色

具白斑

无胸带

815 洋斑燕

822 金腰燕

namiyei

无黑色横带

nipalensis

白色

红色

striola823ta

纵纹较822粗
且明显

斑腰燕

栗色

824 黄额燕

816 线尾燕

819. 白腹毛脚燕

Northern House Martin

Delichon urbicum

13 cm

820. 烟腹毛脚燕

Asian House Martin

Delichon dasypus

13 cm

821. 黑喉毛脚燕

Nepal House Martin

Delichon nipalensis

12 cm

825. 鳞胸鹪鹛

Scaly-breasted Cupwing

Pnoepyga albiventer

10 cm

826. 中华鹪鹛

Chinese Cupwing

Pnoepyga mutica

10 cm

827. 台湾鹪鹛

Taiwan Cupwing

Pnoepyga formosana

9 cm

828. 尼泊尔鹪鹛

Nepal Cupwing

Pnoepyga immaculata

9 cm

829. 小鳞胸鹪鹛

Pygmy Cupwing

Pnoepyga pusilla

9 cm

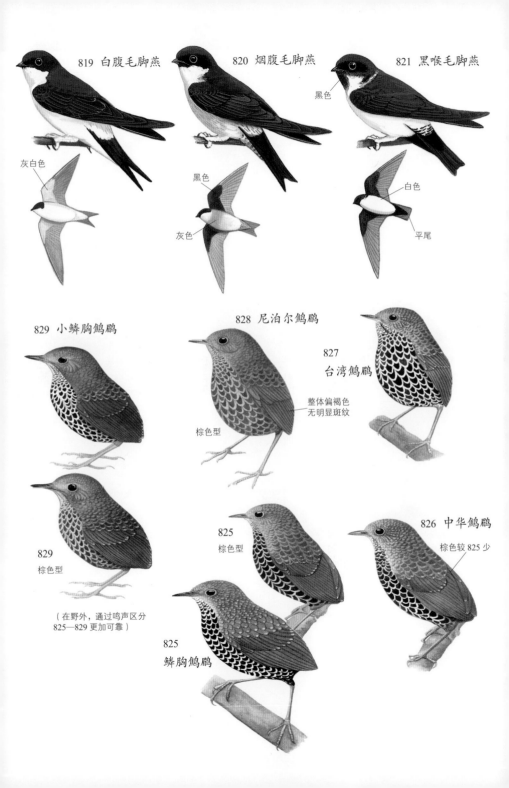

819 白腹毛脚燕

820 烟腹毛脚燕

821 黑喉毛脚燕

黑色

灰白色

黑色

灰色

白色

平尾

829 小鳞胸鹪鹛

828 尼泊尔鹪鹛

827
台湾鹪鹛

整体偏褐色
无明显斑纹

棕色型

829
棕色型

826 中华鹪鹛

棕色较 825 少

825
棕色型

825
鳞胸鹪鹛

（在野外，通过鸣声区分
825—829 更加可靠）

830. 黄腹鹟莺

Yellow-bellied Warbler

Abroscopus superciliaris

11 cm

831. 棕脸鹟莺

Rufous-faced Warbler

Abroscopus albogularis

10 cm

832. 黑脸鹟莺

Black-faced Warbler

Abroscopus schisticeps

10 cm

843. 宽尾树莺

Cetti's Warbler

Cettia cetti

14 cm

844. 大树莺

Chestnut-crowned Bush
Warbler

Cettia major

13 cm

845. 棕顶树莺

Grey-sided Bush Warbler

Cettia brunnifrons

11 cm

846. 栗头地莺

Chestnut-headed Tesia

Cettia castaneocoronata

10 cm

847. 鳞头树莺

Asian Stubtail

Urosphena squameiceps

10 cm

848. 淡脚树莺

Pale-footed Bush Warbler

Hemitesia pallidipes

12 cm

棕　831 棕脸鹟莺

眉纹黄　832 黑脸鹟莺

纵纹

黑

眉纹白　830 黄腹鹟莺

柠檬黄

眉纹较845略长　844 大树莺

暖色调

（844和845鸣声不同）

灰色　845 棕顶树莺

尾较宽

贯眼纹细　843 宽尾树莺

栗色

绿色

亮黄

尾短　846 栗头地莺

色暗，具鳞状斑

眉纹长

短　847 鳞头树莺

橄榄色　眉纹较短

较长　848 淡脚树莺

833. 金头缝叶莺
Mountain Tailorbird
Phyllergates cucullatus
12 cm

834. 宽嘴鹟莺
Broad-billed Warbler
Tickellia hodgsoni
10 cm

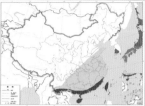

835. 日本树莺
Japanese Bush Warbler
Horornis diphone
15 cm

836. 远东树莺
Manchurian Bush Warbler
Horornis canturians
17 cm

837. 强脚树莺
Brownish-flanked Bush Warbler
Horornis fortipes
12 cm

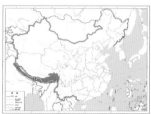

838. 休氏树莺
Hume's Bush Warbler
Horornis brunnescens
11 cm

839. 黄腹树莺
Yellowish-bellied Bush Warbler
Horornis acanthizoides
11 cm

840. 异色树莺
Aberrant Bush Warbler
Horornis flavolivacea
14 cm

841. 灰腹地莺
Grey-bellied Tesia
Tesia cyaniventer
9 cm

842. 金冠地莺
Slaty-bellied Tesia
Tesia olivea
9 cm

灰

灰白色

长

833 金头缝叶莺

绿

白边

834 宽嘴鹟莺

眉纹清晰

偏棕色

偏灰白色

836 远东树莺

橄榄色

眉纹清晰 橄榄色

835 日本树莺

偏白

深褐色

偏白

837 强脚树莺

细

色亮

长，偏白

色暗

淡黄

838 休氏树莺

淡棕褐色

839 黄腹树莺

淡黄色

偏黄色

840 异色树莺

黄绿色眉纹

灰色

841 灰腹地莺

偏金黄色

842
金冠地莺

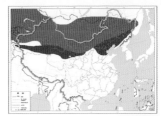

771. 文须雀
Bearded Reedling
Panurus biarmicus
17 cm

849. 北长尾山雀
Long-tailed Tit
Aegithalos caudatus
16 cm

850. 银喉长尾山雀
Silver-throated Bushtit
Aegithalos glaucogularis
16 cm

851. 红头长尾山雀
Black-throated Bushtit
Aegithalos concinnus
10 cm

852. 棕额长尾山雀
Rufous-fronted Bushtit
Aegithalos iouschistos
11 cm

853. 黑眉长尾山雀
Black-browed Bushtit
Aegithalos bonvaloti
11 cm

854. 银脸长尾山雀
Sooty Bushtit
Aegithalos fuliginosus
12 cm

855. 花彩雀莺
White-browed Tit Warbler
Leptopoecile sophiae
10 cm

856. 凤头雀莺
Crested Tit Warbler
Leptopoecile elegans
10 cm

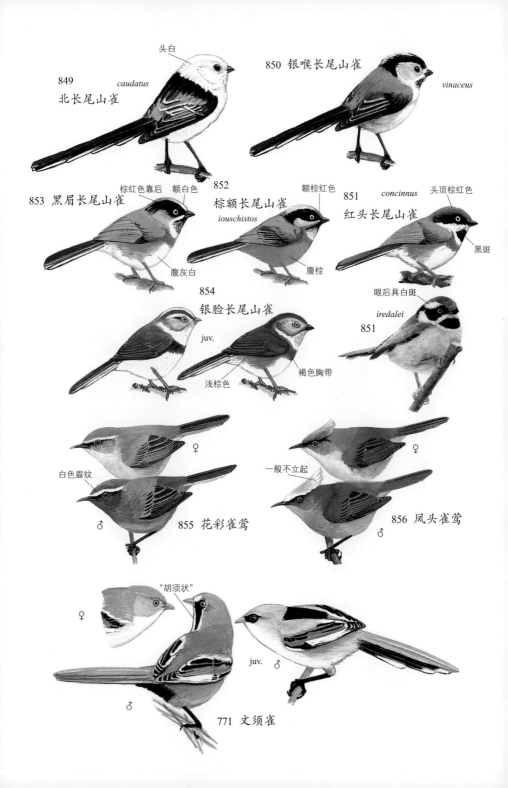

头白

850 银喉长尾山雀

849 *caudatus*

北长尾山雀

vinaceus

棕红色靠后 额白色

852

额棕红色

concinnus 头顶棕红色

853 黑眉长尾山雀

棕额长尾山雀

851 红头长尾山雀

iouschistos

黑斑

腹灰白

腹棕

854

眼后具白斑

银脸长尾山雀

iredalei

juv.

851

褐色胸带

浅棕色

♀

♀

白色眉纹

一般不立起

♂

855 花彩雀莺

856 凤头雀莺

♂

"胡须状"

♀

juv. ♂

♂

771 文须雀

857. 林柳莺

Wood Warbler

Phylloscopus sibilatrix

13 cm

858. 橙斑翅柳莺

Buff-barred Warbler

Phylloscopus pulcher

10 cm

859. 灰喉柳莺

Ashy-throated Warbler

Phylloscopus maculipennis

9 cm

860. 淡眉柳莺

Hume's Warbler

Phylloscopus humei

10 cm

861. 黄眉柳莺

Yellow-browed Warbler

Phylloscopus inornatus

10 cm

862. 云南柳莺

Chinese Leaf Warbler

Phylloscopus yunnanensis

9 cm

863. 淡黄腰柳莺

Lemon-rumped Warbler

Phylloscopus chloronotus

10 cm

864. 四川柳莺

Sichuan Leaf Warbler

Phylloscopus forresti

9 cm

865. 甘肃柳莺

Gansu Leaf Warbler

Phylloscopus kansuensis

10 cm

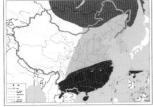

866. 黄腰柳莺

Pallas's Leaf Warbler

Phylloscopus proregulus

9 cm

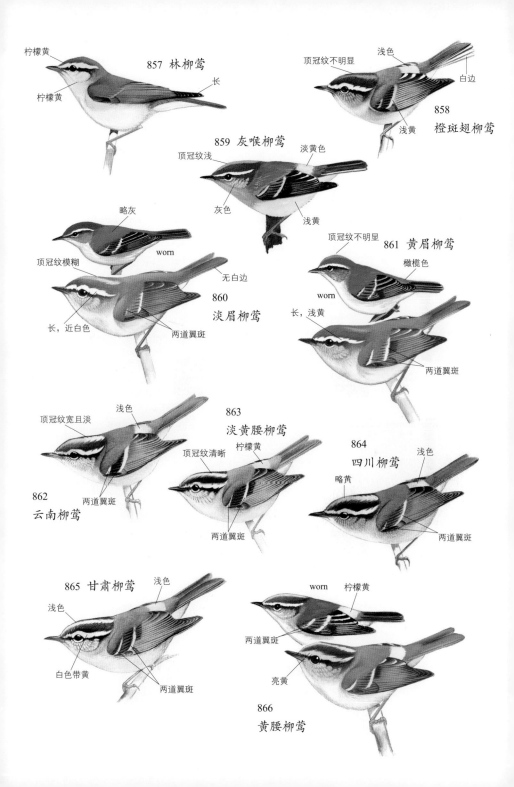

857 林柳莺
柠檬黄
柠檬黄
长

顶冠纹不明显
浅色
白边
858
橙斑翅柳莺
浅黄
浅黄

859 灰喉柳莺
顶冠纹浅
淡黄色
灰色
浅黄

略灰
worn
顶冠纹模糊
无白边
860
淡眉柳莺
长，近白色
两道翼斑

顶冠纹不明显
861 黄眉柳莺
橄榄色
worn
长，浅黄
两道翼斑

浅色
863
淡黄腰柳莺
顶冠纹宽且淡
顶冠纹清晰
柠檬黄
864
四川柳莺
浅色
略黄
862
云南柳莺
两道翼斑
两道翼斑
两道翼斑

865 甘肃柳莺
浅色
浅色
worn
柠檬黄
两道翼斑
白色带黄
亮黄
两道翼斑
866
黄腰柳莺

867. 棕眉柳莺
Yellow-streaked Warbler
Phylloscopus armandii
12 cm

868. 巨嘴柳莺
Radde's Warbler
Phylloscopus schwarzi
12 cm

869. 灰柳莺
Sulphur-bellied Warbler
Phylloscopus griseolus
11 cm

870. 黄腹柳莺
Tickell's Leaf Warbler
Phylloscopus affinis
11 cm

871. 华西柳莺
Alpine Leaf Warbler
Phylloscopus occisinensis
11 cm

872. 烟柳莺
Smoky Warbler
Phylloscopus fuligiventer
11 cm

873. 褐柳莺
Dusky Warbler
Phylloscopus fuscatus
12 cm

874. 棕腹柳莺
Buff-throated Warbler
Phylloscopus subaffinis
11 cm

875. 欧柳莺
Willow Warbler
Phylloscopus trochilus
12 cm

876. 东方叽喳柳莺
Mountain Chiffchaff
Phylloscopus sindianus
11 cm

877. 叽喳柳莺
Common Chiffchaff
Phylloscopus collybita
11 cm

长，浅黄
棕色

867 棕眉柳莺

869 灰柳莺
浅黄
略灰
偏棕黄

橄榄黄
浅黄，偏白
嘴略粗

868 巨嘴柳莺

870 黄腹柳莺
长，黄
下嚎色淡

（两者野外极难区分）

871 华西柳莺

略长，灰白色
污棕色

872 烟柳莺

棕色沾灰
棕色
沾红褐色
嘴细

873 褐柳莺

淡黄色，窄
橄榄褐

875 欧柳莺

黄
白色边缘
棕黄色

874 棕腹柳莺

偏灰褐色
白色
凹形尾

876
东方叽喳柳莺

877
叽喳柳莺
橄榄色
浅黄
无眼圈
皮黄色

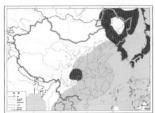

878. 冕柳莺

Eastern Crowned Warbler

Phylloscopus coronatus

12 cm

879. 饭岛柳莺

Ijima's Leaf Warbler

Phylloscopus ijimae

11 cm

880. 白眶鹟莺

White-spectacled Warbler

Phylloscopus intermedius

11 cm

881. 灰脸鹟莺

Grey-cheeked Warbler

Phylloscopus poliogenys

10 cm

882. 金眶鹟莺

Green-crowned Warbler

Phylloscopus burkii

12 cm

883. 灰冠鹟莺

Grey-crowned Warbler

Phylloscopus tephrocephalus

11 cm

884. 韦氏鹟莺

Whistler's Warbler

Phylloscopus whistleri

12 cm

885. 比氏鹟莺

Bianchi's Warbler

Phylloscopus valentini

12 cm

886. 淡尾鹟莺

Plain-tailed Warbler

Phylloscopus soror

12 cm

887. 峨眉鹟莺

Marten's Warbler

Phylloscopus omeiensis

12 cm

884 韦氏鹟莺
略长
眼圈完整
黄色翼斑

878 冕柳莺
顶冠纹灰色，较模糊
翼斑细

880 白眶鹟莺
略短
绿色
黄色
绿色
亮丽
眼圈有微小缺口
zosterops
白色外缘长
intermedius
眼圈宽
翼斑

882 金眶鹟莺

深灰色
黄色翼斑
黄色
眼圈完整
885 比氏鹟莺

对比明显
白色较多
眼圈不完整

883 灰冠鹟莺

顶冠纹对比不明显
灰色
淡黄翼斑

881 灰脸鹟莺

略长
黑
白色较少
眼圈完整
亮丽

887 峨眉鹟莺

白色较少
无顶冠纹
乳白
部分眼圈
眼圈完整
淡黄
翼斑不明显

886 淡尾鹟莺

879 饭岛柳莺

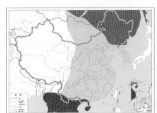

888. 双斑绿柳莺
Two-barred Warbler
Phylloscopus plumbeitarsus
11 cm

889. 暗绿柳莺
Greenish Warbler
Phylloscopus trochiloides
10 cm

890. 峨眉柳莺
Emei Leaf Warbler
Phylloscopus emeiensis
10 cm

891. 乌嘴柳莺
Large-billed Leaf Warbler
Phylloscopus magnirostris
13 cm

892. 库页岛柳莺
Sakhalin Leaf Warbler
Phylloscopus borealoides
11 cm

893. 淡脚柳莺
Pale-legged Leaf Warbler
Phylloscopus tenellipes
11 cm

894. 日本柳莺
Japanese Leaf Warbler
Phylloscopus xanthodryas
12 cm

895. 堪察加柳莺
Kamchatka Leaf Warbler
Phylloscopus examinandus
12 cm

896. 极北柳莺
Arctic Warbler
Phylloscopus borealis
12 cm

897. 栗头鹟莺
Chestnut-crowned Warbler
Phylloscopus castaniceps
9 cm

888 双斑绿柳莺
长，淡黄色
绿色腰
两道翼斑

889 暗绿柳莺
长，淡黄色
无顶冠纹
一道翼斑

891 乌嘴柳莺
长，无顶冠纹
乳白
斑驳纹
一或两道翼斑

890 峨眉柳莺
暗色
淡黄色顶冠纹
两道翼斑
略黄

892 库页岛柳莺
偏橄榄绿色
无翼带

894 日本柳莺
尾较短
较 895 色亮
一或两道翼斑
略黄

895 堪察加柳莺
尾较长
黄色较少

897 栗头鹟莺
栗色
灰色
两道翼斑

893 淡脚柳莺
偏橄榄褐色
橄榄绿
无顶冠纹
两道浅黄翼斑
worn

896 极北柳莺
无顶冠纹
白色
一道翼斑
worn

898. 灰岩柳莺

Limestone Leaf Warbler

Phylloscopus calciatilis

10 cm

899. 黑眉柳莺

Sulphur-breasted Warbler

Phylloscopus ricketti

10 cm

900. 黄胸柳莺

Yellow-vented Warbler

Phylloscopus cantator

11 cm

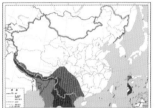

901. 西南冠纹柳莺

Blyth's Leaf Warbler

Phylloscopus reguloides

11 cm

902. 冠纹柳莺

Claudia's Leaf Warbler

Phylloscopus claudiae

11 cm

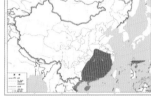

903. 华南冠纹柳莺

Hartert's Leaf Warbler

Phylloscopus goodsoni

11 cm

904. 白斑尾柳莺

Kloss's Leaf Warbler

Phylloscopus ogilviegranti

11 cm

905. 海南柳莺

Hainan Leaf Warbler

Phylloscopus hainanus

10 cm

906. 云南白斑尾柳莺

Davidson's Leaf Warbler

Phylloscopus intensior

11 cm

907. 灰头柳莺

Grey-hooded Warbler

Phylloscopus xanthoschistos

11 cm

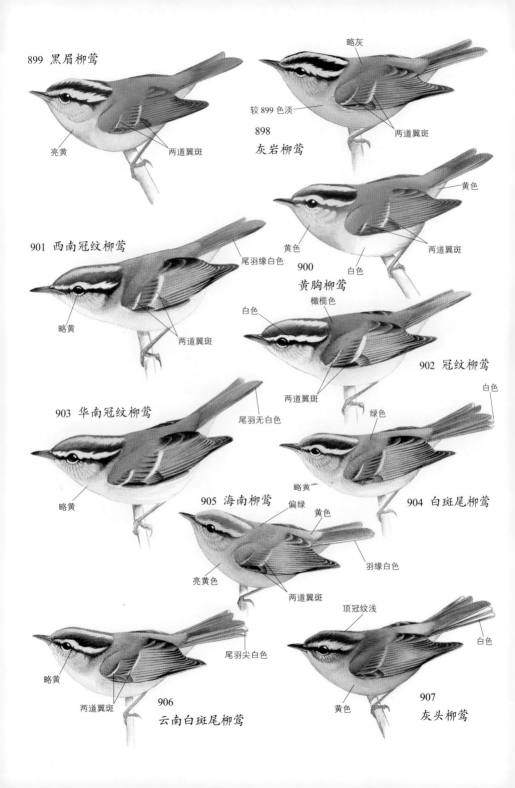

899 黑眉柳莺

亮黄　　两道翼斑

略灰

较899色淡　　　两道翼斑

898
灰岩柳莺

黄色

黄色　　　两道翼斑
白色

901 西南冠纹柳莺

尾羽缘白色

900
黄胸柳莺

略黄　　两道翼斑

白色　　橄榄色

两道翼斑

902 冠纹柳莺

903 华南冠纹柳莺

尾羽无白色

白色

绿色

略黄

略黄　　偏绿

黄色

905 海南柳莺

904 白斑尾柳莺

羽缘白色

亮黄色

两道翼斑

顶冠纹浅

白色

略黄

尾羽尖白色

两道翼斑

906

云南白斑尾柳莺

黄色

907

灰头柳莺

908. 大苇莺
Great Reed Warbler
Acrocephalus arundinaceus
20 cm

909. 东方大苇莺
Oriental Reed Warbler
Acrocephalus orientalis
19 cm

910. 噪大苇莺
Clamorous Reed Warbler
Acrocephalus stentoreus
19 cm

915. 钝翅苇莺
Blunt-winged Warbler
Acrocephalus concinens
14 cm

916. 远东苇莺
Manchurian Reed Warbler
Acrocepahlus tangorum
14 cm

917. 稻田苇莺
Paddyfield Warbler
Acrocephalus agricola
14 cm

918. 布氏苇莺
Blyth's Reed Warbler
Acrocephalus dumetorum
15 cm

919. 芦苇莺
Eurasian Reed Warbler
Acrocephalus scirpaceus
13 cm

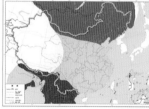

920. 厚嘴苇莺
Thick-billed Warbler
Arundinax aedon
20 cm

黑色侧冠纹较清晰

916 远东苇莺
fresh

眼先淡色

眉纹短，不清晰

918
布氏苇莺

worn

眉纹清晰，淡黄色

917 稻田苇莺

worn

909 东方大苇莺　眉纹清晰

juv.

条纹

淡红褐色

919 芦苇莺　眼先色淡

深灰色

棕褐色

棕褐色

眉纹短

棕褐色

初级飞羽短

红褐色

915
钝翅苇莺

尾羽尖色淡

无眉纹

喙粗

920
厚嘴苇莺

羽冠高

灰色

上喙深色

眉纹短，不清晰

较 908 略细

amyae

略沾棕色

908
大苇莺

910
噪大苇莺

长

zarudnyi

较长

911. 黑眉苇莺
Black-browed Reed Warbler
Acrocephalus bistrigiceps
13 cm

912. 须苇莺
Moustached Warbler
Acrocephalus melanopogon
13 cm

913. 水蒲苇莺
Sedge Warbler
Acrocephalus schoenobaenus
12 cm

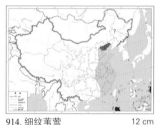

914. 细纹苇莺 12 cm
Streaked Reed Warbler
Acrocephalus sorghophilus

921. 靴篱莺
Booted Warbler
Iduna caligata
11 cm

922. 赛氏篱莺
Sykes's Warbler
Iduna rama
12 cm

923. 草绿篱莺
Eastern Olivaceous Warbler
Iduna pallida
13 cm

952. 长尾缝叶莺
Common Tailorbird
Orthotomus sutorius
12 cm

953. 黑喉缝叶莺
Dark-necked Tailorbird
Orthotomus atrogularis
12 cm

911 黑眉苇莺

黑色侧冠纹

细纹

细纹

913 水蒲苇莺

黑色侧冠纹

纵纹

纵纹

914 细纹苇莺

棕褐色

第一冬

眉纹短

略灰

923 草绿篱莺

眉纹长且扩散

喙小

921 靴篱莺

灰褐色

沾皮黄色

方形

略黑

红褐色

912 须苇莺

眉纹短

灰褐色

腹白

922 赛氏篱莺

长

枕暗色

♂

952 长尾缝叶莺

953 黑喉缝叶莺

枕偏红

暗色，非繁殖期色淡

♀

黄色

924. 库页岛蝗莺
Sakhalin Grasshopper Warbler
Locustella amnicola

17 cm

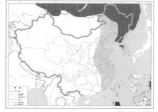

925. 苍眉蝗莺
Gray's Grasshopper Warbler
Locustella fasciolata
17 cm

927. 小蝗莺
Pallas's Grasshopper Warbler
Locustella certhiola
15 cm

928. 史氏蝗莺
Pleske's Grasshopper Warbler
Locustella pleskei
16 cm

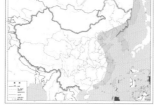

929. 北蝗莺
Middendorff's Grasshopper
Warbler
Locustella ochotensis

14 cm

930. 矛斑蝗莺
Lanceolated Warbler
Locustella lanceolata

13 cm

931. 棕褐短翅莺
Brown Bush Warbler
Locustella luteoventris
14 cm

935. 鸲蝗莺
Savi's Warbler
Locustella luscinioides

14 cm

939. 高山短翅莺
Russet Bush Warbler
Locustella mandelli
14 cm

940. 四川短翅莺
Sichuan Bush Warbler
Locustella chengi
13 cm

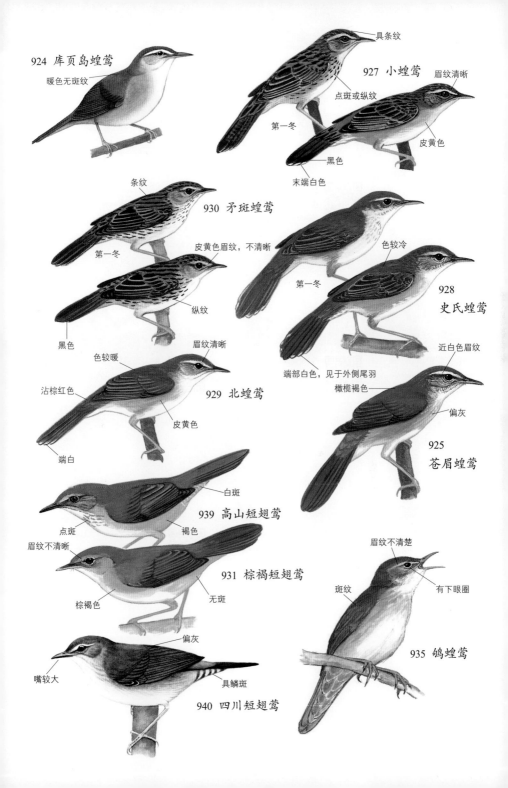

924 库页岛蝗莺

暖色无斑纹

927 小蝗莺

具条纹

眉纹清晰

点斑或纵纹

皮黄色

第一冬

黑色

末端白色

930 矛斑蝗莺

条纹

皮黄色眉纹，不清晰

第一冬

纵纹

黑色

眉纹清晰

色较暖

色较冷

928 史氏蝗莺

第一冬

沾棕红色

929 北蝗莺

皮黄色

端部白色，见于外侧尾羽

橄榄褐色

近白色眉纹

偏灰

端白

925
苍眉蝗莺

白斑

939 高山短翅莺

点斑

褐色

眉纹不清楚

有下眼圈

斑纹

935 鸲蝗莺

眉纹不清晰

棕褐色

931 棕褐短翅莺

无斑

偏灰

嘴较大

具鳞斑

940 四川短翅莺

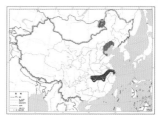

926. 斑背大尾莺
Marsh Grassbird
Locustella pryeri
12 cm

932. 巨嘴短翅莺
Long-billed Bush Warbler
Locustella major
13 cm

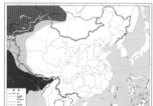

933. 黑斑蝗莺
Common Grasshopper Warbler
Locustella naevia
13 cm

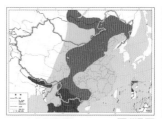

934. 中华短翅莺
Chinese Bush Warbler
Locustella tacsanowskia
14 cm

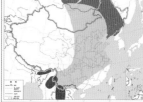

936. 北短翅莺
Baikal Bush Warbler
Locustella davidi
12 cm

937. 斑胸短翅莺
Spotted Bush Warbler
Locustella thoracica
14 cm

938. 台湾短翅莺
Taiwan Bush Warbler
Locustella alishanensis
14 cm

941. 沼泽大尾莺
Striated Grassbird
Megalurus palustris
26 cm

眉纹略模糊

具少许点斑

938 台湾短翅莺

棕褐色

937 斑胸短翅莺

点斑

偏褐色

936 北短翅莺

橄榄色

偏短呈圆形

点斑

眉纹不清晰

933 黑斑蝗莺

黑褐色斑，不成纹

点斑

偏灰

喙较长

眉纹长

眼先白色

932 巨嘴短翅莺

眉纹皮黄色，不明显

934 中华短翅莺

下喙色较淡

黑色大点斑

926 斑背大尾莺

铜色

皮黄

纵纹

941 沼泽大尾莺

色浅

竖立

条纹

1000
大草莺

分布图见图版 112

端部白色

长而尖

942. 棕扇尾莺
Zitting Cisticola
Cisticola juncidis
12 cm

943. 金头扇尾莺
Golden-headed Cisticola
Cisticola exilis
11 cm

944. 山鹪莺
Striated Prinia
Prinia crinigera
17 cm

945. 褐山鹪莺
Brown Prinia
Prinia polychroa
16 cm

946. 黑胸山鹪莺
Black-throated Prinia
Prinia atrogularis
18 cm

947. 黑喉山鹪莺
Hill Prinia
Prinia superciliaris
16 cm

948. 暗冕山鹪莺
Rufescent Prinia
Prinia rufescens
12 cm

949. 灰胸山鹪莺
Grey-breasted Prinia
Prinia hodgsonii
12 cm

950. 黄腹山鹪莺
Yellow-bellied Prinia
Prinia flaviventris
13 cm

951. 纯色山鹪莺
Plain Prinia
Prinia inornata
15 cm

淡眉纹

具纵纹

non-br.

942
棕扇尾莺

末端白，次端黑

顶冠金色

纵纹

无眉纹

943
金头扇尾莺
courtoisi

non-br.

br.

浓褐色，无纵纹

944 山鹪莺

细纹

947 黑喉山鹪莺

br.

细纹，较944浅

白色

红褐色

端部皮黄色

细纹，较947重

红褐色

946
黑胸山鹪莺

945
褐山鹪莺

灰

949
灰胸山鹪莺

br.

灰色斑

灰色

br.

948
暗冕山鹪莺

non-br.

红褐色

眉纹较948短且细

non-br.

羽尖白色

灰色

br.

白色

黄色

950 黄腹山鹪莺

br.

眉纹不清晰

淡红褐色

951
纯色山鹪莺

956. 台湾斑胸钩嘴鹛

Black-necklaced Scimitar
Babbler

Pomatorhinus erythrocnemis

24 cm

957. 斑胸钩嘴鹛

Black-streaked Scimitar
Babbler

Pomatorhinus gravivox

24 cm

958. 华南斑胸钩嘴鹛

Grey-sided Scimitar Babbler

Pomatorhinus swinhoei

24 cm

959. 灰头钩嘴鹛

White-browed Scimitar
Babbler

Pomatorhinus schisticeps

22 cm

960. 棕颈钩嘴鹛

Streak-breasted Scimitar
Babbler

Pomatorhinus ruficollis

19 cm

961. 台湾棕颈钩嘴鹛

Taiwan Scimitar Babbler

Pomatorhinus musicus

19 cm

962. 棕头钩嘴鹛

Red-billed Scimitar Babbler

Pomatorhinus ochraceiceps

23 cm

963. 红嘴钩嘴鹛

Coral-billed Scimitar Babbler

Pomatorhinus ferruginosus

23 cm

964. 剑嘴鹛

Slender-billed Scimitar Babbler

Pomatorhinus superciliaris

20 cm

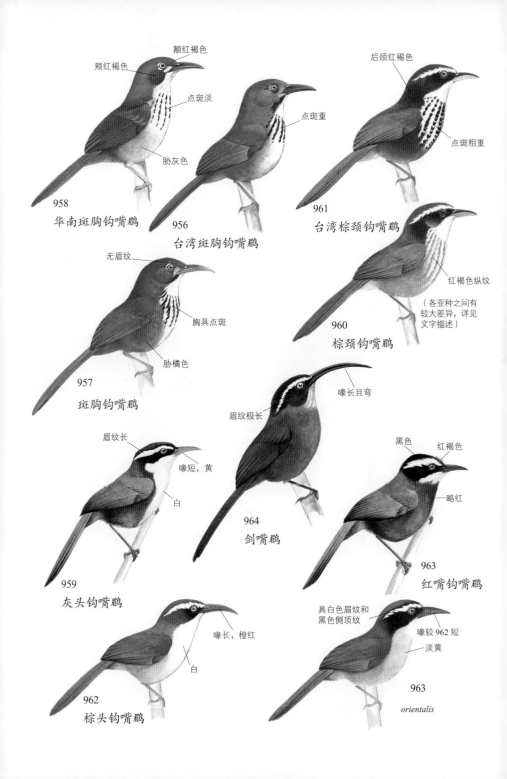

额红褐色

颊红褐色

点斑淡

胁灰色

958
华南斑胸钩嘴鹛

点斑重

956
台湾斑胸钩嘴鹛

后颈红褐色

点斑粗重

961
台湾棕颈钩嘴鹛

无眉纹

胸具点斑

胁橘色

957
斑胸钩嘴鹛

红褐色纵纹

（各亚种之间有
较大差异，详见
文字描述）

960
棕颈钩嘴鹛

眉纹长

喙短，黄

白

959
灰头钩嘴鹛

眉纹极长

喙长且弯

964
剑嘴鹛

黑色

红褐色

略红

963
红嘴钩嘴鹛

喙长，橙红

白

962
棕头钩嘴鹛

具白色眉纹和
黑色侧顶纹

喙较 962 短

淡黄

963
orientalis

954. 长嘴钩嘴鹛
Large Scimitar Babbler
Pomatorhinus hypoleucos
27 cm

955. 锈脸钩嘴鹛
Rusty-cheeked Scimitar Babbler
Pomatorhinus erythrogenys
25 cm

965. 棕喉鹪鹛
Rufous-throated Wren Babbler
Spelaeornis caudatus
9 cm

966. 锈喉鹪鹛
Rusty-throated Wren Babbler
Spelaeornis badeigularis
9 cm

967. 斑翅鹪鹛
Bar-winged Wren Babbler
Spelaeornis troglodytoides
11 cm

968. 长尾鹪鹛
Long-tailed Wren Babbler
Spelaeornis reptatus
10 cm

969. 淡喉鹪鹛
Pale-throated Wren Babbler
Spelaeornis kinneari
11 cm

970. 黑胸楔嘴鹪鹛
Sikkim Wedge-billed Babbler
Sphenocichla humei
18 cm

971. 楔嘴鹪鹛
Cachar Wedge-billed Wren Babbler
Sphenocichla roberti
18 cm

1000. 大草莺
Chinese Grassbird
Graminicola striatus
17 cm

1000 大草鹛
纵纹明显
末端白色

954 长嘴钩嘴鹛
锈红色
hypoleucos
灰色带深色纵纹
棕色

955
锈脸钩嘴鹛
眼先白色

965 棕喉鹩鹛
具不明显的鳞斑
棕色区域较大

966
锈喉鹩鹛
具不明显纵纹

967 斑翅鹩鹛
点斑
横斑
棕色较浅

969 淡喉鹩鹛
略长
白色
略黑
短

968 长尾鹩鹛
较短
偏灰色
较长

971 楔嘴鹩鹛
喙呈楔形
眉纹不清晰
鳞斑

970 黑胸楔嘴鹩鹛
眉纹清晰
楔形
黑色带纵纹

972. 弄岗穗鹛

Nonggang Babbler

Stachyris nonggangensis

16 cm

973. 黑头穗鹛

Grey-throated Babbler

Stachyris nigriceps

14 cm

974. 斑颈穗鹛

Spot-necked Babbler

Stachyris strialata

16 cm

975. 黄喉穗鹛

Buff-chested Babbler

Cyanoderma ambigua

12 cm

976. 红头穗鹛

Rufous-capped Babbler

Cyanoderma ruficeps

13 cm

977. 黑颏穗鹛

Black-chinned Babbler

Cyanoderma pyrrhops

11 cm

978. 金头穗鹛

Golden Babbler

Cyanoderma chrysaeum

11 cm

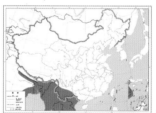

979. 纹胸巨鹛

Striped Tit Babbler

Mixornis gularis

13 cm

980. 红顶鹛

Chestnut-capped Babbler

Timalia pileata

17 cm

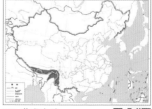

982. 黄喉雀鹛

Yellow-throated Fulvetta

Schoeniparus cinerea

10 cm

具不明显黑色细纹

975 黄喉穗鹛

眼先黑色

978 金头穗鹛

皮黄色

ambigua

偏绿色

976 红头穗鹛

纵纹不明显

黄色眉纹

982 黄喉雀鹛

黑色眉纹　　灰白，具黑纵纹

973 黑头穗鹛

棕色　　点斑

974
斑颈穗鹛

黄色眉纹

979 纹胸巨鹛

黑色细纹

黑色

977 黑颏穗鹛

蓝眼圈　　新月形白斑

眼先黑色

980 红顶鹛

972 弄岗穗鹛

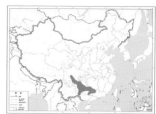

981. 金额雀鹛
Golden-fronted Fulvetta
Schoeniparus variegaticeps
11 cm

983. 栗头雀鹛
Rufous-winged Fulvetta
Schoeniparus castaneceps
12 cm

984. 棕喉雀鹛
Rufous-throated Fulvetta
Schoeniparus rufogularis
13 cm

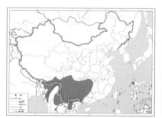

985. 褐胁雀鹛
Rusty-capped Fulvetta
Schoeniparus dubia
14 cm

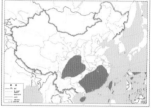

986. 褐顶雀鹛
Dusky Fulvetta
Schoeniparus brunnea
13 cm

987. 褐脸雀鹛
Brown-cheeked Fulvetta
Alcippe poioicephala
16 cm

988. 台湾雀鹛
Grey-cheeked Fulvetta
Alcippe morrisonia
14 cm

989. 灰眶雀鹛
David's Fulvetta
Alcippe davidi
14 cm

990. 云南雀鹛
Yunnan Fulvetta
Alcippe fratercula
12 cm

991. 淡眉雀鹛
Huet's Fulvetta
Alcippe hueti
12 cm

992. 白眶雀鹛
Nepal Fulvetta
Alcippe nipalensis
13 cm

黄色

981 全额雀鹛

黄色

黑色侧冠纹

栗色

白色眉纹

985 褐胁雀鹛

983 栗头雀鹛

灰色

superciliaris

984 棕喉雀鹛

986
褐顶雀鹛

987 褐脸雀鹛

偏黄褐色

stevensi

989 灰眶雀鹛

988 台湾雀鹛

白色眼眶明显

眉纹不明显

色浅

991 淡眉雀鹛

hueti

992 白眶雀鹛

commoda

色略深

yunnanensis

990
云南雀鹛

K.P.

993. 灰岩鹪鹛
Annam Limestone Babbler
Gypsophila annamensis
19 cm

994. 短尾鹪鹛
Streaked Wren-babbler
Gypsophila brevicaudata
15 cm

995. 纹胸鹪鹛
Eyebrowed Wren-babbler
Napothera epilepidota
11 cm

996. 白头鸦鹛
White-hooded Babbler
Gampsorhynchus rufulus
24 cm

997. 领鸦鹛
Collared Babbler
Gampsorhynchus torquatus
24 cm

998. 瑙蒙短尾鹛
Naung Mung Scimitar Babbler
Napothera naungmungensis
18 cm

999. 长嘴鹪鹛
Long-billed Wren-babbler
Napothera malacoptila
13 cm

1001. 白腹幽鹛
Spot-throated Babbler
Pellorneum albiventre
14 cm

1002. 棕头幽鹛
Puff-throated Babbler
Pellorneum ruficeps
17 cm

1003. 棕胸雅鹛
Buff-breasted Babbler
Pellorneum tickelli
14 cm

993 灰岩鹩鹛

纵纹

鳞状斑

994 短尾鹩鹛

皮黄色眉纹

995 纹胸鹩鹛

rufulus

具棕色斑

具深色块斑

998 瑙蒙短尾鹛

喙长且下弯

深色纵纹

996 白头鹦鹛

997 领鹦鹛

喙长而下弯

眉纹不明显

1001 白腹幽鹛

具黑色点斑

999 长嘴鹩鹛

眉纹白色

1003 棕胸雅鹛

具黑褐色纵纹

1002 棕头幽鹛

无点斑

1005. 白冠噪鹛

White-crested Laughingthrush

Garrulax leucolophus

30 cm

1006. 白颈噪鹛

White-necked Laughingthrush

Garrulax strepitans

29 cm

1007. 褐胸噪鹛

Grey Laughingthrush

Garrulax maesi

27 cm

1008. 栗颊噪鹛

Rufous-cheeked Laughingthrush

Garrulax castanotis

27 cm

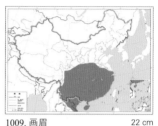

1009. 画眉

Hwamei

Garrulax canorus

22 cm

1010. 台湾画眉

Taiwan Hwamei

Garrulax taewanus

22 cm

1013. 黑额山噪鹛

Snowy-cheeked Laughingthrush

Ianthocincla sukatschewi

28 cm

1020. 矛纹草鹛

Chinese Babax

Pterorhinus lanceolatus

26 cm

1021. 大草鹛

Giant Babax

Pterorhinus waddelli

31 cm

1022. 棕草鹛

Tibetan Babax

Pterorhinus koslowi

28 cm

1020 矛纹草鹛

1013 黑额山噪鹛

白斑

1021 大草鹛

1005 白冠噪鹛

1022 棕草鹛

diardi

无眉纹

1008 栗颊噪鹛

1010
台湾画眉

1009 画眉

1007 褐胸噪鹛

1006 白颈噪鹛

1004. 小黑领噪鹛

Lesser Necklaced
Laughingthrush

Garrulax monileger　　28 cm

1014. 灰翅噪鹛

Moustached Laughingthrush

Ianthocincla cineraceus　　22 cm

1015. 棕颏噪鹛

Rufous-chinned
Laughingthrush

Ianthocincla rufogularis　　22 cm

1016. 斑背噪鹛

Barred Laughingthrush

Ianthocincla lunulatus　　23 cm

1017. 白点噪鹛

White-speckled
Laughingthrush

Ianthocincla bieti　　25 cm

1018. 大噪鹛

Giant Laughingthrush

Ianthocincla maximus　　34 cm

1019. 眼纹噪鹛

Spotted Laughingthrush

Ianthocincla ocellatus　　31 cm

1023. 黑脸噪鹛

Masked Laughingthrush

Pterorhinus perspicillatus　　30 cm

1024. 白喉噪鹛

White-throated Laughingthrush

Pterorhinus albogularis　　28 cm

1026. 黑领噪鹛

Greater Necklaced
Laughingthrush

Pterorhinus pectoralis　　30 cm

鳞状斑
黑斑
1016 斑背噪鹛

点状斑
白色点斑
1017 白点噪鹛

白色
1014 灰翅噪鹛

白色

棕色
1015 棕额噪鹛

棕色

棕色斑纹浅
1018 大噪鹛

1023 黑脸噪鹛

黑色

斑纹深
1019 眼纹噪鹛

1024 白喉噪鹛

无黑色斑纹
picticollis

1026 黑领噪鹛

具黑色斑纹

pectoralis

1004 小黑领噪鹛

1025. 台湾白喉噪鹛

Rufous-crowned
Laughingthrush

Pterorhinus ruficeps　28 cm

1027. 黑喉噪鹛

Black-throated Laughingthrush

Pterorhinus chinensis　25 cm

1028. 栗颈噪鹛

Rufous-necked Laughingthrush

Pterorhinus ruficollis　25 cm

1029. 靛冠噪鹛

Blue-crowned Laughingthrush

Pterorhinus courtoisi　23 cm

1030. 棕臀噪鹛

Rufous-vented Laughingthrush

Pterorhinus gularis　25 cm

1031. 山噪鹛

Plain Laughingthrush

Pterorhinus davidi　29 cm

1032. 灰胁噪鹛

Grey-sided Laughingthrush

Pterorhinus caerulatus　26 cm

1033. 台湾棕噪鹛

Rusty Laughingthrush

Pterorhinus poecilorhynchus　28 cm

1034. 棕噪鹛

Rufous Laughingthrush

Pterorhinus berthemyi　28 cm

棕色

1025 台湾白喉噪鹛

白色区域大

1030 棕臀噪鹛

黄色

棕色

无白斑

黄喉噪鹛
（无分布）

monachus
（海南噪鹛）

1029 靛冠噪鹛

蓝灰色

有白斑

chinensis　1027 黑喉噪鹛

亮黄色

眉纹色较浅

栗红色

1028 栗颈噪鹛

1031 山噪鹛

1034 棕噪鹛

1033
台湾棕噪鹛

1032 灰胁噪鹛

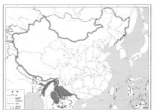

1011. 斑胸噪鹛
Spot-breasted Laughingthrush
Garrulax merulinus

24 cm

1012. 条纹噪鹛
Striated Laughingthrush
Grammatoptila striata
30 cm

1035. 白颊噪鹛
White-browed Laughingthrush
Pterorhinus sannio

22 cm

1036. 细纹噪鹛
Streaked Laughingthrush
Trochalopteron lineatum

21 cm

1037. 丽星噪鹛
Bhutan Laughingthrush
Trochalopteron imbricata

21 cm

1038. 蓝翅噪鹛
Blue-winged Laughingthrush
Trochalopteron squamatum

26 cm

1039. 纯色噪鹛
Scaly Laughingthrush
Trochalopteron subunicolor

24 cm

1040. 橙翅噪鹛
Elliot's Laughingthrush
Trochalopteron elliotii

26 cm

1041. 灰腹噪鹛
Brown-cheeked
Laughingthrush
Trochalopteron henrici

26 cm

1042. 黑顶噪鹛
Black-faced Laughingthrush
Trochalopteron affine

26 cm

1043. 玉山噪鹛
White-whiskered
Laughingthrush
Trochalopteron morrisonianum

26 cm

1038 蓝翅噪鹛
眉纹黑色
灰蓝色

1039
纯色噪鹛
鳞状斑
具白斑

1040 橙翅噪鹛

极细的白色眉纹
1041 灰腹噪鹛
棕色

白色眉纹明显
muliensis
半月形白斑
1042
黑顶噪鹛

1043
玉山噪鹛

眉纹短
具黑色纵纹

1012
条纹噪鹛
羽冠蓬松
白色细纹

白色点斑
1037 丽星噪鹛

1011 斑胸噪鹛

1035 白颊噪鹛

纵纹短细
1036 细纹噪鹛

1044. 杂色噪鹛
Variegated Laughingthrush
Trochalopteron variegatum

26 cm

1045. 红头噪鹛
Chestnut-crowned
Laughingthrush
Trochalopteron erythrocephalum

28 cm

1046. 金翅噪鹛
Assam Laughingthrush
Trochalopteron chrysopterum

25 cm

1047. 银耳噪鹛
Silver-eared Laughingthrush
Trochalopteron melanostigma

26 cm

1048. 丽色噪鹛
Red-winged Laughingthrush
Trochalopteron formosum

28 cm

1049. 赤尾噪鹛
Red-tailed Laughingthrush
Trochalopteron milnei

25 cm

1050. 斑胁姬鹛
Himalayan Cutia
Cutia nipalensis

19 cm

1051. 蓝翅希鹛
Blue-winged Minla
Actinodura cyanouroptera
15 cm

1052. 斑喉希鹛
Chestnut-tailed Minla
Actinodura strigula
18 cm

1053. 火尾希鹛
Red-tailed Minla
Minla ignotincta

14 cm

红棕色区域靠后　1046 金翅噪鹛

红棕色区域较大　1047 银耳噪鹛

金色

黑色斑块

红棕色区域大

近鳞状斑

1045 红头噪鹛

头顶灰色，眉纹黑

红色

尾羽红色，但末端为深色

1048 丽色噪鹛

橙红色

红色

浅鳞状斑　1049 赤尾噪鹛

1044 杂色噪鹛

末端色浅

1050 斑胁姬鹛

♀

背棕色

♂

黑色横斑

1052 斑喉希鹛

黑色横斑

1051 蓝翅希鹛

蓝色

1053 火尾希鹛

尾羽外红内黑

1054. 赤脸薮鹛

Red-faced Liocichla

Liocichla phoenicea

23 cm

1055. 红翅薮鹛

Scarlet-faced Liocichla

Liocichla ripponi

23 cm

1056. 灰胸薮鹛

Omeishan Liocichla

Liocichla omeiensis

17 cm

1057. 黑冠薮鹛

Bugun Liocichla

Liocichla bugunorum

22 cm

1058. 黄痣薮鹛

Steere's Liocichla

Liocichla steerei

18 cm

1059. 锈额斑翅鹛

Rusty-fronted Barwing

Actinodura egertoni

23 cm

1060. 白眶斑翅鹛

Spectacled Barwing

Actinodura ramsayi

24 cm

1061. 纹头斑翅鹛

Hoary-throated Barwing

Actinodura nipalensis

21 cm

1062. 纹胸斑翅鹛

Streak-throated Barwing

Actinodura waldeni

21 cm

1063. 灰头斑翅鹛

Streaked Barwing

Actinodura souliei

22 cm

1064. 台湾斑翅鹛

Taiwan Barwing

Actinodura morrisoniana

18 cm

1059 锈额斑翅鹛

眼眶白色

1060 白眶斑翅鹛

深栗色

ripponi

1062 纹胸斑翅鹛

黑色髭纹

无纵纹

1061 纹头斑翅鹛

具纵纹

saturatior

1063 灰头斑翅鹛

头部深栗色

1064 台湾斑翅鹛

白色纵纹

黑色纵纹显著

眉纹明显

色深

1054
赤脸薮鹛

1057

黑冠薮鹛

眼周黄色

1056 灰胸薮鹛

眉纹浅

色浅

红色区域大

1055
红翅薮鹛

黄色斑块

1058

黄痣薮鹛

1065. 银耳相思鸟
Silver-eared Mesia
Leiothrix argentauris
17 cm

1066. 红嘴相思鸟
Red-billed Leiothrix
Leiothrix lutea
15 cm

1067. 栗背奇鹛
Rufous-backed Sibia
Leioptila annectens
19 cm

1068. 黑顶奇鹛
Rufous Sibia
Heterophasia capistrata
24 cm

1069. 灰奇鹛
Grey Sibia
Heterophasia gracilis
24 cm

1070. 黑头奇鹛
Black-headed Sibia
Heterophasia desgodinsi
24 cm

1071. 白耳奇鹛
White-eared Sibia
Heterophasia auricularis
23 cm

1072. 丽色奇鹛
Beautiful Sibia
Heterophasia pulchella
24 cm

1073. 长尾奇鹛
Long-tailed Sibia
Heterophasia picaoides
33 cm

1074. 火尾绿鹛
Fire-tailed Myzornis
Myzornis pyrrhoura
13 cm

1066 红嘴相思鸟

1065 银耳相思鸟

尾羽外翈红色

1074 火尾绿鹛

1067
栗背奇鹛

背栗色

白色

1068 黑顶奇鹛

棕色

尾羽颜色
分为三段

尾灰色，带黑色
次末端

1069
灰奇鹛

1070 黑头奇鹛

灰白色

白色丝状长羽

停歇时一般看不到
棕色区域

尾黑色，带
灰色末端

1073
长尾奇鹛

1071
白耳奇鹛

蓝灰色

褐色

蓝灰色末端

尾长，腹面呈斑带状

1072
丽色奇鹛

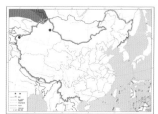

1075. 黑顶林莺

Eurasian Blackcap

Sylvia atricapilla

14 cm

1076. 横斑林莺

Barred Warbler

Sylvia nisoria

16 cm

1077. 白喉林莺

Lesser Whitethroat

Sylvia curruca

14 cm

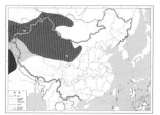

1078. 沙白喉林莺

Desert Whitethroat

Sylvia minula

13 cm

1079. 休氏白喉林莺

Hume's Whitethroat

Sylvia althaea

14 cm

1080. 东歌林莺

Eastern Orphean Warbler

Sylvia crassirostris

16 cm

1081. 亚洲漠地林莺

Asian Desert Warbler

Sylvia nana

11 cm

1082. 灰白喉林莺

Common Whitethroat

Sylvia communis

14 cm

1084. 宝兴鹛雀

Rufous-tailed Babbler

Moupinia poecilotis

15 cm

1093. 金眼鹛雀

Yellow-eyed Babbler

Chrysomma sinense

19 cm

眉纹不清晰

1084 宝兴鹛雀

雌鸟头顶棕色 ♀

♂

1075 黑顶林莺

橙红色眼圈

1093 金眼鹛雀

1077 白喉林莺

羽缘灰色

羽缘黄褐色

1078 沙白喉林莺

羽色略暗

1079 休氏白喉林莺

1082 灰白喉林莺

棕色羽缘明显

耳羽浅色，和周围对比不明显

1081 亚洲漠地林莺

头部黑灰色

1080 东歌林莺

1076 横斑林莺

1083. 金胸雀鹛

Golden-breasted Fulvetta

Lioparus chrysotis

11 cm

1085. 白眉雀鹛

White-browed Fulvetta

Fulvetta vinipectus

12 cm

1086. 高山雀鹛

Chinese Fulvetta

Fulvetta striaticollis

12 cm

1087. 棕头雀鹛

Spectacled Fulvetta

Fulvetta ruficapilla

12 cm

1088. 印支雀鹛

Indochinese Fulvetta

Fulvetta danisi

12 cm

1089. 路德雀鹛

Ludlow's Fulvetta

Fulvetta ludlowi

12 cm

1090. 灰头雀鹛

Grey-hooded Fulvetta

Fulvetta cinereiceps

12 cm

1091. 褐头雀鹛

Streak-throated Fulvetta

Fulvetta manipurensis

12 cm

1092. 玉山雀鹛

Taiwan Fulvetta

Fulvetta formosana

12 cm

1094. 山鹛

Beijing Hill Babbler

Rhopophilus pekinensis

17 cm

1095. 西域山鹛

Tarim Hill Babbler

Rhopophilus albosuperciliaris

17 cm

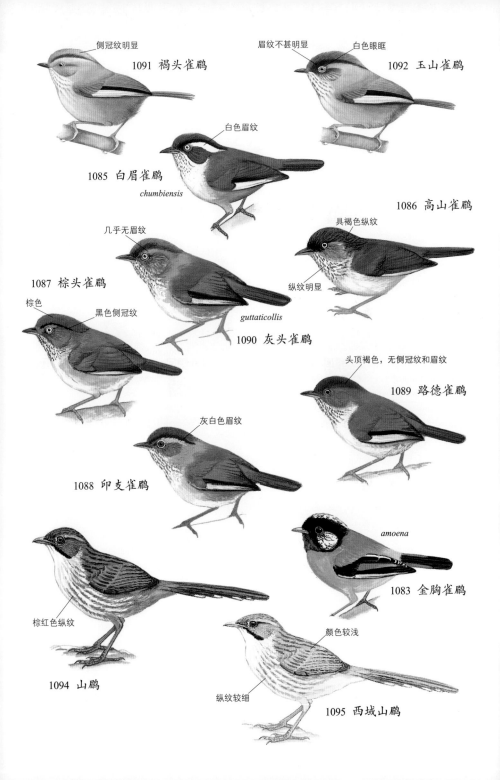

侧冠纹明显　1091　褐头雀鹛

眉纹不甚明显　白色眼眶　1092　玉山雀鹛

白色眉纹

1085　白眉雀鹛
chumbiensis

1086　高山雀鹛

具褐色纵纹

几乎无眉纹

纵纹明显

1087　棕头雀鹛

棕色　黑色侧冠纹

guttaticollis

1090　灰头雀鹛

头顶褐色，无侧冠纹和眉纹

1089　路德雀鹛

灰白色眉纹

1088　印支雀鹛

amoena

1083　金胸雀鹛

棕红色纵纹

1094　山鹛

颜色较浅

纵纹较细　1095　西域山鹛

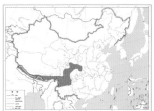

1096. 红嘴鸦雀
Great Parrotbill
Conostoma oemodium

28 cm

1097. 三趾鸦雀
Three-toed Parrotbill
Cholornis paradoxus
20 cm

1098. 褐鸦雀
Brown Parrotbill
Cholornis unicolor
21 cm

1109. 黑眉鸦雀
Black-browed Parrotbill
Chleuasicus atrosuperciliaris

15 cm

1110. 白胸鸦雀
White-breasted Parrotbill
Psittiparus ruficeps
19 cm

1111. 红头鸦雀
Rufous-headed Parrotbill
Psittiparus bakeri
19 cm

1112. 灰头鸦雀
Grey-headed Parrotbill
Psittiparus gularis
18 cm

1113. 点胸鸦雀
Spot-breasted Parrotbill
Paradoxornis guttaticollis
18 cm

1114. 震旦鸦雀
Reed Parrotbill
Paradoxornis heudei

18 cm

1110 白胸鸦雀

喙大，橙黄色

眼周白色区域大

橙黄色

1097 三趾鸦雀

1096 红嘴鸦雀

无白色眼圈

眉纹细

黄色

1098 褐鸦雀

1112 灰头鸦雀

眉纹粗且长

黑色斑带

点斑

斑胸鸦雀
（可能有分布）

1113 点胸鸦雀

黑色眉纹短

无眉纹

黑色眉纹

1114
震旦鸦雀

1109
黑眉鸦雀

1111
红头鸦雀

尾长，且外侧
尾羽黑色

1099. 白眶鸦雀

Spectacled Parrotbill

Sinosuthora conspicillata

14 cm

1100. 棕头鸦雀

Vinous-throated Parrotbill

Sinosuthora webbiana

12 cm

1101. 灰喉鸦雀

Ashy-throated Parrotbill

Sinosuthora alphonsiana

13 cm

1102. 褐翅鸦雀

Brown-winged Parrotbill

Sinosuthora brunnea

13 cm

1103. 暗色鸦雀

Grey-hooded Parrotbill

Sinosuthora zappeyi

13 cm

1104. 灰冠鸦雀

Rusty-throated Parrotbill

Sinosuthora przewalskii

13 cm

1105. 黄额鸦雀

Fulvous Parrotbill

Suthora fulvifrons

12 cm

1106. 橙额鸦雀

Black-throated Parrotbill

Suthora nipalensis

12 cm

1107. 金色鸦雀

Golden Parrotbill

Suthora verrauxi

12 cm

1108. 短尾鸦雀

Short-tailed Parrotbill

Neosuthora davidiana

10 cm

眼眶白色

1099
白眶鸦雀

栗色
webbiana

1100
棕头鸦雀

mantschurica

眼眶不明显

褐色

1102 褐翅鸦雀

下喙偏黄色

有纵纹

灰色

棕红色

1101 灰喉鸦雀

暗灰色

1103 暗色鸦雀

头顶灰色

额部红褐色

1104 灰冠鸦雀

白色斑块
cyanophrys

1105
黄额鸦雀

斑驳的白色
albifacies

verrauxi

无眉纹

1107
金色鸦雀

白色眉纹上方有
一不明显侧冠纹

pallida

黑色眉纹明显

davidiana

喉部黑色

喉部黑色

灰色
thompsoni

1106 橙额鸦雀

1108 短尾鸦雀

1115. 栗耳凤鹛

Striated Yuhina

Yuhina castaniceps

13 cm

1116. 栗颈凤鹛

Chestnut-collared Yuhina

Yuhina torqueola

13 cm

1117. 白项凤鹛

White-naped Yuhina

Yuhina bakeri

13 cm

1118. 黄颈凤鹛

Whiskered Yuhina

Yuhina flavicollis

13 cm

1119. 纹喉凤鹛

Stripe-throated Yuhina

Yuhina gularis

15 cm

1120. 白领凤鹛

White-collared Yuhina

Yuhina diademata

18 cm

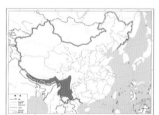

1121. 棕臀凤鹛

Rufous-vented Yuhina

Yuhina occipitalis

13 cm

1122. 褐头凤鹛

Taiwan Yuhina

Yuhina brunneiceps

13 cm

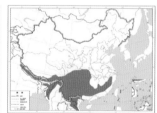

1123. 黑颏凤鹛

Black-chinned Yuhina

Yuhina nigrimenta

11 cm

1115 栗耳凤鹛　　仅耳羽栗色

1116 栗颈凤鹛　　耳羽及颈部栗色

1118 黄颈凤鹛

1121 棕臀凤鹛

1117 白项凤鹛

1123 黑额凤鹛　　灰黑色　　黑色

1122 褐头凤鹛

1119 纹喉凤鹛　　黑色纵纹

1120 白领凤鹛

1124. 红胁绣眼鸟

Chestnut-flanked White-eye

Zosterops erythropleurus

12 cm

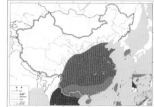

1125. 暗绿绣眼鸟

Japanese White-eye

Zosterops simplex

11 cm

1126. 低地绣眼鸟

Lowland White-eye

Zosterops meyeni

11 cm

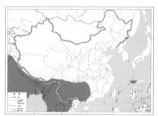

1127. 灰腹绣眼鸟

Indian White-eye

Zosterops palpebrosus

11 cm

1128. 和平鸟

Asian Fairy Bluebird

Irena puella

25 cm

1129. 台湾戴菊

Flamecrest

Regulus goodfellowi

9 cm

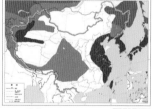

1130. 戴菊

Goldcrest

Regulus regulus

9 cm

1131. 丽星鹩鹛

Spotted Elachura

Elachura formosa

10 cm

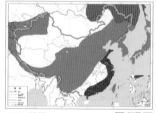

1132. 鹪鹩

Eurasian Wren

Troglodytes troglodytes

10 cm

1124 红胁绣眼鸟

1125 暗绿绣眼鸟

♀

♂

偏黄绿色

1127 灰腹绣眼鸟

腹部中部略沾黄色

1128 和平鸟

眼先黄绿色

1126 低地绣眼鸟

1130 戴菊

白色区域向后延伸

黑色

两胁黄色

1129 台湾戴菊

troglodytes

尾羽常翘起

具黑棕相间横斑

nipalensis

白色点斑

1132 鹪鹩

棕色具黑色横斑

1131 丽星鹪鹛

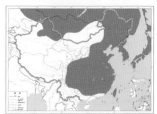

1133. 普通䴓

Eurasian Nuthatch

Sitta europaea

13 cm

1134. 栗臀䴓

Chestnut-vented Nuthatch

Sitta nagaensis

13 cm

1135. 栗腹䴓

Chestnut-bellied Nuthatch

Sitta cinnamoventris

13 cm

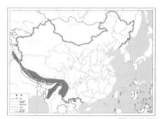

1136. 白尾䴓

White-tailed Nuthatch

Sitta himalayensis

12 cm

1137. 黑头䴓

Chinese Nuthatch

Sitta villosa

11 cm

1138. 滇䴓

Yunnan Nuthatch

Sitta yunnanensis

12 cm

1139. 白脸䴓

Przevalski's Nuthatch

Sitta leucopsis

13 cm

1140. 绒额䴓

Velvet-fronted Nuthatch

Sitta frontalis

12 cm

1141. 淡紫䴓

Yellow-bellied Nuthatch

Sitta solangiae

13 cm

1142. 巨䴓

Giant Nuthatch

Sitta magna

20 cm

1143. 丽䴓

Beautiful Nuthatch

Sitta formosa

16 cm

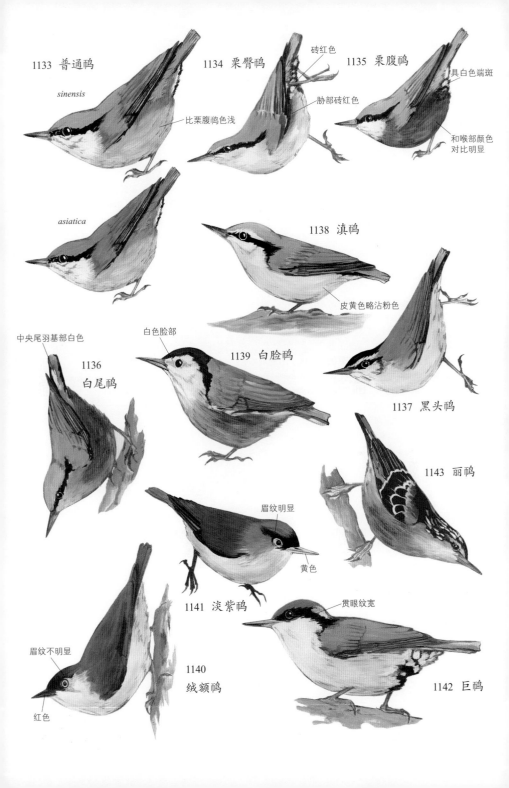

1133 普通鳾

sinensis

比栗腹鳾色浅

1134 栗臀鳾

砖红色

胁部砖红色

1135 栗腹鳾

具白色端斑

和喉部颜色
对比明显

asiatica

1138 滇鳾

皮黄色略沾粉色

中央尾羽基部白色

1136
白尾鳾

白色脸部

1139 白脸鳾

1137 黑头鳾

1143 丽鳾

眉纹明显

黄色

1141 淡紫鳾

贯眼纹宽

眉纹不明显

1140
绒额鳾

红色

1142 巨鳾

1144. 红翅旋壁雀
Wallcreeper
Tichodroma muraria
16 cm

1145. 旋木雀
Eurasian Treecreeper
Certhia familiaris
13 cm

1146. 霍氏旋木雀
Hodgson's Treecreeper
Certhia hodgsoni
12 cm

1147. 高山旋木雀
Bar-tailed Treecreeper
Certhia himalayana
14 cm

1148. 锈红腹旋木雀
Rusty-flanked Treecreeper
Certhia nipalensis
14 cm

1149. 褐喉旋木雀
Brown-throated Treecreeper
Certhia discolor
14 cm

1150. 休氏旋木雀
Hume's Treecreeper
Certhia manipurensis
14 cm

1151. 四川旋木雀
Sichuan Treecreeper
Certhia tianquanensis
14 cm

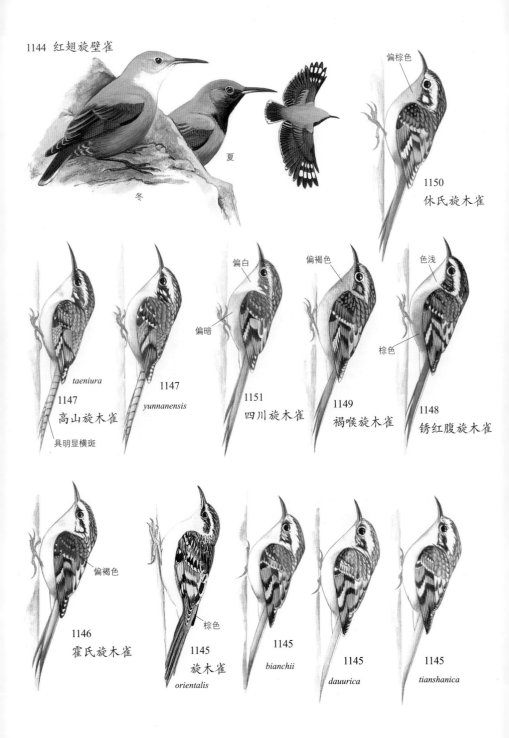

1144 红翅旋壁雀

冬

夏

偏棕色

1150
休氏旋木雀

taeniura

1147
高山旋木雀

具明显横斑

1147
yunnanensis

偏白

偏暗

1151
四川旋木雀

偏褐色

1149
褐喉旋木雀

色浅

棕色

1148
锈红腹旋木雀

偏褐色

1146
霍氏旋木雀

棕色

1145
旋木雀

orientalis

1145
bianchii

1145
dauurica

1145
tianshanica

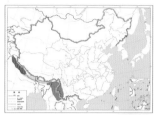

1152. 斑翅椋鸟
Spot-winged Starling
Saroglossa spiloptera
19 cm

1153. 金冠树八哥
Golden-crested Myna
Ampeliceps coronatus
22 cm

1154. 鹩哥
Hill Myna
Gracula religiosa
30 cm

1155. 林八哥
Great Myna
Acridotheres grandis
25 cm

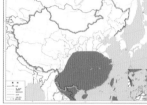

1156. 八哥
Crested Myna
Acridotheres cristatellus
26 cm

1157. 白领八哥
Collared Myna
Acridotheres albocinctus
24 cm

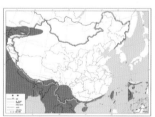

1158. 家八哥
Common Myna
Acridotheres tristis
24 cm

1169. 粉红椋鸟
Rosy Starling
Pastor roseus
22 cm

1170. 紫翅椋鸟
Common Starling
Sturnus vulgaris
20 cm

1155 林八哥

白斑

1156 八哥

白色横纹

金黄色

1158 家八哥

鳞状斑

1152 斑翅椋鸟

黑色

1170 紫翅椋鸟

juv.

褐色

黄色

1169 粉红椋鸟

juv.

淡灰色

金黄色肉垂

灰白色

1157 白领八哥

1153 金冠树八哥

1154 鹩哥

1159. 红嘴椋鸟
Vinous-breasted Starling
Acridotheres burmannicus
25 cm

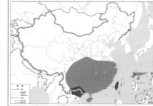

1160. 丝光椋鸟
Red-billed Starling
Spodiopsar sericeus
22 cm

1161. 灰椋鸟
White-cheeked Starling
Spodiopsar cineraceus
22 cm

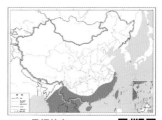

1162. 黑领椋鸟
Black-collared Starling
Gracupica nigricollis
28 cm

1163. 斑椋鸟
Asian Pied Starling
Gracupica contra
24 cm

1164. 北椋鸟
Daurian Starling
Agropsar sturninus
18 cm

1165. 紫背椋鸟
Chestnut-cheeked Starling
Agropsar philippensis
18 cm

1166. 灰背椋鸟
White-shouldered Starling
Sturnia sinensis
18 cm

1167. 灰头椋鸟
Chestnut-tailed Starling
Sturnia malabarica
20 cm

1168. 黑冠椋鸟
Brahminy Starling
Sturnia pagodarum

21 cm

1167 灰头棕鸟
nemoricolus
黄色
外侧尾羽棕色

1168 黑冠棕鸟

1160 丝光棕鸟
基部红，端部黑
白色
♂
♀

juv.
黑斑，偶尔无
1164 北棕鸟

白斑
沾棕色
♀

1165 紫背棕鸟
栗色
♂

1166 灰背棕鸟
♀
肩羽白色
♂

斑驳的白色
1161 灰棕鸟

juv.

juv.
橙红
黑色

1163
斑棕鸟
黄色
juv.

黑色
白色

1162
黑领棕鸟

贯眼纹偏黑色
1159 红嘴棕鸟

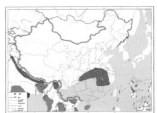

1171. 橙头地鸫
Orange-headed Thrush
Geokichla citrina
21 cm

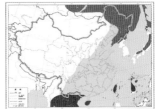

1172. 白眉地鸫
Siberian Thrush
Geokichla sibirica
22 cm

1173. 光背地鸫
Alpine Thrush
Zoothera mollissima
27 cm

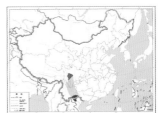

1174. 四川光背地鸫
Sichuan Thrush
Zoothera griseiceps
26 cm

1175. 喜山光背地鸫
Himalayan Thrush
Zoothera salimalii
26 cm

1176. 长尾地鸫
Long-tailed Thrush
Zoothera dixoni
27 cm

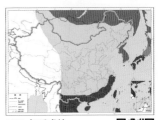

1177. 怀氏虎鸫
White's Thrush
Zoothera aurea
29 cm

1178. 虎斑地鸫
Scaly Thrush
Zoothera dauma
26 cm

1179. 大长嘴地鸫
Long-billed Thrush
Zoothera monticola
28 cm

1180. 长嘴地鸫
Dark-sided Thrush
Zoothera marginata
25 cm

1171 橙头地鸫

innotata

melli

白色眉纹

1172 白眉地鸫

鳞状斑

白色斑带

无翼斑

无明显斑块

sibirica

1173 光背地鸫

密布黑色鳞状斑

1178

虎斑地鸫

（和1177不易区分，
但两者鸣声不同）

1177 怀氏虎鸫

whiteheadi

1173

略沾灰色

较细

1174

四川光背地鸫

月牙形黑斑

1176

长尾地鸫

无灰色

较长

1175

较粗

喜山光背地鸫

1180

长嘴地鸫

不规则白斑

长且下弯

长而略弯

1179

点斑

大长嘴地鸫

1181. 蓝大翅鸲
Grandala
Grandala coelicolor
23 cm

1182. 灰背鸫
Grey-backed Thrush
Turdus hortulorum
23 cm

1184. 黑胸鸫
Black-breasted Thrush
Turdus dissimilis
22 cm

1185. 乌灰鸫
Japanese Thrush
Turdus cardis
21 cm

1186. 白颈鸫
White-collared Blackbird
Turdus albocinctus
26 cm

1187. 灰翅鸫
Grey-winged Blackbird
Turdus boulboul
28 cm

1188. 欧乌鸫
Eurasian Blackbird
Turdus merula
27 cm

1189. 乌鸫
Chinese Blackbird
Turdus mandarinus
29 cm

1190. 藏鸫
Tibetan Blackbird
Turdus maximus
27 cm

1182 灰背鸫　褐色　1185 乌灰鸫　1184 黑胸鸫　黄色

♂　♀　♀

橙色无斑　两胁点斑明显　♀

♀　♀　♀　♂

♂　点斑

灰白　♀　翼斑灰白色　♀

♂　♂

1186 白颈鸫　1187 灰翅鸫

暗黑色

色深　♀　亮黑色　♂　♀

1189 乌鸫

mandarinus　♂　1188 欧乌鸫

♀

无黄色眼圈　♂　♀　白斑

1190 藏鸫　1181
蓝大翅鸲

♂

1183. 蒂氏鸫

Tickell's Thrush

Turdus unicolor

23 cm

1191. 台湾岛鸫

Taiwan Thrush

Turdus niveiceps

21 cm

1192. 灰头鸫

Chestnut Thrush

Turdus rubrocanus

26 cm

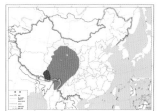

1193. 棕背黑头鸫

Kessler's Thrush

Turdus kessleri

28 cm

1194. 褐头鸫

Grey-sided Thrush

Turdus feae

23 cm

1195. 白眉鸫

Eyebrowed Thrush

Turdus obscurus

23 cm

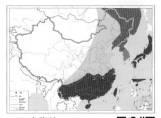

1196. 白腹鸫

Pale Thrush

Turdus pallidus

24 cm

1197. 赤胸鸫

Brown-headed Thrush

Turdus chrysolaus

24 cm

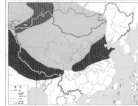

1198. 黑颈鸫

Black-throated Thrush

Turdus atrogularis

25 cm

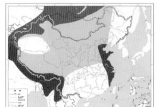

1199. 赤颈鸫

Red-throated Thrush

Turdus ruficollis

25 cm

略浅

栗色

♀

♂

1193 棕背黑头鸫

♀

♂

白色

1192 灰头鸫

♂

♀

1191 台湾岛鸫

具纵纹

♀

无眉纹

♀

♂

灰色

♂

1194
褐头鸫

褐色

灰色

1183 蒂氏鸫

1196
白腹鸫

♀

灰色

♂

无眉纹

♀

♂

黑色

棕色

1195
白眉鸫

1197 赤胸鸫

♀

灰褐色

♂

浅栗色斑点

1198
黑颈鸫

1199 赤颈鸫

♂

1200. 红尾鸫

Naumann's Thrush

Turdus naumanni

25 cm

1201. 斑鸫

Dusky Thrush

Turdus eunomus

25 cm

1202. 田鸫

Fieldfare

Turdus pilaris

26 cm

1203. 白眉歌鸫

Redwing

Turdus iliacus

20 cm

1204. 欧歌鸫

Song Thrush

Turdus philomelas

22 cm

1205. 宝兴歌鸫

Chinese Thrush

Turdus mupinensis

23 cm

1206. 槲鸫

Mistle Thrush

Turdus viscivorus

28 cm

1207. 紫宽嘴鸫

Purple Cochoa

Cochoa purpurea

28 cm

1208. 绿宽嘴鸫

Green Cochoa

Cochoa viridis

28 cm

♀

1200 红尾鸫

明显鳞斑

外侧尾羽棕红色

1201 斑鸫

明显鳞斑

♂

眉纹白色，清晰

尾羽黑褐色

1204 欧歌鸫

两道翼斑较清晰

灰色

1202 田鸫

端部白色

1206 槲鸫

翼斑不清晰

1203 白眉歌鸫

栗红色

1207 紫宽嘴鸫

♀

♂

1205 宝兴歌鸫

月牙形黑斑

两道翼斑清晰

1208 绿宽嘴鸫

1209. 棕薮鸲

Rufous-tailed Scrub Robin

Cercotrichas galactotes

16 cm

1210. 鹊鸲

Oriental Magpie Robin

Copsychus saularis

20 cm

1211. 白腰鹊鸲

White-rumped Shama

Copsychus malabaricus

27 cm

1212. 斑鹟

Spotted Flycatcher

Muscicapa striata

14 cm

1213. 灰纹鹟

Grey-streaked Flycatcher

Muscicapa griseisticta

13 cm

1214. 乌鹟

Dark-sided Flycatcher

Muscicapa sibirica

13 cm

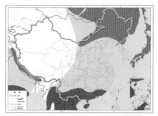

1215. 北灰鹟

Asian Brown Flycatcher

Muscicapa dauurica

12 cm

1216. 褐胸鹟

Brown-breasted Flycatcher

Muscicapa muttui

13 cm

1217. 棕尾褐鹟

Ferruginous Flycatcher

Muscicapa ferruginea

13 cm

1218. 白喉姬鹟

White-gorgeted Flycatcher

Anthipes monileger

13 cm

1210 鹊鸲 ♀ ♂

1211 白腰鹊鸲 ♀ ♂

1209 棕薮鸲
棕色，端部白色

1213 灰纹鹟
纵纹清晰

1212 斑鹟
具黑色细纹

1214 乌鹟
半领环
纵纹不清晰

1215 北灰鹟
浅灰色，无纵纹

1217 棕尾褐鹟
棕色

1218 白喉姬鹟
眉纹短
白色

1216 褐胸鹟
黑色不明显
灰褐色
翼斑较明显

1222. 海南蓝仙鹟

Hainan Blue Flycatcher

Cyornis hainanus

15 cm

1225. 山蓝仙鹟

Hill Blue Flycatcher

Cyornis banyumas

15 cm

1226. 蓝喉仙鹟

Blue-throated Flycatcher

Cyornis rubeculoides

15 cm

1227. 中华仙鹟

Chinese Blue Flycatcher

Cyornis glaucicomans

15 cm

1228. 白尾蓝仙鹟

White-tailed Flycatcher

Cyornis concretus

18 cm

1230. 棕腹大仙鹟

Fujian Niltava

Niltava davidi

18 cm

1231. 棕腹仙鹟

Rufous-bellied Niltava

Niltava sundara

15 cm

1232. 棕腹蓝仙鹟

Small Vivid Niltava

Niltava vivida

18 cm

1233. 大棕腹蓝仙鹟

Large Vivid Niltava

Niltava oatesi

19 cm

1234. 大仙鹟

Large Niltava

Niltava grandis

21 cm

1235. 小仙鹟

Small Niltava

Niltava macgrigoriae

14 cm

1234 大仙鹟 ♀

黑色

1230 棕腹大仙鹟

蓝斑不太清晰 深蓝 ♀

色淡 ♂

1235 小仙鹟 ♀

皮黄色

蓝灰色 ♂

白色

亮蓝

1231 棕腹仙鹟

色深 ♂

无横斑 ♀

倒"V"形缺口 ♂

1228 白尾蓝仙鹟 ♀

宽阔的白色横斑

白色 ♂

1233 大棕腹蓝仙鹟

（二者无明显区别，但分布不重叠）

♂

1232 棕腹蓝仙鹟

1227 中华仙鹟

♀

皮黄色 ♂

倒"V"形

1222 ♀

色淡

♂ juv.

偏黄 ♀

橙黄色

1226 蓝喉仙鹟

♂

蓝色 ♀

深蓝 ♂

腹白

全为橙黄色 ♂

1222 海南蓝仙鹟

无白色

1225 山蓝仙鹟

1219. 白腹蓝鹟
Blue-and-white Flycatcher
Cyanoptila cyanomelana
17 cm

1220. 琉璃蓝鹟
Zappey's Flycatcher
Cyanoptila cumatilis
17 cm

1221. 铜蓝鹟
Verditer Flycatcher
Eumyias thalassinus
17 cm

1223. 纯蓝仙鹟
Pale Blue Flycatcher
Cyornis unicolor
17 cm

1224. 灰颊仙鹟
Pale-chinned Flycatcher
Cyornis poliogenys
14 cm

1229. 白喉林鹟
Brown-chested Jungle
Flycatcher
Cyornis brunneatus
15 cm

1237. 栗背短翅鸫
Gould's Shortwing
Heteroxenicus stellatus
13 cm

1238. 锈腹短翅鸫
Rusty-bellied Shortwing
Brachypteryx hyperythra
13 cm

1239. 白喉短翅鸫
Lesser Shortwing
Brachypteryx leucophrys
11 cm

1240. 蓝短翅鸫
White-browed Shortwing
Brachypteryx montana
15 cm

♂
1237
栗背短翅鸫

1238
锈腹短翅鸫
♀
淡棕色

1239
白喉短翅鸫
♀

♂
白色

♀
♂
橙色

cruralis

1240
蓝短翅鸫
♂

1229
白喉林鸲
略具鳞状斑
浅褐色胸带

goodfellwi
sinensis
♂

灰色与头顶褐色
区别较明显
1224
灰颊仙鹟

1221
铜蓝鹟
铜蓝绿色

蓝色
♀
黑色
♂

1219
白腹蓝鹟

♀

蓝色
♂

1223
纯蓝仙鹟

偏深蓝色
♂
偏青绿色

juv.

1220
琉璃蓝鹟

1236. 欧亚鸲
Eurasian Robin
Erithacus rubecula
14 cm

1241. 栗腹歌鸲
Indian Blue Robin
Larvivora brunnea
15 cm

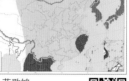

1242. 蓝歌鸲
Siberian Blue Robin
Larvivora cyane
14 cm

1243. 红尾歌鸲
Rufous-tailed Robin
Larvivora sibilans
13 cm

1244. 棕头歌鸲
Rufous-headed Robin
Larvivora ruficeps
15 cm

1245. 琉球歌鸲
Ryukyu Robin
Larvivora komadori
15 cm

1246. 日本歌鸲
Japanese Robin
Larvivora akahige
15 cm

1247. 蓝喉歌鸲
Bluethroat
Luscinia svecica
14 cm

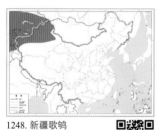

1248. 新疆歌鸲
Common Nightingale
Luscinia megarhynchos
17 cm

1249. 白腹短翅鸲
White-bellied Redstart
Luscinia phoenicuroides
16 cm

1236 欧亚鸲
juv.
灰褐色边缘

1246
♀ 日本歌鸲
♂
狭窄的黑色斑带

红棕色
1245 琉球歌鸲
♀
♂
黑色

1243 红尾歌鸲
尾棕红色
鳞状斑
1248 新疆歌鸲
偏棕色

1247 蓝喉歌鸲
具胸带
♀
svecica
♂
蓝色

♀
具眉纹
墨蓝色较均匀
♂
色深
1241 粟腹歌鸲

♂
1244 棕头歌鸲
♀
喉部有斑点

♀
近白色
鳞状斑
♂

1249 白腹短翅鸲
♂
具白色点斑
♀
橙黄色
偏棕色
1242 蓝歌鸲

1250. 黑胸歌鸲
White-tailed Rubythroat
Calliope pectoralis

15 cm

1251. 白须黑胸歌鸲
Chinese Rubythroat
Calliope tshebaiewi

15 cm

1252. 红喉歌鸲
Siberian Rubythroat
Calliope calliope

16 cm

1253. 金胸歌鸲
Firethroat
Calliope pectardens

15 cm

1254. 黑喉歌鸲
Black-throated Blue Robin
Calliope obscura

15 cm

1255. 白尾蓝地鸲
White-tailed Robin
Myiomela leucura

17 cm

1256. 白眉林鸲
White-browed Bush Robin
Tarsiger indicus

15 cm

1257. 棕腹林鸲
Rufous-breasted Bush Robin
Tarsiger hyperythrus
12 cm

1258. 台湾林鸲
Collared Bush Robin
Tarsiger johnstoniae

12 cm

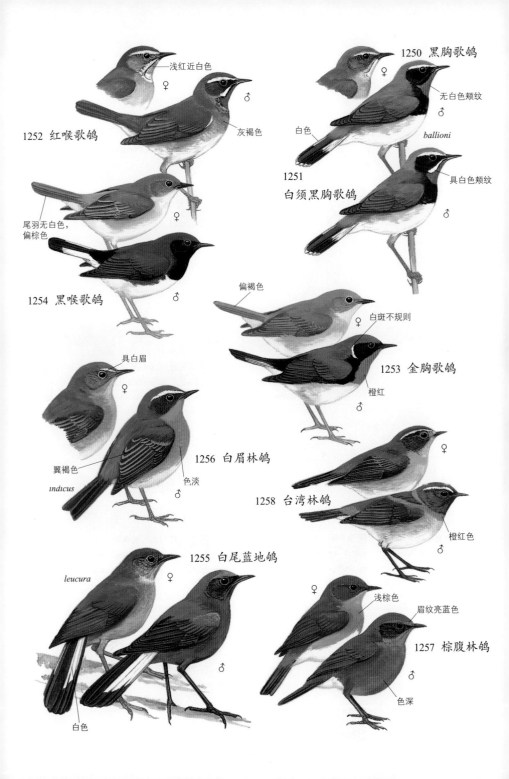

浅红近白色

♀

1250 黑胸歌鸲

♀

无白色颊纹

♂

1252 红喉歌鸲

白色

灰褐色

ballioni

1251

白须黑胸歌鸲

具白色颊纹

♂

尾羽无白色，
偏棕色

♀

偏褐色

白斑不规则

1254 黑喉歌鸲

♂

1253 金胸歌鸲

橙红

♂

具白眉

♀

翼褐色

indicus

色淡

1256 白眉林鸲

♂

♀

1258 台湾林鸲

橙红色

♂

1255 白尾蓝地鸲

leucura

♀

♀

浅棕色

眉纹亮蓝色

♂

1257 棕腹林鸲

♂

白色

色深

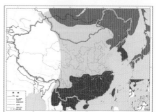

1259. 红胁蓝尾鸲
Orange-flanked Bluetail
Tarsiger cyanurus
13 cm

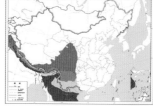

1260. 蓝眉林鸲
Himalayan Bluetail
Tarsiger rufilatus
13 cm

1261. 金色林鸲
Golden Bush Robin
Tarsiger chrysaeus

13 cm

1262. 小燕尾
13 cm
Little Forktail
Enicurus scouleri

1263. 黑背燕尾
Black-backed Forktail
Enicurus immaculatus

23 cm

1264. 灰背燕尾
Slaty-backed Forktail
Enicurus schistaceus
22 cm

1265. 斑背燕尾
Spotted Forktail
Enicurus maculatus
28 cm

1266. 白冠燕尾
White-crowned Forktail
Enicurus leschenaulti

27 cm

1267. 紫啸鸫
Blue Whistling Thrush
Myophonus caeruleus
32 cm

1268. 台湾紫啸鸫
Taiwan Whistling Thrush
Myophonus insularis

28 cm

1259 红胁蓝尾鸲

♀ 灰色
眉纹蓝色
♂
♀
眉纹白色
绿松蓝
钻蓝
1260 蓝眉林鸲

眉纹黄色
♀
♂
1261 金色林鸲

eugenei
黄色
闪亮金属点斑
黑色
caeruleus
1267 紫啸鸫

略蓝无点斑
1268 台湾紫啸鸫

顶冠白色
1266 白冠燕尾
胸黑色

1264 灰背燕尾
灰色

白色点斑
1265 斑背燕尾

白色区域延伸到眼后上方
黑色背
胸白色
1263 黑背燕尾

1262 小燕尾
尾短

1269. 蓝额长脚地鸲

Blue-fronted Robin

Cinclidium frontale

19 cm

1270. 栗尾姬鹟

Rusty-tailed Flycatcher

Ficedula ruficauda

14 cm

1271. 斑姬鹟

European Pied Flycatcher

Ficedula hypoleuca

13 cm

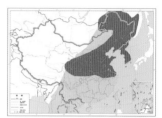

1272. 白眉姬鹟

Yellow-rumped Flycatcher

Ficedula zanthopygia

13 cm

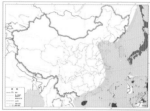

1273. 黄眉姬鹟

Narcissus Flycatcher

Ficedula narcissina

13 cm

1274. 绿背姬鹟

Green-backed Flycatcher

Ficedula elisae

13 cm

1275. 鸲姬鹟

Mugimaki Flycatcher

Ficedula mugimaki

13 cm

1277. 橙胸姬鹟

Rufous-gorgeted Flycatcher

Ficedula strophiata

13 cm

1278. 红胸姬鹟

Red-breasted Flycatcher

Ficedula parva

13 cm

1279. 红喉姬鹟

Taiga Flycatcher

Ficedula albicilla

13 cm

1269 蓝额长脚地鸲
亮蓝
♀
褐色较均匀
深蓝无斑
♂

1270 粟尾姬鹟
棕色
♂

1277 橙胸姬鹟
白色眉纹，雌鸟略浅
橙色，雌鸟较淡
♂

1279 红喉姬鹟
灰褐色
non-br.
胸部灰色
偏灰
♂
br.
红色延伸到胸部

无眉纹
♀
♂
具白斑，雌鸟略小

1271 斑姬鹟

♂
imm.

短眉纹

1275 鸲姬鹟
白色翼斑
♀
♂

1278 红胸姬鹟
♀

灰褐色
无黄色
♀

1272 白眉姬鹟
腰黄色
眉纹白色
♀
♂

眉纹黄色，雌鸟无
橄榄绿
1273 黄眉姬鹟
眉纹黄色
1274 绿背姬鹟
♂ 黄色，雌鸟色浅
♂

1276. 锈胸蓝姬鹟

Slaty-backed Flycatcher

Ficedula erithacus

13 cm

1280. 棕胸蓝姬鹟

Snowy-browed Flycatcher

Ficedula hyperythra

11 cm

1281. 小斑姬鹟

Little Pied Flycatcher

Ficedula westermanni

12 cm

1282. 白眉蓝姬鹟

Ultramarine Flycatcher

Ficedula superciliaris

12 cm

1283. 灰蓝姬鹟

Slaty-blue Flycatcher

Ficedula tricolor

10 cm

1284. 玉头姬鹟

Sapphire Flycatcher

Ficedula sapphira

12 cm

1285. 侏蓝仙鹟

Pygmy Blue Flycatcher

Ficedula hodgsoni

10 cm

1286. 贺兰山红尾鸲

Alashan Redstart

Phoenicurus alaschanicus

16 cm

1287. 红背红尾鸲

Eversmann's Redstart

Phoenicurus erythronotus

15 cm

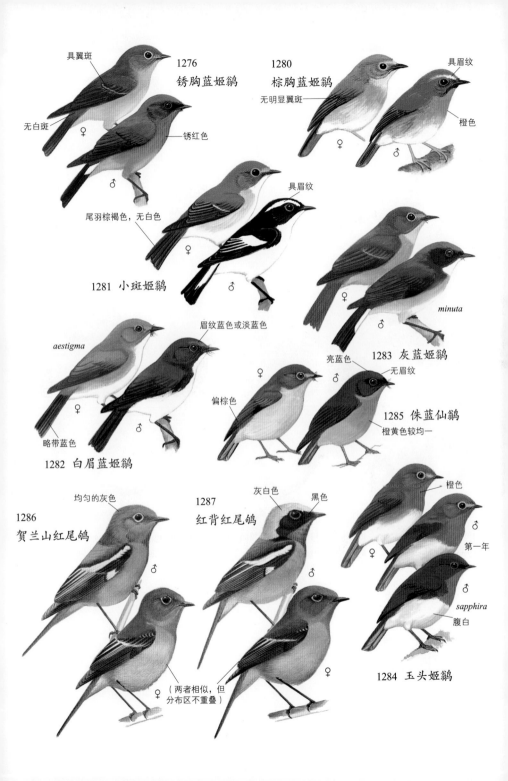

1276
锈胸蓝姬鹟

具翼斑

无白斑

♀

锈红色

♂

尾羽棕褐色，无白色

♀

1281 小斑姬鹟

具眉纹

♂

1280
棕胸蓝姬鹟

无明显翼斑

具眉纹

橙色

♀

♂

aestigma

眉纹蓝色或淡蓝色

♀

略带蓝色

♂

1282 白眉蓝姬鹟

minuta

♀

♂

1283 灰蓝姬鹟

亮蓝色

无眉纹

♀

偏棕色

♂

1285 侏蓝仙鹟

橙黄色较均一

1286
贺兰山红尾鸲

均匀的灰色

♂

♀

（两者相似，但
分布区不重叠）

1287
红背红尾鸲

灰白色

黑色

♂

♀

橙色

♂

♀

第一年

♂

sapphira

腹白

1284 玉头姬鹟

1288. 蓝头红尾鸲
Blue-capped Redstart
Phoenicurus coeruleocephala

15 cm

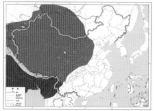

1289. 赭红尾鸲
Black Redstart
Phoenicurus ochruros
15 cm

1290. 欧亚红尾鸲
Common Redstart
Phoenicurus phoenicurus

14 cm

1291. 黑喉红尾鸲
Hodgson's Redstart
Phoenicurus hodgsoni

15 cm

1292. 白喉红尾鸲
White-throated Redstart
Phoenicurus schisticeps

15 cm

1293. 北红尾鸲
Daurian Redstart
Phoenicurus auroreus

15 cm

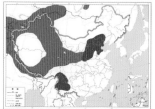

1294. 红腹红尾鸲
White-winged Redstart
Phoenicurus erythrogastrus

16 cm

1295. 蓝额红尾鸲
Blue-fronted Redstart
Phoenicurus frontalis
16 cm

1296. 红尾水鸲
Plumbeous Water Redstart
Phoenicurus fuliginosus
14 cm

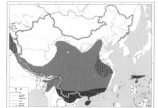

1297. 白顶溪鸲
White-capped Water Redstart
Phoenicurus leucocephalus

19 cm

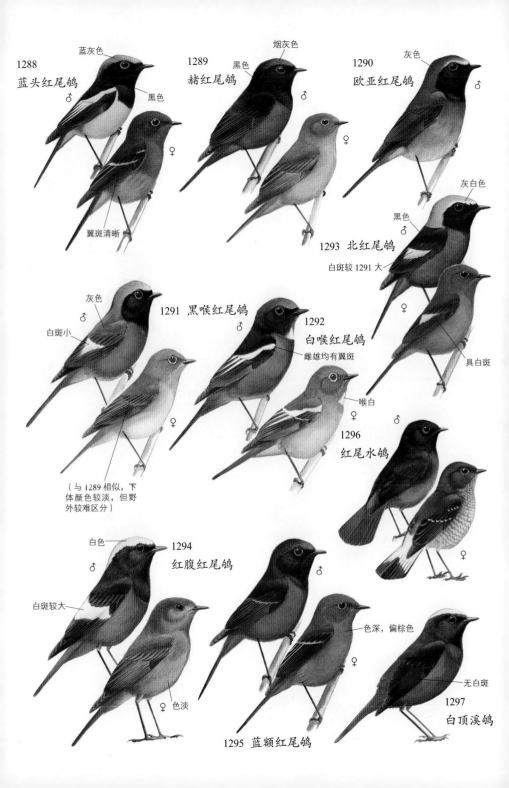

1288
蓝头红尾鸲
蓝灰色
黑色
♂
♀
翼斑清晰

1289
赭红尾鸲
黑色
烟灰色
♂
♀

1290
欧亚红尾鸲
灰色
♂

1293 北红尾鸲
灰白色
黑色
♂
白斑较 1291 大
♀
具白斑

1291 黑喉红尾鸲
灰色
♂
白斑小
♀
（与 1289 相似，下体颜色较淡，但野外较难区分）

1292
白喉红尾鸲
雌雄均有翼斑
♂
喉白
♀

1296
红尾水鸲
♂
♀

1294
红腹红尾鸲
白色
♂
白斑较大
♀
色淡

1295 蓝额红尾鸲
♂
色深，偏棕色
♀

1297
白顶溪鸲
无白斑

1298. 白背矶鸫

Rufous-tailed Rock Thrush

Monticola saxatilis

19 cm

1299. 蓝矶鸫

Blue Rock Thrush

Monticola solitarius

23 cm

1300. 栗腹矶鸫

Chestnut-bellied Rock Thrush

Monticola rufiventris

25 cm

1301. 白喉矶鸫

White-throated Rock Thrush

Monticola gularis

19 cm

1302. 白喉石䳭

White-throated Bushchat

Saxicola insignis

15 cm

1303. 黑喉石䳭

Siberian Stonechat

Saxicola maurus

14 cm

1304. 东亚石䳭

Stejneger's Stonechat

Saxicola stejnegeri

13 cm

1305. 白斑黑石䳭

Pied Bushchat

Saxicola caprata

13 cm

1306. 黑白林䳭

Jerdon's Bushchat

Saxicola jerdoni

15 cm

1307. 灰林䳭

Grey Bushchat

Saxicola ferreus

16 cm

1302 白喉石䳭

腰白色

喉白

1303 黑喉石䳭

腰栗色

喉黑

腰褐色

红色带斑

1305 白斑黑石䳭

具白色翼斑

1306 黑白林䳭

灰白

腹白

具眉纹

1307 灰林䳭

灰白

颈侧白色

喉黑

1304 东亚石䳭

1298 白背矶鸫

红

背白

红

眼先白

喉白

1301 白喉矶鸫

1300 粟腹矶鸫

月牙形白斑

颊黑

深红

沾蓝色

pandoo

philippensis

蓝灰色

蓝

1299 蓝矶鸫

1308. 穗䳭

Northern Wheatear

Oenanthe oenanthe

14 cm

1309. 沙䳭

Isabelline Wheatear

Oenanthe isabellina

16 cm

1310. 漠䳭

Desert Wheatear

Oenanthe deserti

15 cm

1311. 白顶䳭

Pied Wheatear

Oenanthe pleschanka

15 cm

1312. 东方斑䳭

Variable Wheatear

Oenanthe picata

17 cm

1313. 河乌

White-throated Dipper

Cinclus cinclus

18 cm

1314. 褐河乌

Brown Dipper

Cinclus pallasii

20 cm

1315. 蓝翅叶鹎

Blue-winged Leafbird

Chloropsis moluccensis

17 cm

1316. 金额叶鹎

Golden-fronted Leafbird

Chloropsis aurifrons

19 cm

1317. 橙腹叶鹎

Orange-bellied Leafbird

Chloropsis hardwickii

20 cm

1315 蓝翅叶鹎

♀

kinneari

♂

pridii

额部金色 ♀

1316 金额叶鹎

♂

腹部橙色 ♀

1317 橙腹叶鹎

♂

眉纹皮黄色

具杂斑

杂以灰色

第一冬

1313 河乌

1314

褐河乌

褐色型为
棕褐色

1311
白顶鹏

br.

白色型下体
全白

脸部深色 ♀

1308 穗鹏

♂

br.

1312 东方斑鹏

picata

无杂色

♀

♀

♂

较 1309 白色
区域小

色浅

♂

色深

capistrata

♂

opistholeuca

♀

1310 漠鹏

♀

♂

白色区域大

1309 沙鹏

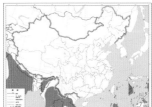

1318. 厚嘴啄花鸟
Thick-billed Flowerpecker
Dicaeum agile
9 cm

1319. 黄臀啄花鸟
Yellow-vented Flowerpecker
Dicaeum chrysorrheum
9 cm

1320. 黄腹啄花鸟
Yellow-bellied Flowerpecker
Dicaeum melanozanthum
13 cm

1321. 纯色啄花鸟
Plain Flowerpecker
Dicaeum minullum
8 cm

1322. 红胸啄花鸟
Fire-breasted Flowerpecker
Dicaeum ignipectus
9 cm

1323. 朱背啄花鸟
Scarlet-backed Flowerpecker
Dicaeum cruentatum
9 cm

1326. 蓝枕花蜜鸟
Purple-naped Sunbird
Hypogramma hypogrammicum
15 cm

1336. 长嘴捕蛛鸟
Little Spiderhunter
Arachnothera longirostra
15 cm

1337. 纹背捕蛛鸟
Streaked Spiderhunter
Arachnothera magna
19 cm

虹膜红色

虹膜红色

1319 黄臀啄花鸟

1320 黄腹啄花鸟

粗

纵纹清晰

纵纹模糊

黄

♀

1318 厚嘴啄花鸟

♂

灰褐色

1321 纯色啄花鸟

色暗淡

1322 红胸啄花鸟

橘黄

♂

♀

juv.

♂

朱红色

皮黄色

浅色

1323 朱背啄花鸟

1326 蓝枕花蜜鸟

蓝紫色，雌鸟无

1337 纹背捕蛛鸟

粗

多纵纹

细

偏黄色

近白色

♂

无纵纹

羽尖白色

橘黄

1336 长嘴捕蛛鸟

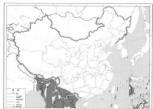

1324. 紫颊直嘴太阳鸟
Ruby-cheeked Sunbird
Chalcoparia singalensis
10 cm

1325. 褐喉食蜜鸟
Brown-throated Sunbird
Anthreptes malacensis
13 cm

1327. 紫色花蜜鸟
Purple Sunbird
Cinnyris asiatica
11 cm

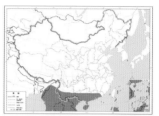

1328. 黄腹花蜜鸟
Olive-backed Sunbird
Cinnyris jugularis
10 cm

1329. 蓝喉太阳鸟
Mrs. Gould's Sunbird
Aethopyga gouldiae
14 cm

1330. 绿喉太阳鸟
Green-tailed Sunbird
Aethopyga nipalensis
14 cm

1331. 叉尾太阳鸟
Fork-tailed Sunbird
Aethopyga latouchii
10 cm

1332. 海南叉尾太阳鸟
Hainan Sunbird
Aethopyga christinae
10 cm

1333. 黑胸太阳鸟
Black-throated Sunbird
Aethopyga saturata
14 cm

1334. 黄腰太阳鸟
Crimson Sunbird
Aethopyga siparaja

13 cm

1335. 火尾太阳鸟
Fire-tailed Sunbird
Aethopyga ignicauda

18 cm

喙短且较直

1324 紫颊直嘴太阳鸟
♀

橘黄色

紫铜色
♂

偏黄色

1328 黄腹花蜜鸟

1327 紫色花蜜鸟

近白色

蓝紫色 non-br.

偏褐色
♀

蓝紫色
♂

1329 蓝喉太阳鸟

偏绿色
♀

泛金属光泽

蓝绿色

♂

1330 绿喉太阳鸟

偏黑色
♂

具暗色鳞状斑
♀

黑褐色
♂

偏橄榄色
♀

端斑皮黄色

1332 海南叉尾太阳鸟

1331 叉尾太阳鸟

尾偏棕红色

尾红且长，非繁殖羽似雌鸟，但尾上覆羽红色

1334 黄腰太阳鸟

♂

1335 火尾太阳鸟

近灰色
♀

暗褐色

♂

1333 黑胸太阳鸟

偏黄色眼圈

♀   ♂

1325 褐喉食蜜鸟

1338. 黑顶麻雀

Saxaul Sparrow

Passer ammodendri

15 cm

1339. 家麻雀

House Sparrow

Passer domesticus

15 cm

1340. 黑胸麻雀

Spanish Sparrow

Passer hispaniolensis

16 cm

1341. 山麻雀

Russet Sparrow

Passer cinnamomeus

13 cm

1342. 麻雀

Eurasian Tree Sparrow

Passer montanus

14 cm

1343. 石雀

Rock Sparrow

Petronia petronia

15 cm

1344. 白斑翅雪雀

White-winged Snowfinch

Montifringilla nivalis

17 cm

1345. 藏雪雀

Henri's Snowfinch

Montifringilla henrici

17 cm

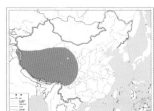

1346. 褐翅雪雀

Black-winged Snowfinch

Montifringilla adamsi

17 cm

1347. 白腰雪雀

White-rumped Snowfinch

Onychostruthus taczanowskii

17 cm

1338 黑顶麻雀

stoliczkae

♀

黄色

喉黑色

♂

1340 黑胸麻雀

♀

栗色

鳞状斑

♂

喙较 1340 小

♀

1339 家麻雀

♂

juv.

具点斑

1341 山麻雀

♀

眉纹清晰

1342 麻雀

♂

1344 白斑翅雪雀

眼先深色

白色区域明显

1343 石雀

偏黄

纵纹不清晰

眼先浅色

1346 褐翅雪雀

翼收起时白色不明显

1347 白腰雪雀

腰白色

具深色纵纹

1345 藏雪雀

颏部黑色

1348. 黑喉雪雀
Pere David's Snowfinch
Pyrgilauda davidiana
13 cm

1349. 棕颈雪雀
Rufous-necked Snowfinch
Pyrgilauda ruficollis
15 cm

1350. 棕背雪雀
Plain-backed Snowfinch
Pyrgilauda blandfordi
15 cm

1351. 纹胸织雀
Streaked Weaver
Ploceus manyar
14 cm

1352. 黄胸织雀
Baya Weaver
Ploceus philippinus
15 cm

1353. 红梅花雀
Red Avadavat
Amandava amandava
10 cm

1354. 长尾鹦雀
Pin-tailed Parrotfinch
Erythrura prasina
15 cm

1355. 白腰文鸟
White-rumped Munia
Lonchura striata
11 cm

1356. 斑文鸟
Scaly-breasted Munia
Lonchura punctulata
10 cm

1357. 栗腹文鸟
Chestnut Munia
Lonchura atricapilla
12 cm

1348 黑喉雪雀
灰白色

1350 棕背雪雀
棕黄色，较浅　具黑色纵纹

1349 棕颈雪雀
棕色

1352 黄胸织雀
♀
♂

眉纹浅黄色
♀
具黑色纵纹
♂

1351 纹胸织雀

1353 红梅花雀
♂
♀

♀
♂
1354 长尾鹦雀

1355 白腰文鸟
具羽干纹
腹部无明显斑纹
腰白色

1356 斑文鸟
juv.
羽干纹浅 topela
腹部具鳞状斑

1357 栗腹文鸟
juv.
deignani

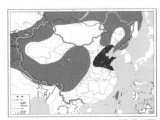

1358. 领岩鹨
Alpine Accentor
Prunella collaris
17 cm

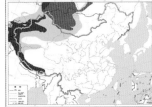

1359. 高原岩鹨
Altai Accentor
Prunella himalayana
16 cm

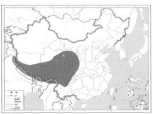

1360. 鸲岩鹨
Robin Accentor
Prunella rubeculoides
16 cm

1361. 棕胸岩鹨
Rufous-breasted Accentor
Prunella strophiata
16 cm

1362. 棕眉山岩鹨
Siberian Accentor
Prunella montanella
15 cm

1363. 褐岩鹨
Brown Accentor
Prunella fulvescens
15 cm

1364. 黑喉岩鹨
Black-throated Accentor
Prunella atrogularis
15 cm

1365. 贺兰山岩鹨
Mongolian Accentor
Prunella koslowi
15 cm

1366. 栗背岩鹨
Maroon-backed Accentor
Prunella immaculata
14 cm

1367. 山鹡鸰
Forest Wagtail
Dendronanthus indicus
17 cm

1373. 日本鹡鸰
Japanese Wagtail
Motacilla grandis
22 cm

灰色略带白色

1358
领岩鹨

1359
高原岩鹨

喉白色

无眉纹

1360 鸲岩鹨

胸棕色

眉纹棕色

1361
棕胸岩鹨

胸棕色

眉纹土黄色

1362
棕眉山岩鹨

眉纹白色

1363
褐岩鹨

眉纹白色

1364
黑喉岩鹨

喉黑色

1365
贺兰山岩鹨

1366 栗背岩鹨

灰色

下腹部深栗色

1367 山鹡鸰

1373 日本鹡鸰

额白色

飞羽大部分为白色

♀

♂

1368. 西黄鹡鸰

Western Yellow Wagtail

Motacilla flava

18 cm

1369. 黄鹡鸰

Eastern Yellow Wagtail

Motacilla tschutschensis

18 cm

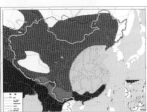

1370. 黄头鹡鸰

Citrine Wagtail

Motacilla citreola

18 cm

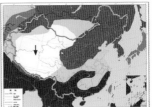

1371. 灰鹡鸰

Grey Wagtail

Motacilla cinerea

19 cm

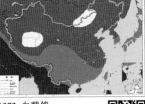

1372. 白鹡鸰

White Wagtail

Motacilla alba

20 cm

1374. 大斑鹡鸰

White-browed Wagtail

Motacilla maderaspatensis

22 cm

1369 黄鹡鸰

头灰色到黄绿色

眉纹黄色,部分亚种白色,
也有亚种无眉纹

taivana

non-br.

br.

1369

第一冬

macronyx

br.

1368 西黄鹡鸰

simillima

br.

leucocephala

头黄

♂

1371 灰鹡鸰

br. ♂

non-br.

1370 黄头鹡鸰

1370

♀

第一冬

♀

背灰色

leucopsis

背黑色

personata

偶尔沾有白色

alboides

1372 白鹡鸰

眉纹粗长

1374 大斑鹡鸰

br. ♂

♂

ocularis

lugens

1375. 理氏鹨
Richard's Pipit
Anthus richardi
18 cm

1376. 田鹨
Paddyfield Pipit
Anthus rufulus
16 cm

1377. 布氏鹨
Blyth's Pipit
Anthus godlewskii
18 cm

1378. 平原鹨
Tawny Pipit
Anthus campestris
16 cm

1379. 草地鹨
Meadow Pipit
Anthus pratensis
15 cm

1380. 林鹨
Tree Pipit
Anthus trivialis
16 cm

1381. 树鹨
Olive-backed Pipit
Anthus hodgsoni
15 cm

1382. 北鹨
Pechora Pipit
Anthus gustavi
15 cm

1383. 粉红胸鹨
Rosy Pipit
Anthus roseatus
15 cm

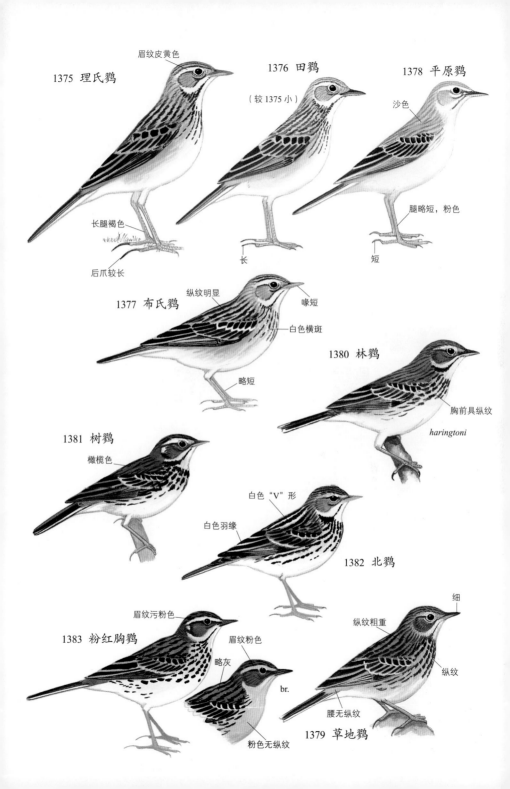

1375 理氏鹨
眉纹皮黄色
长腿褐色
后爪较长

1376 田鹨
（较 1375 小）
长

1378 平原鹨
沙色
腿略短，粉色
短

1377 布氏鹨
纵纹明显
喙短
白色横斑
略短

1380 林鹨
胸前具纵纹
haringtoni

1381 树鹨
橄榄色

白色"V"形
白色羽缘
1382 北鹨

1383 粉红胸鹨
眉纹污粉色
眉纹粉色
略灰
br.
粉色无纵纹

1379 草地鹨
细
纵纹粗重
纵纹
腰无纵纹

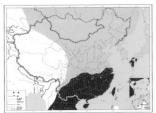

1384. 红喉鹨

Red-throated Pipit

Anthus cervinus

15 cm

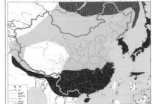

1385. 黄腹鹨

Buff-bellied Pipit

Anthus rubescens

15 cm

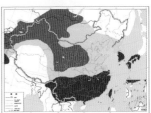

1386. 水鹨

Water Pipit

Anthus spinoletta

15 cm

1387. 山鹨

Upland Pipit

Anthus sylvanus

17 cm

1388. 朱鹀

Pink-tailed Rosefinch

Urocynchramus pylzowi

16 cm

1389. 苍头燕雀

Common Chaffinch

Fringilla coelebs

16 cm

1390. 燕雀

Brambling

Fringilla montifringilla

15 cm

1397. 松雀

Pine Grosbeak

Pinicola enucleator

20 cm

1406. 金枕黑雀

Gold-naped Finch

Pyrrhoplectes epauletta

15 cm

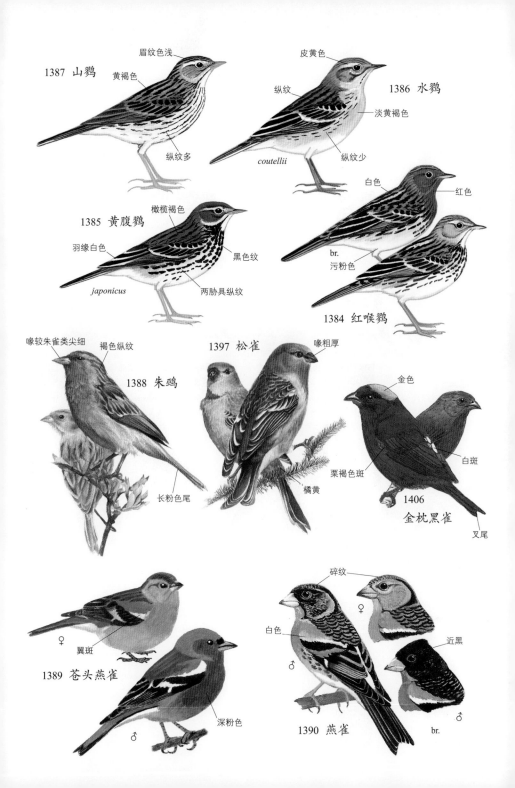

1387 山鹨
眉纹色浅
黄褐色
纵纹多

皮黄色
纵纹
1386 水鹨
淡黄褐色
纵纹少
coutellii

1385 黄腹鹨
橄榄褐色
羽缘白色
黑色纹
japonicus
两胁具纵纹

白色
红色
br.
污粉色
1384 红喉鹨

喙较朱雀类尖细
褐色纵纹
1397 松雀
喙粗厚
1388 朱鹨
长粉色尾
橘黄

金色
栗褐色斑
白斑
1406
金枕黑雀
叉尾

♀
翼斑
1389 苍头燕雀
深粉色
♂

碎纹
♀
白色
♂
近黑
♂
br.
1390 燕雀

1391. 黄颈拟蜡嘴雀

Collared Grosbeak

Mycerobas affinis

22 cm

1392. 白点翅拟蜡嘴雀

Spot-winged Grosbeak

Mycerobas melanozanthos

22 cm

1393. 白斑翅拟蜡嘴雀

White-winged Grosbeak

Mycerobas carnipes

23 cm

1394. 锡嘴雀

Hawfinch

Coccothraustes coccothraustes

17 cm

1395. 黑尾蜡嘴雀

Chinese Grosbeak

Eophona migratoria

17 cm

1396. 黑头蜡嘴雀

Japanese Grosbeak

Eophona personata

22 cm

1398. 褐灰雀

Brown Bullfinch

Pyrrhula nipalensis

17 cm

1399. 红头灰雀

Red-headed Bullfinch

Pyrrhula erythrocephala

17 cm

1400. 灰头灰雀

Grey-headed Bullfinch

Pyrrhula erythaca

17 cm

1401. 红腹灰雀

Eurasian Bullfinch

Pyrrhula pyrrhula

15 cm

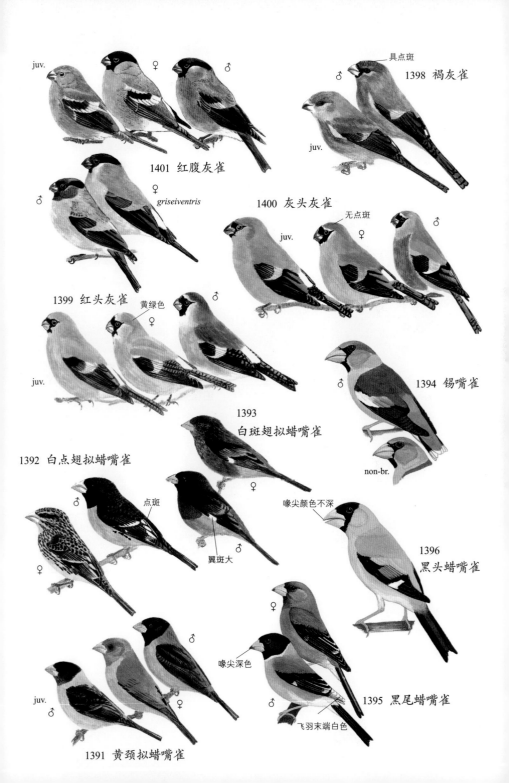

juv.

♀

♂

具点斑

♂ 1398 褐灰雀

juv.

1401 红腹灰雀

♀
griseiventris

1400 灰头灰雀

无点斑

juv.

♀

♂

♂

1399 红头灰雀

黄绿色

♀

♂

juv.

1394 锡嘴雀

♂

1393
白斑翅拟蜡嘴雀

non-br.

1392 白点翅拟蜡嘴雀

♂ 点斑

♀

♀

翼斑大

♂

喙尖颜色不深

1396
黑头蜡嘴雀

♀

喙尖深色

juv.

♂

♂

1395 黑尾蜡嘴雀

飞羽末端白色

♀

1391 黄颈拟蜡嘴雀

1404. 赤朱雀
Blanford's Rosefinch
Agraphospiza rubescens

15 cm

1407. 暗胸朱雀
Dark-breasted Rosefinch
Procarduelis nipalensis
16 cm

1408. 林岭雀
Plain Mountain Finch
Leucosticte nemoricola
15 cm

1409. 高山岭雀
Brandt's Mountain Finch
Leucosticte brandti
18 cm

1410. 粉红腹岭雀
Asian Rosy Finch
Leucosticte arctoa
17 cm

1411. 普通朱雀
Common Rosefinch
Carpodacus erythrinus
15 cm

1412. 血雀
Scarlet Finch
Carpodacus sipahi
19 cm

1413. 拟大朱雀
Streaked Rosefinch
Carpodacus rubicilloides
19 cm

1414. 大朱雀
Spotted Great Rosefinch
Carpodacus rubicilla
20 cm

1415. 喜山红腰朱雀
Blyth's Rosefinch
Carpodacus grandis

18 cm

1407 暗胸朱雀 ♂
褐色
偏褐色 ♀

1404 赤朱雀 ♀
腰红色
臀近白
♂

1410 粉红腹岭雀
嘴黄色 ♂
♀
沾粉色

较 1408 深
翼尖粉红

1409 高山岭雀

亮红
红色翼斑
♀
♂

1412 血雀 ♂
♀
翼尖黑色
鲜亮猩红
黄色

1411
普通朱雀

1408
林岭雀
白色翼斑

1415
喜山红腰朱雀
较 1416 嘴细
♂

粗厚 ♀
纵纹
细小斑点
♂

1413 拟大朱雀

♂
大 ♀
较 1413 纵纹少

1414 大朱雀

1416. 红腰朱雀
Red-mantled Rosefinch
Carpodacus rhodochlamys
18 cm

1417. 喜山红眉朱雀
Himalayan Beautiful Rosefinch
Carpodacus pulcherrimus
14 cm

1418. 红眉朱雀
Chinese Beautiful Rosefinch
Carpodacus davidianus
15 cm

1419. 曙红朱雀
Pink-rumped Rosefinch
Carpodacus waltoni
13 cm

1420. 玫红眉朱雀
Pink-browed Rosefinch
Carpodacus rodochroa
15 cm

1421. 棕朱雀
Dark-rumped Rosefinch
Carpodacus edwardsii
16 cm

1422. 喜山点翅朱雀
Spot-winged Rosefinch
Carpodacus rodopeplus
15 cm

1423. 点翅朱雀
Sharpe's Rosefinch
Carpodacus verreauxii
15 cm

1424. 酒红朱雀
Vinaceous Rosefinch
Carpodacus vinaceus
15 cm

1425. 台湾酒红朱雀
Taiwan Rosefinch
Carpodacus formosanus
15 cm

水洗红色

♂

喙粗大

1419 曙红朱雀

眉纹粉色

♀

1416 红腰朱雀

粉红

♀

腰和臀粉红

1418 红眉朱雀

♂

1417 喜山红眉朱雀

紫粉色

喙粗壮

细小纵纹

♀

较 1417 色淡

♂

臀淡粉色

腰深粉色

眉纹宽

♂

较 1422 嘴小

♀

贯眼纹宽

♀

1420 玫红眉朱雀

两胁粉红

腰鲜艳粉色

较 1422 色淡

1423 点翅朱雀

眉宽大

♂

眉纹皮黄色

淡粉色点斑

眉纹显眼

♂

翼无白色斑

皮黄色眉 ♀

腰暗粉色

翼斑清晰

1422 喜山点翅朱雀

棕色或淡红色

较 1423 色深

1421 棕朱雀

眉纹显眼

♂

1425 台湾酒红朱雀

眉纹粉色

白色端斑

♂

腰色淡

♀

1424 酒红朱雀

酒红色

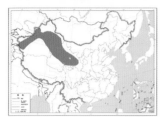

1426. 沙色朱雀
Pale Rosefinch
Carpodacus stoliczkae
15 cm

1427. 藏雀
Tibetan Rosefinch
Carpodacus roborowskii
18 cm

1428. 褐头岭雀
Sillem's Mountain Finch
Carpodacus sillemi
18 cm

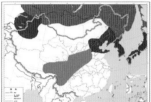

1429. 长尾雀
Long-tailed Rosefinch
Carpodacus sibiricus
17 cm

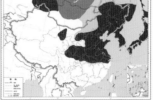

1430. 北朱雀
Pallas's Rosefinch
Carpodacus roseus
16 cm

1431. 斑翅朱雀
Three-banded Rosefinch
Carpodacus trifasciatus
18 cm

1432. 喜山白眉朱雀
Himalayan White-browed Rosefinch
Carpodacus thura
17 cm

1433. 白眉朱雀
Chinese White-browed Rosefinch
Carpodacus dubius
17 cm

1434. 红胸朱雀
Red-fronted Rosefinch
Carpodacus puniceus
20 cm

1435. 红眉松雀
Crimson-browed Finch
Carpodacus subhimachalus
20 cm

脸粉红

淡粉色，无明显纵纹

1427 藏雀

色深 ♂

♂ ♀

1426 沙色朱雀

眉纹不明显 ♂

黄褐色

1428 褐头岭雀

♂

无纵纹

霜白色

略沾粉色

♀

喙粗壮，黄色

黑色和粉色纵纹

白色翼斑

1430 北朱雀

♂ 1429 长尾雀

尾长

白色

淡粉色

♂

♀

1433 白眉朱雀

白色 粉红

浓棕色 ♂

粉色

♀

暖褐色

1432 喜山白眉朱雀

赤红

白色斑纹

脸深色

♂

1431 斑翅朱雀

白色

♀

1435 红眉松雀 橄榄黄色

猩红色 ♂

♀

赤红

1434 红胸朱雀

♂

无橄榄色

♀

略长

粉红

灰色

栗色

无纵纹，色淡

1402. 红翅沙雀

Eurasian Crimson-winged Finch

Rhodoplechys sanguineus　17 cm

1403. 蒙古沙雀

Mongolian Finch

Bucanetes mongolicus　15 cm

1405. 红眉金翅雀

Spectacled Finch

Callacanthis burtoni　18 cm

1436. 欧金翅雀

European Greenfinch

Chloris chloris　16 cm

1437. 金翅雀

Grey-capped Greenfinch

Chloris sinica　13 cm

1438. 高山金翅雀

Yellow-breasted Greenfinch

Chloris spinoides　14 cm

1439. 黑头金翅雀

Black-headed Greenfinch

Chloris ambigua　13 cm

1440. 巨嘴沙雀

Desert Finch

Rhodospiza obsoleta　15 cm

1452. 铁爪鹀

Lapland Longspur

Calcarius lapponicus　16 cm

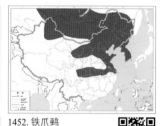

1453. 雪鹀

Snow Bunting

Plectophenax nivalis　17 cm

偏绿色

1436 欧金翅雀

♂　　　♀

1437 金翅雀

♂　　灰色

暖栗色

♀

明显黄色

雄鸟黑色　1438 高山金翅雀

雄鸟亮黄色

略黄，雄鸟鲜黄无纵纹　♀

黄色

头黑色

1439 黑头金翅雀

白色

♂

黄色

喙黑色　1440 巨嘴沙雀

粉色

1453 雪鹀

第一冬

br. ♂

non-br.

显眼的白斑

1452 铁爪鹀

皮黄色　红褐色

黑色

non-br. ♂

br.

♂

1405 红眉金翅雀

赤红　♂

栗色

下喙暗色

♀

1403 蒙古沙雀

"胡须"

粉色

1402 红翅沙雀

顶冠暗色

粉红

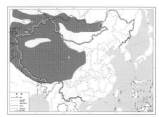

1441. 黄嘴朱顶雀
Twite
Linaria flavirostris
13 cm

1442. 赤胸朱顶雀
Common Linnet
Linaria cannabina
14 cm

1443. 白腰朱顶雀
Common Redpoll
Acanthis flammea
14 cm

1444. 极北朱顶雀
Hoary Redpoll
Acanthis hornemanni
13 cm

1445. 红交嘴雀
Red Crossbill
Loxia curvirostra
17 cm

1446. 白翅交嘴雀
White-winged Crossbill
Loxia leucoptera
15 cm

1447. 西红额金翅雀
European Goldfinch
Carduelis carduelis
15 cm

1448. 红额金翅雀
Eastern Goldfinch
Carduelis caniceps
15 cm

1449. 金额丝雀
Fire-fronted Serin
Serinus pusillus
13 cm

1450. 藏黄雀
Tibetan Siskin
Spinus thibetanus
12 cm

1451. 黄雀
Eurasian Siskin
Spinus spinus
12 cm

红色 ♀
1443 白腰朱顶雀
无粉色
粉胸
♂

红色
1444
额黑
极北朱顶雀

红色
1449 金额丝雀
黑色

1446 白翅交嘴雀 ♂
两道白斑
♀

叉尾
1451 黄雀 ♀
顶冠黑色 ♂
黄色

1445 红交嘴雀
无翼斑 ♂
♀

♀
1450 藏黄雀
♂
黄色

黑白两色
1447 西红额金翅雀

1442 赤胸朱顶雀
浓棕色
♀
灰色
淡粉色
♂
嘴小
纵纹
腰粉色
1441 黄嘴朱顶雀
1448 红额金翅雀

1454. 凤头鹀

Crested Bunting

Emberiza lathami

17 cm

1455. 蓝鹀

Slaty Bunting

Emberiza siemsseni

13 cm

1456. 黍鹀

Corn Bunting

Emberiza calandra

19 cm

1457. 黄鹀

Yellowhammer

Emberiza citrinella

17 cm

1458. 白头鹀

Pine Bunting

Emberiza leucocephalos

17 cm

1459. 灰眉岩鹀

Rock Bunting

Emberiza cia

16 cm

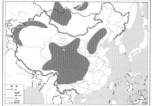

1460. 戈氏岩鹀

Godlewski's Bunting

Emberiza godlewskii

17 cm

1461. 三道眉草鹀

Meadow Bunting

Emberiza cioides

16 cm

1462. 白顶鹀

White-capped Bunting

Emberiza stewarti

15 cm

1463. 栗斑腹鹀

Jankowski's Bunting

Emberiza jankowskii

16 cm

冠羽长
栗色
1454 凤头鹀
冠羽短
♂
♀

1462 白顶鹀
灰色
黑色

1461 三道眉草鹀
棕色
♂
♀
红褐色

1458 白头鹀
♀
两色喙
br.
non-br.
♂
白颊
项圈

1460 戈氏岩鹀
1463 栗斑腹鹀
灰色
♀
♂
暗色块

1455 蓝鹀
♀
♂

♀
♂

1456 黍鹀
粗健
具纵纹

1459 灰眉岩鹀
♀
stracheyi
黑白图案
♂

1457 黄鹀
红褐色
♀
♂
白色羽缘
白色
黄色
纵纹

1464. 灰颈鹀

Grey-necked Bunting

Emberiza buchanani

15 cm

1465. 圃鹀

Ortolan Bunting

Emberiza hortulana

16 cm

1466. 白眉鹀

Tristram's Bunting

Emberiza tristrami

15 cm

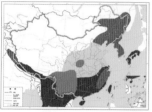

1467. 栗耳鹀

Chestnut-eared Bunting

Emberiza fucata

16 cm

1468. 小鹀

Little Bunting

Emberiza pusilla

13 cm

1469. 黄眉鹀

Yellow-browed Bunting

Emberiza chrysophrys

15 cm

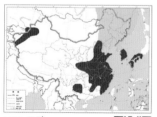

1470. 田鹀

Rustic Bunting

Emberiza rustica

15 cm

1471. 黄喉鹀

Yellow-throated Bunting

Emberiza elegans

15 cm

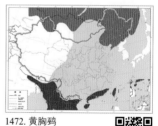

1472. 黄胸鹀

Yellow-breasted Bunting

Emberiza aureola

15 cm

1473. 栗鹀

Chestnut Bunting

Emberiza rutila

15 cm

1484. 稀树草鹀

14 cm

Savannah Sparrow

Passerculus sandwichensis

1465 圃鹀
绿灰色
♀
♂

1464 灰颈鹀
青灰色
棕色
♀

1470 田鹀
略具羽冠
♂
non-br.
br.
♂

冠纹白色
1466 白眉鹀
♂
♀

1468 小鹀
栗色
第一冬
白色 黄色
白色斑
1469 黄眉鹀
黄色
黑色
br.
♂
纵纹

1471 黄喉鹀
略具羽冠
黄色
♂
♀

1467 粟耳鹀
栗色
♀
喉部黑色
♂

1472 黄胸鹀
♀
栗色
红褐色
♂
黑色
栗色斑带
第一冬
♂

眉纹黄色渐变白色
1484 稀树草鹀

栗色
♀
♂
non-br.
1473 粟鹀

1474. 藏鹀

Tibetan Bunting

Emberiza koslowi

16 cm

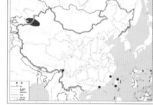

1475. 黑头鹀

Black-headed Bunting

Emberiza melanocephala

17 cm

1476. 褐头鹀

Red-headed Bunting

Emberiza bruniceps

16 cm

1477. 硫黄鹀

Yellow Bunting

Emberiza sulphurata

14 cm

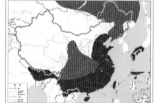

1478. 灰头鹀

Black-faced Bunting

Emberiza spodocephala

14 cm

1479. 灰鹀

Grey Bunting

Emberiza variabilis

17 cm

1480. 苇鹀

Pallas's Bunting

Emberiza pallasi

14 cm

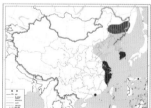

1481. 红颈苇鹀

Ochre-rumped Bunting

Emberiza yessoensis

15 cm

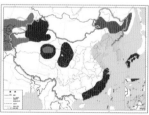

1482. 芦鹀

Reed Bunting

Emberiza schoeniclus

15 cm

1483. 白冠带鹀

White-crowned Sparrow

Zonotrichia leucophrys

17 cm

灰色
眼先黑色
1477 硫黄鹀
偏绿
♀
♂ *sordida*
1478 灰头鹀
两道白斑
spodocephala
纵纹
personata
♀

♂
non-br.
红色
1479 灰鹀
淡色眉纹
♀
1476 褐头鹀
栗色
♂
无白色羽缘
第一冬
♂
黄色
br.
灰色

顶冠黑色
1475 黑头鹀
黑色
♀ br.
1474 藏鹀
胸斑
br. ♂
♀
栗色
第一冬 ♂
黄色

1482 芦鹀
non-br.
♀
♀
黑色
无颊纹
juv.
红褐色
红褐色
br. ♂
第一冬
1481 红颈苇鹀
灰色
1480 苇鹀
粉红
♀
1483 白冠带鹀
br. ♂
non-br. ♂
灰色

补充鸟种

美洲潜鸭　50 cm

Aythya americana

Redhead

罕见迷鸟，江苏盐城曾有记录。

环颈潜鸭　42 cm

Aythya collaris

Ring-necked Duck

罕见迷鸟，台湾曾有记录。

小潜鸭　42 cm

Aythya affinis

Lesser Scaup

罕见迷鸟，台湾曾有记录。

绒海番鸭　54 cm

Melanitta fusca

Velvet Scoter

罕见迷鸟，东部沿海地区曾有记录。

细嘴兀鹫　100 cm

Gyps tenuirostris

Slender-billed Vulture

分布于西藏东南部，罕见，云南普洱曾有迷鸟记录。

juv.

白喉林鸽 40 cm

Columba vitiensis

Metallic Pigeon

罕见，台湾有迷鸟记录。

喜山金背啄木鸟 31 cm

Dinopium shorii

Himalayan Flameback

罕见，西藏东南部。

小金背啄木鸟 27 cm

Dinopium benghalense

Black-rumped Flameback

罕见，西藏东南部。

日本绣眼鸟 11 cm

Zosterops japonicus

Japanese White-eye

罕见，迁徙途经或越冬于东部沿海地区。

菲律宾斑扇尾鹟 19 cm

Rhipidura nigritorquis

Philippine Pied Fantail

罕见，台湾有迷鸟记录。

黑头攀雀 11 cm

Remiz macronyx

Black-headed Penduline Tit

罕见，新疆伊犁河谷可能有分布。

琉球姬鹟 13 cm

Ficedula owstoni

Ryukyu Flycatcher

罕见，迁徙途经东部沿海地区。

特别致谢

感谢以下机构对本书出版的支持。

世界自然基金会（WWF）是世界上规模最大、经验最丰富的独立保护组织之一，网络遍布全球 100 多个国家，拥有 500 多万支持者。1980 年 WWF 应中国政府邀请，到中国开展自然保护相关工作。目前 WWF 在中国的工作领域涵盖生物多样性保护、森林、淡水、海洋、国家公园和自然保护地、气候变化与能源、环境教育等。

WWF 的使命是遏止地球自然环境的恶化，创造人类与自然和谐相处的美好未来。为此 WWF 致力于：

• 保护世界生物多样性；

• 确保可再生自然资源的可持续利用；

• 推动降低污染和减少浪费性消费的行动。

山水自然保护中心于 2007 年成立，从事物种和生态系统的保护，致力于解决人与自然和谐共生的问题。中心关注的，既有西部山区的雪豹、大熊猫、金丝猴，也有身边的大自然。中心依靠当地社区的保护实践和基于公民科学的行动，示范保护方案，提炼保护的知识和经验，促进生态公平。更多信息可扫码关注"山水自然保护中心"微信公众号。

运营入境鸟类观察旅游活动 20 多年的 ChinaBirdTour（CBT），于 2020 年携手国内该领域更多的鸟类学专家、观鸟和生态旅游专业人士、自然摄影师等，搭建了"CBT 星球物种自然旅行"公众号平台，以汇集专业向导为核心，秉承客户诉求为至上，立足国内生物多样性热点区域，开展以野生动物物种为目标的自然观察和影像记录活动,服务于热爱动物自然观察和影像记录的爱好者。更多信息可扫码关注"CBT 星球物种自然旅行"微信公众号或登录"CBT 星球物种自然旅行"网站查询：http://www.chinabirdtour.cn。

红树林基金会（MCF）是中国首家由民间发起的环保公募基金会，致力于保护湿地及其生物多样性，践行社会化参与的自然保育模式。目前已启动"守护深圳湾""拯救勺嘴鹬""重建海上森林"三大战略品牌项目。

2012 年 7 月，基金会由阿拉善 SEE 生态协会、热衷公益的企业家以及深圳的相关部门提倡发起。王石、马蔚华担任创始会长（创始理事长),深圳大学前校长章必功、阿拉善 SEE 生态协会第七任会长艾路明、现任会长孙莉莉担任荣誉理事长，北京林业大学生态与自然保护学院教授、湿地公约科技委员会主席雷光春担任理事长。

中国鸟类野外手册

马敬能新编版

—— 下册 ——

Guide to the Birds of China

编著

约翰·马敬能

合作

卢和芬

翻译

李一凡

绘图

卡伦·菲利普斯

杨小农

刘丽华

肖瑶

高栀

高畅

兰建军

安妮·马敬能

商务印书馆
The Commercial Press
创于1897

下册目录

第一部分　引论

第二部分　分种介绍

第三部分　附录

参考文献　

索引

第一部分　引论

中国地理简介

中国的地理

为了了解鸟类在中国的分布和迁徙，有必要先对中国的地理和气候特点有所了解。

从地理特征上讲，中国由三大主要区域组成。其中最高的是青藏高原，由其西部约海拔 5000 米逐渐降至东部的海拔 4000 米左右。高原的南侧是有着众多超过海拔 7000 米山峰的喜马拉雅山脉。高原的北面由西至东分别是昆仑山、阿尔金山和祁连山。

由于海拔高，整个高原的温度低并广布永久冻土带，辐射强烈且风力强劲。融化的雪水和冰川水汇入星罗棋布的高原咸水湖泊。世界上有五条大河发源于青藏高原。南部的雅鲁藏布江（其下游印度段称布拉马普特拉河），先向东然后穿过喜马拉雅山脉而流至印度北部。其次是怒江（出中国国境后称萨尔温江），环喜马拉雅山脉东麓而过再向南流入缅甸。与之平行的是澜沧江（出中国国境后称湄公河），流经整个中南半岛。然后是著名的长江，先向北，再向东横穿华中地区至上海汇入东海。高原的北面还有黄河，通过华北地区而汇入渤海。

青藏高原的北面骤然下陷，形成名为柴达木盆地的洼地，海拔落至仅 2600 米，盆地底部有盐湖和矿物沉积。

而高原东北部海拔 3200 米处的青海湖则是中国最大的湖泊，水域面积达 4500 多平方千米。这里是斑头雁、普通鸬鹚、渔鸥和棕头鸥全球最大的繁殖集群所在地。

中国的第二个主要地理区域是干旱的大西北。这里实际上是欧亚大荒漠和草原地带的东端。它几乎占中国国土面积的 30%，却仅养育了中国近 5% 的人口。

这一地区由一系列低洼的盆地所组成，海拔多在 500 米到 1000 米之间。由于远离海洋又四面环山，其受夏季季风影响甚微。中国的荒漠便在这里。其中最大、最严酷的是塔克拉玛干大沙漠，紧靠青藏高原的北面，位于塔里木盆地的腹地，面积达 33 万平方千米。这里的大部地区为黄沙形成的流动沙丘，但人们在沙漠边缘以及河流两岸种植的柽柳和胡杨起到了固沙作用。

在天山以北，横亘着另一个大型盆地——准噶尔盆地，面积达 38 万平方千米，这是中国第二大的荒漠。与塔克拉玛干不同，这里气温更低，蒸发量更低并伴有更多的降水，从而使更多植物得以生长。盆地大部为固定的砾石荒漠，有足够的植物供冬季放牧之需。

这一区域还有一些较小的荒漠，包括贺兰山与祁连山之间的阿拉善沙漠以及河套地区以南的库布齐沙漠。阿拉善沙漠包括巴丹吉林沙漠、腾格里沙漠和乌兰布和沙漠，这些沙漠多为流动沙丘，但也有一些盐碱湖和淡水泉。这些沙漠在向黄河方向扩张，但通过采取植树和种草等固沙措施，多少阻止了荒漠化的进程。

再往北，广阔的砾石戈壁延伸至中国境外的蒙古国腹地。往东，随着气候变为半湿润，荒漠渐变为半荒漠和温带草原。

中国的大西北有两大山脉——天山山脉和阿尔泰山脉，山体两侧均是浩瀚的荒漠，顶峰被冰川所覆盖，而从山间流下的溪流则滋润了山麓沿荒漠边缘地区那圈狭窄但却甚为重要的沃土地带。

中国的第三个主要地理区域为东部的季风区。该区面积仅占国土总面积的45%，却养育了中国 95% 的人口。几乎所有可用于耕作的土地都已被开发，甚至由于过度利用而已退化或遭废弃。几乎所有的原始植被都已被人为改变。然而，在这一区域内的一些主要山脉仍保留了一些森林，并生存着许多最令人感兴趣的鸟类。由于进行了大规模的植树造林，该区域的森林覆盖率大大提高。这使某些鸟类从中受益，然而，单一的植被显然无法支持完整的鸟类多样性。

尽管整个区域均享有季节性的湿润气候，但温度和风向均随季节和纬度而存在较大变化，从北方的寒温带，渐变至南方的亚热带，直到最南端一小块狭窄的热带地区。

本区域的地貌由大型河流（尤其是黄河和长江）生成的冲积平原、滨海平原以及数个通常在海拔 2000 米以下的古老而稳定的山脉所组成。

中国的气候

中国的气候变化剧烈。对气候的最主要影响来自于亚洲大陆的季风。冬季的几个月中，亚洲大陆比太平洋气温低得多从而形成高压区，进而导致干冷的寒风从内陆朝东南方刮向海洋，中国东部的大部地区在此尘土飞扬的寒风影响下而气温较低，仅有少量由东移的低气压形成的雨水，降落在华中地区。在夏季，中亚地区的高温造成风向逆转，从太平洋和印度洋刮来的季风为中国带来了年度降水中的绝大部分。

气候上，中国西部和西北部的特征是雨水少且冬冷夏热温差大。中国东部则更为潮湿，气候稳定而更适合开展农业。中国东北的哈尔滨 1 月平均气温为 -18℃，7 月则为 22℃，温差高达 40℃之巨。相比之下，中国南方的广州 1 月平均气温为 13℃ 而 7 月为 22℃，相差仅 9℃。中国东北的平原地区整个冬季都冰天雪地，而南方地区的霜冻则仅出现在较高的山林地区。位于这两个极端之间的长江流域，隆冬时节的平均气温在 3℃左右。

全球气候正在变化。而人为改变地表覆盖和地下水位也会影响当地的气候。平均气温升高，极端天气事件变得更加明显和频繁。干旱地区变得更为干旱，潮湿地区则更加容易遭受洪涝。海平面也在不断上升。而所有这些变化都会对植被和季节更替造成影响，从而影响鸟类的食物，进而影响其迁徙行为和分布。数种中国鸟类正表现出相对其原始分布区的明显扩张或收缩，而对鸟类进行监测，正是了解我们自己所生存的环境在发生怎样变化的最好方法之一。

中国的植被

中国拥有着广袤的鸟类栖息生境，包括高大的喜马拉雅山脉、面积最大的高海拔高原、温差巨大的荒漠、壮美的湿地、广袤的草原、各种海滩，以及不同类型的森林——从东北的永久冻土带、华东大部的温带针叶林和阔叶林到极南部的热带雨林。中国的领海则从北方的寒冷海域一直延伸至南方的热带珊瑚礁沙滩和深海槽。鸟类和所有这些生境相互依存，但每一种鸟则仅取这多元生境的一部分。了解生境是正确识别鸟种的关键。

中国许多鸟类的栖息环境存在季节性变化，通常表现为，夏季栖于更北方或更高海拔的山区，冬季南迁或移至较低海拔处。部分候鸟在北方的高纬度地区繁殖而在南方越冬，而中国东部的沿海地区便成为它们的一条重要迁徙通道。这些鸟类中部分留在中国南方地区越冬，另外一些则继续往南，前往印度尼西亚等赤道地区乃至更远的地方。

本书中的主要植被类型包括：

1. 针叶林——在高海拔和高纬度地区的优势种为冷杉属、云杉属和落叶松属（东北和华北为落叶松类，西南为红杉类），而在低海拔和低纬度地区则为松属、落叶松属、铁杉属，但通常混有桦树和其他阔叶树种。在南方山区湿润的针叶林中通常还有浓密的林下竹丛，为鸟类提供了更为独特的生境。

2. 落叶阔叶林——优势种为栎属的落叶种类、杨属、桦木属以及其他北方常见树种，通常树种要比欧洲和美洲的相应森林类型更为丰富，且南、北方在树种组成上差异较大。

3. 亚热带常绿阔叶林——优势种为栎属的常绿种类和青冈类、柯属、锥属、樟科，间或杂有松属、油杉属等针叶树种。

4. 热带雨林和热带季雨林——仅见于湿润的西南、华南、台湾南部以及海南。优势种为壳斗科（柯属、锥属、栎属的青冈类）、樟科、木兰科、山茶科、豆科等，其组成丰富，树木极高且结构复杂，并伴生有棕榈科的乔木种类。

5. 山地森林——与低海拔森林随纬度变化一样，山地森林也随海拔变化，由常绿阔叶林至硬叶栎树林，再到铁杉和云杉的针叶混交林，其上缘则为狭窄的冷杉区域以及林线处的杜鹃和刺柏灌丛。在中国较湿润地区的针叶林中有浓密的林下竹林层。而在较干燥的山脊或沙质的岩石和土壤环境下，松树则为优势种。

6. 湿地——包括多种类型，从北方地区的沼泽、湖泊至长江流域的大型湖泊、青藏高原的小型高山沼泽、西北地区（新疆）的盐池以及南方热带地区的海岸红树林。湿地整体面积不大，在植被地图上并不起眼，但这些地区对鸟类却至关重要，中国一些最为华美和最为濒危的鸟类便仅见于湿地之中。

7. 草原——在中国北方呈一宽带状，东部较湿润且草势茂盛，往西则渐变至干燥的草原。而在黄河流域松散的黄土高原上则有着一些独特的草地。

8. 荒漠——包括三种主要类型，青藏高原海拔4000米以上的寒漠带，其干冷的环境限制了植被的生长。而燥热荒漠则分为沙质和石质两种主要类型，并各有其植物区系，偶有降雨便会焕发生机。荒漠中的鸟类极其有限，但某些种却仅见于荒漠生境中。

9. 裸地——指裸露的岩石地区，通常为最高、最陡的地区，也指完全无植被覆盖的流动沙丘。

10. 高山草甸——青藏高原上的广阔地带和西南以及西北地区一些主要山脉中的小块地区，这些地区植被矮小但颇为丰富，并具有一些独特的鸟类，譬如某些罕见的山地鸟种。

11. 灌丛——由各种低矮的次生植被组成，通常由于森林砍伐、耕地轮作、火灾或因放牧和伐木而导致的植被总体退化等原因而形成。中国东部大部分的原始森林已砍伐殆尽，这些次生灌丛为许多鸟类提供了极好的庇护。

12. 耕地——遍布华东和华南地区。这些土地多为农田，但也包括林地、果园、种植园以及休耕地。这些均为某些鸟类提供了栖息地，而春、秋季则有许多迁徙候鸟造访这些土地。一些鸟类已经学会与人类共处，因此更多地见于城镇和农村地区。

中国鸟类地理

郑光美在其著作《中国鸟类分类与分布名录》（第三版）中对整个中国的鸟种和亚种的分布进行了分析，并参考张荣祖的《中国动物地理》一书把全国划分为7个区和19个亚区，其中10个亚区在古北界，9个亚区在东洋界。而这两个界又可进一步分为三个亚界，如下表所示：

界	亚界	区	亚区
古北界	东北亚界	东北区	大兴安岭亚区
			长白山亚区
			松辽平原亚区
		华北区	黄淮平原亚区
			黄土高原亚区
	中亚亚界	蒙新区	东部草原亚区
			西部荒漠亚区
			天山山地亚区
		青藏区	羌塘高原亚区
			青海藏南亚区
东洋界	中印亚界	西南区	西南山地亚区
			喜马拉雅亚区
		华中区	东部丘陵平原亚区
			西部山地高原亚区
		华南区	闽广沿海亚区
			滇南山地亚区
			海南岛亚区
			台湾亚区
			南海诸岛亚区

东北区

这里有一些对繁殖期水鸟十分重要的湿地，吸引了东方白鹳、数种鹤类和许多雁鸭类。其中最佳的地点包括扎龙和莫莫格，而位于中俄交界处的兴凯湖也是一个很好的区域。夏季是造访这些地区的最佳时节。长白山保护区和乌尔旗汗林区适合观察林鸟，而哈尔滨以北的针叶林和内蒙古汗马保护区则是找寻黑嘴松鸡和花尾榛鸡等鸟类的好去处。

华北区

华北地区的一些优秀观鸟点包括河北沿海的北戴河和山东沿海的黄河三角洲，均是观看迁徙候鸟的好地方，而位于山西的五鹿山、灵空山、庞泉沟等保护区则是华北特有种褐马鸡的良好栖息地。

蒙新区

为了观察北方大草原上的鸟类，你应该沿着黄河穿过黄土高原和鄂尔多斯高原，造访贺兰山、祁连山以及内蒙古锡林郭勒保护区。而在西北部的天山山脉和阿尔泰山脉均提供了从高海拔针叶林到沙漠等各种生境。在新疆西北部，还有一些重要的湿地，部分雁鸭类和一些鹤类在这里筑巢，并有一些中国鸟类新记录在这里被发现。在塔里木和吐鲁番盆地可以观看一些沙漠鸟类。而拥有着众多盐湖和山峰的阿尔金山保护区，则可谓是在中国境内可以抵达的最偏远之地之一了。

青藏区

中国的高原地区充满了潜力。在西藏，大部分观鸟人都不会远离拉萨，但如果你足够幸运的话，可以进入雅鲁藏布大峡谷。而在青海，旅行就要容易得多，昂赛和可可西里都是绝佳的目的地。另外，四川北部的若尔盖和甘肃西南部的尕海也是本区域内的重要鸟点。

西南区

你可以在卧龙大熊猫保护区和峨眉山找寻中国境内狭域分布的大部分特有种鸟类，二者均属于邛崃山脉，仅卧龙便拥有9种不同的雉类。而位于云南西部的高黎贡山和白马雪山也是该区域内值得造访的优秀保护区。此外，该区域还包括了墨脱等西藏东南部的亚热带地区。

华中区

中国的中部和东南部遍布许多重要的湖泊，如长江流域的洞庭湖和鄱阳湖，包括白鹤、东方白鹳和各种雁鸭类在内的数十万计的水禽在此越冬。陕西的秦岭南坡是朱鹮的庇护所，贵州的梵净山和草海可谓西部高原鸟类栖息地的典型代表，而福建和江西交界处的武夷山保护区则是找寻东南山地鸟类特有种的最佳地点。

华南区

华南热带和亚热带地区有许多观鸟的好地方。其中较著名要数云南的西双版纳和盈江、广东的鼎湖山和八宝山、海南的尖峰岭和霸王岭以及台湾的乌来、垦丁、阿里山和大雪山等地区。而观察涉禽和水禽，则需要造访深圳的红树林公园、香港的米埔湿地以及海南的东寨港。

观鸟实用技巧

道德规范

- 除了照片不取一物，除了足迹不留一物，除了时间不消磨一物。

- 通过保持距离、保持安静并穿着浅色衣服来最大程度减少影响。

- 再有野心的摄影师，也需要把鸟类及其栖息地的福祉放在第一位，在拍摄时，需遵循以下准则：使用长焦镜头或伪装帐。保持足够距离。如果你的接近导了了鸟类飞离、逃跑或行为的改变，则说明你离得太近。

- 如果一只鸟突然静止不动或者表现出其他受惊迹象，请退后。

- 永远不要去故意惊飞一只鸟。

- 尽量减少使用闪光灯（如果不得不用的话）来补偿自然光的不足。

- 仅同负责任的观鸟人和摄影师分享某些特殊鸟类的地点信息。

- 关注鸟类栖息地也尤为重要，应避免践踏植被和打扰其他野生动植物。

- 喂食器应保持清洁，仅存放适当的食物，并考虑到鸟类的安全。

- 切勿使用活饵或假饵（如人造诱饵或死鼠）引诱猛禽，这些诱饵可能会改变这些掠食性鸟类的行为而对其造成伤害。

- 应当谨慎使用鸟鸣录音回放来辅助拍摄，对于濒危物种或处在筑巢期的鸟类不可进行回放。

- 与鸟巢保持距离。使用伪装帐或长焦镜头。如果你使用微距镜头，即便遥控拍摄，你也可能离得太近。

- 应避免惊走亲鸟，或吸引捕食者发现鸟巢。如果你不断地走向鸟巢，可能会为捕食者留下足迹和气味。

- 不要移动鸟巢周围的任何东西，它们可能起到了伪装或遮风挡雨的作用。
- 不使用无人机拍摄鸟巢，因为它们可能造成伤害并给雏鸟和亲鸟带来压力。

装备

确保你有合适的衣服、雨具和一双好鞋。永远没有恶劣的天气，只有错误的着装！

安全第一。让别人知道你要去哪里。尽管某些野外区域可能没有信号，但务必带上手机。在悬崖附近以及水边要格外小心。

你所需的基本装备是一副好的双筒望远镜和一个笔记本。你可能也会养成携带单筒望远镜的习惯，这对于湿地或海岸地区非常有用。负重始终是一个问题。你可以在汽车里放很多东西，但如果要扛起装备爬山，则必须要做取舍。

摄影被越来越多地用于鸟种记录。一台小型长焦数码相机完全能够胜任，且不会太重，但是摄影爱好者们则总是举着大炮般的镜头和三脚架到处走，我祝他们身体健康。

录音设备也很有用，且不是很大。而小型蓝牙音响则可用于鸟鸣录音回放，但在某些国家和地区对此并不认同。

寻找鸟类

尽早出发。鸟类在清晨最为活跃，黄昏前次之，而在一天当中的其余时间则通常不甚活跃。

在高大的森林中观鸟并不容易。你也许会走一个小时都看不到任何东西，然后忽然被叽喳的鸟群包围，却无法定位其中任何一只。站在高树上被枝叶遮挡的鸟往往难以看清，而在雨中，望远镜上的水会模糊视线。

因此，新来到一座森林应该首先沿着公路了解常见的林缘物种，而在森林中状况良好的步道往往有着更好的观察条件，鸟类数量也更多，因为在林缘和林窗的斜射阳光通常会形成一个极其富饶的觅食区域。在一些横穿山间的公路上能够见到一些树冠层生活的鸟类。在小型步道上也许看不到树冠层，但在这里你可能拥有极好的侧向视野。

雨林十分潮湿，这会导致望远镜、相机以及眼镜等光学设备的各种问题。务必要确保你的背包是防水的，把装备存放在聚乙烯塑料等材质的口袋中，并用干燥的吸水布、纸或干燥剂包裹起来。如果你佩戴眼镜，尝试着找一小块柔软的擦镜布，以便可以随时擦干眼镜。如果望远镜内部进水了，请尽快将其干燥。快速去除水分的方法包括将其放在太阳下并让镜头直面阳光，或者将其放在干燥剂袋中过夜以及睡觉时用体温使水分蒸发。

大部分的观鸟人在穿越森林时都会非常缓慢，以免错过任何东西。这对于树冠层的鸟来说效果很好，然而实际上你却会因此而错过许多地栖性鸟类，包括雉类、八色鸫和一些鹛类，它们往往十分警惕，察觉到动静，在你抵达之前便已经溜走了。因此，如果你可以学会快速而安静地移动，你将有更多机会见到这些羞怯的鸟类。有时候安静地坐在树桩上"守株待兔"，也会有很大的收获。为此，你可能需要等上一些时间，但其回报可能也是值得的。在理想情况下，你应该在缓慢而仔细的搜索、更快的安静行走和休息间隙的悄悄等待之间交替。其中，尤其值得等待的地方是结果或开花的树木、大型槲寄生丛以及池塘和溪流边。

如果你有同伴，请将对话保持在最低限度，如果你有向导或背夫，也请说服他们保持安静或与他们保持一定的距离。着色彩暗淡的衣服，千万不要穿白色衣服。

有两种吸引鸟类以助观察的方法被越来越多地使用，可能有一定的作用。第一种是作"呸"声，通常为嘶哑、刺耳或尖厉的声音，以模仿一些小型鸟类的告警声，这会引来一些机警的小鸟，尤其是各种行为隐秘的鹛类，出于好奇而接近我们或从林下植被中跳出来观察"警报"的来源。殊途同归，通过模仿领鸺鹠或其他小型猛禽的鸣叫声也有类似的效果。

第二种方法是使用数码设备进行鸣唱录音回放，这会引起占域行为等反应从而吸引鸟类接近，方便观察。

在密林深处，这两种方法均是无害的，但在观鸟人经常造访的地区（如国家公园内的主要步道）则可能成为问题。在这里，或许有必要禁止这些方法的使用，因为这些方法可能会干扰当地鸟类的占域和筑巢等行为，并降低野生鸟类对于自然警报的响应程度。

某些种在野外不易识别，一些仅能通过近距离观察和测量来定种。通过大量经验的积累，你会知道哪些是"困难"的鸟种，以及其对应的特征，来区分其他近似种。这些识别特征在本书的物种各论部分将详细列出。

笔记和鸟种名录

大部分观鸟人都会整理和维护他们见过的鸟种记录，包括某一天见到的所有鸟类的记录、在某个区域见到的所有鸟类的记录、岛屿记录、旅行记录、年度记录以及个人记录等。这样的记录十分有趣，可以为观鸟活动增添目的感和成就感，同时，无论对于自己了解鸟类而言，还是对于保护主义人士与野生动植物管理工作人员从事保护工作，以及保证重要和有价值的野生动植物能够存续而言，均是宝贵的科学信息来源。

针对某个保护区或给定区域的记录能够建立起该地区的物种名录，这对于评估该地区和选择合适的管理方式十分有用。

显而易见，这样的名录必须是准确的才有价值。可疑的记录会大大降低有价值信息的准确度。因此，务必要记录下不确定的物种，但要将其与确定的观察记录分开。虚假的信息不如坦率的留空。即便是专家，也别期望他们能够识别见到的每一只鸟。务必要格外谨慎，以确保所有记录均清楚地标明了其位置、日期（或时期）。对于不寻常的目击记录，则应该发给当地的观鸟组织、博物馆或期刊。

提交记录

观鸟人也许只是出于个人兴趣爱好而进行记录或拍摄照片，但这些记录却可以为公众了解、监测以及保护野生鸟类做出宝贵的贡献。应该鼓励观鸟人分享其观测数据和照片，尤其是新的分布记录、新的季节记录、关于迁徙的信息以及任何常规或系统的监测工作。

如今，中国有 70 多个地区性观鸟组织和俱乐部，国际上的类似机构和组织数量则更多。请加入并支持他们、参加他们的活动并向他们提交数据。加入观鸟组织的一个好处是，你将得到你所在地区的罕见和有趣物种的出现记录更新。

而中国观鸟记录中心、eBird、康奈尔大学鸟类学实验室等平台则提供了软件，可以协助你整理自己的观鸟记录，并在地图上进行浏览和共享。

大部分目击记录会得到认可，并成为我们不断发展的"公民科学"数据库的一部分，但任何一笔中国或其中某个省份的新物种记录则需要提供一些支持证据方能被接受。如果养成做笔记的良好习惯，当有不寻常的记录出现时，你将更有能力做好报告，而你的记录也会有更大的机会被相关机构接受。一份好的描述应包括：

- 观察者以及同伴的名字；

- 鸟种名称；

- 观察日期；

- 观察时间；

- 观察位置（包括偏远地区的坐标）；

- 生境（包括大致海拔高度）；

- 天气和光照条件；

- 距离和观察条件（包括光学设备信息）；

- 鸟种描述（体型、形态、体羽和裸露区域等）；

- 行为描述（飞行、步态、姿态、觅食和其他物种等）；

- 清晰的照片；

- 标本（羽毛）；

- 鸣声录音；

- 其他信息（观察者之前对该物种的熟悉程度，或能解释该意外观察记录的异常天气状况等）。

为鸟类保护做贡献

由于栖息地的变化和丧失、杀虫剂的使用、污染以及狩猎（多为网捕），中国许多鸟类变得越来越罕见。如果你喜欢鸟类，请积极地参与到保护工作中。下方列出了一位积极的保护主义人士能够做的许多事情：

- 以身作则，成为鸟类大使；
- 支持保护项目或保护机构；
- 成为鸟类监测志愿者；
- 通过鼓励更多的年轻保护主义人士和分享你的成功经验来提高社会意识；
- 支持保护区，捐赠图片提供他们使用；
- 游说并促成有关污染、电力、建筑（尤其是窗户）、自然保护区限速等设计的优化和法规的建立；
- 反对使用雾网；
- 销毁违法的雾网和陷阱；
- 救助被困和受伤的鸟类；
- 促进为家猫佩戴铃铛，以减少其对鸟类的杀戮；
- 反对食用野生动物；
- 改善栖息地，建立巢箱、喂食器、饮水器等；
- 设置保护区；
- 安全驾驶，不超速（防止路杀和鸟撞——译者注）；
- 在中国各大机场推广使用非致命的驱鸟方法。

术语表

偶见鸟（accidental）：迷鸟或漂鸟。

成鸟（adult）：性成熟并能繁殖的鸟。

顶端（apical）：物体的端部或外缘。

水生（aquatic）：栖于水中。

异域分布（allopatric）：分布区不重叠。

树栖（arboreal）：栖于树上。

腋羽（axillaries）：腋下或翼下的覆羽。

基部（basal）：形态学下端。

顶部（cap）：通常指顶冠（crown）及其周围区域。

喙盔（casque）：上喙部隆起的区域。

蜡膜（cere）：位于上喙基部（包括鼻孔）的蜡质或肉质裸露结构。

雄鸡/翘（cock）：通常指雉类的雄鸟；作动词亦指头部或尾部高耸翘起的动作。

领环（collar）：环绕前颈或后颈并具明显色彩对比的条带或横斑。

顶冠纹（coronal stripe）：顶冠正上方的纵向条纹。

广布（cosmopolitan）：近乎为全球性分布的物种。

晨昏性（crepuscular）：于晨昏时分活动。

羽冠（crest）：通常指头部的长羽束，某些种类可将其耸起或下伏。

冠（crown）：对于鸟类而言指其头部的顶冠区域；对于树木而言指其树冠区域的枝叶。

隐蔽（cryptic）：具有保护色、伪装色以及相应的隐蔽行为。

落叶的（decidious）：一年中的某段时间树叶脱落的树木或森林。

特征性（diagnostic）：足以进行识别的独特特征。

二态性（dimorphic）：因为基因或性别差异而形成的两种截然不同的体羽色型。

日行性（diurnal）：于昼间活动。

二重唱（duetting）：雄、雌鸟相互鸣唱并应和的行为。

回声定位（echolocation）：通过发送高频率声波以确定物体的位置。

蚀羽（eclipse plumage）：繁殖期后脱落其繁殖羽，常见于鸭类、太阳鸟等类群。

特有性（endemic）：分布局限于某一特定地区的原生种（或亚种）。

脸部（face）：眼先、眼部、颊部和下颊部的总称。

野化（feral）：家养动物个体放归或逃逸至野外。

锈色（**ferruginous**）：锈褐色并沾橙黄色。

雏鸟（**fledgling**）：部分或完全被羽但尚无或仅具部分飞行能力因此尚无法自由飞行的幼鸟。

飞羽（**flight feathers**）：飞行中为鸟类提供上升力的初级、次级飞羽以及尾羽。

惊出（**flush**）：指把鸟类（或其他动物）从其躲避处惊出的行为。

脚（**foot**）：跗跖、趾和爪的总称。

前颈（**foreneck**）：喉部下方的区域。

新羽（**fresh**）：鸟类新换的体羽，通常色彩较明亮。

额盔（**frontal shield**）：从额部至上喙基部的裸露角质或肉质结构。

步态（**gait**）：行走的姿势。

嘴裂（**gape**）：鸟喙基部的肉质区域。

滑翔（**gliding**）：两翼平伸或略呈后掠状而无振翅动作的平直飞行。

项纹（**gorget**）：喉部或上胸的项圈状图纹或具其明显色彩对比的块斑。

装饰音（**grace note**）：在鸣唱主体部分之前的细软引导音。

群居的（**gregarious**）：集群而居。

喉囊（**gular pouch**）：鹈鹕、鸬鹚等鸟类喉部可膨大的皮肤组织。

颈翎（**hackles**）：某些鸟类颈部的细长羽毛。

头部（**head**）：额部、顶冠、枕部和头侧的总称，但不包括颏和喉部。

棕色型（**hepatic**）：通常指某些杜鹃的棕褐色型。

全北界（**Holarctic**）：古北界和新北界的总称。

头罩（**hood**）：深色的头部（通常包含喉部）。

未成年鸟（**immature**）：指成鸟之前的时期，包括幼鸟和亚成鸟。

气场（**jizz**）：指鸟类的某些难以名状的特征，通常为其动作特征。

幼鸟（**juvenile**）：雏后换羽并能飞行的鸟，其雏绒羽（natal down）刚换为正羽。

前翼缘（**leading edge**）：两翼的前缘。

瓣蹼（**lobe**）：呈环形的肉质结构（通常位于脚上以助于游泳）。

地区性（**local**）：分布不连续、不规则，或仅见于某些地区。

颊区（**malar area**）：喙基、喉部和眼部之间的区域。

翕（**mantle**）：背部、翼上覆羽和肩羽的总称，亦作"上背"。

中部（**median**）：位于中间部位。

黑化（**melanistic**）：偏黑色型。

中缝的（**mesial**）：中央的；沿中心部位而下的，通常指喉部。

迁徙（**migratory**）：作有规律的地理迁移。

色型（**morph**）：独特、由基因决定的羽色类型。

夜行性（**nocturnal**）：于夜间活动。

非雀形目（**non-passerine**）：与雀形目鸟类在爪的结构上不同的鸟类。

缺刻（**notch**）：在体羽、翼羽、尾羽的外缘上的凹部。

前枕（**occiput**）：顶冠的后部（位于后枕即 nape 也就是通常说的"枕部"之前——译者注）。

赭色（**ochraceous**）：深黄褐色。

旧世界（**Old World**）：古北界、热带界和东洋界的总称。

东洋界（**Oriental**）：秦岭以南的亚洲、南亚次大陆、东南亚和华莱士区。

古北界（**Palearctic**）：欧洲大陆、格陵兰岛、北非和秦岭以北的亚洲地区。

泛热带界（**pan-tropical**）：全球热带地区。

雀形目（**passerine**）：指"栖禽"（perching birds，但汉语一般作"鸣禽"，即songbirds）的所有科，其爪部结构与非雀形目不同，为三趾向前、一趾向后。

远洋性（**pelagic**）：栖于远洋。

鹊色（**pied**）：黑白色。

掠食性（**piratic**）：从其他鸟类或其他动物掠抢食物。

作"呸"声（**'pishing'**）：发出似鸟类告警的尖厉声音以吸引其注意力（通常用于让隐蔽处的雀形目小鸟现身——译者注）。

饰羽（**plume**）：延长的独特羽毛，常用于炫耀表演。

原生林（**primary forest**）：原始或未被开发过的森林。

近基部的（**proximal**）：近形态学结构下端的区域。

族（**race**）：种内具有独特性的某个种群，在英语中通常作为亚种（subspecies）或地域种群的俗称。

猛禽（**raptor**）：掠食性鸟类。

嘴须（**rictal bristles**）：喙基裸露区域的羽须。

栖宿（**roost**）：鸟类停歇或夜栖的地点。

次生林（**secondary forest**）：原生林被破坏后重新恢复的森林。

羽轴纹（**shaft streak**）：沿羽轴而形成的或深或浅的条纹。

胫（**shank**）：腿部的裸露区域。

剥制标本（**skin**）：用于研究的标本。

潜行（**skulk**）：以隐秘而难以被发现的方式在近地面处匍匐行进或飞行。

翱翔（**soaring**）：利用上升气流而无需振翅的上升飞行。

鸣唱（**song**）：在求偶炫耀和占域时发出的叫声。

闪斑（**spangles**）：鸟类体羽上的闪辉斑点。

翼镜（**speculum**）：鸭类两翼上与余部翼羽色彩对比明显的闪斑。

林层（**storey**）：林木的层次。

飘羽（**streamers**）：丝带状的延长尾羽或尾羽的凸出部分。

次端的（**subterminal**）：近形态学结构端处的区域。

亚成（**subadult**）：未成年个体的晚期。

低山（**submontane**）：山脉的较低区域或山麓地带。

亚种（**subspecies**）：某个种内形态上相似而有别于种内其他种群的种群。

同域分布（**sympatric**）：分布区重叠。

末端（**terminal**）：形态学结构的端部。

地栖（**terrestrial**）：栖于地面。

翼后缘（**trailing edge**）：两翼的后缘。

林下植被（**undergrowth**）：森林中的草本植物、幼树和灌丛的总称。

下体（**underparts**）：身体的腹面，通常由喉部至尾下覆羽。

翼下（**underwing**）：两翼的近腹面，包括飞羽和翼覆羽。

上体（**upperparts**）：身体的背面，通常由头部至尾羽。

漂鸟（**vagrant**）：罕见或不定期出现的鸟。

臀（**vent**）：泄殖腔孔周围的区域，有时亦指尾下覆羽。

沾（**washed**）：略带有某种色彩。

旧羽（**worn**）：鸟类的旧体羽，通常色彩较暗淡且羽缘较薄。

肉垂（**wattle**）：色彩鲜艳的裸露皮肤，通常悬于头部或颈部。

蹼（**web**）：两趾间相连的皮肤；亦指羽翈。

翼斑（**wing bars**）：由于翼羽端部和基部色彩差异而形成的带斑。

翼覆羽（**wing coverts**）：翼上及翼下的小覆羽、中覆羽和大覆羽。

翼列（**wing lining**）：翼下覆羽的总称。

第二部分 分种介绍

▌ 雁形目 ANSERIFORMES 鸭科 Anatidae （23属57种）

世界性分布的常见中到大型水鸟，善游泳，趾间具蹼，喙特化且扁宽。跗跖较短，翼狭尖，尾通常较短。飞行迅速，边飞边鸣。

---

1. 栗树鸭 Lesser Whistling Duck *Dendrocygna javanica* lì shùyā
38~40 cm   图版1 国二/LC

识别：中型的红褐色鸭。顶冠深褐色，头、颈皮黄色，深褐色背部具棕色扇贝状纹，下体浅红褐色，喙灰色。**鸣声**：飞行中发出悦耳的尖细哨音如 *seasick seasick*，参考 XC446274（Lars Lachmann）。**分布**：印度、中国南部、东南亚及大巽他群岛。在中国，繁殖于云南南部和广西西南部，夏季偶见于长江下游、广东南部、海南和台湾，北京有迷鸟记录。越冬于热带地区。地区性常见。**习性**：集小到大群活动于湖泊、沼泽、红树林和稻田。停歇时颈部挺直。半夜行性。

---

2. 黑雁 Brant Goose *Branta bernicla* hēi yàn 55~66 cm
图版1 LC

识别：小型的深灰色雁。喙和跗跖黑色，尾下覆羽白色。灰色的颈部两侧具特征性白斑，有时在前颈形成半领环。幼鸟颈部无白斑，但具白色翼斑。**鸣声**：在地上和飞行时发出低沉嘁鸣如 *raunk raunk*，参考 XC428390（Stein Ø. Nilsen）。**分布**：繁殖于北美和西伯利亚极地苔原；越冬于北半球中北部沿海草地及河口。在中国为罕见冬候鸟，偶有 *nigricans* 亚种的部分个体途经东北于黄海沿海至台湾越冬。**习性**：罕与其他种类混群。取食海生藻类和大叶藻属（*Zostera*）植物。

---

3. 红胸黑雁 Red-breasted Goose *Branta ruficollis*
hóngxiōng hēiyàn 53~57 cm
图版1 国二/VU

识别：小型、不易被误认的色彩亮丽、头圆喙短的雁。体羽黑白色，前胸、前颈和头侧有特征性红斑，喙基白斑明显。体小，颈短，飞行中极黑的体羽与臀部的白色对比强烈。尾部黑色较黑雁更多。**鸣声**：叫声急促而断续，重复的 *kik-yoik kik yoik*，群鸟时常边鸣叫边进食，参考 XC367386（Jacob Bosma）。**分布**：繁殖于西伯利亚极地苔原的泰梅尔半岛，越冬于东南欧。中国境内罕见，越冬迷鸟记录于华中和华南。**习性**：冬季常与其他雁类混群。飞行时编队紧凑而非"V"字形。

4. 加拿大黑雁 / 加拿大雁　**Canada Goose**　*Branta canadensis*　jiānádà hēiyàn
76~110 cm　　　　　　　　　　　　　　　　　　　　　　图版1　LC

识别：大型的灰色雁。头、颈黑色，眼后延至喉部的白斑为其明显特征。飞行中黑色的背、尾与白色的臀部、尾上覆羽反差强烈。体型比小美洲黑雁大得多。**鸣声**：非常喧哗，尤其是飞行时。深邃的雁鸣，参考 XC418340（Sue Riffe）。**分布**：广泛分布于北美洲。引种至欧洲和新西兰。散布到东北亚。非中国原生物种，但 *parvipes* 亚种的野化个体见于北京、天津等地。**习性**：群居性雁，栖息于湖泊、河流及农田。

5. 白颊黑雁　**Barnacle Goose**　*Branta leucopsis*　báijiá hēiyàn
60~70 cm　　　　　　　　　　　　　　　　　　　　　　图版1　LC

识别：小型的黑、白、灰色雁。似加拿大黑雁但颊部白色延至前额和喙基。下体乳白色，飞行中次级飞羽条纹明显。**鸣声**：单音节犬吠，较其他黑雁音调更高，参考 XC457259（Thomas Armand）。**分布**：繁殖于北极沿海地区和悬崖区域，冬季南迁，是中国鸟类名录的新成员，迷鸟记录于河南和湖北。**习性**：越冬于开阔湿地和农田，取食较粗糙的植物。

6. 小美洲黑雁　**Cackling Goose**　*Branta hutchinsii*　xiǎo měizhōu hēiyàn
53~72 cm　　　　　　　　　　　　　　　　　　　　　　图版1　LC

识别：小型雁。似加拿大黑雁但体型更小且喙短粗，颈较短胖，头圆，前额较陡，翼较长。有时在黑色颈的基部具白环。**鸣声**：较加拿大黑雁更高音且带有尖叫和咯咯声，参考 XC406173（Paul Marvin）。**分布**：繁殖于加拿大和阿拉斯加的苔原地区，越冬于北美。部分种群繁殖于西伯利亚东部的堪察加半岛，并迁徙至华东和日本。罕见，是中国鸟类名录的新成员。小体型的亚种 *minima* 见于湖北，*leucopareia* 亚种记录于湖南和江西。**习性**：越冬于开阔湿地和农田，食草、苜蓿、作物残茬和一些无脊椎动物。

7. 斑头雁　**Bar-headed Goose**　*Anser indicus*　bāntóu yàn　71~76 cm　图版2　LC

识别：较小的雁。头顶白色，枕后具两道黑色条纹。喉部白色延至颈侧。头部黑色在幼鸟时期为浅灰色。喙黄色，端黑；跗跖橙色。飞行中上体色浅，仅狭窄的后翼缘为深色。下体多为白色。**鸣声**：飞行时发出低沉的典型雁鸣，参考 XC452244（Phil Gregory）。**分布**：繁殖于中亚，越冬至印度北部和缅甸。在中国极北部、青海和西藏的沼泽及高原湖泊中繁殖，冬季迁徙至华中和西藏南部。**习性**：耐寒冷荒漠和盐碱湖泊，越冬于淡水湖泊。

8. 雪雁　**Snow Goose**　*Anser caerulescens*　xuě yàn　66~84 cm　图版2　LC

识别：不易被误认的中型白色雁。翼尖黑色。幼鸟的头顶、颈后和上体为灰色。蓝色型的头颈为白色，体羽多为黑色，肩部有蓝斑。中间型个体亦存在。喙粉红色；跗跖粉色。**鸣声**：群鸟飞行时发出悦耳高鼻音 *la-luk*，远闻似幼犬的吠声，参考

XC459194（Paul Marvin）。**分布**：繁殖于北美极地苔原，少数个体见于西伯利亚的弗兰格尔岛；越冬于北美的亚热带和温带地区，偶见于日本和中国东部如河北等地，历史记录于长江流域。由于西伯利亚种群数量减少，现已非常罕见。**习性**：越冬于沿海的农田及稻茬地。

鸟类新记录补充：2019 年 11 月 28 日，一笔帝雁（*Anser canagicus*）的迷鸟记录出现于湖北沉湖，其颏、喉部和颈部前方为黑色。

---

9. 灰雁　Greylag Goose *Anser anser*　huī yàn　76~89 cm　图版1　LC

识别：中型的灰褐色雁。喙和跗跖粉色，喙基无白色。上体羽色灰而羽缘白，具扇贝状纹。胸较浅，尾部上、下覆羽均白。飞行中翼上浅色的覆羽与暗色的飞羽对比明显。**鸣声**：深沉的雁鸣，参考 XC668184（Lars Edenius）。**分布**：繁殖于欧亚大陆北部，越冬至北非、印度、中国及东南亚。*rubrirostris* 亚种繁殖于中国北方大部，并集小群在华中和华南的湖泊越冬。**习性**：栖息于草原、沼泽及湖泊；取食于矮草地、农耕地，亦食沿海地区的海草。

---

10. 鸿雁　Swan Goose *Anser cygnoides*　hóng yàn　80~94 cm　图版2　国二/VU

识别：大型而颈长的雁。黑且长的喙与前额成直线，喙基具狭窄白环。上体灰褐色但羽缘色浅。前颈白色，头顶及后颈红褐色，反差明显。跗跖橙色，臀部偏白，飞羽黑色。与小白额雁及白额雁的区别在于喙为黑色，额部白色区域小，前颈白色。**鸣声**：飞行时发出典型雁鸣，拖长的升调，参考 XC668184（Lars Edenius）。**分布**：繁殖于蒙古国、中国东北和西伯利亚，迁徙途经华东、朝鲜至长江下游越冬，鲜见于东南沿海，漂鸟可达台湾。近 6 万只在鄱阳湖越冬的个体为本种全球种群数量之大部。**习性**：集群于淡水湖泊，并在附近的草地、田间觅食。

---

11. 豆雁　Taiga Bean Goose *Anser fabalis*　dòu yàn　70~90 cm　图版1　LC

识别：大型的、比其他灰色的雁类都更偏深棕色的雁。跗跖为橙色，颈色暗，喙黑并具橙色次端条带。飞行中较其他灰色雁类色暗且颈长。上下翼无灰雁的浅灰色调。与白额雁及小白额雁的区别在于深褐色翼下覆羽的白色羽缘形成条纹。喙比短嘴豆雁更长。*middendorffii* 亚种体型更大。**鸣声**：类似灰雁但小型亚种叫声颤抖，参考 XC366298（Eetu Paljakka）。**分布**：繁殖于欧亚地区的泰加林，在温带地区越冬。为中国常见的冬候鸟。体型较小的 *johanseni* 亚种在新疆、青海和西藏越冬；*middendorffii* 亚种迁徙时见于东北和华东，越冬于长江下游、东南沿海省份和海南。**习性**：集群活动于近湖沼泽地带和稻茬地。

---

12. 短嘴豆雁　Tundra Bean Goose *Anser serrirostris*　duǎnzuǐ dòuyàn　70~90 cm　图版1　LC

识别：与豆雁相似，大型的、比其他灰色的雁类都更偏深棕色的雁。跗跖为橙色，喙黑并具橙色次端条带。飞行中色暗。与白额雁及小白额雁的区别在于白色羽缘和深褐色的翼下覆羽；与豆雁区分较难，主要通过更粗短的喙和喙前端更窄的橙色条带。*rossicus* 亚种体型更小且喙更粗短。**鸣声**：类似粉脚雁的 *hank-hank* 叫声，参考 XC444241（Marcin Sołowiej）。**分布**：繁殖于欧亚地区的泰加林，在温带地区越冬。在中国是十分常见的冬候鸟。*rossicus* 亚种越冬于陕西南部和新疆西北部；*serrirostris* 亚种迁徙时见于东北和华东，越冬于长江下游、东南沿海省份、海南和台湾。香港有不定期迷鸟。**习性**：与其他雁类混群活动于近湖沼泽地带和稻茬地。

---

13. 白额雁　Greater White-fronted Goose　*Anser albifrons*　bái'é yàn
70~85 cm

　　图版1　国二 / LC

识别：大型的灰色雁。跗跖橙色，白斑环绕喙基，腹部具大块黑斑，幼鸟黑斑更窄。喙粉色，基部黄色。和小白额雁十分相似且常在冬季混群，区别在于体型更大，喙更长，喙基白斑未及上额，无金黄色眼圈且腹部黑斑更大。飞行中显笨重，翼下羽色较灰雁暗，但比豆雁浅。**鸣声**：嘈杂的咯咯声。飞行时发出不同音调的 *lyo-lyok* 悦耳鸣叫，比豆雁和灰雁都高，参考 XC458079（Joost van Bruggen）。**分布**：繁殖于苔原地带；越冬于温带湿地、农田。在其越冬地为地区性常见种。在中国，*frontalis* 亚种迁徙时见于东北、山东及河北，越冬于长江流域及华东各省至湖北、湖南及台湾；*albifrons* 亚种越冬于新疆和西藏南部。**习性**：冬季集大群于适宜的越冬地。

---

14. 小白额雁　Lesser White-fronted Goose　*Anser erythropus*
xiǎo bái'é yàn　53~66 cm

　　图版1　国二 / VU

识别：小型的灰色雁。跗跖橙色，喙粉色，突出的白斑环绕喙基，腹部具黑斑。和白额雁十分相似且常在冬季混群，区别在于体型更小，喙和颈更短，喙基白斑延至上额，具有显眼的金黄色眼圈，前额较陡，腹部黑斑更小。飞行中翼的比例更大，且振翅频率更高。**鸣声**：在繁殖地的告警声为响亮的 *queue-oop* 声，参考 XC340583（Tero Linjama）；飞行时音调比白额雁高，常为重复的 *kyu-yu-yu*。**分布**：繁殖于北极，越冬于巴尔干、中东及中国东部的草原和农田。在中国罕见，但包括台湾在内的 22 个省份有记录。冬季有数千个体聚集于鄱阳湖，构成全球种群之大部。**习性**：与白额雁混群，觅食于农田和苇茬地。性敏捷，时在地上奔跑。

---

15. 疣鼻天鹅　Mute Swan　*Cygnus olor*　yóubí tiān'é
125~160 cm

　　图版2　国二 / LC

识别：大型而优雅的白色天鹅。喙橙色，雄鸟前额基部具特征性黑色疣突。游水时颈部呈优雅的"S"形，双翼常高拱。幼鸟为绒灰或污白色，喙灰紫色。成鸟护巢时有攻击性。**鸣声**：虽名为"哑声"天鹅，但受威胁时作嘶嘶声，亦会发出低沉的 *heeorr* 爆破音，参考 XC416383（Katalin Kovács-Hajdu）。**分布**：繁殖于欧洲至中亚，越冬于北非及印度。在中国，繁殖于华北、华中的少数湖泊中，如东北的呼伦湖，偶有华南越冬鸟记录。**习性**：飞行时振翅缓慢而有力，伴有响亮哨声。越冬鸟集大群于湖泊或河流中。

16. 小天鹅 Tundra Swan *Cygnus columbianus* xiǎo tiān'é
115~150 cm
图版2 国二/LC

识别：较大的白色天鹅。喙黑但喙基黄色区域较大天鹅更小，上喙侧缘的黄色区域前段不尖且上喙中脊线为黑色。体型比大天鹅小，但易混淆。**鸣声**：似大天鹅但音调较高。群鸟合唱声如鹤，为悠扬的 *klah* 声，参考 XC457082（Stanislas Wroza）。
分布：繁殖于欧亚大陆北部，越冬于欧洲、中亚、中国和日本。*jankowskii* 亚种繁殖于西伯利亚苔原，冬季经中国东北至长江流域湖泊越冬，虽罕见但数量比大天鹅多。
习性：如其他天鹅，集群飞行时呈"V"字形。

17. 大天鹅 Whooper Swan *Cygnus cygnus* dà tiān'é
140~160 cm
图版2 国二/LC

识别：大型的白色天鹅。喙黑色，喙基有大片黄色，且延至上喙侧缘成尖。游水时颈部较疣鼻天鹅更直。未成年鸟体羽色较疣鼻天鹅更为单调，喙色亦淡。较小天鹅大许多。**鸣声**：飞行时叫声为独特的 *klo-klo-klo* 声，参考 XC404804（Regina Eidner），召唤声则如响亮而忧郁的号角。**分布**：繁殖于格陵兰岛和欧亚大陆北部，越冬于中欧、中亚及中国。在中国，繁殖于北方湖泊的芦苇地，并集群南迁越冬。数量较小天鹅少。**习性**：飞行时较疣鼻天鹅更安静。

18. 瘤鸭 Knob-billed Duck *Sarkidiornis melanotos* liú yā 64~79 cm 图版2 LC

识别：不易被误认的大型黑白色鸭。雄鸟上喙具明显的黑色肉质瘤，头、颈白色并布满黑色麻点，上体黑色，并具金属绿色和铜色光泽。雌鸟似雄鸟，但体型更小且无肉质瘤。雌鸟营巢于天然树洞，栖于多树的水塘及河流。**鸣声**：低沉的呱呱声，参考 XC150138（Vir Joshi），繁殖季节发出似喘气的啸声，求偶时发出咕哝声和嘶嘶声。**分布**：南美、非洲、印度、缅甸和中国西南部。指名亚种在西藏东南部和云南极南部的湿地有分布记录，现已十分稀少。中国东南部时有迷鸟。**习性**：集群栖息于沼泽和林木茂盛的水道中。

19. 翘鼻麻鸭 Common Shelduck *Tadorna tadorna* qiàobí máyā
55~65 cm
图版2 LC

识别：大型且具醒目色彩的黑白色鸭。雄鸟绿黑色光泽的头部与鲜红色喙及额基部隆起的皮质疣突对比强烈。胸部有一栗色横带。雌鸟似雄鸟，但色较暗淡，皮质疣突很小或全无。幼鸟为斑驳的褐色，喙暗红色，颊部有白斑。跗跖红色。**鸣声**：春季善鸣。雄鸟发出低哨音，雌鸟发出 *gag-ag-ag-ag-ag* 叫声，参考 XC444116（Karl-Birger Strann）。**分布**：繁殖于西欧至东亚，越冬于北非、印度和华南。在中国，繁殖于华北和东北，迁至东南部越冬，较常见。**习性**：营巢于咸水和半咸水湖岸的洞穴中而极少于淡水湖泊，冬季常集群活动。

20. 赤麻鸭　**Ruddy Shelduck**　*Tadorna ferruginea*　chì máyā

58~70 cm

图版2　LC

识别：大型的橙栗色鸭。头皮黄色，外形似雁，雄鸟夏羽具狭窄的黑色领环。飞行时白色的翼上覆羽及铜绿色翼镜明显可见。喙和跗跖黑色。**鸣声**：似 *aakh* 的低声啭鸣，有时为重复的 *pok-pok-pok-pok*，雌鸟叫声较雄鸟更深沉，参考 XC452251（Frank Lambert）。**分布**：繁殖于东南欧及中亚，越冬于印度和中国南方。在中国，繁殖于中国东北、西北乃至青藏高原海拔 4600 m 之处，冬季迁至华中和华南。**习性**：筑巢于小溪边的洞穴。多见于内陆湖泊与河流。沿海地区较罕见。

21. 冠麻鸭　**Crested Shelduck**　*Tadorna cristata*　guān máyā

60~63 cm

图版2　CR

识别：大型而与众不同的鸭。前颈和翼上覆羽白色，跗跖红色。两性异形。雄鸟的胸部、后颈和头顶黑色，喙红色。雌鸟眼周具白斑，且额部白色，胸腹灰褐色并具白色横纹，喙粉红色。**鸣声**：不详。**分布**：西伯利亚、中国及朝鲜的交界地带。几乎已确认绝种，1971 年以来再未记录。在黄海沿海越冬。1936 年曾于中国东北有捕猎记录（未得证实）。不过，在回答分布调查的问讯时，一些东北渔民和猎户声称曾见过此鸟（赵正阶，1993），俄罗斯方面也称曾在 1985 年见过此鸟。**习性**：与其他鸭类混群。

22. 白翅栖鸭　**White-winged Duck**　*Asarcornis scutulata*　báichì qīyā

66~81 cm

图版2　国二／EN

识别：大型黑白色鸭。头、颈部偏白色，翼覆羽白色，中覆羽和翼镜蓝灰色。体羽余部黑色并具绿色光泽。雌鸟头部具杂斑。飞行中白色翼下覆羽明显可见。**鸣声**：雄鸟发出似雁鸣声，雌鸟复以哨声，通常于夜间鸣叫。**分布**：印度阿萨姆至东南亚和苏门答腊岛。在中国为 2019 年 4 月于云南发现的新记录。罕见且濒危。**习性**：栖于沼泽森林，但夜间觅食于稻田。

23. 鸳鸯　**Mandarin Duck**　*Aix galericulata*　yuānyāng

41~51 cm

图版3　国二／LC

识别：小型而色彩艳丽的鸭。雄鸟有醒目的白色眉纹，金色颈部具丝状饰翎，翼折拢后形成独特的棕黄色炫耀性"帆状饰羽"，喙红色。雌鸟不甚艳丽，通体亮灰色，具雅致的白色眼圈，眼后具白色眼纹，喙灰色。雄鸟冬羽似雌鸟，但喙为红色。**鸣声**：常寂静无声。雄鸟飞行时发出声如 *hwick* 短哨音，参考 XC406343（Jarek Matusiak），雌鸟发出低咯声。**分布**：东北亚、华东和日本。引种至其他地区。在中国，繁殖于东北，冬季迁至南方。记录广泛但种群数量较少，受观赏鸟贸易威胁。**习性**：营巢于树洞、河岸或人工巢箱，活动于多林木的溪流。

24. 棉凫　Cotton Pygmy Goose　*Nettapus coromandelianus*　mián fú
31~38 cm
图版3　国二/LC

识别：小型、深绿色和白色相间的鸭。雄鸟顶冠、颈带、背部、两翼和尾部皆黑而带绿色，其余部分体羽近白。飞行时白色翼斑明显。雌鸟色暗淡，为棕褐色和皮黄色相间，并具暗褐色贯眼纹，无白色翼斑。**鸣声**：飞行时发出轻柔悦耳的 *kar kar kar wark* 啭鸣，反复数次，亦有轻音的 *kwak* 声，参考 XC207100（Mandar Bhagat）。**分布**：印度、中国南部、东南亚及新几内亚岛和澳大利亚的部分地区。在中国，繁殖于长江和西江流域、华南及东南沿海，包括海南和云南西南部。自台湾至河北均有迷鸟记录。
习性：常活动于池塘、河道、多水草的水坑及稻田。营巢于树洞，常停歇于高树上。

25. 花脸鸭　Baikal Teal　*Sibirionetta formosa*　huāliǎn yā
36~43 cm
图版3　国二/LC

识别：中型的鸭。雄鸟顶冠深色，亮绿色脸部具特征性黄色月牙状斑。胸部棕色具点斑，两胁有鳞状纹似绿翅鸭。肩羽形长，中心黑而上缘白。翼镜铜绿色，臀部黑色。雌鸟似白眉鸭和绿翅鸭，但体型略大且喙基有白点，颊部有白色月牙状斑。**鸣声**：雄鸟在春季发出深沉的 *wot-wot-wot* 声，雌鸟发出呱呱低叫声，参考 XC380277（Andrew Spencer）。**分布**：繁殖于东北亚，越冬于中国、朝鲜半岛和日本。在中国，繁殖于东北地区的小型湖泊，少数个体越冬于华中和华南的一些地区，偶见于香港。此鸟的种群数量多年以来持续下降。**习性**：喜集大群并常与其他种混群。觅食于水面和稻田。夜栖于湖泊、河口地带。

26. 白眉鸭　Garganey　*Spatula querquedula*　báiméi yā　37~41 cm　图版3　LC

识别：中型钻水鸭。雄鸟头巧克力色并具宽阔的白色眉纹。胸、背棕色而腹白色。肩羽长，为黑白色。翼镜亮绿色并具白边。雌鸟体羽褐色，头纹明显，腹部白色，翼镜暗橄榄色并具白色羽缘。雄鸟冬羽似雌鸟，仅飞行时可区分，雄鸟蓝灰色的翼上覆羽是其重要特征。**鸣声**：通常安静。雄鸟发出呱呱叫声似拨浪鼓，雌鸟发出轻 *kwak* 声，参考 XC219387（Jarek Matusiak）。**分布**：繁殖于全北界，越冬于南方。在中国，繁殖于东北、西北，冬季南迁至北纬35°以南包括台湾、海南两省的大部分地区。并不常见。**习性**：冬季集大群。常见于沿海潟湖。白天栖于水面，夜间觅食。

27. 琵嘴鸭　Northern Shoveler　*Spatula clypeata*　pízuǐ yā　44~52 cm　图版3　LC

识别：大型而易认的鸭。喙长而宽，末端呈匙形。雄鸟腹部栗色，胸白色，头深绿色并具光泽。雌鸟为斑驳的褐色，尾近白色，并具深色贯眼纹，体色似绿头鸭雌鸟但喙形清晰可辨。飞行时浅灰蓝色的翼上覆羽与深色飞羽及绿色翼镜形成对比。雄鸟繁殖羽喙近黑色，雌鸟喙为橙褐色，跗跖橙色。**鸣声**：似绿头鸭但更轻而低，也作呱呱叫声，参考 XC371900（Stein Ø. Nilsen）。**分布**：繁殖于全北界，越冬于南方。在中国，繁殖于东北、西北，冬季南迁至北纬35°以南包括台湾、海南在内的大部分地区。地区性常见。**习性**：喜沿海的潟湖、池塘、湖泊及红树林沼泽。**分类学订正**：由原 *Anas* 属划入 *Spatula* 属（Gonzales 等，2009）。

28. 赤膀鸭　**Gadwall**　*Mareca strepera*　chìbǎng yā　45~57 cm　图版3　LC

识别：中型的灰色鸭。雄鸟喙黑、头棕、尾黑，次级飞羽具白斑，跗跖橙色。比绿头鸭稍小，喙稍细。雌鸟似绿头鸭雌鸟但头较扁，喙侧橙色，腹部和次级飞羽白色。
鸣声：冬季一般不叫，繁殖季节雄鸟发出短 *nheck* 声及低哨音，雌鸟发出比绿头鸭更高的重复 *gag-ag-ag-ag-ag* 声，参考 XC448649（Patrik Åberg）。**分布**：全北界至印度北部和中国南部。温带地区繁殖，南方越冬。不常见的候鸟。指名亚种繁殖于中国的东北和新疆西部。迁徙时见于中国北方，越冬于长江以南大部地区及西藏南部。
习性：栖于开阔的淡水湖泊和沼泽地带，偶见于沿海河口地区。**分类学订正**：由原 *Anas* 属划入 *Mareca* 属（Gonzales 等，2009）。

29. 罗纹鸭　**Falcated Duck**　*Mareca falcata*　luówén yā　46~54 cm　图版3　NT

识别：较大型的鸭。雄鸟顶冠栗色，头侧绿色并具光泽的羽毛延至颈部，黑白色的三级飞羽长而弯曲。喉和喙基白色，区别于体型更小的绿翅鸭。雌鸟体色棕褐色并具深色斑纹，似赤膀鸭雌鸟但喙、跗跖为暗灰色，头及颈色浅，两胁略带扇贝状纹，尾上覆羽两侧具米黄色纹，翼镜铜棕色。**鸣声**：相当安静。繁殖季节雄鸟发出低沉哨音续以 *uit-trr* 颤音，雌鸟以粗哑呱呱声作答，参考 XC303499（Anon Torimi）。**分布**：繁殖于东北亚，迁徙至华东和华南。在中国，繁殖于东北地区湖泊及湿地，冬季迁徙途经中国大部地区包括云南西北部。在香港常有越冬鸟。**习性**：喜集大群，停栖于水面，常与其他鸭类混群。

30. 赤颈鸭　**Eurasian Wigeon**　*Mareca penelope*　chìjǐng yā　42~51 cm　图版3　LC

识别：中型、头大的鸭。雄鸟头部栗色并具皮黄色冠，体羽多灰色，两胁有白斑，腹部白色，尾下覆羽黑色。飞行时白色翼上覆羽与深色飞羽及绿色翼镜对比强烈。雌鸟通体棕褐或灰褐色，腹部白色。飞行时可见浅灰色翼上覆羽与深色飞羽。翼下灰色，较绿眉鸭色深。喙蓝绿色。**鸣声**：雄鸟发出悦耳哨笛声 *whee-oo*，雌鸟为短急的呱呱叫，参考 XC447852（Stanislas Wroza）。**分布**：繁殖于古北界，越冬于南方。在中国，繁殖于东北，西北地区亦有可能，冬季南迁至北纬 35° 以南包括台湾、海南两省的大部分地区。地区性常见。**习性**：与其他水鸟混群于湖泊、沼泽及河口地带。

31. 绿眉鸭　**American Wigeon**　*Mareca americana*　lǜméi yā　45~56 cm　图版3　LC

识别：中型、极似赤颈鸭但略大的鸭。雄鸟繁殖羽独特，泛白色的头部在眼周具宽阔绿纹，但两性的冬羽均极难与赤颈鸭区分。相比之下，绿眉鸭喙、颈和尾更长，且颈部灰色和体侧棕褐色之间的色差更为明显。部分幼鸟的喙基具黑带，腋羽和翼下中央为纯白色而不是灰白色。翼上大覆羽亦更白。喙和跗跖为蓝灰色。**鸣声**：似赤颈鸭但多喉音而少尖声，参考 XC404504（Bruce Lagerquist）。**分布**：繁殖于北美中北部，越冬于南部。部分个体越冬于日本。中国境内罕见，迷鸟记录于台湾。在香港记录有和赤颈鸭的杂交个体。**习性**：似赤颈鸭但更偏爱淡水沼泽。

32. 棕颈鸭 **Philippine Duck** *Anas luzonica* zōngjǐng yā 48~58 cm 图版4 VU

识别：大型而易认的灰色钻水鸭。头、颈赤棕色，与黑色顶冠及贯眼纹对比明显。飞行时色较深，翼下白，翼镜绿色具黑边，前后有白色窄带。两性相似。喙蓝灰色。**鸣声**：似绿头鸭但声更粗哑，参考 XC35245（David Edwards）。**分布**：为菲律宾特有种，迷鸟偶见于台湾南部。**习性**：栖于沼泽、河流、湖泊、池塘及河口地带。

33. 印缅斑嘴鸭 **Indian Spotbill Duck** *Anas poecilorhyncha* yìnmiǎn bānzuǐ yā 58~63 cm 图版4 LC

识别：大型的深褐色鸭。头苍白，顶冠和贯眼纹黑色，喙黑色具黄端，在繁殖季节喙端有黑斑。喉部和颊部肥大。深色的体羽边缘为浅色，呈扇贝状。翼镜通常为金属绿紫色，后缘具白边。三级飞羽白色，停栖时偶可见，飞行时较明显。两性相似，但雌鸟体色较暗淡。**鸣声**：声似家鸭，常连续下降，参考 XC460208（Peter Boesman）。雄鸟也会发出 *kreep* 尖叫。**分布**：印度、缅甸、东北亚和中国。在中国，*haringtoni* 亚种是西藏东南部、云南南部和西南部、广东和香港的留鸟。地区性常见。**习性**：栖息于湖泊、河流、沿海红树林和潟湖中。

34. 斑嘴鸭 **Chinese Spotbill Duck** *Anas zonorhyncha* bānzuǐ yā 58~63 cm 图版4 LC

识别：似印缅斑嘴鸭但具深色颊纹且体色更黑。翼镜金属蓝色，后缘通常具白边。喙黑色具黄端，跗跖珊瑚红色。**鸣声**：似绿头鸭，参考 XC21569（Mathias Ritschard）。**分布**：缅甸、东北亚和中国。在中国，*zonorhyncha* 亚种繁殖于华东地区，冬季迁至长江以南。广泛分布，相当常见。**习性**：栖于湖泊、河流及沿海红树林和潟湖。

35. 绿头鸭 **Mallard** *Anas platyrhynchos* lùtóu yā 55~70 cm 图版4 LC

识别：家鸭的祖先。雄鸟头、颈为深绿色并具光泽，具白色颈环，胸部栗色。雌鸟为斑驳的褐色，具深色贯眼纹。较针尾鸭雌鸟尾更短而钝，较赤膀鸭雌鸟体型更大且翼上花纹不同。喙黄色，跗跖橙色。**鸣声**：雄鸟为轻柔的 *kreep* 声，雌鸟似家鸭的 *quack quack quack* 声，参考 XC450270（Nelson Conceição）。**分布**：繁殖于全北界，越冬于南方。在中国，繁殖于西北和东北，越冬于西藏西南部及北纬40°以南含台湾在内的华中、华南广大地区。地区性常见。**习性**：多见于湖泊、池塘及河口。

36. 针尾鸭 **Northern Pintail** *Anas acuta* zhēnwěi yā 51~76 cm 图版4 LC

识别：尾长而尖的鸭。雄鸟头棕色，喉白色，两胁有灰色扇贝状纹，尾黑色，中央尾羽长，两翼灰色具绿铜色翼镜，下体白色。雌鸟浅褐色，上体多黑斑，下体皮黄色，胸部具黑点，两翼灰色具褐色翼镜，喙和跗跖灰色。与其他 *Anas* 属雌鸟区别在于体形更优雅，头色淡褐，尾形尖。**鸣声**：甚安静。雌鸟发出 *kwuk-kwuk* 低喉音，参考 XC340603（Tero Linjama）。**分布**：繁殖于全北界，越冬于南方。在中国，繁殖于新疆西北部和西藏南部，冬季迁至北纬 30° 以南包括台湾在内的大部地区。**习性**：常见于沼泽、湖泊、江河及沿海地带。水面觅食，有时会钻入浅水。

37. 绿翅鸭　**Eurasian Teal**　*Anas crecca*　lǜchì yā　34~38 cm　　图版4　LC

识别：小型、飞行时可见绿色翼镜的鸭。雄鸟有明显的皮黄色边缘金属绿色眼罩横贯栗色的头部，肩羽上有一道白色长纹，深的尾下羽外缘具皮黄色斑，其余体羽多灰色。雌鸟为斑驳的褐色，腹部色淡，与白眉鸭雌鸟的区别在于亮绿色的翼镜、翼上覆羽色深、头部色淡。喙灰色。**鸣声**：雄鸟发出金属般的 *kirrik* 声，雌鸟为细高的短 *quack* 声，参考 XC447479（Vincent Pourchaire）。**分布**：繁殖于古北界，越冬于南方。在中国，指名亚种繁殖于东北各省及新疆西北部的天山。冬季迁至中国北纬 40° 以南的大部分地区。地区性常见。**习性**：成对或成群栖于小湖或池塘，常与其他水禽混群。飞行时振翅极快。

38. 美洲绿翅鸭　**Green-winged Teal**　*Anas carolinensis*　měizhōu lǜchì yā
34~38 cm　　图版4　LC

识别：小型鸭。极似绿翅鸭但肩羽无白色长纹且胸部两侧具白色纵纹，胸部色深，头部眼罩边缘皮黄色不甚明显。飞行中翼镜边缘较绿翅鸭色深而非白色。雌鸟野外难区分，仅靠雄鸟识别。雄鸟冬羽似雌鸟。**鸣声**：似绿翅鸭，参考 XC354707（Frank Lambert）。**分布**：繁殖于北美，越冬于美国南部和加勒比地区。迷鸟记录于日本，以及中国的台湾、香港等地，其他地区亦可能出现。**习性**：同绿翅鸭。**分类学订正**：IUCN 仍视其为绿翅鸭的 *carolinensis* 亚种。

39. 云石斑鸭　**Marbled Teal**　*Marmaronetta augustirostris*　yúnshíbān yā
39~48 cm　　图版4　VU

识别：小型、细长而色浅的沙褐色鸭。具暗色的喙和眼罩。头大，上下体羽满缀淡皮黄白色点斑。飞行时翼下色浅，无翼镜。虹膜深褐色，喙蓝灰色，跗跖橄榄绿色至暗黄色。**鸣声**：较安静。求偶时雄鸟雌鸟均会发出带鼻音的尖叫，参考 XC209043（Stanislas Wroza）。**分布**：地中海及西亚。中国境内罕见，仅在新疆西部的克坎克依湖有过繁殖记录（Harvey，1986）。**习性**：在繁殖期集小群活动。栖于小而浅的湖泊及池塘。低飞且振翅慢。

40. 赤嘴潜鸭　**Red-creasted Pochard**　*Netta rufina*　chìzuǐ qiányā
53~57 cm　　图版5　LC

识别：大型的皮黄色鸭。雄鸟繁殖羽易认，锈色头部和橙红色喙与黑色前半身形成鲜明对比。两胁白色，尾部黑色，翼下覆羽和飞羽均白，飞行时可见。雌鸟褐色，两胁无白色，但脸、喉及颈侧为白色，额、头顶及枕部深褐色，眼周色最深，喙黑色并具黄端。雄鸟冬羽似雌鸟但喙为红色。虹膜红褐色，跗跖雄鸟粉红色、雌鸟灰色。**鸣声**：较安静。求偶时雄鸟发出呼哧呼哧的喘息声，雌鸟作粗喘声，参考 XC404318（Pascal Christe）。**分布**：繁殖于东欧、西亚；越冬于地中海、中东、印度、缅甸。

在中国，繁殖于西北地区，最东可至内蒙古乌梁素海，冬季散布于华中、东南及西南各处。地区性常见。**习性**：栖于有植被或芦苇的湖泊及缓水河流。

41. 帆背潜鸭　**Canvasback**　*Aythya valisineria*　fānbèi qiányā
48~63 cm

图版5　LC

识别：大型潜鸭。似红头潜鸭，但体大且颈长，喙亦更黑，头廓特征性高耸。头部近前额和顶冠处渐黑。雌鸟较雄鸟色更偏褐色且暗淡，但胸部和体侧的对比度较红头潜鸭雌鸟更明显。**鸣声**：较安静。求偶时雄鸟发出轻柔咕咕声，雌鸟复以沙哑 *krrr* 声，参考 XC169224（Paul Driver）。**分布**：繁殖于阿拉斯加、加拿大和美国北部，越冬于北美温带地区，时见于日本，中国的台湾北部偶有记录。**习性**：在开阔湖泊、沿海潟湖和有隐蔽的河口港湾越冬。

42. 红头潜鸭　**Common Pochard**　*Aythya ferina*　hóngtóu qiányā
41~50 cm

图版5　VU

识别：中型潜鸭。栗红色头部、亮灰色喙、黑色胸部和翱部形成对比。腰黑色但背及两胁偏灰，近看可见白色带黑色蟲状细纹。飞行时翼上灰带与深色余部对比不甚明显。雌鸟背灰色，头、胸及尾部近褐色，"眼圈"为皮黄色。**鸣声**：雄鸟发出独特二哨音，雌鸟受惊时发出粗哑 *krrr* 大叫，参考 XC164145（Tero Linjama）。**分布**：繁殖于西欧至中亚，越冬于北非、印度及中国南部。在中国，繁殖于西北，冬季迁至华东及华南。**习性**：栖于有茂密水生植被的池塘及湖泊。

43. 青头潜鸭　**Baer's Pochard**　*Aythya baeri*　qīngtóu qiányā
42~47 cm

图版5　国一/CR

识别：体型紧凑的近黑色潜鸭。胸深褐色，腹部及两胁白色，翼下覆羽和二级飞羽白色，飞行时可见黑色前翼缘。雄鸟繁殖羽头部亮绿。与凤头潜鸭雄鸟区别在于头部无羽冠，体型较小，两胁白斑线条不够整齐且翼下覆羽白色（注：凤头潜鸭尾下覆羽偶尔亦为白色）。与白眼潜鸭区别在于头顶更平，棕色多些，赤褐色少些且腹部白色延及体侧。雄鸟虹膜白色。**鸣声**：雄雌两性求偶时均会发出粗哑的 *graaaak* 声，参考 XC341965（Anon Torimi），冬季相当安静。**分布**：繁殖于西伯利亚及中国东北，越冬于东南亚。过去曾常见，如今为极危物种。在中国，繁殖于东北，近年来在华北和华中等地也有繁殖记录，迁徙时见于华东，越冬于华南大部地区。在香港偶有记录。**习性**：惧人，成对活动。与其他鸭类混群。栖于池塘、湖泊和缓水河流。

44. 白眼潜鸭　**Ferruginous Pochard**　*Aythya nyroca*　báiyǎn qiányā
33~43 cm

图版5　NT

识别：通体深色的潜鸭。仅眼和尾下覆羽白色。雄鸟头、颈、胸及两胁深栗色，眼色白。雌鸟暗褐色，眼色褐。头部侧影顶冠高耸。飞行时可见飞羽为白色并具狭窄黑色后翼缘。雄雌两性与凤头潜鸭雌鸟的区别在于白色的尾下覆羽（注：凤头潜鸭尾下覆羽偶尔亦为白色），头形有异，无羽冠，喙部无黑色次端条带。与青头潜鸭的区别在于两胁白色较少。**鸣声**：雄鸟求偶期发出 *wheeoo* 哨音，雌鸟发出粗哑的 *gaaa* 声，参考 XC296090（Marco Dragonetti），冬季较安静。**分布**：繁殖于古北界，越冬于非洲、中东、印度及东南亚。在中国为地区性常见或罕见，繁殖于新疆西部、南部和内蒙古的湖泊，越冬于长江中游地区、云南西北部及河北南部。**习性**：栖息于沼泽和淡水湖泊，冬季亦活动于河口及沿海潟湖。惧人且机警，成对或集小群。

---

45. 凤头潜鸭　**Tufted Duck**　*Aythya fuligula*　fèngtóu qiányā　34~49 cm　图版5　LC

识别：矮胖而敦实的潜鸭。头顶具长羽冠。雄鸟黑色，腹部和体侧白色。雌鸟深褐色，两胁褐色，羽冠较短。飞行时可见二级飞羽上有白色条带。尾下覆羽偶为白色。雌鸟具浅色颊斑。幼鸟似雌鸟但眼为褐色。较白眼潜鸭头顶更平而眉突出。虹膜黄色。**鸣声**：冬季较安静，飞行时发出沙哑、低沉的 *kur-r-r, kur-r-r* 叫声，参考 XC424104（Terje Kolaas）。**分布**：繁殖于北古界北部，越冬于南方。在中国，繁殖于东北，迁徙时途经中国大部地区至华南包括台湾越冬，地区性常见。**习性**：常见于湖泊和深塘，潜水觅食，飞行迅速。

---

46. 斑背潜鸭　**Greater Scaup**　*Aythya marila*　bānbèi qiányā　42~49 cm　图版5　LC

识别：矮胖的潜鸭。雄鸟体型比凤头潜鸭更长，且背部灰色，无羽冠。雌鸟与凤头潜鸭雌鸟的区别在于喙基具一宽白环斑。甚似小潜鸭但体型更大，且无小潜鸭的短羽冠。飞行时与小潜鸭的区别在于初级飞羽基部为白色。**鸣声**：求偶时雄鸟发出咕咕声和哨声，雌鸟复以粗哑叫声，参考 XC44265（Lauri Hallikainen），冬季较安静。**分布**：全北界分布，繁殖于亚洲北部，越冬于温带沿海水域和东南亚地区。在中国为罕见冬候鸟，迁徙时见于黄海沿岸，越冬于东南和华南沿海省份及台湾。**习性**：多在沿海水域或河口地区活动，有时见于淡水湖泊。群居性。

---

47. 小绒鸭　**Steller's Eider**　*Polysticta stelleri*　xiǎo róngyā　42~48 cm　图版5　VU

识别：近黑色海鸭。雄鸟繁殖羽易认，头白色，颈环、眼圈、颏部、后枕黑色，乳白色的胸部两侧各具一黑点，长长的肩羽黑白色。雌鸟及雄鸟冬羽为深褐色，眼圈色浅，绿色翼镜前后有白色缘，翼部覆羽长且具光泽。雄鸟翼上覆羽白色，收拢时成一道白纹。飞行时下翼白色。虹膜红褐色。**鸣声**：雄鸟求偶时发出低沉的似 *croons* 的叫声及短吠声，雌鸟发出低沉吠叫、嗥叫及哨音，参考 XC203462（Andrew Spencer），冬季较安静。**分布**：繁殖于北极，越冬于北欧、北美西北部和东北亚。在中国为罕见冬候鸟，越冬于黑龙江省乌苏里江的河口地带，河北省亦有记录。**习性**：栖息于沿海水域近溪流出海处。集群活动，游泳时尾部常上翘。

---

48. 丑鸭　**Harlequin Duck**　*Histrionicus histrionicus*　chǒu yā　38~45 cm　图版6　LC

识别：体型紧凑的小型深色海鸭。颊和耳羽具白色点斑，头高而喙小。雄鸟繁殖羽灰色，两侧栗色，枕部、上下胸部和翼部覆羽具白色条纹。肩羽较长，为黑白色。

雄鸟冬羽深褐色，但肩羽及下胸的白色条纹仍可见。雌鸟似雄鸟，但无白色肩羽和胸部条纹。飞行时可见翼下黑色。**鸣声**：雄鸟求偶时发出高哨音，雌鸟作粗短叫声，参考 XC83951（Patrik Åberg），冬季安静。**分布**：东亚至北美。在中国为罕见冬候鸟，记录于黑龙江、辽宁、河北、山东和北京。**习性**：成对或集群活动，越冬于多岩石的海湾。游泳时尾部上翘。飞行快而低，起飞前沿水面拍打。

49. 斑脸海番鸭　Siberian Scoter　*Melanitta stegnegerii*　bānliǎn hǎifānyā
51~58 cm　　　　　　　　　　　　　　　　　　　　　图版6　LC

识别：大型而矮胖的海鸭。雄鸟体羽全黑，眼下及眼后具白斑，虹膜白色，喙基有黑色肉瘤，喙橙色而端黄，喙侧略带粉色。雌鸟浅褐色，眼、喙之间和耳羽各具一白斑。飞行时，次级飞羽白色而易区别于黑海番鸭，跗跖色浅，喙色灰。**鸣声**：相当安静。雄鸟求偶时大声尖叫，雌鸟为粗重的 *karrr* 声，参考 XC181618（Andrew Spencer）。**分布**：繁殖于西伯利亚、堪察加半岛、蒙古国和哈萨克斯坦东北部，越冬于东亚沿海地区。在中国为东部沿海省份的罕见冬候鸟，迁徙时见于香港等地。**习性**：繁殖于内陆地区，越冬于海上。习性与黑海番鸭相似。

50. 黑海番鸭　Black Scoter　*Melanitta americana*　hēi hǎifānyā
43~54 cm　　　　　　　　　　　　　　　　　　　　　图版6　NT

识别：稍小而矮胖的深色海鸭。雄鸟体羽全黑，喙基有大块黄色肉瘤。雌鸟灰褐色，顶冠和枕部黑色，脸和前颈皮黄色泛灰。飞行时，两翼近黑，翼下覆羽深色。和斑脸海番鸭区别在于次级飞羽不白。**鸣声**：较安静。雄鸟求偶时发出尖叫和高哨音，雌鸟为刺耳咔咔声，参考 XC295364（Martin St-Michel）。**分布**：繁殖于全北界苔原地区，越冬于北美洲、欧洲和东北亚沿海地区。在中国为罕见冬候鸟，越冬鸟记录于江苏（镇江）、福建（连江）。**习性**：群居于海面上如竹排。迁徙途中有时栖于淡水。

51. 长尾鸭　Long-tailed Duck　*Clangula hyemalis*　chángwěi yā
♂ 51~60 cm ♀ 37~47 cm　　　　　　　　　　　　　　图版6　VU

识别：雄鸟冬羽为灰、黑、白色，中央尾羽长，胸部黑色，颈侧有大块黑斑。雌鸟冬羽褐色，头、腹部白色，头顶黑色，颈侧具黑斑。飞行时，黑色翼下覆羽和白色腹部对比明显。雄鸟胸部黑斑为本种特征。**鸣声**：求偶期雄鸟相当嘈杂，发出 ow-ow-ow-lee...caloo caloo 大叫，雌鸟发出各种低弱的呱呱声，参考 XC406365（Patrik Åberg）。**分布**：全北界。在中国是罕见冬候鸟，越冬于河北、长江中游和福建。**习性**：冬季栖于沿海浅水地区，淡水中罕见。

52. 鹊鸭　Common Goldeneye　*Bucephala clangula*　què yā　40~48 cm　图版6　LC

识别：中型的深色潜水鸭。头大而高耸，眼金色。雄鸟繁殖羽胸、腹部和次级飞羽为白色，上翼极白。喙基部具大块白色圆斑，头余部为墨绿色。雌鸟烟灰色，并具近白色扇贝状纹，头褐色，无白斑且不具光泽，通常具有狭窄的白色前颈环。雄鸟冬羽似雌鸟，但喙基部具浅色点斑可区分。虹膜和跗跖皆为黄色。**鸣声**：相当安静。飞行时振翅发出啸音。雄鸟求偶时发出一系列怪啸音和喘息声，雌鸟复以粗哑 graa 声，逃逸时亦发出类似叫声，参考 XC432038（Bruce Lagerquist）。**分布**：全北界，繁殖于亚洲北部，越冬于中国中部及东南部。在中国为罕见候鸟，繁殖于西北地区和黑龙江北部，迁徙时记录于北方地区，越冬于南方地区至台湾。**习性**：在湖泊、沿海水域集大群，与其他种类偶有混群。游泳时尾上翘。

53. 白秋沙鸭 / 斑头秋沙鸭　**Smew**　*Mergellus albellus*　bái qiūshāyā
38~44 cm　　　　　　　　　　　　　　　　　　　　　图版6　国二/LC

识别：小型而优雅的鹊色鸭。雄鸟繁殖羽大部白色，眼罩、枕纹、翕部、初级飞羽和胸侧狭纹为黑色，体侧具灰色蠹状细纹。雌鸟和雄鸟冬羽上体灰色，具两道白色翼斑，下体白，眼周近黑，额、顶冠和枕部栗色。与普通秋沙鸭的区别在于喉部白色、喙黑色。**鸣声**：通常安静，雄鸟求偶时发出呱呱低声和啸音，雌鸟发出低沉哮声，参考 XC618773（Jarek Matusiak）。**分布**：繁殖于北欧和北亚，越冬于印度北部、中国和日本。在中国，繁殖于内蒙古东北部的沼泽地带，冬季南迁时途经中国大部分地区。分布广泛但并不常见。**习性**：栖于小型池塘与河流，繁殖于树洞中。

54. 普通秋沙鸭　**Common Merganser**　*Mergus merganser*　pǔtōng qiūshāyā
54~68 cm　　　　　　　　　　　　　　　　　　　　　图版6　LC

识别：较大型的潜水鸭。细长的红色喙端部具钩。雄鸟繁殖羽易认，头、背部绿黑色，与干净的乳白色胸、腹部对比明显。飞行时可见翼部白色，外侧三级飞羽黑色。雌鸟和雄鸟冬羽上体深灰，腹部浅灰，头棕褐色，颏白色。通体具蓬松丝状羽，较中华秋沙鸭更短但较体型更小的红胸秋沙鸭更厚。飞行时次级飞羽及覆羽全白，而无红胸秋沙鸭的黑色条带。跗跖红色。**鸣声**：相当安静。雄鸟求偶时发出尖厉的 *uig-a* 声，雌鸟则有几种粗哑叫声，参考 XC333159（Ulf Elman）。**分布**：北半球常见留鸟和候鸟。指名亚种繁殖于中国西北及东北，冬季迁至黄河以南大部地区越冬，迷鸟至台湾。*orientalis* 亚种见于青藏高原湖泊中，为垂直迁徙的留鸟，部分个体迁徙至中国西南部越冬。**习性**：喜集群活动于湖泊和湍急河流。潜水捕鱼。

55. 红胸秋沙鸭　**Red-breasted Merganser**　*Mergus serrator*　hóngxiōng qiūshāyā
52~60 cm　　　　　　　　　　　　　　　　　　　　　图版6　LC

识别：中型的深色潜水鸭。细长的红色喙端部具钩，丝质羽冠长而尖。雄鸟为黑白色，体侧有蠹状细纹。与中华秋沙鸭的区别在于胸部棕色、条纹深色，与普通秋沙鸭的区别在于胸部色深、羽冠更长。雌鸟和雄鸟冬羽色暗且偏褐色，头部近红色渐变为颈部灰白色。跗跖橙色。**鸣声**：相当安静。雄鸟求偶时发出多种轻柔似猫的叫声，雌鸟繁殖季节及飞行时发出似喘息声，参考 XC461181（Stein Ø. Nilsen）。**分布**：繁殖于全北界、印度、中国，越冬于东南亚。在中国，繁殖于黑龙江北部，冬季途经中国大部地区至东南沿海省份及台湾越冬。**习性**：同其他秋沙鸭。

56. 中华秋沙鸭 Scaly-sided Merganser *Mergus squamatus* zhōnghuá qiūshāyā
49~64 cm 图版6 国一/EN

识别：雄鸟为大型的绿黑和白色潜水鸭。长而窄的橙色喙端部具钩。黑色的头部有厚实的羽冠。两胁具特征性鳞状斑。跗跖红色。胸白而区别于红胸秋沙鸭，体侧鳞状斑有异于普通秋沙鸭。雌鸟色暗而多灰色，与红胸秋沙鸭的区别在于体侧具同轴的宽灰窄黑带状纹。**鸣声**：似红胸秋沙鸭，参考 XC435910（Qing Zeng）。**分布**：繁殖于西伯利亚、朝鲜半岛北部和中国东北，越冬于日本、朝鲜半岛和中国的华南、华东、华中、西南和台湾，偶见于东南亚。**习性**：见于湍急的河道，有时亦在开阔湖泊。成对或以家庭群活动。

57. 白头硬尾鸭 White-headed Duck *Oxyura leucocephala* báitóu yìngwěiyā
43~48 cm 图版6 国一/EN

识别：易认的矮胖型褐色鸭。硬尾上翘或贴于水面。头部黑白两色。雄鸟头白，顶和颈黑，繁殖期喙部蓝色。雌鸟及幼鸟头部深灰。偶有第一春的雄鸟头部全黑，喙基明显膨大。虹膜近黄色。**鸣声**：较安静。雄鸟在求偶时游聚一起并竖起尾和颈，炫耀时会咯咯低鸣并作管笛声，雌鸟作低沉粗哑叫声，参考 XC164148（Tero Linjama）。**分布**：地中海、西亚至中国西北。特别稀少，现状不明。在新疆西部的准噶尔盆地和天山地区有繁殖记录，零星个体越冬于湖北、陕西、四川。**习性**：栖于淡水湖泊。

▎鸡形目 GALLIFORMES 雉科 Phasianidae 雉类 （27 属 64 种）

世界性分布的陆生鸟类大科，翼短而圆，尾部普遍较长。雄鸟通常羽色艳丽，而雌鸟则色暗善伪装。多营巢于地面，但夜栖于树上。一些种类叫声嘹亮。许多种类具有亮翅、舞蹈等求偶行为。大部分种类的雄鸟跗跖上具有用于打斗的距。受惊时才飞起，且通常只作短距离飞行，但善奔跑。

58. 花尾榛鸡 Hazel Grouse *Tetrastes bonasia* huāwěi zhēnjī
33~40 cm 图版7 国二/LC

识别：小型的松鸡。具明显羽冠，喉黑而有白色宽边。上体灰褐色，具蠹状斑驳花纹，肩羽和翼上覆羽羽缘白色呈条带。外侧尾羽次端黑而端白。下体皮黄色，具棕色和黑色月牙状斑。红色的眉部肉垂不甚明显。**鸣声**：清晰的 *boorr boorr* 振翅声，求偶叫声为拖长的吮吸音 *tseeuu-eee tititi*，参考 XC459638（Lars Edenius），告警时为快速的 *pyittittittitt-ett-ett* 声。**分布**：欧亚大陆北部至萨哈林岛。常见于中国东北海拔 800 ~ 2100 m 的针叶林区和平原林地。*sibiricus* 亚种分布于大兴安岭泰加林和阿尔泰山脉，*amurensis* 亚种分布于大兴安岭南端、小兴安岭和黑龙江流域，迷鸟见于辽宁和河北东北部。**习性**：成对活动。雏鸟数日龄即能飞上树。喜近溪流的稠密白桦和桤木混合丛。

59. 斑尾榛鸡　Chinese Grouse *Tetrastes sewerzowi*　bānwěi zhēnjī
31~38 cm
　　　　　　　　　　　　　　　　　　　　　　　　　　图版7　国一/NT

识别：小型而满布褐色横斑的松鸡。具明显羽冠，喉黑而有白色宽边。上体褐色具黑色横斑。外侧尾羽次端黑而端白。眼后具白纹，肩羽上有近白色斑，翼上覆羽端白。胸部棕色，至臀部渐白，密布黑色横斑。雌鸟色暗淡，喉部有白色细纹，下体多皮黄色。*secunda* 亚种偏棕色。**鸣声**：极少鸣叫。进食时发出低沉 *gir, gir, gir* 声，参考 XC491567（Peter Boesman），告警时作 *gu, gu, gu* 轻叫，召唤幼鸟时为 *dir, dir, dir* 叫声。**分布**：中国中部特有种。罕见，分布于海拔 2500 ～ 4000 m 处的针叶林及灌丛。指名亚种见于青海、甘肃中部的祁连山脉至四川北部，*secunda* 亚种见于四川西部和西藏东部。**习性**：同花尾榛鸡。活动于溪流边的柳丛。

60. 镰翅鸡　Siberian Grouse *Falcipennis falcipennis*　liánchì jī
37~41 cm
　　　　　　　　　　　　　　　　　　　　　　　　　　图版7　国二/NT

识别：中型松鸡。喉黑而有白边，上体羽色橄榄褐并具黑斑，腹部白色并具黑斑。中央尾羽褐色，外侧尾羽黑色，羽端白色部分较宽。红色的眉部肉垂明显。与体型较小的花尾榛鸡区别在于胸部和翕部近黑色、羽冠更短，以及特征性的镰刀状初级飞羽。**鸣声**：雄鸟求偶时发出响而粗的 *ka cha, ka cha* 声，啭鸣声如 *u-u-u-rrr*，交配时发出圆润的 *koo* 声，参考 XC349445（Alex Yakovlev）。**分布**：西伯利亚东南部至萨哈林岛（库页岛）。在中国东北的黑龙江流域和小兴安岭为罕见迷鸟。**习性**：多在海拔 200 ～ 1500 m 且林下植被茂密的苔藓针叶林中活动。

61. 西方松鸡 / 松鸡　Western Capercaillie *Tetrao urogallus*　xīfāng sōngjī
♂80~115 cm ♀ 54~64 cm
　　　　　　　　　　　　　　　　　　　　　　　　　　图版7　国二/LC

识别：大型的黑色敦实松鸡。雄鸟钝圆的尾部能如火鸡般竖起呈扇形，上体紫辉色，胸部绿辉色，眉部肉垂红色。雌鸟体型更小，体羽褐色杂以黑、灰、白色。喙黄色，跗跖灰色并被羽。**鸣声**：*gok-gok* 似木拍击球声，打鸣声似 *peng-peng-peng*，参考 XC413803（Jarmo Pirhonen）。**分布**：苏格兰、北欧和亚洲北部。*taczanowskii* 亚种罕见于新疆西北部的阿尔泰山脉海拔 3200 ～ 4400 m 的针叶林。**习性**：在树上取食松树嫩芽。雄鸟鸣叫时尾部和喉部的羽毛竖起。

62. 黑嘴松鸡　Black-billed Capercaillie *Tetrao parvirostris*
hēizuǐ sōngjī　♂87~97 cm ♀ 61~65 cm
　　　　　　　　　　　　　　　　　　　　　　　　　　图版7　国一/LC

识别：大型的黑色敦实松鸡。雄鸟钝圆的尾部能如火鸡般竖起呈扇形，似西方松鸡，区别在于喙黑色、尾上覆羽端白色，故尾羽展开时形成大块白色弧形，肩羽和翅上覆羽端部亦为白色。下体黑色并具白色点斑。雌鸟体型更小，体羽深褐色，密布皮黄色蠹状纹和白色横斑，翼上横斑近白，中央尾羽端白。跗跖灰色并被羽。**鸣声**：敲击空心竹般有节奏的咔嗒声，参考 XC452232（Frank Lambert）。**分布**：西伯利亚东部至萨哈林岛。在中国，罕见于东北地区的大兴安岭、小兴安岭和长白山地区海拔 300 ～ 1000 m 的落叶松及松树林，迷鸟可至辽宁与河北交界处。**习性**：同西方松鸡。

63. 黑琴鸡　**Black Grouse**　*Lyrurus tetrix*　hēiqínjī

♂ 54~61 cm ♀ 41~49 cm

图版7　国一 / LC

识别：雄鸟为大型的黑色带蓝绿色光泽的松鸡。翼黑色并具白色翼斑。黑色尾呈叉状并向外弯曲，雄鸟求偶炫耀时，白色的尾下覆羽竖起呈扇形。红色的眉部肉垂为冠状。雌鸟体型更小，体羽深褐色，羽端具皮黄色斑，尾圆形。**鸣声**：雄鸟发出怪异的 *gurururu* 叫声，参考 XC432400（Karri Kuitunen）。**分布**：西欧、北欧至西伯利亚及朝鲜。在中国为地区性常见鸟，*ussuriensis* 亚种见于东北的松林、落叶松林和多树草原，*baikalensis* 亚种见于内蒙古东北部呼伦湖，*mongolicus* 亚种见于新疆喀什、天山和阿尔泰山脉。**习性**：数只雄鸟聚集于雌鸟前表演优雅的求偶舞蹈。

64. 岩雷鸟　**Rock Ptarmigan**　*Lagopus muta*　yán léiniǎo

36~39 cm

图版7　国二 / LC

识别：敦实的中型松鸡。似柳雷鸟，但夏羽甚灰暗，且冬季眼先为黑色而非白色。喙较细小。跗跖白色并被羽。**鸣声**：粗声的 *kuh, kuh, kwa-kwa-kwa*，雄鸟亦会发出 *arr, arr* 似打嗝声，参考 XC432734（Stanislas Wroza）。**分布**：全北界的苔原和高山地区。*nadezdae* 亚种鲜见于新疆西北部阿尔泰山脉海拔 1300 ~ 2000 m 的砾石苔原、桧树灌丛和沼泽地带。**习性**：结小群活动。不惧人。极耐寒，多栖于林线以上。

65. 柳雷鸟　**Willow Ptarmigan**　*Lagopus lagopus*　liǔ léiniǎo

38~41 cm

图版7　国二 / LC

识别：敦实的中型松鸡。夏羽黄褐色并具黑色点斑、横斑和蠹状纹，尾黑色但多被褐色尾上覆羽所盖。腹部、翼上覆羽及外侧尾羽的羽端白。冬羽色白，尾黑色但常被白色尾上覆羽所盖。红色的眉部肉垂四季常显。跗跖白色并被羽。**鸣声**：多变的粗声啼叫 *krrrow*；*ko-bek*；*keh-uk* 和加速式的 *ka, ke ke-ke-ke-ke kekekeke-rrr*，参考 XC444540（Lars Edenius），雌鸟召唤声为 *nyow*。**分布**：欧亚大陆北部、蒙古国、西伯利亚西南部至萨哈林岛。在中国，*sserebrowsky* 亚种极罕见于东北地区黑龙江北部，*brevirostris* 亚种见于新疆西北部阿尔泰山脉。**习性**：春季雄鸟于夜间作求偶炫耀，鸣叫并跳至空中。模仿雌鸟召唤声能招引雄鸟。

66. 雪鹑　**Snow Partridge**　*Lerwa lerwa*　xuě chún　34~40 cm

图版7　LC

识别：中型雉类。通体灰色，头、颈、尾和上体具黑、白色细纹，背和两翼偏棕褐色，胸部白色且具特征性的宽阔矛状栗色条纹。跗跖橙红色。**鸣声**：繁殖期为典型的刺耳鹑类叫声，告警时为低哨音，危急时更为尖厉，参考 XC19368（Peter Boesman）。**分布**：喜马拉雅山脉、青藏高原至中国西南地区。常见于海拔 2900 ~ 5000 m 林线以上的高山草甸和碎石地带。指名亚种分布于西藏南部，*major* 亚种分布于四川西北部、甘肃南部和云南西北部。**习性**：集群活动，受惊时振翅升空而四散。栖息生境与暗腹雪鸡相同，但家域范围更小。

67. 红喉雉鹑 / 雉鹑　Chestnut-throated Partridge　*Tetraophasis obscurus*
hónghóu zhìchún　45~54 cm　　　　　　　　　图版8　国一/LC

识别：大型的灰褐色雉鹑。胸部灰色具黑色细纹。与相似的黄喉雉鹑区别在于栗色喉块外缘近白。眼周具深红色裸皮。**鸣声**：刺耳，一鸟带群鸟叫，声彻山谷。变天时常可听到其叫声，参考 XC161190（Frank Lambert）。**分布**：中国西部。少见于四川岷山、邛崃山及青海、甘肃交界处祁连山由林线至海拔 4600 m 的多岩山地。**习性**：集小群活动于近林线的高山草甸、碎石滩和杜鹃灌丛。

68. 黄喉雉鹑　Buff-throated Partridge　*Tetraophasis szechenyii*
huánghóu zhìchún　43~49 cm　　　　　　　　　图版8　国一/LC

识别：大型雉鹑。似红喉雉鹑，区别在于喉块皮黄色且无白色外缘。眼周具深红色裸皮。**鸣声**：一连串尖厉、刺耳的叫声，远距离外可辨，参考 XC175916（Tomas Carlberg）。**分布**：青藏高原东部至中国西南地区。少见于西藏东部和东南部、青海南部、四川西南部和云南西北部海拔 3350~4600 m 之间。**习性**：集小群活动于林下植被茂密的冷杉林和杜鹃灌丛的多岩深谷和邻近的高山草甸。受惊吓时静止不动或向山下飞逃。

69. 暗腹雪鸡　Himalayan Snowcock　*Tetraogallus himalayensis*
ànfù xuějī　52~60 cm　　　　　　　　　　　图版8　国二/LC

识别：大型的黄灰色雪鸡。头、颈部具醒目白色和深栗色斑纹。颊部和颈侧的白色斑具栗色边缘并在上胸形成栗色环带。上体多灰色，具粗重的皮黄色条纹。上胸灰色，具黑斑。下胸灰色，具黑色和栗色条纹，两侧有带白色羽缘的丝状羽。尾下覆羽近白。眼周裸露皮肤黄色。东部的亚种体色最暗。**鸣声**：响亮的 *shi-e, shi-er* 和较低沉的 *wai-wain-guar-guar* 叫声，参考 XC179921（Arend Wassink），召唤声为轻柔的 *ger-u, ger-u* 声。**分布**：阿富汗至尼泊尔及中国西北部。在中国罕见于西北部 2500~5500 m 之间近雪线的多岩高山草甸和碎石滩。体色较深的 *himalayensis* 亚种见于新疆西北部的喀什和天山地区，与之相似的 *grombczewskii* 亚种见于西昆仑山，体色较淡的 *koslowi* 亚种见于东昆仑山、阿尔泰山脉、柴达木盆地、青海大部并远至甘肃的武威地区。**习性**：集小群栖于高海拔开阔地带。

70. 藏雪鸡　Tibetan Snowcock　*Tetraogallus tibetanus*　zàng xuějī
50~64 cm　　　　　　　　　　　　　　　　图版8　国二/LC

识别：中型的灰、白、皮黄色雪鸡。头、胸及枕部灰色，喉部白色，眉和耳羽沾皮黄色，胸部两侧具白色圆斑。眼周裸露皮肤橙色。两翼具灰色和白色细纹，尾羽灰色且羽缘赤褐色。下体苍白，具黑色细纹。西部亚种 *tibetanus* 体色较深、喉部具黑点，东部亚种 *przewalskii* 和 *henrici* 体色较淡、皮黄色较浅。**鸣声**：繁殖期日夜嘶叫，声似 *gu-gu-gu-gu*，参考 XC304117（Qin Huang）。**分布**：喜马拉雅山脉和青藏高原大部。在中国为不常见留鸟，栖于多岩的高山草甸和流石滩，夏季高至海拔 4500 m，冬季下至海拔 2500 m 处。*tibetanus* 亚种见于新疆西南部和西藏中西部，*tschimenensis* 见于阿尔金山和东昆仑山，*aquilonifer* 见于西藏南部，*przewalskii* 见于西藏北部至青海、甘肃南部和西部及四川北部，*henrici* 见于四川西部，*yunnanensis* 见于云南西北部。**习性**：同暗腹雪鸡。栖息生境同雪鹑，但家域范围更大。

---

71. 阿尔泰雪鸡 **Altai Snowcock** *Tetraogallus altaicus* ā'ěrtài xuějī
57~60 cm
图版8　国二/LC

识别：大型的灰褐色雪鸡。顶冠、枕部及上胸两侧全灰，颊部和喉部皮黄色并具灰色细纹，上胸部的棕色条带布满白点，眼周裸露皮肤黄色。背、两翼和尾部褐色，翼上覆羽具白色细纹。下胸和腹部污白色，但下腹部为标志性黑色。**鸣声**：声刺耳，半哨音 *geuk-geuk-geuk* 至 *guk-guk-guk*，最后以 *rrruuuuu* 颤音结尾，参考 XC411947（Frank Lambert）。**分布**：阿尔泰山脉至蒙古国西北部山区。在中国，*altaicus* 亚种甚或 *orientalis* 亚种罕见于新疆西北部阿尔泰山脉2500 ~ 3000 m 的近雪原地带。**习性**：同暗腹雪鸡。

---

72. 石鸡 **Chukar Partridge** *Alectoris chukar* shíjī 30~38 cm
图版8　LC

识别：中型、斑纹明显的雉类。喉部白，下颊部黑色条纹贯穿眼部和下喉部，与亮红色喙、肉色眼圈对比明显。上体粉灰色，胸部皮黄色略带橙色，两胁具黑色、栗色横斑和白色条纹。亚种之间存在细微差异，以荒漠中的种群体色最淡。跗跖红色。**鸣声**：雄鸟发出一连串渐高的 *ka-ka-kaka-kaka-kaka* 声，紧接着几声带鼻音的 *chukara-chukara-chukar*，参考 XC412101（Frank Lambert）。**分布**：南欧、小亚细亚、喜马拉雅山脉、中亚、蒙古国至中国北部。在中国北方地区性常见。**习性**：成对或成群活动于开阔山区、高原、草原和干旱草场。

---

73. 大石鸡 **Rusty-necklaced Partridge** *Alectoris magna* dà shíjī
32~45 cm
图版8　国二/LC

识别：极似石鸡但体型略大且色调偏黄。下颊部黑色条纹外侧具有一特征性栗色条带。尾下覆羽偏黄。眼周裸露皮肤绯红色。虹膜黄褐色，喙和跗跖均为红色。**鸣声**：一长串响亮、清脆的 *kak* 声，频率和音调渐高。常有双音节声穿插其间，参考 XC491102（Peter Boesman）。**分布**：中国特有种，不常见于青海东部至甘肃祁连山海拔 1800 ~ 3500 m 的多岩山地和峡谷地带。**习性**：以小群活动。

---

74. 中华鹧鸪 **Chinese Francolin** *Francolinus pintadeanus*
zhōnghuá zhègū 29~35 cm
图版7　LC

识别：中型鹧鸪。雄鸟黑色，不易被误认，枕、翕、下体和两翼具醒目白点，背和尾部具白色横斑。头黑色，带栗色眉纹，颊部有一白色宽阔条带由眼下延至耳羽，颏及喉部亦为白色。雌鸟似雄鸟，但下体为皮黄色并具黑斑，上体偏棕褐色。跗跖黄色。**鸣声**：独特的响亮而刺耳叫声如 *do-be-quick-papa* 或 *come to the peak ha-ha*，参考 XC367481（John Allcock），晨昏时众鸟常同时鸣叫。**分布**：印度东北部至中国南部及东南亚。引种至菲律宾。在中国为常见留鸟，见于云南西部至华南地区及海南。**习性**：栖于低海拔至海拔 1600 m 的干旱林地、草地和次生灌丛。

75. 灰山鹑　Grey Partridge　*Perdix perdix*　huī shānchún　28~32 cm　图版8　LC

识别： 中型的灰褐色山鹑。眉、脸颊和喉部偏橙色。下体灰色，至臀部渐白。雄鸟下胸部具明显倒"U"字形栗色斑块。两胁具宽阔栗色横纹。与斑翅山鹑的区别在于胸部斑块为栗色而非黑色，且喉部无羽须。锈红色的尾下覆羽在飞行时清晰可见。跗跖黄色。**鸣声：** 雄鸟叫声似 *ki-errr-ik, ki-errr-ick*，重音在 *errr* 上，参考 XC456949（brickegickel），受惊时发出低沉的 *grrree-grrree* 叫声。**分布：** 欧亚大陆，引种至北美。在中国，见于新疆西北部的准噶尔盆地及阿尔泰山麓地区，为不常见留鸟。**习性：** 繁殖季节以家族群养育幼鸟。受惊时集体起飞。喜有矮草的开阔原野，尤其是农田。

76. 斑翅山鹑　Daurian Partridge　*Perdix dauurica*　bānchì shānchún
25~31 cm　　　　　　　　　　　　　　　　　　　　　　　图版8　LC

识别： 略小的灰褐色山鹑。脸颊、喉中部及腹部橙色，雄鸟腹部中央具倒"U"字形黑色斑块，以此区别于腹部栗色斑块的灰山鹑，喉部橙色延至腹部，喉部有羽须。雌鸟胸部无橙色和黑色斑块，但喉部具羽须。跗跖黄色。**鸣声：** 为本属典型的叫声，参考 XC239740（Richard Thomas）。**分布：** 中亚至西伯利亚、蒙古国和中国北部。在中国甚常见，指名亚种见于新疆西北部，*przewalskii* 亚种见于青海、甘肃，*suschkini* 亚种见于内蒙古、陕西、宁夏、山西、河北及东北。**习性：** 同灰山鹑。

77. 高原山鹑　Tibetan Partridge　*Perdix hodgsoniae*　gāoyuán shānchún
23~30 cm　　　　　　　　　　　　　　　　　　　　　　　图版8　LC

识别： 略小的灰褐色山鹑。具醒目白色眉纹和特征性栗色颈环，眼下具黑色点斑。上体黑色并密布横纹，外侧尾羽棕褐色。**鸣声：** 嘈杂叫声如 *scherrrrrreck-scherrrrrreck*，参考 XC399543（Zeidler Roland），受惊时发出尖厉的 *chee, chee, chee, chee, chee* 声。**分布：** 喜马拉雅山脉及青藏高原。较常见留鸟，见于海拔 2800 ~ 5200 m 具稀疏灌丛的多岩山坡上。*caraganae* 亚种见于西藏西部及南部，指名亚种见于西藏东南部，*sifanica* 亚种见于西藏东部、四川西北部、青海和甘肃。**习性：** 通常 10 ~ 15 只鸟集群活动。不喜飞行，受惊时多四散奔逃至安全处。

78. 西鹌鹑　Common Quail　*Coturnix coturnix*　xī ānchún　16~22 cm　图版34　LC

识别： 小型、浑圆的褐色鹑类。具明显的皮黄色矛状条纹和不规则斑纹，雄雌两性上体均具红褐色和黑色的横纹。雄鸟颏深褐色，喉中线向两侧上弯至耳羽，紧贴皮黄色颈环。皮黄色眉纹与褐色头顶及贯眼纹对比明显。雌鸟亦有相似图纹但对比不甚明显。**鸣声：** 响亮、清晰如滴水般三音节哨音，常被记为 *wet my lips*，常在晨昏或夜晚时鸣叫，参考 XC456753（Marcin Sołowiej），受惊时发出刺耳哨音。**分布：** 欧洲、西亚、印度、非洲、马达加斯加和亚洲东北部。在中国罕见，繁殖于新疆喀什、天山和罗布泊地区，迁徙时见于西藏南部和东南部。**习性：** 常成对活动，极少集群。喜农耕区的谷物农田或草地。

79. 鹌鹑　Japanese Quail　*Coturnix japonica*　ānchún　15~20 cm　图版34　NT

识别：小型、浑圆的灰褐色鹑类。极似西鹌鹑。雄鸟夏羽脸颊、喉部和上胸为栗色，颈侧具两条深褐色带而区别于三趾鹑类。冬羽则与西鹌鹑难辨，但两者分布区不重叠。**鸣声**：独特的哨声如 *gwa kuro* 或 *guku kr-r-r-r-r*，参考XC329204（Alex Thomas）。**分布**：东亚、印度东北部、中国、东南亚及菲律宾，引种至夏威夷。在中国为地区性常见鸟，繁殖于东北，越冬于华中、西南、华南、东南、台湾及海南。**习性**：同西鹌鹑。栖于矮草地和农田。

80. 蓝胸鹑　King Quail　*Synoicus chinensis*　lánxiōng chún　12~14 cm　图版34　LC

识别：体型甚小、不易被误认的鹑类。雄鸟喉部具明显的黑白色纹，胸、腰、额和贯眼纹为蓝灰色，上体其余部分体羽为橄榄褐色，并具黑色横纹和白色细纹。雌鸟上体红褐色，杂以黑色横斑和白色细纹，腹部皮黄色，带黑色条纹，易与三趾鹑类混淆。**鸣声**：悦耳的 *ti-yu, ti-yu* 双哨音，参考 XC426544（Peter Boesman）。**分布**：印度、中国南部包括海南和台湾、东南亚至澳大利亚。在中国，罕见于南部和东部地区低海拔的草地、灌木丛及稻田。**习性**：典型鹑类，集小群活动。

81. 环颈山鹧鸪　Common Hill Partridge　*Arborophila torqueola*
huánjǐng shānzhègū　26~29 cm　图版9　国二/LC

识别：中型的橄榄褐色山鹧鸪。雄鸟头顶和枕部栗色，耳羽棕黄色，眼先和眉纹黑色，眉纹上方具一白线，下颊纹白色，前颈和胸部之间具白斑。*batemani* 亚种颈部具栗色带杂以黑色细纹。雌鸟胸部褐色，颏、喉栗色，顶冠橄榄褐色并带白斑。**鸣声**：哀伤的哨音重复数次，续以 3 至 6 个双哨音 *do-eat, do-eat*，逐渐升高似鹰鹃，参考 XC417967（Mandar Bhagat）。在繁殖季节，雌鸟发出 *kwik kwik kwik kwik kwik* 叫声，雄鸟复以一连串 *do-eat* 声，高潮后戛然而止。**分布**：喜马拉雅山脉至中国西部、缅甸和越南西北部。在中国为地区性留鸟，栖于海拔 1800 ~ 3000 m 的林地，指名亚种见于西藏南部，*batemani* 亚种见于云南西部至怒江以西。**习性**：常集小群穿行于林地中，在腐叶中翻找食物。受惊时悄然快速离开。

82. 红喉山鹧鸪　Rufous-throated Partridge　*Arborophila rufogularis*
hónghóu shānzhègū　25~29 cm　图版9　国二/LC

识别：中型的近灰色山鹧鸪。喉部橙棕色，前颈具大块黑斑。下体灰色，两胁具明显的银色和棕色条纹。棕色的双翼收拢时可见宽阔的黑色和皮黄色横斑。*intermedia* 亚种的额和喉部黑色。**鸣声**：清晰响亮的单调哨音，续以连串双音节的 *hu-hu, hu-hu...* 音，并逐渐升高。求偶季节为快速的 *kew-kew-kew...* 声，参考 XC321586（Scott Olmstead）。**分布**：印度北部、中国西南部和东南亚。在中国为罕见留鸟，指名亚种分布于西藏东南部，*euroa* 亚种分布于云南南部和东南部，*intermedia* 亚种分布于云南西部的盈江至怒江以西地区。**习性**：栖于海拔 1200 ~ 2500 m 的常绿阔叶林。

83. 白颊山鹧鸪　White-cheeked Partridge　*Arborophila atrogularis*
báijiá shānzhègū　24~28 cm

图版9　国二/NT

识别：中型的橄榄褐色山鹧鸪。脸黑而颊部白。形似红喉山鹧鸪指名亚种，但上体黑斑略窄，脸部图纹有异，喉无棕色，上胸部有细纹且两胁无棕色。跗跖橙红色。**鸣声**：洪亮的哨音 *whew, whew* 重复多次，并以更尖快的 *whew* 结尾。亦发出清晰响亮的双哨音。鸟群分散时的召唤哨音十分轻柔，参考 XC426421（Peter Boesman）。**分布**：印度东北部至缅甸。在中国为局部分布的留鸟，见于云南西部的盈江至怒江以西地区。**习性**：本属典型习性，集小群栖息于海拔 1300 m 以下近高大林木的灌丛中。

84. 台湾山鹧鸪　Taiwan Partridge　*Arborophila crudigularis*
táiwān shānzhègū　22~28 cm

图版9　国二/LC

识别：体型略小的灰色山鹧鸪。具明显黑白色脸纹。背部和尾部橄榄色并带黑色横纹，双翼棕色并有三道灰色横纹，胸蓝灰色，两胁有白色细纹，腹部近白色。眼周裸露皮肤和跗跖均为红色。**鸣声**：重复的 *guru, guru...* 声，逐渐升高，至高潮时突然回落，参考 XC34223（Frank Lambert）。**分布**：台湾特有种。仅见于台湾岛中部山地和东坡海拔 700 ~ 2300 m 之间的阔叶林中，并不罕见。**习性**：本属典型习性。

85. 红胸山鹧鸪　Chestnut-breasted Partridge　*Arborophila mandellii*
hóngxiōng shānzhègū　24~28 cm

图版9　国二/VU

识别：中型的近灰色山鹧鸪。头橙褐色，特征性宽阔栗色环带由上胸延至枕部。灰色眉纹长而窄，喉部黑色领环上有白色髭须和项纹。下胸和两胁灰色，两胁具醒目的白色和棕色粗纹。**鸣声**：响亮而饱满的长音，续以连串升调的双音直至高潮，似红喉山鹧鸪，参考 XC382654（Tuomas Seimola）。**分布**：喜马拉雅山脉东部。在中国为极罕见留鸟，见于西藏东南部的丹巴曲和米什米山区。**习性**：本属典型习性。

86. 褐胸山鹧鸪　Bar-backed Partridge　*Arborophila brunneopectus*
hèxiōng shānzhègū　28~30 cm

图版9　国二/LC

识别：中型的橄榄褐色山鹧鸪。乳白色粗眉纹下延至颈部，贯眼纹黑色，喉部和颊部为乳白色。在喉和胸部之间有一条由黑色小斑点组成的环带与贯眼纹相连。两胁具明显黑色和白色鳞状斑。翼上有条状纹。**鸣声**：单调喉音，续以一高一低的双哨音 *ti-hu, ti-hu, ti-hu...*，音量音频保持不变。求偶季节亦发出 *kew, kew, kew...* 的叫声，如红喉山鹧鸪，参考 XC200907（Frank Lambert）。**分布**：中国西南部至东南亚。在中国，指名亚种为云南西南部和南部及广西的留鸟。**习性**：本属典型习性，栖息于海拔 500 ~ 1300 m 的常绿林。

87. 四川山鹧鸪　Sichuan Partridge　*Arborophila rufipectus*
sìchuān shānzhègū　28~30 cm　　　　　　　　　　　图版9　国一/EN

识别：中型、色彩艳丽的山鹧鸪。头顶褐色，眉纹白色，胸部具宽阔栗色环带和喉部近白为本种特征。眼周裸露皮肤红色，耳羽黄棕色。**鸣声**：繁殖期雄鸟早晚间鸣叫，偶尔正午也叫，为嘹亮的上升哨音，间隔数秒，反复重复，参考 XC457128（Carrie Ma）。**分布**：中国特有种。栖息地丧失导致其野外种群极为稀少，仅存于四川南部（甘洛、屏山、马边等地）海拔约 1000 ~ 2200 m 处的低山亚热带阔叶林中，亦见于云南东北部。**习性**：本属典型习性，成对或集小群在地面落叶间翻找觅食。

88. 白眉山鹧鸪　White-necklaced Partridge　*Arborophila gingica*
báiméi shānzhègū　25~30 cm　　　　　　　　　　　图版9　国二/NT

识别：中型的灰褐色山鹧鸪。跗跖红色，眉纹白色且呈扩散状，喉部黄色，颈上具黑、白和巧克力色环带为本种特征。**鸣声**：悠长而哀婉的双音调哨音，参考 XC187400（Jim Holmes）。**分布**：中国东南部特有种，为地区性罕见留鸟，见于福建北部及中部、广东北部和广西。种群面临栖息地丧失和狩猎的威胁。**习性**：本属典型习性，见于海拔 500 ~ 1900 m 的低山密林中。

89. 海南山鹧鸪　Hainan Partridge　*Arborophila ardens*　hǎinán shānzhègū
24~30 cm　　　　　　　　　　　　　　　　　　　图版9　国一/VU

识别：略小而色彩斑斓的山鹧鸪。头部近黑，耳羽上方具白斑，上胸有橙红色扩散状斑。上体偏灰，具黑色鳞状纹。腹部黄色，胸部略偏灰色，两胁具白色条纹。**鸣声**：繁殖季节叫声为重复的双音，似 *ju-gu, ju-gu, ju-gu*，第一音降调而第二音高，参考 XC380352（Guy Kirwan）。**分布**：海南岛特有种。罕见于岛上仅存的山地常绿林中海拔 900 ~ 1200 m 处。**习性**：本属典型习性。

90. 棕胸竹鸡　Mountain Bamboo Partridge　*Bambusicola fytchii*
zōngxiōng zhújī　30~36 cm　　　　　　　　　　　图版10　LC

识别：中型的灰褐色竹鸡。尾长，外侧尾羽棕色，脸部、喉部为皮黄色偏白，一道从眼后延至颈部的黑色纹与白色眉纹对比明显。上胸栗色，并具白色和灰色的点斑或细纹。下胸及臀部皮黄色偏白，上具黑色心形点斑。两性相似。**鸣声**：雄鸟叫声似 *che-chirree-che-chirree, chiree*，雌鸟亦会发出刺耳叫声，受惊时尖声大叫，参考 XC349417（Greg Irving）。**分布**：印度东北部、中国西南部和东南亚。指名亚种为云南和四川南部的不常见留鸟，栖于低山至海拔 2000 m 左右的高草和竹丛中。**习性**：集小群生活。雄鸟春季异常喧哗，常飞上树鸣叫。近溪水。受惊时飞行数米远即遁入高草丛中。

91. 灰胸竹鸡　**Chinese Bamboo Partridge**　*Bambusicola thoracicus*
huīxiōng zhújī　27~35 cm　　　　　　　　　　　图版10　LC

识别：中型的红棕色竹鸡。额、眉纹和颈部蓝灰色，与脸、喉和上胸的棕色形成对比。颈、胸侧和两胁有大块月牙状褐色斑。外侧尾羽栗色。飞行时可见翼下两块白斑。两性相似。**鸣声**：刺耳的 *people pray, people pray, people pray* 叫声，参考 XC379426（Guy Kirwan）。**分布**：中国南方特有种，引种至日本。为中国中部、南部、东部及东南部的常见留鸟。**习性**：飞行笨拙、径直。以家庭群活动于海拔 1000 m 以下的干燥矮树丛、竹丛。

92. 台湾竹鸡　**Taiwan Bamboo Partridge**　*Bambusicola sonorivox*
táiwān zhújī　30~33 cm　　　　　　　　　　　图版10　LC

识别：中型的红棕色竹鸡。头部、颈部和上胸灰蓝色，喉部橙色较窄，顶冠棕色。上体具栗色斑和白点，体侧具明显的褐色扇贝状纹。两性相似。**鸣声**：颤抖的 *gurru gurru guru* 声，逐渐上升而停止，参考 XC406696（Tsai-Yu Wu）。**分布**：台湾岛特有种。**习性**：飞行笨拙、径直。以家庭群活动于海拔 100~1400 m 的山地森林、灌丛和竹丛中。

93. 血雉　**Blood Pheasant**　*Ithaginis cruentus*　xuè zhì　37~46 cm　图版10　国二/LC

识别：小型雉类。具矛状长羽，羽冠蓬松，脸和跗跖深红色，双翼和尾部红色。头部近黑，具近白色羽冠和长条状细纹。雌鸟色暗淡，胸为皮黄色。亚种在羽色细节上有异：指名亚种（西藏南部）胸部具红色细纹，仅最外侧尾羽无红色；beicki 亚种（祁连山）头部无红色，三级飞羽栗色且羽轴为绿色；berezowskii 亚种（甘肃南部、四川北部）头部无红色，但三级飞羽全为栗色；sinensis 亚种（白水江、秦岭、山西西南部）雄鸟似 berezowskii 雄鸟，但雌鸟斑纹较粗；affinis 亚种（西藏南部）外侧尾羽无红色，额部黑色；tibetanus 亚种（西藏东南部）耳羽黄，胸红，颈部无黑色；kuseri 亚种（西藏东南部、云南西北部）颈部及耳羽前方黑；marionae 亚种（云南澜沧江至怒江）眉纹黑，颈部纹路不完整；rocki 亚种（云南怒江至金沙江）胸部红色较少，但喉红并带白色细纹；clarkei 亚种（云南丽江）喉及脸颊几无红色；geoffroyi 亚种（西藏东部、四川西部、青海南部）头部无红色。**鸣声**：雄鸟发出短促的 si 声，告警声为咯咯叫。有时数声 si 哨音连接为 sisisi 声。两性均会发出鸢类一般的 chiu-chiu 尖叫，以召唤分散的鸟群，参考 XC177022（Marc Anderson）。**分布**：喜马拉雅山脉、青藏高原。地区性常见鸟，分布于海拔 3200~4700 m 处。**习性**：集小至大群，觅食于亚高山苔藓针叶林的地面及杜鹃灌丛。

94. 黑头角雉　**Western Tragopan**　*Tragopan melanocephalus*　hēitóu jiǎozhì
♂ 68~73 cm ♀ 50~60 cm　　　　　　　　　　　图版10　国一/VU

识别：雄鸟色彩艳丽，具白色点斑，体羽红黑色，与同属其他雄鸟区别在于体羽多黑色。雌鸟比同属其他雌鸟色深，下体具大型的中心白色、边缘黑色的卵形斑。**鸣声**：告警声为 waa, waa, waa，似哭声。雄鸟在春季整日不时发出似山羊的单 waa 声高叫，参考 XC114354（Lakshminarasimha R）。**分布**：喜马拉雅山脉西部。在中国，罕见于西藏西部印度河上游的局部地区。繁殖于海拔 2400 ~ 3600 m 处，冬季部分个体下至 1350 m 处。**习性**：同其他角雉。雄鸟的求偶炫耀极有气势，肉质角和颈部肉裙膨胀，一侧翼低，另一侧翼高举面对雌鸟进行展示。

---

95. 红胸角雉　**Satyr Tragopan**　*Tragopan satyra*　hóngxiōng jiǎozhì
♂ 67~72 cm ♀ 55~60 cm　　　　　　　　　　　　图版10　　国一/NT

识别：雄鸟甚华美，体羽绯红色。头部和喉部黑色，羽冠黑色而羽端红，体羽多饰以黑色边缘的白色珍珠状点斑，两翼和尾部具近蓝色带皮黄色的横斑。肉质角和颈部肉裙均为蓝色，雄鸟求偶炫耀时张开可见其上的绿色和红色斑块。似广泛分布的红腹角雉，但下体更红，并具白色外缘的黑色点斑，而非后者的鳞状斑。雌鸟色暗，杂以黑色和红褐色，眼周裸露皮肤近蓝色。**鸣声**：高而尖的 wak 声重复数次。亦发出间隔约 1 秒的 kya, kya, kya, kya 高叫，声似幼羊山羊，参考 XC37594（Mathias Ritschard）。**分布**：喜马拉雅山脉中部。在中国，仅见于西藏南部及东南部海拔 2300 ~ 4250 m 的局部地区，冬季可下至 1800 m 处。**习性**：同其他角雉。栖于杜鹃灌丛。雄鸟具有极壮观的求偶炫耀行为。

---

96. 灰腹角雉　**Blyth's Tragopan**　*Tragopan blythii*　huīfù jiǎozhì
♂ 65~70 cm ♀ 55~60 cm　　　　　　　　　　　　图版10　　国一/VU

识别：雄鸟颈部和眉纹深红色，与黑色头部对比明显。黄色脸颊裸露皮肤为本种特征。肉质角和颈部肉裙均为蓝色。下体灰色，鳞斑状的胸、腹部区别于其他角雉。*molesworthi* 亚种雄鸟上体色深，下体仅狭窄的颈环为红色，余部淡灰色。雌鸟体小，褐色斑驳，似红胸角雉和红腹角雉的雌鸟，但色更淡。**鸣声**：雄鸟叫声响亮而挑衅，声如 gnau, gnau，求偶时发出 gock...gock...gock 叫声，似双角犀鸟，参考 XC106769（Frank Lambert）。**分布**：喜马拉雅山脉东部。在中国，见于西藏东南部（指名亚种）和云南西北部（*molesworthi* 亚种）海拔 1800 ~ 4000 m 处的局部区域。**习性**：同其他角雉。栖于亚高山针叶林下的杜鹃灌丛。

---

97. 红腹角雉　**Temminck's Tragopan**　*Tragopan temminckii*　hóngfù jiǎozhì
♂ 60~68 cm ♀ 52~58 cm　　　　　　　　　　　　图版10　　国二/LC

识别：尾短的角雉。雄鸟体羽绯红色，上体密布黑色外缘的圆形白色点斑，下体具灰白色椭圆形点斑。头黑，眼后具金色条纹，脸部裸露皮肤蓝色，具可膨胀的颈部肉裙和肉质角。与红胸角雉区别在于下体灰白色点斑较大，且不具黑色外缘。雌鸟较小，具棕色杂斑，下体有大块白色点斑。**鸣声**：雄鸟发出似婴儿啼哭的 wu, wa...，ga, ga 或 nyear-ni 声来护巢。雌鸟繁殖季节发出 wa, wa 叫声，告警声似鸭叫为 quack-quack-quack，约每秒三声，参考 XC265943（Mike Nelson）。**分布**：喜马拉雅山脉东部、缅甸北部、越南西北部至中国。在中国为广泛分布的地区性常见鸟，见于西藏东南部、云南西北部、四川、甘肃南部、陕西南部、贵州、湖北、湖南及广西北部海拔 2000 ~ 3900 m（冬季下至 1000 m）。**习性**：独居或以家族为单位栖于亚高山林的林下。不甚惧人。夜栖枝头。雄鸟求偶时颈部肉裙膨胀并竖起蓝色肉质角，肉裙完全膨起时可见蓝红色图纹。

98. 黄腹角雉　Cabot's Tragopan　*Tragopan caboti*　huángfù jiǎozhì

♂ 60~65 cm ♀ 45~50 cm　　　　　　　　　　　图版10　国一 / VU

识别：尾短的角雉。雄鸟体羽为较浓的棕色，上体具皮黄色大点斑，下体草黄色。头黑、前领及颈侧具深红色斑，眼后具金色条纹，脸颊裸露皮肤、颈部肉裙和肉质角为橙色，肉裙膨胀时呈艳丽的蓝色和红色。雌鸟小，下体杂灰色，具白色矛状细纹，细纹外缘黑。**鸣声**：繁殖初期两性均发出有规律的刺耳叫声 *ga-ra, ga-ra* 或 *ga-ga-ga*，繁殖期为 *wear-wear-ar-ga-ga-ga* 叫声，参考 XC186687（Frank Lambert）。雄鸟求偶时发出较柔和的 *chi...chi* 声。**分布**：中国东南部特有种。罕见于海拔 800 ~ 1400 m 的亚热带常绿丘陵山地。指名亚种分布在东南各省，*guangxiensis* 亚种见于广西东北部和湖南南部。**习性**：同其他角雉。

99. 勺鸡　Koklass Pheasant　*Pucrasia macrolopha*　sháo jī

40~63 cm　　　　　　　　　　　　　　　图版10　国二 / LC

识别：大型而尾较短的雉类。雄鸟耳羽束飘逸，顶冠和耳冠近灰色，宽阔的贯眼纹、喉部、枕部和耳羽束为金属绿色，颈侧白色，禽部皮黄色，胸部巧克力色，其他部位的体羽为细长白色羽毛并具黑色矛状纹。雌鸟体型较小，具羽冠但无耳羽束，体羽似雄鸟。亚种在细节上有异：*joretiana* 亚种（安徽西部）羽冠短，胸部无黄色；*ruficollis* 亚种（甘肃南部、陕西南部、宁夏、四川北部及西部）上胸多赤褐色；*meyeri* 亚种（西藏西南部、云南西北部）羽冠长，胸部棕色；*darwini* 亚种（湖北、四川东部、贵州、安徽南部、浙江、福建北部、江西及广东北部）下体皮黄色；*xanthospila* 亚种（河北北部、辽宁西部和山西北部）上体多条纹，雌鸟偏灰色而黑斑少。**鸣声**：易与其他雉类区分，响亮、震耳的粗犷叫声 *khwa-kha-kaak* 或 *kok-kok-kok....koh-kra* 远距离外可辨。倒数第二音高，重音在最末，参考 XC407646（Rolf A. de By）。**分布**：喜马拉雅山脉至中国中部和东部。罕见，在中西部于海拔 1200 ~ 4600 m 之间作垂直迁徙，但东部种群仅活动于海拔 600 ~ 1500 m 区域。**习性**：常单独或成对活动。雄鸟炫耀时耳羽束竖起。喜开阔的多岩林地，常为松林和杜鹃丛。

100. 棕尾虹雉　Himalayan Monal　*Lophophorus impejanus*

zōngwěi hóngzhì　♂ 70~72 cm ♀ 63~64 cm　　　图版11　国一 / LC

识别：大型雉类。雄鸟具紫色和绿色光泽，背部上方白色，腹部黑色。头顶有似孔雀般的绿色竖羽冠，此特征区别于白尾梢虹雉，且尾部无白色羽端，背部下方紫色，尾上覆羽绿色。与绿尾虹雉区别在于羽冠为绿色、尾部赤棕色。雌鸟体型较小，与同属其他雌鸟区别于背部与上体其余部位同色，尾上覆羽亦为白色。**鸣声**：鸣叫和告警为似杓鹬的哨音，常于岩石上鸣叫，参考 XC304567（Viral joshi）。**分布**：喜马拉雅山脉。中国罕见于西藏南部和东南部海拔 3000 ~ 4100 m 的局部地区。**习性**：常以小群活动于林线附近，觅食于高山草甸。雄鸟求偶时作精彩舞姿炫耀，尾部展开呈扇形，上下拍动，两翼抬起，有时跃入空中。

101. 白尾梢虹雉 **Sclater's Monal** *Lophophorus sclateri*
báiwěishāo hóngzhì　58~70 cm　　　　图版11　国一/VU

识别：大型雉类。雄鸟具紫色和绿色光泽，背和尾上覆羽白色，下体黑色。与棕尾虹雉区别在于无羽冠，尾上覆羽白色，且尾羽羽端白色。与绿尾虹雉区别在于无羽冠且尾部颜色不同。雌鸟较小，与同属其他雌鸟区别在于背和尾上覆羽浅皮黄色并与上体其余部分褐色形成对比。**鸣声**：告警时为尖厉哀叫，鸣叫声为狂野哨音 goli，参考 XC156722（Frank Lambert）。**分布**：喜马拉雅山脉东部，罕见于海拔3000～4000 m 及以上区域，冬季下移。在中国西藏东南部（指名亚种）和云南西北部（orientalis 亚种）有狭窄分布。**习性**：同其他虹雉，领地性强，不喜飞行。夜间十分嘈杂。

102. 绿尾虹雉 **Chinese Monal** *Lophophorus lhuysii*　lǜwěi hóngzhì
♂75~80 cm ♀ 70~75 cm　　　　图版11　国一/VU

识别：大型雉类。雄鸟具紫色金属光泽，头绿色，枕金色，下体黑色带绿色金属光泽，羽冠长，为栗色。与白尾梢虹雉区别在于有羽冠，尾部颜色不同，且仅背部上方为白色。与棕尾虹雉区别在于羽冠紫色且蓬松、尾羽蓝绿色。雌鸟与同属其他雌鸟区别在于背部白色。**鸣声**：多在春、夏季鸣叫。雄鸟立于岩石上，重复发出 guo-guee 声，雌鸟有时发出相同叫声，参考 XC285233（Oscar Campbell）。雄鸟求偶时发出 guo-guo-guo 短叫声，告警声为 geee 低叫，冬季安静，偶发出单调的 a...awu, a...awu 声。**分布**：中国特有种，曾常见，现已罕见。见于四川西部海拔 3000～4900 m 山区，并边缘性分布于云南西北部、西藏东部、青海东南部和甘肃南部。**习性**：同其他虹雉。

103. 红原鸡 **Red Junglefowl** *Gallus gallus*　hóng yuánjī
♂54~71 cm ♀ 42~48 cm　　　　图版12　国二/LC

识别：大型雉类，家鸡的祖先。雄鸟肉冠、肉垂和脸部红色，颈翎、尾部覆羽和初级飞羽为铜色，翕部栗色，长长的尾羽以及翼上覆羽为泛金属光泽的墨绿色。雌鸟体羽黄褐色，枕和颈部具黑色细纹。**鸣声**：只在春季繁殖期鸣叫，雄鸟叫声如 gar-ge ge 中有一明显停顿，最后的 ge 音极短，似家鸡，参考 XC447977（Sayam U. Chowdhury）。**分布**：南亚次大陆北部、东北部和东部，中国南部，东南亚，苏门答腊岛及爪哇岛，引种至其他地区。在中国常见于西南部（spadiceus 亚种）和南部及海南岛（jabouillei 亚种）的热带常绿灌丛和次生林中。**习性**：雄鸟独居，亦组成一雄多雌鸟群，或全雄群。觅食于地面但飞行能力较强，夜栖树上。

104. 黑鹇 **Kalij Pheasant** *Lophura leucomelanos*　hēi xián
♂63~74 cm ♀ 50~60 cm　　　　图版11　国二/LC

识别：大型雉类。雄鸟具蓝黑色光泽，羽冠长，脸部裸露皮肤红色。背和腰部为亮黑色，羽端有白色鳞状纹。指名亚种体侧白，lathami 亚种体侧黑。与白鹇区别在于跗跖为灰色或褐色，尾较短，体羽白色少。雌鸟体羽褐色，颏部白色，与白鹇雌鸟区别在于外侧尾羽深褐色。**鸣声**：鸟群分散时的召唤叫声为低沉的 kurr-kurr-kurrchi-kurr 声，参考 XC416927（Tchering Dema）。雄鸟叫声为响亮咯咯哨音伴以双翼拍打身体声。争胜叫声为恐吓般的 *koor koor* 声紧接尖厉的 *waak, waak* 声。告警时为重复的 *koorchi koorchi koorchi* 叫声或 *whoop-keet-keet* 的喉音。**分布**：喜马拉雅山脉、印度东北部、缅甸北部。在中国较罕见，仅分布于海拔 2100 ~ 3200 m 的亚热带森林。指名亚种见于西藏南部和东南部，*lathami* 亚种见于云南西部的怒江以西地区。**习性**：似白鹇，可与其杂交。

---

105. 白鹇 Silver Pheasant *Lophura nycthemera* bái xián

♂ 90~125 cm ♀ 60~70 cm　　　　　　　　　　图版11　　国二 / LC

识别：大型雉类。雄鸟具蓝黑色光泽，尾长而白，背部亦白，顶冠和羽冠黑色，羽冠长，中央尾羽纯白，背部和其余部分尾羽具黑斑和细纹，下体黑色，脸颊裸露皮肤鲜红色。与黑鹇的区别在于尾更长而白，跗跖红色。雌鸟上体橄榄褐色至栗色，下体具褐色细纹并杂以白色或皮黄色，羽冠暗色，脸颊裸露皮肤红色。与黑鹇雌鸟的区别为跗跖粉红色，外侧尾羽黑色、白色或浅栗色而非暗褐色。各亚种间，尤其是雌鸟，在体羽细节上有异。**鸣声**：较安静。告警时发出刺耳的 *ji-go, ji-go* 声或尖厉哨音，参考 XC26305（David Edwards）。求偶期雄鸟发出轻柔的 *gu, gu, gu, gu...* 叫声。觅食中常轻声叫。**分布**：中国南部、海南岛及至东南亚。在中国为常见留鸟，见于西南、华南和东南大部地区的中海拔常绿林、竹林和灌丛。*fokiensis* 亚种见于福建和广东东部，指名亚种见于广西，*whiteheadi* 亚种见于海南岛，*rongjiangensis* 亚种见于贵州，*omeiensis* 亚种见于四川南部，*beaulieui* 亚种见于云南南部和东南部，*occidentalis* 亚种见于在云南怒江以西，*rufipes* 亚种见于云南西南部至怒江以东，*jonesi* 亚种见于云南南部的怒江和澜沧江之间。**习性**：集小群活动，常拣食落果。在分布重叠区域可与黑鹇杂交。

---

106. 蓝腹鹇 Swinhoe's Pheasant *Lophura swinhoii* lánfù xián

♂ 60~80 cm ♀ 50~60 cm　　　　　　　　　　图版11　　国一 / NT

识别：大型雉类。雄鸟色深，白色羽冠较短，背部上方和长长的中央尾羽为银白色，肩羽红褐色。其他部位体羽黑色，上体具有泛蓝绿色光泽的鳞斑，下体多条纹。脸部肉垂深红色。雌鸟体型较小，体羽灰褐色且翼上具细横纹，两翼和尾部深栗色，无羽冠，红色脸部肉垂较小，下体黄褐色并具黑斑。**鸣声**：粗而低的 *gar...gar* 声，参考 XC114746（Robert Lo）。**分布**：台湾特有种。罕见于海拔 800 ~ 2200 m 的低山潮湿林地。再引入使得种群数量有所回升。**习性**：惧人而机警。晨昏时较活跃。雄鸟求偶时扇翅炫耀。

---

107. 白马鸡 White Eared Pheasant *Crossoptilon crossoptilon* bái mǎjī

80~100 cm　　　　　　　　　　　　　　　　图版11　　国二 / NT

识别：大型的白色雉类。具蓬松的黑色丝状尾羽。飞羽黑色，部分亚种两翼灰色。顶冠黑色，脸部裸露皮肤深红色。具白色耳羽束，但不及本属其他种明显。虹膜橙色，喙部浅粉色，跗跖红色。**鸣声**：黄昏时栖于枝上发出响亮粗犷的 *gererer gererer gererer* 声，远距离外可辨，参考 XC110761（Frank Lambert）。**分布**：青藏高原东南部至四川西部，以及缅甸东北部。较常见，但种群数量持续减少。栖于海拔

3000 ～ 4000 m 林线灌丛。指名亚种见于青海东南部、四川和西藏东部，*dolani* 亚种见于青海南部（玉树），*drouynii* 亚种见于青海南部至四川西北和西藏东南的金沙江和怒江之间，*lichiangense* 亚种见于四川南部和云南西北部（丽江）。过渡型见于重叠分布区。**习性：** 集小群活动，觅食于林间草地。不喜飞行，受惊时扎入附近灌丛。

108. 藏马鸡　Tibetan Eared Pheasant　*Crossoptilon harmani*　zàng mǎjī
75~100 cm　　　　　　　　　　　　　　　　　　图版11　国二/NT

识别： 大型的偏灰色雉类。具白色的耳羽束。似白马鸡但通体羽色较深，且耳羽束较长。喉部和枕部白色，与黑色的头顶及灰色体羽形成对比，两翼近黑，尾上覆羽浅灰色，弯曲的丝状尾羽近黑色并具铜紫色光泽。虹膜浅橙色，跗跖红色。**鸣声：** 响亮而粗犷叫声，极似白马鸡，清晨鸣叫，参考 XC68050（Frank Lambert）。亦作鹭类的粗啼。**分布：** 青藏高原东南部特有种，边缘性见于相邻的印度东北部。地区性常见于西藏东南部雅鲁藏布江河谷。**习性：** 似同属其他种。集小群栖于海拔3000 ～ 5000 m 的桧树、杜鹃灌丛、高山灌丛及草甸处。

109. 褐马鸡　Brown Eared Pheasant　*Crossoptilon mantchuricum*　hè mǎjī
80~100 cm　　　　　　　　　　　　　　　　　　图版11　国一/VU

识别： 大型的偏褐色雉类。具耳羽束。极似蓝马鸡，但通体灰褐而非蓝灰色，且丝状尾羽较长。**鸣声：** 觅食时发出 *gu-ji gu-ji* 的叫声。雄鸟求偶时作深沉的 *ger-ga-ga...ger-ga-ga* 叫，似其他马鸡，参考 XC111771（Frank Lambert）。**分布：** 中国北方特有种。罕见，仅存于山西、北京郊区和河北西北部海拔1300 m 以上的局部地区。**习性：** 同其他马鸡。栖于低矮山林，觅食于灌丛及林间草地。

110. 蓝马鸡　Blue Eared Pheasant　*Crossoptilon auritum*　lán mǎjī
75~100 cm　　　　　　　　　　　　　　　　　　图版11　国二/LC

识别： 大型的蓝灰色雉类。丝绒状头顶黑色。眼周裸露皮肤深红色，具白色耳羽束。枕部有一近白色横斑。尾羽呈弓状，丝状中心尾羽为灰色，与紫蓝色外侧尾羽对比明显。**鸣声：** 雄鸟受惊时发出 *gela-gelage* 叫声，求偶期叫声为 *wu, wu, wu* 或 *gar, gar*。雄雌鸟告警时均发出 *ziwo-ge, ziwo-ge* 的叫声，参考 XC150119（Ding Li Yong）。**分布：** 中国西北部特有种。地区性常见于青海东部及东北部、甘肃南部、宁夏、西藏东北部和四川北部海拔2000 ～ 4000 m 地带。**习性：** 同其他马鸡，集小群活动于高海拔开阔高山草甸及桧树、杜鹃灌丛。

111. 白颈长尾雉　Elliot's Pheasant　*Syrmaticus ellioti*　báijǐng chángwěizhì
♂ 81~90 cm ♀ 45~50 cm　　　　　　　　　　　图版12　国一/NT

识别： 大型、头部色浅的雉类。雄鸟偏褐色，棕褐色的尖长尾羽上具银灰色横斑，颈侧白色，翼上带横斑，腹部和臀部白色。黑色的颏、喉和白色的腹部为主要特征。脸颊裸露皮肤深红色，腰部黑色，羽缘白色。雌鸟较小，顶冠红褐色，枕部和禽部灰色，上体余部杂以栗色、灰色和黑色蠹状纹。喉和前颈黑色，下体余部白色，并具棕黄色横斑。**鸣声**：低沉，通常清晨鸣叫。雄鸟较雌鸟更常叫，声为 *gu-gu-gu, ge-ge-ge* 或 *ji-ji-ji, ju-ju-ju*，参考 XC103325（Jon Hornbuckle）。**分布**：中国东南部特有种。较常见于江西、安徽南部、浙江西部、福建北部、湖南、贵州东部及广东北部沿海地区海拔 200 ~ 500 m、内陆地区海拔 1000 ~ 1500 m 的山林中。**习性**：栖于混交林中的浓密灌丛及竹林中。性机警，集小群活动。

---

112. 黑颈长尾雉　Mrs Hume's Pheasant　*Syrmaticus humiae*
hēijǐng chángwěizhì　♂ 96~105 cm ♀ 45~50 cm　　　图版12　国一 / NT

识别：大型雉类。雄鸟体羽棕色，尾白而长，具狭窄而稀疏的黑色或褐色横斑。翼上具两道白色横斑，小覆羽近蓝色。背部下方和腰部白色，具黑色鳞状斑。头和颈部泛紫色光泽，脸部裸露皮肤红色。雌鸟较小，翕部和背部多橄榄褐色鳞状斑，尾部有褐色横斑，下体皮黄色。两翼为斑驳的褐色与黑色，并具两道近白色横斑，小覆羽色浅。**鸣声**：雄鸟叫声多样，觅食时为悲凄的 *gerrr...gerrr* 声和 *ge-ge-ge* 低声（第一声清晰响亮），告警时为快速的 *guk-guk-guk-guk-guk* 声，参考 XC37571（David Farrow）。**分布**：印度东北部，缅甸西部、北部及东部，泰国西北部，中国西南部和南部。在中国，*burmanicus* 亚种鲜见于云南和广西西部。**习性**：集小群活动在海拔 780 ~ 1800 m 的山岭间灌丛及多岩地区。

---

113. 黑长尾雉　Mikado Pheasant　*Syrmaticus mikado*　hēi chángwěizhì
♂ 80~90 cm ♀ 47~53 cm　　　　图版12　国一 / NT

识别：大型雉类。雄鸟华美，体羽黑色。翕部、胸部和腰部的覆羽边缘泛紫蓝色光泽，与乌黑色的覆羽中央部分形成明显的扇贝状纹。长而尖的尾羽为黑色并具白色横纹。两翼黑色，具明显的白斑，次级和三级飞羽端部白色。眼周裸露皮肤绯红色。雌鸟较小，下体杂灰，上体褐色沾红黑色并具白色条纹。**鸣声**：告警和召唤声为 *wunk wunk wunk* 的高叫，繁殖季节雄鸟发出尖厉哨音，参考 XC388192（Ding Li Yong）。**分布**：台湾岛特有种。为罕见留鸟，见于海拔 1800 ~ 3000 m 的台湾中部山区。**习性**：栖于相对较低海拔的针叶林和混交林地区的密林，亦见于竹林和阴坡灌丛。性谨慎而隐秘。

---

114. 白冠长尾雉　Reeves's Pheasant　*Syrmaticus reevesii*
báiguān chángwěizhì　♂ 140~200 cm ♀ 55~70 cm　　　图版12　国一 / VU

识别：大型、不易被误认的雉类。雄鸟具超长的带横斑尾羽（达 1.5 m）。头部具醒目黑白色斑纹。上体覆羽金黄色呈鳞状，并具黑色羽缘。腹中部和腿部黑色。雌鸟胸部具红棕色鳞状纹，尾羽较雄鸟短得多。**鸣声**：甚安静。告警时雄鸟发出快速的 *gu-gu-gu-gu* 叫声，参考 XC182997（Frank Lambert）。繁殖期雄鸟叫声似 *gu-gu-gu*，雌鸟复以 *ge-ge-ge*。与亲鸟失散的幼鸟发出 *xia yiyo, xia yiyo* 的召唤声。**分布**：中国中部和东部的特有种。种群数量稀少，仅存于三个地区，山东南部，湖北东部和安徽西部，贵州、四川东部、甘肃东南、陕西南部、湖北西部及云南东北部。栖于海拔 300 ~ 1800 m 多林山地的落叶栎树林及混交林。**习性**：本属典型习性。雄鸟尾羽常被用作京剧的艳丽头饰。

115. 雉鸡 / 环颈雉　**Common Pheasant**　*Phasianus colchicus*　zhì jī

♂ 80~100 cm ♀ 57~65 cm　　　　　　　　　　图版12　LC

识别：从中国引种至欧洲和北美、为人所熟知的大型雉类。雄鸟头部泛黑色光泽，耳羽束明显，宽阔的眼周裸露皮肤为鲜红色。部分亚种具白色颈环。体羽鲜艳，有墨绿色、铜色和金色，两翼灰色，长而尖的尾羽为褐色并具黑色横纹。雌鸟较小而色暗淡，周身密布浅褐色斑纹。受惊时起飞迅速而聒噪。中国境内有 19 个亚种，体羽细部差别甚大。东部诸亚种背部下方和腰部为浅灰绿色，其中，*formosanus* 亚种（台湾中部）、*kiangsuensis* 亚种（华北）、*torquatus* 亚种（华东和东南）、*karpowi* 亚种（东北）及 *pallasi* 亚种（黑龙江）具白色颈环，*rothschildi* 亚种（云南东南部）、*suehschanensis* 亚种（青藏高原东北部）及 *elegans* 亚种（西南）无颈环或仅有部分颈环，其他亚种均有不完整颈环。*pallasi* 亚种和 *elegans* 亚种胸部绿色而非紫色。西部诸亚种翅上覆羽白色，背部下方和腰部栗色，并具不完整的白色颈环，其中，*shawii* 亚种（新疆西南部）胸绿色，*mongolicus* 亚种（新疆西北部）胸紫色。中间型诸亚种翅上覆羽黄褐色，背部下方和腰部皮黄色，无白色颈环或不明显，其中，*tarimensis* 亚种（新疆塔里木和吐鲁番盆地）胸部紫红，余者胸部均为绿色。**鸣声**：雄鸟的叫声为爆发性的 *kerook kerook* 两声，并伴随着用力振翅，参考 XC327186（Tom Wulf）。**分布**：西古北界的东南部、中亚、西伯利亚东南部、乌苏里江流域、中国、朝鲜半岛、日本和越南北部。广泛分布于有矮树的开阔地区。过去常见，如今局部地区已降至低水平。其他亚种还包括 *tatatsukasae* 亚种（广西西南部）、*satscheuensis* 亚种（青海北部和甘肃西北部）、*vlangalii* 亚种（柴达木盆地）、*sohokhotensis* 亚种（腾格里沙漠）、*alaschanicus* 亚种（贺兰山）、*edzinensis* 亚种（东居延海）。**习性**：栖于不同海拔的开阔林地、灌丛、半荒漠和农耕地。**分类学订正**：有学者认为中国分布的雉鸡可以进一步分为 3 种：*P. vlangalii*（中华雉鸡），*P. elegans*（云南雉鸡），*P. colchicus*（西域雉鸡）。

116. 红腹锦鸡　**Golden Pheasant**　*Chrysolophus pictus*　hóngfù jǐnjī

♂ 86~100 cm ♀ 59~70 cm　　　　　　　　　　图版12　国二/LC

识别：体型较小的雉类。雄鸟修长而华丽，顶冠和背部具有金色丝状羽，枕部披肩金色并具黑色条纹，翕部铜绿色，下体绯红色。翼为金属蓝色，尾长而弯，中央尾羽近黑并具皮黄色点斑，余部黄褐色。雌鸟体型较小，体羽黄褐色，密布黑色带斑，下体为浅皮黄色。**鸣声**：雌鸟春季发出 *chwa-chwa* 的叫声，雌鸟们遥相呼应。雄鸟复以 *gui-gui, gui* 或 *gui-gu, gu, gu* 及悦耳的短促 *gu gu gu...* 声。飞行时，雄鸟发出快速的 *zi zi zi...* 声，参考 XC399516（Zeidler Roland）。**分布**：中国特有种。常见于海拔 800 ~ 1600 m，偶上至 2800 m 处。留鸟见于青海东南部、甘肃南部、四川、陕西南部、湖北西部、贵州、广西北部和湖南西部。**习性**：单独或集小群活动，喜有矮树的山坡和次生的亚热带阔叶林以及落叶阔叶林。常被人工饲养。

117. 白腹锦鸡　**Lady Amherst's Pheasant**　*Chrysolophus amherstiae*

báifù jǐnjī　♂ 110~150 cm ♀ 54~67 cm　　　　　图版12　国二/LC

识别：中型雉类。雄鸟色彩艳丽，顶冠、喉部和上胸为闪亮的深绿色，深红色的冠羽较短，后颈覆羽白色并具黑色羽缘呈扇贝状。背和两翼为闪亮深绿色，腹部白色，腰黄色。尾羽甚长而微下弯，为白色间以黑色横带，部分尾羽羽端为橙色。雌鸟体型较小，上体具黑色和棕黄色横斑，喉部白色，胸部栗色具黑色细纹。两胁和尾下覆羽皮黄色并带黑斑。**鸣声**：繁殖期雄鸟发出响亮、粗犷而悠远的 *ga-ga-ga* 叫声，或粗声的 *chua*，群鸟叫声为柔软的 *shu-shu-shu-sss*，告警声为刺耳的 *shi-ya*，雌鸟召唤雏鸟的叫声为 *guo-guo-guo*，雄鸟受惊时叫声为 *ja-ja-ja-ja*，参考 XC111171（Frank Lambert）。**分布**：缅甸东北部至中国西南部。不常见于海拔 1800 ~ 3600 m 的山林中，在中国分布于西藏东南部、云南、四川南部、贵州西部、广西西部直至红腹锦鸡分布的西界。**习性**：本属典型习性。栖于有林山坡的低矮树丛和次生林中。

118. 绿脚树鹧鸪　Green-legged Partridge　*Tropicoperdix chloropus*
lǜjiǎo shùzhègū　25~30 cm　　　　　　　　　图版9　国二/LC

识别：中型的橄榄褐色鹧鸪。跗跖暗绿至浅绿色，眉纹和喉部略白，头部无黑色。与褐胸山鹧鸪的区别在于黑色横纹较细、胸部具宽阔的褐色带、两胁无醒目的白色斑纹。眼周裸露皮肤暗铅色。**鸣声**：具一连串单音的响亮哨声，越叫越快，续以一连串较平的升降变调，最后是一连串狂乱升变调并戛然而止，参考 XC375402（Somkiat Pakapinyo (Chai)）。**分布**：东南亚。在中国仅分布于云南南部，为留鸟。**习性**：本属典型习性。栖于高至海拔 1000 m 的原始森林、次生林和竹林。

119. 灰孔雀雉　Grey Peacock Pheasant　*Polyplectron bicalcaratum*
huī kǒngquèzhì　♂66~76 cm ♀ 47~52 cm　　　　　图版12　国一/LC

识别：小型的褐灰色雉类。喉部近白色。雄鸟翕部和尾部有大型的紫绿色眼斑，羽冠如前翻的刷子。脸颊裸露皮肤近粉色。下体具皮黄色和深褐色横斑。雌鸟较小，无羽冠，眼斑小而尾短。**鸣声**：雄鸟的占域叫声为响亮 *trew-tree* 爆破音。雌鸟告警时发出响亮的 *ga-ga* 声或作快速的 *kwok-kwok-kwok-kwok* 叫，参考 XC243528（Oscar Campbell）。**分布**：中国西南部和东南亚。数量稀少并由于狩猎和栖息地丧失而持续减少。指名亚种见于云南西部、南部和西藏东南部。栖于山间常绿林中，高可至海拔 2000 m 处。**习性**：雄鸟有精彩的求偶表演，蹲伏地面，尾呈扇形，两翼伸展并抬起。有明确的鸣叫地点和极强的领域性。

120. 海南孔雀雉　Hainan Peacock Pheasant　*Polyplectron katsumatae*
hǎinán kǒngquèzhì　♂ 53~65 cm ♀ 40~45 cm　　　　图版12　国一/EN

识别：极似灰孔雀雉但体型略小，色深且偏褐，眼斑紫色而无绿色光泽。**鸣声**：雄鸟为悦耳嘹亮的 *guang-gui, guang-gui* 的鸣叫，第一声较长。雌鸟发出快速的 *gwa, gwa, gwa, gwa, gwa, ge* 叫声，参考 XC113208（Peter Collaerts）。**分布**：海南岛特有种。世界性濒危，罕见于海南岛西南部仅存的山林中。**习性**：同灰孔雀雉。

121. 绿孔雀 **Green Peafowl** *Pavo muticus* lǜ kǒngquè

♂ 180~250 cm ♀ 110~150 cm

图版12 国一／EN

识别：体型硕大不易被误认的雉类。雄鸟尾羽甚长，冠羽竖起，颈部、禽部和胸部具绿色虹彩光泽，尾羽长并具闪亮眼斑形成尾屏。雌鸟无长尾，色彩不及雄鸟艳丽，下体近白色。**鸣声**：晨昏时立于栖木发出洪亮如长号般的 kay-yaw, kay-yaw 叫声，参考 XC206560（Marc Anderson）。**分布**：印度东北部至中国云南、东南亚至爪哇岛。*imperator* 亚种曾广泛分布于云南高至海拔 1500 m 处，现因对其羽毛和肉类的狩猎活动导致其分布范围甚为狭窄。**习性**：栖于沿河的低山林地及灌丛。雄鸟有精彩的求偶表演，向雌鸟炫耀其展开的尾屏。

▌ 潜鸟目 GAVIIFORMES 潜鸟科 Gaviidae 潜鸟 （1 属 4 种）

潜水的海鸟，外形似䴙䴘。飞行迅速而有力，颈部伸展而头部较低。

122. 红喉潜鸟 **Red-throated Loon** *Gavia stellata* hónghóu qiánniǎo

53~69 cm

图版15 LC

识别：体型最小的潜鸟。成鸟夏羽脸部、喉部和颈侧为灰色，喉部中央至颈部三角形区域为栗色，颈部后方具纵纹，杂以白点。上体余部为黑褐色，无白点。下体白色。成鸟冬羽颏部、颈侧和脸部为白色，上体近黑并具白色纵纹。头形小，颈细，游泳时喙略微上扬，与黑喉潜鸟的区别在于振翅更快更高。虹膜红色，喙墨绿色。**鸣声**：飞行时发出似雁鸣的 gwuk-gwuk-gwuk 声，参考 XC432781（Stanislas Wroza）。**分布**：繁殖于北方高纬度地区，冬季南下至北纬 30° 左右。在中国，罕见于东北部黑龙江至东部沿海如北戴河、旅顺等地，广东、海南及台湾北部有记录。**习性**：繁殖于淡水，越冬于沿海水域，有时集群活动。

123. 黑喉潜鸟 **Black-throated Loon** *Gavia arctica* hēihóu qiánniǎo

56~77 cm

图版15 LC

识别：大型潜鸟。夏羽头部灰色，喉部墨绿色，上体黑色并具白色网格状纹。颈侧和胸部具黑白色细纵纹，与太平洋潜鸟区别较难，仅在喉部为绿色而非紫辉色。冬羽下体白色上延及颈侧、颏部及脸部下方，两胁白色斑块明显，与红喉潜鸟的区别在于头部较大、颈更粗、喙较厚而平，且上体无白色纵纹。第一冬个体的上体具白色鳞状纹。虹膜红色，喙灰黑色。**鸣声**：重复、似打鼾的呱呱声，以及似鸥类的 aah-oww 声，参考 XC375855（Eetu Paljakka）。**分布**：繁殖于北半球，从苏格兰北部至西伯利亚。冬季南迁至北纬 30° 左右。在中国，*viridigularis* 亚种为辽东半岛的罕见候鸟，越冬于东部沿海地区至台湾，指名亚种繁殖于新疆北部湖泊中。**习性**：夏季单独活动，繁殖于淡水中；冬季常集散群活动于沿海水域。

124. 太平洋潜鸟 **Pacific Loon** *Gavia pacifica* tàipíngyáng qiánniǎo
60~68 cm
图版15　LC

识别：较大的潜鸟。比黑喉潜鸟略小，外形相似。夏羽区别在于喉部具紫辉色而非绿色斑块，且枕部白色较多。虹膜红色，喙灰色至黑色。**鸣声**：通常安静，参考XC406246（Patrik Åberg）。**分布**：繁殖于西伯利亚东部至阿拉斯加和加拿大，越冬于日本沿海和北美西部南至北纬23°区域。在中国为罕见候鸟，记录于辽宁东部、河北、江苏、山东，迷鸟见于香港。**习性**：同黑喉潜鸟。

125. 黄嘴潜鸟 **Yellow-billed Loon** *Gavia adamsii* huángzuǐ qiánniǎo
75~100 cm
图版15　NT

识别：大型而颈粗的潜鸟。夏羽特征为喙部象牙白色，头黑并具白色颈环。冬羽和其他潜鸟区别在于体型较大，喙部上扬，上喙中线浅色，头部较上体色浅。两胁无白斑。初级飞羽羽轴白色。虹膜红色。**鸣声**：海上越冬时较安静，但在繁殖地发出假声尖叫，参考XC396673（Sunny）。**分布**：繁殖于北极地区，从摩尔曼斯克东部至西伯利亚、阿拉斯加和加拿大北部。冬季南迁至北纬50°左右地区，偶尔更南。在中国甚罕见，候鸟记录于吉林、辽宁、山东和福建。**习性**：夏季单独活动，繁殖于淡水中；越冬于沿海水域。

▌ 鹱形目　PROCELLARIIFORMES　洋海燕科　Oceanitidae 洋海燕　（1属1种）

126. 黄蹼洋海燕 **Wilson's Storm Petrel** *Oceanites oceanicus* huángpǔ yánghǎiyàn　15~19 cm
图版14　LC

识别：小型、腰部白色的海燕。方尾几乎不分叉，一道浅色条纹横跨翼上大覆羽区域。两翼短并具明显的"肩部"。**鸣声**：在海上较安静，但在繁殖地喋喋不休。**分布**：繁殖于马尔维纳斯群岛和其他南半球岛屿，觅食于整个南半球海洋。在中国水域非常罕见，迷鸟记录于江苏和浙江。**习性**：飞行低，振翅拍打水面，跗跖伸出尾端。**分类学订正**：曾和其他海燕一同置于海燕科（Hydrobatidae）中。

▌ 鹱形目　PROCELLARIIFORMES　信天翁科　Diomedeidae　信天翁 （1属3种）

由大型而善飞行的海洋鸟类组成的一个小科，翼长而直。

127. 黑背信天翁 **Laysan Albatross** *Phoebastria immutabilis*
hēibèi xìntiānwēng　71~81 cm　　　　　　　　图版13　NT

识别：中型的黑白色信天翁。特征为颏部至臀部全为白色，而翼上覆羽和背部为深色。翼下白色为主，边缘为深色，翼下覆羽具黑色纵纹。眼周深色。飞行时跗跖略伸出尾后。幼鸟似成鸟但喙部灰色较重。成鸟喙黄色，端部深色，跗跖粉灰色。**鸣声**：在海上通常安静，参考 XC120979（david m）。**分布**：太平洋北部北纬30° 至 55° 区域。繁殖于日本南部诸小岛和夏威夷，冬候鸟每年定期访问日本南部海域。在中国罕见于福建和台湾海域。**习性**：集群繁殖，常跟随船只取食废弃物。

128. 黑脚信天翁 **Black-footed Albatross** *Phoebastria nigripes*
hēijiǎo xìntiānwēng　68~83 cm　　　　　　　图版13　国一／NT

识别：中型、偏深褐色的信天翁。仅喙基、尾基和尾下覆羽具狭窄白色。部分老年成鸟头部、胸部褪成近白色。幼鸟似成鸟，但尾基和尾下覆羽无白色，与短尾信天翁幼鸟的区别在于喙和跗跖为深色。**鸣声**：在海上通常安静，参考 XC116357（david m）。**分布**：北太平洋。繁殖于背风群岛、马绍尔群岛、约翰斯顿环礁和小笠原群岛。在中国十分罕见，仅台湾海峡全年可见，春、冬季见于中国南海。**习性**：集群繁殖。常跟随船只取食废弃物。长年栖于海上。

129. 短尾信天翁 **Short-tailed Albatross** *Phoebastria albatrus*
duǎnwěi xìntiānwēng　84~100 cm　　　　　　图版13　国一／VU

识别：大型（翼展达 216 cm）、背部白色的信天翁。飞行时跗跖远伸出黑色尾后。幼鸟体羽深褐色；未成年鸟腹部浅色，翼上具白斑，背部有鳞状斑；成鸟则是太平洋上唯一的白色体羽信天翁。成鸟枕部略带黄色。幼鸟和未成年鸟阶段则可能与体型较小的黑脚信天翁相混淆，其区别在于喙浅粉色、跗跖偏蓝色且喙基无白色。**鸣声**：在海上通常安静。**分布**：北太平洋，现已特别稀少。在中国，繁殖于台湾北部的钓鱼岛和赤尾屿，亦曾见于澎湖列岛。有迁徙鸟记录于山东等东部沿海地区。**习性**：集群繁殖，偶尔跟随船只。

▌ 鹱形目　PROCELLARIIFORMES　海燕科　Hydrobatidae　海燕（1属4种）

小型海洋性鸟类，似鹱但飞行更轻快，鼻管基部融合成一孔。

130. 黑叉尾海燕 **Swinhoe's Storm-Petrel** *Hydrobates monorhis*
hēi chāwěi hǎiyàn　18~22 cm　　　　　　　　图版14　NT

识别：小型深色海燕。体羽深褐，具明显的浅灰色翼斑，尾略分叉。喙和跗跖黑色。**鸣声**：

在繁殖地上空飞行时发出吱吱叫声，在海上通常安静，参考 XC436211（AwingQian）。
分布：繁殖于日本、朝鲜半岛和中国台湾东北部，冬季向西途经中国南海迁徙至北印度洋。在中国，候鸟偶见于山东、福建、广东和香港沿海。**习性**：飞行似燕鸥，跳跃和俯冲，从不拍打水面。有时跟随船只。

131. 白腰叉尾海燕　Leach's Storm-Petrel　*Hydrobates leucorhoa*
báiyāo chāwěi hǎiyàn　19~25 cm　　　　　　　　　　图版14　VU

识别：小型深褐色海燕。两翼明显后掠，叉形尾飞行时长于跗跖。腰两侧和尾上覆羽白色，臀深褐色，一道明显的浅色条纹横跨翼上大覆羽区域。喙和跗跖褐色。**鸣声**：集大群繁殖时发出拖长的喉音，在海上通常安静，参考 XC423384（Ian Cruickshank）。**分布**：北太平洋及北大西洋。在中国，黑龙江偶有迷鸟记录。**习性**：飞行迅速而轻盈，在短暂滑翔和快速振翅之间向下俯冲。有时跟随船只。

132. 褐翅叉尾海燕　Tristram's Storm-Petrel　*Hydrobates tristrami*
hèchì chāwěi hǎiyàn　25~27 cm　　　　　　　　　　图版14　LC

识别：大型深色叉尾海燕。翼上具明显浅色条带。头部有时较体色更偏浅褐。喙黑色。体型比白腰叉尾海燕和黑叉尾海燕都更大，与日本叉尾海燕的区别在于头部更大、尾部更短，且初级飞羽翼上羽轴不白。**鸣声**：如鸠类的 *auooo koo* 叫声，与黑叉尾海燕相似，参考 XC441709（Drew Lindow），或在飞行中发出六七个音节的 *keekoo kyukukukku* 声。**分布**：繁殖于夏威夷和日本东南部的火山岛上，广布于中西太平洋的热带和亚热带区域。在中国，罕见于东部沿海地区。**习性**：除集群繁殖时期以外，长年栖于海上。筑巢于洞穴中。

133. 日本叉尾海燕　Matsudaira's Storm-Petrel　*Hydrobates matsudairae*
rìběn chāwěi hǎiyàn　24~25 cm　　　　　　　　　　图版14　VU

识别：深色而叉尾明显的海燕。似黑叉尾海燕但体型较大，与褐翅叉尾海燕区别在于初级飞羽翼上羽轴为白色故翼上可见白斑，且前额更平、尾更长。**鸣声**：在海上安静。**分布**：繁殖于日本南部诸岛，越冬于中国南海、菲律宾及印度洋。在中国，迁徙途经含台湾在内的中国领海，南海海域有越冬个体。**习性**：飞行较黑叉尾海燕和白腰叉尾海燕更显沉重。

▌鹱形目　PROCELLARIIFORMES　鹱科　Procellariidae　鹱
（6 属 9 种）

似鸥的海洋性食鱼鸟类，喙形独特，端部具钩，鼻管于喙部上方开有两孔。

134. 暴雪鹱 **Northern Fulmar** *Fulmarus glacialis* bàoxuě hù
43~52 cm 图版14 LC

识别：大型而羽色多变的鹱。有深浅两个色型，但太平洋亚种 *rogersi* 普遍为深色型。浅色型似鸥，区别在于喙部较粗短、颈部较粗以及振翅和滑翔飞行。飞行似鹱属鸟类，故其深色型易与大型鹱混淆，区别在于身体比例及尾部形状不同。喙黄色，基部蓝色。跗跖粉红色。**鸣声**：在繁殖地作嘈杂的嘎嘎声，在海上通常安静，但集群进食时发出带喉音的嘎嘎声，参考 XC432731（Stanislas Wroza）。**分布**：北纬 34° 至北极区之间的海域。*rodgersii* 亚种繁殖于西伯利亚东部诸岛，冬候鸟至日本。在中国偶见于东北沿海地区。**习性**：常跟随船只。

135. 白额圆尾鹱 **Bonin Petrel** *Pterodroma hypoleuca* bái'é yuánwěihù
30~31 cm 图版14 LC

识别：小型的黑白色鹱。羽色识别性高，上体深色，下体多为白色，后翼缘黑色，且具翼角延伸出来斜跨翼下覆羽的明显黑色粗带。尾部灰黑色。翼部斑纹有别于中国海域的其他鹱类。飞行快速且上下翻飞。喙黑色，跗跖粉红色，趾黑色。**鸣声**：在海上安静，参考 XC125315（david m）。**分布**：繁殖于萨哈林岛、日本南部诸岛、夏威夷及北太平洋西部。在中国，指名亚种偶见于台湾和福建沿海。**习性**：集群繁殖，通常不跟随船只。

136. 钩嘴圆尾鹱 **Tahiti Petrel** *Pseudobulweria rostrata* gōuzuǐ yuánwěihù
38~40 cm 图版14 NT

识别：较小的黑白色鹱。腹部白色，头和胸部全暗色，楔形尾黑色。喙黑色，跗跖偏粉色，蹼黑色。**鸣声**：在海上安静。**分布**：太平洋西部热带和亚热带海域，可能往北扩散至中国台湾。在中国，1937 年于台湾东北部采有标本，2003 年亦有记录。**习性**：不常跟随船只故较少被发现。翻飞和翱翔于海面。

137. 白额鹱 **Streaked Shearwater** *Calonectris leucomelas* bái'é hù
45~52 cm 图版13 NT

识别：大型鹱。上体深褐色，脸、下体白色，头和胸部具深色纵纹。与浅色型楔尾鹱的区别在于脸白且喙为角质色。跗跖偏粉色。**鸣声**：在海上安静。**分布**：繁殖于太平洋西北部小岛，冬季南下至赤道。在中国海域并不罕见，繁殖于山东青岛地区的海岛，山东至福建、香港、澎湖列岛、台湾及南海诸岛均有记录。**习性**：似楔尾鹱。

138. 楔尾鹱 **Wedge-tailed Shearwater** *Ardenna pacifica* xiēwěi hù
38~47 cm 图版13 LC

识别：中型、翼长而尾呈楔形的鹱。有深浅两个色型。深色型体羽为深巧克力色。浅色型上体褐色，下体近白，翼下缘及尾下覆羽深色。跗跖肉色。**鸣声**：在海上安静，鸣叫参考 XC113088（Simon Euiott）。**分布**：繁殖于印度洋和太平洋热带海域的岛屿。迷鸟可见于东南亚地区任何水域。在中国，澎湖列岛海域、台湾和南海均有记录。**习性**：飞行低，偶尔倾斜而向下俯冲，常紧贴水面滑翔，向下振翅时翼尖触及水面。

139. 灰鹱　Sooty Shearwater　*Ardenna grisea*　huī hù　40~51 cm　　图版13　NT

识别：大型而修长的烟褐色鹱。翼下覆羽的银白色在振翅和滑翔时光泽闪耀。与短尾鹱的区别在于喙较长、翼下覆羽白色较多。与楔尾鹱和淡足鹱的区别在于翼下覆羽白色、跗跖色深且飞行较快而直。**鸣声**：在海上偶尔发出压抑的嘎嘎声，参考 XC457257（David Boyle）。**分布**：繁殖于智利、澳大利亚和新西兰的海上，但于整个大西洋和太平洋的赤道海域可见。在中国偶见于福建沿海、澎湖列岛及台湾。**习性**：集群在海上活动，不常跟随船只。

140. 短尾鹱　Short-tailed Shearwater　*Ardenna tenuirostris*　duǎnwěi hù
35~45 cm　　　　　　　　　　　　　　　　　　　　　　　图版13　LC

识别：中型的烟褐色鹱。与灰鹱的区别在于喙较短、翼下覆羽银色少。较楔尾鹱和淡足鹱体型更小、喙更短、翼下色更浅。跗跖色深，且于飞行时多伸出尾后。头部深色，远看似有黑色头罩。飞行迅速而节奏分明，急促的振翅飞行间杂着两翼平伸的滑翔。**鸣声**：在海上安静，但在集群繁殖时发出嗷叫、低吟和抽噎声，参考 XC301428（Andrew Spencer）。**分布**：在南半球的夏季繁殖于澳大利亚南部和东南部诸岛，经太平洋扩散至白令海。春夏季候鸟可至日本周围。非繁殖期迁至北太平洋途中可能出现在中国东北部沿海。**习性**：在海上集群活动，有时跟随船只。

141. 淡足鹱　Flesh-footed Shearwater　*Ardenna carneipes*　dànzú hù
40~48 cm　　　　　　　　　　　　　　　　　　　　　　　图版13　NT

识别：较大而敦实的巧克力色鹱。翼长而尾部圆短。易与楔尾鹱混淆，但可通过浅色、粗厚而端部色深的喙，以及翼下初级飞羽基部近白来进行区分。喙皮黄色，端部褐色。跗跖黄色至粉红色。**鸣声**：在海上安静，参考 XC424726（Dan Lane）。**分布**：繁殖于澳大利亚和新西兰的海上岛屿。分布在印度洋的种群冬季往北扩散，偶尔进入中国南海。**习性**：近水面低飞，振翅沉稳有力，做长时间滑翔，比楔尾鹱更优雅。

142. 褐燕鹱　Bulwer's Petrel　*Bulweria bulwerii*　hè yànhù　26~30 cm　　图版14　LC

识别：小型的烟褐色鹱。下体浅褐色。翼上覆羽的浅色横纹通常可见。与黑叉尾海燕的区别在于体型更大、尾长且为楔形（飞行时显得长而尖）。喙黑色，跗跖偏粉色，蹼黑色。**鸣声**：集群繁殖时作重复低吠声如 *whuff*，参考 XC441957（Marcel Gil Velasco）。**分布**：繁殖于大西洋和太平洋岛屿，中国南海全域可见但数量稀少。在中国，繁殖于福建沿海岛屿，并在台湾、广东、香港的海上均有记录。**习性**：飞行较海燕更为有力，做轻快俯冲或高空盘旋。

▌ 䴙䴘目 PODICIPEDIFORMES 䴙䴘科 Podicipedidae 䴙䴘（2 属 5 种）

世界性分布的小到中型似鸭水鸟，喙尖，翼短，尾部极短，颈直，趾具瓣蹼，羽长如丝。潜水捕鱼，利用水生植物营浮巢。

143. 小䴙䴘 Little Grebe *Tachybaptus ruficollis* xiǎo pìtī 23~29 cm 图版15 LC

识别：小型而矮胖的深色䴙䴘。繁殖羽喉部和前颈偏红，顶冠和颈部后方深灰褐色，上体褐色，下体偏灰，嘴裂处具明显黄斑。非繁殖羽上体灰褐，下体白。虹膜黄色，喙黑色而尖端色浅。**鸣声**：重复的高音 *ke-ke-ke-ke*，求偶期相互追逐时常发出此声，参考 XC422341（Regina Eidner）。**分布**：非洲、欧亚大陆、日本、东南亚至新几内亚岛北部。在中国为留鸟或候鸟，分布于全国各地包括台湾和海南岛。*capensis* 亚种为西北部留鸟，*philippensis* 亚种见于台湾，*poggei* 亚种见于其他地区。偶尔上至海拔 2000 m 处。**习性**：喜在水质清澈的湖泊、沼泽、涨水稻田活动。通常单独或集分散小群活动。繁殖期在水上相互追逐并发出叫声。

144. 赤颈䴙䴘 Red-necked Grebe *Podiceps grisegena* chìjǐng pìtī
40~57 cm 图版15 国二/LC

识别：比凤头䴙䴘更小，体型短且圆润。比起凤头䴙䴘匕首状的喙形，喙更短而粗。喙基具特征性黄斑。略具冠羽。夏羽顶冠黑色，颈部栗色，脸颊灰白色。冬羽和凤头䴙䴘的区别在于脸颊和前颈灰色较多，喙的形状和颜色亦不同。**鸣声**：非繁殖期十分安静。营巢时甚嘈杂，发出 *uooh, uooh, uooh* 嚎叫并以粗哑嘶叫收尾，亦作粗哑的 *cherk* 声，参考 XC381920（Frank Roos）。**分布**：全北界分布，斯堪的纳维亚和西伯利亚繁殖的种群越冬于伊朗和北非，北美洲和东北亚繁殖的种群越冬于中国、日本和美国南部。在中国繁殖于东北地区湿地，迁徙途经东北，在东部和东南沿海地区有越冬记录。**习性**：潜水时常跃出水面。

145. 凤头䴙䴘 Great Crested Grebe *Podiceps cristatus* fèngtóu pìtī
45~51 cm 图版15 LC

识别：大型而优雅的䴙䴘。颈部修长，具明显深色羽冠。下体近白，上体纯灰褐色。成鸟繁殖羽枕部栗色，颈部和脸侧具丝状饰翎似耳羽束。与赤颈䴙䴘的区别在于脸侧白色延伸过眼且喙更长。虹膜近红色；喙黄色，下喙基部偏红，上缘近黑。**鸣声**：成鸟发出深沉而洪亮的叫声，亦发出似蛙鸣的叫声，参考 XC448648（Patrik Åberg）。雏鸟乞食时发出 *ping-ping* 般笛声。**分布**：古北界、非洲、印度、澳大利亚和新西兰。在中国，指名亚种为地区性常见鸟，广布于较大湖泊。部分为候鸟。**习性**：繁殖期成对作精湛的求偶炫耀，相互对视，挺直身体并同时点头，有时也叼着植物。

146. 角䴙䴘 **Horned Grebe** *Podiceps auritus* jiǎo pìtī 31~39 cm 图版15 国二/VU

识别：中型而紧凑的䴙䴘。略具羽冠。繁殖羽具标志性的橙黄色贯眼纹和羽冠，延至枕部，与黑色头部对比明显，前颈和两胁深栗色，上体多黑色。冬羽较黑颈䴙䴘脸上白色更多，喙不上翘，头更大而平。飞行时与黑颈䴙䴘的区别在于翼下覆羽为白色。偏白色的喙端有别于小䴙䴘以外的其他所有䴙䴘。虹膜红色，眼圈白色；喙黑色，尖端偏白。**鸣声**：非繁殖期较安静。繁殖期作颤音二重唱，似小䴙䴘但鼻音较重，亦作粗哑而多喉音的叫声，参考 XC433320（Logan McLeod）。**分布**：繁殖于整个北半球温带地区的淡水水域，冬季分散至约北纬30°以南，包括沿海水域。在中国甚罕见，繁殖于天山西部，有记录迁徙时见于东北地区，越冬于东南地区及长江下游。迷鸟见于台湾，香港亦有记录。**习性**：冬季集小群活动。

147. 黑颈䴙䴘 **Black-necked Grebe** *Podiceps nigricollis* hēijǐng pìtī
25~35 cm 图版15 国二/LC

识别：中型䴙䴘。成鸟繁殖羽具松软的黄色耳羽束，前颈黑色，喙较角䴙䴘更为上翘。冬羽和角䴙䴘的区别在于喙全深色，深色的顶冠延至眼下，颊部白色延至眼后并呈月牙状，飞行时翼下覆羽不白。幼鸟似成鸟冬羽，但褐色较重，胸部具深色带，眼圈白色。虹膜红色。**鸣声**：繁殖期发出如笛音的哀鸣 *coo-eeet* 和尖厉颤音，参考 XC340749（Tero Linjama）。**分布**：不连贯分布于北美西部、欧亚大陆至蒙古国西部、非洲、南美和中国东北。冬季分散至北纬30°以南地区。在中国，指名亚种为罕见繁殖鸟和冬候鸟，繁殖于天山西部、内蒙古和东北地区，迁徙时见于中国大部地区，越冬于华南、东南沿海和西南部的河流中。**习性**：集群繁殖于淡水中，冬季集群于湖泊和南部沿海。

▌红鹳目 PHOENICOPTERIFORMES 红鹳科 Phoenicopteridae
火烈鸟（1属1种）

分布于美洲、非洲和欧亚大陆的一小科高度特化的水鸟，体羽红色，颈长，喙长而下弯，以从盐碱湖泊中滤食浮游生物为生。

148. 大红鹳 **Greater Flamingo** *Phoenicopterus roseus* dà hóngguàn
120~145 cm 图版16 LC

识别：不易被误认的高大偏粉色水鸟。喙粉红而端黑，喙形似靴，颈甚长，红色的跗跖亦长，两翼偏红。未成年鸟体羽浅褐色，喙灰色。**鸣声**：短促的鼻音和似雁鸣声，参考 XC437145（Stein Ø. Nilsen）。**分布**：非洲、欧洲南部、中亚和印度西部。迷鸟见于中国，近年来在中国多省份有多笔记录，多为西北部，可能是阿富汗或哈萨克斯坦中部繁殖种群的扩散，但也不排除部分记录为逃逸个体。**习性**：集群活动。飞行时颈直。多立于咸水湖泊，喙两侧甩动以过滤食物。

鹲形目　PHAETHONTIFORMES　鹲科　Phaethontidae　鹲 （1属3种）

一小科外形优雅的白色海鸟，尾部楔形，具两根延长的中央尾羽。栖于远洋，善潜水，主食鱿鱼故夜间甚活跃。游泳时尾部上翘。

---

149. 红嘴鹲　Red-billed Tropicbird　*Phaethon aethereus*　hóngzuǐ méng
45~102 cm　　　　　　　　　　　　　　　　　　　　　　图版17　LC

识别：较大的鹲。成鸟以红色喙、上体具横斑和白色延长尾羽为特征。初级飞羽外侧黑色。幼鸟、未成年鸟与白尾鹲以及红尾鹲的区别在于上体具细密的横纹，并具特征性的宽阔贯眼纹，延至颈后形成后颈环。跗跖偏黄色，蹼黑色。**鸣声**：在巢区以及围绕船只飞行时发出响亮尖叫，参考 XC394990（Marco Cruz）。**分布**：太平洋、大西洋及印度洋西北部的热带和亚热带水域。在中国，繁殖于西沙群岛，迷鸟至东南沿海、海南和台湾。**习性**：在海洋上空高飞，甚优雅。觅食时先悬停在空中然后双翼半合猛扎入水，似鲣鸟。

---

150. 红尾鹲　Red-tailed Tropicbird　*Phaethon rubricauda*　hóngwěi méng
45~107 cm　　　　　　　　　　　　　　　　　　　　　　图版17　LC

识别：较大的白色或偏粉色鹲。成鸟新羽粉红色，但很快褪为白色。与白尾鹲的区别在于喙红色、体羽黑色较少且延长尾羽为红色，与红嘴鹲的区别在于延长尾羽色深、初级飞羽外侧为白色仅羽轴为黑色。未成年鸟喙部偏黑，上体具黑色横斑，跗跖蓝色、蹼黑色。**鸣声**：飞行时发出似棘轮的 *pirr-igh* 声，在巢区的告警声为大声尖叫，参考 XC118205（david m）。**分布**：印度洋和太平洋的热带、亚热带海域。在中国，于台湾附近的太平洋上有极少记录。**习性**：长栖于海上。飞行似白尾鹲。

---

151. 白尾鹲　White-tailed Tropicbird　*Phaethon lepturus*　báiwěi méng
37~99 cm　　　　　　　　　　　　　　　　　　　　　　图版17　LC

识别：较小的白色鹲。延长尾羽白色。成鸟体羽白色为主，具黑色眉纹、黑色翼尖和翼上黑色斜纹。未成年鸟不具延长尾羽，上体有黑色粗纹，初级飞羽上的黑色比红尾鹲更多。体型比其他两种鹲更小。喙橙色或黄色。**鸣声**：飞行时发出 *tetetete* 和 *tik* 的响声，在巢区发出大声尖叫，参考 XC110921（Matthias Feuersenger）。**分布**：大西洋、印度洋及太平洋的热带和亚热带海域。在中国，迷鸟记录于台湾附近海域。**习性**：振翅迅速，在海洋上空高飞盘旋，扎入海中觅食。

鹳形目　CICONIIFORMES　鹳科　Ciconiidae　鹳类　（4属7种）

世界性分布的一小科大型鸟类，喙长而有力，跗跖长，翼宽，尾短。常在开阔湿

地悄然漫步觅食鱼类和其他小型动物，一些种类食腐。利用热气流翱翔。大部分种类作长距离迁徙。

152. 彩鹳 **Painted Stork** *Mycteria leucocephala* cǎi guàn
93~102 cm 图版16 国一/NT

识别：大型的偏白色鹳。胸部具黑色带，两翼黑白色，尾黑，喙黄而下弯。头部裸露皮肤偏红色。繁殖羽背部覆羽粉红色。飞行时两翼黑色，翼上大覆羽和翼下覆羽具白色宽带，其余翼上覆羽则具白色窄带。未成年鸟体羽褐色，两翼黑色，腰和臀白色。**鸣声**：幼鸟作呱呱叫声，成鸟上下喙叩击发出啪嗒声，参考 XC460222（Peter Boesman）。**分布**：南亚次大陆至中国西南部及中南半岛。20 世纪 30 年代被认为系常见鸟，但 80 年代后已稀少。夏候鸟记录于长江下游地区、华南至云南南部。**习性**：集群繁殖于水中树丛。觅食于池塘、湖泊和河流的岸边。

153. 钳嘴鹳 **Asian Openbill** *Anastomus oscitans* qiánzuǐ guàn
68~81 cm 图版16 LC

识别：大型的偏白色鹳。两喙闭合时中有空隙为其显著特征。飞羽和尾羽黑色。未成年鸟偏褐色，翕部深色，喙部空隙不甚明显。**鸣声**：在巢区发出 *hurh hurh hurh* 的鸣叫，参考 XC369048（Peter Boesman），余时甚安静。**分布**：南亚次大陆至东南亚。中国于 2006 年首次记录于大理，随后扩散至云南、贵州、广西、四川、甘肃等地区。**习性**：觅食于高至海拔 4000 m 的池塘、稻田、湖泊和河流的岸边。

154. 黑鹳 **Black Stork** *Ciconia nigra* hēi guàn 100~120 cm 图版16 国一/LC

识别：不易被误认的大型黑色鹳。下胸、腹部和尾下覆羽白色，喙和跗跖红色。黑色区域的体羽具绿紫色光泽。飞行时翼下黑色，仅三级飞羽和次级飞羽内侧为白色。眼周裸露皮肤红色。幼鸟上体褐色，下体白色。**鸣声**：繁殖期发出悦耳喉音，参考 XC421079（Livon）。**分布**：欧洲至中国北方，越冬至南亚次大陆和非洲。在中国数量罕见且持续下降，繁殖于北方，越冬至长江以南地区和台湾。**习性**：栖于沼泽、池塘、湖泊、河流沿岸及河口地区。性惧人。冬季有时集小群活动。

155. 白颈鹳 **Woolly-necked Stork** *Ciconia episcopus* báijǐng guàn
85~95 cm 图版16 NT

识别：较小的黑白色鹳。喙灰色且直，白色颈部羽毛蓬松。头顶黑色，两翼和体羽为紫黑色，尾下覆羽白色。幼鸟体羽偏褐色。**鸣声**：除在巢区以外通常安静。**分布**：赤道非洲、南亚次大陆、东南亚至大巽他群岛。在中国仅于云南有迷鸟记录于海拔 4000 m（纳帕海）。**习性**：栖于沼泽、池塘、湖泊、河流和稻田。

156. 白鹳 **White Stork** *Ciconia ciconia* bái guàn 100~115 cm 图版16 国一 / LC

识别：大型的白色鹳。飞羽黑色。似东方白鹳但喙部红色而非黑色。**鸣声**：上下喙叩击发出啪嗒声，参考 XC428861（Aladdin）。**分布**：欧洲、北非至中亚，越冬于非洲和印度。在中国罕见，*asiatica* 亚种为夏候鸟，并可能繁殖于新疆西部天山和喀什地区。迷鸟至阿勒泰和内蒙古东北部。**习性**：营巢于树木、电塔和烟囱顶部。冬季集群活动。在湿地中觅食，飞行时常利用热气流盘旋上升。

157. 东方白鹳 **Oriental Stork** *Ciconia boyciana* dōngfāng báiguàn
100~115 cm 图版16 国一 / EN

识别：大型的纯白色鹳。两翼和厚直的喙部为黑色。跗跖红色，眼周裸露皮肤粉红色。飞行时黑色的初级飞羽和次级飞羽与纯白色的体羽对比明显。与白鹳的区别在于喙部颜色。未成年鸟为污黄白色。**鸣声**：上下喙叩击发出啪嗒声，参考 XC401954（Alex Thomas）。**分布**：东北亚和日本。在中国，繁殖于东北地区开阔原野和森林，越冬于长江下游的湖泊，偶有冬候鸟至陕西南部、西南地区和香港，夏候鸟偶见于内蒙古西部鄂尔多斯高原。在部分地区会利用人工招引巢和输电塔，繁殖地正在向南方扩张。**习性**：同白鹳。

158. 秃鹳 **Lesser Adjutant** *Leptoptilos javanicus* tū guàn
110~135 cm 图版16 国二 / VU

识别：巨大的黑白色鹳。喙部粗壮。两翼、背部和尾部黑色，下体和领环白色，裸露的头部和喉部粉红色，颈部裸露区域黄色，头部具白色绒羽。**鸣声**：在巢区发出嗡嗡声、振翅声和喙部叩击的啪嗒声，其余时候安静，参考 XC156243（Antero Lindholm）。**分布**：印度、中国南部、东南亚和大巽他群岛。在中国曾于海南岛、江西、云南和四川有记录，但是否繁殖尚不确定，现可能已经或濒临绝迹。**习性**：喜多草的湿地、泥滩和红树林。有时与其他鹳类甚至雕类共同随热气流翱翔。

▎ 鹈形目　PELECANIFORMES　鹮科　Threskiornithidae　鹮类
（5 属 6 种）

广布于热带地区的一小科鸟类，与鹳类相似且亲缘较近，但体型更小，喙部特化为弯曲或勺状以适合在泥水中觅食，而非鹳类的穿刺和击碎。趾间部分具蹼。

159. 黑头白鹮 **Black-headed Ibis** *Threskiornis melanocephalus*
hēitóu báihuán 65~76 cm 图版17 国一 / NT

识别：不易被误认的大型白色鹮。头黑色，喙长而下弯，尾部被蓬松的灰色三级飞羽所覆盖。**鸣声**：通常安静，但在繁殖季节发出奇怪的咕哝声，参考 XC460207（vir joshi）。**分布**：印度、中国南部和东部、日本、东南亚和大巽他群岛。在中国，冬候鸟罕见于华东和华南沿海含台湾，偶至内陆四川、云南和西藏东南部，原分布于北非的埃及圣鹮（*Threskiornis aethiopica*）有野化种群分布于台湾，区别在于"尾部"（为三级飞羽）黑色，如今被视作入侵物种。**习性**：喜多芦苇的沼泽和涨水的草地。常集小群，不停走动寻找食物或编队飞行。与鹳类和其他水鸟混群营巢。

---

160. 白肩黑鹮 White-shouldered Ibis *Pseudibis davisoni* báijiān hēihuán
60~85 cm   图版17   国一/CR

识别：中型的黑色鹮。头部裸露，肩部具白斑，跗跖红色，枕部有浅蓝色斑。通体羽色深褐，两翼和尾部黑色并具光泽，下体无栗色。**鸣声**：粗哑的 kyee-ahh 声，参考 XC295758（Tmat Boey）。**分布**：曾分布于中国西南部和东南亚地区，现仅存于中南半岛和加里曼丹岛。极危物种，在中国分布状况不明，19 世纪于云南西南部曾有记录。**习性**：似彩鹮，但喜沼泽林地和溪流。

---

161. 朱鹮 Crested Ibis *Nipponia nippon* zhū huán   55~84 cm   图版17   国一/EN

识别：不易被误认的大型偏粉色鹮。脸部朱红色，喙长而下弯，喙端红色，颈后饰羽长，为白色或灰色（繁殖羽），跗跖绯红色。幼鸟和部分成鸟体羽灰色。夏季灰色较浓，饰羽较长。飞行时可见红色的翼下飞羽。**鸣声**：粗哑的咕哝声，参考 XC113348（Frank Lambert）。**分布**：曾为中国东部、朝鲜半岛和日本的留鸟，后来在野外几乎绝迹，仅在中国中部存有一群。世界性濒危。繁殖于陕西南部秦岭南坡的种群目前增至数千只，并被再引入至中国其他省份和日本佐渡岛。**习性**：在松树和杨树上集群营巢，觅食于附近的农田和自然沼泽地。

---

162. 彩鹮 Glossy Ibis *Plegadis falcinellus* cǎi huán   49~66 cm   图版17   国一/LC

识别：较小的深栗色鹮。远看似大型的深色杓鹬。上体具绿色和紫色光泽。幼鸟体褐色，不具光泽。**鸣声**：带鼻音的咕哝声，于巢区发出咩咩声和咕咕声，参考 XC442167（Oscar Campbell）。**分布**：广布于除南极洲以外的各大洲。之前在中国是否繁殖并不确定，但在 2019 年和 2020 年，分别于秦岭和云南大理记录到繁殖个体，偶见于长江下游、华东、华南、广东、香港和海南等地的湖泊周围。**习性**：集小群栖于沼泽、稻田和涨水的草地。夜晚直线排列或编队飞回夜栖地。与鹭类混群营巢。

---

163. 白琵鹭 Eurasian Spoonbill *Platalea leucorodia* bái pílù
80~95 cm   图版17   国二/LC

识别：大型的白色琵鹭。灰色的喙长而形似琵琶。头部裸露皮肤黄色，眼先具黑色线。与黑脸琵鹭冬羽的区别在于体型较大，脸部黑色较少，白色羽毛延伸过喙基且喙色较浅。**鸣声**：除繁殖期，通常安静，参考 XC380956（Stanislas Wroza）。**分布**：欧亚大陆及非洲。在中国不甚常见，夏季或繁殖于新疆西北部天山至东北各省，冬季途经中国中部迁徙至云南、东南沿海各省、台湾和澎湖列岛。冬季在鄱阳湖有上千只的越冬记录。**习性**：喜泥泞水塘、湖泊或泥滩，在水中缓慢前进，喙两侧甩动寻找食物。一般单独或集小群活动，半夜行性。

164. 黑脸琵鹭 Black-faced Spoonbill *Platalea minor* hēiliǎn pílù
60~79 cm   图版17 国一/EN

识别：大型的白色琵鹭。灰黑色的喙长而形似琵琶。似白琵鹭冬羽，但喙部全灰，脸部裸露皮肤黑色且面积较小。**鸣声**：除繁殖期，通常安静。**分布**：繁殖于朝鲜半岛，中国东北可能有繁殖地尚未被发现。冬季迁至江西、台湾、贵州、华南、海南，以及国外的越南北部，菲律宾亦有越冬记录。种群数量较少但相对稳定。**习性**：同白琵鹭。

▌ 鹈形目 PELECANIFORMES 鹭科 Ardeidae 鹭类 （10属26种）

世界性分布的涉禽，跗跖和颈部均长，喙长且直，尖端呈矛形以捕捉鱼类、其他小型脊椎动物和无脊椎动物。飞行时颈部弯曲，故与琵鹭和鹳类易区分。部分种类在繁殖季节具有细长的丝状羽。

165. 大麻鳽 Great Bittern *Botaurus stellaris* dà máyán 64~78 cm 图版18 LC

识别：大型的金褐色鳽。具黑斑，头顶黑色，颏与喉部白色且其边缘具明显的黑色颊纹。头侧金色，其余体羽多具黑色纵纹和杂斑。飞行时具有褐色横斑的飞羽与金色的翼上覆羽及背部对比明显。**鸣声**：仅在繁殖期发出为人熟知的鼓声，参考 XC414489（Frank Lambert），冬季较安静。**分布**：繁殖于非洲和欧亚大陆，冬候鸟见于东南亚及菲律宾。在中国，繁殖于天山、呼伦湖和东北各省。冬季南迁至长江流域、东南沿海各省、台湾和云南南部。**习性**：性隐蔽，喜高芦苇丛。被发现时就地静止不动，喙垂直上指。受惊时在芦苇上低飞而过。

166. 小苇鳽 Little Bittern *Ixobrychus minitus* xiǎo wěiyán
31~38 cm   图版18 国二/LC

识别：小型的偏黄色或黑白色鳽。雄鸟绒白色，头顶黑色，两翼黑色并具大块白斑，喙红色。雌鸟黄褐色，上体具褐色纵纹，下体略具纵纹，两翼褐色并具皮黄色斑。幼鸟似缩小版大麻鳽，具杂斑和纵纹。**鸣声**：求偶叫声为每2至3秒重复一次的嘟哝声 *gook*，参考 XC656126（Lorenzo Maffezzoli）。受威胁时发出响亮鼻音 *kekekeke*。**分布**：欧亚大陆、非洲、马达加斯加、澳大利亚和新西兰。在中国十分罕见，迁徙途经新疆西部天山地区，并在喀什地区越冬。**习性**：起伏飞行，振翅迅速似松鸦。

167. 黄苇鳽 / 黄斑苇鳽　Yellow Bittern　*Ixobrychus sinensis*　huáng wěiyán

30~40 cm　　　　　　　　　　　　　　　　　　图版18　LC

识别：小型的皮黄色和黑色鳽。成鸟头顶黑色，上体浅黄褐色，下体皮黄色，黑色飞羽与皮黄色翼覆羽形成强烈对比。未成年鸟似成鸟，但褐色较浓，全身纵纹密布，两翼和尾部黑色。**鸣声**：通常安静。飞行时发出略微刺耳的断续 *kakak kakak* 轻声，参考 XC477745（Viral Joshi）。**分布**：繁殖于印度、东亚、菲律宾、密克罗尼西亚和苏门答腊岛，越冬于印度尼西亚和新几内亚岛。在中国为湿地常见鸟，繁殖于东北、华中、西南、台湾和海南岛，越冬于热带地区。**习性**：喜河流和水道边的浓密芦苇丛，也喜稻田。

168. 紫背苇鳽　Von Schrenck's Bittern　*Ixobrychus eurhythmus*

zǐbèi wěiyán　33~42 cm　　　　　　　　　　　　　图版18　LC

识别：小型的深褐色鳽。雄鸟顶冠黑色，上体紫栗色，下体具皮黄色纵纹，喉、胸部有深色纵纹形成的中线。雌鸟和未成年鸟体羽褐色较重，上体具黑白色和褐色杂点，下体有纵纹。飞行时翼下灰色为其特征。**鸣声**：飞行时发出低声呱呱叫，参考 XC319945（Tom Wulf）。**分布**：繁殖于西伯利亚东南部、中国东部、朝鲜半岛和日本，越冬南迁至东南亚、菲律宾和印度尼西亚。在中国不罕见，繁殖于胡焕庸线以东地区。迁徙经过海南和台湾。**习性**：性孤僻羞怯。喜芦苇地、稻田和沼泽。

169. 栗苇鳽　Cinnamon Bittern　*Ixobrychus cinnamomeus*　lì wěiyán

31~41 cm　　　　　　　　　　　　　　　　　　图版18　LC

识别：小型的橙褐色鳽。雄鸟上体栗色，下体黄褐色，喉、胸部有黑色纵纹形成的中线，两胁具黑色纵纹，颈侧具偏白色纵纹。雌鸟体色暗，褐色较浓。未成年鸟下体具纵纹和横斑，上体具点斑。**鸣声**：受惊起飞时发出呱呱叫声，求偶叫为 *kokokokoko* 或 *geg-geg* 的低声，参考 XC127482（Antero Lindholm）。**分布**：印度、中国、东南亚、苏拉威西岛和马来群岛。在中国为常见的低海拔夏候鸟（北方）和留鸟（南方），繁殖于辽宁至华东、华中、西南、海南和台湾的淡水沼泽和稻田中，越冬于热带地区。**习性**：性羞怯孤僻，白天栖于稻田或草地，夜晚较活跃。受惊时一跃而起，飞行低，振翅缓慢有力。营巢在芦苇或深草中。

170. 黑鳽　Black Bittern　*Ixobrychus flavicollis*　hēi yán　49~64 cm　图版18　LC

识别：中型的近黑色鳽。雄鸟通体青灰色（野外看似黑色），颈侧黄色，喉部具黑色和黄色纵纹。雌鸟偏褐色，下体白色较多。未成年鸟顶冠黑色，背部和两翼羽端黄褐色，形成褐色鳞状纹。喙长，形如匕首，区别于色彩相似的其他鳽类。**鸣声**：飞行时发出响亮粗哑的呱呱叫声，繁殖季节发出深沉鼓声，参考 XC202694（Frank Lambert）。**分布**：印度、中国南方、东南亚、菲律宾、印度尼西亚至大洋洲。在中国，指名亚种为不常见的夏候鸟，繁殖于长江中下游、东南沿海、华南沿海、西江流域和海南岛，*major* 亚种罕见于台湾。**习性**：性羞怯。白天栖于森林和植被茂密缠结的沼泽，夜晚觅食。营巢于沼泽上方的浓密植被中。

171. 海南鸦 White-eared Night Heron *Gorsachius magnificus*
hǎinán yán　54~62 cm
图版18　国一／EN

识别：中型鸦。上体、顶冠、头侧斑纹和颈侧条纹均为深褐色。胸部具矛状皮黄色长羽，羽缘深色。上部颈侧橙褐色。翼覆羽灰色，具白色点斑。雄鸟具粗大的白色贯眼纹，颈部白色，胸侧黑色，翼上具棕色肩斑。**鸣声**：尖厉的 *grrrr* 噪叫，参考 XC236024（Duncan Wilson）。**分布**：中国南方（国外在越南东北部有一记录）。世界性濒危。曾为中国东南部各省和海南的留鸟，记录于安徽、福建和两广。**习性**：栖于林中小溪旁沼泽区域的稠密低矮草丛。受惊时飞至树冠层。

172. 栗鸦／栗头鸦 Japanese Night Heron *Goraschius goisagi* lì yán
43~49 cm
图版18　国二／VU

识别：较小而矮胖的褐色鸦。似黑冠鸦但区别在于羽冠和喙更小，枕部灰褐至栗色而非黑色，翼尖不白。翼上具特征性的黑白色肩斑。上体深褐色并具较浅的蠹状纹，下体皮黄色，并具深褐色纵纹形成的中线。飞行时灰色的飞羽和褐色翼覆羽形成对比。**鸣声**：繁殖期和迁徙时节发出深沉而带回音的似鸦类呼呼叫声，进食时发出呱呱声，参考 XC242042（Anon Torimi）。**分布**：繁殖于日本，越冬至菲律宾和苏拉威西岛。在中国为罕见过境鸟，见于上海、台湾、广东等沿海地区。**习性**：喜林区，早晚在开阔草地觅食。

173. 黑冠鸦 Malayan Night Heron *Gorsachius melanolophus* hēiguān yán
41~51 cm
图版18　国二／LC

识别：较小而敦实的深红褐色及黑色鸦。喙粗短而下弯。成鸟顶冠黑色，上体栗褐色并具黑色点斑，下体棕黄色并具黑白色纵纹，颏白并有黑色纵纹形成的中线。飞行时黑色飞羽和白色翼尖区别于栗苇鸦。未成年鸟上体深褐色并具白色点斑和皮黄色横斑，下体苍白并具褐色点斑和横斑。与夜鹭未成年鸟的区别在于喙较粗短。**鸣声**：通常于晨昏时节在树冠层发出间隔约 1.5 秒的一连串深沉 *guerh* 声，亦作粗哑的呱呱声及喘息声，参考 XC286003（Peter Boesman）。**分布**：繁殖于印度、中国南方、东南亚和菲律宾，冬季南迁至大巽他群岛。在中国为罕见留鸟和夏候鸟，见于云南西南部、广西和海南岛的低海拔地区。**习性**：性羞怯，夜行性。白天躲藏在浓密植被下的地面或近地面处，夜晚在开阔地觅食。受惊时飞至附近树上。

174. 夜鹭 Black-crowned Night Heron *Nycticorax nycticorax* yè lù
58~65 cm
图版19　LC

识别：中型、头大而粗壮的黑白色鹭。成鸟顶冠黑色，颈部和胸部白色，枕部有两条白色丝状羽，背黑色，两翼和尾部灰色。雌鸟体型较雄鸟更小。繁殖羽跗跖和眼先变为红色。未成年鸟具褐色纵纹和点斑。**鸣声**：飞行时发出深沉喉音如 *wok* 或 *kowak-kowak*，受惊时发出粗哑的呱呱声，参考 XC449101（Lars Lachmann）。**分布**：美洲、非洲、欧亚大陆、东南亚和大巽他群岛。在中国，地区性常见于华东、华中和华南的低海拔地区，冬季迁徙至南方沿海地区和海南岛。**习性**：白天群栖于树上休息，黄昏时鸟群分散，发出深沉的呱呱叫声，觅食于稻田、草地和水道两旁。集群营巢于水上树枝，甚喧哗。

175. 棕夜鹭　Nankeen Night Heron　*Nycticorax caledonicus*　zōng yèlù
55~59 cm
图版18　LC

识别： 中型、头大而粗壮的棕色鹭。成鸟顶冠黑色，上体棕黄色，下体浅黄色，虹膜黄色。未成年鸟具棕色纵纹和点斑，似夜鹭，但翼上具黑色条带，顶冠偏黑。**鸣声：** 深沉喉音似 *kwok kwok*，参考 XC290184（Frank Lambert）。**分布：** 澳大利亚、新几内亚岛、苏拉威西岛和加里曼丹岛。在中国，*manillensis* 亚种见于台湾兰屿。**习性：** 似夜鹭，但更多见于海边。

176. 绿鹭　Striated Heron　*Butorides striata*　lǜ lù　35~48 cm
图版19　LC

识别： 小型深灰色鹭。成鸟顶冠和松软的延长冠羽为黑色并具绿色光泽，一道黑色横纹从喙基过眼下和脸颊。两翼和尾部青蓝色并具绿色光泽，羽缘皮黄色。腹部粉灰，颏部白色。雌鸟体型比雄鸟略小。幼鸟具棕色纵纹。**鸣声：** 告警声为响亮的 *kweuk* 爆破音，亦作一连串的 *kee-kee-kee-kee* 声，参考 XC443534（Jayrson Araujo de Oliveira）。**分布：** 广布于美洲、非洲、马达加斯加、南亚次大陆、中国、东北亚、东南亚、马来群岛、菲律宾、新几内亚岛和澳大利亚。在中国，*amurensis* 亚种繁殖于东北地区，冬季迁徙至南方沿海地区，*actophila* 亚种在华南和华中甚常见，*javanica* 亚种较常见于台湾和海南。**习性：** 性孤僻羞怯。栖于池塘、溪流和稻田中，亦栖于苇丛、灌丛和红树林等有茂密植被覆盖的地区。集小群营巢。

177. 印度池鹭　Indian Pond-Heron　*Ardeola grayii*　yìndù chílù
40~50 cm
图版19　LC

识别： 较小、两翼白色、体具褐色纵纹的鹭。极似池鹭，冬羽甚难区分。繁殖羽头、颈和胸部为沙黄色并具白色颈羽，背部深栗色。**鸣声：** 高音的 *urrh, urrh, urrh*，参考 XC428562（Sreekumar Chirukandoth）。**分布：** 南亚次大陆和缅甸。在中国记录于新疆西南部和云南西南部，新疆东南部亦可能有分布。**习性：** 同池鹭。

178. 池鹭　Chinese Pond-Heron　*Ardeola bacchus*　chí lù　40~50 cm　图版19　LC

识别： 较小、两翼白色、体具褐色纵纹的鹭。繁殖羽头、颈深栗色，胸部红褐色。冬羽站立时可见褐色纵纹，飞行时体白而背部深褐色。**鸣声：** 通常安静，争斗时发出低沉呱呱叫声，参考 XC209671（Frank Lambert）。**分布：** 繁殖于孟加拉国至中国和东南亚，越冬至马来半岛、中南半岛和大巽他群岛，迷鸟至日本。在中国，常见于华南、华中和华北地区的水稻田，偶见于西藏南部和东北地区低海拔处，迷鸟至台湾。**习性：** 栖于稻田和其他涨水地区，单独或集分散小群觅食。晚间三两成群飞回夜栖地，飞行时振翅缓慢，翼显短。与其他水鸟混群营巢。

179. 爪哇池鹭　**Javan Pond-Heron**　*Ardeola speciosa*　zhǎowā chílù
40~50 cm
图版19　LC

识别：较小、两翼白色、体具褐色纵纹的鹭。极似池鹭，冬羽甚难区分，背部更偏灰褐色。繁殖羽头、颈和胸部为浅橙色，脸部更白，具橙色颈羽，背部深灰褐色。**鸣声**：起飞时发出沙哑的 *kwa* 声，参考 XC94169（Mike Nelson）。**分布**：中南半岛、大巽他群岛、菲律宾和苏拉威西岛。在中国，*continentalis* 亚种记录于台湾。**习性**：同池鹭。

180. 牛背鹭　**Eastern Cattle Egret**　*Bubulcus coromandus*　niúbèi lù
45~55 cm
图版20　NR

识别：较小的白色鹭。繁殖羽体白，头、颈、胸部偏橙色，虹膜、喙、跗跖和眼先短期内呈亮红色，随后变为黄色。非繁殖羽体白，仅部分个体额部偏橙色。与其他鹭的区别在于体型较粗壮、颈较短而头圆、喙较短厚。**鸣声**：通常安静，但在巢区发出呱呱声，参考 XC393573（Greg McLachlan）。**分布**：南亚次大陆至日本、东南亚、菲律宾、澳大利亚和新西兰。在中国，甚常见于包括海南和台湾的南方低海拔地区。有北扩趋势，夏候鸟偶尔远至北京。**习性**：与家畜关系密切，捕食其从草地上引来或惊起的蝇类。傍晚集小群列队低飞过水域回到夜栖地。集群营巢于水面上方。**分类学订正**：通常被视作 *B. ibis*（西方牛背鹭）的亚种。

181. 苍鹭　**Grey Heron**　*Ardea cinerea*　cāng lù　80~110 cm
图版19　LC

识别：大型的白、灰、黑色鹭。成鸟具黑色贯眼纹和羽冠，飞羽、翼角以及两道胸斑为黑色，头、颈、胸和背部为白色，颈部具黑色纵纹，余部灰色。幼鸟的头、颈灰色较重，头部无黑色。**鸣声**：深沉的喉音 *kroak* 及似雁鸣的叫声，参考 XC644263（Lars Edenius）。**分布**：非洲、欧亚大陆、日本、菲律宾和马来群岛。在中国为地区性常见留鸟，全境分布于适宜生境，冬季北方鸟迁徙至华南和华中。**习性**：性孤僻，在浅水中觅食。冬季有时集大群。飞行时双翼显沉重。夜栖于树上。

182. 白腹鹭　**White-bellied Heron**　*Ardea insignis*　báifù lù
120~130 cm
图版20　国一/CR

识别：非常大的灰色鹭。喉、腹、臀、腋羽、腿内侧以及颈下方具有白色的长饰羽。比苍鹭体型大得多。顶冠具有几根灰色和白色的丝状羽。虹膜黄色。**鸣声**：粗哑吠声，参考 XC416446（Tshering Dema）。**分布**：喜马拉雅东部山麓至印度东北部及缅甸北部。留鸟罕见于中国西藏东南部和云南西南部低海拔地区的河流及热带、亚热带森林的沼泽区域。**习性**：鹭类典型习性，栖于沼泽和池塘。

183. 草鹭　**Purple Heron**　*Ardea purpurea*　cǎo lù　80~110 cm
图版19　LC

识别：大型灰、栗、黑色鹭。顶冠黑色并具辫状冠羽，颈部棕色，颈侧具黑色纵纹。背部和翼覆羽灰色，飞羽黑色，其余体羽红褐色。飞行时比苍鹭显得体小而色深。**鸣声**：

粗哑的呱呱叫声，参考 XC356656（John Allcock）。**分布**：非洲、欧亚大陆、菲律宾、苏拉威西岛、马来群岛。在中国，*manilensis* 亚种为华东、华中、华南、海南及台湾低海拔地区的常见留鸟，但不如苍鹭常见。**习性**：喜稻田、苇丛、湖泊和溪流。集大群营巢。

184. 大白鹭　Great Egret　*Ardea alba*　dà báilù　90~100 cm　　图版20　LC

识别：大型白色鹭。比其他白色鹭类的体型大得多，喙较厚重，颈部具特别的扭结。繁殖羽眼先裸露皮肤蓝绿色，后背部具丝状饰羽延过尾，颈部下方和胸部也有较短的丝状饰羽，喙黑色，腿部裸露皮肤红色，跗跖黑色。非繁殖羽眼先裸露皮肤黄色，喙黄色而尖端通常色深，跗跖和腿部黑色。**鸣声**：告警时发出低声的 *kraa*，参考 XC447826（Vincent Pourchaire）。**分布**：广布于除两极以外的世界各地，为地区性常见留鸟。指名亚种繁殖于黑龙江和新疆西北部，迁徙经中国北部至西藏南部越冬；*modesta* 亚种繁殖于河北至吉林、福建和云南东南部，越冬于南方地区、海南和台湾。**习性**：通常单独或集小群活动，在内陆湿地和沿海地区活动。与其他鹭类混群营巢。飞行优雅，振翅缓慢有力。

185. 中白鹭　Intermediate Egret　*Ardea intermedia*　zhōng báilù　60~70 cm　　图版20　LC

识别：大型白色鹭。体型介于白鹭和大白鹭之间，喙相对较短，颈部呈"S"形，无扭结。繁殖羽背、胸部有松软的丝状长饰羽，喙和腿部短期内呈粉红色，眼先裸露皮肤灰色。虹膜黄色，喙黄色而尖端通常为褐色，跗跖和腿部黑色。**鸣声**：甚安静，受惊起飞时发出粗喘声 *kroa-kr*，参考 XC460203（Peter Boesman）。**分布**：非洲、印度、东亚至大洋洲。甚常见于中国南方的低海拔湿地，指名亚种为留鸟，见于长江流域、东南部、台湾和海南；尚有争议的 *palleuca* 亚种见于云南南部；漂鸟见于黄河流域。**习性**：喜稻田、湖畔、沼泽、红树林和泥滩。与其他水鸟混群营巢。

186. 斑鹭　Pied Heron　*Egretta picata*　bān lù　43~55 cm　　图版20　LC

识别：较小、不会被误认的深蓝灰色鹭。颏、喉、颈部均白。成鸟繁殖羽头部黑色，颈部饰羽白色。幼鸟头部全白，无饰羽。虹膜、喙、跗跖均为黄色。喙黑色。**鸣声**：沙哑的呱呱声，参考 XC377241（Philippe Verbelen）。**分布**：苏拉威西岛至新几内亚岛和澳大利亚北部。在中国，台湾南部有迷鸟记录。**习性**：喜多岩石的海岸和沿海湿地。

187. 白脸鹭　White-faced Heron　*Egretta novaehollandiae*　báiliǎn lù　60~70 cm　　图版19　LC

识别：大型的蓝灰色鹭。脸部和下体白色。似罕见的白鹭深色型，但体型更大、下体全白且跗跖为黄色。喙黑色。**鸣声**：沙哑的呱呱声，参考 XC287096（Marc Anderson）。**分布**：澳大利亚、新西兰和小巽他群岛。在中国，迷鸟于 1990 年在台湾（高雄）有记录。**习性**：栖于沿海湿地、红树林和泥滩。

188. 白鹭　Little Egret　*Egretta garzetta*　bái lù　54~68 cm　　图版20　LC

识别：中型白色鹭。与牛背鹭的区别在于体型更大且纤瘦，喙和跗跖黑色，趾黄色，繁殖羽纯白，枕部具细长饰羽，背、胸部具蓑状羽。虹膜黄色；眼先裸露皮肤黄绿色，繁殖季节为淡粉色。**鸣声**：集群繁殖时在巢区发出呱呱叫声，余时甚安静，参考 XC460199（Peter Boesman）。**分布**：非洲、欧洲、亚洲和大洋洲。在中国，指名亚种为常见留鸟和候鸟，分布于包括台湾和海南在内的南方地区，迷鸟偶至北京。部分个体冬季迁至热带地区。**习性**：喜稻田、河岸、沙滩、泥滩和沿海小溪。集散群觅食，常与其他鸟类混群。在浅水地区追逐猎物。晚间飞回夜栖地时呈"V"字编队。与其他水鸟混群营巢。

189. 岩鹭　Pacific Reef-Heron　*Egretta sacra*　yán lù　58~70 cm　　图版20　国二/LC

识别：较大的白色或炭灰色鹭。具两种色型：灰色（深色）型较常见，体羽灰色并具短羽冠，近白色的颏在野外清晰可见；白色(浅色)型与牛背鹭的区别在于体型更大、头和颈狭窄，与其他鹭的区别在于跗跖偏绿色且相对较短、喙色浅，生境亦不同。虹膜黄色，喙浅黄色，跗跖绿色。**鸣声**：觅食时发出粗哑的呱呱喉音，告警声为更粗哑的 *arrk* 声，参考 XC108895（Matthias Feuersenger）。**分布**：东亚、西太平洋、印度尼西亚、新几内亚岛、澳大利亚和新西兰的沿海地区。在中国，繁殖鸟偶见于海南、香港、台湾、澎湖列岛和南沙群岛，福建、浙江和广东沿海亦有候鸟。**习性**：几乎总是见于沿海岸带，在岩石或悬崖上休憩，觅食于水边，营巢于小岛巨石下的岩堆上。

190. 黄嘴白鹭　Chinese Egret　*Egretta eulophotes*　huángzuǐ báilù
58~70 cm　　　　　　　　　　　　　　　　图版20　国一/VU

识别：中型白色鹭。跗跖偏绿色，喙黑且下喙基部黄色。冬羽和白鹭的区别在于体型更大、跗跖色不同，与岩鹭浅色型的区别在于跗跖较长、喙色较暗。繁殖羽喙黄色，跗跖黑色，眼先裸露皮肤蓝色。虹膜黄褐色，跗跖黄绿至蓝绿色。**鸣声**：通常安静。受惊时发出呱呱低叫。**分布**：世界性易危。繁殖于黄海诸岛，越冬主要在菲律宾，偶至大巽他群岛。曾分布广泛，现已稀少，数量下降的原因是人类捕猎以采集其羽毛。在中国，迷鸟见于东部沿海至河北、辽宁等地区，迁徙时见于西沙群岛。**习性**：似白鹭，在浅水中不停地追逐猎物。

❚ 鹈形目　PELECANIFORMES　鹈鹕科　Pelecanidae　鹈鹕　（1属3种）

不易被误认的一小科大型水鸟，有巨大的喙和可扩大的喉囊。栖于湖泊、大河及潟湖中，通过喙部抄网或飞行中猛扎入水的方式捕鱼。飞行时颈部弯曲，略显笨重。

191. 白鹈鹕 **Great White Pelican** *Pelecanus onocrotalus* bái tíhú 140~175 cm

图版21 国一／LC

识别：大型白色鹈鹕。体羽粉白色，仅初级和次级飞羽褐黑色。头后具短羽冠，胸部具黄色羽束。未成年鸟褐色。虹膜红色，喙铅蓝色，喉囊黄色，脸部裸露皮肤粉红色。
鸣声：通常安静，但能发出带喉音的咕哝声，参考 XC343693（Marco Dragonetti）。
分布：繁殖于非洲、欧亚大陆中南部、南亚次大陆。在中国，冬候鸟（也可能有繁殖鸟）罕见于新疆西北部天山地区的湖泊、黄河上游和青海湖，迷鸟记录于河南和福建。**习性**：本属典型习性。喜湖泊和大河。

192. 斑嘴鹈鹕 **Spot-billed Pelican** *Pelecanus philippensis* bānzuǐ tíhú 127~156 cm

图版21 国一／NT

识别：大型灰色鹈鹕。体羽灰色，喙部有蓝色斑点。两翼深灰色，体羽无黑色，喉囊紫色且具黑色云状斑。眼周裸露皮肤偏粉色，喙粉红色。**鸣声**：繁殖季节发出沙哑嘶嘶声，参考 XC369412（Peter Boesman）。**分布**：繁殖于印度西南部、斯里兰卡、缅甸和中国东部，东南亚和菲律宾疑有分布，冬季迁徙至南方。在中国的分布状况不明，曾被认为是罕见留鸟，分布于华东、华南沿海，山东偶尔有过境记录。然而上述记录均存疑，可能系卷羽鹈鹕的误认。在中国也许已绝迹。**习性**：集大群生活。栖于沿海港口、河口、湖泊及大河有遮掩物的区域。

193. 卷羽鹈鹕 **Dalmatian Pelican** *Pelicanus crispus* juǎnyǔ tíhú 160~183 cm

图版21 国一／NT

识别：大型鹈鹕。体羽灰白色，眼浅黄色，喉囊橙色或黄色。翼下白色，仅飞羽羽端黑色（白鹈鹕翼上黑色较多）。枕部具卷曲的冠羽。额部羽毛不似白鹈鹕般前伸而是形成月牙状线条。眼周裸露皮肤粉红色；上喙灰色，下喙粉红色。**鸣声**：繁殖季节发出沙哑嘶嘶声，参考 XC331137（Marco Dragonetti）。**分布**：从东南欧至中国。在中国，罕见于北方地区，冬季迁至南方，部分个体固定在香港越冬。**习性**：喜群居，捕食鱼类。

▌鲣鸟目 SULIFORMES 军舰鸟科 Fregatidae 军舰鸟 （1属3种）

热带海鸟，善滑翔飞行，两翼似弓，形长而尖，尾部分叉（常合拢成尖形）。

194. 白腹军舰鸟 **Christmas Island Frigatebird** *Fregata andrewsi* báifù jūnjiànniǎo 89~100 cm

图版22 国一／CR

识别：大型的暗色军舰鸟。雄鸟体羽绿黑色并具金属光泽，喉囊红色，腹部白色。雌鸟胸腹部均白，并延至翼下（呈"马刺"状）和领环，眼周裸露皮肤粉红色。幼鸟体羽多褐色，头部浅锈褐色，胸部具偏黑色的宽带。虹膜深褐色，喙黑色（雄鸟）

或偏粉色（雌鸟和幼鸟），跗跖紫灰色，脚底肉色。**鸣声**：在海上较安静，参考XC68337（Frank Lambert）。**分布**：极危物种。繁殖于印度洋上的圣诞岛。北至马来半岛和中国南海均有记录。在中国，偶见于南海诸岛和广东沿海岛屿。**习性**：海洋性。随热气流在海面高空翱翔，盘旋于鱼群上空。

195. 大军舰鸟 / 黑腹军舰鸟　**Great Frigatebird**　*Fregata minor*　dà jūnjiànniǎo
80~105 cm　　　　　　　　　　　　　　　　　　　　　　图版22　国二/LC

识别：大型的暗色军舰鸟。雄鸟体羽近乎全黑，仅翼上覆羽具浅色横纹，喉囊绯红色。雌鸟额、喉灰白色，上胸白色，翼下基部有少许白色或全无，眼周裸露皮肤粉红色。未成年鸟上体深褐色，头、颈和下体灰白沾铁锈色，与白斑军舰鸟的区别在于体型较大、下腹白色、翼下基部白色较少。喙青蓝色（雄鸟）或近粉色（雌鸟），跗跖偏红色（成鸟）或蓝色（幼鸟）。**鸣声**：在巢区发出嘟嘟、咯咯和似卷舌音的叫声，在海上较安静，参考XC121644（david m）。**分布**：见于热带海洋地区。在中国，繁殖于海南附近海岛、西沙群岛及南沙群岛。地区性常见于中国南海，偶见于南部沿海并北至江苏、河北。罕见于台湾兰屿。**习性**：似其他军舰鸟，但更常光顾海岸。

196. 白斑军舰鸟　**Lesser Frigatebird**　*Fregata ariel*　báibān jūnjiànniǎo
66~81 cm　　　　　　　　　　　　　　　　　　　　　　图版22　国二/LC

识别：中大型的暗色军舰鸟。雄鸟全身近黑色，仅两胁和翼下基部具白斑，喉囊红色。雌鸟体羽黑色，头部近褐色，胸、腹部具白色凹形块斑，翼下基部有些许白色，眼周裸露皮肤粉红或蓝灰色，颏黑色。未成年鸟上体褐黑色，头、颈、胸和两胁均白沾棕色。与小军舰鸟未成年鸟的区别在于体型较小，下体具凹形白色块斑，翼下基部白色较多。**鸣声**：在海上较安静。**分布**：见于热带海洋地区，偶至中国及日本。在中国为罕见夏候鸟，见于广东至福建沿海，极少至台湾。在中国南海、西沙群岛及南沙群岛较常见。**习性**：海洋性。随热气流盘旋上升，有时沉缓振翅快速低掠过水面。夜栖或短暂停歇于浮台或树上。

▌鲣鸟目　SULIFORMES　鲣鸟科　Sulidae　鲣鸟　（1属3种）

世界性分布的一小科大型潜水海鸟，两翼细长而尖，体型似雪茄，喙尖而有力。集群游荡于海上，垂直俯冲入水捕捉鱼群，场面颇为壮观。

197. 蓝脸鲣鸟　**Masked Booby**　*Sula dactylatra*　lánliǎn jiānniǎo
81~92 cm　　　　　　　　　　　　　　　　　　　　　　图版22　国二/LC

识别：大型黑白色鲣鸟。成鸟前额、背部和翼上覆羽白色，头部白色并具黑斑。幼鸟似褐鲣鸟但具白色领环，上体褐色较浅，翼下具横斑。虹膜黄色，喙黄色，跗跖黄至灰色。**鸣声**：在海上较安静，在巢区发出哨声，参考XC431271（Jayrson Araujo de Oliveira）。**分布**：繁殖于热带海岛，见于大部分热带海域。在中国，*personata* 亚种在台湾东北部的钓鱼岛有繁殖记录，夏候鸟见于福建海域。**习性**：海洋性鸟类。

198. 红脚鲣鸟 Red-footed Booby *Sula sula* hóngjiǎo jiānniǎo
66~77 cm 图版22 国二/LC

识别：大型的黑白色或烟褐色鲣鸟。跗跖亮红色，尾部白色。具浅色、深色和中间型3种色型。浅色型体羽多白色，初级和次级飞羽黑色。深色型头、背、胸部烟褐色，尾部白色。所有色型均具红色跗跖和粉红色喙基。未成年鸟全身烟褐色，跗跖黄灰色。虹膜褐色，喙偏灰色，喙基粉红色，喙基裸露皮肤蓝色，喙下裸露皮肤黑色。**鸣声**：在海上较安静，在巢区发出嘶嘶叫声似棘轮，参考 XC332844（Charlie Vogt）。**分布**：见于热带海洋地区。在中国，繁殖于西沙群岛，为南海地区性常见种，冬季偶至东南沿海，在广东、香港、浙江和台湾东南部海上均有记录。**习性**：同其他鲣鸟。

199. 褐鲣鸟 Brown Booby *Sula leucogaster* hè jiānniǎo
64~74 cm 图版22 国二/LC

识别：大型的深褐和白色鲣鸟。头、尾深色。成鸟体羽深烟褐色，腹部白色。未成年鸟腹部浅烟褐色。脸上裸露皮肤橙红色（雌鸟）或偏蓝色（雄鸟）。虹膜灰色，喙黄色（成鸟）或灰色（幼鸟），跗跖黄绿色。**鸣声**：在海上较安静，在巢区发出嗷嗷、呱呱和嘶嘶声，参考 XC335797（Manuel Grosselet）。**分布**：见于热带和亚热带海洋地区。在中国，繁殖于西沙群岛和台湾兰屿，为南海地区性常见种，中国东部和南部沿海（含海南、台湾）偶有记录。**习性**：同其他鲣鸟，但较近海岸，冬季尤为如此。

▌ 鲣鸟目　SULIFORMES　鸬鹚科　Phalacrocoracidae　鸬鹚
（3属6种）

世界性分布的一小科大型食鱼水鸟，喙长而尖端具钩。体羽不具防水油脂，故能轻松地潜水，并在水下长时间追逐猎物。出水后需展开双翼长时间晾晒。

200. 黑颈鸬鹚 Little Cormorant *Microcarbo niger* hēijǐng lúcí
51~56 cm 图版21 国二/LC

识别：较小的黑色鸬鹚。喙短，繁殖羽黑绿色，仅眼上、颈侧和头侧有几片白色丝状羽。非繁殖羽不具丝状羽，但颏部偏白，有时喉部亦白。未成年鸟胸部较白，上体褐色较浓。虹膜蓝绿色。喙褐色，端黑，基部偏紫。**鸣声**：在繁殖地发出拖长音的 *keh-eh-eh-eh-eh-eh* 叫声，参考 XC397382（Werzik）。**分布**：印度、中国西南部、东南亚和大巽他群岛。在中国为极罕见的留鸟和夏候鸟，见于云南南部和西南部局部地区。**习性**：栖于湖泊、涨水的沼泽和河岸。通常集小群，游泳时仅头部露出水面，反复潜水捕鱼。集群营巢于水域或沼泽上方的树上。

201. 侏鸬鹚 Pygmy Cormorant *Microcarbo pygmaeus* zhū lúcí
45~55 cm
图版21　LC

识别：小型而喙短的黑褐色鸬鹚。极似黑颈鸬鹚，区别为体羽通常偏褐色，羽冠更长、头胸部白色纤羽更长且浅色羽缘形成了更为斑驳的皮黄色下体和更具鳞状斑的上体。
鸣声：在繁殖地发出嘟啾声，余时甚安静。**分布**：欧洲至中亚和巴基斯坦。在中国为 2018 年 11 月于新疆玛纳斯发现的新记录。**习性**：栖于湖泊、水库和缓流河流。在裸露的树桩、岩石或树枝上停歇，晾晒双翼。

202. 海鸬鹚 Pelagic Cormorant *Urile pelagicus* hǎi lúcí
63~80 cm
图版21　国二/LC

识别：中型的亮黑色鸬鹚。脸部红色，甚似红脸鸬鹚，但繁殖羽冠羽较稀疏而松软，脸部红色未及额部，但脸颊部分红色较多，幼鸟及非繁殖羽脸部粉灰色，体型略小。
鸣声：在海上较安静，参考 XC209340（Ian Cruickshank）。**分布**：繁殖于阿拉斯加、西伯利亚和日本，越冬于加利福尼亚、日本南部和中国。在中国不常见，指名亚种迁徙时见于东北，越冬于渤海辽东湾、东部沿海，南至广东。迷鸟至台湾。**习性**：典型的远洋鸬鹚。

203. 红脸鸬鹚 Red-faced Cormorant *Urile urile* hóngliǎn lúcí
71~90 cm
图版21　LC

识别：中型的亮黑色鸬鹚。脸部红色，体羽具紫色和绿色光辉。繁殖羽头部具两束羽冠，头侧有几根白色丝状羽，腿部具白斑。幼鸟体羽褐色，脸部亦红。甚似海鸬鹚，但脸部红色延至额部，而颊部红色较少。幼鸟比海鸬鹚的幼鸟脸更红。繁殖羽冠羽较海鸬鹚更为浓密并显蓝色。虹膜蓝色，喙黄色。**鸣声**：在海上较安静，参考 XC142574（Andrew Spencer）。**分布**：繁殖于西伯利亚东部、千岛群岛、阿留申群岛和日本。在中国非常罕见，迷鸟记录于渤海和台湾海域。**习性**：典型的远洋鸬鹚。

204. 普通鸬鹚 Great Cormorant *Phalacrocorax carbo* pǔtōng lúcí
77~94 cm
图版21　LC

识别：大型的亮黑色鸬鹚。喙部厚重，脸颊和喉部白色。繁殖羽颈部和头部具白色丝状饰羽，两胁具白斑。未成年鸟深褐色，下体污白色。虹膜蓝色，喙黑色，喉部裸露皮肤黄色。**鸣声**：繁殖期发出带喉音的咕啾声，余时通常较安静，参考 XC448581（Krzysztof Jankowski）。**分布**：北美东部沿海、欧洲、俄罗斯南部、非洲西北部和南部、中东、亚洲中部、印度、中国、东南亚、澳大利亚、新西兰。部分个体为候鸟。在中国，繁殖于各地的适宜生境，大群聚集于青海湖，迁徙途经中部地区，越冬于南方各省份、海南及台湾。在繁殖地常见，其他地区罕见。**习性**：繁殖于小岛。飞行呈"V"字形编队或直线。一些中国渔民捕捉并训练它们捕鱼。

205. 暗绿背鸬鹚 / 绿背鸬鹚　Japanese Cormorant *Phalacrocorax capillatus*
ànlǜbèi lúcí　81~92 cm　　　　　　　　　　　　　　　图版21　LC

识别：大型黑色鸬鹚。似普通鸬鹚但两翼和背部泛偏绿色光泽。繁殖羽头、颈为绿色并具光泽，头侧具稀疏的白色丝状羽，脸部白斑比普通鸬鹚更大，腿部亦具白斑。冬羽黑褐色，颏、喉白色。喙基裸露皮肤黄色。幼鸟胸部色浅。虹膜蓝色，喙黄色。**鸣声**：除繁殖期外通常较安静，参考 XC360997（Anon Torimi）。**分布**：繁殖于朝鲜半岛、日本、千岛群岛和萨哈林岛，冬季南迁至中国东南部沿海地区。在中国，不定期的冬候鸟见于台湾和福建沿海，迷鸟偶至云南南部，夏候鸟见于辽宁、河北及山东。**习性**：喜峻峭岩崖。几乎完全栖于海上。常被渔民驯养捕鱼。

▌ **鹰形目　ACCIPITRIFORMES　鹗科　Pandionidae　鹗　（1 属 1 种）**

独立成一科、特化的食鱼鹰类。

---

206. 鹗　Western Osprey *Pandion haliaetus*　è　50~65 cm　　　图版23　国二/LC

识别：中型的褐、黑、白色鹰。头和下体白色，并具特征性黑色贯眼纹。上体多为暗褐色，飞行时翼下图案为其重要鉴别特征。滑翔时两翼弯曲。深色的短羽冠可竖立。亚种区别在于头上白色和下体纵纹的多少。虹膜黄色，喙黑色并具灰色蜡膜，裸露的跗跖为灰色。**鸣声**：繁殖期发出响亮哀怨的哨音，巢中幼鸟见到亲鸟时发出大声尖叫，参考 XC456741（Marcin Sołowiej）。**分布**：除南极洲和大洋洲以外的各大洲。广布但较罕见。在中国，留鸟分布于大部地区，夏候鸟见于东北和西北。**习性**：捕鱼的鹰，从水上树枝深扎入水中捕猎，亦在水面上空缓慢盘旋或振翅悬停于空中然后扎入水中。

▌ **鹰形目　ACCIPITRIFORMES　鹰科　Accipitridae　鹰、雕、鹫**
（25 属 53 种）

中型至大型猛禽，喙呈钩状，爪强劲有力，善于捕杀和撕碎脊椎动物。与隼类的区别在于两翼较圆钝、虹膜色浅（黄色或红色）。

---

207. 黑翅鸢　Black-winged Kite *Elanus caeruleus*　hēichì yuān
30~37 cm　　　　　　　　　　　　　　　　　图版23　国二/LC

识别：小型的白、灰、黑色鸢。肩部斑块和形长的初级飞羽均为黑色。成鸟顶冠、背部、翼覆羽和尾基部为灰色，脸、颈和下体为白色。这是唯一的一种振翅悬停于空中寻找猎物的白色鹰类。未成年鸟似成鸟，但体羽沾褐色。虹膜红色，喙黑色，蜡膜和跗跖均为黄色。**鸣声**：轻柔似隼类的 *shweep, shweep* 哨音，参考 XC433771（José

Carlos Sires）。**分布**：非洲、欧亚大陆南部、南亚次大陆、中国南部、菲律宾、印度尼西亚和新几内亚岛。在中国为罕见留鸟，见于南方地区的低海拔开阔地区和高至海拔2000 m的山区，有北扩趋势，山东、河北等地也有稳定记录。**习性**：喜站立在竹子、枯树或电塔上，亦似隼类悬停于空中。

208. 胡兀鹫　Lammergeier　*Gypaetus barbatus*　hú wùjiù
94~125 cm　　　　　　　　　　　　　　图版24　国一/NT

识别：大型的皮黄色鹫。宽阔黑色贯眼纹与灰白色头部对比明显。下体黄褐色，上体褐色并具皮黄色纵纹。略具髭须，成鸟有裸露的红色眼圈。飞行时两翼尖而直，尾长且呈楔形。虹膜黄色。**鸣声**：通常较安静。繁殖期发出响亮哨音，参考XC144936（Fernand Deroussen）。**分布**：非洲、南欧、中东、东亚和中亚。在中国分布于西部和中部山区，高可至海拔7000 m处。**习性**：骚扰野羊和家畜，待其从悬崖上摔倒受伤或在冬季被冻死后，将小型猎物和较大猎物的骨骼从空中扔到岩石上摔碎后进食。

209. 白兀鹫　Egyptian Vulture　*Neophron percnopterus*　bái wùjiù
55~70 cm　　　　　　　　　　　　　　图版24　国二/EN

识别：小型浅色鹫。体羽近乎全白，与黑色飞羽形成对比。脸部裸露皮肤为橙色或黄色。飞行时尾短而呈楔形。幼鸟体色暗淡，随年龄逐渐变浅。**鸣声**：高而尖，似哭声，参考XC83346（manuel grosselet）。**分布**：南欧至中亚、非洲、南亚次大陆。在中国的新疆西部（天山）有过境记录。**习性**：和其他鹫类混群盘旋并排队食腐。

210. 鹃头蜂鹰　European Honey Buzzard　*Pernis apivorus*
juāntóu fēngyīng　52~59 cm　　　　　　　　图版24　国二/LC

识别：较大而头小的鹰。具长羽冠和腕部深色斑，喙较细。深色、浅色、中间型等各种色型较多。极似凤头蜂鹰，但翼指5枚而非6枚。**鸣声**：飞行中发出wee-yoo响亮叫声，似啼哭，参考XC330958（Albert Lastukhin）。**分布**：古北界西部，冬季迁徙至非洲。在中国，过境鸟偶见于新疆西部和西北部。**习性**：似凤头蜂鹰。

211. 凤头蜂鹰　Oriental Honey-Buzzard　*Pernis ptilorhynchus*
fèngtóu fēngyīng　55~65 cm　　　　　　　　图版24　国二/LC

识别：较大的深色鹰。羽冠或有或无，喙细长。分别似鹰雕和鵟的两个亚种均有浅色、深色、中间型等各个色型。上体由白色、赤褐色至深褐色，下体具点斑和横纹。雄鸟尾端和后翼缘具宽阔深色横纹，雌鸟更窄，幼鸟为数条窄纹。所有色型均具浅色喉斑，喉斑周围具浓密黑色纵纹，并常具黑色中线。飞行时特征为头小颈长，两翼和尾部均狭长，翼指6枚。近看时眼先羽毛呈鳞状。**鸣声**：响亮悦耳的高音四音节叫声wee-wey-uho或weehey-weehey，参考XC381630（Anon Torimi）。**分布**：古北界东部、南亚、东南亚至大巽他群岛。在中国，具长羽冠的*ruficollis*亚种为四川和云南西部的夏候鸟和旅鸟，具短羽冠的*orientalis*亚种繁殖于东北，冬季途经华中、华东迁至台湾和海南。在海拔 1200 m 以下森林中并不罕见。**习性**：飞行具特色，振翅数次后便作长时间的滑翔，两翼平伸，翱翔于高空。偷袭蜜蜂和胡蜂巢。

212. 褐冠鹃隼 Jerdon's Baza *Aviceda jerdoni* hèguān juānsǔn
42~48 cm
图版23　国二／LC

识别：中型的褐色鹃隼。羽冠长且一般垂直竖起。上体褐色，下体白色并具黑色纵纹，胸腹部具赤褐色横纹。与凤头鹰的区别在于羽冠长得多、翼尖近乎长至尾尖。飞行时两翼长而宽，近翼尖处尤为宽，平尾。**鸣声**：飞行时发出哀怨叫声 *pee-weeoh*，第二音逐渐消失，似蛇雕，参考 XC294058（Mike Nelson）。**分布**：印度、中国南部、东南亚和苏拉威西岛。在中国偶见于云南西南部、华南和海南岛。**习性**：从枝上捕猎，喜林缘，常活动于树冠以下。

213. 黑冠鹃隼 Black Baza *Aviceda leuphotes* hēiguān juānsǔn
28~35 cm
图版23　国二／LC

识别：较小的黑白色鹃隼。黑色的羽冠长且一般垂直竖起。整体羽色黑，胸部具白色宽纹，两翼有白斑，腹部具深栗色横纹。飞行时两翼短而圆，翼下覆羽黑色，飞羽灰色而端黑。飞行时振翅如鸦科，滑翔时两翼平直。**鸣声**：作一至三声轻音尖叫，似 *chee yow*，参考 XC187025（Meitian Zhou）。**分布**：繁殖于南亚次大陆、中国南部、东南亚，越冬至大巽他群岛。在中国有三个亚种，*wolfei* 亚种见于四川，*syama* 亚种见于华南和西南，指名亚种见于海南岛。并不罕见，栖于低海拔开阔林地。**习性**：成对或集小群活动，振翅作短距离飞行至空中或于地面捕捉大型昆虫。

214. 白背兀鹫 White-rumped Vulture *Gyps bengalensis* báibèi wùjiù
75~93 cm
图版24　国一／CR

识别：大型鹫。尾短而圆，颈长且皮肤裸露。飞行时从下方看，白色翼下覆羽和领环与近黑色飞羽及深褐色下体对比明显。上体偏黑，次级飞羽深灰色，腰部略白。未成年鸟体羽褐灰而无白色。在高空翱翔时两翼略呈"V"字形。**鸣声**：沙哑的喉音，见到尸体时发出尖厉叫声，参考 XC348100（Jarmo Pirhonen）。**分布**：南亚次大陆、中国西南部和东南亚。在中国偶见于云南的西部和西南部。**习性**：在高空盘旋寻找尸体。进食后停栖于树上或在水边饮水。

215. 高山兀鹫 Himalayan Vulture *Gyps himalayensis* gāoshān wùjiù
100~130 cm
图版24　国二／NT

识别：大型浅卡其色鹫。下体具白色纵纹。头、颈略具白色绒羽，并有皮黄色的松软领羽。初级飞羽黑色。未成年鸟深褐色，羽轴色浅，形成细纹。飞行甚缓慢。翼尖而长，略向上扬。与兀鹫的区别在于尾较短，成鸟一般体羽较浅、下体纵纹较少，幼鸟则羽色更深。虹膜橙色。**鸣声**：偶尔发出咕嗒叫声和哨音，参考 XC175964（Tomas Carlberg）。**分布**：中亚至喜马拉雅山脉，是喜马拉雅山脉部分地区、青藏高原、中国西部和中部高海拔生境下的常见食腐鸟类。**习性**：通常于高空翱翔，有时集小群活动，夜栖于多岩峭壁。

216. 兀鹫　**Griffon Vulture**　*Gyps fulvus*　wù jiù　90~110 cm

图版24　国二/LC

识别：大型褐色鹫。颈基部具松软的近白色翎颌，头和颈黄白色。未成年鸟具褐色翎颌。甚似高山兀鹫，区别在于飞行时上体色深、胸部浅色羽轴形成的纹路较细。与秃鹫的区别在于下体色浅，且尾形平或圆而非楔形。**鸣声**：粗哑刺耳尖叫，参考XC423958（Stanislas Wroza）。**分布**：南欧、北非、中亚、阿富汗、巴基斯坦、尼泊尔、喜马拉雅山脉和印度北部。偶至南亚次大陆东北部海拔 3000 m 处。在中国，记录于新疆和西藏东南部。**习性**：大型鹫类，栖于开阔多岩山区。

217. 黑兀鹫　**Red-headed Vulture**　*Sarcogyps calvus*　hēi wùjiù
76~85 cm

图版24　国一/CR

识别：大型黑色鹫。头、颈、跗跖红色，翎颌白色。未成年鸟体羽褐色浓重，裸露皮肤粉红而非红色。飞行时尾显短且呈楔形，体侧白，次级飞羽基部具灰白色线条。幼鸟尾下覆羽偏白，背部下方近白色部分有时可见。滑翔时两翼平伸，翼尖略向下；高空翱翔时两翼略微上扬。蜡膜红色。**鸣声**：粗哑呱呱声，争斗时发出尖声乱叫。**分布**：南亚次大陆及东南亚。极危物种。在中国甚稀少，于云南西部有记录，可能在西藏东南部亦有分布。**习性**：翱翔于高至海拔 1500 m 的开阔多沼泽平原。与其他食腐鸟类共同觅食。

218. 秃鹫　**Cinereous Vulture**　*Aegypius monachus*　tū jiù
100~120 cm

图版24　国一/NT

识别：大型深褐色鹫。具松软翎颌，颈部灰蓝色。成鸟头部裸露皮肤为皮黄色，喉和眼下黑色，喙角质色，蜡膜蓝色。幼鸟脸部近黑，喙黑，蜡膜粉红色，头后常具松软羽束，飞行时易与深色的 *Aquila* 属雕类相混淆。两翼长而宽，具平行的翼缘，后缘明显内凹，翼指 7 枚。尾短而呈楔形，头和喙强劲有力。**鸣声**：咯咯叫，参考XC144935（Fernand Deroussen）。**分布**：繁殖于西班牙、巴尔干地区、土耳其至中亚和中国北部。偶有迷鸟游荡至繁殖区外。在中国罕见，但于分布区的北部较常见，繁殖于北方各省份适宜的山区生境，于中国其他地区零星出现。**习性**：食尸体但亦捕捉活物。进食尸体时优先于其他鹫类。常与高山兀鹫混群。高空翱翔达数小时。

219. 蛇雕　**Crested Serpent Eagle**　*Spilornis cheela*　shé diāo
50~75 cm

图版23　国二/LC

识别：中型深色雕。两翼圆而宽，尾短。成鸟下体褐色，腹部、两胁和臀部具白色点斑，尾部黑色条斑间以灰白色宽横斑，黑白两色的冠羽短宽而蓬松，眼先裸露皮肤黄色为重要识别特征。飞行时可见后翼缘和尾部宽斑均为白色。未成年鸟似成鸟，但体羽褐色较浓且多白色。虹膜黄色，喙灰褐色，跗跖黄色。**鸣声**：喜鸣叫，常在森林上空翱翔，发出响亮尖叫声如 *kiu-liu* 或 *kwee-kwee, kwee-kwee, kwee-kwee-kwee*，参考

XC112364（Frank Lambert）。**分布**：南亚次大陆、中国南部、东南亚、巴拉望岛和大巽他群岛。在中国南方，*burmanicus* 亚种见于西藏东南部和云南西部，*hoya* 亚种见于海南，*rutherfordi* 亚种见于台湾，*ricketti* 亚种见于其余地区，均为留鸟。或为海拔 1900 m 以下山林地区最常见的雕类。**习性**：求偶期成对作缓慢的特技表演。常栖于森林中有荫的树枝上。

---

220. 短趾雕 Short-toed Snake Eagle *Circaetus gallicus* duǎnzhǐ diāo
60~70 cm
图版23 国二/LC

识别：大型浅色雕。身体笨重。上体灰褐色，下体白色并具深色纵纹，喉、胸部褐色，腹部具不明显的横斑，尾部具模糊宽斑。未成年鸟较成鸟色浅。飞行时翼下覆羽和飞羽上长而宽的纵纹极具识别性。虹膜黄色，喙黑色，蜡膜灰色，跗跖偏绿色。**鸣声**：冬季通常无声，偶作哀怨的咪咪声，参考 XC439069（Jack Berteau）。**分布**：非洲、古北界、南亚次大陆、中国北部和小巽他群岛。在中国繁殖于新疆西北部至华北。罕见候鸟记录分散于中国北方各地、四川、重庆、云南，西藏东南部应该亦有分布。**习性**：栖于林缘地区和次生灌丛。盘旋和滑翔时两翼平直，常悬停在空中振翅，似巨大的隼类。

---

221. 凤头鹰雕 Changeable Hawk-Eagle *Nisaetus cirrhatus*
fèngtóu yīngdiāo 60~80 cm
图版23 国二/LC

识别：大型而细长的雕。跗跖黄色并被羽，两翼宽而长，尾圆。具直立的短冠。具深、浅两个色型：深色型通体黑褐色；浅色型上体褐色，头部色浅并具细纹，下体偏白并具黑色细纹，尾端具宽阔黑色横纹，尾下有三道较窄横纹。虹膜黄色至褐色。**鸣声**：一连串重复的尖厉叫声，参考 XC357995（Anon Torimi）。**分布**：南亚次大陆、缅甸、东南亚至大巽他群岛。在中国，*limnaeetus* 亚种罕见于西藏南部和云南南部的山林中。**习性**：喜森林和开阔林地。从枝上或空中捕猎。两翼平伸翱翔和滑翔。

---

222. 鹰雕 Mountain Hawk-Eagle *Nisaetus nipalensis* yīng diāo
64~84 cm
图版23 国二/NT

识别：大型而细长的雕。跗跖黄色并被羽，两翼甚宽，尾长而圆，具长羽冠。具深、浅两个色型：深色型上体褐色，具黑白色纵纹和杂斑，尾部红褐色并具数道黑色横纹，颊、喉、胸部白色，具黑色的喉中线和纵纹，下腹部、腿部及尾下覆羽棕色并具白色横斑；浅色型上体灰褐色，下体偏白，有近黑色贯眼纹和髭纹。虹膜黄色至褐色，喙偏黑，蜡膜绿黄色。**鸣声**：拖长的尖厉叫声，参考 XC357995（Anon Torimi）。**分布**：印度、缅甸、中国和东南亚。在中国，*nipalensis* 亚种为中南部各省份（含台湾和海南）的罕见留鸟，见于海拔 3000 m 以下的山林，*orientalis* 亚种（色浅、羽冠短、尾长）繁殖于东北地区，可能越冬于台湾。**习性**：喜森林和开阔林地。从枝上或空中捕猎。

223. 棕腹隼雕　Rufous-bellied Eagle　*Lophotriorchis kienerii*
zōngfù sǔndiāo　50~61 cm　　　　　　　图版25　国二/NT

识别：较小的棕、黑、白色雕。具短羽冠。成鸟顶冠、脸颊和上体近黑，尾部深褐色并具黑色横斑，尾端白色，颏、喉、胸部白色并具黑色纵纹，两胁、腹部、腿部和尾下覆羽棕色，腹部有黑色纵纹。飞行时初级飞羽基部的浅色圆斑十分明显。未成年鸟上体黑褐色，具近黑色眼斑，眉纹略白，下体偏白。虹膜红色，喙近黑，蜡膜黄色。**鸣声：**几声升调续以 *chirrup* 高声尖叫，参考 XC22445（Paul Noakes）。**分布：**印度南部、喜马拉雅山脉、东南亚、菲律宾、苏拉威西岛和大巽他群岛。在中国为罕见留鸟，仅于海南岛海拔 1500 m 的森林中有过记录，可能亦见于云南南部及西藏东南部。**习性：**常在树林上低空盘旋或滑翔。

224. 林雕　Black Eagle　*Ictinaetus malayensis*　lín diāo　67~81 cm　图版25　国二/LC

识别：大型褐黑色雕。蜡膜和跗跖黄色。停歇时两翼长于尾。飞行时与其他深色雕的区别在于尾长而宽，两翼长且由狭窄的基部逐渐变宽，具明显的翼指。初级飞羽基部具明显的浅色斑块，尾上、下覆羽均具浅灰色横纹。未成年鸟体色较浅，具皮黄色的细纹和羽缘，腿部浅色。虹膜褐黄色，喙黑色而端灰。**鸣声：**重复哀怨的 *kleeee-kee* 或 *hee-lee-leeeuw* 声，参考 XC112826（mfbear）。**分布：**南亚次大陆、中国东南部、东南亚、苏拉威西岛、摩鹿加群岛和大巽他群岛。在中国，留鸟罕见于台湾、福建和广东，偶见于云南、四川、西藏、广西等省份，近年来北方沿海省份亦有零星记录。**习性：**栖于森林，常在树冠上方低空盘旋。常偷袭其他鸟类的巢。

225. 乌雕　Greater Spotted Eagle　*Clanga clanga*　wū diāo
61~74 cm　　　　　　　　　　　图版25　国一/VU

识别：大型雕。通体深褐色，尾短，蜡膜和跗跖黄色。体羽因年龄和亚种而有变化。幼鸟翼上和背部具明显的白色点斑和横纹。尾上覆羽具白色"U"字形斑，飞行时从上方可见。尾部比金雕和白肩雕更短。虹膜褐色。**鸣声：**较安静，有时发出重复啼哭声 *seyoo seyoo*，参考 XC460234（Peter Boesman）。**分布：**繁殖于俄罗斯南部、西伯利亚南部、中亚、南亚次大陆西北部和北部、中国北方，越冬于非洲东北部、印度南部、中国南部、东南亚和印度尼西亚。在中国不常见但规律性出现。**习性：**栖于近湖泊的开阔沼泽地区，迁徙时见于开阔地区。主要觅食蛙类、蛇类、鱼类和鸟类。

226. 靴隼雕　Booted Eagle　*Hieraaetus pennatus*　xuē sǔndiāo
45~54 cm　　　　　　　　　　　图版25　国二/LC

识别：较小、胸部棕色（深色型）或浅皮黄色（浅色型）、无羽冠的雕。跗跖黄色并被羽。上体褐色，具黑色和皮黄色杂斑，两翼和尾部为更深的褐色。飞行时深色初级飞羽与浅皮黄色（浅色型）或棕色（深色型）的翼下覆羽对比明显。尾下色浅。虹膜褐色，喙偏黑，蜡膜黄色。**鸣声：**高且细的重复 *keee keee* 声，参考 XC430828（Joost van Bruggen）。**分布：**繁殖于非洲、欧亚大陆西南部、南亚次大陆西北部和中国北部，冬季迁徙至非洲、南亚次大陆的南部地区，迷鸟至东南亚。在中国，繁殖于新疆和青藏高原，罕见候鸟记录于北方多地。**习性**：觅食于开阔原野和山区。

227. 草原雕 **Steppe Eagle** *Aquila nipalensis* cǎoyuán diāo
70~82 cm   图版25 国一/EN

识别：大型雕。通体深褐色，外形凶狠，尾平。成鸟与其他通体深色的雕易混淆，但飞羽灰色并布满稀疏的横斑，且翼裾为深色。有时翼下大覆羽具浅色翼斑似幼鸟。与乌雕相比，头部较小而突出。两翼较长，翼指比乌雕更为展开。飞行时两翼平直，滑翔时两翼略弯曲。幼鸟体羽浅咖啡色，翼下具白色横纹，尾黑而端部白色，后翼缘的白色斑带与黑色飞羽对比明显。翼上具两道皮黄色横纹，尾上覆羽具"V"字形皮黄色斑。尾部有时呈楔形。虹膜浅褐色，喙灰色，蜡膜黄色。**鸣声**：粗哑喘息声和嘎嘎声，参考 XC106053（Antero Lindholm）。**分布**：繁殖于阿尔泰山脉、蒙古国和西伯利亚东南部；越冬于南亚次大陆北部、中国南方和东南亚。在中国，甚常见于北方的干旱平原，繁殖鸟或夏候鸟见于新疆西部喀什和天山地区，东至青海、内蒙古及河北。迁徙时见于中国大部地区，越冬于贵州、广东和海南。**习性**：懒散，迁徙季节有时集大群。

228. 白肩雕 **Eastern Imperial Eagle** *Aquila heliaca* báijiān diāo
68~84 cm   图版25 国一/VU

识别：大型深褐色雕。顶冠和枕部皮黄色，翕部两侧羽端白色。尾基具黑色和灰色横斑，与其余的深褐色体羽对比明显。飞行时体羽和翼下覆羽全黑为其重要特征。滑翔时两翼弯曲。幼鸟皮黄色，体羽和翼覆羽具深色纵纹。飞行时可见白色后翼缘，尾羽和飞羽均色深，仅初级飞羽楔形尖端色浅。背部下方和腰部具大片乳白色斑。飞行时从上方可见翼覆羽具两道浅色横纹。虹膜浅褐色，蜡膜黄色。**鸣声**：快速的吠叫声 *sowk, sowk, sowk*，参考 XC449640（Albert Lastukhin）。**分布**：繁殖于古北界从德国至俄罗斯南部，越冬于东非至东南亚。在中国曾为繁殖鸟，现主要为冬候鸟，不常见，种群数量持续下降且已濒危。指名亚种繁殖于新疆西北部的天山地区，迁徙时见于东北部沿海各省，越冬于青海湖周围、云南西北部、甘肃、陕西、长江中游、福建和广东。**习性**：栖于开阔原野。在树桩或电塔上停歇数小时之久，显得沉重而懒散。从其他猛禽处掠夺食物。飞行缓慢似鹫。

229. 金雕 **Golden Eagle** *Aquila chrysaetos* jīn diāo 80~165 cm   图版25 国一/LC

识别：大型浓褐色雕。头具金色羽冠，飞行时白色腰部明显。喙巨大。飞行时尾长而圆，两翼呈浅"V"字形。与白肩雕的区别在于肩羽无白色。未成年鸟翼上具白斑，尾基亦白。虹膜褐色。**鸣声**：通常安静，鸣唱声为 *ker ker chakchakchakchak*，参考 XC341722（Tero Linjama）。告警声为 *schuk schuk*，幼鸟乞食叫声似哭。**分布**：北美、欧洲、中东、东亚、西亚和北非。在中国，*kamtschatica* 亚种繁殖于东北，*daphanea* 亚种分布广泛但不常见，主要见于除海南、台湾以外的山区，高至喜马拉雅山脉高海拔处。**习性**：栖于崎岖干旱平原、岩崖山区和开阔原野，捕食雉类、旱獭和其他兽类。利用热气流庄严地翱翔。

230. 白腹隼雕　Bonelli's Eagle　*Aquila fasciata*　báifù sǔndiāo
55~65 cm
图版25　国二/LC

识别：大型猛禽。翼尖深色，两翼和尾部具细小横斑，飞行剪影特征为两翼宽、圆、短而尾较长。成鸟尾部色浅，尾端带黑色；翼下覆羽色深，前翼缘浅色；胸部色浅并具深色纵纹。成鸟飞行时从上方可见其上背的白斑。幼鸟后翼缘黑色，大覆羽具深色横纹，其余翼覆羽色浅。上体褐色，头部皮黄色并具深色纵纹，脸颊色暗。飞行时两翼平伸。虹膜黄褐色，喙灰色，蜡膜黄色。**鸣声**：尖厉叫声 *creeah*，亦作吱吱声如 *kie*、*kie*、*kikiki*，参考 XC112654（Timo Janhonen）。**分布**：繁殖于北非、欧亚大陆，越冬于小巽他群岛。在中国为不常见留鸟，指名亚种为华中和西南地区的留鸟，迷鸟记录于河北和北京。**习性**：栖于开阔山区，常成对作高空翱翔。振翅迅速。

231. 凤头鹰　Crested Goshawk　*Accipiter trivirgatus*　fèngtóu yīng
40~48 cm
图版26　国二/LC

识别：大型而健壮的鹰。具短羽冠。雄鸟上体灰褐色，两翼和尾部具横斑，下体棕色，胸部具白色纵纹，腹部和腿部白色并具黑色粗横斑。颈部白色，有近黑色纵纹构成喉中线，具两道黑色髭纹。未成年鸟和雌鸟似成年雄鸟但下体纵纹和横斑均为褐色，上体褐色较淡。飞行时两翼比其他同属鹰类更为短圆。虹膜褐色至绿黄色〔成鸟〕，喙灰色，蜡膜黄色，跗跖黄色。**鸣声**：*hee-hee-hee-hee-hee-hee* 的尖厉叫声和拖长的吠声，参考 XC575551（Okamoto Keita Sin）。**分布**：南亚次大陆、中国西南部、东南亚、菲律宾和大巽他群岛。在中国，见于中南和西南部包括海南（*indicus* 亚种）和台湾（*formosae* 亚种）在内的低海拔森林中。**习性**：栖于有密林覆盖处。繁殖季节常在树冠上空翱翔，并发出响亮叫声。

232. 褐耳鹰　Shikra　*Accipiter badius*　hè'ěr yīng　30~40 cm
图版26　国二/LC

识别：中型、体色较浅的鹰。雄鸟浅蓝灰色的上体与黑色的初级飞羽对比明显，喉白并具浅灰色喉中线，胸、腹部具棕色和白色细横纹。雌鸟似雄鸟，但背部褐色，喉灰色较浓。未成年鸟体羽灰褐色并具棕色鳞状纹，下体具褐色棕纹和黑色喉中线，与雀鹰未成年鸟的区别在于下体具纵纹，与松雀鹰未成年鸟的区别在于上体色淡且尾部横纹较窄。虹膜黄色至褐色。**鸣声**：通常安静，在繁殖地发出似笛声的 *kyeew*，参考 XC437636（Jacqueline Leigh）。**分布**：非洲至南亚次大陆、中国南方及东南亚。在中国，*cenchroides* 亚种记录于西藏极西部，*poliopsis* 亚种为贵州、广西、广东、云南和海南的罕见低海拔留鸟。**习性**：喜林缘、开阔林区和农田，从停歇处捕食，追逐其他鸟类，有时在空中盘旋。

233. 赤腹鹰　Chinese Sparrowhawk　*Accipiter soloensis*　chìfù yīng
25~35 cm
图版26　国二/LC

识别：中型鹰。下体色甚浅。成鸟上体浅蓝灰色，背部羽端略具白色，外侧尾羽具不明显黑色横斑，下体白色，胸和两胁略偏粉色，两胁具浅灰色横纹，腿部亦略具横纹。成鸟特征为除初级飞羽羽端黑色外，翼下几乎全白。未成年鸟上体褐色，尾部具深色横斑，下体白色，喉具纵纹，胸部和腿部具褐色横斑。虹膜红色或褐色，喙灰色而端黑，蜡膜橙色。**鸣声**：在繁殖期发出一连串快速而尖厉的带鼻音降调笛声，参考 XC186501（Frank Lambert）。**分布**：繁殖于东北亚和中国，冬季南迁至东南亚、菲律宾、印度尼西亚和新几内亚岛。在整个中国南半部高至海拔 900 m 均有繁殖，迁徙经过台湾和海南。**习性**：喜开阔林区，捕食小鸟、蛙类。通常从停歇处捕食，动作迅速，有时在空中盘旋。

234. 日本松雀鹰　Japanese Sparrowhawk　*Accipiter gularis*
rìběn sōngquèyīng　23~30 cm　　　　　　图版26　国二/LC

识别：小型鹰。极似赤腹鹰和松雀鹰，但体型明显较小且更显威猛，尾上横斑较窄。雄鸟上体深灰色，尾部灰色并具数条深色带，胸腹部浅棕色，具极细喉中线，无明显的髭纹。雌鸟上体褐色，下体无棕色但具浓密的褐色横斑。未成年鸟胸部具纵纹而非横纹，体羽偏棕色。虹膜黄色（未成年鸟）至红色（成鸟），喙蓝灰色而端黑，蜡膜黄绿色，跗跖黄绿色。**鸣声**：偶作沙哑嚎叫，参考 XC449028（Ding Li Yong）。**分布**：繁殖于古北界东部，越冬于东南亚、菲律宾和大巽他群岛。在中国，*gularis* 亚种繁殖于东北各省，可能在阿尔泰山脉也有繁殖，冬季迁至东南部北纬32°以南越冬。不罕见。**习性**：典型的森林型雀鹰。振翅迅速，集群迁徙。

235. 松雀鹰　Besra　*Accipiter virgatus*　sōngquèyīng　28~36 cm　　图版26　国二/LC

识别：中型的深色鹰。似凤头鹰但体型较小且无羽冠。雄鸟上体深灰色，尾部具粗横斑，下体白色，两胁棕色，具褐色横斑，喉白并具黑色喉中线，有黑色髭纹。雌鸟和未成年鸟两胁棕色少，下体有红褐色横斑，背部褐色，尾褐而具深色横纹。未成年鸟胸部具纵纹。虹膜黄色，喙黑色，蜡膜灰色。**鸣声**：响亮加速式的叫声 *cher cher che che che*。雏鸟饥饿时不断哭叫如 *shew-shew-shew*，参考 XC396481（Marc Anderson）。**分布**：南亚次大陆、中国南方、东南亚、菲律宾和大巽他群岛。在中国，*affinis* 亚种为中部、西南部和海南的留鸟，*nisoides* 亚种为东南部留鸟，*fuscipectus* 亚种为台湾留鸟。广布于海拔 300 ~ 1200 m 的多林丘陵山地，但并不多见。**习性**：静立于林间，窥伺爬行类和鸟类。

236. 雀鹰　Eurasian Sparrowhawk　*Accipiter nisus*　què yīng
30~40 cm　　　　　　　　　　　图版26　国二/LC

识别：中型鹰。翼短，眉纹色浅。雄鸟上体褐灰色，白色的下体多具棕色横斑，尾部具横带。棕色的脸颊为其识别特征。雌鸟体型较大，上体褐色，下体白色，胸部、腹部和腿部具灰褐色横斑。无喉中线。脸颊棕色较少。未成年鸟与同属其他鹰类的未成年鸟区别在于胸部具褐色横纹而无纵纹。虹膜明黄色。**鸣声**：偶尔发出尖厉的哭叫或更为尖厉的嘎嘎声 *cha cha cha cha cha*，参考 XC428264（Jorge Leitão）。**分布**：繁殖于古北界，冬季迁至非洲、南亚次大陆和东南亚。在中国，*nisosimilis* 亚种繁殖于东北各省和新疆西北部的天山，冬季迁至中国东南部、中部、台湾和海南；*melaschistos* 亚种繁殖于甘肃中部以南至四川西部、西藏南部、云南北部，冬季迁至中国西南部。为常见森林鸟类。**习性**：从枝上捕猎或从空中"伏击"，喜林缘和开阔林区。

237. 苍鹰　Northern Goshawk　*Accipiter gentilis*　cāng yīng

47~59 cm

图版26　国二/LC

识别：大型而强健的鹰。无羽冠和喉中线，具标志性的白色宽眉纹。成鸟下体白色，具粉褐色横斑，上体尽灰。幼鸟上体偏褐色，羽缘色浅形成鳞状纹，下体具偏黑色粗纵纹。虹膜红色（成鸟）或黄色（幼鸟）。**鸣声**：幼鸟乞食时发出忧郁的 *peee-leh* 叫声，告警声为嘎嘎叫声 *kyekyekye*，参考 XC442631（brickegickel）。**分布**：北美、欧亚大陆和北非。在中国，*schvedowi* 亚种繁殖于东北地区的大小兴安岭和西北地区的西天山，冬季迁至长江以南；*khamensis* 亚种繁殖于西藏东南部、青藏高原东部山区、云南西北部至甘肃南部，冬季垂直迁徙至低海拔地区和云南南部；*fujiyamae* 亚种越冬于台湾；*albidus* 亚种越冬于东北；*buteoides* 亚种越冬于西北部的天山地区。在温带亚高山森林甚常见。**习性**：森林型鹰类，两翼宽圆，能迅速地翻转和转身。主食鸽类，亦捕食雉类和野兔等兽类。**分类学订正**：也有学者认为 *khamensis* 亚种不是一个有效亚种，并将其归为 *schvedowi* 亚种。

238. 白头鹞　Western Marsh Harrier　*Circus aeruginosus*　báitóu yào

45~55 cm

图版27　国二/LC

识别：中型深色鹞。雄鸟似白腹鹞雄性亚成鸟，但头部多皮黄色而少深色纵纹。雌鸟和未成年鸟似白腹鹞，但背部更深褐、尾部无横斑、头顶无深色粗纵纹。雌鸟腰部无浅色。初级飞羽翼下白斑（如有）无深色杂斑。虹膜黄色（雄鸟）或浅褐色（雌鸟和幼鸟），喙灰色。**鸣声**：通常安静，有时发出尖锐叫声和喳喳声，参考 XC447442（Morvan Corentin）。**分布**：繁殖于古北界西部至中国西部，越冬于非洲、南亚次大陆和缅甸南部。在中国，繁殖于北方地区，冬季迁至南方各省份和印度东北部，不常见。**习性**：同白腹鹞。**补充**：有学者认为中国东部省份的记录存疑，极有可能是白腹鹞个体的误认。

239. 白腹鹞　Eastern Marsh Harrier　*Circus spilonotus*　báifù yào

48~58 cm

图版27　国二/LC

识别：中型深色鹞。雄鸟似鹊鹞雄鸟，但喉、胸黑并具白色纵纹。雌鸟尾上覆羽褐色，有时为浅色，有别于除白头鹞外的所有同属雌鸟。体羽深褐色，顶冠、枕部、喉部和前翼缘皮黄色。顶冠和枕部具深褐色纵纹。尾部有横斑。从下方可见初级飞羽基部近白色斑上具深色粗斑。有时头部全为皮黄色，胸具皮黄色块斑。未成年鸟似雌鸟但体色深，仅顶冠和枕部为皮黄色。虹膜黄色（雄鸟）或浅褐色（雌鸟和幼鸟），喙灰色。**鸣声**：通常安静，有时发出尖厉哭声，参考 XC442752（Anon Torimi）。**分布**：繁殖于东亚，越冬于东南亚和菲律宾。在中国，繁殖于东北地区，冬季南迁至北纬30°以南越冬。低海拔地区甚常见。**习性**：喜开阔地，尤其是多草沼泽地和芦苇地。从植被上方优雅低空滑翔掠过，有时悬停空中。飞行时显笨重，不如草原鹞轻盈。

240. 白尾鹞　Hen Harrier　*Circus cyaneus*　báiwěi yào　43~54 cm　图版27　国二/LC

识别：大型灰色或褐色鹞。雄鸟灰色或褐色，具显眼的白色腰部和黑色翼尖。体型比乌灰鹞和草原鹞更大，且比草原鹞体色更深。没有乌灰鹞次级飞羽上的黑色横斑，黑色翼尖比草原鹞更长。雌鸟褐色，与乌灰鹞的区别在于领环色浅，头部色彩平淡且翼下覆羽无赤褐色横斑。与草原鹞的区别在于深色后翼缘延至翼尖，次级飞羽色浅，上胸具纵纹。幼鸟与草原鹞和乌灰鹞幼鸟的区别为两翼较短而宽、翼尖较圆钝。虹膜浅褐色。**鸣声**：通常安静，有时发出咯咯颤音，参考 XC341267（Tero Linjama）。**分布**：繁殖于全北界，越冬于北非、中国南方、东南亚和加里曼丹岛。在中国较常见，指名亚种繁殖于新疆西部喀什地区、河北及东北各省，迁徙时于中国大部可见，越冬于青海东部、西藏东南部和长江以南地区。**习性**：喜开阔原野、草地和农耕地。飞行比草原鹞和乌灰鹞更显缓慢而沉重。

241. 草原鹞　Pallid Harrier　*Circus macrourus*　cǎoyuán yào
40~50 cm　　　　　　　　　　　　　　　　　　　图版28　国二/NT

识别：中型浅灰色或褐色鹞。雄鸟浅灰色，翼尖具黑色的小楔形斑。甚似乌灰鹞，但腰部白色明显、头部偏白、翼尖斑纹特别。次级飞羽基部无黑色线条。体色比白尾鹞浅。雌鸟褐色，与白尾鹞雌鸟的区别在于飞行时无暗色后翼缘，与乌灰鹞的区别在于具浅色后领环，且翼下覆羽无赤褐色横斑。浅色初级飞羽和深色次级飞羽、浅色翼下小覆羽和深色翼下大覆羽、深色上胸和浅色下胸均形成对比。幼鸟较白尾鹞幼鸟翼长而细，与乌灰鹞的区别在于飞行时翼尖全为深色。虹膜黄色，喙黄色。**鸣声**：冬季较安静，繁殖季节发出剧烈的尖叫，参考 XC145150（Thijs Fijen）。**分布**：繁殖于古北界中部至中国西部，越冬于非洲、南亚次大陆、中国南部和缅甸。在中国罕见，繁殖于新疆西部至中国北方局部地区，迁徙和越冬零星记录于中部和南部（含海南）。**习性**：本属典型习性。

242. 鹊鹞　Pied Harrier　*Circus melanoleucos*　què yào
42~48 cm　　　　　　　　　　　　　　　　　　　图版28　国二/LC

识别：小型而两翼细长的鹞。雄鸟体羽为引人注目的黑、白、灰色，头、喉、胸部黑色且无纵纹。雌鸟上体褐色沾灰并具纵纹，腰白，尾具横斑，下体皮黄色并具棕色纵纹，翼下飞羽具近黑色横斑。未成雏鸟上体深褐色，尾上覆羽具偏白色横带，两翼比白尾鹞雌鸟更细长，下体栗褐色并具黄褐色纵纹。虹膜黄色。**鸣声**：通常安静，有时发出哭声，不如其他鹞类刺耳，参考 XC379706（Alex Thomas）。**分布**：繁殖于东北亚，越冬于东南亚、菲律宾和加里曼丹岛北部。在中国，繁殖于东北，越冬至华南和西南。并不罕见。**习性**：在开阔原野、沼泽、芦苇地和稻田上空低空滑翔。

243. 乌灰鹞　Montagu's Harrier　*Circus pygargus*　wūhuī yào
40~50 cm　　　　　　　　　　　　　　　　　　　图版28　国二/LC

识别：中型的灰色或褐色鹞。雄鸟灰色，翼尖黑色，体型比白尾鹞略显细小而轻盈，与白尾鹞和草原鹞的区别为翼上次级飞羽有一条、翼下有两条黑色条带。腰部色浅，不如白尾鹞清晰。雌鸟褐色，与白尾鹞和草原鹞的区别在于无浅色领环，飞行时翼下次级飞羽四道暗色横纹间隔较宽。幼鸟比白尾鹞幼鸟两翼更长而细，与草原鹞的区别在于飞行时翼指全为深色。虹膜黄色，喙黄色。**鸣声**：雄鸟求偶叫声为尖

厉的 *seek, seek, seek* 声，雌鸟的告警声为快速的 *jick-jick-jick*，参考 XC437212（Jarek Matusiak）。**分布**：古北界西部和中部、南亚次大陆、中亚。在中国罕见，繁殖于新疆西部天山地区，并在山东、长江流域各省份、福建和广东有零星越冬记录。**习性**：同其他鹞。

---

244. 黑鸢 Black Kite *Milvus migrans* hēi yuān 55~65 cm 图版29 国二/LC

识别：中型深褐色猛禽。尾略分叉。飞行时初级飞羽基部浅色斑与近黑色的翼尖对比明显。头部有时比背部色浅。*govinda* 亚种前额和脸颊棕色，蜡膜黄色。体型更大的 *lineatus* 亚种耳羽黑色（又名黑耳鸢），翼上斑块较白，蜡膜灰色。未成年鸟头部和下体具皮黄色纵纹。**鸣声**：似鸥的尖厉嘶叫 *ewe-wir-r-r-r-r*，参考 XC436199（Jack Berteau）。**分布**：非洲、南亚至澳大利亚。在中国，*govinda* 亚种为云南西部和西藏东南部的留鸟，*lineatus* 亚种常见并分布广泛，高至青藏高原海拔 5000 m 处可见，但冬季迁至低海拔地区。**习性**：喜开阔的乡村、城镇和村庄。优雅盘旋或缓慢振翅飞行。栖于电塔、电线、树木、建筑物或地面，在垃圾堆或水面找寻腐物。常在空中进食。

---

245. 栗鸢 Brahminy Kite *Haliastur indus* lì yuān 36~51 cm 图版29 国二/LC

识别：中型的白色和黄褐色鸢。成鸟头、颈、胸部白色，翼、背、尾、腹部浓红棕色，与黑色的初级飞羽对比明显。未成年鸟通体偏褐色，胸具纵纹，第二年变为灰白色，第三年具成鸟羽饰。与黑鸢的区别在于尾圆。**鸣声**：尖厉咪声高叫似 *shee-ee-ee* 或 *kweeaa*，参考 XC162209（Eveny Luis）。**分布**：南亚次大陆、中国南部至澳大利亚。在中国，*indus* 亚种不常见且种群数量持续下降，栖于南方地区的大型河流、湖泊和沿海，包括海南和台湾，西藏西南部可能亦有分布；*intermedius* 亚种迷鸟记录于台湾。**习性**：单独或集小群活动，在水道或近水处盘旋。

---

246. 白腹海雕 White-bellied Sea Eagle *Haliaeetus leucogaster* báifù hǎidiāo 70~85 cm 图版29 国一/LC

识别：大型的白、灰、黑色雕。成鸟头、颈和下体白色，两翼、背部和尾部灰色，初级飞羽黑色。未成年鸟似成鸟，区别在于浅褐色取代白色、深褐色取代灰色。楔形尾为其重要特征。**鸣声**：响亮如雁鸣 *ah-ah-ah-ah*，参考 XC355558（Greg McLachlan）。**分布**：印度、东南亚、菲律宾、印度尼西亚至澳大利亚。在中国，为南部沿海地区的不罕见留鸟，在东南沿海、海南、西沙和南沙群岛均有记录。**习性**：笔直立于水边树上或悬崖上。在高空翱翔或滑翔，甚为优雅，飞行时两翼成一角度，振翅缓慢有力。俯冲入水捕捉近水面的鱼类，甚为壮观。

---

247. 玉带海雕 Pallas's Fish Eagle *Haliaeetus leucoryphus* yùdài hǎidiāo 72~84 cm 图版29 国一/EN

识别：大型深褐色雕。头、颈、胸部皮黄金色，楔形尾和尾下白色宽带为其特征。未成年鸟棕褐色，飞行时黑色次级飞羽与浅色翼下中覆羽、黑色楔形尾与浅色尾基形成对比。翼下初级飞羽基部浅色斑纹明显。耳羽和贯眼纹深褐色。颈部矛状羽形成翎颌。虹膜黄色。**鸣声**：似鸥的响亮尖叫，繁殖期甚嘈杂，参考 XC157010（Mathias Ritschard）。**分布**：伊拉克（冬季）至中亚、南亚次大陆北部和缅甸。在中国不常见，繁殖于新疆西部和中部、青海、甘肃、内蒙古东北部（呼伦湖）、黑龙江和西藏南部，迁徙经过中部和东北地区，南至江苏。**习性**：在内陆湖泊、沼泽以及高原和贫瘠地区的河流捕鱼。栖于枝上或电塔上，俯冲捕食近水面的鱼类。

248. 白尾海雕 White-tailed Eagle *Haliaeetus albicilla* báiwěi hǎidiāo
74~92 cm

图版29　国一/LC

识别：大型褐色雕。头、胸部浅褐色，喙黄而尾部全白。翼下近黑色飞羽和深栗色翼下覆羽形成对比。喙大，尾短且呈楔形。飞行似鹫。成鸟与玉带海雕的区别在于尾部全白。幼鸟胸部具矛状羽，但不似玉带海雕般形成翎颌。体羽褐色，不同年龄阶段具不规则的锈色或白色点斑。虹膜、喙、蜡膜、跗跖皆为黄色。**鸣声**：响亮吠声 *klee klee-klee-klee*，似幼犬，参考 XC410954（Stein Ø. Nilsen）。**分布**：格陵兰岛、欧洲、亚洲北部、中国、日本和印度。在中国，指名亚种为不常见候鸟，见于华中和华东的河边、湖周及沿海等多种生境，繁殖于东北地区，越冬于华中、华南及西南的大部分地区。**习性**：懒散，站立不动达数小时。飞行时振翅甚缓慢。高空翱翔时两翼弯曲略向上扬。

249. 虎头海雕 Steller's Sea Eagle *Haliaeetus pelagicus* hǔtóu hǎidiāo
85~105 cm

图版29　国一/VU

识别：巨大的黑色雕。具大型的黄色喙，翼上覆羽、腰、臀和楔形尾均白。未成年鸟深灰褐色，尾部近白而边缘灰色，翼上有浅色斑。似白尾海雕但黄色的喙十分巨大。跗跖黄色。**鸣声**：粗哑吠声 *kyow-kyow-kyow*，争夺食物或夜栖时发出响亮 *kra, kra, kra, kra* 声，参考 XC403849（Anon Torimi）。**分布**：繁殖于西伯利亚东部沿海、堪察加半岛、萨哈林岛、朝鲜半岛、千岛群岛，越冬于堪察加半岛、日本和朝鲜。在中国为种群数量稀少并持续下降的冬候鸟，记录于渤海和东北地区，迷鸟见于台湾。**习性**：冬季集群活动，主要捕食从海面上抓起的鱼类。

250. 渔雕 Lesser Fish Eagle *Ichthyophaga humilis* yú diāo
51~69 cm

图版29　国二/NT

识别：中型褐色雕。头、颈灰色，下腹白色。未成年鸟褐色较浅，下体皮黄色且无细纹。**鸣声**：偶作怪异的哭叫声 *haak haak*，参考 XC408518（Marc Anderson）。**分布**：喜马拉雅山麓地带、东南亚、加里曼丹岛和苏门答腊岛。在中国，*plumbea* 亚种为海南的罕见冬候鸟。**习性**：常光顾有森林的河流和沼泽，从近水面处捕食鱼类。

251. 白眼鵟鹰 **White-eyed Buzzard** *Butastur teesa* báiyǎn kuángyīng
36~43 cm   图版30   国二/LC

识别：中型的灰色鵟鹰。喉白，具两道深色颊纹和一道喉中线。枕部具一小块白斑。下体褐色，至尾部逐渐变白。停歇时，两翼近乎长及沾棕色的尾端。似灰脸鵟鹰，但虹膜白色。未成年鸟褐色，头部皮黄色，两翼灰色，腿部棕色。成鸟飞行时，两翼宽而钝，银灰褐色飞羽与深色体羽及翼下覆羽对比明显，翼上具皮黄灰色肩斑。幼鸟飞行时下体近乎全乳白色，仅狭窄的翼尖黑色。喙蓝灰色，蜡膜黄色。**鸣声**：在巢区或飞行时发出特别的哀婉咪声 *pit-weer, pit-weer*，参考 XC389020（Kishore Raj D）。**分布**：南亚次大陆和缅甸。在中国为极罕见迷鸟，记录于西藏南部江孜县。**习性**：同灰脸鵟鹰。懒散，性不惧人。栖于电塔或树枝上，捕食蝗虫等小型猎物。

252. 棕翅鵟鹰 **Rufous-winged Buzzard** *Butastur liventer*
zōngchì kuángyīng 35~41 cm   图版30   国二/LC

识别：中型鵟鹰。两翼和尾部栗色，下体色浅，头、枕部褐灰色，上体褐色，具黑色杂斑和纵纹。颏、喉、胸灰色，腹部、臀部白色。两翼长而尖，平尾，形细长。虹膜黄色，喙黄色而端黑，蜡膜黄色。**鸣声**：通常安静，但在繁殖期甚嘈杂，重复发出拖长的 *pit-piu* 尖声，第一音较第二音更高，参考 XC88882（Frank Lambert）。**分布**：中国西南部、东南亚、苏拉威西岛和爪哇岛。在中国，为云南南部海拔 800 m 以下地区的罕见留鸟。**习性**：栖于近河流或沼泽的干燥开阔森林。通常从枝上捕猎。

253. 灰脸鵟鹰 **Grey-faced Buzzard** *Butastur indicus* huīliǎn kuángyīng
39~48 cm   图版30   国二/LC

识别：中型的偏褐色鵟鹰。颏、喉部白色明显，具黑色的喉中线和髭纹。头侧近黑色，上体褐色，具近黑色的纵纹和横斑，胸部褐色并具黑色细纹。下体余部具棕色横斑，区别于白眼鵟鹰。平尾，形细长。虹膜、蜡膜均为黄色。**鸣声**：颤抖的 *chit-kwee* 声，第二音上扬，参考 XC413039（Anon Torimi）。**分布**：繁殖于东北亚，越冬于东南亚、菲律宾和印度尼西亚。在中国，繁殖于东北各省的针叶林，迁徙途经中国东部、青海、长江以南各省份和台湾。**习性**：栖于高至海拔 1500 m 的开阔林区。飞行缓慢而沉重，喜从枝上捕食。

254. 毛脚鵟 **Rough-legged Buzzard** *Buteo lagopus* máojiǎo kuáng
50~60 cm   图版30、31   国二/LC

识别：中型褐色鵟。似普通鵟但尾部内侧覆羽白色、腕部具黑斑、头部色浅。部分浅色型普通鵟尾部也色浅，但其翼下色浅，而毛脚鵟的深色两翼和浅色尾部对比明显。初级飞羽基部较普通鵟更白，与腕部黑斑形成对比。雌鸟和幼鸟的浅色头部与深色胸部形成对比。幼鸟飞行时黑色后翼缘较不明显。雄鸟头部色深，胸部色浅。跗跖黄色并被羽。虹膜黄褐色，蜡膜黄色。**鸣声**：似普通鵟，但更拖长而怪异，参考 XC396680（Sunny）。**分布**：全北界。在中国为罕见冬候鸟和旅鸟，指名亚种越冬于西北部喀什和天山地区，*kamtschatkensis* 亚种迁徙时经过（或越冬于）新疆西部、东北各省、山东、陕西和江苏，越冬于云南、福建、广东和台湾。**习性**：比普通鵟更善悬停。飞行时似大型鹞类。

255. 大鵟　Upland Buzzard　*Buteo hemilasius*　dà kuáng
55~71 cm
图版30、31　国二/LC

识别：大型棕色鵟。具几种色型。似棕尾鵟但体型较大，尾上覆羽偏白并常具横斑，腿部深色，次级飞羽具清晰的深色条带，浅色型具深棕色翼下覆羽，深色型初级飞羽下方白色斑块更小。尾部常为褐色而非棕色。存在黑化型。虹膜黄色或偏白色，喙蓝灰色，蜡膜黄绿色。**鸣声**：咪咪叫声，比普通鵟更拖长且带鼻音，参考 XC266426（Anon Torimi）。**分布**：青藏高原、蒙古国、中国中东部。在中国北方分布区内甚常见，南方较罕见，繁殖于中国北部和东北部、青藏高原东部和南部的部分地区，可能也在中国西北部繁殖，冬季南迁至华中和华东，偶至广西、广东和福建。**习性**：强健有力，能捕捉野兔和雪鸡。

256. 普通鵟　Eastern Buzzard　*Buteo japonicus*　pǔtōng kuáng
50~60 cm
图版30、31　国二/LC

识别：较大的棕色鵟。似欧亚鵟，曾作为其亚种。体羽无红褐色，头部色浅。下体污白色，两胁和腿部深色，颊部具深色条纹。飞行时可见翼下深色腕部块斑，初级飞羽基部偏白，羽端黑色。在高空翱翔时两翼显宽，略呈"V"字形。**鸣声**：鸣叫声似 *peee ooo* 声，音调较高，参考 XC327822（Anon Torimi）。**分布**：繁殖于古北界，越冬于北非和南亚次大陆。在中国，*japonicus* 亚种繁殖于东北各省的针叶林，冬季南迁至南方各省份。**习性**：同欧亚鵟，亦会悬停。

257. 喜山鵟　Himalayan Buzzard　*Buteo refectus*　xǐshān kuáng
45~55 cm
图版30、31　国二/LC

识别：较大的鵟。深色型上体深红褐色，尾上覆羽具细横纹，下体红褐色。浅色型上体棕色，下体白色并具红褐色斑，有时胸部具斑。飞行时可见翼下黑色腕部块斑，后翼缘和翼尖均为黑色，初级飞羽白色块斑明显，近白色的尾部几乎无横斑。翱翔时两翼略呈"V"字形。虹膜黄色至褐色，蜡膜黄色。**鸣声**：鸣叫似普通鵟的 *peee ooo* 声，参考 XC120757（Viral joshi）。**分布**：喜马拉雅山脉和青藏高原东部。在中国，偶见于青海南部（该种模式标本采于玉树）、西藏南部和东南部高至海拔 4000 m 处。**习性**：喜有林山地。

258. 棕尾鵟　Long-legged Buzzard　*Buteo rufinus*　zōngwěi kuáng
50~65 cm
图版30、31　国二/LC

识别：大型棕色鵟。两翼和尾长。头、胸部通常色浅，至腹部逐渐变深，有几种色型，从米黄色、棕色至近黑色。近黑色型的飞羽和尾羽具深色横斑，尾上覆羽通常呈浅锈色至橙色而无横斑。飞行似普通鵟棕色型，翼下腕部具黑色大块斑。滑翔时两翼弯折（而普通鵟两翼平伸），随气流翱翔时高角度扬起。幼鸟外侧尾羽和暗色后翼缘均具横纹。与毛脚鵟的区别在于尾上覆羽末端无黑色带。**虹膜**黄色。**鸣声**：响亮似猫叫声，似普通鵟但较少鸣叫，参考 XC314853（Marco Dragonetti）。**分布**：繁殖于欧洲东南部至古北界中部、印度西北部、喜马拉雅山脉东部和中国西部，冬季南迁。在中国为罕见留鸟和候鸟，指名亚种繁殖于新疆喀什、乌鲁木齐和天山地区，迁徙或越冬至甘肃、云南、西藏南部和东南部。**习性**：懒散。通常从停歇处捕猎。高空翱翔且时而悬停。趋火光。

---

259. 欧亚鵟 **Eurasian Buzzard** *Buteo buteo* ōuyà kuáng
50~60 cm   图版30、31　国二/LC

识别：较大的红褐色鵟。跗跖不被羽。上体深红褐色，脸侧皮黄色并具近红色细纹，栗色髭纹尤为明显；下体偏白色并具棕色纵纹，两胁和腿部沾棕色。飞行时两翼宽而圆，初级飞羽基部具特征性白色块斑。尾次端处常具黑色横纹。在高空翱翔时两翼略呈"V"字形。**虹膜**黄色至褐色，蜡膜黄色。**鸣声**：响亮的 keeaaa 声，参考 XC120413（Patrick Franke）。**分布**：繁殖于古北界，越冬于北非和南亚次大陆。在中国，*vulpinus* 亚种（又名草原鵟）越冬于新疆西部天山、喀什地区以及四川。海拔 3000 m 以下地区甚常见。**习性**：喜开阔原野，利用热气流在高空翱翔，停歇于裸露树枝上。是为数不多能在空中悬停的鹰类。

■ **鸨形目　OTIDIFORMES　鸨科　Otididae　（3 属 3 种）**

一小科大型走禽，多见于荒漠和半荒漠。两翼长而宽，飞行时颈部伸直。大部分种类具羽冠、翎颌或颈部丝状羽，繁殖季节可见。营巢于地面凹处。中国有三种。

---

260. 大鸨 **Great Bustard** *Otis tarda* dà bǎo
♂90~105 cm ♀ 75~85 cm   图版32　国一/VU

识别：巨大的鸨。头灰，颈棕，上体具宽大的棕色和黑色横斑，下体和尾下覆羽白色。雄鸟繁殖羽颈前具白色丝状羽，颈侧具棕色丝状羽。飞行时两翼偏白，次级飞羽黑色，初级飞羽羽端深色。**鸣声**：通常安静，雄鸟求偶时发出深吟，参考 XC459281（Lucas Pelikan）。**分布**：欧洲、西北非、中东、中亚和中国北方，迷鸟见于巴基斯坦。在中国，指名亚种为新疆天山、喀什和吐鲁番地区草原和半荒漠生境中的留鸟，*dybowskii* 亚种繁殖于内蒙古东部和黑龙江，越冬于甘肃至山东，迷鸟南至福建。越冬时多见于农耕地。**习性**：集 5 到 30 只的群。步态审慎，飞行有力。雄鸟求偶时鼓起胸部羽毛。

---

261. 波斑鸨 **Mcqueen's Bustard** *Chlamydotis macqueeni* bōbān bǎo
55~65 cm   图版32　国一/VU

识别：中型斑驳褐色鸨。下体偏白。雄鸟繁殖羽颈部灰色，颈侧具黑色松软丝状羽。

飞行时可见黑色宽阔翼斑，初级飞羽端部黑色，基部具大块白斑。**鸣声**：通常安静。
分布：中东、中亚和印度西北部。在中国，为新疆西部和内蒙古西北部的罕见留鸟。
习性：作跳跃式求偶炫耀。栖于半荒漠、沙丘和盐碱地。野性而惧人。

---

262. 小鸨　Little Bustard　*Tetrax tetrax*　xiǎo bǎo　40~45 cm　　图版32　国一/NT

识别：小型偏褐色鸨。上体斑驳，下体偏白。雄鸟繁殖羽具黑色翎领，与其上的颈前"V"字形白色条纹对比明显，下颈基部具较宽的白色领环。飞行时两翼近乎全白，仅前四枚初级飞羽带黑色。**鸣声**：求偶叫声为干涩、持久的 *prrrt* 声。飞行时第四枚初级飞羽能发出哨音，参考 XC363912（Stanislas Wroza）。**分布**：古北界西南部、中东、中亚，迷鸟至印度西北部。在中国数量甚少，繁殖于天山的草原，迁徙时经中国西北部，迷鸟至四川。**习性**：集小群活动。求偶炫耀时跃起，两翼拍打，翎领鼓起。

▎鹤形目　GRUIFORMES　秧鸡科　Rallidae　（12属21种）

世界性分布、生性隐蔽的中型沼泽鸟类。喙强直，跗跖长，趾甚长。两翼短，不善飞行。多数秧鸡类能游泳，骨顶鸡趾部具瓣蹼。发出响亮而粗哑的叫声，有时数鸟同鸣。

---

263. 花田鸡　Swinhoe's Crake　*Coturnicops exquisitus*　huā tiánjī
12~14 cm　　　　　　　　　　　　　　　　　图版32　国一/VU

识别：非常小的点斑秧鸡。上体褐色，具黑色纵纹和白色细小横斑，颏、喉、腹部白色，胸部黄褐色，两胁和尾下具深褐色和白色的宽横斑。幼鸟色深。尾短而上翘。飞行时，白色次级飞羽与黑色初级飞羽对比明显。**鸣声**：咕噜声、尖叫声和咯咯声，金属敲击声伴随着似蛙鸣声，参考 XC381991（Tom Wulf）。**分布**：繁殖于东北亚，越冬于日本南部和中国南部。在中国，繁殖鸟罕见于内蒙古东北部多芦苇地带，迁徙途经中国东部，冬候鸟见于江西鄱阳湖湿地和福建、广东的稻田。**习性**：甚隐蔽。

---

264. 红腿斑秧鸡　Red-legged Crake　*Rallina fasciata*　hóngtuǐ bānyāngjī
22~25 cm　　　　　　　　　　　　　　　　　图版32　LC

识别：中型红褐色秧鸡。喙短，跗跖红色。头、背、胸部栗色，两翼和尾部红褐色，腹部和尾下覆羽黑色并具白斑，颏白。翼覆羽具明显白点，飞羽具白斑。似斑胁田鸡，但两胁和腹部的白色横斑更为宽阔。虹膜红色。**鸣声**：繁殖季节于晨昏发出一连串响亮的 *pek* 鼻音，间隔半秒；亦发出缓慢降调颤音，参考 XC364136（marcel finlay）。**分布**：南亚次大陆东北部、东南亚、菲律宾、大巽他群岛和摩鹿加群岛。一些亚种冬季迁至其分布区的南部。在中国，夏候鸟偶见于台湾兰屿。**习性**：栖于近林区的开阔沼泽地，极少见于低洼地区。性羞怯，鲜为人知。

265. 白喉斑秧鸡　Slaty-legged Crake　*Rallina eurizonoides*
báihóu bānyāngjī　21~28 cm　　　　　　　　　　　图版32　LC

识别：中型偏褐色秧鸡，头、胸部栗色，颏部偏白，近黑色的腹部和尾下具狭窄白色横纹。内侧次级飞羽和初级飞羽具零星白色横斑。虹膜红色，喙绿黄色，跗跖灰色。**鸣声**：夜晚发出双音节的 *kror-kror* 声，参考 XC476076（Miyagi Kunitaro）。**分布**：繁殖于南亚次大陆、中国东南部、东南亚、菲律宾和苏拉威西岛，部分个体越冬至斯里兰卡、马来半岛、苏门答腊岛和爪哇岛西部。在中国，*telmatophila* 亚种为广西南部海拔 700 m 以下地区的不常见留鸟，迷鸟至海南，夏季繁殖鸟记录于香港。对其分布研究可能存在遗漏，如今分布有扩散之势，华东地区部分地点有繁殖记录，*formosana* 亚种为台湾留鸟。**习性**：性羞怯，栖于森林、林缘、灌丛和稻田。

266. 蓝胸秧鸡 / 灰胸秧鸡　Slaty-breasted Rail　*Lewinia striata*　lánxiōng yāngjī
25~31 cm　　　　　　　　　　　图版32　LC

识别：中型秧鸡。具棕色顶冠，背部具白色细纹。颏部白色，胸、背部灰色，两翼和尾部具白色细纹，两胁和尾下覆羽具较粗的黑白色横斑。虹膜红色，上喙黑色，下喙偏红色，跗跖灰色。**鸣声**：尖厉生硬的双音节 *terrek* 或 *kech, kech, kech* 声，重复10 至 15 次，两头弱中间强。**分布**：南亚次大陆、中国南部、东南亚、菲律宾和大巽他群岛。部分个体冬季迁至分布区的南部、苏拉威西岛和小巽他群岛越冬。在中国，*jouyi* 亚种为华南和西南地区的留鸟，*taiwana* 亚种见于台湾。一般不常见于海拔 1000 m 以下地区。**习性**：见于红树林、沼泽、稻田、草地甚至珊瑚岛礁上。性隐蔽并为半夜行性，故不常见。一般单独活动。

267. 西方秧鸡 / 西秧鸡　Water Rail　*Rallus aquaticus*　xīfāng yāngjī
25~31 cm　　　　　　　　　　　图版32　LC

识别：中型深色秧鸡。上体多纵纹。顶冠褐色，脸颊灰色，眉纹浅灰色，贯眼纹深灰色。颏部白色，颈、胸部灰色，两胁具黑白色横斑，尾下覆羽纯白色。未成年鸟翼上覆羽具不明显白斑。虹膜红色，喙红色至黑色。跗跖红色。**鸣声**：轻柔的 *chip chip chip* 叫声、怪异的似猪叫声和尖叫声，参考 XC450675（Patrik Åberg）。**分布**：繁殖于古北界，冬季迁至东南亚和加里曼丹岛。在分布区内甚常见，*korejewi* 亚种见于中国西北至四川。**习性**：性羞怯，栖于水边植被茂密处、沼泽和红树林。

268. 普通秧鸡　Brown-cheeked Rail　*Rallus indicus*　pǔtōng yāngjī
25~31 cm　　　　　　　　　　　图版32　LC

识别：褐色秧鸡。甚似西方秧鸡，曾作为其一亚种，但体型更为敦实，喙更粗壮，具宽阔褐色贯眼纹，顶冠色深，喉部更白，胸部和下体呈较浅的棕色，且尾下覆羽具宽阔黑色横斑。**鸣声**：*krek krek* 声和更长的 *kereeeeek* 哀嚎，似红隼，参考 XC326887（Tom Wulf）。**分布**：繁殖于中国东北地区，越冬于东南地区、台湾和海南。**习性**：同西方秧鸡。

269. 长脚秧鸡 **Corn Crake** *Crex crex* chángjiǎo yāngjī
24~27 cm

图版33　国二/LC

识别：中型斑驳黄褐色秧鸡。喙短。上体灰褐色并具黑斑，翼上有宽阔棕色块斑。宽阔的眉纹为灰色，贯眼纹棕色，颏部偏白，喉、胸部近灰。两胁和尾下具栗色和黑白色横斑。飞行时锈褐色的长翼为其显著特征。振翅无力，跗跖下垂。**鸣声**：响亮悠远的双音节喘息声 *crek crek*，通常于夜间和清晨鸣叫。有时数鸟同鸣，参考XC454678（Ireneusz Oleksik）。**分布**：古北界西部、中亚和俄罗斯南部，引种至美国东部，越冬于非洲撒哈拉以南，迷鸟见于中东、南亚、东南亚和加里曼丹岛。在中国，为新疆天山西部的罕见繁殖鸟，冬候鸟见于西藏西部的班公错。**习性**：性羞怯。栖于干燥草地和农耕地。

270. 红脚苦恶鸟 / 红脚田鸡 **Brown Crake** *Zapornia akool* hóngjiǎo kǔ'èniǎo
25~28 cm

图版33　LC

识别：中型暗色秧鸡。跗跖红色。上体橄榄褐色，脸、胸部青灰色，腹部和尾下覆羽褐色。幼鸟灰色较少。体羽无横斑。飞行无力，跗跖下垂。虹膜红色，喙黄绿色。**鸣声**：拖长的降调颤音，参考 XC174973（vir joshi）。**分布**：南亚次大陆、中国南方和中南半岛，繁殖于多芦苇或多草的沼泽。在中国南方山区稻田为地区性常见鸟。**习性**：性羞怯，多在黄昏活动。尾部高耸。

271. 棕背田鸡 **Black-tailed Crake** *Zapornia bicolor* zōngbèi tiánjī
19~25 cm

图版33　国二/LC

识别：小型而特征明显的棕褐色和灰色秧鸡。头、颈深烟灰色，上体余部棕褐色。颏部白，尾部较黑，下体余部深灰色。两性相似。虹膜红色，喙偏绿而喙基红色，跗跖红色。**鸣声**：粗哑似小鸊鷉的喘息声至拖长的降调颤音，参考 XC426824（Peter Boesman）。**分布**：喜马拉雅山脉东部、缅甸北部、泰国北部、中南半岛北部和中国西南地区。在中国，为西藏东南部、云南、四川南部和贵州东部海拔 3600 m 以下地区的罕见（或遗漏的）留鸟，栖于沼泽和多芦苇的溪流两岸。**习性**：性隐蔽，常黄昏活动。

272. 姬田鸡 **Little Crake** *Zapornia parva* jī tiánjī　18~21 cm

图版33　国二/LC

识别：小型秧鸡。雄鸟上体褐色，下体灰色并具稀疏的白色点斑。雌鸟下体较浅，为皮黄色而非灰色，脸、颏、喉部偏白。甚似体型略小的小田鸡，但雄鸟上体褐色较暗淡，且白色点斑较少、两胁横纹也少、跗跖绿色、喙基红色。幼鸟与小田鸡幼鸟的区别在于上体白色点斑为实心而非空心圈。虹膜红色，喙偏绿而喙基红色，跗跖偏绿色。**鸣声**：雄鸟发出轻快的呱呱低叫，收尾结结巴巴；雌鸟叫声更急，并以高颤音收尾，参考 XC418807（Hendrik Walcher）。**分布**：繁殖于古北界西部至中亚，越冬于非洲撒哈拉以南、中东和巴基斯坦。在中国，为新疆西部塔里木盆地的罕见繁殖鸟，迁徙鸟记录于天山地区。**习性**：栖于沼泽、潮湿草甸和有漂浮植物的池塘。善游泳。

273. 小田鸡 Baillon's Crake *Zapornia pusilla* xiǎo tiánjī 15~20 cm 图版33 LC

识别：极小的灰褐色秧鸡。喙短，背部具白色纵纹，两胁和尾下具白色细横纹。雄鸟顶冠和上体红褐色，具黑白色纵纹，胸、脸灰色。雌鸟色暗，耳羽褐色。幼鸟颏部偏白，上体具圆圈状白色点斑。与姬田鸡的区别在于上体褐色较浓且多白色点斑、两胁多横斑、喙基无红色、跗跖偏粉色。虹膜红色，跗跖黄绿色偏粉色。**鸣声**：干哑的降调颤音，似蛙叫或白眉鸭雄鸟，参考 XC252692（Lars Adler Krogh）。**分布**：繁殖于古北界，越冬于印度尼西亚至澳大利亚。常见于其适宜生境。在中国，繁殖于东北、河北、陕西、河南和新疆喀什地区，迁徙时途经中国大部地区，越冬于华南，迷鸟至台湾。**习性**：栖于沼泽型湖泊和多草沼泽。快速而轻盈地穿行于芦苇中，极少飞行。

274. 斑胸田鸡 Spotted Crake *Porzana porzana* bānxiōng tiánjī
22~25 cm 图版33 LC

识别：中型暗色秧鸡。喙短。体羽多具白色点斑。上体褐色并具灰、黑、白色纵纹，下体灰色并具白点，两胁具黑白色横斑，尾下皮黄色。虹膜褐色，喙黄色而喙基红色，幼鸟喙部灰色，跗跖偏绿色。**鸣声**：黄昏和入夜后发出持久而重复有律的似挥鞭哨音 hwitt，参考 XC449194（Leszek Matacz）。**分布**：繁殖于古北界西部至贝加尔湖，越冬于非洲、印度和中国西部。在中国罕见，阿尔泰山脉可能有繁殖，迁徙时记录于新疆西部。**习性**：栖于潮湿草地和稻田。

275. 红胸田鸡 Ruddy-breasted Crake *Zapornia fusca* hóngxiōng tiánjī
19~23 cm 图版33 LC

识别：小型红褐色秧鸡。喙短。枕部和上体纯褐色，头侧和胸部棕红色（*erythrothorax* 亚种红色较深），颏部白色，腹部和尾下近黑并具白色细横纹。似红腿斑秧鸡和斑胁田鸡，但体型较小且两翼无白色。虹膜红色，喙偏褐色，跗跖红色。**鸣声**：较安静，在繁殖季节发出3至4秒的尖厉降调颤音，似小鸊鷉，觅食时作轻声 chuck，参考 XC352048（marcel finlay）。**分布**：繁殖于南亚次大陆、中国、东亚、菲律宾、苏拉威西岛和马来群岛，北方种群至分布区南方越冬，远至加里曼丹岛。在中国，*erythrothorax* 亚种为台湾地区常见留鸟，*phaeopyga* 亚种见于华东、华中和华南，*bakeri* 亚种见于西南。**习性**：栖于芦苇地、稻田和湖边干燥灌丛。性羞怯故难得一见。偶尔现身于芦苇地边缘。半夜行性。晨昏时分发出叫声。

276. 斑胁田鸡 Band-bellied Crake *Zapornia paykullii* bānxié tiánjī
22~25 cm 图版33 国二/NT

识别：中型红褐色秧鸡。喙短，跗跖红色。顶冠和上体深褐色，颏部白色，头侧和胸部栗色，两胁和尾下近黑并具白色细横纹。与红胸田鸡区别在于翼上具白色细横斑，与红腿斑秧鸡区别在于白色横纹较细。翼覆羽比红腿斑秧鸡白色更少，飞羽无白色，枕部和颈部深色。幼鸟为褐色而非栗色。虹膜红色，喙偏黄。**鸣声**：夜间发出怪叫声，似木质棘轮声，参考 XC381990（Albert Lastukhin）。**分布**：繁殖于东北亚，冬季南迁至东南亚和大巽他群岛。在中国，为盛夏时节华北和东北地区的不常见繁殖鸟，迁徙时途经华中和华东。**习性**：栖于潮湿多草的草甸和稻田。**分类学订正**：有时被划入 *Rallina* 属。

277. 白胸苦恶鸟 **White-breasted Waterhen** *Amaurornis phoenicurus*
báixiōng kǔ'èniǎo 28~35 cm

图版33 LC

识别：较大、不易被误认的深青灰色和白色秧鸡。顶冠和上体灰色，脸、额、胸和上腹部白色，下腹和尾下棕色。虹膜红色，喙偏绿而喙基红色，跗跖黄色。**鸣声**：单调的 uwok-uwok 叫声，参考 XC447294（Albert Lastukhin）。黎明或夜晚数鸟一起作嘈杂而怪诞的合唱，声如 *turr-kroowak, per-per-a-wak-wak-wak*，可持续15分钟之久。**分布**：南亚次大陆至东南亚。在中国，繁殖于北纬34°以南低海拔地区，偶见于山东、山西及河北。在海拔1500 m以下适宜生境中为常见鸟。**习性**：通常单独活动，偶尔三两成群，在潮湿的灌丛、湖边、河滩、红树林和旷野中走动觅食。

278. 白眉田鸡 **White-browed Crake** *Amaurornis cinerea* báiméi tiánjī
19~21 cm

图版33 LC

识别：较小的灰褐色秧鸡。喙短，头部斑纹特征明显，为黑色贯眼纹和上下两道白色条纹。顶冠、背部和上体暗褐色，头侧和胸部灰色，腹部偏白，两胁和尾下黄褐色。虹膜红色，喙近黑色，跗跖绿黄色。**鸣声**：繁殖期甚嘈杂，发出尖细的 tchey tchey tchey 似苇哨声，两只或更多只鸟一同鸣叫，参考 XC352592（Marc Anderson）。**分布**：东南亚南部、菲律宾、大巽他群岛、新几内亚岛、澳大利亚北部和太平洋诸岛。在中国，迷鸟1991年4月记录于香港米埔，后在四川、云南、广西、海南和台湾也有记录。**习性**：性羞怯。喜涨水的草地、沼泽和稻田。通常成对活动。**分类学订正**：部分学者将其划入 *Porzana* 属，也有人将其划入 *Poliolimnas* 属。

279. 董鸡 **Watercock** *Gallicrex cinerea* dǒng jī
♂ 40~43cm ♀ 34~36 cm

图版34 LC

识别：大型黑色或皮黄褐色秧鸡。喙短，绿色。雌鸟褐色，下体具细密横纹。雄鸟繁殖羽黑色，具红色的尖形角状额甲。**鸣声**：夏季在巢区作深沉吟叫似 gowp gowp gowp，冬季通常安静，参考 XC410971（Peter Ericsson）。**分布**：留鸟见于南亚次大陆、东南亚、苏门答腊岛和菲律宾，夏季繁殖鸟见于喜马拉雅山脉、东北亚、东南亚、中国大陆及台湾，越冬于日本、马来半岛、加里曼丹岛、爪哇岛、苏拉威西岛和小巽他群岛。在中国，指名亚种为华东、华中、华南、西南、海南和台湾的夏季繁殖鸟，冬季南迁。**习性**：性羞怯，主为夜行性，多藏身于芦苇沼泽地。有时到附近稻田取食稻谷。

280. 紫水鸡 **Grey-headed Swamphen** *Porphyrio poliocephalus* zǐ shuǐjī
41~50 cm

图版34 国二/LC

识别：大型而敦实的紫蓝色秧鸡。具大型的红色喙。除尾下覆羽为白色外，整个体羽蓝黑色并具紫色和绿色光泽。额甲和跗跖均为红色。**鸣声**：咯咯叫和带鼻音的号声 *gwerk*，参考 XC460221（Peter Boesman）。**分布**：里海至南亚次大陆和东南亚。在中国为云南西南部和西藏极东南部的留鸟。**习性**：栖于多芦苇的沼泽地和湖泊，在水上漂浮植物和芦苇中行走。有时集小群到涨水的开阔草地、稻田甚至火烧后的草地上活动。尾部上下摆动。

281. 黑背紫水鸡　Black-backed Swamphen　*Porphyrio indicus*
hēibèi zǐshuǐjī　38~40 cm　　　　　　　　　　图版34　国二/NR

识别：大型秧鸡。似紫水鸡，曾作为其一亚种。区别在于背部更黑、头部更蓝、翼覆羽泛绿。**鸣声**：似紫水鸡。**分布**：印度、东南亚至大洋洲。*viridis* 亚种为四川南部、华中、华南、海南和台湾的不常见留鸟。**习性**：同紫水鸡。

282. 黑水鸡　Common Moorhen　*Gallinula chloropus*　hēi shuǐjī
24~35 cm　　　　　　　　　　　　　　　　　图版34　LC

识别：不易被误认的中型黑白色秧鸡。额甲亮红色，喙短。整个体羽青黑色，仅两胁有白色细纹形成的线条，尾下具两块白斑，尾部上翘时此白斑甚为明显。虹膜红色，喙暗绿色而喙基红色，跗跖绿色。**鸣声**：响亮而粗哑的嘎嘎叫 *pruruk-pruuk-pruuk*，夜间发出轻微吱吱叫，参考 XC26611（Stuart Fisher）。**分布**：广布于除南极洲和大洋洲以外的各大洲。冬季北方种群南迁。在中国，*indica* 亚种繁殖于新疆西部（包括天山），指名亚种繁殖于华东、华南、西南、海南、台湾和西藏东南部，越冬于北纬32°以南。**习性**：多见于湖泊、池塘和运河。高度水栖性，常一边在水中缓慢游泳，一边在水面漂浮植物间翻找食物。亦觅食于开阔草地。尾部上下摆动。不善飞，起飞前先在水面助跑很长一段距离。**分类学订正**：*indica* 亚种有时也被划入指名亚种中。

283. 骨顶鸡　Eurasian Coot　*Fulica atra*　gǔdǐngjī　36~41 cm
　　　　　　　　　　　　　　　　　　　　　图版34　LC

识别：不易被误认的大型黑色秧鸡。具显眼的白色喙和额甲。体羽深黑灰色，仅飞行时可见狭窄近白色后翼缘。虹膜红色，喙白色，跗跖灰绿色，具瓣蹼足。**鸣声**：多种响亮叫声及尖厉的 *krek krek* 声，参考 XC459686（Dominic Garcia-Hall）。**分布**：繁殖于古北界、中东、南亚次大陆。越冬于非洲、东南亚和菲律宾，亦至新几内亚岛、澳大利亚和新西兰。在中国，*atra* 亚种为北方湖泊、溪流中的常见繁殖鸟，冬季迁至北纬32°以南。**习性**：高度水栖性和群栖性，常潜入水中在湖床觅食水草。繁殖期相互争斗追打。起飞前在水面上长距离助跑。

▌鹤形目　GRUIFORMES　鹤科　Gruidae　（3属9种）

中国文艺作品中常见的高大优雅鸟类。利用树枝营巢于地面。雏鸟体羽橙色。所有种类均具迁徙习性。

284. 白鹤　Siberian Crane　*Leucogeranus leucogeranus*　bái hè
120~145 cm

图版35　国一/CR

识别：大型、不易被误认的白色鹤。喙橙色，脸部裸露皮肤深红色，跗跖粉红色。飞行时黑色初级飞羽明显。幼鸟体羽金棕色。虹膜黄色。**鸣声**：飞行时发出欢快、轻柔、悦耳的 *krunk krunk* 声，参考 XC401979（Oscar Campbell）。**分布**：世界性极危。繁殖于俄罗斯东南部和西伯利亚，越冬于伊朗、印度西北部和中国东部。迁徙途经中国东部，越冬于鄱阳湖和长江流域其他湖泊。**习性**：觅食水位下降后露出的植物球茎和嫩根。

285. 沙丘鹤　Sandhill Crane　*Antigone canadensis*　shāqiū hè
100~110 cm

图版35　国二/LC

识别：高大的灰色鹤。脸颊偏白，额和头顶红色。飞行时可见深灰色飞羽。**鸣声**：*gar-oo-oo* 如号角声，远距离外可辨，参考 XC31005（Allen T. Chartier）。**分布**：繁殖于北美和西伯利亚东部，冬季南迁。迷鸟偶见于中国东部和东北部。**习性**：栖于多草苔原以及河流、沼泽、湖泊边的草甸。

286. 白枕鹤　White-naped Crane　*Antigone vipio*　báizhěn hè
120~150 cm

图版35　国一/VU

识别：高大的灰白色鹤。脸侧裸露皮肤红色，并具黑色边缘和斑纹。喉部和颈部后方白色。枕、胸和颈部前方的灰色延至颈侧呈狭窄尖形。初级飞羽黑色，体羽余部为不同程度的灰色。跗跖绯红色。**鸣声**：如干涩号角声，参考 XC413749（Frank Lambert）。**分布**：繁殖于西伯利亚、蒙古国北部、中国北部的沼泽地和多芦苇的湖岸边，越冬于朝鲜半岛、日本和中国长江下游的湖泊和河岸滩地，迷鸟至台湾和福建。**习性**：栖于近湖泊、河流的沼泽地区。觅食于农耕地。

287. 赤颈鹤　Sarus Crane　*Antigone antigone*　chìjǐng hè
140~160 cm

图版35　国一/VU

识别：非常高大、不易被误认的灰色鹤。头部裸露，上颈大部为红色。飞行时可见黑色初级飞羽。未成年鸟颈部和头部具有锈色覆羽。**鸣声**：响亮而持久，似喇叭声，通常于地面或空中成对日夜鸣叫。鸣叫时颈部伸直，喙朝向天空，参考 XC37593（David Farrow）。**分布**：印度北部、缅甸、中国西南部、马来半岛、澳大利亚北部。种群数量甚稀少，*sharpii* 亚种曾见于云南南部。**习性**：栖于沼泽和稻田。

288. 蓑羽鹤　Demoiselle Crane　*Grus virgo*　suōyǔ hè
70~100 cm

图版35　国二/LC

识别：较小而优雅的蓝灰色鹤。顶冠白色，白色丝状长羽的耳羽束与偏黑色的头、颈以及修长的胸羽形成对比。三级飞羽长但并不足以覆盖尾部。胸部黑色羽较灰鹤更长且下垂。虹膜红色（雄鸟）或橙色（雌鸟）。**鸣声**：如号角声，似灰鹤但较尖而少起伏，参考 XC454318（Ross Gallardy）。**分布**：北非（近乎绝迹）、古北界西端的东南部至中亚和中国。在中国，繁殖于东北、西北、内蒙古西部鄂尔多斯高原，越冬于西藏南部。春季迁徙越过天山山脉。栖于海拔 5000 m 以下的高原、草原、沼泽、半荒漠和寒冷荒漠。**习性**：飞行时呈"V"字形编队，颈部伸直。

---

289. 丹顶鹤　**Red-crowned Crane**　*Grus japonensis*　dāndǐng hè
120~160 cm　　　　　　　　　　　　　　　　图版35　国一/VU

识别：高大而优雅的白色鹤。裸露的头顶皮肤红色，眼先、脸颊、喉部和颈侧黑色。自耳羽有一条白色宽带延至颈部后方，体羽余部白色，仅次级飞羽和长而下垂的三级飞羽为黑色。**鸣声**：在繁殖地发出如响亮号角般叫声，参考 XC409608（Guy Kirwan）。**分布**：繁殖于日本、中国东北和西伯利亚东南部，越冬于朝鲜半岛、日本和中国华东省份及长江两岸湖泊，偶见于中国台湾。这种曾常见的鸟类现已稀少，且仅限于宽阔河谷、林区和沼泽。**习性**：在繁殖地的求偶舞蹈被当地文化所崇敬。飞行如其他鹤，颈部伸直，组成"V"字形编队。

---

290. 灰鹤　**Common Crane**　*Grus grus*　huī hè　100~125 cm　　图版35　国二/LC

识别：中型灰色鹤。顶冠前端黑色、中心红色，头、颈深青灰色。自眼后有一道白色宽纹延至颈部后方。体羽余部灰色，背部和长而密的三级飞羽略沾褐色。**鸣声**：配偶间的二重唱为清亮持久的 *Kr-re-raw, Kraw-ah* 号角声，参考 XC460027（Joost van Bruggen）。迁徙时集大群，发出 *krraw* 号角声。**分布**：古北界。在中国，繁殖于东北和西北，越冬于南方和中南半岛。喜湿地、沼泽和浅湖。种群数量减少中。**习性**：迁徙时停歇和觅食于农耕地。作高跳式求偶舞。飞行时颈部伸直，组成"V"字形编队。

---

291. 白头鹤　**Hooded Crane**　*Grus monacha*　báitóu hè
90~100 cm　　　　　　　　　　　　　　　　图版35　国一/VU

识别：小型深灰色鹤。头、颈白色，顶冠前端黑色、中心红色。飞行时可见黑色飞羽。未成年鸟头、颈沾皮黄色，并具黑色眼斑。虹膜黄红色。**鸣声**：响亮的 *kurrk* 号角声，参考 XC456592（Bo Shunqi）。**分布**：繁殖于西伯利亚北部和中国东北，越冬于日本南部和中国东部。世界性易危。在中国不常见，繁殖于黑龙江小兴安岭、兴凯湖、乌苏里江，在三江平原和内蒙古东部的呼伦湖可能亦有繁殖，越冬于长江流域。**习性**：栖于近湖泊和河流的沼泽地。

---

292. 黑颈鹤　**Black-necked Crane**　*Grus nigricollis*　hēijǐng hè
110~120 cm　　　　　　　　　　　　　　　　图版35　国一/NT

识别：高大的偏灰色鹤。头部、喉部以及整个颈部为黑色，仅眼部下后方具白斑。裸露的眼先和头顶皮肤为红色，尾、初级飞羽和三级飞羽黑色，三级飞羽长。虹膜黄色。**鸣声**：一连串响亮的 *kererr* 号角声，参考 XC35443（Arnold Meijer）。**分布**：繁殖于青藏高原，越冬于不丹、印度东北部、中国西南部和中南半岛北部。在中国，繁殖于青藏高原东部至四川西北部（若尔盖）的高原湿地，冬季南迁至西藏南部、云南、贵州的潮湿农耕区，曾被当地视为农作物害鸟。现已稀少。**习性**：飞行如其他鹤，颈部伸直，组成"V"字形编队或成对飞行。

▌鸻形目 CHARADRIIFORMES 三趾鹑科 Turnicidae 三趾鹑（1属3种）

体小、尾短、外形似鹑类的一科鸟类，无后趾，性二型，但雌鸟体羽美丽，婚配系统为一雌多雄制。

293. 林三趾鹑 **Common Buttonquail** *Turnix sylvaticus* lín sānzhǐchún
12~15 cm   图版34 LC

识别：极小的棕褐色三趾鹑。特征为胸部棕色，上体具白色纹，两胁具偏红色黑斑。雌鸟比雄鸟体型更大、色深且更红。虹膜黄色，跗跖偏白色。**鸣声**：重复的低沉嗡嗡声，每次约3秒，参考 XC379202（José Carlos Sires）。**分布**：非洲、欧亚大陆南部、东南亚、菲律宾和爪哇岛。在中国，*davidi* 亚种为广东、台湾和海南低海拔开阔草地中的罕见留鸟。**习性**：似更为常见的棕三趾鹑。

294. 黄脚三趾鹑 **Yellow-legged Buttonquail** *Turnix tanki*
huángjiǎo sānzhǐchún   14~18 cm   图版34 LC

识别：小型棕褐色三趾鹑。上体和胸部两侧具明显的黑色点斑。飞行时浅皮黄色翼覆羽与深褐色飞羽对比明显。与其他三趾鹑的区别在于跗跖黄色。雌鸟枕部和背部比雄鸟更偏栗色。虹膜黄色。**鸣声**：较高的嗡嗡声，每次约3秒，参考 XC116895（Frank Lambert）。**分布**：亚洲东部、印度、中国和东南亚，在海拔2000 m以下地区相对常见。在中国，*blanfordii* 亚种繁殖于西南、华南、华中、华东至东北的大部地区，冬季北方种群南迁。**习性**：集小群活动于灌丛、草地、沼泽和稻田。

295. 棕三趾鹑 **Barred Buttonquail** *Turnix suscitator* zōng sānzhǐchún
14~17 cm   图版34 LC

识别：小型黄褐色三趾鹑，似鹌鹑。雌鸟体型更大，颏、喉、上胸黑色，顶冠偏黑，头部为斑驳灰白色。雄鸟顶冠偏褐，脸、颏具褐色和白色纹，胸和两胁具黑色横纹。两性上体均为斑驳褐色，两胁棕色。与林三趾鹑区别在于胸部无棕色、虹膜为棕色。**鸣声**：雌鸟求偶叫声为持续数秒的 *krrrr* 声，常于夜间鸣叫，参考 XC113376（Ram Gopal Soni）。**分布**：印度、日本、中国南部、东南亚、菲律宾、苏拉威西岛、苏门答腊岛、爪哇岛、巴厘岛和小巽他群岛。在中国，*blakistoni* 亚种为华南热带地区和海南的留鸟，*rostratus* 亚种见于台湾，*plumbipes* 亚种见于云南西南部至怒江以西和西藏东南部。在海平面至海拔1500 m的适宜生境下为地区性常见鸟。**习性**：单独或成对栖于开阔多草区域。受惊时跃起，贴地低飞 20 m 左右后又遁入草中。

▎鸻形目　CHARADRIIFORMES　石鸻科　Burhinidae　石鸻 （2属2种）

一小科大型涉禽，跗跖长，体色暗淡。栖于开阔多石地带或海滩。主要在晨昏活动，白天卧伏不动。飞行时跗跖伸出尾后。

296. 欧石鸻 / 石鸻　**Eurasian Thick-knee**　*Burhinus oedicnemus*　ōu shíhéng
38~45 cm　　　　　　　　　　　　　　　　　　　　　　　　图版36　LC

识别：大型黄褐色石鸻。黄色的双眼巨大而凝神，常卧伏。白色翼斑具褐色上缘和黑色下缘，飞羽合拢时为黑色，飞行时可见两道白色条带。**鸣声**：快速尖厉的 *pick-pick-pick-pick-pick* 哨音并以较缓的 *pick-wick, pick-wick* 音结尾，重音在第二音，略似白腰杓鹬，参考 XC669001（Stanislas Wroza）。也作单哨音，缓慢重复。**分布**：南欧、北非、中东至中亚。在中国非常罕见，指名亚种为西藏极东南部海拔 1000 m 以下地区留鸟，迷鸟记录于广东沿海。**习性**：善走。栖于开阔干燥并有灌丛覆盖的多石地带。有时集小群活动。白天休息，黄昏和夜晚甚活跃。卧伏地面时头部平伸。

297. 大石鸻　**Great Thick-knee**　*Esacus recurvirostris*　dà shíhéng
52~57 cm　　　　　　　　　　　　　　　　　　　　　　　图版36　国二/NT

识别：大型石鸻。头大，喙粗厚而微向上翘，双眼黄色而凝神。特征为头部黑白色斑和翼上黑白色粗横纹。初级飞羽和次级飞羽黑色并具白色粗斑纹，飞行时可见。**鸣声**：鸣唱声为降调尖厉颤音，愤怒时发出响亮嘶叫声，告警声为响亮的 *see-eek* 声，并常在夜里发出两个或更多上扬音节的粗野哨声，参考 XC73180（Mike Nelson）。**分布**：巴基斯坦南部、印度、斯里兰卡、缅甸，冬候鸟至中国西南部、海南和东南亚。近危。在中国罕见，记录于海南、云南的西南部和南部。**习性**：成对活动，栖于大型河流、海边的沙滩和砾石带。

▎鸻形目　CHARADRIIFORMES　蛎鹬科　Haematopodidae　蛎鹬 （1属1种）

一科高度特化的涉禽，体羽黑白色，喙部强劲有力。

298. 蛎鹬 **Eurasian Oystercatcher** *Haematopus ostralegus* lì yù
40~48 cm

图版36　NT

识别：不易被误认的中型黑白色鹬。红色的喙长直而端钝，跗跖粉红色，虹膜红色。背部上方、头部和胸部黑色，背部下方和尾上覆羽白色，下体余部白色。翼上黑色，沿次级飞羽基部有一条白色宽带。翼下白色，具狭窄黑色后翼缘。**鸣声**：召唤声为尖厉的 *kleep* 或拖长的 *kle-eap* 及更尖厉的 *kip*，参考 XC438347（Daniel Beuker）。求偶时发出渐慢的管笛声。**分布**：欧洲至西伯利亚，冬季南迁。在中国不常见，*osculans* 亚种繁殖于东北沿海省份和山东，越冬于华南、东南沿海和台湾，迷鸟见于天山（新疆西部）和西藏西部。**习性**：飞行缓慢，振翅幅度大。沿多岩海滩觅食贝类等软体动物，使用錾形喙凿开。集小群活动。

鸻形目　CHARADRIIFORMES　鹮嘴鹬科　Ibidorhynchidae　（1属1种）

外形特异的单型科涉禽，具鲜明的羽饰和下弯的红色喙。觅食于高海拔溪流。

---

299. 鹮嘴鹬 **Ibisbill** *Ibidorhyncha struthersii* huánzuǐ yù
39~41 cm

图版36　国二/LC

识别：不易被误认的大型灰、黑、白色鹬。具特征性的红色跗跖和喙，喙长且下弯。一道黑白色领环将灰色上胸与白色下体隔开。翼下白色。幼鸟上体具皮黄色鳞状纹，黑色斑纹较模糊，跗跖和喙近粉色。**鸣声**：重复的响铃般的 *klew-klew* 声，似鹬属鸟类，参考 XC398485（Jarmo Pirhonen），亦作响亮快速似中杓鹬的 *tee-tee-tee-tee* 叫声。**分布**：喜马拉雅山脉和中南亚。在中国为罕见留鸟，亦作垂直迁徙，见于新疆西部、西藏西部、南部及东部、青海、甘肃、四川、宁夏、陕西、河北、河南和云南北部，迷鸟见于西双版纳（云南南部）。**习性**：栖于海拔 1700 ~ 4400 m 间多卵石、流速快的河流。求偶炫耀时下蹲，头部前伸，黑色头顶的后部耸立。

鸻形目　CHARADRIIFORMES　反嘴鹬科　Recurvirostridae　（2属2种）

一小科高度特化的涉禽，跗跖和喙均细长。

---

300. 黑翅长脚鹬 Black-winged Stilt *Himantopus himantopus*
hēichì chángjiǎoyù　35~40 cm

图版36　LC

识别：高挑、修长的黑白色鹬。具特征性的细长黑色喙、黑色双翼、修长淡红色跗跖和白色体羽。颈部后方具黑斑。幼鸟体羽偏褐色，顶冠和颈部后方沾灰。虹膜粉红色。**鸣声**：高音管笛声和似燕鸥的 *kik-kik-kik* 声，参考 XC440159（Stein Ø. Nilsen）。**分布**：印度、中国和东南亚。在中国，指名亚种繁殖于新疆西部、青海东部和内蒙古西北部，其余地区均有过境记录，越冬于台湾、广东和香港。**习性**：喜浅水海岸带和淡水沼泽地。

301. 反嘴鹬 **Pied Avocet** *Recurvirostra avosetta* fǎnzuǐ yù
40~45 cm
图版36 LC

识别：不易被误认的高挑黑白色鹬。具修长灰色跗跖和细长而上翘的黑色喙。飞行时下方体羽全白，仅翼尖为黑色。从上方可见黑色翼上横纹和肩部条纹。**鸣声**：经常发出清晰似笛的 *kluit, kluit, kluit* 叫声，参考 XC414376（Frank Lambert）。**分布**：欧洲至中国、印度和非洲南部。在中国，繁殖于北方，集大群越冬于东南沿海、西藏，偶见于台湾。**习性**：觅食时喙两侧甩动。善游泳，能倒立水中进食。飞行时快速振翅并作长距离滑翔。成鸟佯装断翅以将捕食者从幼鸟身边引开。

▌鸻形目 CHARADRIIFORMES 鸻科 Charadriidae （3属20种）

一大科世界性分布的涉禽，特征为喙直且较短，喙端硬且膨大。跗跖长而有力，多数种类无后趾。两翼较长，尾短。大部分种类具迁徙习性。

302. 凤头麦鸡 **Northern Lapwing** *Vanellus vanellus* fèngtóu màijī
29~34 cm
图版36 NT

识别：较大的黑白色麦鸡。具长而窄的黑色前翻状羽冠。上体具绿黑色金属光泽，尾白而具宽阔黑色次端条带，顶冠色深，耳羽黑色，头侧和喉部污白色，胸部偏黑，腹部白色。**鸣声**：拖长的 *pee-wit* 鼻音，参考 XC448690（Patrik Åberg）。**分布**：繁殖于古北界，越冬于南亚次大陆和东南亚北部。在中国甚常见，繁殖于北方大部地区，越冬于南方。**习性**：喜耕地、稻田和矮草地。

303. 距翅麦鸡 **River Lapwing** *Vanellus duvaucelli* jùchì màijī
29~32 cm
图版37 NT

识别：中型黑、白、灰色麦鸡。性嘈杂。喉部和头顶黑色，具细长羽冠，与头侧、背部和胸部的灰褐色对比明显。腹部、腰部和尾下白色，初级飞羽、尾部和腹部中心块斑黑色。无肉垂。腕部具黑斑。飞行缓慢吃力。**鸣声**：响亮持续的 *did, did, did* 声，有时续以上扬的 *did-did-do-weet, did-did-do-weet* 声，似肉垂麦鸡但略有不同，参考 XC460119（Peter Boesman）。**分布**：喜马拉雅山脉东部、印度东北部至中国西南部和东南亚。在中国，为西藏东南部、云南的西部和西南部，以及海南的不常见留鸟。**习性**：栖于河边沙滩和卵石滩。求偶时作精湛的旋转表演。

304. 灰头麦鸡 **Grey-headed Lapwing** *Vanellus cinereus* huītóu màijī
32~36 cm

图版36　LC

识别：大型黑、白、灰色麦鸡。性嘈杂。头、胸灰色，翕部和背部褐色，翼尖、胸带和尾部横斑黑色，翼羽余部、腰部、尾部和腹部白色。未成年鸟似成鸟，但体羽偏褐色且无黑色胸带。**鸣声**：告警声为响亮的 *chee-it, chee-it* 哀鸣，飞行时作尖声 *kik* 或 *kikikikik*，参考 XC114440（Frank Lambert）。**分布**：繁殖于中国东北和日本，越冬于南亚次大陆东北部、东南亚，罕至菲律宾。在中国，繁殖于东北各省至江苏和福建，迁徙途经华东、华中，越冬于云南、广东，偶见于台湾。一般不常见。**习性**：栖于近水的开阔地带、河滩、稻田和沼泽。

305. 肉垂麦鸡 **Red-wattled Lapwing** *Vanellus indicus* ròuchuí màijī
32~35 cm

图版37　LC

识别：大型黑、白、褐色麦鸡。头、喉、胸部中央黑色，耳羽具白斑。翕部、翼覆羽和背部浅褐色，翼尖、尾部次端条带黑色，翼斑、尾基、尾端和下体余部白色。其名称来源于喙基上的红色肉垂。**鸣声**：告警时发出响亮尖厉的 *did-he-do-it, pity-to-do-it* 叫声和单音 *ping*，参考 XC35511（Arnold Meijer）。**分布**：波斯湾、南亚次大陆至中国西南部和东南亚。在中国，*atronuchalis* 亚种为云南的西部和西南部干燥开阔地区的地区性常见鸟，亦记录于贵州、广西、海南和广东南部。**习性**：栖于开阔地带、农田、稻田、沼泽及河滩。以快速振翅的飞行显示告警。

306. 黄颊麦鸡 **Sociable Lapwing** *Vanellus gregarius* huángjiá màijī
27~30 cm

图版37　国二/CR

识别：修长的褐色麦鸡。顶冠黑色，眉纹白色，具黑色贯眼纹。腹部黑色和栗色，跗跖偏黑色，飞行时可见特征性三色翼上图纹。臀部白色，中央尾羽次端条带黑色。雌鸟和雄鸟冬羽色浅，眉纹偏皮黄色。和白尾麦鸡的区别在于顶冠和胸部具细纹、跗跖偏黑。**鸣声**：尖厉吠声 *krek* 或 *krek krek krek*，参考 XC236708（R. Martin）。**分布**：繁殖于中亚，越冬于北非和南亚。在中国极罕见，新疆西北部夏候鸟，可能曾在此繁殖。迷鸟1998年记录于河北。**习性**：喜半荒漠灌丛。

307. 白尾麦鸡 **White-tailed Lapwing** *Vanellus leucurus* báiwěi màijī
26~29 cm

图版37　LC

识别：较小的褐色麦鸡。跗跖极长，尾白色。成鸟灰褐色，脸部浅色，腹部皮黄偏粉红色。飞行时可见黑色翼尖和其白色边缘，跗跖伸出尾端。幼鸟似成鸟，但多细纹。和黄颊麦鸡的区别为顶冠和胸部无细纹、跗跖黄色。**鸣声**：尖厉 *hickyou hickyou* 哭声，参考 XC184907（Albert Lastukhin）。**分布**：繁殖于中亚，越冬于北非和南亚。在中国极罕见，2012年首次记录于新疆西部。**习性**：喜河流、湖岸、水库和湿地。

308. 欧金鸻　European Golden Plover　*Pluvialis apricaria*　ōu jīnhéng
26~29 cm
图版37　LC

识别： 极似金斑鸻但体型更大更为敦实，两翼更宽而短，停歇翼尖不伸出尾端。飞行时可见白色腋羽和翼上宽白斑。**鸣声：** 不及金斑鸻尖厉的 *jer cheeow* 声，参考 XC456579（Bram Vogels）。**分布：** 繁殖于欧亚大陆北部，越冬于南欧和北非。在中国仅有迷鸟记录于河北、山东、上海和新疆西北部。**习性：** 同金斑鸻。

309. 金斑鸻 / 金鸻　Pacific Golden Plover　*Pluvialis fulva*　jīnbān héng
23~26 cm
图版37　LC

识别： 敦实的中型鸻。喙短而厚。冬羽浅金棕色，贯眼纹、脸侧和下体色浅。翼上无白色横纹，飞行时翼下覆羽对比不明显。雄鸟繁殖羽脸、喉、胸部中央和腹部均为黑色，脸周和胸侧白色。雌鸟下体亦有黑色，但不如雄鸟多。**鸣声：** 清晰而尖厉的爆发音，单音、双音或三音的 *chi-vit* 或 *chi-tuee* 哨声，参考 XC420229（Steve Hampton）。**分布：** 繁殖于俄罗斯北部和阿拉斯加西北部，越冬于非洲东部、南亚次大陆、东南亚、澳大利亚和太平洋诸岛。迁徙时节途经中国全境，冬候鸟常见于北纬 25° 以南包括海南和台湾在内的沿海开阔地区。**习性：** 单独或集群活动。栖于沿海滩涂、沙滩、开阔草地和机场。

310. 美洲金鸻　American Golden Plover　*Pluvialis dominica*
měizhōu jīnhéng　24~27 cm
图版37　LC

识别： 极似金斑鸻但初级飞羽略长、白色眉纹更宽、体羽更偏灰色。飞行时跗跖不伸出尾端。**鸣声：** 似金斑鸻，尖厉的单音或双音 *cher weet* 哨声，第二音更高，参考 XC323107（Peter Boesman）。**分布：** 繁殖于阿拉斯加和加拿大北部，越冬于南美，迷鸟罕见于日本和中国，或常被误认为金斑鸻。**习性：** 同金斑鸻。

311. 灰斑鸻 / 灰鸻　Grey Plover　*Pluvialis squatarola*　huī bānhéng
27~32 cm
图版37　LC

识别： 敦实的中型鸻。喙短而厚，体型比金斑鸻更大，头和喙亦更大，冬羽上体褐灰色，下体偏白色，飞行时翼斑和腰部偏白，黑色腋羽和白色翼下覆羽形成对比。雄鸟繁殖羽下体黑色似金斑鸻，但上体偏银灰色、尾下覆羽白色。**鸣声：** 哀伤的双音 *cher-wo* 或三音 *chee-woo-ee* 哨声，音调各有升降，不甚清晰，参考 XC455419（Jorge Leitão）。**分布：** 繁殖于全北界北部，越冬于热带、亚热带沿海地区。在中国，迁徙途经东北、华东和华中，冬候鸟常见于南方地区沿海及河口地带。**习性：** 集小群在潮间带和沙滩上觅食。

312. 剑鸻　Common Ringed Plover　*Charadrius hiaticula*　jiàn héng
18~20 cm
图版38　LC

识别： 中型而较丰满的鸻。比金眶鸻体型更大，黑色的前顶冠无白色饰纹，跗跖橙色，飞行时可见明显白色翼斑。未成年鸟以褐色取代成鸟的黑色，喙黑色，跗跖黄色。**鸣声：** 圆润的 *tu-weep* 笛音，第二音高，参考 XC455662（Frank Lambert）。**分布：** 繁殖于加拿大、格陵兰岛和古北界的北极区域，越冬于南欧、非洲和中东。迷鸟见于中国东北、华北、华东地区，新疆地区亦有记录，偶至香港。可能在其他地区出现但被忽视。**习性：** 同其他鸻属鸟类。

313. 长嘴剑鸻　Long-billed Plover　*Charadrius placidus*　chángzuǐ jiànhéng
18~24 cm
图版38　LC

识别： 较大而健壮的鸻。喙较长而全黑，尾部比剑鸻和金眶鸻更长，白色的翼斑不如剑鸻粗。繁殖羽特征为黑色的头顶前端纹和闭合颈环，贯眼纹灰褐色而非黑色。未成年鸟似剑鸻和金眶鸻。跗跖暗黄色。**鸣声：** 响亮清晰的双音节 *piu* 或 *piwee* 笛声，参考 XC109974（Frank Lambert）。**分布：** 繁殖于东北亚，越冬于东南亚。在中国，繁殖于东北、华中和华东，越冬于北纬 32° 以南的沿海、河流和湖泊。不甚常见。**习性：** 喜河岸和沿海滩涂的多砾石地带。

314. 金眶鸻　Little Ringed Plover　*Charadrius dubius*　jīnkuàng héng
15~18 cm
图版38　LC

识别： 小型而喙短的鸻。与环颈鸻和马来鸻的区别在于具有黑色或褐色的闭合颈环以及黄色的跗跖，与剑鸻的区别在于黄色眼圈明显、飞行时无白色翼斑。未成年鸟以褐色取代成鸟的黑色。热带地区的 *jerdoni* 亚种体型略小。**鸣声：** 飞行时发出清晰而柔和的拖长降调哨音 *kee-oo*，参考 XC449134（Patrik Åberg）。**分布：** 繁殖于北非、古北界、东南亚至新几内亚地区，冬季南迁。在中国较常见，*curonicus* 亚种繁殖于华北、华中及东南，迁徙途经东部省份至南方地区沿海及河口，*jerdoni* 亚种繁殖于西藏南部、四川南部和云南，冬季南迁。**习性：** 通常出现在沿海溪流、河流的沙洲，亦见于沼泽和沿海滩涂，有时见于内陆地区。

315. 环颈鸻　Kentish Plover　*Charadrius alexandrinus*　huánjǐng héng
15~17 cm
图版38　LC

识别： 小型而喙短的鸻。与金眶鸻的区别在于跗跖黑色、飞行时可见白色翼斑、尾羽外侧更白。体羽更偏沙黄色。雄鸟繁殖羽头顶沙黄色，胸侧具黑斑，雌鸟具褐色斑。与金眶鸻和剑鸻的区别在于无深色头顶前端纹、白色眉纹更宽。**鸣声：** 重复的轻柔单音节升调叫声 *chewik*，参考 XC456725（Marcin Sołowiej）。**分布：** 美国、非洲和古北界南部，冬季南迁。在中国较常见，指名亚种繁殖于西北和华北，越冬于四川、贵州、云南西北部和西藏东南部，越冬于长江下游及北纬 32° 以南沿海地区。**习性：** 单独或集小群觅食，常与其他涉禽混群于海滩或近海岸多沙草地，亦于沿海河流和沼泽地活动。

316. 白脸鸻　**White-faced Plover**　*Charadrius dealbatus*　báiliǎn héng
15~17 cm
图版38　NR

识别：小型而喙短的鸻。极似环颈鸻，有时被视作其亚种，区别为雄鸟繁殖羽喙较长、额部和眼先为白色、枕部棕色较少、黑色颈环较短且跗跖偏粉色。**鸣声**：似环颈鸻。
分布：中国东南部、南部和海南，越冬于越南和马来西亚。**习性**：与环颈鸻混群，但偏好沙滩生境。

317. 蒙古沙鸻　**Lesser Sand Plover**　*Charadrius mongolus*　měnggǔ shāhéng
18~21 cm
图版38　LC

识别：中型灰、褐、白色而喙短的鸻。甚似铁嘴沙鸻，常与之混群但体型更为短小，喙更纤细，且飞行时白色翼斑较模糊。早期抵达南方的个体仍为特征性繁殖羽，胸具棕赤色宽横纹，脸具黑斑。中国最常见的 *atrifrons* 亚种（包括 *shaeferi* 亚种）额部全黑。**鸣声**：轻声短促颤音或 *kip-ip* 尖声，参考 XC381878（Jarmo Pirhonen）。**分布**：繁殖于中亚至东北亚，越冬于非洲沿海、南亚次大陆、东南亚和澳大利亚。在中国，*pamirensis* 亚种繁殖于新疆西部，*atrifrons* 亚种繁殖于青藏高原，上述两亚种均往甚远的南方越冬；*mongolus* 亚种繁殖于西伯利亚，迁徙途经中国东部，少数个体越冬于中国南部沿海；*stegmanni* 亚种越冬于台湾。上述所有亚种均较常见。**习性**：与其他涉禽混群活动于沿海泥滩和沙滩，有时集大群。

318. 铁嘴沙鸻　**Greater Sand Plover**　*Charadrius leschenaultii*
tiězuǐ shāhéng　22~25 cm
图版38　LC

识别：中型鸻。与蒙古沙鸻的区别在于体型较大、喙较长而厚、跗跖更长且偏黄色。与除蒙古沙鸻外的其他鸻属鸟类冬羽的区别在于无颈环。繁殖羽特征为胸部具棕色横纹，脸部具黑色斑纹，额部白色。**鸣声**：起飞时发出低柔 *trrrt* 颤音，参考 XC452226（Frank Lambert）。**分布**：繁殖于土耳其至中东、中亚、蒙古国，越冬于非洲沿海、南亚次大陆、东南亚和澳大利亚。在中国，繁殖于新疆西部和内蒙古河套地区黄河拐弯处以北，迁徙途经中国全境，少数个体越冬于台湾和华南沿海。**习性**：喜沿海泥滩和沙滩，与其他涉禽尤其是蒙古沙鸻混群。

319. 红胸鸻　**Caspian Plover**　*Charadrius asiaticus*　hóngxiōng héng
18~23 cm
图版38　LC

识别：中型的褐色和白色鸻。喙短，似分布区不重叠的东方鸻但体型较小、跗跖偏灰色。**鸣声**：响亮尖厉的 *kuwit* 声，参考 XC399779（Stephanie Dalrenry）。**分布**：繁殖于里海至中亚地区天山山脉，越冬于非洲。在中国，繁殖于新疆西北部天山和准噶尔盆地。罕见。**习性**：繁殖于平坦荒瘠地区，在矮草地和河流、池塘边觅食。

320. 东方鸻 **Oriental Plover** *Charadrius veredus* dōngfāng héng
22~26 cm 图版38 LC

识别：中型的褐色和白色鸻。喙短。冬羽胸部具棕色宽带，喙窄，脸部偏白，上体全褐色，无翼斑。夏羽胸部橙色，下缘黑色，脸部无黑色。与金斑鸻、蒙古沙鸻和铁嘴沙鸻的区别在于跗跖黄色或近粉色。一些年长个体头部沾白色。飞行时翼下及腋羽均为浅褐色。**鸣声**：尖厉的单音或双音 *kwink* 哨声，上升飞行时发出重复响亮的 *chip-chip-chip* 声，参考 XC411921（Frank Lambert）。**分布**：繁殖于蒙古国和中国北方，越冬于马来西亚和澳大利亚。在中国，繁殖于内蒙古东部呼伦湖周围和辽宁地区荒瘠草原及沙漠中的泥石滩。迁徙途经中国东部，但不常见。**习性**：觅食于草地、河岸及沼泽地。

321. 小嘴鸻 **Eurasian Dotterel** *Charadrius morinellus* xiǎozuǐ héng
20~24 cm 图版38 LC

识别：外形独特的中型鸻。宽阔白色眉纹于枕部交会，并具狭窄的黑白色胸带。繁殖羽喉、上胸灰色，下胸、两胁栗色，腹部黑色，上下胸的分界为狭窄的黑白色胸带。雌鸟色彩比雄鸟更鲜艳。冬羽色暗淡，腹部皮黄色，但眉纹和胸带仍较明显。顶冠和背部具白色杂斑。飞行时侧影胸部厚实、两翼长。**鸣声**：告警声为清亮有律的 *weet-weeh* 声，飞行时作深沉的 *brroot* 声，参考 XC440167（Stein Ø. Nilsen）。**分布**：繁殖于古北界北部石楠丛生的荒野，越冬于地中海、波斯湾和里海。罕见。在中国，繁殖于新疆西北部，迁徙时记录于天山、内蒙古东北部和黑龙江北部。**习性**：栖于荒芜山顶和多藓苔原。

鸻形目 CHARADRIIFORMES 彩鹬科 Rostratulidae （1属1种）

仅有两个种的一科高度特化似沙锥涉禽。喙长而略下弯。性倒转（一雌多雄制），雌鸟体型较大、色彩更艳丽、占域积极，并与数只雄鸟交配。营巢于地面芦苇丛，由雄鸟孵卵。

322. 彩鹬 **Greater Painted Snipe** *Rostratula benghalensis* cǎi yù
23~28 cm 图版43 LC

识别：较小、丰满而色彩艳丽的鹬。似沙锥，尾短。雌鸟头、胸深栗色，眼周白色，顶冠纹黄色，背部和两翼偏绿色，背上具白色的"V"字形纹并有白色条带绕肩和白色下体交会。雄鸟体型比雌鸟更小而色暗，多具杂斑而少皮黄色，翼覆羽具金色点斑，眼斑黄色。**鸣声**：通常安静。雌鸟求偶叫声深沉似小型鸮类，亦发出轻柔喉音。幼鸟发出 *chiow* 悲鸣，参考 XC232888（Stijn De Win）。**分布**：非洲、印度、中国、日本、东南亚、菲律宾、澳大利亚。为海拔 900 m 以下适宜生境中的地区性常见留鸟和候鸟。在中国，指名亚种繁殖于辽宁南部、河北至华东及长江以南所有地区，包括海南和台湾。北方种群冬季迁至长江以南地区，远至西藏东南部。**习性**：栖于沼泽型草地和稻田。行走时尾部上下摆动，飞行时跗跖下垂似秧鸡。

▌鸻形目 CHARADRIIFORMES 水雉科 Jacanidae 水雉 （2属2种）

泛热带地区分布的一小科中型水鸟，似秧鸡但趾特长，故能行走于淡水湖泊和池塘的莲叶及其他漂浮植物上。大多数种类的雌鸟羽色比雄鸟艳丽，婚配系统为一雌多雄制。

323. 水雉 Pheasant-tailed Jacana *Hydrophasianus chirurgus* shuǐ zhì
39~58 cm 图版39 国二/LC

识别：较大、尾长的深褐色和白色水雉。飞行时白色双翼明显。冬羽顶冠、背部和胸上横斑灰褐色，颏、前颈、眉纹、喉部和腹部白色。黑色的贯眼纹延至颈侧，枕部下方金色。外侧初级飞羽羽端长。**鸣声**：告警声为尖叫声或响亮的 *chereeow* 鼻音，参考 XC190863（Andrew Spencer）。**分布**：繁殖于南亚次大陆、中国、东南亚，越冬于菲律宾和大巽他群岛。在中国曾为常见候鸟，现因缺少宁静生境已罕见，繁殖于北纬32°以南包括台湾、海南和西藏东南部在内的所有地区，华北地区亦有繁殖记录，部分个体越冬于台湾和海南。**习性**：常在小型池塘和湖泊的睡莲、荷花等漂浮植物的叶片上行走觅食，间或短距离跃飞到新的觅食点。

324. 铜翅水雉 Bronze-winged Jacana *Metopidius indicus* tóngchì shuǐzhì
28~31 cm 图版39 国二/LC

识别：中型的褐色和黑色水雉。具宽阔白色眉纹。头、颈和下体黑色并具绿色金属光泽，上体橄榄铜色，尾部栗色，额部栗色。幼鸟顶冠褐色，胸部沾白色。**鸣声**：告警声为响亮笛音，亦发出低沉低喉音，参考 XC24549（David Edwards）。**分布**：印度、中国西南部、东南亚、苏门答腊岛和爪哇岛。在中国，为云南南部（西双版纳）地区的罕见留鸟。**习性**：似其他水雉。性隐蔽，极少见。

▌鸻形目 CHARADRIIFORMES 鹬科 Scolopacidae
丘鹬、鹬和瓣蹼鹬 （12属52种）

世界性分布的一大科涉禽，跗跖长，通常见于海滨和近海开阔湿地。一般具尖长的双翼和细长的喙。少数种类栖于内陆高海拔地区，但中国分布的所有种类中，仅丘鹬为森林性鸟类。大部分种类具迁徙习性。

325. 中杓鹬 Whimbrel *Numenius phaeopus* zhōng sháoyù
40~46 cm 　　　　　　　　　　　　　　　　　　　　　　图版39　LC

识别：较小的杓鹬。具浅色眉纹和黑色顶冠纹，喙长而下弯。似白腰杓鹬，但体型要小得多，喙也更短。较常见的 *variegatus* 亚种腰部偏褐色，但一些个体的腰部和翼下为白色，似指名亚种。**鸣声**：独特的高声平调 *ker way-he-he-he-he-he-he-he* 哨音，如马嘶声，参考 XC431556（Albert Lastukhin）。**分布**：繁殖于欧亚大陆北部，越冬于东南亚、澳大利亚和新西兰。迁徙时常见于中国大部地区，尤其是华东和华南沿海河口地带，少数个体越冬于台湾和广东。**习性**：喜沿海泥滩、河口潮间带、滨海草地、沼泽和多石海滩，通常集小至大群，并常与其他涉禽混群。

326. 小杓鹬 Little Curlew *Numenius minutus* xiǎo sháoyù
29~32 cm 　　　　　　　　　　　　　　　　　　　　　图版39　国二／LC

识别：极小的杓鹬。喙部中等长度而略向下弯，具宽阔的皮黄色眉纹。与中杓鹬的区别为体型较小、喙较短而直。腰部无白色。落地时两翼上举。**鸣声**：飞行或集群觅食时发出 *te-te-te* 声，参考 XC266827（Jarmo Pirhonen），告警声为嘶哑的 *chay-chay-chay* 声。**分布**：繁殖于东北亚，越冬南至澳大利亚。在中国，迁徙时途经华东和台湾，罕见。**习性**：喜干燥、开阔的内陆草地，极少至沿海泥滩。

327. 大杓鹬 Eastern Curlew *Numenius madagascariensis* dà sháoyù
54~65 cm 　　　　　　　　　　　　　　　　　　　　　图版39　国二／EN

识别：极大的杓鹬。喙甚长而下弯。比白腰杓鹬色深且偏褐色，背部下方和尾部褐色，下体皮黄色。飞行时翼下覆羽具深色横纹，尾下覆羽色亦深，而不同于白腰杓鹬的白色。**鸣声**：似白腰杓鹬，但音调平缓，如 *coor-ee*；受威胁时发出刺耳 *ker ker-ke-ker-ee* 声，参考 XC379702（Alex Thomas）。**分布**：繁殖于东北亚，越冬南至大洋洲。在中国不常见，但迁徙时定期途经华东和台湾。**习性**：同白腰杓鹬。甚羞怯。一些单独个体有时与白腰杓鹬混群。

328. 白腰杓鹬 Eurasian Curlew *Numenius arquata* báiyāo sháoyù
57~63 cm 　　　　　　　　　　　　　　　　　　　　　图版39　国二／NT

识别：大型杓鹬。喙甚长而下弯。腰部白色，尾部具褐色横纹。与大杓鹬的区别为翼下覆羽、腰部和尾部较白，与中杓鹬的区别为体型较大、头部无纹、喙相对较长。**鸣声**：响亮而哀伤的升调哭声，似 *cur-lew*，参考 XC438344（Alex Thomas）。**分布**：繁殖于古北界北部，越冬南至印度尼西亚和澳大利亚。在中国，繁殖于东北，迁徙时途经大部地区。数量不多，但在冬季较大杓鹬更常见。为长江下游、华南和东南沿海、海南、台湾及西藏南部雅鲁藏布江流域的定期候鸟。**习性**：喜潮间带河口、河岸和沿海滩涂，常在近海处活动。多单独活动，有时集小群或与其他杓鹬混群。

329. 斑尾塍鹬　Bar-tailed Godwit　*Limosa lapponica*　bānwěi chéngyù
37~41 cm
图版39　NT

识别：大型鹬。跗跖长，喙长而略向上翘。上体为斑驳灰褐色，白色眉纹明显，胸部沾灰色。与黑尾塍鹬的区别在于翼斑狭窄而色浅、白色的尾部和腰部具褐色细纹。东部的 *baueri* 亚种背部下方偏褐色，翼下更白。**鸣声**：较安静，偶尔发出深沉鼻音 *kewick* 或清晰的双音犬吠声 *kak-kak*，飞行时发出轻柔的 *kit-kit-kit-kit* 声，参考 XC342378（Tero Linjama）。**分布**：繁殖于欧亚大陆北部，越冬南至澳大利亚和新西兰。在中国，*baueri* 亚种和 *menzbieri* 亚种为过境鸟，迁徙时记录于新疆西北部天山以及东北和华东各省份，集小群越冬于华南沿海、台湾和海南。**习性**：喜潮间带、河口、沙洲和浅滩。觅食时头部深插入水中，迅速而大口地吞食。

330. 黑尾塍鹬　Black-tailed Godwit　*Limosa limosa*　hēiwěi chéngyù
37~42 cm
图版39　NT

识别：大型鹬。跗跖和喙皆长。似斑尾塍鹬，但体型较大、喙不上翘、贯眼纹显明、上体杂斑少、近尾端半部近黑、腰部和尾基白色。白色翼斑明显，*melanuroides* 亚种的翼斑较窄，而罕见的指名亚种翼斑较宽。**鸣声**：通常安静，飞行时偶尔发出响亮的 *kewik kewik kewik* 或 *kip-kip-kip*，参考 XC419176（Joost van Bruggen）。**分布**：繁殖于古北界北部，越冬于非洲，南至澳大利亚。在中国，*melanuroides* 亚种繁殖于新疆西北部天山以及内蒙古的呼伦湖和贝尔湖地区。大群迁徙鸟途经中国大部地区，少数个体越冬于华南沿海和台湾。**习性**：常见于沿海泥滩、河岸及湖泊。食性同斑尾塍鹬，但更喜淤泥，头往泥里探得更深，有时头部几乎全部埋在泥中。

331. 翻石鹬　Ruddy Turnstone　*Arenaria interpres*　fānshí yù
18~25 cm
图版40　国二/LC

识别：不易被误认的中型鹬。喙和跗跖皆短，跗跖和趾均为鲜亮的橙色。头、胸部具黑色、棕色和白色组成的复杂图案。喙形独特。飞行时翼上具醒目的黑白色图案。**鸣声**：断断续续似金属晃动的 *tri-tuk-tuk-tuk* 声或悦耳的 *kee-oo* 声，参考 XC460719（Paul Marvin）。**分布**：繁殖于全北界高纬度地区，越冬于南美洲、非洲、亚洲热带地区至澳大利亚及新西兰。在中国，迁徙时甚常见于东部地区，部分个体留在台湾、福建和广东越冬。部分非繁殖鸟夏季见于海南。**习性**：集小群栖于沿海泥滩、沙滩和海岸岩石。有时在内陆或近海开阔处觅食。通常不与其他种类混群。在海滩上翻动石头和其他物体找寻甲壳类。奔跑迅速。

332. 大滨鹬　Great Knot　*Calidris tenuirostris*　dà bīnyù
26~30 cm
图版40　国二/EN

识别：较大的近灰色鹬。喙较长。比红腹滨鹬更大，喙更长而厚且喙端微微下弯，上体色深并具模糊的纵纹和大型黑色点斑，顶冠具纵纹，冬羽胸部和体侧具黑色点斑（远看似深色胸带），腰部和两翼具白斑。春夏季体羽胸部具黑色大点斑，两翼具赤褐色横斑。**鸣声**：低沉的 *kecher-kecher-kecher* 叫声或双音节的低哨音 *nyut-nyut*，

109

参考 XC396375（Thijs Fijen）。**分布**：繁殖于西伯利亚东北部，越冬于南亚次大陆、东南亚、菲律宾和澳大利亚。世界性濒危，种群数量急剧下降中。在中国，迁徙时罕见于东部沿海，少数个体越冬于海南、广东和香港。**习性**：喜潮间滩涂和沙滩。

333. 红腹滨鹬 Red Knot *Calidris canutus* hóngfù bīnyù 23~25 cm 图版40 NT

识别：中型、粗壮的偏灰色鹬。跗跖短。深色的喙短、直而厚，具浅色眉纹。上体灰色，略具鳞状斑。下体近白色，颈、胸和两胁为浅皮黄色。飞行时可见狭窄白色翼斑和浅灰色腰。夏羽下体棕色。**鸣声**：低喉音 *knutt...knutt* 声，觅食时发出悦耳的叽喳声，参考 XC598936（Jens Kirkeby）。**分布**：繁殖于北极，越冬于南美、非洲、南亚次大陆、澳大利亚和新西兰。在中国，迁徙时见于东部沿海，日益罕见，少数个体越冬于台湾、海南、广东和香港沿海地区。**习性**：喜沙滩、沿海滩涂及河口。有时集大群活动，或与其他涉禽混群。觅食时喙快速下刺，有时整个头部埋入。

334. 流苏鹬 Ruff *Calidris pugnax* liúsū yù ♂ 26~32 cm ♀ 22~26 cm 图版39 LC

识别：较大的鹬。喙短而直，跗跖和颈部长。冬羽暗褐色，头部显小，上体深褐色并具浅色鳞状斑，喉部浅皮黄色，头、颈皮黄色，下体白色，两胁常略带横斑。飞行时可见狭窄白色翼斑和深色尾基两侧的椭圆形白斑。雌鸟明显小于雄鸟。幼鸟体羽皮黄色。雄鸟夏羽棕色或部分白色，并具蓬松翎领，不易被误认。跗跖绿色（幼鸟）到橙色（成鸟）。**鸣声**：似鸭叫的 *chuck-chuck* 低声，冬季通常安静。**分布**：繁殖于欧亚大陆北部，越冬于非洲和南亚，迷鸟罕至澳大利亚。在中国罕见，迁徙时记录于新疆西部、西藏南部、华东沿海和台湾。少数个体越冬于南方沿海和海南。**习性**：喜沼泽地带和沿海滩涂，与其他涉禽混群。

335. 阔嘴鹬 Broad-billed Sandpiper *Calidris falcinellus* kuòzuǐ yù
15~18 cm 图版40 国二/LC

识别：较小而喙下弯的鹬。腕部黑斑通常可见，具两道眉纹。与黑腹滨鹬平滑下弯的喙相比，阔嘴鹬的喙具微小扭结。上体具灰褐色纵纹，下体白色，胸部具细纹，腰部和尾部中心黑色、两侧白色。冬羽和黑腹滨鹬的区别在于眉纹分叉、跗跖较短。与姬鹬易混淆，但喙不如姬鹬直，肩羽条纹不甚明显。**鸣声**：干涩的颤音 *ch-r-r-reep* 或细微的叽叽喳喳声，参考 XC342360（Tero Linjama）。**分布**：繁殖于北欧和西伯利亚北部，越冬于热带地区，南至澳大利亚。在中国为较常见冬候鸟和过境鸟，指名亚种途经新疆西部，*sibirica* 亚种途经东部沿海至南部沿海、台湾、海南越冬。**习性**：性孤僻，喜潮湿的沿海泥滩、沙滩和沼泽地区。翻找食物时喙垂直向下。受胁时蹲伏。

336. 尖尾滨鹬 Sharp-tailed Sandpiper *Calidris acuminata* jiānwěi bīnyù
16~23 cm 图版40 LC

识别：较小而喙短的鹬。头顶棕色，眉纹色浅，胸部皮黄色。下体具宽阔黑色纵纹。

腹部白色，尾部中心黑色、两侧白色。下喙基浅色。似长趾滨鹬冬羽但体型更大、头顶棕色。夏羽偏棕色，通常比斑胸滨鹬更为鲜亮。幼鸟体羽较艳丽。**鸣声**：鸣唱声为笨拙的吱吱叫声，召唤声为尖细如流水般 *whit-whit, whit-it-it* 声，参考 XC424284（Ukolov Ilya）。**分布**：繁殖于西伯利亚，越冬于新几内亚岛、澳大利亚和新西兰。在中国为较常见的过境鸟，在东北、沿海各省份和云南均有记录。越冬记录于台湾（包括兰屿）。**习性**：栖于沼泽、沿海滩涂、泥沼、湖泊和稻田。常与其他涉禽混群。

337. 高跷鹬 Stilt Sandpiper *Calidris himantopus* gāoqiāo yù
18~23 cm 图版40 LC

识别：较大、不易被误认的鹬。跗跖甚长，喙长而略下弯。跗跖比弯嘴滨鹬更长且色浅。飞行时跗跖伸出尾后，下腰和尾上白色如弯嘴滨鹬但几乎无翼斑。繁殖羽特征明显，枕部和脸部棕色，下体具黑色和白色横斑。冬羽上体纯灰色，下体灰色纵纹延至胸下和两胁。**鸣声**：飞行中发出连续颤音 *kirrr*，亦作清晰的 *kruu* 声，参考 XC185360（Andrew Spencer）。**分布**：繁殖于阿拉斯加和加拿大北部，越冬于南美，迷鸟见于日本。在中国偶见于台湾北部沿海。**习性**：与其他喙长的涉禽一起取食于齐腹深的水域，振翅迅速。

338. 弯嘴滨鹬 Curlew Sandpiper *Calidris ferruginea* wānzuǐ bīnyù
18~23 cm 图版42 NT

识别：较小的鹬。腰部白色明显，喙长而下弯。上体大部灰色而少纵纹，下体白色，眉纹、翼上横纹和尾上覆羽的横斑均白。夏羽胸部和上体深棕色，颏部白色。繁殖羽腰部白色不甚明显。**鸣声**：吱吱叫声，哀婉的 *chew* 或 *wheep*，尖声 *whit-whit, whit-it-it* 和轻声咕咕，参考 XC296223（Marco Dragonetti）。**分布**：繁殖于西伯利亚北部，越冬于非洲、中东、南亚次大陆，南至澳大利亚。在中国为不常见过境鸟，迁徙时见于整个中国，少数个体在海南、广东和香港越冬。利用内陆盐湖。**习性**：栖于沿海滩涂和近海的稻田及鱼塘。通常与其他滨鹬和鹬类混群。飞行迅速，成密集群。

339. 青脚滨鹬 Temminck's Stint *Calidris temminckii* qīngjiǎo bīnyù
13~15 cm 图版41 LC

识别：小而敦实的灰色鹬。跗跖短。冬羽上体暗灰色，下体从胸部灰色渐变为腹部近白色。停歇时翼尖不及尾端。与其他滨鹬的区别在于外侧尾羽纯白色，落地极易见，跗跖偏绿色或近黄色，鸣叫声亦不同。夏羽胸部褐灰色，翼覆羽沾棕色。**鸣声**：短快似蝉鸣的独特颤音 *tirrrrrit...*，参考 XC383733（Terje Kolaas）。**分布**：繁殖于古北界北部，越冬于非洲、中东、南亚次大陆、东南亚、菲律宾和加里曼丹岛。在中国为罕见但定期出现的过境鸟，迁徙途经全境，越冬个体见于台湾、福建、广东和香港。**习性**：同其他滨鹬，喜沿海滩涂和沼泽地带，集小或大群。主要见于淡水，也光顾潮间带的港湾。受惊时突然跃起，飞行快速，作盘旋飞行。站姿较平。

340. 长趾滨鹬 **Long-toed Stint** *Calidris subminuta* chángzhǐ bīnyù
13~16 cm 图版41 LC

识别：小型灰褐色鹬。上体具黑色粗纵纹，跗跖绿黄色。顶冠褐色，白色眉纹明显。胸部浅褐灰色，腹部白色，腰部、尾部中央深褐色，外侧尾羽浅褐色。夏羽多棕褐色。冬羽似红颈滨鹬，区别在于跗跖色淡，与青脚滨鹬的区别为上体具粗斑。飞行时可见模糊的翼斑。**鸣声**：轻柔的 *prit* 和 *chirrup* 声，参考 XC295966（Tom Beeke）。**分布**：繁殖于西伯利亚，越冬于南亚次大陆、东南亚、菲律宾，南至澳大利亚。在中国为不常见的过境鸟和冬候鸟，迁徙时见于华东和华中的大部地区，越冬于台湾和华南沿海。**习性**：喜沿海滩涂、小池塘、稻田和其他泥泞地区。单独或集群活动，常与其他涉禽混群。胆大，人接近时往往最后飞走。站姿比其他滨鹬更直。

341. 勺嘴鹬 **Spoon-billed Sandpiper** *Calidris pygmaea* sháozuǐ yù
14~16 cm 图版41 国一/CR

识别：小型灰褐色鹬。跗跖短，上体具纵纹，白色眉纹明显。特征性的勺状喙在野外从侧方不易辨别。冬羽极似红胸滨鹬，但体羽灰色较浓，额、胸部较白，仿佛缩小版三趾滨鹬。春夏季上体和上胸均为棕色。**鸣声**：起飞时发出尖细 *kerwik kerwik* 声，亦发出尖厉 *wheet* 声，参考 XC146922（Vladimir Arkhipov）。**分布**：繁殖于欧亚大陆北部，越冬于缅甸、泰国和中国南方，迷鸟至东南亚。在中国为罕见冬候鸟和过境鸟，迁徙时见于华东沿海、台湾，有记录曾见于新疆西部和西藏南部，一些个体在福建、广东和海南沿海越冬。江苏南部或为最大的一处迁徙停歇地。**习性**：喜沙滩，觅食时喙几乎垂直向下，为独特的两侧"吸尘"式。

342. 红颈滨鹬 **Red-necked Stint** *Calidris ruficollis* hóngjǐng bīnyù
13~16 cm 图版41 NT

识别：小型灰褐色鹬。跗跖黑色，上体色浅并具纵纹。冬羽上体灰褐色，多具杂斑和纵纹，眉纹白色，腰部、尾部中央深褐色，尾侧白色和下体白色。与长趾滨鹬的区别在于灰色较深且羽色单调、跗跖黑色。春夏季颈部、顶冠和翼覆羽棕色。与小滨鹬的区别为喙较粗厚、跗跖较短、两翼较长。**鸣声**：细弱的 *cherp cherp cherp* 笛音，比小滨鹬略粗而低，参考 XC381052（Jens Kirkeby）。**分布**：繁殖于西伯利亚北部，越冬于东南亚至澳大利亚。在中国，为东部和中部甚常见的迁徙过境鸟，一些个体越冬于华南、海南和台湾沿海。**习性**：喜沿海滩涂，集大群活动，性活跃，敏捷行走或奔跑，衔起小型食物或兴奋时，头部上下点动并往后一甩。较长趾滨鹬更喜沿海生境。

343. 三趾滨鹬 **Sanderling** *Calidris alba* sānzhǐ bīnyù 19~21 cm 图版42 LC

识别：较小的偏灰色鹬。具明显的黑色肩羽。比其他滨鹬体色更白，飞行时可见宽阔白色翼斑，尾部中央色暗而两侧白。无后趾为其重要特征。夏羽上体斑驳赤褐色。**鸣声**：飞行时发出尖声的 *cheep cheep cheep* 或流水般的 *plit* 声，参考 XC412103（Frank Lambert）。**分布**：繁殖于全北界，越冬于南方，远至澳大利亚和新西兰。在中国为较常见的冬候鸟和过境鸟，一定数量的个体越冬于华南、东南沿海和台湾南部，并偶见于新疆西部、西藏南部、东北、贵州和海南。**习性**：喜滨海沙滩，极少见于泥地。通常随落潮在水边奔跑、拣取潮水冲刷出来的食物。有时独居，但多群居。

344. 黑腹滨鹬 Dunlin *Calidris alpina* hēifù bīnyù 16~22 cm 图版42 LC

识别：小型、喙长短适中的偏灰色鹬。眉纹白色，喙端略往下弯，尾部中央黑而两侧白。与弯嘴滨鹬的区别在于腰部色深、跗跖较短、胸色较暗。与阔嘴鹬的区别在于跗跖较粗、头部图案单调仅具一道眉纹。夏羽胸部黑色，上体棕色。**鸣声**：两声或更多带鼻音的哨声伴随着颤音，告警声为尖厉哭声，参考 XC323109（Peter Boesman）。
分布：繁殖于全北界北部，越冬于南方，偶见于东南亚。在中国为常见过境鸟和冬候鸟，*centralis* 亚种迁徙时由西北、东北至东南，*sakhalina* 亚种迁徙时见于东北，越冬于华南、东南沿海省份及长江以南主要河流沿岸，亦见于台湾和海南。**习性**：喜沿海和内陆泥滩，单独或集小群，常与其他涉禽混群。进食姿态忙碌，似下蹲状。

345. 岩滨鹬 Rock Sandpiper *Calidris ptilocnemis* yán bīnyù 20~23 cm 图版40 LC

识别：较小而矮胖的鹬。跗跖黄色。非繁殖羽烟灰色，喙基黄色，背部下方、中央尾羽和飞羽黑色，飞行时白色翼斑明显，眉纹短而清晰，胸部近白并具灰色杂斑。繁殖羽上体棕褐色，肩羽和三级飞羽羽缘暗栗色，胸部略沾黑色。**鸣声**：带颤音的吱吱声，群鸟觅食时发出短促的 *whit* 或 *tweet* 声，参考 XC406191（Patrik Åberg）。
分布：繁殖于西伯利亚东北部、阿拉斯加和阿留申群岛，越冬于美国西部沿海，定期访问日本。在中国偶见，春季于北戴河有过境记录。**习性**：冬季栖于沿海裸岩，极少见于沙滩。喜群居，与翻石鹬和其他涉禽混群。

346. 黑腰滨鹬 Baird's Sandpiper *Calidris bairdii* hēiyāo bīnyù 14~17 cm 图版41 LC

识别：小型鹬。跗跖深灰色，喙尖而细。两翼长，停歇时延至尾后。体羽黄褐色，全年均可见完整的带细纹胸带。幼鸟上体羽缘近白色，形成扇贝状纹。飞行时可见白色翼斑，尾下覆羽白色，尾上覆羽灰色且具长而黑的中央尾羽。多数过境鸟为幼鸟。**鸣声**：独特的低声喘息颤音 *preet* 和响亮 *kreer* 叫声，参考 XC185624（Andrew Spencer）。**分布**：繁殖于西伯利亚东北部和北美北极区，越冬于南美。迷鸟记录于日本，以及中国的台湾和福建。**习性**：栖于海滩的近陆区域和内陆湿地。觅食轻快，伴以旋转、点头和摆尾。

347. 小滨鹬 Little Stint *Calidris minuta* xiǎo bīnyù 14~15 cm 图版41 LC

识别：小型的偏灰色滨鹬。喙短而粗，跗跖深灰色。下体白色，上胸侧沾灰色，暗色贯眼纹模糊，眉纹白色。甚似红颈滨鹬，但跗跖和喙略长且喙端较钝。春季个体可能开始换作赤褐色的繁殖羽，与红颈滨鹬繁殖羽的区别在于颏、喉白色，翕部具乳白色"V"字形斑，胸部多深色点斑。**鸣声**：短而尖的一连串 *tsit tsit tsit* 声，飞行

时发出微弱的 *pi, pi, pi* 声，参考 XC383563（Terje Kolaas）。**分布**：繁殖于北欧和西北亚的苔原，越冬于非洲、中东和南亚次大陆。在中国为罕见过境鸟，春季时迁徙个体记录于西部地区和东部、南部沿海地区。**习性**：性不惧人。觅食时喙快速啄食或翻拣。喜群居并与其他小型涉禽混群。

348. 姬滨鹬 Least Sandpiper *Calidris minutilla* jī bīnyù 13~15 cm 图版41 LC

识别：极小的鹬。甚似长趾滨鹬，但跗跖黄色、趾更短。繁殖羽上体对比较不明显，肩羽具狭窄白色"V"字形斑，顶冠纵纹不甚明显。冬羽比深色跗跖的滨鹬类更偏棕色，上体羽色较长趾滨鹬更为单调，并具更窄的羽心黑斑。侧影为独特的下蹲状。飞行时可见腰侧和尾侧白色。白色翼斑比长趾滨鹬更长且明显。**鸣声**：多样，刺耳、升调而不规则的 *trreee* 和更低的 *prrrt* 声，参考 XC203721（Andrew Spencer）。**分布**：繁殖于北美，越冬于美国南部至南美。迷鸟见于日本和俄罗斯东北部。在中国，仅在台湾有迷鸟记录。**习性**：集群觅食于开阔海滩和泥滩，亦见于内陆湿地。性不惧人。

349. 白腰滨鹬 White-rumped Sandpiper *Calidris fuscicollis* báiyāo bīnyù 16~18 cm 图版42 LC

识别：小型鹬。翕部具棕色鳞状纹，顶冠具棕色条纹。下体白色，胸部和两胁具箭头状粗纵纹。冬羽无棕色，下体几乎全为灰褐色，仅上胸沾灰色。飞行时可见白色尾上覆羽，但腰部为灰色。喙短而略下弯。**鸣声**：飞行时发出独特的尖细 *jeeeet* 或 *eeet* 声及短而清亮的 *tit* 或 *teep* 声，参考 XC460744（Paul Marvin）。**分布**：繁殖于阿拉斯加和加拿大的北部，越冬于南美。在中国，迷鸟记录于河北和四川。**习性**：栖于沿海和内陆湿地。与其他涉禽混群。飞行有力。

350. 饰胸鹬/黄胸滨鹬 Buff-breasted Sandpiper *Calidris subruficollis* shìxiōng yù 18~20 cm 图版42 NT

识别：中型偏褐色鹬。冬羽头、颈、胸部皮黄色，头顶近褐色，脸部平淡无斑纹。颏、臀部白色。飞行时无白色翼斑。翼下白色，前后缘均为暗色，大覆羽具特征性黑色月牙状块。似流苏鹬幼鸟，但跗跖色鲜亮且脸部色彩平淡。飞行极优雅似流苏鹬。**鸣声**：通常安静，飞行时偶发出低声的 *pr-r-r-reet*，告警声为尖厉的 *krit*，参考 XC48603（Bernabe Lopez-Lanus）。**分布**：繁殖于阿拉斯加和加拿大北部，越冬于南美。在中国，于台湾东部沿海有记录，可能偶入大陆。**习性**：栖于内陆湿地。

351. 斑胸滨鹬 Pectoral Sandpiper *Calidris melanotos* bānxiōng bīnyù 19~24 cm 图版42 LC

识别：中型斑驳褐色鹬。跗跖黄色，喙基黄而喙端黑并略下弯，胸部纵纹密布。白色眉纹模糊，头顶近褐色。雄鸟繁殖羽胸部偏黑色。幼鸟胸部纵纹沾皮黄色。冬羽赤褐色较少。飞行时两翼显暗并略具白色横纹，腰部和尾部的中央为黑色。喙比尖尾滨鹬更长。**鸣声**：浑厚低沉的 *churk* 或 *trrit* 声，参考 XC426277（Patrik Åberg）。

分布：繁殖于西伯利亚和北美的极地地区，越冬于南美、澳大利亚和新西兰。在中国为罕见过境鸟，在东北、东部和南部沿海、台湾、海南及云南均有记录。**习性**：觅食于潮湿草甸、沼泽和池塘边缘。

352. 西方滨鹬 / 西滨鹬　Western Sandpiper　*Calidris mauri*　xīfāng bīnyù
14~17 cm　　　　　　　　　　　　　　　　　　　图版41　LC

识别：小型鹬。粗壮的黑色喙略下弯，跗跖近黑色。繁殖羽赤褐色，胸部多纵纹。冬羽上体褐灰色，脸和下体白色。具暗色的贯眼纹，眉纹白色，上胸两侧具暗色纵纹。较黑腹滨鹬色浅而多灰色，喙比弯嘴滨鹬更直，体色较姬滨鹬更为单调而深沉。喙较其他深色跗跖的小型滨鹬类更长。**鸣声**：高而尖，似喘息声 *jeet* 或 *cheet*，比白腰滨鹬的类似叫声更长，参考 XC149251（Andrew Spencer）。**分布**：繁殖于西伯利亚东部和阿拉斯加，越冬于美国西海岸。在中国，偶见于台湾西部沿海及河北。**习性**：喜沿海和内陆湿地。

353. 半蹼鹬　Asian Dowitcher　*Limnodromus semipalmatus*　bànpǔ yù
33~36 cm　　　　　　　　　　　　　　　　　　　图版42　国二/NT

识别：大型灰色鹬。喙长且直。背部灰色，腰部、背部下方和尾部白色并具黑色细横纹，下体色浅，胸部皮黄褐色。与塍鹬类的区别在于体型较小，喙直且全黑，喙端膨胀。比其他的半蹼鹬类体型更大、跗跖色深且飞行时背部较深。**鸣声**：哀怨的 *chep chep* 啼叫，偶发出细弱的 *miau* 哀叫，参考 XC412131（Frank Lambert）。**分布**：繁殖于俄罗斯南部、蒙古国、中国东北，过境鸟见于南亚次大陆东部、东南亚、菲律宾、印度尼西亚和澳大利亚北部。在中国，繁殖于黑龙江齐齐哈尔地区、吉林向海和内蒙古东部呼伦湖，迁徙途经华东和华南。**习性**：栖于沿海滩涂。觅食习性特别，径直前行，每走一步把喙扎入泥土，动作机械如电动玩具。

354. 长嘴鹬 / 长嘴半蹼鹬　Long-billed Dowitcher　*Limnodromus scolopaceus*
chángzuǐ yù　24~30 cm　　　　　　　　　　　　　图版42　LC

识别：较大而似沙锥的灰色鹬。喙长而直。似瓣蹼鹬，但体型较小，跗跖和喙色较浅，飞行时背部白色呈楔形且无横斑，次级飞羽白色后缘明显，近白色的翼覆羽上具黑色横纹。与短嘴半蹼鹬易混淆，区别在于体色较深、尾部多横斑。**鸣声**：短促高音 *kreek*，似林鹬，参考 XC452766（Paul Marvin）。**分布**：繁殖于西伯利亚东北部和新北界西北部，越冬于北美。在中国，于香港有一笔越冬记录。**习性**：栖于沼泽和沿海滩涂。**分类学订正**：短嘴半蹼鹬（*L. griseus*）在日本有过记录，可能亦见于中国。与长嘴鹬的区别在于腋羽和翼下覆羽色深，但最好通过鸣声来区分，为圆润的 *too-du-du* 声。

355. 丘鹬　Eurasian Woodcock　*Scolopax rusticola*　qiū yù　33~38 cm　图版43　LC

识别：大型而丰满的鹬。跗跖短，喙长而直。和沙锥的区别在于体型更大、顶冠和枕部具横斑。起飞时振翅嗖嗖作响。占域飞行缓慢，于树冠高度起飞时喙向下。飞行姿态笨重，两翼较宽。**鸣声**：受惊时常安静无声，但偶尔发出快速的 *etsh-etsh-etsh* 声。占域飞行时雄鸟发出 *oo-oort* 声，续以爆破式尖叫，参考 XC425127（Stein Ø. Nilsen）。**分布**：繁殖于古北界，越冬于东南亚。在中国，繁殖于黑龙江北部、新疆西北部天山、四川和甘肃南部，迁徙中途经中国大部地区，越冬于北纬32°以南多数地区，包括台湾和海南。**习性**：夜行性的森林鸟类。白天隐蔽，伏于地面，夜晚飞至开阔地觅食。

---

356. 姬鹬　Jack Snipe　*Lymnocryptes minimus*　jī yù　18~20 cm　　图版43　LC

识别：小型、喙短而两翼狭尖的鹬。似沙锥。与沙锥的区别在于无中心顶冠纹、尾深色且呈楔形、上体具绿色和紫色光泽。尾部色暗而无棕色横斑。与阔嘴鹬的区别在于喙较直、肩羽多具明显条纹。飞行时跗跖不伸出尾后，前翼缘无白色。**鸣声**：受惊时通常安静或发出压抑的 *gah* 声，参考 XC342362（Tero Linjama）。**分布**：繁殖在欧洲北部至西伯利亚西部，越冬于南欧、非洲、中东、印度和东南亚。在中国为罕见过境鸟和冬候鸟，迁徙时由东北经东部沿海，少数个体不定期越冬于广东南部（可能亦于香港），偶见于台湾。另一种群在新疆西部喀什和天山地区越冬。**习性**：性孤僻。白天极少飞行，遇危险时也不飞，而是静止不动或跑至安全地带。栖于沼泽和稻田。觅食时不停点头。

---

357. 孤沙锥　Solitary Snipe　*Gallinago solitaria*　gū shāzhuī
26~32 cm　　　　　　　　　　　　　　　　　　　图版43　LC

识别：大型暗色沙锥。比林沙锥体色更暗、斑纹更细。顶冠两侧无近黑色条纹，喙基灰色较深。飞行时跗跖不伸出尾后。比扇尾沙锥、大沙锥和针尾沙锥体色更暗、体羽黄色较少、脸上条纹偏白色而非皮黄色。肩羽具白色羽缘，胸部浅姜棕色，腹部具白色和红褐色横纹，下翼和次级飞羽后缘无白色。*japonica* 亚种比澳南沙锥的喙更长而细，体色也较浅。**鸣声**：受惊时发出独特的粗哑 *pench* 叫声，似扇尾沙锥但音较深沉粗哑，求偶时发出 *chak-chak-ha* 叫声，参考 XC188630（Fernand Deroussen）。**分布**：繁殖于喜马拉雅山脉和中亚地区山地，越冬于巴基斯坦至日本和堪察加半岛的山麓地区。在中国，罕见于泥塘、沼泽和稻田生境，指名亚种繁殖于新疆西部天山、青藏高原东部至四川西北部、青海和甘肃西部，越冬于新疆西部喀什地区、西藏东南部和云南，*japonica* 亚种繁殖于东北各省，越冬于长江流域和广东。**习性**：性孤僻。飞行比扇尾沙锥更为缓慢，但亦做类似的锯齿状盘旋飞行。

---

358. 澳南沙锥 / 拉氏沙锥　Latham's Snipe　*Gallinago hardwickii*　àonán shāzhuī
28~33 cm　　　　　　　　　　　　　　　　　　　图版43　LC

识别：大型而敦实的黄褐色沙锥。体色和比例似大沙锥但体型更大。停歇时翼尖不及尾端。唯一稳妥的辨识方法只有通过繁殖季节鸣声或拿在手上观察其尾部细节。**鸣声**：求偶飞行时先发出模糊的 *ji, ji, ji, zurrrr* 叫声，随后俯冲发出 *ga ga ga* 叫声，参考 XC286294（Peter Boesman）。**分布**：繁殖于日本，越冬于澳大利亚。在中国，迁徙鸟途经台湾，不常见。迷鸟见于河北和辽宁。因其难以识别故可能在中国的分布被忽略，但似乎是从日本直接迁至澳大利亚。**习性**：栖于沼泽、稻田、草地、灌丛和竹丛。常 20 只以上集群。受惊时，飞行笨拙，呈锯齿状，很快又降回到隐蔽处。

359. 林沙锥　Wood Snipe　*Gallinago nemoricola*　lín shāzhuī
28~32 cm　　　　　　　　　　　　　　　　　　　　　图版43　国二／VU

识别：大型、背部色暗的沙锥。脸部具偏白色条纹。胸部棕黄色并具褐色横斑，下体余部白色并具褐色细斑。与其他沙锥的区别在于体色较深，飞行缓慢形如蝙蝠且喙朝下，生境亦不同。比孤沙锥体型略大，斑纹较粗，顶冠两侧条纹黑色，喙基灰色较少。**鸣声**：飞行时作 *chok-chok-chok* 低叫，参考 XC158568（Fernand Deroussen）。**分布**：繁殖于喜马拉雅山脉，越冬于印度和东南亚。在中国罕见，繁殖于西藏东部（可能亦于四川西部），越冬于西藏东南部及云南的西部和东北部。**习性**：栖于海拔 5000 m 以下的高草地和灌丛中的沼泽与池塘。

360. 针尾沙锥　Pintail Snipe　*Gallinago stenura*　zhēnwěi shāzhuī
24~27 cm　　　　　　　　　　　　　　　　　　　　　图版43　LC

识别：小型、丰满而跗跖短的沙锥。两翼圆，喙较短而钝。与扇尾沙锥和大沙锥较难区分，主要通过体型更小、尾部较短、飞行时黄色跗跖伸出尾后更多以及不同的鸣声。与扇尾沙锥的区别还在于无白色后翼缘、翼下无白色宽斑。外侧尾羽呈针状。跗跖比大沙锥更细且黄色较少。**鸣声**：告警时发出带鼻音的粗喘息声 *squak-squak*，参考 XC380968（Lars Edenius）。**分布**：繁殖于东北亚，越冬于印度、东南亚和印度尼西亚。在中国为常见过境鸟，迁徙时见于全境，越冬于台湾、海南、福建、广东和香港。**习性**：常光顾稻田、林中沼泽和低洼湿地以及红树林，比扇尾沙锥的生境更干燥。快速上下跳动并作锯齿状飞行，受惊时发出告警声。飞行不如扇尾沙锥般无规律。

361. 大沙锥　Swinhoe's Snipe　*Gallinago megala*　dà shāzhuī
27~30 cm　　　　　　　　　　　　　　　　　　　　　图版43　LC

识别：较大而鲜艳的沙锥。野外易与针尾沙锥混淆，区别在于尾部较长、跗跖较粗而多黄色、飞行时跗跖伸出尾后较少。与扇尾沙锥的区别为尾端两侧白色较多、飞行时尾部显长、翼下无白色宽斑且通常无白色后翼缘。与澳南沙锥较难区分，区别在于初级飞羽比三级飞羽更长。春季体羽胸、颈部较暗淡。**鸣声**：粗哑喘息的大叫声，似扇尾沙锥但音较高且不清晰，通常仅一声，参考 XC376535（Lars Edenius）。**分布**：繁殖于东北亚，越冬于加里曼丹岛北部和印度尼西亚，南至澳大利亚。在中国为常见过境鸟，迁徙时见于华东和华中，越冬于海南、台湾、广东、香港，偶见于河北。**习性**：栖于沼泽、湿草地和稻田。习性似其他沙锥但不喜飞行，起飞和飞行均较缓慢而平稳。

362. 扇尾沙锥 **Common Snipe** *Gallinago gallinago* shànwěi shāzhuī
24~29 cm 图版43 LC

识别：中型而明艳的沙锥。两翼细而尖，体色与大沙锥、澳南沙锥和针尾沙锥相似，但其次级飞羽具宽阔白色后缘、翼下具白色宽斑。皮黄色眉纹和浅色脸颊对比明显。肩羽边缘浅色且宽于内缘。肩羽线条比中部线条更浅。**鸣声**：为响亮而有律的 *tich-a, tich-a, tich-a...* 声，常于停栖处鸣叫，参考 XC421648（Beatrix Saadi-Varchmin）。受惊时发出响亮而上扬的 *jett..jett* 告警声。**分布**：繁殖于古北界，越冬于非洲、印度和东南亚。在中国，繁殖于东北地区和西北天山地区，迁徙时于大部地区常见，越冬于西藏南部、云南和北纬 32° 以南大部地区。**习性**：栖于沼泽和稻田，通常隐蔽于高大苇丛和草丛中，受惊时跳出并作无规律的锯齿状飞行，并发出告警声。求偶飞行为向上攀升并俯冲，外侧尾羽伸出，颤动有声。

363. 翘嘴鹬 **Terek Sandpiper** *Xenus cinereus* qiàozuǐ yù 22~25 cm 图版44 LC

识别：中型而敦实的灰色鹬。喙长而上翘。上体灰色，眼部上前方具模糊的白色眉纹，黑色的初级飞羽明显，繁殖羽肩羽具黑色条纹，腹部和臀部白色。飞行时狭窄白色翼裾清晰可见。跗跖橙色。**鸣声**：轻柔悦耳的 *hu hu hu* 哨音和较尖的颤音 *ker-wee-ee-ee* 或 *tit-ter-tee*，参考 XC376540（Albert Lastukhin）。**分布**：繁殖于欧亚大陆北部，秋季南迁，远至澳大利亚和新西兰。在中国，迁徙时常见于东部和西部，部分非繁殖鸟于南方地区整个夏季可见。**习性**：喜沿海泥滩、小河及河口，觅食时与其他涉禽混群，但飞行时不混群。通常单独或一两只活动，偶集大群。

364. 红颈瓣蹼鹬 **Red-necked Phalarope** *Phalaropus lobatus*
hóngjǐng bànpǔyù 16~20 cm 图版44 LC

识别：极小的灰、白色鹬。喙细长，有时在海上游泳。顶冠和眼周黑色，上体灰色而羽轴色深，下体偏白色，飞行时深色腰部和宽阔白色翼斑明显可见。飞行似燕。夏羽色深，喉部白色，眼后棕色眉纹下延至颈部形成围兜，肩羽金黄色。与滨鹬类的区别在于喙细并具黑色眼斑。**鸣声**：雄鸟鸣唱为吱吱声，雌鸟复以笨拙的吱吱叫声，鸣叫声为单音或重复的 *chek* 声，参考 XC424556（Stein Ø. Nilsen）。**分布**：繁殖于全北界，越冬于世界各地的海上。在中国为罕见过境鸟，在内陆曾有记录，但更常见于冬季的海南、台湾和华南地区沿海水域和港湾。**习性**：冬季在海上集大群，觅食浮游生物。性不惧人，易于接近。有时到陆上的池塘或滩涂觅食。

365. 灰瓣蹼鹬 **Red Phalarope** *Phalaropus fulicarius* huī bànpǔyù
20~22 cm 图版44 LC

识别：小型而喙直的灰色鹬。极似红颈瓣蹼鹬但顶冠前方较白，上体色浅而单调，喙部较宽且色深，有时喙基黄色。蹼为黄色。**鸣声**：飞行中发出塞窣声和尖厉叫声，参考 XC424557（Stein Ø. Nilsen）。**分布**：繁殖于北冰洋，越冬主要在西非和智利海域。在中国非常罕见，内陆地区偶见于新疆西部和黑龙江，越冬记录于香港、台湾和上海海域。**习性**：同红颈瓣蹼鹬。

366. 矶鹬 Common Sandpiper *Actitis hypoleucos* jī yù 16~22 cm 图版44 LC

识别：较小的褐色和白色鹬。喙短，性活跃，翼尖不及尾端。上体褐色，飞羽偏黑色，下体白色，胸侧具褐灰色斑。飞行时白色翼斑可见，腰无白色，外侧尾羽无白斑。翼下具黑色和白色横纹。**鸣声：**细而高的笛音 *twee-wee-wee-wee*，参考 XC455720（Louis A. Hansen）。**分布：**繁殖于古北界和喜马拉雅山脉，越冬于非洲、南亚次大陆、东南亚至澳大利亚。在中国常见，繁殖于西北、华北和东北，越冬于北纬32°以南的沿海、内陆河流和湿地。**习性：**光顾不同类型的生境，从沿海滩涂、沙洲至海拔 1500 m 的山地稻田、溪流、河岸。行走时不停点头，并能两翼保持不动进行滑翔。

367. 白腰草鹬 Green Sandpiper *Tringa ochropus* báiyāo cǎoyù 21~24 cm 图版44 LC

识别：中型、敦实的深绿褐色鹬。腹、臀部白色。飞行时黑色翼下、白色腰部和尾部横斑极明显。上体绿褐色杂白点，两翼和背部下方近乎全黑，尾部白色而尾端具黑色横斑。飞行时跗跖伸至尾后。野外观察时黑白色对比明显。与林鹬的区别在于近绿色的跗跖较短、外形较敦实、下体点斑少、翼下色深。**鸣声：**响亮如流水般的 *tlooeet-ooeet-ooeet*，第二音拖长，参考 XC460343（Bertrand Dallet）。**分布：**繁殖于欧亚大陆北部，越冬于非洲、南亚次大陆、东南亚、加里曼丹岛北部和菲律宾。在中国，仅于新疆西部喀什和天山地区有繁殖记录，迁徙时常见于中国大部地区，越冬于塔里木盆地、西藏南部的雅鲁藏布江流域、东部多数省份、长江流域及北纬30°以南的整个地区，但极少至沿海。**习性：**常单独活动，喜小水洼、池塘、沼泽和沟壑。受惊时起飞，作沙锥般的锯齿状飞行。

368. 漂鹬 Wandering Tattler *Tringa incana* piāo yù 26~29 cm 图版45 LC

识别：中型灰色鹬。跗跖暗黄色，喙细而直。冬羽通体灰色，眉纹、颏、喉、腹部及尾下覆羽白色。甚似灰尾漂鹬，但喙较短且色深、翼下色深、翼尖伸出尾后较长。最好以鸣声进行区别。**鸣声：**一连串快速、清晰、音调稳定不变的 *pew, tu, tu, tu, tu, tu* 哨音，参考 XC420226（Steve Hampton）。**分布：**繁殖于阿拉斯加和美国西北部，越冬于美国西部沿海至菲律宾、澳大利亚和南太平洋诸岛。在中国罕见，越冬鸟偶见于台湾。常被误认成灰尾漂鹬。**习性：**栖于海滩但更喜多岩海岸。觅食时身体晃动、不停点头。

369. 灰尾漂鹬 Grey-tailed Tattler *Tringa brevipes* huīwěi piāoyù 23~28 cm 图版45 NT

识别：中型、敦实的暗灰色鹬。喙粗而直，黑色贯眼纹明显，眉纹白色，明黄色跗跖短。颏部偏白，上体全灰色，胸部浅灰色，腹部白色，腰具横斑。飞行时可见翼下色深。**鸣声：**尖厉的双音节哨音 *too-weet, too-weet-weet* 或轻柔颤音，参考 XC286073（Peter Boesman）。**分布：**繁殖于西伯利亚，越冬于马来西亚、澳大利亚和新西兰。在中国，迁徙时甚常见于东部的多数地区，部分个体在台湾和海南越冬。**习性：**常光顾多岩沙滩、珊瑚礁海岸、沙滩或卵石滩，极少造访沿海泥滩。通常单独或集小群活动。不与其他涉禽混群。奔跑时身体蹲下、尾部高翘。

370. 小黄脚鹬 **Lesser Yellowlegs** *Tringa flavipes* xiǎo huángjiǎoyù
23~25 cm   图版44　LC

识别：中型鹬。背部灰褐色，喙直，跗跖为明显黄色。比红脚鹬更小而修长。飞行时可见尾上覆羽前方的方形腰部白斑，而不同于红脚鹬和青脚鹬的楔形。**鸣声**：单音或双音，似红脚鹬但声较低。告警声为 *tuk-tuk-tuk*，飞行时发出连续 *pill-e-wee, pill-e-wee, pill-e-wee* 叫声，参考 XC458982（Cristian Pinto）。**分布**：繁殖于阿拉斯加和加拿大，越冬于南美。在日本时有记录。在中国可能被忽视，香港有过一次记录。**习性**：性活泼，体态优雅，行走时跗跖屈伸有力。**补充**：大黄脚鹬（*T. melanoleuca*）有见于日本，亦可能见于中国，其相比小黄脚鹬体型更大而粗壮，喙部更为上弯，夏羽下体多纵纹。

371. 红脚鹬 **Common Redshank** *Tringa totanus* hóngjiǎo yù
26~29 cm   图版45　LC

识别：中型鹬。跗跖橙红色，喙部近喙基一半为红色，近喙端一半为黑色。上体褐灰色，下体白色，胸部具褐色纵纹。比鹤鹬体型更小、更敦实、喙较短而厚、喙基红色更多。飞行时腰部白色明显，次级飞羽具明显白色后缘。尾上具黑白色细斑。**鸣声**：较嘈杂。飞行时发出降调的悦耳哨音 *teu hu-hu*，在地面时作单音 *teyuu*，参考 XC422693（Francesco Sottile）。**分布**：繁殖于非洲和古北界，越冬于苏拉威西岛、东帝汶和澳大利亚。在中国常见，*ussuriensis* 亚种繁殖于北方，*terrignotae* 亚种繁殖于极东北而越冬于西南，*craggi* 亚种繁殖于新疆西北部，*eurhina* 亚种繁殖于青藏高原。迁徙时集大群途经华南、华东，越冬于长江流域、南方各省份，包括海南和台湾。**习性**：喜泥滩、海滩、盐田、干涸沼泽、鱼塘、近海稻田，偶尔见于内陆。单独或集小群活动，也与其他涉禽混群。

372. **泽鹬** **Marsh Sandpiper** *Tringa stagnatilis* zé yù 22~26 cm   图版44　LC

识别：中型而纤细的鹬。额部白色，黑色喙细而直，跗跖长而偏绿色。两翼和尾部近黑色，眉纹较浅。上体灰褐色，腰部和背部下方白色，下体白色。与青脚鹬的区别在于体型较小、额部色浅、跗跖较长而细、喙较细而直。**鸣声**：重复的 *tu-ee-u* 声，参考 XC452225（Frank Lambert），冬季常闻其重复的 *kiu* 声，似青脚鹬，但音调更高，受惊时发出重复的 *yup-yup-yup* 声。**分布**：繁殖于古北界，越冬于非洲、南亚、东南亚，远至澳大利亚和新西兰。在中国较常见，繁殖于内蒙古东北部呼伦湖地区，迁徙途经华东沿海、海南和台湾，偶尔亦经过华中地区。**习性**：喜湖泊、盐田、沼泽、池塘，偶至沿海滩涂。通常单只或三两成群，但在冬季可集大群。甚羞怯。

373. **林鹬** **Wood Sandpiper** *Tringa glareola* lín yù 19~23 cm   图版44　LC

识别：中型、纤细的褐灰色鹬。腹部和臀部偏白色，腰部白色。上体灰褐色并具斑点，白色眉纹长，尾部白色并具褐色横斑。飞行时可见尾部横斑、白色腰部和翼下、无翼斑且跗跖伸出尾端。与白腰草鹬的区别在于跗跖更长且更黄、翼下色浅、眉纹长、外形纤细。**鸣声**：高音 *cheeu-cheeu-cheeu* 哨声，告警声为 *chiff-iff-iff*，不如青脚鹬叫声悦耳，参考 XC447002（Marc Anderson）。**分布**：繁殖于欧亚大陆北部，越冬于非洲、南亚次大陆、东南亚和澳大利亚。在中国，繁殖于黑龙江和内蒙古东部，迁徙时常见于中国全境，越冬于海南、台湾、广东和香港，偶见于河北和东部沿海。**习性**：喜沿海泥泞生境，但也出现在内陆高至海拔 750 m 的稻田和淡水沼泽。通常集松散小群，多达 20 余只，有时也与其他涉禽混群。

---

374. **鹤鹬** **Spotted Redshank** *Tringa erythropus* hè yù 26~33 cm 图版45 LC

识别：中型、跗跖红色的灰色鹬。喙长且直。繁殖羽为不易误认的黑色体羽和白色点斑。冬羽似红脚鹬，但体型更大、灰色较深、喙较长而细、仅下喙基为红色。亦可通过两翼色深并具白色点斑、贯眼纹较长而明显等特征。飞行时区别在于无白色后翼缘、跗跖明显伸出尾端。**鸣声**：飞行或停歇时发出独特而具爆破音的 *chee-wik* 尖哨音，告警声为较短的 *chip*，参考 XC431139（Albert Lastukhin）。**分布**：繁殖于欧洲，越冬于非洲、印度和东南亚。在中国，于新疆西北部天山有繁殖记录，迁徙时常见于中国大部地区，集大群在南方各省份（包括海南和台湾）越冬。**习性**：似红脚鹬。喜鱼塘、滩涂和沼泽。

---

375. **青脚鹬** **Common Greenshank** *Tringa nebularia* qīngjiǎo yù
30~35 cm 图版45 LC

识别：中型偏灰色鹬。跗跖粗壮近绿色，灰色喙长而粗且略向上翘。上体灰褐色并具杂斑，翼尖和尾部横斑近黑色，下体白色，喉、胸和两胁具褐色纵纹。背部白色长条于飞行时尤为明显。翼下具深色细纹（小青脚鹬为白色）。与泽鹬的区别在于体型较大、跗跖较短且鸣声独特。**鸣声**：嘈杂。响亮悦耳的 *chew chew chew* 声，参考 XC497807（Olivier Swift）。**分布**：繁殖于古北界从英国至西伯利亚，越冬于非洲、南亚次大陆、东南亚、马来西亚和澳大利亚。在中国为常见冬候鸟，迁徙时见于大部地区，集大群越冬于西藏南部及长江以南包括台湾、海南在内的大部地区。**习性**：喜沿海和内陆的沼泽及大河的泥滩。通常单独或三两成群。觅食时喙在水里左右甩动，并紧张地上下点头。

---

376. **小青脚鹬** **Nordmann's Greenshank** *Tringa guttifer* xiǎo qīngjiǎoyù
29~32 cm 图版45 国一/EN

识别：中型灰色鹬。跗跖偏黄色，喙具双色。极似青脚鹬，但头部较大、颈部较短而厚、喙较粗钝且喙基黄色，上体色较浅且鳞状纹较多、细纹较少（冬羽），尾部横纹色较浅，跗跖相对较短且偏黄色，飞行时跗跖伸出尾端较短，鸣声亦不同。近观可见三趾间连蹼，而青脚鹬仅有两趾连蹼。**鸣声**：粗哑的 *gwark* 声，与青脚鹬迥然不同，参考 XC131528（Matt Slaymaker）。**分布**：繁殖于东北亚的萨哈林岛，迁徙途经日本和中国，越冬于孟加拉国和东南亚，迷鸟至加里曼丹岛北部和菲律宾。在中国甚罕见，迁徙时途经东部沿海省份，每年春季在香港有少量记录。**习性**：同青脚鹬。喜沿海滩涂。

鸻形目 CHARADRIIFORMES 燕鸻科 Glareolidae （1属4种）

一小科翼长的鸟类，分布于非洲至澳大利亚，喙部强壮有力、尖而下弯。能像燕类一样在飞行中捕食昆虫，亦能在地面觅食。

377. 领燕鸻 **Collared Pratincole** *Glareola pratincola* lǐng yànhéng
24~28 cm   图版45 LC

识别：中型燕鸻。似燕鸥，喙短，具白色叉尾，尾端带黑色。上体橄榄褐色，颏、喉部皮黄色，具黑色领环，下眼睑白色。繁殖羽翼下色深，腋羽和翼下覆羽为深栗色。飞行时可见次级飞羽具白色后缘。**鸣声**：沙哑似燕鸥，飞行时发出 *kik* 和 *kirrik* 声，参考 XC431159（Joost van Bruggen）。**分布**：繁殖于欧洲、北非、中东和中亚，越冬于非洲。在中国为新疆西部和青海地区的夏候鸟，迷鸟曾至香港。**习性**：燕鸻的典型习性。栖于开阔地区，黄昏时在空中捕捉昆虫。

378. 普通燕鸻 **Oriental Pratincole** *Glareola maldivarum*
pǔtōng yànhéng   23~28 cm   图版45 LC

识别：中型燕鸻。翼长，具叉尾，喉部皮黄色并具黑色边缘（冬羽较模糊）。上体棕褐色并具橄榄色光泽，两翼褐色，次级飞羽羽端黑色，翼下覆羽栗色，腹部灰色，尾上、下覆羽均为白色，尾端黑色而外缘白色。**鸣声**：嘶哑的 *krik* 声和尖厉的 *tar-rak* 声，参考 XC131697［Ko Chie-Jen (Jerome)］。**分布**：繁殖于东亚，越冬于印度尼西亚和澳大利亚。在中国为地区性常见鸟，指名亚种繁殖于华北、东北、华东、新疆和海南，留鸟见于台湾，迁徙时见于中国东部多数地区。**习性**：形态优雅，集小至大群活动，甚嘈杂。与其他涉禽混群，栖于开阔地、沼泽和稻田。善奔跑并不停点头。飞行优雅似燕，于空中捕捉昆虫。常见于机场。

379. 黑翅燕鸻 **Black-winged Pratincole** *Glareola nordmanni*
hēichì yànhéng   24~28 cm   图版45 NT

识别：中型燕鸻。极似领燕鸻，但次级飞羽翼上为黑色、枕部沾栗色。**鸣声**：嘶哑的 *krik* 声，似普通燕鸻，参考 XC304519（Vladimir Arkhipov）。**分布**：繁殖于欧洲东南部至中亚哈萨克斯坦，越冬于非洲。在中国为新疆西部的罕见夏候鸟。**习性**：燕鸻的典型习性。栖于开阔地区，黄昏时在空中捕捉昆虫。

380. 灰燕鸻 **Small Pratincole** *Glareola lactea* huī yànhéng
15~19 cm   图版45 国二/LC

识别：色浅的小型燕鸻。似燕，翼下覆羽黑色。上体沙灰色，腰部白色，初级飞羽黑色，次级飞羽白色而羽端黑，尾平，但次端楔形黑斑使其看似叉尾。下体白色，胸部沾皮黄色。**鸣声**：飞行时发出高音的 *prrit* 或 *tirrit* 声，参考 XC461006（Stijn De

Win）。**分布**：阿富汗东部、印度、斯里兰卡和东南亚。在中国不常见，繁殖于云南南部和西南部，并见于西藏东南部海拔 750 m 以下地区。**习性**：喜大型河流两岸沙滩。黄昏飞行，与燕和蝙蝠共同觅食。

▌鸻形目　CHARADRIIFORMES　鸥科　Laridae　（17 属 43 种）

一大科世界性分布的食鱼和食腐海鸟。大部分种类的体羽为白色并具黑色翼尖，头部和上体具不同程度的黑、灰、褐色。幼鸟具褐色杂斑，数年后才具成鸟羽饰。

381. 白顶玄鸥 / 白顶玄燕鸥　**Brown Noddy**　*Anous stolidus*　báidǐng xuán'ōu
38~45 cm　　　　　　　　　　　　　　　　　　　　图版45　LC

识别：中型深烟褐色燕鸥。具凹形尾，除顶冠近白色和眼圈白色外，通体烟褐色。幼鸟额部和顶冠深色，眼圈白色，背部覆羽羽端和翼覆羽近白色。未成年鸟似成鸟，但无浅色顶冠。喙黑色，跗跖黑褐色。**鸣声**：沙哑的 karrk 和 kwok-kwok 声，参考 XC148686（Johannes Fischer）。**分布**：广布于热带、亚热带大洋和澳大利亚北部，在整个分布区域内均有繁殖。在中国，*pileatus* 亚种于海上并不罕见，但近岸处不常见，曾在台湾海域小岛上有繁殖记录。**习性**：大洋性鸟类。缓慢懒散地盘旋飞行，极少如其他燕鸥般潜入水中。捕捉被掠食性鱼类追逐而跃出水面的小鱼，求偶时双方作点头（nod）表演，故得其英文名（Noddy）。

382. 玄燕鸥　**Black Noddy**　*Anous minutus*　xuán yàn'ōu　35~40 cm　　图版45　LC

识别：中型燕鸥。似白顶玄鸥但体型较小而纤细，顶冠几乎纯白色并延至枕部。喙细长，比头部更长。飞行比白顶玄鸥更为迅速、轻盈、跳跃，振翅更轻快。未成年鸟头顶纯白色。**鸣声**：独特的 tik-tikoree 声和断断续续叫声。**分布**：广布于热带、亚热带大洋和澳大利亚北部，在整个分布区域内均有繁殖。在中国仅于 2017 年在香港有一笔确凿记录，但可能有更多海上的记录被忽略。**习性**：大洋性鸟类，喜离岸小岛。

383. 白玄鸥 / 白燕鸥　**Common White Tern**　*Gygis alba*　bái xuán'ōu
23~33 cm　　　　　　　　　　　　　　　　　　　　图版51　LC

识别：小型纯白色燕鸥。具黑色眼圈。成鸟除眼圈外通体体羽白色，尾略分叉，外侧尾羽较第二、三枚尾羽更短，喙修长而尖利并略上翘。幼鸟耳斑深色，翕部和翼上具灰褐色杂斑，初级飞羽羽轴黑色，两翼较圆。喙偏黑色而喙基色蓝色，跗跖蓝黑色，具偏白色蹼。**鸣声**：轻柔的呼呼声，参考 XC431354（Jayrson Araujo de Oliveira）。**分布**：广布于各大洋的热带、亚热带地区。在中国极罕见，记录于澳门、广东和海南海域，亦见于南海的西沙群岛。**习性**：飞行略呈波浪形，偶潜入水中捕食，但从不完全没入水中。

384. 三趾鸥　Black-legged Kittiwake　*Rissa tridactyla*　sānzhǐ ōu

37~41 cm　　　　　　　　　　　　　　　　　图版46　VU

识别：中型鸥。尾略分叉。喙黄色，跗跖黑色，翼尖全黑色。成鸟冬羽头、枕部具灰色杂斑。第一冬鸟喙黑，头顶和后领色暗，飞行时可见上体不完整的深色"W"形斑纹和尾端黑色横带。与楔尾鸥第一冬鸟的区别在于具后领且"W"形斑纹较暗、尾部分叉。与小鸥的区别在于次级飞羽较白、顶冠色浅。**鸣声**：带鼻音的 *kittiwake* 假嗓音，参考 XC447328（David Darrell-Lambert）。**分布**：繁殖于北美和亚洲的近北极沿海地区，包括阿留申群岛，越冬于地中海、西非和北太平洋。在中国为罕见冬候鸟和过境鸟，记录于包括海南、台湾在内的大部分沿海地区以及四川。**习性**：集群营巢于岩礁悬崖顶端和洞穴。完全远洋性，常跟随船只。

385. 叉尾鸥　Sabine's Gull　*Xema sabini*　chāwěi ōu　27~34 cm

图版47　LC

识别：小型鸥。尾略分叉，头部深灰色。翼具三色，外侧的黑色三角形与次级飞羽的白色三角形成对比，翼覆羽和翕部纯灰色，未成年鸟阶段为褐色并具皮黄色扇贝状斑，腰部、下体和翼下白色。成鸟尾部白色，幼鸟尾端黑色。与红嘴鸥的区别在于尾部分叉、翼上图案独特、飞行轻巧如燕鸥。虹膜褐色，眼周裸露皮肤红色，喙黑色而端黄（成鸟）或纯黑色（未成年鸟），跗跖深灰色（成鸟）或偏粉色（未成年鸟）。**鸣声**：沙哑并具粗喘息声的哭叫，参考 XC406448（Patrik Åberg）。**分布**：繁殖于北极地区，越冬于东大西洋和东太平洋。世界各地多有迷鸟记录。在中国为南海地区罕见迷鸟，并记录于台湾和海南沿海。**习性**：迷鸟与其他海鸟混群。较其他鸥类更偏远洋性，通常远离海岸。

386. 细嘴鸥　Slender-billed Gull　*Chroicocephalus genei*　xìzuǐ ōu

42~44 cm　　　　　　　　　　　　　　　　　图版47　LC

识别：中型鸥。具红色而纤细的喙，跗跖红色，下体偏粉红色。飞行时可见初级飞羽白色而羽端黑色。侧影颈部短粗，头部前倾而下斜。非繁殖羽耳上具灰点。第一冬鸟喙橙色，眼先和耳后具黑点。翼上略具褐色杂斑，尾部具黑色次端条带。与红嘴鸥冬羽的区别在于耳上深色点斑模糊、喙端无黑色且纤细、颈部较僵硬、喙和跗跖的橙色较深。飞行时颈部和尾部显长，背呈弓形。虹膜黄色。**鸣声**：带鼻音，比红嘴鸥更为深沉，参考 XC413322（Audevard Aurélien）。**分布**：繁殖于北非、地中海、红海和波斯湾，冬季偶见于东南亚。在中国不常见，夏季见于新疆西北部，迁徙途经东部省份，偶有冬候鸟至华东和华南沿海。**习性**：典型的中型鸥习性。

387. 澳洲红嘴鸥　Silver Gull　*Chroicocephalus novaehollandiae*

àozhōu hóngzuǐ ōu　38~42 cm

图版47　LC

识别：中型鸥。背部灰色，头部和下体纯白色。和中国地区其他鸥类区别于头部和虹膜白色，喙、跗跖和眼圈裸露皮肤红色。黑色翼尖具两块白斑。**鸣声**：似燕鸥的尖厉哭叫声，参考 XC396253（Sander Lagerveld）。**分布**：在澳大利亚为最常见的鸥。在中国，迷鸟见于台湾。**习性**：栖于海岸、海上和内陆水域。

388. 棕头鸥 Brown-headed Gull *Chroicocephalus brunnicephalus*
zōngtóu ōu 41~45 cm

图版46 LC

识别：中型白色鸥。背部灰色，初级飞羽基部具大块白斑，黑色翼尖具白色点斑为重要识别特征。冬羽眼后具深褐色块斑。夏羽头、颈部褐色。与红嘴鸥的区别在于虹膜色浅、喙较厚、体型略大且翼尖斑纹不同。第一冬鸟似成鸟冬羽，但翼尖无白色点斑、尾端具黑色横带。虹膜淡黄色或灰色，眼周裸露皮肤红色，喙红色，跗跖朱红色。**鸣声**：沙哑的 *gek, gek* 声和响亮哭叫声 *ko-yek, ko-yek*，参考 XC204936（Mike Nelson）。**分布**：繁殖于中亚，越冬于印度、中国和东南亚。在中国通常罕见，但为繁殖地的地区性常见鸟，繁殖于西藏中部和青海，迁徙时见于华北和西南地区，部分个体越冬于云南西部并偶至香港。**习性**：与其他鸥混群，栖于海上、沿海及河口地区。

389. 红嘴鸥 Black-headed Gull *Chroicocephalus ridibundus* hóngzuǐ ōu
36~42 cm

图版46 LC

识别：中型的灰、白色鸥。喙和跗跖红色。繁殖羽具深巧克力色头罩并延至白色的后顶。冬羽头部白色，眼后具黑色点斑。前翼缘白色，翼尖黑色不长且无白色点斑。第一冬鸟尾部具黑色次端条带，后翼缘黑色，体羽杂褐色斑。与棕头鸥的区别在于体型较小、虹膜深色、前翼缘白色明显、翼尖黑色无白色点斑。虹膜褐色，喙红色（未成年鸟喙端黑色），跗跖红色（未成年鸟色较淡）。**鸣声**：沙哑的 *kwar* 声，参考 XC460145（maudoc）。**分布**：繁殖于古北界，越冬于印度、东南亚和菲律宾。在中国甚常见，繁殖于西北部天山西部地区和东北地区湿地，大量越冬于华东和北纬32°以南所有湖泊、河流及沿海地区。**习性**：在海上立于漂浮物或柱子上，或与其他鸥类混群在鱼群上作似燕鸥的盘旋飞行。在陆地上夜栖于水面或地面。

390. 黑嘴鸥 Saunders's Gull *Chroicocephalus saundersi* hēizuǐ ōu
30~33 cm

图版46 国一/VU

识别：较小的鸥。夏羽和冬羽均似红嘴鸥，但体型较小并具粗短的黑色喙。夏羽头部黑色延至颈后且比红嘴鸥更深，并具明显白色眼圈。初级飞羽合拢时黑白相间，飞行时白色后翼缘清晰可见，翼下初级飞羽外侧黑色。虹膜褐色，跗跖深红色。**鸣声**：尖厉的 *eek eek* 叫声，参考 XC414477（Frank Lambert）。**分布**：东亚特有种。在中国，繁殖于东部沿海部分地区，包括辽宁、河北、山东、江苏，南至长江口，越冬于南部沿海，包括海南和台湾。**习性**：飞行非常轻盈，似燕鸥。与其他鸥类混群。紧贴潮线。觅食方式为飞行中突然垂直下降，快降落时又一转身，捕食螃蟹、蠕虫等。如失手又赶紧飞至空中。极少游泳。

391. 小鸥 Little Gull *Hydrocoloeus minutus* xiǎo ōu
24~30 cm

图版47 国二/LC

识别：小型鸥。头部黑色，跗跖红色。头部黑色范围比红嘴鸥更大。飞行时可见整个翼下色深并具狭窄白色后翼缘。冬羽头部白色，头顶、眼周及耳羽的月牙状斑均为灰色，尾部略凹。第一冬鸟飞行时可见黑色"W"形斑纹，尾端黑色。与楔尾鸥第一冬鸟的区别在于尾部形状，且顶冠色较暗。虹膜深褐色，喙深红色（繁殖羽）至黑色（冬羽）。**鸣声**：一连串响亮、重复的鼻音 kep，求偶时发出 ke-kay ke-kay ke-kay...，同时双翼用力往下拍打，参考 XC317086（Albert Lastukhin）。**分布**：繁殖于西伯利亚东部和西部、波罗的海、东南欧及北美洲，越冬于地中海、北非、中东、中亚、日本、西伯利亚东部和美国东部。在中国非常罕见，繁殖于内蒙古东北部额尔古纳河，夏候鸟见于新疆，迁徙过境鸟记录于沿海大部地区。**习性**：集群繁殖。飞行轻盈如燕鸥，入水时跗跖下垂先行伸入水面。

---

392. 楔尾鸥 **Ross's Gull** *Rhodostethia rosea* xiēwěi ōu 29~33 cm 图版47 LC

识别：小型而外形独特的鸥。喙黑色，跗跖红色，具黑色颈环，上体浅灰色，下体和楔形尾玫瑰色。成鸟冬羽无颈环，玫瑰色或少或无。与红嘴鸥的区别在于翼无黑色、眼斑色暗并具楔形尾。第二年鸟具成鸟羽饰。第一冬鸟似成鸟冬羽，但飞行时上体具"W"形斑纹、尾具部分横带。与小鸥第一冬鸟的区别为无深色顶冠、具楔形尾。虹膜深褐色。**鸣声**：除繁殖期通常较安静，参考 XC424282（Ukolov Ilya）。**分布**：繁殖于北极地区，越冬于北极圈内，但迷鸟见于北方海域。在中国罕见，冬季偶有迷鸟，记录于辽宁和青海。**习性**：飞行轻盈。

---

393. 笑鸥 **Laughing Gull** *Leucophaeus atricilla* xiào ōu 36~40 cm 图版47 LC

识别：较小而修长的鸥。繁殖羽具黑色头罩、白色眼圈、粗厚的红色喙和白尾，冬羽头部白色并具灰色枕带和不完全的白色眼圈。和弗氏鸥的区别在于体型更大、喙更长、尾白且冬羽头部近白。飞行时翼尖无白斑。**鸣声**：带鼻音的 ha ha 似笑声和深沉的 krook 声，参考 XC447329（David Darrell-Lambert）。**分布**：繁殖于美洲。在中国罕见，迷鸟见于台湾沿海。**习性**：活动于海岸和港口，觅食小型动物和垃圾。

---

394. 弗氏鸥 **Franklin's Gull** *Leucophaeus pipixcan* fúshì ōu 32~35 cm 图版47 LC

识别：较小的鸥。头部黑色，喙红色且纤细，具白色眼圈，尾部灰色。冬羽保留深色后半部头罩。黑色翼尖和余部灰色翼之间具白斑。和红嘴鸥、黑嘴鸥、笑鸥的区别在于头罩冬羽色深、上体色深和初级飞羽羽端具白点。比笑鸥体型更小、喙更小且尾部偏灰。**鸣声**：在海上发出轻柔 kruk 叫声，参考 XC394866（Nick Komar）。**分布**：繁殖于北美。在中国为罕见迷鸟，记录于天津、河北和台湾沿海。**习性**：活动于海岸和港口，觅食水生动物和昆虫。

---

395. 遗鸥 **Relict Gull** *Ichthyaetus relictus* yí ōu 38~46 cm 图版46 国一/VU

识别：中型鸥。头部黑色，跗跖和喙深红色。与棕头鸥以及体型较小的红嘴鸥区别在于头部深褐色并具近黑色头罩、两翼合拢时翼尖具数个月牙状白点、飞行时黑色翼尖的白斑更大，且白色眼睑较宽。冬羽耳部具深色斑，与棕头鸥和红嘴鸥的区别为顶冠和枕部具暗色纵纹。第一冬鸟喙、翼尖和尾端横带均为黑色，颈部和两翼具褐色杂斑，飞行时后翼缘比红嘴鸥和棕头鸥色浅。虹膜红褐色。**鸣声**：似笑声的 *ka-kak, ka-ka kee-a*，参考 XC131997（Fernand Deroussen）。**分布**：繁殖于中亚地区湖泊，越冬地区不详。在中国为繁殖地的地区性常见鸟，但仅零星分布于内蒙古呼伦湖、鄂尔多斯高原以及河套地区，迁徙时记录于东部和南部沿海地区，在香港为迷鸟或偶见冬候鸟。**习性**：集群营巢。

---

396. 渔鸥 Pallas's Gull *Ichthyaetus ichthyaetus* yú ōu 60~72 cm 图版46 LC

识别：大型鸥。背部灰色，头部黑色，喙偏黄色，上下眼睑白色，看似巨型红嘴鸥，但喙部厚重且色彩不同。体型与银鸥相同或略大。冬羽头白，眼周具暗斑，顶冠具深色纵纹，喙部红色大部消失。飞行时可见翼下全白，仅翼尖有小块黑色并具两个翼斑。第一冬鸟头部白色，头、翕部具灰色杂斑，喙黄而端黑，尾端黑色。虹膜褐色，喙黄色而近端处具黑和红色环带，跗跖绿黄色。**鸣声**：粗哑似鸦，参考 XC419041（Terry Townshend）。**分布**：繁殖于黑海至蒙古国的部分适宜湖泊，呈间断式分布，越冬于地中海东部、红海、缅甸沿海和泰国西部。在中国甚常见，繁殖于青海东部和内蒙古西部的大型湖泊，迁徙途经中国大部地区，越冬于南方沿海。迷鸟见于台湾。**习性**：栖于三角洲沙滩、内陆海域及平原湖泊。常在水上休息。

---

397. 黑尾鸥 Black-tailed Gull *Larus crassirostris* hēiwěi ōu
44~48 cm 图版48 LC

识别：中型鸥。两翼长而窄，上体深灰色，腰部白色，尾部白色并具宽大黑色次端条带。冬羽顶冠和枕部具深色斑。两翼合拢时可见翼尖上的四个白点。第一冬鸟体羽多沾褐色，脸部色浅，喙粉红而端黑，尾羽黑而尾上覆羽白。第二年鸟似成鸟但翼尖褐色、尾上黑色较多。喙黄色，尖端红色继以黑色环带，跗跖绿黄色。**鸣声**：哀怨的咪咪声，参考 XC360894（Anon Torimi）。**分布**：日本沿海及中国海域。在中国常见，繁殖于山东至福建沿海，越冬于华南、华东和台湾沿海，亦见于云南和长江沿岸等内陆地区。**习性**：繁殖于多岩岛屿。松散群居。

---

398. 海鸥 / 普通海鸥 Mew Gull *Larus canus* hǎi ōu 40~50 cm 图版48 LC

识别：中型鸥。跗跖和喙绿黄色，喙修长而无斑，尾部白色。初级飞羽羽端白色，具大块白色翼斑。冬季头、颈部散布褐色细纹，有时喙端为黑色。第一冬鸟尾部具黑色次端条带，头、颈、胸和两胁具浓密褐色纵纹，上体具褐斑。第二年鸟似成鸟，但头上褐色较深，翼尖黑且翼斑较小。虹膜黄色。**鸣声**：比银鸥类的叫声更高而细，包括 *kakaka...*、尖厉的 *Kleee-a* 和持续的 *klee-uu-klee-uu-klee-uu...* 等，参考 XC459625（Andrew Harrop）。**分布**：欧洲、亚洲、阿拉斯加和北美西部。在中国甚常见，*kamtschatschensis* 亚种繁殖于北方地区，迁徙时见于华北和东北各省，越冬于南方沿海地区，包括海南和台湾，亦见于华东、华南地区的众多内陆湖泊及河流。*heinei* 亚种记录于上海和香港。**习性**：集群繁殖于淡水中。

399. 灰翅鸥 **Glaucous-winged Gull** *Larus glaucescens* huīchì ōu
61~68 cm 图版48 LC

识别：大型鸥。翕部灰色，尾部白色，冬羽头后和枕部略具褐色纵纹。和海鸥的区别在于体型更大、初级飞羽灰色且无明显翼斑。虹膜褐色，喙黄色而端部具红点，跗跖粉红色。第一冬鸟全身浅皮黄褐色，下体无反差，后颈明显偏白，喙黑色而厚实，较第一冬的北极鸥色深许多。**鸣声：** *kow-kow* 或 *ka-ka-ako* 的尖叫声，参考 XC455178（Bruce Lagerquist）。**分布：**繁殖于阿留申群岛、阿拉斯加和加拿大西部沿海，越冬于西伯利亚和美国西部沿海。在中国为不常见冬候鸟和过境鸟，记录于福建、广东、香港和台湾沿海。**习性：**大型而具侵略性的鸥，觅食于沿海和垃圾堆。

400. 北极鸥 **Glaucous Gull** *Larus hyperboreus* běijí ōu 64~77 cm 图版48 LC

识别：大型鸥。两翼偏白色，跗跖粉红色，喙黄色并具红点。外形健壮凶猛。背部浅灰色，比中国地区任何其他鸥的体色都要淡许多。成鸟冬羽头顶、枕部和颈侧具褐色纵纹。第四年鸟具成鸟羽饰。第一冬鸟具浅咖啡色，并逐年变淡，喙粉红色并具深色喙端。虹膜黄色。**鸣声：**响亮哭叫声，似银鸥，参考 XC457538（Stein Ø. Nilsen）。**分布：**繁殖于亚北极地区北部，越冬于美国的佛罗里达和加利福尼亚、法国、中国和日本。在中国为不常见冬候鸟，*barrovianus* 亚种见于东北和华东各省份，南至广东和台湾，亦见于新疆北部。**习性：**单独或集群繁殖。喜群居。沿海岸线觅食，并造访垃圾堆。

401. 西伯利亚银鸥 **Vega Gull** *Larus vegae* xībólìyà yín'ōu 55~67 cm 图版48 LC

识别：银鸥复合体中的大型灰色鸥。跗跖粉红色。冬羽头、枕部具深色纵纹，有时延至胸部，上体体羽由浅灰至灰色（*birulae* 亚种）或由灰至深灰色（指名亚种），均具蓝色光泽。通常三级飞羽和肩羽具宽阔白色月牙状斑。双翼合拢时可见多至五枚大小均等的明显白色翼尖。飞行时可见第十枚初级飞羽上的中等大小白色翼斑和第九枚初级飞羽上的较小翼斑。浅色的初级飞羽和次级飞羽内侧与白色翼下覆羽对比不甚明显。虹膜浅黄色至偏褐色，喙黄色并具红点。**鸣声：**叫声响亮，似 *kleow* 声，并伴有短促的 *ge-ge* 声，参考 XC381975（Jens Kirkeby）。**分布：**繁殖于俄罗斯及西伯利亚北部，越冬于南方地区。在中国冬季甚常见，指名亚种和 *birulae* 亚种迁徙经东北地区，越冬于渤海、华东、华南和台湾沿海并见于中国南方的主要河流。与早期文献记录相反，在香港 *birulae* 亚种为最常见的亚种。**习性：**松散群栖，沿海和内陆水域均有。**分类学订正：**郑光美等将其视作西伯利亚银鸥（*L. smithsonianus*）的一个亚种（*vegae* 亚种）。

402. 蒙古银鸥 **Mongolian Gull** *Larus mongolicus* měnggǔ yín'ōu
55~65 cm 图版48 LC

识别：银鸥复合体中的大型鸥。下体浅色至中灰色。冬羽头、枕部近乎全无褐色纵纹。体羽比黄脚银鸥更偏深灰色，但较西伯利亚银鸥 *vegae* 亚种更浅，似西伯利亚银鸥 *birulae* 亚种但头部白色，三级飞羽和肩羽具宽阔白斑，双翼合拢时可见四枚大小均等的白色翼尖，飞行时仅外侧初级飞羽可见翼斑且面积比西伯利亚银鸥 *birulae*

亚种、乌灰银鸥 *taimyrensis* 亚种冬羽更大，跗跖浅粉色，虹膜黄色，喙黄色并具红点，跗跖粉红色至黄色。**鸣声**：似其他银鸥，参考 XC452249（Frank Lambert）。**分布**：繁殖于中国东北呼伦湖地区，迁徙途经中国大部，越冬于印度洋，亦见于华南沿海。**习性**：同其他银鸥。**分类学订正**：郑光美等将其视作西伯利亚银鸥的一个亚种（*mongolicus* 亚种）。

403. 黄脚银鸥 / 黄腿银鸥　Yellow-legged Gull　*Larus cachinnans*　huángjiǎo yín'ōu
58~68 cm　　　　　　　　　　　　　　　　　　　　　　图版48　LC

识别：银鸥复合体中的大型鸥。上体浅灰至中灰色，跗跖黄色。冬羽头、枕部仅具少量褐色纵纹。两个亚种在体羽细节上略有区别：指名亚种上体灰色最浅，冬季跗跖明黄色至肉色。*barbensis* 亚种体色略深、体型较小、跗跖较短，三级飞羽和肩羽上的月牙状斑较窄，外侧两枚初级飞羽上具翼斑，跗跖从粉红色至黄色，但通常为亮橙色，虹膜深黄色，喙小、眼小而头圆，喙黄色而喙端浅色，下喙具红点，喙部通常带黑色并在上下喙形成带状。**鸣声**：似其他银鸥，参考 XC367962（Albert Lastukhin）。**分布**：繁殖于中亚、俄罗斯南部、中国西北部和蒙古国，越冬于以色列、波斯湾和印度洋。在中国，指名亚种繁殖于新疆西部，越冬于印度洋；*barbensis* 亚种繁殖于哈萨克斯坦北部，越冬个体罕见于香港。**习性**：同其他银鸥。

404. 灰背鸥　Slaty-backed Gull　*Larus schistisagus*　huībèi ōu
55~67 cm　　　　　　　　　　　　　　　　　　　　　　图版48　LC

识别：大型鸥。背部深灰色，跗跖深粉红色，喙黄色并具红点。似银鸥复合体但上体灰色较深、跗跖更偏粉红色，且肩羽白色月牙状斑较宽。成鸟冬羽头后和颈部具褐色纵纹。第一冬鸟较多数银鸥体色更深，且尾部为全深褐色。虹膜黄色。**鸣声**：似银鸥但为较长的哭叫声，参考 XC404943（Anon Torimi）。**分布**：繁殖于西伯利亚东部沿海地区和日本北部，迁徙见于太平洋西北部，越冬于日本和朝鲜半岛沿海。在中国为沿海地区常见冬候鸟和过境鸟，见于东北至华南，包括海南、台湾和南海。**习性**：典型的大型海洋性鸥。

405. 乌灰银鸥　Heuglin's Gull　*Larus heuglini*　wūhuī yín'ōu
55~65 cm　　　　　　　　　　　　　　　　　　　　　　图版48　NR

识别：银鸥复合体中的大型暗灰色鸥。跗跖明黄色。上体体羽由中灰至深灰色（*taimyrensis* 亚种）或深灰色（指名亚种），比其他银鸥以及海鸥都更深。成鸟冬羽头部具部分纵纹，喙上无（或仅具一丝）黑带。枕部纵纹最密。三级飞羽具宽阔白色月牙状，但肩羽上的月牙状斑或细或无。外侧两枚初级飞羽具微小白色羽端，至第六、七枚初级飞羽逐渐增大。飞行时可见中等大小的初级飞羽外侧翼斑和第九枚初级飞羽上的小翼斑。初级飞羽翼下色深，与白色的翼下覆羽和次级飞羽羽端形成对比。眼周裸露皮肤红色。虹膜浅黄色，喙黄色并具红点。**鸣声**：似其他银鸥。**分布**：繁殖于俄罗斯西北部沿海地区，越冬于南部和东部。在中国为南部沿海常见冬候鸟，*taimyrensis* 亚种为香港最常见的银鸥，体色较深的指名亚种较罕见。**习性**：同其他银鸥。**分类学订正**：郑光美等将其视作小黑背银鸥（*L. fuscus*）的一个亚种（*heuglini* 亚种）。

406. 鸥嘴噪鸥 **Gull-billed Tern** *Gelochelidon nilotica* ōuzuǐ zào'ōu
33~43 cm 图版51 LC

识别：中型浅色燕鸥。尾部狭尖而分叉，喙黑色而粗壮。成鸟冬羽下体白色，上体灰色，头部白色，枕部具灰色杂斑，眼后具黑斑。夏羽头顶全黑。幼鸟似第一冬成鸟，但顶冠和上体具褐色杂斑。跗跖黑色。**鸣声**：重复的 *kuwk-wik* 或 *kik-hik, hik hik hik* 声，参考 XC452247（Frank Lambert）。**分布**：广布于全世界，繁殖于美洲、欧洲、非洲、亚洲和澳大利亚，迁徙时途经印度尼西亚和新几内亚岛。在中国为不常见留鸟和冬候鸟，指名亚种繁殖于新疆西部和内蒙古东北部，*affinis* 亚种繁殖于渤海、东南沿海和台湾，越冬于东南沿海和台湾，过境或越冬于海南。**习性**：光顾沿海河口、潟湖和内陆淡水湖。常徘徊飞行，觅食时通常轻掠过水面或于泥地捕捉甲虫等猎物，极少潜入水中。

407. 红嘴巨鸥 / 红嘴巨燕鸥 **Caspian Tern** *Hydroprogne caspia* hóngzuǐ jù'ōu
48~55 cm 图版51 LC

识别：极大的燕鸥。具巨型红色喙。夏羽头顶黑色，冬羽白色并具纵纹。翼下初级飞羽黑色。幼鸟上体具褐色横斑。第一冬鸟体羽似成鸟，但两翼具褐色斑点，头罩深黑色。喙端偏黑色，跗跖黑色。**鸣声**：沙哑的喘息声 *kraaah*，参考 XC456250（Antonio Xeira）。**分布**：广布于除南极洲以外的各大洲。在中国，指名亚种为不常见留鸟和冬候鸟，繁殖于渤海至海南的沿海省份以及长江上游地区，北方迁徙鸟和南方留鸟同在华南、东南、台湾和海南越冬。**习性**：喜沿海、湖泊、红树林及河口。

408. 大凤头燕鸥 **Great Crested Tern** *Thalasseus bergii* dà fèngtóuyàn'ōu
45~53 cm 图版49 国二/LC

识别：大型凤头燕鸥。夏羽顶冠和枕部蓬松冠羽均为黑色，冬羽顶冠白色而枕部冠羽具灰色杂斑，过渡羽具白色杂斑。幼鸟较成鸟偏深灰色，上体具褐色和白色杂斑，尾部灰色。喙绿黄色，有别于其他凤头燕鸥。**鸣声**：尖厉的喘息声 *kirrik* 或响亮 *chew* 声，参考 XC304306（Qin Huang）。**分布**：印度洋沿海和岛屿、波斯湾、太平洋热带海域、澳大利亚、非洲南部沿海。在中国，*cristatus* 亚种繁殖于华南、东南、台湾和海南的沿海海岛。种群数量下降中，但在南海常见。**习性**：三两成群捕食鱼类，有时与其他燕鸥混群。入水动作笨拙。停歇于海滩、海上浮标、浮台或其他漂浮物上。常至远海。

409. 小凤头燕鸥 **Lesser Crested Tern** *Thalasseus bengalensis*
xiǎo fèngtóuyàn'ōu 35~43 cm 图版49 LC

识别：中型凤头燕鸥。似大凤头燕鸥，但体型更小、繁殖羽额部黑色并具明显的橙色喙。冬羽仅额部变白，冠羽仍为黑色。幼鸟似非繁殖期成鸟，但上体具近褐色杂斑、飞羽深灰色。**鸣声**：粗而尖的 *kirrik* 声，参考 XC204966（Bram Piot）。**分布**：繁殖于北非、红海、波斯湾、南亚次大陆、东南亚、菲律宾、马来西亚和澳大利亚北部，邻近海洋亦有分布。在中国极罕见，且种群数量仍在下降，记录于广东和香港沿海，在南海更为常见。**习性**：集大群，常与其他鸟类尤其是大凤头燕鸥混群。光顾沿海水域、泥滩、沙滩和珊瑚礁海岸，常在远海觅食，停歇于浮台、浮标上。垂直入水，完全潜入水中。

410. 中华凤头燕鸥　**Chinese Crested Tern**　*Thalasseus bernsteini*
zhōnghuá fèngtóuyàn'ōu　38~43 cm　　　　　　　　　图版49　国一/CR

识别：中型凤头燕鸥。喙黄色而端黑。冬羽额部白色、顶冠黑色并具白色顶冠纹，在枕部形成"U"形黑斑。与大、小凤头燕鸥的区别在于喙端三分之一为黑色。未成年个体似小凤头燕鸥未成年个体，但褐色较重，翼下色浅并具两道深色翼斑，背部、尾部偏白色并具褐色杂斑。**鸣声**：沙哑的高声哭叫，参考 XC263185（lchunfai）。**分布**：仅繁殖于东亚地区沿海小岛，越冬于中国南海、菲律宾并偶至加里曼丹岛北部。极罕见，世界性极危。**习性**：似其他凤头燕鸥。喜开阔海域和小岛。

411. 白嘴端凤头燕鸥　**Sandwich Tern**　*Thalasseus sandvicensis*
báizuǐduān fèngtóuyàn'ōu　40~44 cm　　　　　　　　图版49　LC

识别：中型凤头燕鸥。体羽色浅，喙黑色而端黄。夏羽具蓬松黑色顶冠，冬羽顶冠和额部白色。幼鸟上体具鳞状斑纹，顶冠和尾端深色。**鸣声**：飞行中发出沙哑的 *kerrrick* 声，参考 XC492700（Frank Lambert）。**分布**：广布于美洲、欧洲、非洲，远至里海。在中国，迷鸟记录于台湾北部沿海。**习性**：喜沿海、沙滩、泥滩、悬崖、浮台等多种不同生境。

412. 白额燕鸥　**Little Tern**　*Sternula albifrons*　bái'é yàn'ōu
20~28 cm　　　　　　　　　　　　　　　　　　　图版50　LC

识别：小型浅色燕鸥。尾略分叉。夏羽顶冠、枕部和贯眼纹黑色，额部白色，喙黄色并具黑色喙端。冬羽顶冠和枕部黑色缩小至月牙状，前翼缘黑色，后翼缘白色，喙黑色。幼鸟似成鸟非繁殖羽，但顶冠和枕部具褐色杂斑，尾部白色而尾端褐色，喙色暗淡。跗跖黄色。**鸣声**：喘息式高声尖叫，参考 XC422689（Francesco Sottile）。**分布**：美国西部沿海、加勒比海、古北界西部、非洲、印度洋、南亚次大陆、东亚、东南亚、印度尼西亚、澳大利亚。在中国为常见夏候鸟，指名亚种繁殖于新疆西部喀什地区，*sinensis* 亚种繁殖于东北至华南和西南包括海南在内的大部地区。在内陆和沿海均有繁殖。迁徙时记录于台湾。**习性**：栖于海边沙滩，与其他燕鸥混群。振翅迅速，潜水前悬停。

413. 白腰燕鸥　**Aleutian Tern**　*Onychoprion aleuticus*　báiyāo yàn'ōu
32~34 cm　　　　　　　　　　　　　　　　　　　图版49　VU

识别：中型燕鸥。喙黑色。甚似普通燕鸥黑喙的亚种，脸部具白色条纹，头顶黑色，下体灰色，翼下次级飞羽白色后缘前方具特征性深色横纹。成鸟冬羽顶冠和下体白色，与普通燕鸥的区别在于喙和跗跖较黑、体羽灰色较重以及特征性翼下斑纹。幼鸟跗跖和下喙暗红色，顶冠和下体皮黄色。**鸣声**：刺耳的吱吱叫声 *eek eek*，似黑嘴鸥，飞行时发出似鸻鹬类的 *twee-ee-ee* 叫声，参考 XC418029（Steve Hampton）。**分布**：

繁殖于西伯利亚、阿留申群岛和阿拉斯加，越冬于南方海域。在中国罕见但可能为定期过境鸟，1992 年秋季曾于香港记录多达 200 只，此后每年出现。**习性**：飞行沉稳有力，振翅缓慢。群居。停歇时两翼上翘。

414. 褐翅燕鸥　Bridled Tern　*Onychoprion anaethetus*　hèchì yàn'ōu
36~41 cm　　　　　　　　　　　　　　　　　　图版50　LC

识别：中型燕鸥。背部深色，尾长且呈深叉形。成鸟除前翼缘和外侧尾羽白色外，翼上、背部和尾均为深褐灰色，下体白色。与乌燕鸥的区别在于前额白色区域狭窄、狭窄白色眉纹延至眼后。幼鸟偏褐色，顶冠具褐色杂斑，胸部灰色，背部具皮黄色横斑，比乌燕鸥幼鸟点斑更少，颈、胸部白色。喙和跗跖均为黑色。**鸣声**：不连贯的 *wep-wep* 吠声，告警声为沙哑的粗喘息声 *kee-errr-krr*，参考 XC251965（Oscar Campbell）。**分布**：广布于大西洋、印度洋、太平洋至澳大利亚。在中国，指名亚种为南海地区留鸟，夏候鸟见于福建、香港、台湾和海南沿海。**习性**：栖于外海，仅在恶劣天气和繁殖季节才靠近海岸。不甚合群，常单独或集小群。飞行优雅轻盈，在海面上捕食昆虫和鱼类，不善潜水。常停歇于海面漂浮物上，夜栖于船上桅杆。与黑枕燕鸥混群繁殖。

415. 乌燕鸥　Sooty Tern　*Onychoprion fuscata*　wū yàn'ōu　38~45 cm　　图版50　LC

识别：中型燕鸥。背部黑色，尾呈深叉形。似褐翅燕鸥，但翼上和背部为深烟褐色、无灰色领环、额部白色区域不延至眉纹。未成年鸟体羽烟褐色，臀部白色，背部和翼上具白色点斑连成的横纹。喙和跗跖均为黑色。**鸣声**：带鼻音的 *ker-waky-wak* 或 *wide-a-wake* 声，参考 XC403992（Ross Gallardy）。**分布**：广布于大西洋、印度洋和太平洋的热带海域。在中国，*nubilosa* 亚种远离海岸但偶见于东南地区、香港和台湾沿海，尤其在台风后出现。**习性**：海洋性鸟类，栖于远离海岸的洋面或多岩多沙岛屿。晚上跟随船只。飞行轻松优雅，随上曳气流翱翔。

416. 黄嘴河燕鸥 / 河燕鸥　River Tern　*Sterna aurantia*　huángzuǐ héyàn'ōu
38~46 cm　　　　　　　　　　　　　　　图版49　国一 / VU

识别：中型燕鸥。头顶黑色，具大型黄色喙，跗跖红色或橙色，尾羽飘逸。旧羽外侧尾羽白色，翼尖偏黑色，胸部浅灰色。成鸟冬羽喙端黑色，额和顶冠偏白色。幼鸟似成鸟冬羽，但顶冠和上体褐色，胸部两侧沾灰色。似黑腹燕鸥，但体型更大、下体白色。**鸣声**：在繁殖地驱赶入侵者时发出愤怒的 *ping* 声，参考 XC122995（Vir Joshi）。**分布**：繁殖于伊朗东部至南亚次大陆、缅甸和东南亚地区的大型河流。在中国罕见，留鸟分布于西藏东南部和云南西部。**习性**：栖于淡水水域。飞行缓慢有力，修长的两翼和尾部极具特色。与其他燕鸥混群，停歇和营巢于沙洲。

417. 粉红燕鸥　Roseate Tern　*Sterna dougallii*　fěnhóng yàn'ōu
33~43 cm　　　　　　　　　　　　　　　　　　图版50　LC

识别：中型燕鸥。顶冠黑色，尾部白色，长而呈深叉形。成鸟夏羽顶冠黑色，翼上和背部浅灰色，下体白色，胸部淡粉色。冬羽额部白色，顶冠具杂斑，胸部粉色消失。外侧初级飞羽偏黑色。幼鸟喙、跗跖黑色，顶冠、枕部和耳羽灰褐色，翕部褐色比普通燕鸥更深，尾部白色，无延长尾羽。喙黑色，繁殖期喙基红色；跗跖繁殖期偏红色，非繁殖期黑色。**鸣声**：捕鱼时发出悦耳的 *chew-it* 声，告警声为沙哑的 *aaak*，参考 XC196288（Paul Marvin）。**分布**：大西洋东部和西部、印度洋、南海、澳大利亚北部、西太平洋。在中国为罕见候鸟，*bangsi* 亚种繁殖于福建、广东和台湾南部沿海岛屿，越冬于海上，偶见于南海。**习性**：栖于珊瑚礁和花岗岩岛屿及沙滩，常与其他燕鸥混群。飞行优雅。

---

418. 黑枕燕鸥 **Black-naped Tern** *Sterna sumatrana* hēizhěn yàn'ōu
30~35 cm   图版50 LC

识别：较小的燕鸥。体羽极白，叉尾极长，枕部具黑色带。上体浅灰色，下体白色，头部白色，眼先具黑色点斑。第一冬个体顶冠具褐色杂斑，枕部具近黑色斑。幼鸟头侧和枕部灰褐色，上体近褐色并具皮黄色和灰色的扇贝状斑，腰部偏白色，尾圆而无叉。虹膜褐色，喙黑色而喙端黄色（成鸟）或污黄色（幼鸟），跗跖黑色（成鸟）或黄色（幼鸟）。**鸣声**：尖厉的 *tsii-chee-chi-chip* 叫声，参考 XC286037（Peter Boesman），告警声为 *chit-chit-chitrer*。**分布**：印度洋和太平洋西部沿海的热带岛屿及澳大利亚北部。在中国为定期但不常见的夏候鸟，指名亚种繁殖于东南和华南沿海的海上岩礁和岛屿，亦见于香港、台湾、海南和南沙群岛。一些个体越冬于海南附近及更南的岛屿。**习性**：群居，与其他燕鸥混群，喜沙滩和珊瑚礁海岸，极少到泥滩，从不到内陆。

---

419. 普通燕鸥 **Common Tern** *Sterna hirundo* pǔtōng yàn'ōu
31~38 cm   图版50 LC

识别：顶冠黑色的燕鸥。尾呈深叉形。繁殖羽整个顶冠黑色，胸部灰色。非繁殖羽翼上和背部灰色，尾上覆羽、腰部和尾羽白色，额部白色，顶冠具黑白色杂斑，枕部最黑，下体白色。飞行时，成鸟非繁殖羽和成鸟的特征为前翼缘近黑色、外侧尾羽羽端偏黑色。第一冬鸟上体偏褐色，翕部具鳞状斑。喙为全黑色（冬羽）或喙基红色（夏羽），跗跖偏红色而冬季较暗。**鸣声**：沙哑的降调 *keer-ar* 声，重音在第一音节，参考 XC448151（Patrik Åberg）。**分布**：繁殖于北美和古北界，越冬于南美、非洲、印度洋、印度尼西亚和澳大利亚。在中国为常见夏候鸟和过境鸟，指名亚种繁殖于西北地区，*longipennis* 亚种繁殖于东北和华北东部，*tibetana* 亚种繁殖于华北、华中、青海和西藏，后两个亚种迁徙时途经华南、东南、台湾和海南。**习性**：喜沿海水域，有时见于内陆淡水中。停歇于突出区域如浮台和岩石。飞行有力，从高处俯冲潜入海中觅食。

---

420. 黑腹燕鸥 **Black-bellied Tern** *Sterna acuticauda* hēifù yàn'ōu
32~35 cm   图版49 国二/EN

识别：中型燕鸥。栖于河流，尾呈深叉形。头顶黑色，喙和跗跖橙色。上体、腰部和尾部浅灰色，下体白色，腹部具特征性黑斑。成鸟冬羽喙端黑色，额部具白色杂斑，腹部黑斑缩小或消失。与黄嘴河燕鸥的区别在于体型更小、上体色淡、腹部黑色、喙细长且飞行更为轻盈。**鸣声**：飞行时不停发出尖厉的 *krek krek* 声，参考 XC505047（Viral Joshi）。**分布**：濒危，见于南亚地区，从印度河流域东贯印度、斯里兰卡、缅甸和泰国。在中国极罕见，留鸟见于云南西部盈江地区。**习性**：群居。在流速缓慢的河流上下飞行，停歇于沙滩。逆风捕猎，随后顺风而下，再逆风飞回同一段河流。

---

421. 须浮鸥 / 灰翅浮鸥　Whiskered Tern *Chlidonias hybrida*　xū fú'ōu
23~28 cm
图版51　LC

识别：较小的浅色燕鸥。腹部深色（夏羽），尾略分叉。繁殖羽额部黑色，胸、腹部灰色。非繁殖羽额部白色，顶冠具细纹，枕部黑色，下体白色，两翼、背部和尾上覆羽灰色。幼鸟似成鸟，但具褐色杂斑，与白翅浮鸥非繁殖羽区别在于顶冠更黑、腰部灰色且无黑色颊纹。喙红色（繁殖羽）或黑色（非繁殖羽），跗跖红色。**鸣声**：沙哑断续的 *kitt* 或 *ki-kitt* 声，参考 XC406091（Patrik Åberg）。**分布**：繁殖于非洲南部、西古北界南部、南亚和澳大利亚。在中国，*swinhoei* 亚种为候鸟，繁殖于东半部，冬季南迁，部分个体越冬于台湾。**习性**：集小群活动，偶成大群，常至离海岸 20 km 左右的内陆，在涨水区域和稻田上空觅食，扎入浅水或低掠过水面。**分类学订正**：*swinhoei* 亚种有时也被归到指名亚种中。

---

422. 白翅浮鸥　White-winged Tern *Chlidonias leucopterus*　báichì fú'ōu
20~25 cm
图版51　LC

识别：小型燕鸥。尾略分叉。成鸟繁殖羽头、背、胸部均为黑色，与白色尾部和浅灰色双翼对比明显。翼上偏白色，翼下覆羽黑色。成鸟非繁殖羽上体浅灰色，枕部具灰褐色杂斑，下体白色。与须浮鸥非繁殖羽的区别在于白色颈环较完整、顶冠黑色较少而杂斑较多、黑色耳羽上下断裂、腰部色浅。喙红色（繁殖羽）或黑色（非繁殖羽），跗跖橙红色。**鸣声**：重复的 *kweek* 声或尖厉的 *kwek-kwek* 叫声，参考 XC412116（Frank Lambert）。**分布**：繁殖于南欧、波斯湾，横跨亚洲至俄罗斯中部和中国，越冬于非洲南部，并经印度尼西亚至澳大利亚，偶至新西兰。在中国为不常见候鸟，繁殖于新疆西北部、河套地区和东北地区，迁徙途经华北，越冬于华南、东南沿海以及台湾、海南的较大河流。**习性**：喜沿海地区、港湾及河口，集小群活动，亦至内陆稻田、沼泽。觅食时低掠过水面，顺风飞行捕捉昆虫。常停歇于柱子上。

---

423. 黑浮鸥　Black Tern *Chlidonias niger*　hēi fú'ōu
22~26 cm
图版49　国二/LC

识别：小型的偏黑色燕鸥。与白翅浮鸥的区别在于喙黑、翼下白色、两翼偏喙、跗跖色深。成鸟冬羽头、胸部黑色消失，但头顶仍具黑色并延至眼后，眼先具黑点，飞行时胸侧翼前具小块黑斑。尾形较白翅浮鸥深凹。跗跖暗红色。**鸣声**：短促带鼻音的 *kyeh* 尖叫声，召唤声为 *klit*，参考 XC428429（Jonathon Jongsma）。**分布**：繁殖于北美洲、古北界西部、俄罗斯中部的淡水水域，越冬于中美洲、南非和西非，漂鸟远至智利、日本和澳大利亚。在中国极罕见，繁殖于新疆西部天山，内蒙古东部呼伦湖地区可能亦有分布。迷鸟记录于天津、北京、河北（北戴河）、江苏（盐城）

等地。**习性**：栖于沿海和内陆水域。比白翅浮鸥更偏海洋性。飞行振翅迅速、幅度大且喙保持下垂。

▌鸻形目 CHARADRIIFORMES 贼鸥科 Stercorariidae （1属4种）

一小科世界性分布的海鸟，背部色暗，外形似鸥，部分种类具延长的中央尾羽。食腐并掠夺其他海鸟的食物，迫使它们把食物扔掉或吐出。

424. 麦氏贼鸥 / 南极贼鸥 **South Polar Skua** *Catharacta maccormicki* màishì zéi'ōu
53~56 cm
图版52　LC

识别：较大的深褐色贼鸥。具楔形尾。头部和腹部褐色比翼上褐色更浅。初级飞羽基部上下方均具明显的白色翼斑。比其他贼鸥更为敦实、两翼宽而圆、体态沉重。浅色型头顶无黑色。深色型脸上带些许白色。成鸟非繁殖羽和未成年鸟体色深而多纵纹。**鸣声**：在海上通常安静，有时发出颤抖的咯咯声，参考XC305317（Andrew Spencer）。**分布**：繁殖于南极地区，偶至中国南海。**习性**：同其他贼鸥，迫使其他海鸟吐出食物。飞行似鹰般强劲。跟随船只并停歇于桅杆上。

425. 中贼鸥 **Pomarine Jaeger** *Stercorarius pomarinus* zhōng zéi'ōu
47~56 cm
图版52　LC

识别：较大的深色贼鸥。具端部呈勺状的延长中央尾羽。有两种色型：浅色型头顶黑色，头侧和颈部后方偏黄色，下体白色，体侧和胸带烟灰色，上体黑褐色，初级飞羽基部淡灰白色，两枚中央尾羽比其他尾羽长5 cm，羽端钝、宽而扭曲；深色型体羽无白色和黄色。成鸟非繁殖羽似未成年鸟，体色浅而多杂斑，头顶灰色。**鸣声**：在海上通常安静，有时发出尖厉叫声，参考XC184384（Andrew Spencer）。**分布**：繁殖于北极地区，冬季迁至南方海域。在中国，定期出现于南海和沿海地区，内陆地区的四川、甘肃、山西、内蒙古等地亦有记录。**习性**：同短尾贼鸥，但更偏海洋性。从其他海鸟处掠夺食物。

426. 短尾贼鸥 **Parasitic Jaeger** *Stercorarius parasiticus* duǎnwěi zéi'ōu
41~50 cm
图版52　LC

识别：小型深色贼鸥。具延长的中央尾羽。浅色型头顶黑色，头侧和后领黄色，下体白色，灰色胸带或有或无，上体黑褐色，仅初级飞羽基部偏白色，飞行时闪烁可见。深色型通体烟褐色，仅初级飞羽基部偏白色。中央延长尾羽端部尖，与中贼鸥截然不同。成鸟非繁殖羽色浅而多杂斑，头顶灰色。比中贼鸥体型更小、喙更纤细、两翼基部较窄。**鸣声**：在海上通常安静，有时发出嘶哑的*chaowaa*声，参考XC432780（Tero Linjama）。**分布**：繁殖于北极地区，冬季南迁至南方海域。在中国不如中贼鸥常见，仅于南海和东海有越冬记录，内陆多个地区也曾有过零散记录。**习性**：低飞于海面，掠夺其他海鸟的食物，强使其扔掉或吐出食物。有时跟随船只，取食遗弃物。

427. 长尾贼鸥 Long-tailed Jaeger *Stercorarius longicaudus*
chángwěi zéi'ōu 48~58 cm 图版52 LC

识别：较大的深色贼鸥。具延长的中央尾羽。具深、浅两个色型，分别似短尾贼鸥的深、浅两个色型，但体型更小、较纤细、飞行更为轻盈、中央延长尾羽更长（比尾端长14~20 cm）。浅色型无灰色胸带。深色型较罕见。成鸟非繁殖羽色暗且中央延长尾羽较短。幼鸟臀部黑白色横斑较其他贼鸥更为明显，与短尾贼鸥幼鸟的区别在于翼上初级飞羽仅两枚具白色羽轴。**鸣声**：在海上通常安静，有时发出尖厉哭叫声，参考XC382371（Jens Kirkeby）。**分布**：繁殖于北极地区，冬季迁至南方海域。在中国为罕见候鸟，可能出现于南海，北京、山东、福建以及青海曾有零星记录。**习性**：同其他贼鸥。

▎鸻形目 CHARADRIIFORMES 海雀科 Alcidae 海雀 （4属5种）

一小科分布于北半球北方的海鸟，有些似企鹅，两翼划动在水中游泳。体羽松软，善潜水，主要觅食浮游生物。

428. 崖海鸦 Common Murre *Uria aalge* yá hǎiyā 38~43 cm 图版52 LC

识别：大型黑褐色和白色相间的海雀。喙粗而直。上体黑褐色，下体白色并具少许侧纹。冬羽脸、颏、喉部白色，眼后具黑色细纹。飞行时可见白色后翼缘。幼鸟似成鸟，但体羽对比不甚强烈。比其他海雀体型更大、喙更长。**鸣声**：通常安静，但在繁殖地集群营巢时较嘈杂，参考XC449660（Patrik Åberg）。**分布**：繁殖于大西洋北部和太平洋北部。在中国，罕见迷鸟记录于台湾沿海。**习性**：喜沿海崖壁和小岛。

429. 斑海雀/长嘴斑海雀 Long-billed Murrelet *Brachyramphus perdix* bān hǎiquè
24~26 cm 图版52 NT

识别：小型黑褐色和白色相间的海雀。喙修长。冬羽颏、喉、颈部、枕部、下体和肩羽均为白色，与体羽余部的深色形成明显对比。眼圈白色。繁殖羽为白色体羽具灰黑色横斑。未成年鸟似成鸟，但体色对比不甚强烈。**鸣声**：*meer-meer-meer*声，参考XC399818（Stein Ø. Nilsen）。**分布**：繁殖于阿拉斯加和西伯利亚东部的沿海地区，从阿留申群岛至日本和美国西部均可见。在中国为罕见候鸟，*perdix*亚种记录于黑龙江、辽宁、山东、吉林、江苏和福建。**习性**：游泳时喙和尾部均上翘。

430. 扁嘴海雀 **Ancient Murrelet** *Synthliboramphus antiquus*
biǎnzuǐ hǎiquè 24~27 cm 图版52 LC

识别：较小的黑白色海雀。头部厚实，喙粗短而色浅，形似企鹅。繁殖羽头部无羽冠，背部蓝灰色，下体白色，喉部黑色，白色眉纹呈散开状。非繁殖羽无眉纹，喉部黑色消失。飞行时可见翼下白色和深色前后缘，腋羽色暗。喙象牙白色而端部深色。
鸣声：低沉笛音和金属碰撞声，参考 XC329000（Anon Torimi）。**分布**：繁殖于阿留申群岛、阿拉斯加、西伯利亚东部沿海、日本北部和朝鲜半岛，越冬于中国南部和美国西部沿海地区。在中国，夏候鸟记录于东北地区沿海，过境鸟和冬候鸟记录于南部沿海。**习性**：游泳时露出水面较低。下潜前飞跃出水面。飞行低而直，短距离飞行后很快落回海面。

431. 冠海雀 **Japanese Murrelet** *Synthliboramphus wumizusume*
guān hǎiquè 24~26 cm 图版52 国二/VU

识别：小型黑、灰、白色海雀。具黑色尖形凤头和粗短的喙。额部、顶冠和枕部青黑色，颊、上喉灰色。眼上至枕部上方具白色条纹。上体灰黑色，下体近白色，两胁灰黑色。仅夏羽具凤头，冬羽眼先偏白色。冬羽似扁嘴海雀，但头部黑白色分布不同。**鸣声**：尖厉哨音，参考 XC410433（Seo Hae-min）。**分布**：日本及附近海域。在中国，冬候鸟和过境鸟记录于台湾沿海。**习性**：典型的小型海雀。

432. 角嘴海雀 **Rhinoceros Auklet** *Cerorhinca monocerata* jiǎozuǐ hǎiquè
35~38 cm 图版52 LC

识别：较大的暗色海雀。喙橙色（繁殖羽）或黄色，头部具两道特征性白色条纹，跗跖黄色。上体具灰色横斑和杂斑。繁殖羽具眼后白色眉纹和眼下白色髭纹，喙和跗跖橙色较浓，上喙基具浅色角状突起，因此而得名。虹膜黄色。**鸣声**：通常较安静。
分布：繁殖于西伯利亚东部沿海、日本北部、千岛群岛、阿留申群岛、阿拉斯加和美国西北部以及相邻海域。在中国为罕见冬候鸟，见于辽宁（旅顺）。**习性**：营巢于洞穴中，觅食于远海。集大群，飞行能力强，游泳时露出水面较低。

▌ 沙鸡目 PTEROCLIFORMES 沙鸡科 Pteroclidae 沙鸡（2属3种）

一小科体色暗淡、外形似鸽的荒漠和半荒漠鸟类，分布于非洲、中东和亚洲。跗跖被羽。群居，集大群于水源处饮水。于地面营巢，较简陋，雏鸟早成性。善奔跑和飞行。

433. 西藏毛腿沙鸡　Tibetan Sandgrouse　*Syrrhaptes tibetanus*
xīzàng máotuǐshājī　39~44 cm　图版53　LC

识别：大型沙鸡。翼下黑色，具延长的中央尾羽，羽端白色，胸部无黑斑，但具深色小点形成的细横纹，位于白色腹部和橙黄色脸、喉部之间。**鸣声**：飞行时发出响亮的双音节 *guk-guk* 或 *caga-caga* 声，比其他沙鸡叫声更为深沉而富乐感。亦发出不同音调的欢快 *koonk-koonk* 声，参考 XC381304（yann muzika）。**分布**：拉达克地区、帕米尔高原和青藏高原。在中国为西藏、新疆西南部、四川西北部、青海南部和东部的适宜生境下的地区性常见鸟。**习性**：同其他沙鸡。集群生活于荒芜高原和多岩碎石滩。性不惧人。

434. 毛腿沙鸡　Pallas's Sandgrouse　*Syrrhaptes paradoxus*　máotuǐ shājī
30~43 cm　图版53　LC

识别：大型沙色沙鸡。具延长的中央尾羽，上体具浓密黑色杂点，脸侧有橙黄色斑纹。眼圈浅蓝色。无黑色喉斑，但腹部具特征性黑斑。雄鸟胸部浅灰色，无纵纹，具黑色细小横斑形成的胸带。雌鸟喉部具狭窄黑色横纹，颈侧具细点斑。飞行时翼形尖、翼下白色，次级飞羽具狭窄黑色后缘。**鸣声**：群鸟发出嘈杂 *kirik* 或 *cu-ruu cu-ruu cu-ou-ruu* 声，另有快速重复的 *kukerik* 声及生硬的 *cho-ho-ho-ho* 声，参考 XC157931（Jarmo Pirhonen）。飞行时两翼发出呼呼声。**分布**：中亚及中国北部。在中国为北方适宜生境中的留鸟，东北种群南下至河北、陕西、辽宁和山东越冬。**习性**：当远离其往常分布区时偶尔会出现种群数量暴增。栖于开阔贫瘠原野、草原和半荒漠，亦光顾耕地。

435. 黑腹沙鸡　Black-bellied Sandgrouse　*Pterocles orientalis*
hēifù shājī　33~39 cm　图版53　国二/LC

识别：较大的沙褐色沙鸡。雄鸟头、颈、喉部灰色，颈侧和脸部下方具栗色斑，翼上具黑色和黄褐色粗横纹。雌鸟体色较浅，黑色点斑较多。两性下胸和腹部均黑，具皮黄色胸带，胸带上方有纯黑色项纹。飞行时黑色下体与白色翼下对比明显。**鸣声**：飞行时发出特殊的 *durrrll* 啭音或串音，亦发出怪异的 *wherr* 声，参考 XC185283（Albert Lastukhin）。**分布**：西班牙、北非、中东、印度北部和西北部、阿富汗、俄罗斯南部。在中国罕见，*arenarius* 亚种繁殖于新疆北部和西北部，迁徙途经新疆西南部。**习性**：栖于干燥而植被稀少的地区和农耕区外围。部分种群具迁徙习性。

▌鸽形目　COLUMBIFORMES　鸠鸽科　Columbidae　鸠鸽类
（8 属 32 种）

体型紧凑、喙粗短的鸟类，主食水果、种子和嫩芽。

436. 原鸽 **Rock Pigeon** *Columba livia* yuán gē 30~35 cm 图版53 LC

识别：中型蓝灰色鸽。翼斑和尾端横斑黑色，头、胸部具紫绿色金属光泽。为人们所熟悉的家鸽的祖先。跗跖深红色。**鸣声**：熟悉的 *oo-roo-coo* 叫声，同家鸽，参考 XC460075（Alain Verneau）。**分布**：南亚次大陆部分地区和古北界南部，引种至世界各地，如今许多城镇都有野化家鸽种群。在中国，*neglecta* 亚种为西北地区和喜马拉雅山脉的地区性常见鸟，*nigricans* 亚种见于青海南部至内蒙古东部及河北，野化的家鸽种群见于其他地区。**习性**：原栖于崖壁，但极易适应城市和庙宇周围的生活。集群活动，盘旋飞行。

437. 岩鸽 **Hill Pigeon** *Columba rupestris* yán gē 30~35 cm 图版53 LC

识别：中型灰色鸽。具两道黑色翼斑。极似原鸽，但腹部和背部色浅、尾部具偏白色次端条带，与灰色尾基、浅色背部形成对比。跗跖红色。**鸣声**：重复的 *cooer cooer* 声，起飞和着陆时发出高音调颤音 *coo*，参考 XC421967（Albert Lastukhin）。**分布**：喜马拉雅山脉、中亚至中国东北。在中国为常见留鸟和候鸟，分布可至海拔 6000 m 处，*turkestanica* 亚种为新疆西部和西藏的留鸟，指名亚种繁殖于华北、华中至东北各省。**习性**：群居，栖于多峭壁崖洞的岩崖地区。

438. 雪鸽 **Snow Pigeon** *Columba leuconota* xuě gē 32~36 cm 图版53 LC

识别：中型鸽。羽色似红嘴鸥。头部深灰色，领部、背部下方和下体白色，背部上方褐灰色，腰部黑色，尾部黑色并具白色宽带。双翼灰色并具两道黑色翼斑。虹膜黄色，喙深灰色，蜡膜洋红色，跗跖粉红色。**鸣声**：拖长的 *coo-ooo-ooo* 高音，求偶时作咕咕叫，参考 XC426477（Peter Boesman）。**分布**：喜马拉雅山脉至中国西部。在中国，指名亚种为西藏南部留鸟，*gradaria* 亚种为西藏东部和东南部、云南西北部、四川西部和青海的山地留鸟。常见于海拔 3000 ~ 5200 m 的适宜生境，尤其在喜马拉雅山脉较潮湿的地区，在干燥的山区草地却无分布。**习性**：成对或集小群活动。滑翔于高山草甸、悬崖峭壁和雪原上空。

439. 欧鸽 **Stock Pigeon** *Columba oenas* ōu gē 28~32 cm 图版53 LC

识别：中型灰色鸽。胸部偏粉色，颈侧具绿色金属光泽，双翼具两道黑色翼斑。与原鸽的区别在于腰部灰色、翼斑不完整、初级飞羽具黑色后缘、颈部紫色光泽少、虹膜色深。虹膜褐色，喙黄色，跗跖红色。**鸣声**：雄鸟发出双音节的 *coou-up, coou-up, oo-o*，参考 XC458459（David Darrell-Lambert）。**分布**：欧洲、北非、小亚细亚、伊朗、中亚至中国西北部。在中国，*yarkandensis* 亚种为新疆喀什和天山地区的罕见留鸟。**习性**：作似原鸽的求偶炫耀飞行。

440. 中亚鸽 **Yellow-eyed Pigeon** *Columba eversmanni* zhōngyà gē
24~28 cm 图版53 国二/VU

识别：小型灰色鸽。具两道不完整黑色翼斑，颈侧具绿紫色金属光泽。甚似欧鸽，但背部白色、初级飞羽基部浅色区域更大、头顶粉红色、翼下较白、虹膜色浅而眼圈宽。虹膜黄色，喙黄色，跗跖肉色。**鸣声**：三个单音连着三个双音的 *quooh, quooh, quooh - cuu - gooh - cuu - gooh - cuu - gooh* 声，参考 XC29186（Jan Hein van Steenis）。**分布**：中亚至印度西北部。在中国为罕见候鸟，繁殖于新疆西部喀什和天山地区。**习性**：栖于耕地、悬崖和废墟，喜林木稀疏的区域。

441. 斑尾林鸽　Common Wood Pigeon　*Columba palumbus*　bānwěi língē

38~43 cm 　　　　　　　　　　　　　　　　　　图版53　国二/LC

识别：大型而丰满的灰色鸽。胸部粉红色，颈侧具绿色金属光泽，下接皮黄色或白色豆状斑。飞行时可见黑色飞羽和灰色翼覆羽之间的白色宽带。幼鸟颈侧无皮黄色斑，胸部棕色。虹膜黄色，喙偏红色，跗跖红色。**鸣声**：五音节的咕咕粗声 *cu-cooh-cu, coo-coo*，第二音为重音并拖长，参考 XC449642（Patrik Åberg）。**分布**：欧洲至俄罗斯、北非、伊朗和印度北部。在中国为罕见留鸟，*casiotis* 亚种见于新疆西部喀什和天山地区。**习性**：起飞时振翅声大。求偶炫耀飞行为振翅至最高点后俯冲而下，两翼半合滑翔。集群活动，觅食于农耕地。

442. 点斑林鸽 / 斑林鸽　Speckled Wood Pigeon　*Columba hodgsonii*　diǎnbān língē

35~40 cm 　　　　　　　　　　　　　　　　　　图版54　LC

识别：中型褐灰色鸽。翼覆羽多具白点。与其他鸽的区别在于颈羽形长而端尖、体羽无金属光泽。头部灰色，翕部紫酱色，背部下方灰色。虹膜灰白色，喙黑而喙基紫色，跗跖黄绿色。**鸣声**：极深沉的 *whock-whr-o-o...whroo* 声，参考 XC256512（Viral joshi）。**分布**：喜马拉雅山脉、缅甸至中国西南地区。在中国为西藏南部、东南部和东部，云南及四川海拔 1800 ~ 3300 m 的常见留鸟。**习性**：三两成群或集小群活动。基本为树栖性。受胁时凝神不动甚至倒悬树上。栖于多岩崖峭壁的亚高山森林。

443. 灰林鸽　Ashy Wood Pigeon　*Columba pulchricollis*　huī língē

32~38 cm 　　　　　　　　　　　　　　　　　　图版54　LC

识别：中型灰色鸽。枕部宽阔皮黄色颈环具黑色鳞状斑。翕部淡紫色，泛绿色金属光泽。头部灰色较上体更浅，胸部灰色，渐变为臀部灰白色，颏白色。虹膜白色至黄色，喙灰绿色而喙基紫色，跗跖红色。**鸣声**：三至六声深沉的 *hu...hu...hu*，间隔约为 1 秒，参考 XC154567（Hans Matheve）。**分布**：青藏高原、喜马拉雅山脉、缅甸北部、泰国北部。在中国为西藏南部和东南部、云南西部海拔 1200 ~ 3200 m 阔叶林中的罕见留鸟，在台湾较常见。**习性**：单独、成对或集小群活动。性羞怯。有人接近时振翅飞离。较安静。

444. 紫林鸽　Pale-capped Pigeon　*Columba punicea*　zǐ língē

35~40 cm 　　　　　　　　　　　　　　　　　　图版54　国二/VU

识别：中型的黄褐色和灰色鸽。顶冠和枕部灰白色。脸部下方和下体黄褐色。翕部和翼覆羽栗褐色，腰部青灰色，尾部黑褐色。通体具绿色和紫晶色光泽，背部和颈侧尤为明显。眼周裸露皮肤和蜡膜为洋红色。虹膜米黄色至红色，喙浅色，跗跖绯红色。**鸣声**：轻柔的喵喵声，似绿皇鸠，但不如其响亮而悠长。**分布**：印度东北部至东南亚。在中国为西藏南部春丕河谷地区和海南的罕见留鸟，西藏东南部的亚热带地区亦可能有分布。**习性**：集小至大群活动。觅食果实，有时在耕地食谷物。飞行缓慢如绿皇鸠。

445. 黑林鸽　Japanese Wood Pigeon　*Columba janthina*　hēi língē
39~43 cm　　　　　　　　　　　　　　　　　　　　　　图版54　NT

识别：大型偏黑色鸽。颈侧具绿色金属光泽，体羽余部泛紫色金属光泽。上下体羽均为炭灰色。跗跖红色。**鸣声**：拖长的 *kroo-wooo, kroo-wooo* 声，求偶时发出咩咩声，参考 XC285916（Peter Boesman）。**分布**：主要分布在日本。在中国，指名亚种为山东和台湾附近岛屿的罕见迷鸟。**习性**：栖于小岛上的亚热带阔叶林。集群活动。

446. 欧斑鸠　European Turtle Dove　*Streptopelia turtur*　ōu bānjiū
25~28 cm　　　　　　　　　　　　　　　　　　　　　　图版55　VU

识别：较小的粉褐色斑鸠。颈侧具黑白色细纹，翼覆羽深褐色，并具浅棕褐色鳞状斑。与棕斑鸠的区别在于体型较小、体色较浅、翼覆羽无白色羽端、背部和枕部偏褐色、颈部和尾侧斑纹较白、胸部偏酒红色。眼周裸露皮肤红色。虹膜黄色，跗跖粉红色。**鸣声**：深沉的 *ter kerorr, ter kerorr, ter kerorr* 声，参考 XC140064（Fernand Deroussen）。**分布**：欧洲、小亚细亚、北非和亚洲西南部。在中国，*arenicola* 亚种为西藏西部和新疆的地区性常见留鸟。**习性**：性羞怯，栖于有林木或树篱的开阔农田。

447. 山斑鸠　Oriental Turtle Dove　*Streptopelia orientalis*　shān bānjiū
28~36 cm　　　　　　　　　　　　　　　　　　　　　　图版55　LC

识别：中型偏粉色斑鸠。与珠颈斑鸠的区别在于颈侧具明显黑白色条纹、上体具深色扇贝状纹、腰部为灰色以及尾部图案不同。尾羽偏黑色，尾端浅灰色。下体偏粉色，跗跖红色。与灰斑鸠的区别在于体型较大、上体扇贝状纹更粗。虹膜黄色。**鸣声**：悦耳的 *kroo kroo-kerroo* 声，参考 XC409198（Guy Kirwan）。**分布**：喜马拉雅山脉、印度、东北亚、中国，北方种群冬季南迁。在中国广布且常见，*meena* 亚种为西部和西北部留鸟，指名亚种为从西藏南部至东北的大部地区的留鸟和夏候鸟，*orii* 亚种为台湾留鸟，*agricola* 亚种见于云南南部和西南部。春季集大群迁徙途经华南地区，在喜马拉雅山脉高海拔地区亦有分布。**习性**：成对活动或集季节性大群，觅食于开阔农耕区的地面。

448. 灰斑鸠　Eurasian Collared Dove　*Streptopelia decaocto*　huī bānjiū
25~34 cm　　　　　　　　　　　　　　　　　　　　　　图版55　LC

识别：中型褐灰色斑鸠。后颈具黑白色半领环。与欧斑鸠和山斑鸠的区别在于体色浅而偏灰色，与火斑鸠的区别在于体型大得多而体色浅。**鸣声**：响亮的三音节 *coo-cooh-co* 声，重音在第二音，参考 XC459847（João Tomás）。**分布**：欧洲至中亚、缅甸和中国。在中国较常见，在分布区北部尤为如此，指名亚种见于华北至四川以及新疆，*xanthocycla* 亚种为安徽、福建和云南的偶见迷鸟。**习性**：性不惧人。栖于农田和村庄。夜栖于房屋、电线杆和电线上。

449. 火斑鸠　Red Turtle Dove　*Streptopelia tranquebarica*　huǒ bānjiū
20~23 cm　　　　　　　　　　　　　　　　　　　　　　图版55　LC

识别：小型酒红色斑鸠。具前端白色的黑色半领环。雄鸟头部偏灰色，下体偏粉色，翼覆羽棕黄色，初级飞羽偏黑色，尾羽青灰色，羽缘和外侧尾羽端部为白色。雌鸟体色较浅而暗，头部暗棕色，体羽红色较少。跗跖红色。**鸣声**：深沉的 *ker kererku ker kererku* 声，重复数次，重音在第一音，参考 XC207826（Werzik）。**分布**：喜马拉雅山脉、印度、中国、东南亚、菲律宾。在中国，为华南、华东开阔林地和较干旱沿海林地与次生林生境中的留鸟，亦见于华中、华北的大部地区，北方种群冬季南迁。**习性**：在地面疾走觅食。

450. 珠颈斑鸠　Spotted Dove　*Spilopelia chinensis*　zhūjǐng bānjiū
27~33 cm　　　　　　　　　　　　　　　　　　　　　　图版55　LC

识别：常见的中型粉褐色斑鸠。尾较长。外侧尾羽端部白色较宽。飞羽较体羽色深。颈侧黑色并布满白点。虹膜橙色，跗跖红色。**鸣声**：轻柔悦耳的 *tera-kuk-kurr* 声，重复数次，重音在最后一音，参考 XC23969（Wouter Halfwerk）。**分布**：常见并广布于东南亚至小巽他群岛，引种世界各地，远至澳大利亚。在中国为常见留鸟，见于华中、西南、华南及华东低海拔开阔原野和村庄，*tigrina* 亚种分布于云南西南部怒江以西，*vacillans* 亚种分布于云南余部至四川南部，*hainana* 亚种分布于海南，*formosana* 亚种分布于台湾，其他地区为指名亚种。**习性**：与人类共生，栖于村庄和稻田周围，觅食于地面，常成对站立于开阔路面。受惊时缓慢振翅、贴地而飞。

451. 棕斑鸠　Laughing Dove　*Spilopelia senegalensis*　zōng bānjiū
24~27 cm　　　　　　　　　　　　　　　　　　　　　　图版55　LC

识别：小型粉褐色斑鸠。尾长而翼短。与灰斑鸠的区别在于体型较小、无黑色领环、体色较深。更似欧斑鸠，但无欧斑鸠的颈部和翼上图案，但具带黑斑的褐色颈环。外侧尾羽端部白色，具独特的蓝灰色翼斑。跗跖粉红色。**鸣声**：快速而压抑的五音节 *doderodadodo* 声，第三、四音高，参考 XC451533（Bram Piot）。有时数鸟同鸣。**分布**：北非、中东、阿富汗、中亚和中国西部。在中国为新疆西部喀什和天山地区的罕见留鸟。**习性**：性不惧人。栖于稀树开阔农田。飞行缓慢而笨重。

452. 斑尾鹃鸠　Barred Cuckoo Dove　*Macropygia unchall*　bānwěi juānjiū
33~40 cm　　　　　　　　　　　　　　　　　　　　　图版55　国二/LC

识别：大型而尾长的褐色鹃鸠。背部和尾部布满黑色或褐色横斑。头部灰色，枕部泛蓝绿色金属光泽。胸部偏粉色，渐变为臀部的白色。雌鸟无绿色光泽。背上横斑较密，尾部横斑有别于同地区的其他鹃鸠。虹膜黄色或浅褐色，跗跖红色。**鸣声**：响亮的 *kro-uum* 或 *ker-woo* 声，第二音比第一音更响更高，参考 XC409396（Frank

Lambert）。**分布**：喜马拉雅山脉至东南亚、爪哇岛和巴厘岛。在中国不常见于海拔 800 ~ 3000 m 的山地森林，*tusalia* 亚种为四川中部的夏候鸟和云南南部的留鸟，*minor* 亚种为福建北部、广东、海南的留鸟，迷鸟见于上海。**习性**：集小群活动。迅速穿越树冠层。在地面时尾部上扬。

453. 菲律宾鹃鸠　**Philippine Cuckoo Dove**　*Macropygia tenuirostris*
fēilǜbīn juānjiū　36~40 cm　　　　　　　　　　图版55　国二/LC

识别：中型而尾长的褐色鹃鸠。头部和下体粉褐色。雄鸟与斑尾鹃鸠的区别在于上体无黑色横纹、枕部无绿色、尾下覆羽黄褐色。雌鸟具特征性浅黄褐色额部和顶冠，下体具黑色细纹。虹膜黄色，喙偏粉色，跗跖粉红色。**鸣声**：繁殖季节发出 *wer wu wau* 深沉叫声，参考 XC454974［Ko Chie-Jen (Jerome)］。**分布**：菲律宾和中国台湾，*phaea* 亚种为台湾东南部兰屿的常见留鸟。**习性**：同其他鹃鸠。

454. 小鹃鸠　**Little Cuckoo Dove**　*Macropygia ruficeps*　xiǎo juānjiū
30~32 cm　　　　　　　　　　　　　图版55　国一/LC

识别：中型而尾长的偏红色鹃鸠。比斑尾鹃鸠体型更小，胸部皮黄色，外侧尾羽具黑色横斑和深色次端条带。雄鸟枕部具绿色和淡紫色金属光泽。雌鸟无光泽，胸部具深色斑纹。虹膜灰白色，跗跖珊瑚红色。**鸣声**：快速的 *wup-wup-wup-wup...*，每秒约两声，持续 40 次以上，短暂停顿后又始，参考 XC68629（Frank Lambert）。**分布**：广布并常见于东南亚、苏门答腊岛、爪哇岛、加里曼丹岛和小巽他群岛的亚高山森林中。在中国，*assimilis* 亚种为云南南部海拔 2000 m 以下地区的罕见留鸟。**习性**：喜林缘地带，常集群觅食于附近稻田。

455. 绿翅金鸠　**Emerald Dove**　*Chalcophaps indica*　lǜchì jīnjiū
22~25 cm　　　　　　　　　　　　　图版54　LC

识别：中型而尾较短的地栖型鸠。下体粉红色。顶冠灰色，额部白色，腰部灰色，两翼具绿色金属光泽。雌鸟顶冠无灰色。飞行时背部黑白色两道横纹清晰可见。喙红色而喙端橙色，跗跖红色。**鸣声**：深柔哀婉的拖长双音 *kuk-hwoor*，重音在第二音，参考 XC358935（John Allcock）。**分布**：南亚次大陆至澳大利亚。在中国，指名亚种为华南热带地区的常见鸟，从云南南部、广西、海南、广东至台湾南部及西藏东南部的低地和山麓原始林及次生林均有分布。**习性**：通常单独或成对活动于森林下层植被浓密处。快速低飞，穿林而过，起飞时振翅有声。在溪流和池塘中饮水。

456. 橙胸绿鸠　**Orange-breasted Green Pigeon**　*Treron bicinctus*
chéngxiōng lǜjiū　24~29 cm　　　　　　　　图版56　国二/LC

识别：中型绿鸠。黑色翼上具醒目黄色纵纹。脸前半部绿色，枕部和背部上方灰色。雄鸟下体黄绿色，上胸淡紫色，下胸橘黄色。雌鸟胸部绿色。尾部灰色，外侧尾羽具黑色次端条带。虹膜蓝色和红色，喙绿蓝色，跗跖深红色。**鸣声**：抑扬顿挫的哨音续以 *ko-wrrrook, ko-wrrroook, ko-wrrroook* 声，告警声为粗哑呱呱声或 *kreeeew-*

kreeew-kreeew，参考 XC166060（Antero Lindholm）。**分布**：印度、东南亚、爪哇岛和巴厘岛。在中国，*domvilii* 亚种为海南罕见留鸟，迷鸟见于台湾。**习性**：本属典型习性。成对或有时集小群活动。觅食于低矮的有果灌丛和果树。具典型的绿鸠属甩尾炫耀动作。喜低海拔林地和人工林。

457. 灰头绿鸠　Ashy-headed Green Pigeon　*Treron phayrei*　huītóu lǜjiū
24~28 cm　　　　　　　　　　　　　　　　　　图版56　国二/NT

识别：中型绿鸠。头顶灰色。雄鸟翼覆羽和肩部栗色，胸部沾橙色。雄雌鸟分别似厚嘴绿鸠的雄雌鸟，但蓝灰色的喙更细且无明显的眼圈。雌鸟尾下覆羽具短纹而非横斑。虹膜外圈粉红色、内圈浅蓝色，跗跖红色。**鸣声**：一连串圆润洪亮的顿挫哨音，参考 XC454047（Rejoice Gassah）。**分布**：喜马拉雅山脉东部、印度东北部、缅甸、中南半岛至中国西南部。在中国，*phayrei* 亚种为云南南部地区罕见留鸟。大部分其适宜生境已改种植橡胶树。**习性**：集小至大群栖于低海拔常绿雨林。光顾盐渍地。

458. 厚嘴绿鸠　Thick-billed Green Pigeon　*Treron curvirostra*　hòuzuǐ lǜjiū
25~29 cm　　　　　　　　　　　　　　　　　　图版56　国二/LC

识别：中型而敦实的绿鸠。雄鸟背部、肩部和内侧翼上覆羽栗色，雌鸟相应部位为深绿色。额部和顶冠灰色，颈部绿色，下体黄绿色，两翼偏黑色并具黄色的羽缘和一道明显翼斑，中央尾羽绿色，尾余部灰色具黑色次端条带，两胁绿色并具白斑，尾下覆羽黄褐色。虹膜黄色，眼周裸露皮肤为明亮蓝绿色，喙绿色而喙基红色，跗跖绯红色。**鸣声**：响亮喉音和抑扬哨声，参考 XC200749（Frank Lambert）。**分布**：尼泊尔、南亚次大陆西北部、东南亚、菲律宾和大巽他群岛。在中国为罕见留鸟，*nipalensis* 亚种见于云南西南部和南部（西双版纳），*hainana* 亚种见于海南西南部，迷鸟见于香港。栖于低海拔森林。**习性**：集群觅食，常在低树上扇翅。

459. 黄脚绿鸠　Yellow-footed Green Pigeon　*Treron phoenicopterus*
huángjiǎo lǜjiū　30~34 cm　　　　　　　　　　图版56　国二/LC

识别：中型绿鸠。跗跖黄色，上胸具特征性橄榄色条带延至颈后，与灰色的下体和狭窄灰色后领形成对比。尾上覆羽偏绿色，尾端具宽阔深灰色条带。虹膜外圈粉红色、内圈浅蓝色，喙灰色，蜡膜绿色。**鸣声**：一连串圆润悦耳、抑扬顿挫的哨音，似橙胸绿鸠但更响亮而调低，参考 XC166148（Frank Lambert）。**分布**：印度、斯里兰卡、缅甸和中南半岛。在中国，*viridifrons* 亚种为云南西部和南部的罕见留鸟。种群数量因栖息地丧失和狩猎而减少。**习性**：栖于海拔 800 m 以下的半常绿林和次生林。与其他鸠类和犀鸟栖于结果的无花果树。

460. 针尾绿鸠　Pin-tailed Green Pigeon　*Treron apicauda*　zhēnwěi lǜjiū
31~40 cm　　　　　　　　　　　　　　　　　　图版56　国二/LC

识别：中型绿鸠。具特征性的针形延长中央尾羽（长达 10 cm 或以上）。雄鸟尾下覆羽黄褐色，胸部沾橙色。雌鸟胸部浅绿色，尾下覆羽白色并具深色纵纹。虹膜红色，喙绿色而喙基青绿色，跗跖绯红色。**鸣声**：二重唱。一鸟发出轻柔 *cuc-coo* 声，另外一鸟复以较高音的 *huu* 声，如此往复并加速，参考 XC368756（Mandar Bhagat）。亦发出低吟。**分布**：喜马拉雅山脉至东南亚。在中国为罕见留鸟，指名亚种见于云南的西部和西南部、四川西南部和西藏东南部，*laotinus* 亚种见于西双版纳和澜沧江以东地区。**习性**：栖于海拔 600 ~ 1800 m 的常绿林。常集小群觅食。具本属典型习性。

461. 楔尾绿鸠　Wedge-tailed Green Pigeon　*Treron sphenurus*　xiēwěi lǜjiū
29~33 cm　　　　　　　　　　　　　　　　　　图版56　国二/LC

识别：中型绿鸠。雄鸟头部绿色，顶冠和胸部橙色，翕部紫灰色，翼覆羽和背部上方紫栗色，其余翼羽和尾部深绿色，大覆羽和色深的飞羽的羽缘为黄色，臀部偏黄色并具深色纵纹，两胁边缘黄色，尾下覆羽棕黄色。雌鸟尾下覆羽和臀部浅黄色并具大块深色斑纹，无雄鸟的金色和栗色。虹膜浅蓝色至红色，喙基青绿色而喙端米黄色，跗跖红色。**鸣声**：深沉哨音 *koo* 转为怪异的咕咕声，参考 XC23342（Nick Athanas）。**分布**：喜马拉雅山脉、中国西南部、东南亚、苏门答腊岛、爪哇岛和龙目岛。在中国为罕见留鸟，指名亚种见于四川、云南、广西以及西藏等地。栖于海拔 1400 ~ 3000 m 的高山。**习性**：栖于栎树、月桂及石楠丛生的山区，性不惧人。

462. 红翅绿鸠　White-bellied Green Pigeon　*Treron sieboldii*
hóngchì lǜjiū　29~33 cm　　　　　　　　　　　　图版56　国二/LC

识别：中型绿鸠。腹部偏白色。腹部两侧和尾下覆羽具灰色斑。雄鸟翼覆羽栗色，翕部偏灰色，顶冠橙色。雌鸟体羽绿色为主。眼周裸露皮肤偏蓝色。虹膜红色，喙偏蓝色，跗跖红色。**鸣声**：圆润的 *wu-wua wu, wu-wua wu* 或 *ah oh ah oh*，参考 XC285683（Peter Boesman）。**分布**：中国中部和南部（包括台湾）、日本、中南半岛。在中国为罕见留鸟和候鸟，指名亚种偶有记录于河北，*sororius* 亚种见于台湾，迁徙途经江苏和福建，*fopingensis* 亚种见于陕西南部秦岭地区和四川东部，*murielae* 亚种见于广东、广西和海南，冬候鸟见于香港。**习性**：本属典型习性。栖于常绿林和次生林，集群于果树上。飞行极快。

463. 红顶绿鸠　Whistling Green Pigeon　*Treron formosae*　hóngdǐng lǜjiū
30~33 cm　　　　　　　　　　　　　　　　　　图版56　国二/NT

识别：中型绿鸠。肩羽褐色，臀部和尾下覆羽具绿色和白色鳞状斑。雄鸟胸部绿色，喉部黄色，头顶橙色。与楔尾绿鸠的区别在于翕部灰绿色、尾部斑纹不同、虹膜红色。眼周裸露皮肤蓝色。喙蓝色，跗跖红色。**鸣声**：*po po peh* 声，最后一音调高，或拖长的 *pew*，参考 XC616439（Ding Li Yong）。**分布**：中国台湾和菲律宾。在中国，指名亚种为台湾南部和兰屿的不常见留鸟。**习性**：本属典型习性。栖于热带低海拔常绿林。

464. 琉球绿鸠　**Ryukyu Green Pigeon**　*Treron permagnus*　liúqiú lǜjiū
33~35 cm　图版56　LC

识别：中型绿鸠。肩羽偏红色，臀部和尾下覆羽具绿色和白色鳞状斑。极似红顶绿鸠，曾被视作其亚种，区别为雄鸟顶冠为绿色而非橙色、肩斑红褐色而非紫红色且尾部更长。**鸣声**：似红顶绿鸠。**分布**：琉球群岛。偶至中国台湾。**习性**：同红顶绿鸠。

465. 黑颏果鸠　**Black-chinned Fruit Dove**　*Ptilinopus leclancheri*
hēikē guǒjiū　26~28 cm　图版56　国二/LC

识别：小型果鸠。颏黑色，胸部具紫色横带。雄鸟头部白色，下胸灰绿色，腹部乳白色，尾下覆羽浅黄褐色，上体绿色，飞羽黑色。雌鸟头部无白色，但具胸部横带。幼鸟似雌鸟，但无胸部横带。虹膜红色，喙黄色，蜡膜红色或黄色，跗跖粉红色。**鸣声**：单音长叫 *wooo*，参考 XC411620（Rolf A. de By）。**分布**：菲律宾巴拉望。在中国，*taiwanus* 亚种为台湾罕见留鸟。**习性**：性羞怯。集小群栖于低海拔雨林。

466. 绿皇鸠　**Green Imperial Pigeon**　*Ducula aenea*　lǜ huángjiū
42~45 cm　图版54　国二/NT

识别：大型绿色和灰色皇鸠。头、颈、下体浅粉灰色，尾下覆羽栗色，上体深绿色并具特征性铜色金属光泽。虹膜红褐色，喙蓝灰色，跗跖深红色。**鸣声**：响亮的单音 *oom*、带回响的 *krer-kroorr* 以及一系列咕咕声并以啭音结尾，参考 XC311261（Peter Boesman）。**分布**：印度、中国南部、东南亚、菲律宾、马来群岛和苏拉威西岛。在中国为低海拔常绿林中的罕见留鸟，*sylvatica* 亚种见于云南南部和海南，*kwantungensis* 亚种见于广东南部。**习性**：栖于高树顶冠。进行精湛的求偶飞行表演，垂直上升至空中，停滞片刻后疾速俯冲而下，再次拉起。

467. 山皇鸠　**Mountain Imperial Pigeon**　*Ducula badia*　shān huángjiū
43~51 cm　图版54　国二/LC

识别：大型深色皇鸠。头、颈、胸、腹部酒红灰色，颏、喉部白色，翕部和翼覆羽深栗色，背、腰部深灰褐色，尾部褐黑色，尾端具宽阔浅灰色条带，尾下覆羽皮黄色。虹膜白、灰或红色，喙绯红色而喙端白色，跗跖绯红色。**鸣声**：一声单音续以两个抑郁低浑的 *cuk-wook wook* 声，参考 XC448848（Marc Anderson）。**分布**：印度、东南亚、加里曼丹岛、苏门答腊岛和爪哇岛西部。在中国，*griseicapilla* 亚种为云南的西南部和南部（西双版纳）以及海南海拔 400 ~ 2300 m 山地森林中的地区性常见鸟，*insignis* 亚种见于西藏东南部。**习性**：山地种群每日飞至低海拔地区觅食。

鹃形目　CUCULIFORMES　杜鹃科　Cuculidae　杜鹃　（9 属 22 种）

一大科世界性分布的食虫鸟类，体型修长，两翼和尾部亦长。外侧两趾朝后，内侧两趾朝前。喙强劲而下弯，以捕捉大型昆虫。部分种类嗜食毛虫。部分种类巢寄生性，将卵产在其他鸟类巢中，雏鸟由义亲养大。

468. 褐翅鸦鹃 **Greater Coucal** *Centropus sinensis* hèchì yājuān
47~56 cm

图版57　国二／LC

识别：大型而尾长的鸦鹃。体羽全黑色，仅翕部、飞羽和翼覆羽为栗红色。虹膜红色。**鸣声**：一连串深沉 *boop* 声，开始时慢，渐提速并降调，复又升调，降速至一长串音高相等或缩短的四声 *boop*，亦发出突然的 *plunk* 声，参考 XC453348（Oscar Campbell）。**分布**：南亚次大陆、中国、东南亚、大巽他群岛和菲律宾。在中国为南方海拔 800 m 以下地区常见留鸟，*intermedius* 亚种见于海南、云南南部和西部，*sinensis* 亚种见于云南东部至福建。**习性**：喜林缘地带、次生灌丛、多芦苇河岸和红树林。常下至地面。

469. 小鸦鹃 **Lesser Coucal** *Centropus bengalensis* xiǎo yājuān
34~40 cm

图版57　国二／LC

识别：较大的棕色和黑色鸦鹃。尾长，似褐翅鸦鹃但体型较小、色彩更暗淡且显污浊。翕部和两翼的栗色较浅并泛黑色。未成年鸟具褐色细纹。中间色型常见。虹膜红色。**鸣声**：几声低沉的 *hoop*，渐提速并降调，如倒瓶中水，较褐翅鸦鹃更快，参考XC442760（Ross Gallardy）。亦发出三声 *hup* 续以一连串的 *logokok, logokok, logokok* 声。**分布**：南亚次大陆、中国、东南亚、菲律宾和印度尼西亚。在中国，*lignator* 亚种为北纬 27° 以南及安徽、台湾、海南的常见留鸟，分布于海拔 1000 m 以下。**习性**：喜山边灌丛、沼泽和开阔草地（包括高草地）。常栖于地面，有时作短距离飞行，由植被上掠过。

470. 绿嘴地鹃 **Green-billed Malkoha** *Phaenicophaeus tristis* lǜzuǐ dìjuān
43~60 cm

图版57　LC

识别：大型且尾部极长的地鹃。头和翕部灰色，下体褐灰色，喉、胸部具深色箭状条纹，背部、两翼和尾部为深绿色并具金属光泽，尾羽端部白色。虹膜褐色，眼周裸露皮肤红色，喙绿色。**鸣声**：嘎嘎或呱呱，甚似蛙叫，参考XC157243（Frank Lambert）。**分布**：喜马拉雅山脉、中国、东南亚和苏门答腊岛。在中国为地区性常见留鸟，*saliens* 亚种见于云南和广西南部，*hainanus* 亚种见于海南和相邻的雷州半岛。**习性**：同其他地鹃。喜栖于原始林、次生林和人工林中枝叶稠密及藤条缠结处。

471. 红翅凤头鹃 **Chestnut-winged Cuckoo** *Clamator coromandus*
hóngchì fèngtóujuān　38~46 cm

图版57　LC

识别：大型的黑、白、棕色鹃。尾长，具明显的黑色凤头。背部、尾部黑色并具蓝色光泽，两翼栗色，喉、胸部橙褐色，颈环白色，腹部偏白色。未成年鸟上体具棕色鳞状纹，喉、胸部偏白色。虹膜红褐色。**鸣声**：响亮而粗哑的 *chee-kek-kek-kek* 声和呼啸哨声，参考 XC423390（Paul Holt）。**分布**：繁殖于印度、中国南部和东南亚，越冬于菲律宾和印度尼西亚。在中国为华东、华中、西南、华南、东南、西藏东南和海南海拔1500 m 以下适宜生境中的偶见繁殖鸟，并罕见于台湾。**习性**：似地鹃，攀行于低矮植被中捕食昆虫。扇翅和飞行时凤头收起，飞行似鸦鹃。

472. 斑翅凤头鹃　**Pied Cuckoo**　*Clamator jacobinus*　bānchì fèngtóujuān
31~34 cm　　　　　　　　　　　　　　　　　　　　　图版57　LC

识别：大型的黑白色鹃。具凤头。似红翅凤头鹃，但头部和两翼黑色，初级飞羽基部具白色横带，尾部黑色，尾端白色甚宽。幼鸟为褐色和皮黄色，体色反差不甚明显。虹膜褐色，喙黑色而喙基黄色。**鸣声**：响亮、动听的金属般 *ple-ue* 和 *piu-piu-piu* 声等，参考 XC418017（Sagar Adhurya）。告警声为粗哑的 *chu-chu-chu-chu*。**分布**：非洲、伊朗、印度和缅甸，越冬于非洲。在中国，指名亚种罕见于西藏南部。**习性**：栖于落叶林和开阔灌丛。高度迁徙性。集小群活动。

473. 噪鹃　**Asian Koel**　*Eudynamys scolopacea*　zào juān　39~46 cm　图版57　LC

识别：大型鹃。通体黑色（雄鸟）或灰褐色杂白色（雌鸟），喙浅绿色，虹膜红色。**鸣声**：昼夜发出嘹亮 *kow-wow* 声，重音在第二音，重复多达 12 次，渐提速并升调。亦发出更尖声刺耳且速度更快的 *kuil, kuil, kuil, kuil* 声，参考 XC323137（Qin Huang）。**分布**：南亚次大陆、中国和东南亚。在中国，*chinensis* 亚种为北纬35°以南大部地区的夏候鸟，*harterti* 亚种为海南的留鸟。**习性**：昼夜不停发出响亮叫声，但极隐蔽而不易见，常躲在稠密红树林、次生林、原生林和人工林中。巢寄生于鸦类、卷尾和黄鹂。

474. 狭嘴金鹃　**Horsefield's Bronze-Cuckoo**　*Chrysococcyx basalis*
xiázuǐ jīnjuān　15~17 cm　　　　　　　　　　　　　　　　图版57　LC

识别：小型铜绿色鹃。具明显白色眉纹、偏褐色耳斑和灰色眼圈，外侧尾羽棕色。下体宽阔横斑在两胁和下腹部不完整。与翠金鹃和紫金鹃的雌鸟区别为腹部中央白色。**鸣声**：重复的降调高音哨声似 *feeooo-feeooo-feeooo*。**分布**：繁殖于澳大利亚并偶至马来西亚。在中国，迷鸟于 2019 年记录于台湾，可能有所忽视。**习性**：喜沿海灌丛。

475. 翠金鹃　**Asian Emerald Cuckoo**　*Chrysococcyx maculatus*　cuì jīnjuān
17~18 cm　　　　　　　　　　　　　　　　　　　　　图版57　LC

识别：小型亮绿色鹃。雄鸟头部、上体和胸部亮绿色，腹部白色并具绿色横纹。雌鸟顶冠和枕部棕色，上体铜绿色，下体白色并具深皮黄色横斑。未成年鸟头部棕色，顶冠具条纹。飞行时可见翼下飞羽基部的白色宽带。虹膜红褐色，眼周裸露皮肤橙色，喙橙黄色。**鸣声**：响亮的 *ter tweezer, ter tweezer* 哨音，参考 XC147198（Antero Lindholm）。**分布**：繁殖于东南亚北部，越冬于马来半岛和苏门答腊岛。在中国，为海拔 1200 m 以下原生林和次生林中的不常见留鸟和夏候鸟，繁殖于四川南部、湖北和贵州，在西藏东南部、云南和海南为留鸟。**习性**：叫声独特，但不易见。

476. 紫金鹃 **Violet Cuckoo** *Chrysococcyx xanthorhynchus* zǐ jīnjuān
15~16 cm   图版57   LC

识别：小型紫色（雄鸟）或铜绿色（雌鸟）鹃。雄鸟头、胸、上体紫色，腹部白色
并具紫色横纹。雌鸟眉纹和脸颊白色，下体白色并具铜色条纹，顶冠偏褐色，上体
余部铜绿色。虹膜红色，喙黄色而喙基红色（雄鸟），上喙黑色而喙基红色（雌鸟）。
鸣声：常在下降飞行时发出调高的 *kie-vik, kie-vik* 声，亦作尖厉但悦耳的颤音，渐提
速并降调，参考 XC411764（Rolf A. de By）。**分布**：东亚、东南亚、大巽他群岛和
菲律宾。在中国为极罕见的低海拔地区留鸟，见于云南西部和南部，以及西藏东南部。
习性：喜林缘地带、庭院和人工林而非原始林。性羞怯，在树枝间移动捕食昆虫，
或停于无遮掩高树顶部鸣叫。

477. 栗斑杜鹃 **Banded Bay Cuckoo** *Cacomantis sonneratii* lìbān dùjuān
22~24 cm   图版57   LC

识别：小型褐色而多横斑的鹃。成鸟上体浓褐色，下体偏白色，全身布满黑色横斑，
具明显的浅色眉纹。未成年鸟体羽褐色，具黑色纵纹和块斑而非横斑。虹膜黄红色，
上喙偏黑色而下喙偏黄色。**鸣声**：尖厉而有律的四声如 *gei wo dou ze*，与四声杜鹃的
区别在于更快更压抑，不够清晰分明。繁殖期叫声为升调的四个慢音，续以 3 至 6
声两三个音节的快音，音调上升并戛然而止，亦发出 *tay-ta-tee* 声，参考 XC97962（Frank
Lambert）。**分布**：印度、中国、大巽他群岛和菲律宾。在中国，指名亚种为四川西
南部和云南南部的罕见低海拔地区留鸟，上至海拔 900 m 并偶至 1200 m 处。**习性**：
喜开阔的林地、林缘、次生灌丛和农耕区。

478. 八声杜鹃 **Plaintive Cuckoo** *Cacomantis merulinus* bāshēng dùjuān
21~25 cm   图版57   LC

识别：小型灰褐色和棕色鹃。成鸟头部灰色，背部和尾部褐色，胸、腹橙褐色。未
成年鸟上体褐色并具黑色横斑，下体偏白色而多横斑，似栗斑杜鹃成鸟但无贯眼纹。
虹膜绯红色，上喙黑色而下喙黄色。**鸣声**：哀婉的 *tay-ta-tee, tay-ta-tee* 哨音，渐提速
并升调，有时晚上亦叫。亦发出两三个哨音减弱为一连串下降的 *pwee, pwee, pwee,*
pee-pee-pee-pee 声，参考 XC441819（Hobart WQH）。**分布**：印度东部、中国南部、
大巽他群岛、苏拉威西岛和菲律宾。在中国为海拔 2000 m 以下地区的常见留鸟和候鸟，
querulus 亚种繁殖于西藏东南部、四川南部、云南、广西、广东和福建，在海南为留鸟。
习性：喜开阔林地、次生林和农耕区，亦见于城镇和村庄。常被雀鸟群围攻。鸣声熟悉，
但不易见。

479. 乌鹃 Square-tailed Drongo Cuckoo *Surniculus lugubris* wū juān
24~28 cm
图版58　LC

识别：中型黑色鹃。通体亮黑色，仅腿部白色，尾下覆羽和外侧尾羽具白色横斑，枕部白色斑块有时可见。幼鸟具不规则的白色点斑。尾部分叉似卷尾。虹膜褐色（雄鸟）或黄色（雌鸟）。**鸣声**：响亮清晰，一声高音续以4到6个均匀的 *pi* 声，平稳上升；亦作一连串快速颤音，最后三个音降调，参考 XC360096（Peter Boesman）。**分布**：喜马拉雅山脉、中国南部、印度尼西亚和菲律宾巴拉望。在中国为南方海拔900 m 以下地区罕见留鸟和候鸟，所谓的 *dicruroides* 亚种（更可能为 *barrusarum* 亚种）繁殖于华南和西南地区，在海南为留鸟。**习性**：栖于林中、林缘和次生灌丛。性羞怯。外形似卷尾，但形态和行为均不同。**分类学订正**：*dicruroides* 亚种如今通常被视作独立种 *S. dicruroides*（叉尾乌鹃），见于喜马拉雅山脉、南亚次大陆和斯里兰卡。

480. 鹰鹃 / 大鹰鹃 Large Hawk Cuckoo *Hierococcyx sparverioides* yīng juān
38~42 cm
图版58　LC

识别：较大的灰褐色鹃，似鹰。尾部次端条带棕红色，尾端白色，胸部棕色并具白色和灰色杂斑，腹部具白色和褐色横斑并沾棕色，颏部黑色。未成年鸟上体褐色并具棕色横斑，下体皮黄色并具偏黑色纵纹。与鹰的区别在于其站姿和喙形。虹膜橙色，上喙黑色而下喙黄绿色，跗跖浅黄色。**鸣声**：繁殖季节发出 *pi-peea* 或 *brain-fever* 的叫声，渐提速并升调至极限，参考 XC453740（Kalya Singh Sajwan）。**分布**：喜马拉雅山脉、中国南部、菲律宾、加里曼丹岛和苏门答腊岛的留鸟和夏候鸟，越冬于苏拉威西岛和爪哇岛。在中国，指名亚种为西藏南部、华中、华东、东南、西南和海南的不常见夏候鸟，一些个体为云南南部和海南的留鸟，并偶见于台湾和河北。**习性**：喜海拔 1600 m 以下开阔林地。典型的鹃类习性，隐于树冠层。

481. 普通鹰鹃 Common Hawk Cuckoo *Hierococcyx varius*
pǔtōng yīngjuān　33~37 cm
图版58　LC

识别：中型鹃，似褐耳鹰。上体灰色，尾部具横斑，胸部棕色，腹部和腿部具条带。喉部白色，颏部黑色并具黑色喉中线。与霍氏鹰鹃的区别在于尾端皮黄色且下体多横斑。雌鸟上体褐色并具深褐色鳞状纹，下体偏白色并具浓重的棕黑色纵纹。虹膜黄色，喙黄绿色。**鸣声**：似鹰鹃，春季发出单调响亮尖叫声 *wee-piwherr*，重音在 *pi* 上，一连串上升音调后戛然而止，片刻停顿后又始，参考 XC407431（Rolf A. de By）。雌鸟发出粗哑喘息声。**分布**：南亚次大陆和斯里兰卡。在中国为西藏东南部海拔1200 m 以下地区的常见鸟。**习性**：树栖性鹃类，多栖于林地、庭院和半常绿林。

482. 北鹰鹃 / 北棕腹鹰鹃 Northern Hawk Cuckoo *Hierococcyx hyperythrus*
běi yīngjuān　28~30 cm
图版58　LC

识别：中型青灰色鹃。尾部具横斑，胸部棕色。比鹰鹃体型更小，和其他鹰鹃属鸟类的区别在于上体青灰色、头侧灰色、无髭纹（幼鸟除外）而腹部白色。颏部黑色而喉部偏白色。和霍氏鹰鹃的区别在于枕部具白斑、尾端棕色、体型更大且鸣声不同。

虹膜红色或黄色，喙黑色而喙基、喙端为黄色。**鸣声**：尖厉的 *weeteetiditditdididitttiti tititititi* 长鸣声逐渐升调至高潮并恢复平静，以及三音节的 *jer-chiyi, jer-chiyi* 声，比鹰鹃更为尖厉和单调，参考 XC285794（Albert Lastukhin）。**分布**：繁殖于西伯利亚东南部、朝鲜半岛、日本和中国东北，越冬于中国南方地区和东南亚南部。在中国，繁殖于东北各省，越冬于华南和东南地区。**习性**：喜落叶林，越冬于常绿林。

---

483. 霍氏鹰鹃 / 棕腹鹰鹃　Hodgson's Hawk Cuckoo　*Hierococcyx nisicolor*
huòshì yīngjuān　26~30 cm　　　　　　　　　　　图版58　LC

识别：中型青灰色鹃。尾部具黑褐色横斑，胸部棕色。比鹰鹃体型更小，和其他鹰鹃属鸟类的区别在于上体青灰色、头侧灰色、无髭纹（幼鸟除外）而腹部白色。颏部黑色而喉部偏白色。和北鹰鹃的区别在于胸部棕色并具白色纵纹、枕部无白斑、尾端无棕色，且体型较小、鸣声有异。虹膜红色或黄色，喙黑色而喙基、喙端为黄色。**鸣声**：刺耳的 *gee-whiz* 管笛声，和一长串快速而尖厉的 *pee* 声哨音，逐渐升调并再次降调。**分布**：喜马拉雅山脉东部至中国东部和东南亚。在中国繁殖于北纬 32° 以南地区，并越冬于东南亚。**习性**：喜落叶林，越冬于常绿林。

---

484. 马来鹰鹃　Malay Hawk Cuckoo　*Hierococcyx fugax*　mǎlái yīngjuān
26~30 cm　　　　　　　　　　　　　　　　　　图版58　LC

识别：极似北鹰鹃和霍氏鹰鹃，区别为雄鸟胸部无棕色而为偏白色并具偏黑色条纹。**鸣声**：独特的带咝音的持续 *gee-whizz* 声，重复约 20 次，参考 XC24573（David Edwards）。**分布**：缅甸南部至大巽他群岛。在中国，迷鸟记录于台湾，其余地区可能有忽视。**习性**：同其他鹰鹃。

---

485. 小杜鹃　Asian Lesser Cuckoo　*Cuculus poliocephalus*　xiǎo dùjuān
24~26 cm　　　　　　　　　　　　　　　　　　图版58　LC

识别：小型灰色鹃。似大杜鹃但体型更小、臀部沾皮黄色、尾部灰色且无横斑但尾端为白色。雌鸟似雄鸟，亦具棕色型，通体具黑色条纹。眼圈黄色，虹膜褐色。鸣声易辨。**鸣声**：升调的哨音，如 *gei wo ge siji dou*，重音在 *siji* 上，稍停后接降调的 *choky pepper*，参考 XC324943（Qin Huang）。**分布**：繁殖于喜马拉雅山脉至印度、中国中部和日本，越冬于非洲、印度南部和缅甸。在中国不常见，指名亚种繁殖于吉林南部、辽宁、河北至四川、西藏南部、云南、海南、广西和华东省份，迁徙途经东南地区、海南和台湾。在喜马拉雅山脉地区见于海拔 1500 ~ 3000 m，在北方见于更低海拔。**习性**：似大杜鹃。栖于多森林覆盖的乡野。

---

486. 四声杜鹃　Indian Cuckoo　*Cuculus micropterus*　sìshēng dùjuān
30~34 cm　　　　　　　　　　　　　　　　　　图版58　LC

识别：中型偏灰色鹃。似大杜鹃，区别在于尾部灰色并具黑色次端条带、虹膜较暗。灰色头部与深灰色背部形成对比。雌鸟较雄鸟体羽多褐色。未成年鸟头部和背部上方具偏白的皮黄色鳞状斑。虹膜红褐色，眼圈黄色，上喙黑色而下喙偏绿色。**鸣声**：

响亮清晰的四声哨音 *co-ca co-la*，不断重复，第二、四声较低，常在晚上鸣叫，参考 XC324693（Jim Holmes）。**分布**：南亚、东南亚、菲律宾、加里曼丹岛、苏门答腊岛和附近岛屿以及爪哇岛西部。在中国，指名亚种为东北至西南及东南地区海拔 1000 m 以下森林中的常见夏候鸟，在海南为留鸟。**习性**：通常栖于原生林和次生林的树冠层。常闻其声，但不易见。

487. 中杜鹃　**Himalayan Cuckoo**　*Cuculus saturatus*　zhōng dùjuān
30~34 cm　　　　　　　　　　　　　　　　　图版58　LC

识别：中型灰色鹃。腹部和两胁具宽阔横斑。雄鸟和灰色型雌鸟胸部和上体灰色，尾部黑灰色而无斑，下体皮黄色并具黑色横斑。未成年鸟和棕色型雌鸟上体棕褐色且布满黑色横斑，下体偏白色并具黑色横斑直至颏部。与大杜鹃和四声杜鹃的区别在于胸部横斑较粗而宽，鸣声亦不同。棕色型雌鸟与大杜鹃雌鸟的区别在于腰部具横斑。虹膜红褐色，眼圈黄色，喙角质色，跗跖橙黄色。**鸣声**：三或四声而无调，似戴胜但最开始常具 *kkukh* 喉音，有时续以一连串平静的 *bu bu* 声，参考 XC419036（Terry Townshend）。**分布**：繁殖于喜马拉雅山脉和中国南方，越冬于东南亚和大巽他群岛。部分亚种为大巽他群岛的留鸟。在中国，夏候鸟常见于海拔 1300 ~ 2700 m 的丘陵和山区。**习性**：隐于树冠层。在繁殖期鸣声不绝于耳，但不易见。

488. 北方中杜鹃/东方中杜鹃　**Oriental Cuckoo**　*Cuculus optatus*　běifāng zhōngdùjuān
33~34 cm　　　　　　　　　　　　　　　　　图版58　NR

识别：中型灰色鹃。极似中杜鹃但下体通常具更宽的黑色横斑，幼鸟顶冠、枕部、喉部和胸部偏黑色并具白色羽缘（中杜鹃幼鸟羽色偏浅并具皮黄色羽缘）。**鸣声**：似中杜鹃，重复的 *cuk-cuk*, *cuk-cuk* 声，比大杜鹃更快、更单调，参考 XC114545（Frank Lambert）。**分布**：俄罗斯至朝鲜半岛、日本，越冬于东南亚和澳大利亚。在中国，繁殖于阿勒泰地区、大兴安岭，迁徙途经国内大部地区。**习性**：同中杜鹃。

489. 大杜鹃　**Common Cuckoo**　*Cuculus canorus*　dà dùjuān
30~35 cm　　　　　　　　　　　　　　　　　图版58　LC

识别：中型鹃。上体灰色，尾部偏黑色，腹部偏白色并具黑色横斑。棕色型雌鸟体羽棕色，背部具黑色横斑。与四声杜鹃的区别在于虹膜黄色、尾部无次端条带，与中杜鹃雌鸟的区别在于腰部无横斑。幼鸟枕部具白斑。眼圈黄色，上喙深色而下喙黄色，跗跖黄色。**鸣声**：典型的响亮清晰 *kuk-koo* 声，通常只在繁殖地才能听到。**分布**：繁殖于欧亚大陆，越冬于非洲和东南亚。在中国常见，繁殖于大部地区，*subtelephonus* 亚种见于新疆至内蒙古中部，指名亚种见于新疆北部阿尔泰山脉、东北、陕西及河北，*bakeri* 亚种见于华东、东南、青海、四川、西藏南部和云南。**习性**：喜开阔有林地带和大片芦苇地，有时停歇于电线上找寻大苇莺等寄主的巢。

鸮形目 STRIGIFORMES 仓鸮科 Tytonidae 仓鸮 （2 属 3 种）

夜行性猛禽，面部非常圆，呈心形，具有收音和扩音的功能，虹膜深色。觅食多利用双耳。翼羽松软故飞行无声，但鸣声甚尖厉刺耳。

490. 仓鸮 Eastern Barn Owl *Tyto alba* cāng xiāo

34~39 cm 图版59 国二/LC

识别：不易被误认的中型偏白色鸮。具特征性的宽阔白色心形面部。上体棕黄色并具白色细纹，下体皮黄色并布满黑点。具不同色型，未成年鸟体羽皮黄色较深。虹膜深褐色，喙和跗跖污黄色。**鸣声**：尖厉刺耳的 *wheech* 或 *se-rak* 声，亦作高声的 *ke ke ke ke ke* 叫，参考 XC613726（Lim Ying Hien）。**分布**：南亚次大陆、东南亚、澳大利亚和新几内亚岛。在中国，*javanica* 亚种为云南南部偶见迷鸟，*stertens* 亚种为云南中部、贵州和广西的罕见留鸟。**习性**：白天藏于房屋、树木、山洞、悬崖等处的黑暗洞穴或稠密植被中。黄昏时见于开阔地面上空，无声掠地低飞。营巢于树洞或建筑物中。**分类学订正**：*javanica* 亚种有时被视作独立种。

491. 草鸮 Eastern Grass Owl *Tyto longimembris* cǎo xiāo

32~38 cm 图版59 国二/LC

识别：中型鸮。具心形面部。似仓鸮，但脸部和胸部的皮黄色更深且上体深褐色。体羽多具点斑、杂斑或蠹状纹。虹膜褐色，喙米黄色，跗跖偏白色。**鸣声**：响亮刺耳，在巢中发出嘶哑叫声，参考 XC428469（Nigel Jackett）。**分布**：南亚次大陆、中国、东南亚、菲律宾、澳大利亚和新几内亚岛。在中国，*chinensis* 亚种为华东、华中、华南地区罕见留鸟，北方种群冬季南迁，*pithecops* 亚种为台湾南部的留鸟。**习性**：栖于开阔高草地。

492. 栗鸮 Oriental Bay Owl *Phodilus badius* lì xiāo 23~29 cm 图版59 国二/LC

识别：较小的红褐色鸮。具心形面部和时而竖起的耳羽束，甚似仓鸮。上体红褐色并具黑白色点斑，下体皮黄色偏粉色并具黑点，脸部偏粉色并具狭窄白色颈环。**鸣声**：轻柔的呼呼声和 *hooh-weeyoo* 哢鸣，参考 XC423077（Hans Groot）。**分布**：南亚次大陆、中国南部、东南亚和大巽他群岛，迷鸟至菲律宾。在中国，*saturatus* 亚种为云南南部、广西西南部和海南海拔 1500 m 以下森林中的罕见留鸟。**习性**：鲜为人知，性羞怯，夜行性森林鸮类。日间水平蹲坐。

鸮形目 STRIGIFORMES 鸱鸮科 Strigidae 鸱鸮 （10 属 30 种）

似仓鸮，但跗跖较短、面部较小。部分种类具明显的直立耳羽束。多为夜行性，部分日行性。

493. 黄嘴角鸮　Mountain Scops Owl　*Otus spilocephalus*　huángzuǐ jiǎoxiāo
18~20 cm　　　　　　　　　　　　　　　　　　　　图版59　国二/LC

识别：小型茶褐色角鸮。耳羽束小，虹膜绿黄色，喙黄色，无明显的纵纹和横斑，仅肩羽具一排明显的三角形白斑。跗跖灰白色。**鸣声**：轻柔、悠远的双音金属哨声 *plew plew*，每隔 6 秒一次，全年可闻，参考 XC455003（Gareth K.）。**分布**：喜马拉雅山脉、印度东北部、中国南部、东南亚、苏门答腊岛和加里曼丹岛北部。在中国为海拔 1000 ~ 2500 m 潮湿热带山地森林中的罕见留鸟，*latouchi* 亚种见于云南西南部至中国东南部及海南，*hambroecki* 亚种见于台湾。**习性**：同其他角鸮。模仿其鸣声能引其作答。

494. 领角鸮　Collared Scops Owl　*Otus lettia*　lǐng jiǎoxiāo
23~25 cm　　　　　　　　　　　　　　　　　　　　图版59　国二/LC

识别：较大的偏灰色或偏褐色角鸮。具明显耳羽束和特征性浅沙色颈环。上体偏灰色或沙褐色，并具黑色和皮黄色的杂斑，下体皮黄色并具黑色条纹。虹膜深褐色，喙黄色。**鸣声**：雄鸟发出轻柔的升调 *woop* 声和一连串间隔 1 秒的粗哑叫声，参考 XC446179（Lars Lachmann）。雌鸟叫声较尖而颤，为降调的 *wheoo* 或 *pwok* 声，每分钟约 5 次，亦作轻柔吱吱声。雄雌鸟常对鸣。**分布**：喜马拉雅山麓地区至中国和中南半岛。在中国较常见，高至海拔 1600 m 处，甚至城郊林荫道也可见，*erythrocampe* 亚种见于北纬 32° 以南，*lettia* 亚种见于西藏东南部，*umbratilis* 亚种见于海南，*glabripes* 亚种见于台湾。**习性**：夜间大部分时候栖于低处，繁殖季节叫声哀婉。从停歇处跃至地面捕食。

495. 日本角鸮/北领角鸮　Japanese Scops Owl　*Otus semitorques*　rìběn jiǎoxiāo
24~26 cm　　　　　　　　　　　　　　　　　　　　图版59　国二/LC

识别：较大的灰褐色角鸮。具耳羽束、较长而尖的双翼和特征性浅沙色颈环。上体偏灰色或沙褐色，并具黑色和皮黄色的杂斑，下体皮黄色并具黑色条纹。虹膜橙色或红色，喙黄色。**鸣声**：明显不同于其他鸮类的尖厉叫声，参考 XC286137（Peter Boesman）。**分布**：萨哈林岛、日本、乌苏里江流域、朝鲜半岛和中国。在中国，*ussuriensis* 亚种见于东北至陕西南部。**习性**：同其他角鸮。

496. 纵纹角鸮　Pallid Scops Owl　*Otus brucei*　zòngwén jiǎoxiāo
20~22 cm　　　　　　　　　　　　　　　　　　　　图版59　国二/LC

识别：小型浅沙灰色角鸮。虹膜黄色。似灰色型西红角鸮，但上体沙灰色较淡、顶冠和后颈无白点、下体灰色较重并具清晰黑色条纹。幼鸟下体布满横斑。夜晚鸣声易辨。喙偏黑色，跗跖灰色。**鸣声**：轻柔似鸠。雄鸟发出嘹亮低音 *whoop* 声，每 5 秒约重复 8 次，参考 XC120357（Patrick Franke），亦作较长的单声 *geyow*。**分布**：繁殖于中东至巴基斯坦和及中国西部，越冬于印度西北部和西部。在中国甚罕见，留鸟记录于新疆西部。**习性**：同其他角鸮。栖于干旱或半干旱地带的有林区域、果园和灌溉农田。

497. 西红角鸮　Eurasian Scops Owl　*Otus scops*　xī hóngjiǎoxiāo
18~22 cm
图版59　国二/LC

识别：小型角鸮。具耳羽束，虹膜黄色，体羽多纵纹。有棕色、灰色两个色型。与鸣声有异的红角鸮在分布上无重叠。**鸣声**：深沉单调的 *chroo* 声，约3秒重复一次，雌鸟叫声较雄鸟略高，参考 XC438198（Julia Wittmann）。**分布**：古北界西部至中东和中亚。在中国分布极其有限，*pulchellus* 亚种繁殖于新疆西部天山和喀什地区。**习性**：具迁徙习性。完全夜行性的小型角鸮，喜有树丛的开阔原野。

498. 红角鸮　Oriental Scops Owl　*Otus sunia*　hóng jiǎoxiāo
17~21 cm
图版59　国二/LC

识别：小型而体色斑驳褐色的角鸮。虹膜黄色，胸部具黑色条纹。有灰色、棕色两个色型。与领角鸮的区别在于体型更小、虹膜色浅且无浅色颈环，与黄嘴角鸮和白额角鸮的区别在于胸部具黑色条纹、体型更小且偏灰色。与纵纹角鸮的区别为体色深而体型小、条纹于下体多而上体少。**鸣声**：粗喉音 *tok tok oink*，重音在最后一音，参考 XC182818（Jim Holmes）。**分布**：繁殖于喜马拉雅山脉、南亚次大陆、东亚、东南亚和菲律宾，一些个体冬季南迁。在中国为常见留鸟，*stictonotus* 亚种见于东北和华东地区，指名亚种见于西藏东南部，*malayanus* 亚种见于华南、西南、东南、海南和台湾，*japonicus* 亚种偶见于台湾。**习性**：觅食于林缘、林间空地和次生林的小树上。

499. 琉球角鸮/优雅角鸮　Elegant Scops Owl　*Otus elegans*　liúqiú jiǎoxiāo
18~22 cm
图版59　国二/NT

识别：小型棕褐色角鸮。虹膜黄色。体羽具杂乱白色点斑。与红角鸮的区别在于顶冠无深黑色条纹、鸣声亦不同。与领角鸮的区别在于虹膜黄色且无颈环，与黄嘴角鸮的区别在于喙为深灰色。**鸣声**：重复的 *pu puyok* 声、*puok* 声或 *kuru* 声，间隔约3秒，亦发出沙哑的 *keyak* 声。录音回放或模仿其叫声能引来此鸟，参考 XC454978［Ko Chie-Jen (Jerome)］。**分布**：琉球群岛南部和中国台湾。在中国，*botelensis* 亚种为濒危种群，系台湾东南部兰屿的留鸟。**习性**：栖于亚热带低海拔森林。

500. 雪鸮　Snowy Owl　*Bubo scandiacus*　xuě xiāo　55~64 cm　图版60　国二/VU

识别：不易被误认的大型白色鸮。虹膜黄色，顶冠、背部、两翼和胸部下方的羽端黑色，使体羽布满黑点，故在雪中看此鸟为灰色。**鸣声**：低沉的 *kewoo* 声，雄鸟告警声为 *krek-krek-krek*，参考 XC343144（Tero Linjama），雌鸟告警声似犬吠，亦发出 *seeuee* 哨音。**分布**：全北界北部。在中国为罕见冬候鸟，分布于东北和西北地区开阔原野。**习性**：部分昼行性，但黄昏后仍继续积极地捕食田鼠和鼠兔。有时静立于突出的岩石或土堆上。营巢于地面。

501. 雕鸮 **Eurasian Eagle Owl** *Bubo bubo* diāo xiāo
59~73 cm
图版60　国二/LC

识别：巨大的鸮。耳羽束长，虹膜橙色，双眼巨大。体羽为斑驳褐色。胸部偏黄色，具深褐色纵纹且羽上有褐色横斑。跗跖黄色并被羽，几乎延至趾部。**鸣声**：沉重的 *hwoop* 声，上下喙叩击发出嗒嗒声，参考 XC650599（Bram Vogels）。**分布**：古北界、中东、南亚次大陆，虽广布但通常罕见，栖于有林山区，营巢于岩崖，极少至地面。在中国，*ussuriensis* 亚种为东北和华北东部的留鸟，*kiautschensis* 亚种见于华中、华东、华南和东南，*tibetanus* 亚种见于华南、东南至西藏东部、云南西北部、四川西部、青海和甘肃南部，*tarimensis* 亚种为新疆东北部的留鸟，*yenisseensis* 亚种见于阿尔泰山脉，*auspicabilis* 亚种见于准噶尔盆地，*hemachalanus* 亚种为新疆西部和西藏西部的留鸟且在青海北部及内蒙古西部亦有分布。**习性**：白天常被鸦科和鸥类围攻。告警状态为两翼弯曲、头朝下低。飞行迅速，振翅幅度浅。**分类学订正**：雕鸮的亚种划分在不同文献中有所不同，亚种的分布也有所不同，本书所述仅供参考。

502. 林雕鸮 **Spot-bellied Eagle Owl** *Bubo nipalensis* lín diāoxiāo
60~65 cm
图版60　国二/LC

识别：巨大的偏褐色鸮。具长而厚实的耳羽束，偏灰色的下体布满深褐色羽端形成的特征性扇贝状纹。上体多深色杂斑而无条纹。虹膜褐色，喙黄色。**鸣声**：轻柔但高亢的 *ker-wum ker-wum kerum kerum kerum* 声，或约每3秒重复一次的单音 *boom* 声，远距离外可闻。亦作似鸢的哭叫声，参考 XC442486（Fareed Mohmed）。**分布**：南亚次大陆至中国西南部和东南亚。在中国罕见，指名亚种为四川中部及西南部、云南东南部及西南部海拔 1200 m 以下地区的留鸟，偶尔上至海拔 2100 m 处。西藏东南部可能亦有分布。**习性**：亚热带常绿阔叶林和潮湿落叶阔叶林中的典型雕鸮。作垂直迁徙。觅食于林间空地和溪流。

503. 乌雕鸮 **Dusky Eagle Owl** *Bubo coromandus* wū diāoxiāo
53~60 cm
图版60　LC

识别：大型浅褐灰色鸮。耳羽束长而偏黑色。上体沙灰色并具黑色纵纹，下体皮黄灰色并具狭窄黑色纵纹，羽上有微暗色横纹。比中国其他任何具耳羽束的大型鸮类都更偏灰色。虹膜黄色。**鸣声**：深沉而响亮的 *grwo, grwo, grwo-o-o-o-....* 叫声，逐渐加速但声音渐弱，日夜均可闻，参考 XC270516（Philip Round）。**分布**：南亚次大陆、缅甸和中国。在中国罕见，仅在江西南昌和浙江建德有过记录，但目前已多年未有记录，国内可能已无分布，2021 年颁布的《国家重点保护野生动物名录》未收录。**习性**：栖于有高大茂盛树木的潮湿林地和开阔森林。

504. 毛腿渔鸮 / 毛腿雕鸮 **Blakiston's Fish Owl** *Bubo blakistoni* máotuǐ yúxiāo
67~77 cm
图版60　国一/EN

识别：巨大的深褐色鸮。具耳羽束，虹膜黄色，体羽具浓厚黑色纵纹，双翼合拢时可见初级飞羽上的黑色横斑，胸部具黑色纵纹和浅褐色横斑。与林雕鸮的区别为体羽灰色较重、虹膜黄色、趾灰色。与雕鸮的区别在于无胸部宽纵纹、耳羽束较宽、体羽黑色较少。**鸣声:** 短促、深沉的 *boo boo boo boo* 声,每秒约三声,参考 XC424567(Jacob Hervé)。**分布:** 东北亚、朝鲜半岛、萨哈林岛和日本北部。在中国罕见,仅见于东北地区,*doerriesi* 亚种为内蒙古东北部呼伦湖地区的留鸟,并见于大兴安岭至哈尔滨一带。**习性:** 栖于有林的河流两岸。

---

505. 褐渔鸮 **Brown Fish Owl** *Ketupa zeylonensis* hè yúxiāo
51~55 cm   图版60　国二/LC

识别: 大型棕褐色鸮。具耳羽束,上体具黑白色纵纹,下体黄褐色并具深褐色细纹,颏部淡皮黄色。每道纵纹上均具细小横纹。与雕鸮的区别在于下体偏黄色、胸部纵纹较细、虹膜黄色、跗跖不被羽、无浅色眉纹。与黄脚渔鸮的区别在于体羽橙色较少、下体纵纹不浓重、鸣声亦不同。**鸣声:** 深沉的 *booming oomp-ooo-oo* 或 *boom-o-boom* 声,重音在中间,不时重复,亦作似猫叫的 *cherwitt* 声,参考 XC191580(Marc Anderson)。**分布:** 中东至南亚次大陆、缅甸、中南半岛和中国南部。在中国为极南部罕见留鸟,*orientalis* 亚种见于云南南部和东南部、广西、海南、广东和香港,*leschenaulti* 亚种见于西藏东南部和云南极西南部的海拔 1500 m 以下地区。**习性:** 飞行缓慢,跗跖下垂。栖于热带森林中的有荫河流。半昼行性,捕鱼。

---

506. 黄腿渔鸮 **Tawny Fish Owl** *Ketupa flavipes* huángtuǐ yúxiāo
48~61 cm   图版60　国二/LC

识别: 极大的棕色鸮。具耳羽束,虹膜黄色,喉部覆羽蓬松且为白色。上体棕黄色,具醒目深褐色纵纹但纹上无斑。与雕鸮的区别在于虹膜黄色,跗跖被羽多位于上半段。与褐渔鸮的区别在于下体棕色较明亮、上体纵纹更宽、鸣声亦不同。喙角质黑色,蜡膜绿色。**鸣声:** 深沉的 *whoo-hoo* 叫声,告警声似猫叫,参考 XC322364(Kalyan Singh Sajwan)。**分布:** 喜马拉雅山脉至中国南部和中南半岛。在中国,为华中、华南大部地区海拔 1500 m 以下的较罕见留鸟,可能亦出现在西藏东南部。**习性:** 栖于山区茂密森林中的溪流边。

---

507. 褐林鸮 **Brown Wood Owl** *Strix leptogrammica* hè línxiāo
46~51 cm   图版61　国二/LC

识别: 大型鸮。通体布满红褐色横斑,无耳羽束。面部分明,具棕色"眼镜",眼圈黑色,眉纹白色。下体皮黄色并具深褐色细横纹,胸部沾淡巧克力色,上体深褐色,具皮黄色和白色横斑。虹膜深褐色,喙偏白色。**鸣声:** 极深沉的 *boo-boo* 声和四音节 *goke-galoo, huhu-hooo* 声,亦发出哀嚎声,参考 XC448877(Roland Zeidler)。**分布:** 南亚次大陆至中国南部、东南亚和大巽他群岛。在中国为罕见而隐蔽的亚热带山地森林留鸟,*ticehursti* 亚种见于华南,*caligata* 亚种见于海南和台湾,*newarensis* 亚种为西藏东南部留鸟。**习性:** 夜行性,难得一见。日间遭扰时体羽缩紧如一段朽木,眼半睁以观动静。黄昏外出觅食之前,配偶间相互鸣叫。

508. 灰林鸮　Himalayan Owl　*Strix nivicolum*　huī línxiāo
37~40 cm

图版61　国二／LC

识别：中型偏褐色鸮。无耳羽束，通体具浓红褐色杂斑和细纹，但亦存在偏灰色个体。羽上有复杂的纵纹和横斑。上体具些许白斑，面部具偏白色"V"字形斑。虹膜深褐色，喙黄色。**鸣声**：响亮浑厚的 *woo-woo* 声，不时重复，参考 XC302372（Sander Pieterse）。**分布**：喜马拉雅山脉、马来半岛北部、中国、朝鲜半岛，常见于温带森林中。在中国，指名亚种为西藏南部、东南部以及华南和华中大部地区的留鸟，*yamadae* 亚种为台湾的留鸟，*ma* 亚种见于河北和山东。**习性**：夜行性，白天通常在隐蔽点睡觉。有时被小型雀鸟发现和围攻。营巢于树洞中。

509. 长尾林鸮　Ural Owl　*Strix uralensis*　chángwěi línxiāo
45~54 cm

图版61　国二／LC

识别：大型灰褐色鸮。虹膜褐色，面部宽且呈灰色。下体皮黄灰色并具深褐色宽阔纵纹，两胁横纹不明显。上体深褐色并具偏黑色纵纹和棕红色及白色点斑，眉纹偏白色。两翼和尾部具横斑。体型比灰林鸮体型大得多，但比乌林鸮小得多。飞行似鵟。喙橙色，跗跖被羽并具皮黄色和灰色横斑。**鸣声**：求偶叫声为深沉悠远的 *whoohoo* 声，4秒后转为 *whoohoo owhoohoo* 声。亦发出一连串约八声 *poo* 并以升调结束。雌鸟鸣声类似但更为沙哑，也作似鹭的 *kuveh* 声。告警声为 *khau khau* 似犬吠，参考 XC661941（Lars Edenius）。**分布**：见于古北界针叶林地带。在中国为罕见留鸟，*nikolskii* 亚种见于东北及华北北部地区，*yenisseensis* 亚种见于新疆北部。**习性**：栖于针叶林。在巢区附近极具攻击性。主为夜行性。

510. 四川林鸮　Sichuan Wood Owl　*Strix davidi*　sìchuān línxiāo
50~54 cm

图版61　国一／NR

识别：大型灰褐色鸮。无耳羽束，面部灰色，虹膜褐色。似放大版的灰林鸮，但下体纵纹更稀疏。极似分布区域不重合的长尾林鸮。喙黄色，跗跖被羽并具灰色和褐色横斑。**鸣声**：深沉的 *kerwoo...woo* 或 *woo woo woo her* 声，似长尾林鸮，参考 XC69538（Frank Lambert）。**分布**：中国特有种，为青海东南部和四川北部、中部及西部海拔 2700 ~ 4200 m 地区开阔针叶林和亚高山混交林中的罕见留鸟。**习性**：同长尾林鸮。**分类学订正**：有时视作长尾林鸮的一个亚种。

511. 乌林鸮　Great Grey Owl　*Strix nebulosa*　wū línxiāo
56~65 cm

图版61　国二／LC

识别：极大的灰色鸮。无耳羽束，面部具独特的深浅色同心圆，虹膜明黄色，两眼之间具对称的白色"C"字形斑。喉中部黑色，两旁白色领环平延至面部下方。通体羽色浅灰，上、下体均具浓重的深褐色纵纹。两翼和尾部具灰色和深褐色横斑。比灰林鸮和长尾林鸮的体型均大得多。**鸣声**：求偶叫声为一连串的十个或更多低沉呜呜声，间隔半秒，音调、音量均渐减。雌鸟复以细弱的 *chi eop-chiepp-chiepp* 声。亦发出嗥叫和呼噜声。告警声为低而尖的 *grrroooo* 声，参考 XC448391（Patrik Åberg）。

分布：古北界北方森林。在中国极罕见，*lapponica* 亚种为内蒙古呼伦湖地区、大兴安岭地区以及新疆北部地区的留鸟。**习性**：栖于针叶林、混交林或落叶林中。性沉静，在巢区附近极具攻击性。营巢于残破树干上的树枝平台，或利用其他猛禽的旧巢。

512. 猛鸮　Northern Hawk Owl　*Surnia ulula*　měng xiāo
34~40 cm

图版62　国二/LC

识别：中型褐色鸮。尾部似鹰，面部为深褐色和白色。额部覆羽蓬松并具细小斑点，近乎遮住眼部，两眼之间白色并具深褐色宽阔弧形纹饰，外侧为白色弧形和宽阔深色斑，直至颈侧。胸部偏白色并具褐色细纹。上体棕褐色并具大型偏白色点斑。两翼和尾部多横斑。飞行时似体大而头部厚重的雀鹰。虹膜和喙偏黄色，跗跖浅色并被羽。
鸣声：发出不同叫声，求偶鸣叫常在夜里，为强烈震颤音，一公里外可闻。雌鸟复以 *kshuulip* 声，参考 XC307037（Eero Pätsi）。告警声为尖厉似隼的 *quiquiquiqui* 声。
分布：北欧、北亚和北美。在中国罕见，*tianshanica* 亚种繁殖于新疆西北部天山山脉，迁徙时见于新疆西部，指名亚种越冬于内蒙古东北部呼伦湖地区及大兴安岭。**习性**：栖于针叶林、混交林以及白桦和落叶松林。偏昼行性。急速俯冲而下。

513. 花头鸺鹠　Eurasian Pygmy Owlet　*Glaucidium passerinum*
huātóu xiūliú　15~19 cm

图版62　国二/LC

识别：极小而丰满、体羽蓬松的鸮。头部灰色并布满白色点斑，虹膜橙黄色，下体偏白色并略具灰褐色纵纹。上体灰褐色并具白点。两翼和尾上具横斑。白色眉纹较短，不甚清晰。跗跖黄色并被羽。**鸣声**：占域叫声为轻柔哨音 *hjunk*，晨昏时约每2秒重复一次，有时夹杂断续的 *hjuuk...huhuhu...hjuuk...huhuhu...hjuuk...*。雌鸟鸣声相似但鼻音较重，参考 XC459731（Ireneusz Oleksik）。秋季发出一连串音量和音调均渐增的尖叫声。**分布**：古北界针叶林地区。在中国极罕见，*orientale* 亚种为东北地区留鸟，指名亚种为新疆北部留鸟。**习性**：偏昼行性。飞行时波状起伏，似啄木鸟。

514. 领鸺鹠　Collared Owlet　*Glaucidium brodiei*　lǐng xiūliú
15~17 cm

图版62　国二/LC

识别：极小而多横斑的鸮。虹膜黄色，颈环浅色，无耳羽束。上体浅褐色并具皮黄色泛红色横斑，顶冠和枕部灰色并具白色或皮黄色泛红色的小型"眼斑"，喉部白色并具褐色横斑，胸部和腹部皮黄色并具黑色横斑，腿部和臀部白色并具褐色纵纹。枕部有橙色和黑色的假眼。**鸣声**：昼夜发出圆润的单一哨音 *pho, pho-pho pho*，参考 XC408270（Sid Francis）。模仿其鸣声可非常容易地引来此鸟，亦会引来围攻其的小型雀鸟。**分布**：喜马拉雅山脉至中国南部、东南亚、苏门答腊岛和加里曼丹岛。在中国，常见于海拔 800 ~ 3500 m 间的各类森林，指名亚种为西藏东南部、华中、华东、西南、华南、东南和海南的留鸟，*pardalotum* 亚种见于台湾。**习性**：日间见于高树上，可通过鸣声或围攻的鸟群来发现。夜晚在高树凸显的树枝上狩猎。飞行时振翅极快。

515. 斑头鸺鹠 **Asian Barred Owlet** *Glaucidium cuculoides* bāntóu xiūliú
22~26 cm
图版62 国二/LC

识别：小型而布满横斑的棕褐色鸮。无耳羽束。上体棕栗色并具赭色横斑，沿肩羽有一道白线，下体几乎全褐并具赭色横斑，臀部白色，两胁栗色，白色颏纹明显，其下方为褐色和皮黄色领环。虹膜黄褐色。**鸣声：**不同于其他鸮类，晨昏时发出快速颤音，渐降调并升高音量，参考 XC165410（Peter Ericsson）。亦发出一种似犬吠的双哨音，渐提速并升高音量。**分布：**喜马拉雅山脉、印度东北部至中国南部和东南亚。在中国，于低海拔丘陵地区并不罕见，*austerum* 亚种见于西藏东南部，*rufescens* 亚种见于云南西部，*brugeli* 亚种见于云南南部，*persimile* 亚种见于海南，*whiteleyi* 亚种见于华中、华南和东南，偶见于山东。**习性：**常光顾庭园、村庄、原始林和次生林。主为夜行性，有时日间亦活动。多在晨昏鸣叫。

516. 纵纹腹小鸮 **Little Owl** *Athene noctua* zòngwénfù xiǎoxiāo
20~26 cm
图版62 国二/LC

识别：小型而无耳羽束的鸮。头顶平，双眼亮黄色而凝神。平而浅色的眉纹和宽阔的白色髭纹使其看似狰狞。上体褐色并具白色纵纹和点斑。下体白色并具褐色杂斑和纵纹。肩羽具两道白色或皮黄色横斑。跗跖白色并被羽。**鸣声：**日夜发出占域叫声，为拖长的上升 *kerwoo* 声。雌鸟以假嗓复以同样叫声，参考 XC454247（Murat Uyman）。亦发出响亮刺耳的 *keeoo* 或 *piu* 声。告警声为尖厉的 *kyitt, kyitt* 声。**分布：**西古北界、中东、东北非、中亚至中国东北。在中国为常见留鸟，广布于北部和西部的大部地区，高可至海拔 4600 m 处，*orientalis* 亚种见于新疆西部的喀什和天山地区，*ludlowi* 亚种见于西藏西部、南部和东部，*impasta* 亚种见于青海、甘肃和四川，*plumipes* 亚种见于甘肃西南部以东至山东，北至大兴安岭。**习性：**部分昼行性。体型矮胖而性好奇，常神经质地点头或转动。有时高高站立。振翅快速作波状起伏飞行。常立于篱笆和电线上。能悬停。

517. 横斑腹小鸮 **Spotted Owlet** *Athene brama* héngbānfù xiǎoxiāo
19~22 cm
图版62 国二/LC

识别：小型褐色鸮。无耳羽束，虹膜黄色。上体灰褐色，顶冠具小型白色点斑，两翼和背部具更大的白色点斑。浅皮黄色的颈环不完整。眉纹和喉部偏白色。下体偏白色，胸部和两侧具灰色横斑。下体无纵纹。比斑头鸺鹠的尾部稍短而头部显平。跗跖白色并被羽。**鸣声：**粗哑刺耳的 *chirurrr-chirurrr-chirurrr* 续以 *cheevak, cheevak, cheevak* 声，参考 XC418030（Sagar Adhurya），亦发出嘈杂而不连贯的尖叫声和似笑声。**分布：**伊朗南部至南亚次大陆、中国西南部和东南亚。在中国，*pulchra*（*poikila*）亚种为云南西双版纳地区的罕见留鸟，*ultra* 亚种见于西藏东南部。**习性：**集小群活动于稀树开阔地、农耕地和灌木丛。

518. 鬼鸮 **Boreal Owl** *Aegolius funereus* guǐ xiāo 23~26 cm 图版62 国二/LC

识别：具点斑的小型鸮。头部略显方形，具大型白色"眼镜"。眉纹上扬似惊讶表情，眼下具黑色点斑。下体白色并具污褐色纵纹。肩羽具大块白斑。与纵纹腹小鸮和体型小得多的花头鸺鹠的区别在于面部为白色。虹膜亮黄色，跗跖黄色并覆白色羽。**鸣声**：占域叫声为七八个快速的深沉哨音并于结束时上升的*popopopoppopapa*声，远距离外可闻，参考XC409144（Terje Kolaas）。亦作带鼻音的*ku-weeuk*声或尖厉的*chee-ak*声。雏鸟乞食时发出粗哑的爆破音叫声。**分布**：全北界北部。在中国罕见，*pallens*亚种为新疆西部天山的繁殖鸟或留鸟，*sibiricus*亚种为大兴安岭地区的繁殖鸟或留鸟，*beickianus*亚种为中国中北部的留鸟。可能还有其他分布。**习性**：营巢于啄木鸟的洞穴，有时为一雄多雌制。夜行性。栖于茂密的针叶林。

519. 鹰鸮 Brown Hawk Owl *Ninox scutulata* yīng xiāo
26~31 cm 图版62 国二/LC

识别：中型、眼大而似鹰的深色鸮。面部无明显特征。上体深褐色，下体皮黄色并具宽阔的红褐色纵纹，臀、颏和喙基的点斑均为白色。虹膜亮黄色，跗跖黄色。极似北鹰鸮（曾为该种亚种之一）但鸣声有异。**鸣声**：圆润的升调假嗓哨声*pu-ok*，第二音短促而调高，每1至2秒重复一次，有时持续很长时间，通常于晨昏时分，参考XC371369（Prateik Kulkarni）。**分布**：南亚次大陆、中国、东南亚、加里曼丹岛、苏门答腊岛和爪哇岛西部。在中国为海拔1500 m以下地区不常见留鸟，*burmanica*亚种见于华北、华中、华东、华南和海南，*lugubris*亚种见于西藏东南部。**习性**：黄昏前活跃于林缘地带。有时以家庭为群围绕林间空地觅食。不时鸣叫。

520. 北鹰鸮/日本鹰鸮 Northern Boobook *Ninox japonica* běi yīngxiāo
27~33 cm 图版62 国二/LC

识别：极似鹰鸮，曾作为其一个亚种，凭肉眼难辨，仅体色略浅且偏暖色。最好通过鸣声来区分。**鸣声**：双音*wor wor*声，间隔约1秒，持续很长时间，参考XC412334（Tsai-Yu Wu）。**分布**：繁殖于西伯利亚东北部、日本、中国东北和朝鲜半岛北部，越冬于大、小巽他群岛。在中国，指名亚种为东北地区夏候鸟，迁徙途经西南地区；*japonica*亚种繁殖于东北地区；*totogo*亚种为台湾包括兰屿和澎湖列岛的留鸟，但其有效性遭到质疑。**习性**：同鹰鸮。

521. 长耳鸮 Long-eared Owl *Asio otus* cháng'ěr xiāo
33~40 cm 图版61 国二/LC

识别：中型鸮。面部圆并为皮黄色，边缘为褐色和白色，具两只长而直立的"耳朵"（但通常不可见）。虹膜橙色并显呆滞。喙部以上的面部中央具明显的白色"X"字形纹。上体褐色并具暗色块斑及皮黄色和白色的点斑。下体皮黄色并具棕色杂纹及褐色纵纹或块斑。与短耳鸮的区别在于耳羽束较长、面部白色"X"字形纹较明显、下胸和腹部细纹较少、飞行时翼尖较细且褐色较浓、翼下白色较少。**鸣声**：雄鸟发出含糊的*werr*叫声，约2秒一次，参考XC456547（Ashley Banwell），雌鸟复以轻快鼻音*paah*，告警声为*kwek, kwek*，雏鸟乞食时发出悠长而哀伤的*peee-e*声。**分布**：全北界。在中国为北方地区常见留鸟和候鸟，指名亚种为新疆西部喀什和天山地区的留鸟，并繁殖于内蒙古东部和东北地区、青海南部、甘肃南部以及东北地区，迁徙途经中国大部地区，越冬于华南、东南地区沿海省份和台湾。**习性**：利用针叶林中的鸦科旧巢。夜行性。两翼长而窄，飞行从容，振翅如鸥。

522. 短耳鸮　Short-eared Owl　*Asio flammeus*　duǎn'ěr xiāo
35~40 cm　　　　　　　　　　　　　　　　　　　　图版61　国二/LC

识别：中型黄褐色鸮。翼长。面部明显并具短小的耳羽束但于野外不可见，虹膜亮黄色，眼圈暗色。上体黄褐色并布满黑色和皮黄色纵纹，下体皮黄色并具深褐色纵纹。飞行时黑色腕部明显。**鸣声**：飞行时发出 *kee-ak* 吠声，似打喷嚏，参考 XC443556（Karl-Birger Strann）。**分布**：全北界和南美洲，在东南亚为冬候鸟。在中国大部分地区为不常见候鸟，指名亚种繁殖于东北地区，越冬于华北以南海拔 1500 m 以下大部地区。**习性**：喜有草的开阔地区。

▎夜鹰目　CAPRIMULGIFORMES　蟆口鸱科　Podargidae　蟆口鸱
（1 属 1 种）

嘴裂甚宽阔、在森林底层和树枝间捕捉昆虫的夜行性鸟类。

523. 黑顶蟆口鸱 / 黑顶蛙口夜鹰　Hodgson's Frogmouth　*Batrachostomus hodgsoni*
hēidǐng mákǒuchī　22~27 cm　　　　　　　　　　　图版63　国二/LC

识别：不易被误认的中型夜鹰。体羽为斑驳的褐色、黑色和白色。嘴裂宽阔，双眼浅褐色而凝神。体羽具似树皮的保护色图案。雌鸟较雄鸟体羽偏棕色，喉、胸部具一块边缘黑色的大型白斑，体羽斑驳图案较少。本种为中国分布的唯一的蟆口鸱。**鸣声**：一连串轻柔的升调 *gwaaa* 声，参考 XC430318（Brian Cox），亦发出哀怨的降调哨音 *pheew*。**分布**：喜马拉雅山脉和东南亚。在中国为云南西南部和西藏东南部的不常见留鸟。**习性**：栖于海拔 1900 m 以下的常绿林和灌木丛。

▎夜鹰目　CAPRIMULGIFORMES　夜鹰科　Caprimulgidae　夜鹰
（2 属 7 种）

跗跖短的夜行鸟类，喙周具刚毛以在飞行中捕捉昆虫。白天伏于地面休息。

524. 毛腿耳夜鹰　Great Eared Nightjar　*Lyncornis macrotis*
máotuǐ ěryèyīng　31~40 cm　　　　　　　　　　　图版63　LC

识别：极大的夜鹰。体羽具深褐色横斑，耳羽束明显。顶冠皮黄色，较头部色淡。**鸣声**：响亮的三、四音哨声 *pit, pee-wheeoow*，第一音短、有时听不见，第二音更长、音调下降，第三音亦长并上扬，参考 XC371938（Rolf A. de By）。**分布**：印度至中国南部、东南亚、菲律宾和苏拉威西岛。在中国，*cerviniceps* 亚种偶见于云南西部。**习性**：似其他夜鹰。滑翔似鹃。喜林缘和开阔灌丛。黄昏时常见其于森林上空飞行。

525. 普通夜鹰　Grey Nightjar　*Caprimulgus indicus*　pǔtōng yèyīng
24~29 cm　　　　　　　　　　　　　　　　　　　　　　　图版63　LC

识别：中型偏灰色夜鹰。雄鸟似长尾夜鹰，但无锈色颈环，外侧四对尾羽具白色斑纹。雌鸟似雄鸟，区别在于皮黄色斑取代白色斑。**鸣声**：生硬、尖厉而高速重复的 *chuck* 声，每秒约六次并以 *chrrrr* 声结束，参考 XC182814（Jim Holmes），冬季几乎不叫。**分布**：南亚次大陆、中国、东南亚和菲律宾，越冬于印度尼西亚和新几内亚岛。在中国，*jotaka* 亚种繁殖于华东、华南大部地区，冬季南迁，迁徙时见于海南；*hazarae* 亚种为西藏东南部海拔 3300 m 以下的留鸟。**习性**：喜较开阔的山区森林和灌丛。典型的夜鹰式飞行，日间栖于地面或横枝上。

526. 欧夜鹰　Eurasian Nightjar　*Caprimulgus europaeus*　ōu yèyīng
24~28 cm　　　　　　　　　　　　　　　　　　　　　　　图版63　LC

识别：中型棕灰色夜鹰。体羽布满杂斑和纵纹，无耳羽束。雄鸟近翼尖处有小白点，飞行时可见外侧两对尾羽端部白色。雌鸟无白色。*plumipes* 亚种体色较浅，体羽皮黄色，三级飞羽具点斑，翼尖白点比指名亚种更大。*unwini* 亚种体羽色暗而偏灰，较指名亚种斑纹更少。*dementievi* 亚种体羽色浅而偏灰，多具纵纹。**鸣声**：飞行时的召唤声为短促的 *quoik* 声，常重复多次。可持续 10 分钟之久而无停顿，仅偶尔变调。告警声为 *chuk* 或 *chuk-ek*。雄鸟求偶炫耀时发出 *fee oorr-feeoorr-feeoorr...* 叫声，参考 XC637573（Agris Celmins）。**分布**：繁殖于欧洲、亚洲北部、中国北部、蒙古国和非洲西北部，越冬于非洲。在中国罕见，指名亚种繁殖于阿尔泰山脉，*unwini* 亚种繁殖于新疆西部的喀什和天山山脉西部地区，*plumipes* 亚种繁殖于天山山脉东部至甘肃西北部及内蒙古河套地区的荒漠之中，*dementievi* 亚种在内蒙古东北部呼伦湖地区应有分布。**习性**：于空中翻滚飞行追捕蛾类。雄鸟炫耀飞行为两翼张开并高举成"V"字形滑翔，尾部展开成一定角度。有时被当作猛禽遭雀鸟围攻。低掠过水面喝水，似雨燕。

527. 埃及夜鹰　Egyptian Nightjar　*Caprimulgus aegyptius*　āijí yèyīng
24~27 cm　　　　　　　　　　　　　　　　　　　　　　　图版63　LC

识别：通体沙灰色的中型夜鹰。上体斑驳，翼覆羽具皮黄色点斑，肩羽具黑褐色星形点斑，皮黄色颈环不甚明显。飞行时翼尖褐色远比上体更深，但翼下偏白色。两性相似，但雄鸟无白斑。偶见外侧两枚尾羽的偏白色狭窄羽端。与欧夜鹰浅色的 *plumipes* 亚种雌鸟的区别为肩羽图案不同且纵纹较少，停歇时翼上覆羽无浅皮黄色线条。飞行时显长而重。**鸣声**：鸣唱声为一连串快速的 *powrr* 声（每秒 3 至 4 个音节），持续数分钟，参考 XC412387（Yohay Wasserlauf）。亦发出一连串 *toc* 夹杂着短促的 *churrs* 声。告警声为 *tuk-l tuk-l*。亦作 *chuc chuc* 叫声及低吟声。**分布**：繁殖于西北非、中东至中亚，越冬于非洲亚热带地区。在中国，指名亚种偶见于新疆西部，但记录有效性存疑。**习性**：飞行时振翅幅度大而有力，滑翔时两翼平伸。晨昏时于地面鸣叫。

528. 中亚夜鹰　Vaurie's Nightjar　*Caprimulgus centralasicus*
zhōngyà yèyīng　19 cm　　　　　　　　　　　　　　图版63　LC

识别：小型浅色夜鹰。相关信息仅来自于一雌鸟标本。上体沙黄色并具深褐色点斑和网纹，无领环。尾部皮黄灰色并具六道不明显的褐色横斑和三道不明显的皮黄色横斑，外侧两枚尾羽羽端为皮黄白色。下体乳白色并具褐色细小横斑，喉侧具小块皮黄白色斑，翼下红褐色无白斑。**鸣声**：尚无记录。**分布**：据推测为新疆西南部特有种。罕见且知之甚少，可能为沿昆仑山下塔克拉玛干沙漠边缘多沙山麓地带的留鸟，但迄今仅记录于1929年的皮山县（固玛镇）。**习性**：据推测同本属其他种。**分类学订正**：最新研究认为本种可能为欧夜鹰之误认（Schweizer等，2020）。

529. 长尾夜鹰　Large-tailed Nightjar　*Caprimulgus macrurus*
chángwěi yèyīng　25~29 cm　　　　　　　　　　　图版63　LC

识别：较大的灰褐色夜鹰。外侧四枚初级飞羽中部具明显白斑，两对外侧尾羽羽端具宽阔白斑。雌鸟相应部位为皮黄色，喉部具白色横斑。**鸣声**：深沉的 *tchoink* 声，如两块石头相互敲击，以每秒两次的频率，续以呼噜声，参考XC455253（Meena Haribal），亦作低声噪叫。**分布**：南亚次大陆、东南亚、菲律宾、印度尼西亚、新几内亚岛和澳大利亚。在中国为海拔1200 m以下林缘和多树郊野包括红树林中的地区性常见鸟，*bimaculatus* 亚种见于云南南部和海南。**习性**：白天停歇于林缘或多树地区的地面有荫处。晨昏时分在树枝上或于飞行中鸣叫约半小时。捕食过程中常下至地面作短暂休息，常停于公路上。

530. 林夜鹰　Savanna Nightjar　*Caprimulgus affinis*　lín yèyīng
20~26 cm　　　　　　　　　　　　　　　　　　　图版63　LC

识别：较小的纯色夜鹰。雄鸟外侧尾羽白色，喉部具两块白斑。雌鸟体羽多棕色，但尾部无白斑。**鸣声**：于晨昏时分在飞行中不停地发出 *chweep* 哀鸣声，持续约半小时，参考XC436367（Lonnie Bregman）。**分布**：印度至中国南部、东南亚、苏拉威西岛、菲律宾和马来群岛。在中国为热带低海拔地区常见鸟，见于开阔干燥海滨地区，包括大城市，*amoyensis* 亚种为西藏东南部和华南地区的留鸟，*stictomus* 亚种为台湾的留鸟。**习性**：典型的夜鹰，白日栖于地面，或于城市高大建筑物的平坦顶部。捕食昆虫，常被城市灯光所吸引。

▎雨燕目　APODIFORMES　树燕科　Hemiprocnidae　树燕　（1属1种）

一小科仅分布于东南亚地区的鸟类，极似雨燕，但却栖于树上，两翼和尾部更长。巢极小，挂于枝头。仅产一枚白色卵。

531. 凤头树燕 / 凤头雨燕　Crested Treeswift　*Hemiprocne coronata*　fèngtóu shùyàn
23~25 cm　　　　　　　　　　　　　　　　　　　　　　　　图版64　国二 / LC

识别： 灰色树燕。似雨燕，尾长，两翼长而弯，具直立的凤头。上体深灰色，三级飞羽具八道灰色横纹，面部具黑色眼罩，下体灰色。雄鸟脸侧和耳羽具棕色块斑。未成年鸟体羽偏褐色，凤头极小，并具白色和深褐色鳞状纹。跗跖红色。**鸣声：** 响而粗的高音啼叫 *cher-tee-too-cher-tee-too-cher-tee-too*，有时略有变化，参考 XC439763 ［Somkiat Pakapinyo (Chai)］。**分布：** 南亚次大陆和东南亚。在中国罕见，为云南西部、南部和西藏东南部海拔 1000 m 以下地区的留鸟。**习性：** 喜常绿雨林林缘或林间空地。栖于光枝，觅食时作似蜂虎或燕鸥的盘旋飞行。

▌雨燕目　APODIFORMES　雨燕科　Apodidae　雨燕　（5 属 14 种）

世界性分布、飞行迅速的食虫鸟类。外表似燕类，但实与蜂鸟为近亲。其分类尚存在分歧。

532. 短嘴金丝燕　Himalayan Swiftlet　*Aerodramus brevirostris*
duǎnzuǐ jīnsīyàn　13~14 cm　　　　　　　　　　　　　　　图版64　LC

识别： 较小的偏黑色金丝燕。两翼长而钝，尾部略分叉。腰部颜色多样，从浅褐至偏灰色，下体浅褐色并具略深的纵纹。跗跖略微覆羽。*innominatus* 亚种比指名亚种腰部更偏灰色。*inopina* 亚种腰部色最深。*rogersi* 亚种体型比指名亚种略小，且腰部羽色仅略深于背部、下体较白、跗跖不被羽。**鸣声：** *chit chit* 声和低音嗒嗒声，参考 XC256353（Viral joshi）。**分布：** 喜马拉雅山脉至中国西南和中南部、东南亚以及爪哇岛西部。在中国，指名亚种见于西藏东南部和云南西北部，*innominatus* 亚种繁殖于华中而越冬于泰国南部，*rogersi* 亚种为云南西南部永德地区的罕见留鸟。**习性：** 集群快速飞行于开阔的山峰和山脊。营巢于岩石裂缝，巢材为苔藓，不可食用。

533. 戈氏金丝燕　Germain's Swiftlet　*Aerodramus germani*　gēshì jīnsīyàn
12~13 cm　　　　　　　　　　　　　　　　　　　　　　　图版64　国二 / NR

识别： 较小的深色金丝燕。尾部略分叉。上体黑褐色，腰部浅灰白色，尾部色深。下体灰褐色，腹部具浅色横斑。跗跖紫红色。**鸣声：** 常在繁殖地附近发出高调 *tscheerrr* 声，参考 XC290532（Peter Boesman）。**分布：** 中南半岛和马来西亚。在中国罕见，指名亚种繁殖于海南东南部的大洲岛，三个山洞中最多有 200 余个巢。亦可能见于南海的其他一些岛屿上。**习性：** 繁殖于海滨岩石裂缝。由唾液构成的浅黄色透明燕窝被采集用于羹汤。在黑暗洞穴中能以回声定位。**分类学订正：** 郑光美等将其视作爪哇金丝燕（*A. fuciphagus*）的一个亚种。

534. 白喉针尾雨燕　White-throated Needletail　*Hirundapus caudacutus*

báihóu zhēnwěiyǔyàn　19~21 cm　　　　　图版64　LC

识别：大型偏黑色雨燕。颏部、喉部和尾下覆羽均为白色，三级飞羽具小块白斑，背部褐色并具银白色马鞍状斑。与其他针尾雨燕的区别在于喉部白色。**鸣声**：相互追逐时发出高调颤音，参考 XC458628（Louis A. Hansen）。**分布**：繁殖于亚洲北部、中国和喜马拉雅山脉，越冬于澳大利亚和新西兰。在中国，*nudipes* 亚种繁殖于青海南部、西藏东部、四川和云南西北部，指名亚种繁殖于东北，迁徙时记录于华东、华南、海南和台湾。**习性**：快速飞越森林和山脊。有时于水面低飞觅食。

535. 灰喉针尾雨燕　Silver-backed Needletail　*Hirundapus cochinchinensis*

huīhóu zhēnwěiyǔyàn　19~21 cm　　　　图版64　国二/LC

识别：较大的偏黑色雨燕。背部马鞍状斑、腰部和略显短钝的针尾均为浅褐色，颏、喉部偏灰色，尾下覆羽白色。与白喉针尾雨燕的区别在于喉部偏灰色且三级飞羽无白色斑。眼先不白。跗跖暗紫色。**鸣声**：如流水般的 *trp-trp-trp-trp-trp* 声。**分布**：印度北部和西部、东南亚、苏门答腊岛和爪哇岛西部。在中国，指名亚种繁殖于海南和台湾，可能亦分布于西藏东南部喜马拉雅山脉地区。**习性**：似白喉针尾雨燕。

536. 褐背针尾雨燕　Brown-backed Needletail　*Hirundapus giganteus*

hèbèi zhēnwěiyǔyàn　21~26 cm　　　　　图版64　LC

识别：大型而敦实的雨燕。两翼长，飞行有力。上体深褐色并具略浅色的马鞍状斑。下体褐色，喉部亮褐色，尾下覆羽和两胁后部为明显的白色并呈马蹄铁状。近距离可见白色眉纹。未成年鸟体羽具鳞状斑，马蹄铁区域具褐色月牙状斑。和其他针尾雨燕的区别在于体型更大、喉部和腰部对比不甚明显以及宽大的白色马蹄铁状斑。**鸣声**：似虫鸣的颤音，参考 XC97294（Frank Lambert）。**分布**：印度南部、中南半岛、大巽他群岛和菲律宾巴拉望。在中国，*indicus* 亚种为云南西部至香港和华南沿海的罕见留鸟，可能亦分布于海南。**习性**：同白喉针尾雨燕，见于海拔 1800 m 以下的林地。

537. 紫针尾雨燕　Purple Needletail　*Hirundapus celebensis*

zǐ zhēnwěiyǔyàn　24~25 cm　　　　　　图版64　LC

识别：大型而敦实的雨燕。两翼长，飞行有力。极似褐背针尾雨燕，曾作为其一亚种。具白色眉纹和更窄的白色马蹄铁状斑，背部泛紫色金属光泽。**鸣声**：据推测似褐背针尾雨燕。**分布**：菲律宾和苏拉威西岛北部的不常见留鸟。在中国，夏候鸟记录于台湾南部。**习性**：似其他针尾雨燕，捕食甲虫和其他昆虫，栖于海拔 2000 m 以下的森林和山区。

538. 棕雨燕　Asian Palm Swift　*Cypsiurus balasiensis*　zōng yǔyàn

11~12 cm　　　　　　　　　　　　　图版65　LC

识别：小型而修长的雨燕。通体深褐色。与金丝燕的区别在于两翼较大而窄、尾部

166

分叉较深。**鸣声**：常发出高调的 *cheereecheet* 声，参考 XC25946（Mike Nelson）。**分布**：印度、中国、东南亚、大巽他群岛、苏拉威西岛和菲律宾。在中国，*infumatus* 亚种为广西和云南的热带地区以及海南境内海拔 1500 m 以下有棕榈树区域的地区性常见鸟。**习性**：其分布与蒲葵属（*Livistona*）植物密切相关，营巢和停歇于该属植物，巢紧贴于其树叶下。

539. 高山雨燕　Alpine Swift　*Tachymarptis melba*　gāoshān yǔyàn
20~23 cm　　　　　　　　　　　　　　　　　　　　　　　　　图版65　LC

识别：大型雨燕。尾略分叉，白色喉部和胸部中间有一道深褐色的横带。两翼极宽。**鸣声**：快速的 *chit rit rit rit rit it it itititit chet et et et et...*，不及普通楼燕刺耳，参考 XC383063（Samuel Büttler）。**分布**：繁殖于东南欧、北非、中东、中亚、喜马拉雅山脉和印度，越冬于非洲热带地区。在中国为罕见候鸟，*nubifuga* 亚种见于喜马拉雅山脉海拔 2500 m 以下地区，分布于西藏南部和东南部，亦记录于（可能为 *tuneti* 亚种）新疆中部和西藏西北部。**习性**：栖于多山地区。振翅频率相对较低。

540. 普通楼燕／普通雨燕　Common Swift　*Apus apus*　pǔtōng lóuyàn
16~19 cm　　　　　　　　　　　　　　　　　　　　　　　　　图版65　LC

识别：大型雨燕。通体暗色，尾部中等分叉，喉部色浅。额部比顶冠色浅，两翼外侧较内侧色浅。**鸣声**：尖厉的 *srrreeee* 高叫，参考 XC439239（Jorge Leitão）。**分布**：繁殖于古北界，越冬于非洲南部。在中国于繁殖区内极常见，*pekinensis* 亚种繁殖于北方大部地区，南至四川，迁徙途经华东和西部地区。**习性**：集群营巢于屋檐下或石崖上。巢材为泥。群居，常高速转弯并高声鸣叫。

541. 白腰雨燕　Pacific Swift　*Apus pacificus*　báiyāo yǔyàn
17~20 cm　　　　　　　　　　　　　　　　　　　　　　　　　图版65　LC

识别：不易被误认的、较大的污褐色雨燕。尾长而分叉较深，颏部偏白，腰部具白斑。与小白腰雨燕的区别在于体大而色淡、喉色较深、腰部白色马鞍状斑较窄、体型较细长且尾部分叉。**鸣声**：嗡嗡声或叽喳声，亦作长长的高音尖叫 *skree-ee-ee*，参考 XC132444（Fernand Deroussen）。**分布**：繁殖于西伯利亚和东亚，迁徙途经东南亚，至印度尼西亚、新几内亚岛和澳大利亚越冬。在中国为常见夏候鸟，指名亚种繁殖于东北、华北、华东、西藏东部和青海，迁徙时见于华南、台湾、海南及新疆西北部，*kanoi* 亚种繁殖于华中、西南、华南、东南和台湾。**习性**：集群活动于开阔地区，常与其他雨燕混群。飞行比针尾雨燕速度慢，觅食时做不规则的振翅和转弯。

542. 青藏白腰雨燕　Salim Ali's Swift　*Apus salimali*　qīngzàng báiyāoyǔyàn
17~20 cm　　　　　　　　　　　　　　　　　　　　　　　　　图版65　NR

识别：较大的深褐色雨燕。尾长而分叉较深，颏部偏白，腰部具白斑。极似白腰雨燕，区别在于尾部更长且分叉更深、腰部白斑较窄、喉部斑块较窄且下体色深。**鸣声**：尖厉的叽喳声，似白腰雨燕，参考 XC191663（Mike Nelson）。**分布**：喜马拉雅山脉东部至中国西南部。在中国，为西藏东南部、青海南部、云南西北部和四川西部海拔 4000 m 以下地区的常见夏候鸟。**习性**：同白腰雨燕，曾作为其一亚种。

---

543. 印支白腰雨燕　Cook's Swift　*Apus cooki*　yìnzhī báiyāoyǔyàn
17~20 cm

图版65　NR

识别：较大的暗褐色雨燕。尾长而分叉较深，颏部浅色。似白腰雨燕，区别在于腰部白斑窄得多。**鸣声**：似云雀的高调尖叫声，参考 XC132941（Mike Nelson）。**分布**：印度东北部至缅甸和泰国。在中国，见于广东、广西、贵州和云南等省份。**习性**：同白腰雨燕。**分类学订正**：有时被视作白腰雨燕或暗背雨燕的一个亚种。

---

544. 暗背雨燕　Dark-rumped Swift　*Apus acuticauda*　ànbèi yǔyàn
16~18 cm

图版65　VU

识别：较大的暗褐色雨燕。尾长而分叉较深，颏部浅色。似白腰雨燕，区别在于腰部无白色。**鸣声**：似云雀的高调尖叫声，参考 XC37532（David Farrow）。**分布**：印度东北部至缅甸和泰国。在中国，迷鸟记录于云南西南部海拔 1500 m 处，繁殖于不丹东部，在中国西藏东南部亦有可能繁殖。**习性**：同白腰雨燕，喜有瀑布的峡谷。

---

545. 小白腰雨燕　House Swift　*Apus nipalensis*　xiǎo báiyāoyǔyàn
13~15 cm

图版65　LC

识别：中型偏黑色雨燕。喉、腰部白色，尾部凹形不分叉。与体型较大的白腰雨燕区别在于体色较深、喉部和腰部更白、尾部近乎平切。**鸣声**：飞行时发出响亮而高亢的快速重复颤音 *der-der-der-dit-derdiddiddoo*，夜栖前尤为如此，参考 XC399517（Zeidler Roland）。**分布**：喜马拉雅山脉东部、中国南部、日本、东南亚、菲律宾、苏拉威西岛和大巽他群岛。在中国为海拔 1500 m 以下地区常见留鸟和候鸟，*nipalensis* 亚种繁殖于南方大部地区和海南，*kuntzi* 亚种为台湾的留鸟。**习性**：集大群活动，觅食于开阔地上空，飞行平稳。营巢于屋檐下、悬崖上或洞口。

▎咬鹃目　TROGONIFORMES　咬鹃科　Trogonidae　咬鹃
（1 属 3 种）

体色艳丽的中型鸟类，喙和两翼均短，但尾部长而宽，体羽蓬松，两趾向后。

---

546. 橙胸咬鹃　Orange-breasted Trogon　*Harpactes oreskios*
chéngxiōng yǎojuān　25~31 cm

图版66　国二/LC

识别：小型褐色、橙色咬鹃。头、颈、胸部偏绿色（雄鸟）或灰色（雌鸟）或棕色（未成年鸟），腹部橙色。眼周裸露皮肤蓝色。**鸣声**：雄鸟鸣唱声为五音一拍的 *kek tau-*

tau-tau-tau,参考 XC350878［Somkiat Pakapinyo (Chai)］,亦发出粗哑的 *kek-kek-kek-kek* 声反复鸣叫。**分布**:中国南部、东南亚、加里曼丹岛、苏门答腊岛和爪哇岛。在中国,*stellae* 亚种为云南南部海拔 1500 m 以下地区的罕见留鸟。**习性**:独居但嘈杂,易见于雨林下层。

547. 红头咬鹃　Red-headed Trogon　*Harpactes erythrocephalus*
hóngtóu yǎojuān　31~35 cm　　　　　　图版66　国二/LC

识别:大型咬鹃。雄鸟头部红色。枕部无颈环,胸部红色并具狭窄的白色月牙状斑。雌鸟与其他咬鹃雌鸟的区别在于腹部红色、胸部具白色月牙状斑,而与所有咬鹃雄鸟的区别在于头部黄褐色。虹膜褐色,眼周裸露皮肤蓝色,喙偏蓝色,跗跖偏粉色。**鸣声**:重复的圆润 *tiaup* 声,亦作一串 *tewirrr* 声和刺耳的噪叫声,参考 XC324643(Frank Lambert)。**分布**:喜马拉雅山脉至中国南部、东南亚和苏门答腊岛。在中国为热带和亚热带森林海拔 2400 m 以下地区的罕见留鸟,*yamakanensis* 亚种见于中国中南部,*helenae* 亚种见于西藏东南部和云南极西部,指名亚种见于云南南部地区怒江和澜沧江之间,*intermedius* 亚种见于云南东南部,*hainanus* 亚种见于海南。**习性**:在密林中的低枝上捕猎。

548. 红腹咬鹃　Ward's Trogon　*Harpactes wardi*　hóngfù yǎojuān
35~38 cm　　　　　　　　　　　　　图版66　国二/NT

识别:大型绯红色和栗色咬鹃。雄鸟头部、上胸、上体和中央尾羽均为栗褐色,两翼偏黑色,初级飞羽羽缘白色,额部和顶冠红色,下胸至尾下覆羽均为粉红色。外侧尾下覆羽绯红色。眼周裸露皮肤蓝色。雌鸟似雄鸟,但体羽深色部位较灰暗,浅色部位为樱草黄色而非粉色。喙粉色。**鸣声**:响亮而快速的圆润 *klew* 声,渐提速并降调,与红头咬鹃截然不同,参考 XC426598(Peter Boesman)。告警声为 *whirr-ur*。**分布**:喜马拉雅山脉东部至印度东北部,缅甸东北部和越南东北部。在中国为云南西部和西北部及西藏东南部海拔 1600 ~ 3000 m 地区的罕见留鸟。可能亦见于云南东南部的金屏地区,为越南西北部番西邦种群的一部分。**习性**:栖于山区常绿林。典型咬鹃习性。

▌佛法僧目　CORACIIFORMES　佛法僧科　Coraciidae　佛法僧
（2属3种）

中型、艳丽而翼长的鸟类,似鸦,喙粗壮尖利,主要以大型昆虫为食。

549. 棕胸佛法僧　Indochinese Roller　*Coracias affinis*　zōngxiōng fófǎsēng
30~35 cm　　　　　　　　　　　　　图版66　LC

识别:较大的蓝灰色佛法僧。黑色的喙细而下弯。停栖时此鸟看似暗淡,但近距离观察其头顶、尾部覆羽和两翼为华美的青蓝色组合，喉部淡紫色偏蓝色，翕部上方和部分飞羽为灰色，背部和中央尾羽为暗绿色。飞行时两翼和尾部鲜艳蓝色甚明显。与三宝鸟的区别在于喙黑色，与蓝胸佛法僧的区别在于头、胸部蓝色较少。**鸣声：**粗哑似鸦的 *chak chak* 声，参考 XC214459（Peter Ericsson）。**分布：**印度东北部、东南亚和中国西南部。在中国，为华南、西南和西藏南部开阔原野和农田中的偶见鸟。**习性：**同蓝胸佛法僧。

550. 蓝胸佛法僧　European Roller　*Coracias garrulus*　lánxiōng fófǎsēng
29~32 cm　　　　　　　　　　　　　　　　　　　　　图版66　LC

识别：较大的佛法僧。头部、下体和翼上覆羽为明亮的天蓝色，飞羽黑色，翕部和三级飞羽粉棕色。**鸣声：**粗哑的 *chack-ack* 声，重音在第一音，声如寒鸦或喜鹊。亦作似松鸦的 *rrak-rrak, rrak-rehh* 声，参考 XC185305（Albert Lastukhin）。**分布：**繁殖于欧洲至中亚，越冬于非洲和印度。在中国罕见，*semenowi* 亚种迁徙时记录于新疆西北部、西部以及西藏西部，可能亦繁殖。**习性：**从树枝上俯冲而下捕食昆虫。求偶炫耀飞行如凤头麦鸡般上下翻飞。

551. 三宝鸟　**Dollarbird**　*Eurystomus orientalis*　sānbǎoniǎo
26~32 cm　　　　　　　　　　　　　　　　　　　　　图版66　LC

识别：中型深色佛法僧。具宽阔的红色喙（未成年鸟为黑色）。通体暗蓝灰色，但喉部为亮蓝色。飞行时可见两翼中心对称的亮蓝色圆圈状斑，故得其英文名（Dollarbird）。喙珊瑚红色而喙端黑色，跗跖橙色或红色。**鸣声：**飞行中或停于枝头时发出粗 *kreck-kreck*，参考 XC436718（Marc Anderson）。**分布：**东亚、东南亚、日本、菲律宾、印度尼西亚、新几内亚岛和澳大利亚。广布但不常见，多见于海拔1200 m 以下的林缘地区。在中国，*cyanicollis* 亚种繁殖于东北至西南及海南，偶见于台湾。北方种群冬季南迁，南方种群为留鸟。**习性：**从近林开阔地的枯树上起飞觅食，飞行姿势似夜鹰，怪异、笨重，盘旋并拍打双翼。

▌佛法僧目　CORACIIFORMES　翠鸟科　Alcedinidae　翠鸟　（7属11种）

体色艳丽的鸟类，跗跖和尾部短，头部大，并具强壮的长喙，捕食昆虫、小型脊椎动物和鱼类。营巢于洞穴中。

552. 鹳嘴翡翠　**Stork-billed Kingfisher**　*Pelargopsis capensis*
guànzuǐ fěicuì　35~41 cm　　　　　　　　　　　　　　图版67　国二/LC

识别：非常大的翡翠。背部蓝色，具硕大的红色喙，顶冠、脸侧和颈部后方为灰棕色。下体橙色偏粉色。喙和跗跖红色。**鸣声：**响亮而尖厉的 *wiak-wuk* 似笑声，告警声为粗嚎，参考 XC425054（Sreekumar Chirukandoth）。**分布：**印度、东南亚、菲律宾和马来群岛。在中国为云南南部西双版纳地区的罕见迷鸟。**习性：**常栖于大型河流沿岸。

553. 赤翡翠　Ruddy Kingfisher　*Halcyon coromanda*　chì fěicuì
25~27 cm

图版67　LC

识别：中型的紫色和棕色翡翠。上体为鲜亮的棕紫色，和浅蓝色腰部形成对比；下体棕色。喙、跗跖橙红色。**鸣声**：快速而圆润的双音节或三音节叫声，速度渐缓，参考 XC420533（Yann Muzika）。**分布**：广布于印度至日本、中国、东南亚、菲律宾及印度尼西亚。在中国，指名亚种为云南南部地区罕见留鸟，推测可能亦分布于西藏东南部；*major* 亚种为吉林长白山地区罕见繁殖鸟，越冬于北纬 33° 以南的华东沿海；*bangsi* 亚种为台湾和兰屿的罕见留鸟。**习性**：栖于沿海森林、沼泽森林、红树林或林中溪流和水塘。

554. 白胸翡翠　White-throated Kingfisher　*Halcyon smyrnensis*
báixiōng fěicuì　26~29 cm

图版67　国二/LC

识别：较大的蓝色和褐色翡翠。颏、喉、胸部白色。头、颈和下体余部褐色，翕部、两翼和尾部亮蓝色（晨光中看似青绿色），翼上覆羽和翼尖黑色。喙深红色，跗跖红色。**鸣声**：飞行或停歇时发出响亮的降调 *kee kee kee kee* 尖叫声，参考 XC431504（Brian Cox），亦作沙哑的 *chewer chewer chewer* 声。**分布**：中东、印度、中国、东南亚、菲律宾、安达曼群岛和苏门答腊岛。在中国北纬28° 以南包括海南岛在内的海拔 1200 m 以下大部地区为较常见的留鸟，迷鸟见于台湾。**习性**：性活泼而嘈杂，觅食于旷野、河流、池塘及海边。

555. 蓝翡翠　Black-capped Kingfisher　*Halcyon pileata*　lán fěicuì
26~31 cm

图版67　LC

识别：大型蓝、白、黑色翡翠。头黑为其重要特征。翼上覆羽黑色，上体余部为亮丽华贵的蓝紫色。两胁和臀部沾棕色。飞行时白色翼斑明显。喙、跗跖红色。**鸣声**：降调的尖声大叫，参考 XC401028（Harishchandra Mhatre）。**分布**：繁殖于中国和朝鲜半岛，冬季南迁，远至印度尼西亚。在中国为从辽宁至甘肃的华东、华中、华南大部地区以及东南部包括海南等地区的夏候鸟，在台湾为迷鸟，于海拔 600 m 以下的清澈河流边并不罕见，北方冬季南迁。**习性**：喜大河流两岸、河口及红树林。栖于河面上方的枝头。较白胸翡翠更偏好河流生境。

556. 白领翡翠　Collared Kingfisher　*Todirhamphus chloris*　báilǐng fěicuì
22~25 cm

图版67　LC

识别：中型蓝、白色翡翠。顶冠、两翼、背部和尾部呈亮蓝绿色，贯眼纹黑色，喙基上方具白点。白色的颈环和下体为其重要特征。上喙深灰色，下喙浅灰色,跗跖灰色。**鸣声**：降调的粗声啼叫 *chewchewchew* 或双音 *chewchew, chewchew, chewchew* 声，参考 XC376316（Karyadi Baskoro）。**分布**：南亚、东南亚、印度尼西亚至新几内亚岛和澳大利亚。为海滨地区常见翡翠，但在中国仅为边缘分布，记录于江苏沿海，可能分布于南沙群岛。**习性**：栖于岩石或树上，觅食于沿海或近水开阔区域，包括庭院、城镇和种植园。

557. 蓝耳翠鸟　Blue-eared Kingfisher　*Alcedo meninting*　lán'ěr cuìniǎo
15~17 cm
图版67　国二/LC

识别：小型翠鸟。背部亮蓝色。背部金属蓝色较普通翠鸟更深，下体为鲜艳的橙红色，蓝色耳羽为其重要特征。颈侧具白色块斑。跗跖红色。**鸣声**：飞行时常发出高音调的 *chiet* 声，停歇时发出快速的叽喳声，参考 XC359531（Peter Boesman）。**分布**：印度、中国、东南亚、菲律宾和印度尼西亚。在中国为云南南部海拔 1000 m 以下地区的罕见留鸟。**习性**：似普通翠鸟，但更喜多树地带。

558. 普通翠鸟　Common Kingfisher　*Alcedo atthis*　pǔtōng cuìniǎo
15~17 cm
图版67　LC

识别：小型的亮蓝色和棕色翠鸟。上体浅蓝绿色并泛金属光泽，颈侧具白色点斑，下体橙棕色，颏部白色。幼鸟体色暗淡，具深色胸带。橘色的贯眼纹和耳羽为本种区别于蓝耳翠鸟和斑头大翠鸟的重要特征。**鸣声**：拖长的 *tea-cher* 尖叫声，参考 XC104846（Frank Lambert）。**分布**：广布于欧亚大陆、东南亚、印度尼西亚至新几内亚岛。在中国，指名亚种繁殖于天山，越冬在西藏西部较低海拔地区；*bengalensis* 亚种为海拔 1500 m 以下地区常见留鸟，分布于包括海南和台湾在内的东北、华东、华中、华南、西南大部地区。**习性**：常出没于开阔郊野的淡水湖泊、溪流、运河、鱼塘和红树林。栖于岩石或水面上方的枝头上，不断点头观察鱼类，钻入水中捕猎。

559. 斑头大翠鸟　Blyth's Kingfisher　*Alcedo hercules*　bāntóu dàcuìniǎo
22~23 cm
图版67　国二/NT

识别：中型的亮蓝色和棕色翠鸟。似普通翠鸟但体型更大，顶冠、枕部和头侧色深近黑色。与普通翠鸟的区别为眼先和眼下具皮黄色点斑，颈侧具皮黄色条纹，耳羽偏黑并具银蓝色细纹。**鸣声**：似普通翠鸟，但音调更低沉，参考 XC324634（Frank Lambert）。**分布**：印度东北部、缅甸、中国南部和中南半岛。在中国为西藏东南部、云南南部、海南和华南地区的留鸟，偶至海拔 900 m 地区。**习性**：见于森林中较大溪流的有荫区域。

560. 三趾翠鸟　Oriental Dwarf Kingfisher　*Ceyx erithaca*　sānzhǐ cuìniǎo
12~14 cm
图版67　LC

识别：极小的红黄色翠鸟。下体亮黄色，背部和翼上覆羽蓝黑色。喙、跗跖红色。**鸣声**：飞行时发出 *tsriet* 或 *tsie-tsie* 高哨音，参考 XC321546（Shashikant S Naik）。**分布**：印度、缅甸、马来群岛和菲律宾。在中国为云南南部、海南以及西藏东南部海拔 1500 m 以下森林中的不常见鸟。**习性**：栖于林中，多近溪流。在低矮树枝间高速飞行捕食昆虫或其他小型猎物。**分类学订正**：棕色型一般独立成种，称为棕背三趾翠鸟（*C. rufidorsus*），曾记录于锡金，故可能会出现在西藏东南部和云南南部。

561. 冠鱼狗 Crested Kingfisher *Megaceryle lugubris* guān yúgǒu
37~42 cm   图版67   LC

识别：非常大的黑白色鱼狗。具蓬松的羽冠。上体青黑色并具白色横斑和点斑，羽冠亦如此。大块白斑由颊部延至颈侧，下有黑色髭纹。下体白色，胸部具黑色斑纹，两胁具皮黄色横斑。雄鸟翼下覆羽白色，雌鸟翼下覆羽黄棕色。喙、跗跖黑色。**鸣声**：飞行时作尖厉刺耳的 *aeek* 叫声，参考 XC404507（Anon Torimi）。**分布**：喜马拉雅山脉和印度北部山麓地带、中南半岛北部、中国南部和东部。在中国，*guttulata* 亚种为华中、华东、华南、海南海拔 2000 m 以下地区的偶见留鸟，指名亚种不常见于辽宁。**习性**：常光顾流速快、多砾石的清澈河流和溪流。栖于大块岩石。飞行缓慢有力，极少悬停。

562. 斑鱼狗 Pied Kingfisher *Ceryle rudis* bān yúgǒu 27~30 cm   图版67   LC

识别：中型黑白色鱼狗。与冠鱼狗的区别在于体型较小、羽冠较小并具明显的白色眉纹。上体黑色并具白点。初级飞羽及尾羽基部白色、羽端黑色。下体白色，上胸具黑色宽阔条带，其下具狭窄黑斑。雌鸟胸带不如雄鸟宽。虹膜褐色，喙、跗跖黑色。**鸣声**：尖厉哨声，参考 XC366176（Frank Lambert）。**分布**：印度东北部、斯里兰卡、缅甸、中国、中南半岛和菲律宾。在中国，*insignis* 亚种为东南和海南地区湖泊及池塘中的甚常见留鸟，*leucomelanura* 亚种为云南西部和南部的偶见留鸟，可能也出现于西藏东南部。**习性**：成对或集群活动于较大水体及红树林，常悬停于水面上空觅食。

▎佛法僧目 CORACIIFORMES 蜂虎科 Meropidae 蜂虎（2属8种）

体羽艳丽、主基调为绿色的鸟类。跗跖短，轮廓修长而优雅，具细长而弯曲的喙，两翼长而尖，部分种类具延长的中央尾羽。

563. 蓝须夜蜂虎 / 蓝须蜂虎 Blue-bearded Bee-eater *Nyctyornis athertoni*
lánxū yèfēnghǔ   29~33 cm   图版68   国二/LC

识别：中型森林性蜂虎。体羽绿色，具蓬松的蓝色胸羽，喙厚重而下弯。成鸟顶冠偏蓝色，腹部棕黄色并具绿色纵纹。尾羽下方黄褐色。未成年鸟通体绿色。虹膜橙色，喙偏黑色，跗跖暗绿色。**鸣声**：低沉的咕咕喉音和平调的 *kirrr-r-r-r* 啭鸣，参考 XC298377（Mandar Bhagat）。**分布**：喜马拉雅山脉、印度北部、中国南部和东南亚。在中国，为海拔 1800 m 以下原始林和次生林中的不常见留鸟，指名亚种见于西藏东南部、云南西部和南部，*brevicaudata* 亚种见于海南。**习性**：栖于高大森林上中层。悄无声息地从高处觅食。停歇时尾部扇开或抽动。较其他蜂虎更偏森林性。

564. 绿喉蜂虎　Green Bee-eater　*Merops orientalis*　lǜhóu fēnghǔ
18~20 cm　　　　　　　　　　　　　　　　　图版68　国二/LC

识别：小型绿色蜂虎。中央尾羽延长，顶冠和枕部铜色，喉部和脸侧淡蓝色，前领黑色。与栗头蜂虎的区别在于喉部蓝色、中央尾羽延长。与蓝喉蜂虎的区别在于尾部和腹部绿色、前领黑色。虹膜绯红色，喙褐黑色，跗跖黄褐色。**鸣声**：比其他蜂虎更高的金属般颤音。停栖或飞行时发出响铃般悦耳的 *tree-tree-tree* 或 *tit-tit-tit* 声，参考 XC425472（Peter Boesman）。**分布**：非洲、中东至中国西南部和东南亚。在中国不常见，繁殖于云南西部和南部的低海拔地区。**习性**：栖于海拔 1500 m 以下的干燥开阔原野。集小群从枯树上觅食。喜沙浴。

565. 蓝颊蜂虎　Blue-cheeked Bee-eater　*Merops persicus*　lánjiá fēnghǔ
28~32 cm　　　　　　　　　　　　　　　　　图版68　国二/LC

识别：中型（延长中央尾羽达 7 cm）绿色蜂虎。额部白色。通体亮绿色，两翼、尾部蓝色，黑色贯眼纹上方具淡蓝色眉纹、下方具偏白色条带。颏部黄色，喉部栗色，颊部具蓝色块斑，黑色喙细长，尾部比栗喉蜂虎更偏绿色。**鸣声**：似黄喉蜂虎的一连串 *dirrip* 声，每秒两音，参考 XC445349（Oscar Campbell）。**分布**：繁殖于北非、中东、南亚次大陆、哈萨克斯坦，越冬于非洲南部。在中国，迷鸟记录于新疆南部。**习性**：栖于荒漠和半荒漠中的近水源地带。

566. 栗喉蜂虎　Blue-tailed Bee-eater　*Merops philippinus*　lìhóu fēnghǔ
25~36 cm　　　　　　　　　　　　　　　　　图版68　国二/LC

识别：较大（包括延长的中央尾羽）、体态优雅的蜂虎。黑色的贯眼纹上下均为蓝色，头部和翕部绿色，腰部、尾部蓝色，颏部黄色，喉部栗色，腹部浅绿色。飞行时可见翼下橙色。**鸣声**：飞行时发出哀怨颤音 *kwink-kwink, kwink-kwink, kwink-kwink-kwink*，参考 XC430259（Brian Cox）。**分布**：繁殖于南亚、菲律宾、苏拉威西岛和新几内亚岛，越冬于巽他群岛。在中国，指名亚种繁殖于西藏东南部、四川南部、云南、广西和广东，在海南为留鸟，常见于海拔 1200 m 以下开阔生境。**习性**：集群聚于开阔地觅食。栖于裸露树枝或电线上，优雅地迂回滑翔捕食昆虫。较其他蜂虎更善于在空中捕食。常集群叽喳高叫从头顶飞过。

567. 彩虹蜂虎　Rainbow Bee-eater　*Merops ornatus*　cǎihóng fēnghǔ
19~21 cm　　　　　　　　　　　　　　　　　图版68　国二/LC

识别：较小（包括延长的中央尾羽）的蜂虎。似栗喉蜂虎但体型更小，顶冠后方和飞羽为栗色。下腹和尾下覆羽蓝色，尾羽深蓝色。成鸟喉部下方具明显的黑色前领。飞行时可见翼下橙色并具狭窄黑色后翼缘。**鸣声**：停栖或飞行时发出笛音和颤音，参考 XC377149（Greg McLachlan）。**分布**：繁殖于澳新界，在南半球的冬季迁徙远至苏拉威西岛。在中国，迷鸟记录于台湾。**习性**：同栗喉蜂虎。

568. 蓝喉蜂虎　Blue-throated Bee-eater *Merops viridis*　lánhóu fēnghǔ
21~32 cm　　　　　　　　　　　　　　　　　　　　图版68　国二/LC

识别：中型（包括延长的中央尾羽）的偏蓝色蜂虎。成鸟顶冠和翕部巧克力色，贯眼纹黑色，双翼蓝绿色，腰部和延长尾羽浅蓝色，下体浅绿色，喉部蓝色为其重要特征。未成年鸟无延长尾羽，头部和翕部绿色。虹膜红色或褐色，喙黑色，跗跖灰色或褐色。**鸣声**：飞行时发出 *kerik...kerik...kerik* 的快速颤音，参考 XC359883（Peter Boesman）。**分布**：中国南部、东南亚、大巽他群岛和菲律宾。在中国，指名亚种为湖北及长江以南的不常见夏候鸟，在海南为留鸟。**习性**：喜近海低洼处的开阔原野和林地。繁殖期群鸟聚于沙地。较栗喉蜂虎更少滑翔和飞行，而多在停歇处等待过往昆虫。

569. 栗头蜂虎　Chestnut-headed Bee-eater *Merops leschenaulti*
lìtóu fēnghǔ　20~23 cm　　　　　　　　　　　　　　　图版68　国二/LC

识别：较小的绿色和棕色蜂虎。无延长尾羽。顶冠、枕部和翕部亮栗色，两翼和尾部绿色，腰部亮蓝色，喉部黄色而边缘栗色，黑的前领过上颊，腹部浅绿色，贯眼纹黑色。飞行时可见翼下橙色。**鸣声**：飞行时发出流水般悦耳颤音 *kree-kree-weet - weet-weet*，有时略有变化，参考 XC319789（Marc Anderson）。**分布**：南亚、东南亚和大巽他群岛。在中国，指名亚种繁殖于西藏东南部和云南西部，常见于海拔1200 m 以下的开阔林地。**习性**：典型的蜂虎习性。

570. 黄喉蜂虎　European Bee-eater *Merops apiaster*　huánghóu fēnghǔ
25~29 cm　　　　　　　　　　　　　　　　　　　　图版68　LC

识别：中型、色彩亮丽的蜂虎。金色背部明显。喉部黄色，具狭窄的黑色前领，下体余部蓝色。颈部、顶冠和枕部栗色。幼鸟无延长尾羽，背部绿色。虹膜红色，喙黑色。**鸣声**：悠长的重复 *kruuht* 叫声，参考 XC430815（Joost van Bruggen）。**分布**：南欧、北非、中东、中亚和南亚次大陆西北部，冬季迁至其分布区南部越冬。在中国，为天山西部和新疆极北部的罕见鸟。**习性**：集群优雅地飞行于开阔原野上空，觅食昆虫。振翅极快。

▌ **犀鸟目　BUCEROTIFORMES　戴胜科　Upupidae　戴胜　（1属1种）**

体色鲜明、羽冠竖立、喙长而弯的鸟类。

571. 戴胜　Common Hoopoe *Upupa epops*　dàishèng　25~31 cm　　图版66　LC

识别：不易被误认的中型鸟类。体色鲜明，具长而耸立的粉棕色丝状冠羽，顶端黑色。头部、翕部、肩羽和下体粉棕色，两翼和尾部具黑白相间的条纹。喙长且下弯。指名亚种冠羽黑色顶端下方具白色次端斑。**鸣声**：低柔的单音调 *hoop-hoop hoop* 声，同时上下点头，参考 XC411918（Jarek Matusiak）。**分布**：非洲北部、欧亚大陆、中南半岛、东南亚至苏门答腊岛。在中国为常见留鸟和候鸟，于海拔 3000 m 以下大部地区均有分布，指名亚种繁殖于新疆西部，*longirostris* 亚种为云南南部、广西、海南的留鸟，*saturata* 亚种繁殖于中国其余地区包括新疆南部，北方种群冬季南迁至长江以南，偶见于台湾。**习性**：性活泼，喜开阔潮湿地面，长长的喙在地面翻动觅食。受惊时冠羽立起，起飞后放平。

▎犀鸟目 BUCEROTIFORMES 犀鸟科 Bucerotidae 犀鸟 （5属5种）

大型树栖性鸟类，喙长而重。觅食果实、昆虫和小型脊椎动物。孵卵期的雌鸟封留在树洞或岩缝中。

572. 双角犀鸟 **Great Hornbill** *Buceros bicornis* shuāngjiǎo xīniǎo
100~130 cm   图版69　国一/VU

识别：非常大的黑色和乳白色犀鸟。白色尾部具黑色次端斑，两翼黑色并具白色沾黄色宽阔翼斑。喙和前凹的盔突均为黄色，脸部黑色。头、胸部的白色体羽常沾黄色。虹膜红色（雄鸟）或偏白色（雌鸟），喙黄色。**鸣声**：响亮而粗哑的咳叫，声如 *grok* 或 *wer grok*，参考 XC304554（Greg Irving）。**分布**：印度、东南亚、马来半岛和苏门答腊岛。在中国，*homrai* 亚种为云南西部和西南部以及西藏东南部低海拔常绿林中的罕见留鸟。已从许多栖息地消失。**习性**：通常成对。嘈杂飞过森林。觅食和夜栖于原始林的树冠层。

573. 冠斑犀鸟 **Oriental Pied Hornbill** *Anthracoceros albirostris*
guānbān xīniǎo　55~75 cm   图版69　国一/LC

识别：小型黑白色犀鸟。具大型黄白色盔突，有时盔突上具黑斑。通体黑色，仅眼部下方有一小块白色。下腹部、腿部和尾下覆羽白色，飞羽羽端和外侧尾羽亦为白色。眼周裸露皮肤和喉囊均为白色，喙黄白色并具黑斑。**鸣声**：持续不断的刺耳 *ayak-yak-yak-yak-yak* 叫声，参考 XC453750（Will Sweet）。**分布**：印度北部、中国南部、东南亚和大巽他群岛。在中国曾易见，今已罕见，分布于西藏东南部、云南南部和广西南部的低海拔森林。**习性**：喜较开阔的森林和林缘。成对或集群，振翅飞行或滑翔于树间。嗜食昆虫多于果实。

574. 白喉犀鸟 **White-throated Brown Hornbill** *Anorrhinus austeni*
báihóu xīniǎo　60~75 cm   图版69　国一/NT

识别：小型偏褐色犀鸟。眼周裸露皮肤蓝色，喙暗黄色，盔突小。初级飞羽羽端白色，飞行时甚明显，外侧尾羽羽端白色。雄鸟喉部偏白色，下体棕色。虹膜红褐色。
鸣声：刺耳假声尖叫和高音吠叫，通常为升调的 *klee-ah* 声，参考 XC35635（Willem-Pier

Vellinga）。**分布**：印度东北部、中国西南部和东南亚。在中国罕见，记录于云南南部，亦出现于西藏东南部。**习性**：栖于海拔 1500 m 以下常绿林。集群生活，甚嘈杂。

575. 棕颈犀鸟　**Rufous-necked Hornbill**　*Aceros nipalensis*
zōngjǐng xīniǎo　100~120 cm　　　　　　　　　　　　　图版69　国一/VU

识别：大型深色犀鸟。盔突极小，喙暗淡黄色，眼周裸露皮肤蓝色，喉囊红色。雄鸟头部和下体棕色；雌鸟偏黑色。两性均具有白色的初级飞羽羽端和后半段尾羽。虹膜橙红色，喙黄色。**鸣声**：雄雌两性均发出轻声啸叫 *kup*，不及双角犀鸟深沉，参考 XC64070（Tom Tarrant）。**分布**：喜马拉雅山脉、尼泊尔、中国西南部、缅甸北部和中南半岛。在中国罕见于云南南部和西藏东南部。**习性**：较其他犀鸟更喜山地生境，栖于海拔 600 ～ 1800 m 的常绿林中。

576. 花冠皱盔犀鸟　**Wreathed Hornbill**　*Rhyticeros undulatus*
huāguān zhòukuī xīniǎo　80~105 cm　　　　　　　　　　　图版69　国一/LC

识别：大型犀鸟（雌鸟较小）。尾部白色。雄雌两性的背部、两翼和腹部均为黑色，但雄鸟头部乳白色，枕部具偏红色的丝状羽，裸露的喉囊上具明显的黑色条纹。雌鸟头部、颈部均为黑色，喉囊蓝色。虹膜红色，喙黄色，盔突具褶皱。**鸣声**：重复而粗短的 *koe-guk* 声，似犬吠，振翅响亮，参考 XC380755（Keith Blomerley）。**分布**：南亚次大陆东北部、中国西南部、东南亚和大巽他群岛。在中国罕见于云南西部（盈江），并在云南西南部（腾冲）的乡村猎人家中发现过雄、雌鸟头骨标本。可能亦出现于西藏东南部。**习性**：成对或集小群飞越森林上空，振翅沉重。

▌ 鴷形目　PICIFORMES　拟啄木鸟科　Megalaimidae　拟啄木鸟 （1属9种）

小到中型、羽色艳丽的鸟类，具大而强劲的喙。与啄木鸟关系密切，亦在树上凿洞营巢，并同样具两趾向前、两趾向后的趾型，以攀缘垂直的树干。主食果实和花朵，尤其喜食小型无花果。几乎所有种类都习惯于在树顶长立不动，并发出单调而响亮的重复叫声。大多数种类主基调羽色为亮绿色，故不甚显眼，但所有种类均可通过鸣声辨别。

577. 大拟啄木鸟　**Great Barbet**　*Psilopogon virens*　dà nǐzhuómùniǎo
30~35 cm　　　　　　　　　　　　　　　　　　　图版70　LC

识别：非常大的拟啄木鸟。头大且呈墨蓝色，巨大的喙为草黄色。上体主为绿色，腹部黄色并具深绿色纵纹，尾下覆羽亮红色。**鸣声**：通常为不断重复的悠长 *kawow kawow* 声，似噪鹃，但亦发出其他叫声，如响亮刺耳的鸣叫和重复的二重唱，参考 XC398588（Marc Anderson）。**分布**：喜马拉雅山脉至中国南部和中南半岛北部。在中国南方常绿林中为常见留鸟，可至 2000 m 以上的中海拔地带，指名亚种见于北纬 30° 以南，*marshallorum* 亚种见于西藏南部，*clamator* 亚种见于云南怒江以西，*magnifica* 亚种见于云南怒江和澜沧江之间。**习性**：有时数鸟聚集于同一开阔树顶鸣叫。飞行如啄木鸟，起伏大。

578. 斑头绿拟啄木鸟 / 绿拟啄木鸟　Lineated Barbet　*Psilopogon lineatus*
bāntóu lǜ nǐzhuómùniǎo　26~30 cm　　　　　　　　　　　图版70　LC

识别：较大、头部色浅并具纵纹的拟啄木鸟。体羽主为绿色，头部和颈部淡黄褐色，头部和下体具纵纹为其重要特征。虹膜皮黄色，喙浅黄色，跗跖黄色。**鸣声**：无规律的低音 bul-tok bul-tok 声，间隔约 1 秒，参考 XC127336（Frank Lambert），亦作响亮的 kuerr-kuerr 声，和一种罕见的"数数声"，为一个长颤音续以一连串四音节颤音，参考 XC177558（Marc Anderson）。**分布**：喜马拉雅山脉西部、印度东北部至东南亚。在中国，*hodgsoni* 亚种地区性常见于云南南部和西南部，以及西藏东南部的低海拔地区。**习性**：如其他拟啄木鸟，但更常见于相对干燥、开阔的有林生境。

579. 黄纹拟啄木鸟　Green-eared Barbet　*Psilopogon faiostrictus*
huángwén nǐzhuómùniǎo　24~27 cm　　　　　　　　　　　图版70　LC

识别：大型绿色拟啄木鸟。与斑头绿拟啄木鸟的区别在于喙更黑、头部纵纹色深、耳羽绿色且无黄色眼周裸露皮肤。喙、跗跖黑色。**鸣声**：per-roo-rook 喉音，亦作圆润如笛音的升调 pooouk 声，参考 XC371667（Frank Lambert）。**分布**：中国东南部、泰国和中南半岛。在中国，*praetermissus* 亚种罕见于广州湾和广东东南的硇洲岛。**习性**：栖于开阔的落叶林。习性同其他拟啄木鸟。

580. 金喉拟啄木鸟　Golden-throated Barbet　*Psilopogon franklinii*
jīnhóu nǐzhuómùniǎo　20~24 cm　　　　　　　　　　　图版70　LC

识别：较大且体色艳丽的拟啄木鸟。颏部和喉部上方黄色，喉部下方浅灰色。顶冠从前往后依次为红、黄、红色，具宽阔黑色贯眼纹。**鸣声**：单调的 ker-kooer 声，每秒两次，参考 XC236523（Timo Janhonen），亦作高声啼叫 peeyu, peeyu。**分布**：尼泊尔至中国南部和东南亚。在中国，指名亚种偶见于西藏东南部、云南西部和南部、广西西南部海拔 1200 ~ 2200 m 山地常绿林，*ramsayi* 亚种见于云南西南部。**习性**：较其他拟啄木鸟更偏山区生境。

581. 黑眉拟啄木鸟　Chinese Barbet　*Psilopogon faber*　hēiméi nǐzhuómùniǎo
20~22 cm　　　　　　　　　　　　　　　　　　　　　　图版70　LC

识别：较小的绿色拟啄木鸟。头部具蓝红黑黄四色。与其他拟啄木鸟的区别在于体型略小、眉纹黑色、颊部蓝色、喉部黄色且颈侧具红点。未成年鸟体色较暗淡。**鸣声**：快速而单调的 tok 声，重复约 12 次，每数秒 1 次，参考 XC380451（Guy Kirwan）。**分布**：中国南部特有种，*sini* 亚种为东南地区常见留鸟，*faber* 亚种见于海南。栖于海拔 1000 ~ 2000 m 的亚热带森林中。**习性**：典型的拟啄木鸟，栖于中上层树冠。

582. 台湾拟啄木鸟　**Taiwan Barbet**　*Psilopogon nuchalis*
táiwān nǐzhuómùniǎo　20~22 cm　　　　　　　　图版70　LC

识别：较小的绿色拟啄木鸟。头部色彩花哨。眼先和喉部红色。作为台湾唯一的拟啄木鸟而不易被误认。和大陆的黑眉拟啄木鸟的区别在于顶冠色彩不如其艳丽且颈侧无红点。**鸣声**：重复的 *to...koro...ker ker ker* 声，约每秒 1 次，参考 XC412910［Somkiat Pakapinyo (Chai)］。**分布**：台湾特有种，常见于海拔 2500 m 以下的低海拔森林和公园。**习性**：同黑眉拟啄木鸟。

583. 蓝喉拟啄木鸟　**Blue-throated Barbet**　*Psilopogon asiatica*
lánhóu nǐzhuómùniǎo　20~24 cm　　　　　　　　图版70　LC

识别：中型绿色拟啄木鸟。顶冠前后均为绯红色，中间黑色或偏蓝色。眼周、脸、喉和颈侧为亮蓝色。胸侧各具一红点。**鸣声**：常立于树顶不动，发出连续、快速而重复的 *took-a-roo-ok, took-a-roo-ok* 声，参考 XC426679（Peter Boesman）。**分布**：印度至中国南部和东南亚。在中国为西藏东南部、云南南部和西南部的低海拔热带常绿林及次生林中的常见留鸟。指名亚种见于西藏东南部和云南澜沧江以西，*davisoni* 亚种为澜沧江以东地区的留鸟。**习性**：常集小群在果树尤其是无花果树上觅食。

584. 蓝耳拟啄木鸟　**Blue-eared Barbet**　*Psilopogon duvaucelii*
lán'ěr nǐzhuómùniǎo　16~18 cm　　　　　　　　图版70　LC

识别：小型拟啄木鸟。顶冠和颏部蓝色，前额、颊部和喉部黑色。**鸣声**：快速不停的 *tu-trruk* 声，每分钟约 100 次，头部不停转动，亦发出尖厉而重复但速度稍慢的颤音（似哨声），头部保持不动，参考 XC453711（Will Sweet）。**分布**：南亚次大陆东北部至中国南部、东南亚和大巽他群岛。在中国，*cyanotis* 亚种为云南南部和西南部以及西藏东南部海拔 1600 m 以下的原始林、人工林及次生林中的地区性常见留鸟。**习性**：虽不易见，但在有林的郊野常可闻其声。与鸽子和其他鸟类混群，安静地在无花果树上觅食。

585. 赤胸拟啄木鸟　**Coppersmith Barbet**　*Psilopogon haemacephala*
chìxiōng nǐzhuómùniǎo　15~17 cm　　　　　　　　图版70　LC

识别：小型、顶冠红色的拟啄木鸟。背部、两翼和尾部蓝绿色，下体污白色并具粗浓的黑色纵纹。未成年鸟头部无红色和黑色，但眼下和颏下具黄点。跗跖红色。**鸣声**：一种共鸣的单调金属音 *took-took-took*，持续数分钟，每分钟约 300 次，参考 XC453719（Will Sweet）。每叫一声，尾部便向前翘一次。亦发出一种较缓慢而不规则的叫声，上下点头但尾部不动。**分布**：巴基斯坦至中国南部、菲律宾、马来群岛。在中国，*indica* 亚种为云南西部和南部以及西藏东南部海拔 1000 m 以下的开阔低海拔森林中的不常见留鸟。**习性**：似其他拟啄木鸟，但喜开阔生境。清晨时数鸟会集群于光枝上鸣叫。

䴕形目 PICIFORMES 响蜜䴕科 Indicatoridae 响蜜䴕 （1属1种）

两趾向后，似拟啄木鸟，但羽色和外形似雀类，喙短而壮，无刚毛。

586. 黄腰响蜜䴕 Yellow-rumped Honeyguide *Indicator xanthonotus*
huángyāo xiǎngmìliè　15~16 cm　　　　　　　　　　　　图版70　NT

识别：较小的暗褐灰色响蜜䴕。雄鸟眉纹、顶冠和颊部黄色，腰部和背部为鲜亮的金色，三级飞羽具白色条纹。下体偏白色并具深色纵纹。雌鸟体色深，头部黄色较少。喙黄褐色，跗跖灰绿色。**鸣声**：轻声 *tweet*，有时在飞行中亦叫，参考 XC319928(Norbu)。**分布**：南亚次大陆北部和东北部、缅甸东北部。在中国，罕见于沿喜马拉雅山脉南坡海拔 1450 ~ 3500 m 的温带森林中。记录于云南极西部和西藏东南部。**习性**：栖于其时常光顾的蜂窝附近。

䴕形目 PICIFORMES 啄木鸟科 Picidae 啄木鸟 （17属33种）

具长而有力的喙，能凿入树木找寻昆虫，并用长而黏的舌头拣食。啄木声音响亮。

587. 蚁䴕 Eurasian Wryneck *Jynx torquilla* yǐ liè　16~19 cm　　图版71　LC

识别：小型灰褐色啄木鸟。体羽斑驳杂乱，下体具横斑。喙相对较短并呈圆锥形。作为啄木鸟其尾部较长，并具不明显的横斑。虹膜淡褐色。**鸣声**：一连串响亮哭叫声，似红隼，参考 XC162663（Patrick Franke）。幼鸟乞食时发出高音的 *tixixixixix...* 叫声。**分布**：非洲、欧亚大陆、台湾、东南亚。在中国地区性常见，*chinensis* 亚种繁殖于华中、华北和东北，越冬于华南、东南、海南和台湾；指名亚种迁徙时途经西北地区；*himalayana* 亚种越冬于西藏东南部。**习性**：不同于其他啄木鸟，蚁䴕停歇于树枝上而不攀缘，亦不凿击树干觅食。人近时头部往两侧扭动（故得其英文名 Wryneck）。通常单独活动。觅食地面蚂蚁。栖于灌丛。

588. 斑姬啄木鸟 Speckled Piculet *Picumnus innominatus* bān jīzhuómùniǎo
9~10 cm　　　　　　　　　　　　　　　　　　　图版71　LC

识别：极小、背部橄榄色、似山雀的啄木鸟。下体具明显黑点，脸部和尾部具黑白色条纹。雄鸟前额橘色。虹膜红色。**鸣声**：快速的高音调颤音，参考 XC23010（Nick Athanas），亦发出尖厉 *tsit* 声。**分布**：喜马拉雅山脉至中国南部、东南亚、加里曼丹岛和苏门答腊岛。在中国不常见于海拔 1200 m 以下常绿阔叶林中，指名亚种见于西藏东南部，*chinensis* 亚种为华中、华东、华南和东南大部地区的留鸟，*malayorum* 亚种见于云南西部和南部。**习性**：栖于热带低山混合林的枯树或树枝上，尤喜竹林。觅食时不断发出轻微叩击声。

589. **白眉棕啄木鸟** **White-browed Piculet** *Sasia ochracea*
báiméi zōngzhuómùniǎo 8~9 cm 图版71 LC

识别：极小、尾短而似山雀的绿色和橘色啄木鸟。雄鸟前额黄色，雌鸟前额棕色。上体橄榄绿色，眉纹白色，下体棕色，仅具三趾。未成年鸟体色较暗淡。虹膜和眼周裸露皮肤红色。**鸣声**：短促的降调快速颤音，参考 XC374355（George Wagner），告警声为快速而连续的 *kih-kih-kih-kih-kih* 声。**分布**：喜马拉雅山脉至中国南部。在中国罕见于海拔 2000 m 以下低海拔地区和丘陵，*reichenowi* 亚种见于云南西部和西南部，指名亚种见于西藏东南部，*kinneari* 亚种见于云南东南部、广西和贵州南部。**习性**：栖于阔叶林、次生林尤其是竹林的中下层。在树干和树枝上觅食时常发出轻微叩击声。

590. **星头啄木鸟** **Grey-capped Pygmy Woodpecker** *Yungipicus canicapillus*
xīngtóu zhuómùniǎo 14~17 cm 图版71 LC

识别：小型、具黑白色条纹的啄木鸟。下体无红色，顶冠灰色。雄鸟眼后上方具红色条纹，腹部棕黄色并具偏黑色条纹。*nagamichii* 亚种无白色肩斑，*omissus* 亚种、*nagamichii* 亚种和 *scintilliceps* 亚种背部白色并具黑斑。虹膜淡褐色。**鸣声**：短促而尖厉的颤音，参考 XC279553（Marc Anderson）。**分布**：巴基斯坦、中国、东南亚、加里曼丹岛和苏门答腊岛。在中国分布广泛但并不常见，见于海拔 2000 m 以下的各类林地，*doerriesi* 亚种为东北地区留鸟，*scintilliceps* 亚种见于辽宁及华东，*kaleensis* 亚种见于华南和台湾，*semicoronatus* 亚种见于西藏东南部，*swinhoei* 亚种见于海南。**习性**：同其他小型啄木鸟。

591. **小星头啄木鸟** **Japanese Pygmy Woodpecker** *Yungipicus kizuki*
xiǎo xīngtóuzhuómùniǎo 14~18 cm 图版71 LC

识别：小型黑白色啄木鸟。上体黑色，背部和两翼具成行的白色点斑。外侧尾羽边缘白色，耳后具白色块斑。白色眉纹后上方具不明显的红色条纹。下体皮黄色并具黑色条纹，胸部具偏灰色横斑，上胸围兜白色。较星头啄木鸟体型略小、体色偏棕、头部白色较少。**鸣声**：重复的快速尖叫声，每秒约五次，参考 XC267400（Albert Lastukhin），亦发出不停顿的 *kzz, kzz* 声和敲击声。**分布**：中国东北部、西伯利亚东南部、朝鲜半岛、日本、琉球群岛。在中国为不常见留鸟，指名亚种见于黑龙江东北部至辽宁以及湖北至山东的低海拔至海拔 2000 m 以上地区。**习性**：单独或成对活动。有时混入其他鸟群。栖于各种林地和庭院中。

592. **三趾啄木鸟** **Eurasian Three-toed Woodpecker** *Picoides tridactylus*
sānzhǐ zhuómùniǎo 21~24 cm 图版71 国二/LC

识别：中型黑白色啄木鸟。顶冠前方黄色（雌鸟白色），仅具三趾。体羽无红色，翕部和背部中央白色，腰部黑色。**鸣声**：轻柔的 *kik* 声。有力的凿木声在 1.3 秒后突然加速，似黑啄木鸟，参考 XC498795（Lars Edenius）。**分布**：全北界。在中国地区性常见，指名亚种为东北地区留鸟，*tianschanicus* 亚种见于新疆西部和西北部，栖于低海拔地区。**习性**：偏好老云杉树和亚高山桦树林。环树干凿圈以取食树液。

593. 暗腹三趾啄木鸟　Dark-bodied Woodpecker *Picoides funebris*
ànfù sānzhǐzhuómùniǎo　21~24 cm　　　　　　　图版71　NR

识别：中型黑白色啄木鸟。顶冠前方黄色（雌鸟白色），仅具三趾。极似三趾啄木鸟，曾被视作其亚种，区别为下体深色、喙和跗跖较黑、腰部褐色且上体白色较少。**鸣声**：似三趾啄木鸟。**分布**：中国特有种，地区性常见于西藏东南部、云南西北部、四川、青海东北部和甘肃。**习性**：同三趾啄木鸟。**分类学订正**：有时被视作 *P. tridactylus*（三趾啄木鸟）的一个亚种。在 2021 年颁布的《国家重点保护野生动物名录》中该种仍归为三趾啄木鸟，因此应视其为国家二级重点保护野生动物。

594. 褐额啄木鸟　Brown-fronted Woodpecker *Dendrocoptes auriceps*
hè'é zhuómùniǎo　19~20 cm　　　　　　　　图版71　LC

识别：中型黑白色啄木鸟。顶冠具黄色。上体黑色并具白色条斑（而非点斑）。黑色髭须延至胸部，下体具黑色纵纹。臀部粉红色而非红色。雄鸟顶冠前方褐色、中央黄色、后方红色、后颈黑色，雌鸟顶冠全黄。**鸣声**：重复的 *chick* 或 *peek* 声，每秒约三次，参考 XC104141（Peter Boesman）。**分布**：巴基斯坦北部、喜马拉雅山脉西部、阿富汗东北部、印度北部和尼泊尔。在中国见于西藏南部。**习性**：栖于针叶林和温带阔叶林中。

595. 赤胸啄木鸟　Crimson-breasted Woodpecker *Dryobates cathpharius*
chìxiōng zhuómùniǎo　16~18 cm　　　　　　　图版71　LC

识别：较小的黑白色啄木鸟。具宽阔的白色翼斑，明显的黑色颊纹延至下胸。胸部绯红色，臀部红色。雄鸟枕部红色。雌鸟枕部黑色。幼鸟顶冠全红但胸部无红色。*ludlowi* 亚种耳羽后具深红色块斑，胸部绯红色甚明显。指名亚种胸部绯红色或少或无，但雄鸟顶冠后方的绯红色延至颈侧。**鸣声**：响亮的单声 *chip*，每秒约两次，亦发出尖锐的 *kee-kee-kee* 声，参考 XC208736（Marc Anderson）。**分布**：尼泊尔至中国西南部和中部、缅甸北部和中南半岛北部。在中国不常见，指名亚种见于西藏东南部雅鲁藏布江以南地区，*ludlowi* 亚种为西藏东南部雅鲁藏布江以北至云南西北部的留鸟，*tenebrosus* 亚种为云南西部及中部的留鸟，*pernyii* 亚种见于甘肃南部至云南西北部，*innixus* 亚种见于陕西南部秦岭、湖北西部神农架地区和四川东北部。栖于海拔 1500 ~ 2750 m 的阔叶栎树林和杜鹃林中。**习性**：觅食于低处，常栖于枯树上。食花蜜和昆虫。**分类学订正**：*pernyii* 亚种有时被视作一个独立种 *D. pernyii*（红胸啄木鸟）。

596. 小斑啄木鸟　Lesser Spotted Woodpecker *Dryobates minor*
xiǎobān zhuómùniǎo　14~16 cm　　　　　　　图版71　LC

识别：小型啄木鸟。上体黑色并具成排白斑，近白色的下体两侧具狭窄黑色纵纹。雄鸟顶冠红色，枕部黑色，顶冠前方偏白色。*amurensis* 亚种下体全白而无纵纹。**鸣声**：六到七声尖细的哭声，参考 XC114580（Frank Lambert）。亦作低弱的 *kik* 声。叩击声较大斑啄木鸟慢而弱。**分布**：欧洲、北非、小亚细亚、蒙古国、西伯利亚、朝鲜半岛。在中国为地区性常见鸟，*kamtschatkensis* 亚种繁殖于阿尔泰山脉和准噶尔盆地北部，越冬于黑龙江北部；amurensis 亚种为东北地区留鸟。**习性**：飞行时大幅度起伏。喜落叶林、混交林、亚高山桦木林和果园。

---

597. 棕腹啄木鸟　Rufous-bellied Woodpecker　*Dendrocopos hyperythrus*
zōngfù zhuómùniǎo　19~23 cm　　　　　　　　　　　　　图版71　LC

识别：中型、体色艳丽的啄木鸟。背部、两翼和尾部黑色并具成排白点，头侧和下体浓赤褐色，臀部红色。雄鸟顶冠和枕部红色。雌鸟顶冠黑色并具白点。*marshalli* 亚种枕部红色延至耳羽后，指名亚种较其他两个亚种下体更偏黄棕色。**鸣声**：拖长而不连贯的 *kii-i-i-i-i-i* 哭叫声，逐渐减弱至结束，似大金背啄木鸟但较弱，参考 XC147191（Terry Townshend）。雄雌两性均凿木有声。**分布**：喜马拉雅山脉、中国及东南亚。在中国不常见，*marshalli* 亚种繁殖于西藏西部，指名亚种见于西藏东南部至四川和云南，*subrufinus* 亚种繁殖于东北中海拔地区，迁徙途经华东至华南地区越冬。**习性**：喜针叶林或混交林。

---

598. 茶胸斑啄木鸟 / 纹腹啄木鸟　Fulvous-breasted Woodpecker　*Dendrocopos macei*
cháxiōngbān zhuómùniǎo　18~20 cm　　　　　　　　　　　图版72　LC

识别：甚小的黑白斑啄木鸟。雄鸟顶冠红色，雌鸟顶冠黑色，脸侧白色，具黑色下颊纹和领环，上体具黑白色横斑，下体皮黄色并具黑色纵纹，尾下覆羽红色。上喙蓝黑色，下喙蓝灰色。**鸣声**：响铃般的 *tuk-tuk* 声及高音调的 *tirri-tierrier-tierrierie* 颤音，凿木声短促而低弱，参考 XC70897（Gerard Gorman）。**分布**：喜马拉雅山脉、印度、东南亚和大巽他群岛。在中国为喜马拉雅山脉东部海拔 2000 m 以下地区常见留鸟，记录于西藏东南部。**习性**：喜开阔的次生林、种植园和庭院。

---

599. 纹胸啄木鸟　Stripe-breasted Woodpecker　*Dendrocopos atratus*
wénxiōng zhuómùniǎo　18~22 cm　　　　　　　　　　　　图版72　LC

识别：中型的黑色、白色和红色啄木鸟。上体黑色并具成排白色点斑。下体茶黄色，臀部棕色，黑色的须状纹上延至颈部。胸部具黑色纵纹。顶冠前方白色。雄鸟红色顶冠延至枕部且顶冠前方具黑色条带。与茶胸斑啄木鸟的区别在于胸部条纹浓密、尾部较黑而脸部较白。**鸣声**：如 *tchick* 的爆破音和尖厉的降调嘶声，似大斑啄木鸟。亦作怪异的吱吱喘息声，参考 XC156255（Greg Irving）。**分布**：印度东北部至中国西南部及东南亚。在中国为罕见留鸟，记录于云南西部、西北部和南部。**习性**：喜海拔 800 ~ 2200 m 的热带常绿林。

---

600. 黄颈啄木鸟　Darjeeling Woodpecker　*Dendrocopos darjellensis*
huángjǐng zhuómùniǎo　22~25 cm　　　　　　　　　　　　图版72　LC

识别：中型黑白色啄木鸟。脸部浓茶黄色，胸部具黑色厚重纵纹，臀部淡绯红色。背部全黑并具宽阔白色肩斑，两翼和外侧尾羽具成排白点。雄鸟枕部绯红色，雌鸟黑色。**鸣声**：低沉的 *puk puk puk puk* 声，不如其他大部分啄木鸟尖厉，参考 XC324118（Guy

Kirwan），繁殖期凿木有声。**分布**：尼泊尔至中国西南、缅甸和中南半岛北部。在中国，罕见于海拔 1200 ~ 4000 m 的潮湿森林中，指名亚种为西藏南部留鸟，*desmursi* 亚种为西藏东南部、云南西部和西北部、四川南部和西北部地区的垂直迁徙鸟。**习性**：觅食于不同高度。有时与其他鸟类混群。

601. 白翅啄木鸟　White-winged Woodpecker　*Dendrocopos leucopterus*
báichì zhuómùniǎo　22~24 cm　　　　　　　　图版72　国二 / LC

识别：中型黑白色啄木鸟。似大斑啄木鸟，但双翼合拢时可见大块白色翼斑而非黑白色点斑。**鸣声**：似大斑啄木鸟但更低弱，参考 XC378937（Oscar Campbell），亦发出咔咔声和凿木声。**分布**：阿富汗、咸海、里海至新疆西部。在中国不常见于新疆喀什、准噶尔盆地并沿天山山麓东至海拔 2500 m 区域。**习性**：栖于溪流边的胡杨林和天山山麓地带的典型啄木鸟。

602. 大斑啄木鸟　**Great Spotted Woodpecker**　*Dendrocopos major*
dàbān zhuómùniǎo　20~25 cm　　　　　　　　　图版72　LC

识别：常见的中型黑白点斑啄木鸟。雄鸟枕部具狭窄红色带，雌鸟无。两性臀部均为红色，但具黑色纵纹的偏白色胸部无红色和橙色，而区别于相似的赤胸啄木鸟和棕腹啄木鸟。**鸣声**：凿木声响亮，并发出刺耳单音尖叫声，约每秒一次，参考 XC23394（Sander Pieterse）。**分布**：欧亚大陆温带林区，印度东北部，缅甸西部、北部和东部，中南半岛北部。在中国为分布最广的啄木鸟，见于整个温带林区、农耕区和城市园林中，有 8 个亚种，*brevirostis* 亚种见于东北地区北部和新疆北部，*wulashanicus* 亚种见于宁夏贺兰山、乌拉山和陕西北部，*japonicus* 亚种见于辽宁、吉林和内蒙古东部，*cabanisi* 亚种见于华北东部，*beicki* 亚种见于甘肃和青海东部，*stresemanni* 亚种见于中南和西南地区，*mandarinus* 亚种见于华南和东南，*hainanus* 亚种见于海南。**习性**：典型的本属习性，凿树洞营巢，觅食昆虫和树皮下的幼虫。

603. 白背啄木鸟　White-backed Woodpecker　*Dendrocopos leucotos*
báibèi zhuómùniǎo　23~28 cm　　　　　　　　　图版72　LC

识别：中型黑白色啄木鸟。背部下方白色。顶冠绯红色（雄鸟）或黑色（雌鸟），额部白色。下体白色并具黑色纵纹，臀部浅绯红色。两翼和外侧尾羽白点连成横斑。*tangi* 亚种腹部中央皮黄色，*insularis* 亚种腹部中央偏褐色。与三趾啄木鸟的区别在于顶冠前方无黄色、两翼横斑明显。**鸣声**：轻声的 *kik* 叫，似乌鸫的告警声，参考 XC329944（Tom Wulf），有力地凿木，约 1.7 秒后突然加速，结束时有所减弱。**分布**：东欧至日本。呈不连贯分布，但在分布区内相当常见。在中国，栖于海拔 1200 ~ 2000 m 的山地落叶林和混交林，指名亚种见于东北和新疆极北部，*sinicus* 亚种见于河北和内蒙古东南部，*fohkiensis* 亚种见于福建西北部武夷山和江西北部关山地区，*tangi* 亚种见于陕西南部秦岭至四川中部，*insularis* 亚种见于台湾。**习性**：喜栖于老朽树木。性不惧人。

604. 白腹黑啄木鸟 White-bellied Woodpecker *Dryocopus javensis*
báifù hēizhuómùniǎo 40~48 cm 图版72 国二/LC

识别：不易被误认的大型黑白色啄木鸟。上体和胸部黑色，腹部白色。雄鸟具红色羽冠和颊斑，雌鸟相应部位黑色。虹膜黄色，喙灰蓝色。**鸣声**：响亮、尖厉而上扬的 *kiyow* 声，亦在飞行时发出大声的 *kiau kiau kiau...*，参考 XC26101（Martjan Lammertink），凿木声响亮。**分布**：印度、中国、东南亚、菲律宾和大巽他群岛。在中国，*forresti* 亚种为四川西南部和云南的罕见留鸟。内蒙古鄂尔多斯和福建三明市曾有目击记录，亚种未知（何芬奇等，2013）。**习性**：喜开阔低海拔森林和红树林。嘈杂而引人注目，常单独活动。觅食于不同高度。

605. 黑啄木鸟 Black Woodpecker *Dryocopus martius* hēi zhuómùniǎo
40~50 cm 图版72 国二/LC

识别：极大的全黑色啄木鸟。喙黄色而顶冠红色。雌鸟仅顶冠后方红色。不易被误认。*khamensis* 亚种头、颈部具绿色金属光泽。虹膜偏白色，喙象牙色而喙端色暗。**鸣声**：告警或飞行时发出响亮的 *krri-krri-krri* 声，亦作清晰的 *klee-ay* 声，在春季发出音调不变的 *kwee-kwee-kwee-kwee-kwee-kwee-kwee* 响亮笑声，参考 XC183156（Frank Lambert），亦发出带鼻音的咯咯声。响亮的凿木声持续 2 ~ 3 秒。**分布**：欧洲、小亚细亚、西伯利亚、中国和日本。在中国一般不常见，指名亚种为西北地区阿尔泰山脉和东北地区针叶林中的留鸟，*khamensis* 亚种为青海、西藏东部、甘肃、四川和云南西北部的青藏高原东部亚高山针叶林中的留鸟。在北方见于低海拔地区而在南方上至海拔 2400 m 处。**习性**：飞行不平稳但不如其他啄木鸟般起伏大。主食蚂蚁，觅食时挖巨大的洞。

606. 大黄冠啄木鸟 Greater Yellownape *Chrysophlegma flavinucha*
dà huángguānzhuómùniǎo 31~36 cm 图版73 国二/LC

识别：大型绿色啄木鸟。喉部黄色，具黄色长羽冠。尾部黑色，翼上飞羽具黑色和褐色横斑，体羽余部绿色。雌鸟喉部棕褐色。与黄冠啄木鸟的区别在于头部无红色。虹膜偏红色。**鸣声**：慢速的 *cherek* 或 *chup-chup* 声续以断续的急音，参考 XC446579（Lars Lachmann）。**分布**：喜马拉雅山脉、中国南部、东南亚和苏门答腊岛。在中国，罕见于海拔 800 ~ 2000 m 的亚热带混交林、松林和次生林，指名亚种见于云南西部，*lylei* 亚种见于西藏东南部及云南南部，*styani* 亚种见于广西南部和海南，*ricketti* 亚种见于四川南部和福建中部。**习性**：嘈杂而引人注目，有时集小型家族群活动。

607. 黄冠啄木鸟 Lesser Yellownape *Picus chlorolophus*
huángguān zhuómùniǎo 23~27 cm 图版73 国二/LC

识别：中型亮绿色啄木鸟。枕部冠羽具蓬松的黄色羽端，脸部具红色条纹和白色颊线。雄鸟具红色眉纹、颊纹和白色上颊纹。雌鸟仅顶冠两侧为红色。两胁具白色横斑，飞羽黑色。虹膜红色。**鸣声**：响亮而尖厉的降调告警声 *kwee-kwee-kwee* 或单声的 *keeee*，参考 XC426800（Peter Boesman）。**分布**：喜马拉雅山脉、中国南部、东南亚、马来半岛和苏门答腊岛。在中国为海拔 800 ~ 2000 m 亚热带森林中的非常见鸟，指名亚种为西藏东南部留鸟，*chlorolophus* 亚种见于云南西部和南部，*citrinocristatus* 亚种见于福建，*longipennis* 亚种见于海南。**习性**：嘈杂而引人注目，有时集小群或跟随混合的鸟浪移动。

608. 花腹绿啄木鸟 **Laced Woodpecker** *Picus vittatus* huāfù lǜzhuómùniǎo
30~33 cm 图版73 LC

识别：中型绿色啄木鸟。顶冠红色（雄鸟）或黑色（雌鸟），背部绿色，腰部黄色，尾部黑色，初级飞羽黑色并具白色条纹，喉部皮黄色，胸部皮黄色并具明显的绿色羽缘，黑色的贯眼纹和颊纹杂白色，颊部蓝灰色。虹膜红色。**鸣声**：尖厉的降调 *kwep kwep* 声，参考 XC314542（Marc Anderson）。**分布**：孟加拉国、东南亚、苏门答腊岛和爪哇岛。在中国，为云南南部海拔 200 m 以下适宜生境中的地区性常见鸟。**习性**：见于开阔林地和人工林。觅食于地面、倒木和竹林中。

609. 鳞喉绿啄木鸟／纹喉绿啄木鸟 **Streak-throated Woodpecker** *Picus xanthopygaeus*
línhóu lǜzhuómùniǎo 28~30 cm 图版73 LC

识别：中型绿色啄木鸟。腰部黄色，顶冠红色，颊部灰色。与灰头绿啄木鸟的区别在于白色颊纹和腹部绿色鳞状斑。雌鸟顶冠黑色。虹膜粉白色而内圈红色。**鸣声**：甚安静。发出假声单音 *twee*，凿木有声，参考 XC426802（Peter Boesman）。**分布**：喜马拉雅山脉、印度、中国西南部和东南亚。在中国为云南西部开阔低海拔森林中的极罕见留鸟。**习性**：比大多数啄木鸟更偏地栖性，主食蚂蚁和白蚁。

610. 鳞腹绿啄木鸟 **Scaly-bellied Woodpecker** *Picus squamatus*
línfù lǜzhuómùniǎo 30~36 cm 图版73 LC

识别：大型绿色啄木鸟。下体浅色并具明显的黑色扇贝状纹。雄鸟顶冠绯红色，偏白色的宽阔眉纹上下缘均为黑色，颊部偏白色，髭须黑色，腰部黄色。雌鸟体色暗，顶冠黑色并杂灰色。与花腹绿啄木鸟和鳞喉绿啄木鸟的区别为尾羽具黑白色横斑。虹膜红色至粉色。**鸣声**：悦耳的 *klee-gu* 铃声，参考 XC407662（Rolf A. de By），偶尔发出拖长而带鼻音的 *cheenk* 声，每 10 ~ 15 秒重复一次。凿木响亮而带颤音。**分布**：巴基斯坦、印度北部和喜马拉雅山脉。在中国见于西藏南部地区。**习性**：飞行起伏。觅食于树上和地面。成对或集家族群活动。

611. 红颈绿啄木鸟 **Red-collared Woodpecker** *Picus rabieri*
hóngjǐng lǜzhuómùniǎo 30~32 cm 图版73 国二／NT

识别：较大的绿色啄木鸟。顶冠、枕部、领部和髭须皆为红色。雌鸟顶冠暗绿色。与花腹绿啄木鸟雌鸟的区别在于腰部色暗、下体羽色单调。**鸣声**：*chwee...kuk* 尖叫声，参考 XC292740（Johannes Fischer），凿木有声。**分布**：老挝和越南北部。在中国，为云南东南部的留鸟。**习性**：见于低山原始和次生常绿林及竹林。

612. 灰头绿啄木鸟 Grey-headed Woodpecker *Picus canus*
huītóu lǜzhuómùniǎo   26~31 cm   图版73 LC

识别：中型绿色啄木鸟。下体全灰，颊部和喉部亦灰。雄鸟顶冠前方深红色，眼先和狭窄颊纹为黑色，尾部黑色。雌鸟顶冠灰色而无红斑。喙相对较短而钝。**鸣声**：响亮而清脆的 *chwee chwee chwee* 声，尾音稍缓，参考 XC20028（Nick Athanas），告警声为焦虑不安的重复 *kya* 声，凿木声响亮快速，持续至少 1 秒。**分布**：古北界。在中国不常见，但广布于各类林地乃至城市园林中，*jessoensis* 亚种见于东北地区和新疆西北部阿尔泰山脉（*zimmermanni* 亚种和 *biedermanni* 亚种不被认可）。**习性**：性羞怯而谨慎。常下至地面觅食蚂蚁或喝水。**分类学订正**：本种曾包含 *P. guerini*（黑枕啄木鸟）。

613. 黑枕啄木鸟 Black-naped Woodpecker *Picus guerini*
hēizhěn zhuómùniǎo   26~30 cm   图版73 NR

识别：中型绿色啄木鸟。极似灰头绿啄木鸟，曾被视作其亚种，区别为枕部黑色。诸亚种体型和色调存在差异，*sobrinus* 亚种雌鸟顶冠和枕部黑色，*tancolo* 亚种和 *kogo* 亚种雌鸟顶冠后方和枕部具黑色条纹。**鸣声**：似灰头绿啄木鸟但通常更短。**分布**：喜马拉雅山脉至中国、东南亚和苏门答腊岛。在中国广布于各类林地乃至城市园林中，指名亚种见于华北地区，*sobrinus* 亚种见于东南地区，*tancolo* 亚种见于海南和台湾，*sordidor* 亚种见于西南地区和西藏东南部，*hessei* 亚种见于云南西双版纳南部，*kogo* 亚种见于西藏东部和青海。**习性**：同灰头绿啄木鸟。**分类学订正**：有学者仍将该种归为灰头绿啄木鸟的亚种。

614. 金背三趾啄木鸟 Common Flameback *Dinopium javanense*
jīnbèi sānzhǐzhuómùniǎo   28~31 cm   图版73 LC

识别：体色艳丽的中型啄木鸟。脸部具黑白色条纹。雄鸟顶冠红色，雌鸟顶冠黑色并具白色条纹，背部和腰部红色，翕部和翼上覆羽金色，胸部覆羽白色而羽缘黑色形成鳞状斑。与大金背啄木鸟的区别为仅具一道黑色颊纹且仅有一后趾。**鸣声**：配偶之间发出粗哑的拖长颤音和小声的 *chee chee*，飞行时发出生硬的 *kluuk-kluuk-kluuk* 声，参考 XC432624（Aladdin）。**分布**：印度、南东亚、菲律宾和大巽他群岛。在中国，*intermedium* 亚种为西藏东南部和云南南部海拔 1000 m 以下开阔森林和农耕区的不常见留鸟。**习性**：成对活动，相互频繁召唤。

615. 大金背啄木鸟 Greater Flameback *Chrysocolaptes guttacristatus*
dà jīnbèizhuómùniǎo   30~34 cm   图版73 LC

识别：较大而体色艳丽的啄木鸟。极似金背三趾啄木鸟，但体型略大、具两条黑色颊纹并延至颈侧且有四趾而非三趾。雌鸟顶冠黑色并具白色点斑。**鸣声**：响亮刺耳并具爆破音的 *che-che-che-che-che* 尖叫声，每秒约六声，参考 XC453730（Will Sweet）。**分布**：印度至东南亚和苏门答腊岛。在中国，指名亚种为云南南部和西藏东南部海拔 1200 m 以下地区留鸟。**习性**：喜较开阔的林地和林缘。成对活动，有时凿木声很大。

616. 竹啄木鸟　**Pale-headed Woodpecker**　*Gecinulus grantia*
zhú zhuómùniǎo　23~25 cm　　　　　　　　　　图版73　LC

识别：中型红褐色啄木鸟。头部浅皮黄色。上体纯红褐色。与黄嘴栗啄木鸟的区别为上体无黑色横纹。雄鸟顶冠前方红色。*indochinensis* 亚种头部橄榄金黄色，上体橄榄黄绿色，尾部黑色而尾基橄榄色，下体橄榄褐色；雄鸟顶冠和枕部绯红色。*viridanus* 亚种头部浅皮黄色，上体橄榄绿色沾红色，尾部绯红褐色并具浅栗色横斑，下体深橄榄绿色；雄鸟顶冠和枕部玫红色沾橙色。喙蓝白色。**鸣声**：甚嘈杂，不断重复带鼻音的召唤声 chaik-chaik-chaik.... 和粗哑似松鸦的 cheereker-chereker-chereker 急叫声，参考 XC157906（Frank Lambert），凿木快速而有力。**分布**：尼泊尔至中国南部、缅甸北部和中南半岛。在中国不常见，有三个亚种，*viridanus* 亚种见于东南地区，*indochinensis* 亚种见于云南西南部和南部，指名亚种见于云南西部。**习性**：喜海拔 1000 m 以下的竹林和次生林。

617. 黄嘴栗啄木鸟　**Bay Woodpecker**　*Blythipicus pyrrhotis*
huángzuǐ lìzhuómùniǎo　25~32 cm　　　　　　　图版72　LC

识别：较大的啄木鸟。体羽赤褐色并具黑斑，长长的喙浅黄色。与竹啄木鸟的区别为体羽具黑色横斑。雄鸟颈侧和枕部具绯红色块斑。与栗啄木鸟的区别在于横斑更显浓重、喙为浅黄色。*hainanus* 亚种背部和臀部无黑色横斑。**鸣声**：具识别性的响亮大笑声 keek, keek-keek-keek,keek,keek，渐加速而降调，颇似八声杜鹃，参考 XC379651（Barry Edmonston）。**分布**：尼泊尔至中国南部和东南亚。在中国较罕见于海拔 500 ~ 2200 m 的常绿林，指名亚种为云南和西藏东南部亚热带地区留鸟，*hainanus* 亚种仅见于海南，*sinensis* 亚种见于华南和东南地区。**习性**：不凿木。

618. 栗啄木鸟　**Rufous Woodpecker**　*Micropternus brachyurus*
lì zhuómùniǎo　21~24 cm　　　　　　　　　　　图版72　LC

识别：中型深红褐色啄木鸟。通体红褐色，两翼和上体具黑色横斑，下体亦具较模糊的横斑。雄鸟眼部下后方具一红斑。**鸣声**：短而急的高调笑声 kwee-kwee-kwee-kwee...，约 5 至 10 个音符一降，参考 XC157786（Frank Lambert）。凿木声短促而渐缓。**分布**：南亚、东南亚和大巽他群岛。常见于海拔 1500 m 以下地区。在中国，*phaioceps* 亚种为西藏东南部、云南西部和南部的留鸟，*fokiensis* 亚种见于华南和东南地区，*holroydi* 亚种见于海南。**习性**：喜低海拔开阔森林、次生林、林缘地带、庭院和人工林。凿木声罕有听闻。

619. 大灰啄木鸟　**Great Slaty Woodpecker**　*Mulleripicus pulverulentus*
dà huīzhuómùniǎo　45~50 cm　　　　　　　图版72　国二/VU

识别：不易被误认、巨大而瘦长的灰色啄木鸟。通体灰色，喉部皮黄色。雄鸟具红色颊斑，喉部和颈部略沾红色。喙污白色而喙基、喙端灰色。**鸣声**：具识别性的高声啼叫或嘶叫，通常为 woik woik, woik woik，有时亦为清亮的单音 woik，参考 XC394980（Niels Poul Dreyer）。**分布**：印度北部至中南半岛、马来半岛和大巽他群岛。在中国，harterti 亚种为云南南部和西藏东南部海拔 1000 m 以下森林中的罕见鸟。**习性**：在其分布区内甚嘈杂和引人注目。喜半开阔生境。有时集嘈杂的家庭群。觅食于突出树木，有时凿木声甚响亮。

▌隼形目 FALCONIFORMES 隼科 Falconidae 隼 （2属12种）

中型、世界性分布、飞行迅速的猛禽，两翼长而尖似镰刀，尾长而窄。喙强劲有力，尖端呈钩形，上喙两侧具两个"钩状齿"。虹膜色深。

620. 红腿小隼 Collared Falconet *Microhierax caerulescens*
hóngtuǐ xiǎosǔn 15~19 cm

图版74 国二/LC

识别：极小的黑白色隼。喉、腿、臀和尾下均为棕色。头顶和背部黑色而枕部白色，眼部黑色条带延至耳羽后，尾下具黑白色横斑。未成年鸟喉部白色，额部和眉纹棕色。**鸣声**：尖厉叫声和低声吱吱叫，参考 XC328316（Thijs Fijen）。**分布**：喜马拉雅山脉东部山麓地区和东南亚。在中国极罕见，burmanicus 亚种为云南西部留鸟，有时记录于海拔 2000 m 地区，可能出现于西藏东南部。**习性**：集小群在开阔树上觅食。快速追捕昆虫，似燕鸥。观察猎物时点头摆尾。

621. 白腿小隼 Pied Falconet *Microhierax melanoleucos* báituǐ xiǎosǔn
16~20 cm

图版74 国二/LC

识别：极小的黑白色隼。上体黑色，最内侧次级飞羽具白色点斑。下体白色，脸侧和耳羽黑色，耳羽周围具白色条纹或块斑。幼鸟脸部泛红色。**鸣声**：高而生硬的哭叫声 shiew 和快速重复的 kli-kli-kli-kli 声，参考 XC414513（Frank Lambert）。**分布**：南亚次大陆东北部、中国南方、中南半岛北部。在中国，不常见于云南西部及南部、广西、广东、江西、福建、安徽南部和江苏南部海拔 1500 m 以下的有林地区。**习性**：常立于林缘或开阔原野甚至稻田上的暴露树枝上。突然冲出捕食蜻蜓和其他昆虫，有时也大胆袭击小鸟和其他猎物。营巢于树洞中。

622. 黄爪隼 Lesser Kestrel *Falco naumanni* huángzhǎo sǔn
29~34 cm

图版74 国二/LC

识别：小型褐色隼。雄雌鸟分别似红隼的雄雌鸟，但体型较小而纤细、雄鸟色彩较鲜艳、通常黑色点斑较少。雄鸟头部灰色，上体赤褐色而无黑点，腰部和尾部蓝灰色。尾次端处有黑色横带，尾端白色，飞行时尾部呈楔形而非红隼的圆形。雄鸟翼上覆羽蓝灰色，眼下无深色髭纹。雌鸟褐色，上体具横斑和点斑，下体具深色纵纹。爪浅色（红隼爪黑）。**鸣声**：*kikikiki...* 哭叫声，似红隼但快得多，亦发出具识别性的尖厉 *chay-chay-chay* 声，参考 XC438192（Karim Haddad）。**分布**：欧洲南部、北非、中亚、南亚次大陆、缅甸、老挝和中国北方，冬季南迁。在中国为不常见候鸟，繁殖于新疆北部和西部、内蒙古、河北，迁徙途经山东、四川南部及河南，越冬于云南。**习性**：集群营巢于悬崖峭壁。较红隼更少悬停于空中。主食昆虫和蜥蜴。迁徙时集大群。

---

623. 红隼　Common Kestrel　*Falco tinnunculus*　hóng sǔn
31~38 cm　　　　　　　　　　　　　　　　　　　　　图版74　　国二/LC

识别：小型褐色隼。雄鸟顶冠和枕部灰色，尾部蓝灰色且无横斑，上体赤褐略具黑色横斑，下体皮黄色并具黑色纵纹。雌鸟体型略大，上体全褐，比雄鸟少赤褐色而多粗横斑。未成年鸟似雌鸟，但体羽多纵纹。与黄爪隼的区别在于尾呈圆形、体型较大、具髭纹、雄鸟背部具点斑、翼上无灰色、爪黑色。**鸣声**：刺耳高叫声 *yak yak yak yak yak*，参考 XC445373（Jordi Calvet）。**分布**：繁殖于非洲、古北界、南亚次大陆和中国，越冬于菲律宾和东南亚。在中国为较常见的留鸟和候鸟，指名亚种繁殖于东北和西北，*interstinctus* 亚种为留鸟，除干旱荒漠外遍及全国其余地区。北方种群冬季迁至华南、海南和台湾越冬。**习性**：在空中十分优雅，觅食时懒散盘旋或悬停于空中。俯冲捕捉地面猎物。停歇于开阔原野的柱子、电线或枯树上。

---

624. 西红脚隼　Red-footed Falcon　*Falco vespertinus*　xī hóngjiǎosǔn
27~33 cm　　　　　　　　　　　　　　　　　　　　　图版74　　国二/VU

识别：小型灰色隼。臀部棕色。雄鸟似红脚隼但翼下覆羽和腋羽暗灰色而非白色。雌鸟与红脚隼区别较大，上体偏褐色，顶冠棕红色，下体具稀疏黑色纵纹，眼周偏黑色，额部、眼下斑块和领环均为白色，两翼和尾部灰色，尾下具横斑，翼下覆羽浅橙色。幼鸟下体偏白色并具明显纵纹，翼下黑色横斑均匀，眼下黑色髭纹似燕隼。蜡膜和跗跖橙红色。**鸣声**：高音调的 *ki-ki-ki* 声，亦发出尖厉的 *keewi-keewi* 声，参考 XC193755（Albert Lastukhin）。**分布**：东欧至西伯利亚西部。在中国罕见，繁殖于新疆西北部乌伦古河流域。**习性**：同红脚隼。常集群营巢。悬停于空中。黄昏后有时集群捕食昆虫，似燕鸻。

---

625. 红脚隼　Amur Falcon　*Falco amurensis*　hóngjiǎo sǔn
25~30 cm　　　　　　　　　　　　　　　　　　　　　图版74　　国二/LC

识别：小型灰色隼。腿部、腹部和臀部均为棕色。似西红脚隼，但飞行时可见其白色翼下覆羽。雌鸟额部白色，顶冠灰色并具黑色纵纹，背部和尾部灰色，尾部具黑色横斑，喉部白色，眼下具偏黑色髭纹，下体乳白色，胸部具醒目的黑色纵纹，腹部具黑色横斑，翼下白色并具黑色点斑和横斑。未成年鸟似雌鸟，但下体斑纹为棕褐色而非黑色。蜡膜和跗跖红色。**鸣声**：似红隼的尖厉哭叫声，参考 XC411721（Frank Lambert）。**分布**：繁殖于西伯利亚至朝鲜半岛北部及中国中部和东北，印度东北部有一记录; 迁徙时见于南亚次大陆和缅甸; 越冬于非洲。在中国，在其繁殖区内甚常见。候鸟见于华东和华南地区。**习性**：黄昏后捕捉昆虫，有时似燕鸻集群觅食。迁徙时集大群，多至数百只，常与黄爪隼混群。停歇于电线上。

626. 灰背隼 **Merlin** *Falco columbarius* huībèi sǔn 27~32 cm 图版74 国二/LC

识别：小型而紧凑的隼。无髭纹。雄鸟顶冠和上体淡蓝灰色，略具黑色纵纹，尾部淡蓝灰色并具黑色次端斑，尾端白色，下体黄褐色并具黑色纵纹，枕部棕色，眉纹白色。雌鸟和未成年鸟上体灰褐色，腰部灰色，眉纹和喉部白色，下体偏白色而胸、腹部具深褐色斑纹，尾部具偏白色横斑。飞行时轮廓似缩小版游隼。*pallidus* 亚种比其他亚种体色浅。蜡膜和跗跖黄色。**鸣声：**告警声为一连串快速上升的尖厉刺耳叫声，比红隼更快，参考 XC332445（Pritam Baruah），幼鸟乞食发出 *yeee-yeee* 声。**分布：**繁殖于全北界，冬季南迁。在中国为不常见候鸟，*lymani* 亚种繁殖于天山，越冬于喀什地区；*insignis* 亚种和 *pacificus* 亚种迁徙途经华北和华东；*insignis* 亚种越冬于华南和青海东部；*pacificus* 亚种越冬于东南地区；*pallidus* 亚种越冬于西藏南部。**习性：**栖于沼泽和开阔草地。飞行低掠过地面捕捉小型鸟类。

627. 燕隼 **Eurasian Hobby** *Falco subbuteo* yàn sǔn
29~35 cm 图版74 国二/LC

识别：翼长的小型黑白色隼。腿部、臀部棕色。上体深灰色，胸部乳白色并具黑色纵纹。雌鸟体型比雄鸟大且体羽偏褐色、腿部和尾下覆羽细纹较多。与猛隼的区别为胸部偏白色。蜡膜和跗跖黄色。**鸣声：**重复尖厉的 *kick kick kick* 声，似红隼，参考 XC490741（Frank Pierik）。**分布：**繁殖于非洲、古北界、喜马拉雅山脉、中国和缅甸，冬季南迁。在中国为地区性留鸟和候鸟，指名亚种繁殖于华北和西藏，越冬于西藏南部；*streichi* 亚种繁殖于北纬32°以南地区。有时越冬于广东和台湾。**习性：**在飞行中捕捉昆虫和鸟类，飞行迅速，喜海拔 2000 m 以下的开阔地和林地。

628. 猛隼 **Oriental Hobby** *Falco severus* měng sǔn
24~30 cm 图版74 国二/LC

识别：翼长的小型棕色和黑色隼。头部和上体深灰色略沾蓝色，下体浓栗色，颏部皮黄色。未成年鸟胸部棕色并具黑色纵纹。蜡膜和跗跖黄色。**鸣声：**似黄爪隼的 *kekekeke* 哭叫声，参考 XC35503（Arnold Meijer）。**分布：**南亚次大陆东北部、东南亚、印度尼西亚、新几内亚岛和所罗门群岛。在中国，指名亚种为云南西部和南部、广西和海南低海拔森林中的罕见候鸟。**习性：**迅速飞行越过森林。捕捉昆虫，似大型雨燕。多停歇于树枝而非岩石上。

629. 猎隼 **Saker Falcon** *Falco cherrug* liè sǔn 42~60 cm 图版75 国一/EN

识别：大型、胸部厚实的浅色隼。枕部偏白色，顶冠浅褐色。头部色彩对比不甚明显，眼下具不明显黑色髭纹，眉纹白色。尾部具狭窄白色羽端。比游隼体色浅而翼形钝。幼鸟上体深褐色，下体布满黑色纵纹。与游隼的区别在于尾下覆羽白色。*altaicus* 亚种比 *milvipes* 亚种体色深而偏青灰色、具棕色翼斑且下体纵纹较多。**鸣声：**似游隼但更为沙哑，参考 XC412094（Frank Lambert）。**分布：**中欧、北非、印度北部、中亚至蒙古国和中国。在中国为不常见候鸟，*milvipes* 亚种繁殖于新疆阿尔泰山脉和喀什地区、西藏、青海、四川北部、甘肃和内蒙古，迁徙途经辽宁、河北，越冬于华中和西藏南部；指名亚种为罕见候鸟，繁殖于新疆西北部天山，越冬于新疆西部喀什地区、青海湖周围和内蒙古中部。**习性**：典型的高山和高原生境中的大型隼。

630. 矛隼 **Gyrfalcon** *Falco rusticolus* máo sǔn 53~63 cm 图版75 国一/LC

识别：极大的白色隼。下体具黑色纵纹，上体具黑色纵纹和横斑。翼尖黑色。幼鸟上体灰褐色，羽端白色并具白色点斑，尾部具白色横斑，头部偏白色。与游隼和猎隼的区别在于体色较浅、两翼较宽而圆、上体非纯褐和棕色、头部斑纹不明显。虹膜黄色。**鸣声**：告警声为带鼻音的 *krerr-krerr-krerr-krerr* 声，比游隼更为拖长，参考 XC181614（Andrew Spencer）。**分布**：繁殖于欧洲、亚洲和北美的北极地区。在中国为极罕见的冬候鸟，*obsoletus* 亚种记录于黑龙江。**习性**：典型的北方苔原和沼泽生境中的大型隼。**分类学订正**：现多认为矛隼无亚种区分，但存在争议。

631. 游隼 **Peregrine Falcon** *Falco peregrinus* yóu sǔn
41~50 cm 图版75 国二/LC

识别：大型而强壮的深色隼。成鸟顶冠和脸颊偏黑色或具黑色条纹，上体深灰色并具黑色点斑和横纹，下体白色，胸部具黑色纵纹，腹部、腿部和尾下具黑色横斑。雌鸟比雄鸟体型明显更大。未成年鸟体羽褐色浓重，腹部具纵纹。各亚种在羽色深浅上有异。*peregrinator* 亚种具头罩而非髭纹，脸颊白色较少，下体横纹较细。体型较小的 *babylonicus* 亚种下体色较浅并具特征性棕色枕斑。**鸣声**：繁殖期发出尖厉的 *kek-kek-kek-kek* 声，参考 XC344930（Albert Lastukhin & Yuri Glushchenko）。**分布**：广布于世界各地。在中国为不常见留鸟和候鸟，*babylonicus* 亚种繁殖于天山和青海，越冬于新疆西部喀什地区；*calidus* 亚种迁徙途经东北和华东，越冬于华南、海南和台湾；*japonensis* 亚种越冬于东南地区；*peregrinator* 亚种为长江以南大部地区的留鸟。**习性**：常成对活动。飞行甚快，并从高空呈螺旋状俯冲而下捕捉猎物。为世界上飞行最快的鸟类之一。营巢于悬崖上。

鹦形目　PSITTACIFORMES　鹦鹉科　Psittacidae　鹦鹉　（3属9种）

体色艳丽的鸟类，头大，钩状的喙粗短有力。跗跖灵活，两趾向后。飞行迅速，叫声粗哑刺耳。大部分种类受笼鸟贸易威胁，部分记录可能为逃逸个体。存在一些外来野化种群。

632. 蓝腰短尾鹦鹉 / 蓝腰鹦鹉 **Blue-rumped Parrot** *Psittinus cyanurus*
lányāo duǎnwěiyīngwǔ 18~20 cm 图版76 国二/NT

识别：小型、敦实而尾短的鹦鹉。翼覆羽羽缘黄色，飞行中可见黑色飞羽和红色翼下覆羽。雄鸟头部偏蓝色，翕部偏黑色，背部深紫色，喙红色。比短尾鹦鹉体型大得多。雌鸟头部褐色，背部至尾部绿色，喙褐色。未成年鸟头部绿色，喉部偏黄色。**鸣声**：

飞行中叽喳叫，似钟声的单音重复两三次，参考 XC414837（Ding Li Yong）。**分布**：印度、中国南部、东南亚和爪哇岛。在中国为热带和亚热带常绿林中的不常见留鸟，指名亚种于 2005 年记录于云南西南部。**习性**：喜海拔 700 m 以下的开阔常绿阔叶林、林间空地和种植园。

---

633. 灰头鹦鹉　Grey-headed Parakeet　*Psittacula finschii*　huītóu yīngwǔ
　　35~40 cm　　　　　　　　　　　　　　　　　　　　　图版76　国二/NT

识别：中型、尾长的绿色鹦鹉。头部青灰色，喉部黑色，肩羽具栗色斑。延长尾羽羽端黄色。与大紫胸鹦鹉的区别在于后者无栗色翼斑、具黑色贯眼纹、胸部灰色。与花头鹦鹉雌鸟的区别在于后者喉部无黑色、头部灰色较浅。上喙朱红色，喙端黄色，下喙黄色。**鸣声**：轻柔悦耳的高音调 *tooi-tooi* 叫声，不如其他鹦鹉粗哑；亦作升调的尖哨音 *sweet*，参考 XC396766（Greg Irving）。**分布**：喜马拉雅山脉东部至中国西南部和东南亚。在中国为西藏东南部、云南和四川西南部海拔 3500 m 以下地区的不常见留鸟。**习性**：集小群栖于亚热带阔叶林，常下至耕地觅食玉米。

---

634. 青头鹦鹉　Slaty-headed Parakeet　*Psittacula himalayana*
　　qīngtóu yīngwǔ　35~40 cm　　　　　　　　　　　　　图版76　国二/LC

识别：中型、尾长的绿色鹦鹉。头部青灰色，喉部黑色，肩羽具栗色斑。延长尾羽羽端黄色。极似灰头鹦鹉，曾作为其一亚种，区别在于尾部更短、尾端偏白、头部色略深、上体偏绿色、翼下覆羽浅蓝绿色。与大紫胸鹦鹉的区别在于后者无栗色翼斑、具黑色贯眼纹、胸部灰色。与花头鹦鹉雌鸟的区别在于后者喉部无黑色、头部灰色较浅。上喙亮红色，喙端黄色，下喙黄色。**鸣声**：典型的鹦鹉尖叫声，比灰头鹦鹉更为尖厉，参考 XC338034（Mandar Bhagat）。**分布**：巴基斯坦、印度东北部。在中国仅记录于西藏南部的日喀则。**习性**：栖于海拔 2500 m 以下的亚高山雪松林和开阔森林，作垂直迁徙。

---

635. 花头鹦鹉　Blossom-headed Parakeet　*Psittacula roseata*
　　huātóu yīngwǔ　30~36 cm　　　　　　　　　　　　　图版76　国二/NT

识别：中型、尾长的绿色鹦鹉。雄鸟头部玫瑰粉色，枕部沾紫色，喉部黑色延至狭窄的黑色颈环。翼上具小块深栗色肩斑，尾部偏蓝色，尾端浅黄色，尾不如灰头鹦鹉长。雌鸟头部灰色，喉部无黑色且无颈环。与灰头鹦鹉幼鸟的区别在于喙和肩斑的颜色。上喙黄色，下喙深灰色。**鸣声**：轻柔、不如其他鹦鹉刺耳的哨音，参考 XC208894（Frank Lambert）。**分布**：印度北部和东部、东南亚及中国南部。在中国，指名亚种为广西南部、广东西部的罕见留鸟，可能亦分布于云南南部和西藏东南部。**习性**：栖于落叶林、开阔林地和次生林。

---

636. 绯胸鹦鹉　Red-breasted Parakeet　*Psittacula alexandri*
　　fēixiōng yīngwǔ　33~38 cm　　　　　　　　　　　　　图版76　国二/NT

识别：中型、体色艳丽的鹦鹉。胸部粉红色。成鸟顶冠和脸颊紫灰色，眼先黑色，枕部、背部、两翼和尾部绿色，具明显的黑色髭须，腿部和臀部浅绿色。未成年鸟头部皮黄褐色，黑色髭须不明显。雄鸟上喙红色、下喙黑色，雌鸟上喙黑色、下喙深褐色。**鸣声**：重复的刺耳 kekekek 声，幼鸟尤为如此，亦发出哑声尖叫 yaak，似喇叭声，参考 XC426844（Peter Boesman）。**分布**：印度、中国南部、东南亚和大巽他群岛。在中国，偶见于香港和广东南部城市，可能为野化个体；fasciata 亚种为西藏东南部、云南、广西西南部和海南的罕见留鸟。**习性**：群居，集群飞行、停歇和营巢。嘈杂，易见，在开阔地上空低飞而过，在树上觅食或停歇时振翅作响，常发出刺耳叫声。

637. 大紫胸鹦鹉　Derbyan Parakeet　*Psittacula derbiana*　dà zǐxiōngyīngwǔ
37~50 cm
图版76　国二/NT

识别：大型、尾长的鹦鹉。头、胸部紫蓝灰色，并具宽阔黑色髭纹。雄鸟眼周和额部沾淡绿色，狭窄的黑色额带延至贯眼纹，中央尾羽渐变为偏蓝色。与其他鹦鹉的区别在于颈部下方、胸部和腹部上方紫色，且无深栗色肩斑。雌鸟顶冠前方无蓝色，喙全黑；雄鸟上喙亮红色，下喙黑色。**鸣声**：高音调的尖厉哨音，参考 XC491511（Peter Boesman）。**分布**：印度东北部、青藏高原东南部至中国西南部。在中国，常见于西藏东南部、四川西南部、云南西部和广西西北部海拔 4000 m 以下的丘陵和山区。**习性**：集群尖叫，快速飞越森林。常被从巢中捕捉用于宠物贸易，造成局部地区濒危。

638. 亚历山大鹦鹉　Alexandrine Parakeet　*Psittacula eupatria*
yàlìshāndà yīngwǔ　50~58 cm
图版76　国二/NT

识别：大型、尾长的绿色鹦鹉。喙和肩斑均为红色。雄鸟头部绿色，颊部灰色，颈部黑色延至狭窄的前颈颈环，后颈颈环粉色。雌鸟无颈环，肩斑更小，尾部更短。未成年鸟似雌鸟，但体色更暗淡。和红领绿鹦鹉的区别在于体型大得多、喙更粗壮且具红色肩斑。**鸣声**：尖厉叫声，参考 XC409704（Frank Lambert）。**分布**：南亚次大陆和东南亚。在中国为云南西南部罕见留鸟，受宠物贸易威胁，逃逸鸟形成的野化种群见于香港和周围的广东地区。**习性**：本属典型习性。

639. 红领绿鹦鹉　Rose-ringed Parakeet　*Psittacula krameri*
hónglǐng lùyīngwǔ　38~42 cm
图版76　国二/LC

识别：中型、尾长的绿色鹦鹉。喙红色。尾部蓝色而尾端黄色，翼上无栗色肩斑。雄鸟头部绿色，枕部偏蓝色，狭窄的颏部条纹延至颈侧狭窄的粉色领环之上。雌鸟整个头部均为绿色。喙红色，蜡膜蓝色。**鸣声**：沙哑尖叫，参考 XC445919（Sreekumar Chirukandoth）。**分布**：非洲东部、印度、中国东南部和东南亚。在中国为西藏西南部和云南西部留鸟，引种至香港和周围的广东地区，亦见于澳门。**习性**：本属典型习性。

640. 短尾鹦鹉　Vernal Hanging Parrot　*Loriculus vernalis*
duǎnwěi yīngwǔ　13~15 cm
图版76　国二/LC

识别：极小而尾短的鹦鹉。喙和腰部均为红色，翼下飞羽青绿色，翼下覆羽绿色。雄鸟喉部蓝色。虹膜和跗跖均为黄色。**鸣声**：飞行时发出高声尖叫 tsee-sip 或 pee-

zeez-eet，参考 XC439547（Greg Irving）。**分布**：印度、中国南部、东南亚和爪哇岛，为热带和亚热带常绿林中的不常见留鸟。在中国，指名亚种仅于云南西南部有记录，其他记录可能为逃逸鸟。受笼鸟贸易威胁。**习性**：振翅飞越森林。以滑稽的姿势四处攀缘。常倒挂。

▌ 雀形目　PASSERIFORMES　阔嘴鸟科　Eurylaimidae　阔嘴鸟 （2属2种）

一小科分布于非洲和亚洲的鸟类，头大，喙宽而厚，跗跖短，一般具延长尾羽。多数种类体色十分艳丽。从树枝上或在空中捕捉飞行中的昆虫，喙发出响亮叩击声。一些种类也食果实。于溪流上方营精巧的钱袋状悬巢。

641. 长尾阔嘴鸟　Long-tailed Broadbill　*Psarisomus dalhousiae*
chángwěi kuòzuǐniǎo　22~27 cm　　　　　　　图版77　国二/LC

识别：不易被误认、体型修长的绿色阔嘴鸟。具蓝色楔形长尾，喉部和脸部黄色，头顶和枕部黑色。两翼黑色并具明显蓝色翼斑。头顶具蓝色小点斑，眼后有一黄色点斑。幼鸟体羽大部绿色。喙绿色，上喙端蓝色，下喙端黄色；跗跖绿色。**鸣声**：响亮而高音的 5 ~ 8 声哨音，音调稳定，参考 XC80030（Frank Lambert）。**分布**：喜马拉雅山脉山麓地区、中国南方、东南亚、苏门答腊岛和加里曼丹岛。在中国不常见于亚热带地区海拔 700 ~ 1500 m 的原始林和次生林，但在西藏可高至海拔 2000 m 地区，指名亚种为西藏东南部、云南西部和南部、广西西南部及贵州西南部留鸟。**习性**：单独或集群活动于树冠中层。

642. 银胸丝冠鸟　Silver-breasted Broadbill　*Serilophus lunatus*
yínxiōng sīguān niǎo　15~18 cm　　　　　　　图版77　国二/LC

识别：小型而喙纤细的粉灰色阔嘴鸟。具弯曲黑色眉纹和蓝色翼斑。肩羽、背部和腰部栗色。尾部黑色，尾部狭窄边缘和尾端为白色。雌鸟胸部偏灰色并具狭窄白色横带。喙蓝色而喙基黄色，跗跖黄绿色。**鸣声**：清晰的笛音 *piu*，参考 XC396711（Marc Anderson）。**分布**：尼泊尔至中国西南部、东南亚、马来半岛和苏门答腊岛。在中国，偶见于亚热带地区海拔 800 ~ 1700 m 的山林，*rubropygius* 亚种为西藏东南部留鸟，*elisabethae* 亚种见于云南南部和广西西南部，*polionotus* 亚种为海南留鸟。**习性**：集小群栖于沿溪流的开阔林区树冠下层及林下。与其他鸟类混群。

▌ 八色鸫科　Pittidae　八色鸫　（2属8种）

一小科分布于非洲至大洋洲、体色艳丽的地栖鸟类。体型丰满，尾部短，跗跖长，常于森林底层找寻无脊椎动物。发出简单而哀婉的鸣声或哨音，一些种类从树冠层发出叫声。巢通常为植物材质，呈中空球状，近地面。部分种类具迁徙习性。

643. 双辫八色鸫　Eared Pitta　*Hydrornis phayrei*　shuāngbiàn bāsèdōng
22~25 cm　　　　　　　　　　　　　　　　　　　图版77　国二/LC

识别：中型金褐色八色鸫。头侧具浅色辫状斑并延至长长的耳羽束。翼覆羽具黑色和棕色点斑。雄鸟顶冠纹、贯眼纹和髭纹均为黑色。雌鸟相应部位为褐色。跗跖粉褐色。
鸣声：轻快的哨音 wheeow-whit，似蓝八色鸫，但第一音拖长，参考 XC296152（Marc Anderson），多在黄昏鸣叫，告警声似犬类呜咽声。**分布**：中国西南部和东南亚。在中国为云南南部海拔 800 ~ 1800 m 的常绿林和多荫次生林中的罕见留鸟。**习性**：典型的八色鸫，栖于森林底层。

644. 蓝枕八色鸫　Blue-naped Pitta　*Hydrornis nipalensis*　lánzhěn bāsèdōng
22~25 cm　　　　　　　　　　　　　　　　　　　图版77　国二/LC

识别：较大的橄榄色八色鸫。顶冠和枕部蓝色。下体茶色，尾部棕色并沾绿色。雌鸟似雄鸟，但枕部为茶色而非蓝色，颈后绿色，喉部偏白色。甚似蓝背八色鸫，区别为鸣声不同、腰部色彩不同且眼后黑色线条不如蓝背八色鸫明显。跗跖粉褐色。
鸣声：在地面或树上发出极动听的双哨音，参考 XC426632（Peter Boesman），亦作轻柔似笑声。**分布**：尼泊尔至中国西南部和东南亚。在中国，指名亚种为西藏东南部不常见留鸟，hendeei 亚种不常见于云南南部和广西西南部海拔 2000 m 以下地区。
习性：活动于森林底层，翻动树叶觅食。

645. 蓝背八色鸫　Blue-rumped Pitta　*Hydrornis soror*　lánbèi bāsèdōng
22~25 cm　　　　　　　　　　　　　　　　　　　图版77　国二/LC

识别：中型的橄榄色和茶色八色鸫。脸部偏白色，额部和顶冠橄榄棕色，枕部和腰部浅蓝色，眉纹黄褐色。雌鸟似雄鸟，但橄榄色较暗淡，顶冠和枕部偏绿色。似栗头八色鸫和蓝枕八色鸫，区别为腰部蓝色，和蓝枕八色鸫的进一步区别为黑色贯眼纹有时由眼后点斑和耳羽块斑形成。douglasi 亚种眼先和额部为浅粉褐色。跗跖偏粉色。**鸣声**：尖厉喘气声 tew 和音更长而圆润下滑的 tiuu 声，参考 XC125347（Patrik Åberg）。**分布**：中国东南和海南、中南半岛和泰国东南部。在中国为海南（douglasi 亚种）和云南东南部及广西（tonkinensis 亚种）的罕见留鸟。**习性**：栖于海拔 900 m 以上的常绿林。

646. 栗头八色鸫　Rusty-naped Pitta　*Hydrornis oatesi*　lìtóu bāsèdōng
23~26 cm　　　　　　　　　　　　　　　　　　　图版77　国二/LC

识别：中型的绿色和茶色八色鸫。具黑色贯眼纹。顶冠、枕部和颈后为亮金褐色。喉部和颈侧偏粉色，下体余部黄褐色，上体暗绿色并略具黑色纵纹，腰部蓝绿色。雌鸟体色暗，腰部蓝色较浅。与蓝背八色鸫的区别为头部金色。**鸣声**：尖厉喘气声

chow-whit，似蓝八色鸫，但第一音较短、第二音升高，参考 XC356309（Roy A. de By），亦作流水般的降调 *poouw* 声，告警声为 *tchick* 爆破音。**分布**：中国西南部、缅甸、中南半岛和马来半岛。在中国，罕见于云南东南部（*castaneiceps* 亚种）、云南西部和西南部（*oatesi* 亚种）海拔 800 ~ 1370 m 处。**习性**：栖于原始林和次生林。常在夜间鸣叫。

647. 蓝八色鸫　Blue Pitta　*Hydrornis cyanea*　lán bāsèdōng
23~24 cm

图版77　国二/LC

识别：中型深蓝色八色鸫。顶冠两侧橙色宽带延至枕部。具宽阔的黑色贯眼纹，脸颊皮黄色，髭纹黑色，尾部亮蓝色。雌鸟较雄鸟色暗，但下体白色清楚可见。为中国分布的唯一下体具横斑的八色鸫。**鸣声**：流水般的 *pleoow-whit* 声，参考 XC406607（Peter Ericsson），告警声为 *skyeew* 粗喘。**分布**：印度东部、缅甸、中南半岛。在中国，指名亚种为云南西双版纳海拔 500 ~ 1500 m 罕见留鸟。**习性**：栖于常绿林、半落叶林和竹林。

648. 绿胸八色鸫　Hooded Pitta　*Pitta sordida*　lǜxiōng bāsèdōng
16~19 cm

图版77　国二/LC

识别：不易被误认的小型绿色八色鸫。头部黑色。上体绿色，两翼蓝色并具白斑，头罩深褐色，胸、腹部苹果绿色，臀部亮红色。飞行时深色翼上的白色翼斑甚明显。**鸣声**：重复的双哨音 *pih-pih*，间隔极短，参考 XC409825（Ross Gallardy）。**分布**：南亚次大陆至中国西南部、东南亚、菲律宾、苏拉威西岛、大巽他群岛和新几内亚岛。在中国，*cucullata* 亚种为云南东南部、西藏东南部罕见夏季繁殖鸟，亦记录于四川北部，栖于海拔 2000 m 以下地区。**习性**：本属典型习性。

649. 仙八色鸫　Fairy Pitta　*Pitta nympha*　xiān bāsèdōng
16~20 cm

图版77　国二/VU

识别：较小而体色艳丽的八色鸫。似蓝翅八色鸫但下体色浅且更灰、两翼和腰部天蓝色、头部色彩对比明显。跗跖偏黑色。**鸣声**：清晰的双音节哨音 *kwah-he kwa-wu*，似蓝翅八色鸫但较长而缓，参考 XC183003（Frank Lambert）。**分布**：繁殖于日本、朝鲜半岛、中国东部和东南部，越冬于加里曼丹岛。在中国，指名亚种为华东、华南及台湾的夏候鸟，迁徙途经河北至华东沿海地区，越冬于南方沿海包括海南。一般不常见于海拔 1000 m 以下地区。**习性**：本属典型习性。

650. 蓝翅八色鸫　Blue-winged Pitta　*Pitta moluccensis*　lánchì bāsèdōng
16~20 cm

图版77　国二/LC

识别：小型、丰满而体色艳丽的八色鸫。胸部棕色。头部黑色并具浅褐色眉纹，背部绿色，两翼亮蓝色并具白色翼斑，喉部白色，臀部红色。较仙八色鸫体色更暗，两翼紫色而非天蓝色。翼上白斑较大，头部色彩对比不甚明显。跗跖浅褐色。

鸣声：响亮清晰的笛音 *tae-laew, tae-laew*，持续不到 1 秒，参考 XC413822（Peter Ericsson），告警声为粗哑的 *skyeew* 声。**分布：**繁殖于中国西南部和东南亚，越冬于马来半岛、苏门答腊岛和加里曼丹岛。在中国，留鸟罕见于西双版纳，偶见冬候鸟记录于华南和台湾。**习性：**同仙八色鸫。

▌ 钩嘴鸡科　Vangidae　钩嘴鸡　（2 属 2 种）

一小科似伯劳的食虫鸟类。

651. **褐背鹟鸡　Bar-winged Flycatcher-shrike** *Hemipus picatus*
hèbèi wēngjú　14~15 cm　　　　　　　　　　　　　　图版78　LC

识别：小型黑白色鹟鸡。具宽阔白色翼斑。与灰山椒鸟的区别为体型较小、腰部偏白。与小斑姬鹟的区别为无白色眉纹。喙黑色，尖而具钩。**鸣声：**嘈杂、高音调的 *chir-rup, chir-rup* 声，鸣唱声为更快的颤音，参考 XC413394（Peter Ericsson）。**分布：**印度、中国西南部、东南亚、苏门答腊岛和加里曼丹岛。在中国，*capitalis* 亚种常见于西藏东南部至华南地区海拔 500 ~ 2000 m 的丘陵和山区森林。**习性：**喜群居，常与其他鸟类混群，于树冠间觅食藏匿的或受惊的昆虫，然后似伯劳般猛扑捕食。

652. **钩嘴林鸡　Large Woodshrike** *Tephrodornis virgatus*　gōuzuǐ línjú
18~23 cm　　　　　　　　　　　　　　　　　　　图版78　LC

识别：较小的灰白色鸟，似伯劳。腰部白色。雄鸟上体灰色，雌鸟上体褐色；下体白色，胸部沾灰色。具深色眼罩。喙端具钩。**鸣声：**重复的 *weet weet weet weet...* 声、响亮的 *chew-chew* 声、不连贯的 *kee-a, kee-a* 噪音或粗哑的 *chreek-chreek chee-ree* 声，参考 XC360099（Peter Boesman）。**分布：**印度、中国、东南亚和大巽他群岛。在中国，*latouchei* 亚种为北纬 25° 以南低海拔地区不常见留鸟，*hainanus* 亚种为海南的留鸟。**习性：**成对或集小群，性嘈杂，飞行于树梢间。在树冠和水面捕捉受惊的昆虫，喜林缘和林间空地。

▌ 燕鸡科　Artamidae　燕鸡　（1 属 1 种）

一小科主要分布于大洋洲的中型食虫鸟类，尾短，两翼长而呈三角形，喙短而有力。在空中盘旋滑翔捕食昆虫，似燕。喜群居，常集群拥挤于高而裸露的栖处。于树杈上营简单杯状巢。

653. 灰燕鵙 **Ashy Woodswallow** *Artamus fuscus* huī yànjú
16~19 cm 图版78 LC

识别：中型偏灰色鸟，似燕。具厚实的蓝灰色喙，头、额、喉、背部均为灰色，两翼黑色，尾部黑色而尾端具狭窄白色带，腰部白色，下体余部皮黄色。与燕的区别为飞行时两翼宽阔并呈三角形、尾平、喙厚。停歇时两翼伸出尾后。**鸣声**：无乐感的 *tee-tee*，*chew-chew-chew* 声，参考 XC402826（Werzik）。**分布**：南亚次大陆至中国南部和东南亚。在中国为云南西部、南部和东南部，广西南部，广东南部和海南海拔 1500 m 以下开阔地带的地区性常见鸟。**习性**：栖于裸露树枝或电线上，作盘旋飞行捕食昆虫，有时飞掠过水面。飞行似燕，常滑翔。停歇时群鸟紧贴并以喙相互整理羽毛或共同摆尾。敢于围攻鹰类和鸦类。

▌ **雀鹎科** **Aegithinidae** 雀鹎 （1 属 2 种）

一小科体羽绿色的树栖性食虫鸟类。

654. 黑翅雀鹎 **Common Iora** *Aegithina tiphia* hēichì quèbēi
12~15 cm 图版78 LC

识别：小型绿色和黄色雀鹎。具两道宽阔的偏白色翼斑。上体橄榄绿色，两翼偏黑色而羽缘白色，眼圈黄色。**鸣声**：单颤音、带爆破音 *pow* 的单音 *cheeepow* 或双音 *cheeepow cheeepow* 哨音，降调至戛然而止，参考 XC426366（Peter Boesman）。**分布**：印度、中国西南部、东南亚和大巽他群岛。在中国 *philipi* 亚种为西藏东南部、云南和广西西南部海拔 1000 m 以下地区的常见留鸟。**习性**：栖于庭院、红树林、开阔林地。通常单独或成对活动，在多叶小树的枝间跳动，性隐蔽。

655. 大绿雀鹎 **Great Iora** *Aegithina lafresnayei* dà lǜ quèbēi
15~18 cm 图版78 LC

识别：较大的绿色雀鹎。无浅色翼斑。与叶鹎的区别为下体黄色且下喙蓝灰色。雄鸟上体羽色多样，从橄榄绿色至偏黑色，腰部绿色。**鸣声**：清脆的 *chew chew chew....* 声，参考 XC184103（Ding Li Yong）。**分布**：中国西南部和东南亚。在中国 *innotata* 亚种见于云南西双版纳地区。**习性**：栖于林缘小树、村庄周围的次生林和稀疏树木的树冠层。

▌ **鹃鵙科** **Campephagidae** 鹃鵙、山椒鸟 （3 属 11 种）

一大科树栖性食虫鸟类。一些种类的外形和体羽似杜鹃，所有种类均具似伯劳的强劲有力钩状喙以捕食昆虫。多数种类甚嘈杂，集群于树冠层。大多数种类羽色暗淡，多为黑、白、灰色。但山椒鸟体羽艳丽，多为亮红色和黄色。

656. 灰喉山椒鸟　Grey-chinned Minivet　*Pericrocotus solaris*
huīhóu shānjiāoniǎo　17~19 cm　　　　　　　　　　　　图版79　LC

识别：小型红色或黄色山椒鸟。雄鸟红色，与其他红色山椒鸟的区别为耳羽和喉部暗深灰色、胸部橙色而非深红色。雌鸟黄色，特征为额部、耳羽和喉部无黄色。*montpelieri* 亚种雄鸟翕部暗橄榄色、腰部橄榄黄色、尾覆羽红色。**鸣声**：轻柔而略带喘息声的 *tsee-sip*，鸣唱为快速的 *trer-trer-trer-trer* 声，参考 XC426747（Peter Boesman）。**分布**：喜马拉雅山脉、中国南部、东南亚和大巽他群岛。在中国，*griseogularis* 亚种为东南、华南和台湾地区常见留鸟，*montpelieri* 亚种见于云南北部和西北部，指名亚种见于西藏东南部和云南南部。通常见于海拔 1200 ~ 2000 m 的山区森林，但在台湾可能见于低海拔地区。**习性**：同其他山椒鸟。有时集大型群。

657. 短嘴山椒鸟　Short-billed Minivet　*Pericrocotus brevirostris*
duǎnzuǐ shānjiāoniǎo　19~20 cm　　　　　　　　　　　　图版79　LC

识别：中型黑色山椒鸟。具红色或黄色斑。雄鸟红色甚艳丽，似赤红山椒鸟但体型更为纤细、尾部较长并具"L"字形红色翼斑。雌鸟与灰喉山椒鸟和长尾山椒鸟的区别为额部亮黄色，与赤红山椒鸟的区别为翼斑较简单。**鸣声**：响亮而甜润的单音节哨音 *shwee-shoo*，参考 XC42742（Peter Boesman），亦作快速复杂的鸣唱。**分布**：喜马拉雅山脉至中国南方、缅甸和中南半岛北部。在中国，不常见于海拔 1000 ~ 2400 m 的落叶林和山区次生林，指名亚种繁殖于西藏东南部和云南西北部，*affinis* 亚种繁殖于四川南部和云南西部，*anthoides* 亚种繁殖于云南东南部、贵州、广西和广东北部。**习性**：典型的成对活动的山椒鸟，在与长尾山椒鸟同时出现的地区一般更为少见。

658. 长尾山椒鸟　Long-tailed Minivet　*Pericrocotus ethologus*
chángwěi shānjiāoniǎo　18~20 cm　　　　　　　　　　　　图版79　LC

识别：中型黑色山椒鸟。具红色或黄色斑，尾较长。雄鸟红色，与粉红山椒鸟和灰喉山椒鸟的区别为喉黑，与短嘴山椒鸟的区别为翼斑形状不同且体色较淡、下体粉色、腹部下方白色。雌鸟与灰喉山椒鸟易混淆，区别仅为上喙基部具模糊暗黄色，与赤红山椒鸟的区别为喉部深黄色，与灰喉山椒鸟的区别为额部灰色。**鸣声**：独特的甜润双声哨音 *chwee-choo*，第二音较低，参考 XC426744（Peter Boesman）。**分布**：阿富汗至中国和东南亚。在中国常见于海拔 1000 ~ 2000 m 处，指名亚种繁殖于华中、西南并记录于河北，偶见于台湾，*laetus* 亚种繁殖于西藏南部和东南部，*yvettae* 亚种仅见于云南西部。**习性**：集大群活动，性嘈杂，在开阔的高大树木和常绿林的树冠上空盘旋降落。

659. 赤红山椒鸟　Scarlet Minivet　*Pericrocotus speciosus*
chìhóng shānjiāoniǎo　17~22 cm　　　　图版79　LC

识别：体色艳丽的中型山椒鸟。雄鸟蓝黑色，胸、腹、腰、尾羽羽缘和两道翼斑均为深红色。雌鸟背部偏灰色，黄色取代雄鸟红色且延至喉、颊、耳羽及额部。比长尾山椒鸟更敦实、尾短且翼斑更为复杂。**鸣声**：高音哨声和快速颤音，参考 XC359974（Peter Boesman），亦发出轻柔的 *tu-turr* 或重复的 *hurr* 声及更高音的 *sigit, sigit, sigit* 声。**分布**：印度、中国南部、东南亚、菲律宾和大巽他群岛。在中国，*fohkiensis* 亚种为华南和东南地区留鸟，*elegans* 亚种见于云南，*fraterculus* 亚种见于海南。地区性常见于海拔 1500 m 以下低海拔地区和丘陵地带。**习性**：喜原始森林，多成对或集小群活动于小叶树的树冠层。**分类学订正**：曾被视作赤黄山椒鸟（*P. flammeus*）的一个亚种。

660. 灰山椒鸟　Ashy Minivet　*Pericrocotus divaricatus*　huī shānjiāoniǎo
18~21 cm　　　　图版79　LC

识别：中型黑、灰、白色山椒鸟。与小灰山椒鸟的区别为眼先黑色、眉纹更短、腰部偏灰色、两胁偏白色且雄鸟枕部黑色。与鹃鸡的区别为下体白色、腰部灰色。**鸣声**：飞行时发出金属般的 *tsure-rere* 颤音，参考 XC285698（Peter Boesman）。**分布**：繁殖于东北亚和中国东部，越冬于东南亚、菲律宾和大巽他群岛。在中国，指名亚种繁殖于黑龙江小兴安岭，迁徙时见于华东、华南和台湾。罕见于海拔 900 m 以下的落叶林地和林缘。**习性**：在树冠层捕食昆虫。飞行时不如其他体色艳丽的山椒鸟显眼。集多至 15 只鸟的小群。

661. 琉球山椒鸟　Ryukyu Minivet　*Pericrocotus tegimae*　liúqiú shānjiāoniǎo
18~21 cm　　　　图版79　LC

识别：中型黑、灰、白色山椒鸟。顶冠、耳羽和上体均为深色。与灰山椒鸟的区别为上体色深、额部少白色、白色翼斑更小（停歇时可见）、胸侧灰色。与鹃鸡的区别为下体白色、腰部灰色。**鸣声**：比灰山椒鸟更为尖厉和生硬的 *schree...schree...* 声，参考 XC165615（Andrew Spencer）。**分布**：日本南部琉球群岛，有北扩趋势。迷鸟见于中国台湾和朝鲜半岛。曾被视作灰山椒鸟的一个亚种。**习性**：同灰山椒鸟。

662. 小灰山椒鸟　Swinhoe's Minivet　*Pericrocotus cantonensis*
xiǎo huīshānjiāoniǎo　18~19 cm　　　　图版79　LC

识别：较小的黑、灰、白色山椒鸟。前额白色明显，与灰山椒鸟的区别为腰部、尾上覆羽和两胁浅皮黄色，枕部偏灰色且通常具更明显的白色翼斑。雌鸟体羽偏褐色且有时无白色翼斑。**鸣声**：似灰山椒鸟的颤音，参考 XC111009（Frank Lambert）。**分布**：繁殖于中国中部、南部和东部，越冬于东南亚。在中国为华中、华东和东南的地区性常见留鸟，迁徙途经华南和东南地区。**习性**：冬季集较大群。栖于海拔 1500 m 以下的落叶林和常绿林。

663. 粉红山椒鸟 **Rosy Minivet** *Pericrocotus roseus* fěnhóng shānjiāoniǎo
18~20 cm 图版79 LC

识别：中型山椒鸟。具红色或黄色斑，颏、喉部白色，顶冠和翕部灰色。雄鸟与其他山椒鸟的区别为头部灰色、胸部玫红色。雌鸟与其他山椒鸟的区别为腰部和尾上覆羽羽色仅比背部略浅并略沾黄色，下体为甚浅的黄色。**鸣声**：似灰山椒鸟的尖厉颤音，参考 XC19828（David Farrow）。**分布**：繁殖于喜马拉雅山脉至中国南方，越冬于印度和东南亚部分地区。在中国，甚常见于云南和华南地区海拔 1500 m 以下的森林，海南无分布。**习性**：冬季集大群。

664. 大鹃鵙 **Large Cuckooshrike** *Coracina macei* dà juānjú
25~32 cm 图版78 LC

识别：大型灰色鹃鵙，似伯劳。眼罩和颏部黑色。雄鸟上体和胸部灰色，飞羽黑色并具偏白色羽缘，尾部黑色并具深灰色中央尾羽和棕灰色尾端。雌鸟体色较浅，胸部下方和两胁具灰色横斑。幼鸟似雌鸟，但体羽偏褐色，下体和腰部具明显横斑。虹膜偏红色。**鸣声**：嘹亮刺耳的 *pee-eeo-pee-eeo*、*tweer*、*twee-eet* 等多种哨音，参考 XC396746（Marc Anderson）。**分布**：印度、喜马拉雅山脉、中国南部和东南亚。在中国，地区性常见于海拔 1500 m 以下低洼地区，*siamensis* 亚种为云南西部和南部地区留鸟，*rexpineti* 亚种见于东南地区和台湾，*larvivora* 亚种见于海南。**习性**：通常单独或成对活动于林间空地边缘最高树木的顶冠。

665. 黑鸣鹃鵙 / 斑鹃鵙 **Pied Triller** *Lalage nigra* hēi míng juānjú
17~18 cm 图版79 LC

识别：小型黑白色鹃鵙。具明显白色眉纹。似山椒鸟但尾部要短得多。上体主为黑色并具明显白色翼斑。雌鸟色浅，胸部下方和两胁具灰色横斑。**鸣声**：一连串带鼻音的快速 *chack* 声，参考 XC269422（Frank Lambert）。**分布**：菲律宾和马来群岛。在中国，迷鸟罕见于台湾。**习性**：通常单独或成对活动于林间空地边缘最高树木的顶冠。

666. 暗灰鹃鵙 **Black-winged Cuckooshrike** *Lalage melaschistos*
ànhuī juānjú 20~24 cm 图版79 LC

识别：中型灰黑色鹃鵙。雄鸟通体青灰色，两翼亮黑色，尾下覆羽白色，尾羽黑色，三枚外侧尾羽羽端白色。雌鸟色浅，下体具白色横斑，耳羽具白色细纹，白色眼圈不完整，翼下通常具小块白斑。比大鹃鵙小得多且无黑色眼罩。跗跖铅蓝色。**鸣声**：叽喳声和三四个缓慢而有节奏的降调哨音 *wii jeeow jeeow*，参考 XC156572（Frank Lambert）。**分布**：喜马拉雅山脉、中国南部、东南亚。在中国为海拔 2000 m 以下的山区和低海拔地区的罕见至地区性常见鸟，指名亚种为西藏东南部至云南西北部留鸟，*avensis* 亚种见于西南地区，*intermedia* 亚种见于华中、东南和华南，部分北方种群冬季南迁至云南、华南和台湾，*saturata* 亚种为海南留鸟。**习性**：栖于开阔林地和竹林。冬季从山区森林下移。

伯劳科 Laniidae 伯劳 （1属14种）

分布于东半球和北美的中型强壮肉食性鸟类。头大，喙强劲有力并具较深的缺刻，喙端具齿状弯钩。栖于低矮灌丛、电线或电杆上，捕食大型昆虫和小型脊椎动物，一些种类把猎物插在树棘上。鸣声粗哑而聒噪。

667. 虎纹伯劳 Tiger Shrike *Lanius tigrinus* hǔwén bóláo
17~19 cm 图版80 LC

识别：背部棕色的中型伯劳。比红尾伯劳喙厚得多、尾短而眼大。雄鸟顶冠和枕部灰色，背部、两翼和尾部浓栗色并具黑色横斑，贯眼纹宽而黑，下体白色，两胁具褐色横斑。雌鸟似雄鸟，但眼先和眉纹色浅。幼鸟体羽暗褐色，贯眼纹黑色并具模糊横斑，眉纹色浅，下体皮黄色，腹部和两胁横斑比红尾伯劳更粗。**鸣声**：粗哑似喘息的吱吱叫声，似红尾伯劳，参考 XC323134（Qin Huang）。**分布**：繁殖于东亚、中国和日本，越冬于马来群岛。在中国，繁殖于吉林、河北至华中和华东地区，冬季南迁，但在海南无记录。甚常见于海拔 900 m 以下地区。**习性**：不如红尾伯劳显眼，多藏于林中。

668. 牛头伯劳 Bull-header Shrike *Lanius bucephalus* niútóu bóláo
19~20 cm 图版80 LC

识别：中型褐色伯劳。顶冠褐色、背部灰色、尾端白色为其区别于其他大部分伯劳的主要特征。飞行时初级飞羽基部白斑明显。下体偏白色并略具黑色横斑（*sicarius* 亚种横斑较明显），两胁沾棕色。雌鸟体羽偏褐色，与红尾伯劳雌鸟的区别为具棕褐色耳羽、夏羽体色较淡且较少赤褐色。**鸣声**：粗哑似喘息的叫声，似沼泽大苇莺，参考 XC289731（Anon Torimi），亦发出 *ju ju ju* 或 *gi gi gi* 声并能模仿其他鸟类叫声。**分布**：东北亚、中国东部。在中国为甚常见留鸟，指名亚种繁殖于黑龙江南部至辽宁、河北及山东，冬季南迁至华南、华东和台湾，山地活动的 *sicarius* 亚种见于河北、甘肃和四川北部及中部，迷鸟见于台湾。**习性**：喜次生植被和耕地。

669. 红尾伯劳 Brown Shrike *Lanius cristatus* hóngwěi bóláo
17~20 cm 图版80 LC

识别：中型纯褐色伯劳。喉部白色。成鸟额部灰色，眉纹白色，并具宽阔的黑色眼罩，顶冠和上体褐色，下体皮黄色。*superciliosus* 亚种上体偏灰色并具灰色顶冠。*lucionensis* 亚种和 *confusus* 亚种额部偏白色。幼鸟似成鸟，但背部和体侧具深褐色波浪状细纹，黑色眉纹区别于虎纹伯劳幼鸟。**鸣声**：冬季通常安静，繁殖季节发出 *cheh-cheh-cheh* 叫声和鸣唱声，参考 XC442641（Ding Li Yong）。**分布**：繁殖于东亚，越冬于印度、东南亚、菲律宾、马来群岛并远至新几内亚岛。在中国一般常见于海拔 1500 m 以下地区，*confusus* 亚种繁殖于黑龙江，迁徙途经华东；*lucionensis* 亚种繁殖于吉林、辽宁、华北、华中和华东，冬季南迁，部分个体越冬于华南、海南和台湾；指名亚种为冬候鸟，迁徙途经华东大部地区；*superciliosus* 亚种越冬于云南、华南和海南。**习性**：喜开阔耕地和次生林，包括庭院和种植园。

670. 红背伯劳　Red-backed Shrike　*Lanius collurio*　hóngbèi bóláo

18~20 cm　　　　　　　　　　　　　　　　　　　图版80　LC

识别：较小的褐色伯劳。顶冠和枕部灰色，与浓红褐色背部和尾上覆羽形成对比。中央尾羽黑色，外侧尾羽基部白色。贯眼纹和头侧黑色，眉纹白色，下体偏白色。雄鸟两胁沾粉色，雌鸟两胁具黑色扇贝状细纹。**鸣声**：粗哑的喘息声，参考 XC394223（Marco Dragonetti）。**分布**：繁殖于中亚、东亚、俄罗斯，越冬于南亚次大陆和非洲。在中国，*pallidifrons* 亚种为西北地区夏候鸟。**习性**：喜平原和荒野的灌丛、开阔林地和树篱。

671. 荒漠伯劳　Isabelline Shrike　*Lanius isabellinus*　huāngmò bóláo

16~19 cm　　　　　　　　　　　　　　　　　　　图版80　LC

识别：较小的偏褐色伯劳。尾部棕色。雄鸟上体浅沙灰色，贯眼纹黑色（但无眼先带），眉纹白色，尾部棕色，尾上覆羽棕黄色，两胁红褐色，具白色翼斑。雌鸟较雄鸟色暗，下体具黑色扇贝状细纹。**鸣声**：鸣唱声丰富多变，包括吱吱声和模仿其他鸟类叫声，鸣叫声为粗哑的喘息声，参考 XC411931（Frank Lambert）。**分布**：繁殖于中亚、巴基斯坦及中国西部，越冬于东北非和南亚。在中国，常见于西北地区，*speculigerus* 亚种繁殖于新疆东部、内蒙古鄂尔多斯及贺兰山地区，指名亚种繁殖于新疆北部、吐鲁番盆地至甘肃西北部和宁夏，*tsaidamensis* 亚种为青海和西藏东南部的夏候鸟。**习性**：同红背伯劳。

672. 棕尾伯劳　Rufous-tailed Shrike　*Lanius phoenicuroides*

zōngwěi bóláo　　17~18 cm　　　　　　　　　　图版80　LC

识别：较小的偏褐色伯劳。顶冠浓红褐色，似荒漠伯劳但通常上体更偏棕红色、下体偏白色（而非皮黄色）。雄鸟上体沙色，贯眼纹黑色（但无眼先带），白色眉纹不甚明显，尾部棕灰色，两胁略具棕红色。雌鸟较雄鸟色暗，下体具黑色扇贝状细纹。**鸣声**：粗哑的喘息声，似红背伯劳，参考 XC410148（Guy Kirwan）。**分布**：繁殖于中亚至中国西北部，越冬于非洲。在中国，指名亚种为阿尔泰山脉、天山北部至青海地区的夏候鸟。**习性**：同荒漠伯劳。**分类学订正**：曾被视作荒漠伯劳的一个亚种。

673. 栗背伯劳　Burmese Shrike　*Lanius collurioides*　lìbèi bóláo

19~21 cm　　　　　　　　　　　　　　　　　　　图版80　LC

识别：纤细的中型伯劳。上体栗色，顶冠、枕部和禽部灰色，具黑色眼罩，无眉纹。雄鸟额部和眼先黑色，雌鸟额部具白色纵纹。两翼和尾部黑色，初级飞羽上的白斑在飞行中可见，尾羽边缘和尾端白色。与棕背伯劳的区别为尾部较短、尾端白色。与分布区不重叠的红背伯劳区别为体色更浓、眼先黑色。**鸣声**：叽喳鸣唱声，参考 XC295748（Ross Gallardy），亦作似红尾伯劳的断续叫声。**分布**：印度东北部、缅甸、中南半岛和中国南部。在中国不常见于新疆南部和华南地区的次生植被和耕地中，在海南无记录。**习性**：本属典型习性，性不惧人。

674. 褐背伯劳 **Bay-backed Shrike** *Lanius vittatus* hèbèi bóláo
16~18 cm

图版81 LC

识别：较小的伯劳。具黑色眼罩，顶冠灰色，背部栗色，飞羽黑色，下体白色，两胁沾红棕色。极似栗背伯劳但体型更小、分布亦不同。两性相似，黑色额部较宽，两胁偏红棕色，腰部偏白色。幼鸟体色暗，两胁和顶冠具深色鳞状斑，尾部褐色。**鸣声**：似棕背伯劳的嘎嘎声，参考 XC345690（Oscar Cambell）。**分布**：伊朗、巴基斯坦、印度和喜马拉雅山麓地带。在中国记录于西藏东南部。**习性**：栖于开阔灌丛地区。捕食昆虫、蜥蜴。

675. 棕背伯劳 **Long-tailed Shrike** *Lanius schach* zōngbèi bóláo
23~28 cm

图版80 LC

识别：较大而尾长的伯劳。成鸟额部、眼罩、两翼和尾部黑色，并具一明显白色翼斑，顶冠和枕部灰色或灰黑色，背部、腰部和体侧红褐色，颏、喉、胸和腹部中央白色。头部和背部黑色的扩展随亚种而有所不同。幼鸟体色较暗，两胁和背部具横斑，头部和枕部偏灰色。深色型个体在香港和广东并不罕见，亦偶见于其他地区。**鸣声**：粗哑刺耳的尖叫 *terrr* 和颤抖的鸣唱声，有时模仿其他鸟类叫声，参考 XC460245（Peter Boesman）。**分布**：伊朗至中国、印度、东南亚、马来群岛及新几内亚岛。在中国为海拔 1600 m 以下地区常见留鸟，黑冠的 *tricolor* 亚种为云南和西藏东南部留鸟，指名亚种见于华中、华东、华南和东南地区，*formosae* 亚种见于台湾，*hainanus* 亚种见于海南。有北扩趋势，见于华北等地，朝鲜半岛和日本的迷鸟记录亦不断增加。**习性**：喜草地、灌丛、庭院、种植园等开阔地。典型的伯劳习性。

676. 灰背伯劳 **Grey-backed Shrike** *Lanius tephronotus* huībèi bóláo
21~25 cm

图版80 LC

识别：较大的伯劳。似棕背伯劳但上体为深灰色，仅腰部和尾上覆羽具狭窄棕色带。初级飞羽上的白斑或小或无。**鸣声**：粗哑喘息声，亦模仿其他鸟类叫声，参考 XC86551（Frank Lambert）。**分布**：繁殖于喜马拉雅山脉至中国南部和西部，越冬于东南亚。在中国，于西藏和周围地区取代棕背伯劳的生态位，在部分区域两者有重叠，地区性常见于喜马拉雅山脉海拔 4500 m 以下的灌丛、开阔地和耕地。**习性**：似棕背伯劳。

677. 黑额伯劳 **Lesser Grey Shrike** *Lanius minor* hēi'é bóláo
20~23 cm

图版80 LC

识别：较小的灰色伯劳。比灰伯劳和西方灰伯劳体型更小。雄鸟额部黑色区域更宽、次级飞羽更黑。两胁偏粉色。**鸣声**：粗哑的喘息声和略似鸫类的吱吱哨音，参考

XC139416（Fernand DEROUSSEN）。**分布**：繁殖于南欧、东欧、中亚，越冬于非洲。在中国，*turanicus* 亚种为新疆北部和西北部有树平原和灌丛草地的罕见夏候鸟。**习性**：站姿甚直，尾直朝下。飞行不如其他伯劳起伏。

678. 灰伯劳　Northern Shrike　*Lanius borealis*　huī bóláo　24~27 cm　图版81　LC

识别：大型灰、黑、白色伯劳。雄鸟顶冠、枕部、背部和腰部灰色，具宽阔黑色贯眼纹和白色眉纹，眼先黑色，两翼黑色并具白色翼斑，尾部黑色而边缘白色，下体偏白色。*funereus* 亚种上体灰色较浅，下体多蠹状斑，翼上偏白色。雌鸟和幼鸟体色较暗淡，下体具皮黄色鳞状斑。**鸣声**：尖厉而清晰的 *schrreea* 声，参考 XC70028（Paul Driver），亦作尖锐的 *chak-chak-chak* 声和粗哑的 *gijigijigiji* 声。**分布**：欧亚大陆北部。在中国为北方地区不常见候鸟，*funereus* 亚种繁殖于西北部，*mollis* 亚种和 *sibiricus* 亚种越冬于华北和东北。**习性**：栖于开阔的有林原野。有时悬停。常把猎物插在树棘上。

679. 西方灰伯劳　Great Grey Shrike　*Lanius excubitor*　xīfāng huībóláo
23~25 cm　　　　　　　　　　　　　　　　　　　　　图版81　LC

识别：大型灰、黑、白色伯劳。雄鸟顶冠、枕部、背部和腰部灰色，具宽阔黑色贯眼纹，白色眉纹或浅或无，两翼黑色并具白色翼斑，尾部黑色而边缘和尾端白色，下体偏白色。雌鸟和幼鸟体色较暗淡，下体具皮黄色鳞状斑。和灰伯劳的区别为体型更小、腰部白色。*pallidirostris* 亚种体色更浅、对比不甚明显，通体略沾皮黄色，黑色眼罩眼先部分色浅或断开，白色或偏粉色下体无蠹状斑，白色眉纹长，白色翼斑较宽，喙色浅。**鸣声**：尖厉而清晰的 *schrreea* 声和拖长而带鼻音的 *eeh* 声，亦作粗哑的 *ga-ga-ga* 声，参考 XC405796（Jarek Matusiak）。**分布**：欧亚大陆北部。在中国为北方地区不常见候鸟，*leucopterus* 亚种（包括 *homeyeri* 亚种）繁殖于阿尔泰山脉北部而越冬于新疆西北部，*pallidirostris* 亚种繁殖于宁夏贺兰山脉。**习性**：典型的伯劳捕食习性，把猎物插在树棘上。

680. 楔尾伯劳　Chinese Grey Shrike　*Lanius sphenocercus*　xiēwěi bóláo
25~31 cm　　　　　　　　　　　　　　　　　　　　　图版81　LC

识别：极大的灰色伯劳。眼罩黑色，眉纹白色，两翼黑色并具明显白色翼斑。比西方灰伯劳体型更大、白色翼斑更宽阔、腰部灰色（而非白色）、喙更长。三枚中央尾羽黑色，羽端具狭窄白色带，外侧尾羽白色。*giganteus* 亚种比指名亚种体色暗且无白色眉纹。**鸣声**：似西方灰伯劳的粗哑 *ga-ga-ga* 叫声，亦作双音节的 *ker-cher* 声，参考 XC267586（Albert Lastukhin）。**分布**：中亚、西伯利亚东南部、朝鲜半岛、中国北部和东部。在中国不常见，*giganteus* 亚种繁殖于青海柴达木盆地、西藏东北部、四川北部和西部，指名亚种繁殖于内蒙古、华北和东北，迁徙时记录于包括台湾在内的其他各省份，部分个体越冬于福建、广东，但于海南无记录。**习性**：典型的伯劳，从开阔原野的突出停歇处捕食，在空中悬停并捕捉昆虫和小鸟。栖于开阔地带，通常靠近农场和村庄。**分类学订正**：*giganteus* 亚种有时被视作一个独立种 *L. giganteus*（青藏楔尾伯劳）。

莺雀科　Vireonidae　白腹凤鹛、鸡鹛　（2 属 6 种）

一小科体型敦实的食虫鸟类，喙短而深。

681. 白腹凤鹛　White-bellied Erpornis　*Erpornis zantholeuca*　báifù fèngméi
11~13 cm
图版78　LC

识别：小型橄榄绿色鹛。下体灰白色，尾下覆羽黄色。与体色相似的莺类区别为具明显羽冠。**鸣声**：金属般的 *chit, chi-chi-cher* 声、带鼻音的 *na-na* 声和降调的高音颤鸣 *si-i-i-i* 鸣唱声，参考 XC396721（Marc Anderson）。**分布**：喜马拉雅山脉、中国南部、东南亚、苏门答腊岛和加里曼丹岛。在中国，*griseiloris* 亚种为东南、华南和台湾地区留鸟，指名亚种见于西藏东南部和云南，*tyranula* 亚种见于海南。常见于海拔 250 ~ 1600 m 的森林，但在台湾可高至海拔 2000 m 甚至更高处。**习性**：群居，觅食于树木中高层，常与莺类和其他鸟类混群。

682. 棕腹鸡鹛　Black-headed Shrike Babbler　*Pteruthius rufiventer*
zōngfù júméi　18~21 cm
图版81　LC

识别：大型鹛。上体栗色，头部、两翼和尾部亮黑色，颏、喉和上胸灰色，胸侧具黄色块斑。下胸和臀部为酒红褐色。尾端和次级飞羽羽端具狭窄栗色带。雌鸟似雄鸟，但头侧灰色，顶冠黑色并具灰色斑纹，上体余部亮橄榄绿色，仅腰部、尾上覆羽和次级飞羽羽端栗色，尾上偏绿色，尾下偏黑色，尾端栗色。虹膜灰色，上喙黑色而下喙较浅，跗跖偏褐色。**鸣声**：通常安静。有时发出怪异的 *whick-er-wheep* 声，参考 XC430314（Brian Cox）。**分布**：尼泊尔至中国西南部、缅甸西部和北部及越南北部。在中国为云南西部和西北部海拔 1500 ~ 2500 m 山区常绿林中的罕见留鸟。**习性**：集小群活动，常加入由山雀及其他鹛类组成的"鸟浪"。甚笨拙。

683. 红翅鸡鹛　Blyth's Shrike Babbler　*Pteruthius aeralatus*　hóngchì júméi
14~18 cm
图版81　LC

识别：中型鹛。雄鸟头部黑色，眉纹白色，禽部灰色，尾部黑色，两翼黑色，初级飞羽羽端白色，三级飞羽金橙色，下体灰色。雌鸟体色暗，下体皮黄色，两胁偏红色，头部偏灰色，次级飞羽不如雄鸟艳丽。虹膜灰蓝色，上喙蓝黑色，下喙灰色，跗跖粉白色。**鸣声**：嘹亮刺耳的单音叫声 *too-too-too*，*klip klip* 或 *chip chip chip chap*，参考 XC426851（Peter Boesman）。**分布**：巴基斯坦东北部至中国、东南亚和大巽他群岛。在中国为海南（*lingshuiensis* 亚种）、华中、东南（*ricketti* 亚种）和西藏东南部（*validirostris* 亚种）海拔 350 ~ 2440 m 山区森林中的偶见留鸟。**习性**：成对或混群活动，在林冠层上下穿行捕食昆虫。在小树枝上侧移，仔细地寻觅食物。

684. 淡绿鹀鹛　Green Shrike Babbler　*Pteruthius xanthochlorus*
dànlǜ júméi　12~13 cm　　　　　　　　　　　图版81　LC

识别：小型橄榄绿色鹛。似柳莺但体型粗壮且动作笨拙并具粗厚的黑色喙。头部灰色、眼圈白色，喉、胸部偏灰色，腹部、臀部和翼下覆羽黄色。初级覆羽灰色，翼斑浅色。指名亚种雄鸟顶冠青灰色、雌鸟顶冠烟灰色，无眼圈。*pallidus* 亚种体色较浅，雄鸟顶冠灰色。**鸣声：**通常安静，有时发出快速重复的 *whit* 声，鸣唱声为快速重复的单音，参考 XC426854（Peter Boesman）。**分布：**巴基斯坦东北部、中国东南部、缅甸西部和北部。在中国为海拔 760 ~ 3600 m 的亚高山混交林和针叶林中的不常见留鸟，指名亚种记录于西藏东南部，*pallidus* 亚种见于云南、四川、甘肃南部（白水江）、陕西南部（秦岭）以及福建西北部（武夷山）。垂直迁徙。**习性：**常与山雀、鹛类和柳莺混群。看似笨拙的柳莺。

685. 栗喉鹀鹛　Black-eared Shrike Babbler　*Pteruthius melanotis*
lìhóu júméi　10~12 cm　　　　　　　　　　　图版81　LC

识别：体色艳丽的小型鹛。雄鸟具两道醒目的白色翼斑，喉部和上胸浅栗色，与栗额鹀鹛的区别为耳后具黑色月牙状斑且顶冠前方黄色。雌鸟似雄鸟但喉部黄色、翼斑为暗淡皮黄色而非白色。**鸣声：**通常安静，发出悦耳的 *too-weet, too-weet* 声，参考 XC290914（Peter Boesman）。**分布：**尼泊尔至中国西南部和东南亚。在中国，指名亚种为云南西部和南部，以及西藏东南部海拔 1200 ~ 2400 m 山区常绿林中的不常见留鸟。**习性：**栖于树冠层，常与山雀、柳莺和扇尾鹟混群。性笨拙，站姿直。

686. 栗额鹀鹛　Clicking Shrike Babbler　*Pteruthius intermedius*
lì'é júméi　10~12 cm　　　　　　　　　　　图版81　NR

识别：体色艳丽的小型鹛。雄鸟额部、颊部和喉部栗色，上体橄榄绿色，翼上覆羽黑色，并具两道醒目的白色翼斑，眼圈白色，眉纹灰白色，下体黄色。雌鸟下体偏白色，仅额部为栗色。*yaoshanensis* 亚种额部和胸部均为栗色。**鸣声：**高音而刺耳的细声鸣叫 *too-wer-wer*，参考 XC201732（Frank Lambert）。**分布：**印度阿萨姆至中国南部、东南亚和爪哇岛。在中国不常见于海拔 500 ~ 2500 m 的山地，*yaoshanensis* 亚种见于广西西南部和海南，*intermedius* 亚种见于云南南部。**习性：**栖于山地森林中的矮树顶部，有时与其他鸟类混群。

▎黄鹂科　Oriolidae　黄鹂　（1 属 7 种）

体型较小而敦实的鸟类，体羽通常色彩艳丽，喙直而有力。以果实和昆虫为食。营巢于树杈，呈杯形，由根须和纤维环绕树枝筑成。鸣声清晰而响亮悦耳。飞行轻快并呈波状起伏。

687. 金黄鹂 **Eurasian Golden Oriole** *Oriolus oriolus* jīn huánglí
22~25 cm 图版82 LC

识别：中型金黄色和黑色鹂。头部全黄。雄鸟眼先、两翼和尾基黑色，余部亮黄色。雌鸟体羽较暗淡且偏绿色。幼鸟偏绿色，下体具细密纵纹。虹膜和喙均为红色。**鸣声**：鸣唱声为响亮笛音 *oh wheela whee*，参考 XC433481（Lukas Thiess），鸣叫声似松鸦，为粗哑而带鼻音的 *kwa-kwaaek* 声。**分布**：繁殖于南欧至中国西部、蒙古国北部和西伯利亚，部分个体越冬于非洲。在中国为极西部地区的不常见至地区性常见夏候鸟，指名亚种繁殖于新疆西北部。**习性**：性隐蔽，栖于树林和开阔的稀树原野。繁殖期甚嘈杂。飞行呈波状起伏。栖于树冠上层。

688. 印度金黄鹂 **Indian Golden Oriole** *Oriolus kundoo* yìndù jīnhuánglí
22~25 cm 图版82 LC

识别：中型黄色和黑色鹂。似金黄鹂但虹膜红色更浅、雄鸟眼先黑色延至眼后形成贯眼纹、喙更长且停歇时黄色翼斑更宽阔。**鸣声**：响亮笛音，似金黄鹂但更为复杂、节律更短而圆润、音调更窄，参考 XC22702（Sander Bot）。**分布**：南亚次大陆。在中国，繁殖于新疆西部的喀什南部至喀喇昆仑山脉，过境鸟记录于西藏西南部。**习性**：同金黄鹂，曾被视作其一个亚种。

689. 细嘴黄鹂 **Slender-billed Oriole** *Oriolus tenuirostris* xìzuǐ huánglí
22~26 cm 图版82 LC

识别：中型黄色鹂。黑色贯眼纹延至枕部。极似黑枕黄鹂但喙较细、黑色贯眼线较细（枕部尤其细）、背部偏橄榄色。雌鸟似雄鸟但体羽偏绿色，下体具些许深色纵纹。幼鸟纵纹较重，贯眼纹不甚明显。虹膜红色，喙偏粉色。**鸣声**：似啄木鸟的独特高音 *kich* 声，亦发出黄鹂特有的笛音，参考 XC328295（Thijs Fijen）。**分布**：喜马拉雅山脉至缅甸、中国南部和中南半岛。在中国，繁殖于云南海拔 2500～4300 m 地区，越冬于更低海拔地区。受到笼鸟贸易威胁。**习性**：栖于松林、开阔林地、人工林和开阔稀树原野。

690. 黑枕黄鹂 **Black-naped Oriole** *Oriolus chinensis* hēizhěn huánglí
23~28 cm 图版82 LC

识别：中型黄色和黑色鹂。贯眼纹和枕部黑色，飞羽多为黑色。雄鸟体羽余部亮黄色。与细嘴黄鹂的区别为喙较粗、枕部黑带较宽。雌鸟体色较暗淡，背部橄榄黄色。幼鸟背部橄榄色，下体偏白色并具黑色纵纹。虹膜红色，喙粉色。**鸣声**：清澈如流水般的笛音 *lwee, wee, wee-leeow*，有时略有变化，参考 XC473790（Bo Shunqi），亦作甚粗哑的似责骂声和平稳哀婉的轻哨音。**分布**：印度、中国、东南亚、马来群岛、菲律宾和苏拉威西岛，北方种群冬季南迁。在中国，*diffusus* 亚种为除新疆和青藏高原以外大部地区的夏候鸟，地区性常见于海拔 1600 m 以下地带。**习性**：栖于开阔林、园林、村庄和红树林中。成对或集家族群活动。栖于树上但有时下至低处捕食昆虫。飞行呈波状起伏，振翅幅度大、缓慢而有力。

691. 黑头黄鹂 **Black-hooded Oriole** *Oriolus xanthornus* hēitóu huánglí
23~25 cm 图版82 LC

识别：不易被误认的中型黄色鹂。具黑色头罩和黄色下体。两翼和尾部黑色。两性相似。幼鸟似成鸟，但额部黄色、喙和眼圈偏白色、喉部污白色并具偏黑色条纹。虹膜和喙均为红色。**鸣声**：似黑枕黄鹂，如流水般的 *wye-you* 或 *yiu-hu-a-yu* 笛音，重音在中间音节，亦发出粗哑而带鼻音的 *kwaak* 声。雄鸟求偶时发出间杂着粗哑音的圆润笛音，同时身体低伏、尾羽扇开，参考 XC417787(Sumanta Pramanick)。亦模仿其他鸟类叫声。**分布**：印度、中国南部、东南亚、苏门答腊岛和加里曼丹岛。在中国仅于局部地区分布，指名亚种为西藏东南部和云南西部海拔 1500 m 以下地区留鸟。**习性**：似黑枕黄鹂，但更喜林缘地带、开阔森林、耕地和次生林。

692. 朱鹂 **Maroon Oriole** *Oriolus traillii* zhū lí 23~28 cm 图版82 LC

识别：中型黑色和红褐色鹂。虹膜色浅。雄鸟红褐色，头部、上胸和两翼黑色。雌鸟翕部深灰色，尾部红褐色，腹部和胸部下方白色并布满黑色纵纹。与鹊色鹂雌鸟的区别为翕部灰色较深、下体白色较少且纵纹较粗。幼鸟比雌鸟色浅，喉部偏白色。*ardens* 亚种红褐色而羽基绯红色而非其他亚种的白色。**鸣声**：鸣唱声为圆润的 *pi-lo-i-lo* 笛音，参考 XC426726（Peter Boesman），鸣叫声为带鼻音的粗哑 *kee-ah* 声，但不如黑枕黄鹂粗哑，亦发出甚似猫叫的 *mew* 声和似啄木鸟的咯咯"笑声"。**分布**：喜马拉雅山脉、中国西南部和中南半岛。在中国，罕见于海拔 600 ~ 4000 m 的丘陵、山地落叶林、混交林和常绿林，指名亚种见于西藏东南部和云南西部，*nigellicauda* 亚种见于云南东南部和海南，*ardens* 亚种见于台湾。**习性**：作垂直迁徙。通常单独或成对活动。栖于树冠，有时加入混合鸟群。

693. 鹊色鹂 / 鹊鹂 **Silver Oriole** *Oriolus mellianus* quèsè lí
24~28 cm 图版82 国二/EN

识别：中型黑色和银白色鹂。尾部洋红色。雄鸟特征明显。雌鸟似朱鹂雌鸟，但黑色头部与灰色背部形成对比，下体较白且纵纹较窄。虹膜黄色。**鸣声**：似朱鹂，参考 XC479807（Roland Zeidler）。**分布**：中国中南部，迁徙远至泰国西南部，世界性濒危。在中国，繁殖鸟罕见于四川中南部、广西和广东北部，冬季南迁。**习性**：同朱鹂，曾被视作其一个亚种。

▎ 卷尾科 Dicruridae 卷尾 （1 属 7 种）

一小科体羽偏黑色的食虫鸟类，分布于非洲、亚洲和大洋洲。大部分种类体羽黑色并具光泽，喙强劲有力，尾部分叉。从停歇处捕食空中的大型昆虫。鸣声响亮，有时悦耳，但多为粗哑刺耳且不连贯的拖长音。敢于攻击鹰类和杜鹃。在低树杈上营精致的杯状巢。

694. 黑卷尾 Black Drongo *Dicrurus macrocercus* hēi juǎnwěi
24~30 cm
图版83 LC

识别：中型蓝黑色并具金属光泽的卷尾。喙较小，尾极长而分叉极深，在风中常以奇特角度上举。嘴裂具白点。幼鸟下体下方具偏白色横纹。台湾的 *harterti* 亚种尾部较短。**鸣声**：发出 *hee-luu-luu*、*eluu-wee-weet*、*hoke-chok-wak-we-wak* 等多种叫声，参考 XC426530（Peter Boesman）。**分布**：伊朗至印度、中国、东南亚、爪哇岛和巴厘岛。在中国为常见繁殖鸟和留鸟，见于低海拔开阔原野，偶尔可上至海拔 1600 m 处，*albirictus* 亚种见于西藏东南部，*harterti* 亚种为台湾留鸟，*cathoecus* 亚种繁殖于吉林南部、黑龙江南部至华东、华中、西南、海南和华南地区，迁徙途经东南地区。**习性**：栖于开阔地区，常立于小树或电线上。

695. 灰卷尾 Ashy Drongo *Dicrurus leucophaeus* huī juǎnwěi
26~29 cm
图版83 LC

识别：中型灰色卷尾。脸部偏白色，尾长而分叉深。各亚种体色不同，*leucogenis* 亚种色浅，*hopwoodi* 亚种比其他亚种色深，*salangensis* 亚种眼先黑色。**鸣声**：清晰响亮的 *huur-uur-cheluu* 或 *wee-peet, wee-peet* 声，参考 XC396748（Marc Anderson），亦作咪咪声，并模仿其他鸟类叫声，据记载有时在夜间鸣叫。**分布**：阿富汗至中国、东南亚、菲律宾巴拉望岛和大巽他群岛。在中国为常见留鸟和候鸟，见于海拔 600 ~ 2500 m 丘陵、山地开阔林和林缘，但在云南可高至近 4000 m 地区，*leucogenis* 亚种见于黑龙江南部、吉林至华东和东南，*salangensis* 亚种繁殖于华中和华南，越冬于海南，*hopwoodi* 亚种见于西南地区和西藏南部，*innexus* 亚种为海南留鸟。**习性**：成对活动，立于林间空地的裸露树枝或藤条上，捕食过往昆虫，爬升和俯冲捕捉飞蛾和其他飞行猎物。

696. 鸦嘴卷尾 Crow-billed Drongo *Dicrurus annectans* yāzuǐ juǎnwěi
27~32 cm
图版83 LC

识别：中型黑色卷尾。喙厚似鸦，尾部分叉深，外侧尾羽上翻。与黑卷尾的区别为喙较厚宽、尾分叉不如其深、体羽具绿色光泽而非蓝色光泽。幼鸟下体下方具偏白色横纹。**鸣声**：典型的卷尾叫声，响亮悦耳的哨音和粗哑的嘶鸣，参考 XC357082（Kim Chua Lim），也作一连串降调的似竖琴声。**分布**：留鸟见于喜马拉雅山脉和印度北部，越冬于东南亚和大巽他群岛。在中国，繁殖于西藏东南部，冬候鸟罕见于云南西部和海南。**习性**：喜开阔林地、沿海灌丛和低矮红树林。典型的卷尾捕食习性。

697. 古铜色卷尾 Bronzed Drongo *Dicrurus aeneus* gǔtóngsè juǎnwěi
22~25 cm
图版83 LC

识别：小型的黑色并具绿色金属光泽的卷尾。与黑卷尾的区别为体型较小、体羽多光泽、尾部仅略分叉，习性和生境亦不同。与鸦嘴卷尾的区别为尾部较短。与乌鹃的区别为尾下无白色横斑。**鸣声**：响亮的鸣叫声，包括清晰和粗哑的不连贯音，参考 XC397118（Marc Anderson）。**分布**：印度、中国南部、东南亚、苏门答腊岛和加里曼丹岛。在中国，指名亚种为西藏东南部、海南和西南地区海拔 2000 m 以下的原始林和次生低海拔森林中的常见留鸟，*braunianus* 亚种为台湾留鸟。**习性**：立于突出树枝上，在树冠上中层追捕昆虫。常加入鸟浪。有时数鸟相互追逐，甚嘈杂。喜树冠间空隙。

698. 小盘尾　Lesser Racket-tailed Drongo　*Dicrurus remifer*
xiǎo pánwěi　25~27 cm　　　　　　　　　　　图版83　国二／LC

识别：中型（不计延长尾羽）亮黑色卷尾。外侧尾羽延长，羽端呈球拍状。喙基上方具短小羽束。比大盘尾体型更小且无羽冠，但以方形尾最易区分。通常与大盘尾分布于不同海拔高度，仅在海拔 1000 ~ 1500 m 处两种有重叠。旧羽有时无球拍状尾端。**鸣声**：多变的悦耳笛音 *weet-weet-weet-weet-chewee-chewee*，偶发出粗哑刺耳叫声，参考 XC402952（Mike Dooher），能模仿其他鸟类叫声。**分布**：印度、中国南部、东南亚、苏门答腊岛和爪哇岛。在中国，*tectirostris* 亚种繁殖于西藏东南部、云南西部和南部，地区性常见于海拔 800 ~ 2000 m 处。**习性**：栖于稠密的雨林、次生林和林缘地带。常追随野火捕食逃亡中的蝗虫。

699. 发冠卷尾　Spangled Drongo　*Dicrurus hottentottus*　fàguān juǎnwěi
29~34 cm　　　　　　　　　　　　　　　　　图版83　LC

识别：大型绒黑色卷尾。头顶具细长羽冠。体羽具闪烁点斑。尾长而分叉，外侧羽端钝而上翘，似七弦琴。指名亚种喙较厚重。**鸣声**：悦耳嘹亮的鸣唱声，偶伴以粗哑刺耳的叫声，参考 XC413708（Frank Lambert）。**分布**：印度、中国、东南亚和大巽他群岛。在中国常见于低海拔地区和山麓森林，尤其是较干燥的地区，*brevirostris* 亚种繁殖于华中、华东和台湾，北方种群冬季南迁，指名亚种繁殖于西藏东南部和云南西部。**习性**：喜林中开阔地带，有时（尤其是晨昏时分）集群鸣唱并在空中捕捉昆虫，甚嘈杂。从低矮停歇处捕食昆虫，并与其他鸟类混群。

700. 大盘尾　Greater Racket-tailed Drongo　*Dicrurus paradiseus*
dà pánwěi　30~37 cm　　　　　　　　　　　图版83　国二／LC

识别：大型（不计延长尾羽）亮黑色卷尾。外侧尾羽延长，羽端扭曲并呈球拍状。尾部分叉而区别于小盘尾。成鸟头顶具羽冠但在林中难辨。**鸣声**：多种美妙动听的旋律，包括颤音、哨音、铃声以及卷尾特有的粗哑颤鸣，参考 XC418170（Tejaswini Limaye），常模仿其他鸟类叫声。**分布**：印度至中国、东南亚和大巽他群岛。在中国，*grandis* 亚种为西藏东南部、云南西部和南部海拔 1400 m 以下森林中的常见留鸟，*johni* 亚种为海南留鸟。**习性**：多成对活动，有时集群求偶炫耀，发出欢快响亮的鸣声，从林中的裸露停歇处捕食昆虫。与其他鸟类混群。

扇尾鹟科 Rhipiduridae 扇尾鹟 （1属2种）

一小科曾被置于鹟科的鸟类，尾呈扇形，常大幅度摆动。

701. 白喉扇尾鹟 **White-throated Fantail** *Rhipidura albicollis*
báihóu shànwěiwēng　17~20 cm　　　　　　　　　　　图版84　LC

识别：中型深色扇尾鹟。几乎通体深灰色（野外看似黑色），颏、喉、眉纹和尾端白色。下体深灰色而区别于白眉扇尾鹟，但部分个体下体色浅。**鸣声**：高而细，三个间隔相等的 *tut* 声，续以三个或更多的降调音，参考 XC434182（Ranjit h），亦发出尖厉 *cheet* 声。**分布**：喜马拉雅山脉、中国南部、东南亚和大巽他群岛。在中国，指名亚种繁殖于西藏东南部、海南和西南地区海拔3000 m以下的潮湿山地森林和竹林。**习性**：似其他扇尾鹟。常兴奋地摆尾。加入混合鸟群。

702. 白眉扇尾鹟 **White-browed Fantail** *Rhipidura aureola*
báiméi shànwěiwēng　15~17 cm　　　　　　　　　　　图版84　LC

识别：中型灰色扇尾鹟。宽阔的眉纹和前额均为白色。尾部具白色宽边。髭纹白色，与黑色的脸部和喉部形成对比，下体余部白色而区别于白喉扇尾鹟。**鸣声**：由4个上升音和2到3个下降音组成的带间隔的悦耳哨音，参考 XC409711（Frank Lambert）。**分布**：南亚次大陆至泰国和中国西南部。在中国为云南西部罕见留鸟。**习性**：典型扇尾鹟习性，但栖于海拔1500 m以下的开阔林地。

王鹟科 Monarchidae 王鹟 （2属5种）

一小科曾被置于鹟科的鸟类。一些种类尾羽甚长。均会发出响亮而似山雀的鸣声。

703. 黑枕王鹟 **Black-naped Monarch** *Hypothymis azurea*
hēizhěn wángwēng　14~16 cm　　　　　　　　　　　图版84　LC

识别：中型灰蓝色王鹟。枕部黑色。雄鸟头、胸、背、尾部蓝色，翼上偏灰色，腹部偏白色，羽冠短，喙上小块斑和狭窄喉带均为黑色。雌鸟头部蓝灰色，胸部偏灰色，背部、两翼和尾部褐灰色，无雄鸟的黑色羽冠和喉带。眼周裸露皮肤亮蓝色，喙偏蓝色而喙端黑色，跗跖偏蓝色。**鸣声**：鸣唱声为清脆的 *pwee-pwee-pwee-pwee* 声，参考 XC396762（Marc Anderson），召唤声为粗哑的 *chee, chweet* 声。**分布**：印度至中国、东南亚、菲律宾、马来群岛和苏拉威西岛。在中国，*styani* 亚种繁殖于西南地区、西藏东南部、广东北部和海南，部分个体于繁殖区越冬，*oberholseri* 亚种为台湾留鸟。海拔900 m以下地区常见留鸟，局部地区高至1500 m处。**习性**：性活泼好奇，栖于低海拔森林和次生林。模仿其召唤声易引来此鸟。常与其他鸟类混群。多栖于森林较低层，尤喜近溪流的灌丛。

704. 印缅寿带 / 印度寿带　Indian Paradise-Flycatcher　*Terpsiphone paradisi*
yìnmiǎn shòudài　♂ 35~49 cm，♀ 17~21 cm　　　　　　图版84　LC

识别：中型（雄鸟尾羽长达 25 cm）寿带。两性异形，头部亮黑色，羽冠明显。雄鸟具一对延长的中央尾羽。两种色型的雄鸟均与紫寿带区别较大。白色型上体白色并具黑色纵纹，下体纯白色，两翼黑色。红褐型上体红褐色，下体偏灰色。雌鸟棕褐色但无延长尾羽。与中南寿带和寿带的区别详见对应词条。眼周裸露皮肤蓝色，喙蓝色而喙端黑色，跗跖蓝色。**鸣声**：哨声，参考 XC120760（Conrad Pinto），召唤声为甚响亮的 *chee-tew* 声，似黑枕王鹟但更强劲有力。**分布**：中亚、印度、中国、东南亚和苏门答腊岛。在中国，*leucogaster* 亚种为西藏南部和西部夏候鸟。**习性**：通常从树冠较低层的停歇处捕食，常与其他鸟类混群。

705. 中南寿带 / 东方寿带　Blyth's Paradise-Flycatcher　*Terpsiphone affinis*
zhōngnán shòudài　♂ 35~49 cm，♀ 17~21 cm　　　　　　图版84　LC

识别：似印缅寿带但羽冠短得多、喙部更小、臀部浅红褐色而非白色、鸣声亦不同。棕色型雄鸟仅顶冠为亮黑色，*indochinensis* 亚种偏红棕色，*saturatior* 亚种羽冠橄榄色。*saturatior* 亚种白色型上体布满黑色纵纹。*saturatior* 亚种雄鸟多为白色型，但 *indochinensis* 亚种几乎无白色型。**鸣声**：重复的 *kwoi-kwoi-kwoi-kwoi* 声和清晰的哨声，参考 XC290775（Peter Boesman）。**分布**：喜马拉雅山脉东部、中国西南部、东南亚和马来群岛。在中国，*saturatior* 亚种为云南西部地区冬候鸟，*indochinensis* 亚种为云南南部、云南西部和贵州西南部夏候鸟。**习性**：同其他寿带。

706. 寿带　Amur Paradise-Flycatcher　*Terpsiphone incei*　shòudài
♂ 35~49 cm，♀ 17~21 cm　　　　　　　　　　　图版84　LC

识别：似印缅寿带但羽冠短得多、喙部更小、上体偏深栗色、雌鸟具头罩。和中南寿带的区别为雌鸟和雄鸟棕色型上体偏深栗色、雌鸟臀部白色而非浅红褐色并具头罩、喙更短而浅。雄鸟白色型较少。偶有上体栗色、尾羽白色的雄性个体。**鸣声**：鸣叫声为响亮的 *chee-cher*，鸣唱声为 *kwee-kwee-ker* 或 *kwee-kwee-kwee-kwee*，参考 XC326539（Alex Thomas）。**分布**：繁殖于中国中部、东部、东南、东北至西伯利亚东部和朝鲜半岛，越冬于东南亚。在中国，繁殖于华北、华中和华东大部，迁徙途经华南，偶见于台湾。**习性**：同其他寿带。

707. 紫寿带　Japanese Paradise-Flycatcher　*Terpsiphone atrocaudata*
zǐ shòudài　♂ 38~44 cm，♀ 17~21 cm　　　　　　　图版84　NT

识别：中型（雄鸟尾羽长达 20 cm）寿带。具黑色羽冠，下体白色。雄鸟与其他寿带的区别为两翼和尾部黑色、背部偏紫色。雌鸟似其他寿带雌鸟但顶冠色彩较暗且无金属光泽。眼周裸露皮肤蓝色，喙蓝色，跗跖偏蓝色。**鸣声**：似其他寿带的响亮叫声，参考 XC418578（Anon Torimi）。**分布**：繁殖于日本、朝鲜半岛和中国台湾，越冬于东南亚。在中国，指名亚种繁殖于台湾，迁徙时见于华东地区，*periophthalmica* 亚种繁殖于台湾东南部。**习性**：同其他寿带。在水平树枝或蔓藤上营深杯状巢。

鸦科 Corvidae 鸦 （12属32种）

一大科世界性分布的鸟类，包括各种常见的鸦、鹊、松鸦等。通常体型较大、喙部强劲，具较高智商，适应多种生境。以果实、昆虫、小型脊椎动物和动物尸体为食。在高树上营巢，通常为随意堆砌的树枝。

708. 北噪鸦 Siberian Jay *Perisoreus infaustus* běi zàoyā 26~31 cm 图版85 LC

识别：小型、体羽松软的灰色和棕色鸦。尾部较短，具短羽冠。头部深褐色，两翼、腰部和尾缘红褐色。喙基具皮黄色羽束。与黑头噪鸦的区别为两翼和尾部红褐色。*opicus* 亚种红褐色较深、头部色深且翼上红褐色较重。*maritimus* 亚种体羽偏灰色，但翼上红褐色也较重。**鸣声**：比松鸦更为安静，鸣叫声包括 *geeak* 声、*kearrr-kearrr* 哭叫声和带粗重鼻音的 *skaaaak* 声，参考 XC440003（Elias A. Ryberg），鸣唱声为一连串哨音、吱吱声、颤音并模仿其他鸟类叫声。**分布**：斯堪的纳维亚半岛、古北界北部、中国东北和西北。在中国，不常见于北方寒冷针叶林，*maritimus* 亚种见于东北地区，*opicus* 亚种见于新疆北部阿尔泰山脉。**习性**：栖于寒带森林，单独、成对或集小群活动。

709. 黑头噪鸦 Sichuan Jay *Perisoreus internigrans* hēitóu zàoyā
29~32 cm 图版85 国一/VU

识别：小型、体羽松软的灰色鸦。尾部甚短。与北噪鸦的区别为通体灰色、喙更粗壮且两翼、腰部和尾部无红褐色。**鸣声**：告警声为升调的高音 *kyip, kyip*，有时快速重复连成一长串，参考 XC161185（Frank Lambert），亦作似北噪鸦的哀婉猫叫声。**分布**：中国中西部特有种，世界性易危，不常见于青海东南部、甘肃南部、四川北部和西藏东部。**习性**：栖于海拔 3050 ~ 4300 m 的亚高山针叶林。

710. 松鸦 Eurasian Jay *Garrulus glandarius* sōng yā 30~36 cm 图版85 LC

识别：小型偏粉色鸦。具特征性黑色和蓝色镶嵌的翼斑，腰部白色。髭纹黑色，两翼黑色并具白斑（*sinensis* 亚种无此白斑）。飞行时两翼显得宽而圆。飞行沉重，振翅无规律。不同亚种头部、颈部色彩和翼上白斑有所不同。**鸣声**：粗哑短促的 *ksher* 声或哀婉猫叫声，参考 XC408207（Markku Miettinen）。**分布**：欧洲、西北非、中东、喜马拉雅山脉、日本、东南亚。在中国分布广泛并甚常见于华北、华中和华东大部地区，*brandtii* 亚种见于西北（阿尔泰山脉）和东北，*bambergi* 亚种见于东北地区西部和东部，*pekingensis* 亚种见于华北大部地区，*kansuensis* 亚种见于青海和甘肃，*interstinctus* 亚种见于西藏南部，*leucotis* 亚种见于云南南部，*sinensis* 亚种见于华中、华东、华南和东南大部地区，*taivanus* 亚种见于台湾。**习性**：性嘈杂，喜落叶林，以果实、鸟蛋、动物尸体和橡子为食。大胆围攻猛禽。**分类学订正**：*leucotis* 亚种有时被视作一个独立种 *G. leucotis*（白脸松鸦）。

711. 灰喜鹊　Azure-winged Magpie　*Cyanopica cyanus*　huī xǐquè

31~40 cm

图版85　LC

识别：小型而修长的灰色鹊。具黑色头罩，两翼天蓝色，并具蓝色长尾。**鸣声**：粗哑高声的 *zhruee* 或清晰的 *kwee* 声，参考 XC370076（Anon Tomini）。**分布**：东北亚、中国、日本。在中国常见并广布于华东和东北地区，存在多个亚种但差异甚微，指名亚种越冬于东北地区，*pallescens* 亚种为小兴安岭留鸟，*stegmanni* 亚种为大兴安岭留鸟，*interposita* 亚种为华北东部留鸟，*swinhoei* 亚种见于长江流域下游至甘肃南部，*kansuensis* 亚种见于青海南部至甘肃西北部。**习性**：性嘈杂，集群栖于开阔林地、公园及城镇中。飞行振翅迅速并作长距离的无声滑翔。在树上和地面觅食果实、昆虫和动物尸体等。

712. 台湾蓝鹊　Taiwan Blue Magpie　*Urocissa caerulea*　táiwān lánquè

63~69 cm

图版85　LC

识别：不易被误认的修长天蓝色鹊。头部和上胸黑色。尾羽羽端黑白相间并具两枚延长的中央尾羽。虹膜浅黄色，喙深红色，跗跖红色。与红嘴蓝鹊的区别为胸部蓝色、顶冠和枕部黑色，两个物种曾地理隔离但如今有部分引入的红嘴蓝鹊在台湾繁殖。**鸣声**：告警声为比喜鹊更高音的 *kyak-kyak-kyak-kyak* 声，参考 XC34202（Frank Lambert），亦作粗哑的 *ga-kang, ga-kang* 声和较轻柔的 *kwee-eep* 或 *gar-suee* 声。**分布**：中国台湾特有种。已从西部低海拔过伐地区消失，但在海拔 300 ~ 1200 m 的有林山地并不罕见。**习性**：集群繁殖。常集小群活动，习性似红嘴蓝鹊。冬季垂直迁徙至低海拔处。

713. 黄嘴蓝鹊　Yellow-billed Blue Magpie　*Urocissa flavirostris*

huángzuǐ lánquè　55~69 cm

图版85　LC

识别：修长而体色艳丽的蓝色鹊。具长而下垂的楔形尾，头部黑色，喙黄色。黄色的喙和跗跖以及黑色的顶冠区别于红嘴蓝鹊。枕部黑色并具白斑。虹膜褐色。**鸣声**：比红嘴蓝鹊更为安静，鸣叫声为响亮粗哑的哨音和刺耳高叫，参考 XC426997（Peter Boesman）。**分布**：喜马拉雅山脉、印度东北部、中国、缅甸和越南北部。在中国为喜马拉雅山脉、西南地区以及西藏东南部海拔 1800 ~ 3300 m 的森林中嘈杂而常见的留鸟。**习性**：见于无红嘴蓝鹊的地区，性较孤僻，不如红嘴蓝鹊常见。喜开阔森林和果园。有时集小群活动。

714. 红嘴蓝鹊　Red-billed Blue Magpie　*Urocissa erythrorhyncha*

hóngzuǐ lánquè　53~68 cm

图版85　LC

识别：具长尾的亮蓝色鹊。头部黑色而顶冠白色。与黄嘴蓝鹊的区别为喙深红色、跗跖红色。腹部和臀部白色，具楔形尾，外侧尾羽黑色而羽端白色。和台湾蓝鹊的区别为胸部、顶冠和枕部白色。虹膜红色。**鸣声**：粗哑刺耳叫声和一系列其他鸣叫声及哨音，参考 XC299811（Gao Chang）。**分布**：喜马拉雅山脉、印度东北部、中国、缅甸和中南半岛。在中国常见并广布于林缘、灌丛甚至城镇和村庄，指名亚种为华中、西南、华南和东南地区留鸟并偶见于海南，*alticola* 亚种见于云南西北部和云南西部，*brevivexilla* 亚种见于甘肃南部至东北地区。**习性**：性嘈杂，集小群活动。食果实、小鸟、鸟蛋、昆虫和动物尸体，通常在地面觅食。主动围攻猛禽。

715. 白翅蓝鹊　White-winged Magpie　*Urocissa whiteheadi*　báichì lánquè
44~47 cm　　　　　　　　　　　　　　　　　　　　　　图版85　EN

识别：大型而体色独特的黑白色鹊。具楔形尾和橙色喙。体型健壮。幼鸟以灰褐色取代成鸟的黑色，喙和虹膜偏褐色。尾端白色而次端黑色。*xanthomelana* 亚种比指名亚种体型更大、虹膜偏绿色且翼斑和尾羽羽缘偏黄色。**鸣声**：响亮而嘈杂，发出似松鸦的尖厉刺耳叫声、重复而粗哑的升调 *shurreek* 声、低沉喉音 *churrree* 声、重复而轻柔似流水的 *brrriii...brrriii...* 声以及升调的 *errreep* 声，参考 XC19435（Craig Robson）。**分布**：越南北部、老挝北部和中国西南部。在中国不常见于海拔 1400 m 以下的常绿林和混交林中，指名亚种为海南留鸟，*xanthomelana* 亚种仅呈零星分布，历史记录于贵州南部、广西西南部和云南南部（西双版纳）。**习性**：性嘈杂，成对或集家族群活动。在树间滑翔，两翼平展，黑白色图案甚显眼。栖于原生林、林缘和次生林。**分类学订正**：*xanthomelana* 亚种有时被视作一个独立种 *U. xanthomelana*（白头蓝鹊），而 *U. whiteheadi* 则成为海南特有种（海南蓝鹊）。

716. 蓝绿鹊　Common Green Magpie　*Cissa chinensis*　lán lùquè
36~38 cm　　　　　　　　　　　　　　　　　　　　　　图版85　国二/LC

识别：较大的亮绿色鹊。尾长，喙红色，两翼栗色，具黑色贯眼纹和绿色楔形尾，尾端黑白相间。与印支绿鹊的区别为尾较长，顶冠偏黄色，三级飞羽羽端黑色。**鸣声**：一系列尖厉刺耳的 *keep keep keep* 哨音续以粗哑的 *chuck* 声，亦作粗哑似长号的叫声、快速的吱吱声并模仿其他鸟类叫声。比印支绿鹊更为尖厉而少哀婉，参考 XC396725（Marc Anderson）。**分布**：喜马拉雅山脉、中国南部、东南亚、苏门答腊岛和加里曼丹岛。在中国，指名亚种为西藏东南部、云南南部、云南西部和广西海拔 400 ~ 1800 m 亚热带森林中的罕见留鸟。**习性**：性隐蔽，栖于密林，常闻其声但不易见。集小型家族群，捕食包括小鸟在内的小型猎物。

717. 印支绿鹊 / 黄胸绿鹊　Indochinese Green Magpie　*Cissa hypoleuca*　yìnzhī lùquè
31~34 cm　　　　　　　　　　　　　　　　　　　　　　图版85　国二/LC

识别：较小的绿色鹊。贯眼纹黑色，喙红色，两翼栗色。三级飞羽羽端色浅。与蓝绿鹊的区别为尾部较短且尾端黄色、胸部黄色、三级飞羽无黑色横斑。*jini* 亚种尾部较长、尾端皮黄色，*katsumatae* 亚种中央尾羽偏黄色、尾端灰色。**鸣声**：一系列响亮、哀婉的刺耳尖叫声 *peu-peu-peu* 续以粗哑的 *chuk* 声和 *chak-peu* 声，亦作似责骂的高音叽喳声，参考 XC200914（Frank Lambert）。**分布**：中国西南部、南部和中南半岛。在中国，不常见于海拔 1000 m 以下常绿林中，*katsumatae* 亚种见于海南，*jini* 亚种见于广西和四川南部。**习性**：成对或集小群活动，嘈杂但不易见，在森林较低层捕食昆虫。

718. 棕腹树鹊　Rufous Treepie　*Dendrocitta vagabunda*　zōngfù shùquè
35~45 cm
图版86　LC

识别：体长的褐色树鹊。脸部黑色渐变为顶冠、枕部和胸部的灰色。背部和腰部棕褐色，下体黄褐色。在中国树鹊中分布最南。与灰树鹊和黑额树鹊的区别为尾部灰色并具偏白色翼斑。**鸣声**：响亮而似笛音的 *ko-ki-la* 声和其他嘶哑金属音及猫叫声，参考 XC365027（Rolf A. de By）。**分布**：南亚次大陆、缅甸和中南半岛北部。在中国，*kinneari* 亚种常见于云南西部海拔 2000 m 以下的灌丛和森林中。**习性**：栖于小树顶层，捕食昆虫和小型脊椎动物，并偷袭鸟巢。

719. 灰树鹊　Grey Treepie　*Dendrocitta formosae*　huī shùquè
36~40 cm
图版86　LC

识别：大型褐灰色树鹊。脸部黑色，枕部灰色，并具极长的楔形尾。下体灰色，臀部棕色，翕部褐色，尾部黑色，中央尾羽基部有时为灰色，两翼黑色，初级飞羽基部具白斑。各亚种在细节上有所不同，*sapiens* 亚种、*sinica* 亚种和 *insulae* 亚种腰部白色、尾部全黑，指名亚种中央尾羽基部灰色，*himalayana* 亚种腰部灰色、尾部较长、中央尾羽灰色、尾端黑色，*insulae* 亚种体型较小、体色暗淡、初级飞羽白斑较小。**鸣声**：粗犷的金属般 *klok-kli-klok-kli-kli* 声，亦作粗哑叫声和叽喳告警声，参考 XC349416（Greg Irving）。**分布**：喜马拉雅山脉南部、中南半岛北部和中国南部。在中国，*himalayana* 亚种见于西藏东南部和云南，*sapiens* 亚种见于四川峨眉山和邛崃山脉，*insulae* 亚种见于海南，指名亚种见于台湾，*sinica* 亚种见于华南和东南地区。甚常见于东南地区海拔 400 ~ 1200 m 的开阔森林，但于喜马拉雅山脉地区可至海拔 2400 m 处。**习性**：性羞怯但嘈杂，在低矮停歇处等待猎物，觅食于地面或树叶间，常在树冠层穿行。常与其他鸟类混群。

720. 黑额树鹊　Collared Treepie　*Dendrocitta frontalis*　hēi'é shùquè
35~39 cm
图版86　LC

识别：大型红褐色树鹊。具黑色脸部和尾部、灰色枕部以及白色胸部，翕部、下腹和尾覆羽红褐色。与棕腹树鹊的区别为枕部和胸部颜色。与灰树鹊的区别为腰部红褐色、腿部和臀部红褐色更重且翼上无白色点斑。**鸣声**：一系列典型的树鹊叫声，刺耳并具金属感，参考 XC19251（Craig Robson）。**分布**：喜马拉雅山脉、缅甸北部和印度东北部丘陵地带。在中国见于西藏东南部和云南西部。**习性**：似其他树鹊。甚罕见于海拔 300 ~ 2100 m 地区。

721. 塔尾树鹊　Ratchet-tailed Treepie　*Temnurus temnurus*　tǎwěi shùquè
30~33 cm
图版86　LC

识别：不易被误认的小型黑色树鹊。具独特的塔形棘状尾。粗大的头部为黑色，体羽深灰色，喙厚而下弯。**鸣声**：发出一系列似发动机和鸣笛的响声及哨音，参考 XC35738（Arnold Meijer）。**分布**：缅甸南部、中南半岛和中国南部。在中国，见于云南南部和海南。**习性**：成对或集小群往复活动于树冠间，觅食昆虫和一些果实。

218

飞行显笨拙并伴以长距离的滑翔。**分类学订正**：盘尾树鹊（*Crypsirina temia*）曾于19世纪在中国有记录，其尾部极长且尾端分开。可能分布于云南南部边境地区。

---

722. 欧亚喜鹊　Eurasian Magpie　*Pica pica*　ōuyà xǐquè　44~50 cm　图版86　LC

识别：较小而为人们所熟悉的黑白色鹊。具黑色长尾。两翼和尾部黑色并具蓝色金属光泽。*leucoptera* 亚种白色延至两翼和背部下方。**鸣声**：鸣叫声为响亮粗哑的嘎嘎声，鸣唱声为 *leoow* 声，参考 XC664003（Susanne Kuijpers）。**分布**：欧亚大陆、北非至中国北部和西部。在中国，*bactriana* 亚种见于新疆北部、西部以及西藏西北部，*leucoptera* 亚种见于内蒙古东北部呼伦湖地区。**习性**：适应性强，在开阔农田或村庄均可为家。杂食性，多于地面觅食。集小群活动。巢为精心搭建的拱圆形树枝堆，年复一年地使用。

---

723. 青藏喜鹊　Black-rumped Magpie　*Pica bottanensis*　qīngzàng xǐquè
45~54 cm　　　　　　　　　　　　　　　　　　　　　　　　　图版86　NR

识别：较小的黑白色鹊。具黑色长尾。和欧亚喜鹊以及喜鹊几乎无法分辨，但腰部无浅色带斑（仅径直飞离观察者时可见）、两翼更长、尾部更短。**鸣声**：鸣叫声为响亮粗哑的嘎嘎声，但不如欧亚喜鹊粗哑响亮并发出更多叽喳声和其他轻软叫声，参考 XC491457（Peter Boesman）。**分布**：喜马拉雅山脉、新疆、青藏高原至中国中西部。为其分布区内的常见鸟。**习性**：似欧亚喜鹊，但巢更小且不如其明显。**分类学订正**：曾被视作欧亚喜鹊（*P. pica*）的一个亚种，可能会与其分布区东北部的喜鹊 *anderssoni* 亚种杂交。

---

724. 喜鹊　Oriental Magpie　*Pica serica*　xǐquè　40~50 cm　　图版86　NR

识别：较小的黑白色鹊。具黑色长尾，常见于中国书画作品中。似欧亚喜鹊和青藏喜鹊，但腰部具浅色或偏白色带斑。**鸣声**：鸣叫声为响亮粗哑的嘎嘎声，似欧亚喜鹊，参考 XC401643（Oscar Campbell）。**分布**：包括台湾、海南在内的中国东部和南部以及缅甸北部、老挝北部和越南北部。在中国广布而常见，并被视作好运而通常免遭捕杀，*anderssoni* 亚种见于东北，指名亚种见于华东和台湾，罕见于海南（可能系引入）。**习性**：适应性强，从华北开阔农田到上海、香港的摩天大楼均可见。集多达20只以上的大群。巢为精心搭建的拱圆形树枝堆，年复一年地使用。**分类学订正**：曾被视作欧亚喜鹊（*P. pica*）的亚种。

---

725. 黑尾地鸦　Mongolian Ground Jay　*Podoces hendersoni*　hēiwěi dìyā
28~31 cm　　　　　　　　　　　　　　　　　　　　　　图版86　国二/LC

识别：较小的浅褐色鸦。上体沙褐色，背部和腰部略沾酒红色。顶冠黑色并具蓝色光泽，两翼亮黑色，初级飞羽具大块白斑，尾部蓝黑色。**鸣声**：*clack-clack-clack* 机械声和低沉 *crack-tuwee* 声，参考 XC411922（Frank Lambert），亦作粗哑哨音。**分布**：蒙古国和中国西北部。在中国地区性常见于新疆北部、青海、甘肃西部和内蒙古西部海拔 2000 ~ 3000 m 处。**习性**：栖于开阔多岩地区和半荒漠地区的灌丛中，觅食种子和无脊椎动物。营巢于地面但停歇于树上。

726. 白尾地鸦　Xinjiang Ground-Jay　*Podoces biddulphi* báiwěi dìyā
29~30 cm　　　　　　　　　　　　　　　　　　　　　图版86　国二/NT

识别：小型褐色鸦。喙下弯，具短而宽的紫黑色羽冠。和黑尾地鸦的区别为喉部偏黑色、尾上覆羽白色。**鸣声**：似黑尾地鸦的低沉 *crack-ter* 声，亦作重复的三音节 *chui-chui-chui* 声，最后一音上扬，以及一连串快速的降调低哨音，参考 XC225255（Alexander Hellquist）。**分布**：中国西北地区特有种。世界性近危，仅分布于环塔克拉玛干沙漠东至罗布泊山麓地区海拔900 ~ 1300 m 有胡杨林分布的一个环状区域内。**习性**：栖于有灌丛的荒漠地带。在地面快速奔跑但通常停歇于灌丛上。

727. 星鸦　Spotted Nutcracker　*Nucifraga caryocatactes*　xīng yā
29~34 cm　　　　　　　　　　　　　　　　　　　　　图版86　LC

识别：较小、深褐色并具白色点斑的鸦。臀部和外侧尾端白色，短尾和钝喙使之显得分外敦实。部分亚种存疑。北方各亚种白色点斑较小且仅限于头侧、胸部和翕部，*hemispila* 亚种褐色较浅，*owstoni* 亚种为烟褐色仅幼鸟翕部具点斑。**鸣声**：干哑的 *kraaaak* 声，有时不断重复，不如松鸦刺耳，参考 XC263897（Terje Kolaas），亦作轻声而带哨音和咔嗒声的哨音以及嘶叫声间杂模仿其他鸟类叫声。幼鸟发出带鼻音的咩咩声。**分布**：古北界北部、喜马拉雅山脉、中国西南部和台湾。在中国，甚常见于亚高山针叶林中，*rothschildi* 亚种为新疆西北部留鸟，*macrorhynchos* 亚种见于东北，*interdicta* 亚种见于辽宁、河北、山东及河南的针叶林，*macella* 亚种见于华中至西南和西藏东南部，*hemispila* 亚种见于西藏西南部，*owstoni* 亚种见于台湾。**习性**：单独、成对或集小群活动。栖于松林，觅食松子。亦埋藏其他坚果以备过冬。性活泼，飞行有节律而上下起伏。**分类学订正**：*hemispila* 亚种和 *owstoni* 亚种有时被视作独立种 *N. hemispila*（南星鸦），特征为点斑白色较少且鸣声较慢。

728. 红嘴山鸦　Red-billed Chough　*Pyrrhocorax pyrrhocorax*
hóngzuǐ shānyā 26~47 cm　　　　　　　　　　　　　　图版88　LC

识别：较小的亮黑色鸦。具修长而下弯的亮红色喙和红色跗跖。幼鸟似成鸟但喙偏黑。与黄嘴山鸦的区别为喙较长且颜色不同。**鸣声**：粗犷尖厉的 *kee-ach* 声，参考 XC414245（Frank Lambert）。**分布**：古北界、中东、喜马拉雅山脉、中亚、东亚和东非埃塞俄比亚高原。在中国，*brachypus* 亚种见于华北和华东，*himalayanus* 亚种见于青藏高原至四川、甘肃南部和云南西北部，*centralis* 亚种见于新疆极西南部。**习性**：飞行甚敏捷，在热气流上嬉戏，滑翔时短而宽的两翼和初级飞羽上张开的"翼指"甚明显。集小至大群活动于建筑和农田周围，在青藏高原和喜马拉雅山脉栖于中高海拔地区，在东北部则见于较低海拔处。

729. 黄嘴山鸦 **Alpine Chough** *Pyrrhocorax graculus* huángzuǐ shānyā
34~42 cm 图版88 LC

识别：较小的亮黑色鸦。具短而下弯的黄色喙和红色跗跖。似红嘴山鸦但喙较短且颜色不同，飞行时尾部显得更圆而停歇时尾部显得更长、远伸出翼后。幼鸟跗跖灰色，喙上黄色较少。**鸣声**：鸣叫声甚嘈杂。亦发出甜美的 *preeeep* 声和降调哨音 *sweeeoo*，比红嘴山鸦更为尖厉，参考 XC398496（Jacob Lotz），告警声为卷舌音 *churrr*，觅食时发出恬静的吱吱声和啾鸣。**分布**：西班牙、北非、地中海、中东、中亚、喜马拉雅山脉、中国西部和中部。在中国，*digitatus* 亚种不常见于青藏高原、新疆及四川北部和西部地区。**习性**：似红嘴山鸦，但通常栖于更高海拔。群居，集群翱翔于热气流上。

730. 寒鸦 **Eurasian Jackdaw** *Corvus monedula* hán yā 30~34 cm 图版87 LC

识别：较小的黑色和灰色鸦。喙短小，枕部偏灰色。与冠小嘴乌鸦和家鸦的区别为体型较小、喙较小且虹膜为蓝色。与达乌里寒鸦幼鸟的区别为后者体色深、对比不甚明显、虹膜色深且眼后具银色细纹。本种幼鸟亦具深色虹膜和体羽深灰色区域，但耳羽无银色细纹。**鸣声**：典型的鸣叫声为急促的高音 *chjak* 声，有时重复，亦作拖长的 *chaairurr* 续以 *chak* 和模糊的高音 *kyow*，参考 XC377255（Roby）。**分布**：欧洲、北非、中东、中亚和中国西部。在中国地区性常见，指名亚种繁殖于新疆西部喀什、天山、阿尔泰山脉和吐鲁番地区，越冬于西藏西部扎达至普兰一带。**习性**：栖于林地、沼泽、多岩地区以及城镇和村庄。集嘈杂的小群，在野外常与秃鼻乌鸦混群。

731. 达乌里寒鸦 **Daurian Jackdaw** *Corvus dauuricus* dáwūlǐ hányā
29~37 cm 图版87 LC

识别：小型黑白色鸦。颈部偏白色斑延至胸部下方。与白颈鸦的区别为体型较小、喙更细、胸部白色区域较人。幼鸟体色对比不甚明显，与寒鸦成鸟的区别为虹膜深色，与寒鸦幼鸟的区别为耳羽具银色细纹。**鸣声**：飞行中发出鸦类典型的 *chak* 声，参考 XC411919（Frank Lambert），亦发出其他相似叫声。**分布**：俄罗斯东部、西伯利亚、青藏高原东部边缘地带及中国中部、东部和东北。在中国尤其是北方地区常见于海拔 2000 m 以下，繁殖于华北、华中和西南，越冬于东南，迷鸟至台湾。**习性**：营巢于开阔地、树洞、岩崖或建筑物上。常在食草动物间觅食。

732. 家鸦 **House Crow** *Corvus splendens* jiā yā 39~43 cm 图版87 LC

识别：大型黑色鸦。似小嘴乌鸦但具灰色颈环和更短的喙。顶冠高耸。不如白颈鸦体色对比明显。**鸣声**：甚嘈杂。典型的鸣叫声为平缓而干涩的 *kaaa-kaao* 声，比秃鼻乌鸦更轻柔而平缓，参考 XC161241（Conrad Pinto），集群时发出多种其他叫声。**分布**：南亚次大陆、缅甸西部和南部、中国西南部，引种至东非、中东和一些岛屿。在中国，*insolens* 亚种为西藏南部春丕河谷和云南极南部的地区性常见鸟。迷鸟罕至台湾，可能系随船只抵达。**习性**：集群栖于郊野和村落，翻拣垃圾堆或在耕地上觅食。

733. 秃鼻乌鸦　**Rook**　*Corvus frugilegus*　tūbí wūyā　45~50 cm　图版88　LC

识别：较大的黑色鸦。喙基具特征性浅灰色裸露皮肤。幼鸟脸部则覆羽，易与小嘴乌鸦相混淆，区别为顶冠更为拱圆、喙呈锥形且尖、腿部垂羽更为松散。飞行时可见尾端呈楔形、两翼较长而窄、"翼指"明显、头部突出。**鸣声**：比小嘴乌鸦更干涩、平缓的 kaak 声，参考 XC348301（Tero Linjama），亦作高声而哀婉的 kraa-a 声和其他叫声。鸣唱声包括咯咯声、啊啊声和怪异的咔嗒声等，并伴以头部前后伸缩动作。**分布**：欧洲至中东和东亚。在中国曾常见，如今数量已大为下降，指名亚种见于新疆西部，*pastinator* 亚种繁殖于东北、华东和华中大部分地区，冬季南迁至繁殖区南部，远至东南沿海各省、台湾和海南。**习性**：觅食和营巢均高度集群。常与寒鸦混群，觅食于田野和矮草地。常跟随家畜。

734. 小嘴乌鸦　**Carrion Crow**　*Corvus corone*　xiǎozuǐ wūyā
48~56 cm　图版87　LC

识别：大型黑色鸦。与秃鼻乌鸦的区别为喙基部覆黑色羽，与大嘴乌鸦的区别为额弓更低、喙虽强劲但更为修长、上喙鼻须无凹刻。**鸣声**：粗哑的 kraa 声，参考 XC388223（Jack Berteau）。**分布**：欧亚大陆、日本。在中国，*orientalis* 亚种繁殖于华中和华北（部分个体冬季南迁至华南和东南）。**习性**：集大群夜栖，但不像秃鼻乌鸦般集群营巢。觅食于矮草地和农耕地，主食无脊椎动物，亦食动物尸体。通常不像大嘴乌鸦般进入城市生境。

735. 冠小嘴乌鸦　**Hooded Crow**　*Corvus cornix*　guān xiǎozuǐwūyā
44~51 cm　图版88　LC

识别：大型黑色和深灰色鸦。似小嘴乌鸦但枕部、颈侧和胸部为灰色。似家鸦但体型更大、喙更长、顶冠不甚高耸。**鸣声**：鸣叫声为鸦类典型的粗哑 kraa 声，参考 XC441265（Lars Edenius）。**分布**：欧亚大陆。在中国，*sharpii* 亚种为新疆西部冬候鸟。**习性**：同小嘴乌鸦，曾被视作其亚种并能与之杂交。

736. 白颈鸦　**Collared Crow**　*Corvus torquatus*　báijǐng yā　47~55 cm　图版87　VU

识别：大型亮黑色和白色鸦。喙厚。白色枕部和胸带与体羽余部形成的强烈对比使其有别于同域分布的其他鸦类，仅略似达乌里寒鸦，但后者体型甚小、下体白色较多且喙更纤细。**鸣声**：比小嘴乌鸦少啭音且更为粗哑，通常叫声响亮，常为重复的 kaaarr 声，参考 XC209672（Frank Lambert），亦发出一系列嘎嘎声和咔嗒声。鸣叫声通常比大嘴乌鸦音调更高。**分布**：中国中部、南部和东南部至越南北部。在中国，局部常见但分布不连续，留鸟见于华东、华中、东南、台湾、海南等大部地区但种群数量存在下降。**习性**：栖于平原、耕地、河滩、城镇和村庄。有时与大嘴乌鸦混群。

737. 大嘴乌鸦 **Large-billed Crow** *Corvus macrorhynchos* dàzuǐ wūyā
47~57 cm 图版87 LC

识别：大型亮黑色鸦。喙甚粗厚并呈拱形。比渡鸦体型更小而尾部较平。与小嘴乌鸦的区别为喙粗厚、尾更圆、额弓更高且上喙鼻须有一凹刻。**鸣声**：粗哑的 *kaw* 喉音和高音 *awa, awa, awa* 声，参考 XC437255（Anon Tomini），亦作低沉咯咯声。**分布**：伊朗至中国、东南亚、菲律宾、苏拉威西岛、马来半岛和马来群岛。在中国为除西北部外的大部地区常见留鸟，*mandschuricus* 亚种见于东北，*colonorum* 亚种见于华东、华南、海南和台湾，*tibetosinensis* 亚种见于西藏东南部、云南西部和四川西部，*intermedius* 亚种见于新疆西南部、西藏南部和西部。**习性**：常成对栖于村庄周围。

738. 丛林鸦 **Jungle Crow** *Corvus levaillantii* cónglín yā 45~50 cm 图版87 NR

识别：大型全黑色鸦。喙粗厚。极似大嘴乌鸦但体型略小，喙亦略小，尾端较平，鸣声也更高。比渡鸦体型小得多且尾更平。与小嘴乌鸦的区别为喙较粗厚、尾较圆、额弓较高。**鸣声**：干涩并带鼻音的 *quank-quank-quank* 声，比家鸦更为粗哑和深沉，比大嘴乌鸦和渡鸦音调更高，参考 XC396488（Marc Anderson），亦发出短促的嘎嘎声和一些乐音。**分布**：南亚次大陆至喜马拉雅山脉东部、缅甸和泰国北部。在中国，*culminatus* 亚种与大嘴乌鸦同域分布于西藏南部的喜马拉雅山脉东部山麓地带。**习性**：栖于海拔 1850 m 以下的林地。成对或集小群活动。在郊野地区取代家鸦生态位。**分类学订正**：有时被视作大嘴乌鸦（*C. macrorhynchos*）的一个亚种。

739. 渡鸦 **Common Raven** *Corvus corax* dù yā 60~79 cm 图版87 LC

识别：极大的通体亮黑色鸦。喙粗厚且有时喙端具钩。与其他乌鸦尤其是大嘴乌鸦的区别为喉部具针状羽、顶冠不甚圆拱、两翼展开时"翼指"长而明显、尾部呈楔形且发出深沉嘎嘎声。*tibetanus* 亚种比其他亚种体型更大、金属光泽更明显。**鸣声**：特征性的深沉、空旷嘶哑鸣笛声 *pruk-pruk-pruk-pruk*，有别于其他任何鸦科鸟类，参考 XC352158（Frank Lambert），亦作咕噜喉音和干涩粗喘的 *kraa* 声等。**分布**：北美洲、古北界、南亚次大陆西北部和喜马拉雅山脉。在中国，常见并广布于北部和西部地区的高原和开阔山区中的崎岖地带，*kamtschaticus* 亚种为极北部留鸟，*tibetanus* 亚种为青藏高原和新疆西部留鸟并东至四川、甘肃和内蒙古西部。**习性**：成对或集小群活动。飞行有力，随气流翱翔，有时在空中翻滚。食动物尸体，但有时也攻击和杀死猎物。

▌ 太平鸟科 Bombycillidae 太平鸟 （1属2种）

一小科鸟类，喙宽，体羽柔软，头部具羽冠，跗跖短而强健。次级飞羽羽端具红色蜡状斑，故得其英文名（Waxwing）。以果实为食，具迁徙习性。

740. **太平鸟** **Bohemian Waxwing** *Bombycilla garrulus* tàipíngniǎo
18~23 cm
图版88 LC

识别：较大的粉褐色太平鸟。与小太平鸟可通过尾端为黄色而非绯红色来简单区别。尾下覆羽栗色，初级飞羽外翈端部黄色形成黄色翼斑，三级飞羽羽端和外侧覆羽羽端白色形成白色翼斑。成鸟次级飞羽羽端具红色蜡状斑。**鸣声**：集群时发出颇具特色的一连串清亮 *sirr* 鸣叫声，鸣唱声类似，参考 XC355767（Bruce Lagerquist）。**分布**：欧亚大陆北部和北美西北部，冬季南迁。在中国不常见，*centralasiae* 亚种越冬于东北、中北地区和新疆西部喀什地区，在数量暴增的年份迷鸟几乎全国可见。**习性**：群居，喜食蔷薇科的栒子属（*Cotoneaster*）、花楸属（*Sorbus*）等植物的各种浆果。春夏季食昆虫。

741. **小太平鸟** **Japanese Waxwing** *Bombycilla japonica* xiǎo tàipíngniǎo
17~20 cm
图版88 NT

识别：较小的太平鸟。尾端为明显的绯红色。与太平鸟的其他区别为黑色贯眼纹绕羽冠延至头后且臀部绯红色、次级飞羽羽端绯红色但无蜡状斑、无黄色翼斑。**鸣声**：集群时发出高音调的咬舌音，参考 XC402563（Anon Tomini）。**分布**：繁殖于西伯利亚东部和中国东北，越冬于日本和琉球群岛。在中国为黑龙江小兴安岭地区不定期繁殖鸟，越冬鸟群记录于华北、华中，并罕至华南地区。**习性**：集群活动于果树和灌丛间。

仙莺科 Stenostiridae 仙莺 （2属2种）

一小科树栖性食虫鸟类，性活泼，常不断摆动其扇形尾。

742. **黄腹扇尾鹟** **Yellow-bellied Fantail** *Chelidorhynx hypoxanthus*
huángfù shànwěiwēng 12~14 cm
图版88 LC

识别：小型鹟。具黄色额部、眉纹和下体。雄鸟具宽阔黑色眼罩，雌鸟则为深绿色。扇形尾甚长，尾端白色而区别于黑脸鹟莺。**鸣声**：甜润的高颤音或高而尖细的单音，参考 XC426463（Peter Boesman）。**分布**：喜马拉雅山脉至中国西南部和中南半岛北部。在中国，不常见于西藏南部及东南部、四川南部和云南海拔 800 ~ 3700 m 的丘陵和山地森林中。**习性**：性活泼好动，扇形尾不断张开或上翘。作垂直迁徙，秋季集零散的大群。

743. **方尾鹟** **Grey-headed Canary Flycatcher** *Culicicapa ceylonensis*
fāngwěi wēng 12~13 cm
图版88 LC

识别：小型而独特的鹟。头部偏灰色，略具羽冠，眼圈白色，上体橄榄色，下体黄色。尾部黑灰色并呈方形。**鸣声**：鸣唱声为清晰甜美的 *chic...chiree-chilee* 哨音，重音在每两个音节的第一音，最末一音上扬，参考 XC431554（Brian Cox），亦作 *churrru* 声和轻柔的 *pit pit* 声。**分布**：印度至中国南部、东南亚、马来半岛和马来群岛。在中国，*calochrysea* 亚种繁殖于华中、华南、西南、台湾和西藏东南部。最常见于海拔 1000～1600 m 的山麓林地，但在喜马拉雅山脉地区从低海拔至海拔 2000 m 均有记录。**习性**：性嘈杂活跃，在树枝间跳跃，从较低的停歇处捕食昆虫。不断展开其扇形尾。常与其他鸟类混群。

▌山雀科　Paridae　山雀　（12 属 25 种）

小型鸣禽，性敏捷活泼，喙小而尖，常奋力凿击缝隙寻食昆虫或种子。对其他鸟类颇具攻击性。营巢于树洞中。

744. 火冠雀　Fire-capped Tit　*Cephalopyrus flammiceps*　huǒguānquè
9~11 cm　　　　　　　　　　　　　　　　　　　　　　　　图版91　LC

识别：极小的山雀。似啄花鸟。雄鸟前额和喉部中央红褐色，喉侧和胸部黄色，上体橄榄色，翼斑黄色。雌鸟上体暗黄橄榄色，下体皮黄色，翼斑黄色，贯眼线色浅。幼鸟下体白色。*olivaceus* 亚种比指名亚种更偏绿色。**鸣声**：高音 *tsit, tsit* 声和轻柔 *whitoo-whitoo* 声，鸣唱声细而高，似煤山雀，参考 XC20019（Nick Athanas）。**分布**：喜马拉雅山脉、中国西南部和中部，罕至泰国北部。在中国，指名亚种见于西藏极西南部，*olivaceus* 亚种为陕西南部、宁夏、云南、四川、西藏东南部、贵州西部、广西和甘肃东南部不常见留鸟。**习性**：群居于海拔 3000 m 以下的丘陵、山地森林和林缘地带，觅食于树冠层。

745. 黄眉林雀　Yellow-browed Tit　*Sylviparus modestus*　huángméi línquè
9~10 cm　　　　　　　　　　　　　　　　　　　　　　　　图版91　LC

识别：独特的小型山雀。似柳莺或啄花鸟。体羽大致为橄榄色并具短羽冠、狭窄黄色眼圈和浅黄色短眉纹（有时色暗不易见）。跗跖甚粗壮。与火冠雀的区别为具羽冠且无腰部浅色带来的上体色彩对比。**鸣声**：高调颤音 *si-si-si-si-si* 和更为圆润的 *piu-piu-piu....* 哨音，参考 XC158067（Frank Lambert）。**分布**：喜马拉雅山脉、中南半岛和中国南部。在中国，甚常见于西藏南部、云南西部、四川、贵州和东南地区武夷山的针叶林、常绿林和落叶混交林中。**习性**：活动敏捷似山雀。告警或兴奋时羽冠耸立并显现其浅色眉纹。

746. 冕雀　Sultan Tit　*Melanochlora sultanea*　miǎnquè　20~21 cm　　图版91　LC

识别：不易被误认的大型黄色和黑色山雀。具蓬松的黄色长羽冠。雌鸟似雄鸟，但喉、胸部为深橄榄黄色，上体沾橄榄色。*flavocristata* 亚种羽冠比指名亚种更短、尾端偶具白色。*seorsa* 亚种羽冠黄色不甚鲜亮。**鸣声**：重复的响亮尖厉哨音 *tcheery-tcheery-tcheery* 和吱吱告警声，鸣唱声为一连串约五个清晰的 *chiu* 哨音，间隔后重复，参考

XC191892（Mike Nelson）。**分布**：喜马拉雅山脉、中国南部、东南亚和马来半岛。在中国一般不常见，指名亚种见于云南西南部，*flavocristata* 亚种见于海南，*seorsa* 亚种见于华南和东南地区。**习性**：混群栖于原始林和次生林的树冠层，追捕大型昆虫。

747. 棕枕山雀　Rufous-naped Tit　*Periparus rufonuchalis*　zōngzhěn shānquè
12~13 cm

图版89　LC

识别：健壮的深色山雀。具羽冠和延至上腹部的黑色围兜。下腹部灰色，尾下覆羽棕色。飞羽黑色。眼下具醒目白色颊斑，枕部具狭窄白色项斑。幼鸟体色暗。**鸣声**：善鸣，鸣叫声为哀婉的 *cheep* 声、深沉的 *chut chut* 声、刺耳的 *trip'ip'ip* 声等，鸣唱声则为占域颤音和哨音，参考 XC296976（Niels Poul Dreyer）。**分布**：中亚、喜马拉雅山脉西部、中国西北部。在中国，罕见于天山西部和喀什地区海拔 2900 ~ 3500 m 的针叶林和刺柏灌丛中。**习性**：栖于高海拔地区，使用石块作为"砧板"凿开坚果。

748. 黑冠山雀　Rufous-vented Tit　*Periparus rubidiventris*　hēiguān shānquè
12~13 cm

图版89　LC

识别：小型山雀。具黑色羽冠和围兜，脸颊白色，上体灰色，无翼斑，下体灰色，臀部红褐色。幼鸟体色暗且羽冠较短。**鸣声**：鸣叫声为细而高的 *seet* 声、尖厉的 *chit* 声、似发牢骚的 *chit'it'it'it* 声等，鸣唱声为 *chip，chip，chip，chip...* 和含糊的哨音及颤音，参考 XC161181（Frank Lambert）。**分布**：喜马拉雅山脉和中国中西部。在中国，*beavani* 亚种罕见于喜马拉雅山脉东部和与青藏高原东部邻近的西藏、青海、云南、四川、甘肃和陕西海拔 2500 m 至林线地区的针叶林中。**习性**：成对或集小群活动，常加入混合鸟群。

749. 煤山雀　Coal Tit　*Periparus ater*　méi shānquè　9~12 cm
图版90　LC

识别：小型山雀。顶冠、颈侧、喉部和上胸黑色。两道白色翼斑和大块枕部白斑使之区别于褐头山雀和沼泽山雀。背部灰色或橄榄灰色，腹部白色有时杂皮黄色。大部分亚种具黑色尖羽冠。与大山雀和绿背山雀的区别为胸部无黑色纵纹。指名亚种和 *insularis* 亚种羽冠极小，*rufipectus* 亚种羽冠短，*pekinensis* 亚种羽冠适中，*aemodius* 亚种和 *kuatunensis* 亚种羽冠长，*ptilosus* 亚种羽冠极长。指名亚种和 *ptilosus* 亚种下体偏白色，*pekinensis* 亚种、*insularis* 亚种和 *kuatunensis* 亚种下体皮黄色，*aemodius* 亚种和 *rufipectus* 亚种下体粉皮黄色。*rufipectus* 亚种尾下覆羽黄褐色。**鸣声**：觅食时发出 *pseet* 声，告警声为 *tsee see see see see*，鸣唱声似大山雀但更微弱，参考 XC438700（Louis A. Hansen）。**分布**：欧洲、北非、地中海至中国、西伯利亚和日本。在中国常见于西北（*rufipectus* 亚种）、西藏南部、华中（*aemodius* 亚种）、东北（指名亚种）、华北东部（*pekinensis* 亚种）、武夷山及其他东南山区（*kuatunensis* 亚种）和台湾（*ptilosus* 亚种）的针叶林中，*insularis* 亚种有时越冬于中国东北沿海地区。**习性**：栖于针叶林中，耐寒。储藏食物以备冬季之需。觅食于冰雪覆盖的树枝下。

750. 黄腹山雀　Yellow-bellied Tit　*Pardaliparus venustulus*
huángfù shānquè　9~11 cm　　　　　　　　　　　　图版90　LC

识别：小型山雀。尾短，下体黄色，翼上具两排白色点斑，喙甚短。雄鸟头部和围兜黑色，颊斑和枕部点斑白色，上体蓝灰色，腰部银色。雌鸟头部偏灰色，白色喉部与颊斑之间具灰色颏纹，眉部略具浅色点。幼鸟似雌鸟但体色更暗，上体偏橄榄色。与大山雀和绿背山雀的区别为体型较小且无胸腹部黑色纵纹。**鸣声**：鸣叫声为高音并带鼻音的 *si-si-si-si* 声，鸣唱声为重复的单音或双音，似煤山雀但更为有力，参考 XC183544（Frank Lambert）。**分布**：中国特有种。地区性常见于华南、东南、华中和华东的落叶混交林中，北至北京。**习性**：集群栖于林区，夏季可高至海拔 3000 m 处，冬季较低。具间发性的数量暴增。

751. 褐冠山雀　Grey-crested Tit　*Lophophanes dichrous*　hèguān shānquè
10~12 cm　　　　　　　　　　　　　　　　　图版91　LC

识别：小型纯色山雀。具明显的羽冠，体羽无黑色和黄色，但具皮黄白色半领环。上体暗灰色，下体随亚种不同从皮黄色至黄褐色。指名亚种具偏白色下髭纹、灰褐色喉部并与黄褐色胸部和深灰色上体形成对比。*wellsi* 亚种下体皮黄色较浅，喉部和胸部色彩不形成对比。*dichroides* 亚种似 *wellsi* 亚种，顶冠灰色比上体余处更浅。**鸣声**：鸣叫声包括快速的 *ti-ti-ti-ti*、尖细的 *sip-pi-pi*、哀婉的 *pee-di* 和告警声 *cheea, cheea*，鸣唱声则包括颤音和其他叫声，参考 XC183778（Frank Lambert）。**分布**：喜马拉雅山脉和中国中西部。在中国，地区性常见于西藏东南部喜马拉雅山脉东部（指名亚种）、四川北部和西部、云南北部和西部（*wellsi* 亚种）、陕西南部秦岭、甘肃南部、青海南部和东部及四川极北部（*dichroides* 亚种）海拔 2480 ~ 4000 m 的针叶林中。**习性**：性羞怯而安静，成对或集小群活动。

752. 杂色山雀　Varied Tit　*Sittiparus varius*　zásè shānquè　12~14 cm　图版89　LC

识别：独特而较大的山雀。额部、眼先和颊斑浅皮黄色至棕色，围兜和顶冠暗黑色，头部后方具浅色顶冠纹，颈圈红褐色，上体灰色。下体栗褐色并具皮黄色臀部条纹，胸部中央白色。幼鸟体色较暗淡。**鸣声**：尖细的 *pit* 声、高音 *spit-spit-see-see* 声和似责骂的 *ch-chi-chi* 声，具多种变调鸣叫声似 "*chick-a-dee*"，鸣唱声丰富多变，包括有特色的单哨音 *peee*，参考 XC407242（Ding Li Yong）。**分布**：中国东北、朝鲜半岛、日本和千岛群岛留鸟。在中国，指名亚种不常见于辽宁东部、吉林西南部和华东局部地区，广东的记录可能为逃逸的笼鸟，偶见于台湾。**习性**：性羞怯而隐蔽。成对活动，偶集小群。在树冠层觅食，储藏坚果。

753. 台湾杂色山雀　Chestnut-bellied Tit　*Sittiparus castaneoventris*
táiwān zásèshānquè　12~14 cm　　　　　　　　　图版89　LC

识别：曾被视作杂色山雀的一个亚种。区别为胸部中央无白色、体色更深、下体栗色更浓、翕部无栗色、额部为狭窄的白色且背部灰色更深。**鸣声**：快速并带鼻音的 *tsz-tsz-tsaaa* 声和高颤音 *tsi-tsi-tsi*，参考 XC187693（Frank Lambert）。**分布**：中国台湾特有种，为中央山脉中海拔至山巅地区的留鸟，常见于海拔1800 m以下的针叶林、常绿林和低海拔落叶林中。**习性**：同杂色山雀。

754. 白眉山雀 **White-browed Tit** *Poecile superciliosus* báiméi shānquè
13~14 cm   图版89　国二/LC

识别：较大的山雀。具明显白色眉纹。顶冠和围兜黑色，前额白色后延至白色长眉纹、头侧、两胁和腹部黄褐色，臀部皮黄色。上体深灰色沾橄榄色。与红腹山雀的区别为无白色脸颊且栖于少林木的生境。**鸣声**：鸣叫声为嘈杂的清脆铃声般哨音、似虫鸣声和颤音，鸣唱声复杂而多变，参考XC183046（Frank Lambert）。**分布**：中国中西部特有种，见于青海东北部和东部至甘肃南部和四川北部松潘地区及西藏昌都地区，在拉萨地区亦有记录。**习性**：集小群，有时与雀莺混群觅食于高山地区的低矮刺柏和杜鹃灌丛中。

755. 红腹山雀 **Rusty-breasted Tit** *Poecile davidi* hóngfù shānquè
11~13 cm   图版89　国二/LC

识别：独特而较大的山雀。头部和围兜暗黑色，具松软的白色颊斑，颈圈红褐色，下体栗橙色。背部、两翼和尾部橄榄灰色，飞羽具浅色边缘。**鸣声**：嘶嘶声*psit*、吱吱声*chit'it'it*、"*chick-a-dee*"和*t'sip't-*zee，参考XC322018（Guy Kirwan）。**分布**：中国特有种。偶见于陕西南部、甘肃南部、四川北部和西部海拔2400 ~ 3400 m的山区，可能亦分布于湖北西部。**习性**：轻盈活泼，集小群活动于阔叶林、桦树林、混交林和针叶林的树冠层。

756. 沼泽山雀 **Marsh Tit** *Poecile palustris* zhǎozé shānquè
11~13 cm   图版89　LC

识别：小型山雀。头顶和颏部黑色，上体偏褐色或橄榄色，下体偏白色，两胁皮黄色。无翼斑和枕斑。与褐头山雀易混淆，区别为通常无浅色翼斑且头顶亮黑色。*brevirostris*亚种上体偏灰色，下体色浅，翼斑较浅。*hellmayri*亚种上体偏褐色。**鸣声**：带爆破音的*pitchou*而区别于褐头山雀，亦发出重复的*chiu-chiu-chiu*哨音和典型的山雀鸣叫声*tseet*，鸣唱声为重复的单音或双音，参考XC426038（Jaume Pirhonen）。**分布**：断续分布于欧洲和东亚的温带地区。在中国，甚常见于东北（*brevirostris*亚种）、华东（*hellmayri*亚种）和西南（*dejeani*亚种）地区。**习性**：通常单独或成对活动，有时加入混合鸟群。喜栎树林和其他落叶林，亦见于灌丛、树篱、河边林地和果园中。
分类学订正：有时将黑喉山雀（*P. hypermelaenus*）视作本种的*hypermelaenus*亚种。

757. 黑喉山雀 **Black-bibbed Tit** *Poecile hypermelaenus* hēihóu shānquè
11~12 cm   图版89　LC

识别：小型山雀。头顶和颏部黑色，上体偏褐色或橄榄色，下体偏白色。极似沼泽山雀，区别为围兜黑色区域更宽延至上胸部、上体色暗至深灰色至橄榄褐色、头顶黑色区域更宽延至枕部、有时露出蓬松的短羽冠、飞羽无浅色条纹、尾部更短。**鸣**

声：鸣叫声包括 psit 或 psit-si-si 低音、pitchuu, pitchuu 爆破音和重复的 see 声，告警声为 chay 或粗哑带鼻音的 char-tchar-tchar-tchar 以及 chrrrrrrrr...，鸣唱声为一系列重复的尖厉 schip 声或 chi chi chi chi 续以 swi-sweet weet weet 等，参考 XC208752（Frank Lambert）。**分布**：断续分布于中国中部和南部以及缅甸北部和西部。在中国，甚常见于甘肃南部、陕西西南部、四川、湖北西部、云南北部和贵州西北部。**习性**：同沼泽山雀。**分类学订正**：有时被视作沼泽山雀的一个亚种。

---

758. 褐头山雀　　**Willow Tit**　　*Poecile montanus*　　hètóu shānquè
11~13 cm　　　　　　　　　　　　　　　　　　　　　　　　　　图版89　LC

识别：小型山雀。头顶和颏部黑色，上体灰褐色，下体偏白色，两胁皮黄色。无翼斑和枕斑。与沼泽山雀易混淆，区别为通常具浅色翼斑且头顶黑色区域较大而缺乏光泽。头部比例较大。诸亚种间具细微差异，*songarus* 亚种背部赭褐色、两胁黄褐色，*stoetzneri* 亚种相似但头顶为褐色，*affinis* 亚种头顶亦为褐色但下体沾粉色，*baicalensis* 亚种上体灰色而两胁略沾皮黄色。**鸣声**：带鼻音的 dzee 和 tchay 声，前有尖细的 si-si 声且通常由响亮尖厉的 tzit 或 tzit-tzit 声引出，与沼泽山雀的 pitchou 爆破音可区别。鸣唱声随分布区域存在差异，通常为相同音调的长音如 duu-duu-duu-duu 和 s'pee-s'pee-s'pee-s'pee，参考 XC425883（Terje Kolaas）。**分布**：欧洲、亚洲北部和日本。在中国，甚常见于东北和西北阿尔泰山脉（*baicalensis* 亚种）、天山特克斯河流域（*songarus* 亚种）、宁夏、甘肃、青海（*affinis* 亚种）、内蒙古和华北（*stoetzneri* 亚种）地区的中海拔针叶林中。**习性**：似沼泽山雀但更喜潮湿森林。**分类学订正**：*songarus* 亚种（以及 *stoetzneri* 亚种）有时被视作一个独立种桑加山雀（又作歌山雀或北褐头山雀），但显然是 *montanus* 超种的一部分。

---

759. 川褐头山雀 / 四川褐头山雀　　**Sichuan Tit**　　*Poecile weigoldicus*
chuān hètóushānquè　　11~13 cm　　　　　　　　　　　　　　　图版89　NR

识别：小型山雀。头顶和颏部黑褐色。极似褐头山雀的某些亚种（如 *songarus* 亚种），区别为体羽无红褐色、头顶黑褐色、下体偏粉色且两胁沾深褐色。**鸣声**：鸣叫声为快速的 pichu pichu，鸣唱声为刺耳的 sweegee der 或 squeegee der cha，参考 XC191289（Mike Nelson）。**分布**：中国西南部特有种。常见于西藏东部、青海东南部、四川西部和中部及云南西北部的青藏高原上海拔 4500 m 林线以下地区的针叶林中。**习性**：同褐头山雀和沼泽山雀。

---

760. 灰蓝山雀　　**Azure Tit**　　*Cyanistes cyanus*　　huīlán shānquè
12~13 cm　　　　　　　　　　　　　　　　　　　　　　　　　　图版91　LC

识别：较大、喙短、尾长、体羽蓬松的偏白色山雀。翼斑、次级飞羽宽阔羽端和尾缘均为白色。幼鸟下体有时沾浅黄色。*berezowskii* 亚种胸部黄色。**鸣声**：召唤声为含糊的 tsirrup 声和带鼻音的 tsee-tsee-dze-dze 声，告警声为似责骂的 chr-r-r-r-rit 声，鸣唱声多变，包括颤音和 tea-cher 等，参考 XC249252（Ding Li Yong）。**分布**：东欧、俄罗斯、西伯利亚、哈萨克斯坦北部、蒙古国和中国北部。在中国，*tianschanicus* 亚种地区性常见于黑龙江、内蒙古东部、新疆北部和西部包括阿尔泰山脉和天山山脉，

berezowskii 亚种为青海东北部和甘肃西部祁连山脉地区离散分布和鲜为人知的不常见鸟。**习性**：性活泼嘈杂，集群活动于柳树丛、低矮灌丛和果园中。**分类学订正**：*berezowskii* 亚种有时被视作黄胸山雀（*Cyanistes flavipectus*）的 *berezowskii* 亚种。

761. 地山雀　Ground Tit　*Pseudopodoces humilis*　dì shānquè
14~18 cm

图版91　LC

识别：极大的沙灰色山雀。眼先具暗色条纹，喙下弯似山鸦。中央尾羽褐色，外侧尾羽皮黄白色，飞行中明显可见。幼鸟体羽偏皮黄色并具皮黄色颈环。**鸣声**：细弱拖长的吱吱声，亦发出短促吱吱声续以快速的 *cheep-cheep-cheep-cheep* 哨音，参考 XC111007（Frank Lambert）。**分布**：青藏高原和昆仑山脉，地区性常见于新疆西南部至甘肃、宁夏、四川西部和云南东北部海拔 4000 ~ 5500 m 处。**习性**：栖于林线以上有稀疏矮丛的草原和山麓地带，喜有牦牛的牧场。常在寺庙或居住点附近挖洞营巢。两翼和尾部有力摆动，飞行弱而低。习性似鸦。

762. 大山雀 / 欧亚大山雀　Great Tit　*Parus major*　dà shānquè
13~15 cm

图版90　LC

识别：大型而丰满的黑、灰、白色山雀。头部和喉部亮黑色，与白色颊斑和枕斑形成强烈对比。具一道醒目的白色翼斑和一道黑色中央胸带。雄鸟胸带较宽阔，幼鸟胸带缩减为围兜。*kapustini* 亚种下体偏黄色、背部偏绿色，易与绿背山雀混淆，但分布上无重叠且绿背山雀具两道白色翼斑。*turkestanicus* 亚种和 *bokhariensis* 亚种上体灰色、下体白色。**鸣声**：极善鸣。召唤声为欢快的 *pink tche-che-che* 或 *teacher*，鸣唱声为嘈杂的 *chee-weet* 或 *chee-chee-choo* 哨音，参考 XC443869（Karl-Birger Strann）。**分布**：古北界。在中国常见于庭院和开阔林地，*kapustini* 亚种见于极东北地区，*turkestanicus* 亚种为新疆北部留鸟，*bokhariensis* 亚种见于极西北地区，可至海拔 2000 m 以上。**习性**：性活跃，适应性强。成对或集小群活动于树冠至地面。

763. 远东山雀 / 大山雀　Japanese Tit　*Parus minor*　yuǎndōng shānquè
12~14 cm

图版90　NR

识别：大型而丰满的黑、灰、白色山雀。头部和喉部亮黑色，与白色颊斑和枕斑形成强烈对比。极似大山雀，但下体无黄色而多为偏白色并具黑色臀纹。白色翼斑明显，尾部黑色而尾缘白色。**鸣声**：极善鸣，似大山雀。鸣叫声包括细声 *chit* 或 *squink*，告警声为粗哑铃声，鸣唱声为重复的 *bee-tsu bee-tsu* 或 *tea-cher tea-cher* 声，参考 XC348250（Greg Irving）。**分布**：西伯利亚东部、日本、朝鲜半岛、中国东部至越南北部。在中国常见于东北、华北、华东、华中（指名亚种）、青藏高原（*tibetanus* 亚种）、西南、西藏东南部（*subtibetanus* 亚种）、华南、东南和台湾（*comixtus* 亚种）。**习性**：似大山雀，常光顾红树林、庭院和开阔林地。

764. 苍背山雀　Cinereous Tit　*Parus cinereus*　cāngbèi shānquè
12~14 cm
图版90　LC

识别：大型而丰满的黑、灰、白色山雀。头部和喉部亮黑色，与白色颊斑和枕斑形成强烈对比。极似大山雀和远东山雀，但下体为极暗淡的浅黄色、翼上大覆羽多为黑色并具白色细点、三级飞羽沾白色、上体比远东山雀更为暗淡并沾橄榄色且尾部白色较少。**鸣声**：鸣叫声包括金属音 *pink*、尖细的 *tseee* 和带鼻音的 *tcha-tcha-tcha*，鸣唱声为金属音 *chew-a-ti, chew-a-ti*，参考 XC426734（Peter Boesman）。**分布**：印度、中国、东南亚至大小巽他群岛。在中国，*hainanus* 亚种为海南常见留鸟。**习性**：似大山雀，常光顾红树林、庭院和开阔林地。**分类学订正**：部分学者将此种视作远东山雀或大山雀的亚种。Brazil（2009）则将远东山雀的 *comixtus* 亚种划入本种。

765. 绿背山雀　Green-backed Tit　*Parus monticolus*　lǜbèi shānquè
12~15 cm
图版90　LC

识别：较大的山雀。似大山雀的黄腹亚种，区别为翕部绿色并具两道白色翼斑，且在中国其分布区仅与大山雀的白腹亚种重叠。*yunnanensis* 亚种比指名亚种上体绿色更为鲜亮。**鸣声**：似大山雀但更为响亮、尖厉而清晰的 *chi-chi-chi-chiu* 声，参考 XC426737（Peter Boesman）。**分布**：巴基斯坦、喜马拉雅山脉至中国南部。在中国，常见于西藏南部（*monticolus* 亚种）、华中、西南（*yunnanensis* 亚种）和台湾（*insperatus* 亚种）海拔 1100 ～ 4000 m 的山地森林和林缘。**习性**：似大山雀。冬季集群。

766. 台湾黄山雀　Yellow Tit　*Machlolophus holsti*　táiwān huángshānquè
12~13 cm
图版91　NT

识别：较大的山雀。具长羽冠和柠檬黄色下体。雄鸟背部和翼覆羽黑色，羽冠后方白色，两翼浅蓝色，尾部蓝色而外缘白色。眼先具黄斑，臀斑黑色。雌鸟体色暗，背部橄榄绿色，无黑色臀斑。幼鸟体色浅，下体偏白色。**鸣声**：重复而欢快的 *sit-oo-si*、*si-si* 或 *jijiang, jijiang, jijiang* 声，参考 XC34267（Frank Lambert），告警声似责骂。**分布**：中国台湾特有种。罕见至地区性常见于中央山脉海拔 1000 ～ 2300 m 地区。**习性**：栖于阔叶和针叶林中的树冠层。

767. 眼纹黄山雀　Himalayan Black-lored Tit　*Machlolophus xanthogenys*
yǎnwén huángshānquè　12~15 cm
图版90　LC

识别：大型山雀。具明显羽冠和黑黄相间的头部条纹。极似黄颊山雀指名亚种，曾被视作黄颊山雀的一个亚种，区别为黑色贯眼纹延至眼先和黑色顶冠。**鸣声**：典型的山雀鸣叫声。沙哑的颤音和尖厉的 *si-si*、*tsi-tsi-pit-tui*、*tzee-tzee-wheep-wheep* 等，参考 XC157801（Frank Lambert）。**分布**：南亚次大陆至喜马拉雅山脉地区。在中国，指名亚种记录于西藏极南地带。**习性**：本属典型习性。

768. 黄颊山雀　Yellow-cheeked Tit　*Machlolophus spilonotus*
huángjiá shānquè　13~15 cm　　　　图版90　LC

识别：大型山雀。具明显羽冠和黑黄相间的头部条纹。体羽余部色彩根据亚种不同而有异，*rex* 亚种为黑、灰、白色，指名亚种翕部和下体沾黄色。雌鸟体羽偏绿黄色，并具两道黄色翼斑。幼鸟下体黑色较少。**鸣声**：似大山雀。沙哑的颤音和尖厉的 *si-si-si*、*tee cher*、*tsee tsee - chi chi chi*、咬舌音 *witch-a-witch-a-witch-a* 等，鸣唱声为重复的清脆三音节主旋律 *chee-chee-piu*，参考 XC426667（Peter Boesman）。**分布**：喜马拉雅山脉东部、中国南部和中南半岛。在中国，常见于西藏南部、云南极西部（指名亚种）和华南各省份（*rex* 亚种）海拔 2400 m 以下的开阔林地。**习性**：似大山雀。

▍攀雀科　Remizidae　攀雀　（1 属 2 种）

一小科似山雀的鸟类，营精致的悬巢。

769. 白冠攀雀　White-crowned Penduline Tit　*Remiz coronatus*
báiguān pānquè　10~12 cm　　　　图版91　LC

识别：纤细的浅色攀雀。雄鸟额部和眼罩黑色，有时延伸至顶后，但与栗色翕部之间隔有白色领环。雌鸟体色暗，顶冠和领环灰色。幼鸟通体黄褐色，眼罩色浅。与中华攀雀的区别为下体色更浅、前额黑色区域宽阔且成鸟具偏白色领环。*stoliczkae* 亚种比指名亚种体色略浅。**鸣声**：细声的 *pseee*、*swee-swee*、哀婉的 *tsi* 声，飞行时发出 *ti-ti-ti-ti-ti* 声，参考 XC183223（Albert Lastukhin）。**分布**：中亚至中国西北部和俄罗斯东南部。在中国，*stoliczkae* 亚种不常见于新疆和宁夏海拔 2400 m 以下的河畔森林和柳丛中，指名亚种见于新疆西北部的伊犁河谷西部。**习性**：冬季集群。通常比其他攀雀更偏树栖性。

770. 中华攀雀　Chinese Penduline Tit　*Remiz consobrinus*
zhōnghuá pānquè　10~11 cm　　　　图版91　LC

识别：纤细的攀雀。雄鸟顶冠灰色，眼罩黑色，背部棕色，尾部略分叉。雌鸟和幼鸟似雄鸟但体色更暗、眼罩色浅。与白冠攀雀的区别为顶冠灰色、黑色眼罩更窄、背部色彩亦不同，雌鸟亦具更窄的眼罩。**鸣声**：高音、细柔而动人的 *tsee* 哨声、较圆润的 *piu* 声和一连串快速的 *siu* 声，鸣唱声似朱雀，为 *tea-cher* 主旋律伴以 *si-si-tiu* 声，参考 XC288285（Albert Lastukhin）。**分布**：繁殖于俄罗斯极东部和中国东北，越冬于日本、朝鲜半岛和中国东部。在中国，于北方繁殖地不常见，但于华东远至香港（以及日本）的越冬地则愈发常见，在华北部分地区也有繁殖记录。**习性**：冬季集群。喜芦苇地生境。

文须雀科　Panuridae　文须雀　（1属1种）

独特的鸟类。曾先后置于山雀科和鸦雀科之下，如今自成一科。

771. 文须雀　**Bearded Reedling**　*Panurus biarmicus*　wénxūquè
16~18 cm
　　　　　　　　　　　　　　　　　　　　　　　　　　图版100　LC

识别：小型而修长、似鸦雀的黄褐色鸟。头部灰色，喙纤细，雄鸟具特征性黑色锥状竖直髭纹。体羽皮黄褐色，尾部极长，并具黑白色翼斑。雌鸟头部无黑色，但幼鸟具黑色眼先。**鸣声**：鸣叫声为活泼的 *pching* 铃声，鸣唱声为叽喳声，参考 XC25559（Niels Krabbs）。**分布**：古北界。在中国，常见于华北地区多芦苇的适宜生境中。**习性**：性活泼而群居，在芦苇地攀缘跳动，飞行振翅弱而快，有时群鸟高飞入空中又猛扎回芦苇地。

百灵科　Alaudidae　百灵和云雀　（7属16种）

世界性分布的地栖性鸟类，跗跖短，栖于开阔地带，外形似鹨但飞行较弱，尾部较短而喙较厚，部分种类具可耸起的短羽冠。飞行时鸣唱，一些种类能振翅悬停于空中并发出悦耳动听的鸣唱声。

772. 歌百灵　**Australasian Bush Lark**　*Mirafra javanica*　gē bǎilíng
13~15 cm
　　　　　　　　　　　　　　　　　　　　　　　　　　图版93　国二/LC

识别：小型红褐色百灵。顶冠棕色并具黑斑。下体浅皮黄色，胸部具黑色纵纹，外侧尾羽白色。外形似鹨，但喙较厚且尾部和跗跖较短。与云雀的区别为两翼具棕色。跗跖偏粉色，后爪极长。**鸣声**：鸣唱声为似鹨的短促而优美的哨音，参考 XC291404（nick talbot），告警声为吱吱声。**分布**：非洲、印度、中国东南部和东南亚。在中国，*williamsoni* 亚种罕见于广东和广西并于香港有一记录。**习性**：单独或集分散群，喜开阔的矮草地和稻田。常于地面行走或作柔弱的波状飞行。在地面上、飞行中、振翅悬停时或缓慢垂直下降时发出鸣唱。停歇于灌丛。**分类学订正**：相似的棕翅歌百灵（*M. assamica*）可能见于云南南部、广西南部和西藏东南部，区别为喙较大且次级飞羽为棕色。

773. 白翅百灵　**White-winged Lark**　*Alauda leucoptera*　báichì bǎilíng
17~19 cm
　　　　　　　　　　　　　　　　　　　　　　　　　　图版92　LC

识别：翼长的大型百灵。喙较短而粗厚。两翼收拢时可见明显白斑，飞行时翼下白色的宽阔后翼缘与黑色的次级飞羽和内侧初级飞羽形成对比。成鸟肩羽棕色。雄鸟顶冠和耳羽棕色且无细纹。尾部具宽阔白边。与雪鹀的区别为翼覆羽无白色且喙形不同。虹膜褐色，喙角质色偏灰色而喙基黄色，跗跖橙色。**鸣声**：飞行时反复鸣叫，发出金属般、似云雀的 *wed* 声，亦作深沉、响亮而平稳的 *schirrl-schirrl-schirrl* 声，参考 XC145130（Thijs Fijen）。**分布**：繁殖于俄罗斯南部至西伯利亚西部，越冬于中国西部、土耳其、伊朗和中亚。在中国，冬候鸟罕见于新疆西北部天山地区。**习性**：栖于干燥草原。

774. 小云雀　Oriental Skylark　*Alauda gulgula*　xiǎo yúnquè
14~16 cm

图版92　LC

识别：小型斑驳褐色云雀，似鹨。具浅色眉纹和不明显羽冠。与鹨的区别为喙较厚重、飞行较柔弱且站姿不同。与歌百灵的区别为翼上无棕色且习性不同。与云雀和日本云雀的区别为体型较小、飞行时白色后翼缘不明显且鸣声不同。跗跖肉色。
鸣声：在地面和向上炫耀飞行时发出高音和甜美的鸣唱声，参考 XC413823（Peter Ericsson），鸣叫声则为干涩的 *drzz* 声。**分布**：繁殖于古北界，冬季南迁。在中国，甚常见于南方和沿海地区，*inopinata* 亚种见于青藏高原南部和东部，*weigoldi* 亚种见于华中和华东，*coelivox* 亚种见于东南，*vernayi* 亚种见于西南，*sala* 亚种见于海南及附近的广东南部，*wattersi* 亚种见于台湾。**习性**：栖于开阔的矮草地。与歌百灵的区别为从来不会停于树上。

775. 云雀　Eurasian Skylark　*Alauda arvensis*　yúnquè
16~18 cm

图版92　国二/LC

识别：中型斑驳灰褐色云雀。顶冠具细纹，羽冠耸立。尾部分叉而边缘白色，白色后翼缘在飞行时可见。与鹨的区别为尾和跗跖均较短、具羽冠且站姿不如其直。与日本云雀容易混淆，区别详见对应词条。与小云雀易混淆，区别为体型较大、白色后翼缘明显且鸣声不同。**鸣声**：在高空中振翅飞行时发出持续成串颤音，参考 XC442161（Charlie Bodin），受惊时发出不同的吱吱声。**分布**：繁殖于欧洲至外贝加尔、朝鲜半岛、日本和中国北方，越冬于北非、伊朗和印度西北部。在中国，冬季甚常见于北方地区，*dulcivox* 亚种繁殖于新疆西北部，*intermedia* 亚种见于东北山区，*kiborti* 亚种见于东北沼泽平原，*pekinensis* 亚种和 *lonnbergi* 亚种繁殖于西伯利亚而越冬于华北、华东和华南沿海地区。**习性**：以其高空振翅飞行时发出的活泼悦耳鸣唱声而闻名，续以极壮观的俯冲回到地面栖处。栖于草地、平原和沼泽。飞行起伏。受惊时下蹲。

776. 日本云雀　Japanese Skylark　*Alauda japonica*　rìběn yúnquè
16~18 cm

图版92　LC

识别：中型云雀。上体斑驳褐色，羽冠短。小覆羽形成独特的棕色三角形肩斑，白色眉纹绕棕色耳羽而过，与白色的半颈环和喉部相连。下体白色，胸部具偏黑色纵纹。比凤头百灵褐色更浓且羽冠较短。与亚洲短趾百灵和大短趾百灵的区别为小覆羽棕色。与云雀易混淆，区别也在于其棕色肩斑。与小云雀易混淆，区别为体型较大、飞行时后翼缘较白且鸣声不同。虹膜深褐色，喙浅黄色而喙端深色，跗跖橙色。
鸣声：在高空的鸣唱声似云雀，参考 XC285721（Peter Boesman），在地面栖处受惊时发出短促的 *byur-rup* 声。**分布**：繁殖于日本，部分个体越冬于中国南方。在中国，迁徙或越冬个体偶见于华东和华南沿海，包括香港。因与云雀易混淆，其分布情况尚无确切记录。**习性**：似云雀。**分类学订正**：有学者将该种视为云雀的一个亚种。

777. 凤头百灵　Crested Lark　*Galerida cristata*　fèngtóu bǎilíng
17~19 cm　　　　　　　　　　　　　　　　　　　　　　　图版93　LC

识别：较大的百灵。具褐色纵纹和长而窄的羽冠。上体沙褐色并具偏黑色纵纹，尾覆羽皮黄色。下体浅皮黄色，胸部布满偏黑色纵纹。外形敦实而尾短，喙略长而下弯。飞行时两翼显宽，翼下锈色，尾部深褐色而两侧黄褐色。幼鸟上体布满点斑。与云雀的区别为体型更显笨重、羽冠尖、喙较长而弯、耳羽棕色较少且无白色后翼缘。*magna* 亚种下体偏白色。喙黄粉色而喙端深色，跗跖偏粉色。**鸣声**：爬升时发出清晰的 *du-ee* 声、*ee* 或 *uu* 笛音，鸣唱声为甜美而哀婉的 4 到 6 个音节，不断重复且间杂着颤音，参考 XC416640（Peter Boesman），比云雀更慢、更短且更清晰。**分布**：欧洲、中东、非洲、中亚、蒙古国、朝鲜半岛和中国。在中国，夏季常见于各种适宜生境，*magna* 亚种为新疆西北部、青海、甘肃、宁夏（贺兰山和黄河流域）及内蒙古西部（包头）的留鸟，*leautungensis* 亚种见于四川至辽宁。因部分个体南迁，冬季数量有所减少。**习性**：栖于干燥平原、半荒漠和农耕地。在停歇处或于高空飞行时鸣唱。

778. 角百灵　Horned Lark　*Eremophila alpestris*　jiǎo bǎilíng
16~19 cm　　　　　　　　　　　　　　　　　　　　　　　图版93　LC

识别：中型深色百灵。具独特的头部斑纹。雄鸟具宽阔的黑色胸带，脸部为黑色和白色（或黄色），顶冠前端黑色条纹后延形成特征性的小型黑色"角"。上体为纯暗褐色，下体余部白色，两胁具些许褐色纵纹。雌鸟和幼鸟体色暗（且无"角"），但头部斑纹明显。飞行时翼下白色可见。诸亚种间略有差异，*flava* 亚种脸部黄色，*brandti* 亚种和 *przewalski* 亚种额部白色，*teleschowi* 亚种顶冠无白色，*albigula* 亚种黑色胸带与眼下黑色带斑相连。**鸣声**：飞行时发出音高而忧郁的 *siit-di dit* 鸣叫声，停歇或飞行时发出的鸣唱声为简单的高音嘶声或轻快的 *tu-a-li*、*tioli-ti* 或相似叫声，参考 XC442958（Ed Pandolfino）。**分布**：全北界，为其繁殖区的常见鸟。中国有 8 个亚种，*brandti* 亚种见于新疆北部、内蒙古、青海东部、甘肃北部、陕西北部和山西北部，*albigula* 亚种见于新疆西部喀什和天山地区，*argalea* 亚种见于新疆西南部喀喇昆仑山脉和西藏西南部，*elwesi* 亚种见于西藏东部、青海东部祁连山脉和四川西北部，*przewalskii* 亚种见于青海柴达木盆地，*teleschowi* 亚种见于新疆南部昆仑山脉和阿尔金山，*khamensis* 亚种见于四川南部和西部，*flava* 亚种繁殖于西伯利亚而越冬于中国东北部较干旱地区。部分亚种存疑，并存在亚种间杂交个体。**习性**：繁殖于高海拔的荒芜干旱平原和寒冷荒漠地带，冬季下至较低海拔的矮草地和湖岸区域。

779. 细嘴短趾百灵　Hume's Short-toed Lark　*Calandrella acutirostris*
xìzuǐ duǎnzhǐbǎilíng　13~14 cm　　　　　　　　　　　　图版93　LC

识别：小型灰褐色百灵。胸侧具小块黑色斑。上体具少许偏黑色纵纹，眉纹短而为皮黄色。在野外与大短趾百灵易混淆，区别为体羽偏灰色、外侧尾羽深褐色而羽端白色但外侧尾羽白色较少、眉纹较细、喙较长而尖。喙粉色，跗跖偏粉色。**鸣声**：似大短趾百灵，但飞行时的鸣叫声不同，为饱满的卷舌音 *tiyrr*，参考 XC191419（Mike Nelson）。**分布**：繁殖于中亚、中国中北部和西部，越冬于阿富汗和印度北部。在中国见于海拔 3600 ~ 4900 m 的山区和高原地带，*tibetana* 亚种繁殖于四川北部、甘肃南部、青海东部、新疆西北部和西藏南部，指名亚种繁殖于新疆天山、博格达山和昆仑山脉西部，迁徙途经西藏。**习性**：栖于多裸露岩石的山坡和多草的干旱平原。习性似大短趾百灵。

780. 蒙古短趾百灵　Mongolian Short-toed Lark　*Calandrella dukhunensis*
měnggǔ duǎnzhǐbǎilíng　14~15 cm　　　　　　　　图版93　LC

识别：中型沙色百灵。白色眉纹具黑色纵纹，下体浅皮黄色。极似大短趾百灵但两翼更长、喙更深而短、胸带沾茶色、上体纵纹更重而深。**鸣声**：在空中炫耀飞行时发出悠扬鸣唱声，鸣叫声为不同于大短趾百灵的轻柔 *heu-du-du-du* 或 *heu*，参考 XC552460（PT xiao）。**分布**：繁殖于西伯利亚南部、蒙古国东部、中国东北部和青藏高原东部，越冬于印度和中国北部。在中国为常见留鸟和过境鸟，繁殖于青海、西藏南部、云南东北部、四川、甘肃南部和内蒙古东部。也有学者认为该鸟并不在青藏高原及周边地区繁殖，只是迁徙途经该地区，其繁殖区局限于内蒙古东部以及辽宁西部。**习性**：栖于海拔 4500 m 以下的半荒漠、干旱平原和耕地，冬季集群下至更低海拔处。

781. 大短趾百灵　Greater Short-toed Lark　*Calandrella brachydactyla*
dà duǎnzhǐbǎilíng　14~15 cm　　　　　　　　图版92　LC

识别：中型沙色百灵。上体具黑色纵纹，下体皮黄白色，上胸具深色细纵纹。白色短眉纹下方具黑色条纹。与亚洲短趾百灵的区别为颈侧具模糊黑斑、喙更大、喉部细纹较少、眉纹较宽。三级飞羽长至初级飞羽端部。跗跖肉色。**鸣声**：飞行中发出似麻雀的 *tjirp* 声和似云雀的 *drelt* 声，盘旋飞行时发出短促而重复的鸣唱声，参考 XC418399（Stanislas Wroza）。**分布**：古北界南部至中国和日本。在中国甚常见，*longipennis* 亚种见于新疆。**习性**：栖于半荒漠、盐碱地和干旱平原，冬季见于农耕地。

782. 二斑百灵 / 双斑百灵　Bimaculated Lark　*Melanocorypha bimaculata*
èrbān bǎilíng　16~18 cm　　　　　　　　图版92　LC

识别：较大而粗壮的百灵。尾短，喙粗壮。具白色的眉纹、眼下纹、额部、喉部和半颈环，半颈环下方具黑色项纹。上体具浓褐色杂斑，下体白色，两胁棕色，胸侧具纵纹。飞行时翼下色暗而偏灰，无白色后翼缘，尾端具狭窄白色区域但尾部边缘无白色。喙偏粉色而上缘和喙端色深，跗跖橙色。**鸣声**：飞行鸣叫声为沙哑洪亮的 *trrelit* 声，亦作 *dre-lit* 声，参考 XC183669（Albert Lastukhin），似大短趾百灵，在地面或盘旋飞行时发出的鸣唱声多变调并常具拖长的卷舌音。**分布**：繁殖于小亚细亚、西南亚，越冬于阿拉伯半岛、非洲东北部、印度西北部和中国西部。在中国不常见，指名亚种为新疆西部留鸟。迷鸟远至日本。**习性**：飞行低而起伏。

783. 草原百灵 **Calandra Lark** *Melanocorypha calandra* cǎoyuán bǎilíng
18~20 cm 图版93 LC

识别：大而粗壮的灰褐色百灵。喙粗壮而上缘明显拱起。尾短，两翼长而宽，具浅色眉纹和眼圈，下体偏白色有时沾棕黄色，胸部具黑色点斑和细纹，上胸两侧具大型黑斑。飞行时可见翼下偏黑色和后翼缘白色。幼鸟体羽更浅而胸侧斑纹不甚明显。和二斑百灵的区别为体型更大、喙更深、胸部纵纹更重、头部白色不甚鲜亮。**鸣声**：飞行鸣叫声为干涩而尖厉的吱吱声和颤音，鸣唱声通常从停歇处发出，为一系列细碎而甜美的叫声，参考 XC414705（Stanislas Wroza）。**分布**：繁殖于地中海至哈萨克斯坦，越冬于北非和阿拉伯半岛。在中国不常见，*psammochroa* 亚种为新疆西北部干旱平原和农耕地区的过境鸟，可能亦繁殖。**习性**：飞行低而起伏，似其他百灵。

784. 黑百灵 **Black Lark** *Melanocorypha yeltoniensis* hēi bǎilíng
18~21 cm 图版93 LC

识别：大型百灵。喙甚厚重。雄鸟不易被误认，通体黑色。雌鸟似二斑百灵但下体纵纹更为浓密，两翼合拢时偏黑色，飞行时可见翼下黑色但无白色后翼缘，跗跖青灰色。尾部边缘白色极少。喙黄色。**鸣声**：飞行鸣叫声似云雀，参考 XC444149（Steve Klasan），飞行鸣唱时振翅较慢。**分布**：哈萨克斯坦和俄罗斯南部。在中国，繁殖于新疆，并有冬候鸟记录于新疆西北部。**习性**：极具游荡性，不断更换繁殖地。栖于草原。

785. 蒙古百灵 **Mongolian Lark** *Melanocorypha mongolica* měnggǔ bǎilíng
17~22 cm 图版92 国二/LC

识别：大型锈褐色百灵。具黑色胸带和白色下体。头部图案独特，为浅黄褐色顶冠和栗色外圈，其下方的白色眉纹延至枕部栗色后颈环上方。栗色翼覆羽与白色次级飞羽和黑色初级飞羽形成对比。喙浅角质色，跗跖橙色。**鸣声**：鸣唱声甜美，故受到笼鸟贸易威胁，参考 XC483667（Phil Gregory）。**分布**：中国北部和中部、蒙古国、西伯利亚南部。在中国不常见，繁殖于内蒙古东部呼伦湖和林西地区、陕西西北部、河北、青海东南部和甘肃西部（兰州）。**习性**：栖于多岩山丘以及干燥或潮湿的矮草地。

786. 长嘴百灵 **Tibetan Lark** *Melanocorypha maxima* chángzuǐ bǎilíng
20~23 cm 图版93 LC

识别：大型偏红色百灵。喙厚。似二斑百灵但体型较大、尾部白色更多且胸部黑色点斑不甚明显。三级飞羽和次级飞羽的羽端白色明显，外侧尾羽白色。幼鸟体羽沾黄色，*holdereri* 亚种下体比指名亚种色浅，上体色彩较华丽而少纵纹。虹膜褐色，喙黄白色而喙端黑色，跗跖深褐色。**鸣声**：极细弱的不连贯鸣唱声，间杂以模仿其他鸟类如鹬属（*Tringa*）的叫声，参考 XC110992（Frank Lambert），受惊时发出响亮悦耳的哨音。**分布**：中亚至中国西部和中部。在其繁殖区域内常见。在中国，指名亚种为西藏南部、甘肃南部、四川北部和西部的留鸟，*holdereri* 亚种为新疆西部昆仑山脉、西藏东北部昌都地区、青海以及四川西北部的留鸟。**习性**：栖于海拔

4000 ～ 4600 m 的湖泊周围的矮草丛中。飞行看似随意但具目的。在激烈的求偶炫耀表演中,雄鸟两翼下垂,尾部上举以显露白色 "V" 字形并左右摇摆。**分类学订正**:现一般认为其为单型种,无亚种分化。

787. 亚洲短趾百灵 / 短趾百灵 Asian Short-toed Lark *Alaudala cheleensis*
yàzhōu duǎnzhǐbǎilíng   13~14 cm   图版92 LC

识别:较小的斑驳褐色百灵。无羽冠。似大短趾百灵但体型更小且颈部无黑斑、喙较粗短、胸部纵纹延至体侧。站势甚直,上体布满纵纹且尾部具白色宽边而区别于其他小型百灵。虹膜深褐色,喙角质灰色,跗跖肉棕色。**鸣声**:典型的飞行鸣叫声为特征性轻音 *prrrt* 或 *prrr-rrr-rrr*,盘旋飞行时的鸣唱声多变而悦耳,间杂模仿其他鸟类的叫声,参考 XC144521(Matt Slaymaker)。**分布**:古北界南部至蒙古国和中国。在中国甚常见,*seebohmi* 亚种见于新疆西北部天山和喀什地区,*kukunoorensis* 亚种见于新疆东南部至青海,*stegmanni* 亚种见于甘肃北部至东居延海地区,*beicki* 亚种见于青海东部、甘肃南部、宁夏和内蒙古西部,*tangutica* 亚种见于青海极南部和西藏东北部,指名亚种见于东北和华北东部。**习性**:栖于干旱平原和草地。鸣唱飞行不如大短趾百灵般起伏。

▌鹎科 Pycnonotidae 鹎类 (7属23种)

分布于非洲和亚洲的一大科颈部和两翼均短的鸟类。具长尾和修长的喙。通常体羽松软,部分种类具直立羽冠。主食果实,但亦食虫。在树上营较精致的杯状巢。

788. 凤头雀嘴鹎 Crested Finchbill *Spizixos canifrons* fèngtóu quèzuǐbēi
18~22 cm   图版93 LC

识别:独特的大型橄榄绿色鹎。具粗厚似朱雀的象牙色喙和明显的前翻羽冠。下体绿黄色。与领雀嘴鹎的区别为额部和脸颊灰色、无白色前领环且羽冠较长。尾端具宽阔的黑色带。**鸣声**:告警声为断续而悦耳的 *purr-purr-prruit-prruit-prruit* 声,亦发出叽喳叫声和干涩的长哝颤音,参考 XC430292(Brian Cox)。**分布**:印度东北部、中国西南部、缅甸、中南半岛北部。在中国,*ingrami* 亚种甚常见于广西西北部、四川西南部和云南的开阔原野、次生林和农田中,指名亚种见于西藏东南部。**习性**:单独或集小群栖于海拔 3000 m 以下的开阔林地、林间空地、灌丛和庭院。有时停歇于电线上。

789. 领雀嘴鹎 Collared Finchbill *Spizixos semitorques* lǐng quèzuǐbēi
21~23 cm   图版93 LC

识别:大型偏绿色鹎。具粗厚的象牙色喙和短羽冠。似凤头雀嘴鹎但羽冠较短、头部和喉部偏黑色、枕部灰色。喉部白色,喙基偏白色,脸颊具白色细纹,尾部绿色而尾端黑色。**鸣声**：悦耳笛声和急促响亮的 *ji de shi shei, ji de shi shei, shi shei* 哨音，参考 XC110285（Frank Lambert）。**分布**：中国南部和中南半岛北部。在中国，常见于华南、东南（指名亚种）和台湾（*cinereicapillus* 亚种）海拔 400 ～ 1400 m 的丘陵地区。**习性**：通常栖于次生植被和灌丛。集小群停歇于电线或竹林。在飞行中捕捉昆虫。

790. 纵纹绿鹎　**Striated Bulbul**　*Pycnonotus striatus*　zòngwén lǜbēi
20~24 cm

图版94　LC

识别：中型橄榄绿色鹎。具羽冠，下体布满浅黄色纵纹。上体橄榄色并具细白色纵纹。眼圈黄色。唯一的另外一种具纵纹的绿色鹎是纹喉鹎，但其背部和腹部无纵纹。
鸣声：尖厉而醇厚的 *tyiwut* 哨音、三音节 *whee-too-wheet* 声和响亮的 *pyik...pyik* 声，鸣唱声为一组颤鸣和吱吱声，参考 XC426863（Peter Boesman）。**分布**：喜马拉雅山脉、印度东北部、缅甸北部、中南半岛北部和中国西南部。在中国，指名亚种为云南南部和西部、贵州和广西南部留鸟，*paulus* 亚种为云南西南部罕见留鸟，*arctus* 亚种见于西藏极东南部。**习性**：性活泼，集 6 到 15 只的嘈杂鸟群。通常栖于海拔 1200 ～ 2400 m 的山区常绿林。

791. 黑头鹎　**Black-headed Bulbul**　*Pycnonotus atriceps*　hēitóu bēi
17~19 cm

图版94　LC

识别：中型偏黄色鹎。头部亮黑色，喉部黑色，虹膜蓝色。上体橄榄黄色，两翼和尾部偏黑色，尾端黄色，下体绿黄色。另有一罕见的灰色型，尾缘为白色。与黑冠黄鹎的区别为无羽冠、尾端黄色且虹膜色不同。**鸣声**：一连串不连贯的短哨音和金属般清脆的 *chewp* 声，参考 XC290635（Peter Boesman）。**分布**：印度东北部、东南亚、菲律宾巴拉望岛和大巽他群岛。在中国，· 指名亚种为云南南部海拔 900 m 以下地区罕见留鸟。**习性**：喜林缘地带、次生林和沿海灌丛。单独或集小群，常与其他鸟类混群。

792. 黑冠黄鹎　**Black-crested Bulbul**　*Pycnonotus flaviventris*
hēiguān huángbēi　18~21 cm

图版94　LC

识别：中型偏黄色鹎。头部和羽冠黑色。上体褐橄榄色，下体黄色。指名亚种腹部黄色较多。*johnsoni* 亚种喉部红色。虹膜黄色。**鸣声**：嘈杂而欢快的 *hee-tee-weet* 哨音，最后一音节下降，参考 XC439684（Greg Irving）。**分布**：印度、中国南部方、东南亚和大巽他群岛。在中国，常见于海拔 1200 m 以下的山地森林，*vantynei* 亚种见于云南南部和广西，*johnsoni* 亚种见于广西西北部，指名亚种见于云南西南部澜沧江以西和西藏东南部。**习性**：甚羞怯，喜林缘和次生林中枝叶稠密的较高树木。偶尔追捕空中昆虫但通常食果实。兴奋时羽冠耸立。

793. 红耳鹎 Red-whiskered Bulbul *Pycnonotus jocosus* hóng'ěr bēi

18~21 cm

图版94　LC

识别：中型鹎。具长、窄而前翻的黑色羽冠，黑白色头部和特征性红色耳斑。上体余部偏褐色，下体皮黄色，臀部红色，尾端边缘白色。*monticola* 亚种具完整的黑色胸带。幼鸟无红色耳斑，臀部粉色。**鸣声**：响亮不断的叽喳声、三四个音节短而甜的 *ter-wit-te-waet* 哨音，参考 XC396743（Marc Anderson），亦作悦耳的 *prroop* 声。**分布**：印度、中国南部和东南亚，引种至澳大利亚和其他地区。在中国，甚常见于海拔 2000 m 以下的庭院、公园、次生林和灌丛中，指名亚种见于华南、海南和台湾，*monticola* 亚种见于西藏东南部至云南南部。**习性**：嘈杂、好动而喜群居。停歇于突出物上，常立于小树最高点发出鸣唱或叽喳声。喜开阔林区、林缘、次生林和村庄生境。

794. 黄臀鹎 Brown-breasted Bulbul *Pycnonotus xanthorrhous*

huángtún bēi　19~21 cm

图版94　LC

识别：中型灰褐色鹎。顶冠和枕部黑色。与白喉红臀鹎的区别为耳羽褐色、胸带灰褐色且尾端无白色。与白头鹎的区别为耳羽褐色、翼上无黄色、尾下覆羽深黄色。*andersoni* 亚种褐色胸带不明显。**鸣声**：沙哑的 *brzzp* 声，鸣唱声为欢快的 *cher che che cher cher cher che cher* 及变调，参考 XC304356（Qin Huang）。**分布**：中国南部、缅甸和中南半岛北部。在中国，甚常见于海拔 800 ~ 4300 m 地区适宜生境，指名亚种见于四川西部、云南西部和南部以及西藏东南部，*andersoni* 亚种见于华中、华东和华南大部。**习性**：典型的群居性鹎，栖于丘陵地区的次生荆棘丛和蕨丛中。

795. 白头鹎 Light-vented Bulbul *Pycnonotus sinensis* báitóu bēi

18~20 cm

图版94　LC

识别：中型橄榄色鹎。眼后白色宽纹延至枕部，黑色头顶略具羽冠，髭纹黑色，臀部白色。幼鸟头部橄榄色，胸部具灰色横纹。*hainanus* 亚种头部偏黑而无白斑。**鸣声**：典型的 *ter chir che wai* 颤鸣，参考 XC500445（Ding Li Yong），亦作简单而无韵律的鸣叫声。**分布**：中国南部、越南北部和琉球群岛。在中国为常见的群居性鸟，栖于海拔 700 m 以下地区的林缘、灌丛、红树林和庭院中，*hainanus* 亚种为广西西南部、广东南部和海南的留鸟，*formosae* 亚种为台湾留鸟，指名亚种遍及华中、华东、华南和东南地区。冬季北方种群南迁，甚至进入 *hainanus* 亚种分布区，留鸟区域存在北扩现象。**习性**：性活泼，集群于果树上活动。有时从停歇处飞出捕食昆虫。

796. 台湾鹎 Styan's Bulbul *Pycnonotus taivanus* táiwān bēi

18~19 cm

图版94　国二／VU

识别：中型鹎。头部白色，头顶和髭纹黑色。下喙基部有一小型橙色点斑，上体橄榄色，两翼和尾部褐色，尾缘橄榄黄色。下体偏白色，胸部灰色，两胁偏褐色。**鸣声**：似白头鹎，发出响亮多变的 *chip-cher-ter-wer* 声，参考 XC187736（Frank Lambert）。**分布**：中国台湾特有种，世界性易危。偶见于台湾东南部海拔 600 m 以下地区。见于无白头鹎的低海拔生境，但在枋寮附近小块区域分布存在重叠。**习性**：典型的林栖型鹎。

797. 白颊鹎 **Himalayan Bulbul** *Pycnonotus leucogenys* báijiá bēi
19~21 cm

图版94　LC

识别：中型橄榄褐色鹎。具长而前翻的褐色羽冠。脸部、颏部和喉部黑色，并具白色颊斑。下体偏白色，尾下覆羽浅黄色。尾部黑色而尾端白色。不易与任何其他鹎类混淆。**鸣声**：鸣叫声似黑喉红臀鹎，为叽喳声和粗哑的 *pit-pit* 声，鸣唱声为似 *tea-for-two* 和 *take-me-with-you* 的组合，参考 XC177055（Marc Anderson）。**分布**：印度西北部和喜马拉雅山脉。在中国记录于西藏南部吉隆地区。常见于海拔 300 ~ 1800 m 的山麓干热河谷地带。**习性**：典型而活泼的鹎类。

798. 黑喉红臀鹎 **Red-vented Bulbul** *Pycnonotus cafer* hēihóu hóngtún bēi
19~23 cm

图版94　LC

识别：中型偏褐色鹎。头部黑色，具短羽冠，尾下覆羽绯红色。尾上覆羽偏白色，耳羽褐色，喉部黑色，胸部色暗。**鸣声**：欢快的鸣叫声有时似 *be-care-ful*，重音在最末，参考 XC426858（Peter Boesman），告警声为响亮尖厉的 *peep*，亦发出激烈的叽喳声、*peep-a-peep-a-lo* 声和甜美的低音小调。**分布**：印度、缅甸至中国西南部，引种至斐济。在中国，*stanfordi* 亚种为云南极西部的地区性常见鸟。**习性**：典型的群居性嘈杂鹎类。

799. 白眉黄臀鹎 **Yellow-vented Bulbul** *Pycnotous goiavier* báiméi huángtún bēi　19~21 cm

图版94　LC

识别：中型偏褐色鹎。具特征性黄色臀部、白色眉纹和黑色眼先。**鸣声**：重复、悦耳但无韵律的 *tidli-tidli* 声，参考 XC541302（Attan Akmar）。**分布**：大巽他群岛和东南亚，有北扩趋势。在中国为 2019 年于云南南部西双版纳发现的新记录。**习性**：同其他鹎类，并与之混群。喜开阔有林生境。

800. 白喉红臀鹎 **Sooty-headed Bulbul** *Pycnonotus aurigaster* báihóu hóngtún bēi　19~21 cm

图版95　LC

识别：中型鹎。头顶黑色，腰部偏白色，臀部红色，颏部和两翼黑色，领环、胸部和腹部白色，尾色褐色。幼鸟臀部偏黄色。与红耳鹎的区别为羽冠较短、脸颊无红色。**鸣声**：悦耳的笛声，参考 XC396486（Marc Anderson），亦发出响亮的 *chook, chook* 粗喘声。**分布**：中国南部、东南亚和爪哇岛，引种至苏门答腊岛和苏拉威西岛。在中国，甚常见于华南、香港（*chrysorrhoides* 亚种）、广东西南部（*resurrectus* 亚种）、西南地区（*latouchei* 亚种）及海南的海拔 500 m 以下地区。**习性**：群居，嘈杂，性活泼，常与其他鹎类混群。喜开阔林地、灌丛、林缘、次生林、公园和庭院。

801. 纹喉鹎 **Stripe-throated Bulbul** *Pycnonotus finlaysoni* wénhóu bēi
18~20 cm

图版95　LC

识别：中型偏绿色鹎。顶冠、脸颊、颏部和喉部具宽阔黄色条纹。尾下覆羽亮黄色。不易与任何其他鹎类混淆。**鸣声**：独特的响亮悦耳鸣唱声 *ding-da-ding-ding*，渐高后逐渐减弱，参考 XC402280（Ding Li Ying），亦发出一连串告警声。**分布**：中国西南部和东南亚。在中国罕见，*eous* 亚种记录于云南南部和广西西南部。**习性**：低海拔常绿落叶混交林中次生林和林缘地带的典型鹎类。

802. 黄绿鹎　**Flavescent Bulbul**　*Pycnonotus flavescens*　huánglǜ bēi
19~22 cm
图版95　LC

识别：中型橄榄绿色鹎。臀部浅黄色，白色半眉纹和黑色眼先形成对比，脸部和喉部灰色，胸部具偏灰色纵纹。具锥形短羽冠。幼鸟眉纹色暗。**鸣声**：短促的五音节鸣唱声，先升调后降调，参考 XC201054（Frank Lambert），亦作沙哑的 *tcherrp* 声。**分布**：印度东北部、中国西南部、东南亚和加里曼丹岛。在中国，*vividus* 亚种为云南西部和西南部海拔 600 ~ 2800 m 的山地留鸟。**习性**：成对或集小群栖于开阔林、林缘和次生林。

803. 黄腹冠鹎　**White-throated Bulbul**　*Alophoixus flaveolus*
huángfù guānbēi　19~24 cm
图版95　LC

识别：较大的褐色鹎。具羽冠，白色喉部蓬松，下体黄色。似白喉冠鹎但体色较鲜亮、上体偏褐色、腹部为鲜亮的柠檬黄色。**鸣声**：甚嘈杂。发出响亮沙哑并带鼻音的嘎嘎声和清亮的 *teek, da-te-ek, da-te-ek* 声，亦作尖厉的抽鞭声和甜润哨音，参考 XC323825（Peter Ericsson）。**分布**：喜马拉雅山脉至缅甸东北部。在中国，指名亚种偶见于广西西南部、云南南部澜沧江以西和西藏东南部海拔 1800 m 以下的局部地区。**习性**：似白喉冠鹎。停歇时尾部常呈扇状展开。

804. 白喉冠鹎　**Puff-throated Bulbul**　*Alophoixus pallidus*　báihóu guānbēi
20~25 cm
图版95　LC

识别：大型而嘈杂的鹎。羽冠长而尖并显凌乱，上体橄榄色，头侧灰色，下体黄色，白色喉蓬松并具髭须。与黄腹冠鹎易混淆，区别为下体较暗淡、腹部黄色较浅。**鸣声**：群鸟持续地发出断续哭叫声，偶有细弱鸣唱声，参考 XC371946（Rolf A. de By）。**分布**：中国西南部和海南、缅甸及中南半岛。在中国为西南（*henrici* 亚种）和海南（指名亚种）低海拔常绿林和开阔林中的常见留鸟。**习性**：集小群生活，性活跃。大胆围攻猛禽。常加入混合鸟群，通常见于森林较低层。

805. 灰眼短脚鹎　**Grey-eyed Bulbul**　*Iole propinqua*　huīyǎn duǎnjiǎobēi
18~21 cm
图版94　LC

识别：中型鹎。通体橄榄色，虹膜白色或浅灰色。羽冠短，眉纹模糊，尾下覆羽黄褐色。上体橄榄色，下体偏皮黄色。喙粉灰色，跗跖偏粉色。**鸣声**：不断重复、带有鼻音的独特 *cheer-y* 哭叫声，第二音较低，参考 XC349429（Greg Irving）。**分布**：中国南部和东南亚。在中国，常见于海拔 1200 m 以下地区，指名亚种见于云南西部和南部元江以西地区，*aquilonis* 亚种见于云南东南部和广西西南部。**习性**：喜热带常绿次生林和灌丛生境。

806. 绿翅短脚鹎 **Mountain Bulbul** *Ixos mcclellandii* lǜchì duǎnjiǎobēi

21~24 cm 图版95 LC

识别：嘈杂的大型橄榄色鹎。羽冠短而尖，枕部和上胸棕色，喉部偏白色并具纵纹。顶冠深褐色并偏白色细纹。背部、两翼和尾部偏绿色。腹部和臀部偏白色。**鸣声：**鸣唱声为单调的三音节嘶声，参考 XC320468（Qin Huang），亦作上扬的三音节鸣叫声和多种似猫叫声。**分布：**喜马拉雅山脉至中国南部、缅甸、中南半岛和东南亚。在中国为海拔 1000 ~ 2700 m 山区森林和灌丛中的常见鸟，指名亚种为西藏东南部留鸟，*similis* 亚种见于云南和海南，*holtii* 亚种见于华南和东南大部地区。**习性：**集大群或成对活动，以小型果实和昆虫为食。大胆围攻猛禽和鹃类。

807. 灰短脚鹎 **Ashy Bulbul** *Hemixos flavala* huī duǎnjiǎobēi

19~22 cm 图版95 LC

识别：中型鹎。略具羽冠，顶冠深褐色或黑色（*bourdellei* 亚种），耳羽粉褐色，上体偏灰色，喉部白色。深褐的两翼合拢时可见大覆羽浅色边缘形成的偏黄色翼斑。**鸣声：**3 到 5 个音节响亮的银铃般鸣叫声，音调先升后降似 *chak zeechu*，参考 XC670160（Peter Ericsson），亦作沙哑的 *trrk* 声。**分布：**喜马拉雅山脉、中国西南部、东南亚和大巽他群岛。在中国，常见于云南南部、广西西南部（*bourdellei* 亚种）、云南西部和西南部以及西藏东南部（指名亚种）海拔 1600 m 以下的丘陵地带。**习性：**典型林栖型鹎，集小群栖于山麓开阔林中低层和灌丛中。能如冠鹎属（*Alophoixus*）般将喉羽耸起。

808. 栗背短脚鹎 **Chestnut Bulbul** *Hemixos castanonotus* lìbèi duǎnjiǎobēi

19~22 cm 图版95 LC

识别：较大而羽色分明的鹎。上体栗褐色，顶冠黑色而略具羽冠，喉部白色，腹部偏白色。胸部和两胁浅灰色，内翼和尾部灰褐色，翼覆羽和尾羽边缘绿黄色。白色喉羽有时如冠鹎属般耸起，但本种不易被误认。*canipennis* 亚种体羽多棕色，两翼和尾羽边缘无绿黄色。**鸣声：**响亮的似责骂声和尖厉的银铃般叫声 *guy tricky boo*，参考 XC379519（Guy Kirwan）。**分布：**中国南部和越南西北部。在中国，*canipennis* 亚种常见于华南和东南地区低海拔森林，指名亚种为海南和广西南部的留鸟。在香港随着森林成熟其种群数量有增加趋势。**习性：**集小群生活，性活跃。栖于甚茂密的植被中。

809. 黑短脚鹎 **Black Bulbul** *Hypsipetes leucocephalus* hēi duǎnjiǎobēi

21~27 cm 图版95 LC

识别：中型黑色鹎。尾略分叉，喙、跗跖和虹膜亮红色。部分亚种头部白色，西部亚种体羽前半部偏灰色。与丝光椋鸟的区别为胸部和背部色深。幼鸟偏灰色，并具略平的羽冠。**鸣声：**包括响亮的尖叫、吱吱声和刺耳哨音，参考 XC365204（Guy Irving），常发出带鼻音的似猫叫声。**分布：**印度、中国南部、缅甸和中南半岛。在中国为山地常绿林中的常见鸟，*psaroides* 亚种为西藏东南部留鸟，*ambiens* 亚种见于云南西北部，*sinensis* 亚种见于云南西南部，*stresemanni* 亚种见于云南北部，*concolor* 亚种见于云南西部和西南部，*leucothorax* 亚种见于华中，*perniger* 亚种见于广西南部和海南，*nigerrimus* 亚种见于台湾，指名亚种见于华南和东南的其他地区。**习性**：食果实和昆虫，作季节性迁徙。冬季在中国南方地区可见集数百只的大群。

810. 栗耳短脚鹎　Brown-eared Bulbul　*Hypsipetes amaurotis*
lì'ěr duǎnjiǎobēi　27~29 cm　　　　　　　　　图版95　LC

识别：大型灰色鹎。冠羽略呈针状，耳羽和颈侧栗色。顶冠和枕部灰色，两翼和尾部褐灰色，喉、胸部灰色并具浅色纵纹。腹部偏白色，两胁具灰色点斑，臀部具黑白色横斑。台湾的 *nagamichii* 亚种下体偏褐色，胸部深棕色。**鸣声**：甚嘈杂的 *peet, peet, pii yieyo* 声、*shreep* 声或 *wheesp* 声，参考 XC409278（Guy Kirwan）。**分布**：日本、中国台湾和菲律宾。在中国，在其分布区内较常见，体型较小的褐色 *nagamichii* 亚种为台湾南部和兰屿的留鸟，体型较大而偏灰色的指名亚种和 *hensoni* 亚种则为东北和华东地区偶见过境鸟，集群出现于海拔 1600 m 以下丘陵地带。**习性**：栖于常绿林、落叶林、农耕地和庭院中的树冠层。

▍燕科　Hirundinidae　燕类　（6 属 14 种）

为人们所熟悉的世界性分布鸟类，形态优雅，体型修长，两翼长而尖。喜群居，在空中捕捉昆虫，沿水流上下翻飞或在高空盘旋。常停歇于树枝、电线、天线、柱子或房屋上，亦下到地面在水坑边饮水或衔泥作为巢材。于房檐或崖壁下营泥质杯状巢，一些种类营巢于河岸洞穴中。以其迁徙能力而闻名。

811. 褐喉沙燕　Grey-throated Martin　*Riparia chinensis*　hèhóu shāyàn
10~13 cm　　　　　　　　　　　　　　　图版96　LC

识别：小型暗灰褐色燕。尾略分叉，与岩燕的区别为尾端无白点，与崖沙燕的区别为喉、胸部浅灰褐色且无深色胸带。**鸣声**：细弱的似喘息声 *tschree*，参考 XC426882（Peter Boesman）。**分布**：巴基斯坦、印度至中国南部、中南半岛和菲律宾。在中国，地区性常见于云南南部、广西南部、香港和台湾海拔 1000 m 以下地区。**习性**：群居，栖于沼泽及河岸尤其是有沙滩的河岸。营巢于河岸洞穴中。

812. 崖沙燕　Sand Martin　*Riparia riparia*　yá shāyàn　12~13 cm　　　图版96　LC

识别：小型褐色燕。下体白色并具一道褐色胸带。幼鸟喉部皮黄色。与淡色沙燕易混淆，区别为上体和胸带色深（故领环更为明显）、喉部更白。**鸣声**：尖厉的叽喳声，参考 XC372305（Albert Lastukhin）。**分布**：广布于除大洋洲和南极洲以外的各大洲，欧亚大陆种群冬季南迁至东南亚和菲律宾等地。在中国，地区性常见于不同海拔地区有沙滩的河流两岸，*ijimae* 亚种繁殖于华北和东北，越冬于华南。在其他各省份亦有记录但目前不甚明确是否均属于本种，极西北地区的记录可能系指名亚种。**习性**：栖于沼泽和河流地区，在水上疾掠而过或停歇于突出树枝上。

813. 淡色沙燕 / 淡色崖沙燕　Pale Martin　*Riparia diluta*　dànsè shāyàn
12~13 cm
图版96　LC

识别：小型褐色燕。下体白色并具一道特征性褐色胸带。幼鸟喉部皮黄色。与崖沙燕易混淆，区别为上体和胸带褐色更浅且偏灰色（故领环不甚明显）、喉部偏灰色（而非崖沙燕的白色）。**鸣声**：尖厉的叽喳声，参考 XC185015（Albert Lastukhin）。**分布**：繁殖于中亚、西伯利亚和中国，越冬于巴基斯坦、印度和中国南部（*fohkienensis* 亚种）及东南亚。在中国，常见于不同海拔地区有沙滩的河流两岸，指名亚种繁殖于西北地区，*tibetana* 亚种繁殖于青藏高原，*fohkienensis* 亚种见于华中和华东。**习性**：同崖沙燕。

814. 家燕　Barn Swallow　*Hirundo rustica*　jiā yàn　17~20 cm
图版96　LC

识别：中型亮蓝色和白色的燕。上体钢青色，胸部偏红色并具一道蓝色胸带，腹部白色，尾羽甚长，近尾端处具白色点斑。与洋斑燕的区别为腹部为纯白色、尾长并具蓝色胸带。幼鸟体羽色暗，无延长尾羽，与洋斑燕易混淆。**鸣声**：高音 *twit* 和叽喳声并以嗡鸣音收尾，参考 XC443771（Karl-Birger Strann）。**分布**：广布于除南极洲以外的各大洲，繁殖于北半球，迁徙途经世界大部地区至南非、新几内亚岛、澳大利亚等地。在中国，指名亚种繁殖于西北地区，*tytleri* 亚种繁殖于俄罗斯而迁徙途经中国大部地区，*mandschurica* 亚种繁殖于黑龙江，*gutturalis* 亚种繁殖于其余大部地区。大部分种群冬季南迁，但部分个体为云南南部、海南、台湾和华南地区留鸟。**习性**：在高空中滑翔和盘旋，或低飞于地面和水面捕捉小型昆虫。停歇于枯枝、柱子和电线上。常集群觅食于同一地点。有时集大型夜栖群，在城市中亦如此。

815. 洋斑燕 / 洋燕　Pacific Swallow　*Hirundo tahitica*　yángbān yàn
16~18 cm
图版96　LC

识别：较小的蓝色、红色和皮黄色燕。上体钢青色，前额栗色。与家燕的区别为下体污白色、尾部更短且无延长尾羽、无深蓝色胸带、体型略小、不如家燕羽色分明。**鸣声**：悦耳的叽喳声，参考 XC286033（Peter Boesman），告警声为高音的 *tweet*。**分布**：印度南部、东南亚、菲律宾、马来半岛、马来群岛至新几内亚岛和塔希提岛。在中国，为台湾留鸟（*namiyei* 亚种）以及台湾、兰屿、火烧屿和南海诸岛的夏候鸟（*javanica* 亚种）。常见于开阔区域，尤其是水面上方。**习性**：通常集松散小群，在水面上空盘旋或低空滑翔。于屋檐下、桥下或探出的岩崖下营泥质杯状巢，入口位于边缘。

816. 线尾燕　Wire-tailed Swallow　*Hirundo smithii*　xiànwěi yàn
16~20 cm
图版96　LC

识别：形态独特而优美的燕。头顶红色，脸侧黑色，颏部、喉部和下体纯白色。暗色上体具蓝色金属光泽。繁殖羽具极长线状延长尾羽。**鸣声**：叽喳鸣唱声和 *chit chit* 召唤声，参考 XC300346（Peter Boesman）。**分布**：非洲、中亚、南亚次大陆、中南半岛和中国云南极西南部。**习性**：觅食于开阔原野和湿地。

---

817. 岩燕　**Eurasian Crag Martin**　*Ptyonoprogne rupestris*　yán yàn
14~15 cm

图版96　LC

识别：较小的深褐色燕。尾部呈方形，近尾端处具白色点斑。似纯色岩燕但体色较淡，飞行时深色翼下覆羽、尾下覆羽、尾羽和浅色顶冠、飞羽、喉部、胸部对比明显。**鸣声**：甚细弱、似麻雀的 *tshree* 声，参考 XC55175（Grosselet Olivier）。**分布**：繁殖于古北界南部，越冬于南亚和北非。在中国，指名亚种甚罕见于西部、华北、华中和西南海拔 1800 ~ 4600 m 的大部地区，部分北方种群冬季迁至西南地区。**习性**：栖于山区岩崖和干旱河谷。偶见于建筑物上。

---

818. 纯色岩燕　**Dusky Crag Martin**　*Ptyonoprogne concolor*　chúnsè yányàn
12~14 cm

图版96　LC

识别：通体偏黑色的小型燕。尾部呈方形，近尾端处具白色点斑。尾部和两翼比雨燕更宽。与岩燕的区别为体色较深且腹部和尾下覆羽同色。**鸣声**：停歇和飞行中发出轻柔的 *chit-chit* 低声，参考 XC369505（Peter Boesman）。**分布**：南亚和东南亚。在中国，为云南南部和西藏东南部海拔 1000 ~ 2000 m 地区罕见留鸟。**习性**：栖于多岩崖的山区。似岩燕但分布较南。不迁徙。

---

819. 白腹毛脚燕 / 毛脚燕　**Northern House Martin**　*Delichon urbicum*
báifù máojiǎoyàn　13~14 cm

图版97　LC

识别：小型钢青色燕。具叉尾。下体偏白色，腰部白色。与烟腹毛脚燕易混淆，区别为胸部纯白色而非暗白色、腰部白色区域较大、尾部分叉较深。附跖粉色并覆白色羽至趾部。**鸣声**：鸣叫声为干涩的卷舌摩擦音 *prreet*，不如崖沙燕刺耳，参考 XC439094（Jack Berteau），告警声为高音 *seerr* 或 *jeet*，鸣唱声为轻柔叽喳叫，与鸣叫声音调相同。**分布**：非洲、欧亚大陆、印度和中国北部。在中国甚常见，指名亚种繁殖于西部和极西北地区而越冬于印度，*lagopodum* 亚种繁殖于东北而越冬于华东、东南和华南。**习性**：群居，营巢于悬崖。与其他燕类和雨燕混群觅食。**分类学订正**：*lagopodum* 亚种有时被视作一个独立种 *D. lagopodum*（东白腹毛脚燕）。

---

820. 烟腹毛脚燕　**Asian House Martin**　*Delichon dasypus*　yānfù máojiǎoyàn
11~13 cm

图版97　LC

识别：小型而丰满的黑色燕。腰部白色，尾部浅分叉，下体偏灰色。上体钢青色，腰部白色，胸部暗白色。与白腹毛脚燕的区别为翼下覆羽黑色。*nigrimentalis* 亚种下体白色。附跖粉色并覆白色羽至趾部。**鸣声**：兴奋的嘶声，参考 XC285623（Peter Boesman），似白腹毛脚燕。**分布**：繁殖于印度北部至日本，越冬于东南亚、菲律宾和大巽他群岛。在中国地区性甚常见，*cashmeriense* 亚种繁殖于华中东部和青藏高原而冬季南迁，*nigrimentalis* 亚种为台湾、华南和东南地区留鸟，指名亚种繁殖于北京和东北并在迁徙时记录于东部沿海地区。**习性：**单独或集小群活动，与其他燕类或金丝燕混群。比其他燕类更善飞行，常见其于高空翱翔。

821. 黑喉毛脚燕　Nepal House Martin　*Delichon nipalensis*
hēihóu máojiǎoyàn　11~13 cm　　　　　　　　　　　　图版97　LC

识别：小型钢青色、黑色和白色燕。似白腹毛脚燕和烟腹毛脚燕，但体型较小、腰部白色较窄、尾较平、具白色狭窄颈圈、颏部和喉部暗黑色、尾下覆羽亮黑色。跗跖褐色并覆盖白色羽至趾部。**鸣声：**较安静，飞行时偶尔发出短促的 *chi-i* 高音，参考 XC157709（Frank Lambert）。**分布：**喜马拉雅山脉、缅甸西部和越南西北部。在中国不常见于云南极西部和西藏东南部。**习性：**栖于河谷和山崖。群居，夏季见于海拔 2000 ~ 4000 m 处，冬季下至海拔 350 m 地区。飞行平缓，伴以俯冲、滑翔和急转弯。

822. 金腰燕　Red-rumped Swallow　*Cecropis daurica*　jīnyāo yàn
16~20 cm　　　　　　　　　　　　　　　　　　　　　图版96　LC

识别：大型燕。浅栗色腰部和深钢青色上体形成对比，下体白色并具黑色细纹，尾长而分叉深。*japonica* 亚种下体纵纹比指名亚种更粗。在野外与斑腰燕易混淆，但后者在中国的分布区域极有限。**鸣声：**飞行时发出叽喳鸣唱声，参考 XC430819（Joost van Bruggen），召唤声为 *djuit*，亦作粗哑的 *krr* 声。**分布：**繁殖于欧亚大陆，冬季南迁至非洲、印度和东南亚。在中国甚常见于低海拔的大部地区，指名亚种繁殖于东北，*japonica* 亚种繁殖于整个华东地区并为广东和福建的留鸟，*nipalensis* 亚种繁殖于西藏南部和云南西部，*gephyra* 亚种繁殖于青藏高原东部至甘肃、宁夏、四川和云南北部，迁徙时途经东南地区。**习性：**似家燕。

823. 斑腰燕　Striated Swallow　*Cecropis striolata*　bānyāo yàn
17~20 cm　　　　　　　　　　　　　　　　　　　　　图版96　LC

识别：大型燕。胸部具纵纹，腰部红色。上体钢青色，下体污白色并具黑色纵纹，尾部分叉深。在野外易与金腰燕混淆，但体型略大、枕部深蓝色、腰部和下体纵纹通常更为宽阔和明显。**鸣声：**通常较安静，有时发出响亮的 *chew-chew* 声或 *schwirrr* 震颤音，参考 XC79200（Desmond Allen）。**分布：**印度东北部、东南亚、菲律宾、马来半岛、爪哇岛、巴厘岛和小巽他群岛。在中国一般常见于海拔 1500 m 以下地区，指名亚种繁殖于云南西部和南部，*stanfordi* 亚种为台湾留鸟。**习性：**似其他燕类，但更喜低海拔农耕区。成对或集小群活动，飞行时振翅较缓慢且比其他燕类更偏好高空翱翔。于屋檐或悬崖营泥质杯状巢，边缘具管道状入口。

824. 黄额燕　**Streak-throated Swallow**　*Petrochelidon fluvicola*
huáng'é yàn　11~12 cm

图版96　LC

识别：小型黑、蓝、红、白色燕。背部深蓝色，腰部灰褐色至红褐色，头顶栗色，停歇时翼尖延至尾后。与家燕和洋斑燕的区别为体型更小，两颊、枕部、额部和喉部纵纹更深，且偏黑色的尾部分叉较浅。无深蓝色胸带。和其他燕类的区别为头顶栗色、上体蓝色。**鸣声**：鸣唱声为轻柔的啾啾声，参考 XC128089（Frank Lambert），亦发出叽喳声鸣叫和尖厉的 *trr trr* 声。**分布**：南亚次大陆。在中国迷鸟记录于北京，可能于西藏东南部和云南极西部亦有分布。**习性**：似其他小型燕类并与之混群飞行于城镇和开阔原野上空。

▌鳞胸鹪鹛科　Pnoepygidae　鹪鹛　（1 属 5 种）

一小科小型地栖鸟类，尾短，栖于潮湿密林中。

825. 鳞胸鹪鹛　**Scaly-breasted Cupwing**　*Pnoepyga albiventer*
línxiōng jiāoméi　9~10 cm

图版97　LC

识别：小型而几乎无尾的鹪鹛。具两种色型。浅色型上体橄榄褐色并略具鳞状斑，所有羽端均具皮黄色点，下体白色，胸部覆羽中心色深、羽缘色更浅而形成鳞状斑纹，两胁鳞斑橄榄褐色。深色型上体橄榄褐色，所有羽端均具皮黄色点，下体同浅色型，但以皮黄色取代白色。两性相似。与小鳞胸鹪鹛的区别为体型较大、顶冠和颈部具皮黄色杂斑。**鸣声**：鸣唱声为甜美的哨音，参考 XC426804（Peter Boesman），亦发出似责骂声的 *tsik, tsik*。**分布**：喜马拉雅山脉至中国西南部、缅甸西部和北部、越南北部。在中国不常见，指名亚种为西藏南部、东南部至云南西北部和四川的留鸟。**习性**：性隐蔽。悄然移动时轻微振翅。栖于海拔 1500 ～ 3660 m 的山区森林，冬季下至海拔 1100 m 地区，常见于多苔藓和蕨类的溪流两岸。

826. 中华鹪鹛　**Chinese Cupwing**　*Pnoepyga mutica*　zhōnghuá jiāoméi
9~10 cm

图版97　NR

识别：小型而几乎无尾的鹪鹛。极似鳞胸鹪鹛，区别为体羽比后者深色型棕色略少，但最好通过鸣声来区别。**鸣声**：快速、甜美、似莺类的乱调高音鸣唱声，似鳞胸鹪鹛但略缓慢且音调更低，参考 XC442247（Yann Muzika）。**分布**：云南西北部、四川和湖北西部海拔 1500 ～ 3200 m 地区不常见留鸟。**习性**：喜黑暗潮湿的老针叶林、沟壑和灌丛。**分类学订正**：曾和台湾鹪鹛（*P. formosana*）、尼泊尔鹪鹛（*P. immaculata*）共同被置于鳞胸鹪鹛下，有时仍被视作后者的一个亚种。

827. 台湾鹪鹛 **Taiwan Cupwing** *Pnoepyga formosana* táiwān jiāoméi

8~9 cm 图版97 LC

识别：小型而几乎无尾的褐色鹪鹛。具鳞状斑。极似尼泊尔鹪鹛但分布区不重叠。和同样分布区不重叠的鳞胸鹪鹛浅色型易混淆，区别为跗跖更短、顶冠具更多皮黄棕色点斑且下体色暗。**鸣声**：鸣唱声为持续约1.5秒的小引音续以 *tz ti'tchu'ti'tzu'wi*，参考 XC2343370（Jim Holmes），鸣叫声为独特而古怪的响亮似喘息声 *pwshhhhht*。**分布**：中国台湾特有种，见于海拔1200 ~ 2700 m 的山地森林。**习性**：同其他鹪鹛。

828. 尼泊尔鹪鹛 **Nepal Cupwing** *Pnoepyga immaculata* níbó'ěr jiāoméi

8~10 cm 图版97 LC

识别：小型橄榄褐色鹪鹛。尾极短。上体具些许暗色鳞状斑，下体浅色。胸部覆羽中心深褐色、羽缘色浅而形成鳞状斑纹。**鸣声**：鸣唱声为甜美的5到8个音节的清亮高音 *sheeshwershwee seseesee*，第二音更低，参考 XC19320（Craig Robson）。**分布**：印度北部、尼泊尔东部和相邻的中国西南部的喜马拉雅山麓地带海拔1800 ~ 2200 m 处。在中国为西藏南部樟木地区不常见留鸟。**习性**：同其他鹪鹛，栖于黑暗森林的地面。

829. 小鳞胸鹪鹛 **Pygmy Cupwing** *Pnoepyga pusilla* xiǎo línxiōngjiāoméi

8~9 cm 图版97 LC

识别：极小而几乎无尾的鹪鹛。具醒目的扇贝状纹。具深、浅两个色型，分别极似鳞胸鹪鹛的对应色型，但体型更小、鸣唱声亦不同。上体点斑区域更窄，仅限于背部下方和翼覆羽，顶冠无点斑。**鸣声**：鸣唱声独特，为两到三声分隔甚开的降调响亮哨音，参考 XC426810（Peter Boesman）。**分布**：尼泊尔至中国南部、东南亚、马来半岛、苏门答腊岛、爪哇岛、弗洛里斯岛和帝汶岛。在中国，指名亚种为西藏东南部、海南、华中、西南、华南和东南地区海拔520 ~ 2800 m 山地森林中的地区性常见鸟。**习性**：在森林地面急速奔跑，形似鼠类。除鸣叫时外多羞怯隐蔽。

▌ 树莺科 Cettiidae 树莺 （7属19种）

一小科曾被置于莺科的鸟类，为似柳莺的小型树栖性莺类。

830. 黄腹鹟莺 **Yellow-bellied Warbler** *Abroscopus superciliaris*

huángfù wēngyīng 9~11 cm 图版98 LC

识别：修长的小型莺。腹部黄色，具醒目的白色眉纹和较粗的喙。顶冠前方灰色，头部后方和背部橄榄绿色，腰部具偏黄色带，颏、喉、上胸白色，下体余部黄色。幼鸟体色更暗。**鸣声**：响亮刺耳的鸣唱声，由四到六个哨音组成，最后一音高，参考 XC426350（Peter Boesman），鸣叫声为短促而响亮的叽喳声和四音节的 *djer djer du du*。**分布**：喜马拉雅山脉东部、中国南部、东南亚和大巽他群岛。在中国，指名亚种为西藏东南部、云南西部和南部、广东和广西海拔 1525 m 以下丘陵地区的常见留鸟，*drasticus* 亚种见于西藏东南部。**习性**：喜次生林尤其是竹林地带。一般集小群于低矮树丛和竹丛中。

831. 棕脸鹟莺　Rufous-faced Warbler　*Abroscopus albogularis*
zōngliǎn wēngyīng　8~10 cm　　　　　　　　　　　图版98　LC

识别：较小而体色艳丽的莺。外形独特不易被误认，头部栗色并具黑色侧冠纹。上体绿色，腰部黄色。下体白色，颏、喉部具黑色点斑，上胸沾黄色。与栗头鹟莺的区别为头侧栗色、白色眼圈不甚明显且无翼斑。*flavifacies* 亚种脸部偏红色、上体色较深。**鸣声**：鸣叫声为尖厉的吱吱声，鸣唱声为拖长的高音颤音，参考 XC407207（Kevin Cheng）。**分布**：尼泊尔至中国南部、缅甸和中南半岛北部。在中国为较常见留鸟，指名亚种见于云南南部和西南部，*fulvifacies* 亚种广布于华中、华南、东南、海南和台湾。**习性**：栖于常绿林和竹林中。

832. 黑脸鹟莺　Black-faced Warbler　*Abroscopus schisticeps*
hēiliǎn wēngyīng　9~10 cm　　　　　　　　　　　图版98　LC

识别：较小而体色艳丽的莺。外形独特不易被误认，眉纹、颏、喉和尾下覆羽均为黄色，眼罩黑色，顶冠和枕部灰色，上体绿色，无翼斑，腹部白色。*flavimentalis* 亚种夏季旧羽黄色区域延至上胸。*ripponi* 亚种具偏灰色胸带。体羽不易和中国分布的任何其他莺类混淆，但略似黄喉雀鹛和黄腹扇尾鹟，详见对应词条。**鸣声**：鸣叫声为单音或双音叽喳声，告警声为高音 *tz-tz-tz-tz-tz-tz*，鸣唱声为先升后降的五音节哨音，参考 XC472537（Peter Boesman）。**分布**：尼泊尔至中国西南部、缅甸和越南西北部。在中国为海拔 600 ～ 2800 m 地区罕见留鸟，*flavimentalis* 亚种见于西藏南部和云南西北部，*ripponi* 亚种见于云南西部和南部、四川和广西。**习性**：集小群栖于山地常绿林的苔藓丛中。

833. 金头缝叶莺 / 栗头织叶莺　Mountain Tailorbird　*Phyllergates cucullatus*
jīntóu féngyèyīng　12~13 cm　　　　　　　　　　　图版99　LC

识别：小型森林性莺。头顶红褐色，腹部黄色，具明显黄色眉纹。上体橄榄绿色，颏、喉、上胸部灰白色，下胸和腹部亮黄色。**鸣声**：甜美而多变的铃声，由两三个重复音节组成，续以 *pee-pee-cherrrree* 颤音，与其他缝叶莺鸣唱声区别甚大，参考 XC426762（Peter Boesman），鸣叫声为 *kiz-kiz-kiz*。**分布**：印度北部至中国南部、菲律宾、东南亚、马来半岛和印度尼西亚。在中国，*coronatus* 亚种为西藏东南部、云南西部和南部、广西西南部、广东北部、福建北部和江西南部海拔 1000 ～ 2500 m 山地中的留鸟。**习性**：栖于山地森林、开阔的山地灌丛和竹丛。喜群居，常集小群但多隐于浓密植被下而难得一见。通过其鸣唱声容易辨认。不缝袋状叶巢。

834. 宽嘴鹟莺 Broad-billed Warbler *Tickellia hodgsoni*
kuānzuǐ wēngyīng   10~12 cm   图版99 LC

识别：小型而体色艳丽的莺。跗跖长，顶冠棕色。上体绿色、脸、喉、胸部浅灰色、腹部、腿部和尾下覆羽黄色，飞羽和尾羽偏黑色，具苍白色眉纹和眼圈。乍看似栗头鹟莺但无黑色侧冠纹、腰部和翼斑黄色。似金头缝叶莺但喙较短、尾部不上翘且气场不同。**鸣声**：鸣唱声为拖长的尖哨音，停顿约10秒后重复，参考XC243514（Oscar Campbell），鸣叫声为每秒两次的粗哑 *chak* 声。**分布**：尼泊尔至中国西南部、中南半岛北部和加里曼丹岛西部。在中国罕见，*tonkinensis* 亚种为云南东南部和西部海拔 2000 ~ 2500 m 地区留鸟，冬季下至更低处，指名亚种见于西藏东南部海拔 1100 ~ 2700 m 处。**习性**：性羞怯，多隐于潮湿山地森林中稠密灌丛下。

835. 日本树莺 / 短翅树莺 Japanese Bush Warbler *Horornis diphone*
rìběn shùyīng   14~18 cm   图版99 LC

识别：中型通体橄榄褐色树莺。具明显的乳白偏皮黄色眉纹和偏黑色贯眼纹。下体乳白色，具不明显的浅皮黄色胸带，两胁和尾下覆羽橄榄褐色。比远东树莺少棕红色、下体更白。*riukiuensis* 亚种更偏灰色且体型更小。幼鸟下体乳白色偏黄色。跗跖粉色。**鸣声**：有节奏的哨音续以三音节的 *hot-ket-kyot*，亦作一连串降调的双哨音 *pe-chew*, *pe-chew*, *pe-chew*，鸣叫声为干涩的嘀嗒声，参考XC385193（Craig Robson）。**分布**：繁殖于亚洲东北部，越冬于华东至台湾。在中国甚常见，*riukiuensis* 亚种迁徙途经东北地区而越冬于华南和台湾，*cantans* 亚种亦于台湾越冬。**习性**：栖于海拔 3000 m 以下的茂密竹丛和草地。通常单独活动，性隐蔽。**分类学订正**：本种各亚种分类尚无定论。

836. 远东树莺 Manchurian Bush Warbler *Horornis canturians*
yuǎndōng shùyīng   15~18 cm   图版99 LC

识别：大型纯棕色树莺。具明显的皮黄色眉纹和深褐色贯眼纹。无翼斑，无顶冠纹。雌鸟体型比雄鸟小。与厚嘴苇莺的区别为眉纹色浅、体型更小、喙更细、头顶偏棕红色、下体皮黄色较少。与日本树莺易混淆，区别为体羽偏棕色、两胁和尾下覆羽为暗皮黄色。跗跖粉色。**鸣声**：富有音韵，以低颤音开始，结尾为 *tu-u-u-teedle-ee-tee*，参考 XC186529（Frank Lambert），*borealis* 亚种鸣唱声为响亮、短促而忧郁的似 *koo-goo-oo-oo-ook...tulee-tulee* 哨音。**分布**：繁殖于东亚，越冬于印度东北部、中国南部、菲律宾和东南亚。在中国甚常见，指名亚种繁殖于甘肃南部、陕西南部（秦岭）、四川、北京、河北、河南、山西南部、湖北、安徽、江苏和浙江，越冬于华南、东南和海南；*borealis* 亚种繁殖于东北，迁徙途经山东、华东各省份至台湾越冬。**习性**：常尾部略上翘。栖于海拔 1500 m 以下的次生灌丛。

837. 强脚树莺 Brownish-flanked Bush Warbler *Horornis fortipes*
qiángjiǎo shùyīng   11~13 cm   图版99 LC

识别：较小的暗褐色树莺。具皮黄色长眉纹。下体偏白色并沾褐黄色，尤其是胸侧、两胁和尾下覆羽处。幼鸟体羽偏黄色。甚似黄腹树莺但上体褐色较深、下体偏褐色且少黄色、腹部少白色、喉部少灰色，鸣声亦不同。**鸣声**：鸣唱声为持续上升的 *weee* 续以爆破音 *chiwiyou*，参考 XC426630（Peter Boesman），亦作连续的 *tack tack* 鸣叫声。**分布**：喜马拉雅山脉至中国南部、东南亚和大巽他群岛。在中国为甚常见留鸟，指名亚种见于西藏南部，*davidianus* 亚种见于华中、华南、东南和西南并有北扩趋势（记录于北京），*robustipes* 亚种见于台湾。**习性**：隐于浓密灌丛中，易闻其声但难得一见。通常单独活动。

838. 休氏树莺 / 喜山黄腹树莺 Hume's Bush Warbler *Horornis brunnescens*
xiūshì shùyīng 11~12 cm   图版99 LC

识别：小型浅褐色树莺。喙细。极似黄腹树莺，但羽色更为鲜艳、下体黄色和皮黄色不甚明显。和强脚树莺的区别为体羽色浅。最好的辨认方式为其鸣声。**鸣声**：鸣唱声为独特的三到五个细长哨音续以一长串双颤音，重复达数秒，参考 XC39318（Brian Cox），亦作干涩的嘎嘎声和 *chuuurk* 声。**分布**：喜马拉雅山脉。在中国为西藏南部和东南部常见留鸟。**习性**：栖于海拔 2000 ~ 3600 m 近林缘的竹林和浓密灌丛中，冬季下至更低处。

839. 黄腹树莺 Yellowish-bellied Bush Warbler *Horornis acanthizoides*
huángfù shùyīng 10~11 cm   图版99 LC

识别：小型纯褐色树莺。上体纯褐色，仅头顶有时略沾棕色、腰部有时偏橄榄色。飞羽羽缘棕色形成具色彩对比的翼斑。长眉纹白色或皮黄色并延至眼后。喉部和上胸灰色，两侧略沾黄色，两胁、尾下覆羽和腹部中央皮黄白色。似强脚树莺但体型更小、体色更浅、腹部偏黄色、喉部和上胸偏灰色且下腹部较白。比异色树莺体型更小、上体偏褐色、喉部偏灰色。**鸣声**：由 4 到 10 声尖细而拖长的似口哨音组成的奇怪鸣唱声，每个音持续约 2 秒且上升一个音阶，续以数声快速重复的 *chee-chew* 颤音，参考 XC234194（Jim Holmes），鸣叫声包括 *brrrr* 颤音和尖厉的 *tik tik tik*。**分布**：中国南部特有种，为地区性常见留鸟，指名亚种见于华中、西南、华东和东南地区，*concolor* 亚种见于台湾。**习性**：隐于浓密灌丛、林下植被和竹林中，夏季栖于海拔 1500 ~ 4000 m 的山地，冬季下至海拔 1000 m 地区。

840. 异色树莺 Aberrant Bush Warbler *Horornis flavolivacea*
yìsè shùyīng 12~14 cm   图版99 LC

识别：中型黄橄榄色树莺。下体污黄色，具浅黄色眉纹和狭窄眼圈。不易与其他树莺成鸟混淆，但一些种的幼鸟为黄色，如强脚树莺和黄腹树莺。与强脚树莺幼鸟的区别为眉纹黄色而非皮黄色，与黄腹树莺幼鸟的区别为喉部和上胸无灰色、上体棕色较少且无翼斑。跗跖黄色。**鸣声**：鸣唱声为短促甜美的啭鸣续以转调长哨音 *dir dir-tee teee-weee*，参考 XC65025（David Edwards），鸣叫声为似黄腹树莺的轻颤音 *brrt-brrt*，亦作 *chick* 声，告警声似喘息。**分布**：喜马拉雅山脉至中国西南部和中部、缅甸及中南半岛北部。在中国为不常见留鸟，指名亚种见于西藏东南部，*dulcivox* 亚种见于云南西部至四川，*intricatus* 亚种繁殖于山西东南部、陕西南部和四川西北部而冬季南迁。迷鸟记录于山东。**习性**：栖于海拔 1200 ~ 4900 m 的林间高草、灌丛、竹丛和荆棘丛，冬季下至海拔 700 m 处。

841. 灰腹地莺　Grey-bellied Tesia　*Tesia cyaniventer*　huīfù dìyīng
9~10 cm   图版99　LC

识别：站姿甚直、似鹪鹩的小型灰色莺。极似金冠地莺但下体灰色较浅、顶冠无黄色且黑色贯眼纹上方具明显的浅色眉纹。上喙色深、下喙黄色而喙端色暗。**鸣声**：鸣叫声为快速而似鹪鹩的 *tchirik* 声，似金冠地莺，鸣唱声为轻柔的吱吱声续以三声快速颤音再以较低音的 *tsitsitsitjutjutju* 收尾，参考 XC426942（Peter Boesman）。**分布**：喜马拉雅山脉至中国南部、缅甸北部和中南半岛北部。在中国，地区性常见于西藏东南部、四川南部、云南西部和东南部以及广西。夏季高可至海拔 2550 m 而冬季下至海拔 1800 m 以下。**习性**：似其他地莺，但有时可上至离地面 6 m 高处。性好奇而多动。

842. 金冠地莺　Slaty-bellied Tesia　*Tesia olivea*　jīnguān dìyīng
9~10 cm   图版99　LC

识别：站姿甚直、似鹪鹩的小型灰色莺。尾部极短。下体青灰色，上体橄榄绿色，顶冠黄色并具鳞状斑纹，雄鸟繁殖羽顶冠金黄色，贯眼纹黑色。与灰腹地莺的区别为下体色深、无浅色眉纹且顶冠黄色。幼鸟上体橄榄褐色，下体灰色。与灰腹地莺幼鸟区别为下体偏灰色且无眉纹。上喙色深、下喙橙色而喙端黄色。**鸣声**：告警声为短而尖的管笛音，鸣叫声为似鹪鹩的 *tchiriok* 声，鸣唱声为快速的嘎嘎声，参考 XC426948（Peter Boesman）。**分布**：喜马拉雅山脉东部、缅甸、泰国北部、中南半岛北部至四川南部。在中国，地区性常见于西藏东南部、四川南部和云南西部。夏季高可至 2700 m 而冬季下至海拔 1000 m 处。**习性**：性隐蔽，常隐于近溪流的林下浓密植被中，似栗头地莺。行为有些怪异，觅食时将地面杂物抛开，并来回跳跃。沿树枝侧移，两翼举过头顶。

843. 宽尾树莺　Cetti's Warbler　*Cettia cetti*　kuānwěi shùyīng
13~14 cm   图版98　LC

识别：健壮的小型黄褐色树莺。具灰白色短眉纹，眼下半眼圈偏白色，臀部和尾下覆羽皮黄色。下体余部白色，胸侧沾灰色，具纯褐色楔形长尾。背部下方比臀部略偏棕色。雌鸟比雄鸟体型更小。与苇莺的区别为两翼短而圆、尾圆而头部拱圆。与日本树莺的区别为无棕色顶冠。跗跖粉色。**鸣声**：特征性的响亮鸣唱声，为 *chip* 音续以厚重颤音 *chuti-chuti-chuti* 或其变调再以颤鸣或嘎嘎声收尾，周而复始，参考 XC439237（Nelson Conceição），鸣叫声为尖厉爆破音 *chik*，告警声为颤音。**分布**：欧洲、北非、中东至中亚。在中国，*albiventris* 亚种为新疆西北部喀什、天山、博格达山的罕见留鸟。**习性**：栖于多灌丛山坡和沼泽地区的高草和芦苇中，为本属典型生境。多栖于低海拔地区但有时可上至海拔 2450 m 处。

844. 大树莺 **Chestnut-crowned Bush Warbler** *Cettia major*
dà shùyīng　12~13 cm　　　　　　　　　　　　　图版98　LC

识别：较小而体色艳丽的树莺。具棕色顶冠和上扬状白色长眉纹（紧靠眼前开始，眼先棕色）。上体暗橄榄褐色，耳羽具橄榄色细纹。下体偏白色，胸侧和两胁沾皮黄色。幼鸟顶冠暗褐色，胸部偏皮黄色。和日本树莺的区别为后者上体暖褐色、头顶棕色较淡、眼先皮黄色。与棕顶树莺的区别为后者体型较小、较纤细、喙更细、下体白色较少且无棕色眼先。**鸣声**：鸣唱声为一声停顿后续以三四声爆破颤音的啭鸣，参考 XC19242（Craig Robson），鸣叫声为似鹀的尖厉 *peep* 声。**分布**：喜马拉雅山脉至中国西南部，迷鸟至泰国。在中国罕见，指名亚种繁殖于西藏东南部、云南西部和西北部以及四川南部，越冬于其分布区南部。**习性**：隐于灌丛和林下植被，多见于海拔 1500 ～ 2200 m 处。

845. 棕顶树莺 **Grey-sided Bush Warbler** *Cettia brunnifrons*
zōngdǐng shùyīng　10~12 cm　　　　　　　　　　图版98　LC

识别：小型而体色艳丽的树莺。具浅棕色顶冠和明显的乳白色眉纹。下体灰白色，胸侧沾灰色，两胁和尾下覆羽沾皮黄色。似大树莺，但较纤细、喙更细、下体偏灰色、眼先为乳白色而非棕色。**鸣声**：鸣唱声为甜美而短促的持续高音 *dzit-su-ze-sizu* 续以带鼻音的 *bzeeuu-bzeeuu*，参考 XC426450（Peter Broesman），鸣叫声为金属音 *tzip*，告警声为快速的嘎嘎声。**分布**：喜马拉雅山脉至中国西部和缅甸。在中国，指名亚种繁殖于西藏南部至东南部西侧，*umbratica* 亚种繁殖于西藏东南部东侧、四川、云南西部和西北部。冬季南迁。**习性**：栖于海拔 2600 ～ 4300 m 亚高山针叶林中的浓密荆棘丛、竹丛、杜鹃丛或蕨丛。越冬于低矮丘陵地区。性羞怯隐蔽，善鸣。

846. 栗头地莺／栗头树莺 **Chestnut-headed Tesia** *Cettia castaneocoronata*
lìtóu dìyīng　8~10 cm　　　　　　　　　　　　　图版98　LC

识别：站姿甚直、体色艳丽、似鹟鹨的小型莺。尾短，头部和枕部栗色。上体绿色，下体黄色。眼后上方具一白色点斑。幼鸟上体橄榄褐色，下体橙栗色。*abadiei* 亚种上体绿色较深，枕部偏绿色。*repleyi* 亚种比指名亚种体色更浅。喙褐色而下喙基色浅。**鸣声**：响亮而尖厉的四声鸣唱 *sip, sit-it-up*，参考 XC426457（Peter Broesman），鸣叫声为刺耳单音 *tzeeet*，亦作 *chiruk, chiruck* 声杂以轻柔 *wee* 声。**分布**：喜马拉雅山脉、缅甸北部、中南半岛北部至中国西南部和中部。在中国为地区性常见鸟，指名亚种见于喜马拉雅山脉、西藏东南部、四川南部和贵州，*abadiei* 亚种可能见于云南东南部（金屏），*ripleyi* 亚种见于云南。**习性**：栖于茂密潮湿森林中近溪流的林下植被中。沿树枝或倒木侧移。具垂直迁徙习性，通常夏季见于海拔 2000 ～ 4000 m 而冬季下到海拔 2000 m 以下地区。

847. 鳞头树莺 **Asian Stubtail** *Urosphena squameiceps* líntóu shùyīng
9~11 cm　　　　　　　　　　　　　　　　　　图版98　LC

识别：尾部极短的小型树莺。具明显的深色贯眼纹和浅色眉纹。上体纯褐色，下体偏白色，两胁和臀部皮黄色。顶冠具鳞状斑。外形矮胖，两翼宽而喙尖细。与其他树莺的区别为尾短。跗跖偏粉色。**鸣声**：鸣唱声为高音的似虫鸣声 see-see-see-see-see-see-see-see-see，收尾时更为响亮，参考 XC415686（Anon Torimi），鸣叫声为低声的 chip-chip-chip。**分布**：繁殖于东北亚，越冬于东南亚。在中国甚常见，繁殖于东北（黑龙江东南部）和华北（河北、北京），迁徙途经华中、华东，越冬于东南、华南和台湾。**习性**：单独或成对活动。在繁殖区多隐于海拔 1300 m 以下的针叶林和落叶林中的地面或近地面茂密植被中，在越冬区见于海拔 2100 m 以下较开阔的多灌丛生境。

848. 淡脚树莺　Pale-footed Bush Warbler　*Hemitesia pallidipes*
dànjiǎo shùyīng　11~13 cm　　　　　　　　　　图版98　LC

识别：较小的橄榄褐色树莺。上体无棕色，眉纹皮黄色，下体白色，两胁和臀部浅皮黄色。跗跖浅肉色，尾部呈方形。在野外易与褐柳莺混淆，区别为眉纹和两胁不沾棕色。与鳞头树莺的区别为尾部较长且冠羽无深色边缘。**鸣声**：一连串尖而高的啾啾声，参考 XC379637（Guy Kirwan）。**分布**：喜马拉雅山脉、缅甸、中国南部和中南半岛。在中国，地区性常见于海拔 1500 m 以下，指名亚种为云南西部留鸟，*laurentei* 亚种为云南东南部和广西的留鸟，迷鸟至广东（珠海）和香港。**习性**：性羞怯，多隐于林下植被和次生灌丛中，常下至地面觅食。

▌长尾山雀科　Aegithalidae　长尾山雀　（2 属 8 种）

小巧而敏捷的鸣禽，具小而尖的锥形喙，尾长（部分种类甚长）。性活泼，觅食昆虫和种子，通常集小群。于树上营袋状悬巢。

849. 北长尾山雀　Long-tailed Tit　*Aegithalos caudatus*　běi chángwěishānquè
13~16 cm　　　　　　　　　　　　　　　　　图版100　LC

识别：美丽而体羽蓬松的小型山雀。具细小的黑色喙和极长的黑色尾部，尾部边缘白色。各亚种间存在差异。中国东北地区的指名亚种体羽近乎全白，但幼鸟头侧为黑色。虹膜深褐色，眼周裸露皮肤偏红色。**鸣声**：鸣唱声为尖细的金属颤音 seehwiwiwiwi，参考 XC434645（Anon Torimi），亦作干涩的鸣叫声和高音的 seeh-seeh-seeh，后者多在飞行时用于召唤。**分布**：不同亚种见于整个欧洲和温带亚洲地区。在中国，常见于东北和新疆的开阔林地和林缘。**习性**：性活泼，集小群在树冠层和低矮树丛中觅食昆虫和种子。夜栖时挤成一排。

850. 银喉长尾山雀　Silver-throated Bushtit　*Aegithalos glaucogularis*
yínhóu chángwěishānquè　13~16 cm　　　　　　图版100　LC

识别：体羽蓬松的小型山雀。具细小的黑色喙和极长的黑色尾部，尾部边缘白色。曾被视作北长尾山雀的亚种（但其原中文名则为本种），区别为具宽阔黑色眉纹、褐色和黑色翼斑、下体沾粉色。华东地区的 *vinaceus* 亚种似指名亚种但体羽色浅、胸部常具棕色细纹形成的领环、尾部更长。**鸣声**：高音的 *see-see-see* 和其他似北长尾山雀的鸣叫声，参考 XC113105（Frank Lambert）。**分布**：中国特有种。指名亚种常见于华中至华东的长江流域地区，包括陕西南部、四川局部、湖北、河南东部至江苏和浙江北部；*vinaceus* 亚种见于西南、华中和东北局部地区，包括青海东部、甘肃中部、内蒙古中东部和东南部、辽宁南部、河北北部、山东、四川的中部和西南部以及云南西北部。**习性**：同北长尾山雀。

851. 红头长尾山雀　Black-throated Bushtit　*Aegithalos concinnus*
hóngtóu chángwěishānquè　9~12 cm　　　　　　　图版100　LC

识别：活泼而优雅的小型山雀。顶冠和枕部棕色，具宽阔的黑色贯眼纹，颏、喉部白色并具黑色圆形围兜。下体白色并具不同程度的栗色。*talifuensis* 亚种和指名亚种胸部下方和腹部白色，胸带和两胁浓栗色，前一亚种体色略深。*iredalei* 亚种顶冠和枕部橙红色，具明显白色眉纹、宽阔黑色贯眼纹和狭窄黑色领环，颈侧和脸颊白色。上体蓝灰色，下体皮黄白色，胸部和两胁沾黄褐色，尾部偏黑色而边缘白色，外侧三对尾羽端部白色。虹膜黄色，喙黑色，跗跖橙色。**鸣声**：似银喉长尾山雀。召唤声为尖细的 *psip, psip*，亦发出低音颤鸣 *trrt, trrt*、嘶嘶声 *si-si-si-si-li-u* 和高音啭鸣，参考 XC42613（David Farrow）。**分布**：喜马拉雅山脉、缅甸、中南半岛、中国南部。在中国，常见于海拔 1000 ~ 3200 m 的开阔林地、松林和阔叶林中，*iredalei* 亚种见于西藏南部，*talifuensis* 亚种见于西南，指名亚种见于华中、华南、东南和台湾。**习性**：性活泼，集大群，常与其他鸟类混群。**分类学订正**：*iredalei* 亚种有时被视作一个独立种 *A. iredalei*（橙头长尾山雀）。

852. 棕额长尾山雀　Rufous-fronted Bushtit　*Aegithalos iouschistos*
zōng'é chángwěishānquè　10~11 cm　　　　　　　图版100　LC

识别：纤细的山雀。头侧黑色，顶冠纹、髭纹、耳羽和颈侧均为棕褐色，背部、两翼和尾部全灰色。下体黄棕色，围兜银灰色并略具黑色纵纹，边缘呈黑色倒 "V" 字形。幼鸟体色浅，无明显围兜。虹膜黄色，喙黑色，跗跖褐色。**鸣声**：似银喉长尾山雀。鸣叫声为重复的 *see-see-see-see* 和 *trrup* 声，参考 XC426364（Peter Boesman），告警声为尖厉 *zeet, zeet* 或颤音 *trr-trr-trr*。**分布**：喜马拉雅山脉东部和缅甸。在中国，指名亚种常见于西藏南部和东南部海拔 3500 m 以下的山地阔叶林和针叶林中。**习性**：集群觅食于小树和林下灌木中。

853. 黑眉长尾山雀　Black-browed Bushtit　*Aegithalos bonvaloti*
hēiméi chángwěishānquè　10~11 cm　　　　　　　图版100　LC

识别：纤细的山雀。似棕额长尾山雀但体色较浅、额部和围兜边缘白色、胸部下方和腹部白色。*obscuratus* 亚种比指名亚种体色更暗更深且偏褐色。虹膜黄色，喙黑色，跗跖褐色。**鸣声**：似银喉长尾山雀，参考 XC111169（Frank Lambert）。**分布**：青藏高原东南部、中国西南部和缅甸东北部。在中国为西南地区、西藏东南部（指名亚种）和四川中北部（*obscuratus* 亚种）常见留鸟。**习性**：似棕额长尾山雀。

854. 银脸长尾山雀　**Sooty Bushtit**　*Aegithalos fuliginosus*
yínliǎn chángwěishānquè　10~12 cm　　　　　　　　图版100　LC

识别：小型山雀。具偏褐色的头顶和上体，以及银色的颊斑。灰色喉部与白色上胸之间具灰褐色领环，两胁棕色，下体余部白色。尾部褐色而边缘白色。幼鸟体色浅，额部和顶冠纹白色。虹膜黄色，喙黑色，跗跖偏粉色至偏黑色。**鸣声**：本属典型叫声，包括尖细的 *sit* 声、银铃般的 *si-si-si, si-si* 高音、啭音 *sirrrup* 和生硬的 *chrrrr* 声，参考 XC265932（Mike Nelson）。**分布**：中国中西部特有种。局部常见于海拔 1000 ~ 2600 m 地区。**习性**：集群栖于落叶阔叶林和多荆棘的栎树林中的灌丛和竹林。

855. 花彩雀莺　**White-browed Tit Warbler**　*Leptopoecile sophiae*
huācǎi quèyīng　9~12 cm　　　　　　　　图版100　LC

识别：体羽蓬松的小型偏紫色雀莺。顶冠棕色，眉纹白色。雄鸟胸部和腰部紫色，尾部蓝色，眼罩黑色。雌鸟体色较浅，上体黄绿色，腰部蓝色较少，下体偏白色。与凤头雀莺的区别为眉纹白色、无羽冠、顶冠棕色、外侧尾羽具白边。*obscura* 亚种比指名亚种体色深，下体全紫色，腰部蓝色而非紫色。*major* 亚种体色较浅，腹部蓝粉色上延至胸部。*stoliczkae* 亚种体色最浅，下体皮黄色上延至喉基部。虹膜红色，喙黑色。**鸣声**：鸣唱声甜美而嘹亮，参考 XC183047（Frank Lambert），鸣叫声包括颤音 *sirrrr*、哀婉的 *psrit*、淙淙声和吱吱声等。**分布**：中亚、喜马拉雅山脉、中国西部。在中国为罕见留鸟，指名亚种见于新疆西部和南部、甘肃北部和青海，*major* 亚种见于新疆西部和青海西部，*stoliczkae* 亚种见于塔里木盆地山区、阿尔金山、柴达木盆地周围以及西藏西部的狮泉河，*obscura* 亚种见于西藏东部和南部至甘肃南部、四川和青海东部。**习性**：夏季栖于林线以上至海拔 4600 m 地区的矮小灌丛中，冬季下至海拔 2000 m 处。非繁殖期集群生活。飞行弱，常下至地面。活泼好动，觅食昆虫和浆果。

856. 凤头雀莺　**Crested Tit Warbler**　*Leptopoecile elegans*　fèngtóu quèyīng
9~10 cm　　　　　　　　图版100　LC

识别：体羽蓬松、具凤头的小型紫色和棕黄色雀莺。雄鸟繁殖羽具紫灰色顶冠，额部和羽冠白色，尾部全蓝色。雌鸟喉部和上胸白色渐变为臀部淡紫色，耳羽灰色，顶冠灰色，冠羽偏白色，枕部和翕部偏粉色，顶冠和枕部之间具一道黑线。与花彩雀莺的区别为具明显凤头、尾部无白色、顶冠灰色。虹膜红色，喙黑色。**鸣声**：轻柔的吱吱声、哀婉的降调 *pseee* 声、较轻柔的 *dep* 声和似鹪鹩的尖叫声，参考 XC150122（Yong Ding Li）。**分布**：中国特有种。指名亚种为青海东北部、甘肃、四川北部和西部、西藏东部、云南西北部和内蒙古西部不常见留鸟，*meissneri* 亚种见于西藏东南部。**习性**：夏季栖于海拔 4300 m 以下的冷杉林和林线以上的灌丛中，冬季下至海拔 2800 ~ 3900 m 的亚高山林区。集小群并常与其他鸟类混群。

柳莺科 Phylloscopidae 柳莺 （1属51种）

一大科小型偏绿色莺类。中国境内分布的种类繁多，形态相似而难辨。最好的识别方法为通过鸣声鉴别。

857. 林柳莺 Wood Warbler *Phylloscopus sibilatrix* lín liǔyīng
11~13 cm
图版101 LC

识别：较大而独特的柳莺。两翼长，上体偏绿色，眉纹、颏部和胸部柠檬黄色。翼斑黄绿色。三级飞羽羽缘浅黄色。具狭窄的深色贯眼纹和黄色眼圈。尾平或略分叉。胸部黄色，腹部丝白色。第一冬鸟上体比成鸟略暗且喉部黄色较少。跗跖浅黄色。**鸣声**：鸣叫声为流水般的 *tiuh* 声和轻柔的 *wit-wit-wit* 声，鸣唱声为一连串清脆的 *zip* 声加速为金属颤音，参考 XC438410（Jack Bertau）。**分布**：繁殖于欧洲、乌拉尔山脉、高加索山脉，越冬于赤道非洲。在中国偶见，记录于西藏南部和新疆，可能为阿尔泰山脉地区夏候鸟。**习性**：栖于成熟森林，常在树冠层活动，并呈典型的下蹲状。

858. 橙斑翅柳莺 Buff-barred Warbler *Phylloscopus pulcher*
chéngbānchì liǔyīng 10~12 cm
图版101 LC

识别：小型柳莺。背部橄榄褐色，顶冠纹色浅。具两道栗褐色翼斑，外侧尾羽内翈白色。腰部浅黄色，下体污黄色，皮黄色眉纹不甚明显。*vegetus* 亚种比指名亚种体色偏灰色。**鸣声**：鸣唱声为细声 *zip* 续以快速高颤音，参考 XC426784（Peter Boesman），鸣叫声为尖厉的 *tsit tsit*。**分布**：喜马拉雅山脉、缅甸、泰国北部、中国中部至西南部。繁殖于其分布区北部以及高海拔山区，冬季南迁并下至较低海拔处。在中国，为喜马拉雅山脉、青藏高原（*vegetus* 亚种）和华中地区（指名亚种）海拔2000～4000 m针叶林和杜鹃林中最常见鸟之一。**习性**：活泼的林栖型柳莺，有时加入混合鸟群。迁徙过境时可见数百只的大群。

859. 灰喉柳莺 Ashy-throated Warbler *Phylloscopus maculipennis*
huīhóu liǔyīng 9~10 cm
图版101 LC

识别：小型柳莺。背部绿色，具两道偏黄色翼斑，腰部浅黄色，脸、喉和上胸灰白色，下胸至尾下覆羽黄色，具长而宽的黄白色眉纹。头侧纹和贯眼纹深灰绿色，具宽阔的灰色顶冠纹并延至灰色翕部。黑色喙纤细。与橙斑翅柳莺的区别为体型较小且下体黄色。与黄腰柳莺和云南柳莺的区别为喉部浅灰色、顶冠纹灰色而非黄色。**鸣声**：鸣唱声为尖细而甜美的单调哨音 *wee-ty wee-ty wee-ty*，参考 XC426774（Peter Boesman），鸣叫声为似黄腰柳莺的重复尖厉 *zit* 声。**分布**：克什米尔至中国西南部、缅甸和中南半岛。在中国为不常见的候鸟和垂直迁徙留鸟，指名亚种繁殖于四川南部和西部、云南，越冬于其分布区南部和更低海拔处。**习性**：栖于海拔2100～3400 m林下具杜鹃丛的栎树、针叶混交林中。

860. 淡眉柳莺 **Hume's Warbler** *Phylloscopus humei* dànméi liǔyīng
10~11 cm

图版101　LC

识别: 小型柳莺。上体橄榄灰色,具两道翼斑,腰部无浅色,尾上无白色,具浅色长眉纹、深色贯眼纹和暗灰色顶冠纹。极似黄眉柳莺但体色较暗并偏灰色、上方翼斑模糊、三级飞羽羽缘少白色且翼覆羽色浅。**鸣声:** 鸣叫声为短促而甜美的 *wesoo* 声、似麻雀的吱吱声或上扬的 *pwis* 声,鸣唱声为活泼、重复的 *wesoo* 鸣叫声续以降调的带鼻音喘息声 *zweeeeee*,参考 XC414416(Frank Lambert)。*mandellii* 亚种少喘息声。**分布:** 繁殖于中亚、中国西北部至中部,越冬于印度、中国南部和东南亚。在中国为较常见的候鸟,指名亚种繁殖于内蒙古西部和新疆而越冬于西藏南部,*mandellii* 亚种繁殖于云南西北部、四川、青海、甘肃、宁夏、陕西南部和山西东南部,越冬于西藏东南部。**习性:** 活泼的林栖型柳莺,活动于树冠层,栖于海拔 300 ~ 4000 m 的落叶松和松林中。性羞怯。常加入混合鸟群。

861. 黄眉柳莺 **Yellow-browed Warbler** *Phylloscopus inornatus*
huángméi liǔyīng　10~11 cm

图版101　LC

识别: 较小的亮橄榄绿色柳莺。通常具两道偏白色翼斑、纯白或乳白色眉纹和不明显的顶冠纹。下体白色至黄绿色。与极北柳莺的区别为上体较鲜亮、翼斑较明显且三级飞羽羽端白色。与分布区不重叠的淡眉柳莺区别为上体较鲜亮且偏绿色。与黄腰柳莺和云南柳莺的区别为腰部色暗且无浅色顶冠纹。与暗绿柳莺的区别为体型较小且下喙色深。**鸣声:** 甚嘈杂。不断发出响亮而上扬的 *swe-eeet* 鸣叫声,鸣唱声则为一连串降调的低弱叫声,参考 XC431702(Albert Lastukhin),亦发出先降后升的双音节 *tsioo-eee* 声。**分布:** 繁殖于亚洲北部,越冬于印度、东南亚和马来半岛。在中国一般常见于除西北外的大部地区林地中,指名亚种繁殖于东北,迁徙途经中国大部地区至西南、华南、东南、海南、台湾和西藏南部。**习性:** 性活泼,常集群且与其他小型食虫鸟类混群,栖于树冠中上层。

862. 云南柳莺 **Chinese Leaf Warbler** *Phylloscopus yunnanensis*
yúnnán liǔyīng　9~10 cm

图版101　LC

识别: 较小的偏绿色柳莺。腰部柠檬黄色,具白色长眉纹、灰色顶冠纹和两道白色翼斑(第二道极浅),三级飞羽羽缘和羽端色浅。极似淡黄腰柳莺,区别为体型更大而更长、头部略大但不圆、顶冠两侧色浅且顶冠纹较模糊(有时仅为头部后方一浅色点)、大覆羽中央色较浅、下喙色较浅且耳羽上无浅色点斑。**鸣声:** 鸣唱声为单调干涩的 *tsiridi-tsiridi-tsiridi-tsiridi-tsiridi...*,持续超过一分钟,参考 XC69118(Frank Lambert),似山鹪莺而与其他柳莺不同,且常于树顶鸣唱。鸣叫声为一连串不规则的响亮清晰似责骂的 *tueet-tueet-tueet tueet tueet tueet* 哨音,亦在巢中发出轻柔的 *trr* 声。**分布:** 繁殖于中国中部和东部,越冬于泰国西北部、老挝北部和缅甸中部。在中国似乎较为广布,繁殖于青海东部、四川至东北。许多黄腰柳莺和淡黄腰柳莺的记录可能为本种。在华南地区为留鸟,且因北方种群南迁而在冬季数量有所增加。**习性:** 典型的柳莺。栖于海拔 2600 m 以下的落叶次生林。

863. 淡黄腰柳莺　Lemon-rumped Warbler　*Phylloscopus chloronotus*
dànhuángyāo liǔyīng　10~11 cm　　　　　　　图版101　LC

识别：较小的偏绿色柳莺。具白色长眉纹和灰色顶冠纹，腰部色浅，具两道偏黄色翼斑，三级飞羽羽端白色。有时耳羽上具浅色点斑。与黄腰柳莺的区别为上体为偏灰色的橄榄绿色、头部黄色斑纹不甚明显，眼前黄色眉纹少、下体偏灰色而少白色。与云南柳莺的区别为顶冠纹不甚明显。**鸣声**：鸣唱声为拖长而尖细的叫声续以一连串快速的同音调*tsirrrrrrrrrrr-tsi-tsi-tsi-tsi-tsi-tsi-tsi*声，每数秒重复一次，参考XC407468(Rolf A. de By)，与黄腰柳莺区别明显。**分布**：繁殖于喜马拉雅山脉至中国中部，越冬于东南亚北部。在中国为常见候鸟，繁殖于青海、甘肃、四川、西藏东部和南部以及云南西北部，越冬于云南。**习性**：繁殖于有云杉和刺柏的松柏林上层。

864. 四川柳莺　Sichuan Leaf Warbler　*Phylloscopus forresti*　sìchuān liǔyīng
9~10 cm　　　　　　　　　　　　　　　　　　图版101　LC

识别：敦实的小型偏绿色柳莺。具两道黄色翼斑和浅色腰部。成鸟具宽阔浅皮黄色或偏白色顶冠纹以及沾深橄榄色的灰褐色侧冠纹。极似黄腰柳莺但体色更暗、上体少褐色、腰部偏硫黄色、贯眼纹眼先不明显且下喙黑色。**鸣声**：鸣唱声为快速颤音续以数声叽喳叫声，参考XC111060(Frank Lambert)，鸣叫声为不变的*tsuist*声。**分布**：中国特有种，繁殖于陕西南部、甘肃南部、西藏东南部、青海东南部、云南和四川。**习性**：栖于海拔2700～3400 m 的针叶林中。

865. 甘肃柳莺　Gansu Leaf Warbler　*Phylloscopus kansuensis*　gānsù liǔyīng
9~10 cm　　　　　　　　　　　　　　　　　　图版101　LC

识别：较小的偏绿色柳莺。腰部色浅，隐约可见第二道翼斑，具黄白色粗眉纹和灰色顶冠纹，三级飞羽羽缘色浅。与淡黄腰柳莺的区别为顶冠纹色暗、翼斑偏黄色、腰部偏灰色、三级飞羽羽端浅色不甚明显，但最好通过鸣声来区分。上喙色深而下喙色浅。**鸣声**：鸣唱声为尖细而略粗哑的*tsrip*颤音续以一连串微略加速的*tsip*声并以一个持续1至2秒的清晰颤音收尾，参考XC491429（Peter Boesman），似峨眉柳莺而与黄腰柳莺区别明显。**分布**：中国特有种。繁殖于西北地区，越冬于西南地区。繁殖于甘肃西南部和青海东南部，可能越冬于云南。常被忽视。**习性**：同其他柳莺。繁殖于有云杉和刺柏的落叶林。

866. 黄腰柳莺　Pallas's Leaf Warbler　*Phylloscopus proregulus*
huángyāo liǔyīng　9~10 cm　　　　　　　　　图版101　LC

识别：小型柳莺。背部绿色，腰部柠檬黄色，具两道浅色翼斑，下体灰白色，臀部和尾下覆羽沾浅黄色，具黄色的粗眉纹和狭窄顶冠纹。深色贯眼纹在眼后变宽形成黑色三角形。新羽眼先为橙色。旧羽更浅且偏灰色。喙纤细小。与淡黄腰柳莺的区别为上体绿色更鲜亮而下体偏黄色。与橙斑翅柳莺和灰喉柳莺的区别为顶冠纹黄色。与云南柳莺的区别详见后者对应词条。**鸣声**：鸣唱声洪亮有力，为清晰多变的*choo-choo-chee-chee-chee*等叫声，重复4至5次，间杂颤音和嘎嘎声，参考XC393064(Frederik

Fluyt），鸣叫声则包括轻柔的 *psit* 鼻音或 *weesp* 声，不如黄眉柳莺般刺耳。**分布**：繁殖于亚洲北部，越冬于印度、中国南部和中南半岛北部。在中国为常见候鸟，指名亚种繁殖于东北地区，迁徙途经华东，越冬于华南和海南的低海拔地区。**习性**：栖于亚高山森林，夏季可至海拔 4200 m 林线处，越冬于低海拔林地和灌丛。

---

867. 棕眉柳莺 **Yellow-streaked Warbler** *Phylloscopus armandii*
zōngméi liǔyīng   12~14 cm
图版102   LC

识别：较大而敦实的纯橄榄褐色柳莺。尾部略分叉，喙短而尖。上体橄榄褐色，飞羽、翼覆羽和尾羽的羽缘均为橄榄色。尾部无白色，无翼斑，无顶冠纹。具白色长眉纹和皮黄色眼先。脸侧具深色杂斑，暗的眼先和贯眼纹与乳白色的眼圈形成对比。下体污黄白色，胸侧和两胁沾橄榄色。喉部黄色纵纹常隐约延至胸部和腹部。尾下覆羽黄褐色。与巨嘴柳莺的区别为无胸带、喙更尖、下体偏白色且习性有所不同。与烟柳莺的区别为体羽色浅而鲜亮。与棕腹柳莺的区别为体型较大、喙和跗跖色淡。与灰柳莺的区别为眉纹前端色黄色而非橙色。与黄腹柳莺的区别为上体无绿色。**鸣声**：鸣叫声独特，为似鹀的重复尖厉 *zic* 声，鸣唱声似巨嘴柳莺但更弱，参考 XC408068（Sid Francis）。**分布**：繁殖于中国北部和中部、缅甸北部，越冬于中国南部、缅甸南部和中南半岛北部，偶见于香港。在中国为不常见候鸟，指名亚种繁殖于辽宁、华北、华中至四川北部、青海东部和西藏东部，山东亦有繁殖记录；*perplexus* 亚种分布更靠南，繁殖于西藏东南部、云南、四川东南部、重庆、宁夏和湖北，越冬于华南地区。**习性**：常光顾亚高山山坡云杉林中的柳树和杨树林。觅食于低矮灌丛下的地面。

---

868. 巨嘴柳莺 **Radde's Warbler** *Phylloscopus schwarzi*   jùzuǐ liǔyīng
12~14 cm
图版102   LC

识别：较大的纯橄榄褐色柳莺。尾部较大而略分叉，喙厚似山雀。具长眉纹，其前端为皮黄色而眼后部分乳白色。贯眼纹深褐色，脸侧和耳羽散布深色斑点。下体污白色，胸部和两胁沾皮黄色，尾下覆羽黄褐色。背部略拱。与烟柳莺的区别为体型更大而粗壮、眉纹长而宽且偏橄榄色。与棕眉柳莺的区别为喉部无纵纹。**鸣声**：鸣叫声为结巴的 *check...check* 声，鸣唱声似鹀，为短促的悦耳低音并以颤音收尾，似 *tyeee-tyeee-tyee-tyee-ee-ee*，参考 XC340418（Tom Wulf）。**分布**：繁殖于东北亚，越冬于中国南部、缅甸和中南半岛。在中国为较常见候鸟，繁殖于东北地区大、小兴安岭，迁徙途经华东和华中，并为华南和海南地区不常见冬候鸟。**习性**：性隐蔽，于地面觅食时显得笨拙而沉重。常摆动尾部和两翼。

---

869. 灰柳莺 **Sulphur-bellied Warbler** *Phylloscopus griseolus*   huī liǔyīng
11~12 cm
图版102   LC

识别：中型冷褐色柳莺。下体硫黄色，上胸、胸侧和两胁沾灰褐色。尾部无白色，无翼斑，无顶冠纹。额部偏白色，长而色浅的眉纹上方色深，贯眼纹色较深。与棕腹柳莺的区别为体色较冷而少橄榄色、眉纹前端橙黄色而后端黄色。与烟柳莺的区别为体羽色浅而鲜亮。与棕眉柳莺的区别为体色较冷且喉部无黄色纵纹。喙偏粉色而喙端色深。**鸣声**：鸣唱声为持续约一秒的 4 到 5 个音调相同的快速 *tsi-tsi-tsi-tsi-tsi* 声，参考

XC42644〔David Farrow〕，有时由一清脆装饰音引出。鸣叫声则为轻柔而独特的水滴般 *quip* 声。**分布**：繁殖于南亚和中国西部山区，越冬于印度。在中国为罕见夏候鸟，见于新疆、青海北部和内蒙古中部。**习性**：在树枝上侧移，似旋木雀。穿行于灌丛中，似岩鹨。常光顾多砾石的山麓地带。

870, 871. 黄腹/华西柳莺　Tickell's /Alpine Leaf Warbler

Phylloscopus affinis/occisinensis　huángfù / huáxī liǔyīng　10~11 cm　图版102　LC

识别：较小而体型紧凑的橄榄绿色柳莺。体色浅而艳丽，两翼较长，尾圆但略分叉。具长而粗的黄色眉纹，有时后端偏白色。宽阔的贯眼纹偏黑色并延至眼先，耳羽暗黄色，无翼斑。下体黄色，胸侧沾皮黄色，两胁沾橄榄色，臀部偏白色。外侧三枚尾羽羽端和内侧为白色。旧羽偏灰色而少黄色。因黄腹柳莺和华西柳莺在野外无法区别，后者曾被视作前者的一个亚种（即 *P. a. occisinensis*）。与棕腹柳莺易混淆，区别为喙较长、偏黄色的下喙端部无深色、眉纹更明显、耳羽偏黄色、腹部色浅且偏黄色。与灰柳莺的区别为体型更小、体羽偏橄榄色、眉纹较鲜亮且下体色浅。与棕眉柳莺的区别为无喉部纵纹。**鸣声**：鸣唱声为快速的一连串轻柔音节 *chip chi-chi-chi-chi-chi-chi*，有时由一装饰音引出，参考 XC42646〔David Farrow〕和 XC491438〔Peter Boesman，*P. a. occisinensis*〕，鸣叫声为尖厉的 *chep* 声，告警声为快速重复的 *tak-tak*。**分布**：繁殖于巴基斯坦北部、喜马拉雅山脉至中国中部，越冬于印度、孟加拉国、缅甸北部和中国西南部。在中国，黄腹柳莺地区性常见于西藏西部、南部的高山灌丛和多岩山谷中，华西柳莺繁殖于华中、西南及西北大部海拔 2700 ~ 5000 m 地区，越冬于西藏东南部、云南西部、贵州和广州的灌丛及竹林中。**习性**：隐于低矮植被中，忽动忽停。冬季集小群，并更多见于树冠层。

872. 烟柳莺　Smoky Warbler　*Phylloscopus fuligiventer*　yān liǔyīng
10~11 cm　　　　　　　　　　　　　　　　　图版102　LC

识别：中型暗褐色柳莺。极似褐柳莺，但上体烟褐色较深、下体沾黄绿色、眉纹偏黄色。*tibetanus* 亚种上体色较深，下体黄色较少，眉纹偏灰色。旧羽下体偏灰色。与黄腹柳莺的区别为下体黄色不如其明艳且眉纹较短。与棕腹柳莺的区别为后者体色不如其深且下体偏皮黄色而非黄绿色。与灰柳莺的区别为后者上体为浅灰褐色、腰部略沾橄榄色且眉纹前端略沾橙色。**鸣声**：鸣唱声为重复的单音 *tsli-tsli-tsli...* 或双音 *tslui-tslui...*，参考 XC332188〔Yann Muzika〕，鸣叫声为尖厉的 *tzik* 或轻柔的 *stup*，亦作比褐柳莺的 *chett* 声略尖厉的 *chek* 声。**分布**：繁殖于喜马拉雅山脉，越冬于印度北部平原。在中国罕见，繁殖于林线以上海拔 3500 ~ 4500 m 的多岩高山草甸和灌丛中，*fuligiventer* 亚种见于喜马拉雅山脉地区，*weigoldi* 亚种见于西藏东部和南部、青海东部、云南和四川西北部，*tibetanus* 亚种见于西藏东南部扎日至怒江。**习性**：性隐蔽，站姿水平，常往上翘尾并摆动两翼和尾部。有时到开阔地尤其是溪流边觅食。**分类学订正：** *weigoldi* 亚种有时被视作褐柳莺（*P. fuscatus*）的一个亚种。

873. 褐柳莺 **Dusky Warbler** *Phylloscopus fuscatus* hè liǔyīng
11~12 cm

图版102　LC

识别：中型暗褐色柳莺。外形甚紧凑而浑圆，两翼短而圆，尾圆但略分叉。下体乳白色，胸部和两胁沾黄褐色。上体灰褐色，飞羽边缘橄榄绿色。喙细小，跗跖细长。指名亚种眉纹沾栗褐色，脸颊无皮黄色，上体深褐色。与巨嘴柳莺易混淆，区别为喙纤细且色深、跗跖较细、眉纹较窄而短（指名亚种眉纹后端棕色）、眼先上方的眉纹具深褐色边缘且眉纹将眼和喙隔开、腰部无橄榄绿色。**鸣声**：鸣唱声为一连串响亮单调的清晰哨音，有时带颤音，参考 XC376502（Lars Edenius），似巨嘴柳莺但更慢。鸣叫声为叩击石头般的尖厉 *chett...chett* 声。**分布**：繁殖于亚洲北部、西伯利亚、蒙古国北部、中国北部和东部，越冬于中国南部、东南亚和南亚次大陆北部。在中国，指名亚种繁殖于北方大部地区，越冬于华南、海南和台湾；体型更大的 *robustus* 亚种繁殖于青海南部、内蒙古中部和西部以及四川西北部，越冬于云南和西藏东南部。两亚种均常见，迁徙季节尤为如此。**习性**：隐于海拔 4000 m 以下的溪流两岸、沼泽周围和森林中潮湿灌丛的浓密低矮植被下。常往上翘尾并摆动两翼和尾部。

874. 棕腹柳莺 **Buff-throated Warbler** *Phylloscopus subaffinis*
zōngfù liǔyīng　10~11 cm

图版102　LC

识别：较小的橄榄绿色柳莺。具暗黄色眉纹，无翼斑。外侧三枚尾羽具狭窄白色羽端和羽缘，但在野外难见。极似黄腹柳莺，区别为耳羽较暗、喙略短、偏黄色的下喙端部深色、眉纹（尤其眼先部分）不明显且其上方无狭窄的深色条纹、两翼也更短。与灰柳莺的区别为体羽更绿、眉纹色浅而少橙色。与棕眉柳莺的区别为无喉部纵纹。与烟柳莺的区别为上体偏绿色而下体绿色较少。**鸣声**：鸣唱声似黄腹柳莺但更为轻慢而细弱，为四到五个音节的 *tuee-tuee-tuee-tuee-tuee* 声，参考 XC187023（Frank Lambert），鸣叫声为轻柔而似蟋蟀的 *chrrup* 或 *chrrip* 声。**分布**：繁殖于中国中部和东部，越冬于中国南部、缅甸北部和中南半岛北部的亚热带地区。在中国，为华中、华南和华东地区不甚常见的夏候鸟，越冬于华南沿海和西南地区。**习性**：垂直迁徙，夏季可至海拔 3600 m 的山区森林和灌丛，越冬于丘陵和低海拔地区。隐于浓密林下植被中，夏季成对，冬季集小群。受惊时两翼下垂并抖动。

875. 欧柳莺 **Willow Warbler** *Phylloscopus trochilus* ōu liǔyīng
11~13 cm

图版102　LC

识别：修长的中型偏绿色柳莺。具偏白色眉纹，无顶冠纹。初级飞羽长，喙细长。无翼斑。头部和上体灰褐色，两翼和尾部褐色，下体灰白色并沾黄色。幼鸟体羽偏黄色。似叽喳柳莺，区别为眉纹更长、跗跖通常色浅、初级飞羽更长。**鸣声**：鸣叫声为上扬的 *tchurip* 单音，参考 XC424657（Marcin Solowiej）。**分布**：繁殖于古北界北部，越冬于非洲。在中国为新疆北部、青海北部和内蒙古北部迷鸟，可能为 *yakutensis* 亚种。**习性**：海拔 2000 m 以下开阔林地和灌丛中的树栖性柳莺。

876. 东方叽喳柳莺 / 中亚叽喳柳莺　Mountain Chiffchaff　*Phylloscopus sindianus*
dōngfāng jīzhāliǔyīng　10~12 cm　　　　　　　　　　　图版102　LC

识别：较小而体型紧凑的灰褐色柳莺。具黑色贯眼纹和白色眉纹，无顶冠纹和翼斑。耳羽具清晰外缘，眼圈偏白色，尾部分叉。极似叽喳柳莺 *tristis* 亚种，但体羽尤其是腰部、尾上覆羽以及飞羽和尾羽的羽缘无明显橄榄绿色，脸部斑纹较重，贯眼纹色深并具更宽更长的白色眉纹。嘴须比叽喳柳莺更长更硬，头部略小，喙亦更纤细。下体偏白色，两胁和胸部沾皮黄色。与叽喳柳莺蚀羽易混淆，但鸣声不同。喙偏黑色而下喙基褐色。**鸣声**：鸣唱声为哀婉的双音节 *huit* 或 *hweet*，比叽喳柳莺音调更高且上升更快，参考 XC386898（machyjakub），亦作响亮的双音节 *tiss-yip*。**分布**：高加索山脉、土耳其东北部至伊朗西北部、帕米尔高原、喜马拉雅山脉西北部和中国西部。在中国，指名亚种为新疆天山、昆仑山脉至阿尔金山以及西藏极西部的不常见留鸟。**习性**：栖于海拔 2500 ~ 4400 m 的柳林、杨树林、杜鹃林和其他灌丛中，冬季下移到更低海拔处。

877. 叽喳柳莺　Common Chiffchaff　*Phylloscopus collybita*　jīzhā liǔyīng
10~11 cm　　　　　　　　　　　　　　　　图版102　LC

识别：较小的绿褐色柳莺。具黑色贯眼纹和皮黄色眉纹，无顶冠纹。腕部淡黄色。*tristis* 亚种比其他亚种偏灰白色。与东方叽喳柳莺易混淆，区别为腰部、尾上覆羽以及飞羽和尾羽的羽缘沾橄榄色，眼圈皮黄色而非白色。下体乳白色，两胁暖皮黄色，有时大覆羽浅色羽端形成模糊翼斑，与暗绿柳莺旧羽易混淆，但无后者的黄色明显弓形眉纹，且喙较小。与褐柳莺的区别为两翼较长、尾部分叉、喙和跗跖黑色，且无后者的摆尾习性以及生硬的 *chett* 鸣叫声。与靴篱莺的区别为体型较小、喙和跗跖色深且外侧尾羽羽端无白色。**鸣声**：在中国分布的 *tristis* 亚种鸣唱声比欧洲的指名亚种更快更哀婉，为 *chi-vit, chi-vit, chi-vit* 或 *weechoo, weechoo, cheweechoo* 而成一连串悦耳铃声，参考 XC486703（Stanislas Wroza），鸣叫声为独特而似红腹灰雀的清细 *peep* 或 *heep* 声。**分布**：繁殖于欧亚大陆，越冬于地中海、北非至印度。在中国，*tristis* 亚种不常见于新疆西北部的阿尔泰山和天山，迷鸟记录于广东北部和香港。**习性**：典型的小型柳莺。**分类学订正**：*tristis* 亚种有时被视作一个独立种 *P. tristis*（西伯利亚叽喳柳莺）。

878. 冕柳莺　Eastern Crowned Warbler　*Phylloscopus coronatus*
miǎn liǔyīng　11~12 cm　　　　　　　　　　　图版103　LC

识别：中型橄榄黄色柳莺。具偏白色的眉纹和顶冠纹。飞羽具黄色羽缘，仅有一道黄白色翼斑，下体偏白色，与柠檬黄色臀部形成对比，眼先和贯眼纹偏黑色。与西南冠纹柳莺的区别为仅具一道翼斑、喙较大、顶冠纹和眉纹更偏黄色。**鸣声**：鸣叫声为轻柔的 *phit phit*，鸣唱声为多变而刺耳的 *pichi pichu seu sweu* 声，尾音最高，参考 XC410825（Anon Torimi）。**分布**：繁殖于东北亚，越冬于中国、东南亚、苏门答腊岛和爪哇岛。在中国，指名亚种繁殖于东北和华中，迁徙时记录于华东、华南和台湾。**习性**：喜光顾红树林、森林和林缘，不同海拔高度均可见。加入混合鸟群，通常出现于较大树木的树冠层。

879. 饭岛柳莺 / 日本冕柳莺　Ijima's Leaf Warbler　*Phylloscopus ijimae*

fàndǎo liǔyīng　11~12 cm　　　　　　　　　　　　图版103　VU

识别：中型偏绿色柳莺。具深色贯眼纹和浅色细眉纹，无顶冠纹，无翼斑。下体偏白色，臀部浅黄色。具不完整的白色眼圈（眼部上方和下方）。与极北柳莺的区别为下喙全黄色。与冕柳莺的区别为无顶冠纹。**鸣声**：鸣叫声为轻柔的 *phi phi phi* 或 *se-chui*，*sechui* 声，参考 XC285863（Peter Boesman）。**分布**：繁殖于日本伊豆群岛和吐噶喇列岛，冬候鸟和过境鸟偶见于中国台湾和菲律宾。**习性**：喜低海拔森林和灌丛。

880. 白眶鹟莺　White-spectacled Warbler　*Phylloscopus intermedius*

báikuàng wēngyīng　10~11 cm　　　　　　　　　　图版103　LC

识别：较小而体色艳丽的柳莺。头部灰色并具明显白色眼圈。上体绿色，下体黄色。与金眶鹟莺的区别为眼圈白色而非黄色、头侧灰色且有时具一道黄色翼斑。与灰脸鹟莺的区别为额、喉部黄色并具黄色和黑色眼先。与灰头柳莺的区别为无白色眉纹且翕部偏绿色。指名亚种大覆羽羽端黄色形成明显翼斑，*zosterops* 亚种则不明显。跗跖黄色。**鸣声**：鸣唱声为一系列甜美的清晰哨音，参考 XC426884（Peter Boesman），鸣叫声为尖厉的 *che-weet* 声。**分布**：尼泊尔至中国、缅甸和中南半岛。在中国为山麓地区至海拔 2300 m 处的不常见候鸟，*zosterops* 亚种繁殖于云南东南部，亦见于西藏东南部；指名亚种繁殖于江西南部和福建西北部，越冬于华南低海拔地区。**习性**：栖于山区潮湿森林中的竹丛，越冬于山麓地区并加入混合鸟群。

881. 灰脸鹟莺　Grey-cheeked Warbler　*Phylloscopus poliogenys*

huīliǎn wēngyīng　9~10 cm　　　　　　　　　　　图版103　LC

识别：体色艳丽的小型柳莺。头部灰色，上体绿色，下体黄色，眼圈白色。与灰头柳莺的区别为翕部绿色且无白色眉纹。与白眶鹟莺的区别为顶冠和头侧的灰色较深、暗色侧冠纹不甚明显、颏部和上胸偏白色。与体色相似的方尾鹟区别为后者具羽冠、无白色眼圈且气场完全不同。**鸣声**：鸣唱声为一系列包括颤音在内的哨音，参考 XC426892（Peter Boesman），鸣叫声为独特似山雀的 *chee-chee* 声和似鹪鹩的 *tsik* 声。**分布**：锡金至中国西南部和缅甸。在中国为不常见的垂直迁徙鸟，繁殖于云南南部和西部、西藏南部和东部以及广西，越冬于云南西部，在西藏东南部为留鸟。**习性**：栖于海拔 600 ~ 3000 m 潮湿森林中的浓密竹丛。冬季下至山麓地带。加入混合鸟群。多见于较低层。

882. 金眶鹟莺　Green-crowned Warbler　*Phylloscopus burkii*

jīnkuàng wēngyīng　11~12 cm　　　　　　　　　　图版103　LC

识别：中型偏黄色柳莺。具宽阔的灰绿色顶冠纹，顶冠纹两侧为黑色侧冠纹，下体黄色，外侧尾羽内翈白色。眼圈黄色而区别于白眶鹟莺和灰脸鹟莺。与韦氏鹟莺的区别为尾部更短、喙更大、侧冠纹更黑且于额部甚明显、眼圈后方断开。**鸣声**：鸣唱声为具数秒间隔的一系列哨音，有时由快速颤音收尾，与韦氏鹟莺的区别为具颤音，参考 XC58499（James Eaton），鸣叫声为轻柔的 *huit* 声。**分布**：喜马拉雅山脉。在中国，繁殖于西藏南部和东南部海拔 1800 ~ 3600 m 的热带和亚热带山地阔叶林中。**分类学订正**：灰冠鹟莺（*P. tephrocephalus*）、韦氏鹟莺（*P. whistleri*）、比氏鹟莺（*P. valentini*）、淡尾鹟莺（*P. soror*）和峨眉鹟莺（*P. omeiensis*）均由本种分出，并被置于曾经的鹟莺属（*Seicercus*）即如今的金眶鹟莺复合种下。

883. 灰冠鹟莺　Grey-crowned Warbler　*Phylloscopus tephrocephalus*
huīguān wēngyīng　　10~11 cm　　　　　　　　　　　　　图版103　　LC

识别：金眶鹟莺复合种下的小型偏黄色柳莺。眼圈黄色而区别于白眶鹟莺和灰脸鹟莺。极似峨眉鹟莺，区别为头部图纹对比更为明显、尾羽次端偏白色且眼圈后方细微断开。与淡尾鹟莺和比氏鹟莺的区别为顶冠图纹对比更为明显、上体绿色更为鲜亮、下体黄色更浓，且较淡尾鹟莺尾部更多白色，较比氏鹟莺翼斑不甚明显、黑色侧冠纹往前方延伸更多。**鸣声**：鸣唱声为一系列叽喳声，尾音更低，比淡尾鹟莺和比氏鹟莺具更多的哨音和颤音，参考 XC158201（Frank Lambert），鸣叫声为轻柔的 *turup* 声。**分布**：繁殖于中国，越冬于中南半岛。在中国，繁殖于陕西南部、甘肃、云南、四川西部、贵州、湖北西部、湖南和广东的山地森林和林地中，冬季南迁。**习性**：喜海拔 1200 ~ 1830 m 的落叶阔叶林。

884. 韦氏鹟莺　Whistler's Warbler　*Phylloscopus whistleri*
wéishì wēngyīng　　11~12 cm　　　　　　　　　　　　　图版103　　LC

识别：金眶鹟莺复合种下的中型偏黄色柳莺。眼圈黄色而区别于白眶鹟莺和灰脸鹟莺。和金眶鹟莺的区别为顶冠纹偏灰色。深色侧冠纹不及额部，黄色眼圈完整，浅色翼斑明显，喙较小。**鸣声**：鸣叫声为多变的 *chip* 或 *tiu* 哨音，鸣唱声为一连串简单的哨音，无金眶鹟莺和灰冠鹟莺的颤音，且较比氏鹟莺音调更高，参考 XC426894（Peter Boesman）。**分布**：喜马拉雅山脉。在中国，*nemoralis* 亚种繁殖于西藏西南部海拔 2000 ~ 3600 m 的山地森林中，通常比同域分布的金眶鹟莺和灰冠鹟莺栖于更高海拔处。**习性**：喜落叶阔叶林和常绿阔叶林。

885. 比氏鹟莺　Bianchi's Warbler　*Phylloscopus valentini*　bǐshì wēngyīng
11~12 cm　　　　　　　　　　　　　　　　　　　　　　图版103　　LC

识别：金眶鹟莺复合种下的中型偏黄色柳莺。具明显的宽阔灰色顶冠纹，深色侧冠纹不及额部，眼先黄色，具明显而完整的黄色眼圈。通常翼斑明显，外侧尾羽羽缘白色。*latoucheri* 亚种比指名亚种顶冠纹偏绿色。黄色眼圈区别于白眶鹟莺和灰脸鹟莺。**鸣声**：鸣唱声为简单的 *tiu* 续以数声清晰的哨音，有时具颤音，参考 XC416220（Michael Hurban），鸣叫声为重复的短促 *tiu* 单音。**分布**：指名亚种繁殖于陕西南部、甘肃南部、云南和四川的山地森林中，越冬于云南南部、老挝北部和泰国西北部；*latouchei* 亚种繁殖于华南地区。**习性**：见于海拔 2100 ~ 3100 m 的茂密亚热带森林中。

886. 淡尾鹟莺 **Plain-tailed Warbler** *Phylloscopus soror*
dànwěi wēngyīng　11~12 cm　　　　　　　　　　　图版103　LC

识别：金眶鹟莺复合种下的中型偏黄色柳莺。眼圈黄色而区别于白眶鹟莺和灰脸鹟莺。极似比氏鹟莺，区别为顶冠纹更宽、翼斑不明显或无翼斑、外侧尾羽白色较少。与灰冠鹟莺的区别为头部图纹对比不甚明显且黑色侧冠纹更短。**鸣声**：鸣唱声为尖厉的 *chur chichi-chur chichi* 及变调，较比氏鹟莺音调更高，参考 XC113359（Frank Lambert），鸣叫声为重复的 *chiu* 声。**分布**：繁殖于中国，越冬于中南半岛。在中国，繁殖于华北和华中的丘陵森林和林地中，越冬于华南。**习性**：喜海拔 1500 m 以下的生境，比同域分布的峨眉鹟莺栖于更低海拔处。

887. 峨眉鹟莺 **Marten's Warbler** *Phylloscopus omeiensis*　éméi wēngyīng
11~12 cm　　　　　　　　　　　　　　　　　　　图版103　LC

识别：金眶鹟莺复合种下的中型偏黄色柳莺。眼圈黄色而区别于白眶鹟莺和灰脸鹟莺。与灰冠鹟莺的区别为头部图纹对比不甚明显、尾部白色更少且眼圈完整。与淡尾鹟莺的区别为尾部更长、尾部白色更多且顶冠图纹对比更为明显。与比氏鹟莺的区别为顶冠纹偏灰色、侧冠纹偏黑色且羽色更鲜亮。**鸣声**：鸣唱声似比氏鹟莺且常以快速颤音收尾，参考 XC183649（Frank Lambert），鸣叫声为细微的 *chup* 声。**分布**：中国和中南半岛。繁殖于陕西南部、甘肃南部和四川西部，越冬于缅甸、泰国。**习性**：繁殖于温带森林，越冬于亚热带和热带地区潮湿山地森林中。

888. 双斑绿柳莺 **Two-barred Warbler** *Phylloscopus plumbeitarsus*
shuāngbānlǜ liǔyīng　11~12 cm　　　　　　　　　图版104　LC

识别：较大的深绿色柳莺。具明显的白色长眉纹，无顶冠纹，跗跖色深，具两道翼斑，下体白色，腰部绿色。与暗绿柳莺的区别为大翼斑更宽并具黄白色小翼斑、上体色较深且偏绿色、下体偏白色。有时头、颈部略沾黄色。与极北柳莺的区别为体型更小且更为丰满。与黄眉柳莺的区别为喙较长、下喙基粉色且三级飞羽无浅色羽端。**鸣声**：鸣叫声为独特的响亮、干涩、似麻雀的三音节平调 *chi-wi-ri* 声，鸣唱声似暗绿柳莺但更快而乱，参考 XC414414（Frank Lambert）。**分布**：繁殖于东北亚，越冬于中南半岛。在中国常见，繁殖于华北和东北，迁徙途经中国大部地区，部分个体越冬于海南。**习性**：繁殖于海拔 4000 m 以下的针落叶混交林、白桦林和白杨林，越冬于海拔 1000 m 以下的次生灌丛和竹林。

889. 暗绿柳莺 **Greenish Warbler** *Phylloscopus trochiloides*　ànlǜ liǔyīng
10~11 cm　　　　　　　　　　　　　　　　　　　图版104　LC

识别：较小的柳莺。背部偏绿色，通常仅具一道黄白色翼斑，尾部无白色，具黄白色长眉纹，偏灰色顶冠纹和绿色侧冠纹之间几乎无对比。贯眼纹深色，耳羽具暗色细纹。下体灰白色，两胁沾橄榄色。眼圈偏白色。与叽喳柳莺的区别为翼斑明显、贯眼纹较宽。与乌嘴柳莺和极北柳莺的区别为体型较小、喙细、头部较小且初级飞羽较短，且极北柳莺和双斑绿柳莺通常具第二道翼斑。**鸣声**：鸣叫声为似白鹡鸰的

响亮尖厉 *tiss-yip* 声，亦作 *pseeeoo* 声，鸣唱声欢快似山雀，由鸣叫声引出并以快速嘎嘎声收尾，参考 XC430647（Alex Thomas）。**分布**：繁殖于亚洲北部和喜马拉雅山脉，越冬于印度、海南和东南亚。在中国为常见候鸟，*viridanus* 亚种繁殖于新疆而越冬于印度，指名亚种繁殖于华中至云南西北部而越冬于西藏东南部和云南南部，*obscuratus* 亚种繁殖于华北、青海、西藏东部和南部而越冬于云南和海南。**习性**：夏季栖于高海拔灌丛和林地，冬季见于低海拔森林、灌丛和农田。

890. **峨眉柳莺** **Emei Leaf Warbler** *Phylloscopus emeiensis* éméi liǔyīng
10~12 cm
图版104　LC

识别：较小的偏绿色柳莺。具偏黄色眉纹、灰色顶冠纹、偏绿色腰部和两道偏黄色翼斑，三级飞羽色深。下体偏白色，头侧和两胁沾黄色。极似西南冠纹柳莺，区别为头部图纹不甚明显、暗色侧冠纹较浅而偏绿色、顶冠纹不甚清晰、耳羽边缘色深且外侧尾羽具零星白色，但以鸣声最易区分。**鸣声**：鸣唱声为持续 3 至 4 秒的清晰平颤音，似极北柳莺，但与西南冠纹柳莺似山雀的鸣唱声截然不同，参考 XC113237（Frank Lambert），鸣叫声为轻柔的 *tu-du-du*、*tu-du* 或 *tu-du-du-di* 声，略似暗绿柳莺。**分布**：罕见，繁殖于中国陕西南部、四川西部和云南中部，越冬于云南和缅甸东南部。**习性**：繁殖于海拔 1900 m 以下的亚热带阔叶林。觅食于树冠层和灌丛中。振翅迅速，而区别于振翅较慢且两翼轮换的西南冠纹柳莺。

891. **乌嘴柳莺** **Large-billed Leaf Warbler** *Phylloscopus magnirostris*
wūzuǐ liǔyīng　12~13 cm
图版104　LC

识别：较大的柳莺。上体橄榄绿色，尾部无白色，具一道或（通常为）两道偏黄色翼斑，贯眼纹色深，耳羽具杂斑。下体白色，两胁偏灰色并常沾浅黄色。眉纹长，前端黄色而后端白色。喙大而色深，喙端略呈钩状。与极北柳莺的区别为喙色深、上体偏绿色、翼斑绿色。与暗绿柳莺的区别为体型较大、喙较大、眉纹较长、脸颊和下体偏黄色，但以鸣声最易区分。与淡脚柳莺的区别为跗跖色深、喙较大且眉纹、脸颊和下体偏黄色。**鸣声**：鸣叫声为双音节 *pe-pe* 声，第二音调明显更高。有时亦发出上扬的 *yaw-wee-wee* 声。鸣唱声为独特的清晰响亮五音节降调哨音 *tee-ti-tii-tu-tu*，最后一音拖长，参考 XC390766（Paul Holt）。**分布**：繁殖于喜马拉雅山脉、中国南部和西部以及缅甸东北部，越冬于印度。在中国为不常见候鸟，繁殖于西藏南部和东南部、云南西北部、四川、青海东部、甘肃、河北和山西，迁徙途经华中和西南地区。**习性**：栖于海拔 2000 ~ 4000 m 的开阔多草林间空地和林窗，越冬至更低海拔处。多觅食于树枝上而非树叶间。飞行轻快。

892. **库页岛柳莺 / 萨岛柳莺** **Sakhalin Leaf Warbler** *Phylloscopus borealoides*
kùyèdǎo liǔyīng　11~12 cm
图版104　LC

识别：中型柳莺。具乳白色长眉纹和深色贯眼纹，无顶冠纹，无翼斑。下体污白色，两胁沾褐色。两翼和尾部纯褐色。跗跖通常为浅色。似淡脚柳莺，区别为上体偏绿色且无翼斑。**鸣声**：鸣叫声为独特的重复清晰单音 *chiu*，参考 XC342247（Greg Irving）。**分布**：繁殖于萨哈林岛和日本，冬候鸟罕见于朝鲜半岛沿海地区和中国的浙江、广东、香港、上海及台湾。**习性**：造访低海拔林地、城市公园和庭院。

893. 淡脚柳莺　Pale-legged Leaf Warbler　*Phylloscopus tenellipes*
dànjiǎo liǔyīng　10~11 cm　　　　　　　　　　　图版104　LC

识别：独特的暗色中型柳莺。上体橄榄褐色，具两道皮黄色翼斑、白色长眉纹（眼部前方皮黄色）和橄榄色贯眼纹。喙较大，跗跖浅粉色。腰部和尾上覆羽为独特的橄榄褐色。下体白色，两胁沾皮黄灰色。比极北柳莺偏褐色，比乌嘴柳莺喙更小且喙色更浅。**鸣声**：独特的短促而高音的金属声 *tink*，参考 XC340482（Matt Slaymaker），鸣唱声为似蟋蟀的干涩吱吱声并戛然而止。**分布**：繁殖于亚洲东北部和日本，越冬于中国东部、南部和东南亚。在中国为不常见候鸟，繁殖于东北地区，迁徙途经中国东半部包括台湾，部分个体越冬于华南沿海和海南。**习性**：栖于海拔1800 m 以下丘陵中的茂密林下植被。冬季造访红树林和灌丛。隐于较低层，轻快活泼，并以独特的方式向下摆尾。

894. 日本柳莺　Japanese Leaf Warbler　*Phylloscopus xanthodryas*
rìběn liǔyīng　12~13 cm　　　　　　　　　　　图版104　LC

识别：中型柳莺。极似极北柳莺，曾被视作后者的一个亚种，区别为两翼更长、上体亮绿色、下体亮黄色且通常只有一道翼斑可见。**鸣声**：鸣叫声比极北柳莺音调更低，鸣唱声快速清晰且比极北柳莺具更多元素，参考 XC285740（Peter Boesman）。**分布**：繁殖于日本，越冬时罕见于中国的东部和南部，过境鸟见于菲律宾、加里曼丹岛、爪哇岛和摩鹿加群岛。**习性**：似极北柳莺但更喜常绿林。

895. 堪察加柳莺　Kamchatka Leaf Warbler　*Phylloscopus examinandus*
kānchájiā liǔyīng　12~13 cm　　　　　　　　　　图版104　LC

识别：中型柳莺。极似极北柳莺，曾被视作后者的一个亚种，区别为上体偏绿色、下体偏黄色以及喙、跗跖和尾部更长。与日本柳莺的区别为两翼更短、上体绿色和下体黄色均不甚鲜亮且生境不同。**鸣声**：鸣叫声不同于极北柳莺，为持续时间更长的重复短音，每次重复的短音更少且音调更低，参考 XC376131（Vladimir Shkurov）。**分布**：繁殖于俄罗斯东北部和日本北部，迷鸟记录于中国台湾和菲律宾，过境鸟记录于巴厘岛和小巽他群岛。**习性**：同极北柳莺，但更喜落叶阔叶林、灌丛和开阔农田。

896. 极北柳莺　Arctic Warbler　*Phylloscopus borealis*　jíběi liǔyīng
12~13 cm　　　　　　　　　　　　　　　　　　图版104　LC

识别：中型橄榄灰色柳莺。具明显的黄白色长眉纹和白色翼斑以及第二道不甚明显的翼斑。下体偏白色，两胁橄榄褐色，眼先和贯眼纹偏黑色。与黄眉柳莺的区别为喙较粗大且上弯、尾较短、头部图纹更为明显。与淡脚柳莺的区别为体色较鲜亮且偏绿色、顶冠色较浅。与乌嘴柳莺的区别为下喙基色浅。**鸣声**：一连串 *chweet* 声，最后一音更高，越冬鸟偶尔发出特征性的低哑 *dzit* 声。鸣唱声为多至15个音节的颤音，参考 XC431590（Albeert Lastukhin）。**分布**：繁殖于欧洲北部、亚洲北部和阿拉斯加，越冬于中国南部、东南亚、菲律宾和印度尼西亚。在中国较常见于海拔 2500 m 以下的原始林和次生林，指名亚种繁殖于华北，迁徙途经中国大部地区至华南和台湾。**习性**：喜开阔林地、红树林、次生林和林缘地带。加入混合鸟群，觅食于树叶间。

897. 栗头鹟莺 Chestnut-crowned Warbler *Phylloscopus castaniceps*
lìtóu wēngyīng　9~10 cm

识别：极小的橄榄色柳莺。头顶红褐色，侧冠纹和贯眼纹黑色，眼圈白色，眉纹后方白色，脸颊灰色，具黄色的两道翼斑、腰部和两胁，胸部灰色，腹部灰黄色。*sinensis* 亚种背部偏绿色且下体比指名亚种偏黄色，*laurentei* 亚种亦相似但下体黄色较少且腹部中央白色。**鸣声**：鸣唱声为高亢的升调金属音，参考 XC187245（Frank Lambert），亦作双音节 *chi-chi* 声和似鹟鹛的 *tsik* 声。**分布**：喜马拉雅山脉至中国南部、东南亚、马来半岛和苏门答腊岛。在中国为海拔 2500 m 以下山区的夏候鸟和留鸟，指名亚种繁殖于西藏南部、东部和云南西部，*laurentei* 亚种见于云南南部和广西西南部，*sinensis* 亚种见于华中和华南。**习性**：活跃于山区森林，觅食于小树的树冠层。常与其他鸟类混群。

898. 灰岩柳莺 Limestone Leaf Warbler *Phylloscopus calciatilis*
huīyán liǔyīng　10~11 cm

图版105　LC

识别：中型柳莺。具黄色顶冠纹和眉纹、黑色侧冠纹和贯眼纹，下体黄色。极似黑眉柳莺，区别为黄色下体色冷、上体偏灰色且侧冠纹略偏灰色。与黄胸柳莺的区别为腹部黄色而非白色。其他区别还包括两翼更短、喙更长且鸣唱声音调更低。**鸣声**：鸣唱声为活泼的 6 到 7 音节哨音，参考 XC156671（Hans Matheve），鸣叫声为短促轻柔的 *pi-tsu* 声。**分布**：仅见于越南、老挝以及中国的云南极东南部和广西南部海拔 700 ~ 1200 m 的石灰岩喀斯特生境中。**习性**：活跃于喀斯特森林中。

899. 黑眉柳莺 Sulphur-breasted Warbler *Phylloscopus ricketti*
hēiméi liǔyīng　10~11 cm

图版105　LC

识别：体色艳丽的中型柳莺。上体亮绿色，下体和眉纹亮黄色。通常可见两道黄色翼斑。贯眼纹和侧冠纹墨绿色，顶冠纹偏黄色，枕部具灰色细纹。无金眶鹟莺复合种的黄色（或白色）眼圈。似黄胸柳莺但整个下体全为黄色。侧冠纹比海南柳莺深得多。**鸣声**：召唤声为 pitch-you, pitch-you，鸣唱声为甜美而缓慢的三音节续以大约六个降调音节，参考 XC23034（Nick Athanas）。**分布**：繁殖于中国中部、南部和东部，越冬于中南半岛。在中国为不常见候鸟和留鸟，指名亚种繁殖于甘肃南部、四川、贵州、湖北、湖南、广西、广东、福建和香港。**习性**：与其他莺类混群。栖于海拔 1500 m 以下的混交林中。

270

900. 黄胸柳莺　Yellow-vented Warbler　*Phylloscopus cantator*
huángxiōng liǔyīng　10~11 cm

图版105　LC

识别：独特的中型柳莺。黄色的顶冠纹和眉纹与偏黑色的侧冠纹形成对比。具一道明显的黄色翼斑，第二道翼斑较模糊。喉部、上胸和尾下覆羽黄色，与白色的下胸和腹部形成对比，似绣眼鸟。**鸣声**：鸣唱声为数个平调音节续以两个模糊尾音，鸣叫声为两个平调音节续以三个快速短颤音，参考 XC49803（D. Farrow）。**分布**：繁殖于喜马拉雅山脉东部和老挝北部，越冬于孟加拉国、缅甸和泰国西北部。在中国为西藏东南部、云南西南部和广西的罕见夏候鸟。冬季见于海拔1700 m以下的常绿林，夏季上至海拔2500 m处。**习性**：冬季集群，觅食于竹林和森林较下层的灌丛中。

901. 西南冠纹柳莺　Blyth's Leaf Warbler　*Phylloscopus reguloides*
xīnán guānwénliǔyīng　10~11 cm

图版105　LC

识别：体羽亮丽的中型柳莺。上体绿色，具两道黄色翼斑，眉纹和顶冠纹亮黄色。下体白色并沾黄色，脸侧、两胁和尾下覆羽尤为如此。外侧两枚尾羽内翈具白色羽缘。与黑眉柳莺的区别为侧冠纹色浅、两道翼斑较明显且下体少黄色。与白斑尾柳莺的区别为体型较大、下体黄色较少且两翼轮换扇动。诸亚种从西至东羽色变化为上体渐偏亮绿色、下体渐偏黄色。**鸣声**：鸣唱声为似山雀的 *chi chi pit-chew pit-chew* 声转为似鹪鹩的颤音，鸣叫声为重复而响亮的二音节 *pit-cha* 或三音节 *pit-chew-a* 声，参考 XC416926（Wangdue Phodrang）。**分布**：喜马拉雅山脉、印度东北部、中国西部和南部、缅甸及中南半岛。在中国为较常见的候鸟和留鸟，指名亚种繁殖于西藏南部、东南部至云南北部和四川西南部而越冬于云南南部，*assamensis* 亚种为西藏东南部夏候鸟。**习性**：特征性地两翼轮换扇动且振翅较慢，露出其黄色胁部。有时倒悬于树枝底面觅食。

902. 冠纹柳莺　Claudia's Leaf Warbler　*Phylloscopus claudiae*
guānwén liǔyīng　10~11 cm

图版105　LC

识别：中型亮绿色柳莺。具白色眉纹和两道浅黄色翼斑。与西南冠纹柳莺难以区别，仅可通过尾部白色较少和眉纹更白。**鸣声**：鸣叫声为似西南冠纹柳莺的 *pit-it-chu*，但在春季的鸣唱声不同，为一系列延长的似颤音 *chi-chi-chi-chi-chi-chi-chi-chi-chi-chi-chi-pit-chi*，参考 XC482897（PT xiao）。**分布**：繁殖于中国，越冬于缅甸和中南半岛。在中国，繁殖于中北部和华东地区，过境或越冬于华南和东南地区，迷鸟见于台湾。**习性**：繁殖于中海拔针叶、阔叶混交林，越冬于低海拔灌丛和林缘。两翼轮换扇动。**分类学订正**：曾作为西南冠纹柳莺（*P. reguloides*）的一个亚种（但其原中文名则为本种），如今视作独立种颇为牵强。

903. 华南冠纹柳莺　Hartert's Leaf Warbler　*Phylloscopus goodsoni*
huánán guānwénliǔyīng　10~11 cm

图版105　LC

识别：中型橄榄绿色柳莺。具黄色眉纹和两道浅黄色翼斑。冠纹对比明显，下体白色，胸部和两胁浅黄色。极似西南冠纹柳莺但通常头部和下体更偏黄色、尾部白色较少。**鸣声**：鸣叫声为简单的 *pit-cha* 声，鸣唱声为似西南冠纹柳莺但无任何引音的 *whee-cheet-a whee cheet-a...*，参考 XC304210（Qin Huang）。**分布**：指名亚种为广西夏候鸟和海南留鸟。*fokiensis* 亚种为华中和东南地区夏候鸟，过境或越冬于华南地区，迷鸟见于台湾。**习性**：夏季栖于海拔 1500～3700 m 的杜鹃丛和多刺栎林，冬季下至低海拔地区。*fokiensis* 亚种特征性地两翼轮换扇动，露出其黄色胁部。**分类学订正**：曾作为西南冠纹柳莺（*P. reguloides*）的亚种（但 *P. reguloides* 的原中文名则为冠纹柳莺）。

904. 白斑尾柳莺　Kloss's Leaf Warbler　*Phylloscopus ogilviegranti*
báibānwěi liǔyīng　10~11 cm　　　　　　　　　　　　图版105　LC

识别：中型柳莺。上体亮绿色，具两道偏黄色翼斑，顶冠纹模糊，具黄色粗眉纹和深绿色贯眼纹。外侧三枚尾羽具白色内缘并延至外翈。极似西南冠纹柳莺和峨眉柳莺，区别为外侧尾羽白色较多，但以鸣声和习性最易区分。此外，峨眉柳莺顶冠纹更为模糊且少黄色，西南冠纹柳莺上体绿色较少、下体偏白色，本种则体羽更深、下体污白色并具黄色纵纹。**鸣声**：鸣唱声似山雀，为典型的高调单音 *pitsu* 续以三音节的 *titsui-titsui-titsui* 或双音节的 *titsu-titsu-titsu*，参考 XC371171（Rolf A. de By），鸣叫声类似，为单音的 *pitsiu* 或 *pitsitsui* 声。**分布**：中国南部、缅甸和中南半岛。指名亚种繁殖于江西、福建和广东北部。*disturbans* 亚种为华中地区繁殖鸟和广西地区留鸟。迁徙途经华南地区。**习性**：两翼同时快速振翅，与西南冠纹柳莺的缓慢轮换振翅恰好相反。

905. 海南柳莺　Hainan Leaf Warbler　*Phylloscopus hainanus*　hǎinán liǔyīng
10~11 cm　　　　　　　　　　　　　　　　　　图版105　VU

识别：中型柳莺。体色极黄，上体绿色，背部下方黄绿色，下体黄色，眉纹和顶冠纹黄色。通常可见两道翼斑。下喙粉色。外侧和倒数第二枚尾羽具大片白色，侧冠纹浅色，而区别于相似的白斑尾柳莺和黑眉柳莺。跗跖橙褐色。**鸣声**：鸣唱声快速而甜美，音高、短而多变，参考 XC163669（Ding Li Yong），鸣叫声似鸣唱声的片段，如 *pitsitsui, pitsitsui*。**分布**：中国海南特有种。世界性易危。为海南西部山区的地区性常见留鸟。**习性**：栖于海拔 600～2000 m 的森林，多见于灌丛和次生植被。活跃于树冠中上层。有时加入混合鸟群。

906. 云南白斑尾柳莺　Davidson's Leaf Warbler　*Phylloscopus intensior*
yúnnán báibānwěiliǔyīng　10~11 cm　　　　　　　　图版105　LC

识别：中型柳莺。上体亮绿色，具两道偏黄色翼斑，下体白色并沾黄色，黄色顶冠纹不甚明显，具黄色粗眉纹和深绿色贯眼纹。外侧三枚尾羽具白色内缘并延至外翈。极似西南冠纹柳莺和峨眉柳莺，区别为外侧尾羽白色较多，但以鸣声和习性最易区分。此外，峨眉柳莺顶冠纹更为模糊且少黄色，西南冠纹柳莺上体绿色较少、下体偏白色，本种则体羽更深、下体污白色并具黄色纵纹。似白斑尾柳莺，区别为下体黄色更少、尾部白色较多。**鸣声**：鸣叫声似白斑尾柳莺，为单音的 *pitsiu* 或 *pitsitsui* 声，鸣唱声为似山雀的高调单音 *pitsu* 续以三音节的 *titsui-titsui-titsui* 或双音节的 *titsu-titsu-titsu*，参考 XC348330（Greg Irving）。**分布**：中国南部、缅甸和中南半岛。在中国为不常见候鸟，*muleyitensis* 亚种繁殖于云南西部、西北部和南部。**习性**：似白斑尾柳莺。

907. 灰头柳莺　Grey-hooded Warbler　*Phylloscopus xanthoschistos*
huītóu liǔyīng　10~11 cm　　　　　　　　　　　　　　　图版105　LC

识别：较小而体羽亮丽的柳莺。具特征性的灰色顶冠和耸部，两翼、腰部和尾部绿色，下体浅黄色，具白色的眉纹和模糊眼圈。浅色顶冠纹不甚明显，侧冠纹深灰色。初级飞羽黄色羽缘在两翼收拢时形成偏黄色翼斑。与白眶鹟莺和其他大部分柳莺的区别为耸部灰色、眉纹白色，与所有羽色相似的柳莺区别为无翼斑且眼圈白色。**鸣声**：鸣唱声为短促的欢快哨音，参考 XC426797（Peter Boesman），鸣叫声为独特的高音重复 *psit-psit* 声。**分布**：喜马拉雅山脉至中国西南部和缅甸。在中国为地区性常见留鸟，具垂直迁徙习性，指名亚种见于西藏南部，*flavogularis* 亚种见于西藏东南部。**习性**：栖于海拔 900 ~ 2750 m 的丘陵和山地中的常绿林和混交林，冬季下至山麓地带。

▎苇莺科　Acrocephalidae　苇莺　（3 属 16 种）

一科世界性分布的莺类，体型修长，尾长，栖于高草和苇丛中。在芦苇茎秆间营杯状悬巢。性隐蔽，常发出响亮刺耳的鸣叫声。

908. 大苇莺　Great Reed Warbler　*Acrocephalus arundinaceus*　dà wěiyīng
19~20 cm　　　　　　　　　　　　　　　　　　　　　　图版106　LC

识别：大型苇莺。显笨重，体无纵纹，喙粗厚而喙端色深。上体暖褐色，腰部和尾上覆羽棕色。下体白色，胸侧、两胁和尾下覆羽沾暖皮黄色。头部显高耸，眉纹白色或皮黄色（新羽），无深色上眉纹。似噪大苇莺但体色较深、尾部和尾上覆羽棕色较少、下体较白且分布无重叠。与东方大苇莺的区别为体型更大、喉部无细纹且两翼较长。喙深色而下喙基色浅。**鸣声**：鸣唱声响亮刺耳而不连贯，喉音较重，间杂以尖厉哭叫声和低沉呱呱声，参考 XC428978（Beatrix Saadi-Varchmin），鸣叫声为生硬的 *tack* 声和 *churr* 声。**分布**：非洲、欧亚大陆、印度和中国西部，地区性常见于海拔 2000 m 以下。在中国，*zarudnyi* 亚种繁殖于新疆西部。**习性**：同东方大苇莺。栖于芦苇地和近水灌丛。在芦苇地笨拙地移动。在地面时似鸫。飞行时尾羽展开。

909. 东方大苇莺　Oriental Reed Warbler　*Acrocephalus orientalis*
dōngfāng dàwěiyīng　17~19 cm　　　　　　　　　　　图版106　LC

识别：较大的褐色苇莺。具明显的皮黄色眉纹。在野外与噪大苇莺的区别为喙较钝较短且较粗、尾部较短且尾端色浅、下体羽色更浓且胸部具深色纵纹，近距离可见其外侧初级飞羽（第九枚）比第六枚更长、嘴裂偏粉色而非黄色。与分布区不重叠的大苇莺区别为体型较小、初级飞羽较短且胸侧纵纹较多。**鸣声**：鸣唱声为一长串吱吱声，参考 XC414270（Frank Lambert），在冬季仅间歇性地发出沙哑似喘息声的 *chack* 单音。**分布**：繁殖于东亚，越冬于印度、东南亚，远至新几内亚岛和澳大利亚。在中国，繁殖于新疆北部、东部至华中、华东和东南地区，迁徙途经华南各省份和台湾。**习性**：喜低海拔地区的芦苇地、稻田、沼泽和次生灌丛。

910. 噪大苇莺 / 噪苇莺　Clamorous Reed Warbler　*Acrocephalus stentoreus*
zào dàwěiyīng　18~20 cm　　　　　　　　　　　图版106　LC

识别：较大的褐色苇莺。尾长，眉纹偏白色，上体纯橄榄褐色，下体偏白色，两胁和尾下覆羽浅黄褐色。与大苇莺的区别为腰部、尾部和尾上覆羽偏棕色，下体色浅。与东方大苇莺的区别为体型较大、喙较修长而尖细、喉部无深色纵纹、尾部较大且尾端无浅色。上喙灰褐色而下喙基色浅。**鸣声**：告警声为沙哑的 *chack* 或 *churr* 声，鸣唱声甜美，间杂较高而尖的嘎嘎声和特征性的 *ro-do-peck-kiss*，参考 XC412844（Ding Li Yong），不如大苇莺沙哑且更为悦耳。通常于夜间鸣叫。**分布**：广布于非洲东北部至澳大利亚。在中国，*amyae* 亚种繁殖于西藏东南部、四川和贵州。**习性**：栖于沼泽芦苇地和近芦苇地的稻田，亦栖于红树林。停歇时斜攀于芦苇茎秆上，鸣唱时喉羽耸起。通常单独或成对见于芦苇丛或近地面的其他植被中。

911. 黑眉苇莺　Black-browed Reed Warbler　*Acrocephalus bistrigiceps*
hēiméi wěiyīng　13~14 cm　　　　　　　　　　　图版107　LC

识别：中型褐色苇莺。眉纹皮黄白色且其上下边缘均为黑色，下体偏白色。**鸣声**：告警声为沙哑的 *chur* 声。鸣叫声为尖厉的 *tuc* 或尖细的 *zit* 声。鸣唱声甜美、重复而多变，不如芦苇莺般粗糙，参考 XC414506（Frank Lambert）。**分布**：繁殖于东北亚，越冬于印度、中国南部和东南亚。在中国，繁殖于东北、河北、河南、陕西南部和长江下游地区，迁徙途经华南和东南地区，部分个体越冬于广东和香港，偶见于台湾。**习性**：典型的苇莺，栖于近水的高芦苇丛和高草地中。

912. 须苇莺　Moustached Warbler　*Acrocephalus melanopogon*
xū wěiyīng　12~14 cm　　　　　　　　　　　　图版107　LC

识别：小型橄榄灰色苇莺。头部图纹对比明显。具黑褐色顶冠、皮黄白色眉纹（其后端呈方形）和暗色耳羽。上体橄榄灰色，下体偏白色。**鸣声**：鸣唱声持续甚长，由四音笛音 *tu-tu-tu-tu* 组成，不如芦苇莺沙哑，并具清晰而甜美的音节，参考 XC418401（Stanislas Wroza），鸣叫声为响亮沙哑的 *trr-trr*、轻柔的 *tick, tac, tuc* 和似责骂的 *tr-trrrrr* 声。**分布**：欧洲至中亚和俄罗斯南部，东部种群越冬于南亚次大陆西北部。在中国，*mimicus* 亚种为新疆北部和中部罕见夏候鸟。**习性**：典型的苇莺，栖于近水的高芦苇丛和高草地中。

913. 水蒲苇莺 / 蒲苇莺 Sedge Warbler *Acrocephalus schoenobaenus*

shuǐpú wěiyīng 11~13 cm 图版107 LC

识别: 小型橄榄褐色苇莺。白色宽眉纹上方具黑色侧冠纹，顶冠橄榄色并具黑色纵纹，上体褐色并布满偏黑色纵纹，背部下方、腰部和尾上覆羽栗色，下体白色，胸侧和两胁沾褐黄色。冬羽偏棕色，胸带具黑色细点。头部较平，喙短而尖。在中国境内不易被误认。**鸣声**: 鸣唱声响亮、沙哑而甜美，比大苇莺更快，并间杂模仿其他鸟类的叫声，能持续数分钟之久而无停顿，参考 XC421704（Rusian Mazuryk），鸣叫声包括沙哑颤鸣 *tue* 和似责骂的嘎嘎声。**分布**: 繁殖于欧洲、西亚和中亚，越冬于非洲。在中国罕见，繁殖于新疆西部天山地区。**习性**: 栖于有高草、芦苇和灌丛的沼泽地区。常停歇于低处。鸣叫时尾部摆动。雄鸟边鸣唱边作盘旋飞行。

914. 细纹苇莺 Streaked Reed Warbler *Acrocephalus sorghophilus*

xìwén wěiyīng 12~13 cm 图版107 国二/EN

识别: 中型苇莺。上体赭褐色，顶冠和禽部具模糊纵纹。下体皮黄色，喉部偏白色。颊部偏黄色，眉纹皮黄色且其上方具宽阔的黑色侧冠纹。与黑眉苇莺的区别为上体色浅且纵纹较多、喙更粗而长。跗跖粉色。**鸣声**: 鸣叫声为模糊的颤音，鸣唱声为刺耳颤音，似东方大苇莺但更为低弱。**分布**: 世界性濒危。可能繁殖于中国东北的湿地，越冬于河北、江苏、湖北、福建，并远至菲律宾吕宋岛，迷鸟见于台湾和甘肃。**习性**: 推测其繁殖和觅食于芦苇地，但迁徙时见于粟米地中。

915. 钝翅苇莺 Blunt-winged Warbler *Acrocephalus concinens*

dùnchì wěiyīng 13~14 cm 图版106 LC

识别: 中型的暗棕褐色苇莺。体无纵纹。两翼短而圆，白色短眉纹几乎不延至眼后。上体深橄榄褐色，腰部和尾上覆羽棕色。具深褐色贯眼纹，眉纹上无深色侧冠纹。下体白色，胸侧、两胁和尾下覆羽沾皮黄色。与稻田苇莺和远东苇莺的区别为眉纹较短且无深色边缘。跗跖偏粉色，脚底蓝色。**鸣声**: 鸣唱声尖厉粗糙，参考 XC61386（Jonathan Martinez），鸣叫声为 *thrrak* 或 *tschak* 颤音。**分布**: 繁殖于中亚和中国东部，越冬于印度至中国西南部和东南亚。在中国不常见，指名亚种繁殖于华北和华中，迁徙途经西南和东南地区，香港曾有一笔 4 月的观测记录。**习性**: 栖于芦苇地和丘陵地区的高草地中。

916. 远东苇莺 Manchurian Reed Warbler *Acrocepahlus tangorum*

yuǎndōng wěiyīng 13~15 cm 图版106 VU

识别: 中型纯灰褐色苇莺。具深色贯眼纹、白色宽眉纹和大而长的喙。新换的冬羽偏棕色，胸部、两胁和尾下覆羽沾棕色。极似稻田苇莺，区别为喙更长且眉纹上具明显黑色侧冠纹。似钝翅苇莺，区别为喙长、尾长且黑色侧冠纹与顶冠余部对比更为明显。跗跖橙褐色。**鸣声**: 鸣叫声为尖厉的 *chi chi* 声和模仿其他鸟类的叫声，参考 XC21212（Mathias Ritschard），鸣唱声干涩而悠扬。**分布**: 繁殖于中国东北，越冬于缅甸东南部、泰国西南部和老挝南部局部地区。在中国不常见，繁殖于内蒙古呼伦贝尔地区和黑龙江、吉林、辽宁的湿地中，迁徙途经辽宁和东部沿海，广西南部和香港偶有记录。**习性**：似稻田苇莺。

917. 稻田苇莺 Paddyfield Warbler *Acrocephalus agricola* dàotián wěiyīng
12~14 cm
图版106 LC

识别：较小的纯棕褐色苇莺。白色眉纹较短且其上方具短而模糊的黑色侧冠纹。背部、腰部和尾上覆羽棕色。下体白色，两胁和尾下覆羽沾棕黄褐色，胸部通常亦是如此。贯眼纹和耳羽褐色。**鸣声**：鸣唱声长而流利，为本属典型鸣唱，但不如其他一些苇莺般沙哑，参考 XC414268（Frank Lambert），鸣叫声为尖厉的 *chik-chik*、模糊的 *zack-zack* 或沙哑颤音。**分布**：繁殖于中亚至中国西部，越冬于伊朗、印度和非洲。在中国不常见，*capistratus* 亚种繁殖于新疆西部、南部和青海柴达木盆地，过境鸟记录于云南，偶见于香港。**习性**：觅食于近湖泊、河流的低矮植被中。尾部常特征性摆动和上翘，并将顶冠羽耸起。**分类学订正**：也有学者认为该种无亚种分化。

918. 布氏苇莺 Blyth's Reed Warbler *Acrocephalus dumetorum*
bùshì wěiyīng 13~15 cm
图版106 LC

识别：中型暗灰褐色苇莺。体无纵纹，两翼短而圆。具深色细贯眼纹、白色短宽眉纹和明显的浅色眼先，但无深色侧冠纹。喙长而偏粉色，上喙中脊线和喙端色深。与芦苇莺和稻田苇莺的区别为体羽色冷且偏灰色、腰部与上体余部同色。下体白色，颈侧、上胸和两胁沾皮黄色。虹膜橄榄色。**鸣声**：鸣唱声长而慢，厚重而丰富，并反复出现 *tack tack* 和 *see-see-hue* 声，参考 XC421766（Lars Edenius），鸣叫声为刺耳的 *thik* 声、生硬的 *chak* 声和摩擦般的 *cherr* 声。**分布**：繁殖于欧洲至西北亚，越冬于非洲东北部、喜马拉雅山脉、印度和缅甸。在中国，有少量个体繁殖于新疆西北部，迁徙可能途经青藏高原地区，在四川、香港、台湾等地有迷鸟记录。**习性**：栖于潮湿灌丛、沼泽灌丛和草地。甚嘈杂。

919. 芦苇莺／芦莺 Eurasian Reed Warbler *Acrocephalus scirpaceus* lú wěiyīng
12~14 cm
图版106 LC

识别：通体暗色的中型苇莺。体无纵纹。具模糊的白色眉纹、深色短贯眼纹和偏暗色的耳羽，喙长。上体橄榄褐色，腰部和尾上覆羽色偏暖。下体白色，胸侧和两胁栗黄色。头部显高耸。极似布氏苇莺，区别为上喙色深、浅色眼先宽而明显且体色较深而偏暖。与远东苇莺和稻田苇莺的区别为无深色侧冠纹。与钝翅苇莺的区别为体羽棕色较少而偏橄榄色、腰部色暗淡、两翼较长。**鸣声**：鸣唱声为重复、单调而沉闷的两至四声阵发性低鸣，有时模仿其他鸟类叫声，参考 XC437808（Jack Berteau），鸣叫声为平静的 *churr* 声。**分布**：繁殖于欧洲、小亚细亚和中亚，越冬于非洲。在中国罕见，*fuscus* 亚种为江苏迷鸟，亦记录于新疆西部天山等地。**习性**：栖于高芦苇中。在芦苇中侧移穿行，头部高耸而尾部下垂。性活泼但羞怯。飞行低且尾羽展开。

920. 厚嘴苇莺 **Thick-billed Warbler** *Arundinax aedon* hòuzuǐ wěiyīng
18~21 cm
图版106 LC

识别：大型橄榄褐色或棕色苇莺。体无纵纹，喙粗短，与其他大型苇莺的区别为无深色贯眼纹、无浅色眉纹而使之看似沉稳。尾长而呈楔形。*stegmanni* 亚种比指名亚种偏棕色。**鸣声**：鸣唱声响亮而饱满，为清脆的 *tschok tschok* 声续以悦耳哨音和模仿其他鸟类叫声，参考 XC329218（Alex Thomas），鸣叫声为持续的 *chack chack* 和沙哑吱吱声。**分布**：繁殖于古北界北部，越冬于印度、中国南部和东南亚。在中国不常见但分布较广，指名亚种繁殖于内蒙古东北部的博克图和扎兰屯，更为常见的 *stegmanni* 亚种（包括 *rufescens* 亚种）繁殖于东北和内蒙古中部，两亚种均迁徙途经华东地区但可能常被忽视。**习性**：栖于森林、林地和次生灌丛。性隐蔽，常隐于阴暗灌丛中。

921. 靴篱莺 **Booted Warbler** *Iduna caligata* xuē líyīng 11~13 cm 图版107 LC

识别：小型褐色莺。体型似柳莺但羽色似苇莺。喙极小。偏白色眉纹长而宽且发散延至眼后。上体纯灰褐色，下体乳白色，两胁和尾下覆羽沾皮黄色。具白色眼圈。尾平，外侧尾羽白色。极似赛氏篱莺，区别为体型较小、上体偏褐色、下体偏皮黄色且喙较小。似草绿篱莺，区别为体羽偏褐色、喙较小、眉纹较长、尾部更平。**鸣声**：鸣唱声甜美似流水，由数段构成，每段均由轻柔的 *clik* 声引出，参考 XC420687（Lars Edenius）。**分布**：繁殖于俄罗斯和中亚，越冬于印度。在中国，为新疆西部准噶尔盆地和玛纳斯河谷海拔 2000 m 以下地区罕见留鸟。**习性**：栖于干旱的灌丛和矮树生境。鸣唱时尾部保持不动，而不同于上下摆尾的草绿篱莺。性隐蔽，显笨拙。

922. 赛氏篱莺 **Sykes's Warbler** *Iduna rama* sàishì líyīng
11~13 cm
图版107 LC

识别：小型褐色莺。体型似柳莺但羽色似苇莺。极似靴篱莺，区别为体型较大、上体褐色较少、下体偏白色且喙较大。**鸣声**：鸣唱声比靴篱莺更为响亮、缓慢而单调，具较多哨音和颤音，参考 XC254658（Ding Li Yong）。**分布**：繁殖于俄罗斯和中亚，越冬于印度。在中国为新疆阿尔泰山脉、莎车、喀什、青河和吐鲁番海拔 2000 m 以下地区罕见留鸟，并偶见于香港。**习性**：同靴篱莺。

923. 草绿篱莺 **Eastern Olivaceous Warbler** *Iduna pallida* cǎolǜ líyīng
12~14 cm
图版107 LC

识别：较小的纯褐色莺。具偏白色短眉纹和较平的顶冠，下体偏白色，尾部略呈方形，尾下覆羽短故尾部显长。上体纯浓褐色。与靴篱莺和赛氏篱莺的区别为喙大而眉短。似芦苇莺，区别为尾平而非圆形或楔形、外侧尾羽羽缘和尾端均偏白色、腰部棕色较少且喙较小。跗跖蓝灰色至灰褐色。**鸣声**：鸣唱声粗哑而高低起伏，且较少模仿其他鸟类叫声，参考 XC438196（Karim Haddad），鸣叫声为短促的 *tec* 声、似麻雀的叽喳声和 *tick-tick-tick* 告警声。**分布**：西班牙、南欧、伊朗和北非。在中国罕见，*elaeica* 亚种繁殖于新疆极西部。**习性**：向下移动时尾部不停上下或左右摆动为其特征性习性。

▌ 蝗莺科　Locustellidae　蝗莺　（3 属 18 种）

一科隐于草丛中活动的莺类，体羽通常布满纵纹。

924. 库页岛蝗莺　Sakhalin Grasshopper Warbler　*Locustella amnicola*
kùyèdǎo huángyīng　16~18 cm

图版108　LC

识别：较大的莺。体无纵纹。上体暖褐色，具白色眉纹、深色贯眼纹和褐色脸颊。尾长而呈楔形，羽端呈针状。极似苍眉蝗莺，曾被视作后者的一个亚种，区别为新羽上体偏暖褐色而少橄榄色，胸侧灰色较少或无，胸部下方、两胁和臀部偏暖褐色，脸颊偏褐色，眉纹更细且不甚明显。**鸣声**：鸣唱声为数个断音加速为一串模糊的降调颤音，似 *chep-chuup-chep-chuup-chewp-chewp-chweeweep*，比苍眉蝗莺更为缓慢而圆润，参考 XC320508（Anon Tomini），有时会在夜晚鸣唱。鸣叫声似苍眉蝗莺。**分布**：繁殖于萨哈林岛、千岛群岛和日本北部，越冬于华莱士区。在中国罕见，迁徙过境鸟记录于山东和台湾。**习性**：喜低海拔湿地中的芦苇地和高草地。

925. 苍眉蝗莺　Gray's Grasshopper Warbler　*Locustella fasciolata*
cāngméi huángyīng　16~18 cm

图版108　LC

识别：较大的纯色莺。上体橄榄褐色，具白色眉纹、深色贯眼纹和暗灰色脸颊。下体白色，胸部和两胁具灰色或棕黄色条带且羽缘偏白色，尾下覆羽皮黄色。幼鸟下体偏黄色，喉部具纵纹。喙比其他蝗莺属鸟类都更大。可能与大苇莺混淆，区别为具楔形尾、头部较小且体羽偏灰色。**鸣声**：鸣唱声为华美而具高低起伏的长鸣，参考 XC423387（Paul Holt），鸣叫声为 *cherr-cherr...cher* 颤音和响亮的似咆哮声 *tschrrok tschrrok*。**分布**：繁殖于东北亚，迁徙途经中国东部，越冬于华莱士区。在中国不常见，繁殖于东北地区大、小兴安岭，迁徙途经华东各省份和台湾。**习性**：见于低海拔和沿海地区的林地、灌丛、丘陵草地等。在林下植被中潜行、奔跑和并足跳跃。站姿水平，但于地面时高扬而似鹛。

926. 斑背大尾莺　Marsh Grassbird　*Locustella pryeri*　bānbèi dàwěiyīng
12~14 cm

图版109　NT

识别：小型莺。栖于芦苇丛，上体棕褐色并布满黑色纵纹，具长而宽的楔形尾和偏白色扩散状眉纹。下体偏白色，两胁和胸侧浅铜色，尾下覆羽皮黄色。与矛斑蝗莺的区别为胸部无纵纹。与棕扇尾莺的区别为体型较大、顶冠色浅且尾部较长。上喙亮黑色而下喙粉色，跗跖粉色。**鸣声**：求偶炫耀飞行中或停歇于芦苇上发出低音的 *djuk-djuk-djuk* 鸣唱声，参考 XC402488（Per Alström），鸣叫声为 *chuck* 声。**分布**：繁殖于日本和中国东北，越冬于长江中游，迷鸟至朝鲜半岛。在中国为罕见候鸟，*sinensis* 亚种繁殖于辽宁和河北沿海地区，迁徙过境记录于北京和湖北，越冬于长江中游的湖北和江西。**习性**：栖于芦苇地。性隐蔽。求偶炫耀飞行为快速爬升至芦苇丛上空再一边鸣唱一边如降落伞般缓慢下降。

927. 小蝗莺　Pallas's Grasshopper Warbler　*Locustella certhiola*
xiǎo huángyīng　13~15 cm　　　　　　　　　　图版108　LC

识别：中型莺。体具褐色纵纹，贯眼纹皮黄色，两翼和尾部红褐色而尾端白色、尾部次端偏黑色。上体褐色并具灰色和黑色纵纹，下体偏白色，胸部和两胁皮黄色。幼鸟体羽沾黄色，胸部具三角形黑点。*centralasiae* 亚种体色最浅，*rubescens* 亚种体色最深，指名亚种翕部和次级飞羽具黑色纵纹。**鸣声**：拖长的沙哑颤音 *chir-chirrrr*，参考 XC381995（Paul Holt），告警声为尖细的 *tik tik tik* 声。**分布**：繁殖于亚洲北部和中部，越冬于中国、东南亚、菲律宾巴拉望岛、苏拉威西岛和大巽他群岛。在中国为地区性常见的夏候鸟和过境鸟，*centralasiae* 亚种繁殖于新疆西部和北部、青海、甘肃北部、内蒙古西部，越冬于华南地区；*certhiola* 亚种繁殖于东北地区，迁徙途经华东各省份；*rubescens* 亚种迁徙时亦见于华东各省份；指名亚种偶见于河北。**习性**：栖于芦苇地、沼泽、稻田、近水的草丛、蕨丛以及林缘地带。隐于浓密的植被下，即便受惊，也仅飞行数米远后又扎入隐蔽处。

928. 史氏蝗莺 / 东亚蝗莺　Pleske's Grasshopper Warbler　*Locustella pleskei*
shǐshì huángyīng　16~17 cm　　　　　　　　　　图版108　VU

识别：较大的纯灰褐色莺。具皮黄色短眉纹，下体白色，胸侧和两胁沾灰色。外侧尾羽羽端偏白色。翼覆羽略具银色羽缘。顶冠和翕部略具深色点斑。第一冬鸟喉部略沾黄色。似北蝗莺但体羽偏灰色、腰部无棕色且眉纹较模糊。跗跖粉色。**鸣声**：鸣唱声为短颤音续以 *per-chew-chew-chew* 声，和北蝗莺明显不同，参考 XC424778（AwingQian）。**分布**：繁殖于西伯利亚东南部、日本和朝鲜半岛南部，迁徙途经中国东南部，越冬于中国南部沿海地区及越南等地。在中国，迁徙过境或越冬鸟罕见于东南沿海省份，繁殖于山东。**习性**：栖于裸露高地和山麓地带的开阔荆棘丛中。越冬于芦苇地、灌丛和红树林。夏季性隐蔽，但冬季较不惧人。

929. 北蝗莺　Middendorff's Grasshopper Warbler　*Locustella ochotensis*
běi huángyīng　14~16 cm　　　　　　　　　　图版108　LC

识别：较大的橄榄褐色莺。两胁皮黄褐色，腹部偏白色。幼鸟胸部和两胁具纵纹。与小蝗莺的区别为上体无纵纹，与史氏蝗莺的区别为上体偏褐色、下体色淡、贯眼纹较深、喙较短。**鸣声**：鸣叫声为尖厉的摩擦音 *viche...viche...viche*，参考 XC286293（Peter Boesman）。**分布**：繁殖于东北亚，越冬于中国南部、菲律宾、苏拉威西岛和加里曼丹岛。在中国，指名亚种为华东沿海、台湾和广东的罕见过境鸟。**习性**：喜草地和芦苇丛。

930. 矛斑蝗莺　Lanceolated Warbler　*Locustella lanceolata*
máobān huángyīng　12~13 cm
图版108　LC

识别： 较小并具褐色纵纹的莺。上体橄榄褐色并具偏黑色纵纹，下体白色并沾赭黄色，胸部和两胁具黑色纵纹，眉纹皮黄色，尾端无白色。与黑斑蝗莺的区别为体型较小、上体和胸部纵纹更为粗重、顶冠较黑。**鸣声：** 鸣唱声为拖长的快速高音颤鸣，比黑斑蝗莺更为尖厉而缓慢，参考 XC148847（Sander Bot），鸣叫声为 *churr-churr* 和低音 *chk*。**分布：** 繁殖于西伯利亚、古北界东部，越冬于菲律宾、东南亚、大巽他群岛和摩鹿加群岛北部。在中国为不常见候鸟，繁殖于东北地区，迁徙过境鸟记录于华东和西北地区。**习性：** 喜潮湿的稻田、沼泽灌丛、近水的休耕地和蕨丛。

931. 棕褐短翅莺 / 棕褐短翅蝗莺　Brown Bush Warbler　*Locustella luteoventris*
zōnghè duǎnchìyīng　13~15 cm
图版108　LC

识别： 中型暗褐色莺。两翼短而宽，皮黄色眉纹不甚清晰。颏、喉和上胸白色，脸侧、胸侧、腹部和尾下覆羽浓皮黄褐色。尾下覆羽羽端偏白色并具鳞状纹。夏羽喉部时有暗色纵纹。幼鸟喉部皮黄色，喙细长而略具钩，额部圆润。与高山短翅莺的区别为喙更细，与中华短翅莺的区别为后者下体偏黄色。*ticehursti* 亚种比指名亚种体羽少棕色。上喙色深而下喙粉色，跗跖粉色。**鸣声：** 鸣叫声为环绕的 *tic-tic-tic-tic-tic-tic* 声，参考 XC20242（Nick Athanas）。**分布：** 喜马拉雅山脉至中国南部和东南亚。在中国为较常见留鸟，指名亚种广布于西藏东南部至华东和东南，*ticehursti* 亚种记录于云南西南部（沧源）。**习性：** 栖于海拔 1200 ~ 3300 m 的光秃丘陵和松林空间的次生灌丛、草丛和蕨丛。性隐蔽，站姿较平。**分类学订正：** 有文献认为本种无亚种分化。

932. 巨嘴短翅莺 / 巨嘴短翅蝗莺　Long-billed Bush Warbler　*Locustella major*
jùzuǐ duǎnchìyīng　13~15 cm
图版109　NT

识别： 中型暗橄榄褐色莺。两翼短而宽，尾部略短，具发散状白色长眉纹。似斑胸短翅莺，区别为喙较长且上喙较弯、白色眼先明显且胸部不沾灰色。幼鸟体羽偏橄榄色，而区别于偏棕色的斑胸短翅莺幼鸟。*innae* 亚种比指名亚种体色更浅、喉部几乎无点斑。**鸣声：** 鸣叫声为平静的 *tic* 声或似喘息的 *trrr* 告警声，鸣唱声为单调的金属音 *pikha pikha pikha...*，约每秒三声，有时持续达数分钟。**分布：** 喜马拉雅山脉西部、印度北部和中国西部。世界性近危。在中国为罕见留鸟，夏季栖于海拔 2400 ~ 3600 m 而冬季下至海拔 1200 m 处，指名亚种见于新疆昆仑山脉西部和西藏西部，*innae* 亚种为昆仑山脉东部和新疆东部留鸟。**习性：** 性隐蔽而难得一见。栖于峡谷两侧茂密的杂草丛和低灌丛中。

933. 黑斑蝗莺　Common Grasshopper Warbler　*Locustella naevia*
hēibān huángyīng　12~14 cm
图版109　LC

识别： 中型橄榄褐色莺。体具偏黑色纵纹。下体灰皮黄色，喉部乳白色，上胸沾暖色，夏羽上胸具黑色点斑，有时两胁具纵纹。浅色眉纹不甚明显。极似矛斑蝗莺，区别为腹部偏灰色、尾下覆羽皮黄色并具黑色矛状纵纹、尾部色较深、体型略大、上体纵纹较少且鸣唱声亦不同。上喙色暗而下喙基粉色，跗跖粉色。**鸣声**：鸣叫声为生硬的 *sit* 声，鸣唱声从低矮停歇处发出，为快速、干涩而不停顿的环绕声，仿佛被捂住的闹钟声，参考 XC184157（Albert Lastukhin）。**分布**：繁殖于西欧至蒙古国西北部，越冬于西班牙、北非和印度。在中国罕见，*straminea* 亚种繁殖于新疆西北部的天山特克斯河谷，冬季南迁。**习性**：隐于浓密的地面植被中，极少飞行。

934. 中华短翅莺 / 中华短翅蝗莺　Chinese Bush Warbler　*Locustella tacsanowskia*
zhōnghuá duǎnchìyīng　13~15 cm　　　　　　　　图版109　LC

识别：中型褐色莺。下体和眉纹浅色，眼先白色，尾较长而呈楔形。上体纯褐色，下体从白色至黄色不等，胸侧和两胁皮黄褐色，喉部和上胸有时具褐色点斑。尾下覆羽淡褐色，浅色宽阔羽端形成宽锯齿状图纹。与斑胸短翅莺夏羽的区别为上体橄榄褐色较浅、胸部无灰色、喉部点斑较少且点斑为褐色而非黑色、下喙色较浅。与斑胸短翅莺冬羽的区别为尾下锯齿状图纹对比不甚明显且下体有时沾黄色。与高山短翅莺的区别为上体色浅、颈侧和胸部偏褐色、喙细而色浅。与棕褐短翅莺的区别为尾下覆羽色浅、下体略沾黄色、胸侧褐色较少。**鸣声**：鸣叫声为似矛斑蝗莺的 *chirr, chirr* 声，鸣唱声为似蟋蟀的 *dzzzeep-dzzeep-dzeep* 声，比斑胸短翅莺音调更低，参考 XC381998（Paul Holt）。**分布**：繁殖于西伯利亚南部和东部至中国东北部和中部，越冬于东南亚和印度东北部。在中国为地区性常见鸟，繁殖于东北至广西、云南、四川、青海东部和甘肃西南部海拔 2000 ~ 3600 m 地区，越冬于云南南部并可至西藏东南部。**习性**：性隐蔽。夏季栖于落叶松林窗间的稠密灌丛，冬季栖于草地和芦苇地。

935. 鸲蝗莺　Savi's Warbler　*Locustella luscinioides*　qú huángyīng
13~15 cm　　　　　　　　图版108　LC

识别：中型纯橄榄灰色莺。上体纯色，眉纹模糊，眼下方具白色半眼圈。下体偏白色，上胸、胸侧、两胁和尾下覆羽浅粉皮黄色，胸侧散布偏褐色纵纹。尾下覆羽羽端白色而略呈锯齿状。上喙暗角质色而下喙粉色。**鸣声**：鸣叫声为似大山雀的 *ching ching* 声，亦作轻柔的 *puitt* 声。鸣唱声开始时轻缓，逐渐升至生硬的 *surrrrrrrr....* 声，似蝼蛄，参考 XC185070（Albert Lastukhin）。**分布**：繁殖于欧洲至乌克兰、中亚、蒙古国，越冬于西非和东非。在中国，*fusca* 亚种在新疆西部有数笔迷鸟记录，可能繁殖于喀什和天山地区，应多加留意。**习性**：栖于近淡水或半咸水的灌丛。虽性隐蔽但不甚惧人。在地面似鼠类般笨拙地拖行和奔跑，并将尾部高举。

936. 北短翅莺 / 北短翅蝗莺　Baikal Bush Warbler　*Locustella davidi*
běi duǎnchìyīng　11~12 cm　　　　　　　　图版109　LC

识别：小型褐色莺。尾较短而圆，具较长的褐色尾下覆羽，喉部具黑色点斑。极似斑胸短翅莺，曾被视作后者的亚种，区别为体羽红色较少、喉部黑色点斑不形成领圈且鸣叫声和分布亦不同。**鸣声**：鸣唱声为一连串清晰而分明的似虫鸣 *creep* 声，参考 XC321840（Guy Kirwan），鸣叫声为简单的 *chak* 声。**分布**：繁殖于西伯利亚南部和中国东北部，*suschkini* 亚种见于阿尔泰山脉，指名亚种见于黑龙江、吉林、华北和朝鲜半岛北部。越冬于孟加拉国、缅甸和中南半岛。**习性**：性隐蔽且体色暗淡，可能数量较多但常被忽视。

937. 斑胸短翅莺 / 斑胸短翅蝗莺　Spotted Bush Warbler　*Locustella thoracica*
bānxiōng duǎnchìyīng　12~14 cm　图版109　LC

识别：中型暗褐色莺。两翼短而宽，白色眉纹不甚明显。上体褐色，顶冠沾棕色，下体偏白色，喉部具偏黑色点斑，胸带灰色，两胁偏褐色。尾下覆羽褐色，白色羽端形成宽锯齿状图纹。喉部黑色点斑在春季甚明显而形成完整的领圈，但在冬季较浅，*przevalskii* 亚种几乎全无。与巨嘴短翅莺的区别为喙较短而直、眉纹少发散。*przevalskii* 亚种体色比指名亚种更浅。**鸣声**：鸣唱声为一连串通常由 5 个刺耳音节组成的快速鸣叫，最后一音降调，每数秒重复一次。鸣叫声因亚种而有别，包括干涩似蝉鸣的 *dzzzzzzzr, dzzzzzzzr, dzrrr* 和有节律的 *trick-i-di-di, trick-i-di-di* 等，参考 XC402491（Per Alström）。**分布**：繁殖于中亚、喜马拉雅山脉至西伯利亚南部、中国北部和中部，越冬于印度北部、缅甸和泰国。在中国为地区性常见鸟，指名亚种繁殖于西藏东南部，*przevalskii* 亚种见于西南地区至陕西南部秦岭，部分个体越冬于东南地区和云南西南部。**习性**：繁殖于林线以上高至海拔 4300 m 的刺柏和杜鹃灌丛，冬季下至山麓和平原。性极隐蔽。

938. 台湾短翅莺 / 台湾短翅蝗莺　Taiwan Bush Warbler　*Locustella alishanensis*
táiwān duǎnchìyīng　13~14 cm　图版109　LC

识别：中型深棕褐色莺。顶冠羽端具狭窄深色带，浅皮黄色的眉纹和眼圈不甚明显。颏、喉部白色，喉部下方通常具点斑。上胸灰褐色，下胸和腹部白色。尾下覆羽深棕褐色并具暖色羽端。喙黑色但冬羽下喙有时为浅色。与高山短翅莺的区别为上体羽色更浅且偏灰色、下体灰色更少。**鸣声**：鸣唱声为独特的单哨音和三四个咔嗒声，重复十次以上，并以哨音收尾，参考 XC34182（Frank Lambert）。**分布**：中国台湾特有种，为海拔 1200 ~ 3000 m 具有浓密林下植被的落叶、针叶原生林和受扰林中的常见繁殖鸟。**习性**：同高山短翅莺。

939. 高山短翅莺 / 高山短翅蝗莺　Russet Bush Warbler　*Locustella mandelli*
gāoshān duǎnchìyīng　13~14cm　图版108　LC

识别：中型深褐色莺。具较长而宽的楔形尾。上体橄榄褐色并略沾棕色，尾部偏橄榄色，颏、喉部白色并具黑色纵纹，下体余部白色，颈侧沾灰色，胸侧和腹部沾橄榄褐色。尾下覆羽羽端偏白色而形成鳞状斑纹。**鸣声**：鸣唱声为机械重复的一长串 *zee-ut, zee-ut* 声，参考 XC499481（Brian Cox），鸣叫声为兴奋的嚓嚓声和爆破音 *rink-tink-tink*。**分布**：喜马拉雅山脉东部、印度东北部、缅甸、中国南部和东南亚。在中国，指名亚种为陕西南部、云南东北部、四川、贵州和湖南的留鸟，*melanorhyncha* 亚种为华南、东南和台湾地区山地中的留鸟。在适宜的生境中并不罕见，但常被忽视。西藏东南部可能亦有分布。**习性**：隐于海拔 2800 m 以下的林缘和开阔山麓地带的茂密灌丛中。

940. 四川短翅莺 / 四川短翅蝗莺　**Sichuan Bush Warbler**　*Locustella chengi*
sìchuān duǎnchìyīng　13~14 cm　图版108　LC

识别：中型深灰褐色莺。具较长而宽的楔形尾。极似高山短翅莺，区别为上体、胸侧和两胁偏灰色（少棕色）、尾部更短、喙更长且鸣唱音调不同。**鸣声**：鸣唱声为机械重复的一长串似蛙鸣声，音调比高山短翅莺更低，参考 XC324120（Guy Kirwan）。鸣叫声为尖厉的 *schuk* 声。**分布**：中国特有种。繁殖于华中地区，越冬地不详。**习性**：隐于海拔约 1000 ~ 2300 m 的林缘茂密灌丛、开阔山麓地带、茶园和竹林中。

941. 沼泽大尾莺　**Striated Grassbird**　*Megalurus palustris*　zhǎozé dàwěiyīng
♂26~28 cm ♀ 22~24 cm　图版109　LC

识别：不易被误认的大型褐色莺。背部具明显黑色纵纹，眉纹黄白色，尾部极长而尖。上体亮红褐色，背部和翼覆羽具黑色纵纹，下体偏白色，胸部和两胁具狭窄偏黑色纵纹，两胁和尾下覆羽沾赤褐色。**鸣声**：鸣唱声粗哑而悦耳，从停歇处或在飞行中发出，似泉水涌动，参考 XC117025（Mike Nelson），亦作尖厉的 *chak chak* 声和以爆破音 *wheeechoo* 收尾的哨音。**分布**：印度、中国、菲律宾、东南亚、爪哇岛和巴厘岛。在中国，*toklao* 亚种为西藏东南部、云南、贵州南部和广西海拔 1800 m 以下地区的不常见留鸟。**习性**：栖于开阔的草地、竹丛和次生灌丛。部分地栖性，奔跑于浓密植被下。

▌扇尾莺科　Cisticolidae　扇尾莺、山鹪莺　（3 属 12 种）

一大科分布于非洲和亚洲的莺类，体形修长，尾长，栖于芦苇丛和草丛。

942. 棕扇尾莺　**Zitting Cisticola**　*Cisticola juncidis*　zōng shànwěiyīng
10~14 cm　图版110　LC

识别：具褐色纵纹的小型莺。腰部黄褐色，尾端白色明显。与金头扇尾莺非繁殖羽的区别为白色眉纹明显比颈侧和枕部更浅。**鸣声**：作波状求偶炫耀飞行时发出一连串清脆的 *zit* 声（故得其英文名），参考 XC498837（Brian Cox）。**分布**：非洲、南欧、印度、中国、日本、菲律宾、东南亚、马来群岛、苏拉威西岛和澳大利亚北部。在中国，*tinnabulans* 亚种常见于海拔 1200 m 以下地区，繁殖于华中和华东，越冬于华南和东南。**习性**：栖于开阔草地、稻田和甘蔗地，通常比金头扇尾莺更喜潮湿生境。求偶飞行时雄鸟在雌鸟上空振翅悬停并盘旋鸣叫。非繁殖期性羞怯而不易见。

943. 金头扇尾莺　**Golden-headed Cisticola**　*Cisticola exilis*
jīntóu shànwěiyīng　10~12 cm　图版110　LC

识别：具褐色纵纹的小型莺。雄鸟繁殖羽顶冠亮金色、腰部褐色。雄鸟非繁殖羽和雌鸟顶冠布满黑色细纹，与棕扇尾莺的区别为浅皮黄色眉纹与颈侧和枕部同色。下体皮黄色，喉部偏白色，尾部深褐色而尾端皮黄色。**鸣声**：雄鸟在繁殖期从停歇处或在飞行中发出刺耳的 *buzz* 声续以响亮的流水般 *plook* 声，亦作高音而刺耳的似责骂声，参考 XC62511〔Chie-Jen (Jerome) Ko〕。**分布**：印度、中国、菲律宾、东南亚、马来群岛、苏拉威西岛、摩鹿加群岛至新几内亚岛和澳大利亚。在中国地区性常见于海拔 1500 m 以下适宜生境中，*courtoisi* 亚种为华南和东南地区留鸟，*volitans* 亚种见于云南，*tytleri* 亚种见于云南怒江以西和西藏东南部。**习性**：栖于高草地、芦苇地和稻田。性隐蔽，有时停于高草茎秆或矮树丛上。飞行起伏。

944. 山鹪莺 **Striated Prinia** *Prinia crinigera* shānjiāoyīng
15~17 cm   图版110　LC

识别：较大并具深褐色纵纹的山鹪莺。尾长而呈楔形。上体灰褐色并具黑色和深褐色纵纹。下体偏白色，两胁、胸部和尾下覆羽沾茶黄色，胸部具明显黑色纵纹。非繁殖羽偏褐色，胸部黑色较少，顶冠具皮黄色和黑色细纹。似褐山鹪莺非繁殖羽，区别为胸侧无黑色点斑。*catharia* 亚种比指名亚种偏褐色且纵纹较多。*parvirostris* 亚种色深，下体偏灰色。*parumstriata* 亚种偏灰色并具褐色点斑，额部具细纹，下体偏白色。*striata* 亚种色浅且偏灰色。**鸣声**：鸣唱声为一连串二、三或四音节单调刺耳喘息声，参考 XC188361（Frank Lambert），鸣叫声为尖厉的 *tchack, tchack* 声。**分布**：阿富汗至印度北部、缅甸、中国南部。在中国为海拔 3100 m 以下地区常见鸟，指名亚种为西藏东南部留鸟，*catharia* 亚种见于西南地区，*parvirostris* 亚种见于云南东南部，*parumstriata* 亚种见于华南和东南地区，*striata* 亚种见于台湾。**习性**：栖于高草和灌丛中，常在休耕地活动。雄鸟常停歇于突出部鸣叫。飞行显无力。**分类学订正**：2020 年 Per Alström 等人根据分子遗传学、鸣声以及形态学等证据，认为山鹪莺和褐山鹪莺种组应该包含 5 个种，其中山鹪莺的 *striatula*、*crinigera*、*yunnanensis* 和褐山鹪莺的 *bangsi* 亚种可以归为一种，并占用学名 *Prinia crinigera*（喜山山鹪莺）。而山鹪莺的 *catharia*、*parumstriata* 和 *striata* 被归为另一种，并命名为 *Prinia striata*（山鹪莺）。另外 3 个种分布于国外。

945. 褐山鹪莺 **Brown Prinia** *Prinia polychroa* hè shānjiāoyīng
15~17 cm   图版110　LC

识别：较大而尾长的暗棕褐色山鹪莺。上体褐色，顶冠、翕部和覆羽略具纵纹，具楔形尾，尾端浅皮黄色并具深色次端带，下体偏白色，两胁和尾下覆羽皮黄色。与山鹪莺的区别为体羽偏棕色、体色较浅而较少纵纹且胸部无纵纹。跗跖偏白色。**鸣声**：响亮的 *twee-ee-ee-ee-eet* 声和似喘息的 *chirt-chirt-chirt-chirt* 声，参考 XC88120（Frank Lambert）。**分布**：中国西南部、东南亚和爪哇岛。在中国，*bangsi* 亚种呈边缘性分布，为云南东南部和广西海拔 1500 m 以下地区不常见留鸟。**习性**：栖于高草地和低矮灌丛。性羞怯，藏于浓密植被下。成对或集家族群活动。**分类学订正**：曾被视作黑胸山鹪莺（*P. atrogularis*）的亚种，但最新研究表明中国境内分布的 *bangsi* 亚种可以和山鹪莺的几个亚种归为一种，详情见山鹪莺中的"分类学订正"部分。

946. 黑胸山鹪莺 **Black-throated Prinia** *Prinia atrogularis*
hēixiōng shānjiāoyīng 16~20 cm 图版110 LC

识别：较大而尾长的褐色山鹪莺。胸部具黑色纵纹。上体褐色而无纵纹，两胁黄褐色，腹部皮黄白色，脸颊灰色，具明显白色眉纹。**鸣声**：响亮而刺耳的 *cho-ee, cho-ee, cho-ee* 声，似长尾缝叶莺但更慢，参考 XC430342（Brian Cox）。**分布**：喜马拉雅山脉、中国西南部、东南亚、马来半岛和苏门答腊岛。指名亚种为西藏南部和东南部留鸟。**习性**：性嘈杂而好动，集家族群栖于低山和山地森林中的草丛和低矮植被中。**分类学订正**：黑喉山鹪莺（*P. superciliaris*）和褐山鹪莺（*P. polychroa*）均曾被视作本种的亚种（但本种原中文名则为黑喉山鹪莺，原英文名为 Hill Prinia）。

947. 黑喉山鹪莺 **Hill Prinia** *Prinia superciliaris* hēihóu shānjiāoyīng
15~20 cm 图版110 LC

识别：较大而尾长的褐色山鹪莺。似黑胸山鹪莺，区别为下体黑色较少、上体橄榄绿色并无下髭纹。上喙色暗而下喙色浅，跗跖偏粉色。**鸣声**：响亮而刺耳的 *cho-ee, cho-ee, cho-ee* 声，似黑胸山鹪莺，参考 XC409494（Frank Lambert）。**分布**：中国南部、东南亚、马来半岛和苏门答腊岛。在中国常见于云南西部、四川西南部、贵州、广西、广东、湖南、江西和福建海拔 600 ~ 2500 m 的丘陵和山地。**习性**：似黑胸山鹪莺。**分类学订正**：曾被视作黑胸山鹪莺的亚种（但其原中文名和英文名则与本种相同）。

948. 暗冕山鹪莺 **Rufescent Prinia** *Prinia rufescens* ànmiǎn shānjiāoyīng
11~12 cm 图版110 LC

识别：较小的红褐色山鹪莺。尾部不太长，眼先和眉纹偏白色。繁殖羽上体红褐色而头部偏灰色，下体白色，腹部、两胁和尾下覆羽沾皮黄色。与纯色山鹪莺的区别为尾较短、上体偏红色。与灰胸山鹪莺非繁殖羽的区别为眉纹明显且延至眼后、喙偏褐色、上体偏红色、尾端皮黄色而非白色。**鸣声**：鸣叫声为 *peez-peez-eez-eez* 声、颤音和重复的 *chewp* 声，鸣唱声为一连串富有节律的 *chewp, chewp, chewp* 声，参考 XC396836（Marc Anderson）。**分布**：南亚次大陆东北部、东部至中国南部、缅甸和东南亚。在中国，指名亚种常见于西藏东南部、云南、广东、澳门和广西南部海拔1200 m 以下的次生林和灌丛中。**习性**：隐于低矮灌丛中，活跃而好动。秋冬季集小群。

949. 灰胸山鹪莺 **Grey-breasted Prinia** *Prinia hodgsonii*
huīxiōng shānjiāoyīng 10~12 cm 图版110 LC

识别：较小的灰褐色山鹪莺。尾部较长且呈楔形。成鸟繁殖羽上体偏灰色，飞羽棕色边缘形成褐色翼斑，下体白色并具明显灰色胸带。成鸟非繁殖羽和幼鸟易与暗冕山鹪莺非繁殖羽相混淆，区别为浅色眉纹较短（眼后模糊）、喙较小而色深、尾端白色而非皮黄色。与纯色山鹪莺的区别为尾部短得多。*rufula* 亚种非繁殖羽头顶偏棕色、下体浅褐色。虹膜橙黄色。**鸣声**：鸣唱声为响亮而尖厉的 *chiwee-chiwee-chiwi-chip-chip-chip* 声，音调和音量渐升至戛然而止，参考 XC426833（Peter Boesman）。鸣叫声为尖细的 *chew-chew-chew* 声和连续的 *zee-zee-zee* 声。**分布**：南亚次大陆至中国西南部和东南亚。在中国，常见于海拔 1800 m 以下的次生林下植被、灌丛和草地，confusa 亚种为四川南部、云南南部、贵州和广西的留鸟，rufula 亚种见于西藏东南部和云南西北部。**习性**：冬季集群。性羞怯而隐蔽。生境似暗冕山鹪莺但更喜较干燥地区如喀斯特环境。

950. 黄腹山鹪莺　Yellow-bellied Prinia　*Prinia flaviventris*
huángfù shānjiāoyīng　12~14 cm　　　　　　　　图版110　LC

识别：较大而尾长的橄榄绿色山鹪莺。喉、胸部白色，下胸和腹部为特征性黄色。头部灰色，有时具偏白色的模糊短眉纹，上体橄榄绿色，腿部皮黄色或棕色。繁殖羽尾部较短，雄鸟翕部偏黑色（雌鸟炭黑色），冬羽粉灰色。*sonitans* 亚种上体偏褐色而下体色浅，喉、胸部皮黄色。跗跖橙色。**鸣声**：鸣叫声为低弱而粗哑的 *schink-schink-schink* 声和似小猫般的轻柔 *pzeeeu pzeeeu* 声，鸣唱声为急促如涌泉般的 *tidli-idli-lia* 声，重音在最后的降调音节上，并由 *chirp* 声引出，参考 XC430373（Brian Cox）。**分布**：巴基斯坦至中国南部、东南亚和大巽他群岛。在中国为海拔 900 m 以下局部地区常见留鸟，*delacouri* 亚种为云南西南部和西部留鸟，*sonitans* 亚种见于华南、东南、海南和台湾。**习性**：栖于芦苇沼泽、高草地和灌丛中。较羞怯，藏于高草或芦苇中，仅在鸣唱时立于高处茎秆上。扇翅发出清脆声响。**分类学订正**：部分学者将 *sonitans* 亚种视作一个独立种 *P. sonitans*（中华山鹪莺）。

951. 纯色山鹪莺　Plain Prinia　*Prinia inornata*　chúnsè shānjiāoyīng
13~15 cm　　　　　　　　　　　　　　　　　图版110　LC

识别：较大而尾长的偏棕色山鹪莺。具浅色眉纹。上体暗灰褐色，下体浅皮黄色至红棕色。背部色浅且比褐山鹪莺更为纯色。全年均可换羽，新羽偏粉色。台湾的 *flavirostris* 亚种体色较浅而喙为黄色。尾部比中国境内任何其他山鹪莺均更长。**鸣声**：鸣唱声为单调而连续似虫吟声，每秒三至四声，持续长达一分钟，参考 XC207647（Mike Nelson）。鸣叫声为快速重复的 *chi-up* 声、清晰的 *tee-tee-tee* 声和带鼻音的 *beep* 声。**分布**：印度、中国、东南亚和爪哇岛。在中国为海拔 1500 m 以下地区常见留鸟，*extensicauda* 亚种见于华中、西南、华南、东南和海南，*blanfordi* 亚种见于云南西部，*flavirostris* 亚种见于台湾。**习性**：栖于高草地和稻田。头、尾常高高耸起，性活泼，集小群活动，常在树上、草茎上或在飞行中鸣叫。

952. 长尾缝叶莺　Common Tailorbird　*Orthotomus sutorius*
chángwěi féngyèyīng　10~14 cm　　　　　　　图版107　LC

识别：小型莺。腹部白色，尾长而常上扬，额部和顶冠前方棕色，眼先和头侧偏白色，顶冠后方和枕部偏灰色，背部、两翼和尾部橄榄绿色，下体白色而两胁灰色。雄鸟繁殖羽中央尾羽延长。*inexpectatus* 亚种脸颊和耳羽无细纹，*longicauda* 亚种上体色深。**鸣声**：鸣叫声为极响亮而重复的刺耳 *te-chee-te-chee-te-chee* 声或单音 *twee* 声，参考 XC414517（Frank Lambert）。**分布**：印度至中国、东南亚和爪哇岛。在中国为海拔 1500 m 以下局部地区常见留鸟，*inexpectatus* 亚种见于西藏东南部、云南西部和南部，*longicauda* 亚种见于华南、东南和海南。**习性**：多见于稀疏森林、次生林和庭院。性活泼，不停移动或发出刺耳尖叫声。常隐于下层林木且多在浓密植被中。利用蛛丝缝叶营杯状巢。

953. 黑喉缝叶莺　Dark-necked Tailorbird　*Orthotomus atrogularis*
hēihóu féngyèyīng　11~12 cm　　　　　　　　　　图版107　LC

识别：小型莺。顶冠棕色，腹部白色，尾长而常上扬，臀部黄色，具特征性的偏黑色喉部（幼鸟无）。上体橄榄绿色，头侧灰色。雌鸟体色暗，头部红色较少且喉部黑色较少。与长尾缝叶莺的区别为顶冠后方为棕色、无白色眉纹、背部偏绿色、尾下覆羽和腿部黄色。**鸣声**：鸣唱声为甜美而清晰的似抽泣声 *kri-ri-ri*，而不同于长尾缝叶莺，参考 XC439683（Greg Irving）。**分布**：印度北部至中国西南部、菲律宾、东南亚、苏门答腊岛和加里曼丹岛。在中国，为广西和云南西南部海拔 1200 m 以下的地区性常见鸟。**习性**：喜稀疏森林、次生林、河岸和庭院。

▌鹛科　Timaliidae　钩嘴鹛和近缘种　（7 属 27 种）

一小科大型鹛类，具长而下弯的喙。多觅食于森林或灌丛中的地面，鸣叫声响亮。

954. 长嘴钩嘴鹛　Large Scimitar Babbler　*Pomatorhinus hypoleucos*
chángzuǐ gōuzuǐméi　26~28 cm　　　　　　　　　　图版112　LC

识别：大型褐色钩嘴鹛。喙色深。褐色耳羽后方具栗色斑。*tickelli* 亚种眼后具白色长纵纹，颏、喉部和胸部中央白色，胸侧和两胁烟褐色并具白色纵纹，尾下覆羽棕色。*hainanus* 亚种偏橄榄色。跗跖灰绿色。**鸣声**：响亮清晰的三音节 *hu-hu-pek* 声，二鸟对唱时更为复杂，参考 XC303548（Qin Huang）。**分布**：印度东北部至中国南部和东南亚。在中国为不太罕见的留鸟，*tickelli* 亚种见于云南南部、广西和广东，*hainanus* 亚种见于海南。**习性**：栖于海拔 1200 m 以下的常绿林和混交林中的竹丛和林下灌丛。

955. 锈脸钩嘴鹛　Rusty-cheeked Scimitar Babbler
Pomatorhinus erythrogenys　xiùliǎn gōuzuǐméi　23~26 cm　　　　图版112　LC

识别：较大的钩嘴鹛。具褐色喙，顶冠和枕部红褐色并具深橄榄褐色细纹，眼先白色，背部、两翼和尾部纯棕色，脸颊、两胁和尾下覆羽亮橙褐色，下体余部偏白色，胸部具灰色点斑和纵纹。**鸣声**：响亮而独特的二重唱，雄鸟发出深沉的 *callow-creee*，*callow-creee* 声，其中 *creee* 声高出约 4 个音调，雌鸟复以 *callow* 声，参考 XC441160（Sreekumar Chirukandoth），告警声为吱吱声。**分布**：喜马拉雅山脉、缅甸东部和泰国西北部。在中国尚无记录，但 *haringtoni* 亚种可能出现于西藏南部的卓木麻曲、春丕河谷地区。**习性**：隐于近地面的高草丛或浓密灌丛中，但有时在树冠鸣叫。

956. 台湾斑胸钩嘴鹛　Black-necklaced Scimitar Babbler
Pomatorhinus erythrocnemis　táiwān bānxiōnggōuzuǐméi
23~25 cm　　　　　　　　　　　　　　　　　　图版111　LC

识别：较大的钩嘴鹛。具灰色喙。无浅色眉纹，额部棕色。胸部布满黑色纵纹，两胁灰色，顶冠和枕部深灰色并具纵纹，臀部栗色。虹膜浅黄色。**鸣声**：高亢的 *whii-i-who, whii-i-who* 哨声和响亮而嘶哑的哨音，似台湾山鹪鸪，参考 XC290149（Jim Holmes）。**分布**：中国台湾特有种，低海拔灌丛和林缘地带的较常见留鸟。**习性**：似斑胸钩嘴鹛。**分类学订正**：曾被视作斑胸钩嘴鹛（*P. gravivox*）和华南斑胸钩嘴鹛（*P. swinhoei*）的亚种。

957. 斑胸钩嘴鹛　Black-streaked Scimitar Babbler
Pomatorhinus gravivox　bānxiōng gōuzuǐméi　21~25 cm　　　图版111　LC

识别：较大的钩嘴鹛。无浅色眉纹，脸颊棕色。极似锈脸钩嘴鹛，区别为大部分亚种胸部布满黑色点斑或细纹。诸亚种细节有差异（详见下表）。虹膜黄色至栗色。**鸣声**：二重唱，雄鸟发出响亮的 *queue pee* 声，雌鸟立即复以 *quip* 声，参考 XC408203（Sid Francis）。**分布**：印度东北部、缅甸北部和西部、中南半岛北部、中国东部、中部和南部。在中国为灌丛和林缘地带的较常见留鸟，*decarlei* 亚种见于西藏东南部、云南西北部和四川西南部，*dedekensi* 亚种见于西藏东部、云南西北部和四川西部，*odicus* 亚种见于云南和贵州，*cowensae* 亚种见于华中，*gravivox* 亚种见于甘肃南部、四川北部、陕西南部、山西南部和河南西北部。**习性**：典型的钩嘴鹛，栖于灌丛中。

亚种	胸部	两胁	上背
dedekensi	黑色点斑	棕色	橄榄褐色
cowensae	黑色点斑	棕黄色	棕色纵纹
decarlei	黑色点斑	棕色	橄榄褐色
gravivox	黑色粗纹	灰色	橄榄褐色
odicus	无点斑	灰色	橄榄褐色

958. 华南斑胸钩嘴鹛　Grey-sided Scimitar Babbler　*Pomatorhinus swinhoei*
huánán bānxiōnggōuzuǐméi　22~24 cm　　　　　　　　　图版111　LC

识别：较大的钩嘴鹛。额部栗色，具浅色眉纹和棕色脸颊。胸部具黑色粗纹，两胁灰色，顶冠和枕部褐色并具纵纹，臀部浓栗色（*swinhoei* 亚种）或红褐色（*abbreviatus* 亚种）。似斑胸钩嘴鹛，区别为眼先白色、上体更鲜亮、胸侧灰色。**鸣声**：鸣唱声为快速似抽鞭声的 *chow-whit chow-whit* 声，在二重唱中雌鸟复以高声单音，参考 XC320526（Qin Huang），鸣叫声为粗哑的 *chut'ut'ut'ut'ut'ut'ut...* 声。**分布**：中国东南部特有种，为灌丛和林缘地带的较常见留鸟。指名亚种见于安徽南部、江西东部、浙江、福建西北部和中部及广东，*abbreviatus* 亚种见于湖南南部、广东北部和广西。**习性**：似斑胸钩嘴鹛。**分类学订正**：曾被视作斑胸钩嘴鹛（*P. gravivox*）的亚种。

959. 灰头钩嘴鹛　White-browed Scimitar Babbler

Pomatorhinus schisticeps　huītóu gōuzuǐméi　20~23 cm　　　图版111　LC

识别：中型褐色钩嘴鹛。具灰色顶冠和黄色喙。具白色长眉纹和宽阔黑色贯眼纹。下体白色，胸侧、两胁和尾下覆羽褐色。与棕颈钩嘴鹛的区别为体型更大且胸部无纵纹。虹膜黄色，喙黄色而上喙中脊线黑色，跗跖铅色。**鸣声**：鸣唱声为 3 到 6 个不同速度的呼呼声，参考 XC341445（Peter Ericsson），鸣叫声沙哑。**分布**：喜马拉雅山脉、缅甸和中南半岛。在中国，*salimalii* 亚种出现于西藏东南部，指名亚种见于西藏丹巴曲以西海拔 2000 m 以下的喜马拉雅山麓地带。**习性**：性羞怯，有时集小群活动于浓密林下植被中，在地面并足跳跃，偶尔上树。

960. 棕颈钩嘴鹛　Streak-breasted Scimitar Babbler

Pomatorhinus ruficollis　zōngjǐng gōuzuǐméi　16~19 cm　　　图版111　LC

识别：较小的褐色钩嘴鹛。具栗色颈圈、白色长眉纹和黑色眼先，喉部白色，胸部白色并具纵纹。诸亚种细节有差异（详见下表）。上喙黑色而下喙黄色（*reconditus* 亚种下喙粉色），跗跖铅褐色。**鸣声**：鸣唱声为 2 至 3 声柔美的呼呼声，重音在第一音，最后一音较低。雌鸟有时复以尖叫，参考 XC555884（Zhou Zhe）。**分布**：喜马拉雅山脉、中南半岛北部、缅甸北部和西部、中国中部至南部。在中国，甚常见于海拔 80 ~ 3400 m 的混交林、常绿林或有竹林的矮小次生林，有多个亚种，*nigrostellatus* 亚种见于海南，*stridulus* 亚种见于东南部武夷山，*hunanensis* 亚种见于华中和华南山区，*styani* 亚种见于甘肃南部至浙江、四川以及贵州北部，*eidos* 亚种为四川峨眉山地区特有亚种，*similis* 亚种见于四川西南部、云南西北部和西部，*laurentei* 亚种见于云南西南部，*albipectus* 亚种见于云南南部澜沧江和红河之间，*godwini* 亚种见于西藏东南部。有部分中间色型存在。**习性**：本属典型习性。

亚种	胸部	腹部	上背
godwini	白色并具灰褐色纵纹	灰褐色	褐色
eidos	白色并具橄榄褐色纵纹	橄榄褐色并具白色纵纹	褐色并沾栗色
similis	白色并具褐色纵纹	橄榄褐色并沾棕色	褐色
albipectus	几乎全白	橄榄褐色	褐色
reconditus	白色并具褐色纵纹	橄榄褐色	褐色
laurentei	灰褐色并具褐色纵纹	橄榄褐色	褐色
styani	棕褐色并具白色纵纹	橄榄褐色	褐色并沾栗色
hunanensis	褐色并具白色纵纹	橄榄褐色	褐色
stridulus	栗褐色并具白色纵纹	浓褐色	栗褐色
nigrostellatus	深栗色并具白色纵纹	浓栗褐色	深褐色

961. 台湾棕颈钩嘴鹛　Taiwan Scimitar Babbler　*Pomatorhinus musicus*

táiwān zōngjǐnggōuzuǐméi　19~21 cm　　　图版111　LC

识别：较小的褐色钩嘴鹛。具栗色颈圈、白色长眉纹和黑色眼先，翕部深褐色，喉部白色，胸部白色并具深栗色溅斑，腹部栗褐色。**鸣声**：鸣唱声为清晰的三音节降调，停顿后又重复，参考 XC290147（Jim Holmes），鸣叫声为响亮的叽喳声。**分布**：中国台湾特有种，栖于海拔 2300 m 以下的低海拔和山地原生林及次生林中。种群数量有下降趋势，但暂时不足以划为近危。**习性**：同棕颈钩嘴鹛。

962. 棕头钩嘴鹛　Red-billed Scimitar Babbler

Pomatorhinus ochraceiceps　zōngtóu gōuzuǐméi　22~23 cm　　　图版111　LC

识别：中型褐色钩嘴鹛。下体皮黄色，喉部和眉纹白色，具特征性的深红色喙。与红嘴钩嘴鹛的区别为白色眉纹上方无黑色边缘、胸部白色（*stenorhynchus* 亚种为暖皮黄色）、喙偏橙色且较细长。虹膜浅褐色，跗跖褐色。**鸣声**：深沉似流水般的单音或双音 *tu-lip* 和带回音的双音 *hoop-hoop* 声，参考 XC156792（Hans Matheve），告警声为似责骂的嘎嘎金属音，比灰头钩嘴鹛更为粗哑。**分布**：印度东北部至中国西南部和东南亚。在中国不常见，指名亚种为云南南部西双版纳地区留鸟，*stenorhynchus* 亚种见于云南西部（芒市、永德）和西藏东南部。**习性**：栖于海拔 1200 ~ 2400 m 的竹林。成对或集小群活动。有时加入混合鸟群。

963. 红嘴钩嘴鹛　Coral-billed Scimitar Babbler

Pomatorhinus ferruginosus　hóngzuǐ gōuzuǐméi　23~24 cm　　　图版111　LC

识别：中型褐色钩嘴鹛。具白色眉纹和粗大的红色喙。与棕头钩嘴鹛的区别为喙较粗大而少橙色、白色眉纹上方具黑色边缘、脸侧偏黑色。指名亚种顶冠偏黑色。虹膜草黄色，跗跖褐色。**鸣声**：沙哑的嘎嘎声，似灰头钩嘴鹛，参考 XC65050（David Edwards），亦作圆润的双音上扬哨声。**分布**：喜马拉雅山脉。在中国罕见，指名亚种为西藏东南部留鸟，*orientalis* 亚种为云南东南部和极西部的留鸟。**习性**：栖于海拔 900 ~ 2000 m 的山地常绿林。

964. 剑嘴鹛 / 细嘴钩嘴鹛　Slender-billed Scimitar Babbler

Pomatorhinus superciliaris　jiànzuǐméi　19~21 cm　　　图版111　LC

识别：较小的树皮褐色钩嘴鹛。具特征性的偏黑色喙，极细长而下弯。头部青灰色，具狭窄的白色眉纹。上体深红褐色，下体锈色略沾皮黄色，喉部偏白色。虹膜灰色至红色。**鸣声**：三音节的流水般轻哨音和圆润的单高音呼声。占域鸣叫声有两种，分别为快速而断续的 *wuwuwuwuwuwu* 声和更慢更短且更为断续的 *put-put-put-put-put-put* 声，可能分别由两性发出，参考 XC426981（Peter Boesman），告警声为沙哑的吱吱声。**分布**：喜马拉雅山脉东部至云南西部、缅甸北部和西部以及越南北部。在中国为海拔 1000 m 以上局部地区罕见留鸟，*forresti* 亚种为云南西部留鸟，指名亚种和 *intextus* 亚种可能见于西藏东南部，*rothschildi* 亚种可能见于云南东南部。**习性**：性嘈杂、羞怯而好动，成对或集小群。栖于峻峭多岩山区的常绿林地面或近地面处，高度依赖竹林生境。将细长的喙伸入深洞和缝隙中觅食。

965. 棕喉鹩鹛 **Rufous-throated Wren Babbler** *Spelaeornis caudatus*
zōnghóu liáoméi 8~9 cm 图版112 NT

识别：小型橄榄褐色鹩鹛。尾短，上体深褐色并具黑色鳞状斑。具特征性棕色颏部和喉部，腹部偏黑色并具偏白色点斑形成的鳞状斑。**鸣声**：比鳞胸鹪鹛音调更高的 *tzit* 声，告警声为轻柔的 *birrh birrh birrh* 声，参考 XC426904（Peter Boesman）。**分布**：经不丹至印度东北部和中国西藏东南部。**习性**：性羞怯，隐于海拔 1750 ~ 2440 m 山地常绿林的林下植被中。

966. 锈喉鹩鹛 **Rusty-throated Wren Babbler** *Spelaeornis badeigularis*
xiùhóu liáoméi 8~9 cm 图版112 VU

识别：小型橄榄褐色鹩鹛。尾短，颏部白色，喉部深栗色，下体余部具黑白色鳞状斑，耳羽橄榄褐色。与棕喉鹩鹛的区别为仅喉部下方为深栗色。**鸣声**：比棕喉鹩鹛音调略低的 *tzit* 声，参考 XC374363（George Wagner）。**分布**：印度东北部和中国西藏东南部交界处的米什米山地区。世界性易危。罕见且仅存出地区采得的唯一一标本。在中国尚无记录，但推测可能出现于西藏东南部地区。**习性**：性羞怯，隐于潮湿的常绿阔叶林中。

967. 斑翅鹩鹛 **Bar-winged Wren Babbler** *Spelaeornis troglodytoides*
bānchì liáoméi 10~12 cm 图版112 LC

识别：尾部较长的小型鹩鹛。上体琥珀褐色并具黑白色点斑，尾部和两翼具狭窄黑色横斑。下体棕色，喉部白色明显。胸部通常具不明显的白色纵纹。*souliei* 亚种脸颊偏褐色而少棕色。*rocki* 亚种体型较大，脸颊深橙色，背部偏灰色且两翼横斑较少。**鸣声**：鸣唱声为四五个音节的低鸣，参考 XC426912（Peter Boesman），告警声为细弱的 *churr* 声，鸣叫声为柔和的 *cheep* 声。**分布**：喜马拉雅山脉东部至中国西南部和缅甸东北部。在中国罕见于局部地区，指名亚种为四川中部和西南部留鸟，*halsueti* 亚种见于甘肃南部白水江和陕西南部秦岭地区，*rocki* 亚种仅见于云南西北部澜沧江以东局部地区，*souliei* 亚种见于西藏东南部和云南西部、西北部的澜沧江以西地区。**习性**：栖于海拔 1500 ~ 3600 m 的山地森林的林下植被中。

968. 长尾鹩鹛 **Long-tailed Wren Babbler** *Spelaeornis reptatus*
chángwěi liáoméi 10~11 cm 图版112 LC

识别：小型而纤细的深褐色鹩鹛。尾部较长，喉部白色，头侧偏灰色。上体橄榄褐色并具黑色鳞状斑。喉部皮黄色并具浅褐色点斑，或为黄褐色并具红褐色点斑，并渐变成下体余部的橄榄褐色，腹部中央灰色。**鸣声**：鸣叫声为响亮的爆破哨音 *wheeuh*，鸣唱声为响亮的升调颤音，参考 XC437525（Phil Round）。**分布**：印度东北部、缅甸、中国西南部。在中国为云南西部和四川中部及西南部的罕见留鸟。**习性**：栖于海拔 1200 ~ 3000 m 的山地森林、林缘和次生林中。

969. 淡喉鹩鹛　**Pale-throated Wren Babbler**　*Spelaeornis kinneari*
dànhóu liáoméi　11~12 cm　　　　　　　　　图版112　国二/LC

识别：小型铜褐色鹩鹛。尾部较长。白色喉部和偏灰色头侧之间具偏黑色髭纹。上体具黑色鳞状斑，胸部下方鳞状斑明显，中央为宽阔的白色点斑，边缘为黑色。**鸣声**：升调鸣声续以短颤音，亦作清晰的长颤音，参考 XC156784（Hans Matheve）。**分布**：中国西南部和越南西北部。在中国罕见于和越南接壤的云南东南部（金屏）和广西西部。**习性**：栖于海拔 1400 ~ 1600 m 的常绿阔叶林的下层林木中。

970. 黑胸楔嘴鹩鹛 / 黑胸楔嘴穗鹛　**Sikkim Wedge-billed Babbler**　*Sphenocichla humei*
hēixiōng xiēzuǐliáoméi　17~18 cm　　　　　　　图版112　NT

识别：大型黑褐色鹩鹛。体具纵纹，喙宽大。眼后偏白色眉纹在颈侧发散为一系列细纹。极似楔嘴鹩鹛，区别为体色更深。黑褐色胸部仅具不甚明显的鳞状斑。**鸣声**：鸣唱声为响亮、悠扬而不甚清晰的哨音，常为二重唱，可能以高音调开始并降调啭鸣。鸣叫声为刺耳而有节奏的哨音，告警声为低声的 *hrrrh hrrrh hrrrh hrrr'it hrrrh hrrrh...*，参考 XC201770（Frank Lambert）。**分布**：尼泊尔东部至印度东北部和中国西南部。在中国罕见于西藏东南部。**习性**：栖于海拔 1600 ~ 2500 m 的山地常绿林和林下植被中。

971. 楔嘴鹩鹛 / 楔嘴穗鹛　**Cachar Wedge-billed Wren Babbler**
Sphenocichla roberti　xiēzuǐ liáoméi　17~18 cm　　　　图版112　NT

识别：大型巧克力褐色鹩鹛。尾部较长，眼后浅灰色眉纹延至耳羽后。头部具白色鳞状纹和细纹，颏部至胸部和两胁具特征性三角形（锯齿状）鳞状纹，中央为浅褐色，边缘为偏白色，呈"V"字形。体羽具细密横斑，两翼和尾部尤为明显。喙宽阔、尖利并呈楔形，体型比黑胸楔嘴鹩鹛以外的其他鹩鹛大得多，而与黑胸楔嘴鹩鹛的区别为胸部具明显锯齿状鳞状纹。**鸣声**：告警声为干涩的嘎嘎声，鸣唱声为清晰而悠扬的 *uu-wii-wu-yu* 声，参考 XC374366（George Wagner）。**分布**：喜马拉雅山脉东部、印度东北部和缅甸东北部。在中国极罕见，仅记录于西藏东南部和云南极西北部。**习性**：栖于海拔 300 ~ 2100 m 的潮湿森林和竹林中。

972. 弄岗穗鹛　**Nonggang Babbler**　*Stachyris nonggangensis*
nònggǎng suìméi　15~17 cm　　　　　　　　　图版113　国二/VU

识别：不易被误认的中型黑褐色穗鹛。虹膜偏蓝色，耳后具白色月牙状斑，喉部白色并具黑色点斑，喙黑色。**鸣声**：鸣叫声嘈杂，鸣唱声为拖长的 *peeuuww* 单音，参考 XC22530（Bjorn Anderson），召唤声为快速的吱吱声。**分布**：中国西南部和越南东北部。在中国仅见于广西弄岗自然保护区及周围地区，并不罕见。**习性**：栖于海拔 1000 ~ 1500 m 的石灰岩丘陵森林中，常集嘈杂的小群，隐于地面或近地面处。

973. 黑头穗鹛 **Grey-throated Babbler** *Stachyris nigriceps* hēitóu suìméi
13~15 cm 图版113 LC

识别：小型橄榄褐色穗鹛。顶冠和枕部偏黑色并具白色纵纹，黑色长眉纹下方具白色边缘，白色颊纹上方具灰色边缘，额、喉部深灰色，眼圈白色，下体橄榄皮黄色。虹膜浅褐色，喙偏黑色，跗跖暗黄色。**鸣声**：鸣叫声为降调的尖厉 prrreee-prrreee 声，参考 XC426924（Peter Boesman）。**分布**：尼泊尔至中国西南部、东南亚、马来半岛、苏门答腊岛和加里曼丹岛。在中国常见于海拔 1000 ~ 1500 m 的丘陵和山地森林中的林下植被，指名亚种见于西藏东南部，*coltarti* 亚种为云南西部留鸟，*yunnanensis* 亚种见于云南东南部和广西西南部。**习性**：集小群活动，栖于潮湿丘陵和山区森林中的近地面处。

974. 斑颈穗鹛 **Spot-necked Babbler** *Stachyris strialata* bānjǐng suìméi
15~17 cm 图版113 LC

识别：较小的橄榄褐色穗鹛。顶冠和枕部栗色，喉部白色，髭纹黑色。眉纹、额部和颈侧黑色并具明显白色点斑，下体栗褐色。虹膜红色，喙黑色，跗跖墨绿色。**鸣声**：鸣唱声为 per-yi-you 并以五六声回音收尾，告警声为吱吱声，参考 XC409930（Frank Lambert）。**分布**：中国南部、东南亚和苏门答腊岛。在中国地区性常见于海拔 950 m 以下的丘陵、山地森林和竹林，*tonkinensis* 亚种为云南南部和广西西南部留鸟，*swinhoei* 亚种见于海南。**习性**：群居，隐于茂密山地森林的地面和林下植被中。

975. 黄喉穗鹛 **Buff-chested Babbler** *Cyanoderma ambigua*
huánghóu suìméi 11~12 cm 图版113 LC

识别：小型褐色穗鹛。顶冠红褐色。与红头穗鹛易混淆，区别为颏部白色、喉部白色并具黑色细纹、下体偏皮黄色而少黄色。跗跖黄绿色。**鸣声**：鸣叫声为圆润悦耳的四声哨音 whı-whı-whi-whi 和叽喳声。鸣唱声为五到七声单音，第一音后略停顿，其余较快，似红头穗鹛，参考 XC211256（Peter Ericsson）。**分布**：南亚次大陆东北部、东南亚、苏门答腊岛和加里曼丹岛。在中国，*planicola* 亚种罕见于云南极西北部，*adjunctum* 亚种见于云南西南部和广西西南部，指名亚种可能出现于西藏东南部的喜马拉雅山麓地带。**习性**：栖于海拔 1200 m 以下的林缘、次生灌丛和草地。通常集活泼小群穿行于林下植被和竹丛中。

976. 红头穗鹛 **Rufous-capped Babbler** *Cyanoderma ruficeps*
hóngtóu suìméi 12~13 cm 图版113 LC

识别：小型褐色穗鹛。顶冠红褐色。上体暗灰橄榄色，眼先暗黄色，喉部、胸部和头侧沾黄色，下体橄榄黄色，喉部具黑色细纹。与黄喉穗鹛的区别为体羽偏黄色、下体皮黄色较少。*praecognita* 亚种上体灰色较少，*goodsoni* 亚种喉部黄色并具深色纵纹，*davidi* 亚种下体黄色。虹膜红色，上喙偏黑色而下喙色较淡，跗跖棕绿色。**鸣声**：鸣唱声似金头穗鹛但第一音后无停顿，为 pi-pi-pi-pi-pi-pi，参考 XC426922（Peter Boesman），亦作低声吱吱和轻柔的四声哨音 whi-whi-whi-whi，似雀鹛。**分布**：喜

293

马拉雅山脉东部至中国中部和南部、缅甸北部及中南半岛。在中国为常见留鸟，*bhamoensis* 亚种见于云南西部，指名亚种见于西藏东南部，*davidi* 亚种见于华中、华南和东南，*goodsoni* 亚种见于海南，*praecognita* 亚种见于台湾。**习性**：栖于森林、灌丛和竹丛中。

---

977. 黑颏穗鹛　Black-chinned Babbler　*Cyanoderma pyrrhops*
hēikē suìméi　10~11 cm
图版113　LC

识别：独特的小型褐色穗鹛。偏黑色的眼罩，颏部与皮黄褐色的头、胸部形成对比。上体纯褐色。虹膜红色。喙极尖利。**鸣声**：鸣唱声为一连串快速的尖厉哨音，似红头穗鹛和金头穗鹛，参考 XC108653（Mike Nelson）。**分布**：喜马拉雅山脉、巴基斯坦东北部至尼泊尔和相邻的中国西藏南部。在尼泊尔常见，但在中国罕见，仅分布于西藏南部。**习性**：栖于温带森林和亚热带或热带潮湿低海拔森林及灌丛中。

---

978. 金头穗鹛　Golden Babbler　*Cyanoderma chrysaeum*　jīntóu suìméi
11~12 cm
图版113　LC

识别：小型橄榄黄色穗鹛。具独特的黑色眼先和黄色喉部。顶冠金黄色并具黑色细纹，下体浅黄色。虹膜偏红色，喙黑色，跗跖黄色。**鸣声**：出奇地嘹亮，为 4 到 8 个 *toot* 低哨音，第一音或前两音较重并具停顿，参考 XC431522（Brian Cox），群鸟亦发出叽喳声。**分布**：尼泊尔至中国西南部、东南亚、马来半岛和苏门答腊岛。在中国常见于海拔 950 ~ 2130 m 的丘陵和山地森林中，指名亚种为西藏东南部和云南怒江以西地区留鸟，*aurata* 亚种为云南南部热带地区（西双版纳）的留鸟。**习性**：集小群活动于原始林、次生林和松林中低矮树丛的树叶间，常与其他鸟类混群。

---

979. 纹胸巨鹛 / 纹胸鹛　Striped Tit Babbler　*Mixornis gularis*　wénxiōng jùméi
12~14 cm
图版113　LC

识别：小型棕褐色鹛。下体浅黄绿色并具明显深色纵纹。顶冠、两翼和尾部深棕色。虹膜乳白色。**鸣声**：三到十声或更多的相同单音 *chunk chunk chunk* 整日重复，参考 XC430344（Brian Cox）。**分布**：印度南部、东部至喜马拉雅山脉、中国西南部、东南亚和大巽他群岛。在中国为海拔 1150 m 以下适宜生境中的常见鸟，*lutescens* 亚种为云南南部和东南部留鸟，*sulphureus* 亚种见于云南怒江以西地区，*rubricapilla* 亚种可能出现于西藏东南部。**习性**：成对或集小群栖于茂密的次生植被、林缘和竹丛中，尤其是近溪流处。多在地面或离地面数米内活动，但有时亦攀至藤条缠绕的树木较高处。

---

980. 红顶鹛　Chestnut-capped Babbler　*Timalia pileata*　hóngdǐng méi
15~17 cm
图版113　LC

识别：中型红栗色鹛。具羽冠和白色短眉纹。上体暖褐色，耳羽白色至灰色，眼先黑色，胸部白色并具有黑色纵纹，腹部灰色，两侧和臀部沾茶褐色。**鸣声**：极具变化，包括清晰响亮的哨音、金属般颤音、模糊音、嘶鸣、升降调鸣声和响亮而尖厉的升调双音哨音，参考 XC626218（Agris Celmins）。**分布**：尼泊尔至中国南部、东南亚和爪哇岛。在中国，*smithi* 亚种为华南海拔 340～880 m 低海拔地区留鸟。**习性**：隐于较开阔灌丛地带的浓密林下植被、草丛和矮树中。常集小群活动于近地面处，并在浓密隐身处鸣叫。

▌幽鹛科 Pellorneidae 雀鹛、幽鹛等 （7 属 22 种）

一科小型树栖性鹛类，性活泼而嘈杂。集群，通常活动于地面附近但在高处鸣唱和夜栖。

981. 金额雀鹛 Golden-fronted Fulvetta *Schoeniparus variegaticeps*
jīn'é quèméi 10~12 cm   图版114 国一/VU

识别：较小而体色艳丽的雀鹛。髭纹黑色，前顶冠金色。顶冠中央具黑白色细纹，后顶冠和枕部具皮黄色纵纹。明显的眼部白色块斑延至头部后方。喉部白色，下体余部沾灰色。两翼黑色而肩羽白色，初级飞羽黄色羽缘形成两道翼斑。尾部灰色，尾缘黄色。跗跖橙色。**鸣声**：群鸟发出嘈杂的叽喳告警声，亦作简单的 *ching-ching-chierhoo* 鸣叫声，参考 XC323818（Guy Kirwan）。**分布**：中国特有种。世界性易危。地区性常见于四川南部、中南部和广西瑶山海拔 700～1900 m 的局部地区。**习性**：成对活动于森林中的林下植被。

982. 黄喉雀鹛 Yellow-throated Fulvetta *Schoeniparus cinereus*
huánghóu quèméi 10~11 cm   图版113 LC

识别：小型雀鹛。头部图纹独特，为黄色的喉部和眉纹、宽阔黑色贯眼纹以及宽阔黑色侧冠纹。上体橄榄灰色，顶冠具黑色鳞状斑，下体黄色而两胁灰色。**鸣声**：鸣叫声为低音的 *chip* 或 *chip-chip* 和轻柔吱吱声。鸣唱声为降调的高音颤音，参考 XC426397（Peter Boesman）。**分布**：喜马拉雅山脉东部至中国西南部、缅甸东北部和老挝北部。在中国不常见于西藏东南部和云南西北部的局部地区。**习性**：栖于竹林、树丛和常绿林中的林下植被。

983. 栗头雀鹛 Rufous-winged Fulvetta *Schoeniparus castaneceps*
lìtóu quèméi 10~12 cm   图版114 LC

识别：中型褐色雀鹛。头部和两翼图纹独特，为白色的眉纹和耳羽细纹、黑色的眼后纹和狭窄黑色髭纹。顶冠棕色并具浅色细纹，初级飞羽羽缘棕色，翼覆羽黑色。下体白色，两胁皮黄色。跗跖橄榄褐色。**鸣声**：鸣叫声为升调的三音节 *tu-twee-twe* 声、高音而带喘息声的降调颤音 *tsi-tsi-tsi-tsi-tsi-tsirr* 声、轻柔的 *chut* 或 *chip* 召唤声。鸣唱声饱满而起伏，为降调的 *ti-du-di-du-di-du-di* 啭鸣，参考 XC426392（Peter Boesman）。**分布**：尼泊尔至中国西南部和东南亚。在中国为西藏南部、云南西部（指名亚种）以及云南东南部（*exul* 亚种）的不常见留鸟。**习性**：典型的雀鹛，性嘈杂，集群活动于海拔 1800 ～ 3000 m 常绿林中的林下植被。有时上至树冠层。

984. 棕喉雀鹛 **Rufous-throated Fulvetta** *Schoeniparus rufogularis*
zōnghóu quèméi　12~13 cm　　　　　　　　　　　图版114　LC

识别：较大的浓褐色雀鹛。具明显的头部图纹和贯穿喉部下方的特征性棕栗色领环。顶冠和枕部栗色，侧冠纹黑色，与白色的长眉纹、褐色的耳羽以及白色的颏部和喉部上方形成对比。眼圈白色。腹部中央白色而两胁橄榄色。跗跖浅黄色。**鸣声**：甜美的 *chi-chu-one-two-three* 声，最后三音上扬，参考 XC56544（David Edwards），亦作悦耳的 *chip chur* 声。**分布**：不丹至中国西南部和东南亚。在中国不常见于局部地区，*stevensi* 亚种见于云南南部的西双版纳，指名亚种可能见于西藏东南部丹巴曲以西地区，*ollaris* 亚种可能见于丹巴曲以东地区。**习性**：栖于海拔 900 m 以下的常绿林中灌木层。性羞怯而隐蔽。

985. 褐胁雀鹛 **Rusty-capped Fulvetta** *Schoeniparus dubius*　hèxié quèméi
14~15 cm　　　　　　　　　　　　　　　　　图版114　LC

识别：大型褐色雀鹛。额部棕色，上体橄榄褐色。明显的白色眉纹上方具黑色侧冠纹，下体皮黄色而无纵纹。与褐顶雀鹛的区别为脸颊和耳羽具黑白色细纹且体型较大。**鸣声**：告警声为叽喳声，鸣唱声为 *chee-chee-chee-chee-chee-hpwit*，参考 XC208732（Frank Lambert）。**分布**：喜马拉雅山脉东部至缅甸、中南半岛北部和中国西南部。在中国为不常见留鸟，*intermedius* 亚种见于云南怒江以西地区，*genestieri* 亚种见于云南其余地区、四川南部、贵州、湖南西部和广西西南部。**习性**：栖于森林中的林下层。

986. 褐顶雀鹛 **Dusky Fulvetta** *Schoeniparus brunneus*　hèdǐng quèméi
13~14 cm　　　　　　　　　　　　　　　　　图版114　LC

识别：较大的褐色雀鹛。头顶棕褐色。似棕喉雀鹛，区别为无棕栗色领环且前额黄褐色。下体皮黄色，与栗头雀鹛的区别为两翼纯褐色。与褐胁雀鹛的区别为无白色眉纹。虹膜浅褐色或黄红色，喙深褐色，跗跖粉色。**鸣声**：鸣叫声为响亮的重复叽喳声，鸣唱声为简单的 *way-don-widgeedo* 声，参考 XC414514（Frank Lambert）。**分布**：中国特有种。为常见留鸟，指名亚种见于台湾，*weigoldi* 亚种见于四川，*olivaceus* 亚种见于陕西南部（秦岭）、湖北西部、重庆（乌江）、贵州北部和云南东北部，*superciliaris* 亚种广布于华南和东南地区，*argutus* 亚种仅见于海南。**习性**：栖于海拔 400 ～ 1830 m 的常绿林和落叶林中的灌木层。

987. 褐脸雀鹛 **Brown-cheeked Fulvetta** *Alcippe poioicephala*
hèliǎn quèméi　16~17 cm　　　　　　　　　　　图版114　LC

识别：大型褐色雀鹛。顶冠和枕部灰色，具偏黑色侧冠纹，下体皮黄色。与灰眶雀鹛和白眶雀鹛的区别为耳羽暖褐色、无白色眼圈且体型较大。虹膜浅褐色。**鸣声**：鸣唱声为独特的甜美而模糊的哨音 *joey joey jodii-wiu*，倒数第二音最高，参考 XC409693（Frank Lambert），亦作多种尖叫、一连串叽喳声和颤鸣声。**分布**：印度至中国西南部和东南亚。在中国为地区性常见鸟，*haringtoniae* 亚种见于云南西南部，*alearis* 亚种见于云南东南部和南部西双版纳地区。**习性**：常与其他鹛类混群，活动于海拔 950 m 以下热带森林的树冠下层。

988. 台湾雀鹛　Grey-cheeked Fulvetta　*Alcippe morrisonia*
táiwān quèméi　12~14 cm　图版114　LC

识别：较大的群居性雀鹛。上体褐色，头部灰色，下体皮黄色。具明显的白色眼圈。深色侧冠纹或明显或不明显。与褐脸雀鹛的区别为耳羽偏灰色、眼圈白色。虹膜红色，喙灰色，跗跖偏粉色。**鸣声**：鸣唱声为甜美的 *ji-ju ji-ju* 哨音，通常续以起伏的拖长尖叫声，参考 XC34161（Frank Lambert），受惊时发出不安的颤鸣声。作"呸"声可以引出此鸟。**分布**：中国台湾特有种，为中海拔至更高海拔地区森林中甚常见留鸟。**习性**：性嘈杂而好奇。常与其他鸟类混群组成"鸟浪"。

989. 灰眶雀鹛　David's Fulvetta　*Alcippe davidi*　huīkuàng quèméi
12~14 cm　图版114　NR

识别：较大的群居性雀鹛。上体褐色，头部灰色，下体皮黄色。具明显的白色眼圈。深色侧冠纹或明显或不明显（指名亚种）。与褐脸雀鹛的区别为耳羽偏灰色、颏部灰白色、眼圈白色。虹膜红色，喙灰色，跗跖偏粉色。与云南雀鹛和淡眉雀鹛的区别详见相应词条。**鸣声**：鸣叫声为不安的颤鸣，鸣唱声为简单的乐音，参考 XC414525（Frank Lambert）。**分布**：中南半岛北部至中国中部。在中国，*schaefferi* 亚种为云南东南部、贵州西南部、广西中部留鸟，指名亚种见于湖北西部至四川。**习性**：性嘈杂而好奇。常大胆围攻小型鸦类和其他猛禽。**分类学订正**：曾被视作台湾雀鹛（*A. morrisonia*）的亚种（但其原中文名则为本种）。

990. 云南雀鹛　Yunnan Fulvetta　*Alcippe fratercula*　yúnnán quèméi
12~13 cm　图版114　NR

识别：较大的群居性雀鹛。上体褐色，头部灰色，下体皮黄色。具明显的白色眼圈。极似姊妹种灰眶雀鹛，区别为侧冠纹更宽阔、颏部和喉部灰白色或灰黄色、下体偏黄色。与褐脸雀鹛的区别为耳羽偏灰色、眼圈白色。**鸣声**：鸣叫声为持续的叽喳声，告警声为嘎嘎声，鸣唱声悠扬而多变，参考 XC306763（Marc Anderson）。**分布**：缅甸、中南半岛北部至中国西南部。在中国，*yunnanensis* 亚种见于云南中部和四川西南部，指名亚种见于云南西部。**习性**：性嘈杂而好奇。似灰眶雀鹛。**分类学订正**：曾被视作台湾雀鹛（*A. morrisonia*）的亚种（但其原中文名则为灰眶雀鹛）。

991. 淡眉雀鹛　Huet's Fulvetta　*Alcippe hueti*　dànméi quèméi
12~13 cm　图版114　NR

识别：较大的群居性雀鹛。上体褐色，头部灰色，下体皮黄色。具明显的白色眼圈。深色侧冠纹或明显或不明显。与褐脸雀鹛的区别为耳羽偏灰色、眼圈白色。与灰眶雀鹛易混淆，区别为本种指名亚种偏灰色的颏部及喉部与皮黄色下体对比更为明显，

rufescentior 亚种顶冠色深、颈侧偏灰色。**鸣声**：鸣叫声为持续的叽喳声，告警声为嘎嘎声，鸣唱声为简单的 *per-yeri-sui-yui-yer* 声，参考 XC324640（Frank Lambert）。**分布**：中国特有种。指名亚种为东南地区从广东至安徽一带的常见留鸟，*rufescentior* 亚种见于海南。**习性**：性嘈杂而好奇。似灰眶雀鹛。**分类学订正**：曾被视作台湾雀鹛（*A. morrisonia*）的亚种（但其原中文名则为灰眶雀鹛）。

992. 白眶雀鹛 **Nepal Fulvetta** *Alcippe nipalensis* báikuàng quèméi
12~13 cm 图版114 LC

识别：较大的褐色雀鹛。顶冠灰色，具白色宽阔眼圈和黑色眉纹。与灰眶雀鹛（在分布重叠区域）的区别为顶冠和枕部沾褐色、侧冠纹较明显、上体偏棕红色、白色眼圈明显、喉部中央和腹部偏白色而下体皮黄色较少。虹膜灰褐色。**鸣声**：鸣叫声为持续的叽喳声、金属音 *chit*、尖厉嘶鸣声、*dzi-dzi-dzi-dzi-dzi* 和 *p-p-p-p-jet* 声，参考 XC399351（Mike Dooher）。**分布**：尼泊尔至印度东北部和缅甸西部、北部。在中国，指名亚种地区性常见于西藏东南部局部地区。**习性**：群居，好动，栖于海拔 2200 m 以下的丘陵和山地森林。常与其他鸟类混群。

993. 灰岩鹪鹛 **Annam Limestone Babbler** *Gypsophila annamensis*
huīyán jiāoméi 18~20 cm 图版115 LC

识别：较大的深灰褐色鹪鹛。上体具深浅相间的纵纹，喉部白色并具黑色纵纹，腹部橄榄灰色并具偏白色纵纹。眼部后方通常具灰色半眉纹。与短尾鹪鹛的区别为体型更大而尾长。**鸣声**：连续、响亮而起伏的丰富哨音 *tuu-wii-chuu, tuu-wii-chuu...*，参考 XC437826（Phil Round）。**分布**：东南亚和中国西南部。在中国为地区性不常见留鸟，见于云南南部和东南部。**习性**：栖于石灰岩地区森林中。性羞怯，在地面笨拙移动。隐于岩崖裂缝中。尾部常上翘。

994. 短尾鹪鹛 **Streaked Wren-babbler** *Gypsophila brevicaudata*
duǎnwěi jiāoméi 14~15 cm 图版115 LC

识别：小型褐色鹪鹛。顶冠、枕部和禽部具深色鳞状斑。下体棕褐色并具模糊纵纹，喉部具黑白色纵纹。大覆羽和三级飞羽羽端略具白色细小点斑。与灰岩鹪鹛的区别为体型较小、两翼具白色点斑、上体鳞状斑较明显、喉部纵纹不甚明显且尾部较短。**鸣声**：鸣唱声（二重唱）为尖厉哨音，似 *pew-ii* 或 *pewii-uu*，重音在第二音，参考 XC428786（Ding Li Yong），亦作降调的哀婉 *piu* 声，告警声为沙哑叽喳声并具轻柔尖叫声。**分布**：印度东北部至中国西南部和东南亚。在中国为地区性不常见鸟，指名亚种见于云南极西部，*stevensi* 亚种见于云南东南部和广西西部。**习性**：栖于多岩常绿林中的林下植被，尤其偏好石灰岩地区。性隐蔽，隐于岩石间。奔跑迅速似鼠类。

995. 纹胸鹪鹛 **Eyebrowed Wren-babbler** *Napothera epilepidota*
wénxiōng jiāoméi 10~11 cm 图版115 LC

识别：极小而尾短的褐色鹪鹛。具明显的浅色眉纹。通体深褐色，但上体具深色鳞状斑，颊、喉部皮黄白色，腹部中央白色，下体具皮黄色纵纹。翼覆羽和三级飞羽羽端具白色小点斑。**鸣声**：响亮而持续长达1秒的平音*peeeow*和颤鸣声，参考XC431529（Brian Cox）。**分布**：不丹东部、印度东北部至中国西南部、东南亚和大巽他群岛。在中国见于海拔2000 m以下的丘陵和山区，不罕见但常被忽视，*laotiana*亚种为广西（瑶山）和云南南部留鸟，*hainana*亚种为海南留鸟，*guttaticollis*亚种见于西藏东南部。**习性**：栖于茂密林下植被中，性羞怯而隐蔽。

996. 白头鹛鹛　White-hooded Babbler　*Gampsorhynchus rufulus*
báitóu júméi　23~24 cm　　　　　　　　　　　　　　图版115　LC

识别：大型鹛鹛。头部全白色，和棕褐色上体形成对比。尾长而呈楔形，尾端具狭窄白色带。下体偏白色，腹部沾皮黄色。幼鸟头部沾红色。虹膜黄色。**鸣声**：鸣叫声为独特的响亮粗哑*chr-r-r-r-uk*声，鸣唱声为一连串柔软的升调哨音，参考XC19425（Craig Robson）。**分布**：尼泊尔东部至中国西南部和东南亚。在中国为云南极西部海拔1200 m以下森林、灌丛中的不常见留鸟。**习性**：栖于竹林较低层，性嘈杂，集小群。

997. 领鹛鹛　Collared Babbler　*Gampsorhynchus torquatus*　lǐng júméi
23~26 cm　　　　　　　　　　　　　　　　　　　图版115　LC

识别：大型鹛鹛。头部全白色，和棕褐色上体形成对比。与姊妹种白头鹛鹛的区别为胸侧具黑色块斑且下体沾黄褐色。**鸣声**：鸣叫声为独特的响亮粗哑*chr-r-r-uk*声，参考XC19133（David Edwards）。**分布**：中国西南部和东南亚。在中国为云南东南部（*luciae*亚种）、南部和西南部（指名亚种）低海拔地区不常见留鸟。**习性**：栖于海拔500～1800 m的竹林中。

998. 瑙蒙短尾鹛　Naung Mung Scimitar Babbler
Napothera naungmungensis　nǎoméng duǎnwěiméi　18~19 cm　　图版115　NT

识别：较大而尾短的鹛。上体深褐色，下体白色，具长而厚重且明显下弯的喙。上体略具浅色纵纹，眼先、脸颊和耳羽浅褐色，黑色髭纹和深色颊纹之间具白色区域，具不明显的赭色胸带，与褐色的两胁、下腹部和尾下覆羽形成对比。**鸣声**：鸣叫声为重复的升调叽喳声。鸣唱声为相似的升调短哨音，但速度明显更慢，每一音持续约半秒，间隔约两秒后重复，参考XC317066（John H. Rappole, Swen C. Renner）。**分布**：缅甸北部，罕见且鲜为人知。在中国为罕见迷鸟，是2008年在云南极西南部发现的中国新记录。**习性**：栖于海拔950 m处潮湿雨林的林下层。

999. 长嘴鹩鹛　Long-billed Wren-babbler　*Napothera malacoptila*
chángzuǐ liáoméi　11~13 cm　　　　　　　　　　　　图版115　LC

识别：小型褐色鹩鹛。尾短、体羽蓬松并具皮黄色纵纹，喙长而下弯。与纹胸鹩鹛的区别为喙长且无明显眉纹。下体深褐色，喉部浅皮黄色，胸部具浅皮黄色纵纹。跗跖粉色。**鸣声**：鸣叫声为动听的*chiiuuh*哨音，音调渐低但音量渐增，每数秒重复一次。

鸣唱声为一至三声快速重复的 *chip-wu* 声，亦作轻柔的吱吱声，参考 XC426880（Peter Boesman）。**分布**：喜马拉雅山脉和苏门答腊岛。在中国，指名亚种不常见（但也可能因其常被忽视）于西藏东南部喜马拉雅山脉海拔 900 ~ 2500 m 的山区森林中，亦记录于云南西部高黎贡山；*pasquieri* 亚种可能见于和越南黄连山省接壤的云南东南部地区。**习性**：栖于地面或近地面处，并足跳跃于浓密地表植被中。

1000. 大草莺 / 中华草鹛　Chinese Grassbird　*Graminicola striatus*　dàcǎoyīng
16~18 cm　　　　　　　　　　　　　　　　　　　　　图版112　NT

识别：具明显纵纹的大型莺。似莺，具偏黑色楔形长尾，三级飞羽色深，偏黑色的顶冠、枕部和翕部具棕色和白色纵纹，眉纹偏白色。脸部和下体偏白色，胸侧和两胁棕褐色，尾下覆羽皮黄色并具深色细纹。外侧尾羽羽端具宽阔白色。新冬羽上体具蓬松的褐色羽缘故体羽整体偏褐色。似沼泽大尾莺，区别为体型较小、尾更短而圆。**鸣声**：鸣叫声为粗哑似责骂声，鸣唱声为甜美小调，参考 XC35120（Martin Kennewell）。**分布**：不连续分布于缅甸、柬埔寨、越南东北部和中国南部。在中国为罕见留鸟，*sinica* 亚种见于广西、贵州南部、澳门、广东和香港，指名亚种见于海南。**习性**：隐于低洼沼泽地区的高芦苇地，亦见于低矮丘陵山地的高草地。受惊时快速扎入躲避处。

1001. 白腹幽鹛　Spot-throated Babbler　*Pellorneum albiventre*
báifù yōuméi　14~15 cm　　　　　　　　　　　　　　图版115　LC

识别：小型暖褐色鹛。头侧偏灰色，下体两侧皮黄色而中央白色。喉部白色并具特征性褐色锯齿状纹，有时不甚明显。与棕胸雅鹛以及雀鹛类的区别为尾部更短而圆。**鸣声**：低音咯咯声、清晰哨音和多颤音的悦耳啭鸣，后者具变调并反复重复，参考 XC426741（Peter Boesman），告警声为低沉似流水声。**分布**：喜马拉雅山脉东部、缅甸、中南半岛和中国西南部。在中国，指名亚种见于西藏东南部，*cinnamomeum* 亚种为云南西南部海拔 1000 ~ 2000 m 地区罕见留鸟。**习性**：隐于茂密的草丛、竹林、次生灌丛中的地面或近地面处。

1002. 棕头幽鹛　Puff-throated Babbler　*Pellorneum ruficeps*
zōngtóu yōuméi　15~17 cm　　　　　　　　　　　　　图版115　LC

识别：较小的鹛。头顶深赤褐色，眉纹色浅，下体浅皮黄色并具纵纹。上体橄榄褐色，喉部白色，胸部和两胁布满褐色纵纹。跗跖偏粉色。**鸣声**：鸣唱声为持续起伏的哨音似 *sweety-swee-sweeow...*，参考 XC418126（Tejeswini Limaye），鸣叫声为特征性的 *pre-tee-sweet* 声，第二音上扬，最后一音下降。告警声为颤鸣。**分布**：印度至中国西南部和东南亚。在中国，三个亚种均见于云南南部，*shanense* 亚种见于澜沧江以西，*oreum* 亚种见于澜沧江和红河之间，*vividum* 亚种见于红河以东地区。甚常见于海拔 1250 m 以下（或更高）灌丛和森林中的林下植被。**习性**：隐于地面或近地面处。白色喉羽耸起。

1003. 棕胸雅鹛 **Buff-breasted Babbler** *Pellorneum tickelli*
zōngxiōng yǎméi 13~15 cm 图版115 LC

识别：小型红褐色鹛。顶冠和上体橄榄褐色，并具明显的浅色羽轴。皮黄色眉纹不甚明显。下体偏白色，胸部浅皮黄色，两胁黄褐色。虹膜浅褐色至红色，上喙褐色而下喙粉色，跗跖粉色。**鸣声**：特征性的快速 *pit-you* 声，重音在较低的第二音节。亦作似喘息的下降颤音（常于二重唱时发出）和金属颤鸣声，参考 XC351818（Greg Irving）。**分布**：喜马拉雅山脉、印度阿萨姆地区至中国西南部和东南亚。在中国为海拔 500 ~ 1130 m 的丘陵地带的常见留鸟，*fulvum* 亚种见于云南南部、西南部和广西西部，*assamensis* 亚种可能见于西藏东南部。**习性**：通常隐于森林和林缘的林下植被中，偶尔上至藤条缠绕的树冠层捕食昆虫。

▌噪鹛科 Leiothrichidae 噪鹛和近缘种 （9 属 70 种）

一科曾被置于鹛科下的中型雀类，尾部较长。许多种类为群居性，在繁殖期外尤为如此。不少种类具有动听的鸣唱声，另外一些种类则善于群鸟共鸣，发出叽喳声、尖叫声和"笑声"，告警时尤为如此。部分种类因受到鸣禽贸易威胁，其在 xeno-canto 上的鸣声播放受限，但可浏览其声谱图。

1004. 小黑领噪鹛 **Lesser Necklaced Laughingthrush**
Garrulax monileger xiǎo hēilǐngzàoméi 26~32 cm 图版117 LC

识别：中型褐色噪鹛。下体白色，具明显黑色项纹和眼后粗纹。似黑领噪鹛，且常与之混群，主要区别为眼先黑色且初级飞羽褐色。诸亚种细节上略有差异。虹膜黄色。**鸣声**：似黑领噪鹛并模仿其鸣叫声，并作怪异的尖叫声，参考 XC379360（Guy Kirwan）。**分布**：喜马拉雅山脉至中国南部、缅甸、中南半岛至马来半岛。在中国，常见于云南西部和西南部（*monileger* 亚种）、云南南部（*schauenseei* 亚种）、云南东南部和广西（*tonkinensis* 亚种）、东南地区（*melli* 亚种）和海南（*schmackeri* 亚种）海拔 350 ~ 1400 m 山林中。**习性**：群居而嘈杂，通常在森林地面的树叶间翻找食物。有时与包括黑领噪鹛在内的其他噪鹛混群。

1005. 白冠噪鹛 **White-crested Laughingthrush** *Garrulax leucolophus*
báiguān zàoméi 26~31 cm 图版116 LC

识别：不易被误认而较大的噪鹛。黑色的额部、眼先和贯眼纹与白色的头部和上胸形成对比。三个亚种体羽色彩有异。指名亚种枕部偏灰色，颈环和胸带栗色，背部、两翼和腹部橄榄褐色，尾部偏黑色；*patkaicus* 亚种枕部白色，背部偏栗色，尾部黑色较少；*diardi* 亚种下体白色，两胁栗色，枕部和背部上方灰色，两翼和背部下方栗色，尾部橄榄褐色。跗跖深灰色。**鸣声**：清晰哨音和低声吱吱叫，发展为群鸟响亮"笑声"，参考 XC384877（Peter Ericsson）。**分布**：喜马拉雅山脉、中国西南部、东南亚和苏门答腊岛西部。在中国，甚常见于西藏东南部（指名亚种）、云南西南部（*patkaicus* 亚种）和南部（*diardi* 亚种）从海平面至海拔 1500 m 的适宜生境中。**习性**：性嘈杂但羞怯，集群栖于浓密灌丛中。多在森林地面或近地面处觅食，在树叶中捕捉昆虫。喜次生林。

1006. 白颈噪鹛　White-necked Laughingthrush　*Garrulax strepitans*
　　　báijǐng zàoméi　29~31 cm　　　　　　　　　　　　图版116　LC

识别：中型深色噪鹛。脸、颊、喉、胸部深褐色与颈侧白色块斑形成对比，颈侧白色渐变为领环灰色。顶冠红褐色，耳羽后方深棕色。与黑喉噪鹛和褐胸噪鹛的区别为顶冠褐色。跗跖深紫色。**鸣声**：群鸟发出干涩 *chuh* 声续以尖厉而带长颤音的"笑声"，参考 XC169777（Greg Irving）。**分布**：中国西南部、老挝、缅甸东部、泰国北部。在中国罕见，仅边缘分布于云南西双版纳西南部海拔 1000 ~ 1800 m 地区。**习性**：隐于山地常绿林的林下植被和潮湿沟壑中。

1007. 褐胸噪鹛　Grey Laughingthrush　*Garrulax maesi*　hèxiōng zàoméi
　　　27~30 cm　　　　　　　　　　　　　　　　　图版116　国二/LC

识别：中型深色噪鹛。似黑喉噪鹛，区别为耳羽浅灰色且其上方和后方均具白色边缘。与白颈噪鹛的区别为体羽偏灰色。**鸣声**：响亮而快速的咯咯声和群鸟"笑声"，参考 XC56527（David Edwards）。**分布**：中国中南部、南部至越南北部。在中国，不常见于西藏东南部、四川南部至贵州北部（*grahami* 亚种）和贵州东南部、广西及广东北部（指名亚种）的山区。**习性**：常隐于山地常绿林的林下植被中。

1008. 栗颊噪鹛　Rufous-cheeked Laughingthrush　*Garrulax castanotis*
　　　lìjiá zàoméi　27~30 cm　　　　　　　　　　　图版116　LC

识别：中型深色噪鹛。似黑喉噪鹛，区别为耳羽亮褐色且其后方具狭窄白色边缘、喉部和上胸深褐色。**鸣声**：群鸟发出典型的噪鹛鸣叫声和"笑声"，参考 XC380356（Guy Irving）。**分布**：中国海南、越南北部、老挝北部和中部。在中国，不常见于海南西南部山区。**习性**：同褐胸噪鹛。**分类学订正**：曾被视作褐胸噪鹛（*G. maesi*）的一个亚种。

1009. 画眉　Hwamei　*Garrulax canorus*　huàméi　21~24 cm　　　图版116　国二/LC

识别：较小的棕褐色噪鹛。特征性白色眼圈延至眼后形成狭窄半眉纹。顶冠和枕部具偏黑色纵纹。海南的 *owstoni* 亚种下体较浅且比指名亚种偏橄榄色。**鸣声**：鸣唱声为活泼、活跃且清晰的哨音，广受鸟人追捧，参考 XC500784（Brian Cox）。**分布**：中国中部、东南部、海南和中南半岛北部。在中国，常见于华中、华南和东南地区海拔 1800 m 以下的灌丛和次生林中。**习性**：性羞怯，隐于枯叶间穿行觅食。成对或集小群活动。**分类学订正**：本种逃逸个体已在台湾形成种群，并与台湾画眉（*G. taewanus*）出现混交。海南亚种有时被视作一个独立种海南画眉（*G. owstoni*）（王宁等，2016），新版《国家重点保护野生动物名录》中将海南画眉单独收录。

1010. 台湾画眉　Taiwan Hwamei　*Garrulax taewanus*　táiwān huàméi
21~24 cm 　　　　　　　　　　　　　　　　　　图版116　国二/NT

识别：较小的棕褐色噪鹛。顶冠和枕部具偏黑色纵纹。与画眉的区别为无白色半眉纹、体羽偏灰色且纵纹浓重。**鸣声**：鸣唱声为活泼、活跃且清晰的哨音，似画眉，参考XC34174（Frank Lambert）。**分布**：中国台湾特有种，曾被视作画眉（*G. canorus*）的一个亚种，常见于低海拔灌丛和次生林中。**习性**：同画眉。**分类学订正**：画眉逃逸个体已在台湾形成种群，并与本种出现混交。

1011. 斑胸噪鹛　Spot-breasted Laughingthrush　*Garrulax merulinus*
bānxiōng zàoméi　24~26 cm 　　　　　　　　　　　图版119　LC

识别：中型橄榄褐色噪鹛。喉部和上胸具偏黑色纵纹和点斑，眼后略具浅皮黄色纹。臀部棕色。下体比画眉更偏皮黄色且深色纵纹更为明显。云南东南部的 *obscurus* 亚种下体色较浅、喉部纵纹较粗重。**鸣声**：极悦耳的清澈鸣唱声，亦作似咳嗽的咯咯声，参考 XC469730（Rolf A. de By）。**分布**：喜马拉雅山脉、印度东北部、缅甸北部和西部、中国西南部及中南半岛北部。在中国仅边缘性分布于云南东南部（*obscurus* 亚种）和极西部怒江以西地区（指名亚种），可能亦出现于西藏东南部。为海拔 900 ~ 1850 m 的丘陵地区罕见鸟。**习性**：觅食于林缘和灌丛的地面，通常成对活动。

1012. 条纹噪鹛　Striated Laughingthrush　*Grammatoptila striata*
tiáowén zàoméi　29~34 cm 　　　　　　　　　　　图版119　LC

识别：较大而不易被误认的噪鹛。具蓬松长羽冠，体羽暗褐色，白色羽轴在头、背部形成浅色细纹，胸部和两胁纵纹较粗，喙短而厚。*cranbrooki* 亚种具宽阔黑色眉纹，顶冠无细纹，体羽余部细纹不如其他亚种明显。与细纹噪鹛的区别为体型较大且纵纹为白色。**鸣声**：响亮而不连贯的咯咯声，召唤声为尖厉哭叫声，响亮悦耳的 *O will you will you wit* 哨音及变调，常重复多次，参考 XC319708（Mandar Bhagat），亦作两音节 *teowo* 哨声。**分布**：喜马拉雅山脉库鲁以东地区至印度东北部、缅甸西北部和中国云南极西北部和西部。在中国，罕见于云南西部（*cranbrooki* 亚种），可能亦见于西藏东南部（*vibex* 亚种）和喜马拉雅山脉常绿林带（指名亚种见于西部，*sikkimensis* 亚种见于中部）海拔 750 ~ 2750 m 地区。**习性**：成对或集小群活动，有时与其他噪鹛混群。隐于阔叶林和混交林中近溪流的浓密灌丛。觅食于果树上。鸣叫时羽冠耸起。

1013. 黑额山噪鹛　Snowy-cheeked Laughingthrush
Ianthocincla sukatschewi　hēi'é shānzàoméi　27~31 cm　　图版116　国一/VU

识别：中型酒灰褐色噪鹛。具明显的白色脸颊和耳羽，下方黑褐色条纹与烟褐色眼先相连。尾上覆羽棕色，外侧尾羽杂以灰色而尾端白色。三级飞羽羽端白色。臀部暖皮黄色。喙、跗跖均为黄色。**鸣声**：多变的悦耳鸣叫声，参考 XC161398（Frank Lambert），鸣叫时摇头、摆尾和抖羽。**分布**：中国特有种。世界性易危。罕见于甘肃极南部和附近的四川北部海拔 2000 ~ 3500 m 林地。**习性**：集小群活动，通常觅食于针叶林和灌丛的地面。

1014. 灰翅噪鹛 Moustached Laughingthrush *Ianthocincla cineracea*
huīchì zàoméi　21~24 cm

图版117　LC

识别：较小而具醒目图纹的噪鹛。顶冠、枕部、眼后纹、髭纹和颈侧细纹均为黑色。指名亚种和 *sternuus* 亚种的眼先和脸颊偏白色至浅皮黄色，指名亚种体羽偏红褐色且顶冠和枕部为偏黑色至灰褐色。初级覆羽黑色，初级飞羽羽缘灰色。三级飞羽、次级飞羽和尾羽羽端黑色并具白色月牙状斑。与白颊噪鹛的区别为尾部和翼上图纹不同。虹膜乳白色，喙角质色，跗跖暗黄色。**鸣声**：多种悦耳的低声鸣叫声，告警声似鸦，鸣唱声为响亮的 diu-diuuid 声，参考 XC397303（Ding Li Yong）。**分布**：印度东北部、缅甸北部至中国东部、中部和南部。在中国分布于海拔 200～2570 m 的山地森林，但多见于海拔 1800 m 以下地区，*cinereiceps* 亚种见于湖北、湖南、甘肃南部和东南部至广东、浙江和福建，*sternuus* 亚种见于西藏东南部、四川、云南和广西北部。**习性**：成对或集小群活动于次生灌丛和竹丛中，有时见于近村庄处。

1015. 棕颏噪鹛 Rufous-chinned Laughingthrush
Ianthocincla rufogularis　zōngkē zàoméi　22~25 cm

图版117　LC

识别：较小的棕褐色噪鹛。上体具月牙状羽端形成的黑色鳞状纹。黑色的额部和髭须与浅色眼先以及橙褐色颏部形成对比。初级飞羽羽缘浅灰色，尾羽次端处黑色而羽端棕色。与斑背噪鹛的区别为颏部、臀部和尾端棕色且额部黑色。幼鸟颏部白色且黑色鳞状纹较少。虹膜草黄色。**鸣声**：鸣叫声为咯咯和叽喳声，告警声尖厉，鸣唱声为响亮的 wheeoo-chu-waybee 声，参考 XC201757（Frank Lambert）。**分布**：喜马拉雅山脉、印度东北部、缅甸北部和越南西北部。在中国地区性常见于海拔 610～2200 m 的栎树和杜鹃丛中，指名亚种见于云南西南部和西藏东南部，*assamensis* 亚种亦见于西藏东南部。**习性**：性羞怯，成对或集小群隐于林下植被和浓密灌丛中。

1016. 斑背噪鹛 Barred Laughingthrush *Ianthocincla lunulata*
bānbèi zàoméi　23~26 cm

图版117　国二/LC

识别：较小的暖褐色噪鹛。具明显白色眼斑，上体（除顶冠外）和两胁具醒目的黑色和皮黄色鳞状斑。初级飞羽和外侧尾羽的羽缘均为灰色。尾端白色并具黑色次端横斑。与白颊噪鹛的区别为上体具黑色横斑。虹膜深灰色，喙黄绿色，跗跖肉色。**鸣声**：鸣唱声为 chi wi-wuoou wi-wuoo 声，短暂间隔后重复，参考 XC183387（Frank Lambert）。**分布**：中国特有种，偶见于海拔 1200～3660 m 地区。指名亚种见于湖北神农架、陕西南部秦岭至甘肃南部白水江地区以及四川中部岷山和邛崃山脉，*lianshanensis* 亚种见于四川西南部。**习性**：集群栖于阔叶林和针叶林的林下竹丛中。

1017. 白点噪鹛　White-speckled Laughingthrush　*Ianthocincla bieti*
băidiăn zàoméi　25~28 cm　　　　　　　　　　　图版117　国一/VU

识别：中型噪鹛。似斑背噪鹛，区别为背部覆羽次端黑色而端部白色。喉部、上胸和两胁羽色明显较深，颈侧和翕部两侧具白色杂斑。下体具白色点斑。与大噪鹛和眼纹噪鹛的区别为头部无黑色、体型较小、眼部具白斑且下体具白色点斑。虹膜草黄色，喙偏黄色。**鸣声**：鸣唱声为响亮清晰的降调 *wi, wi-wi-wuu* 声及变调，重复二至三次，参考 XC111179（Frank Lambert）。**分布**：中国西南部特有种。世界性易危。不常见于云南西北部丽江地区和相邻的四川西南部地区。**习性**：鲜为人知。栖于海拔 3050 ～ 3650 m 的针叶林和次生林中的竹丛。

1018. 大噪鹛　Giant Laughingthrush　*Ianthocincla maxima*　dà zàoméi
32~36 cm　　　　　　　　　　　　　图版117　国二/LC

识别：大型噪鹛。具明显点斑和长尾。顶冠、枕部和髭纹深灰褐色，头侧和颏部栗色。背部覆羽次端黑色而端部白色，在栗色背部形成点斑。两翼和尾部斑纹似眼纹噪鹛，区别为体型较大、尾较长且喉部为棕色。虹膜黄色。**鸣声**：鸣叫声尖厉而响亮，似鹰鹃，群鸟发出生涩的嘎嘎声，参考 XC110769（Frank Lambert）。**分布**：中国特有种。地区性常见于甘肃南部、四川西部、云南西北部和西藏东南部海拔 2000 ～ 4200 m 山区。**习性**：通常栖于比眼纹噪鹛更高海拔的地区。

1019. 眼纹噪鹛　Spotted Laughingthrush　*Ianthocincla ocellata*
yănwén zàoméi　30~34 cm　　　　　　　　　图版117　国二/LC

识别：大型噪鹛。顶冠、枕部和喉部黑色，上体和胸侧具明显点斑。眼先、眼下和颏部浅皮黄色与头部黑色形成对比。上体褐色，覆羽次端黑色而端部白色形成月牙状斑。具明显白色翼斑，尾端白色。西藏南部的指名亚种耳羽栗色。与大噪鹛的区别为尾较短且喉部黑色。虹膜黄色，喙角质色，跗跖粉色。**鸣声**：鸣唱声为清晰嘹亮的美妙哨音，群鸟发出似粗喘息声，告警声为尖叫，参考 XC255890（Peter Ericsson）。**分布**：喜马拉雅山脉、缅甸东北部、中国中部至西南部。在中国见于湖北神农架、甘肃极南部、四川中部山区至云南东北部（*artemisiae* 亚种）、西藏南部雅鲁藏布江流域（指名亚种）和云南西部及西北部（*maculipectus* 亚种）海拔 1100 ～ 3100 m 的山林中。**习性**：成对或集小群觅食于枯叶间。有时与其他噪鹛混群。

1020. 矛纹草鹛　Chinese Babax　*Pterorhinus lanceolatus*　máowén căoméi
25~29 cm　　　　　　　　　　　　　图版116　LC

识别：较大而具纵纹的草鹛。外形似布满纵纹的灰褐色噪鹛，尾部较长，喙略下弯，具特征性的深色髭纹。虹膜黄色。**鸣声**：鸣唱声为响亮刺耳的 *fee-hou wee-hou* 哀鸣声，重复数次，参考 XC109967（Frank Lambert）。**分布**：印度东北部、缅甸西部和北部以及中国。在中国为常见留鸟，指名亚种见于华中和西南地区，*latouchei* 亚种见于东南地区，*bonvaloti* 亚种见于四川北部和西部、西藏东部以及云南西北部。在香港的种群可能为逃逸鸟。**习性**：性嘈杂，栖于开阔的山地和丘陵森林的灌丛和林下植被中。

集小群觅食和活动于地面。性隐蔽，但停歇于突出位置鸣叫。

1021. 大草鹛 Giant Babax *Pterorhinus waddelli* dà cǎoméi
31~34 cm 　　　　　　　　　　　　　　　　　　图版116 　国二/NT

识别：体具纵纹的大型灰褐色草鹛。虹膜浅色。似矛纹草鹛，区别为体型更大、体羽偏灰色、尾部偏黑色、喙较长而弯曲、下体主色较白。**鸣声**：鸣唱声为一连串颤抖的哨音，似鸫类雌鸟，参考 XC23935（George Wagner），鸣叫声为沙哑喘息声。
分布：中国西藏南部，可能亦见于印度锡金邦北部（存疑）。在中国为西藏南部海拔 2700 ～ 4570 m 的罕见至地区性常见鸟，指名亚种为西藏南部和东南部留鸟，jomo 亚种仅记录于西藏南部春丕河谷地区。**习性**：五六只集群，隐于干旱灌丛的浓密林下植被中，在落叶间翻拣觅食。

1022. 棕草鹛 Tibetan Babax *Pterorhinus koslowi* zōng cǎoméi
28~30 cm 　　　　　　　　　　　　　　　　　　图版116 　国二/NT

识别：中型黄褐色草鹛。上体棕褐色并具浅色鳞状斑，眼先偏黑色，头侧偏灰色。翕部羽缘灰色，两翼和尾部棕褐色，初级飞羽羽缘灰色。喉部灰色，胸部浅黄褐色并具灰色鳞状斑，翼下和尾下覆羽浅黄褐色。虹膜黄色。**鸣声**：响亮的 cheeuw cheeuw cheuw 哭叫声，干涩似责骂的嘎嘎声。鸣唱声为一系列活泼而清晰的哭叫声和啭鸣，参考 XC192232（Jan Hein van Steenis）。**分布**：中国西藏东部峡谷地区特有种，记录于青海南部、四川西北部和西藏东南部海拔 3350 ～ 4500 m 地区。**习性**：同其他草鹛，隐于灌丛地带、多岩地区和废弃的耕地。

1023. 黑脸噪鹛 Masked Laughingthrush *Pterorhinus perspicillatus*
hēiliǎn zàoméi 　27~32 cm 　　　　　　　　　　　　图版117 　LC

识别：较大的灰褐色噪鹛。具特征性黑色额部和眼罩。上体暗褐色，外侧尾羽羽端为宽阔深褐色，下体偏灰色渐变为腹部偏白色，尾下覆羽黄褐色。**鸣声**：召唤声和告警声响亮刺耳，群鸟发出叽喳声，参考 XC534390（Zhou Zhe）。**分布**：中国东部、中部、南部和越南北部留鸟。在中国常见于陕西南部以南、四川中部及云南东部以东除海南以外地区的适宜低海拔生境中。**习性**：集小群活动于浓密灌丛、竹丛、芦苇地、田野和城镇公园中。多在地面觅食。性嘈杂。

1024. 白喉噪鹛 White-throated Laughingthrush *Pterorhinus albogularis*
báihóu zàoméi 　28~30 cm 　　　　　　　　　　　　图版117 　LC

识别：中型暗褐色噪鹛。具特征性白色喉部和上胸。laebus 亚种额部棕色狭窄，指名亚种额部棕色宽阔。上体余部暗烟褐色，外侧四对尾羽羽端白色。下体具灰褐色胸带，腹部棕色。虹膜偏灰色。**鸣声**：群鸟发出似喘息声，召唤声为轻柔的 teer, teer 声，告警声为 tzzzzzzz 声，兴奋时发出尖叫声和似笑声，参考 XC35565（Arnold Meijer）。**分布**：中国中部和西南部、喜马拉雅山脉、越南北部。在中国，eoa 亚种甚常见于西藏南部、云南的中海拔常绿林、青海南部和四川的山地，多见于海拔

1200 ～ 4600 m 地区。**习性**：性嘈杂，集小至大群栖于森林中间层。

1025. 台湾白喉噪鹛　Rufous-crowned Laughingthrush
Pterorhinus ruficeps　táiwān báihóuzàoméi　27~29 cm　　图版118　LC

识别：中型暗褐色噪鹛。顶冠棕色，具特征性白色喉部和上胸。上体余部暗烟褐色，外侧四对尾羽羽端白色。下体具灰褐色胸带，腹部棕色，尾下覆羽白色。**鸣声**：鸣叫声为带共鸣的 *he-he-he* 笑声，亦作低弱的叽喳声和嘶嘶喘息声，参考 XC234366（Jim Holmes）。**分布**：中国台湾特有种。较常见于海拔 850 ～ 1800 m 的原始阔叶林和刺柏林中。**习性**：同白喉噪鹛。

1026. 黑领噪鹛　Greater Necklaced Laughingthrush
Pterorhinus pectoralis　hēilǐng zàoméi　27~34 cm　　图版117　LC

识别：较大的棕褐色噪鹛。头、胸部具复杂的黑白色图纹。似小黑领噪鹛，主要区别为眼先浅色且深色初级覆羽和翼上余部形成对比。分布于云南和海南的五个亚种间具细微差异，而分布于中国中南部和东部的 *picticollis* 亚种则最为独特，其喉部和眼先较白，黑色项纹由宽阔灰色带所取代。虹膜栗色，跗跖蓝灰色。**鸣声**：群鸟发出尖柔的召唤声和哀婉的降调"笑声"杂以短哨音，参考 XC426567（Peter Boesman）。**分布**：喜马拉雅山脉东部、印度东北部，东至中国中部和东部，南至泰国西部、老挝北部和越南北部。在中国，甚常见于喜马拉雅山脉南坡东部并经云南、华中、东南至海南，栖于海拔 200 ～ 1600 m 的有林丘陵地区。**习性**：群居，性嘈杂，多在地面觅食。与包括小黑领噪鹛在内的其他噪鹛混群。求偶炫耀表演时并足跳跃并点头，展开两翼鸣叫。作长距离的滑翔。

1027. 黑喉噪鹛　Black-throated Laughingthrush　*Pterorhinus chinensis*
hēihóu zàoméi　23~29 cm　　图版118　国二/LC

识别：较小的深灰色噪鹛。头侧和喉部黑色，腹部和尾下覆羽橄榄灰色。蓬松的黑色额部上方具白色边缘。大陆诸亚种脸颊白色，而海南的 *monachus* 亚种脸颊无白色且颈后和颈侧为棕褐色。初级飞羽羽缘色浅。与白颈噪鹛的区别为额部白色。虹膜红色，跗跖黄色或灰色。**鸣声**：鸣唱声清晰而动听，似鸫，群鸟发出响亮的咯咯声，参考 XC449142（Roland Zeidler）。**分布**：中国南部和中南半岛。在中国，常见于云南西南部（*lochmius* 亚种）、东南部至广东（*chinensis* 亚种）和海南（*monachus* 亚种）海拔 1200 m 以下的森林中。**习性**：集小群栖于竹林和半常绿林中的浓密灌丛。**分类学订正**：海南的 *monachus* 亚种有时被视作一个独立种 *G. monachus*（海南黑喉噪鹛）（并为特有种）。

1028. 栗颈噪鹛　Rufous-necked Laughingthrush　*Pterorhinus ruficollis*
lìjǐng zàoméi　22~27 cm　　图版118　LC

识别：较小的噪鹛。具黑色眼罩和喉部，颈侧具特征性栗褐色块斑。顶冠灰色，尾部偏黑色,腹部下方和尾下覆羽棕色。体羽余部橄榄灰色,初级飞羽羽缘浅灰色。**鸣声:**三音节的圆润哨音 *weeoo-wihoo-wich*、尖厉而悦耳的召唤声和突发的粗哑咯咯声,参考 XC374717(Mandar Bhagat)。**分布:**喜马拉雅山脉、缅甸北部和西部至中国云南西部。在中国,不常见于西藏东南部低海拔地区,罕见于云南极西部海拔 800 m 以下地区。**习性:**性嘈杂,集群觅食于灌丛、竹林和次生林的地面杂物中。常摆尾,在低矮植被中笨拙移动。

1029. 靛冠噪鹛 / 蓝冠噪鹛　**Blue-crowned Laughingthrush**　*Pterorhinus courtoisi*
diānguān zàoméi　23~25 cm　　　　　　　　　　图版118　国一/CR

识别:较小的噪鹛。顶冠蓝灰色,具黑色眼罩和亮黄色喉部。上体褐色,尾端黑色并具白色边缘。腹部和尾下覆羽皮黄色渐变为白色。**鸣声:**细弱的吱吱声和更为响亮的 *djú'djú-djú'djú...* 鸣唱声,参考 XC379428(Guy Kirwan)。**分布:**中国东南部特有种,指名亚种地区性常见于江西婺源局部地区的丘陵。在中国云南南部和广西西部的 *simaoensis* 亚种(仅存模式标本)被认为已野外灭绝,尽管在欧洲仍存有其人工种群,但无法与本种指名亚种进行可靠的区分。**习性:**隐于灌丛、村庄和农田,在地面杂物中觅食果实和无脊椎动物。**分类学订正:**鲜为人知的 *simaoensis* 亚种有时则被视作黄喉噪鹛(*P. galbanus*)的一个亚种,后者分布于印度阿萨姆地区和缅甸,但远离中国边境。

1030. 棕臀噪鹛 / 栗臀噪鹛　**Rufous-vented Laughingthrush**　*Pterorhinus gularis*
zōngtún zàoméi　22~27 cm　　　　　　　　　　图版118　LC

识别:较小的褐色噪鹛。眼罩黑色,下体黄色。顶冠、枕部和胸侧灰色,腹部下方、尾下覆羽和尾羽羽缘棕色。与靛冠噪鹛的区别为臀部羽色不同且尾部无白色羽缘。跗跖橙黄色。**鸣声:**响亮甜美的哨音、叽喳声和群鸟发出的咯咯"笑声",参考 XC19354(Craig Robson)。**分布:**不丹东部、印度阿萨姆地区、缅甸北部、老挝北部和中部。在中国为 2007 年在云南发现的中国新记录,可能亦分布于西藏东南部海拔 1200 m 以下地区,在相邻的印度东北部为常绿林和灌丛中的地区性常见鸟。**习性:**集大群但性羞怯,故难得一见。觅食于地面。

1031. 山噪鹛　**Plain Laughingthrush**　*Pterorhinus davidi*
shānzàoméi　23~29 cm　　　　　　　　　　图版118　LC

识别:中型偏灰色噪鹛。指名亚种上体纯灰褐色,下体较浅,眉纹色较浅,颏部偏黑色。*concolor* 亚种体羽偏灰色而少褐色。喙亮黄色而下弯,喙端偏绿色。**鸣声:**召唤或告警声为一连串 *wiau* 声,鸣唱声为响亮而快速重复的一连串短音,由细弱嘶嘶声引出,续以低弱的 *wiau wiau woiyao* 声,参考 XC434402(Paul Holt)。**分布:**中国北部和中部特有种。偶见于东北地区(*chinganicus* 亚种)、湖北以西至青海东部(*davidi* 亚种)、甘肃和青海交界处的祁连山脉(*experrectus* 亚种)、祁连山南部、青海东南部阿尼玛卿地区、四川的岷山和邛崃山脉(*concolor* 亚种)海拔 1600 ~ 3300 m 山区。**习性:**同其他噪鹛,喜树丛和灌丛生境。

1032. 灰胁噪鹛　Grey-sided Laughingthrush　*Pterorhinus caerulatus*

huīxié zàoméi　25~29 cm　图版118　LC

识别：中型棕褐色噪鹛。下体白色。耳羽灰白色，顶冠棕色，眼先和眼后细纹黑色，眼周裸露皮肤偏蓝色，两胁灰色。虹膜棕色。**鸣声**：鸣叫声为叽喳声和多变的甜美叫声，告警声不连贯，鸣唱声为响亮的 *oh dear doo* 声，参考 XC390562（Mike Dooher）。**分布**：喜马拉雅山脉东部至缅甸北部和中国西南部。在中国，偶见于西藏东南部（指名亚种）而罕见于云南怒江、澜沧江分水岭（*latifrons* 亚种）海拔 1500 ～ 2700 m 地区。**习性**：性活泼，栖于林下竹丛和山地灌丛。

1033. 台湾棕噪鹛　Rusty Laughingthrush　*Pterorhinus poecilorhynchus*

táiwān zōngzàoméi　27~29 cm　图版118　LC

识别：较大的棕褐色噪鹛。眼周具明显的蓝色裸露皮肤和黑色眼罩。头部、胸部、背部、两翼和尾部浓褐色，顶冠略具黑色鳞状纹。腹部和初级飞羽羽缘灰色，臀部白色。本种为分布于大陆的棕噪鹛和灰胁噪鹛在台湾的姊妹种。**鸣声**：嘈杂，发出响亮的 *whu'whuh whi'wuh* 喉音，参考 XC188246（Frank Lambert）。**分布**：中国台湾特有种，见于海拔 600 ～ 2100 m 适宜生境。**习性**：栖于丘陵原始阔叶林和山地森林中的林下植被和竹林下层。

1034. 棕噪鹛　Rufous Laughingthrush　*Pterorhinus berthemyi*

zōng zàoméi　27~29 cm　图版118　国二／LC

识别：较大的浅棕褐色噪鹛。下体灰色，眼周具明显的蓝色裸露皮肤和黑色眼罩。两翼和尾部棕色，尾端白色，臀部白色。**鸣声**：鸣唱声为响亮悦耳而多变的 *hii hii hoo guo hoo hoo hoo* 哨音，参考 XC379316（Guy Kirwan），觅食时发出似猫叫声和哨音，有时模仿其他鸟类鸣叫声。**分布**：中国特有种。罕见于云南西北部（*ricinus* 亚种）、四川南部东至上海、南至广东北部（指名亚种）海拔 600 ～ 2100 m 的丘陵阔叶林和山地森林中的林下植被和竹林下层。**习性**：似灰胁噪鹛。

1035. 白颊噪鹛　White-browed Laughingthrush　*Pterorhinus sannio*

báijiá zàoméi　22~25 cm　图版119　LC

识别：中型灰褐色噪鹛。尾下覆羽棕色，具特征性皮黄白色眉纹和颊纹，并被深色眼后纹所隔开。诸亚种间具细微差异。中国西南部至西藏东南部的 *comis* 亚种脸部较白，华中的 *oblectans* 亚种比东南地区和海南的指名亚种体羽偏橄榄色。**鸣声**：鸣叫声为粗哑似铃声、叽喳声、不连贯的咯咯声。鸣唱声为简单的三音节，第二音更高，参考 XC153310（Peter Ericsson）。**分布**：印度东北部、缅甸北部和东部、中国中部和南部（包括海南）、中南半岛北部。在中国，所有亚种均为海拔 2600 m 以下地区甚常见鸟。**习性**：不如大部分噪鹛羞怯，不甚惧人。栖于次生灌丛、竹丛和林缘空地。

1036. 细纹噪鹛 **Streaked Laughingthrush** *Trochalopteron lineatum*
xìwén zàoméi 19~21 cm 图版119 LC

识别：小型灰褐色噪鹛。布满灰色和偏白色纵纹，耳羽棕色。上体烟橄榄色，背部具白色羽轴形成的纵纹，两翼棕色而初级飞羽边缘灰色，尾部棕色而尾端偏灰色。下体灰色，胸部和两胁偏白色羽轴和棕色羽缘形成纵纹。**鸣声：**不停的叽喳声和哭叫声伴以清晰的 *pity-pity-we are* 声，参考 XC407470（Rolf A. de By），告警声为哀婉的 *sweet pea pea* 声。**分布：**阿富汗、喜马拉雅山脉。在中国为西藏南部常见留鸟。**习性：**栖于海拔 1700 ~ 3300 m 的山麓开阔灌丛中，冬季下移。

1037. 丽星噪鹛 **Bhutan Laughingthrush** *Trochalopteron imbricata*
lìxīng zàoméi 19~21 cm 图版119 LC

识别：小型暖褐色噪鹛。略具偏白色纵纹，耳羽灰色。顶冠和翕部具白色羽轴形成的纵纹，两翼棕色并具狭窄橄榄色翼斑，尾部棕色而尾端皮黄色。下体灰色，胸部和两胁偏白色羽轴和棕色羽缘形成纵纹。**鸣声：**不停的叽喳声和哭叫声伴以清晰鸣叫声和一些颤音，参考 XC35439（Arnold Meijer）。**分布：**喜马拉雅山脉东部。在中国，常见于西藏东南部。**习性：**栖于海拔 1700 ~ 3300 m 的山麓开阔灌丛中，冬季下移。

1038. 蓝翅噪鹛 **Blue-winged Laughingthrush** *Trochalopteron squamatum*
lánchì zàoméi 23~26 cm 图版119 LC

识别：中型深褐色噪鹛。眉纹和次级飞羽黑色，初级飞羽羽缘浅蓝灰色。顶冠、枕部、胸部和两胁羽缘黑色形成扇贝状纹。两性异形。雄鸟色深，顶冠灰色而尾部偏黑色；雌鸟上体棕橄榄褐色，尾部铜色而尾端栗色。与纯色噪鹛的区别为眉纹黑色且虹膜色浅。**鸣声：**鸣叫声似哭叫，鸣唱声为重复的轻声 *kri ooiit* 或轻柔单音，参考 XC158052（Frank Lambert）。**分布：**喜马拉雅山脉、缅甸北部、中国西南部和中南半岛北部。在中国，罕见于云南西部和东南部海拔 1000 ~ 2500 m 的潮湿山地。**习性：**栖于近溪流的潮湿森林中。甚羞怯而隐蔽。不如其他噪鹛嘈杂。

1039. 纯色噪鹛 **Scaly Laughingthrush** *Trochalopteron subunicolor*
chúnsè zàoméi 23~25 cm 图版119 LC

识别：中型暗褐色噪鹛。头顶灰色，体羽羽缘黑色形成鳞状纹。似蓝翅噪鹛，区别为虹膜偏红色、无黑色眉纹、次级飞羽暗褐色、初级飞羽羽缘偏橄榄黄色而非蓝灰色。尾端白色。**鸣声：**清晰的四声哨音，告警声为高叫，亦发出叽喳尖叫，参考 XC327876（David Edwards）。**分布：**喜马拉雅山脉东部、缅甸东北部、中国西南部和越南西北部。在中国为西藏南部（指名亚种）常见留鸟，并偶见于云南西部和西北部（*griseatum* 亚种），罕见于云南西南部（*fooksi* 亚种）。通常栖于比蓝翅噪鹛更高的海拔 1830 ~ 3400 m 地区，随季节作垂直迁徙。**习性：**集小群栖于山区森林和开阔灌丛的近地面处。

1040. 橙翅噪鹛 Elliot's Laughingthrush *Trochalopteron elliotii*
chéngchì zàoméi   22~26 cm   图版119   国二/LC

识别：中型噪鹛。通体灰褐色，翕部和胸部覆羽的深色和偏白色羽缘形成鳞状纹。脸部色深。臀部和下腹部黄褐色。双翼合拢时可见由初级飞羽基部偏黄色羽缘和蓝灰色羽端形成的翼斑。尾羽灰色而尾端白色，外翈偏黄色。*prjevalskii*亚种顶冠色较浅，下体偏褐色，翼斑和尾羽边缘偏红色而非偏黄色。虹膜浅乳白色。**鸣声**：悠远的双音节叫声，群鸟发出吱吱声，参考 XC183786（Frank Lambert）。**分布**：几乎为中国特有种，国外仅分布于印度东北部边境地区。指名亚种见于大巴山、秦岭和岷山以南至四川西部、西藏东南部和云南西北部，存在北扩趋势，记录于河南、山西等地；*prjevalskii* 亚种见于甘肃北部祁连山脉南至青海东部，常见于海拔 1200 ~ 4800 m 各类森林的林下植被中。**习性**：集小群觅食于开阔次生林和灌丛的林下植被以及竹林下层。

1041. 灰腹噪鹛 Brown-cheeked Laughingthrush *Trochalopteron henrici*
huīfù zàoméi   24~28 cm   图版119   LC

识别：中型灰褐色噪鹛。褐色头侧与偏白色的颊纹和细眉纹形成对比。两翼和尾基边缘蓝灰色。初级覆羽形成翼上黑色块斑。下体灰色，臀部暗栗色，尾端具狭窄白色带。喙橙色，跗跖黄色。**鸣声**：似笛音的 *whoh-hee* 鸣叫声和叽喳声，参考 XC304098（Qin Huang）。**分布**：几乎为中国特有种，见于西藏南部、东南部，在相邻的印度东北部仅有一笔记录。在中国，地区性常见于西藏南部日喀则以东至雅鲁藏布江和西藏东南部海拔 2800 ~ 4600 m 地区，冬季下至海拔 2000 m 地区。**习性**：成对或集小群栖于森林和峡谷灌丛中，难得一见。有时与黑顶噪鹛混群活动。

1042. 黑顶噪鹛 Black-faced Laughingthrush *Trochalopteron affine*
hēidǐng zàoméi   24~26 cm   图版119   LC

识别：中型深色噪鹛。白色的宽阔髭纹和颈部块斑与偏黑色的头部形成对比。诸亚种羽色略有差异，但通常为暗橄榄褐色。两翼和尾羽的边缘偏黄色。**鸣声**：重复的三四个单调哀伤的鸣叫声似 *to-wee-you*，告警声为长卷舌音 *whirr whirrer*，亦作沙哑似责骂的叫声，参考 XC426959（Peter Boesman）。**分布**：喜马拉雅山脉东部、印度阿萨姆地区至中国中部、缅甸北部和越南西北部。在中国境内诸亚种均为留鸟，不常见于西藏西南部（指名亚种）、南部（*bethelae* 亚种）、东南部和云南西部（*oustaleti* 亚种）、南部（*saturatum* 亚种）、西北部及四川西南部（*muliensis* 亚种）、甘肃南部至四川中部和重庆（*blythii* 亚种）海拔 1500 ~ 4500 m 地区，在冬季可下至海拔 550 m 低处。**习性**：栖于混交林、杜鹃林和刺柏林，隐于林下植被中。

1043. 玉山噪鹛 / 台湾噪鹛 White-whiskered Laughingthrush
Trochalopteron morrisonianum yùshān zàoméi   25~28 cm   图版119   LC

识别：中型褐色噪鹛。具明显的白色长眉纹和髭纹。顶冠灰色并具白色鳞状纹，脸侧和颏部褐色，喉部和枕部褐色并具灰色羽缘形成的鳞状纹。腹部灰色，臀部栗色。

两翼和尾部青蓝灰色且羽基外缘黄褐色，初级飞羽羽缘黄褐色。喙黄色，跗跖粉褐色。**鸣声**：雄鸟发出清晰的 *wheet-too-whit* 鸣唱声，第二音低，参考 XC236588（Jim Holmes），雌鸟复以似铃声的 *di, di, di...* 声。**分布**：中国台湾特有种。甚见于中央山脉海拔 1800～3500 m 地区，上可至林线处。**习性**：典型噪鹛，栖于林下植被和灌丛中。

1044. 杂色噪鹛 **Variegated Laughingthrush** *Trochalopteron variegatum*
zásè zàoméi   24~26 cm   图版120   LC

识别：中型噪鹛。具明显黑白色脸部图纹和复杂的彩色翼斑。体羽灰褐色，臀部栗色。尾基黑色，尾端灰色并具狭窄白边。虹膜、跗跖均为黄色。**鸣声**：响亮悦耳的 *weet-a-weer* 或 *weet-a-woo-weer* 哨音，群鸟相互呼应，参考 XC138740（vir joshi），告警声为叽喳声和尖叫声。**分布**：阿富汗东部、巴基斯坦西部、喜马拉雅山脉西部和中国西藏南部。在中国仅呈边缘性分布，罕见于西藏极南部海拔 2500～3300 m 地区。**习性**：成对或集群栖于沟谷中的开阔栎树林和混交林的林下植被。

1045. 红头噪鹛 **Chestnut-crowned Laughingthrush**
Trochalopteron erythrocephalum hóngtóu zàoméi   25~28 cm   图版120   LC

识别：较大的暗褐色噪鹛。头部偏黑色，顶冠前方灰色并具黑色纵纹，顶冠后方和枕部栗色，耳羽和颈侧灰色，眼先棕色。初级覆羽栗色，两翼和尾部羽缘橄榄黄色。下体茶褐色，胸部具黑色鳞状粗纹。**鸣声**：鸣唱声为 *towool* 哨音，复以 *weroo* 声和变调，参考 XC426969（Peter Boesman），亦作嘶嘶哨音、叽喳声和咯咯声，告警声为颤鸣。**分布**：喜马拉雅山脉地区。在中国，*nigrimentum* 亚种为西藏东南部海拔 1100～3500 m 地区罕见留鸟。**习性**：集小群活动，在茂密的隐蔽处之间滑翔。典型噪鹛，隐于灌丛、林缘和竹丛中。**分类学订正**：本种曾包含如今金翅噪鹛（*T. chrysopterum*）和银耳噪鹛（*T. melanostigma*）下的 4 个亚种。目前的分类有待进一步调整。

1046. 金翅噪鹛 **Assam Laughingthrush** *Trochalopteron chrysopterum*
jīnchì zàoméi   23~25 cm   图版120   LC

识别：较大而羽色艳丽的偏褐色噪鹛。顶冠后方和枕部亮栗色，耳羽和颈侧灰色，翕部粉灰色并具矛状纵纹，初级覆羽栗色，两翼和尾部羽缘橄榄黄色，眼先和额部偏黑色，喉部和胸部灰色，胸部具深色鳞状粗纹。*ailaoshanense* 亚种额部黑色较少，为黄橄榄褐色具深褐色点斑。**鸣声**：一系列响亮的鸣叫声，鸣唱声为 *chee-o-wit* 声，参考 XC430328（Brian Cox）。**分布**：印度东北部、缅甸、中国西南部。在中国，常见于云南西部（*woodi* 亚种）和云南中部哀牢山地区（*ailaoshanense* 亚种），多分布在海拔 1200～3350 m 处。**习性**：栖于林下的杜鹃灌丛和竹丛中。

1047. 银耳噪鹛 **Silver-eared Laughingthrush**
Trochalopteron melanostigma yín'ěr zàoméi   25~26 cm   图版120   LC

识别：较大的暗褐色噪鹛。顶冠和枕部栗色，耳羽和颈侧灰色，初级覆羽栗色，两翼和尾部羽缘橄榄黄色。眼先和颏部偏黑色，喉部褐色，胸部具鳞状纹。诸亚种在耳羽色彩和头部细纹程度上所差异。与金翅噪鹛的区别为体羽偏灰色、顶冠栗色。**鸣声:** 一系列响亮的鸣叫声，如 *chooee-cheryou* 声，参考 XC306376（Marc Anderson）。**分布:** 中国西南部、老挝、缅甸、泰国和越南。在中国，罕见于云南西南部澜沧江以西（指名亚种）和云南东南部澜沧江以东（*connectens* 亚种）海拔 1100 ~ 2600 m 地区。**习性:** 栖于阔叶林和针叶、阔叶混交林，隐于竹丛和灌丛中。

1048. 丽色噪鹛 / 红翅噪鹛　Red-winged Laughingthrush　*Trochalopteron formosum*
lìsè zàoméi　27~28 cm　　　　　　　　　　　　　图版120　国二/LC

识别: 大型噪鹛。两翼和尾部绯红色。似赤尾噪鹛，区别为顶冠灰色并具黑色纵纹且翕部、背部和胸部为褐色。**鸣声:** 鸣唱声包括响亮、尖细而哀婉的 *chu-weewu* 或略微上扬的 *chiu-wee* 哨音，间隔 3 至 8 秒后重复，参考 XC323811（Guy Kirwan），二重唱则为 *chiu-wee---u-weeoo*（中间略上升）和 *u-weeoo---wueeoo*（速度极快）声，亦作更为响亮的 *wu-eeoo* 声。鸣叫声则为轻柔的 *wiiii* 声。**分布:** 中国西南部至越南北部。在中国，罕见于四川中部、西部和云南东北部海拔 900 ~ 3000 m 的山区。**习性:** 性羞怯，集群栖于茂密常绿林、次生林和竹林的地面或近地面处。

1049. 赤尾噪鹛 / 红尾噪鹛　Red-tailed Laughingthrush　*Trochalopteron milnei*
chìwěi zàoméi　25~27 cm　　　　　　　　　　　　　图版120　国二/LC

识别: 中型噪鹛。两翼和尾部绯红色。似丽色噪鹛，区别为头顶和枕部棕色、背部和胸部具灰色和橄榄色鳞状斑。耳羽浅灰色。诸亚种在背部和耳羽色彩上略有差异。**鸣声:** 鸣叫声响亮刺耳，群鸟发出叽喳声，鸣唱声为 *coor-chew-chew* 声，间隔 3 至 5 秒后重复，参考 XC356306（Rolf A. de By）。**分布:** 中国南部、缅甸北部至中南半岛北部。在中国通常不常见于云南、重庆（*sharpei* 亚种）、中南地区（*sinianum* 亚种）海拔 1000 ~ 2400 m 的山区。曾经常见于东南地区的 *milnei* 亚种似乎已灭绝，尽管适宜其栖息的良好生境仍大量存在。**习性:** 作嘈杂的求偶炫耀舞蹈表演，摆尾并扇动绯红色的两翼。集群栖于常绿林中的浓密林下植被和竹丛。

1050. 斑胁姬鹛　Himalayan Cutia　*Cutia nipalensis*　bānxié jīméi
17~19 cm　　　　　　　　　　　　　　　　　　　　　图版120　LC

识别: 不易被误认的中型鹛，体色艳丽。额部、顶冠、枕部和飞羽羽缘均为蓝灰色，上体大部棕栗色，尾部、两翼余部和宽阔的贯眼纹均为黑色，下体白色，两胁具黑色横斑。雌鸟体色较浅，翕部和背部橄榄褐色并具黑色粗纵纹，贯眼纹深褐色。虹膜红褐色，喙偏黑色，跗跖黄色至橙色。**鸣声:** 响亮、悠长而逐渐上扬的 *cheeeet* 声，双音 *chirp* 声和响亮、单调、重复数次的 *chipchip-chip-chipchip* 声，参考 XC79928（Frank Lambert）。**分布:** 喜马拉雅山脉至中国西南部和东南亚。在中国，不常见于海拔 1800 ~ 2600 m 的山区常绿林中，指名亚种为西藏南部、东南部、四川西部和云南西北部留鸟，*melanchima* 亚种记录于云南南部西双版纳丘陵地区。**习性:** 觅食于长满附生植物的树枝上。通常集小群或与其他鸟类混群。

1051. 蓝翅希鹛 **Blue-winged Minla** *Actinodura cyanouroptera* lánchì xīméi
14~15 cm
图版120　LC

识别：不易被误认的小型树栖性鹛。尾长，两翼、尾部和顶冠蓝色。翕部、两胁和腰部黄褐色，喉部和腹部偏白色，脸颊偏灰色。眉纹和眼圈白色。尾部下方为白色并具黑色边缘，甚细长且呈方形。喙黑色，跗跖粉色。**鸣声**：鸣叫声为响亮的两音节长哨声 *see-saw* 或 *pi-piu*，不断重复，收尾时音调升高，亦作响亮的 *swit* 声，参考 XC472805（Peter Boesman）。**分布**：喜马拉雅山脉、印度东北部、东南亚和中国南部。在中国，*wingatei* 亚种为云南、四川、贵州、广西、湖南和海南海拔 1000 ~ 2800 m 森林中的常见留鸟。**习性**：性活泼，集小群活动于树冠上下。

1052. 斑喉希鹛 **Chestnut-tailed Minla** *Actinodura strigula* bānhóu xīméi
16~19 cm
图版120　LC

识别：活泼似山雀的小型鹛。具耸立的棕褐色顶冠，喉部具黑色和白色（或黄色）鳞状斑，下体偏黄色，上体橄榄色。初级飞羽羽缘橙黄色形成亮丽翼斑，尾部中央棕色而尾端黑色，两侧尾羽端部黑色而羽缘黄色。喙、跗跖均为灰色。**鸣声**：模糊的 *chu-u-wee, chu-u-wee* 哨音，第二音降调，其他各音上扬，参考 XC426707（Peter Boesman），亦作金属般的 *chew* 声。**分布**：喜马拉雅山脉、印度东北部、东南亚和中国南部。在中国，指名亚种见于西藏南部，*yunnanensis* 亚种（包括 *castanicauda* 亚种）见于西藏东南部、云南和四川西部海拔 2100 ~ 3600 m 地区。**习性**：常见而性好奇，栖于山区阔叶林和针叶林的低矮树木和灌丛中。集群并加入"鸟浪"。

1053. 火尾希鹛 / 红尾希鹛 **Red-tailed Minla** *Minla ignotincta* huǒwěi xīméi
13~15 cm
图版120　LC

识别：不易被误认的小型树栖性鹛。雄鸟宽阔的白色眉纹与黑色的顶冠、枕部和宽阔贯眼纹形成对比，尾缘和初级飞羽羽缘均为红色。背部橄榄灰色，两翼余部黑色而边缘白色，尾部中央黑色，下体白色并稍沾乳白色。雌鸟和幼鸟两翼边缘较淡、尾缘粉色。虹膜、喙、跗跖均为灰色。**鸣声**：鸣叫声为响亮而哀婉的三四个音节、重复的 *chik* 声以及多种高音叽喳声。鸣唱声为响亮清脆的 *twiyi twiyuyi...* 声，参考 XC201350（Timo Janhanen）。**分布**：尼泊尔至中国南部和东南亚北部。在中国，指名亚种为西藏东南部、云南西部和西北部留鸟，*jerdoni* 亚种为华中和华南海拔 1800 ~ 3400 m 地区留鸟。**习性**：群居，常见于山区阔叶林并加入"鸟浪"。

1054. 赤脸薮鹛 / 灰头薮鹛 **Red-faced Liocichla** *Liocichla phoenicea* chìliǎn sǒuméi　21~24 cm
图版121　LC

识别：不会被误认的中型薮鹛。脸侧和初级飞羽绯红色。与丽色噪鹛和赤尾噪鹛不易混淆，区别在于头侧红色。体羽余部灰褐色。方形尾黑色，尾端橙色。**鸣声**：鸣唱声为响亮悦耳的 3 到 8 个升降调音节，如 *chewi-ter-twi-twitoo*、*chi-cho-choee-wi-chu-chooee* 等，参考 XC89864（Frank Lambert），鸣叫声为粗哑似喘息的 *chrrrt-chrrrt* 声和模糊似抱怨的 *grssh! grssh!* 声。**分布**：喜马拉雅山脉东部至缅甸北部、西部和东部以及中国西南部和中南半岛北部。在中国，罕见于云南西北部（*bakeri* 亚种），可能亦见于云南西部（指名亚种）海拔 900 ~ 2200 m 地区，随季节作垂直迁徙。**习性**：性羞怯，隐于常绿山地林、林缘和次生林的浓密林下植被中。

1055. 红翅薮鹛 Scarlet-faced Liocichla *Liocichla ripponi*
hóngchì sǒuméi 21~24 cm
图版121 LC

识别：不易被误认的中型薮鹛。脸侧和初级飞羽绯红色。与丽色噪鹛和赤尾噪鹛不易混淆，区别在于头侧红色。体羽余部灰褐色。方形尾黑色，尾端橙色。指名亚种具蓝灰色顶冠。似赤脸薮鹛，区别为顶冠蓝灰色、上体橄榄褐色并沾灰色、下体皮黄灰色。**鸣声**：鸣叫声为响亮悦耳的 2 到 4 个音节如 *chi-chweew* 或 *tu-reew-ri* 等，参考 XC201356（Timo Janhonen），亦作低音颤鸣。**分布**：缅甸南部、泰国北部、老挝北部、越南北部和中国西南部。在中国，罕见于云南西部（指名亚种）和东南部（*wellsi* 亚种）海拔 900 ~ 2200 m 地区，随季节作垂直迁徙。**习性**：同赤脸薮鹛。

1056. 灰胸薮鹛 Omeishan Liocichla *Liocichla omeiensis* huīxiōng sǒuméi
17~20 cm
图版121 国一 / VU

识别：较小的薮鹛。上体灰橄榄色，下体和脸侧灰色。额部、眉纹和颈侧橄榄黄色。具明显的橙色翼斑，初级飞羽和三级飞羽黑色而羽缘黄色。方形尾橄榄色并具黑色横斑，尾端红色。外侧尾羽羽缘黄色。臀部覆羽偏黑色而羽端橙色。雌鸟尾部和两翼无红色羽缘。**鸣声**：鸣唱声为由间隔 3 至 8 秒的迷糊长音组成的一系列尖厉哨音，似 *chwi-weeiee-eeoo* 和 *weei-wieeoo-wiweei-wieeo*，参考 XC416223（Michael Hurben），告警声为带喉音的叽喳声。**分布**：中国西南部特有种。世界性易危。偶见于四川南部和云南东北部海拔 1000 ~ 2400 m 的局部山林中。可能受到笼鸟贸易的威胁，曾记录到数量惊人的被捕个体。**习性**：同其他薮鹛。

1057. 黑冠薮鹛 / 布坤薮鹛 Bugun Liocichla *Liocichla bugunorum* hēiguān sǒuméi
21~23 cm
图版121 国一 / CR

识别：较小的薮鹛。似灰胸薮鹛，区别为顶冠亮黑色、眼先橙黄色、眉纹不完整、具宽阔黄色翼斑、次级飞羽和三级飞羽羽端具红色水滴状斑且略具横斑的方形尾尾端为红色。尾下覆羽偏黑色而端部为红色和黄色。雌鸟体色更暗，尾部和两翼无红色羽缘，尾下覆羽羽端黄色。**鸣声**：笛音和特征性的降调 *wieu'u-wee'i-tuu'i-tuu'uw-tu'oow* 声，略模糊且收尾时变调，亦作更高的 *weei'u-tuuu'i-tuu'uw-tu'oow* 声，雌鸟或发出干涩的 *trrrr-trii-trii* 声，参考 XC78549（Frank Lambert）。**分布**：暂被列为极危物种，仅见于不丹东部、印度东北部和中国西藏东南部。在中国见于海拔 2000 ~ 2350 m 的寒冷阔叶林中。**习性**：同其他薮鹛，集小群活动。

1058. 黄痣薮鹛 Steere's Liocichla *Liocichla steerei* huángzhì sǒuméi
17~19 cm
图版121 LC

识别：中型薮鹛。顶冠和枕部灰色并具偏白色细纹，眼先具黄色月牙状斑，眉纹黑色而后端黄色。背部橄榄褐色，腰部灰色，方形尾橄榄色并具深青灰色次端斑而尾端具狭窄白色带，次级飞羽栗色而翼端深青灰色，初级飞羽黑色而羽缘黄色。下体灰色，胸部下方橄榄黄色，臀部黑色并具由亮黄色羽端形成的鳞状斑。**鸣声**：鸣叫声为嘹亮的 *ji, jurr* 声和低哑的 *ga-ga-ga* 声，参考 XC412919［Somkiat Pakapinyo (Chai)］。**分布**：中国台湾特有种。喜海拔 900 ~ 2500 m 的较低山地和丘陵地带。**习性**：栖于阔叶林和果园的较低层。隐于浓密植被下但亦常见于路边。

1059. 锈额斑翅鹛 / 栗额斑翅鹛　Rusty-fronted Barwing　*Actinodura egertoni*
xiù'é bānchìméi　21~24 cm　　　　　　　　　　图版121　LC

识别：中型棕褐色斑翅鹛。尾长，两翼和尾部具黑色细小横斑。与白眶斑翅鹛的区别为无白色眼圈且棕褐色顶冠前方具灰色细纹。胸部偏红色，与纹胸斑翅鹛的区别为下体无纵纹且额部栗色。*lewisi* 亚种与指名亚种的区别为头部偏灰色并具明显的狭窄深色边缘、体色较深并偏灰色。*ripponi* 亚种比指名亚种上体偏灰褐色。**鸣声**：鸣叫声为不停的吱吱声，鸣唱声为响亮尖厉的三音节哨音 *ti-ti-ta*，重音在第一音，最后一音较低，参考 XC314175（Oscar Campell）。**分布**：尼泊尔至中国西南部和缅甸西部及北部。在中国不常见，指名亚种见于西藏东南部雅鲁藏布江支流丹巴曲以西地区，*lewisi* 亚种见于丹巴曲以东的米什米山区，*ripponi* 亚种见于云南怒江以西地区。**习性**：栖于山区常绿林的浓密灌丛中。集嘈杂的小群，有时与噪鹛混群。

1060. 白眶斑翅鹛　Spectacled Barwing　*Actinodura ramsayi*
báikuàng bānchìméi　22~25 cm　　　　　　　　　图版121　LC

识别：中型红褐色斑翅鹛。具不甚明显的羽冠和明显的白色眼圈。两翼和尾部具黑色横斑，飞羽基部具棕色大块斑。下体暗黄褐色，喉部具偏黑色细纹。与中国分布的其他斑翅鹛的区别为眼圈白色。**鸣声**：鸣叫声为响亮而哀婉的 *tu-tui-tui-tui-tuuui* 声，先升后降，参考 XC156841（Hans Matheve）。**分布**：缅甸东部、中南半岛北部和中国云南南部。在中国，为云南南部海拔 450 m 以上的中海拔灌木林中的甚常见留鸟。**习性**：性活泼嘈杂。站于矮丛顶端鸣叫时羽冠耸起。

1061. 纹头斑翅鹛　Hoary-throated Barwing　*Actinodura nipalensis*
wéntóu bānchìméi　20~21 cm　　　　　　　　　　图版121　LC

识别：中型深褐色斑翅鹛。两翼和较长的尾部具黑色细小横斑。与其他斑翅鹛的区别为头部具羽冠和皮黄色细纵纹。头侧灰色，眼圈狭窄而偏白色，髭纹黑色。尾端具黑色带。下体浅灰褐色渐变至腹部红棕色。**鸣声**：*tui whee-er* 哨音，告警声为快速响亮的 *je-je...* 声，重复数次，参考 XC426361（Peter Boesman）。**分布**：尼泊尔至印度东北部和中国西藏南部。在中国，*vinctura* 亚种为西藏南部（波密）海拔 2300 ~ 2800 m 地区罕见留鸟。**习性**：集小群栖于栎林和杜鹃林。有时与其他鸟类混群。

1062. 纹胸斑翅鹛 **Streak-throated Barwing** *Actinodura waldeni*

wénxiōng bānchìméi　19~22 cm　　　　　　　　　　图版121　LC

识别：中型褐色斑翅鹛。极似纹头斑翅鹛，区别为冠羽羽缘色浅形成鳞状纹。下体灰色并具棕色纵纹。*saturatior* 亚种下体棕褐色并具皮黄色纵纹。**鸣声**：鸣叫声为轻柔的 *chup, chup* 声、似猫叫声和 *churr* 声，指名亚种的鸣唱声响亮刺耳并以颤音收尾，参考 XC430298（Brian Cox）。**分布**：印度阿萨姆地区至中国西部和缅甸。在中国，*daflaensis* 亚种为西藏东南部极罕见留鸟，*saturatior* 亚种见于云南西北部和西部海拔 1500 ~ 2800 m 地区。**习性**：同纹头斑翅鹛。在苔藓覆盖的树干上悄然移动。较不惧人。

1063. 灰头斑翅鹛 **Streaked Barwing** *Actinodura souliei*　huītóu bānchìméi

22~23 cm　　　　　　　　　　　　　　　　　　图版121　LC

识别：大型斑翅鹛。具蓬松羽冠。体羽具鳞状斑。眼先和脸颊前部黑色。冠羽和耳覆羽浅灰色。头侧深栗色，喉部红栗色。翕部、背部、腰部、腹部和臀部覆羽黑色，羽缘黄褐色并具矛状纹。两翼和尾部栗色并具细小的黑色横斑。外侧尾羽羽端为宽阔的白色。跗跖偏粉色。**鸣声**：召唤声轻柔，告警声为粗哑而响亮的颤鸣，参考 XC315817（Jianyun Gao）。**分布**：中国西南部和越南西北部。在中国罕见，指名亚种为四川南部（峨眉山）和云南西北部留鸟，*griseinucha* 亚种见于云南东南部。**习性**：性嘈杂，栖于海拔 1100 ~ 3300 m 落叶林的林下植被中。

1064. 台湾斑翅鹛 **Taiwan Barwing** *Actinodura morrisoniana*

táiwān bānchìméi　18~19 cm　　　　　　　　　　图版121　LC

识别：大型褐色斑翅鹛。具蓬松羽冠，头侧深栗色，翕部和腰部灰色，喉部红栗色。背部中央红褐色，胸部橄榄褐色并具浅色纵纹。腹部和臀部棕褐色。两翼和尾部具黑色横斑，尾端白色。喙黑色，跗跖偏粉色。**鸣声**：轻柔的 *jiao, jiao* 声，告警声为急促而低哑的 *jia jia jia* 声，参考 XC428941［Kuan-Chieh (Chuck) Hung］。**分布**：中国台湾特有种。为中央山脉 1200 ~ 3000 m 落叶林的林下植被中的常见留鸟。**习性**：性活泼嘈杂。集小群在树枝间敏捷移动，捕捉小型昆虫。

1065. 银耳相思鸟 **Silver-eared Mesia** *Leiothrix argentauris*

yín'ěr xiāngsīniǎo　15~17 cm　　　　　　　　　图版122　国二/LC

识别：体色艳丽的中型鹛。具特征性的黑色顶冠、银白色脸颊和橙黄色额部。尾部、背部和翼覆羽橄榄色，喉、胸部橙红色，翼羽红黄两色，尾覆羽红色。虹膜红色，喙橙色，跗跖黄色。**鸣声**：具回音的叽喳声和欢快的哨音鸣唱声 *chi-uwi, chi-uwi, chi-uwi* 或 *chi-uwi-chiu*，参考 XC426648（Peter Boesman）。**分布**：喜马拉雅山脉、中国西南部、东南亚和苏门答腊岛。在中国常见于海拔 350 ~ 2000 m 地区，*vernayi* 亚种见于西藏东南部和云南怒江以西地区，*ricketti* 亚种见于云南南部，指名亚种见于云南红河以西地区，*rubrogularis* 亚种见于云南东南部、贵州南部和广西。**习性**：性活跃，栖于山区森林中低层的浓密灌丛。

1066. 红嘴相思鸟 **Red-billed Leiothrix** *Leiothrix lutea*

hóngzuǐ xiāngsīniǎo　14~15 cm　　　　　　　　　图版122　国二/LC

识别：较小而体色艳丽的鹛。具明显的红色喙。上体橄榄绿色，眼周具黄色块斑，下体橙黄色。尾部偏黑色且略分叉。两翼偏黑，红色和黄色的羽缘在停歇时形成明显翼斑。**鸣声：**鸣唱声细柔而单调，参考 XC457043（Audevard Aurelien）。**分布：**喜马拉雅山脉、印度阿萨姆地区、缅甸西部和北部、中国南部及越南西北部。在中国，指名亚种为华中和东南地区留鸟，*kwangtungensis* 亚种见于华南，*yunnanensis* 亚种见于云南西部，*calipyga* 亚种见于西藏南部和东南部。**习性：**性嘈杂，集群栖于次生林的林下植被中。欢快的鸣唱声、华美的羽色以及相互"亲热"（休息时常紧靠一起相互理毛）的习性使之深受笼鸟贸易威胁。

1067. 栗背奇鹛 **Rufous-backed Sibia** *Leioptila annectens*　lìbèi qíméi

18~20 cm　　　　　　　　　　　　　　　　　　图版122　LC

识别：小型奇鹛。头部黑色，喉、胸部白色，背部和尾上覆羽棕色。具黑色楔形长尾，尾端白色。两翼黑色，三级飞羽羽端和所有飞羽羽缘白色。两胁和尾下覆羽皮黄色，枕部和耸部黑色并具白色纵纹。虹膜浅褐色，喙深色而下喙基黄色，跗跖黄色。**鸣声：**告警声为沙哑的叽喳声，鸣唱声为三四声哨音似 *chip, chu chu ii*，后两音降调，有时由一装饰音引出，参考 XC309241（Marc Anderson）。**分布：**尼泊尔东部至中国西南部和东南亚。在中国，不常见至地区性常见于云南西部（指名亚种）、西双版纳西南部（*mixta* 亚种）海拔 600 ~ 1525 m 地区，高可至海拔 2300 m 处，可能亦见于西藏东南部。**习性：**性活泼，栖于山地常绿林的树冠层和周围的灌丛中。

1068. 黑顶奇鹛 **Rufous Sibia** *Heterophasia capistrata*　hēidǐng qíméi

21~24 cm　　　　　　　　　　　　　　　　　　图版122　LC

识别：大型而优雅的棕色奇鹛。头部黑色，具不明显的羽冠。尾部具黑色次端带，尾羽基部棕黄色。两翼偏灰色，次级飞羽和初级覆羽偏黑色而羽端灰色。虹膜红褐色，喙黑色，跗跖粉褐色。**鸣声：**鸣唱声为似笛音的 *tee-dee-dee-dee-dee-o-lu* 声，前五音同调，第六声最低，最后一音调居中，参考 XC319927（Norbu），告警声为粗哑的 *chrai-chrai-chrai-chrai-chrai* 声，鸣叫声为快速的 *chi-chi* 声。**分布：**喜马拉雅山脉至印度东北部。在中国，*bayleyi* 亚种为西藏南部春丕河谷地区罕见留鸟，该亚种可能亦见于西藏东南部，而 *nigriceps* 亚种则可能见于西藏南部聂拉木和珠穆朗玛地区。**习性：**栖于海拔 2200 ~ 2600 m 的混交林。成对或集小群活动，性嘈杂。高度树栖性，甚活跃，觅食于多苔藓的树枝上。常加入混合鸟群。

1069. 灰奇鹛 **Grey Sibia** *Heterophasia gracilis*　huī qíméi

22~25 cm　　　　　　　　　　　　　　　　　　图版122　LC

识别：中型偏灰色奇鹛。具深灰色顶冠和头侧，脸部偏黑色，喉、胸部偏白色。上体粉灰色。尾部次端斑和尾缘黑色，尾端浅灰色，两翼偏黑色，三级飞羽浅灰色，初级飞羽具浅色狭窄边缘。虹膜红色。**鸣声：**鸣唱声忧郁，为一连串尖厉似笛声的下降哨音，似黑头奇鹛，参考 XC509409（Greg Irving），告警声为粗哑的 *trrrit trrrit* 声，召唤声为尖细的 *witwit-witarit* 声或轻柔的 *ti-ew* 声。**分布**：印度东北部至中国西南部和缅甸西部及北部。在中国为云南怒江以西地区留鸟。**习性**：栖于海拔 900 ~ 2300 m 的山区常绿林中。性活泼好动，常与其他鸟类混群。

1070. 黑头奇鹛 **Black-headed Sibia** *Heterophasia desgodinsi* hēitóu qíméi
20~24 cm   图版122 LC

识别：尾长的灰色奇鹛。头部、尾部和两翼黑色，翕部沾褐色，顶冠具光泽。中央尾羽羽端灰色而外侧尾羽羽端白色。喉部和下体中央白色，两胁烟灰色。云南西北部偏褐色的个体或被视作 *tecta* 亚种。**鸣声**：五音节鸣叫声，前三音同调而后两音调低，参考 XC111181（Frank Lambert）。**分布**：缅甸北部、中南半岛至中国西南部。在中国，指名亚种常见于西南地区海拔 1200 m 以上的山区森林中。**习性**：在苔藓和附生植物覆盖的树枝上悄然移动，性隐蔽且动作笨拙。**分类学订正**：本种曾作为黑背奇鹛（*H. melanoleuca*）（但其原中文名则为本种）的亚种，后者在中国暂无分布但其 *radcliffei* 亚种或出现于云南西南部。

1071. 白耳奇鹛 **White-eared Sibia** *Heterophasia auricularis* bái'ěr qíméi
22~24 cm   图版122 LC

识别：不易被误认的中型树栖性奇鹛。具黑色顶冠和独特的白色眼先、眼圈以及向后上方发散的宽阔贯眼纹，其端部为丝状长羽。喉、胸部和背部上方灰色，下体余部粉黄褐色，背部下方和腰部棕色。尾部黑色，中央尾羽羽端偏白色。虹膜褐色，喙黑色，跗跖粉色。**鸣声**：鸣叫声为重复而洪亮的 *fei fei fei...* 声，收尾时上扬，亦作 *de de de de* 声，参考 XC388195（Ding Li Yong）。**分布**：中国台湾特有种。见于海拔 1200 ~ 3000 m 的栎树林，冬季部分下到海拔 200 m 处。**习性**：有时集小群觅食于开花结果的树上。性活泼而不甚惧人。

1072. 丽色奇鹛 **Beautiful Sibia** *Heterophasia pulchella* lìsè qíméi
23~24 cm   图版122 LC

识别：中型蓝灰色奇鹛。具黑色宽阔贯眼纹。上、下体蓝灰色，与三级飞羽和中央尾羽基部约三分之二的褐色形成对比。尾部具黑色次端带。与灰奇鹛的区别为下体和顶冠均为蓝灰色。**鸣声**：通常安静，但有时甚嘈杂且叫声多变。其中一种鸣叫声似钥匙串响。鸣唱声为 *ti-ti-titi-tu-ti*，近收尾时下降。比灰奇鹛更为尖厉而快速。约六个音节，每两音和第一音后均降调，参考 XC470104（Ramit Singal），告警声为沙哑的 *churr* 声。**分布**：印度东北部至中国西南部和缅甸东北部。在中国为西藏东南部和云南西北部不常见留鸟。**习性**：栖于海拔 1650 ~ 2800 m 的苔藓森林中，冬季下至海拔 1050 m 处。

1073. 长尾奇鹛 Long-tailed Sibia *Heterophasia picaoides* chángwěi qíméi
28~35 cm 图版122 LC

识别：大型灰白色树栖性奇鹛。尾部极长而尖。体羽暗灰色，顶冠色较深，偏白色臀部和白色翼斑在飞行时明显可见。尾羽羽端浅灰色。**鸣声**：嘈杂，不断发出尖厉的 *tsip-tsip-tsip-tsip* 声，间杂以颤鸣，参考 XC290905（Peter Boesman）。**分布**：喜马拉雅山脉、中国南部、东南亚、马来半岛和苏门答腊岛。在中国，指名亚种为西藏东南部和云南西北部留鸟，可能亦见于云南南部和西南部。常见于海拔 600 ~ 2500 m 左右的山区森林中。**习性**：集小群活动，隐于较高树木的顶部。飞行有力，边飞边鸣。

▌莺鹛科 Sylviidae 林莺、鸦雀、雀鹛、鹛雀等 （15 属 41 种）

一大科多样化的小型食虫鸟类，动作敏捷。多数种类具迁徙习性。

1074. 火尾绿鹛 Fire-tailed Myzornis *Myzornis pyrrhoura* huǒwěi lǜméi
11~14 cm 图版122 LC

识别：不易被误认的小型亮绿色鹛。外侧尾羽红色，翼斑橙红色。顶冠羽轴偏黑色而形成斑纹。初级飞羽、眼先和眼周均为黑色。胸部沾红色，尾下覆羽黄褐色。雌鸟比雄鸟体色略偏暗且胸部不沾红色。虹膜红色或褐色，喙黑色，跗跖黄褐色。**鸣声**：通常安静。召唤声为 *tsi-tsit* 高叫，亦作高声尖叫引出的 *trrrr-trrr-trrr* 声，参考 XC398386（Zeidler Roland），告警声为重复的 *tzip* 声。**分布**：尼泊尔至中国西南部和缅甸东北部。在中国为西藏东南部、云南西部和西北部的罕见留鸟。**习性**：单独或集小群活动。栖于海拔 3000 ~ 3660 m 的山区森林中，冬季下至海拔 2000 m 处。与莺类和太阳鸟混群。在杜鹃丛中吸食花蜜。

1075. 黑顶林莺 Eurasian Blackcap *Sylvia atricapilla* hēidǐng línyīng
13~15 cm 图版123 LC

识别：纤细的中型莺。头顶黑色（雄鸟）或浓棕褐色（雌鸟）。上体灰褐色并沾橄榄色，尾部深灰褐色，喉部、腹部和臀部浅灰白色，胸部色暗，两胁色暖。**鸣声**：生硬的 *tak* 金属音，鸣唱声为叽喳声续以多变的和声长鸣，参考 XC495546（Albert Lastukhin）。**分布**：繁殖于西欧至中亚，北方种群迁至非洲和南亚次大陆越冬。在中国，迷鸟在 2013 年记录于新疆西南部。**习性**：隐于林地和灌丛中，鸣叫时站在突出物上。

1076. 横斑林莺 Barred Warbler *Sylvia nisoria* héngbān línyīng
15~17 cm 图版123 LC

识别：大型而健硕的灰色林莺。下体白色，深灰月牙状羽端形成特征性鳞状横斑。具两道白色翼斑和特征性黄色虹膜。成鸟不易与庭院林莺（*S. borin*）和歌林莺（*S. hortensis*）混淆，而不具横纹的幼鸟有可能混淆，但上述两种在中国尚无记录。喙深色而下喙基黄色，跗跖黄灰色或褐灰色。**鸣声**：鸣唱声短促而深沉，持续 3 至 10 秒，常重复，参考 XC481525（Frank Lambert），鸣叫声为本属典型的 *chak chak* 声，亦作沙哑颤鸣或更为轻柔的两音节 *chad chad* 声。**分布**：繁殖于欧亚大陆中部，越冬于东非。在中国，merzbacheri 亚种为罕见候鸟，繁殖于新疆西部喀什、天山、库尔勒和若羌地区，迷鸟见于河北。**习性**：隐于海拔 2300 m 以下近河流和湖泊的浓密灌丛中。性隐蔽。

1077. 白喉林莺 Lesser Whitethroat *Sylvia curruca* báihóu línyīng
13~14 cm
图版123　LC

识别：较小的林莺。头部灰色，上体褐色，喉部白色，下体偏白色。耳羽深黑灰色，胸侧和两胁沾皮黄色。外侧尾羽羽缘白色。似沙白喉林莺，区别为体羽和跗跖色较深且喙较大。与漠地林莺的区别为体羽色深且少棕色。虹膜褐色，喙黑色，跗跖深褐色。**鸣声**：鸣唱声由细弱的悦耳颤鸣开始，续以尖厉刺耳的 *chikka-chikka-chikka...*，常重复，参考 XC662244（Lars Edenius），鸣叫声为沙哑的 *tic-titic* 声和 *tz-tz-tz-tz-zz-zz-zz* 声。**分布**：繁殖于古北界温带地区，越冬于非洲、阿拉伯半岛和印度的热带地区。在中国，blythi 亚种为大部地区的不常见过境鸟，可能繁殖于内蒙古呼伦湖地区以及河北和北京。**习性**：栖于开阔生境中的浓密灌丛。性隐蔽。

1078. 沙白喉林莺 / 漠白喉林莺 Desert Whitethroat *Sylvia minula*
shā báihóulínyīng　12~13 cm
图版123　NR

识别：较小的纯色林莺。上体纯沙灰色，喉部和下体白色。尾缘白色。与白喉林莺易混淆，区别为体型更小且喙较小。与亚洲漠地林莺的区别为体羽灰色而非棕褐色、尾上覆羽灰色。与东歌林莺的区别为体型更小且无黑色头罩。**鸣声**：悦耳多变的颤鸣声，无白喉林莺的嘎嘎声，参考 XC468371（Frank Lambert），鸣叫声为沙哑的颤鸣声、叽喳声或 *tit-titic* 声。**分布**：繁殖于西亚至中国西北部，越冬于巴基斯坦和印度西北部。在中国为地区性常见候鸟，指名亚种繁殖于新疆西部天山地区，margelanica 亚种繁殖于新疆东部、青海东部至内蒙古西部和宁夏。**习性**：比其他林莺更为活跃。尾部常摆动。

1079. 休氏白喉林莺 Hume's Whitethroat *Sylvia althaea*
xiūshì báihóulínyīng　12~14 cm
图版123　NR

识别：较小的灰色林莺。与白喉林莺的区别为体型略大、头部和上体色深、外侧尾羽偏白色。**鸣声**：典型的鸣叫声为轻柔而生硬的 *chek* 声和 *wheet-wheet-wheet* 声，参考 XC150109（Arend Wassink），亦作似白喉林莺的颤鸣声。**分布**：繁殖于伊朗东部至中亚的天山西部地区，越冬于南亚次大陆。在中国，迷鸟记录于新疆西部。**习性**：栖于阔叶林和刺柏丛中，繁殖于海拔 2000 ~ 3600 m 地区。**分类学订正**：曾和沙白喉林莺（S. minula）同被视作白喉林莺（S. curruca）的亚种。

1080. 东歌林莺　Eastern Orphean Warbler　*Sylvia crassirostris*
dōng gēlínyīng　15~17 cm　　　　　　　　　图版123　LC

识别： 较大的深色林莺。上体灰色，下体白色，具特征性的黑色头罩。两翼和尾部长，喙较长而尖。尾部呈楔形，尾端白色，两胁浅皮黄灰色。虹膜乳白色，眼圈偏黑色。雌鸟和幼鸟体羽更浅且对比不甚明显。与休氏白喉林莺的区别为体型大得多。**鸣声：** 召唤声为生硬的 *tchak* 声，参考 XC473642（Alain Verneau）。**分布：** 繁殖于地中海至中亚，越冬于非洲和南亚次大陆。在中国，*jerdoni* 亚种在 2016 年作为迷鸟记录于新疆西部。**习性：** 喜生长有灌丛的开阔林地。性羞怯，难得一见，在树叶间安静地觅食昆虫。

1081. 亚洲漠地林莺 / 荒漠林莺　Asian Desert Warbler　*Sylvia nana*
yàzhōu mòdìlínyīng　11~13 cm　　　　　　　图版123　LC

识别： 较小的纯棕褐色林莺。三级飞羽、腰部和尾上覆羽棕色，下体白色。似白喉林莺和沙白喉林莺，区别为体色较淡且偏棕色。虹膜黄褐色，喙黄色而上喙中脊线黑色，跗跖偏黄色。**鸣声：** 鸣唱声似灰白喉林莺但显凌乱，间杂刺耳叫声和似百灵的颤音。鸣叫声为干涩的 *drrrrrrrrrrrr* 声，重音在 *d* 音上，降调至消失。亦作 *chee-chee-chee-chee* 颤音，参考 XC481530（Frank Lambert）。**分布：** 繁殖于非洲西北部、亚洲中南部至中国西北部，越冬于阿拉伯半岛至巴基斯坦。在中国为不常见候鸟，指名亚种繁殖于西北地区的新疆西部至内蒙古西部。**习性：** 偏地栖性，并足跳跃，尾部半上翘并摆动。飞行时离地不高以隐入灌丛。

1082. 灰白喉林莺　Common Whitethroat　*Sylvia communis*
huī báihóulínyīng　13~15 cm　　　　　　　　图版123　LC

识别： 体色艳丽的中型林莺。上体灰褐色，大覆羽、次级飞羽和三级飞羽的棕色羽缘形成棕褐色翼斑，白色喉羽蓬松，尾下覆羽白色，下体偏白色，胸部、两胁和腿部沾皮黄色。外侧尾羽白色。有时可见模糊的偏白色眉纹。与白喉林莺的区别为后者上体偏灰色、更为纯色且无棕色翼斑。虹膜红褐色，喙深色而下喙基黄色，跗跖粉色。**鸣声：** 鸣叫声为颤鸣、尖厉的 *tac tack* 声和带鼻音的 *tcharr* 声。鸣唱声为几个断续的颤音，通常以 *che-che worrra che-wi* 声及其变调开始，参考 XC495042（Oscar Campbell）。**分布：** 繁殖于古北界温带地区，越冬于非洲。在中国为罕见候鸟，*icterops* 亚种繁殖于新疆西部喀什、天山、吐鲁番中部和阿尔泰山脉地区，*rubicola* 亚种迁徙途经中国大部地区。**习性：** 求偶炫耀和鸣唱时白色喉羽耸起。性隐蔽，隐于高大灌丛和矮树丛中。

1083. 金胸雀鹛　Golden-breasted Fulvetta　*Lioparus chrysotis*
jīnxiōng quèméi　10~11 cm　　　　　　　　图版124　国二 / LC

识别： 较小而体色艳丽的雀鹛。特征明显，为黄色下体、深色喉部、偏黑色头部和灰白色耳羽，白色顶冠纹延至枕部上方。上体橄榄灰色。两翼和尾部偏黑色，飞羽和尾羽具黄色羽缘，三级飞羽羽端白色。*forresti* 亚种下体橙黄色。虹膜淡褐色，喙灰蓝色，跗跖偏粉色。**鸣声**：持续不断的低音叽喳鸣叫声，参考 XC282710（Oscar Campbell），亦作五个降调的尖细高音。**分布**：尼泊尔至中国西南部、缅甸东北部、越南西北部和中部。在中国为罕见留鸟，*swinhoii* 亚种见于甘肃南部（白水江）、陕西南部（秦岭）、四川、广西西北部、贵州、广东北部（八宝山）和云南东北部，*amoenus* 亚种为云南东南部留鸟，*forresti* 亚种见于云南西部和西北部，指名亚种见于西藏东南部。**习性**：典型的群居性雀鹛，栖于海拔 950 ~ 2600 m 的灌丛和常绿林中。

1084. 宝兴鹛雀　Rufous-tailed Babbler　*Moupinia poecilotis*
bǎoxīng méiquè　13~15 cm　　　　　　　图版123　国二/LC

识别：中型棕褐色鹛。具较长的栗褐色楔形尾。上体棕褐色，眉纹偏灰色而后端色深，髭纹黑白两色。喉部白色，胸部中央皮黄色，两胁和臀部黄褐色，两翼和尾部栗色。**鸣声**：鸣唱声为清晰而快速的 *phu pwiii* 声，有时由短促的 *chit* 声引出，参考 XC399518（Zeidler Roland），鸣叫声为不清晰的 *tu-chit-tu-chu* 等声，有时续以鸣唱声。**分布**：中国特有种。见于四川东北部沿四川盆地以西向南至云南北部丽江山脉之间的一弧形区域内，喜海拔 1500 ~ 3810 m 近山溪的草丛和灌丛。**习性**：似金眼鹛雀。

1085. 白眉雀鹛　White-browed Fulvetta　*Fulvetta vinipectus*
báiméi quèméi　11~12 cm　　　　　　　图版124　LC

识别：中型褐色雀鹛。具特征性的头、胸部图纹，为白色宽眉纹上方具黑色侧冠纹，顶冠和枕部灰褐色，头部偏黑色，喉部和上胸偏白色并具黑色或棕色纵纹。下体余部皮黄灰色。初级飞羽的银灰色羽缘形成浅色翼斑。诸亚种在细节略有差异。*chumbiensis* 亚种眉纹上方侧冠纹为褐色而非黑色，*perstriata* 亚种喉部黑色纵纹较浓密，指名亚种喉部无纵纹。虹膜偏白色，喙浅角质色，跗跖偏灰色。**鸣声**：轻柔高音和持续不断的 *chip, chip* 声，告警声为吱吱声，鸣唱声为细弱的 *chit-it-it-or-key* 声并伴以头部前伸和尾部摆动，参考 XC469857（Rolf A. de By）。**分布**：喜马拉雅山脉至中国西南部、缅甸北部和越南北部。在中国为地区性常见留鸟，指名亚种见于西藏西南部，*chumbiensis* 亚种见于西藏南部春丕河谷地区，*perstriata* 亚种见于云南西部和西北部，*bieti* 亚种见于云南北部和东北部并北至四川汶川（卧龙）地区。**习性**：性活泼，集群栖于海拔 2000 ~ 3700 m 亚高山森林中的多刺栎树丛和林下植被中。

1086. 高山雀鹛/中华雀鹛　Chinese Fulvetta　*Fulvetta striaticollis*
gāoshān quèméi　12~14 cm　　　　　　　图版124　国二/LC

识别：中型灰色雀鹛。虹膜白色，喉部偏白色而具褐色纵纹。上体灰褐色，顶冠和翕部略具深色纵纹，下体浅灰色，眼先偏黑色，脸颊浅褐色。两翼棕褐色，初级飞羽的白色羽缘形成浅色翼斑。喙角质褐色，跗跖褐色。**鸣声**：清晰似腹音的 *tsway ahh-tsway ahh* 声，音量有所变化，参考 XC161119（Frank Lambert）。**分布**：中国特有种。常见于甘肃南部经四川至云南西北部和西藏东南部海拔 2200 ~ 4300 m 山区。**习性**：集小群栖于多刺栎树丛和灌丛中。

1087. 棕头雀鹛 **Spectacled Fulvetta** *Fulvetta ruficapilla* zōngtóu quèméi
10~13 cm 图版124 LC

识别： 中型褐色雀鹛。顶冠棕色并具延至枕部的黑色侧冠纹。眉纹色浅而不甚清晰，暗黑色眼先与白色眼圈形成对比，喉部偏白色并具模糊纵纹。下体余部酒红色，腹部中央偏白色。上体灰褐色渐变为腰部偏红色。翼覆羽羽缘赤褐色，初级飞羽缘浅灰色形成浅色翼斑，尾部褐色。*sordidior* 亚种顶冠略淡且偏褐色，侧冠纹较黑。虹膜褐色。**鸣声：** 如涌泉般的快速叽喳声，参考 XC111135（Frank Lambert）。**分布：**中国特有种。为不常见至地区性常见留鸟，指名亚种见于甘肃南部、陕西南部（秦岭）和四川，*sordidior* 亚种见于云南西部、中部、北部和四川西南部以及贵州西部。**习性：**栖于海拔 1250 ~ 2500 m 的常绿栎树林中。

1088. 印支雀鹛 **Indochinese Fulvetta** *Fulvetta danisi* yìnzhī quèméi
10~13 cm 图版124 LC

识别： 中型褐色雀鹛。顶冠巧克力褐色并具延至枕部的黑色侧冠纹。颏部和喉部偏白色并具灰色纵纹。具明显白色眉纹和偏灰色翼斑。极似棕头雀鹛，区别为顶冠偏褐色、眼圈不明显且虹膜色深。**鸣声：** 刺耳颤鸣和快速的叽喳声，参考 XC170452（Frank Lambert）。**分布：** 中南半岛至中国西南部。在中国为云南东南部和贵州西南部不常见至地区性常见留鸟。**习性：** 栖于海拔 1250 ~ 2500 m 的热带常绿林中。**分类学订正：**曾被视作棕头雀鹛（*F. ruficapilla*）的一个亚种。

1089. 路德雀鹛 / 路氏雀鹛 **Ludlow's Fulvetta** *Fulvetta ludlowi* lùdé quèméi
11~12 cm 图版124 LC

识别： 中型褐色雀鹛。头部巧克力褐色。似褐头雀鹛，区别为喉部白色（而非灰色）并具深色纵纹。似白眉雀鹛，区别为无白色眉纹和侧冠纹。两性相似。虹膜褐色。**鸣声：**告警声为极快的嘎嘎声间杂稍慢的叽喳声，参考 XC426555（Peter Boesman）。**分布：** 不丹和中国西藏。在中国，甚常见于西藏东南部。**习性：** 集小群栖于海拔2100 ~ 3400 m 的竹林和杜鹃林中。

1090. 灰头雀鹛 **Grey-hooded Fulvetta** *Fulvetta cinereiceps* huītóu quèméi
12~14 cm 图版124 LC

识别： 中型褐色雀鹛。喉部粉灰色并具暗色纵纹。胸部中央白色而两侧粉褐色至栗色。初级飞羽缘依次为白、黑、棕色而形成多道翼斑。与棕头雀鹛的区别为头侧偏灰色、无眉纹和眼圈、喉部和胸部沾灰色并具黑白色翼斑。诸亚种顶冠色彩存在差异。*guttaticollis* 亚种顶冠酒褐色并具灰褐色侧冠纹，*fucata* 亚种无褐色侧冠纹，*tonkinensis* 亚种顶冠烟褐色并具黑色侧冠纹，*fessa* 亚种和指名亚种顶冠烟褐色而无侧冠纹。**鸣声：** 鸣唱声为三四个音节的嘎嘎声，参考 XC158537（Frank Lambert），鸣叫声为似山雀的 *cheep* 声。**分布：** 印度东北部、中国南部、缅甸西部和北部以及越南西北部。在中国为常见且广布的留鸟，指名亚种见于四川、重庆、湖北西部、贵州西部和云南东北部，*fessa* 亚种见于甘肃、陕西南部、宁夏、青海东部和四川东北部，

fucata 亚种见于贵州东北部、湖北中部、湖南和广西，*guttaticollis* 亚种见于广东北部、江西和福建西北部（武夷山）。**习性**：栖于海拔 1500 ~ 3400 m 的常绿林、针叶林和混交林中的林下植被、灌丛以及竹林中，在南方地区可下至海拔 1100 m 处。

1091. 褐头雀鹛 Streak-throated Fulvetta *Fulvetta manipurensis*
hètóu quèméi   12~14 cm   图版124   LC

识别：中型巧克力褐色雀鹛。喉、胸部灰色并具褐色纵纹。头部灰褐色并具宽阔深色侧冠纹。两胁和腹部下方锈色。腰部和背部浅棕色。外侧初级飞羽羽缘偏白色，两翼合拢时可见上黑下灰的翼斑。与灰头雀鹛的区别为具宽阔侧冠纹。虹膜偏白色，无白色眼圈。**鸣声**：鸣唱声为缓慢的高音 *ti ti si-su* 声，参考 XC292633（Ramit Singal），鸣叫声为颤音、尖细的 *swi-swi-swi-swi...* 声和嘎嘎声。**分布**：印度东北部、缅甸背部、中国西南部和越南北部。在中国，常见于云南西部和西北部海拔 1500 ~ 3400 m 地区。**习性**：集小群活动于常绿阔叶林中的林下植被以及林缘、竹林和灌丛中。

1092. 玉山雀鹛 Taiwan Fulvetta *Fulvetta formosana*   yùshān quèméi
12~14 cm   图版124   LC

识别：中型褐色雀鹛。喉部灰色并具褐色纵纹。头部灰褐色并具不甚明显的深灰色眉纹。初级飞羽羽缘偏白色，两翼合拢时可见浅色翼斑。与褐顶雀鹛的区别为眼圈白色。与台湾雀鹛的区别为虹膜偏白色并具浅色翼斑。**鸣声**：高音的 *tzi-tzi* 声和带鼻音的 *ji-ji-ji* 声，参考 XC317830（Tsai-yu Wu）。**分布**：中国台湾特有种。常见于海拔 2000 ~ 3000 m 的山区森林中。**习性**：栖于林下植被、灌丛和竹丛中。

1093. 金眼鹛雀 Yellow-eyed Babbler *Chrysomma sinense*   jīnyǎn méiquè
18~20 cm   图版123   LC

识别：较大的棕褐色鹛。具楔形长尾和特征性的粗壮黑色喙以及橙色眼圈。眼先、颏部、喉部和上胸纯白色，渐变至臀部黄褐色。虹膜黄色，跗跖橙色。**鸣声**：鸣唱声为响亮刺耳的啾鸣，参考 XC453360（Oscar Campbell），亦作一连串哀婉的尖叫声 *pui, pui, pui...* 以及带爆破音的叽喳声。**分布**：巴基斯坦至中国南部和东南亚。在中国为云南、贵州西南部、广西和广东海拔 1500 m 以下地区的常见留鸟。**习性**：在非繁殖期集小群活动。隐于灌丛和高草丛中。常觅食于地面。站在高草茎秆上鸣叫后扎回躲避处。

1094. 山鹛 Beijing Hill Babbler *Rhopophilus pekinensis*   shān méi
16~18 cm   图版124   LC

识别：尾长的大型莺。体具褐色纵纹，眉纹偏灰色，髭纹偏黑色。似敦实的山鹪莺。上体烟褐色并布满偏黑色纵纹，外侧尾羽羽缘白色，颏部、喉部和胸部白色，下体余部白色，两胁和腹部具明显的栗色纵纹，有时沾黄褐色。*leptorhynchus* 亚种喙细长而下弯。**鸣声**：二重唱时发出圆润的 *chee-anh* 声。鸣唱声为甜润而持续的 *dear, dear, dear* 声，以高音开始，快速下降，再度升高，周而复始，参考 XC111757（Frank

325

Lambert）。**分布**：中国北部特有种。通常罕见于干旱多石并具灌丛的丘陵和山地，指名亚种见于辽宁南部西至宁夏贺兰山的黄河河谷，*leptorhynchus* 亚种见于陕西南部秦岭山脉至甘肃南部。**习性**：栖于灌丛。在躲避处之间作快速飞行，善于在地面奔跑。性不惧人。非繁殖期集群活动。

1095. **西域山鹛**　**Tarim Hill Babbler**　*Rhopophilus albosuperciliaris*
xīyù shānméi　17~18 cm　　　　　　　　　　　　图版124　LC

识别：尾长的大型莺。体具褐色纵纹，眉纹偏灰色，髭纹偏黑色。似山鹛，区别为体色甚浅、眉纹白色、上体烟灰色并具褐色纵纹。**鸣声**：鸣唱声或为二到五个 *pyoo* 音，比山鹛更慢，参考 XC491533（Peter Boesman）。**分布**：中国西部特有种。通常罕见于干旱多石并具灌丛的丘陵和山地，分布于青海、内蒙古西部至新疆西部喀什地区。**习性**：同山鹛。**分类学订正**：曾被视作山鹛（*R. pekinensis*）的一个亚种。

1096. **红嘴鸦雀**　**Great Parrotbill**　*Conostoma oemodium*　hóngzuǐ yāquè
27~29 cm　　　　　　　　　　　　　　　　　图版125　LC

识别：极大的褐色鸦雀。具特征性的强壮圆锥形黄色喙和灰白色额部。眼先深褐色，下体浅灰褐色。虹膜黄色，跗跖绿黄色。**鸣声**：清晰而具韵律的 *wheou, wheou...* 声，亦作似喘息声和颤鸣声，参考 XC183659（Frank Lambert）。**分布**：喜马拉雅山脉至中国西南部和缅甸东北部。在中国为甘肃南部（白水江）、陕西南部（秦岭）、四川、云南西北部和西藏南部海拔 2000 ~ 3300 m 地区不常见留鸟，冬季下至海拔 1400 m 处。**习性**：栖于亚高山森林、竹林和杜鹃丛中。

1097. **三趾鸦雀**　**Three-toed Parrotbill**　*Cholornis paradoxus*
sānzhǐ yāquè　18~20 cm　　　　　　　　　　　图版125　国二／LC

识别：较大的橄榄灰色鸦雀。具蓬松的羽冠和明显的白色眼圈。颏部、眼先和宽阔的眉纹均为深褐色。初级飞羽羽缘偏白色，两翼合拢可见浅色翼斑。虹膜偏白色，喙橙黄色，跗跖褐色。**鸣声**：鸣唱声为较高而哀婉的 *tuwi-tui* 或 *tuii-tew* 声，停顿后又始（有时为单音），亦作较低弱的 *tidu-tui-tui* 声、低音叽喳声间杂高音 *tuwii* 声 *tuwii-tu* 声和 *tuuuu* 声，参考 XC359039（Jarmo Pirhonen），告警声通常为沙哑低沉的 *chah* 和 *chao* 声。**分布**：中国特有种。不常见于陕西南部太白山和秦岭、四川岷山和邛崃山脉、甘肃（白水江）海拔 1500 ~ 3660 m 地区。**习性**：集小群栖于阔叶林和针叶林中的竹丛。

1098. **褐鸦雀**　**Brown Parrotbill**　*Cholornis unicolor*　hè yāquè
19~21 cm　　　　　　　　　　　　　　　　　图版125　LC

识别：大型褐色鸦雀。具粗短黄色喙和黑色长侧冠纹。下体灰色。与三趾鸦雀的区别为脸颊灰色、两翼更为纯色且无眼圈。虹膜灰色，跗跖绿灰色。**鸣声**：鸣叫声为叽喳声，告警声为颤鸣，参考 XC336228（Mike Dooher）。**分布**：尼泊尔至中国西南部和缅甸东北部。在中国为西藏东南部、四川、云南西部和西北部海拔 1850 ~ 3600 m （冬季更低）地区不常见留鸟。**习性**：性嘈杂，集小群栖于竹丛中，有时与其他鸦雀混群。

1099. 白眶鸦雀　Spectacled Parrotbill　*Sinosuthora conspicillata*
báikuàng yāquè　12~14 cm　　　　　　　　　　图版126　　国二/LC

识别：小型鸦雀。顶冠和枕部栗褐色，具明显白色眼圈。上体橄榄褐色，下体粉褐色，喉部具模糊纵纹。湖北的 *rocki* 亚种体色较浅而喙较大。虹膜褐色，喙黄色，跗跖偏黄色。
鸣声：带鼻音的高音 *triiih-triiih-triiih-triiih...* 声和较短的 *triit* 声，参考 XC110280（Frank Lambert）。**分布**：中国特有种。指名亚种见于陕西秦岭经四川东部和甘肃南部至青海湖地区，*rocki* 亚种见于湖北西部。不常见于海拔 1300 ~ 2900 m 的山区，冬季下至海拔 1000 m 处。**习性**：性活泼，集小群隐于山区森林中的竹林层。

1100. 棕头鸦雀　Vinous-throated Parrotbill　*Sinosuthora webbiana*
zōngtóu yāquè　11~13 cm　　　　　　　　　　图版126　　LC

识别：纤细的粉褐色鸦雀。具小型而似山雀的喙。顶冠和两翼栗褐色。喉部略具细纹。虹膜褐色，眼圈不甚明显。部分亚种翼缘棕色。跗跖粉灰色。**鸣声**：鸣唱声为高音的 *tw'i-tu tititi* 声和 *tw'i-tu tiutiutiutiu* 声等，短暂停顿后重复，并间杂短促的 *twit* 声，有时仅作 *tiutiutiutiu* 声，参考 XC464672（Martin Sutherland），鸣叫声为持续而微弱的叽喳声。**分布**：中国、朝鲜半岛和越南北部。在中国为中海拔灌丛和林缘地带的常见留鸟，共有 7 个亚种，*mantschurica* 亚种见于东北地区，*fulvicauda* 亚种见于河北、河南和北京，指名亚种见于上海地区，*bulomacha* 亚种见于台湾，*ganluoensis* 亚种见于四川中部，*stresemanni* 亚种见于贵州和云南东部，*suffusa* 亚种见于华中、华东、华南和东南大部地区。**习性**：性活泼，通常集群活动于林下植被和低矮树丛中。作轻柔"呸"声可以引出此鸟。**分类学订正**：也有文献将 *ganluoensis* 亚种和 *stresemanni* 亚种归为灰喉鸦雀（*S. alphonsiana*）的亚种。

1101. 灰喉鸦雀　Ashy-throated Parrotbill　*Sinosuthora alphonsiana*
huīhóu yāquè　11~13 cm　　　　　　　　　　图版126　　LC

识别：小型灰褐色鸦雀。具小型粉色喙。与棕头鸦雀的区别为头侧和颈部褐灰色。喉、胸部具不明显的灰色纵纹。跗跖粉色。**鸣声**：轻柔的叽喳声，参考 XC183773（Frank Lambert）。**分布**：中国西南部和越南北部。在中国为海拔 320 ~ 1800 m 山区的地区性常见留鸟，局部地区分布可能更高。指名亚种见于四川北部和西部，*yunnanensis* 亚种见于云南南部和东南部。**习性**：同棕头鸦雀。

1102. 褐翅鸦雀　Brown-winged Parrotbill　*Sinosuthora brunnea*
hèchì yāquè　11~13 cm　　　　　　　　　　图版126　　LC

识别：小型褐色鸦雀。喙小。与棕头鸦雀的区别为体色较暗、顶冠至禽部上方以及头部两侧偏栗色、两翼褐色、喉部和胸部上方偏酒红色并具较深的栗色细纹、喙偏棕黄色。跗跖粉色。**鸣声**：持续的叽喳声，参考XC103741（Frank Lambert）。**分布**：缅甸东北部和中国西南部。在中国为海拔1800～2800 m地区甚常见留鸟，指名亚种见于云南西部，*ricketti*亚种见于云南西北部（金沙江和丽江流域）和四川西南部（木里、西昌），*styani*亚种见于云南西北部（大理）。**习性**：集30至50只个体的大群。栖于竹丛、高草和灌丛中。**分类学订正**：*ricketti*亚种有时被视作一个独立种*S. ricketti*（云南褐翅鸦雀）。

1103. 暗色鸦雀　Grey-hooded Parrotbill　*Sinosuthora zappeyi*
ànsè yāquè　12~13 cm　　　　　　　　　图版126　国二/VU

识别：小型褐色鸦雀。头部灰色并具羽冠和明显白色眼圈。灰色顶冠略具浓密冠羽。上体棕褐色，三级飞羽和中央尾羽色深。喉、胸部浅灰色，腹部粉褐色。喙黄色，跗跖偏灰色。**鸣声**：鸣叫声为*shh...shh...shh*声，参考XC183643（Frank Lambert）。**分布**：中国特有种。世界性易危。地区性常见于巫山、峨眉山、四川西南部大风顶和贵州极西部海拔2300～3200 m处。**习性**：集小群栖于山区竹林下层。

1104. 灰冠鸦雀　Rusty-throated Parrotbill　*Sinosuthora przewalskii*
huīguān yāquè　13~15 cm　　　　　　　　图版126　国一/VU

识别：小型鸦雀。灰色的顶冠和枕部与红褐色的额部、眼先及眉纹形成对比，眉纹后端偏黑色。上体灰橄榄色，脸部、喉部和上胸黄褐色，下体余部浅褐色，两胁偏灰色。两翼橄榄色并具棕色块斑，尾部橄榄灰色，尾缘色鲜亮。喙黄色，跗跖肉色。**鸣声**：召唤声为短促的嘎嘎声，间杂尖细高音*trr-trr-trr-trr...tsit tsit tsit...trr-trr-trr...tsit tsit tsit-it...*等，参考XC104942（Frank Lambert）。**分布**：中国特有种。世界性易危且鲜为人知。不常见于青海东南部经甘肃南部至四川西北部的松潘地区海拔2400～3100 m处。**习性**：性活跃，集小群活动于开阔落叶松林和山区灌丛中的竹林及草丛。

1105. 黄额鸦雀　Fulvous Parrotbill　*Suthora fulvifrons*　huáng'é yāquè
11~12 cm　　　　　　　　　　　　　　　　图版126　LC

识别：小型红褐色鸦雀。具深灰色长侧冠纹和明显的棕色翼斑，与白色初级飞羽羽缘形成对比。尾长并为深黄褐色，尾羽羽缘棕色。*albifacies*亚种颈侧白色延至脸侧。与橙翅鸦雀和金色鸦雀的区别为喉部无深色。虹膜红褐色，喙角质粉色，跗跖褐色至铅色。**鸣声**：持续的叽喳声和微弱似鼠类的*cheep*声，参考XC104031（Frank Lambert）。**分布**：尼泊尔至中国西南部和缅甸东北部。在中国为不常见留鸟，*chayulensis*亚种见于西藏南部和东南部，*albifacies*亚种见于云南西部、西北部和四川西南部，*cyanophrys*亚种见于甘肃南部、陕西南部（秦岭）和四川。**习性**：栖于海拔1700～3500 m的混交林和云杉或刺柏林中的竹丛。集20至30只个体的大群。

1106. 橙额鸦雀 / 黑喉鸦雀　**Black-throated Parrotbill**　*Suthora nipalensis*
chéng'é yāquè　10~12 cm　　　　　　　　　　　图版126　LC

识别：极小的鸦雀。顶冠棕色，脸颊灰色，下体偏白色。具特征性黑色喉部、上胸和宽阔眉纹。颊部白色，两胁黄褐色。背部黄褐色，尾部棕褐色，两翼黑色并具白色边缘和明显的棕色翼斑。*crocotius* 亚种耳羽棕色，喉部下方偏灰色而胸部偏白色。与红头长尾山雀和黑眉长尾山雀的区别为喙较厚。喙粉灰色，跗跖粉色。**鸣声**：鸣叫声为哀婉的咩咩声和颤鸣声，参考 XC158070（Frank Lambert）。**分布**：喜马拉雅山脉、南亚次大陆东北部、缅甸、中南半岛北部和中国西南部。在中国不常见于海拔 1800 ~ 2800 m 的山地阔叶林，*poliotis* 亚种为西藏东南部、云南西部和西北部留鸟，*crocotius* 亚种为西藏东南部至丹巴曲以西地区留鸟。**习性**：集小群栖于林中层、林下植被和竹林中。

1107. 金色鸦雀　**Golden Parrotbill**　*Suthora verrauxi*　jīnsè yāquè
10~12 cm　　　　　　　　　　　　　　　　　图版126　LC

识别：小型赭黄色鸦雀。喉部黑色，顶冠、翼斑和尾羽羽缘橙色。*morrisoniana* 亚种比指名亚种偏灰色且白色短眉纹上方无狭窄黑色侧冠纹。*craddocki* 亚种上体橙褐色，枕部和背部偏橄榄褐色。似橙额鸦雀，区别为体羽偏黄色而眉纹白色。上喙灰色而下喙偏粉色，跗跖偏粉色。**鸣声**：高音的 *cheeps* 声或 *chirrs* 声，告警声为颤鸣，参考 XC183646（Frank Lambert），亦作似橙额鸦雀的尖厉颤音。**分布**：中国中部和东南部、中南半岛北部和缅甸东部。在中国，地区性常见于海拔 1000 ~ 3100 m 的灌丛和竹丛，局部地区冬季下至海拔 330 m 处，指名亚种见于陕西南部（秦岭）、湖北、四川和云南东北部，*craddocki* 亚种见于广西北部（瑶山）并可能亦见于云南东南部（金屏）地区，*pallida* 亚种见于广西东部、湖南南部、广东北部和福建北部（武夷山），*morrisoniana* 亚种见于台湾。**习性**：集小群栖于山区常绿林中的竹丛。

1108. 短尾鸦雀　**Short-tailed Parrotbill**　*Neosuthora davidiana*
duǎnwěi yāquè　9~10 cm　　　　　　　　　图版126　国二/LC

识别：纤细的褐色鸦雀。尾短而羽缘棕色，头部栗色。*thompsoni* 亚种体色较深，翕部和背部灰色，颏部和喉部黑色而无白色杂点。*tonkinensis* 亚种似 *thompsoni* 亚种但喉部黑色渐变成胸部灰色。喙、跗跖偏粉色。**鸣声**：轻柔的叽喳声，参考 XC156810（Hans Matheve）。**分布**：中国南部和东南部、缅甸东部和中南半岛北部。在中国，指名亚种为华南大部海拔 100 ~ 1800 m 地区罕见留鸟，*thompsoni* 亚种或为云南西南部留鸟，*tonkinensis* 亚种或为云南东南部留鸟。**习性**：集小群栖于竹林。

1109. 黑眉鸦雀　**Black-browed Parrotbill**　*Chleuasicus atrosuperciliaris*
hēiméi yāquè　14~15 cm　　　　　　　　　图版125　LC

识别：中型褐色鸦雀。下体乳白色，头部棕色并具特征性的黑色短眉纹。虹膜红褐色，喙灰色而喙端白色，跗跖蓝灰色。**鸣声**：鸣叫声为独特的似吉他拨弦声，参考 XC157895（Frank Lambert），告警声为响亮的叽喳声，亦作似猫叫声。**分布**：锡金至中国西南部、缅甸和中南半岛。在中国，指名亚种为云南西部和西北部海拔2200 m以下地区罕见留鸟，可见亦分布于西藏东南部。**习性**：集小群栖于竹林。

1110. 白胸鸦雀 White-breasted Parrotbill *Psittiparus ruficeps*
báixiōng yāquè　16~18 cm　　　　　　　　　　　　　　图版125　LC

识别：较大的灰褐色鸦雀。头部棕色，下体偏白色。极似黑眉鸦雀，区别为体型更大、无黑色眉纹、眼先和眼周皮肤铅灰色而非浅蓝粉色。极似姊妹种红头鸦雀，区别为上体更浅、下体白色沾皮黄色而非亮皮黄色且鸣唱声不同。虹膜红褐色，喙橙色至深色而喙端和下喙为灰色。**鸣声**：鸣唱声为响亮、极高而细并略微降调的4到6个重复哨音 *he-he-he-hew-hew*，参考 XC426848（Peter Boesman），鸣叫声为清晰的升调 *whic* 声续以生硬刺耳的 *dzip dzip* 声。**分布**：喜马拉雅山脉东部至中国西南部。在中国，不常见于西藏东南部和云南西部的常绿阔叶林中。**习性**：集小群栖于竹林，有时亦见于灌丛和高草丛。似红头鸦雀。

1111. 红头鸦雀 Rufous-headed Parrotbill *Psittiparus bakeri*
hóngtóu yāquè　17~19 cm　　　　　　　　　　　　　　图版125　LC

识别：较大的灰褐色鸦雀。头部棕色，尾长而呈楔形，下体偏白色。极似黑眉鸦雀，区别为体型更大、无黑色眉纹、眼先和眼周皮肤暗蓝色而非浅蓝粉色。**鸣声**：鸣唱声富有韵律并以拖长的哨音收尾，鸣叫声为响亮的金属音 *trrrrt trrrrrrrrt trrrrrrrt* 和独特的 *jhew* 拨弦声，参考 XC437874（Philip Round），群鸟觅食时发出持续的 *chir-chirrup* 声，召唤声似猫叫声，上下喙发出叩击声。**分布**：南亚次大陆东北部至中国西南部、缅甸和中南半岛北部。在中国为云南极西部和东南部海拔500 ~ 2000 m地区罕见留鸟。在华南地区的记录存疑。**习性**：集小群栖于竹林，有时亦见于灌丛和高草丛。有时与其他鸟类混群。常如山雀般头部朝下进食。

1112. 灰头鸦雀 Grey-headed Parrotbill *Psittiparus gularis*
huītóu yāquè　16~18 cm　　　　　　　　　　　　　　图版125　LC

识别：大型褐色鸦雀。具特征性灰色头部和橙色喙。具黑色长侧冠纹，喉部中央黑色。下体余部白色。虹膜红褐色，喙橙色，跗跖灰色。**鸣声**：单音 *jieu* 或快速的 *chiu-chiu-chiu-chiu* 声间杂沙哑的叽喳声，参考 XC398390（Zeidler Roland）。**分布**：锡金至中国南部和东南亚。在中国为常见留鸟，指名亚种见于西藏东南部，*fokiensis* 亚种见于长江以南和四川，*hainanus* 亚种见于海南。**习性**：集群栖于海拔450 ~ 1850 m森林中的树冠层、林下植被、竹林和灌丛中。

1113. 点胸鸦雀 Spot-breasted Parrotbill *Paradoxornis guttaticollis*
diǎnxiōng yāquè　18~20 cm　　　　　　　　　　　　　图版125　LC

识别：独特的大型鸦雀。胸部具特征性深色"人"字形细纹。顶冠和枕部赤褐色，耳羽后方具明显的黑色块斑。上体余部暗红褐色，下体皮黄色。虹膜褐色，喙橙黄色，跗跖蓝灰色。**鸣声**：快速而响亮的8到10声圆润哨音 *whit*，音调保持不变，参考 XC430335（Brian Cox），群鸟亦作叽喳声和 *chut-chut-chut* 声。**分布**：印度东北部、缅甸、中国西南部和中南半岛北部。在中国，指名亚种为华中、西南和东南的中高海拔地区常见留鸟，存在争议的 *gonshanensis* 亚种见于云南西部。**习性**：栖于灌丛、次生植被和高草丛中。

1114. 震旦鸦雀　Reed Parrotbill　*Paradoxornis heudei*　zhèndàn yāquè

18~20 cm　　　　　　　　　　　　　　　　　图版125　国二/NT

识别：中型鸦雀。具钩状的粗厚黄色喙和明显的黑色眉纹。额部、顶冠和枕部灰色。黑色眉纹上缘黄褐色而下缘白色。翕部黄褐色并通常具黑色纵纹，背部下方黄褐色。具狭窄的白色眼圈。中央尾羽沙褐色，其余尾羽黑色而羽端白色。颏部、喉部和腹部中央偏白色，两胁黄褐色。肩羽浓黄褐色，飞羽色较浅，三级飞羽偏黑色。虹膜红褐色，跗跖粉黄色。**鸣声**：鸣唱声为重复的 *cher-cher-cher-cher-cher* 哨音间杂略快的叽喳声，参考 XC78035（Frank Lambert）。**分布**：世界性近危。*polivanovi* 亚种见于黑龙江东北部至辽宁以及内蒙古东北部，指名亚种见于长江流域及华东沿海地区和华北部分地区的芦苇地中。其生境由于农业开垦而遭到大量破坏，但在有其分布之处则为地区性常见鸟。**习性**：性活泼而嘈杂，集小群栖于芦苇地中。

▌绣眼鸟科　Zosteropidae　凤鹛、绣眼鸟　（2 属 13 种）

一大科分布于非洲、亚洲和大洋洲的小型鸟类，似山雀，大部分绣眼鸟具白色眼圈，而凤鹛多具羽冠。

1115. 栗耳凤鹛　Striated Yuhina　*Yuhina castaniceps*　lì'ěr fèngméi

12~14 cm　　　　　　　　　　　　　　　　　图版127　LC

识别：中型凤鹛。上体偏灰色，下体偏白色，特征性栗色脸颊延至后颈圈。具短羽冠，上体白色羽轴形成细小纵纹。尾部深褐灰色而尾羽羽缘白色。喙红褐色而喙端色深，跗跖粉色。**鸣声**：鸣唱声为一连串高音的 *techy-chi* 颤音，参考 XC321745（Scott Olmstead），召唤声为响亮的叽喳声间杂尖厉高音。**分布**：喜马拉雅山脉东部、缅甸和中南半岛。在中国，*plumbeiceps* 亚种常见于云南西北部、西部和西藏东南部海拔400 ~ 2200 m 地区。**习性**：性活泼而嘈杂，通常集群在林中树冠较低层捕食昆虫。

1116. 栗颈凤鹛　Chestnut-collared Yuhina　*Yuhina torqueola*

lìjǐng fèngméi　13~15 cm　　　　　　　　　　　图版127　LC

识别：中型凤鹛。上体偏灰色，下体偏白色，特征性栗色脸颊上具白色纵纹。极似栗耳凤鹛，曾被视作其一个亚种，区别为顶冠深灰色、眉纹白色、眼先浓褐色。具短羽冠，上体白色羽轴形成细小纵纹。尾部深褐灰色而尾羽羽缘白色。跗跖粉色。**鸣声**：持续的 *ser-weet ser-weet* 声，参考 XC355969（Ting-wei Hung），群鸟发出叽喳声、颤鸣声和尖叫声。**分布**：中南半岛西部、中国中部和南部。在中国，常见于华中、华南和东南海拔 500 ~ 2000 m 地区。**习性**：同栗耳凤鹛。

1117. 白项凤鹛 / 白颈凤鹛 White-naped Yuhina *Yuhina bakeri* báixiàng fèngméi
12~13 cm   图版127 LC

识别：中型凤鹛。具浓密的羽冠，颏部白色，枕部具白斑。体羽橄榄褐色，顶冠和枕部栗褐色，臀部沾棕红色。**鸣声**：尖厉的 *chip* 声和轻柔的叽喳声，亦作清脆的 *zee zee* 声，告警声为高叫，参考 XC157946（Frank Lambert）。**分布**：喜马拉雅山脉东部和缅甸北部。在中国为云南怒江以西地区和西藏东南部山麓地带至米什米山的地区性常见鸟。**习性**：集群栖于海拔 450 ~ 2400 m 的次生林和原始常绿栎树林。

1118. 黄颈凤鹛 Whiskered Yuhina *Yuhina flavicollis* huángjǐng fèngméi
12~14 cm   图版127 LC

识别：中型凤鹛。具浓密的羽冠、白色眼圈和棕黄色领环。灰色脸部和白色喉部之间具黑色髭纹。上体纯褐色，胸侧和两胁淡黄褐色，体侧具特征性白色纵纹。**鸣声**：尖细的 *swii swii-swii* 声和金属般清脆铃声，群鸟发出持续的叽喳声。鸣唱声为 *twe-tyurwi-tyawi-tyawa* 声，参考 XC473129（Peter Boesman）。**分布**：喜马拉雅山脉至中国西南部、缅甸西部、北部、东部和中南半岛北部。在中国为不常见山区留鸟，指名亚种见于西藏南部和东南部，*rouxi* 亚种见于云南西南部、南部和东南部。**习性**：集群栖于海拔 1500 ~ 2300 m 的常绿林中，性嘈杂。

1119. 纹喉凤鹛 Stripe-throated Yuhina *Yuhina gularis* wénhóu fèngméi
13~16 cm   图版127 LC

识别：较大的暗褐色凤鹛。羽冠明显，皮黄粉色喉部具黑色细纹，两翼黑色并具橙棕色细纹。下体余部暗棕黄色。峨眉山的 *omeiensis* 亚种体色较浅而羽冠为棕色。跗跖橙色。**鸣声**：鸣叫声为清晰而带鼻音的降调 *queee* 声，参考 XC472900（Peter Boesman），群鸟发出持续的叽喳声。**分布**：喜马拉雅山脉、印度阿萨姆地区至中国西南部。在中国，常见于海拔 1100 ~ 3050 m 处，部分地区冬季下至海拔 850 m 的山地阔叶林。指名亚种为西藏南部和东南部、云南西部和南部的留鸟，*omeiensis* 亚种见于云南西北部至四川西南部（峨眉山）。**习性**：群鸟与其他鸟类混群组成"鸟浪"活动于开花的树顶。

1120. 白领凤鹛 White-collared Yuhina *Yuhina diademata*
báilǐng fèngméi   16~18 cm   图版127 LC

识别：大型烟褐色凤鹛。具蓬松的羽冠，枕部大块白斑与白色的宽阔眼圈相连。颏部、鼻孔和眼先黑色。飞羽黑色而羽缘偏白色。腹部下方白色。虹膜偏红色，喙偏黑色，跗跖粉色。**鸣声**：似绣眼鸟的微弱吱吱声，参考 XC183930（Frank Lambert）。**分布**：中国西部、缅甸东北部和越南西北部。在中国为甘肃南部、陕西南部（秦岭）、四川、湖北西部、贵州和云南甚常见的山区留鸟。**习性**：性嘈杂，成对或集小群活动于海拔 1100 ~ 3600 m 的灌丛中，冬季下至海拔 800 m 处。

1121. 棕臀凤鹛 **Rufous-vented Yuhina** *Yuhina occipitalis*
zōngtún fèngméi　12~14 cm
图版127　LC

识别：中型褐色凤鹛。具前端灰色、后端橙褐色的明显羽冠。翕部上方灰橄榄色，髭纹黑色。下体粉皮黄色，尾下覆羽棕色。眼圈白色。喙粉色，跗跖橙粉色。**鸣声**：鸣叫声为短促的叽喳声，告警声为 *z-e-e...zit* 声，鸣唱声为高音 *zee-zu-drrrr, tsip-che-e-e-e-e* 声，参考 XC427028（Peter Boesman）。**分布**：尼泊尔至缅甸北部和中国西南部。在中国为海拔 1800 ~ 3700 m 山区苔藓森林中的常见留鸟，冬季下至海拔 1350 m 处，指名亚种见于西藏南部和东南部，*obscurior* 亚种见于云南和四川西部。**习性**：集群并与其他鸟类混群组成"鸟浪"，性活泼。

1122. 褐头凤鹛 **Taiwan Yuhina** *Yuhina brunneiceps*　hètóu fèngméi
10~13 cm
图版127　LC

识别：中型凤鹛。羽冠栗色并具黑色边缘，头侧白色。黑色髭纹环绕耳羽延至眼后。喉部白色并具黑色细纹。下体余部偏白色，胸部沾灰色，两胁具栗色杂斑，背部、两翼和尾部橄榄灰色。虹膜红色，喙黑色，跗跖暗黄色。**鸣声**：鸣叫声为圆润而甜美的 *too, mee, jeeoo* 声，参考 XC34279（Frank Lambert）。**分布**：中国台湾特有种。常见于海拔 1000 ~ 2800 m 的温带森林中。**习性**：群居，性活泼，不甚惧人。隐于森林较低层，常加入混合鸟群。

1123. 黑颏凤鹛 **Black-chinned Yuhina** *Yuhina nigrimenta*　hēikē fèngméi
9~11 cm
图版127　LC

识别：小型偏灰色凤鹛。具短羽冠，头部灰色，上体橄榄灰色，下体偏白色。具黑色额部、眼先和特征性黑色上颏部。上喙黑色而下喙红色，跗跖橙色。**鸣声**：持续的叽喳声和吱吱声，鸣叫声为高音 *de-de-de-de* 声，鸣唱声为轻柔的 *whee-to-whee-de-der-n-whee-yer* 声，参考 XC282438（Craig Robson）。**分布**：喜马拉雅山脉、印度东北部、缅甸北部、中国南部和中南半岛。在中国为常见山地留鸟，*intermedia* 亚种见于西藏东南部至四川、湖北和西南地区，*pallida* 亚种见于东南地区。**习性**：群居，性活泼，夏季多见于海拔 530 ~ 2300 m 的山区森林的树冠层、林间空地和次生灌丛中，冬季可下至海拔 300 m 处。有时与其他鸟类集成大群。

1124. 红胁绣眼鸟 **Chestnut-flanked White-eye** *Zosterops erythropleurus*
hóngxié xiùyǎnniǎo　11~13 cm
图版128　国二/LC

识别：中型绣眼鸟。与暗绿绣眼鸟和灰腹绣眼鸟的区别为上体偏灰色、两胁栗色（有时不可见）、下喙色较浅、黄色喉斑较小、顶冠前方无黄色。喙橄榄色，跗跖灰色。**鸣声**：鸣叫声为本属典型的 *dze-dze* 声，参考 XC20234（Nick Athanas）。**分布**：东亚、中国东部和南部以及中南半岛。在中国，繁殖于东北，冬季南迁至华中、华南和华东，一般地区性常见于海拔 1000 m 以上的原始林和次生林中。**习性**：有时与暗绿绣眼鸟混群。

1125. 暗绿绣眼鸟　Japanese White-eye　*Zosterops simplex*　ànlǜ xiùyǎnniǎo
10~12 cm　　　　　　　　　　　　　　　　　　　　　　图版128　LC

识别：小型而优雅的集群性绣眼鸟。上体亮绿橄榄色，具明显白色眼圈和黄色喉部及臀部。胸部和两胁灰色，腹部白色。与红胁绣眼鸟的区别为两胁无栗色，与灰腹绣眼鸟的区别为无腹部黄色带。虹膜浅褐色，喙灰色，跗跖偏灰色。**鸣声**：群鸟持续发出轻柔的 *tzee* 声和平静的颤音，参考 XC488616（Bo Shunqi）。**分布**：日本、中国、缅甸和越南北部。在中国，指名亚种为华东、华中、西南、华南、东南和台湾地区留鸟或夏候鸟，冬季北方种群南迁；*hainanus* 亚种为海南留鸟。常见于林地、林缘、公园和城镇。因笼鸟贸易而存在逃逸个体。**习性**：性活泼而嘈杂，在树顶觅食小型昆虫、浆果和花蜜。**分类学订正**：*hainanus* 亚种有时被视作一个独立种 *Z. hainanus*（海南绣眼鸟）。

1126. 低地绣眼鸟　Lowland White-eye　*Zosterops meyeni*　dīdì xiùyǎnniǎo
10~12 cm　　　　　　　　　　　　　　　　　　　　　　图版128　LC

识别：小型集群性绣眼鸟。极似暗绿绣眼鸟，区别为喙更粗厚、上体绿色更浓、腹部中央沾黄色。**鸣声**：典型的绣眼鸟叽喳声和颤音，鸣叫声为比暗绿绣眼鸟音调更高的 *jii-jii* 声且最后一音不甚清晰，参考 XC428958（Tsai-Yu Wu）。**分布**：菲律宾北部。*batanis* 亚种为兰屿和火烧屿的常见留鸟。**习性**：似其他绣眼鸟。

1127. 灰腹绣眼鸟　Indian White-eye　*Zosterops palpebrosus*　huīfù xiùyǎnniǎo
10~11 cm　　　　　　　　　　　　　　　　　　　　　　图版128　LC

识别：小型橄榄绿色绣眼鸟。似暗绿绣眼鸟，区别为腹部下方中央具一道狭窄的柠檬黄色斑、眼先和眼周黑色且白色眼圈较窄。跗跖橄榄灰色。**鸣声**：轻柔的高音 *dzi-da-da* 声或重复金属音 *dza dza*，参考 XC464532（Raigopal Patil），群鸟发出持续叽喳声。**分布**：南亚次大陆至中国南部、东南亚和马来群岛。在中国，指名亚种为西藏东南部、四川南部至广西西南部海拔 1400 m 以下丘陵地区的常见留鸟，具季节性迁移。**习性**：喜原始林和次生林。集大群，与其他鸟类如山椒鸟等混群，在高树顶层活动。

▌ 和平鸟科　Irenidae　和平鸟　（1 属 1 种）

1128. 和平鸟　Asian Fairy Bluebird　*Irena puella*　hépíngniǎo
23~26 cm　　　　　　　　　　　　　　　　　　　　　　图版128　LC

识别：中型蓝、黑色鸟。雄鸟不易被误认，体羽亮蓝色，脸部、下体和飞羽黑色。雌鸟通体暗钴蓝绿色，腰、臀部较鲜亮，在暗光条件下可能与铜蓝鹟混淆，区别为虹膜亮红色。**鸣声**：响亮而拖长如流水般的升调 *whee-eet* 哨音，有时由几个降调音引出，参考 XC385819（Shibu M. Job），常于飞行中鸣叫。**分布**：南亚次大陆至中国西南部、东南亚、菲律宾巴拉望岛和大巽他群岛。在中国为西藏东南部和云南南部海拔 1100 m 以下原始森林中的常见留鸟。**习性**：单独或集小群活动。栖于高树顶层，与其他鸟类混群觅食于结果的无花果树上。飞行呈起伏波状。

▌戴菊科 Regulidae 戴菊 （1属2种）

纤细似柳莺的雀鸟，顶冠具亮丽斑纹。多单独栖于针叶林中。

1129. 台湾戴菊 Flamecrest *Regulus goodfellowi* táiwān dàijú
8~9 cm   图版128 LC

识别：纤细似柳莺的鸟。顶冠偏黑色，具亮橙色（雄鸟）或黄色（雌鸟）顶冠纹，其后端为黄色，白环围绕黑色眼斑并延至白色眉纹和眼先。髭纹黑色，喉部白色，颈圈和胸部灰色，背部橄榄色，腹部、腰部和臀部黄色。两翼和尾部黑色，翼斑白色，初级飞羽羽缘黄色。**鸣声**：鸣叫声通常为尖厉的 *see-see* 声，参考 XC188251（Frank Lambert）。**分布**：中国台湾特有种。常见于中央山脉海拔 2000 ~ 3000 m 的针叶林和山地林中。**习性**：常与山雀和其他鸟类混群。冬季下至较低海拔处。

1130. 戴菊 Goldcrest *Regulus regulus* dàijú 9~10 cm   图版128 LC

识别：纤细似柳莺的偏绿色鸟。具黑白色翼斑和特征性金黄色（雌鸟）或橙色（雄鸟）顶冠纹以及黑色侧冠纹。下体偏灰色或皮黄白色，两胁黄绿色。虹膜深色而眼周浅色使之看似沉稳而目光锐利。诸亚种细节上存在差异。*coatsi* 亚种体色比其他亚种更浅；*japonensis* 亚种体色较深，枕部偏灰色且白色翼斑较宽；*himalayensis* 亚种下体较白；*sikkimensis* 亚种比 *himalayensis* 亚种色深且偏绿色；而 *yunnanensis* 亚种体色更深且更偏绿色，下体皮黄色，两胁灰色；*tristis* 亚种几乎无黑色侧冠纹且下体较暗淡。幼鸟无顶冠纹故可能与某些柳莺混淆，区别为无贯眼纹和眉纹、头部较大、眼周灰色且目光锐利。**鸣声**：尖细高音 *sree sree sree* 声，告警声为有力的 *tseet* 声，鸣唱声为重复的高音并具夸张的结尾，参考 XC492117（Sander Pieterse）。**分布**：古北界。在中国，常见于大部分温带和亚高山针叶林中。*coatsi* 亚种越冬于青海东北部并可能出现于阿尔泰山脉；*japonensis* 亚种为东北地区留鸟或夏候鸟，越冬于华东至台湾；*sikkimensis* 亚种为喜马拉雅山脉东部、西藏南部至中国西部留鸟；*yunnanensis* 亚种见于甘肃南部、陕西南部经四川至云南；*tristis* 亚种见于新疆西北部天山地区。**习性**：通常单独活动，栖于针叶林中树冠下层。

丽星鹩鹛科 Elachuridae 丽星鹩鹛 （1属1种）

1131. 丽星鹩鹛 Spotted Elachura *Elachura formosa* lìxīng liáoméi
9~10 cm
图版128 LC

识别：尾短的小型鹩鹛。上体深褐色并具白色小点斑，两翼和尾部具棕色和黑色横斑。下体皮黄褐色并具黑色蠹状斑和白色小点斑。**鸣声**：急促的 *sik...sik* 声，似鳞胸鹪鹛，而比小鳞胸鹪鹛更为尖厉，参考 XC487270（Xiaojing Yang）。**分布**：喜马拉雅山脉东部至中国西南部、南部和东南部以及缅甸西部、北部和中南半岛北部。在中国不常见于海拔 1100 ~ 2150 m 局部地区，记录于云南东南部和福建北部武夷山，在西藏东南部应有分布，可能亦出现于其他地区但被忽视。**习性**：性隐蔽，隐于山地常绿林的林下植被中。

鹪鹩科 Troglodytidae 鹪鹩 （1属1种）

一大科分布于美洲的鸟类，但在旧大陆仅有一种。体型极小，栖于浓密林下植被和针叶林中。多数种类具垂直迁徙习性。鸣唱声响亮优美，营入口在侧面的球状巢。

1132. 鹪鹩 Eurasian Wren *Troglodytes troglodytes* jiāoliáo
9~11 cm
图版128 LC

识别：纤细的褐色似鹛雀鸟。具横纹和点斑，尾部常上翘，喙细。体羽深黄褐色并具特征性狭窄黑色横斑和模糊皮黄色眉纹。诸亚种体色存在差异。中国西北部的 *tianshanicus* 亚种体色最浅，喜马拉雅山脉的 *nipalensis* 亚种体色最深。**鸣声**：粗哑似责骂的 *chur* 声，生硬的 *tic-tic-tic* 声。鸣唱声有力而悦耳，包括清晰高音和颤音，参考 XC492792（Frank Lambert）。**分布**：全北界南部至非洲西北部、印度北部、缅甸东北部和喜马拉雅山脉。在中国，繁殖于东北、西北、华北、华中、西南、台湾和青藏高原东麓的针叶林和沼泽地中。中国境内共有七个亚种。*tianshanicus* 亚种见于新疆西北部，*nipalensis* 亚种见于西藏东南部和云南西北部，*szetschuanus* 亚种见于西藏东部、四川、青海南部、云南东北部、甘肃南部、陕西南部和湖北西部，*talifuensis* 亚种见于云南和贵州，*idius* 亚种见于青海东部、甘肃北部、内蒙古东部、河北、湖南和陕西，*dauricus* 亚种见于东北，*taivanus* 亚种见于台湾。北方种群冬季南迁至华东和华南沿海各省份。**习性**：尾部不断上翘。在躲避处悄然移动，突然跳出如责骂对观鸟人鸣叫后又迅速跳开。飞行低，振翅作短距离飞行。冬季集群拥挤于裂缝中。

■ 鸭科　Sittidae　鸭　（1属11种）

一小科多见于旧大陆但在新大陆亦分布有四种的小型食虫森林鸟类，不具迁徙性，善于一足高于身体攀行在树皮上，觅食于树干和树枝间。

1133. 普通鸭　Eurasian Nuthatch　*Sitta europaea*　pǔtōng shī
12~14 cm　　　　　　　　　　　　　　　　　　　　　　图版129　LC

识别：羽色分明的中型鸭。上体蓝灰色，贯眼纹黑色，喉部白色，腹部浅皮黄色，两胁浓栗色。诸亚种细节存在差异。*asiatica* 亚种下体白色，*amurensis* 亚种具狭窄白色眉纹和浅皮黄色下体，*sinensis* 亚种下体粉皮黄色。**鸣声**：鸣叫声为响亮而尖厉的 *seet, seet* 声和似责骂的 *twet-twet, twet* 声，鸣唱声为悦耳哨音，参考 XC495312（Albert Lastukhin）。**分布**：古北界。在中国，甚常见于大部地区的落叶林中，*seorsa* 亚种为西北地区留鸟，*asiatica* 亚种见于东北大兴安岭，*amurensis* 亚种见于东北其余地区，*sinensis* 亚种见于华东、华中、华南、东南至台湾。**习性**：在树干的裂缝和树洞中啄食橡子和其他坚果。飞行呈波状起伏。偶尔下至地面觅食。成对或集小群活动。

1134. 栗臀鸭　Chestnut-vented Nuthatch　*Sitta nagaensis*　lìtún shī
12~14 cm　　　　　　　　　　　　　　　　　　　　　　图版129　LC

识别：中型灰色鸭。似普通鸭，区别为下体浅皮黄色且喉部、耳羽和胸部沾灰色而与两胁深砖红色形成强烈对比。尾下覆羽深棕色，两侧各具一道明显的白色扇贝状纹形成的条带。**鸣声**：单调的 *sit* 或 *sit-sit* 声，亦作似鹟鹛的颤音、似猫叫声和快速的 *chichichichichi...* 鸣唱声，参考 XC310027（Marc Anderson）。**分布**：印度东北部、缅甸、泰国北部、越南南部、中国西南部和东南部。在中国，*montium* 亚种甚常见于西藏东南部、四川西部、贵州西南部和云南海拔 1400 ~ 2600 m 的湿交林中，在福建武夷山亦存在一个隔离种群。**习性**：本属典型习性。

1135. 栗腹鸭　Chestnut-bellied Nuthatch　*Sitta cinnamoventris*　lìfù shī
12~14 cm　　　　　　　　　　　　　　　　　　　　　　图版129　LC

识别：小型灰色和棕色鸭。白色颊斑与浓色下体形成对比。雄鸟下体呈明显的砖红色，黑色贯眼纹后端变宽。雌鸟与普通鸭腹部色深的亚种易混淆，区别为白色颊斑较大而明显。尾部次端具小块白斑。诸亚种尾下覆羽存在差异，*tonkinensis* 亚种黑色并具橙色扇贝状纹，*cinnamoventris* 亚种白色并具橙色扇贝状纹。*neglecta* 亚种喉部污白色渐变至暗橙色至栗色腹部，耳羽灰白色，黑色贯眼纹较窄。**鸣声**：鸣叫声为短促似电话铃声的 *prrt prrt* 颤音、清晰的尖叫声、金属音 *chit* 和似麻雀的 *cheep cheep* 声。鸣唱声为重复的清晰哨音和悦耳颤音，参考 XC467869（Sreekmar Chirukandoth）。**分布**：喜马拉雅山脉、印度、缅甸、中南半岛和中国西南部。在中国，罕见于云南极南部海拔 1000 ~ 2200 m 的林地和松林，*neglecta* 亚种见于云南极西南部，*cinnamoventris* 亚种见于澜沧江以西地区，*tonkinensis* 亚种见于云南东南部。**习性**：通常成对或集小型混合群。**分类学订正**：*neglecta* 亚种有时被视作一个独立

种 *S. neglecta*（缅甸鸸）。

1136. 白尾鸸　White-tailed Nuthatch　*Sitta himalayensis*　báiwěi shī
11~12 cm　　　　　　　　　　　　　　　　　　　　　　图版129　LC

识别：小型灰色和黄褐色鸸。具特征性中央尾羽白色基部和纯棕色尾下覆羽。似普通鸸、栗臀鸸和栗腹鸸的部分亚种，尤其是后两种的外侧尾羽亦具白色次端斑。若白色尾基不可见，可通过尾下覆羽纯棕色且无扇贝状纹来进行区别。**鸣声**：鸣叫声为尖厉的单音或双音 *chak* 声、每秒约 10 个音的快速 *chip-chip-chip-chip...* 声。鸣唱声为升调哨音，具快、慢版等变调，参考 XC473057（Peter Boesman）。**分布**：喜马拉雅山脉、缅甸、老挝北部、越南西北部和中国西南部。在中国，指名亚种不常见于西藏南部和云南极西部海拔 2000 ~ 2750 m 的温带阔叶林和混交林中。**习性**：本属典型习性。

1137. 黑头鸸　Chinese Nuthatch　*Sitta villosa*　hēitóu shī　10~11 cm　图版129　LC

识别：小型鸸。具白色眉纹和黑色细贯眼纹。雄鸟顶冠黑色，雌鸟新羽顶冠灰色。上体余部浅紫灰色。喉部和脸侧偏白色，下体余部灰黄色或黄褐色。似云南鸸，区别为贯眼纹较窄且后端不变宽、下体色更浓。*bangsi* 亚种比指名亚种下体偏橙褐色。**鸣声**：鸣叫声为似责骂的沙哑 *schraa* 声、圆润的成串 *wip wip wip* 声、短促鼻音 *quir quir* 声。鸣唱声为一连串升调哨音，参考 XC459115（PT Xiao）。**分布**：中国北方，并边缘性分布于朝鲜半岛、乌苏里江流域和萨哈林岛。在中国，*bangsi* 亚种罕见于甘肃中部和相邻的青海和四川，指名亚种见于甘肃南部至吉林的丘陵地区松林中。**习性**：本属典型习性。

1138. 滇鸸　Yunnan Nuthatch　*Sitta yunnanensis*　diān shī
11~12 cm　　　　　　　　　　　　　　　　图版129　国二/NT

识别：小型灰、黑、皮黄色鸸。具特征性宽阔黑色贯眼纹且后端变宽，其上方具狭窄的白色眉纹。脸侧和喉部白色，下体余部粉皮黄色。幼鸟贯眼纹和眉纹较细而不甚明显。**鸣声**：甚嘈杂，带鼻音的 *nit* 声和 *toik* 声、高音 *tit* 声、似责骂的 *schri-schri-schri* 声以及高高鼻音 *ziew-ziew-ziew...* 声，参考 XC303756（Qin Huang）。**分布**：中国西部特有种。罕见至地区性常见于四川南部和西南部、贵州西部、云南和西藏东南部的针叶林中，夏季见于海拔 2000 ~ 3350 m 而冬季下至海拔 1200 m 处。**习性**：本属典型习性。

1139. 白脸鸸　Przevalski's Nuthatch　*Sitta leucopsis*　báiliǎn shī
11~12 cm　　　　　　　　　　　　　　　　　　图版129　LC

识别：小型鸸。具环绕眼部的明显特征性皮黄色颊斑。上体紫灰色并具黑色顶冠和半颈环，下体浓黄褐色。**鸣声**：召唤声为重复而带鼻音的 *kner-kner* 声，兴奋时发出一长串相似单音。鸣唱声为快速重复的哭叫声或清晰响亮的 *ti-tui ti-tui ti-tui...* 声，参考 XC103693〔George Wagner〕。**分布**：喜马拉雅山脉和中国西部。在中国，不常见于青藏高原东部的青海东北部、甘肃西南部、四川北部和西部、云南北部以及西藏东部的亚高山森林中。夏季见于海拔 2000 m 至林线之间，冬季下至海拔 1000 m 处。**习性**：成对或集小群，有时与其他鸟类混群。

1140. 绒额䴓 Velvet-fronted Nuthatch *Sitta frontalis* róng'é shī
12~14 cm   图版129　　LC

识别：体色艳丽的小型䴓。喙红色。前额绒黑色，头部后方、背部和尾部紫色，初级飞羽具亮蓝色光泽。雄鸟眼后具一道黑色半眉纹。下体偏粉色，颏部偏白色。幼鸟体色暗而喙偏黑色。虹膜黄色，眼周裸露皮肤偏红色，喙端黑色，跗跖红褐色。**鸣声**：尖厉而持续的 *chip-chip* 声或叽喳声，飞行时发出 *seep-seep-seep* 鸣叫声，鸣唱声为快速的 *sit* 声，参考 XC369542〔Peter Boesman〕。**分布**：印度、中国南部、东南亚至菲律宾和大巽他群岛。在中国，指名亚种为西藏东南部、云南南部和西部、广西、贵州地区留鸟。在广东南部和香港愈发常见，或为逃逸鸟形成的种群。**习性**：成对或集家族群活动于森林中的树干和树枝上，常从树顶移动至底部。

1141. 淡紫䴓 Yellow-beilled Nuthatch *Sitta solangiae* dànzǐ shī
12~14 cm   图版129　　NT

识别：体色艳丽的小型䴓。喙、虹膜和眼周裸露皮肤均为黄色。体羽似绒额䴓，区别为偏蓝色且喙色不同。**鸣声**：尖厉而持续的 *chit-chit* 声或 *sit-it-it-it-it* 声，参考 XC201069〔Frank Lambert〕。**分布**：越南和中国海南。在中国，*chienfengensis* 亚种见于海南的山区森林中。**习性**：似绒额䴓，但更喜山地生境。

1142. 巨䴓 Giant Nuthatch *Sitta magna* jù shī 19~20 cm   图版129　国二/EN

识别：极大的灰、黑、白色䴓。臀部栗色。尾部较长，体羽图纹似栗臀䴓，区别为体型大得多、黑色贯眼纹在头部两侧更宽得多、顶冠纹比背部灰色淡得多。雄鸟顶冠具黑色细纹。飞行时从下方可见白色飞羽基部与黑色腕部形成对比。**鸣声**：似喜鹊的粗哑 *get-it-up* 声，清晰的 *kip* 单音，参考 XC450605〔Somkiat Pakapinyo (Chai)〕。**分布**：中国西南部、缅甸东部和泰国西北部。在中国为四川极南部、云南南部和西部以及贵州极西南部海拔 1200 ~ 1800 m 松林中的地区性偶见鸟。**习性**：飞行呈波状起伏，宽阔的两翼振翅有声。尾部有时半翘。通常似其他䴓，但更为谨慎而安静。

1143. 丽䴓 Beautiful Nuthatch *Sitta formosa* lì shī
16~18 cm   图版129　国二/VU

识别：不易被误认的大型䴓。上体偏黑色并具亮蓝色斑纹，下体橙褐色。飞行时从下方可见白色初级飞羽基部与偏黑色翼下覆羽形成对比。**鸣声**：典型的䴓类鸣叫声，但较甜美而不如普通䴓般沙哑，参考 XC79947〔Frank Lambert〕。**分布**：喜马拉雅山脉东部、印度东北部、缅甸、老挝、越南北部和中国西南部。在中国极罕见，曾于 4 月在云南南部哀牢山采到标本，亦记录于云南西北部（de Schauensee，1984）。

习性：本属典型习性。

▍旋壁雀科　Tichodromidae　旋壁雀　（1属1种）

一个单种科，似鸭类但更善于攀行于悬崖和岩壁上觅食昆虫。具艳丽的翼斑。

1144. 红翅旋壁雀　Wallcreeper　*Tichodroma muraria*　hóngchì xuánbìquè
16~17 cm　　　　　　　　　　　　　　　　　　　　　图版130　LC

识别：较小而优雅的灰色雀鸟。尾短而喙长，具醒目的绯红色翼斑。雄鸟繁殖羽脸、喉部黑色，雌鸟黑色较少。非繁殖羽喉部偏白色，顶冠和脸颊沾褐色。飞羽黑色，外侧尾羽羽端白色明显，初级飞羽两排白色点斑在飞行时明显可见。**鸣声**：鸣叫声为尖细的管笛音和哨音，不如鸭类沙哑。鸣唱声为一连串多变而重复的 *ti-tiu-tree* 升调高哨音，参考 XC416859（Jerome Fischer）。**分布**：西班牙经南欧至中亚、印度北部、中国和蒙古国南部。在中国，*nepalensis* 亚种不常见（并无规律性）于极西部、青藏高原、喜马拉雅山脉、华中和华北地区，越冬个体见于华南和华东大部地区。**习性**：在岩崖峭壁上攀爬，两翼展开露出红色翼斑。冬季下至较低海拔处，甚至觅食于建筑物上。

▍旋木雀科　Certhiidae　旋木雀　（1属7种）

一小科多见于欧亚大陆但在美洲和非洲亦各分布有一种的鸟类。善于攀行在树干上觅食树皮裂纹中的昆虫。

1145. 旋木雀 / 欧亚旋木雀　Eurasian Treecreeper　*Certhia familiaris*　xuánmùquè
12~14 cm　　　　　　　　　　　　　　　　　　　　　图版130　LC

识别：较小的斑驳褐色旋木雀。下体白色或皮黄色，两胁略沾棕色，尾覆羽棕色。与锈红腹旋木雀的区别为胸部和两胁偏白色且眉纹色浅，与褐喉旋木雀和休氏旋木雀的区别为体型更小且喉部色浅，与高山旋木雀的区别为尾部纯褐色。似霍氏旋木雀，区别为后者上体偏褐色且与棕色腰部对比明显。诸亚种间存在细微差异。**鸣声**：召唤声为平静的 *zit* 声，鸣叫声为响亮刺耳的 *zrreeht* 声。鸣唱声似鹪鹩，由刺耳叫声引出并以尖细颤音收尾，参考 XC490276（Lars Edenius）。**分布**：欧亚大陆、喜马拉雅山脉至中国北部、西伯利亚和日本。在中国的几个亚种均较常见于其分布区内的温带阔叶林和针叶林的不同海拔，*tianshanica* 亚种见于西北地区，*bianchii* 亚种见于青海、甘肃和陕西南部，*daurica* 亚种（包括 *orientalis* 亚种）见于东北地区。**习性**：本属典型习性。常加入混合鸟群。

1146. 霍氏旋木雀　Hodgson's Treecreeper　*Certhia hodgsoni*
huòshì xuánmùquè　11~13 cm　　　　　　　　　　　　　图版130　LC

识别：体色较暗的小型旋木雀。极似旋木雀，区别为上体偏褐色且与棕色腰部对比明显。**鸣声**：鸣叫声为单音或双音 *tsree* 声和 *tsree-seee tsree-seee* 声，鸣唱声为二至三声高音的 *tsree* 声续以一系列降调音并具夸张的收尾，参考 XC183030（Frank Lambert）。**分布**：喜马拉雅山脉至中国中部。在中国，*khamensis* 亚种为华中、西南和西藏南部留鸟。**习性**：本属典型习性。**分类学订正**：曾被视作旋木雀（*C. familiaris*）的亚种。

1147. 高山旋木雀　Bar-tailed Treecreeper　*Certhia himalayana*
gāoshān xuánmùquè　13~15 cm　　　　　　　　　　　　图版130　LC

识别：中型斑驳深灰色旋木雀。腰部和下体无棕色、尾部偏灰色并具明显横斑而易与其他旋木雀区别。喉部白色，胸、腹部烟黄色，喙比其他旋木雀更长而下弯。**鸣声**：尖细的下降音 *tsiu*，有时亦作一连串尖细的降调 *tsee* 声或升调 *tseet* 声。鸣唱声为轻快而有节奏的颤音，参考 XC73028（Mike Nelson）。**分布**：中亚至阿富汗北部、喜马拉雅山脉、缅甸和中国西南部。在中国，*yunnanensis* 亚种不常见于甘肃南部、陕西南部、四川北部和西部、贵州西南部、云南北部和西部以及西藏东南部的落叶、针叶混交林中。栖于海拔 2000 ~ 3700 m 地区。**习性**：有时加入混合鸟群。

1148. 锈红腹旋木雀 / 红腹旋木雀　Rusty-flanked Treecreeper　*Certhia nipalensis*
xiùhóngfù xuánmùquè　14~16 cm　　　　　　　　　　　图版130　LC

识别：中型斑驳深褐色旋木雀。下体皮黄色，两胁和尾覆羽棕色。与旋木雀和休氏旋木雀的区别为两胁棕色，与褐喉旋木雀的区别为体型较小且喉部色浅，与高山旋木雀的区别为尾部纯褐色。**鸣声**：鸣叫声为尖细的 *sit* 声，鸣唱声为由 3 个清脆音节 *si-si-sit'st't't't* 引出的高音加速颤音，参考 XC157699（Frank Lambert）。**分布**：喜马拉雅山脉至云南西部和缅甸北部。在中国，常见于喜马拉雅山脉、西藏东南部和怒江以西、近云南与缅甸边界的高黎贡山海拔 1800 ~ 3500 m 的针叶林和混交林中。**习性**：本属典型习性。

1149. 褐喉旋木雀　Brown-throated Treecreeper　*Certhia discolor*
hèhóu xuánmùquè　14~16 cm　　　　　　　　　　　　　图版130　LC

识别：中型斑驳深棕褐色旋木雀。下体色暗淡，喉部沾褐色。幼鸟和成鸟非繁殖羽喉部可能为灰色，但喉部无白色可区别于其他旋木雀。与锈红腹旋木雀的区别为两胁无棕色，与高山旋木雀的区别为尾部褐色无横斑。**鸣声**：鸣叫声为 *tchip* 爆破音、较高而细的 *tsit* 或 *seep* 声以及 *chi-r-r-it* 声，鸣唱声为单调的嘎嘎声或颤音，参考 XC426441（Peter Boesman）。**分布**：喜马拉雅山脉、中国西南部和中南半岛。在中国，指名亚种罕见于西藏亚东地区南部的森林中。**习性**：本属典型习性。

1150. 休氏旋木雀　Hume's Treecreeper　*Certhia manipurensis*
xiūshì xuánmùquè　14~16 cm　　　　　　　　图版130　LC

识别： 中型斑驳褐色旋木雀。喉部沾棕色，下体灰白色，尾部无横斑。尾下覆羽偏皮黄色。**鸣声：** 鸣唱声为单调的重复 *tchi-chi, tchi-chi, tchi-chi...* 声，鸣叫声为高而细软的 *tsit* 声、更低的 *chid-ip* 声、爆破音 *tchiu!* 生硬的 *chip* 声以及短促的 *chi-r-r-it* 声，参考 XC308719（Peter Ericsson）。**分布：** 印度东北部、缅甸西部，并于中国西南部和中南半岛海拔 2000 ~ 3000 m 的常绿林和松林中存有隔离种群。在中国，*shanensis* 亚种为云南西部高黎贡山森林中的罕见留鸟。**习性：** 本属典型习性。**分类学订正：** 曾被视作褐喉旋木雀（*C. discolor*）的亚种。

1151. 四川旋木雀　Sichuan Treecreeper　*Certhia tianquanensis*
sìchuān xuánmùquè　13~14 cm　　　　　　　图版130　国二/LC

识别： 尾长的中型旋木雀。喙极短，偏白色喉部和暗色下体之间对比明显。顶冠、枕部、翕部和肩羽黑褐色，浅灰色羽轴形成的纵纹在接近羽端处变宽。与高山旋木雀的区别为尾部无横斑，与褐喉旋木雀的区别为喉部偏白色，与霍氏旋木雀的区别为下体色暗且仅喉部为白色。**鸣声：** 鸣唱声为响亮快速的高颤音，由爆破音开始随后降调，并由更高音且甜美的 *tsit-lililililililililuuuuuuuu* 声引出，比锈红腹旋木雀更长而模糊，参考 XC111675（Frank Lambert）。**分布：** 中国特有种。夏季见于四川北部和中部、陕西西南部海拔 2650 ~ 2830 m 针叶林中的竹丛中，冬季下至海拔 1600 m 处。**习性：** 同其他旋木雀。**分类学订正：** 曾被视作旋木雀（*C. familiaris*）的亚种。

▍椋鸟科　Sturnidae　椋鸟　（10 属 19 种）

一大科分布于旧大陆、体型健壮的鸟类，喙尖、直而有力，跗跖长。多数种类群居，在树冠上或在地面轻盈阔步，觅食果实和无脊椎动物。大部分种类营巢于树洞中。性嘈杂，发出沙哑鸣叫声，并能模仿其他鸟类叫声。

1152. 斑翅椋鸟　Spot-winged Starling　*Saroglossa spiloptera*
bānchì liángniǎo　18~20 cm　　　　　　　　图版131　LC

识别： 小型褐色椋鸟。虹膜偏白色，两翼黑色并具明显白色翼斑。雄鸟上体灰色并具特征性鳞状纹，具黑色眼罩、红褐色喉部和偏橙色下体。雌鸟上体褐色并具鳞状纹，下体色浅并具鳞状纹，白色翼斑较小。幼鸟体具纵纹。**鸣声：** 鸣唱声干涩粗哑伴以部分啭鸣，参考 XC473039（Peter Boesman），鸣叫声为粗哑的 *chek-chek-chek* 声，召唤声为 *chik-chik* 声。**分布：** 喜马拉雅山脉和东南亚西北部。在中国为云南西南部留鸟。**习性：** 栖于海拔 700 ~ 1000 m 丘陵地带的开阔森林、林间空地和林缘，局部地区见于海拔 2000 m 处。觅食于开阔林地的树冠层。

1153. 金冠树八哥 Golden-crested Myna *Ampeliceps coronatus*
jīnguān shùbāgē 20~22 cm 图版131 LC

识别：较小的亮黑色八哥。具特征性黄色翼斑和颏部以及粉黄色脸部裸露皮肤。雄鸟顶冠亮金色。雌鸟似雄鸟但黄色区域较小。虹膜褐色，喙粉色而喙基偏蓝色，跗跖橙黄色。**鸣声**：高音金属哨声和似铃声般叫声，参考 XC371653（Rolf A. de By）。**分布**：印度东部、缅甸、中国南部和中南半岛。在中国为广东东部和云南西南部不常见留鸟和候鸟。**习性**：集小群活动于森林树冠层。

1154. 鹩哥 Hill Myna *Gracula religiosa* liáogē 28~31 cm 图版131 国二/LC

识别：大型亮黑色八哥。具明显的白色翼斑和特征性头侧橙色肉垂和肉裙。虹膜深褐色，喙橙色，跗跖黄色。**鸣声**：响亮、清晰而尖厉的 *tiong* 声，亦发出各种清晰哨音并模仿其他鸟类叫声，参考 XC496171（Sreekumar Chirukandoth）。**分布**：印度至中国、东南亚、菲律宾巴拉望岛、马来半岛和大巽他群岛。在中国，*intermedia* 亚种为西藏东南部、华南以及海南的热带低海拔地区的留鸟。地区性常见，但受笼鸟贸易威胁而种群数量大为减少。**习性**：栖于高树，多成对活动，有时集群。

1155. 林八哥 Great Myna *Acridotheres grandis* lín bāgē
24~27 cm 图版131 LC

识别：中型黑色八哥。体羽深灰色偏黑色，初级飞羽具明显白斑，飞行时尤为明显，臀部和尾端白色。略具羽冠。与八哥的区别为尾端白色较宽、喙全黄色且臀部白色。幼鸟偏褐色。虹膜橙色，跗跖黄色。**鸣声**：沙哑叫声、哨声和嘎嘎声。有时模仿其他鸟类叫声，参考 XC306367（Peter Boesman）。**分布**：印度东北部、东南亚和中国西南部。在中国为云南西部和南部、广西西部以及西藏东南部不常见留鸟。**习性**：集小至大群生活，多觅食于开阔草地和稻田的地面。常停歇于家畜身上或周围，捕食被惊起的昆虫。

1156. 八哥 Crested Myna *Acridotheres cristatellus* bāgē
23~28 cm 图版131 LC

识别：大型黑色八哥。具明显羽冠。与林八哥的区别为羽冠较长、喙基部红色或粉色、尾端白色狭窄且尾下覆羽具黑白色横纹。虹膜橙色，跗跖暗黄色。**鸣声**：似家八哥。笼鸟能学"说话"，参考 XC51562（Bernabe Lopez-Lanus）。**分布**：中国和中南半岛，并引种至菲律宾和加里曼丹岛。在中国常见于农田和村庄，指名亚种为四川东部、陕西南部至华南长江中游地区并北至北京的留鸟，*brevipennis* 亚种见于海南，*formosanus* 亚种见于台湾。**习性**：集小群生活，通常见于旷野、城镇和庭院，在地面阔步。**分类学订正**：引入种丛林八哥（*A. fuscus*）和爪哇八哥（*A. javanicus*）均广布于台湾，但羽冠较小。

1157. **白领八哥** **Collared Myna** *Acridotheres albocinctus* báilǐng bāgē
24~26 cm 图版131 LC

识别：中型黑色八哥。羽冠不甚明显，具特征性白色宽颈圈（冬羽为皮黄色）。尾下覆羽具宽阔白边。幼鸟体色较浅且偏褐色。虹膜偏蓝色或黄色，喙黄色，跗跖亮黄色。
鸣声：尖叫声、嘎嘎声、叽喳声并具粗哑颤音，参考 XC390776（Paul Holt）。**分布**：印度东北部、中国西南部和缅甸。在中国为云南西北部和西藏东南部海拔 1200 m 以下开阔潮湿地区留鸟。**习性**：喜沼泽和牧场生境。

1158. **家八哥** **Common Myna** *Acridotheres tristis* jiā bāgē
24~27 cm 图版131 LC

识别：活泼的偏褐色八哥。头部深色。与其他八哥的区别为无羽冠且眼周裸露皮肤黄色。飞行时白色翼斑明显。幼鸟体色较暗。虹膜偏红色，喙、跗跖黄色。**鸣声**：似流水声、刺耳尖叫声和悦耳哨音，亦模仿其他鸟类叫声，参考 XC472544（Peter Boesman）。**分布**：阿富汗至中国西南部、东南亚和马来半岛，并引种至其他地区。在中国，指名亚种为四川西南部、云南西部和南部、西藏东南部以及海南的农耕区和村庄中的常见留鸟。**习性**：通常集群觅食于地面。喜城镇、田野和庭院。

1159. **红嘴椋鸟** **Vinous-breasted Starling** *Acridotheres burmannicus*
hóngzuǐ liángniǎo 22~26 cm 图版132 LC

识别：较大的灰色椋鸟。头部偏白色，喙红色而喙基黑色，贯眼纹偏黑色。胸、腹部酒红色，两翼深灰色，飞行时初级飞羽基部白斑明显可见。虹膜黄白色，跗跖褐黄色。
鸣声：集群觅食时发出叽喳声，参考 XC403583 [Kuan-chieh (Chuck) Huang]。**分布**：缅甸和中南半岛。在中国罕见于云南极西南部。**习性**：喜开阔而干燥的郊野、耕地和庭院。集群觅食和夜栖。

1160. **丝光椋鸟** **Red-billed Starling** *Spodiopsar sericeus*
sīguāng liángniǎo 20~23 cm 图版132 LC

识别：较大的灰、黑、白色椋鸟。喙红色而喙端黑色。两翼和尾部亮黑色，飞行时初级飞羽白斑明显可见，头部具偏白色丝状羽，上体余部灰色。虹膜黑色，跗跖暗橙色。**鸣声**：鸣唱声悠扬悦耳，群鸟发出叽喳声似紫翅椋鸟，参考 XC110288（Frank Lambert）。**分布**：繁殖于中国，越冬至东南亚。在中国为华南和东南（包括台湾和海南）大部地区的留鸟，并有北扩趋势，冬季分散至越南北部和菲律宾。见于海拔 800 m 以下的农田和果园中。**习性**：迁徙时集大群。

1161. **灰椋鸟** **White-cheeked Starling** *Spodiopsar cineraceus*
huī liángniǎo 19~23 cm 图版132 LC

识别：中型灰褐色椋鸟。头部黑色，头侧具白色纵纹。腰部、臀部、外侧尾羽羽端和次级飞羽上的狭窄横纹均为白色。雌鸟体色浅而暗。虹膜偏红色，喙黄色而喙端黑色，跗跖暗橙色。**鸣声**：单调的 *chir-chir-chay-cheet-chee* 声，参考 XC392766（Tom Wulf）。**分布**：西伯利亚、中国、日本、越南北部、缅甸北部、菲律宾。在中国，繁殖于华北和东北，迁徙途经华南地区。常见于稀树开阔原野、农田地区和城市公园。**习性**：群居，觅食于农田，在远东地区取代紫翅椋鸟的生态位。

1162. 黑领椋鸟 **Black-collared Starling** *Gracupica nigricollis*
hēilǐng liángniǎo 27~30 cm 图版132 LC

识别：大型黑白色椋鸟。头部白色，颈环和喉部黑色。背部和两翼黑色，翼缘白色。尾部黑色而尾端白色。眼周裸露皮肤黄色。雌鸟似雄鸟但体羽偏褐色。幼鸟无黑色颈环。与斑椋鸟的区别为体型较大、喉部和顶冠白色、眼周裸露皮肤黄色、无清晰的白色翼斑且喙为黑色。虹膜黄色。**鸣声**：鸣叫声为沙哑尖叫声和哨声，参考 XC408788（Ding Li Yong）。**分布**：中国南部和东南亚。在中国常见于华南地区农田，一般集小群觅食于稻田、牧场和开阔地。**习性**：有时在水牛等家畜群中觅食。

1163. 斑椋鸟 **Asian Pied Starling** *Gracupica contra*
bān liángniǎo 22~24 cm 图版132 LC

识别：中型黑白色椋鸟。顶冠、头侧、翼斑、腰部和腹部白色，喉部、胸部和上体余部黑色（幼鸟为褐色）。虹膜灰色，眼周裸露皮肤橙色，喙黄色而喙基红色，跗跖黄色。**鸣声**：嘈杂而不连贯的活泼高叫声，参考 XC445742（Aladdin）。**分布**：印度、中国西南部、东南亚、苏门答腊岛、爪哇岛和巴厘岛。在中国地区性常见于低海拔耕地，*superciliaris* 亚种为西藏东南部和云南西北部留鸟，*floweri* 亚种为云南西南部和南部留鸟。**习性**：集小群活动，栖于开阔地。多在地面觅食蚯蚓和其他小型动物。集群夜栖。

1164. 北椋鸟 **Daurian Starling** *Agropsar sturninus* běi liángniǎo
16~19 cm 图版132 LC

识别：较小的椋鸟。背部深色。雄鸟背部泛亮紫色光泽，两翼泛墨绿色光泽并具明显的白色翼斑，头、胸部灰色，枕部具黑斑，腹部白色。与紫背椋鸟的区别为枕斑黑色且颈侧无栗色。雌鸟上体烟灰色，枕部具褐色点斑，两翼和尾部黑色。幼鸟浅褐色，下体斑驳褐色。**鸣声**：椋鸟典型的沙哑哨音和似笑声，参考 XC20195（Nick Athanas）。**分布**：繁殖于外贝加尔至中国东北地区，越冬于东南亚和大巽他群岛。在中国，繁殖于东北和华北，迁徙途经东南至华南、西南和海南。通常罕见于中海拔以下地区。**习性**：觅食于沿海开阔地区的地面。

1165. 紫背椋鸟 **Chestnut-cheeked Starling** *Agropsar philippensis*
zǐbèi liángniǎo 16~19 cm 图版132 LC

识别：较小的椋鸟。背部深色。雄鸟头部浅灰色或皮黄色，下体偏白色，背部泛深紫色光泽，两翼和尾部黑色并具白色肩斑。与北椋鸟的区别为耳羽和颈侧栗色。雌鸟上体灰褐色，下体偏白色，两翼和尾部黑色。**鸣声**：响亮而尖厉的 *kee-kee-kee-kee* 声，参考 XC267609（Albert Lastukhin）。**分布**：繁殖于日本，越冬于菲律宾和加里曼丹岛。在中国，迁徙时不常见于东部沿海地区，越冬于台湾和兰屿。**习性**：集小群生活，栖于开阔原野。觅食于树上。

1166. 灰背椋鸟　White-shouldered Starling　*Sturnia sinensis*
huībèi liángniǎo　18 cm　　　　　　　　　　　　　　　图版132　LC

识别：较小的灰色椋鸟。雄鸟与其他椋鸟的区别为翼上覆羽和肩羽全白色。体羽灰色，顶冠和腹部偏白色，飞羽黑色，外侧尾羽羽端白色。雌鸟翼覆羽白色较少。幼鸟偏褐色。虹膜蓝白色。**鸣声**：沙哑和尖厉叫声，参考 XC371745（John Allcock）。**分布**：繁殖于中国南部和越南北部，越冬于东南亚、菲律宾和加里曼丹岛。在中国，繁殖于华南、东南、台湾。部分种群迁徙，越冬于台湾和海南。**习性**：性嘈杂，集群觅食于开阔原野和庭院中的无花果树和其他开花结果的树木上。

1167. 灰头椋鸟　Chestnut-tailed Starling　*Sturnia malabarica*
huītóu liángniǎo　19~21 cm　　　　　　　　　　　　　图版132　LC

识别：中型浅灰色椋鸟。头、颈部具珍珠色丝状饰翎。肩部无白色纵纹。与灰背椋鸟和丝光椋鸟的幼鸟区别为外侧尾羽栗色、腰部色深且两胁沾棕色。虹膜白色，喙橄榄绿色而喙端黄色、喙基钴蓝色。**鸣声**：群鸟觅食时发出叽喳声。鸣叫声为双音节高叫声、单音节颤音和哨音，鸣唱声短促而甜美，参考 XC157150（Frank Lambert）。**分布**：印度、中国南部、缅甸、中南半岛。在中国，不常见于四川南部、西藏东南部、贵州西南部、云南和广西西南部低海拔丘陵的开阔森林、农田和庭院中。**习性**：集群活动，常觅食于开花的刺桐属（*Erythrina*）和木棉属（*Bombax*）树木上。

1168. 黑冠椋鸟　Brahminy Starling　*Sturnia pagodarum*　hēiguān liángniǎo
20~21 cm　　　　　　　　　　　　　　　　　　　　　图版132　LC

识别：中型椋鸟。顶冠和长羽冠均为黑色，下体栗黄色。尾部和初级飞羽偏黑色，上体余部浅灰褐色。虹膜白色，喙基青灰蓝色而喙端黄色。**鸣声**：咕咕高叫声续以一连串真假嗓交替鸣唱声，参考 XC473075（Peter Boesman）。**分布**：印度。在中国偶见于云南西南部和西藏东南部。**习性**：在印度，常见于城镇、村庄和铁路沿线。集群夜栖。

1169. 粉红椋鸟　Rosy Starling　*Pastor roseus*　fěnhóng liángniǎo
19~22 cm　　　　　　　　　　　　　　　　　　　　　图版131　LC

识别：独特的粉色和黑色中型椋鸟。雄鸟繁殖羽亮黑色，背部、胸部和两胁粉色。雌鸟图纹相似但羽色较暗淡。幼鸟上体皮黄色，两翼和尾部褐色，下体色浅。虹膜深色，喙粉黄色，跗跖粉色。**鸣声**：飞行时发 *ki-ki-ki* 鸣叫声和粗哑的 *shrr* 声，群鸟觅食时发出 *chik-ik-ik-ik* 声，参考 XC484514（Nick McKeown）。**分布**：繁殖于欧洲东部至亚洲西部和中部，越冬于印度，迷鸟至泰国。在中国，为西北开阔地区常见留鸟，冬季迁徙至甘肃和西藏西部，迷鸟至辽宁、上海和香港。**习性**：集大群栖于干旱的开阔地。追随家畜捕食被惊起的昆虫。

1170. 紫翅椋鸟　Common Starling　*Sturnus vulgaris*　zǐchì liángniǎo
19~22 cm
图版131　LC

识别： 中型偏黑色椋鸟。具绿紫金属光泽和不同程度的白色点斑。新羽点斑呈矛状，羽缘锈色形成扇贝状纹，蚀刻点斑多数消失。虹膜深褐色，喙黄色，跗跖偏红色。**鸣声：** 鸣叫声为沙哑尖叫声和哨音，参考 XC498475（Andrew Harrop）。**分布：** 欧亚大陆。在中国，常见于西部的农耕区、城镇周围和荒漠边缘，*porphyronotus* 亚种为新疆西部夏候鸟，*poltaratskyi* 亚种可能繁殖于准噶尔盆地北部而迁徙途经包括台湾在内的中国大部地区。**习性：** 集小至大群觅食于开阔地带。冬季集大群迁徙至其分布区域的南部。

▌鸫科　Turdidae　鸫类　（5 属 38 种）

一大科世界性分布的鸟类，以昆虫等无脊椎动物和浆果等水果为食。大部分种类通常觅食于地面或近地面处。营结实的杯状巢，以纤维编织而成并常用泥加固和用苔藓装饰。许多种类能发出悦耳的鸣唱声。

1171. 橙头地鸫　Orange-headed Thrush　*Geokichla citrina*
chéngtóu dìdōng　20~23 cm
图版133　LC

识别： 头部橙色的鸫。雄鸟头部、枕部和下体浓橙褐色，脸部具两道深色垂直颊斑，臀部白色，上体蓝灰色并具白色翼斑。*innotata* 亚种无翼斑和颊斑。飞行时可见翼下两道白色宽斑，为本属典型特征。雌鸟上体橄榄灰色。幼鸟似雌鸟，但背部具纵纹和鳞状纹。**鸣声：** 鸣唱声甜美清晰。亦作尖细的 *zeet* 声，告警声为刺耳哨音 *teer-teer-teerrr*，参考 XC496200（Sreekumar Chirukandoth）。**分布：** 巴基斯坦至中国南部以及马来群岛。在中国为海拔 1500 m 以下地区不常见留鸟和候鸟，*aurimacula* 亚种为海南留鸟，*melli* 亚种繁殖于华中和华南，*innotata* 亚种为云南西南部过境鸟，*courtoisi* 亚种繁殖于华东。**习性：** 性羞怯，喜森林中有荫处，常隐于浓密植被下的地面。在树枝上鸣唱。

1172. 白眉地鸫　Siberian Thrush　*Geokichla sibirica*　báiméi dìdōng
20~23 cm
图版133　LC

识别： 偏黑色（雄鸟）或褐色（雌鸟）的鸫。具独特而明显的眉纹。雄鸟体羽青灰黑色，眉纹白色，尾羽羽端和臀部白色。雌鸟橄榄褐色，下体皮黄白色和赤褐色，眉纹皮黄白色。*davisoni* 亚种体色较暗。飞行时可见翼下两道白色宽斑。跗跖黄色。**鸣声：** 在冬季仅发出恬静的 *chit* 或 *stit* 哨音召唤声。鸣唱声为短促的 *chooeloot...chewee* 续以 *sirrr* 声，参考 XC377242（Lars Edenius）。**分布：** 繁殖于亚洲北部，迁徙途经东南亚，越冬于大巽他群岛。在中国为不常见候鸟，指名亚种繁殖于东北，指名亚种和

davisoni 亚种迁徙途经华东、华南和台湾。**习性**：性活泼，栖于森林地面和树冠，有时集群。

1173. 光背地鸫 / 淡背地鸫　Alpine Thrush　*Zoothera mollissima*　guāngbèi dìdōng
24~27 cm　　　　　　　　　　　　　　　　　　　　　　　图版133　LC

识别：较大的鸫。上体纯红褐色，具明显的浅色眼圈，外侧尾羽羽端白色。白色翼斑仅在飞行时可见。与长尾地鸫的区别为尾部较短、胸部具鳞状斑而非黑色横斑、翼斑较窄且色暗。跗跖肉色。**鸣声**：节奏均匀而短促的沙哑叫声，间杂更为清晰的尖叫声，开始和收尾均非常突然，参考 XC255751（Peter Ericsson）。**分布**：喜马拉雅山脉至中国西南部。在中国不常见，指名亚种为华南、华中地区夏候鸟，区别不甚明显的 *whiteheadi* 亚种为西藏南部和云南西北部留鸟。**习性**：栖于高山，繁殖于近林线并具稀疏灌丛的多岩地区的阴暗潮湿处。

1174. 四川光背地鸫 / 四川淡背地鸫　Sichuan Thrush　*Zoothera griseiceps*
sìchuān guāngbèidìdōng　25~27 cm　　　　　　　　　　　图版133　LC

识别：神秘的光背地鸫复合种下的成员，与光背地鸫和喜山光背地鸫极易混淆，细微区别为喙较大、额部至枕部偏灰色、脸部图纹对比不甚明显。**鸣声**：比光背地鸫更为丰富、缓慢并具旋律的鸣唱声，参考 XC301074（Per Alström）。**分布**：繁殖于四川中部至云南西北部，越冬于越南西北部。**习性**：比光背地鸫更偏森林生境。

1175. 喜山光背地鸫 / 喜山淡背地鸫　Himalayan Thrush　*Zoothera salimalii*
xǐshān guāngbèidìdōng　25~27 cm　　　　　　　　　　　图版133　LC

识别：神秘的光背地鸫复合种下的成员，与光背地鸫和四川光背地鸫极易混淆。和光背地鸫的细微区别为上体偏棕、脸部图纹略具不同、翼覆羽和初级飞羽间对比不甚明显、下喙基部色深、爪色浅、喙较长且两翼较短。和四川光背地鸫的区别为喙、两翼尤其是尾部均更短，额部至枕部无灰色，脸部图纹对比明显，耳羽细纹不甚均匀。**鸣声**：鸣唱声似鸫，富有乐感并具拖长的清晰音节和更短细的音节。不如光背地鸫沙哑，不及四川光背地鸫深沉和丰富，且整体节奏更快，参考 XC301068（Per Alström）。**分布**：繁殖于喜马拉雅山脉东部至西藏东南部和云南西部，冬季南迁。**习性**：比光背地鸫更偏森林生境，但靠近林线。

1176. 长尾地鸫　Long-tailed Thrush　*Zoothera dixoni*　chángwěi dìdōng
27~28 cm　　　　　　　　　　　　　　　　　　　　　　　图版133　LC

识别：尾长的鸫。上体纯橄榄褐色，下体偏白色并具明显黑色鳞状斑。飞行时两道皮黄色翼斑明显可见。眼圈色浅。与虎斑地鸫和怀氏虎鸫的区别为上体无鳞状斑。与其他地鸫属鸟类以及宝兴歌鸫的区别为外侧尾羽羽端白色、下体具鳞状斑而非点斑，与宝兴歌鸫的区别还包括本属典型的两道翼下白色宽斑。与光背地鸫复合种的区别为翼斑更为明显且为皮黄色而非白色、体羽偏橄榄色、尾长、下体黑色月牙状斑较少。下喙基部黄色。**鸣声**：鸣唱声似笛音，参考 XC161208（Frank Lambert）。

分布：繁殖于印度北部至中国西南部，越冬于缅甸北部和中南半岛北部。在中国不常见，繁殖于西藏东南部、云南南部和西部以及四川，迁徙过境鸟记录于广西西部。
习性：性羞怯，栖于海拔 1200 ~ 4000 m 常绿林的地面。有时与其他鸫类混群。

1177. 怀氏虎鸫 / 虎斑地鸫 White's Thrush *Zoothera aurea* huáishì hǔdōng
27~30 cm   图版133 LC

识别：具鳞状斑的大型褐色鸫。上体褐色，下体白色，通体布满黑色和皮黄金色羽缘形成的鳞状斑。与虎斑地鸫的区别体型更大、喙更长、鳞状斑更粗、背部偏灰色且眼圈更为明显。跗跖偏粉色。**鸣声**：鸣唱声为重复的轻柔单音长哨声，亦作尖细而短促的 *tzeet* 声，参考 XC278274（Chie-Jen Jerome Ko）。**分布**：指名亚种繁殖于俄罗斯南部、西伯利亚东部和日本，越冬于中国南部。在中国为海拔 3000 m 以下较常见的留鸟和候鸟，指名亚种繁殖于东北，迁徙途经中国大部，越冬于华南、东南和台湾，*toratugumi* 亚种越冬于华东和台湾。**习性**：栖于密林，觅食于地面。**分类学订正**：曾被视作虎斑地鸫（*Z. dauma*）的亚种。

1178. 虎斑地鸫 / 小虎斑地鸫 Scaly Thrush *Zoothera dauma* hǔbān dìdōng
25~27 cm   图版133 LC

识别：具鳞状斑的褐色鸫。上体褐色，下体白色，通体布满黑色和皮黄金色羽缘形成的鳞状斑。极似怀氏虎鸫，区别为体型更小、体色更暗。**鸣声**：鸣唱声为一连串快速爆发音杂以刺耳叫声，似 *pur-loo-trii-lay, dur-lii-dur-lii, drr-drr-chew-you-wi-iiii*，参考 XC489637（Andrew Spencer）。**分布**：广布于欧洲至印度、中国、东南亚、菲律宾、苏门答腊岛、爪哇岛、巴厘岛和龙目岛。在中国为海拔 3000 m 以下较常见的留鸟和候鸟，指名亚种繁殖于西藏南部、东部至四川、云南西北部、贵州和广西西部，越冬于云南南部（西双版纳）和西藏东南部，*horsfieldi* 亚种为台湾留鸟。**习性**：栖于密林，觅食于地面。

1179. 大长嘴地鸫 Long-billed Thrush *Zoothera monticola*
dà chángzuǐdìdōng 26~28 cm   图版133 LC

识别：深色鸫。喙极大。似长嘴地鸫，区别为体型更大、体羽棕色较少、上体略具扇贝状纹且喙更大。头侧深褐色，下体具深色点斑而非鳞状斑。**鸣声**：于晨昏时分发出双音或三音哨声鸣唱声，第二音上扬，参考 XC473138（Peter Boesman）。**分布**：喜马拉雅山麓至印度阿萨姆地区南部、缅甸、中国西南部和中南半岛北部。在中国，指名亚种为云南西南部罕见留鸟，*atrata* 亚种见于和云南东南部西隆山地区接壤的越南一侧，故可能亦出现于中国境内。**习性**：通常单独而安静地活动于森林地面。

1180. 长嘴地鸫 Dark-sided Thrush *Zoothera marginata* chángzuǐ dìdōng
24~25 cm   图版133 LC

识别：深褐色鸫。尾部较短，喙长而下弯。与大长嘴地鸫的区别为喙更修长、偏棕红色初级飞羽与深褐色翼覆羽和翕部形成对比。眼先和头侧具浅色扩散形斑纹，耳羽具深色月牙状斑，其后方为偏白色月牙状斑。外侧尾羽羽端无白色。**鸣声**：受惊时发出一短串沙哑的 *kuk* 声，鸣叫声为深沉的 *tchuck* 喉音，鸣唱声为单调的哨音，似虎斑地鸫但更为轻柔而短促（0.5 秒）并降调，参考 XC473137（Peter Boesman）。**分布**：喜马拉雅山脉中部和东部以及东南亚。在中国罕见，仅记录于云南西部和南部，可能亦分布于西藏东南部。**习性**：栖于各种海拔高度的常绿林中。甚羞怯，近地面活动，常安静地挖掘松软泥土。

1181. 蓝大翅鸲　Grandala *Grandala coelicolor*　lán dàchìqú
20~23 cm　　　　　　　　　　　　　　　　　　　　　图版134　LC

识别：似鸫的中型雀鸟。雄鸟不易被误认，通体亮紫蓝色并具丝般光泽，仅眼先、两翼和尾部为黑色，尾略分叉。雌鸟上体灰褐色，头部至枕部具皮黄色纵纹，下体灰褐色，喉、胸部具皮黄色纵纹，飞行时飞羽基部白色明显可见，翼覆羽羽端白色，腰部和尾上覆羽沾蓝色。**鸣声**：较安静，鸣叫声为 *tji-u* 声，鸣唱声为轻柔而清晰的 *tji-u tji-u ti-tu tji-u* 声，仅在近处可闻，多于岩石上鸣叫，参考 XC110771（Frank Lambert）。**分布**：喜马拉雅山脉东部和青藏高原东部。在中国，为西藏南部和东南部、云南西北部、青海东部、甘肃西部、四川西部山区的不常见或地区性常见留鸟。垂直迁徙，夏季见于海拔 3400 ~ 5400 m 而冬季下至海拔 2000 ~ 4300 m 处。**习性**：见于灌丛地带以上的高山草甸和裸岩山顶，喜雨水浸润的山脊和高峰。似鸫般栖于岩石。有时相同性别的个体集小群至大群。飞行和站姿似矶鸫，亦如紫翅椋鸟般集大群盘旋飞行。冬季集群栖于树上。

1182. 灰背鸫　Grey-backed Thrush *Turdus hortulorum*　huībèi dōng
19~23 cm　　　　　　　　　　　　　　　　　　　　　图版134　LC

识别：较小的灰色鸫。两胁棕色。雄鸟上体全灰色，喉部灰色或偏白色，胸部灰色，腹部中央和尾下覆羽白色，两胁和翼下橙色。雌鸟上体偏褐色，喉、胸部白色并具黑色锯齿状点斑。与乌灰鸫雌鸟的区别为两胁和腹部无黑色点斑且喙通常为黄色。与黑胸鸫雌鸟的区别为两胁橙色而胸部中央白色、喉部点斑较小。**鸣声**：鸣唱声优美悦耳。告警声为轻笑声和似喘息的 *chuck chuck* 声，参考 XC571520（Byoungsoon Jang）。**分布**：繁殖于西伯利亚东部和中国东北，越冬于中国南部。在中国较常见，繁殖于黑龙江东部和河北，迁徙途经华东大部地区，越冬于长江以南，并偶见于海南和台湾。**习性**：在林地和庭院的枯叶间跳动。较羞怯。

1183. 蒂氏鸫 / 梯氏鸫　Tickell's Thrush *Turdus unicolor*　dìshì dōng
22~24 cm　　　　　　　　　　　　　　　　　　　　　图版135　LC

识别：纯灰色鸫。雄鸟纯烟灰色，下体略浅，眼先深色，喉部略具白色纵纹，下腹部至尾下覆羽白色，喙和眼圈黄色。雌鸟似乌鸫，区别为喉部和下体纵纹较多且两胁沾棕色。**鸣声**：鸣唱声轻快，通常由雄鸟于繁殖季节午间在高处发出，参考 XC655458（Saqib Khaliq）。**分布**：繁殖于喜马拉雅山麓地带，冬季南迁至印度和孟加拉国的平原地带。在中国，记录于西藏东南部。**习性**：繁殖于开阔山地阔叶林和落叶混交林。习性似乌鸫。

1184. 黑胸鸫 **Black-breasted Thrush** *Turdus dissimilis* hēixiōng dōng
22~24 cm 图版134 LC

识别：较小而敦实的深色鸫。雄鸟整个头部、翕部、胸部和飞羽黑色，与背部和肩羽灰色形成对比。下胸和两胁亮栗色，腹部中央和臀部白色。雌鸟上体深橄榄色，颏部白色，喉部宽阔黑色锯齿状斑延至胸部，两胁橙栗色。极似灰背鸫雌鸟，区别为两胁橙色汇合为完整胸带。臀部白色，跗跖黄色至橙色。**鸣声**：鸣唱声甜美圆润。鸣叫声为尖细的 *seee* 声和一连串高亢的 *tup tup...tup* 声，参考 XC321610（Scott Olmstead）。**分布**：印度东北部至中国西南部和中南半岛北部。在中国，较常见于西南地区的山地和丘陵中的灌丛和森林。**习性**：性羞怯，单独活动，多于地面觅食。

1185. 乌灰鸫 **Japanese Thrush** *Turdus cardis* wūhuī dōng
19~23 cm 图版134 LC

识别：小型鸫。两性异形。雄鸟上体纯黑灰色，头部和上胸黑色，下体余部白色，腹部和两胁具黑色点斑。雌鸟上体灰褐色，下体白色，胸侧、两胁和翼下覆羽沾棕色，喉、胸部和两胁具黑色点斑。幼鸟体羽偏褐色，下体偏棕色。雌鸟与黑胸鸫的区别为腰部灰色且黑色点斑延至腹部。喙黄色（雄鸟）或偏黑色（雌鸟）。**鸣声**：鸣唱声圆润并具长啭鸣，在高树顶上发出，参考 XC324599（Masato Nagai）。**分布**：繁殖于日本和中国东部与中部，越冬于中国南部和中南半岛北部。在中国不常见，繁殖于华中和华东，越冬于华南地区。**习性**：栖于落叶林，隐于浓密灌丛和树林中。性羞怯。通常单独活动，但在迁徙时集小群。

1186. 白颈鸫 **White-collared Blackbird** *Turdus albocinctus*
báijǐng dōng 26~28 cm 图版134 LC

识别：中型鸫。具特征性白色完整颈环和上胸。雌鸟似雄鸟，但体色较暗淡且偏褐色，喙、跗跖黄色。**鸣声**：告警声为响亮的 *tuck, tuck, tuck, tuck* 喉音，鸣唱声圆润但不如乌鸫般多变，常为降调的 *tew-i, tew-u, tew-o* 声，参考 XC177027（Marc Anderson）。**分布**：喜马拉雅山脉至中国西部和缅甸西北部。在中国，地区性常见于甘肃南部、西藏南部和东部、四川西部和云南西北部的高山针叶林和杜鹃林中。**习性**：垂直迁徙，夏季栖于林线附近并觅食于海拔 2700～4000 m 的高山草甸，冬季下至海拔 1500～3000 m 处。通常单独或成对活动。性羞怯。觅食于地面和树冠。

1187. 灰翅鸫 **Grey-winged Blackbird** *Turdus boulboul* huīchì dōng
27~29 cm 图版134 LC

识别：较大的鸫。雄鸟似乌鸫，区别为宽阔灰色翼斑和黑色体羽余部形成对比、腹部黑色并具灰色鳞状斑、喙偏橙色。眼圈黄色。雌鸟通体橄榄褐色，并具浅红褐色翼斑。虹膜褐色，跗跖暗褐色。**鸣声**：告警声为似乌鸫和欧乌鸫的 *chook, chook, chook* 声，并于巢区发出愤怒的颤音。鸣唱声为似欧乌鸫的圆润饱满笛音，通常为一个优雅的单音续以清晰的四个下降音，参考 XC408063（Sid Francis）。**分布**：喜马拉雅山脉、中国南部、中南半岛北部和缅甸。在中国罕见，指名亚种为华中和华南地区夏候鸟，部分个体越冬于更低海拔和南方各省份。**习性**：部分迁徙性。在觅食和饮水时对其他鸟类富有攻击性。夏季栖于海拔 600 ~ 3000 m 的干燥灌丛和常绿山地森林，冬季下至更低海拔处。

1188. 欧乌鸫 / 欧亚乌鸫　**Eurasian Blackbird**　*Turdus merula*　ōu wūdōng
25~27 cm　　　　　　　　　　　　　　　　　　　　　　图版134　LC

识别：较大而通体深色的鸫。与乌鸫和藏鸫在野外不易区别。雄鸟通体黑色，喙橙黄色，眼圈色略浅，跗跖黑色。雌鸟上体黑褐色，下体深褐色，喙暗绿黄色至黑色。与灰翅鸫的区别为两翼全深色。**鸣声**：鸣唱声甜美而多变，告警声为嘎嘎声，飞行时发出 *dzeeb* 鸣叫声，参考 XC497815（Beatrix Saadi-Varchmin）。**分布**：欧洲、北非和中亚。在中国，*intermedius* 亚种为新疆和青海海拔 4000 m 以下林地和公园中的常见留鸟。**习性**：觅食于地面，在树叶中安静地翻找蠕虫等无脊椎动物，冬季亦食浆果等果实。

1189. 乌鸫　**Chinese Blackbird**　*Turdus mandarinus*　wū dōng
28~29 cm　　　　　　　　　　　　　　　　　　　　　　图版134　LC

识别：通体深色的大型鸫。雄鸟通体黑色，喙橙黄色，眼圈色略浅，跗跖黑色。雌鸟上体黑褐色，下体深褐色，喙暗绿黄色至黑色。与欧乌鸫的区别为体型更大并显笨重且眼后浅色纹较长。与灰翅鸫的区别为两翼全深色。**鸣声**：鸣唱声甜美，但不如欧乌鸫悦耳，但告警声大致相同，参考 XC379419（Guy Kirwan）。**分布**：繁殖于中国，部分个体越冬于中南半岛北部。在中国常见于海拔 3000 m 以下的林地、公园和庭院中，指名亚种为华北、华东、华中和华南大部的留鸟，部分个体冬季南迁至华南、海南和台湾；*sowerbyi* 亚种为四川中部和甘肃南部留鸟。**习性**：似欧乌鸫。

1190. 藏鸫 / 藏乌鸫　**Tibetan Blackbird**　*Turdus maximus*　zàng dōng
26~28 cm　　　　　　　　　　　　　　　　　　　　　　图版134　LC

识别：较大而通体深色的鸫。雄鸟通体黑色，喙橙黄色。雌鸟上体黑褐色，下体深褐色。极似欧乌鸫和乌鸫，区别为无黄色眼圈。**鸣声**：鸣唱声为一连串快速的金属音、尖叫声、喘息声和喉音，并伴以偶发的哨音，高度重复，但不具欧乌鸫和乌鸫的啭鸣声，参考 XC69703（Frank Lambert），鸣叫声为低音 *chut-ut-ut* 声，飞行中发出 *chak-chak-chak-chak* 声，告警声为更低的 *chow-jow-jow-jow* 声。**分布**：喜马拉雅山脉至中国西藏东南部。在中国为西藏南部和东南部海拔 3000 ~ 4000 m 刺柏林和杜鹃林中的不常见留鸟。**习性**：似欧乌鸫和乌鸫。

1191. 台湾岛鸫 / 白头鸫　**Taiwan Thrush**　*Turdus niveiceps*　táiwān dǎodōng
19~23 cm　　　　　　　　　　　　　　　　　　　　　　图版135　LC

识别：较小的鸫。腹部赤褐色，头部和喉部为特征性白色。雌鸟顶冠和上体深橄榄褐色，眉纹白色，喉部偏白色，枕部具褐色杂斑，中覆羽具浅色横纹。虹膜褐色，喙、跗跗黄色。**鸣声**：告警声为嘎嘎声。鸣唱声为一系列悦耳的高音哨音，参考 XC184117（Scott Lin），鸣叫声似乌鸫。**分布**：中国台湾特有种，为不常见留鸟。**习性**：栖于海拔 1000 ~ 2500 m 的温带山地林和松林中。隐于浓密植被下。在树枝上鸣唱。

1192. 灰头鸫　Chestnut Thrush　*Turdus rubrocanus*　huītóu dōng
25~28 cm　　　　　　　　　　　　　　　　　　　　图版135　LC

识别：较大的栗色和灰色鸫。羽色图纹独特，头、颈部灰色，两翼和尾部黑色，体羽多为栗色。与棕背黑头鸫的区别为头部灰色而非黑色、栗色体羽和深色头胸部之间无偏白色条带、尾下覆羽黑色且羽端白色而非棕色。虹膜褐色，眼圈、喙、跗跖均为黄色。**鸣声**：告警声似乌鸫和欧乌鸫。其他鸣叫声包括生硬的 *chook-chook* 声和快速而刺耳的 *sit-sit-sit* 声。鸣唱声优美，在树顶上发出，参考 XC212796（Jarmo Pirhonen）。**分布**：阿富汗东部、喜马拉雅山脉至印度东北部、缅甸北部、青藏高原至中国中部。在中国，*gouldii* 亚种为青藏高原东部、华中至江西的常见留鸟，指名亚种为西藏南部、四川北部和西部留鸟。**习性**：栖于海拔 2100 ~ 3700 m 的亚高山落叶和针叶林，冬季下至较低海拔处。一般单独或成对活动。

1193. 棕背黑头鸫　Kessler's Thrush　*Turdus kessleri*　zōngbèi hēitóu dōng
25~28 cm　　　　　　　　　　　　　　　　　　　　图版135　LC

识别：大型黑色和棕色鸫。头部、颈部、喉部、胸部、两翼和尾部黑色，体羽余部栗色，仅翕部皮黄白色延至胸带。雌鸟比雄鸟体色更浅，喉部偏白色并具细纹。似灰头鸫，区别为头、颈、喉部黑色而非灰色。喙黄色。**鸣声**：告警声粗哑似白颈鸫，鸣叫声为轻柔的 *dug dug* 声，鸣唱声似槲鸫，参考 XC266261（Mike Nelson）。**分布**：青藏高原至中国中北部，迷鸟冬季见于喜马拉雅山脉东部。在中国为西藏东部、甘肃、青海东南部、四川和云南西北部的常见留鸟，冬候鸟见于西藏南部。**习性**：繁殖于海拔 3600 ~ 4500 m 林线以上多岩地区的灌丛中，冬季下至海拔 2100 m 处并集群觅食于田野。于地面低飞，短暂振翅后滑翔。食刺柏浆果。

1194. 褐头鸫　Grey-sided Thrush　*Turdus feae*　hètóu dōng
22~24 cm　　　　　　　　　　　　　　　　　　　　图版135　国二/VU

识别：中型浓褐色鸫。腹部和臀部白色。雄雌鸟分别似白眉鸫的雄雌鸟，区别为胸部和两胁灰色而非黄褐色。似白腹鸫，区别为白色眉纹较短、外侧尾羽羽端无白色。**鸣声**：鸣唱声为一连串悦耳短调，参考 XC414447（Frank Lambert），告警声为干涩的 *kecher kecher* 声。**分布**：繁殖于中国北部，越冬于印度东部和南亚。在中国罕见，繁殖于河北、山西和北京，冬季南迁至中国南部。**习性**：栖于针叶、落叶、阔叶混交林，集群活动，冬季常与白眉鸫混群。一般见于海拔 1000 m 以上地区。

1195. 白眉鸫 **Eyebrowed Thrush** *Turdus obscurus* báiméi dōng
22~24 cm 图版135 LC

识别：中型褐色鸫。具明显白色眉纹。上体橄榄褐色，头部深灰色，胸部褐色，腹部白色而两侧沾赤褐色。雌鸟头部偏褐色，喉部和颊部具白色细纹。**鸣声**：鸣唱声为简单的三声哨音，参考 XC490326（Malte Seehausen），鸣叫声为尖细的 *zip-zip* 声或拖长的 *tseep* 召唤声。**分布**：繁殖于亚洲北部，越冬于菲律宾、苏拉威西岛和大巽他群岛。在中国，是除青藏高原以外大部地区较常见的过境鸟，部分个体越冬于极南地区。**习性**：喜海拔 2000 m 以下的开阔林地和次生林，活动于低矮灌丛和林间。性活泼嘈杂，不惧人而好奇。

1196. 白腹鸫 **Pale Thrush** *Turdus pallidus* báifù dōng 22~24 cm 图版135 LC

识别：中型褐色鸫。腹部和臀部白色。雄鸟头部和喉部灰褐色，雌鸟头部褐色而喉部偏白色并略具细纹。翼下覆羽灰色或白色。似赤胸鸫，区别为胸部和两胁褐灰色而非黄褐色、外侧两枚尾羽羽端白色较宽。与褐头鸫的区别为无浅色眉纹。上喙灰色而下喙黄色。**鸣声**：鸣叫声为似赤胸鸫的 *chuck-chuck* 声，告警声为粗哑的起泡声，受惊时发出高音 *tzee* 声，鸣唱声参考 XC114547（Frank Lambert）。**分布**：繁殖于东北亚，越冬于东南亚。在中国，繁殖于东北，迁徙途经华中至长江以南的广东、海南等地，偶至云南和台湾。**习性**：栖于低海拔森林、次生林、公园和庭院。性羞怯，隐于林下植被中。

1197. 赤胸鸫 **Brown-headed Thrush** *Turdus chrysolaus* chìxiōng dōng
22~24 cm 图版135 LC

识别：中型暖褐色鸫。腹部和臀部白色。上体、两翼和尾部纯褐色。雄鸟头部和喉部偏灰色，雌鸟头部褐色而喉部偏白色。两性胸部和两胁均为黄褐色。似白眉鸫，区别为无白色眉纹。喙角质色而下喙色较浅。**鸣声**：鸣叫声为一连串粗哑的 *chuck-chuck* 声。鸣唱声为三音节的 *krrn-krrn-zee* 声，参考 XC466649［Kuan-Chieh (Chuck) Hung］。**分布**：繁殖于日本南部，越冬于菲律宾，以及中国的华东、台湾和海南地区。在中国不甚常见，迁徙途经河北和山东，越冬于香港、海南和台湾。**习性**：喜灌丛、林地和稀树开阔地。觅食于近躲避的开阔处。

1198. 黑颈鸫 **Black-throated Thrush** *Turdus atrogularis* hēijǐng dōng
22~26 cm 图版135 LC

识别：中型鸫。上体纯灰褐色，腹部和臀部纯白色，翼下覆羽棕色。脸部、喉部和上胸黑色，冬羽具白色纵纹。雌鸟和幼鸟具浅色眉纹且下体纵纹较多。与赤颈鸫的区别为尾羽无棕色边缘。喙黄色而喙端黑色，跗跖偏褐色。**鸣声**：飞行中发出尖细的 *tseep* 声。告警声为带喉音的咯咯声，似欧乌鸫但更轻柔。亦作喉音的 *which-which-which* 声。鸣唱声参考 XC376533（Lars Edenius）。**分布**：繁殖于亚洲西北部，越冬于巴基斯坦、喜马拉雅山脉、中国北部和西部以及东南亚。在中国甚常见，繁殖于西北地区阿尔泰山、天山、喀什和昆仑山脉西部地区，迁徙途经中西部地区至西藏东南部和云南西部越冬。**习性**：集松散群，栖于海拔 1000 ～ 3000 m 的常绿林。有时与其他鸫类混群。在地面并足长跳。

1199. 赤颈鸫　**Red-throated Thrush**　*Turdus ruficollis*　chìjǐng dōng
22~26 cm　　　　　　　　　　　　　　　　　　　　　　图版135　LC

识别：中型鸫。上体纯灰褐色，腹部和臀部纯白色，翼下覆羽棕色。脸部、喉部和上胸棕色，冬羽具白斑，尾羽色浅而羽缘棕色。**鸣声**：飞行中发出尖细的 *tseep* 声。告警声为带喉音的咯咯声，似欧乌鸫但更轻柔。亦作喉音的 *which-which-which* 声。鸣唱声参考 XC162559（Patrick Franke）。**分布**：繁殖于亚洲中北部，越冬于巴基斯坦、喜马拉雅山脉、中国北部和西部以及东南亚。在中国甚常见，迁徙途经中西部和东北地区至西藏东南部和云南西部越冬。**习性**：同黑颈鸫。

1200. 红尾鸫 / 红尾斑鸫　**Naumann's Thrush**　*Turdus naumanni*　hóngwěi dōng
22~25 cm　　　　　　　　　　　　　　　　　　　　　　图版136　LC

识别：具明显黑白色图纹的中型偏红色鸫。具浅棕色翼下覆羽和棕色宽阔翼斑。似斑鸫并有时与之混群，区别为腰部偏红色、下体和眉纹橙色。**鸣声**：轻柔而甚悦耳的尖细 *chuck-chuck* 声或 *kwa-kwa-kwa* 声，亦作似椋鸟的 *swic* 声，鸣唱声参考 XC457134（Andrew Spencer），告警声为快速的 *kveveg* 声。**分布**：繁殖于亚洲东北部，迁徙途经中国东北，越冬于华东和台湾。迁徙时常见。**习性**：栖于开阔草地和田野。冬季集大群。

1201. 斑鸫　**Dusky Thrush**　*Turdus eunomus*　bān dōng　22~25 cm　　图版136　LC

识别：具明显黑白色图纹的中型鸫。具浅棕色翼下覆羽和棕色宽阔翼斑。雄鸟黑色的耳羽和胸斑与白色的喉部、眉纹以及臀部形成对比。下腹部黑色并具白色鳞状斑。雌鸟似雄鸟，体羽为暗淡的褐色和皮黄色，下胸黑色点斑较小。与红尾鸫的区别为下体无棕色、眉纹白色。**鸣声**：轻柔而甚悦耳的尖细 *chuck-chuck* 声或 *kwa-kwa-kwa* 声，参考 XC393465（Tom Wulf），亦作似椋鸟的 *swic* 声，告警声为快速的 *kveveg* 声。**分布**：繁殖于亚洲东北部，迁徙途经中国东部，越冬于喜马拉雅山脉、华南和台湾。迁徙时常见。**习性**：栖于开阔草地和田野。冬季集大群。

1202. 田鸫　**Fieldfare**　*Turdus pilaris*　tián dōng　22~27 cm　　　图版136　LC

识别：较大的鸫。灰色的头部和腰部与栗褐色的背部形成对比。下体白色，胸部和两胁布满黑色纵纹，两胁略具不同程度的赤褐色，尾部深色。**鸣声**：鸣叫声为响亮而似起泡般的 *shak-shak* 声和尖细带鼻音的 *geeh* 声。在树间飞行时不停发出尖厉的鸣唱声，参考 XC488796（Lars Edenius），围攻鸦类时发出粗哑嘎嘎声。**分布**：繁殖于北欧至西伯利亚，越冬于南欧、北非、中东、印度北部和中国西部。在中国罕见，繁殖于西北地区天山，越冬个体记录于新疆西部喀什地区和青海柴达木盆地，迷鸟至甘肃、北京和内蒙古东南部。**习性**：性嘈杂，集群活动于林地和旷野。喜亚高山白桦林。飞行有力。

1203. 白眉歌鸫 **Redwing** *Turdus iliacus* báiméi gēdōng

19~23 cm

图版136　NT

识别：较小的浓褐色歌鸫。具明显的浅色眉纹，下体具纵纹，两胁和翼下锈红色。与红尾鸫、白眉鸫以及白腹鸫的区别为下体具纵纹，与乌灰鸫雌鸟的区别为下体具纵纹而非点斑并具明显浅色眉纹。**鸣声**：鸣唱声为低声叽喳尖叫续以一短串忧郁的降调音，参考 XC498231（Lars Edenius）。鸣叫声为 gak 声或持续的 *trett-trett-trett...* 告警声。群鸟停歇时发出叽喳合唱声。冬季作尖细的 *tseee* 声。**分布**：繁殖于北欧至西伯利亚。在中国罕见，偶有越冬个体记录于新疆西北部阿尔泰山脉。**习性**：冬季集群，常与田鸫混群。觅食于旷野。

1204. 欧歌鸫 **Song Thrush** *Turdus philomelas* ōu gēdōng

20~22 cm

图版136　LC

识别：中型橄榄褐色鸫。下体白色，胸部沾皮黄色并具黑色点斑，腹部和两胁亦具黑色点斑。中、大覆羽端皮黄色。上体纯褐色、下体多点斑且翼下皮黄色为其主要特征。**鸣声**：鸣叫声为尖厉的 *zit* 声或持续的 *xellxellxell...* 告警声，鸣唱声有力，为笛音间杂尖厉颤音，参考 XC497762（Oliver Swift）。许多音重复约三次，并能模仿其他鸟类叫声。**分布**：欧洲、中东至贝加尔湖。在中国呈边缘性分布，繁殖于极西北部地区。**习性**：不如其他鸫类般羞怯和喜群居。觅食于开阔草地或森林的地面和树冠间。

1205. 宝兴歌鸫 **Chinese Thrush** *Turdus mupinensis* bǎoxīng gēdōng

20~24 cm

图版136　LC

识别：中型鸫。上体褐色，下体皮黄色并具明显黑色点斑。与欧歌鸫的区别为具耳羽后侧黑斑和明显白色翼斑。**鸣声**：鸣唱声参考 XC487353（PT Xiao）。**分布**：中国特有种。偶见于华北至甘肃南部和云南西北部海拔 3200 m 以下的混交林和针叶林中，迁徙时途经华东部分地区。**习性**：通常栖于林下灌丛。单独或集小群。甚羞怯。

1206. 槲鸫 **Mistle Thrush** *Turdus viscivorus* hú dōng　27~29 cm　图版136　LC

识别：大型褐色鸫。下体皮黄白色并布满黑色点斑。与欧歌鸫的区别为体型较大、上体偏褐色、外侧尾羽羽端白色、翼下白色。覆羽边缘白色。翼覆羽羽缘白色。两性相似。**鸣声**：鸣叫声为干涩的 *zerrrrr* 颤音，鸣唱声为悲凉的降调笛音，参考 XC548121（Twan Mols），似乌鸫和欧乌鸫。**分布**：欧洲和北非至中亚、西伯利亚中部和中国西部。在中国罕见，*bonapartei* 亚种繁殖于新疆西部。**习性**：性羞怯而谨慎。站姿极直。觅食于农耕地、开阔地、森林的地面和树冠间。

1207. 紫宽嘴鸫 **Purple Cochoa** *Cochoa purpurea* zǐ kuānzuǐdōng
27~29 cm

图版136　国二/LC

识别：大型鸫。雄鸟褐紫色，顶冠、大覆羽羽缘和飞羽羽缘均为浅紫蓝色，翼端黑色，尾部浅紫色而尾端黑色。雌鸟似雄鸟，但上体为红褐色，下体浅褐色。幼鸟顶冠黑色并具白色点斑，上体褐色，喉部皮黄色，腹部具黑色和棕色横斑。**鸣声**：鸣叫声为低声咯咯叫，鸣唱声为似笛音的 *peeeeee* 或 *peeee-you-peeee* 声，参考 XC18927（Mike Catsis）。**分布**：喜马拉雅山脉至中国南部、缅甸和中南半岛。在中国，为四川山区、云南和西藏东南部海拔 900 ~ 2800 m 的留鸟。**习性**：树栖性，较懒散。通常在高树上觅食果实，有时亦下至地面。喙部钩齿用于撕碎果实。亦食昆虫。

1208. 绿宽嘴鸫 **Green Cochoa** *Cochoa viridis* lǜ kuānzuǐdōng
27~29 cm

图版136　国二/LC

识别：黑色并具绿色光泽的大型鸫。头部绿蓝色并具黑色眼罩，两翼黑色，翼覆羽和翼斑蓝色，尾部蓝色而尾端黑色，体羽余部亮绿色。雌鸟翼斑偏绿色。跗跖粉色。
鸣声：持续约 2 秒的单音纯哨音，参考 XC308548（Peter Ericsson），亦作粗哑叫声。
分布：喜马拉雅山脉至中国西南部、缅甸和中南半岛。在中国，为福建、云南南部和西藏东南部海拔 300 ~ 1600 m 的罕见留鸟。**习性**：树栖性，较懒散。在树冠觅食果实和昆虫。

▎鹟科　Muscicapidae　旧大陆鹟和鸲类　（24 属 103 种）

一大科似鸫的鸟类，包括各种鸲、鸭、鹟和燕尾等。体色多变，但多为小至中型、头圆、跗跖长、喙尖细、两翼宽阔的鸟类。不同种类的尾部长短不等，但多具不时翘尾的习性。多数种类具辽徙习性。

1209. 棕薮鸲 **Rufous-tailed Scrub Robin** *Cercotrichas galactotes*
zōng sǒuqú　15~17 cm

图版137　LC

识别：较大的沙褐色鸲。具乳白色眉纹和偏黑色贯眼纹，尾部亮棕色而尾端黑白色，下体偏白色，胸部和两胁沾皮黄色。幼鸟体色较浅，尾部斑纹较小。与新疆歌鸲的区别为贯眼纹和黑白色尾端。**鸣声**：鸣唱声为持续而甜美的啭鸣和笛音叽喳声，并具似鸫类的颤音，如 *dah-de-dah-deehh, di-dah-dih esso-bibibit tobebít dih dededu*，鸣叫声则为生硬的 *tek tek* 声或 *chak chak* 声，参考 XC345998（Tero Linjama）。**分布**：南欧、北非至中亚。在中国为天山和新疆北部的罕见夏候鸟。**习性**：偏地栖性。尾部常上翘和展开。

1210. 鹊鸲　Oriental Magpie Robin　*Copsychus saularis*　què qú
19~22 cm
图版137　LC

识别：中型黑白色鸲。雄鸟头、胸、背部亮蓝黑色，两翼和中央尾羽黑色，外侧尾羽和翼斑白色，腹部和臀部亦为白色。雌鸟似雄鸟，但以暗灰色取代黑色。幼鸟似雌鸟，但体具杂斑。**鸣声**：鸣叫声为哀婉的 *swee swee* 声和粗哑的 *chrrr* 声。鸣唱声多样而活泼，并能模仿其他鸟类叫声，但不如白腰鹊鸲音调丰富，参考 XC478759（Scott Olmstead）。**分布**：印度、中国南部、菲律宾、东南亚和大巽他群岛。在中国，常见于海拔 1700 m 以下地区，*prosthopellus* 亚种为北纬 33° 以南大部地区留鸟，*erimelas* 亚种见于西藏东南部和云南西部。因受笼鸟贸易威胁而在部分地区罕见。**习性**：常光顾庭院、村庄、次生林、开阔森林和红树林。飞行和停歇鸣唱或炫耀表演时甚明显。多在地面觅食，不断翘动和展开尾羽。

1211. 白腰鹊鸲　White-rumped Shama　*Copsychus malabaricus*
báiyāo quèqú　23~28 cm
图版137　LC

识别：较大而尾长的黑白色和棕色鸲。雄鸟头、颈、背部黑色并具蓝色光泽，两翼和中央尾羽暗黑色，腰部和外侧尾羽白色，腹部橙褐色。雌鸟似雄鸟，但以灰色取代黑色。**鸣声**：鸣叫声为 *chur-chi-churr* 声和粗哑的似责骂声。鸣唱声丰富、复杂而悦耳，并能模仿其他鸟类叫声，参考 XC469705（Chie-Jen Jerome Ko）。**分布**：印度至中国西南部、东南亚和大巽他群岛。在中国，罕见于海拔 1500 m 以下的热带森林中，为西藏东南部（*indicus* 亚种）、云南西南部和南部（*interpositus* 亚种）和海南（*minor* 亚种）的留鸟。因受笼鸟贸易威胁而日益罕见。**习性**：性羞怯，隐于密林灌丛中。晨昏时在较低停歇处发出嘹亮鸣唱声，两翼下垂而尾部高翘。在地面并足跳跃或作短距离飞行，降落时摆动长尾。

1212. 斑鹟　Spotted Flycatcher　*Muscicapa striata*　bān wēng
13~15 cm
图版137　LC

识别：中型灰色鹟。体具细纹。上体烟灰色，顶冠具黑色细纹，下体白色，胸部（有时两胁亦）具灰色细纹，两翼和尾部褐色而羽缘色浅。与灰纹鹟的区别为顶冠具细纹且尾羽羽缘色浅。**鸣声**：鸣叫声为尖细而刺耳的 *tseet...chup, chup* 声，鸣唱声由尖厉鸣叫声组成，参考 XC483834（Beatrix Saadi-Varchmin）。**分布**：欧洲至亚洲，北至贝加尔湖，南至巴基斯坦。越冬于非洲。在中国为新疆极西北部开阔林地和庭院中的罕见留鸟。**习性**：站姿直，从停歇处飞至空中捕食。

1213. 灰纹鹟　Grey-streaked Flycatcher　*Muscicapa griseisticta*
huīwén wēng　13~15 cm
图版137　LC

识别：较小的褐灰色鹟。眼圈白色，下体白色，胸部和两胁布满深灰色纵纹。额部具一狭窄白色横带（野外不易见），白色翼斑狭窄。两翼长，翼尖几乎至尾端。与乌鹟的区别为无半颈环，与斑鹟的区别为体型更小且胸部纵纹较多。**鸣声**：鸣叫声细弱，参考 XC461684（Anon Torimi）。**分布**：繁殖于亚洲东北部，越冬于加里曼丹岛、菲律宾、苏拉威西岛至新几内亚岛。在中国不常见，繁殖于极东北部的落叶林，迁徙途经华东、华中、华南和台湾。**习性：**性羞怯，栖于密林、开阔林、林缘以及城市公园的近溪流处。

1214. 乌鹟　Dark-sided Flycatcher　*Muscicapa sibirica*　wū wēng
12~14 cm　　　　　　　　　　　　　　　　　　　　图版137　LC

识别：较小的烟灰色鹟。两胁深色。上体深灰色并具不明显的皮黄色翼斑，下体白色，两胁具烟灰色杂斑，上胸具斑驳灰色胸带，白色眼圈明显，喉部白色，通常具白色半领环，颊部具黑色细纹。翼尖延至尾部三分之二处。诸亚种下体灰色程度有所不同。幼鸟脸、背部具白点。**鸣声：**活泼的金属般*chi-up, chi-up, chi-up*铃声，不如北灰鹟粗哑。鸣唱声复杂，为一连串重复的尖细叫声间杂悦耳的颤音和哨音，参考XC468358（Frank Lambert）。**分布：**繁殖于亚洲东北部和喜马拉雅山脉，越冬于中国南部、菲律宾巴拉望岛、东南亚和大巽他群岛。在中国较常见于海拔4000 m以下的常绿森林和林地，冬季下至低海拔处，指名亚种繁殖于东北而越冬于华南、华东、海南和台湾，*rothschildi*亚种繁殖于陕西南部秦岭、甘肃东南部、青海东南部、西藏东部和四川而越冬于华南，*cacabata*亚种繁殖于西藏南部。**习性：**栖于山地或山麓森林中的林下植被层和中间层。站姿甚直，停歇于裸露低枝上，飞出捕捉过往昆虫。

1215. 北灰鹟　Asian Brown Flycatcher　*Muscicapa dauurica*
bǎi huī wēng　　11~13 cm　　　　　　　　　　　　图版137　LC

识别：小型灰褐色鹟。上体灰褐色，下体偏白色，胸侧和两胁褐灰色，眼圈白色，冬季眼先偏白色。指名亚种偏灰色。与乌鹟和棕尾褐鹟的区别为喙更长且无半领环。新羽具狭窄白色翼斑，翼尖延至尾部二分之一处。**鸣声：**鸣叫声为尖厉而干涩的*tit-tit-tit-tit*颤音，鸣唱声为短颤音间杂短哨音，参考XC472826（Peter Boesman）。**分布：**繁殖于亚洲东北部和喜马拉雅山脉，越冬于印度、东南亚、菲律宾、苏拉威西岛和大巽他群岛。在中国，繁殖于华北和东北，迁徙途经华东、华中和台湾，越冬于华南和海南，指名亚种常见于不同海拔的林地和庭院中但冬季下至低海拔处，*siamensis*亚种为云南地区的候鸟。**习性：**从停歇处捕食昆虫，飞回停歇处后做独特的摆尾动作。

1216. 褐胸鹟　Brown-breasted Flycatcher　*Muscicapa muttui*
hèxiōng wēng　　12~14 cm　　　　　　　　　　　　图版137　LC

识别：较小的偏褐色鹟。具皮黄褐色胸斑。与体色相似的其他鹟类的区别为眼先和眼圈均为白色、白色的颊纹和颏部（以及喉部）之间具深色细纹、无翼斑、跗跖色淡、下喙黄色、腰部棕红色且臀部皮黄色。翼羽羽缘棕色。**鸣声：**鸣叫声为尖细的*sit*声，鸣唱声微弱而悦耳，参考XC150280（Tushar Takale）。**分布：**印度东北部至中国西南部和缅甸。在中国为甘肃东南部、四川、贵州、广西和云南的亚热带森林中的较罕见留鸟，夏季见于丘陵地区，冬季下至低海拔处。**习性：**安静，单独活动，部分晨昏性，日间隐于茂密树丛和竹林中。

1217. 棕尾褐鹟　Ferruginous Flycatcher　*Muscicapa ferruginea*
zōngwěi hèwēng　11~13 cm
图版137　LC

识别：较小的红褐色鹟。具皮黄色眼圈和白色喉斑。头部青灰色，背部褐色，腰部棕色，下体白色，胸部具褐色横斑，两胁和尾下覆羽棕色。通常具白色半领环。三级飞羽和大覆羽羽缘棕色。**鸣声**：轻柔的低颤音 *si-si-si*，冬季通常安静。鸣唱声或为粗哑的高音 *tsit-tittu-tittu* 声，参考 XC371103（Weiting Liu）。**分布**：繁殖于喜马拉雅山脉和中国南部，冬季南迁远至大巽他群岛。在中国，繁殖于台湾、甘肃南部、陕西南部、四川、云南西部和西藏东南部，冬季南迁，部分个体越冬于台湾和海南。在内陆地区罕见但在台湾颇为常见。**习性**：性羞怯，喜林间空地和溪流两侧。

1218. 白喉姬鹟　White-gorgeted Flycatcher　*Anthipes monileger*
báihóu jīwēng　12~14 cm
图版137　LC

识别：小型橄榄褐色鹟。颏部和喉部具特征性白色围兜，缘以黑色髭纹和项纹。眉纹白色，两翼和尾部红棕色，胸部和两胁沾皮黄色。指名亚种眉纹皮黄色。**鸣声**：鸣唱声为高音哨声，亦作金属般的 *dik* 声、似责骂的嘎嘎声以及短哨音，参考 XC469739（Peter Boesman）。**分布**：喜马拉雅山脉、缅甸和中南半岛北部。在中国，*leucops* 亚种为云南西南部罕见迷鸟，指名亚种可能出现于西藏东南部海拔1000～2000 m 的有林山谷中。**习性**：隐于林下灌丛。

1219. 白腹蓝鹟　Blue-and-white Flycatcher　*Cyanoptila cyanomelana*
báifù lánwēng　14~17 cm
图版139　LC

识别：大型鹟。雄鸟蓝、黑、白色，具特征性偏黑色脸、喉部和上胸，上体泛钴蓝色光泽，下胸、腹部和尾下覆羽白色，外侧尾羽基部白色，深色胸部与白色腹部边界清晰。雌鸟上体灰褐色，两翼和尾部褐色，喉部中央和腹部白色。与北灰鹟的区别为体型较大且无浅色眼先。雄性幼鸟的头部、枕部和胸带为烟褐色，两翼、尾部和尾上覆羽为蓝色。**鸣声**：粗哑的 *tchk, tchk* 声，参考 XC470543（Anon Torimi），冬季通常安静。**分布**：繁殖于亚洲东北部，越冬于中国、东南亚、菲律宾和大巽他群岛。在中国，指名亚种迁徙途经东部地区，部分个体越冬于台湾和海南，不常见于海拔 1200 m 以下的热带山麓森林中。**习性**：喜原始林和次生林，觅食于树冠高处。

1220. 琉璃蓝鹟 / 白腹暗蓝鹟　Zappey's Flycatcher　*Cyanoptila cumatilis*
liúlí lánwēng　14~17 cm
图版139　NT

识别：大型鹟。雄鸟青绿、绿蓝和白色，具特征性深绿蓝色的脸、喉部和上胸，上体泛青绿色光泽，下胸、腹部和尾下覆羽白色，外侧尾羽基部白色，深色胸部与白色腹部边界清晰。雌鸟上体灰褐色，两翼和尾部褐色，喉部中央和腹部白色。与北灰鹟的区别为体型较大且无浅色眼先。雄性幼鸟的头部、枕部和胸带为烟褐色，两翼、尾部和尾上覆羽为蓝色。似白腹蓝鹟，区别为青绿色取代钴蓝色、深绿蓝色取代黑色。**鸣声**：粗哑的 *tchk, tchk* 声，参考 XC414474（Frank Lambert），冬季通常安静。**分布**：繁殖于中国北部、中部和中东部，迁徙途经中国南部和西南部，越冬于东南亚。不常见于海拔1200 m以下的热带山麓森林中。**习性**: 同白腹蓝鹟，曾被视作其一个亚种。

1221. 铜蓝鹟　Verditer Flycatcher　*Eumyias thalassinus*　tónglán wēng
14~17 cm　　　　　　　　　　　　　　　　　　　　　图版139　LC

识别: 较大而通体绿蓝色的鹟。雄鸟眼先黑色，雌鸟体色暗而眼先暗色。两性尾下覆羽均具偏白色鳞状斑。幼鸟灰褐色沾绿色，并具皮黄色和偏黑色的鳞状斑和点斑。与纯蓝仙鹟雄鸟的区别为喙较短、体羽偏绿色、蓝灰色臀部具偏白色鳞状斑。**鸣声**: 鸣唱声为急促而持续的高音，音调不变或渐降，不如纯蓝仙鹟沙哑，参考 XC472704（Peter Boesman），鸣叫声为 *tze-ju-jui* 声。**分布**: 印度至中国南部、东南亚、苏门答腊岛和加里曼丹岛。在中国，繁殖于西藏南部、西南、华南和华中，部分个体越冬于东南地区，不常见于海拔 3000 m 以下的松林和开阔森林，冬季下至更低海拔处。**习性**: 喜开阔森林或林缘空地，从裸露的停歇处捕食过往昆虫。

1222. 海南蓝仙鹟　Hainan Blue Flycatcher　*Cyornis hainanus*
hǎinán lánxiānwēng　13~15 cm　　　　　　　　　　　　图版138　LC

识别: 小型深色鹟。雄鸟暗蓝色，渐变至下体白色，额部和肩羽羽色较亮。雄性幼鸟喉部偏白色。雌鸟上体褐色，腰部、尾部和次级飞羽沾棕色，眼先和眼圈皮黄色，胸部暖皮黄色渐变至腹部和尾下覆羽白色。**鸣声**: 鸣唱声甜美悦耳，似鹊鸲。鸣叫声独特，为三个上升音续以一个下降音最后再上升，似 *hello mummy*，参考 XC446633（Lars Lachman）。**分布**: 中国南部和东南亚。在中国，为海南的地区性常见留鸟和云南南部、贵州南部、广西东部、广东和香港的夏候鸟，部分个体越冬于香港，迷鸟见于台湾。本种为云南南部热带地区最常见的鹟。**习性**: 典型的林栖型鹟，喜低海拔常绿林的中高层。

1223. 纯蓝仙鹟　Pale Blue Flycatcher　*Cyornis unicolor*　chún lánxiānwēng
14~17 cm　　　　　　　　　　　　　　　　　　　　　图版139　LC

识别: 较大的浅蓝色（雄鸟）或偏褐色（雌鸟）鹟。雄鸟上体亮钴蓝色，眼先黑色，眼圈黄褐色，喉、胸部浅蓝色，腹部灰白色，尾下覆羽偏白色，与铜蓝鹟的区别为喙较长且体羽无绿色。雌鸟上体灰褐色，尾部偏棕褐色，下体灰褐色，眼圈和眼先黄褐色，有时上喙基具狭窄暗青绿色带。幼鸟体羽褐色并具黑色和黄褐色杂斑。**鸣声**: 鸣唱声响亮甜美，似鸫，降调至最后三个音再度上升并通常以粗哑的 *chizz* 声收尾，参考 XC380350（Guy Kirwan），偶尔亦作沙哑叫声。**分布**: 喜马拉雅山脉至中国南部、东南亚和大巽他群岛。在中国，指名亚种繁殖于西藏东南部、云南西南部和广西，特有的 *diaoluoensis* 亚种见于海南，一般不常见于海拔 1400 m 以下地区。**习性**: 隐于原始林的树冠层，性羞怯。有时翘尾。

1224. 灰颊仙鹟　Pale-chinned Flycatcher　*Cyornis poliogenys*
huījiá xiānwēng　13~15 cm　　　　　　　　　　　图版139　LC

识别：中型鹟。雄鸟偏褐色，头部偏灰色；胸部和两胁棕色，喉部白色。*cachariensis* 亚种喉部浅橙色，头部无灰色，与山蓝仙鹟易混淆，区别为蓝色较少。雌鸟褐色，喉部白色，胸带棕色，似中华仙鹟雌鸟但两翼和尾部棕色较少。**鸣声**：鸣叫声为重复的 *tic* 声，鸣唱声为一连串起伏高音间杂粗哑鸣叫声，参考 XC453415（Viral Joshi）。**分布**：尼泊尔至印度东北部、中国西南部和缅甸北部。在中国，*laurentei* 亚种为云南西部和东南部、四川以及广西的不常见留鸟，*cachariensis* 亚种较常见于西藏东南部和云南西北部海拔 1500 m 以下的喜马拉雅山脉东部山麓地带。**习性**：喜较开阔的森林，觅食于地面或近地面处。

1225. 山蓝仙鹟　Hill Blue Flycatcher　*Cyornis banyumas*
shān lánxiānwēng　14~16 cm　　　　　　　　　　图版138　LC

识别：中型蓝、橙、白色（雄鸟）或偏褐色（雌鸟）鹟。雄鸟上体深蓝色，额部和短眉纹钴蓝色，眼先、眼周、颊部和颏点均为黑色，喉、胸部和两胁橙色，腹部白色。额部和整个喉部橙色且腰部无闪光而区别于其他所有胸部橙色的蓝仙鹟。雌鸟上体褐色，眼圈皮黄色，下体似雄鸟但羽色较浅。与蓝喉仙鹟雌鸟的区别为胸部偏棕色、喉部棕色而非皮黄色。幼鸟体羽斑驳褐色，上体具皮黄橙色点斑。**鸣声**：鸣唱声为甜美悦耳且复杂的颤音，参考 XC321795（Scott Olmstead），告警声为粗哑的 *chek-chek* 声。**分布**：尼泊尔至中国西南部、菲律宾巴拉望岛、东南亚和大巽他群岛。在中国一般罕见于四川南部、云南和贵州南部海拔 2400 m 以下的落叶开阔林中。**习性**：安静，从低矮停歇处捕食。

1226. 蓝喉仙鹟　Blue-throated Flycatcher　*Cyornis rubeculoides*
lánhóu xiānwēng　14~15 cm　　　　　　　　　　图版138　LC

识别：中型鹟。不易与中华仙鹟进行区分但二者分布区不重叠。雄鸟蓝色，眼先黑色，腹部白色，上胸红色。与山蓝仙鹟和中华仙鹟的区别为喉部蓝色，与棕腹大仙鹟和棕腹仙鹟的区别为腹部白色。雌鸟上体灰褐色，喉部橙黄色，眼圈皮黄色，与山蓝仙鹟雌鸟易混淆，区别为眼先皮黄色、尾部偏棕红色。**鸣声**：鸣叫声为粗哑的 *chek* 声，鸣唱声为甜美的高颤音 *ciccy, ciccy, ciccy, ciccy, see*，参考 XC472675（Peter Boesman）。**分布**：印度至中国西南部和东南亚。在中国，指名亚种繁殖于西藏东南部，*dialilaemus* 亚种见于云南西部，通常见于海拔 2000 m 以下地区。**习性**：喜开阔森林，从近地面处捕食。

1227. 中华仙鹟　Chinese Blue Flycatcher　*Cyornis glaucicomans*
zhōnghuá xiānwēng　14~15 cm　　　　　　　　　　图版138　LC

识别：中型鹟。不易与蓝喉仙鹟进行区分但二者分布区不重叠。与山蓝仙鹟的区别为喉部具蓝色，与蓝喉仙鹟的区别为胸部橙色区域呈倒"V"形延伸至喉部，与棕腹大仙鹟和棕腹仙鹟的区别为腹部白色。雌鸟上体灰褐色，喉部皮黄色，眼圈皮黄色，与山蓝仙鹟雌鸟易混淆，区别为眼先皮黄色、尾部偏棕红色，与蓝喉仙鹟雌鸟相比，喉部颜色较浅。**鸣声**：鸣唱声比蓝喉仙鹟更丰富多变，参考 XC406600（Peter Ericsson），鸣叫声为轻柔的 *tac* 声或更为粗哑的 *trrrt* 声。**分布**：繁殖于中国，为华中、华南和西南地区的不常见夏候鸟。**习性**：喜海拔 1500 m 以下的原生林、受扰林的林下植被以及竹林和灌丛。

1228. 白尾蓝仙鹟　White-tailed Flycatcher　*Cyornis concretus*
báiwěi lánxiānwēng　15~18 cm　　　　　　　　　　图版138　LC

识别：较大的深色鹟。尾部展开时可见白斑。雄鸟上体深蓝色，头侧和飞羽黑色；胸部深蓝色渐变为臀部白色。与海南蓝仙鹟的区别为体型更大且具尾斑，与白尾蓝地鸲的区别为腹部和臀部白色。雌鸟褐色并具白色宽项纹，腹部和尾下覆羽白色。与棕腹大仙鹟和棕腹仙鹟的雌鸟区别为体型更大且颈部无蓝斑。幼鸟褐色，上体具锈色点斑，下体具黑色鳞状斑。**鸣声**：响亮的哨音似 *where are you*，第二音较高而末音最低，亦作 *tuu tii* 声，参考 XC465282（Saurabh Sawant），告警声为粗哑的 *scree* 声。**分布**：印度东北部、中国西南部、东南亚、苏门答腊岛和加里曼丹岛。在中国，*cyaneus* 亚种罕见于云南西南部。**习性**：单独活动，栖于丘陵和山麓森林的林下灌丛和竹丛中。

1229. 白喉林鹟　Brown-chested Jungle Flycatcher　*Cyornis brunneatus*
báihóu línwēng　14~16 cm　　　　　　　　　　图版139　国二/VU

识别：无明显特征的中型偏褐色鹟。具浅褐色胸带，颈部偏白色且略具深色鳞状斑，下喙色浅。幼鸟上体皮黄色并具鳞状斑，下喙端黑色。显得翼短而喙长。跗跖粉色。
鸣声：鸣唱声由几乎听不见的高音引出，为响亮悦耳的似号声续以 2 到 5 个平调，如 *pseet, toot-toot titidirit*，参考 XC429236（Xiaojing Yang），鸣叫声为粗哑的颤音。
分布：繁殖于中国东南部并偶见于中西部地区，冬季南迁，远至马来半岛和尼科巴群岛。**习性**：栖于海拔 1100 m 以下的林缘地带、茂密竹丛、次生林和人工林的树冠下层。

1230. 棕腹大仙鹟　Fujian Niltava　*Niltava davidi*　zōngfù dàxiānwēng
16~19 cm　　　　　　　　　　图版138　国二/LC

识别：体色亮丽的中型鹟。雄鸟上体深蓝色，下体棕色，脸侧黑色，额部、颈侧小型块斑、肩羽和腰部亮蓝色，与棕腹仙鹟雄鸟易混淆，区别为体色较暗。雌鸟灰褐色，尾部和两翼棕褐色，喉部具白色项纹，颈侧具亮蓝色小型块斑，与棕腹仙鹟雌鸟的区别为腹部较白。**鸣声**：鸣叫声为尖厉的 *tit tit tit* 金属音。鸣唱声为尖细的高音 *ssiiiii* 声，停顿后复始，参考 XC110996（Frank Lambert）。**分布**：中国南部，越冬于泰国和中南半岛。在中国，常见于四川、贵州、云南、福建、海南和广西的山区密林的林下植被中。**习性**：典型的森林性鹟。

1231. 棕腹仙鹟　**Rufous-bellied Niltava**　*Niltava sundara*　zōngfù xiānwēng

14~16 cm　　　　　　　　　　　　　　　　　　　　　　　　　　图版138　LC

识别：头部较大的中型鹟。雄鸟上体蓝色，下体棕色，具黑色眼罩，顶冠、颈侧点斑、肩斑和腰部亮蓝色。与蓝喉仙鹟的区别为喉部黑色、胸部橙色渐变成臀部皮黄色，与棕腹大仙鹟的区别为羽色较亮丽、臀部偏棕色、额部亮蓝色延过顶冠。雌鸟褐色，腰部和尾部棕红色，项纹白色，颈侧浅蓝色斑具金属光泽，眼先和眼圈皮黄色，而区别于除棕腹大仙鹟以外的其他所有鹟类雌鸟，与棕腹大仙鹟的区别为臀部偏皮黄色、两翼较短。**鸣声**：鸣叫声为似鸫类的生硬 *tic* 声、尖细的 *see* 声和轻柔的 *chacha* 声，鸣唱声或为刺耳的 *zi-i-i-f-cha-chuk* 声，参考 XC20233（Nick Athanas）。**分布**：喜马拉雅山脉至中国西部和中南半岛北部。在中国，*denotata* 亚种繁殖于湖北西部、陕西南部、甘肃东南部、四川、云南和贵州，指名亚种繁殖于喜马拉雅山脉至西藏东南部和云南西部，为海拔 1500 ~ 3000 m 开阔林地和丘陵森林中的不常见鸟。**习性**：安静，单独活动。常停歇于矮灌丛，跳至地面捕捉昆虫。

1232. 棕腹蓝仙鹟　**Small Vivid Niltava**　*Niltava vivida*　zōngfù lánxiānwēng

16~18 cm　　　　　　　　　　　　　　　　　　　　　　　　　　图版138　LC

识别：中型鹟。雄鸟蓝色和棕色，极似棕腹仙鹟，区别为体羽亮蓝色区域较暗淡、胸部棕色上延至喉部形成三角形。雌鸟无白色项纹和蓝色颈部块斑，顶冠和枕部灰色，喉部块斑皮黄色。幼鸟似棕腹仙鹟幼鸟，区别为体羽偏棕色。**鸣声**：鸣唱声为多至三音节的一串哨音续以先高后低的夸张叽喳声，参考 XC188429（Frank Lambert），鸣叫声为清晰的 *yiyou-you-yir-you* 哨音。**分布**：中国台湾特有种。为不常见山地留鸟。**习性**：夏季栖于海拔 2000 ~ 2700 m 山地阔叶林的林中层和树冠层，冬季下至较低海拔处。**分类学订正**：部分学者将大棕腹蓝仙鹟（*N. oatesi*）视作本种之亚种。

1233. 大棕腹蓝仙鹟　**Large Vivid Niltava**　*Niltava oatesi*

dà zōngfùlánxiānwēng　17~19 cm　　　　　　　　　　　　　　　图版138　LC

识别：中型鹟。雄鸟蓝色和棕色，似棕腹蓝仙鹟，区别为体型较大且分布区不重叠。**鸣声**：鸣唱声简单而缓慢，为圆润哨音间杂刺耳叫声。鸣叫声为清晰的 *yiyou-yiyou* 哨音。**分布**：印度东北部至中国西南部和东南亚。在中国，为西藏南部和东南部、云南、四川、江西以及广西西部山区不常见夏候鸟，部分个体越冬于云南西部。**习性**：夏季栖于海拔 2000 ~ 2700 m 的常绿林和混交林的林中层和树冠层，冬季下至较低海拔处。**分类学订正**：部分学者将本种视作棕腹蓝仙鹟（*N. vivida*）的 *oatesi* 亚种。

1234. 大仙鹟　**Large Niltava**　*Niltava grandis*　dà xiānwēng

20~22 cm　　　　　　　　　　　　　　　　　　　　　　　　　图版138　国二/LC

识别：大型深色鹟。雄鸟上体蓝色，顶冠、颈侧纵纹、肩斑和腰部亮蓝色，下体黑色。雌鸟橄榄褐色，顶冠蓝灰色，颈侧具亮浅蓝色块斑，喉部具皮黄色三角形块斑，与棕腹大仙鹟和棕腹仙鹟的雌鸟区别为体型较大且无白色项纹。幼鸟褐色，头部具白色细点，背部具锈色点斑，下体具黑色鳞状斑。**鸣声**：由装饰音 *k'tu-tu-ti* 引出三个清晰的升调哨音，参考 XC236527（Timo Janhonen），亦作似责骂的嘎嘎声和带鼻音的 *dju-ee* 声。**分布**：尼泊尔至中国西南部、东南亚、马来半岛和苏门答腊岛。在中国一般不常见，指名亚种繁殖于西藏东南部海拔 2000 m 以上地区，*griseiventris* 亚种繁殖于云南东南部，冬季下至低海拔处。**习性**：单独活动，栖于山麓和山地森林的阴暗林下植被中。不时摆动两翼和尾部。

1235. 小仙鹟　**Small Niltava**　*Niltava macgrigoriae*　xiǎo xiānwēng
12~14 cm　　　　　　　　　　　　　　　　　　　　　图版138　LC

识别：小型深色鹟。雄鸟深蓝色，脸侧和喉部黑色，臀部白色，前额、颈侧和腰部亮蓝色，与大仙鹟雄鸟的区别为体型较小、胸部蓝色且臀部白色。雌鸟褐色，两翼和尾部棕色，颈侧具亮蓝色块斑，喉部皮黄色，项纹浅皮黄色，与大仙鹟雌鸟的区别为体型较小、枕部褐色且项纹色浅。**鸣声**：鸣唱声为尖细的高音 *twee-twee-ee-twee* 声，第二音最高，参考 XC187253（Frank Lambert），鸣叫声为降调的 *see-see* 声。**分布**：喜马拉雅山脉至印度东北部和中国南部。在中国，较常见于西藏东南部和华南地区海拔 900 ~ 2400 m 的常绿林中。**习性**：隐于林中阴暗林下植被。

1236. 欧亚鸲　**Eurasian Robin**　*Erithacus rubecula*　ōuyà qú
13~15 cm　　　　　　　　　　　　　　　　　　　　　图版140　LC

识别：丰满而挺直的中型鸲。为欧洲观鸟人所熟知。成鸟脸部和胸部红色，脸侧和胸侧灰色，下体污白色，上体偏褐色。幼鸟褐色，上体具皮黄色点斑，下体具杂斑和扇贝状纹，胸部沾棕褐色。**鸣声**：鸣唱声为起伏强烈的清晰哀鸣声，音调和音速均急剧变化，参考 XC497748（Olivier Swift）。鸣叫声为尖厉的 *tic* 声或 *tic-ic-ic* 声以及拖长的金属音 *seeek* 声。**分布**：温带欧洲，冬季北方种群南迁至北非沿海和中东地区。在中国，指名亚种为新疆西北部的罕见留鸟，亦记录于青海、内蒙古和北京。**习性**：栖于混交林、次生林和庭院中。在地面并足跳跃，通常不惧人。停歇于低处等待捕食昆虫，但鸣唱时站于高处。营巢于洞穴中。

1237. 栗背短翅鸫　**Gould's Shortwing**　*Heteroxenicus stellatus*
lìbèi duǎnchìdōng　12~14 cm　　　　　　　　　　　　　图版139　LC

识别：小型短翅鸫。具特征性栗色上体，下体具灰色和黑色蠹状纹，下胸和腹部具特征性三角形白色点斑。两胁和臀部沾棕色，具灰色狭窄眉纹。*fusca* 亚种比指名亚种体色更暗。**鸣声**：告警声为尖厉的 *tik-tik* 声。鸣唱声为一连串快速而起伏的高音，参考 XC156838（Frank Lambert）。**分布**：尼泊尔至中国西南部、缅甸北部和越南北部。在中国，指名亚种不常见于西藏东南部（昌都），罕见于云南（盐津）海拔 2750 ~ 4200 m 的杜鹃林、竹林、刺柏林和亚高山森林中，*fuscus* 亚种可能见于云南东南部（金屏）。**习性**：隐于林下灌丛和竹丛中，常在近溪流处。动作突然似鼠类。

1238. 锈腹短翅鸫　**Rusty-bellied Shortwing**　*Brachypteryx hyperythra*

xiùfù duǎnchìdōng　12~14 cm　　　　　　　　　　　图版139　NT

识别：小型短翅鸫。雄鸟具特征性蓝灰色上体和深铁锈色下体。具白色细眉纹（部分不可见），眼先黑色。雌鸟上体橄榄褐色，下体浅铁锈色，腹部中央白色。**鸣声**：鸣唱声比白喉短翅鸫更为快速且悦耳，为间隔分明的 *tu-tiu* 声引出模糊的啭鸣声并戛然而止，参考 XC453298（Paul Holt）。**分布**：锡金、印度东北部至中国西南部。在中国为云南西北部贡山地区罕见留鸟，亦见于西藏东南部。**习性**：性不惧人。栖于海拔 1100 ~ 3000 m 的浓密林下植被和灌丛中。

1239. 白喉短翅鸫　**Lesser Shortwing**　*Brachypteryx leucophrys*

báihóu duǎnchìdōng　11~13 cm　　　　　　　　　　　图版139　LC

识别：极小的短翅鸫（外形似鹛类）。跗跖长，具不明显的浅色眉纹、皮黄色眼圈和粗厚的喙。雄鸟具两个色型。棕色型上体棕色，下体偏白色，两胁和体侧皮黄褐色，胸部皮黄色并具杂斑，*carolinae* 亚种棕红色较少；蓝色型上体深青灰蓝色，胸部和两胁沾灰白色，本色型罕见于云南或于中国境内不存在。雌鸟似棕色型雄鸟，但胸部和两胁偏皮黄色。*carolinae* 亚种雌鸟体羽偏棕色且腹部中央皮黄色。幼鸟具纵纹和点斑。跗跖粉紫色。**鸣声**：鸣叫声为 *turrr, turrr* 铃声，告警声高而尖厉，鸣唱声为快速、甜美的高音啭鸣，前有两三个重音并以铃声收尾，参考 XC468842（Frank Lambert）。**分布**：喜马拉雅山脉、中国南部、东南亚和马来群岛。在中国常见于海拔 1000 ~ 3200 m 的潮湿山地森林中，*nipalensis* 亚种为西藏东南部、云南西部和四川峨眉山地区留鸟，*carolinae* 亚种为东南和华南地区留鸟。**习性**：性羞怯，栖于林下植被和森林地面，通常见于比蓝短翅鸫更低的海拔高度。

1240. 蓝短翅鸫　**White-browed Shortwing**　*Brachypteryx montana*

lán duǎnchìdōng　12~15 cm　　　　　　　　　　　图版139　LC

识别：中型偏蓝色（雄鸟）或蓝、棕、白色（雌鸟）短翅鸫。跗跖长。诸亚种间存在差异。*sinensis* 亚种雄鸟上体深青灰蓝色，具明显白色眉纹，下体浅灰色，尾部和两翼黑色并具白色肩斑。*cruralis* 亚种雄鸟眼先和额部条带黑色，无白色肩斑，下体深蓝色。*goodfellowi* 亚种雄鸟褐色，似雌鸟。*sinensis* 亚种和 *goodfellowi* 亚种的雌鸟暗褐色，胸部浅褐色，腹部中央偏白色，两翼和尾部棕色。雌鸟白色眉纹较不明显。幼鸟具褐色杂斑。跗跖肉色并略沾灰色。**鸣声**：不如白喉短翅鸫善鸣，通常从领地边缘发出鸣唱，鸣唱声以几个单音缓慢开始，加速至哀婉潺潺声后戛然而止，参考 XC409528（Frank Lambert）。**分布**：喜马拉雅山脉至中国南部、菲律宾、东南亚、大巽他群岛和弗洛雷斯。在中国，地区性常见于海拔 1400 ~ 3000 m 处，*sinensis* 亚种见于东南地区和陕西南部（秦岭）的山区，*cruralis* 亚种为西藏东南部、云南西北部、四川南部峨眉山的留鸟和云南南部的冬候鸟，*goodfellowi* 亚种见于台湾。**习性**：性羞怯，栖于近地面的浓密灌丛中，通常近溪流。有时见于开阔林间空地和山顶多岩裸露斜坡。生境根据食物来源而变化。**分类学订正**：一些学者将 *goodfellowi* 亚种和 *sinensis* 亚种视作分别的独立种，即台湾短翅鸫和中华短翅鸫，并视为中国特有种，而将 *cruralis* 亚种的中文名改为喜山短翅鸫。

1241. 栗腹歌鸲　Indian Blue Robin　*Larvivora brunnea*　lìfù gēqú
13~15 cm 　　　　　　　　　　　　　　　　　　　　图版140　LC

识别： 中型深色鸲。雄鸟上体青灰蓝色，眉纹白色，喉、胸部和两胁栗色，眼先和脸颊黑色，腹部中央和尾下覆羽白色。雌鸟上体橄榄褐色，下体偏白色，胸部和两胁沾赭黄色。幼鸟深褐色并具皮黄色点斑。**鸣声：** 鸣唱声由三四个缓慢、深沉而音量渐增的音节续以四五个快速而甜美的爆破颤音，参考 XC312346（Per Alström），告警声为 *tuk-tuck* 喉音、高音 *tsee* 声和颤鸣声。**分布：** 喜马拉雅山脉至中国西南部和缅甸中部，越冬于印度西南部、斯里兰卡和孟加拉国。在中国，为甘肃东南部、四川北部和西部、陕西太白山、云南西北部以及西藏东南部的不常见留鸟。**习性：** 栖于海拔 1600 ~ 3200 m 山地栎树林中茂密的竹丛和杜鹃丛，冬季下至低海拔常绿林。不时摆动两翼和尾部。

1242. 蓝歌鸲　Siberian Blue Robin　*Larvivora cyane*　lán gēqú
12~14 cm 　　　　　　　　　　　　　　　　　　　　图版140　LC

识别： 中型蓝、白色（雄鸟）或褐色（雌鸟）鸲。雄鸟上体青灰蓝色，宽阔黑色贯眼纹延至颈侧和胸侧，下体白色。雌鸟上体橄榄褐色，喉、胸部褐色并具皮黄色鳞状斑，腰部和尾上覆羽沾蓝色。幼鸟和部分雌鸟的尾部和腰部具些许蓝色。**鸣声：** 在冬季发出生硬、低沉的 *tak* 声，亦作响亮的 *se-ic* 声，参考 XC484464（PT Xiao）。**分布：** 繁殖于亚洲东北部，越冬于印度、中国南部、东南亚和大巽他群岛。在中国季节性常见于海拔 1800 m 以下的森林中，指名亚种繁殖于东北，迁徙途经华中，越冬于西南和华南地区；*bochaiensis* 亚种迁徙途经华东和东南，越冬于华南地区。**习性：** 栖于密林中的地面或近地面处。

1243. 红尾歌鸲　Rufous-tailed Robin　*Larvivora sibilans*　hóngwěi gēqú
13~15 cm 　　　　　　　　　　　　　　　　　　　　图版140　LC

识别： 中型鸲。尾部棕色，优雅但无明显特征。上体橄榄褐色，尾部棕色，下体偏白色，胸部具橄榄色扇贝状纹。与其他鸲类和鹟类的雌鸟区别为尾部棕色。**鸣声：** 鸣叫声为深沉的 *tuc tuc* 声，鸣唱声为一连串短促而甜美的 *hyu-rururururu* 颤音，参考 XC473794（Bo Shunqi）。**分布：** 亚洲东北部，越冬于中国南部。在中国，繁殖于极东北地区，迁徙时常见于华东和台湾大部地区，越冬个体见于华南、海南和西藏东南部。**习性：** 偏地栖性，隐于林中茂密有荫处的地面或低矮植被覆盖处，常用力抖尾。

1244. 棕头歌鸲　Rufous-headed Robin　*Larvivora ruficeps*　zōngtóu gēqú
13~15 cm 　　　　　　　　　　　　　　　　　　　　图版140　国一/EN

识别： 中型鸲。雄鸟体色艳丽，具特征性栗色顶冠和枕部，颏部和喉部白色并具黑色边缘条带。上体棕灰色，尾部栗色而尾端偏黑色，中央尾羽似蓝喉歌鸲，下体偏白色，胸部和两胁具灰色条带。雌鸟似蓝歌鸲雌鸟，区别为头侧和颈部深褐色且喉部具鳞状斑。**鸣声：** 鸣唱声间隔分明、有力、丰富且悦耳，并由短音引出，参考 XC183027（Frank Lambert），鸣叫声为较深沉的 *tuc* 声和细软的 *si* 声。**分布：** 中国中部，冬候

367

鸟或迷鸟记录于马来半岛。在中国罕见，繁殖于秦岭、岷山北部、邛崃山脉和云南北部海拔 2000 ~ 3000 m 的亚高山森林中的浓密灌丛。**习性**：多于 5 月鸣唱。食蠕虫和植物性食物。

1245. 琉球歌鸲　Ryukyu Robin　*Larvivora komadori*　liúqiú gēqú
14~15 cm

图版140　NT

识别：不易被误认的中型鸲。雄鸟上体红褐色，脸部和胸部黑色，下体白色，两胁具偏黑色块斑，下胸黑色区域具无数白色半圆弧状纲项圈。雌鸟似雄鸟但体色较暗，且颏部和喉部为白色。**鸣声**：鸣唱声为悦耳的 *hiiii-hohi-hohii* 声，参考 XC408888（Guy Kirwan），鸣叫声为尖厉的高音 *suiiii* 声，告警声为粗哑的 *kwrick* 声并伴以尾部摆动和两翼颤抖。**分布**：繁殖于日本琉球群岛。指名亚种为中国台湾偶见冬候鸟。**习性**：本属典型习性。

1246. 日本歌鸲　Japanese Robin　*Larvivora akahige*　rìběn gēqú
13~15 cm

图版140　LC

识别：精致的中型鸲。似欧亚鸲，上体褐色，脸部和胸部橙色，两胁偏灰色。雄鸟的狭窄黑色项纹环绕橙色围兜，与红胸姬鹟的区别为无尾基白斑。雌鸟似雄鸟，但体色较暗淡。幼鸟褐色并具鳞状斑。**鸣声**：鸣唱声为独特单个高音续以甜美的 *peen-karararararara* 颤音，参考 XC411515（Anon Torimi），鸣叫声为生硬的 *tun tun* 声或 *tsu* 声。**分布**：萨哈林岛、日本，越冬于中国南部。在中国为华南地区（包括台湾和海南）森林和林地中的偶见冬候鸟。**习性**：不断翘尾。

1247. 蓝喉歌鸲　Bluethroat　*Luscinia svecica*　lánhóu gēqú
14~16 cm

图版140　国二/LC

识别：中型鸲。雄鸟体色艳丽，具偏白色眉纹和特征性栗、蓝、黑、白色喉部。上体灰褐色，下体白色，尾部深褐色，外侧尾羽基部棕色在飞行时可见。雌鸟喉部白色而无栗色和蓝色，黑色细颊纹与黑色点斑形成的胸带相连，与红喉歌鸲和黑胸歌鸲的雌鸟区别为尾部图纹不同。诸亚种在喉部红色点斑大小（*abbotti* 亚种最小）、蓝色深浅度（*saturatior* 亚种色深而指名亚种色浅）以及蓝色与栗色胸带之间黑色条带的有无（指名亚种有）上存在差异。幼鸟暖褐色并具锈黄色点斑。**鸣声**：鸣唱声饱满似加速的铃声，参考 XC654084（Lars Edenius），有时在夜间鸣叫，告警声为似鹀的 *heet* 声，召唤声为粗哑的 *truk* 声。**分布**：古北界和阿拉斯加，越冬于印度、中国和东南亚。在中国甚常见于苔原、森林、沼泽和荒漠边缘的各类灌丛中，*saturatior* 亚种和 *kobdensis* 亚种繁殖于西北地区，指名亚种繁殖于东北地区并有越冬个体见于西南和东南，其他亚种迁徙途经中国（独特的 *przevalksii* 亚种繁殖于西伯利亚，可能在内蒙古和青海亦有繁殖，迁徙途经华中地区；*abbotti* 亚种繁殖于喜马拉雅山脉西部而记录于西藏西部）。**习性**：性羞怯，栖于近水的茂密植被处。多于地面觅食。奔跑似跳跃，不时停下，抬头并摆尾。站姿直。飞行快速，径直扎入躲避处。求偶炫耀飞行时尾部展开如降落伞般缓慢下降。

1248. 新疆歌鸲　Common Nightingale　*Luscinia megarhynchos*

xīnjiāng gēqú　15~17 cm　　　　　　　　图版140　国二／LC

识别：大型暖褐色鸲。尾部棕色，下体偏白色。颈侧和两胁灰皮黄色，臀部棕黄色，具狭窄的浅色眼圈和模糊的偏灰色短眉纹。体圆而喙细。**鸣声**：鸣唱声广为人知而备受追捧，为悠远的清晰哨音间杂快速而多样的嘎嘎声，参考 XC495866（Joost van Bruggen），鸣叫声包括刺耳的 *errrk* 声、响亮而拖长的 *hweet* 声和生硬的 *chack* 声。**分布**：南欧、北非、中东至中亚、印度西北部和中国极西部。在中国罕见，*hafizi* 亚种繁殖于新疆西部的天山西部、吐鲁番中部和福海北部等地开阔落叶林的林下植被中。**习性**：性隐蔽，栖于浓密低矮灌丛，通常离地面不超过 3 m 距离。在地面作有力的并足跳跃，并伴以两翼扇动和尾部半翘及左右摆动。常于夜间在浓密躲避处鸣唱，故得其英文名。**分类学订正**：欧歌鸲（*L. luscinia*）见于天山西部和阿尔泰山西部靠近中国边境地区，可能亦会见于新疆西北部，应多加留意。与新疆歌鸲相似，区别为体羽偏灰色、棕色较少、颊纹更明显且胸部散布灰褐色杂斑。

1249. 白腹短翅鸲　White-bellied Redstart　*Luscinia phoenicuroides*

báifù duǎnchìqú　16~19 cm　　　　　　　　图版140　LC

识别：大型鸲。尾长，似红尾鸲，外侧尾羽基部棕色。两翼短，翼端几乎不及尾基。雄鸟头部、胸部和上体青灰蓝色，腹部白色，尾下覆羽黑色而羽端白色。尾部近乎全黑。亦存在褐色型雄鸟。雌鸟橄榄褐色，眼圈皮黄色，下体色较浅。尾部似红尾鸲雌鸟但更长且呈楔形。两翼灰黑色，初级覆羽具两个明显的白色小点斑。**鸣声**：鸣叫声为单音 *chuck* 声，告警声为似鸲的 *tsiep tsiep tk tk* 或 *tck-tck sie* 声，鸣唱声为响亮而忧郁的三音节哨声，中间一音较高而拖长，末音仅半调，似 *he did so*，参考 XC491317（Peter Boesman），在夏季的晨昏和有月光的夜间鸣唱。**分布**：喜马拉雅山脉、缅甸（维多利亚山）和中国。在中国为甚常见的垂直迁徙鸟，见于青海东部、甘肃南部和西部、宁夏、陕西南部秦岭、湖北、山东、河北、北京、四川、贵州西部、云南西部和西藏东南部的适宜生境中。根据观察，北方种群应为南北迁徙，而非垂直迁徙。**习性**：栖于浓密灌丛的地面或近地面处，不易被惊起，通常仅在鸣叫时可见，并伴以尾羽翘起和展开。甚嘈杂。夏季见于海拔 1000 ~ 4300 m 林线以上或近林线处，冬季下至海拔 1300 m 处。

1250. 黑胸歌鸲　White-tailed Rubythroat　*Calliope pectoralis*

hēixiōng gēqú　13~16 cm　　　　　　　　图版141　LC

识别：敦实而优雅的灰色鸲。雄鸟喉部深红色并具宽阔黑色胸带和白色眉纹，上体纯灰色，中央尾羽黑色而羽基和羽端白色，下体偏白色，臀部沾灰色。雌鸟体羽偏褐色，喉部白色，胸带灰色。与白须黑胸歌鸲的区别为无白色颊纹。*confusa* 亚种上体偏深灰色。**鸣声**：鸣唱声响亮、尖厉而动人，于日间发出，长久重复，并伴以头部后扬、喉部挺出、两翼低垂、尾部半翘且展开成扇形或摆动，参考 XC378871（Oscar Campbell）。鸣叫声包括粗哑的金属音、巢区附近发出的粗哑 *it-it* 声和拖长的 *siiii siiii* 告警声。**分布**：天山至喜马拉雅山脉和中国西部。在中国，*confusa* 亚种罕见于西藏南部和西南部，*ballioni* 亚种见于新疆西部的喀什西部和天山地区。**习性**：夏季栖于亚高山森林至林线以上的灌丛，冬季下至低海拔处。从突出的低矮停歇处鸣唱，其他时候甚羞怯，隐于近地面处或并足跳跃。

1251. 白须黑胸歌鸲 Chinese Rubythroat *Calliope tshebaiewi*
báixū hēixiōnggēqú　13~16 cm　　　　　　　　　　图版141　LC

识别：敦实而优雅的灰色鸲。雄鸟喉部深红色并具宽阔黑色胸带和白色眉纹，上体纯灰色，中央尾羽黑色而羽基和羽端白色，下体偏白色，臀部沾灰色。雄鸟具白色宽阔颊纹，雌鸟不甚明显。雌鸟体羽偏褐色，喉部白色，胸带灰色。**鸣声**：鸣唱声响亮、甜美但又沙哑，参考 XC117071（Mike Nelson），告警声为拖长的 siiii 声。**分布**：喜马拉雅山脉、青藏高原，越冬于印度东北部、孟加拉国和缅甸西北部。在中国甚常见，为西藏南部和东部至青海东部、甘肃、四川西部和西北部以及云南西北部的夏候鸟。**习性**：夏季栖于亚高山森林至林线以上的灌丛，冬季下至低海拔处。

1252. 红喉歌鸲 Siberian Rubythroat *Calliope calliope* hónghóu gēqú
15~17 cm　　　　　　　　　　图版141　国二/LC

识别：丰满的中型褐色鸲。具明显的白色眉纹和颊纹。上体褐色，尾部棕色，两胁皮黄色，腹部皮黄白色。雌鸟胸带偏褐色，头部具独特黑白色条纹。雄鸟具特征性红色喉部。**鸣声**：鸣叫声为响亮的降调双哨音 ee-uk，告警声为轻柔而深沉的 tschuck 声，鸣唱声为长而刺耳的啭鸣，参考 XC491142（Peter Boesman）。**分布**：繁殖于亚洲东北部，越冬于印度、中国南部和东南亚。在中国，繁殖于东北、青海东北部至甘肃南部和四川，越冬于华南、台湾和海南。**习性**：隐于原生林和次生林中的灌丛，通常近溪流。

1253. 金胸歌鸲 Firethroat *Calliope pectardens* jīnxiōng gēqú
13~15 cm　　　　　　　　　　图版141　国二/NT

识别：上体深色、腹部污白色的小型鸲。雄鸟胸部和喉部橙红色，并具偏白色颈侧块斑，上体青灰褐色，两翼和尾部黑褐色，头侧和颈部黑色，两侧尾羽基部边缘白色。雌鸟褐色，尾部无白色，下体赭黄色，腹部中央白色。幼鸟体羽深褐色并具点斑，尾部无白色。**鸣声**：鸣唱声长而响亮，优美多变，每个音重复数次，间杂粗哑叫声并模仿其他鸟类叫声，参考 XC282732（Oscar Campbell），告警声为 tok 喉音。**分布**：繁殖于中国西南部，越冬于印度东北部和缅甸东北部。在中国罕见（并受宠物贸易威胁），繁殖于四川西部、陕西东南部、重庆和青海东南部海拔 1000 ~ 3500 m 地区，在云南西部和西藏东南部见于更低海拔处。**习性**：隐于茂密灌丛和竹林中。在森林地面觅食昆虫。常摆动尾部。

1254. 黑喉歌鸲 Black-throated Blue Robin *Calliope obscura*
hēihóu gēqú　12~15 cm　　　　　　　　　　图版141　国二/VU

识别：小型鸲。雄鸟深色，腹部黄白色，两侧尾羽基部白色，顶冠、背部、两翼和腰部青灰蓝色，脸部、胸部、尾上覆羽、中央尾羽和尾端均为黑色。雌鸟深橄榄褐色，下体浅皮黄色，与蓝歌鸲雌鸟的区别为下体无鳞状斑、尾下覆羽皮黄色且尾部沾棕色。

鸣声：最普遍的召唤声为 *tup* 声，鸣唱声为一连串尖厉带颤音的 *wh'ri-wh'ri* 和 *chu'ti-chu'ti* 声，参考 XC91804（Per Alström）。**分布**：中国中北部，迷鸟至中南半岛，于泰国极北部和缅甸各有一笔记录。在中国，极罕见于甘肃东南部和陕西南部秦岭，迁徙时见于云南。**习性**：栖于近地面的竹丛。常摆动尾部。

1255. 白尾蓝地鸲　White-tailed Robin　*Myiomela leucura*　báiwěi lándìqú
15~18 cm　　　　　　　　　　　　　　　　　　　　　　图版141　LC

识别：大型鸲。雄鸟深蓝色，野外看似黑色，仅两侧尾羽基部白色，前额钴蓝色，喉、胸部深蓝色，颈侧和胸部白色点斑通常不可见。雌鸟褐色，喉基部具偏白色横带，两侧尾羽基部白色似雄鸟。亚成鸟似雌鸟，但具棕色纵纹。**鸣声**：鸣唱声为 7 到 8 声有力而甜美的哨音，参考 XC469735（Rolf A. de By），鸣叫声为尖细哨音和低音 *tuc* 声。**分布**：印度、东南亚和中国南部。在中国，指名亚种为华中、西南、西藏东南和海南的留鸟，可能亦见于东南地区；*montium* 亚种为台湾留鸟。繁殖于海拔 1000 m 以上的山地森林但冬季下至低海拔处。**习性**：性隐蔽，栖于常绿林中阴暗灌丛和竹林。

1256. 白眉林鸲　White-browed Bush Robin　*Tarsiger indicus*　báiméi línqú
13~15 cm　　　　　　　　　　　　　　　　　　　　　　图版141　LC

识别：小型深色鸲。具明显白色眉纹。雄鸟上体青灰蓝色，头侧黑色，下体橙棕色，腹部中央和尾下覆羽偏白色。雌鸟上体橄榄褐色，眉纹白色，脸颊褐色，眼圈色浅，下体暗赭褐色，腹部色浅，尾下覆羽皮黄色。与栗腹歌鸲和棕胸蓝姬鹟的区别为体型较大且眉纹较宽。指名亚种雄鸟繁殖羽有时似雌鸟，为褐色。*formosanus* 亚种雄鸟顶冠橄榄黄色，下体橄榄褐色。**鸣声**：独特的带颤音啾啾声。鸣叫声为甜美的 *tiut-tiut* 声，复以尖叫声。鸣唱声为快速重复的升降尖叫声或两段式的 *shri-de-de-dew...shri-de-de-dew* 声，参考 XC286511（Ko Chie-Jen）。**分布**：尼泊尔至中国的西南部和台湾、缅甸东北部、越南西北部。在中国不常见于海拔 2400 ~ 4300 m 的混交林和针叶林中，指名亚种为西藏东南部留鸟，*yunnanensis* 亚种见于甘肃南部、四川和云南西北部，*formosanus* 亚种见于台湾。**习性**：栖于地面或近地面的茂密林下植被中，较不惧人。雄鸟求偶炫耀时两翼下垂并颤抖，尾部摆动。

1257. 棕腹林鸲　Rufous-breasted Bush Robin　*Tarsiger hyperythrus*
zōngfù línqú　12~14 cm　　　　　　　　　　　　　　图版141　国二/LC

识别：小型深蓝色和橙色鸲。雄鸟上体暗蓝色，额部、眉纹、肩羽和尾上覆羽亮群青色，头侧黑色，下体橙棕色，腹部中央和尾下覆羽白色。雌鸟上体橄榄赤褐色，腰部和尾上覆羽青灰蓝色，尾缘蓝黑色，下体橄榄褐色，两胁和臀部沾棕色，胸部中央褐色，尾下覆羽白色。**鸣声**：鸣唱声为简单的 *zeew zee zwee zwee* 啭鸣，参考 XC390774（Paul Holt），鸣叫声为低沉 *duk* 告警声或 *duk-duk-duk* 尖叫声。**分布**：喜马拉雅山脉东部至印度东北部和缅甸北部。在中国罕见，繁殖于西藏东南部和云南极西部。**习性**：单独活动于山间小路，或在近溪流的灌丛间飞行。性不惧人。

1258. 台湾林鸲　Collared Bush Robin　*Tarsiger johnstoniae*　táiwān línqú
12~13 cm　　　　　　　　　　　　　　　　　　　　　　　图版141　LC

识别：小型鸲。雄鸟烟黑色头部具白色长眉纹，橙红色宽项纹在肩部分散为后领环和肩斑，背部、两翼和尾部烟黑色，腹部浅灰色，臀部白色。雌鸟色暗，上体橄榄灰色，额部灰色，下体皮黄色，眉纹不如雄鸟明显，与白眉林鸲雌鸟的区别为额、喉部灰色。幼鸟具褐色纵纹和皮黄色点斑，眉纹偏皮黄色。**鸣声：**鸣叫声为持续而快速的 *pi-pi-pi...* 声，鸣唱声为 *grrr grrr* 喉音，参考 XC188440（Frank Lambert）。**分布：**中国台湾特有种。较常见于中央山脉海拔 2000 ~ 2800 m 处。**习性：**喜林下植被和林缘地带。

1259. 红胁蓝尾鸲　Orange-flanked Bluetail　*Tarsiger cyanurus*
hóngxié lánwěiqú　12~14 cm　　　　　　　　　　　　　图版142　LC

识别：较小而喉部白色的鸲。特征性橙色两胁与白色的腹部和臀部形成对比。尾部蓝色。雄鸟上体蓝色，眉纹白色。幼鸟和雌鸟褐色。雌鸟与蓝歌鸲雌鸟的区别为喉部褐色并具白色喉中线而非全白色、两胁橙色而非皮黄色。**鸣声：**鸣叫声为单音或双音的 *chuck* 声，鸣唱声为轻而弱的 *churrr-chee* 或 *dirrh-tu-du-dirrrh* 声，参考 XC481509（Frank Lambert）。**分布：**繁殖于亚洲东北部，越冬于印度、中国南部和东南亚。在中国，繁殖于东北地区，迁徙途经华东，越冬于长江以南、台湾和海南。**习性：**栖于潮湿山地森林和次生林的低矮林下植被处。

1260. 蓝眉林鸲　Himalayan Bluetail　*Tarsiger rufilatus*　lánméi línqú
12~14 cm　　　　　　　　　　　　　　　　　　　　　　　图版142　LC

识别：较小的鸲。似红胁蓝尾鸲，曾作为其一个亚种，区别为腰部、小覆羽和眉纹均为亮群青色且喉部偏灰色。幼鸟色暗并具皮黄色斑。**鸣声：**鸣唱声和鸣叫声均似红胁蓝尾鸲，但不如其复杂，参考 XC491558（Peter Boesman）。**分布：**中国、喜马拉雅山脉和中南半岛北部。在中国，繁殖于青海东部至甘肃南部、陕西南部、四川和西藏东部，越冬于云南南部和西藏东南部。**习性：**似红胁蓝尾鸲。夏季栖于高至海拔 3500 m 的山地森林和灌丛，冬季下至海拔 1500 ~ 2000 m 处。

1261. 金色林鸲　Golden Bush Robin　*Tarsiger chrysaeus*　jīnsè línqú
12~15 cm　　　　　　　　　　　　　　　　　　　　　　　图版142　LC

识别：优雅的小型鸲。雄鸟顶冠和背部上方橄榄褐色，眉纹黄色，宽阔黑色条带从眼先过眼延至脸颊，肩羽、背部两侧和腰部亮橙色，两翼橄榄褐色，尾部橙色，尾端和中央尾羽黑色，下体橙色。雌鸟上体橄榄色，具模糊的偏黄色眉纹，眼圈皮黄色，下体赭黄色。**鸣声：**告警声为 *trrr* 声，亦作似责骂的 *chirik chirik* 声。鸣唱声细弱但高音，为 *tse,tse,tse,tse,tse,chur-r-r* 或 *tze-du-tee-tse chur-r-r* 声，参考 XC322175（Guy Kirwan）。**分布：**喜马拉雅山脉、印度东北部、缅甸和中国西南部，越冬于缅甸东部和北部、泰国北部以及越南北部。在中国不常见，指名亚种繁殖于西藏南部和东部、四川西部、青海南部、甘肃南部、陕西南部以及云南西北部。曾于 3 月在云南南部有过记录。**习性：**垂直迁徙，夏季见于海拔 3000 ~ 4000 m 近林线的针叶林和杜鹃灌丛，冬季下至低海拔灌丛。

1262. 小燕尾 Little Forktail *Enicurus scouleri* xiǎo yànwěi
12~14 cm

图版142　LC

识别：小型黑白色燕尾。尾不长。羽色似白冠燕尾，区别为尾短且分叉浅。顶冠白色、翼上白色条带延至背部下方且尾部分叉而与红尾水鸲雌鸟易区分。跗跖粉白色。**鸣声**：短促的高哨音 *ts-youeee* 声，不如其他燕尾响亮。**分布**：中亚、巴基斯坦至喜马拉雅山脉、印度东北部、中国南部和中南半岛北部。在中国，较常见于西藏南部、云南、四川、甘肃南部、陕西南部和包括台湾在内的长江以南各省份海拔 1200 ～ 3400 m 的山间溪流中。在冬季以及台湾的 *fortis* 亚种栖于更低海拔处。**习性**：甚活跃。栖于林中多岩的湍急溪流尤其是瀑布周围。尾部有节奏地上下摆动或扇开，似红尾水鸲。习性亦较其他燕尾而更似红尾水鸲。营巢于瀑布后。

1263. 黑背燕尾 Black-backed Forktail *Enicurus immaculatus*
hēibèi yànwěi　20~25 cm

图版142　LC

识别：较小的燕尾。背部黑色。与白冠燕尾的区别为体型较小、胸部白色，与灰背燕尾的区别为背部色深。幼鸟背部青灰色或偏褐色，胸部具灰色鳞状斑，似灰背燕尾幼鸟。跗跖偏粉色。**鸣声**：短哨音 *aut-see* 声，第二音更高，但不如灰背燕尾刺耳。亦作短促鸣唱声，参考 XC116354（Mike Nelson）。**分布**：喜马拉雅山脉至缅甸北部和泰国北部。在中国见于西藏东南部和云南极西部。**习性**：本属典型习性，单独或成对栖于多石溪流旁，长尾不断摆动。

1264. 灰背燕尾 Slaty-backed Forktail *Enicurus schistaceus*
huībèi yànwěi　22~25 cm

图版142　LC

识别：中型黑白色燕尾。与其他燕尾的区别为顶冠和背部灰色。幼鸟顶冠和背部青灰深褐色，胸部具鳞状斑。**鸣声**：高而尖的金属音 *teenk*，鸣唱声短促，参考 XC115646（Mike Nelson）。**分布**：喜马拉雅山脉至中国南部和中南半岛。在中国，常见于西藏东南部、四川、云南、贵州、广西、广东、湖南和福建。**习性**：似其他燕尾。常沿海拔 400 ～ 1800 m 的林间多岩溪流觅食。不如斑背燕尾偏森林性，通常见于更大的溪流。飞行似鹡鸰但起伏不甚明显。

1265. 斑背燕尾 Spotted Forktail *Enicurus maculatus* bānbèi yànwěi
23~28 cm

图版142　LC

识别：大型黑白色燕尾。乍看似黑背燕尾，与所有燕尾的区别为背部具圆形白色点斑。指名亚种胸部覆羽羽端白色。跗跖粉白色。**鸣声**：飞行中发出沙哑的 *kree* 或 *tseek* 声，甚似紫啸鸫。停歇或飞行时亦作刺耳的 *cheek-chik-chick-chick-chik* 声，参考 XC19861（David Farrow）。**分布**：喜马拉雅山脉至中国南部、缅甸和中南半岛北部。在中国，较常见于山间溪流，在较高海拔地区比白冠燕尾更为常见，指名亚种见于西藏极南部、

guttatus 亚种见于西藏南部至四川和云南西北部，*bacatus* 亚种见于云南南部、广东和福建。**习性**：较其他燕尾更偏山地生境，见于海拔 1200 ～ 3650 m 的多岩小溪畔。通常成对活动。

1266. 白冠燕尾　White-crowned Forktail *Enicurus leschenaulti*
báiguān yànwěi　25~28 cm　　　　　　　　　　　　图版142　LC

识别：中型黑白色燕尾。额部和顶冠前方白色（羽冠有时耸起形成小凤头），头部、枕部和胸部黑色，腹部、背部下方和腰部白色，两翼和尾部黑色，尾端白色，叉尾极长且呈楔形，最外侧两枚尾羽全白色。跗跖偏粉色。**鸣声**：鸣叫声为响亮、尖细的双哨音 *tsee-eet*，鸣唱声参考 XC78318（Frank Lambert）。**分布**：印度北部、中国南部、东南亚和大巽他群岛。在中国为海拔 1400 m 以下清澈山溪的常见鸟，*sinensis* 亚种为山西、陕西、甘肃南部和长江以南包括海南在内地区的留鸟，*indicus* 亚种为西藏东南部和云南西南部留鸟。**习性**：性活跃好动，喜多岩湍急溪流和河流，停于岩石或在水边行走觅食，并不断展开叉形长尾。飞行近地面并上下起伏，边飞边鸣。

1267. 紫啸鸫　Blue Whistling Thrush *Myophonus caeruleus*　zǐ xiàodōng
29~35 cm　　　　　　　　　　　　　　　　　　　　图版142　LC

识别：大型偏黑色啸鸫。通体蓝黑色，仅翼覆羽具少许浅色点斑。两翼和尾部具紫色金属光泽，头、颈部羽端具小型闪烁点斑。诸亚种间略有差异，指名亚种喙黑色，*temminckii* 亚种和 *eugenei* 亚种喙黄色，*temminckii* 亚种中覆羽羽端白色。**鸣声**：鸣唱声为哨音，并能模仿其他鸟类叫声，参考 XC484968（Peter Ericsson），告警声为似燕尾的尖厉高音 *eer-ee-ee* 声。**分布**：中亚至印度、中国、东南亚、马来半岛、苏门答腊岛和爪哇岛。在中国为中海拔至海拔 3650 m 山林的常见留鸟，*temminckii* 亚种见于西藏南部和东南部，*eugenei* 亚种见于西南地区，指名亚种见于华北东部、华中、华东、华南和东南地区。**习性**：栖于近河流、溪流或密林中的裸岩处。觅食于地面，光顾开阔区域但受惊时逃入躲避处并发出尖厉告警声。

1268. 台湾紫啸鸫　Taiwan Whistling Thrush *Myophonus insularis*
táiwān zǐxiàodōng　28~30 cm　　　　　　　　　　　图版142　LC

识别：较小的啸鸫。通体蓝黑色，顶冠和肩羽具金属光泽。上体无闪烁点斑，胸部具蓝色闪辉点斑。虹膜红褐色。**鸣声**：鸣唱声为带旋律的高音哨声，参考 XC178292（Cynthia Su），告警声为悠远而尖厉的 *zi* 或 *sui yi* 声。**分布**：中国台湾特有种。见于海拔 600 ～ 1500 m 茂密森林中溪流两畔的岩石峡谷。**习性**：似紫啸鸫。

1269. 蓝额长脚地鸲 / 蓝额地鸲　Blue-fronted Robin *Cinclidium frontale*
lán'é chángjiǎo dìqú　18~20 cm　　　　　　　　　　图版143　LC

识别：大型深色鸲。楔形长尾无白色。雄雌鸟分别似白尾蓝地鸲的雄雌鸟，区别为颈部和尾部无白斑。额部、眉纹和肩羽具蓝色金属光泽，比白尾蓝地鸲和仙鹟类更暗。

与仙鹟类的区别为腰部和颈侧无蓝色。雌鸟具偏白色完整眼圈，喉部中央和腹部偏白色。**鸣声**：鸣唱声短促、清晰而具旋律，如 *tweee-ke-tui* 声，参考 XC315370（Zeidler Rolan），告警声为粗哑的叽喳声。**分布**：喜马拉雅山脉西部至中国西南部和中南半岛北部。在中国罕见，记录于四川（*orientale* 亚种），并为云南南部留鸟，亦分布于西藏东南部（指名亚种）。**习性**：栖于茂密的亚热带森林中。性隐蔽且因其色深而罕见。

1270. 栗尾姬鹟　**Rusty-tailed Flycatcher**　*Ficedula ruficauda*　lìwěi jīwēng
13~15 cm　　　　　　　　　　　　　　　　　　　　　图版143　LC

识别：中型灰褐色森林性鹟。站姿甚直，腰部和尾部棕色，下喙浅黄色。眼先和眼圈浅皮黄色，尾端比尾基偏褐色。**鸣声**：鸣唱声从高树上发出，响亮而悠扬，为拖长而起伏的哀婉哨音续以一连串多样而快速的啭鸣，参考 XC19840（David Farrow）。鸣叫声为深沉的颤鸣和短促而低软的 *peu-peu* 和 *twoink-twoink* 声，告警声为哀婉的 *peup* 声续以短柔颤音。**分布**：繁殖于中亚至喜马拉雅山脉西部和中部，越冬于印度西南部。在中国为罕见迷鸟，是 2017 年在四川发现的中国新记录。**习性**：夏季栖于海拔 1500 ~ 3000 m 的开阔针叶林和阔叶林，冬季下至海拔 1000 m 处，为林地和灌丛生境中的典型鹟类。

1271. 斑姬鹟　**European Pied Flycatcher**　*Ficedula hypoleuca*
bān jīwēng　12~14 cm　　　　　　　　　　　　　　　图版143　LC

识别：较小的黑白色鹟。具明显白色翼斑。雄鸟繁殖羽黑色，下体纯白色，具小型白色额斑、皮黄色眼圈和白色喉斑。与小斑姬鹟的区别为无白色眉纹。雌鸟体羽为不甚分明的褐色和白色。雄鸟非繁殖羽似雌鸟，但尾部更偏黑色。**鸣声**：鸣唱声为大约 15 个起伏的短快音节并以颤音收尾，鸣叫声为重复的尖厉 *whit* 声，参考 XC494902（François Bouzendorf）。**分布**：繁殖于欧洲至中亚，冬季南迁。在中国，*sibirica* 亚种为新疆南部罕见迷鸟，偶至浙江。**习性**：林地和灌丛生境中的典型小型鹟类。

1272. 白眉姬鹟　**Yellow-rumped Flycatcher**　*Ficedula zanthopygia*
báiméi jīwēng　12~14 cm　　　　　　　　　　　　　　图版143　LC

识别：小型鹟。雄鸟腰部、喉部、胸部和上腹部黄色，眉纹、翼斑、下腹部和尾下覆羽白色，余部黑色。雌鸟上体暗褐色，下体色较浅，腰部暗黄色。与黄眉姬鹟雄雌鸟分别的区别为雄鸟眉纹白色而雌鸟腰部黄色且略具翼斑。**鸣声**：深沉似喘息的 *tr-r-r-rt* 声，比红胸姬鹟音调更低，参考 XC478769（Scott Olmstead）。**分布**：繁殖于亚洲东北部，越冬于中国南部、东南亚和大巽他群岛。在中国较常见，繁殖于北纬 29° 以北的东北、华中和华东地区，迁徙途经华南。**习性**：喜海拔 1000 m 以下的近水灌丛和树丛。

1273. 黄眉姬鹟 Narcissus Flycatcher *Ficedula narcissina*
huángméi jīwēng　13~14 cm

图版143　LC

识别：小型鹟。指名亚种雄鸟上体黑色，腰部黄色，具白色翼斑和特征性黄色眉纹，下体多为橙黄色。雌鸟上体橄榄灰色，尾部棕色，下体浅褐色沾黄色。与白眉姬鹟雄雌鸟分别的区别为雄鸟眉纹黄色而雌鸟腰部无黄色且无翼斑。**鸣声**：冬季通常安静。鸣唱声悦耳，为重复的啭鸣和三音节哨声，如 *o-shin-tsuk-tsuk*，亦模仿其他鸟类叫声，参考 XC486784（David Welch）。**分布**：繁殖于亚洲东北部西伯利亚和日本等地，越冬于东南亚、菲律宾和加里曼丹岛。在中国一般不常见，指名亚种迁徙途经华东、华南和台湾，部分个体越冬于海南。**习性**：典型鹟类，从树冠顶层和中层飞出捕食过往昆虫。

1274. 绿背姬鹟 Green-backed Flycatcher *Ficedula elisae*　lùbèi jīwēng
12~14 cm

图版143　LC

识别：小型鹟。似黄眉姬鹟，区别为雄鸟背部偏绿色、眼先黄色、无眉纹且下腹部和尾下覆羽黄色。雌鸟则上体偏绿色，下体黄色。**鸣声**：雄鸟鸣唱声为柔软而清晰的啭鸣，频率多变，包括具短暂停顿的长调，参考 XC487513（PT Xiao）。**分布**：繁殖于中国河北、北京、山西、陕西等地，迁徙至东南亚。一般不常见。**习性**：似黄眉姬鹟。**分类学订正**：曾被视作黄眉姬鹟（*F. narcissina*）的一个亚种。

1275. 鸲姬鹟 Mugimaki Flycatcher *Ficedula mugimaki*　qú jīwēng
12~14 cm

图版143　LC

识别：较小的鹟。雄鸟上体灰黑色，眼后具狭窄白色半眉纹，白色翼斑明显，尾基羽缘亦为白色，喉、胸部和腹侧橙色，腹部中央和尾下覆羽白色。雌鸟上体包括腰部均为褐色，下体似雄鸟但色浅，尾部无白色。幼鸟上体纯褐色，下体和翼斑皮黄色，腹部白色。**鸣声**：鸣叫声为轻柔的 *turrrr* 声，鸣唱声为响亮的颤音，参考 XC414154（Jungmoon Ha）。**分布**：繁殖于亚洲北部，越冬于东南亚、菲律宾、苏拉威西岛和大巽他群岛。在中国，繁殖于东北，迁徙途经华东、华中和台湾，并有不常见的越冬个体记录于广西、广东和海南。**习性**：喜林缘、林间空地和丘陵森林的树冠。尾部常摆动和展开。

1276. 锈胸蓝姬鹟 Slaty-backed Flycatcher *Ficedula erithacus*
xiùxiōng lánjīwēng　12~14 cm

图版144　LC

识别：小型鹟。雄鸟上体青灰蓝色且无金属光泽，外侧尾羽基部白色，胸部橙褐色渐变为腹部皮黄色。与山蓝仙鹟的区别为背部色暗淡、尾基部白色、两翼较长、喙较短且无眉纹和翼斑。雌鸟与小斑姬鹟雌鸟的区别为无浅色胸中线，与玉头姬鹟雌鸟的区别在于下体色暗。**鸣声**：鸣叫声为生硬的 *tchat* 和 *terrht* 声，鸣唱声为一连串短而快的降调哨音，似笛声且迂回曲折，参考 XC491258（Peter Boesman）。**分布**：尼泊尔至中国西部和中南半岛北部。在中国，为西藏东南部、青海东部、青海东南部、云南、四川、甘肃东南部至北京海拔 2400 ~ 4300 m 潮湿密林中的不常见留鸟，冬季下至低海拔处。**习性**：安静的树栖性鹟。

1277. 橙胸姬鹟 **Rufous-gorgeted Flycatcher** *Ficedula strophiata*
chéngxiōng jīwēng　13~15 cm　　　　　　　　图版143　LC

识别：较小的森林性鹟。尾部黑色而尾基白色。上体纯灰褐色，两翼橄榄色，下体灰色。雄鸟具狭窄白色额纹和深橙色小项纹（通常不明显）。雌鸟似雄鸟，但项纹更小而色浅。幼鸟体具褐色纵纹，两胁棕色并具黑色鳞状斑。**鸣声**：最普遍的鸣叫声为低音 *tik-tik* 声或重复高音 *pink* 声，亦作低音颤鸣。鸣唱声为尖细的金属音 *tin-ti-ti* 声，第一音响亮而后两音轻，参考 XC547799（Andrew Spencer）。**分布**：繁殖于喜马拉雅山脉至缅甸、泰国北部和中国南部，越冬于中南半岛北部。在中国为华中、华南和西藏海拔 1000 ~ 3000 m 地区常见留鸟。**习性**：性羞怯，栖于密林的地面和低矮灌丛中。

1278. 红胸姬鹟 **Red-breasted Flycatcher** *Ficedula parva*
hóngxiōng jīwēng　11~13 cm　　　　　　　　图版143　LC

识别：小型褐色鹟。尾部色暗而尾基外侧明显白色。极似红喉姬鹟，区别为雄鸟繁殖羽橙红色延至胸部渐变为腹部白色且顶冠偏灰色，而非繁殖羽喉部仍具些许橙色。雌鸟和幼鸟体色暗淡，与红喉姬鹟的区别为尾上覆羽黑色较少且下喙基部黄色，与北灰鹟的区别为尾羽和尾上覆羽黑色。**鸣声**：鸣叫声为低音 *serrt* 声和哀婉的双音节 *hveet* 声，鸣唱声为高音续以悦耳的降调哨音，参考 XC481508（Olavi Hinkkanen）。**分布**：繁殖于古北界北部的欧洲、中亚和西伯利亚西部，越冬于南亚次大陆和东南亚。在中国，迷鸟零星记录于近乎全境，部分个体越冬于台湾和海南。**习性**：似红喉姬鹟

1279. 红喉姬鹟 **Taiga Flycatcher** *Ficedula albicilla*　hónghóu jīwēng
12~14 cm　　　　　　　　　　　　　　　　　图版143　LC

识别：小型褐色鹟。尾部色暗而尾基外侧明显白色。雄鸟繁殖羽喉部橙色，胸部铅灰色，腹部白色，但该羽饰在越冬地罕见。雌鸟和雄鸟非繁殖羽暗灰褐色、喉部偏白色，并具白色狭窄眼圈。与红胸姬鹟的区别为下喙黑色。与北灰鹟的区别为尾羽和尾上覆羽黑色。**鸣声**：鸣唱声为一连串有韵律的干涩颤音和尖厉叫声，似 *zri zri chee chee da zri...*，参考 XC 424852（Manuel Schweizer），鸣叫声为尖厉的 *tek* 声或粗哑的 *tzit* 声。**分布**：繁殖于东亚极北部，越冬于南亚次大陆和东南亚。在中国，繁殖于极东北地区，迁徙途经东半部包括台湾，并于广西、广东和海南为常见冬候鸟。**习性**：栖于林缘及河岸的较小树木上。受惊时扎入躲避处。尾部展开露出尾基白色并发出粗哑叫声。

1280. 棕胸蓝姬鹟 **Snowy-browed Flycatcher** *Ficedula hyperythra*
zōngxiōng lánjīwēng　10~12 cm　　　　　　　图版144　LC

识别：小型鹟。雄鸟上体青灰蓝色，头部两侧明显的白色短眉纹几乎在额部相连，下体橙黄色，喉、胸部和两胁皮黄色。台湾的 *innexa* 亚种两胁栗色。雌鸟上体褐色，下体皮黄色，额部、眉纹和眼圈浅锈黄色。幼鸟斑驳褐色。与短翅鸫类的区别为体型较小且跗跖纤细。**鸣声**：鸣唱声为三四声似喘息的轻声颤音如 *tsit-sit-si-sii*，亦作

重复的单音 *sip* 声，参考 XC307618（Per Alström）。**分布**：印度北部至中国南部、菲律宾、东南亚和马来群岛。在中国，指名亚种见于西藏东南部、四川、云南、广西、广东和海南的山地森林中，*annamensis* 亚种见于云南南部，*innexa* 亚种为台湾特有亚种。**习性**：不易被发现。大部分时间于地面活动，如鸫般并足跳跃。

1281. 小斑姬鹟　Little Pied Flycatcher　*Ficedula westermanni*
xiǎo bānjīwēng　10~12 cm　　　　　　　　　　　图版144　LC

识别：小型黑白色（雄鸟）或褐白色（雌鸟）鹟。雄鸟上体黑色，具宽阔的白色长眉纹，翼斑、尾基羽缘及下体亦为白色。雌鸟上体灰褐色，翼斑皮黄色，下体偏白色。与锈胸蓝姬鹟的区别为胸、腹部中央较白而形成一条浅色中线。幼鸟体羽褐色并具黄褐色杂斑。**鸣声**：鸣唱声为尖细的降调 *swit, swit, swit* 高音续以低音 *churr-r-r-r* 声，参考 XC290737（Peter Boesman），鸣叫为圆润的 *tweet* 声和低音的 *churr* 声。**分布**：印度至中国南部、菲律宾、东南亚和印度尼西亚。在中国，地区性常见于西藏东南部、贵州南部和广西海拔 900～2600 m 的山地森林中。**习性**：觅食于树冠各层，有时加入混合鸟群。

1282. 白眉蓝姬鹟　Ultramarine Flycatcher　*Ficedula superciliaris*
báiméi lánjīwēng　10~12 cm　　　　　　　　　　图版144　LC

识别：小型鹟。雄鸟蓝色，下体白色，顶冠具金属光泽，背部群青色，头侧、胸侧和两翼为特征性暗深蓝色（暗光条件下看似黑色），有时具尾基小型白斑和狭窄白色眉纹。雌鸟胸部图纹同雄鸟，但下体皮黄色，上体偏灰色，头部沾褐色，尾基无白色，尾上覆羽有时沾灰色或蓝色，有时具白色的翼斑和三级飞羽羽缘。幼鸟褐色并具锈色点斑和黑色鳞状斑。**鸣声**：鸣叫为低音 *trrrt* 声。作"呸"声可以引出此鸟。鸣唱声细弱而不连贯，为高音间杂颤音和叽喳声，参考 XC420167（Sreekumar Chirukandoth）。**分布**：繁殖于喜马拉雅山脉、缅甸北部、中国西南部，越冬于泰国北部。在中国，*aestigma* 亚种为西藏南部至四川森林中的不常见夏候鸟，冬候鸟见于云南南部。**习性**：夏季栖于海拔 3000 m 以下丘陵和山地森林的中上层。

1283. 灰蓝姬鹟　Slaty-blue Flycatcher　*Ficedula tricolor*　huīlán jīwēng
10~13 cm　　　　　　　　　　　　　　　　　　　图版144　LC

识别：小型青灰蓝色鹟。下体偏白色。尾部黑色而尾基外侧白色，头侧和喉部深灰色延至胸侧。*minuta* 亚种下体沾棕色。雄鸟喉部具橄榄色三角形斑。**鸣声**：告警声为 *ee-tick* 声，亦作快速的 *ee-tick-tick-tick-tick* 声。鸣唱声为三四个高音哨声并以短颤音收尾，如 *chreet-chrr-whit-it*，参考 XC266750（Mike Nelson）。**分布**：喜马拉雅山脉、印度东北部、中国南部、缅甸，越冬于中南半岛北部。在中国见于常绿山地森林中，指名亚种为西藏西南部留鸟，*minuta* 亚种见于西藏东南部，*diversa* 亚种见于华中和西南地区并北至北京。**习性**：多栖于林下植被中，冬季见于针叶林。两翼下垂并不断摆尾。

1284. 玉头姬鹟 **Sapphire Flycatcher** *Ficedula sapphira* yùtóu jīwēng
11~12 cm 图版144 LC

识别： 小型鹟。雄鸟上体亮群青色，下体偏白，喉部和胸部的中央具橙褐色块斑，头侧和胸侧亮蓝色。第一年雄鸟胸部全橙褐色，顶冠、枕部和禽部橄榄褐色。雌鸟上体橄榄褐色，喉部和胸部的中央橙褐色，喉侧、胸部和两胁皮黄色，腹部和尾下覆羽白色，腰部棕色。**鸣声：** 鸣叫声为低沉的 *tit-tit-tit* 声，比本属大部分种更为深沉。鸣唱声似虫鸣，为金属般的高音 *chiki-riki-chiki* 声，参考 XC19356（Craig Robson）。**分布：** 尼泊尔至中国西南部、缅甸北部和中南半岛北部。在中国通常罕见于海拔 900 ~ 2000 m 的丘陵森林中，*tienchuanesis* 亚种为甘肃南部经四川西部至陕西南部秦岭山脉南坡的留鸟，指名亚种为西藏东南部、四川南部和云南的留鸟，*laotiana* 亚种见于云南西部。**习性：** 甚活跃，性不惧人。栖于森林中上层。作"呸"声可以引出此鸟。

1285. 侏蓝仙鹟 / 侏蓝姬鹟 **Pygmy Blue Flycatcher** *Ficedula hodgsoni*
zhūlán xiānwēng 8~10 cm 图版144 LC

识别： 纤细而喙窄的鹟。雄鸟上体蓝色，顶冠和腰部亮蓝色，眼罩黑色，下体棕黄色，腹部中央和臀部白色。雌鸟上体褐色，腰部和尾部棕色，下体浅黄色，胸部沾皮黄色。**鸣声：** 鸣唱声为独特的细弱高音 *tzzit-che-che-che-cheeee* 声，鸣叫声为细弱的 *tzip* 声或低音颤鸣，参考 XC352361（Tuomas Seimola）。**分布：** 喜马拉雅山脉、东南亚、苏门答腊岛和加里曼丹岛。在中国，指名亚种为西藏东南部海拔 3000 m 以下山地的不常见夏候鸟，亦见于云南西部和东南部。**习性：** 喜原始林的林下层，有时下至地面，但极少见于中层。在树叶间活动似柳莺，常展开两翼并翘尾。

1286. 贺兰山红尾鸲 **Alashan Redstart** *Phoenicurus alaschanicus*
hèlánshān hóngwěiqú 16~20 cm 图版144 国二/NT

识别： 中型红尾鸲。中央尾羽褐色。雄鸟顶冠、枕部、头侧至背部上方蓝灰色，背部下方和尾部橙棕色，颏、喉、胸部橙棕色，腹部橙色较浅而偏白色，两翼褐色并具白色翼斑。雌鸟偏褐色，上体色暗，下体为灰色而非棕色，两翼褐色并具皮黄色块斑。雄雌鸟分别极似红背红尾鸲雄雌鸟，区别为雄鸟顶冠、头侧和枕部蓝灰色，而雌鸟尾下覆羽浅褐色。**鸣声：** 鸣唱声为一连串似云雀的重复粗哑乱调，参考 XC332187（Yann Muzika）。**分布：** 中国特有种。为青海、宁夏、内蒙古中部和甘肃东部山地针叶林中的罕见繁殖鸟，越冬于陕西南部以及河北与山西的交界地区，偶至北京。**习性：** 喜山地浓密灌丛和松散岩坡。

1287. 红背红尾鸲 **Eversmann's Redstart** *Phoenicurus erythronotus*
hóngbèi hóngwěiqú 14~17 cm 图版144 LC

识别： 中型红尾鸲。雄鸟体色艳丽，胸部、喉部、背部和尾上覆羽棕色，灰色的顶冠、枕部及白色眉纹与黑色眼先、贯眼纹、脸颊和肩羽形成对比，两翼偏黑色并具白色长翼斑，尾部棕色，两枚中央尾羽褐色，腹部和尾下覆羽白色。雌鸟浓褐色，尾部似雄鸟，眼圈、喉部、翼斑和三级飞羽羽缘皮黄色，尾下白色。**鸣声：** 鸣唱声响亮活泼，参考 XC378880（Oscar Campbell），告警声为 *gre-er* 声，亦作模糊鸣叫声和较响亮的 *few-eet* 哨音。**分布**：中亚和西伯利亚南部，越冬于中亚至伊拉克南部和喜马拉雅山脉西部。在中国罕见于新疆，繁殖于亚高山针叶林中，越冬于平原地区。**习性**：营巢于有灌丛的山脚岩缝中。雄鸟在春季甚嘈杂。上下翘尾而不左右摆尾。越冬于中海拔地区的荒漠灌丛和林地中。

1288. 蓝头红尾鸲　Blue-capped Redstart　*Phoenicurus coeruleocephala*
lántóu hóngwěiqú　13~15 cm　　　　　　　　　　　　图版145　LC

识别：美丽的中型红尾鸲。雄鸟黑白色，具特征性蓝色顶冠和枕部。翼斑、三级飞羽羽缘、胸部下方、腹部和尾下覆羽白色，冬羽上体沾褐色。雌鸟褐色，眼圈皮黄色，腹部和尾下覆羽白色，尾上覆羽棕色，尾羽褐色并具狭窄棕色羽缘。**鸣声**：鸣叫声为似鸲的 *tik-tik* 声，在巢区附近的告警声为 *tit, tit, tit* 管笛音。鸣唱声为银铃般响亮而快速的高音，似灰眉岩鹀，参考 XC19598（David Farrow）。**分布**：阿富汗至阿尔泰山脉和喜马拉雅山脉。在中国为新疆西部海拔 2400 ~ 4300 m 地区罕见留鸟，冬季下至海拔 1200 ~ 3000 m 处。**习性**：繁殖于岩缝和山区针叶林多岩山坡的灌丛中，越冬于松林、灌丛和橄榄树丛。觅食于树冠和地面。尾部常大幅度摆动。

1289. 赭红尾鸲　Black Redstart　*Phoenicurus ochruros*　zhě hóngwěiqú
14~15 cm　　　　　　　　　　　　　　　　　　　图版145　LC

识别：中型深色红尾鸲。*rufiventris* 亚种雄鸟通常头部、喉部、胸部上方、背部、两翼、中央尾羽均为黑色，顶冠和枕部灰色，胸部下方、腹部、尾下覆羽、腰部和外侧尾羽棕色。西部的 *phoenicuroides* 亚种体色较浅，体羽以深灰色取代黑色，两翼棕灰色。*xerophilus* 亚种为中间色型。雌鸟似北红尾鸲雌鸟，区别为无白色翼斑、皮黄色眼圈不甚明显。下体有时沾棕色且眼先皮黄色。**鸣声**：告警声为 *tucc-tuee* 或 *tititicc* 声，并常由 *tseep* 声引出。鸣唱声为六七个响亮有力的颤音续以怪异的粗哑收尾，参考 XC480596（Albert Lastukhin），常于夜晚或清晨在突出的停歇处发出。**分布**：古北界，越冬于非洲东北部和中国东南部。在中国一般为常见且广布的夏候鸟和冬候鸟，*phoenicuroides* 亚种见于新疆西部至西藏西部；*rufiventris* 亚种繁殖于西藏东部和西部、青海、甘肃至山西、四川以及云南西北部，越冬鸟记录于河北、山东和海南；*xerophilus* 亚种为昆仑山脉、祁连山脉和新疆南部的留鸟。**习性**：见于不同海拔高度的开阔地区。领域性强。从停歇处飞出捕食。常点头摆尾。见于家舍周围、庭院和农田中。并足跳跃或快速奔跑，站姿高挺。

1290. 欧亚红尾鸲　Common Redstart　*Phoenicurus phoenicurus*
ōuyà hóngwěiqú　13~15 cm　　　　　　　　　　　图版145　LC

识别：较小而体色艳丽的红尾鸲。雄鸟的白色额部和眉纹将灰色顶冠、枕部、禽部和黑色眼先、脸颊、喉部分开。两翼褐色无白色翼斑。胸部、腰部和外侧尾羽棕色，中央尾羽深褐色。腹部和尾下覆羽皮黄色。臀部白色且无翼斑为本种特征。雌鸟褐色，腰部和外侧尾羽棕色，眼先、眼圈、腹部和尾下覆羽皮黄色。**鸣声**：鸣唱声清晰而忧郁，由 *hiiit* 声装饰音引出洪亮的 *tuee-tuee-tuee-tuee* 声，参考 XC495048（Oscar

Campbell），告警声为独特的 *hueet-tic-tic* 声。**分布**：北至北欧，南至北非，东至贝加尔湖、外里海地区和阿尔泰山脉，越冬于阿拉伯半岛、非洲、中东至巴基斯坦。在中国仅呈边缘性分布，繁殖于新疆极西部。**习性**：似赭红尾鸲，但通常偏好多林生境。具典型的红尾鸲摆尾动作。飞行短快并伴以摆尾。

1291. 黑喉红尾鸲 **Hodgson's Redstart** *Phoenicurus hodgsoni*
hēihóu hóngwěiqú　13~16 cm　　　　　　　　　　图版145　LC

识别：体色艳丽的中型红尾鸲。雄鸟似北红尾鸲，区别为眉纹白色、枕部灰色延至翕部且白色翼斑较窄。与赭红尾鸲 *phoenicuroides* 亚种的区别为顶冠前方和翼斑白色。雌鸟似北红尾鸲雌鸟，区别为眼圈偏白色而非皮黄色、胸部偏灰色且无白色翼斑，与赭红尾鸲雌鸟的区别为上体色深。**鸣声**：鸣叫声为清脆的 *prit* 声，告警声为 *trrr*，*tschrrr* 声，鸣唱声短促、细弱而无起伏，参考 XC491384（Peter Boesman）。**分布**：喜马拉雅山脉、青藏高原至中国中部，越冬于印度东北部和缅甸北部。在中国较常见，繁殖于西藏南部和东南部、青海东部、甘肃、陕西南部、四川西部、云南西北部海拔 2700 ~ 4300 m 地区，越冬于湖北、湖南、四川东部和云南东部。**习性**：喜开阔的林间草丛和灌丛，常近溪流，习性似红尾水鸲。觅食于树冠，捕食似鹟类。

1292. 白喉红尾鸲 **White-throated Redstart** *Phoenicurus schisticeps*
báihóu hóngwěiqú　14~16 cm　　　　　　　　　　图版145　LC

识别：体色艳丽的中型红尾鸲。具特征性白色喉斑，外侧尾羽仅基部棕色。雄鸟顶冠和枕部深青灰蓝色，额部和眉纹亮蓝色，背部灰黑色，尾羽大部黑色，背部下方棕色，腹部中央和臀部白色，具较大白色翼斑且三级飞羽羽缘白色。雌鸟冬羽顶冠和背部沾褐色，眼圈皮黄色，尾部、喉斑和翼斑同雄鸟。幼鸟体羽具点斑，白色喉斑明显。**鸣声**：告警声为拖长的 *zick* 声续以持续的嘎嘎声。鸣唱声为一系列短促干涩的颤音，每段具两三个连续音节并以数个短高音开始，逐渐加速至收尾，参考 XC345056（Jarmo Pirhonen）。**分布**：中国中部至青藏高原，部分个体越冬于印度东北部和缅甸北部。在中国，繁殖于陕西南部秦岭、甘肃南部、青海东部和东南部、四川、云南西北部以及西藏东南部海拔 2400 ~ 4300 m 地区，在 2018 年和 2019 年均有越冬记录于河北和北京。**习性**：夏季单独或成对栖于亚高山针叶林中的浓密灌丛，冬季下至村庄和低海拔地区。野性且善飞。迁徙时集小群。

1293. 北红尾鸲 **Daurian Redstart** *Phoenicurus auroreus*　běi hóngwěiqú
13~15 cm　　　　　　　　　　　　　　　　　　图版145　LC

识别：体色艳丽的中型红尾鸲。具明显的宽阔白色翼斑。雄鸟眼先、头侧、喉部、翕部和两翼褐黑色，顶冠和枕部灰色并具银色边缘，体羽余部栗褐色，中央尾羽深黑褐色。雌鸟褐色，眼圈和尾部皮黄色似雄鸟，但体色较暗淡，臀部有时为棕色。**鸣声**：鸣叫声为一连串轻柔哨音续以轻柔的 *tac-tac* 声，亦作短而尖的 *peep*、*hit*、*wheet* 哨音，鸣唱声为一连串欢快的哨音，参考 XC437577（Scott Olmstead）。**分布**：亚洲东北部和中国大部留鸟，越冬于日本、中国南部、喜马拉雅山脉、缅甸和中南半岛北部。在中国较常见，指名亚种繁殖于东北和河北，在山东和江西山区亦有记录，并越冬于华南、东南、台湾和海南；*leucopterus* 亚种繁殖于青海东部、甘肃、宁夏、陕西、四川北部和西部、云南西北部及西藏东南部，越冬于云南南部，偶见于浙江。**习性**：夏季栖于亚高山森林、灌丛和林间空地，冬季栖于低海拔落叶灌丛和耕地。常立于突出的停歇处并摆动尾部。

1294. 红腹红尾鸲　White-winged Redstart　*Phoenicurus erythrogastrus*
hóngfù hóngwěiqú　15~17 cm　　　　　　　　　　图版145　LC

识别：色彩醒目的大型红尾鸲。雄鸟似北红尾鸲，区别为体型较大、顶冠和枕部灰白色且中央尾羽栗色。冬羽背部具烟灰色边缘。雌鸟似欧亚红尾鸲雌鸟，区别为体型较大、褐色中央尾羽与棕褐色尾羽对比不甚明显。幼鸟体羽具点斑，白色翼斑明显。**鸣声**：鸣叫声为微弱的 *lik* 声和更为生硬的 *tek* 声。鸣唱声为短促清晰的 *tit-tit-titer* 哨音续以突发的似喘息短音，在突出的停歇处或炫耀飞行时发出，参考 XC290100（R. Martin）。**分布**：高加索山脉、中亚、喜马拉雅山脉、中国西北部和西部。在中国，见于西藏、青海至甘肃南部和陕西南部秦岭，越冬于河北、北京、山西、四川南部和云南北部。**习性**：耐寒，栖于海拔 3000 ~ 5500 m 的开阔多岩高山旷野中。性羞怯，单独活动。求偶炫耀的雄鸟从突出的停歇处跳出，两翼抖动，露出其白色翼斑。有时在动物尸体上觅食昆虫。雌鸟冬季下至较低海拔处，而雄鸟留于高海拔地区，有时在雪中觅食。

1295. 蓝额红尾鸲　Blue-fronted Redstart　*Phoenicurus frontalis*
lán'é hóngwěiqú　15~16 cm　　　　　　　　　　图版145　LC

识别：体色艳丽的中型红尾鸲。雄雌鸟尾部均为亮棕色并具由中央尾羽和其余尾羽羽端形成的独特倒 "T" 字形黑色斑（雌鸟为褐色）。雄鸟头部、胸部、枕部和翕部深蓝色，额部和短眉纹钴蓝色，两翼黑褐色而羽缘褐色和皮黄色，但无白色翼斑，腹部、臀部、背部和尾上覆羽橙棕色。雌鸟褐色，眼圈皮黄色，与其他相似的红尾鸲雌鸟的区别为尾端深色。**鸣声**：鸣叫声为单音 *tic* 声。告警声为轻声重复的 *ee-tit, ti-tit* 声，从停歇处或在飞行中发出。鸣唱声为一连串甜美啾鸣和粗哑喘息声，似赭红尾鸲但不如其嘶哑，参考 XC491379（Peter Boesman）。**分布**：中国中部至青藏高原和喜马拉雅山脉，越冬于缅甸西南部和中南半岛北部。在中国较常见，繁殖于西藏南部、青海东部和南部、甘肃南部、宁夏、陕西南部秦岭、四川、贵州以及云南的高海拔山区，冬季下至分布区内较低海拔处，部分个体往南迁徙。**习性**：通常单独活动，迁徙时集小群。从停歇处飞出捕捉昆虫。尾部上下而非左右摆动。性不惧人。

1296. 红尾水鸲　Plumbeous Water Redstart　*Phoenicurus fuliginosus*
hóngwěi shuǐqú　12~14 cm　　　　　　　　　　图版145　LC

识别：两性异型的小型红尾鸲。雄鸟腰部、臀部和尾部栗褐色，体羽余部深青灰蓝色。与其他大部分红尾鸲的区别为无深色中央尾羽。雌鸟上体灰色，眼圈色浅，下体白色并具灰色羽缘形成的鳞状斑，臀部、腰部和外侧尾羽基部白色，其余尾羽和两翼黑色，翼覆羽和三级飞羽羽端具狭窄白色。与小燕尾的区别为尾不分叉、顶冠无白色且无翼斑。雄雌鸟均具持续而明显的翘尾动作。幼鸟上体灰色并具白色点斑。

affinis 亚种雄鸟尾上覆羽棕色，雌鸟尾部白色较少，下体鳞状斑仅见于腹部中央。**鸣声：**鸣叫声为尖厉哨音 *ziet, ziet* 声，占域时发出威胁性 *kree* 声。鸣唱声为快速而短促的金属般碰撞声 *streee-treee-tree-treeeh*，停歇于岩石上或在飞行中发出，参考 XC78374（Frank Lambert）。**分布：**巴基斯坦、喜马拉雅山脉至中国和中南半岛北部。在中国为海拔 1000 ~ 4300 m 间湍急溪流和清澈河流处的常见垂直迁徙鸟，*fuliginosus* 亚种见于西藏南部、华南大部和海南并北至青海、甘肃、陕西、山西、河南和山东，*affinis* 亚种见于台湾海拔 600 ~ 2000 m 地区。**习性：**单独或成对活动。几乎总是见于多石的溪流和河流两旁及水中砾石上。尾部常摆动。在岩石间快速移动。求偶炫耀时停在半空中振翅，尾部展开，并作螺旋状飞行回到停歇处。领域性强，但常与河乌、溪鸲和燕尾等混群。

1297. 白顶溪鸲　White-capped Water Redstart　*Phoenicurus leucocephalus*
báidǐng xīqú　18~19 cm　　　　　　　　　　　　　图版145　LC

识别：不易被误认的较小的黑色和栗色红尾鸲。顶冠和枕部白色，腰部、尾基部和腹部栗色。幼鸟色暗且偏褐色，顶冠具黑色鳞状斑。**鸣声：**鸣叫声为较哀婉的尖厉响亮升调 *tseeit tseeit* 声，鸣唱声则为细弱的起伏哨音，参考 XC491386（Peter Boesman）。**分布：**中亚、喜马拉雅山脉和中国，越冬于印度和中南半岛。在中国，甚常见于大部地区的山间溪流及河流中，繁殖于海拔 4000 m 以下的上游水源附近，冬季沿水道下迁。**习性：**常立于水中或近水的突出岩石上，降落时不断点头并摆动具黑色尾端的尾羽。求偶时做怪异的摇头动作。

1298. 白背矶鸫　Rufous-tailed Rock Thrush　*Monticola saxatilis*
báibèi jīdōng　17~20 cm　　　　　　　　　　　　　图版146　LC

识别：较小的矶鸫。雄鸟夏羽和栗腹矶鸫的区别为头部偏灰色、无黑色脸罩、背部白色、两翼偏褐色、尾部栗色且中央尾羽蓝色。雄鸟冬羽黑色，羽缘白色形成扇贝状纹。雌鸟与蓝矶鸫雌鸟的区别为体色较浅、上体具浅色点斑且尾部赤褐色似雄鸟。幼鸟似雌鸟，但体色较浅、杂斑较多。**鸣声：**鸣叫声为清晰的 *diu a chak* 声和似伯劳的轻柔 *ks-chrrr* 声，鸣唱声似蓝矶鸫，但更为轻柔和流畅，参考 XC452295（Frank Lambert）。**分布：**欧洲、北非至中国北部，迁徙途经印度西北部至非洲越冬。在中国，较常见于新疆西北部、青海、宁夏、内蒙古及河北等地的适宜生境中，偶见于更南地区。**习性：**单独或成对活动，常栖于突出岩石或裸露树顶。有时与其他鸟类混群。求偶炫耀时雄鸟尾羽展开振翅飞出，并展开两翼和尾部如降落伞般缓慢下降。

1299. 蓝矶鸫　Blue Rock Thrush　*Monticola solitarius*　lán jīdōng
20~23 cm　　　　　　　　　　　　　　　　　　　图版146　LC

识别：中型青灰色矶鸫。雄鸟暗蓝灰色，具浅黑色和偏白色的鳞状斑，腹部和尾下深栗色（*pandoo* 亚种为两翼黑色、余部全蓝色），与栗腹矶鸫雄鸟的区别为无黑色脸罩且上体蓝色较暗。雌鸟上体灰色沾蓝色，下体皮黄色并布满黑色鳞状斑。幼鸟似雌鸟，但上体具黑白色鳞状斑。**鸣声：**鸣叫声恬静或为粗嘎哭叫声，鸣唱声为短促而甜美的哨音，参考 XC496017（Anon Torimi）。**分布：**广布于欧亚大陆、北非和东南亚。在中国尤其是东部地区一般常见，*longirostris* 亚种繁殖于西藏西南部；*pandoo* 亚种见于新疆西北部、西藏南部、四川、甘肃南部、宁夏、陕西南部、云南、贵州和长江以南各省份，迷鸟见于台湾和海南；*philippensis* 亚种繁殖于东北至山东、河北、河南，迁徙途经南方大部地区和台湾。**习性**：常栖于突出部如岩石、房屋、柱子和枯树上，俯冲至地面捕捉昆虫。

1300. 栗腹矶鸫　Chestnut-bellied Rock Thrush　*Monticola rufiventris*
lìfù jīdōng　21~25 cm　　　　　　　　　　　图版146　LC

识别：较大的矶鸫。雄鸟具黑色脸罩，上体深蓝色，尾部、喉部和下体余部亮栗色，与蓝矶鸫的红腹亚种区别为具黑色脸罩且下体栗色延至喉部，与体色相似的某些仙鹟区别为头形似鸫且颈部和肩部无亮蓝色。雌鸟褐色，上体略具偏黑色鳞状斑，下体布满深褐色和皮黄色鳞状斑，与其他矶鸫雌鸟的区别为深色耳羽后具皮黄白色月牙状斑且皮黄色眼圈较宽。幼鸟具赭黄色点斑和褐色鳞状斑。**鸣声**: 召唤声为 *quock* 声，告警声为似松鸦的粗哑 *chhrrs* 声间杂高而尖厉的 *tick* 声，鸣唱声为悦耳的颤鸣声 *teetatewleedee twet tew* 及其变调，常从树顶发出，参考 XC201789（Frank Lambert）。
分布：巴基斯坦西部至中国南部和中南半岛北部。在中国，较常见于南方大部地区海拔 1000 ~ 3000 m 处，冬季下至较低海拔处。**习性**：常立于高树顶。

1301. 白喉矶鸫　White-throated Rock Thrush　*Monticola gularis*
báihóu jīdōng　17~19 cm　　　　　　　　　　图版146　LC

识别：较小的矶鸫。雄鸟顶冠、枕部和肩斑蓝色，头侧黑色，下体多为橙栗色，与中国分布的其他矶鸫区别为具白色喉斑和白色翼斑。雌鸟与其他矶鸫雌鸟的区别为上体具宽阔黑色鳞状斑，与虎斑地鸫的区别为体型较小、喉部白色、眼先色浅且耳羽深色。跗跖暗橙色。**鸣声**：鸣叫声为轻柔的 *tsip* 声，告警声为粗哑 *tchak* 声，鸣唱声为优美而哀婉的升调长哨音，参考 XC326511（Alex Thomas）。**分布**：繁殖于古北界东北部，越冬于中国南部和东南亚，偶见于日本。在中国较常见，繁殖于东北、河北和山西南部，越冬于华南、东南和云南南部。**习性**：甚安静，性不惧人。长时间静止不动。栖于混交林、针叶林或多岩草地。冬季集群。

1302. 白喉石䳭　White-throated Bushchat　*Saxicola insignis*　báihóu shíjí
14~15 cm　　　　　　　　　　　　　　　图版146　国二 / VU

识别：较大的䳭。雄鸟胸部红色，臀部偏白色，上体黑白色。似黑喉石䳭雄鸟，区别为颏部、喉部和颈侧白色形成不完整的颈圈且飞羽基部白色。雌鸟亦似黑喉石䳭雌鸟，区别为背部偏灰色、飞羽基部白色。**鸣声**：告警声为金属般 *tek, tek* 声，参考 XC414380（Frank Lambert）。**分布**：繁殖于哈萨克斯坦至蒙古国西部，越冬于印度北部和尼泊尔。在中国，迁徙时罕见于青海和内蒙古阿拉善地区，多位于有灌丛的高山和亚高山草甸。**习性**: 单独活动。典型的石䳭，但多觅食于地面。停歇于灌丛顶端，飞起捕食昆虫。

1303. 黑喉石䳭　Siberian Stonechat　*Saxicola maurus*　hēihóu shíjí
13~15 cm　　　　　　　　　　　　　　　　　　图版146　NR

识别：中型黑、白、棕色䳭。雄鸟头部和飞羽黑色，背部深褐色，颈部和两翼具明显白斑，腰部白色，胸部棕色。雌鸟体色较暗且无黑色，下体皮黄色，仅翼上具白斑。*presvalskii* 亚种喉部皮黄色，下体黄褐色。与白斑黑石䳭的区别为体色较浅且翼上具白斑。**鸣声**：鸣唱声婉转，参考 XC481502（Frank Lambert），鸣叫声为似责骂的 *tsack-tsack* 声，仿佛两块石头相互敲击。**分布**：繁殖于古北界、喜马拉雅山脉和东南亚北部，越冬于非洲、中国南部、印度和东南亚。在中国，指名亚种繁殖于陕西北部、新疆北部和西部以及西藏南部；*presvalskii* 亚种繁殖于新疆南部至青海、甘肃、陕西、四川和西南地区，北方种群冬季南迁。**习性**：喜农田、庭院和次生灌丛等开阔生境。停歇于突出的低矮树枝，俯冲至地面捕捉猎物。

1304. 东亚石䳭　Stejneger's Stonechat　*Saxicola stejnegeri*　dōngyà shíjí
13~15 cm　　　　　　　　　　　　　　　　　　图版146　NR

识别：中型䳭。体色分明，尾短。极似黑喉石䳭，曾作为其一个亚种。雄鸟头部纯黑色，白色颈圈明显，胸部棕色较少。雌鸟胸部色极浅，几乎不沾红色。雄鸟非繁殖羽似雌鸟，但头部仍偏黑色。**鸣声**：鸣唱声为短啭鸣、尖细哨声和干涩颤音，参考 XC286286（Peter Boesman），鸣叫声为模糊的 *whit* 声、粗哑的 *trac* 声和 *whit trac-trac* 声等。**分布**：西伯利亚中部、东部至中国东北部、朝鲜半岛及日本，越冬于东亚和东南亚。在中国，繁殖于东北地区，越冬于长江以南包括海南。**习性**：似黑喉石䳭。

1305. 白斑黑石䳭　Pied Bushchat　*Saxicola caprata*　báibān hēi shíjí
13~15 cm　　　　　　　　　　　　　　　　　　图版146　LC

识别：中型黑白色䳭。雄鸟通体烟黑色，腰部和明显的翼斑均为白色。雌鸟体具褐色纵纹，腰部浅褐色。幼鸟体羽褐色并具点斑。**鸣声**：告警声为似责骂的 *chuh* 声，鸣唱声为悦耳的细弱 *chipchepeecheweech* 哨音，参考 XC425926（Arun Prabhu）。**分布**：伊朗至中国西南部、东南亚、菲律宾、苏拉威西岛、马来群岛和新几内亚岛。在中国，*burmanica* 亚种为西南地区和西藏东南部海拔 3300 m 以下地区常见留鸟。**习性**：喜干燥开阔的多草原野。栖于突出部如灌丛顶部、岩石、柱子或电线上，振翅追捕小型昆虫等猎物。雄鸟鸣唱或兴奋时尾部上翘。

1306. 黑白林䳭　Jerdon's Bushchat　*Saxicola jerdoni*　hēibái línjí
14~16 cm　　　　　　　　　　　　　　　　　　图版146　LC

识别：中型䳭。雄鸟上体全亮黑色，下体白色。雌鸟上体褐色，腰部棕褐色，喉部白色，下体余部浅棕色，胸部和两胁色较深，与灰林䳭雌鸟的区别为眉纹短得多且不甚明显、尾部较长而圆。**鸣声**：鸣叫声为短促的哀怨哨音，比大部分其他䳭类更高。告警声为低音 *chit-churr* 或 *churrr* 声。鸣唱声为短哨音，参考 XC79468（Desmond Allen）。**分布**：南亚次大陆东部、中南半岛和东南亚。在中国，为云南极西内部和南部罕见留鸟。**习性**：栖于低海拔平原的涨水草地。性羞怯，单独或成对活动。停歇于草茎上，并冲下捕捉昆虫等猎物。不断摆尾和展开尾羽。

1307. 灰林䳭 Grey Bushchat *Saxicola ferreus* huī línjí 14~16 cm 图版146 LC

识别：中型偏灰色䳭。雄鸟具特征性斑驳灰色上体，明显的白色眉纹、颏部和喉部与黑色脸罩形成对比，下体偏白色，烟灰色胸带延至两胁，两翼和尾部黑色，飞羽和外侧尾羽羽缘灰色，翼下覆羽白色（飞行时可见），停歇可见背部羽缘沾褐色，蚀羽偏灰色。雌鸟似雄鸟，但以褐色取代灰色，腰部栗褐色。幼鸟似雌鸟，但下体为褐色并具鳞状斑。**鸣声**：鸣叫声为升调 *prrei* 声，告警声为轻软的 *churr* 声续以哀婉的 *hew* 管笛音，鸣唱声为短促细弱的颤音并以洪亮哨音收尾，参考 XC201061（Frank Lambert）。**分布**：喜马拉雅山脉、中国南半部和中南半岛北部，越冬于亚热带低海拔地区。在中国甚常见，指名亚种见于西藏东南部和云南西部，*haringtoni* 亚种见于其余北纬 34° 以南地区并迁徙途经台湾。**习性**：栖于开阔灌丛和耕地，停歇处相对固定，常摆动尾部，于地面或在飞行中捕捉昆虫。

1308. 穗䳭 Northern Wheatear *Oenanthe oenanthe* suì jí
14~16 cm 图版147 LC

识别：小型沙褐色䳭。两翼色深，腰部白色。雄鸟夏羽额部和眉纹白色，眼先和脸部黑色。雄鸟冬羽贯眼纹色深，眉纹白色，顶冠和背部皮黄褐色，两翼、中央尾羽和尾羽羽端偏黑色，胸部棕色，腰部和尾侧白色。雌鸟似雄鸟，但体色较暗。**鸣声**：鸣叫声为尖厉哨音 *heet* 声，告警声为生硬 *chak* 声。鸣唱声为快速的短促清脆小调间杂哨音 *heet* 声，从岩石上或在飞行中发出，并常在夜里鸣唱，参考 XC480603（Albert Lastukhin）。**分布**：繁殖于古北界，越冬于印度和北非。在中国，甚常见于荒漠、高原和多岩草地生境，指名亚种繁殖于新疆西部的阿尔泰山、天山和喀什地区以及内蒙古东北部呼伦湖地区、宁夏、鄂尔多斯高原、山西，迷鸟记录于河北、北京和江苏南部。**习性**：栖于开阔原野。领域性强。站姿高，机警而自信。常点头和扇翅。在地面奔跑或并足跳跃。飞行快而低，落地前振翅。

1309. 沙䳭 Isabelline Wheatear *Oenanthe isabellina* shā jí
15~17 cm 图版147 LC

识别：大型䳭。喙较长，体色为沙褐色偏粉色，无黑色脸罩，两翼比大部分其他䳭更浅，尾部比穗䳭冬羽更黑。两性相似，但雄鸟眼先较黑、眉纹和眼圈偏白色。与漠䳭的区别为体型较丰满、头部较大、跗跖较长、翼覆羽黑色较少且腰部和尾基更白。幼鸟上体具浅色点斑，胸羽羽缘暗色。**鸣声**：鸣叫声为高音管笛声 *cheep*，鸣唱声为叽喳声持续长达 15 秒，比其他䳭更长，并具模仿叫声和一连串清晰的 *wee-wee-wee-wee-wee* 声。在冬季亦作低柔甜美的鸣唱声，参考 XC414252（Frank Lambert）。**分布**：欧洲东南部经中东至喜马拉雅山脉西北部、俄罗斯东南部、中国北部和蒙古国，越冬于印度西北部和非洲中部。在中国，较常见于新疆、青海、甘肃、陕西北部和内蒙古海拔 3000 m 以下的平原和荒漠地区，迷鸟见于北京。**习性**：单独或成对活动于有灌丛的沙漠地带。站姿比穗䳭略直。在地面快速奔跑，时而停下点头。雄鸟求偶炫耀时跃入空中，尾羽展开悬停于半空，再返回地面。

1310. 漠鵖 **Desert Wheatear** *Oenanthe deserti* mò jí 14~16 cm 图版147 LC

识别：较小的沙黄色鵖。尾部黑色，两翼偏黑色。雄鸟脸侧、颈部和喉部黑色。雌鸟头侧偏黑色，颏、喉部白色，两翼比穗鵖雌鸟更黑。南方的 *oreophila* 亚种比北方的 *atrogularis* 亚种体型更大。飞行时尾部几乎全黑而区别于其他所有的鵖类。**鸣声**：告警声为粗哑的 *chrt-tt-tt* 声，鸣叫声为尖厉哨音，雄鸟鸣唱声为重复而哀婉的降调颤音 *teee-ti-ti-ti*，参考 XC150102（Frank Lambert）。**分布**：阿拉伯半岛、中东至蒙古国、喜马拉雅山脉西部和中国的西部、北部、中部及青藏高原，越冬至阿拉伯半岛、非洲东北部和印度西北部。在中国较常见于荒漠中，*atrogularis* 亚种见于新疆西北部、西藏西部、宁夏、陕西北部和甘肃，*oreophila* 亚种见于新疆西南部、青海和西藏。**习性**：比沙鵖更偏多石荒漠和荒地生境。常停歇于低矮植被上，性羞怯。雄鸟在近巢区处作简短的振翅炫耀飞行。在地面并足跳跃，并常飞至岩石后躲避。

1311. 白顶鵖 **Pied Wheatear** *Oenanthe pleschanka* báidǐng jí 14~17 cm 图版147 LC

识别：尾长的中型鵖。常栖于灌丛。雄鸟上体黑色，仅腰部、顶冠和枕部为白色，外侧尾羽基部灰白色，下体白色，仅颏、喉部黑色，与东方斑鵖 *capistrata* 亚种雄鸟的区别为顶冠偏灰色且胸部沾皮黄色。雌鸟上体偏褐色，眉纹皮黄色，外侧尾羽基部白色，颏、喉部色深，白色羽端形成鳞状斑，胸部偏红色，两胁皮黄色，臀部白色。罕见的 *vittata* 亚种雄雌鸟喉部均为白色。**鸣声**：鸣叫声为生硬干涩的 *tritt tack* 声。鸣唱声短促悦耳并具叽喳声和模仿叫声，从岩石上或在飞行时发出，比穗鵖更善鸣，参考 XC468310（Frank Lambert）。**分布**：罗马尼亚至俄罗斯南部、外贝加尔地区和中国北部，越冬于伊朗、阿拉伯半岛和东非。在中国，较常见于新疆西部、青海、甘肃、宁夏、内蒙古、陕西、山西、河南、河北及辽宁等地适宜的荒瘠生境中。**习性**：栖于多石而具灌丛的荒地、农场和城镇。站姿直，尾不上下摆动。从停歇处捕食昆虫。雄鸟在高空盘旋时鸣唱，再突然俯冲至地面。

1312. 东方斑鵖 **Variable Wheatear** *Oenanthe picata* dōngfāng bānjí 16~18 cm 图版147 LC

识别：较大的黑白色鵖。至少具三个亚种。*picata* 亚种上体全黑，仅腰部和外侧尾羽基部白色，下体全白，仅颏、喉部和上胸黑色。*opistholeuca* 亚种下体黑色延至整个腹部。*capistrata* 亚种易与白顶鵖雄鸟混淆，区别为胸部和顶冠更白。雌鸟体色更为多变，通常似雄鸟，并以烟黑色或灰黑色取代黑色。**鸣声**：鸣唱声甜美而断续，间杂叽喳声和模仿叫声，从停歇处或在飞行中发出，参考 XC113653（Vir Joshi）。**分布**：伊朗至中亚、喜马拉雅山脉、克什米尔，越冬于伊朗南部至印度西北部。在中国，偶见于新疆西南部的喀什地区。**习性**：求偶炫耀鸣唱时扇动两翼并垂下展开的尾羽。从停歇处或并足跳跃俯冲捕捉昆虫等猎物。有时似鹟般在飞行中捕捉昆虫。领域性极强，甚至会驱赶非同种的其他鵖类和鸲类。

河乌科 Cinclidae 河乌 （1属2种）

一小科体型敦实的似鸫鸟类，两翼和尾部均短。栖于流速快的山间溪流，善在水中游泳捕食昆虫。

1313. 河乌 White-throated Dipper *Cinclus cinclus* héwū
16~20 cm 图版147 LC

识别：深褐色河乌。具颏、喉部延至上胸的特征性大块白斑。下背和腰部偏灰色。深色型可能呈烟褐色围兜，并偶具浅色纵纹。*leucogaster* 亚种腹部白色，两胁和臀部灰色，但深色型下体为深色。幼鸟上体偏灰色而下体较白。**鸣声**：鸣唱声尖厉而刺耳，参考 XC425882（Terje Kolaas），并在飞行时发出粗哑的 *zrets* 鸣叫声。**分布**：古北界、喜马拉雅山脉、中国西部和缅甸东北部。在中国，曾常见但如今种群数量减少。*leucogaster* 亚种见于西北地区，*cashmeriensis* 亚种见于喜马拉雅山脉、西藏东南部至云南西北部，*przewalskii* 亚种见于青藏高原东部至甘肃、四川北部和湖北西部的湍急河流中。**习性**：栖于海拔 2400 ~ 4250 m 清澈而湍急的山间溪流。在部分地区具季节性迁移。常点头和翘尾，并作扇翅炫耀。善游泳和潜水，升水似软木塞。

1314. 褐河乌 Brown Dipper *Cinclus pallasii* hè héwū 18~22 cm 图版147 LC

识别：深褐色河乌。无白色或浅色围兜。有时可见眼上小型白斑。*tenuirostris* 亚种比其他亚种偏浅褐色。**鸣声**：鸣叫声为尖厉的 *dzchit, dzchit* 声，但不如河乌尖厉。鸣唱声短促、圆润而具韵律，比河乌更为悦耳，参考 XC344845（Anon Torimi）。**分布**：南亚、东亚、喜马拉雅山脉、中国和中南半岛北部。在中国，常见于海拔 300 ~ 3500 m 的湍急溪流，*tenuirostris* 亚种为新疆极西部和西藏南部留鸟，*dorjei* 亚种见于云南西北部，指名亚种见于华中、西南、华南、华东、东北和台湾，但于海南无记录。**习性**：成对活动，具季节性迁徙。典型的河乌。炫耀时高举两翼并扇动。

叶鹎科 Chloropseidae 叶鹎 （1属3种）

一小科分布于东洋界的小型至中型鸟类，体羽绿色，鸣声悦耳。跗跖短粗，喙长而略弯。体羽尤其是腰部覆羽长、厚而松软。大部分种类食果和（或）昆虫。在树林和灌丛的多叶枝条末端营简洁的杯状巢。不具迁徙性。

1315. 蓝翅叶鹎 Blue-winged Leafbird *Chloropsis moluccensis* lánchì yèbēi
16~18 cm 图版147 LC

识别：较小的亮绿色叶鹎。两翼蓝色，喉部黑色（雄鸟）。与其他叶鹎的区别为两翼和尾侧蓝色。雌鸟无黄色眼圈，喉部蓝色。雄鸟黑色喉斑边缘具黄色圈。雄雌两性均具紫蓝色颊纹。与金额叶鹎的区别为初级飞羽蓝色。**鸣声**：清晰似流水般悦耳的 *chee, chee, cheeweet* 或 *chee, cheeweet* 声，鸣叫声为叽喳声，鸣唱声甜美，参考XC396491（Marc Anderson）。**分布**：南亚次大陆至中国西南部、东南亚、马来半岛和大巽他群岛。在中国，*kinneari* 亚种为云南西部和南部海拔 1000 m 以下地区常见留鸟。**习性**：单独、成对或有时集小群活动，常与其他鸟类混群。

1316. 金额叶鹎　**Golden-fronted Leafbird**　*Chloropsis aurifrons*
jīn'é yèbēi　18~19 cm　　　　　　　　　　　图版147　LC

识别：中型亮绿色叶鹎。额部偏黄色（雄鸟），具亮蓝色肩斑。雄雌鸟的颏部和喉部均为黑色。雌鸟体色略暗，*pridii* 亚种黑色喉斑边缘无金色带。幼鸟颏部和喉部无黑色，但具绿色顶冠。**鸣声**：鸣唱声为悦耳如流水般起伏的颤音，音调似鹎，参考XC369080（Peter Boesman），亦模仿其他鸟类叫声。鸣叫声为各种粗哑哨音。**分布**：南亚次大陆至中国西南部、东南亚和苏门答腊岛。在中国，*pridii* 亚种常见于西藏东南部和云南西南部海拔 300 ~ 2300 m 的丘陵森林中。**习性**：在森林中上层沿树枝积极觅食昆虫。常加入混合鸟群。

1317. 橙腹叶鹎　**Orange-bellied Leafbird**　*Chloropsis hardwickii*
chéngfù yèbēi　16~20 cm　　　　　　　　　　图版147　LC

识别：较大而体色艳丽的叶鹎。雄鸟上体绿色，下体浓橙色，两翼和尾部蓝色，并具黑色的眼罩和围兜以及蓝色髭纹。雌鸟不如雄鸟显眼，体羽多为绿色，髭纹偏蓝色，腹部中央具一道狭窄赭色条带。**鸣声**：鸣唱声清晰响亮，鸣叫声为哨音，参考XC428787（Ding Li Yong），常模仿其他鸟类叫声。**分布**：喜马拉雅山脉、东南亚和中国南部。在中国为最常见和广布的叶鹎，见于包括海南在内的南方大部地区的丘陵和山地森林中，指名亚种为西南和西藏东南部留鸟，*melliana* 亚种见于华南和东南，*lazulina* 亚种见于海南。**习性**：性活跃，栖于林中各层，觅食昆虫。**分类学订正**：*melliana* 亚种和 *lazulina* 亚种有时被视作独立种 *C. lazulina*（灰冠橙腹叶鹎）。

▍啄花鸟科　Dicaeidae　啄花鸟　（1 属 6 种）

一科分布于热带地区的小型活泼鸟类，多见于东洋界和澳新界。部分种类羽色艳丽，为红色和橙色。喙型多样，从尖利到粗厚均有。栖于树顶，觅食小型的昆虫和果实，并与桑寄生属（*Loranthus*）植物关系密切。在多叶枝头营美观的钱袋状巢，巢材为树叶、草纤维和蛛丝。

1318. 厚嘴啄花鸟　**Thick-billed Flowerpecker**　*Dicaeum agile*
hòuzuǐ zhuóhuāniǎo　9~10 cm　　　　　　　　图版148　LC

识别：无明显特征的小型偏褐色啄花鸟。顶冠橄榄褐色，脸颊灰色，背部橄榄色，喉部和下体灰白色,胸部具模糊灰色纵纹,喙颇为厚重,外侧尾端下方白色。虹膜橙色,喙灰色,跗跖深青灰色。**鸣声**:鸣叫声为 *tchup tchup* 声,似其他啄花鸟但不如其生硬,参考 XC474075(Frank Lambert)。**分布**:印度、东南亚、苏门答腊岛、爪哇岛至小巽他群岛。在中国常被忽略,但甚常见于云南南部西双版纳勐海和西藏东南部低海拔地区。**习性**:似其他啄花鸟。栖于低海拔森林,停歇时左右摆尾。

1319. 黄臀啄花鸟 Yellow-vented Flowerpecker *Dicaeum chrysorrheum*
huángtún zhuóhuāniǎo 9~10 cm 图版148 LC

识别:小型啄花鸟。腹部白色。成鸟上体橄榄绿色,尾下覆羽亮黄色或橙色,下体余部白色并布满特征性黑斑。虹膜红色或橙色,喙、跗跖黑色。**鸣声**:飞行时反复发出 *zit-zit-zit* 声,亦作重复的 *zip-a-zip-treee* 鸣叫声,参考 XC214474(Frank Lambert)。**分布**:南亚次大陆东北部、中国西南部、东南亚和大巽他群岛。在中国,指名亚种地区性常见于云南南部(西双版纳)海拔 800 m 以下的丘陵地区。**习性**:栖于庭院和开阔森林。典型的小型食果和食虫鸟,在其觅食的树上大胆驱赶其他鸟类。

1320. 黄腹啄花鸟 Yellow-bellied Flowerpecker *Dicaeum melanozanthum*
huángfù zhuóhuāniǎo 11~13 cm 图版148 LC

识别:大型啄花鸟。下腹部亮黄色。雄鸟具特征性白色喉部纵纹和与之形成对比的黑色头部、喉侧及上体,外侧尾羽内翈具白斑。雌鸟似雄鸟,但体色更暗。虹膜褐色,喙、跗跖黑色。**鸣声**:沙哑不安的 *zit-zit-zit-zit* 声,参考 XC437568(Scott Olmstead)。**分布**:尼泊尔至中国西南部、缅甸和中南半岛。在中国,不常见于四川西部和西南部、云南西部和南部海拔 1400 ～ 4000 m 的亚高山常绿林、开阔松林、林窗和林缘地带,冬季下至较低海拔处。**习性**:栖于常绿林的林缘和林窗,食桑寄生属植物果实。

1321. 纯色啄花鸟 Plain Flowerpecker *Dicaeum minullum*
chúnsè zhuóhuāniǎo 7~9 cm 图版148 LC

识别:无明显特征的纤细啄花鸟。上体橄榄绿色,下体偏浅灰色,腹部中央乳白色,腕部具白色羽束。与厚嘴啄花鸟的区别为喙细。虹膜褐色,喙黑色,跗跖深蓝灰色。**鸣声**:鸣叫声为断续而刺耳的 *tzik* 声,鸣唱声为重复的 *tzierrr* 声,参考 XC19807(David Farrow)。**分布**:印度、中国南部、东南亚和大巽他群岛。在中国,*olivaceum* 亚种为湖南、四川东部和长江以南地区常见低海拔留鸟,*uchidai* 亚种为台湾南部留鸟,指名亚种见于海南。**习性**:典型啄花鸟,栖于丘陵森林、次生林和农耕地,常光顾桑寄生属植物。

1322. 红胸啄花鸟 Fire-breasted Flowerpecker *Dicaeum ignipectus*
hóngxiōng zhuóhuāniǎo 7~9 cm 图版148 LC

识别:小型深色啄花鸟。雄鸟上体深蓝绿色并具光泽,下体皮黄色,胸部具深红色块斑,腹部中央具一道狭窄黑色纵纹。雌鸟下体赭皮黄色。幼鸟似纯色啄花鸟幼鸟,但分布于更高海拔处。虹膜褐色，喙、跗跖黑色。**鸣声**：鸣唱声为高音金属音 *titty-titty-titty* 声，参考 XC437555（Scott Olmstead），鸣叫声为清脆的 *chip* 声。**分布**：喜马拉雅山脉、中国南部、东南亚和苏门答腊岛。在中国为海拔 800 ~ 2200 m 丘陵森林中的常见留鸟，指名亚种见于华中、华南和西藏东南部，*formosum* 亚种见于台湾。**习性**：似其他啄花鸟，常光顾树顶的桑寄生属植物。

1323. 朱背啄花鸟　Scarlet-backed Flowerpecker　*Dicaeum cruentatum*
zhūbèi zhuóhuāniǎo　7~9 cm　　　　　　　　　图版148　LC

识别：小型黑、红色啄花鸟。雄鸟顶冠、背部和腰部深红色，两翼、头侧和尾部黑色，两胁灰色，下体余部白色。雌鸟上体橄榄色，腰部和尾上覆羽深红色，尾部黑色。幼鸟纯灰色，喙橙色，腰部略沾暗橙色。虹膜褐色，喙、跗跖墨绿色。**鸣声**：典型鸣叫声为偏高的金属音 *tip...tip...tip* 声，鸣唱声为重复尖细的 *tissit...tissit...* 声，参考 XC399363（Werzik）。**分布**：印度、中国南部、东南亚、苏门答腊岛和加里曼丹岛。在中国，指名亚种（亦作 *erythronotum* 亚种）不常见于西藏东南部、云南南部、广西、广东和福建的低海拔森林中，*hainanum* 亚种为海南留鸟。**习性**：性活跃而富有攻击性，常光顾海拔 1000 m 以下的次生林、庭院和种植园中的桑寄生属植物。

▎**太阳鸟科　Nectariniidae　太阳鸟、捕蛛鸟　（6 属 14 种）**

一大科分布于旧大陆热带地区的小型鸟类，通常羽色艳丽，喙长而弯。其具有金属光泽的体羽和在花朵前悬停的能力颇似美洲的蜂鸟。多以花蜜为食，亦食部分昆虫和花粉，喙极长的捕蛛鸟已成为部分食虫性鸟类。营精美的悬巢，巢材为细草尖和其他柔软材料。捕蛛鸟的巢由蛛丝编织于大树叶下方。

1324. 紫颊直嘴太阳鸟 / 紫颊太阳鸟　Ruby-cheeked Sunbird　*Chalcoparia singalensis*
zǐjiá zhízuǐ tàiyángniǎo　10~11 cm　　　　　　　图版149　LC

识别：体色艳丽的小型太阳鸟。雄鸟顶冠和上体深绿色并具金属光泽，脸颊深铜红色，腹部黄色，喉、胸部橙褐色。雌鸟上体绿橄榄色，下体似雄鸟但更浅。虹膜红褐色，喙黑色，跗跖墨绿色。**鸣声**：鸣叫声为尖厉 *seet-seet* 声，鸣唱声为以简短双音收尾的尖厉升调颤音，续以降调颤音并以两个单音收尾，参考 XC200676（Frank Lambert）。**分布**：尼泊尔至中国西南部、东南亚和大巽他群岛。在中国，*koratensis* 亚种为西藏东南部、云南西部和南部海拔 1000 m 以下地区不常见留鸟。**习性**：单独或成对活动，有时与其他鸟类混群。喜林缘、稀疏林下植被和椰林，食花粉。

1325. 褐喉食蜜鸟　Brown-throated Sunbird　*Anthreptes malacensis*
hèhóu shímìniǎo　12~14 cm　　　　　　　　　图版149　LC

识别：较大的太阳鸟。腹部黄色，喉部褐色。雄鸟上体紫绿色并具金属光泽，腰部偏紫色并具紫色肩斑和亮黄色胸侧羽束。雌鸟体色更为素净，上体橄榄色，具偏黄色眼圈和髭纹。**鸣声**：鸣叫声为刺耳双音、响亮欢快的 *kelichap* 声和更为生硬的 *twit-twit* 声，鸣唱声为二至五个音节的 *wee-chew-chew-wee* 声，参考 XC359558（Peter Boesman）。**分布**：东南亚至马来群岛。在中国为留鸟，指名亚种边缘性分布于云南南部海拔 1200 m 以下的热带森林中。**习性**：单独或成对活动，觅食于林缘、林中空地和庭院中的花朵上。

1326. 蓝枕花蜜鸟　Purple-naped Sunbird　*Hypogramma hypogrammicum*
lánzhěn huāmìniǎo　12~15 cm　　　　　　　　　　　　图版148　LC

识别：大型花蜜鸟。具布满浓密纵纹的特征性黄色下体。雄鸟枕部、腰部和尾部覆羽金属紫色。虹膜红色或褐色，喙黑色，跗跖褐色或橄榄色。**鸣声**：鸣叫声为刺耳的单音节 *schewp* 声，重复两三次，参考 XC25991（David Edwards）。**分布**：中国西南部、东南亚、苏门答腊岛和加里曼丹岛。在中国，*lisettae* 亚种为云南西部海拔 1000 m 以下森林中的地区性常见留鸟。**习性**：喜森林、沼泽林和次生灌丛中的小树和林下植被。常展开和摆动尾部。

1327. 紫色花蜜鸟 / 紫花蜜鸟　Purple Sunbird　*Cinnyris asiatica*　zǐsè huāmìniǎo
10~11 cm　　　　　　　　　　　　　　　　　　　　　图版149　LC

识别：小型极深色太阳鸟。雄鸟在多数光线下呈全黑色，但具绿色光泽和红褐色胸带，胸侧羽束为黄色和橙色。雌鸟上体橄榄色，下体暗黄色，与黄腹花蜜鸟雌鸟的区别为下体色较浅、尾端白色区域较窄。雄鸟蚀羽似雌鸟，但喉部中央具黑色纵纹，与黄腹花蜜鸟雄鸟的区别为翼覆羽具蓝色光泽。虹膜褐色，喙、跗跖黑色。**鸣声**：鸣唱声为降调 *swee-swee-swee-swit-zizi-zizi* 声，参考 XC472643（Peter Boesman），亦作叽喳声。鸣叫声为 *tzit* 声或上扬似喘息的 *swee* 声。**分布**：南亚次大陆至中国西南部和东南亚。在中国为云南西南部、西部和西双版纳以及西藏东南部中低海拔开阔原野和庭院中的罕见留鸟。**习性**：典型太阳鸟，栖于灌丛和林缘。

1328. 黄腹花蜜鸟　Olive-backed Sunbird　*Cinnyris jugularis*
huángfù huāmìniǎo　10~11 cm　　　　　　　　　　　　图版149　LC

识别：小型太阳鸟。腹部灰白色。雄鸟颏部、胸部金属紫黑色，并具绯红色和灰色胸带以及亮橙色丝质肩羽，上体橄榄绿色，蚀羽金属紫色缩小为喉部中央的狭窄条纹。雌鸟体羽无黑色，上体橄榄绿色，下体黄色，通常具浅黄色眉纹。虹膜深褐色，喙、跗跖黑色。**鸣声**：鸣叫声为有韵律的 *cheep, cheep, chee weet* 声，鸣唱声为短调并以一个清晰颤音收尾，参考 XC442638（Ding Li Yong）。**分布**：安达曼群岛、尼科巴群岛、中国南部、东南亚、菲律宾、印度尼西亚至新几内亚岛和澳大利亚。在中国，*rhizophorae* 亚种不常见于云南南部和广西的低海拔地区，但在海南甚常见，尤其是沿海灌丛地带。**习性**：性嘈杂，集小群活动于开花树上或灌丛间。雄鸟有时相互追逐。常光顾庭院、沿海灌丛和红树林。

1329. 蓝喉太阳鸟　Mrs. Gould's Sunbird　*Aethopyga gouldiae*
lánhóu tàiyángniǎo　14~15 cm　　　　　　　　　　图版149　LC

识别：较大的太阳鸟。雄鸟为深红色、蓝色和黄色，并具延长的蓝色尾羽。与黑胸太阳鸟的区别为体色亮丽且胸部深红色，与火尾太阳鸟和黄腰太阳鸟的区别为尾部蓝色。指名亚种胸部黄色并具些许深红色细纹。雌鸟上体橄榄色，下体黄绿色，颏、喉部烟橄榄色，腰部浅黄色而区别于除黑胸太阳鸟以外的其他太阳鸟雌鸟，与黑胸太阳鸟雌鸟的区别为尾端白色更为明显。**鸣声**：鸣叫声为快速重复的 *tzip* 声，告警声为嘎嘎声，鸣唱声为中部上扬的 *squeeeee* 咬舌音，参考 XC322273（Guy Kirwan）。**分布**：喜马拉雅山脉、印度东北部至中国西南部和中南半岛。在中国，夏季常见于海拔 1200 ~ 4300 m 的山地常绿林，冬季下至较低海拔处，指名亚种见于喜马拉雅山脉，*dabryii* 亚种见于华中和西南。**习性**：春季常觅食于杜鹃属（*Rhododendron*）植物而夏季见于悬钩子属（*Rubus*）植物。

1330. 绿喉太阳鸟　Green-tailed Sunbird　*Aethopyga nipalensis*
lǜhóu tàiyángniǎo　14~15 cm　　　　　　　　　　图版149　LC

识别：较大的太阳鸟。雄鸟为深红色、绿色和黄色，尾羽长。与蓝喉太阳鸟和火尾太阳鸟的区别为尾羽金属绿色且腹部灰色。雌鸟上体橄榄色，下体暗黄绿色渐变为喉、颏部灰色，腰部无黄色，尾羽羽端白色。与相似的太阳鸟雌鸟区别为尾部呈楔形。**鸣声**：鸣叫声为响亮的 *chit chit* 声，鸣唱声为 *tchiss...tchiss-iss-iss-iss* 声，参考 XC426379（Peter Boesman）。**分布**：喜马拉雅山脉、印度东北部至中国西南部、缅甸和中南半岛。在中国，*koelzi* 亚种不常见于喜马拉雅山脉的潮湿山谷、西藏东南部、四川南部和西部以及云南西部海拔 1800 ~ 3600 m 的苔藓森林中。**习性**：常光顾开花灌丛并大胆驱赶其他太阳鸟。

1331. 叉尾太阳鸟　Fork-tailed Sunbird　*Aethopyga latouchii*
chāwěi tàiyángniǎo　9~11 cm　　　　　　　　　　图版149　LC

识别：小型而精致的太阳鸟。雄鸟顶冠和枕部金属绿色，上体和两翼橄榄色，腰部黄色，尾上覆羽和中央尾羽绿色并具金属光泽，中央两枚延长尾羽尖而细，外侧尾羽黑色而羽端白色，头侧黑色并具亮绿色髭纹和绯红色喉斑，下体余部污橄榄白色。雌鸟体型甚小，上体橄榄色，下体浅黄绿色，与黄腰太阳鸟雌鸟的区别为尾端下方白色。**鸣声**：甚嘈杂。鸣叫声为响亮的金属音 *chiff-chiff-chiff* 声，鸣唱声为简单的颤音，参考 XC56524（David Edwards），觅食时发出一连串叽喳声。**分布**：中国南部和越南。在中国，为东南、华南低海拔地区的常见鸟。**习性**：栖于森林、林地甚至城镇中，常光顾开花灌丛和树木。

1332. 海南叉尾太阳鸟　Hainan Sunbird　*Aethopyga christinae*
hǎinán chāwěi tàiyángniǎo　9~11 cm　　　　　　　图版149　LC

识别：小型而精致的太阳鸟。似分布区不重叠的叉尾太阳鸟，区别为上体和两翼偏黑色、喉斑红褐色且下体纯白色。雌鸟极似叉尾太阳鸟雌鸟。**鸣声**：似叉尾太阳鸟，参考 XC446660（Lars Lachmann）。**分布**：中国海南特有种。**习性**：栖于森林和有林地带。

1333. 黑胸太阳鸟　Black-throated Sunbird　*Aethopyga saturata*
hēixiōng tàiyángniǎo　14~15 cm　　　　　　　　　图版149　LC

识别：较大的太阳鸟。雄鸟深色并具延长尾羽，在暗光条件下看似偏黑色，腰部和胸部色浅，光线好时可见顶冠和尾部金属蓝色，翕部暗红褐色，喉部黑色，胸部灰橄榄色并具暗色细纹。指名亚种黄色腰带较窄，*petersi* 亚种下体黄色较多，*assamensis* 亚种胸部黑色较多。雌鸟体型甚小，腰部黄白色。**鸣声**：鸣唱声为快速的 *ti-ti-ti-ti-ti-ti-ti...* 声，鸣叫声为叽喳声，参考 XC290933（Peter Boesman）。**分布**：喜马拉雅山脉、印度东北部、中国西南部和南部、缅甸以及东南亚。在中国一般不常见于海拔 300 ~ 1800 m 的丘陵和低海拔山地森林，指名亚种见于喜马拉雅山脉和西藏东南部，*assamensis* 亚种见于墨脱以东至云南西部和西北部，*petersi* 亚种见于云南东南部和南部、贵州中部和南部以及广西西南部。**习性**：常光顾溪流边的开花灌丛。

1334. 黄腰太阳鸟　Crimson Sunbird　*Aethopyga siparaja*
huángyāo tàiyángniǎo　11~15 cm　　　　　　　　　图版149　LC

识别：中型太阳鸟。雄鸟上体亮红色，腹部深灰色。雌鸟上体暗橄榄绿色，两翼和尾部无红色。*tonkinensis* 亚种和 *owstoni* 亚种的中央尾羽无延长。**鸣声**：鸣叫声为轻柔的 *seeseep-seeseep* 声，鸣唱声为三至六个清晰音节的轻快 *tsip-it-tsip-it-sit* 声，参考 XC359520（Peter Boesman）。**分布**：南亚次大陆至中国南部、东南亚、菲律宾、苏拉威西岛、马来半岛和大巽他群岛。在中国为海拔 900 m 以下地区常见留鸟，*labecula* 亚种见于云南西部和南部，*tonkinensis* 亚种见于云南东南部和广西西南部，*seheriae* 亚种见于云南南部，*owstoni* 亚种仅见于硇洲岛（广东南部）。**习性**：单独或成对光顾种植园和林缘的刺桐属（*Erythrina*）灌丛和类似的开花树木。

1335. 火尾太阳鸟　Fire-tailed Sunbird　*Aethopyga ignicauda*
huǒwěi tàiyángniǎo　♂15~20 cm ♀9~11 cm　　　　　图版149　LC

识别：体长而体色艳丽的太阳鸟。不易被误认的雄鸟为红色并具延长的亮深红色中央尾羽，顶冠金属蓝色，眼先和头侧黑色，喉部和髭纹金属紫色，下体黄色，胸部具亮橙色块斑。雌鸟橄榄灰色，腰部黄色，体型比雄鸟小得多。**鸣声**：鸣叫声为轻声颤音 *shweet* 声，鸣唱声为单音 *dzidzi-dzidzidzidzi* 声，参考 XC426369（Peter Boesman）。**分布**：喜马拉雅山脉、印度东北部至缅甸和青藏高原东南部。在中国为不太罕见的山地垂直迁徙鸟，见于西南地区和西藏南部的亚高山针叶林至林线的林间空地。**习性**：觅食于开花的杜鹃丛、荆棘丛和灌丛等。

1336. 长嘴捕蛛鸟　Little Spiderhunter　*Arachnothera longirostra*
chángzuǐ bǔzhūniǎo　13~16 cm　　　　　　　　　　图版148　LC

识别：较小的橄榄色和黄色捕蛛鸟。上体橄榄绿色，下体亮黄色。具特征性灰白色喉部和无纵纹的胸部。**鸣声**：飞行时发出尖厉 *weechoo* 或 *cheek-cheek-cheek* 鸣叫声，鸣唱声为简单的高音 *tik-ti-ti-ti* 声，第一声较高而重，不断重复，每秒约三音，参考XC359571（Peteer Boesman）。**分布**：南亚次大陆至中国、东南亚、菲律宾、马来半岛和大巽他群岛。在中国，指名亚种为云南西部海拔2000 m以下森林中较常见的留鸟，*sordida* 亚种见于云南东南部。**习性**：性隐蔽，栖于野芭蕉和高大姜科植物等阴暗密丛中。常在丛林小道上快速飞行并伴以其独特鸣叫声。亦见于次生林、种植园和庭院中。

1337. 纹背捕蛛鸟　Streaked Spiderhunter　*Arachnothera magna*
　　wénbèi bǔzhūniǎo　　18~21 cm　　　　　　　　　　图版148　LC

识别：纵纹密布的大型捕蛛鸟。跗跖亮橙色。上体橄榄色，黑色羽轴形成明显的粗纵纹，下体黄白色并具黑色纵纹。**鸣声**：快速飞行时发出尖厉的 *cheet* 鸣叫声，或串在一起形成鸣唱声，参考 XC35762（Arnold Meijer）。**分布**：喜马拉雅山脉、印度东北部、中国南部和东南亚。在中国，指名亚种为西藏东南部、云南西部和南部、贵州西南部和广西西部热带地区海拔1000 m以下常绿林中的常见留鸟。**习性**：占域积极并相互追逐。觅食于野芭蕉和姜科植物上。

▍雀科 Passeridae　麻雀、雪雀　（5属13种）

小型群居雀鸟，具锥形的喙，食籽。包括麻雀和雪雀。

1338. 黑顶麻雀　Saxaul Sparrow　*Passer ammodendri*　hēidǐng máquè
　　14~16 cm　　　　　　　　　　　　　　　　　　　图版150　LC

识别：中型麻雀。雄鸟具延至枕部的独特黑色顶冠纹，贯眼纹和颏部黑色，眉纹和枕侧棕褐色，脸颊浅灰色，上体褐色并具黑色纵纹，尾部略分叉。雌鸟体色较暗，但翕部偏黑色纵纹和大、中覆羽的浅色羽端明显。*nigricans* 亚种雄鸟翕部和背部纵纹较黑，*stoliczkae* 亚种背部、顶冠两侧和枕部黄褐色较浓。**鸣声**：鸣叫声为圆润叽喳声和短促哨音，鸣唱声为一连串简单的二音节叫声，参考 XC236702（R. Martin）。**分布**：中亚至中国西北部和蒙古国。在中国地区性常见，*nigricans* 亚种见于新疆极西北部，*stoliczkae* 亚种见于新疆西部至内蒙古西部和宁夏。**习性**：栖于荒漠中的绿洲、河床以及贫瘠山麓地带，与梭梭属（*Haloxylon*）植物关系密切。性羞怯。冬季常与黑胸麻雀混群。

1339. 家麻雀　House Sparrow　*Passer domesticus*　jiā máquè
　　14~16 cm　　　　　　　　　　　　　　　　　　　图版150　LC

识别：中型麻雀。雄鸟与麻雀的区别为顶冠和尾上覆羽灰色、无黑色颊斑且喉部和上胸黑色较多。雌鸟体色单调，具浅色眉纹，与山麻雀雌鸟的区别为体色较淡且翼斑不甚明显，与黑顶麻雀雌鸟的区别为尾部无分叉且胸部色较浅。翕部两侧具皮黄色纵纹，其边缘偏黑色。*parkini*亚种和*bactrianus*亚种脸颊和下体较白，体型比指名亚种更小。*parkini*亚种胸部黑色较多。**鸣声**：鸣叫声为单调的叽喳声，兴奋时发出*chur-r-rit-it-it-it*声，告警声为尖厉的*chree*声，鸣唱声为一连串单调的叽喳声，参考XC444029（Karl-Birger Strann）。**分布**：古北界和东洋界，并引种至世界各地。在亚洲见于中南亚、俄罗斯南部、西伯利亚南部、蒙古国、中国北部、阿富汗、南亚次大陆、泰国、老挝，并引种至新加坡。在中国，地区性常见于极西部和东北地区荒漠边缘、绿洲等贫瘠地区的城镇和村庄，指名亚种见于东北大兴安岭，*bactrianus*亚种见于新疆西北部、青海西部、陕西和四川，*parkini*亚种为西藏西部、云南和广西海拔4600 m以下地区留鸟，*parkini*亚种和*bactrianus*亚种冬季迁至印度北部。**习性**：群居，食谷物，亦食昆虫和一些树叶。通常与人类共生。

1340. 黑胸麻雀　**Spanish Sparrow**　*Passer hispaniolensis*　hēixiōng máquè
14~16 cm　　　　　　　　　　　　　　　　　　　　　　　图版150　LC

识别：敦实的中型麻雀。喙厚。雄鸟顶冠和枕部栗色，脸颊白色，翕部和两胁布满黑色纵纹，颏部和胸部上方黑色。雌鸟体色单调，似家麻雀雌鸟，区别为喙较大、眉纹较长、翕部两侧"背带"部色浅且胸部和两胁具浅色纵纹。**鸣声**：鸣唱声似家麻雀但更具韵律，参考XC370646（Jerome Fischer），鸣叫声亦似家麻雀但音调较高，亦作更为深沉的叽喳声。**分布**：佛得角、南欧、北非、中东、中亚至中国西部。在中国，*transcaspicus*亚种为新疆西部至内蒙古西部较低海拔处的地区性常见留鸟。**习性**：栖于开阔原野和有树的田野。在无家麻雀分布的地区亦栖于城镇中。

1341. 山麻雀　**Russet Sparrow**　*Passer cinnamomeus*　shān máquè
12~14 cm　　　　　　　　　　　　　　　　　　　　　　　图版150　LC

识别：体色亮丽的小型麻雀。雄鸟顶冠和上体为亮棕黄色或栗色，翕部具纯黑色纵纹，喉部黑色，脸颊污白色。雌鸟体色较暗，并具宽阔深色贯眼纹和乳白色长眉纹。指名亚种雄鸟头侧和下体沾黄色。*intensior*亚种似指名亚种，但黄色较浅。**鸣声**：鸣叫声为*cheep*声和快速*chit-chit-chit*声等，鸣唱声为重复的*cheep-chirrup-cheweep*声，参考XC407511（Rolf A. de By）。**分布**：喜马拉雅山脉至中国中部、南部和东部。在中国常见，指名亚种见于西藏东部、东南部至青海南部，*intensior*亚种见于西南地区至西藏东南部，*rutilans*亚种见于华北、华中、华南、东南和台湾。**习性**：集群栖于高原开阔林、林地或近耕地的灌丛。在无家麻雀分布的地区亦栖于城镇和村庄中。

1342. 麻雀　**Eurasian Tree Sparrow**　*Passer montanus*　máquè
12~15 cm　　　　　　　　　　　　　　　　　　　　　　　图版150　LC

识别：较小的麻雀。体型丰满，性活跃，顶冠和枕部褐色。两性相似。成鸟上体偏褐色，下体皮黄灰色，枕部具完整灰白色领环。与家麻雀和山麻雀的区别为脸颊具明显黑色点斑且喉部黑色较少。幼鸟似成鸟，但体色较暗淡，喙基黄色。**鸣声**：鸣叫声为生硬的*cheep cheep*声或金属音*tzooit*声，飞行时亦发出*tet tet tet*声，鸣唱声为一连串重复鸣叫声间杂*tsveet*声，参考XC442847（Hobart WQH）。**分布**：欧洲、中东、中亚、东亚、喜马拉雅山脉和东南亚。在中国，常见于包括海南和台湾在内的各地中海拔以下地区，有七个亚种，指名亚种见于东北，*saturatus* 亚种见于华东、华中、东南和台湾，*dilutus* 亚种见于西北地区，*tibetanus* 亚种见于青藏高原至四川西部，*kansuensis* 亚种见于甘肃西部、青海北部和东部以及内蒙古北部，*hepaticus* 亚种见于西藏东南部，*malaccensis* 亚种见于西南部热带地区和海南。**习性**：栖于稀疏林地、村庄和农田，食谷物。在中国东部地区取代家麻雀生活于城镇中。

1343. 石雀 **Rock Sparrow** *Petronia petronia* shíquè 15~17 cm 图版150 LC

识别：敦实的中型麻雀。具深色侧冠纹、浅色眉纹和深色眼后纹。两性相似。头部图纹颇为独特。与家麻雀的区别为飞行时尾部显短且两翼基部较宽。喉部具黄色块斑。*brevirostris* 亚种体型较小、头部图纹不甚清晰且喙更为短厚。**鸣声**：甚嘈杂，鸣叫声为似家麻雀的叽喳声、金属音 *vi-veep* 声和尖厉的 *cheeooee* 声，飞行时发出较轻柔的 *sup* 声，鸣唱声为一系列重复的鸣叫声，参考 XC414374（Frank Lambert）。**分布**：古北界南部至中东、中亚、中国北部和蒙古国。在中国常见，*intermedia* 亚种为新疆西部和北部留鸟，*brevirostris* 亚种见于其余北方大部地区。**习性**：栖于海拔 3000 m 以下的荒芜丘陵和多岩沟谷。集大群且常与家麻雀混群。在地面奔跑和并足跳跃，飞行力强。

1344. 白斑翅雪雀 **White-winged Snowfinch** *Montifringilla nivalis*
báibānchì xuěquè 16~18 cm 图版150 LC

识别：较大的雪雀。体型丰满而修长，翼斑和叉尾两侧白色，飞行时明显。成鸟头部灰色，上体褐色并具纵纹，腹部皮黄色。喉部黑色，雄鸟繁殖羽尤明显。幼鸟似成鸟，但头部皮黄褐色，白色区域沾沙色。和藏雪雀的区别为体色较浅。与图纹相似的雪鹀区别为分布于明显更高海拔处。繁殖羽喙黑色而下喙基黄色，非繁殖羽喙黄色而喙端黑色。**鸣声**：群鸟飞行时发出带鼻音的尖厉 *pschieu* 鸣叫声，亦作 *tsee* 声和较轻柔的 *pruuk* 声，告警声为较沙哑的 *pchurrt* 声。鸣唱声为重复的单调 *sitticher-sitticher* 声，从停歇处或在盘旋飞行时发出，参考 XC186477（Michele Peron）。**分布**：西班牙经地中海至中东、中亚和中国西部。在中国，*tianshanica* 亚种为新疆西北部天山和喀什地区常见留鸟，*kwenlunensis* 亚种见于新疆南部昆仑山脉，*groumgrzimaili* 亚种见于天山东部及新疆北部地区。**习性**：栖于极高海拔冰川和融雪间的多岩山坡。在非繁殖期集大群，与其他雪雀和岭雀混群。性不惧人。

1345. 藏雪雀 **Henri's Snowfinch** *Montifringilla henrici* zàng xuěquè
16~18 cm 图版150 LC

识别：较大的雪雀。体型丰满而修长，翼斑和叉尾两侧白色。极似白斑翅雪雀，曾作为其一个亚种，区别为体色较深、顶冠偏褐色而灰色较少、腹部偏灰色、两胁偏褐色、次级飞羽白色区域较小故翼斑不甚明显、两翼和尾羽偏褐色而非黑色故与上体对比不甚明显。**鸣声**：似白斑翅雪雀，参考 XC176017（Tomas Carlberg）。**分布**：中国特有种。为青海东部和西藏地区常见留鸟。**习性**：似白斑翅雪雀，栖于海拔 2500 ~ 4500 m 处。

1346. 褐翅雪雀　Black-winged Snowfinch　*Montifringilla adamsi*
hèchì xuěquè　16~18 cm　　　　　　　　　　　图版150　LC

识别：较大的雪雀。体型丰满而修长，两性相似。极似白斑翅雪雀，区别为头部和上体明显偏褐色、胸部皮黄色、白色翼斑较小（飞行和停歇时均可见）。肩羽具偏黑色小点斑。繁殖羽喙黑色，非繁殖羽喙黄色而喙端黑色，跗跖黑色。**鸣声**：鸣叫声为尖厉的 *pink pink* 声和较轻柔的似猫叫声，群鸟发出叽喳声。鸣唱声为重复的单音，从停歇处或在空中悬停时发出，参考 XC324584（Guy Kirwan）。**分布**：克什米尔、喜马拉雅山脉、青藏高原和中国西北部。在中国，常见于海拔 3500 ~ 5200 m 地区，指名亚种见于西藏西部、南部和东部，青海南部和东部以及四川西部并可能亦见于云南西北部，*xerophila* 亚种见于新疆东部至青海北部和东部的阿尔金山脉、柴达木盆地及祁连山脉等地。**习性**：求偶炫耀飞行似蝴蝶。常至村庄附近的耕地，觅食于地面。冬季集大群。

1347. 白腰雪雀　White-rumped Snowfinch　*Onychostruthus taczanowskii*
báiyāo xuěquè　16~18 cm　　　　　　　　　　　图版150　LC

识别：较大的灰色雪雀。翕部布满杂斑，眼先黑色。两性相似。成鸟比其他雪雀色浅，腰部具特征性大型白斑。幼鸟偏沙褐色，腰部无白色。喙角质色或黄色而喙端黑色，跗跖黑色。**鸣声**：鸣叫声为尖厉而洪亮的 *duid duid* 声，鸣唱声为短促响亮的 *duid ai duid, duid* 声，参考 XC111003（Frank Lambert）。**分布**：青藏高原至中国西部。在中国，为西藏、青海东部、甘肃西南部（祁连山脉、阿尼玛卿山）至四川北部（岷山）和西部海拔 3800 ~ 4900 m 地区较常见留鸟。**习性**：栖于多裸岩的高原、寒冷荒漠、草原和沼泽边缘地带。求偶炫耀飞行似百灵，并在地面作"击鼓"式表演。集小群栖于鼠兔群居处，利用鼠兔洞穴躲避和繁殖。冬季集大群。降落时摆尾。性羞怯。

1348. 黑喉雪雀　Pere David's Snowfinch　*Pyrgilauda davidiana*
hēihóu xuěquè　12~13 cm　　　　　　　　　　　图版151　LC

识别：中型皮黄褐色雪雀。具特征性黑色额部、眼先、颏部和喉部，初级覆羽基部白色，外侧尾羽偏白色。幼鸟比成鸟体色浅且脸部无黑色，与棕背雪雀和棕颈雪雀的幼鸟区别为无眉纹且脸部无白色。*potanini* 亚种比指名亚种色浅且纵纹较少。喙草黄色而喙端黑色，跗跖黑色。**鸣声**：鸣唱声为简单的叽喳声，参考 XC206266（Jarmo Pirhonen）。**分布**：阿尔泰山脉北坡至蒙古国和中国北部。在中国，指名亚种不常见于青海东部（祁连山脉）、甘肃、宁夏（贺兰山脉）和东北部（呼伦湖周围）海拔 1000 ~ 3000 m 地区。**习性**：栖于多石的山区和具稀疏草皮的半荒漠，通常近水源处。与鼠兔群共生。冬季集大群，性不惧人，光顾农场和村庄。

1349. 棕颈雪雀　Rufous-necked Snowfinch　*Pyrgilauda ruficollis*
zōngjǐng xuěquè　14~16 cm　　　　　　　　　　　图版151　LC

识别：中型褐色雪雀。眼先黑色，脸侧偏白色。两性相似。成鸟具独特头部图纹，具黑色细髭纹，颏、喉部白色，枕部和颈侧的栗色比其他所有雪雀均更浓，翼覆羽羽端白色。幼鸟体色较暗淡，但已可见其浅栗色耳羽。*isabellina* 亚种体色较浅，上体偏灰色并略沾皮黄色。成鸟喙黑色，幼鸟喙偏粉色而喙端深色，跗跖黑色。**鸣声**：鸣叫声为轻柔、重复的 *duuid* 声，告警声为叽喳声，鸣唱声为一系列不清晰的叽喳声，参考 XC176631（Tomas Carberg）。**分布**：青藏高原至中国西北部。在中国，夏季常见于海拔 3800 ~ 5000 m 地区，指名亚种见于青藏高原、喜马拉雅山脉北部、青海东南部和四川西部，迷鸟于辽宁有一笔记录；*isabellina* 亚种见于昆仑山脉东部、阿尔金山脉至祁连山脉西部。**习性**：似其他雪雀，与鼠兔群共生。求偶时作精彩的俯冲飞行。性不惧人。飞行弱而低。冬季与其他雪雀混群。

1350. 棕背雪雀　**Plain-backed Snowfinch**　*Pyrgilauda blandfordi*
zōngbèi xuěquè　13~15 cm　　　　　　　　　　图版151　LC

识别：中型褐色雪雀。具独特的黑白色头部图纹。两性相似。成鸟具黑色眼先、颏部、围兜、额中线和特征性眼后上方细"角"纹，下体偏白色。幼鸟体色暗淡且黑色较少，但比棕颈雪雀脸部更白。*barbata* 亚种上体偏灰色，且无姜黄色。*ventorum* 亚种体色更浅，枕部两侧略沾黄色。喙黑色（成鸟）或皮黄色（幼鸟），跗跖黑色。**鸣声**：较安静。在地面或于飞行中发出的召唤声为快速叽喳声，参考 XC191512（Mike Nelson）。**分布**：青藏高原至中国西部和西北部。在中国分布不连续但地区性常见于海拔 4200 ~ 5000 m 处，指名亚种见于新疆喀喇昆仑山和昆仑山脉西部、青海南部及西藏南部，*barbata* 亚种见于青海湖以南的祁连山脉大通山地区，*ventorum* 亚种见于新疆东南部至青海柴达木盆地西部。**习性**：栖于干旱多石而矮草丛生的平原地带。与鼠兔群共生。冬季和其他雪雀集大群。炫耀飞行时两翼僵直悬停于空中。性不惧人。在地面奔跑似鼠类。

▌织雀科　Ploceidae　织雀　（1 属 2 种）

主要分布于非洲但有数种见于亚洲的中型鸟类，似朱雀，营球状巢。喜群居，食稻谷，但亦食昆虫。

1351. 纹胸织雀　**Streaked Weaver**　*Ploceus manyar*　wénxiōng zhīquè
14~15 cm　　　　　　　　　　　　　　　　图版151　LC

识别：中型织雀。雄鸟繁殖羽顶冠金黄色，头余部、颏部和喉部黑色，下体白色，胸部具黑色纵纹，上体黑褐色，羽缘茶黄色。雄鸟非繁殖羽和雌鸟头部褐色，顶冠具黑色细纹，眉纹皮黄色，具偏白色颈斑。*peguensis* 亚种体色较深且上体偏棕色。**鸣声**：鸣叫声为持续的叽喳声和哨音，参考 XC311442（Peter Boesman）。**分布**：巴基斯坦至中国西南部、东南亚、爪哇岛和巴厘岛。在中国分布状况不明，*peguensis* 亚种记录于云南西北部，*williamsoni* 亚种记录于云南极西南部。**习性**：集大群繁殖于树上，非繁殖期集流动群。一雄多雌制，雌鸟各自营精致的编织巢，具垂直短管状入口。喜多草沼泽、芦苇地和稻田。

1352. 黄胸织雀　**Baya Weaver**　*Ploceus philippinus*　huángxiōng zhīquè
14~15 cm
图版151　LC

识别：中型织雀。雄鸟繁殖羽顶冠和枕部金黄色，脸侧黑色，喉部和下体皮黄色，上体深灰褐色而羽缘色浅。雌鸟头部无黄色和黑色斑，眉纹和胸部黄褐色。**鸣声**：鸣叫声为持续的沙哑 *chit-chit-chit* 声，雄鸟合唱声为轻柔的 *chit-chit-chit* 声续以似喘息的高音 *chee-ee-ee* 哨声，参考 XC369462（Peter Boesman）。**分布**：印度、中国、东南亚、马来半岛、苏门答腊岛、爪哇岛和巴厘岛。在中国，*burmanicus* 亚种为云南西部和南部海拔 1000 m 以下丘陵等地区的常见留鸟，香港的种群或为逃逸鸟。**习性**：集大群繁殖于树上，营群巢。习性似纹胸织雀。

▌ 梅花雀科　Estrildidae　梅花雀、文鸟　（3 属 5 种）

一大科世界性分布但主要见于热带地区的小型似朱雀鸟类，具粗短的锥形喙。群居，食谷物。

1353. 红梅花雀　**Red Avadavat**　*Amandava amandava*　hóng méihuāquè
9~10 cm
图版151　LC

识别：小型梅花雀。腰部红色，体具白色点斑。雄鸟绯红色，两翼和尾部偏黑色，两胁、两翼和腰部具均匀白色小点斑。雌鸟下体灰皮黄色，翕部褐色，腰部红色，两翼和尾部偏黑色，两翼具白色点斑。*flavidiventris* 亚种体羽偏橙色，腹部色较浅。喙红色，跗跖肉色。**鸣声**：鸣叫声为甚细弱的 *psheep* 声、*teei* 声和叽喳声，鸣唱声为低音啭鸣和叽喳声，参考 XC293164（Mandar Bhagat）。**分布**：巴基斯坦至中国西南部、东南亚、爪哇岛、巴厘岛和小巽他群岛。在中国不常见于海拔 1500 m 以下地区，*flavidiventris* 亚种见于云南南部热带地区，*punicea* 亚种为海南留鸟，逃逸个体已在广东形成种群。**习性**：群居，集小群生活。常光顾灌丛、草地、农耕区、稻田和芦苇地。飞行迅速而好动，绯红色腰部明显可见。

1354. 长尾鹦雀　**Pin-tailed Parrotfinch**　*Erythrura prasina*
chángwěi yīngquè　♂ 14~15 cm　♀ 11~12 cm
图版151　LC

识别：小型绿色鹦雀。尾长而尖。雄鸟具特征性蓝色脸颊，腹部中央、尖形尾羽和尾上覆羽均为红色。雌鸟体色更暗、尾部更短且下体为皮黄色而非红色。幼鸟似雌鸟但体色更浅，头部蓝灰色。**鸣声**：鸣叫声为响亮的高音 *tseet-tseet* 声或更尖厉的 *teger-teger* 声，鸣唱声为一连串爆发高音，参考 XC359368（Bernard Bousquet）。**分布**：东南亚和马来群岛。在中国呈边缘性分布，指名亚种为云南南部和西南的罕见留鸟，是 2014 年发现的中国新记录。**习性**：多见于海拔 1500 m 以下的稻田和竹林。

1355. 白腰文鸟　White-rumped Munia　*Lonchura striata*　báiyāo wénniǎo
10~12 cm　　　　　　　　　　　　　　　　　　　　　　　　　图版151　LC

识别：中型文鸟。上体深褐色，具特征性黑色尖尾、白色腰部和皮黄白色腹部，背部具白色纵纹，下体具皮黄色细鳞状斑和细纹。幼鸟体色较浅，腰部皮黄色。喙、跗跖灰色。**鸣声**：活泼的叽喳声和 *prrrit* 颤音，参考 XC401438（Werzik）。**分布**：印度、中国南部、东南亚和苏门答腊岛。在中国，地区性常见于海拔 1600 m 以下的林缘、次生灌丛、农田和庭院中，*swinhoei* 亚种见于包括台湾在内的南方大部地区，*subsquamicollis* 亚种见于云南和台湾的热带地区。**习性**：性嘈杂，集小群生活。习性似其他文鸟。

1356. 斑文鸟　Scaly-breasted Munia　*Lonchura punctulata*　bān wénniǎo
10~12 cm　　　　　　　　　　　　　　　　　　　　　　　　　图版151　LC

识别：较小的暖褐色文鸟。两性相似。上体褐色并具白色羽轴形成的纵纹，喉部红褐色，下体白色，胸部和两胁具深褐色鳞状斑。幼鸟下体浓皮黄色且无鳞状斑。*subundulata* 亚种体色较深，腰部橄榄色。*topela* 亚种胸部鳞状斑斑颇为模糊。虹膜红褐色，喙蓝灰色。**鸣声**：双音节 *ki-dee, ki-dee* 声，告警声为 *tret-tret* 声，参考 XC497737（Marc Anderson），鸣唱声为轻柔圆润的笛音和较低而模糊的叫声。**分布**：印度、中国南部和东南亚，并引种至其他地区。在中国，地区性常见于海拔 2000 m 以下的开阔草地、灌丛和耕地，*subundulata* 亚种见于西藏东南部，*yunnanensis* 亚种见于云南，*topela* 亚种见于华南、东南、海南和台湾。**习性**：同其他文鸟，集小群生活。

1357. 栗腹文鸟　Chestnut Munia　*Lonchura atricapilla*　lìfù wénniǎo
11~12 cm　　　　　　　　　　　　　　　　　　　　　　　　　图版151　LC

识别：中型栗色文鸟。头部、喉部和臀部黑色。两性相似。幼鸟通体污褐色。*formosana* 亚种眉纹和脸侧偏褐色，枕部和顶冠偏灰色。虹膜红色，喙蓝灰色，跗跖浅蓝色。**鸣声**：鸣叫声为尖厉刺耳的 *pwipwi* 声，飞行时发出三音节颤鸣，参考 XC269982（Frank Lambert），鸣唱声为上下喙叩击声和以长哨音收尾的安静小调。**分布**：印度、中国至东南亚、苏门答腊岛、加里曼丹岛、菲律宾和苏拉威西岛。在中国，不常见于热带低海拔地区，指名亚种见于西南、华南和海南，*formosana* 亚种见于台湾。**习性**：集大群活动于稻田，但不与其他鸟类混群。起飞和降落时振翅有声。

▎岩鹨科　Prunellidae　岩鹨　（1 属 9 种）

一小科分布于旧大陆的小型鸟类，喙细而尖。在地面上或灌丛中觅食昆虫和果实，安静活动于林下植被或裸露地面。炫耀表演时快速振翅并摆尾。两性相似，大部分种类在冬季集群。

1358. 领岩鹨 **Alpine Accentor** *Prunella collaris* lǐng yánliù
15~18 cm
图版152 LC

识别：大型褐色岩鹨。体具纵纹，黑色大覆羽和其白色羽端形成两道点状翼斑。头部和下体中央烟褐色，两胁浓栗色并具纵纹，尾下覆羽黑色而羽缘白色，喉部白色并具黑色点斑形成的横斑。褐色初级飞羽和其棕色羽缘形成翼斑。尾部深褐色而尾端白色。幼鸟下体褐灰色并具黑色纵纹。喙偏黑色而下喙基黄色，跗跖红褐色。**鸣声**：鸣叫声为响亮的 *churrup* 声或 *chu-chu-chu* 声，告警声为尖厉的 *tchurrt* 声，鸣唱声清晰悦耳并间杂颤音和尖叫声，参考 XC372548（Jerome Fischer）。**分布**：古北界、喜马拉雅山脉和中国台湾。在中国，常见于东北、中北地区和喜马拉雅山脉至青藏高原林线以上的高山草甸灌丛及裸岩地区，在东北繁殖的个体冬季迁至华东各省份。**习性**：一般单独或成对活动，偶尔集群。常立于突出岩石上。飞行快速而流畅，扎入躲避处之前呈波状起伏。性不惧人。

1359. 高原岩鹨 **Altai Accentor** *Prunella himalayana* gāoyuán yánliù
15~18 cm
图版152 LC

识别：大型褐色岩鹨。体具纵纹，下体白色并具棕色纵纹。上体似领岩鹨。喉部白色而边缘黑色，体侧具褐色点斑。腹部中央乳白色。虹膜偏红色，喙偏黑色而下喙基黄色，跗跖暗黄色至橙色。**鸣声**：鸣叫声似朱雀，为银铃般 *tee tee* 声，觅食时发出叽喳召唤声，鸣唱声为甜美的颤音啭鸣，参考 XC162621（Patrick Franke）。**分布**：中亚至蒙古国西北部、俄罗斯贝加尔湖以东地区、中国西北部至青藏高原西南部，越冬于阿富汗东部和南亚次大陆西北部。在中国，为新疆阿尔泰山脉、天山山脉以及西藏南部和西部海拔 3500 ~ 5500 m 多岩高山草甸地区的不常见留鸟。**习性**：集小至大群活动，有时与其他岩鹨和岭雀混群。

1360. 鸲岩鹨 **Robin Accentor** *Prunella rubeculoides* qú yánliù
14~17 cm
图版152 LC

识别：中型偏灰色岩鹨。胸部栗褐色，头部、喉部、上体、两翼和尾部烟褐色，翕部具模糊黑色纵纹，翼覆羽具狭窄白色边缘，翼覆羽和飞羽的羽缘均为褐色，灰色喉部与栗褐色胸部之间具狭窄黑色领环，下体余部白色。虹膜红褐色，喙偏黑色，跗跖暗红褐色。**鸣声**：鸣叫声为颤音，告警声为尖厉 *zieh-zieh* 声，鸣唱声为简单而甜美的 *si-ti-si-tsi, tsutsitsi* 或 *tzwe-e-you, tzwe-e-you* 颤鸣，参考 XC491493（Peter Boesman）。**分布**：喜马拉雅山脉和青藏高原。在中国，为青海北部和东部、甘肃、四川西部及西藏南部海拔 3600 ~ 4900 m 草甸、杜鹃丛和柳树丛中的不常见留鸟。**习性**：本属典型习性。性不惧人。

1361. 棕胸岩鹨 **Rufous-breasted Accentor** *Prunella strophiata*
zōngxiōng yánliù   13~16 cm
图版152 LC

识别：中型褐色岩鹨。体具纵纹，具眼先上方狭窄白线和眼后上方特征性黄褐色眉纹。下体白色并具黑色纵纹，胸带黄褐色。虹膜浅褐色，喙黑色，跗跖暗橙色。**鸣**

声：鸣叫声为高音 *tirr-r-rit* 声，鸣唱声似鹪鹩但不如其响亮且间杂沙哑叫声，参考 XC322249（Gur Kirwan）。**分布**：阿富汗东部、喜马拉雅山脉、缅甸东北部和青藏高原。在中国，为西藏南部和东南部、青海、甘肃、陕西秦岭、四川西部和云南西北部海拔 2400 ~ 4300 m 地区不常见留鸟，冬季下至较低海拔处。**习性**：喜较高海拔的森林和林线以上的灌丛。

1362. 棕眉山岩鹨　Siberian Accentor　*Prunella montanella*
zōngméi shānyánliù　15~16 cm　　　　　　　　　　　图版152　LC

识别：较小的斑驳褐色岩鹨。具明显头部图纹，头顶和头侧偏黑色，余部赭黄色。与褐岩鹨的区别为眉纹和喉部橙黄色且两胁具纵纹。虹膜黄色，喙角质色，跗跖暗黄色。**鸣声**：鸣叫声为清脆的 *seereesee* 或 *si-si-si-si* 声，鸣唱声为高音啭鸣声，参考 XC424294（Ukolov Ilya）。**分布**：繁殖于俄罗斯全境至西伯利亚、朝鲜半岛和日本，并偶见于阿拉斯加和欧洲。在中国，越冬于东北和华北，罕见于青海、四川北部至安徽和山东一带，亦记录于江苏。**习性**：隐于林下植被和灌丛中。

1363. 褐岩鹨　Brown Accentor　*Prunella fulvescens*　hè yánliù
14~16 cm　　　　　　　　　　　　　　　　　　　图版152　LC

识别：较小的褐色岩鹨。体具暗黑色纵纹，白色眉纹明显。下体白色，胸部和两胁沾粉色。诸亚种在色调上存在差异，体色最浅的 *dresseri* 亚种见于昆仑山脉，*nanschanica* 亚种和 *khamensis* 亚种则布满纵纹。虹膜浅褐色，喙偏黑色，跗跖浅红褐色。**鸣声**：鸣唱声为短促的低音啭鸣，参考 XC491482（Peter Boesman），告警声为微弱的嘎嘎声，鸣叫声为似鸦的 *ziet, ziet, ziet* 颤音。**分布**：中亚、阿富汗、喜马拉雅山脉、青藏高原、中国西北部和北部、西伯利亚南部及俄罗斯外贝加尔地区。在中国，指名亚种见于西北地区和西藏西部，*dresseri* 亚种见于新疆罗布泊、青海至甘肃南部，*dahurica* 亚种见于东北地区至内蒙古额尔古纳河，*nanschanica* 亚种见于宁夏、甘肃南部、四川至西藏南部和东南部，*khamensis* 亚种见于四川西部和云南西部，通常罕见或不常见，但 *dahurica* 亚种甚常见于其适宜生境中。**习性**：喜有灌丛至几乎无植被的开阔高海拔山坡和碎石带。

1364. 黑喉岩鹨　Black-throated Accentor　*Prunella atrogularis*
hēihóu yánliù　13~15 cm　　　　　　　　　　　图版152　LC

识别：较小的褐色岩鹨。头部具明显黑白色图纹。顶冠褐色或灰色，头侧和喉部黑色（第一冬鸟喉部污白色），具白色的粗眉纹和细髭纹（第一冬鸟沾黄色）。上体余部褐色并具模糊的暗色纵纹。胸部和两胁偏粉色，渐变至臀部偏白色。第一冬鸟易与棕眉山岩鹨混淆，区别为喉部污白色。虹膜浅褐色，喙黑色，跗跖肉色偏褐色。**鸣声**：轻声的 *trrt* 和微弱而清晰的 *si-si-si-si* 颤音，参考 XC378858（Oscar Campbell）。**分布**：乌拉尔山至中亚、印度西北部和中国西北部，越冬于伊朗、南亚次大陆西北部和喜马拉雅山脉。在中国罕见，*huttoni* 亚种繁殖于西北地区海拔 3000 m 以下山地，冬季南迁至较低海拔处；指名亚种为新疆天山西部地区冬候鸟。**习性**：栖于稀疏林地的灌丛缠绕处。

1365. 贺兰山岩鹨 Mongolian Accentor *Prunella koslowi*

hèlánshān yánliù 14~15 cm 图版152 国二/LC

识别：中型褐色岩鹨。上体皮黄褐色并具模糊深色纵纹，腰部浅色，喉部灰色，下体皮黄色。尾部和两翼褐色而边缘皮黄色。翼覆羽羽端白色形成浅色点状翼斑。虹膜褐色，喙偏黑色，跗跖偏粉色。**鸣声**：鸣唱声低，似褐岩鹨，参考 XC200890（Ding Li Yong）。**分布**：中国中北部和蒙古国。在中国，见于贺兰山脉，越冬记录于宁夏中卫附近。**习性**：偶见于荒芜山区和半荒漠地带的开阔灌丛中。

1366. 栗背岩鹨 Maroon-backed Accentor *Prunella immaculata*

lìbèi yánliù 13~16 cm 图版152 LC

识别：小型灰色岩鹨。体无纵纹，臀部栗褐色，背部下方和次级飞羽红褐色。额部偏白色羽缘形成扇贝状纹。虹膜白色，喙角质色，跗跖暗橙色。**鸣声**：鸣叫声为微弱的高音金属音 *zieh-dzit* 声，鸣唱声较单调，参考 XC111068（Frank Lambert）。**分布**：喜马拉雅山脉东部、缅甸北部和青藏高原。在中国通常罕见，繁殖于西藏东南部、青海南部、甘肃南部、四川北部和西部，越冬于云南北部和西部。**习性**：栖于海拔 2000 ~ 4000 m 针叶林的潮湿林下植被中，冬季栖于较开阔的灌丛。

▌鹡鸰科 Motacillidae 鹡鸰、鹨 （3属21种）

一大科世界性分布的修长地栖性鸟类，步态稳健。大部分种类具"摆尾"习性，故得其英文名（Wagtail）。喙修长，跗跖细长。所有的种类均为食虫性，亦食其他小型无脊椎动物，大部分种类具迁徙习性。许多鹨类外形似云雀，但可通过较长的跗跖和较细的喙来区分。

1367. 山鹡鸰 Forest Wagtail *Dendronanthus indicus* shān jílíng

16~18 cm 图版152 LC

识别：中型褐、黑、白色鹡鸰。尾部较短。上体灰褐色，眉纹白色，具明显黑白色翼斑，下体白色，胸部具两道黑色横斑，下方横斑有时不完整。虹膜灰色，喙角质褐色而下喙较浅，跗跖偏粉色。**鸣声**：常发出响亮的 *chirrup* 声，飞行时作短促 *tsep* 声，鸣唱声参考 XC473791（Bo Shunqi）。**分布**：繁殖于亚洲东部，越冬于印度、中国东南部、东南亚、菲律宾和大巽他群岛。在中国地区性常见，繁殖于东北、华北、华中和华东，越冬于华南、东南、西南、海南和西藏东南部海拔 1200 m 以下地区。**习性**：单独或成对漫步于开阔森林地面。尾部左右轻摆，而不如其他鹡鸰般上下摆动。性不惧人，受惊时作波状起伏低空飞行至前方数米处落下。亦停歇于树上。

1368. 西黄鹡鸰　**Western Yellow Wagtail**　*Motacilla flava*　xī huángjílíng
16~18 cm
图版153　LC

识别：中型偏褐色或橄榄色鹡鸰。似灰鹡鸰，区别为背部橄榄绿色或橄榄褐色而非灰色、尾部较短且无白色翼斑和黄色腰部（飞行时可辨）。诸亚种间存在差异。*leucocephala* 亚种顶冠和头侧白色，*melanogrisea* 亚种顶冠、枕部和头侧橄榄黑色。非繁殖羽偏褐色且较暗，但通常三、四月间已为繁殖羽。雌鸟和幼鸟臀部无黄色，幼鸟腹部白色。**鸣声**：群鸟飞行时发出尖细悦耳的 *tsweep* 鸣叫声，收尾时略微上扬。鸣唱声为重复的鸣叫声间杂啭鸣声，参考 XC484706（Ruslan Mazuryk）。**分布**：繁殖于欧洲至西伯利亚中部，越冬于印度和非洲。在中国，为低海拔地区的常见夏候鸟、冬候鸟和过境鸟，繁殖于西伯利亚东部的 *angarensis* 亚种和 *beema* 亚种迁徙途经东部各省份，*leucocephala* 亚种繁殖于西北地区而越冬于喀什地区，*melanogrisea* 亚种繁殖于新疆西部的天山山脉和塔尔巴哈台山脉。**习性**：喜稻田、沼泽边缘和草地。常集大群，觅食于家畜周围。**分类学订正**：记录于新疆北部的所谓 *zaissanensis* 亚种或应为 *angarensis* 亚种，而后者有时则被视作黄鹡鸰（*M. tschutschensis*）的一个亚种。

1369. 黄鹡鸰　**Eastern Yellow Wagtail**　*Motacilla tschutschensis*
huáng jílíng　16~18 cm
图版153　LC

识别：中型偏褐色或橄榄色鹡鸰。似灰鹡鸰，区别为背部橄榄绿色或橄榄褐色而非灰色、尾部较短且无白色翼斑和黄色腰部（飞行时可辨）。诸亚种间存在差异。较常见的 *simillima* 亚种雄鸟顶冠灰色，上体亮黄绿色，较短的眉纹和喉部白色；*taivana* 亚种雄鸟顶冠和背部橄榄色，眉纹和喉部黄色，且耳羽色较深；指名亚种顶冠和枕部深蓝灰色，眉纹和喉部白色；*macronyx* 亚种头部灰色，无眉纹，颏部白色，喉部黄色；*plexa* 亚种顶冠和枕部青灰色。非繁殖羽偏褐色且较暗，但通常三、四月间已为繁殖羽。雌鸟和幼鸟臀部无黄色，幼鸟腹部白色。**鸣声**：群鸟飞行时发出尖细悦耳的 *tsweep* 鸣叫声，收尾时略微上扬。鸣唱声为重复的鸣叫声间杂啭鸣声，比西黄鹡鸰更快和复杂，参考 XC413757（Frank Lambert）。**分布**：繁殖于亚洲东北部和阿拉斯加西部，越冬于中国南部、中南半岛、华莱士区、新几内亚岛和澳大利亚。在中国，为低海拔地区的常见夏候鸟、冬候鸟和过境鸟，繁殖于西伯利亚东部的 *plexa* 亚种、*simillima* 亚种和指名亚种迁徙途经东部各省份，其中 *simillima* 亚种过境台湾，*macronyx* 亚种繁殖于东北和中北地区而越冬于东南地区和海南；*taivana* 亚种迁徙途经华东而越冬于东南地区、台湾和海南。**习性**：似西黄鹡鸰。

1370. 黄头鹡鸰　**Citrine Wagtail**　*Motacilla citreola*　huángtóu jílíng
16~20 cm
图版153　LC

识别：较小的鹡鸰。头部和下体亮黄色，具两道白色翼斑。诸亚种上体色彩存在差异。指名亚种背部和两翼灰色，*werae* 亚种背部灰色较浅，*calcarata* 亚种背部和两翼黑色。雌鸟顶冠和脸颊灰色，与黄鹡鸰的区别为背部灰色。幼鸟以暗淡白色取代黄色。**鸣声**：鸣叫声为似喘息的 *tsweep* 声，不如灰鹡鸰和黄鹡鸰沙哑。鸣唱声从停歇处或在飞行中发出，为重复的鸣叫声间杂啭鸣声，参考 XC145127（Thijs Fijen）。**分布**：繁殖于中东北部、俄罗斯、中亚、南亚次大陆西北部和中国北部，越冬于印度、中国南部和东南亚。在中国，繁殖于西北（werae 亚种）、华北和东北（指名亚种）而越冬于华南沿海地区，calcarata 亚种则繁殖于中西部和青藏高原而越冬于西藏东南部和云南。**习性**：喜沼泽草甸、苔原和柳丛。

1371. 灰鹡鸰　Grey Wagtail　*Motacilla cinerea*　huī jílíng　16~20 cm　图版153　LC

识别：中型偏灰色鹡鸰。尾长，腰部黄绿色，下体黄色。与黄鹡鸰的区别为翕部灰色、飞行时白色翼斑和黄色腰部明显且尾部较长。成鸟下体黄色，幼鸟下体偏白色。**鸣声**：飞行时发出尖厉 tzit-zee 声或生硬的单音 tzit 声。鸣唱声为一连串哨音间杂颤音，通常于振翅飞行时发出，参考 XC481472（Frank Lambert）。**分布**：繁殖于欧洲至西伯利亚和阿拉斯加，越冬于非洲、印度、东南亚、菲律宾、印度尼西亚至新几内亚岛和澳大利亚。在中国一般常见于不同海拔地区，robusta 亚种繁殖于天山西部至西北、东北、华中和台湾，越冬于西南至长江中游、华南、东南、海南和台湾。**习性**：常光顾多岩溪流并觅食于潮湿砾石或沙地上，亦见于高山草甸。

1372. 白鹡鸰　White Wagtail　*Motacilla alba*　bái jílíng　17~20 cm　图版153　LC

识别：中型黑、灰、白色鹡鸰。亚种丰富多样。通常上体灰色，下体白色，两翼和尾部黑白相间。冬羽顶冠后方、枕部和胸部具黑斑但其面积小于繁殖羽。黑色多寡因亚种而存在差异。personata 亚种、dukhunensis 亚种和 ocularis 亚种额部和喉部黑色，baicalensis 亚种额部和喉部灰色，alboides 亚种额部黑色，其余亚种额部和喉部白色。lugens 亚种和 alboides 亚种背部黑色且飞行时两翼几乎全白。ocularis 亚种和 lugens 亚种具黑色贯眼纹。雌鸟似雄鸟但体色较暗。幼鸟以灰色取代黑色。冬羽背部灰色并具黑色点斑。**鸣声**：清晰而生硬的 chissick 声或尖厉的双音节 chunchun, chunchun 声，参考 XC491334（Peter Boesman）。**分布**：非洲、欧洲和亚洲，繁殖于东亚的个体冬季南迁至东南亚和菲律宾。在中国常见于海拔 1500 m 以下地区，personata 亚种繁殖于西北地区，baicalensis 亚种繁殖于极北部和东北地区，dukhunensis 亚种迁徙途经西北地区，ocularis 亚种越冬于华南、海南和台湾，alboides 亚种繁殖于西南地区和喜马拉雅山脉而越冬于南亚次大陆南部和东南亚，leucopsis 亚种繁殖于东北地区至青海北部、四川、华东、华南、东南和台湾而越冬于华南、东南和台湾，lugens 亚种迁徙途经华东沿海各省份并有少量越冬记录于台湾。**习性**：栖于近水的开阔地带、稻田、溪流两侧和道路上。受惊时作起伏低空飞行并发出告警声。

1373. 日本鹡鸰　Japanese Wagtail　*Motacilla grandis*　rìběn jílíng　21~23 cm　图版152　LC

识别：大型黑白色鹡鸰。上体多为黑色，额部、颏部、眉纹和下体白色，两翼黑色并具白色翼斑和羽缘，尾部黑色而边缘白色。**鸣声**：飞行时发出 bi 或 ji 声。鸣唱声复杂而独特，似 tz tzui tztzui-tztzui pitz pitz tztzui pitz pitz-bitz bitzeen bitz bitzeen-bitz bitzeen tztzui tzigi chigi jijijiji，参考 XC454869（Phil Gregory）。**分布**：日本，韩国有一笔繁殖记录。在中国，偶有冬候鸟记录于台湾、河北、贵州和广西等地。**习性**：喜农田、稻田和溪流。**分类学订正**：曾被视作白鹡鸰（M. alba）的一个亚种，最近的 DNA 研究亦印证了这一观点。

1374. 大斑鹡鸰　White-browed Wagtail　*Motacilla maderaspatensis*
dàbān jílíng　21~23 cm　　　　　　　　　　　图版153　LC

识别：大型黑白色鹡鸰。上体全黑色，眉纹白色。似日本鹡鸰，区别为颊部黑色且顶冠狭窄黑色延至喙基。**鸣声**：鸣唱声为清晰、响亮而欢快的高哨音，参考 XC234175（Johan Roeland），飞行时发出响亮的 *chiz-zit* 鸣叫声。**分布**：南亚次大陆。在中国云南的记录大部分存疑，但可能出现于西藏东南部低海拔地区，一些南方地区的"日本鹡鸰"记录或为本种。**习性**：似白鹡鸰，活动于近水区域。

1375. 理氏鹨/田鹨　Richard's Pipit　*Anthus richardi*　lǐshì liù
17~18 cm　　　　　　　　　　　　　　　　图版154　LC

识别：大型褐色鹨。跗跖长，栖于开阔草地。上体具褐色纵纹，眉纹浅皮黄色，下体皮黄色，胸部具深色纵纹。上喙褐色而下喙偏黄色，跗跖黄褐色而后爪为明显肉色。**鸣声**：飞行或受惊时发出沙哑而高音的长 *shree-ep* 声，亦作叽喳声。鸣唱声为清脆而单调的 *chee-chee-chee-chee-chia-chia-chia* 声，最后三个音降调，于盘旋飞行时发出，参考 XC485669（Stanislas Wroza）。**分布**：中亚、印度、中国、蒙古国、西伯利亚、东南亚、马来半岛和苏门答腊岛。在中国为海拔 1500 m 以下地区常见候鸟，指名亚种繁殖于西北地区青海东部、阿尔泰山脉和塔尔巴哈台山脉，冬季南迁；*centralasiae* 亚种繁殖于青海东部、甘肃北部至新疆西部天山等地，冬季南迁；*sinensis* 亚种（包括 *ussuriensis* 亚种）繁殖于华北、东北、华中、华南、东南、海南和台湾，部分个体迁徙。**习性**：喜开阔的沿海地区或山地草甸、火烧后的草地以及干枯的稻田。单独或集小群活动。在地面的站姿甚直。飞行呈波状起伏，每逢下坠均发出鸣叫。

1376. 田鹨/东方田鹨　Paddyfield Pipit　*Anthus rufulus*　tián liù
15~16 cm　　　　　　　　　　　　　　　　图版154　LC

识别：大型鹨。似理氏鹨，区别为不迁徙、体型较小、喙较小、站姿更平且尾部、跗跖和后爪较短。喙粉红褐色，跗跖粉色。**鸣声**：起伏飞行时发出重复的 *chew-ii, chew-ii* 或 *chip-chip-chip* 声，参考 XC311151（Peter Boesman），亦作细弱的 *chup-chup* 声。**分布**：南亚次大陆至缅甸、东南亚和中国西南部。在中国，常见于四川南部和云南，越冬个体见于广西和广东。**习性**：见于稻田和矮草地。

1377. 布氏鹨　Blyth's Pipit　*Anthus godlewskii*　bùshì liù　16~18 cm　　图版154　LC

识别：大型鹨。极似理氏鹨、田鹨以及平原鹨幼鸟，区别为尾部和后爪较短、喙较短而尖利、上体纵纹较多、下体常为较单一的皮黄色且中覆羽宽阔浅色羽端形成清晰的翼斑，与理氏鹨的区别还包括体型更小而紧凑，与田鹨的区别还包括鸣声不同且体型较大，近距离可见其跗跖比田鹨和理氏鹨均更短，眼先比平原鹨幼鸟色浅且两翼较长、后爪较弯曲。喙肉色，跗跖偏黄色。**鸣声**：圆润的 *chup* 声和特征性的响亮 *spzeeu* 声，收尾时略降调。鸣唱声短，参考 XC414411（Frank Lambert）。**分布**：蒙古国、俄罗斯外贝加尔和西伯利亚至中国东北，越冬于印度。在中国较罕见于海拔 3400 m 以下地区，繁殖于大兴安岭西部经内蒙古至青海和宁夏，冬季南迁至西藏东南部、四川和贵州，迷鸟至香港。**习性**：喜开阔原野、湖岸和草原。

1378. 平原鹨　Tawny Pipit　*Anthus campestris*　píngyuán liù
15~18 cm　　　　　　　　　　　　　　　　　　　　图版154　LC

识别：大型鹨。极似理氏鹨，区别为体型略小、跗跖较短且站姿更平。沙灰色上体纵纹不明显，浅皮黄色下体几乎无纵纹（幼鸟除外）。近距离可见其后爪比理氏鹨更短而弯曲且跗跖较短（小于 28 mm）。似田鹨，区别为尾部较长。喙偏粉色，跗跖浅黄色。**鸣声**：鸣唱声为响亮而忧郁的 *cher-lee* 声，参考 XC42197（Patrik Åberg），鸣叫声为清晰响亮的 *tchilip* 或 *tzeep* 声以及洪亮圆润的 *chep* 声。**分布**：欧洲至小亚细亚、伊朗、北非，越冬于北非、阿拉伯半岛、阿富汗和印度西北部。在中国罕见，繁殖于新疆西北部和西部尤其是天山地区，冬季南迁。**习性**：栖于干旱的开阔原野。

1379. 草地鹨　Meadow Pipit　*Anthus pratensis*　cǎodì liù　14~16 cm　　图版154　LC

识别：中型橄榄褐色鹨。喙修长，顶冠具黑色纵纹，背部纵纹明显但腰部无纵纹。下体皮黄色，前端具褐色纵纹。尾部褐色，外侧尾羽次端具白色宽边，外侧第二枚尾羽羽端白色。与林鹨的区别为胸部纵纹稀疏但两胁纵纹浓密。与粉红胸鹨的区别为无白色眉纹和明显翼斑。跗跖偏粉色。**鸣声**：轻柔的 *sip-sip-sip* 尖叫声，参考 XC476408（Peter Boesman）。**分布**：繁殖于古北界西部，越冬于北非、中东至中亚。在中国，为天山西部、新疆西北部的草地和多石半荒漠地区罕见冬候鸟，迷鸟见于河北和北京等地。**习性**：具独特的匍匐步行动作。集松散群活动。

1380. 林鹨　Tree Pipit　*Anthus trivialis*　lín liù　14~16 cm　　　　图版154　LC

识别：中型浅皮黄褐色或灰褐色鹨。头部和翕部布满黑色纵纹，下体皮黄白色，胸部布满纵纹。*haringtoni* 亚种纵纹延至两胁。与树鹨的区别为体羽偏褐色且无橄榄绿色、背部纵纹较浓密且脸部图纹不甚明显。外侧第二枚尾羽内翈具一白色小三角形。喙短，后爪短且甚弯曲。上喙褐色而下喙粉色，跗跖偏粉色。**鸣声**：鸣叫声为比树鹨更沙哑的 *teez* 声，鸣唱声为一连串响亮悠远小调并以似朱雀的颤音收尾，参考 XC494722（Albert Lastukhin）。**分布**：欧洲至贝加尔湖和喜马拉雅山脉西部，越冬于非洲、地中海和南亚次大陆。在中国通常罕见，*haringtoni* 亚种繁殖于新疆西北部和天山西部，冬季南迁，繁殖于俄罗斯的指名亚种冬季亦见于中国，迷鸟见于北京和广西等地。**习性**：喜有草和灌丛的林缘生境。

1381. 树鹨　Olive-backed Pipit　*Anthus hodgsoni*　shù liù　15~17 cm　　图版154　LC

识别：中型橄榄色鹨。具明显的白色眉纹。与其他鹨的区别为上体纵纹较少、喉部和两胁皮黄色且胸部和两胁布满黑色纵纹。*yunnanensis* 亚种翕部和腹部的纵纹比指名亚种更不明显。下喙偏粉色而上喙角质色，跗跖粉色。**鸣声**：飞行时发出尖细而粗哑的 *tseez* 声，在地面或树上发出重复的单音 *tsi...tsi...* 声。鸣唱声比林鹨更快而高，并具似鹪鹩的生硬颤音，参考 XC468768（Frank Lambert）。**分布**：繁殖于喜马拉雅山脉和东亚，越冬于南亚次大陆、东南亚、菲律宾和加里曼丹岛。在中国常见于海拔4000 m以下的开阔林地，指名亚种繁殖于东北和喜马拉雅山脉，越冬于东南、华中、华南、台湾和海南; *yunnanensis* 亚种繁殖于陕西南部至云南和西藏南部，越冬于华南、海南和台湾。**习性**：比其他鹨更喜林地生境，受惊时降落于树上。

1382. 北鹨 **Pechora Pipit** *Anthus gustavi* běi liù 14~15 cm 图版154 LC

识别：中型褐色鹨。似树鹨，区别为背部白色纵纹形成两个"V"字形且体羽偏褐色。黑色髭纹明显。*menzbieri* 亚种下体偏黄色。与红喉鹨的区别为背部和两翼具白色横斑、腹部较白且尾部无白色边缘。上喙角质色而下喙粉色，跗跖粉色。**鸣声**：鸣叫声为生硬的 *pwit* 声，鸣唱声参考 XC382377（Jens Kirkeby）。**分布**：繁殖于亚洲东北部，越冬于东南亚、菲律宾、苏拉威西岛和加里曼丹岛。在中国罕见，*menzbieri* 亚种繁殖于黑龙江东北部，迁徙途经山东; 指名亚种迁徙时记录于江苏。**习性**：喜开阔潮湿的草地和沿海森林。有时降落在树上。

1383. 粉红胸鹨 **Rosy Pipit** *Anthus roseatus* fěnhóngxiōng liù 15~17 cm 图版154 LC

识别：中型偏灰色鹨。体具纵纹，眉纹明显。繁殖羽眉纹和下体粉色且几乎无纵纹。非繁殖羽眉纹粉皮黄色，背部灰色并具明显黑色纵纹，胸部和两胁布满黑色点斑或纵纹。近距离可见其特征性柠檬黄色腋羽。喙灰色，跗跖偏粉色。**鸣声**：鸣叫声为柔弱的 *seep-seep* 声，炫耀飞行时发出 *tit-tit-tit-tit-tit teedle teedle* 鸣唱声，参考 XC491111（Peter Boesman）。**分布**：喜马拉雅山脉至青藏高原，越冬于南亚次大陆北部平原地带。在中国较常见于海拔 2700～4400 m 的高山草甸和草原，冬季下至稻田区域，繁殖于新疆西部沿青藏高原边缘东至山西和河北、南至四川和湖北，越冬于西藏东南部和云南，迷鸟至海南。**习性**：通常隐于近溪流处。比大部分鹨站姿更平。

1384. 红喉鹨 **Red-throated Pipit** *Anthus cervinus* hónghóu liù 14~15 cm 图版155 LC

识别：中型褐色鹨。与树鹨的区别为上体偏褐色、腰部纵纹更密并具黑色块斑、胸部黑色纵纹较不明显且喉部偏粉色。与北鹨的区别为腹部粉皮黄色而非白色、背部和两翼无白色横斑且鸣声不同。喙角质色而喙基黄色，跗跖肉色。**鸣声**：飞行时发出尖细的 *pseeoo* 鸣叫声，比其他鹨更为悦耳，参考 XC476370（Albert Lastukhin）。**分布**：繁殖于古北界北部，越冬于非洲、南亚次大陆北部、东南亚、马来半岛、菲律宾、苏拉威西岛和加里曼丹岛。在中国为候鸟，迁徙途经华北、华东、华中，越冬于包括海南和台湾在内的长江以南地区。**习性**：喜包括稻田在内的潮湿农耕区。

1385. 黄腹鹨 **Buff-bellied Pipit** *Anthus rubescens* huángfù liù 14~17 cm 图版155 LC

识别：较小的褐色鹨。布满纵纹。似树鹨，区别为上体偏褐色、胸部和两胁纵纹浓密且颈侧具偏黑色块斑。初级飞羽和次级飞羽的羽缘为白色。罕见的指名亚种偏褐色且纵纹较少。上喙角质色而下喙偏粉色，跗跖暗黄色。**鸣声**：飞行时发出尖厉的 *jeet-eet* 鸣叫声，但不如水鹨尖厉。鸣唱声为一连串快速的 *chee* 或 *cheedle* 声，参考 XC203608（Andrew Spencer）。**分布**：繁殖于古北界西部、亚洲东北部和北美，冬季南迁。在中国，繁殖于西伯利亚的 *japonicus* 亚种越冬于东北至云南和长江流域，甚常见；北美的指名亚种于中亚曾有迷鸟记录，可能偶至新疆。**习性**：冬季见于溪流两岸的潮湿草地和稻田中。

1386. 水鹨　**Water Pipit**　*Anthus spinoletta*　shuǐ liù　15~17 cm　　图版155　LC

识别：中型偏灰色鹨。体具纵纹，顶冠亦具纵纹。繁殖羽下体呈特征性橙黄色，胸部色深且仅胸侧和两胁略具模糊纵纹。冬羽上体深灰褐色，下体暗皮黄色，上下体前端均布满纵纹。喙偏黑色，冬羽下喙粉色，跗跖黑色。**鸣声**：受惊时发出尖厉的双音节 *tsu-pi* 或 *chu-i* 声，重复数次，比粉红胸鹨更为尖细，参考 XC414383（Frank Lambert）。**分布**：古北界、印度西北部、中国南部和中南半岛北部，冬季南迁。在中国，*coutellii* 亚种繁殖于新疆西北部、青海、甘肃西部，越冬于华南和台湾，在迁徙季节甚常见。**习性**：喜高山草场和近溪流的草地。

1387. 山鹨　**Upland Pipit**　*Anthus sylvanus*　shān liù　17~18 cm　　图版155　LC

识别：大型浓棕黄色鹨。体具褐色纵纹，眉纹白色。似理氏鹨和田鹨，区别为体羽偏褐色、下体纵纹区域较大、喙较短而粗、后爪较短且鸣声不同。尾羽窄而尖，腋羽浅黄色。喙、跗跖偏粉色。**鸣声**：鸣叫声为似麻雀的高音 *zip zip zip* 声，在地面发出。鸣唱声为悠远的 *weeeee tch weeeee tch* 声，更似鹨而不像鹨，参考 XC472579（Peter Boesman）。**分布**：伊朗东部、喜马拉雅山脉至中国南部。在中国，不常见于四川、云南和长江以南大部有草和灌丛的丘陵地区。**习性**：单独或成对活动。尾部急剧抽动而非摆动。

▌朱鹀科　Urocynchramidae　朱鹀　（1属1种）

独特的鹀，似朱雀，单列为一科。

1388. 朱鹀　**Pink-tailed Rosefinch**　*Urocynchramus pylzowi*　zhū wú　15~17 cm　　　图版155　国二/LC

识别：中型鹀。似朱雀，尾长而呈楔形，喙细，上体斑驳褐色。雄鸟繁殖羽眉纹、喉部、胸部和尾羽羽缘粉色。雌鸟胸部皮黄色并具深色纵纹，尾基浅粉橙色。唯一具如此长尾的朱雀是长尾雀，区别为喙粗短、具两道翼斑且外侧尾羽白色。**鸣声**：通常安静。雄鸟鸣唱声为急促的 *chitri-chitri-chitri-chitri* 声，参考 XC139775（Frank Lambert），飞行鸣叫声或告警声为清晰如银铃般的 *kvuit, kvuit* 声。**分布**：中国特有种。为青海、甘肃、四川北部和西部以及西藏东部海拔 3000 ~ 5000 m 地区不常见留鸟。**习性**：栖于近水的灌丛和高山荆棘丛中。单独、成对或集小群活动。飞行弱而频繁振翅。

▌燕雀科 Fringillidae 燕雀、朱雀 （22 属 63 种）

一大科喙厚的小型食籽鸟类。极似织雀，但尾部较长且呈分叉、喙略小并营开放（而非封闭）的杯状巢。善飞行，常集群栖于开阔草甸和灌丛地带。在北方繁殖的几个种冬季南迁至亚洲热带地区。

1389. 苍头燕雀 **Common Chaffinch** *Fringilla coelebs* cāngtóu yànquè
14~16 cm   图版155 LC

识别：美丽的中型燕雀。具明显的白色肩斑和翼斑。雄鸟繁殖羽顶冠和枕部灰色，翕部栗色，脸部和胸部偏粉色。雌鸟和幼鸟体色较暗且偏灰色。与燕雀的区别为腰部偏绿色且肩斑较白。喙灰色（雄鸟）或角质色（雌鸟），跗跖粉褐色。**鸣声**：鸣叫声为独特的 *chink* 金属音或响亮的 *wheet* 声，亦作更低的 *twit* 声。鸣唱声为富有韵律的降调嘎嘎声并具快速而夸张的收尾，参考 XC438944（Jack Berteau）。**分布**：欧洲、北非至西亚。在中国为偶见候鸟，指名亚种有越冬记录于新疆西北部天山、内蒙古、宁夏、河北、北京、辽宁、四川、湖南和云南。**习性**：成对或集群栖于落叶林、混交林、庭院和次生灌丛。与其他燕雀混群。常见食于地面。

1390. 燕雀 **Brambling** *Fringilla montifringilla* yàn què 13~16 cm 图版155 LC

识别：斑纹分明、体型健壮的中型燕雀。胸部棕色，腰部白色。雄鸟头部和枕部黑色，背部偏黑色，腹部白色，两翼和叉尾黑色，并具明显的白色肩斑和棕色翼斑，初级飞羽基部具白色点斑。雄鸟非繁殖羽似雌鸟，但头部图纹呈独特的褐色、灰色和偏黑色。喙黄色而喙端黑色，跗跖粉褐色。**鸣声**：鸣唱声悦耳，为数个笛音续以长 *zweee* 声或降调嘎嘎声，参考 XC430650（Alex Thomas），鸣叫声为重复而响亮的单调重复 *zweee* 声，亦作高叫声和颤音，飞行时发出 *chuee* 声。**分布**：古北界北部。在中国较常见，越冬于华东地区和西北地区天山、青海西部等地的落叶混交林、稀疏林和针叶林的林间空地，并偶至华南地区。**习性**：飞行起伏呈波状。成对或集小群活动。觅食于地面或树上，似苍头燕雀。

1391. 黄颈拟蜡嘴雀 **Collared Grosbeak** *Mycerobas affinis*
huángjǐng nǐlàzuǐquè 22~24 cm   图版155 LC

识别：大型的黑色和黄色燕雀。头大并具极大的偏绿色喙。不易被误认的雄鸟头部、喉部、两翼和尾部为黑色，余部黄色。雌鸟头部和喉部灰色，翼覆羽、肩羽和翕部暗灰黄色。雄性幼鸟似成鸟，但体色较暗。与中国分布的其他所有蜡嘴雀的区别为枕和领环黄色。跗跖橙色。**鸣声**：鸣唱声为 5 到 7 个音节的清晰响亮哨音 *ti-di-li-*

ti-di-li-um 声，参考 XC177038（Marc Anderson），亦作粗哑高音鸣唱声伴以似鹌的叫声。鸣叫声为一连串快速圆润 *pip* 声，告警声为似石块撞击的 *kurr* 声。**分布**：喜马拉雅山脉至中国西南部。在中国，地区性常见于海拔 2700 ~ 4000 m 的亚高山林，冬季下至较低海拔处，留鸟见于西藏东南部、云南东北部、四川西部和甘肃西南部。**习性**：栖于林线附近的具低矮栎树、杜鹃和刺柏丛的针叶林及混交林中。冬季集群。飞行快而直。

1392. 白点翅拟蜡嘴雀　Spot-winged Grosbeak　*Mycerobas melanozanthos*
báidiǎnchì nǐlàzuǐquè　21~23 cm　　　　　　　　　　图版156　LC

识别：大型的黄色和黑色燕雀。头大并具厚重的喙。雄鸟繁殖羽头部、喉部和上体黑色，胸部、腹部和臀部黄色，与黄颈拟蜡嘴雀的区别为上体无黄色，与白斑翅拟蜡嘴雀的区别为胸部黄色而腰部黑色。三级飞羽、大覆羽和次级飞羽的羽端具明显黄白色点斑。雌鸟和幼鸟具明显的黑色和黄色纵纹，翼上均具点斑，但幼鸟的黄色比雌鸟更浅。**鸣声**：鸣唱声为响亮悦耳的三音节 *tew-tew-teeeu* 哨声或似黄鹂的 *tyop-tiu* 哨声，参考 XC319929（Norbu），鸣叫声为似晃动近空火柴盒的 *krrr* 声。**分布**：喜马拉雅山脉至缅甸和中国西南部。在中国，不常见于海拔 2400 ~ 3600 m 的亚高山针叶林和混交林，冬季下至较低海拔处，留鸟见于西藏东南部、云南西部和西北部以及四川西部。**习性**：似黄颈拟蜡嘴雀，但栖于比其略低海拔处。觅食和夜栖时不断发出叽喳声。

1393. 白斑翅拟蜡嘴雀　White-winged Grosbeak　*Mycerobas carnipes*
báibānchì nǐlàzuǐquè　21~24 cm　　　　　　　　　　图版156　LC

识别：大型的黑色和暗黄色燕雀。头大并具厚重的喙。雄鸟繁殖羽乍似白点翅拟蜡嘴雀雄鸟，但腰部黄色且胸部黑色、三级飞羽和大覆羽羽端点斑黄色。初级飞羽基部白斑在飞行时明显可见。雌鸟似雄鸟，但体色较暗，并以灰色取代黑色，脸颊和胸部具模糊浅色纵纹。幼鸟似雌鸟，但体羽偏褐色。**鸣声**：鸣唱声为重复的沙哑 *add-a-dit-di-di-di-dit* 声，参考 XC19920（David Farrow），鸣叫声为带鼻音的 *shwenk* 或 *wet-et-et* 声。**分布**：伊朗西北部、喜马拉雅山脉至中国西部、中部和西南部。在中国，地区性常见于中西部海拔 2800 ~ 4600 m 林线附近的冷杉、松树和低矮刺柏丛中。**习性**：冬季集群并常与朱雀混群。觅食种子时颇为嘈杂。性不惧人。

1394. 锡嘴雀　Hawfinch　*Coccothraustes coccothraustes*　xīzuǐquè
16~18 cm　　　　　　　　　　　　　　　　　　　　图版156　LC

识别：矮胖的大型偏褐色燕雀。具极大的喙、较短的尾部和明显的白色宽阔肩斑。两性相似。指名亚种成鸟具狭窄黑色眼罩和颏部，两翼亮蓝黑色（雌鸟偏灰色），外侧初级飞羽羽端异常地弯而尖，暖褐色尾部略分叉，尾端具狭窄白色，外侧尾羽具黑色次端斑，两翼上下均具独特的黑白色图纹。幼鸟似成鸟，但体色较深且下体具深色小点斑和纵纹。**鸣声**：鸣唱声以哨音开始并以流水般悦耳的 *deek-waree-ree-ree* 声收尾，参考 XC411975（Sonnenburg），鸣叫声为突发的 *tzick* 声，亦作尖厉的 *teee* 或 *tzeep* 声。**分布**：欧亚大陆温带地区。在中国甚常见，指名亚种繁殖于东北，迁徙途经华北、华东至长江以南地区越冬，部分个体越冬于河北、北京等地；*japonicus* 亚种越冬于东南沿海各省份，迷鸟至台湾；记录于西北地区的指名亚种可能包含 *humii* 亚种。**习性**：成对或集小群栖于海拔 3000 m 以下的林地、庭院和果园，通常性羞怯而安静。

1395. 黑尾蜡嘴雀　Chinese Grosbeak　*Eophona migratoria*　hēiwěi làzuǐquè
16~18 cm 　　　　　　　　　　　　　　　　　　　　　图版156　LC

识别：较大而敦实的燕雀。具硕大而端黑的黄色喙。雄鸟繁殖羽外形极似具有黑色头罩的大型灰雀，体羽灰色，两翼偏黑色。与黑头蜡嘴雀的区别为喙端黑色、臀部黄褐色且初级飞羽、三级飞羽和初级覆羽的羽端白色。雌鸟似雄鸟，但头部黑色较少。幼鸟似雌鸟，但体羽偏褐色。**鸣声**：鸣唱声为似赤胸朱顶雀的一连串哨音和颤音，参考 XC472149（Blackie-Wen），鸣叫声为响亮而沙哑的 *tek-tek* 声。**分布**：西伯利亚东部、朝鲜半岛、日本南部和中国东部，越冬于中国南部。在中国地区性常见，指名亚种繁殖于东北地区落叶林和混交林，越冬于华南和台湾；*sowerbyi* 亚种繁殖于华中、华东尤其是长江下游地区并西至四川西部地区，越冬于西南地区。**习性**：栖于林地和果园，从不见于密林中。

1396. 黑头蜡嘴雀　Japanese Grosbeak　*Eophona personata*　hēitóu làzuǐquè
20~24 cm 　　　　　　　　　　　　　　　　　　　　　图版156　LC

识别：敦实的大型燕雀。具硕大的黄色喙。两性相似。似黑尾蜡嘴雀雄鸟，区别为三级飞羽具不同的褐色和白色图纹、臀部偏灰色、喙更大且全黄色。初级飞羽具小块白色次端斑，但初级飞羽、三级飞羽和初级覆羽的羽端无白色。飞行时上述差异甚明显。幼鸟体羽偏褐色，头部黑色缩至狭窄眼罩，并具两道皮黄色翼斑。*magnirostris* 亚种比指名亚种体型更大、体色更浅、喙更大且翼上白色块斑较小。**鸣声**：飞行中发出生硬的 *tak-tak* 鸣叫声，鸣唱声为四五个音节的笛声哨音，参考 XC424322（Gerbenth）。**分布**：繁殖于西伯利亚东部、中国东北、朝鲜和日本，越冬于中国南部。在中国地区性常见，指名亚种越冬于华南并罕至台湾，*magnirostris* 亚种繁殖于东北，迁徙途经华东，越冬于华南。**习性**：比其他蜡嘴雀更喜低海拔地区。通常集小群活动。性羞怯而安静。

1397. 松雀　Pine Grosbeak　*Pinicola enucleator*　sōng què
19~22 cm 　　　　　　　　　　　　　　　　　　　　　图版155　LC

识别：尾长的大型燕雀。喙厚并具钩，两道明显白色翼斑与偏黑色翼羽形成对比。雄鸟深粉色，具独特的脸部灰色图纹。雌鸟似雄鸟，但以橄榄绿色取代粉色。幼鸟通体暗灰色并具皮黄色翼斑。雄雌鸟分别似白翅交嘴雀雄雌鸟的图纹，区别为喙呈钩状而不交叉、翼斑不如其明显、尾部分叉较浅且羽色不甚浓重。**鸣声**：鸣唱声为响亮悦耳的啭鸣间杂笛音和颤音，参考 XC424092（Terje Kolaas）。鸣叫声为似笛音的 *teu-teu-teu* 哨声，中间一音最高，参考 XC406267（Patrick Aberg）。群鸟觅食时作轻柔叽喳声。告警声为似喘息的 *caree* 声。**分布**：繁殖于北美、欧洲和亚洲的针叶林，通常为北纬 65° 以北地区，冬季南迁。在中国极罕见，*pacata* 亚种偶至黑龙江北部、内蒙古东北部和新疆西北部阿尔泰山地区越冬，*kamtshatkensis* 亚种见于黑龙江东部和南部以及辽宁。推测有少量个体在中国繁殖，亚种未知。**习性**：较不惧人。冬季集群觅食浆果和种子。

1398. 褐灰雀　Brown Bullfinch　*Pyrrhula nipalensis*　hè huīquè
16~17 cm　　　　　　　　　　　　　　　　　　　　　　　图版156　LC

识别：中型灰色燕雀。尾长而略分叉，喙强劲有力，尾部和两翼深绿紫色并具光泽，两翼具浅色块斑，腰部白色。雄鸟具杂乱的额部鳞状斑和狭窄的黑色脸罩。雌鸟通体皮黄灰色。雄雌鸟眼下均具小白斑。*ricketti* 亚种眼先和额部偏黑色。**鸣声**：鸣叫声为似红头灰雀的圆润 *per-lee* 声，鸣唱声为重复的圆润 *her-dee-a-duuee* 声，参考 XC398310（Zeidler Roland）。**分布**：喜马拉雅山脉至缅甸北部、中国南部和马来半岛。在中国，地区性常见于海拔 2000 ~ 3700 m 的亚高山森林中，冬季下至较低海拔处，指名亚种为西藏东南部和云南西北部留鸟，*ricketti* 亚种见于云南至华南和东南地区，*uchidai* 亚种为台湾海拔 1300 ~ 2400 m 地区留鸟。**习性**：冬季集小群。飞行快而直。

1399. 红头灰雀　Red-headed Bullfinch　*Pyrrhula erythrocephala*
hóngtóu huīquè　16~18 cm　　　　　　　　　　　　　　图版156　LC

识别：较大而敦实的燕雀。喙厚并略具钩。极似灰头灰雀，区别为雄鸟头部橙色、雌鸟则比灰头灰雀雌鸟偏灰色且顶冠和枕部橄榄黄色。幼鸟与灰头灰雀幼鸟易混淆，但仅在有限地区分布存在重叠。**鸣声**：鸣叫声为似红腹灰雀的哀婉 *pew pew* 哨音，参考 XC319293（Norbu），鸣唱声为圆润的低音 *terp-terp-tee* 声。**分布**：喜马拉雅山脉。在中国地区性常见于西藏南部的针叶林中。**习性**：似其他灰雀。

1400. 灰头灰雀　Grey-headed Bullfinch　*Pyrrhula erythaca*　huītóu huīquè
15~17 cm　　　　　　　　　　　　　　　　　　　　　　　图版156　LC

识别：较大的燕雀。显笨重，喙厚并略具钩。似其他灰雀，区别为成鸟头部灰色、雄鸟胸部和腹部深橙色、雌鸟下体和枭部暖褐色并具背部黑色条带。幼鸟似雌鸟，但头部除小型黑色眼罩外全为褐色。飞行时白色腰部和灰白色翼斑明显可见。*owstoni* 亚种上体浅紫灰色，胸部有时略沾浅粉色。**鸣声**：鸣叫声为似红腹灰雀的缓慢 *soo-ee* 声，有时为三个哨音。*owstoni* 亚种作纤柔的 *yifu yifu* 声。鸣唱声为悦耳的叽喳声，参考 XC327159（Manuel Schweizer）。**分布**：喜马拉雅山脉至中国。在中国，地区性常见于海拔 2500 ~ 4100 m 处，指名亚种为西藏东南部至华中、山西西南部、河北和云南西北部的留鸟，*owstoni* 亚种为台湾特有亚种。**习性**：栖于亚高山针叶林和混交林。冬季集小群。性不惧人。**分类学订正**：台湾的 *owstoni* 亚种或被视作一独立特有种，即台湾灰头灰雀。

1401. 红腹灰雀 **Eurasian Bullfinch** *Pyrrhula pyrrhula* hóngfù huīquè

15~17 cm 图版156 LC

识别： 敦实的中型燕雀。喙厚并略具钩，腰部白色，头顶和眼罩亮黑色。与其他所有灰雀的区别为顶冠黑色。雄鸟翕部灰色，臀部白色。下体通常为灰色并具不同程度的粉色。明显的偏白色翼斑与黑色翼羽形成对比。*cineracea* 亚种体羽无粉色，*griseiventris* 亚种脸颊和喉部局部为粉色，*cassini* 亚种和指名亚种脸颊、喉部、胸部和腹部均为粉色。幼鸟图纹似雄鸟，但以暖褐色取代粉色。幼鸟似雌鸟，但无黑色头顶和眼罩，并具皮黄色翼斑。**鸣声：** 鸣叫声为独特的轻柔 *teu* 声，鸣唱声为重复的鸣叫声并偶尔间杂三音节尖叫声，参考 XC406832（Marcin Soloweij）。**分布：** 欧亚大陆温带地区。在中国罕见，*cassini* 亚种越冬于新疆西北部天山和东北地区小兴安岭及乌苏里江，并于河北东北部有一笔记录；指名亚种迁徙时记录于东北；*griseiventris* 亚种越冬于天山、黑龙江南部、辽宁和河北北部，迷鸟至江苏和上海；*cineracea* 亚种记录于黑龙江北部和内蒙古东北部，并可能为繁殖鸟。**习性：** 喜林地、果园和庭院。冬季常集小群。

1402. 红翅沙雀 **Eurasian Crimson-winged Finch** *Rhodopechys sanguineus*

hóngchì shāquè 16~17 cm 图版160 LC

识别： 较大的褐色燕雀。喙厚并呈黄色，两翼和眼周绯红色。雄鸟顶冠黑褐色，背部褐色并具黑色纵纹，腰部褐色并沾粉色，脸颊褐色，眉纹、喉部和颈侧沙色，胸部褐色并具黑色杂斑，腹部偏白色，翼覆羽多为浅绯红色，飞羽黑色并具绯红色和白色羽缘，三级飞羽黑色而羽端白色，黑色尾部略分叉并具白色和绯红色边缘。雌鸟似雄鸟，但体色较暗且绯红色较少。与其他沙雀的区别为体色较深、体羽多杂斑、顶冠色深且黄色喙较厚。**鸣声：** 鸣唱声为悦耳的重复 *tchwili-tchwilichip* 声，在盘旋飞行时亦发出更为响亮的鸣唱声，参考 XC350469（Tero Linjama）。鸣叫声为似鹀的 *wee-tll-wee* 声，或在飞行中发出轻柔的 *chee-rup* 声。**分布：** 西班牙、摩洛哥、土耳其、伊朗、中亚至中国西北部。在中国，繁殖于新疆西北部天山、塔尔巴哈台山和喀什地区，南至帕米尔高原，为海拔 2000～3000 m 罕见鸟，冬季下至较低海拔处。**习性：** 栖于多岩高山，营巢于石缝和灌丛中。

1403. 蒙古沙雀 **Mongolian Finch** *Bucanetes mongolicus* měnggǔ shāquè

13~15 cm 图版160 LC

识别： 中型纯沙褐色燕雀。喙厚并呈暗角质色，两翼粉色羽缘通常可见。雄鸟繁殖羽偏粉色，大覆羽深绯红色，腰部、胸部和眼周沾粉色。与其他沙雀的区别为羽色较单调且喙色较浅。**鸣声：** 较安静。鸣唱声为缓慢的 *do-mi-sol-mi* 声并具重复的短调和叽喳声，参考 XC133401（Manuel Schweizer），鸣叫声为轻柔的 *djudjuvu* 声，群鸟觅食时发出叽喳声。**分布：** 土耳其东部至中亚、克什米尔、中国北部和西部以及蒙古国戈壁地区。在中国，广布且地区性常见于新疆西部和北部、青海、甘肃、宁夏、内蒙古海拔 4200 m 以下的大部地区。**习性：** 喜干燥多石荒漠的山地和半干旱灌丛。性不惧人。通常集群活动。

1404. 赤朱雀 **Blanford's Rosefinch** *Agraphospiza rubescens*
chì zhūquè　14~15 cm　　　　　　　　　　　　　　图版157　LC

识别：中型深色朱雀。雄鸟体羽绯红色，无眉纹，具两道红色翼斑，背部和顶冠红褐色，且顶冠、翕部和胸部均无纵纹。雌鸟通体暖灰褐色，下体无纵纹。与其他所有朱雀的区别为下体无纵纹。**鸣声：**鸣叫声为短细的 *sip* 声或一连串短促的起伏叽喳声。鸣唱声为响亮悦耳的啾鸣间杂重复的三音节短调和尖厉的叽喳声，音调起伏且最后一音模糊，参考XC104964（Frank Lambert）。**分布：**喜马拉雅山脉和中国西南部。在中国为喜马拉雅山脉、西藏南部和东南部、云南西北部、四川及甘肃东南部海拔1350 ~ 4500 m 地区不常见留鸟。**习性：**繁殖于高山多岩山谷的灌丛中，越冬于较低海拔的针叶林和桦树林中。

1405. 红眉金翅雀 **Spectacled Finch** *Callacanthis burtoni*　hóngméi jīnchìquè
17~18 cm　　　　　　　　　　　　　　　　　　　图版160　LC

识别：较大的燕雀。头大，顶冠偏黑色，似"眼罩"的贯纹为亮红色（雄鸟）或黄色（雌鸟）。雄鸟比雌鸟体色更红和更黑。雄雌鸟的两翼均为黑色并具白色翼斑和点斑。与喜山点翅朱雀易混淆，区别为喙色不同、无眉纹、顶冠色深且两翼具净白色点斑。幼鸟似雌鸟，但体色较暗。喙黄色而喙端黑色。**鸣声：**鸣唱声为响亮而悦耳的颤音，鸣叫声为响亮清晰的哨音续以悦耳的降调 *pweu* 声，参考 XC145757（George Wagner）。**分布：**喜马拉雅山脉西部至锡金。在中国，见于边境地区有森林覆盖的南向河谷中，该鸟为2015年在海拔2860 m 的樟木地区（西藏南部）发现的中国新记录。**习性：**栖于海拔 2270 ~ 3330 m 的亚高山针叶林和杜鹃林中。成对或集小群活动。以雪松种子为食。

1406. 金枕黑雀 **Gold-naped Finch** *Pyrrhoplectes epauletta*　jīnzhěn hēiquè
13~15 cm　　　　　　　　　　　　　　　　　　　图版155　LC

识别：较小的燕雀。三级飞羽白色羽缘形成平行细纹。雄鸟不易被误认，体羽黑色，顶冠和枕部亮金色，肩部具金色闪斑。雌鸟两翼和下体暖褐色，翕部灰色，头部为橄榄绿色和灰色。与相同生境下的其他鸟种区别为不同的习性和翼上白色平行细纹。**鸣声：**鸣唱声为快速的高音 *pi-pi-pi-pi* 声或更轻柔的尖叫声，鸣叫声为 *teeu* 哨音，参考 XC426871（Peter Boesman），亦作刺耳的 *plee-e-e* 声。**分布：**喜马拉雅山脉至中国的西南部和青藏高原东南部。在中国，不常见于西藏东南部、云南西部和西北部、四川西南部的亚高山林中，繁殖于海拔 2700 ~ 4000 m 地区但冬季下至较低海拔处。**习性：**隐于杜鹃林和竹林的林下植被或地面，有时集小群或与朱雀混群。

1407. 暗胸朱雀 **Dark-breasted Rosefinch** *Procarduelis nipalensis*
ànxiōng zhūquè　14~16 cm　　　　　　　　　　　图版157　LC

识别：中型深色朱雀。枕部和上体深褐色并沾绯红色。雄鸟额部、眉纹、脸颊和耳羽亮粉色，胸部深红褐色。与棕朱雀和酒红朱雀的区别为额部粉色、喙较细且眉纹不至眼前，与酒红朱雀的区别还包括胸部色暗。雌鸟为单一的灰褐色，并具两道浅色翼斑，与棕朱雀的区别为无浅色眉纹，与酒红朱雀的区别为下体色单调且三级飞羽羽端无浅色。**鸣声**：鸣唱声为单音叽喳声，鸣叫声为哀婉双哨音和叽喳声，告警声为 *cha-a-rrr* 声，参考 XC267905（Sander Pieterse）。**分布**：喜马拉雅山脉至中国的西部和青藏高原南部。在中国，指名亚种为西藏南部、东部和东南部留鸟，*intensicolor* 亚种见于甘肃南部、四川西部和云南西北部。**习性**：性羞怯而活跃，栖于林线附近的栎树、杜鹃与针叶树的混交林。有时集单性群或与其他朱雀混群。

1408. 林岭雀　Plain Mountain Finch　*Leucosticte nemoricola*　lín lǐngquè

14~17 cm　　　　　　　　　　　　　　　　　　　　　图版157　LC

识别：似麻雀的中型褐色燕雀。具浅色纵纹、浅色眉纹和白色或乳白色的细小翼斑。尾部略分叉且无白色。两性相似，幼鸟比成鸟偏暖褐色。*altaica* 亚种偏棕褐色，下体色浅。与高山岭雀的区别为头部色浅且腰部覆羽羽端无粉色。**鸣声**：鸣唱声为尖厉的 *dui-dip-dip-dip* 声，停歇于岩石上发出，参考 XC110833（Frank Lambert），鸣叫声为轻柔的 *chi-chi-chi-chi* 声或双音尖哨声。**分布**：中亚、喜马拉雅山脉、青藏高原至蒙古国的海拔 3600 ~ 5200 m 地区。在中国常见，指名亚种为西藏北部和东部、青海东部、甘肃、四川、陕西南部、云南西北部的留鸟，*altaica* 亚种为极西部和西北地区的留鸟。**习性**：栖于多石山坡和高山草甸。具垂直迁徙习性，冬季下至海拔 1800 m 的农耕地区边缘。常集大群，快速上下翻飞。

1409. 高山岭雀　Brandt's Mountain Finch　*Leucosticte brandti*

gāoshān lǐngquè　16~19 cm　　　　　　　　　　　　　　图版157　LC

识别：较大的高海拔燕雀。头部色深。与林岭雀外形和羽色均相似，区别为顶冠色明显更深、枕部和翕部灰色并具独特的浅色翼覆羽和偏粉色腰部。比所有雪雀体色都更深。分布于中国的 7 个亚种在体羽深浅以及褐色、灰色程度上存在差异。**鸣声**：鸣唱声为重复的双音 *jerr-cheee* 声，第二音极高，参考 XC449125（Roland Zeidler），鸣叫声为响亮 *twitt-twitt* 声，常在飞行时发出，亦作沙哑的 *churr* 声。**分布**：中亚、喜马拉雅山脉西部和中部至中国西部及蒙古国。在中国常见，*margaritacea* 亚种见于新疆西北部塔尔巴哈台山和阿尔泰山脉地区，指名亚种见于新疆西部天山和喀什地区，*pamirensis* 亚种仅见于帕米尔高原，*pallidior* 亚种见于昆仑山脉，*intermedia* 亚种见于青海和甘肃，*haematopygia* 亚种见于喀喇昆仑山脉，*audreyana* 亚种见于青藏高原和喜马拉雅山脉，*walteri* 亚种见于青藏高原东部至四川和云南北部。**习性**：喜高海拔多岩、碎石地带和潮湿沼泽地区。见于比林岭雀更高海拔地区，夏季一般生活在海拔 4000 ~ 6000 m 处，而冬季下至海拔 3000 m 处。集大群，有时与雪雀混群。

1410. 粉红腹岭雀　Asian Rosy Finch　*Leucosticte arctoa*　fěnhóngfù lǐngquè

16~18 cm　　　　　　　　　　　　　　　　　　　　　图版157　LC

识别：中型深色燕雀。两翼和下体玫红色。*brunneonucha* 亚种雄鸟额部、顶冠和脸部灰色，翕部黄褐色，上体深褐色并具沙色羽缘形成的鳞状斑，两翼偏黑色而羽缘粉色，尾部偏黑色并具白色羽缘，下体褐色而覆羽中心粉色。冬羽顶冠、枕部和颈圈皮黄褐色。雌鸟比雄鸟体色更暗，两翼仅覆羽粉色。指名亚种雄鸟两翼羽缘宽阔故合拢时看似白色，体羽无粉色且腰部和臀部色浅。与朱雀的区别为黄色喙较厚且头部无粉色。**鸣声**：鸣唱声为一连串缓慢的降调 *chew* 声，从地面或在螺旋下降飞行时发出。鸣叫声为重复的单音 *chew* 声、干涩的 *peut* 声或似麻雀的叽喳声，参考 XC294808（Ross Gallardy）。**分布**：阿尔泰山脉至西伯利亚和日本。在中国地区性常见于海拔 3600 ~ 5500 m 处，指名亚种可能繁殖于阿尔泰山脉，*brunneonucha* 亚种繁殖于黑龙江西部而越冬于黑龙江南部、辽宁和河北。**习性**：成对或集小至大群，觅食于荒芜高原和高山苔原低矮植被下的地面。越冬于稀树裸露山坡。

1411. 普通朱雀　Common Rosefinch　*Carpodacus erythrinus*　pǔtōng zhūquè

13~15 cm　　　　　　　　　　　　　　　　　　图版157　LC

识别：较小的朱雀。头部红色，上体灰褐色，腹部白色。雄鸟繁殖羽头部、胸部、腰部和翼斑沾亮红色，其程度因亚种而存在差异，*roseatus* 亚种几乎全红，*grebnitskii* 亚种下体浅粉色。雌鸟无粉色，上体纯灰褐色，下体偏白色。幼鸟似雌鸟，但偏褐色并具纵纹。雄鸟与其他大部分相似的朱雀区别为羽色亮红、无眉纹、腹部白色且脸颊和耳羽色深。雌鸟区别不甚明显。**鸣声**：鸣唱声为单调重复的缓慢升调哨音 *weeja-wu-weeeja* 声或其变调，鸣叫声为独特的清晰升调哨音 *ooeet* 声，告警声为 *chay-eeee* 声，参考 XC435912（Alex Thomas）。**分布**：繁殖于欧亚大陆北部、中亚高山地区、喜马拉雅山脉至中国西部和西北部，越冬于印度、中南半岛北部和中国南部。在中国为常见留鸟和候鸟，一般见于海拔 2000 ~ 2700 m 但在东北较低而在青藏高原则较高，*roseatus* 亚种广布于新疆西北部和西部、整个青藏高原并东至宁夏、湖北和云南北部，越冬于西南热带地区的山地；*grebnitskii* 亚种繁殖于东北呼伦湖和大兴安岭，迁徙途经华东，越冬于华南沿海各省份和盆地地区。**习性**：栖于亚高山林，但见于林间空地、灌丛和溪流两岸。单独、成对或集小群活动。飞行呈波状起伏。不如其他朱雀隐蔽。

1412. 血雀　Scarlet Finch　*Carpodacus sipahi*　xuè què　18~19 cm　　图版157　LC

识别：较大而独特的红色或橄榄褐色燕雀。喙厚。雄鸟不易被误认，通体深红色，飞羽偏黑色而羽缘红色。雌鸟上体橄榄褐色，下体灰色，具较深色杂斑，腰部黄色。雄性幼鸟似雌鸟，但上体沾棕色，腰部偏橙色。**鸣声**：鸣唱声为似流水般的清晰 *parree-reeeeee* 声，鸣叫声为响亮的 *too-eee*, *pleeau* 或 *chew-we-auh* 声，参考 XC100895（Frank Lambert）。**分布**：喜马拉雅山脉至中国西南部和中南半岛北部。在中国为西藏东南部、云南西部和南部海拔 1600 ~ 3400 m 地区不常见留鸟。**习性**：喜针叶林或亚热带山地林。通常栖于林间空地或林缘。单独或集单性小群活动。

1413. 拟大朱雀　Streaked Rosefinch　*Carpodacus rubicilloides*　nǐ dà zhūquè

17~20 cm　　　　　　　　　　　　　　　　　　图版157　LC

识别：极大而健壮的朱雀。喙大而偏粉色，两翼和尾部均长。雄鸟繁殖羽脸部、额部和下体深红色，顶冠和下体具白色细纹并至两胁逐渐变窄，枕部和翕部灰褐色并具深色纵纹，略沾粉色，腰部粉色。雌鸟灰褐色并布满纵纹。雄鸟与大朱雀的区别为体羽红色不如其浓、枕部和翕部偏褐色且纵纹较多。雌鸟与大朱雀的区别为枕部、背部和腰部具纵纹且偏褐色。*lucifer* 亚种比指名亚种体型略大。**鸣声**：鸣唱声为缓慢的降调 *tsee-tsee-soo-soo-soo* 声，参考 XC191700（Mike Nelson），鸣叫声为响亮的 *twink* 声、更轻柔的 *sip* 声或忧郁的 *dooid dooid* 声。**分布**：喜马拉雅山脉和青藏高原。在中国，为新疆西部和南部（*lucifer* 亚种）、西藏东部（指名亚种）海拔3700 ~ 5150 m 地区不常见留鸟，越冬于四川南部和云南西北部。**习性**：栖于高海拔多岩碎石滩和具稀疏灌丛的高原地带。冬季见于村庄附近的荆棘丛。性羞怯而隐蔽。与其他朱雀混群。

1414. 大朱雀 Spotted Great Rosefinch *Carpodacus rubicilla* dà zhūquè
18~21 cm 图版157 LC

识别：极大而健壮的朱雀。羽色极红，喙大，两翼和尾部均长。雄鸟额部至顶冠后方和下体深红色并沾霜白色，脸颊、枕部、翕部和腰部纯红色或粉色。雌鸟体羽无粉色，下体布满纵纹，但翕部纵纹较细。雄鸟极似拟大朱雀，区别为体羽偏红色且沾霜白色、上体纵纹较少。雌鸟与拟大朱雀的区别为枕部、背部和腰部纵纹较少且下体为灰皮黄色。*severtzovi* 亚种体色甚浅。**鸣声**：鸣唱声（*severtzovi* 亚种）为哀婉的低音 *weeep* 声和一连串轻柔咯咯声，参考 XC385511（Dmitry Kulakov），鸣叫声为响亮的 *twink* 声或尖厉的 *twit, ping* 声，有时在飞行中发出叽喳声。**分布**：高加索山脉、中亚、喜马拉雅山脉至中国西部和西北部。在中国为不常见留鸟，*severtzovi* 亚种见于新疆和青藏高原海拔 3600 ~ 5000 m 地区，*kobdensis* 亚种仅见于新疆吐鲁番局部地区。**习性**：夏季栖于林线以上的多岩碎石滩和高山草甸，冬季下至村庄田野。与其他朱雀混群。

1415. 喜山红腰朱雀 Blyth's Rosefinch *Carpodacus grandis*
xǐshān hóngyāozhūquè 17~19 cm 图版157 NR

识别：敦实的大型朱雀。喙厚。极似红腰朱雀，区别为体型较大且略长、喙较细、两翼较长、尾部较短、上体偏褐色且深色纵纹较少、腰部色浅且偏暗粉色、脸部和下体较深为淡紫色或酒红色、褐色额部无丝白色点斑。雌鸟偏灰色并布满纵纹，与红腰朱雀的区别为头部色略浅、偏白色眉纹延至耳羽后方并且具深褐色细纹。**鸣声**：鸣唱声为一连串短促似喘息的叽喳声并偶尔间杂尖叫声，参考 XC132803（Manuel Schweizer），鸣叫声为哀婉似喘息的 *kwee* 哨音或尖厉 *jeawir* 声。**分布**：阿富汗北部至喜马拉雅山脉西部和印度西北部。在中国记录于新疆西南部。**习性**：夏季栖于海拔 5000 m 以下的落叶林和高山灌丛，冬季下至较低海拔处。**分类学订正**：常被视作红腰朱雀（*C. rhodochlamys*）的一个亚种。

1416. 红腰朱雀 Red-mantled Rosefinch *Carpodacus rhodochlamys*
hóngyāo zhūquè 15~18 cm 图版158 LC

识别：大型朱雀。喙厚。雄鸟繁殖羽通体沾粉色，颈侧和下体亮粉色，腰部和眉纹粉色且无纵纹，脸侧具银色碎点，顶冠和贯眼纹色深。雌鸟浅灰褐色并具深色纵纹，体羽无粉色。雄鸟似玫红眉朱雀，区别为体型较大、喙更厚、下体偏粉色，与红胸朱雀的区别为脸部和下体亮红色较少。雌鸟与其他朱雀的区别为体型较大、下体色浅、无浅色眉纹和翼斑。**鸣声**：鸣唱声为一连串短促似喘息叽喳声和 *twit* 声并偶尔间杂尖叫声，参考 XC328534（Manuel Schweizer），鸣叫声为哀婉似喘息的 *kwee* 哨音或尖厉 *jeawir* 声。**分布**：中亚、阿富汗、印度西北部、中国西北部和蒙古国。在中国，指名亚种为新疆北部和西部的天山、喀什、哈密等地的罕见留鸟。**习性**：夏季栖于海拔 2720 ~ 4900 m 的刺柏林、落叶林和高山草甸，冬季下至较低海拔处。通常成对或集小群活动。性隐蔽但不惧人。

1417. 喜山红眉朱雀 / 红眉朱雀　Himalayan Beautiful Rosefinch
Carpodacus pulcherrimus　xǐshān hóngméizhūquè　14~15 cm　　图版158　LC

识别：中型朱雀。上体斑驳褐色，眉纹、脸颊、胸部和腰部浅紫粉色，臀部偏白色。雌鸟体羽无粉色，但具明显皮黄色眉纹。雄雌鸟均极似曙红朱雀，区别为体型更大、喙较粗厚且尾部比例较长。**鸣声**：鸣叫声为轻柔的 *trip* 或 *trillip* 声、似山雀的叽喳声和飞行时发出的沙哑 *chaaannn* 声，鸣唱声为一连串尖细叽喳声，参考 XC206468（Keith Bromerley）。**分布**：喜马拉雅山脉、中国西部和西南部。在中国为海拔 3600 ~ 4650 m 常见留鸟，指名亚种见于喜马拉雅山脉和新疆南部，*argyrophrys* 亚种见于西藏东北部、青海、甘肃、宁夏、内蒙古西部、四川、陕西和云南西北部。**习性**：喜具低矮栎树和杜鹃的刺柏灌丛。冬季下至较低海拔处。受惊扰时在灌丛中静止不动至危险消失。
分类学订正：红眉朱雀（*C. davidianus*）曾被视作本种的亚种（本种原中文名为红眉朱雀，原英文名为 Beautiful Rosefinch）。

1418. 红眉朱雀 / 中华朱雀　Chinese Beautiful Rosefinch　*Carpodacus davidianus*
hóngméi zhūquè　14~15 cm　　　　　　图版158　LC

识别：中型朱雀。极似喜山红眉朱雀，区别为体型略大、上体纵纹较细且色浅、两胁纵纹较少、尾部更短而平。**鸣声**：鸣叫声极具金属质感，不如喜山红眉朱雀干涩，包括一声或两声的尖厉 *tsink* 声，亦作第二音更高更柔的 *tsínk-it* 声。鸣唱声为似山雀的叽喳声，参考 XC421783（Raphael Jordan）。**分布**：蒙古国和中国北部。在中国为内蒙古中部、陕西、山西、甘肃南部、河北、天津和北京海拔 2000 ~ 3500 m 地区常见留鸟。**习性**：喜长有杜鹃的刺柏灌丛。冬季下至较低海拔处。

1419. 曙红朱雀　Pink-rumped Rosefinch　*Carpodacus waltoni*
shǔhóng zhūquè　12~15 cm　　　　　　图版158　LC

识别：小型深色朱雀。眉纹、脸颊、胸部和腰部粉色。极似喜山红眉朱雀，区别为体型较小、喙较细、尾较短。与红眉朱雀区别为两胁无皮黄褐色。与玫红眉朱雀的区别为额部不如其鲜艳、翕部布满纵纹且腰部偏浅粉色。雌鸟体羽无粉色，似玫红眉朱雀。**鸣声**：鸣唱声为拖长的 *pirit* 声，参考 XC67866（Frank Lambert），鸣叫声为张扬的 *pink* 声、似鸫的 *tsip* 声和较沙哑的双音 *pitrit* 声。**分布**：中国特有种，为西南地区和西藏东南部海拔 3900 ~ 4900 m 地区不常见留鸟，指名亚种见于西藏南部和东南部，*eos* 亚种见于西藏东部、青海东南部、四川和云南西北部。**习性**：喜开阔的高山草甸和有灌丛的干燥河谷。冬季集群活动，有时与体型较大的喜山红眉朱雀混群。

420

1420. 玫红眉朱雀　Pink-browed Rosefinch　*Carpodacus rodochroa*
méihóngméi zhūquè　13~15 cm　　　　　图版158　LC

识别：较小的亮粉色朱雀。腰部深粉色。雄鸟具粉色宽阔前额、眉纹和深红色宽阔贯眼纹，下体通常无纵纹。与喜山红眉朱雀和曙红朱雀的区别为额部鲜艳、腰部粉色较深且腹部偏粉色。雌鸟体羽无粉色，上下体均布满纵纹，眉纹和腹部色浅。**鸣声**：鸣唱声甜美轻快，参考 XC312274（Kalyan Singh Sajwan），鸣叫声为响亮的 *per-lee* 声和似金丝雀的 *sweet* 声。**分布**：喜马拉雅山脉和青藏高原南部。在中国为西藏南部海拔 2250 ~ 4500 m 地区罕见留鸟。**习性**：见于亚高山森林的林下植被、林缘和高山草坡。越冬于较低海拔的森林中。

1421. 棕朱雀　Dark-rumped Rosefinch　*Carpodacus edwardsii*
zōng zhūquè　14~17 cm　　　　　图版158　LC

识别：中型深色朱雀。具明显眉纹。雄鸟深紫褐色，眉纹、喉部、颏部和三级飞羽外翈羽缘浅粉色，与其他深色朱雀的区别为腰部色深、额部和下体无粉色且两翼无白色。雌鸟上体深褐色，下体皮黄色，眉纹浅皮黄色，布满深色纵纹，两翼无白色，尾部略分叉。喜马拉雅山脉的 *rubicunda* 亚种雄鸟上体沾绯红色，雌鸟体色极深。**鸣声**：通常安静，鸣叫声为 *twink* 金属音和似喘息的 *che-wee* 声，参考 XC114928（Mike Nelson）。**分布**：喜马拉雅山脉至中国西部。在中国罕见或地区性常见于海拔 3000 ~ 4250 m 的森林上层和高山灌丛，*rubicunda* 亚种见于喜马拉雅山脉，指名亚种见于甘肃南部和四川西部山区。**习性**：单独或集小群，隐于地面或近地面处。

1422. 喜山点翅朱雀 / 点翅朱雀　Spot-winged Rosefinch　*Carpodacus rodopeplus*
xǐshān diǎnchìzhūquè　13~15 cm　　　　　图版158　LC

识别：中型深色朱雀。雄鸟繁殖羽具浅粉色长眉纹，腰部和下体暗粉色，三级飞羽和翼覆羽具特征性浅粉色点斑。雌鸟休羽无粉色且布满纵纹，下体浅皮黄色，眉纹长而色浅，与玫红眉朱雀和喜山红眉朱雀的雌鸟区别为三级飞羽羽端浅色。*vinaceus* 亚种雌鸟三级飞羽羽端浅色但无浅色眉纹。**鸣声**：通常安静，鸣唱声不详，偶作响亮似金丝雀的拖长叽喳声，参考 XC256536（Viral joshi）。**分布**：喜马拉雅山脉。在中国为新疆南部聂拉木地区罕见留鸟。**习性**：夏季栖于海拔 3000 ~ 4600 m 的林线灌丛和高山草甸，冬季下至更低海拔的竹丛。性羞怯。

1423. 点翅朱雀 / 淡腹点翅朱雀　Sharpe's Rosefinch　*Carpodacus verreauxii*
diǎnchì zhūquè　13~15 cm　　　　　图版158　LC

识别：中型较深色朱雀。极似分布区不重叠的喜山点翅朱雀，区别为喙较小、雄鸟体羽粉色较浅、上体纵纹较多且腰部偏亮粉色。**鸣声**：鸣叫声为短促而简单的刺耳 *spink, spink, spink* 声，参考 XC480613（Roland Zeidler），鸣唱声不详。**分布**：缅甸东北部和中国西南部。在中国见于四川和云南西北部。**习性**：夏季栖于海拔 3000 ~ 4600 m 的林线灌丛和高山草甸，冬季下至更低海拔的竹丛。

1424. 酒红朱雀 Vinaceous Rosefinch *Carpodacus vinaceus*
jiǔhóng zhūquè 13~15 cm
图版158 LC

识别：较小的深色朱雀。雄鸟通体深绯红色，腰部色浅，眉纹和三级飞羽羽端浅粉色。与其他朱雀的区别为体色更深且更单调，体型比点翅朱雀更小，比暗胸朱雀和棕朱雀喉部色更深。雌鸟橄榄褐色并具深色纵纹，与暗胸朱雀和赤朱雀的区别为三级飞羽羽端浅皮黄色。**鸣声**：鸣叫声为尖厉似抽鞭声的 *pwit* 或高音 *pink* 声，参考XC67873（Frank Lambert），鸣唱声为持续两秒的简单 *peedee, be do-do* 声。**分布**：喜马拉雅山脉至中国西南部和中部。在中国，指名亚种不常见于海拔 2000 ~ 3400 m 的竹林和山坡灌丛。**习性**：单独或集小群活动于近地面处。长时间静止不动。

1425. 台湾酒红朱雀 Taiwan Rosefinch *Carpodacus formosanus*
táiwān jiǔhóngzhūquè 14~16 cm
图版158 LC

识别：较小的深色朱雀。雄鸟通体酒红色，眉纹和三级飞羽羽端粉白色。与其他朱雀的区别为体色更深且更单调。雌鸟橄榄褐色并具深色纵纹，三级飞羽羽端浅皮黄色，与普通朱雀的区别为体色更深。幼鸟似雌鸟，但深色纵纹更为模糊。**鸣声**：鸣叫声为短促尖厉的 *ziht* 声，参考 XC278307（Ko Chie-Jen）。**分布**：中国台湾特有种，见于海拔 2300 ~ 2900 m 的灌丛和林缘地带。**习性**：单独或集小群活动。**分类学订正**：曾被视作酒红朱雀（*C. vinaceus*）的一个亚种。

1426. 沙色朱雀 Pale Rosefinch *Carpodacus stoliczkae* shāsè zhūquè
14~16 cm
图版159 LC

识别：中型浅色朱雀。体无纵纹。雄鸟上体浅褐色，下体较浅，脸部粉色至胸部渐淡，腰部浅粉色。*beicki* 亚种眉纹雪白色。雌鸟体羽无粉色。在其栖息的荒瘠生境下无其他朱雀分布。与蒙古沙雀和巨嘴沙雀的区别为皮黄色喙大且两翼纯褐色。**鸣声**：鸣叫声为具金属质感的高音 *tsweet* 和 *chig* 声，后者于地面或在飞行中发出，参考 XC380454（Jarmo Pirhonen），鸣唱声为间杂叽喳声的悦耳短调。**分布**：内盖夫沙漠、西奈沙漠、阿富汗东北部至中国西部。在中国，地区性常见于海拔 2000 ~ 3500 m 的荒瘠山区，*stoliczkae* 亚种见于青海湖至新疆西南部叶尔羌河和昆仑山脉西部，*beicki* 亚种见于甘肃兰州至青海东部。**习性**：集小至大群栖于水源附近，夜栖于悬崖或裂缝。性羞怯而安静，活动于地面。

1427. 藏雀 Tibetan Rosefinch *Carpodacus roborowskii* zàng què
17~18 cm
图版159 国二/LC

识别：大型朱雀。具延至尾端的特征性长翼和修长的黄色喙。雄鸟头部亮深红色，无眉纹，喉部深绯红色并具白色点斑，腰部、两胁和尾缘偏粉色，翕部灰色，粉红色羽缘形成扇贝状纹。雌鸟体羽皮黄褐色，无红色，布满纵纹，尾部略分叉。**鸣声**：通常安静，作短促的哀婉哨音或更长的颤音，参考 XC191683（Mike Nelson）。**分布**：中国特有种，仅见于新疆东南部和青海西南部的布尔汗布达山脉和阿尼玛卿山，为海拔 4500 ~ 5400 m 荒芜多岩平原地区罕见留鸟。**习性**：觅食于地面，行走笨拙但飞行迅速而优美。

1428. 褐头岭雀 / 褐头朱雀　Sillem's Mountain Finch　*Carpodacus sillemi*
hètóu língquè　17~18 cm　　　　　　　　　　　　图版159　国二/DD

识别：较大的纯灰褐色朱雀。体羽无粉色。似高山岭雀，区别为头部黄褐色、额部无黑色、翕部无纵纹、腰部和下体色较浅、飞羽边缘无白色、体色暗灰而非偏黑色、两翼较长、尾较短且跗跖较细。幼鸟与高山岭雀的区别为上体和额部纵纹较多且下体偏白色。喙灰色。**鸣声**：不详。**分布**：中国特有种。1929 年模式标本采于海拔 5125 m 的喀喇昆仑山口附近，但被鉴定为高山岭雀，1992 年标本被描述为新种，2012 年再次发现于青海极西部野牛沟，推测其可能散布于两地之间。**习性**：与高山岭雀混群。

1429. 长尾雀　Long-tailed Rosefinch　*Carpodacus sibiricus*
chángwěiquè　16~18 cm　　　　　　　　　　　　图版159　LC

识别：尾长的中型朱雀。具极粗厚的浅黄色喙。雄鸟繁殖羽脸部、腰部和胸部粉色、额部和枕部灰白色，两翼大部白色，翕部褐色并具偏黑色纵纹和粉色羽缘。非繁殖羽体色较浅。雌鸟体具灰色纵纹，腰部和胸部棕色。与朱鹀的区别为喙较粗厚、外侧尾羽白色、眉纹浅霜白色且腰部粉色。*lepidus* 亚种和 *henrici* 亚种尾部较短。**鸣声**：鸣叫声为悦耳如流水般的三音啾鸣 *pee you een* 声或上升的 *sit-it it* 声，鸣唱声为似苍头燕雀的颤音，参考 XC405218（Tom Wulf）。**分布**：西伯利亚南部、中国北部和中部、朝鲜、日本北部和哈萨克斯坦。在中国地区性常见，*sibiricus* 亚种见于西北、东北至山西而越冬于天山地区，*ussuriensis* 亚种见于东北地区南部，*lepidus* 亚种为陕西秦岭、甘肃至西藏东部地区的特有亚种，*henrici* 亚种为四川、云南西部和西藏东南部的特有亚种。**习性**：成鸟单独或成对活动，幼鸟集群。觅食敏捷似金翅雀。**分类学订正**：部分学者建议将 *lepidus* 亚种和 *henrici* 亚种视作独立种 *C. lepidus*（中华长尾雀），而将北方诸亚种视作 *C. sibiricus*（长尾雀）（刘思敏等，2020）。

1430. 北朱雀　Pallas's Rosefinch　*Carpodacus roseus*　běi zhūquè
15~17 cm　　　　　　　　　　　　　　　　　　图版159　国二/LC

识别：矮胖的中型朱雀。尾部较长。雄鸟头部、背部下方和下体粉绯红色，顶冠色浅，额部和颏部霜白色，无眉纹，上体和翼覆羽深褐色而羽缘粉白色，胸部绯红色，腹部粉色，具两道浅色翼斑。雌鸟体色暗，上体具褐色纵纹，额部和腰部粉色，下体皮黄色并具纵纹，胸部沾粉色，臀部白色。**鸣声**：通常安静，鸣叫声为短促的低哨音，参考 XC127116（Weiland Heim），鸣唱声轻柔而起伏。**分布**：西伯利亚中部、东部至蒙古国北部，越冬于中国北部、日本、朝鲜半岛和哈萨克斯坦北部。在中国为华北和华东地区不常见冬候鸟，南至江苏、台湾，西至甘肃，越冬于海拔 1500 ~ 2500 m 地区，夏季繁殖于更高海拔处。**习性**：夏季栖于针叶林，越冬于雪松林和有灌丛覆盖的山坡。

1431. 斑翅朱雀　Three-banded Rosefinch　*Carpodacus trifasciatus*

bānchì zhūquè　17~19 cm　　　　　　　　　　　图版159　LC

识别：大型朱雀。具两道明显的浅色翼斑，肩羽边缘和三级飞羽外翈的白色形成特征性的第三道"翼斑"。雄鸟脸部偏黑色，顶冠、枕部、胸部、腰部和背部下方深绯红色。雌鸟和幼鸟上体深灰色，并布满黑色纵纹。**鸣声**：较安静，鸣叫声为高音叽喳声，参考 XC161173（Frank Lambert）。**分布**：中国特有种，见于甘肃南部、四川西部至云南西南部丽江地区，冬季记录于西藏东南部，通常罕见但在越冬地为地区性常见。**习性**：繁殖于海拔 1800 ~ 3000 m 的稀疏针叶林，冬季下至农耕地和果园。

1432. 喜山白眉朱雀　Himalayan White-browed Rosefinch

Carpodacus thura　xǐshān báiméizhūquè　16~18 cm　　　图版159　LC

识别：较大而健壮的朱雀。雄鸟腰部和顶冠粉色，浅粉色长眉纹后端为特征性白色，中覆羽羽端白色形成不明显的翼斑。雌鸟与其他朱雀雌鸟的区别为腰部偏深黄色、眉纹后端白色且指名亚种胸部沾暖褐色与腹部白色形成对比。**鸣声**：鸣唱声为一连串响亮的短哨音续以三四声嗤鸣并以数个长哨音收尾，参考 XC426436（Peter Boesman），鸣叫声为粗哑尖厉的 *deep-deep, deep-de-de-de-de* 声或响亮而快速的 *pupupipipipi* 声，飞行时发出响亮 *pwit-pwit* 声。**分布**：喜马拉雅山脉。在中国为海拔 3000 ~ 4600 m 地区常见留鸟，指名亚种见于喜马拉雅山脉和春丕河谷，喜马拉雅山脉西部采集的标本可能为 *blythi* 亚种。**习性**：似白眉朱雀。**分类学订正**：白眉朱雀（*C. dubius*）曾被视作本种的亚种（本种原中文名为白眉朱雀，原英文名为 White-browed Rosefinch）。

1433. 白眉朱雀　Chinese White-browed Rosefinch　*Carpodacus dubius*

báiméi zhūquè　15~18 cm　　　　　　　　　　　图版159　LC

识别：较大而健壮的朱雀。雄鸟腰部和顶冠粉色，浅粉色长眉纹后端变宽并为白色，中覆羽羽端白色形成不明显的翼斑，长尾略分叉，与分布区不重叠的喜山白眉朱雀的区别为无深褐色贯眼纹。雌鸟与其他朱雀雌鸟的区别为腰部偏深黄色且眉纹后端白色，与喜山白眉朱雀的区别还包括胸部不沾暖褐色。所有亚种下体均布满纵纹。指名亚种雄鸟背部褐色、耳羽绯红色，*femininus* 亚种雄鸟与之相似但下体偏紫粉色，*deserticolor* 亚种雄鸟上体褐色较浅，*femininus* 亚种雌鸟体羽无暖皮黄色。**鸣声**：鸣唱声为似赤颈朱顶雀的 *pew-pew-pew chi-chit* 声续以数个略升调的 *naaar naar nah nah nah* 声，最后一音极弱，参考 XC161160（Frank Lambert），鸣叫声似喜山白眉朱雀但通常更快。**分布**：被视作中国特有种。为西北地区、青海东部和青藏高原海拔 3000 ~ 4600 m 地区常见留鸟，*femininus* 亚种见于西藏南部和东南部、青海东南部、四川及云南西北部，*deserticolor* 亚种仅见于青海柴达木盆地和布尔汗布达山脉，指名亚种见于青海东北部和东部、甘肃、宁夏以及西藏东部。**习性**：垂直迁徙，夏季栖于高山和林线灌丛，冬季下至丘陵山坡灌丛地带。成对或集小群活动，有时与其他朱雀和鸦类混群。主要觅食于地面。

1434. 红胸朱雀　**Red-fronted Rosefinch**　*Carpodacus puniceus*
hóngxiōng zhūquè　19~22 cm　　　　　　　　图版159　LC

识别：极大而敦实的朱雀。喙较长。雄鸟繁殖羽额部红色，具绯红色短眉纹，颏部至胸部绯红色，腰部粉色，贯眼纹深褐色。雌鸟体羽无粉色，上下体均布满纵纹。雄鸟与体型相似的大朱雀和拟大朱雀区别为腹部灰色，与体型较小但体色相似的红眉松雀区别为腹部具纵纹。雌鸟与大朱雀和拟大朱雀的区别为体羽偏橄榄色且腰部沾黄色。*kilianensis* 亚种雄鸟比指名亚种色浅并具狭窄绯红色眉纹，*longirostris* 亚种体色较鲜艳、体型较大且喙较长，*sikiangensis* 亚种体色较浅且雌鸟喉、胸部偏白色。**鸣声**：鸣唱声为短促的 *twiddle-de-de* 声和部分啭鸣，鸣叫声为响亮欢快的哨音似 *are-you-quite-ready*，亦作叽喳声和似猫叫的粗哑 *maaau* 声，参考 XC327909（Manuel Schweizer）。**分布**：中亚、巴基斯坦北部、印度北部和中国西北部。在中国，为海拔 3900 ~ 5700 m 地区常见留鸟，指名亚种见于西藏南部、东部和四川西北部，*kilianensis* 亚种见于极西部地区和新疆南部，*sikiangensis* 亚种见于四川南部、西南部和云南西北部，*szetchuanus* 亚种见于陕西南部、甘肃南部和四川北部，*longirostris* 亚种见于青海东北部、甘肃西北部以及四川北部和南部。**习性**：栖于高山草甸和高海拔多岩碎石滩甚至雪线处的冰川。在地面并足跳跃，受惊时飞行不远。冬季下至海拔 3000 ~ 4600 m 处。

1435. 红眉松雀　**Crimson-browed Finch**　*Carpodacus subhimachalus*
hóngméi sōngquè　17~21 cm　　　　　　　　图版159　LC

识别：敦实的大型朱雀。具粗厚的喙。雄鸟眉纹、额部、颊部、颏部和喉部深红色，上体红褐色，腰部栗色，下体灰色。雌鸟以橄榄黄色取代红色，上体沾橄榄绿色，颏部和喉部灰色。第一夏雄鸟似成鸟但以橙色取代红色。与红胸朱雀的区别为腹部灰色而非偏褐色且上体纵纹较少。雌鸟与血雀雌鸟的区别为额部和胸侧黄色。**鸣声**：较安静，鸣唱声为多变的啭鸣，参考 XC134593（Fernand Deroussen），亦作 *ter ter tee* 声，偶尔发出似麻雀的叽喳声。**分布**：喜马拉雅山脉、尼泊尔中部、青藏高原东南部至中国西南部。在中国为西藏南部和东部、云南西部和北部、四川以及重庆海拔 3500 ~ 4200 m 上层针叶林中的不常见留鸟。**习性**：冬季下至海拔 2000 ~ 3000 m 处，有时更低。集小群或成对觅食于树冠低层或地面。

1436. 欧金翅雀　**European Greenfinch**　*Chloris chloris*　ōu jīnchìquè
14~16 cm　　　　　　　　图版160　LC

识别：较大而敦实的金翅雀。喙厚，头侧灰色。通体偏绿色，初级飞羽黄色边缘形成浅色翼斑，尾羽边缘黄色。雌鸟体色较暗，翕部灰褐色，尾部黄色较少。幼鸟似雌鸟但偏灰色且纵纹更多。与金翅雀的区别为体型较大、体羽偏绿色且尾部分叉不甚明显。**鸣声**：鸣叫声为生硬的 *chit，teu-teu* 声和更长的 *twichit* 声等，鸣唱声为一连串重复的短调和鸣叫声续以一声颤音和缓慢升调并加速的 *teu-teu-teu-teu* 声间杂带鼻音的 *tsweee* 声，参考 XC438411（Jack Berteau）。**分布**：欧洲至中亚和西伯利亚西部。在中国，*turkestanica* 亚种为新疆西部和北部阿尔泰地区繁殖鸟，局部常见。**习性**：栖于林地、灌丛和庭院。

1437. 金翅雀　Grey-capped Greenfinch　*Chloris sinica*　jīnchìquè
12~14 cm　　　　　　　　　　　　　　　　　　　　　　　图版160　LC

识别：小型黄、灰、褐色金翅雀。具宽阔的黄色翼斑。雄鸟顶冠和枕部灰色，背部纯褐色，翼斑、尾基外侧和臀部黄色。雌鸟体色较暗。幼鸟体色较浅且纵纹较多。与黑头金翅雀的区别为头部无深色图纹、体羽偏暖褐色。具叉尾。喙偏粉色，跗跖粉褐色。**鸣声**：鸣唱声似欧金翅雀但更为沙哑并具粗哑 *ki-irrr* 声，参考 XC285949（Peter Boesman），鸣叫声亦似欧金翅雀，但飞行时发出的 *dzi-dzi-i-dzi-i* 声以及带鼻音的 *dzweee* 声有所不同。**分布**：西伯利亚东南部、蒙古国、日本、中国和越南。在中国常见，多个亚种均为留鸟，*chabovovi* 亚种见于黑龙江北部和内蒙古东部呼伦湖地区，*ussuriensis* 亚种见于内蒙古东南部、黑龙江南部、辽宁和河北，指名亚种见于华东和华南大部地区并西至青海东部、四川、云南和广西，此外繁殖于堪察加、越冬于日本的 *kawarahiba* 亚种有迷鸟至台湾。**习性**：栖于海拔 2400 m 以下的灌丛、旷野、种植园、庭院和林缘地带。

1438. 高山金翅雀　Yellow-breasted Greenfinch　*Chloris spinoides*
gāoshān jīnchìquè　13~14 cm　　　　　　　　　　　　　　图版160　LC

识别：小型橄榄色和黄色金翅雀。头部具独特的纵纹。雌鸟似雄鸟，但体色较暗、纵纹较多。与黑头金翅雀的区别为腰部黄色且头部具纵纹。幼鸟体色较浅、纵纹较多，极似金翅雀和黑头金翅雀，区别为下体和颈侧偏黄色。喙、跗跖粉色。**鸣声**：鸣唱声音调高，似欧金翅雀，参考 XC35572（Arnold Meijer）。鸣叫声亦似欧金翅雀，为叽喳声续以沙哑的 *dzwee* 声，亦作似麻雀的 *sweee-tu-tu* 声。**分布**：喜马拉雅山脉、缅甸西部和北部至中国西南部。在中国，指名亚种地区性常见于西藏南部、云南西部和四川西南部海拔 1600 ~ 4400 m 地区。**习性**：成对或集小群栖于开阔针叶林。垂直迁徙。觅食于树上。飞行似蝙蝠并伴以鸣唱。

1439. 黑头金翅雀　Black-headed Greenfinch　*Chloris ambigua*
hēitóu jīnchìquè　12~14 cm　　　　　　　　　　　　　　　图版160　LC

识别：小型偏黄色金翅雀。头部墨绿色。似高山金翅雀，区别为头部无纵纹、腰部和胸部橄榄色而非黄色。似金翅雀，区别为体羽偏绿色且无暖褐色。幼鸟比成鸟体色更浅且纵纹较多，似高山金翅雀和金翅雀的幼鸟，区别为体色更深且偏绿色。喙、跗跖粉色。**鸣声**：鸣唱声似欧金翅雀但更为尖厉和干涩，参考 XC191707（Mike Nelson）。鸣叫声为尖细的高音 *tit-it-it-it-it* 声，通常在飞行中发出。**分布**：中国西南部和中南半岛北部。在中国为海拔 1200 ~ 3100 m（冬季较低）地区性常见留鸟，*taylori* 亚种见于西藏东南部，指名亚种见于四川南部和西部、贵州西部、云南西部和东南部以及西藏极西南部，迷鸟至香港。**习性**：垂直迁徙。成对或集小群活动于开阔针叶林、落叶林和稀树开阔地。有时觅食于原野。

1440. 巨嘴沙雀　Desert Finch　*Rhodospiza obsoleta*　jùzuǐ shāquè
13~15 cm
図版160　LC

识别：中型沙色燕雀。两翼粉色，喙亮黑色，两翼和尾羽黑色并具白色和粉色羽缘。雄鸟具黑色眼先，雌鸟无。与其他相似鸟类的区别为体羽纯沙色且喙黑色。**鸣声**：鸣唱声为轻柔的喉音间杂颤音、卷舌音和鸣叫声，比赤胸朱顶雀更为粗哑且鼻音较重，参考 XC306834（Steve Klasan），鸣叫声为喉音 *r-r-r-r-ee* 声和粗哑的 *turr* 声，飞行时发出尖厉的 *shreep* 声。**分布**：北非、中东至中亚和中国西北部。在中国广布但不常见，仅地区性常见于新疆西部和北部、青海、甘肃、内蒙古的大部地区。**习性**：栖于半干旱的稀疏灌丛地带，而不出现于干燥多石或多沙的荒漠。亦见于庭院和农耕地。飞行快速且上下起伏。

1441. 黄嘴朱顶雀　Twite　*Linaria flavirostris*　huángzuǐ zhūdǐngquè
12~14 cm
図版161　LC

识别：小型褐色燕雀。体具纵纹，腰部粉色或偏白色。与白腰朱顶雀和极北朱顶雀的区别为顶冠无红色点斑、体羽色深且偏褐色、尾部较长、鸣声亦不同。与赤胸朱顶雀的区别为喙黄色且较小、头部偏暖褐色、枕部和翕部纵纹较多且两翼和尾基白色较少。诸亚种间略具差异。*korejevi* 亚种体色较浅；*montanella* 亚种体色更浅，下体偏白色，腰部浅粉色或皮黄色；*rufostrigata* 亚种偏暖褐色且纵纹较多，腰部深粉色，两翼和尾部偏黑色，并具偏白色的宽阔翼斑和尾缘；*miniakensis* 亚种上体深色纵纹具皮黄色边缘，腰部白色或浅粉色。喙黄色，跗跖偏黑色。**鸣声**：飞行中发出带鼻音的叽喳声，似赤胸朱顶雀但更为沙哑。*rufostrigata* 亚种的鸣叫声为独特的 *ditoo,* *didoowit* 声和 *twayee* 声。鸣唱声为鸣叫声的重复和叽喳颤音，参考 XC414433（Frank Lambert）。**分布**：欧洲、中亚、青藏高原、喜马拉雅山脉西部和中部至中国中部。在中国较常见，*korejevi* 亚种繁殖于西北地区，*montanella* 亚种为中西部地区留鸟，*rufostrigata* 亚种为青藏高原大部地区留鸟，*miniakensis* 亚种为高原东部、青海东部至甘肃和四川的留鸟。**习性**：垂直迁徙。夏季栖于海拔 4850 m 以下的开阔山地、沼泽和有林间空地的针叶林及混交林。飞行快速而起伏但无规律。多觅食于地面，集群夜栖。

1442. 赤胸朱顶雀　Common Linnet　*Linaria cannabina*　chìxiōng zhūdǐngquè
12~14 cm
図版161　LC

识别：小型暖褐色燕雀。腹部色浅，头部偏灰色。雄鸟繁殖羽顶冠和胸部具绯红色鳞状斑，纯灰色的头部和枕部与纯暖褐色的翕部和翼覆羽形成对比。雌鸟体羽不甚浓艳且无绯红色，顶冠、翕部、胸部和两胁纵纹较多。幼鸟似雌鸟但头部偏褐色。与黄嘴朱顶雀的区别为体羽偏暖褐色、枕部无纵纹、头部偏灰色、喙较大且为灰色而非黄色、翼缘和尾基偏白色且跗跖色亦较浅。**鸣声**：鸣唱声为轻柔多变的悦耳啭鸣间杂颤音和叽喳声，参考 XC438418（Jack Bertea）。鸣叫声为快速颤音，在飞行中发出，亦作柔和的 *too tee* 声，告警声为 *tsooeet* 声。**分布**：欧洲至北非和中亚。在中国，*bella* 亚种为西北地区阿尔泰山、天山、博格达山和喀什地区的不常见留鸟。**习性**：垂直迁徙。栖于有稀疏树木和灌丛的开阔多岩丘陵山坡。冬季集群。飞行快

427

速而起伏。觅食于地面或树上。

1443. 白腰朱顶雀 **Common Redpoll** *Acanthis flammea* báiyāo zhūdǐngquè
11~14 cm   图版161 LC

识别：小型灰褐色燕雀。顶冠具红色点斑。雄鸟繁殖羽似极北朱顶雀，区别为体羽偏褐色且纵纹较多、胸部粉色上延至脸侧。腰部浅灰色沾褐色并具黑色纵纹，而不同于极北朱顶雀的几乎全白色。雌鸟似雄鸟，但胸部无粉色。雄鸟非繁殖羽似雌鸟，但胸部具粉色鳞状斑。具叉尾。虹膜深褐色，喙黄色，跗跖黑色。**鸣声**：鸣唱声为短促的起伏颤音间杂 *err errrr* 声，在炫耀飞行时发出，参考 XC383642（Terje Kolaas）。鸣叫声为独特具金属质感的叽喳声、哀婉的 *teu-teu teu-teu* 声或尖厉似喘息的 *eeeeze* 声。**分布**：全北界北部。繁殖于北方针叶林地区，越冬于温带林地，并引种至新西兰。在中国常见，指名亚种越冬于西北地区的天山西部，并途经东北各省至山东和江苏，迷鸟见于甘肃东北部。**习性**：飞行快速似弹跳。集群活动，多觅食于地面，受惊时飞至高树顶部。

1444. 极北朱顶雀 **Hoary Redpoll** *Acanthis hornemanni* jíběi zhūdǐngquè
12~14 cm   图版161 NR

识别：小型偏白色燕雀。两翼偏黑色，顶冠具红色点斑，颏部黑色。各阶段均似白腰朱顶雀，区别为体羽白色较多、纵纹较少且胸部、脸侧和腰部的粉色较少。具叉尾，腰部几乎全白色。喙黄色，跗跖黑色。**鸣声**：鸣叫声似白腰朱顶雀，但音调略高。鸣唱声亦似白腰朱顶雀，参考 XC424283（Ukolov Ilya）。**分布**：全北界极地苔原，部分个体冬季南迁。在中国不常见，*exilipes* 亚种越冬于内蒙古东部呼伦湖地区、甘肃（木林河）和新疆西北部的天山东部地区。**习性**：栖于低矮桦树和柳丛，冬季有时集大群。习性似白腰朱顶雀。

1445. 红交嘴雀 **Red Crossbill** *Loxia curvirostra* hóng jiāozuǐquè
15~17 cm   图版161 国二/LC

识别：中型燕雀。与除白翅交嘴雀以外的其他所有燕雀的区别为上下喙左右交错。雄鸟繁殖羽深红色。雌鸟似雄鸟，但为暗橄榄绿色而非红色。幼鸟似雌鸟，但体具纵纹。与白翅交嘴雀的区别为无明显白色翼斑、三级飞羽无白色羽端且头部不甚圆拱。与指名亚种相比，*tianschanica* 亚种喙较细且雄鸟体色极黄，*japonica* 亚种体色较亮较浅且臀部常为白色，*himalayensis* 亚种体色最深且雄鸟樱桃红色而雌鸟偏褐色。**鸣声**：鸣叫声为生硬的 *jip jip* 爆破音，告警声为一连串 *jip* 声，觅食时发出柔和的叽喳声。鸣唱声为一连串响亮的鸣叫声间杂颤音或啭鸣，有时在盘旋炫耀飞行时发出，参考 XC37999（Liao Xiao-dong）。**分布**：全北界和东洋界的温带针叶林。在中国，地区性常见于中等海拔的松林中，*japonica* 亚种繁殖于东北地区，越冬于陕西南部、河南、山东和江苏；*tianschanica* 亚种繁殖于新疆西北部，越冬于新疆西部和青海；*himalayensis* 亚种繁殖于西藏南部和东部至云南西北部、四川西部和甘肃西部；指名亚种在青海东部有越冬记录。**习性**：冬季游荡，部分个体集群迁徙。飞行快速而起伏。觅食敏捷。

1446. 白翅交嘴雀　White-winged Crossbill　*Loxia leucoptera*
báichì jiāozuǐquè　14~16 cm　　　　　　　　　　图版161　LC

识别：中型燕雀。上下喙交错。极似红交嘴雀，区别为体型较小而纤细、头部较拱圆、具两道明显的白色翼斑且三级飞羽羽端白色。雄鸟繁殖羽暗玫瑰红色，腰部较亮。雌鸟似雄鸟，但体羽暗橄榄黄色且腰部黄色。幼鸟体羽灰色并具纵纹，但已可见白色翼斑。**鸣声**：鸣叫声为轻柔的 *glib glib* 声，不如红交嘴雀生硬，觅食时亦作叽喳声。鸣唱声似黄雀，并具颤音和粗哑嘎嘎声，从树顶或悬停炫耀飞行时发出，参考 XC386320（Terje Kolaas）。**分布**：北美洲和欧亚大陆的温带森林中，冬季南迁。在中国罕见，*bifasciata* 亚种繁殖于东北地区大、小兴安岭，冬季南迁至辽宁和河北。**习性**：似红交嘴雀。

1447. 西红额金翅雀　European Goldfinch　*Carduelis carduelis*
xī hóng'éjīnchìquè　13~15 cm　　　　　　　　　　图版161　LC

识别：小型金翅雀。喙细，具红色的额部和围兜以及黑色顶冠和头侧，翼斑黑、黄、白色。胸侧沾暖褐色。具黑色叉尾，尾端白色狭窄。幼鸟体羽偏褐色，顶冠、背部和胸部具纵纹，头部无红色但具黄色宽阔翼斑。**鸣声**：鸣叫声为尖厉的 *pee-uu* 声，召唤声为流水般的叽喳声。鸣唱声为一连串如流水般的快速升降调 *tsswit-witt-witt* 声，并包含更为沙哑的 *zee-zee* 声，参考 XC423474（Nelson Conceição）。受到笼鸟贸易威胁。**分布**：欧洲、中东至中亚和中国西部。在中国，*frigoris* 亚种偶见于新疆西北部阿尔泰山脉。**习性**：栖于海拔 4250 m 以下的针叶林和混交林中的林间空地和林缘，亦见于果园中。成对或集小群活动。食草籽。

1448. 红额金翅雀　Eastern Goldfinch　*Carduelis caniceps*　hóng'é jīnchìquè
13~15 cm　　　　　　　　　　　　　　　　　　　图版161　LC

识别：小型金翅雀。似西红额金翅雀并曾被视作其亚种，区别为体羽偏灰色且头部无黑色。**鸣声**：鸣叫声包括尖厉的 *pee-uu* 声和流水般的叽喳召唤声。鸣唱声为短促、柔美而流畅的叽喳声，并具许多短促重复的啭鸣声，似涌泉，间杂重复的哨音和尖厉的 *tewee-it* 声短调，参考 XC145253（Thijs Fijen）。**分布**：中亚至中国西部。在中国地区性常见，指名亚种为西藏极西南部（札达至普兰一带）留鸟，*paropanisi* 亚种为新疆西北部阿尔泰山脉和天山山脉地区留鸟。**习性**：同西红额金翅雀。

1449. 金额丝雀　Fire-fronted Serin　*Serinus pusillus*　jīn'é sīquè
11~13 cm　　　　　　　　　　　　　　　　　　　图版161　LC

识别：小型斑驳褐色燕雀。具偏黑色头部和亮红色额斑。两性相似，繁殖羽更为鲜亮。幼鸟似成鸟，但头部色较浅，额部和脸颊暗棕色，顶冠和枕部具深色纵纹。具叉尾和圆锥状短喙。**鸣声**：鸣唱声为似红额金翅雀的悦耳起伏颤音间杂叽喳声，参考 XC330341（Gerard Kenter）。鸣叫声为叽喳声，在飞行中发出轻柔的 *dueet* 声或颤音。**分布**：土耳其至中亚、喜马拉雅山脉、中国西北部至青藏高原。在中国为新疆极西部和西北部以及西藏西北部不常见留鸟。**习性**：栖于林线以上的低矮刺柏区域或海拔 2000 ～ 4600 m 有灌丛的岩坡。群鸟飞行时振翅迅速并具骤然起伏。多觅食于地面。

1450. 藏黄雀　Tibetan Siskin　*Spinus thibetana*　zàng huángquè
10~12 cm
图版161　LC

识别：小型黄绿色燕雀。似金丝雀。雄鸟繁殖羽纯橄榄绿色，眉纹、腰部和腹部黄色。雌鸟暗绿色，上体和两胁纵纹较多，臀部偏白色。幼鸟似雌鸟，但体色暗淡且纵纹较多。喙角质褐色至灰色，跗跖肉褐色。**鸣声**：鸣唱声为带鼻音的 *zeezle-eezle-eeze* 声间杂颤音，参考 XC358102（Jarmo Pirhonen）。鸣叫声为干涩的叽喳声偶尔间杂似喘息的 *twang* 声。群鸟飞行时发出嘈杂的叽喳声和似喘息声。**分布**：喜马拉雅山脉东部至中国西部。在中国为西藏南部和东南部、云南西北部以及四川西南部海拔 2800 ～ 4000 m 地区不常见留鸟，冬季下至较低海拔处。**习性**：垂直迁徙，集小至大群活动于亚高山森林。多觅食于树上。

1451. 黄雀　Eurasian Siskin　*Spinus spinus*　huángquè　11~12 cm
图版161　LC

识别：极小的燕雀。具特征性短喙和明显的黑、黄色翼斑。雄鸟头顶和颏部黑色，头侧、腰部和尾基亮黄色。雌鸟体色较暗且纵纹较多，头顶和颏部无黑色。幼鸟似雌鸟，但体羽偏褐色，翼斑偏橙色。与其他所有体色相似的小型燕雀区别为喙尖而直。喙偏粉色，跗跖偏黑色。**鸣声**：鸣唱声具金属质感并间杂叽喳声、颤音和似喘息声，停歇于高处或作蝙蝠般炫耀飞行时发出，参考 XC444097（Karl-Birger Strann）。典型的鸣叫声为细弱的 *tsuu-ee* 声或干涩的 *tet-tet* 声，亦作叽喳声，告警声为尖厉的 *tsooeet* 声。**分布**：不连续，见于欧洲至中东和东亚。在中国较常见，繁殖于东北地区大、小兴安岭并偶至江苏，迁徙途经华东，越冬于台湾、新疆、长江下游以及华东和华南沿海各省份。**习性**：冬季集大群作波状起伏飞行。觅食敏捷似山雀。

▌铁爪鹀科　Calcariidae　铁爪鹀、雪鹀　（2 属 2 种）

一小科特化的鹀类，栖于高海拔或高纬度的寒冷生境。

1452. 铁爪鹀　Lapland Longspur　*Calcarius lapponicus*　tiězhǎo wú
14~18 cm
图版160　LC

识别：显笨重的中型鹀。头大而尾短，具较长的后趾和爪。雄鸟繁殖羽不易被误认，脸部和胸部黑色，枕部棕色，头侧具 "S" 形白斑。雌鸟繁殖羽枕部和大覆羽边缘棕色，侧冠纹偏黑色，眉纹和耳羽中央色浅。成鸟非繁殖羽和幼鸟顶冠具细纹，眉纹皮黄色，大覆羽、次级飞羽和三级飞羽的羽缘为亮棕色。喙黄色而喙端色深。**鸣声**：飞行中通常发出生硬的 *prrt* 声续以短促而清晰的哨音 *teuw* 声，似雪鹀但不如其悦耳。鸣唱声为啭鸣和哨音组成的短调，参考 XC420217（Steve Hampton）。**分布**：繁殖于北极苔原地区，越冬于南方草地和沿海地区。在中国，少数个体越冬于北纬 30° 至 40° 的华东沿海裸露草甸、长江两岸以及新疆西北部阿尔泰山脉地区，*coloratus* 亚种迁徙途经东北开阔地区，越冬于甘肃和青海东部，迷鸟至台湾。**习性**：群居，常与云雀混群。在地面奔跑、行走或跳跃。停歇于地面或岩石上。习性似百灵。

1453. 雪鹀 Snow Bunting *Plectophenax nivalis* xuě wú 16~18 cm 图版160 LC

识别：丰满的大型黑白色鹀。具小型黑色喙。雄鸟繁殖羽不易被误认，白色的头部、下体和翼斑与黑色的体羽余部形成对比。雌鸟繁殖羽顶冠、脸颊和枕部具偏灰色纵纹，胸部具些许橙褐色纵纹。第一冬个体黑色较少，体羽沾橙褐色，顶冠和胸部尤为明显。幼鸟头、胸部灰色。**鸣声**：鸣唱声为单调的交替短调，停歇于岩石或振翼下降飞行时发出，参考 XC425901（Terje Kolaas），飞行时的鸣叫声通常为 *tiriririt* 颤音续以流水般的 *tew* 声，均似铁爪鹀但更为悦耳。亦作沙哑的 *djeee* 声。**分布**：繁殖于北极苔原和海岸悬崖，冬季南迁至约北纬50°地区。在中国，*vlasowae* 亚种的少数个体越冬于天山、阿尔泰山脉、内蒙古东部和黑龙江北部，迷鸟至河北、江苏和台湾。**习性**：栖于裸露地面。冬季集群但一般不与其他鸟类混群。一般快步疾走但亦作并足跳跃。集群觅食中位于后方的个体作蛙跳式移动至鸟群前方。群鸟升空作波状起伏炫耀飞行，随后突然降至地面。不甚惧人。

▌鹀科 Emberizidae 鹀类 （1 属 29 种）

一大科几乎广布于全世界的小型食籽鸟类，喙厚。外形似织雀，但尾部更长且略分叉、喙略小并营开放式的杯状巢。

1454. 凤头鹀 Crested Bunting *Emberiza lathami* fèngtóu wú 16~18 cm 图版162 LC

识别：不易被误认的大型深色鹀。具特征性细长羽冠。雄鸟亮黑色，两翼和尾部栗色，尾端黑色。雌鸟深橄榄褐色，翕部和胸部布满纵纹，羽冠比雄鸟更短，两翼色深且羽缘为栗色。**鸣声**：鸣叫声为极响亮而 *pit-pit* 尖叫声。鸣唱声甜美，从明显的停歇处发出，参考 XC19650（David Farrow）。**分布**：印度、喜马拉雅山脉至中国东南部和中南半岛北部。在中国，常见于华中、东南和西南地区的多草山坡，迷鸟至台湾。**习性**：栖于中国南方大部丘陵开阔地和矮草地。多于地面活动和觅食，性活泼而明显易见。冬季觅食于稻田。

1455. 蓝鹀 Slaty Bunting *Emberiza siemsseni* lán wú 12~14 cm 图版162 国二/LC

识别：敦实的小型蓝灰色鹀。雄鸟体羽大部青蓝灰色，仅腹部、臀部和尾部外缘白色，三级飞羽偏黑色。雌鸟体羽暗褐色，无纵纹，具两道锈色翼斑，腰部灰色，头、胸部棕色。**鸣声**：鸣唱声为似山雀的高音金属音及其变调，参考 XC304208（Qin Huang），鸣叫声为重复的尖厉 *zick* 声。**分布**：中国特有种。不常见，繁殖于中西部山地，冬季迁至华南和东南地区。**习性**：栖于次生林、灌丛和竹丛。

1456. 黍鹀 Corn Bunting *Emberiza calandra* shǔ wú 18~19 cm 图版162 LC

识别：大型暗灰褐色鹀。布满纵纹。两性相似，显笨重且喙厚。与云雀的区别为飞行更显沉重且无浅色后翼缘。**鸣声**：鸣唱声为独特的持续加速 *tiik tiik* 声，似钥匙碰撞作响，参考 XC442158（Charlie Bodin）。鸣叫声快速重复且干涩，告警声为 *trrp* 声。**分布**：古北界温带地区，西部种群见于地中海至乌克兰和里海，东部种群见于阿富汗北部至哈萨克斯坦南部和中国极西部。在中国一般不常见，*buturlini* 亚种繁殖于天山西部的特克斯河谷和伊犁河谷的灌丛和草地，越冬于新疆西部喀什地区的农耕地。**习性**：从停歇处或在飞行中（跗跖下垂、两翼上举）发出鸣唱。一雄多雌制。非繁殖期集群活动。

1457. 黄鹀 Yellowhammer *Emberiza citrinella* huáng wú
15~17 cm 图版162 LC

识别：大型黄色鹀。雄鸟繁殖羽亮黄色，具栗色的髭纹和斑驳胸带，上体具棕色纵纹，腰部棕色。与白头鹀的区别为下体沾黄色。雌鸟似雄鸟非繁殖羽，但纵纹较多、体色更暗且黄色较少。**鸣声**：鸣叫声为单音 *steuf* 声，飞行时发出清脆 *steelit* 声。鸣唱声为一连串鸣叫声，收尾时升调，参考 XC444019（Kar-Birger Strann）。告警声为尖细的 *dzee* 声。**分布**：欧洲至西伯利亚和蒙古北部，越冬于其分布区南部。在中国罕见，*erythrogenys* 亚种繁殖于新疆西北部，越冬记录于北京、黑龙江和新疆西部天山地区。**习性**：栖于石楠丛生处、灌丛地带和农耕地。立于低矮灌丛顶部。

1458. 白头鹀 Pine Bunting *Emberiza leucocephalos* báitóu wú
16~18 cm 图版162 LC

识别：大型鹀。头部图纹独特，略具羽冠。雄鸟不易被误认，具白色顶冠纹和黑色侧冠纹，耳羽中央白色而边缘黑色，栗色的头部余部和喉部与白色的胸带形成对比。雌鸟体色较浅，极似黄鹀雌鸟，区别为上下喙不同色、体色较浅而偏粉色且无黄色以及髭纹下方偏白色。*fronto* 亚种额部和侧冠纹偏黑色，且栗色区域较深。**鸣声**：鸣唱声从树上或灌丛发出，为极似黄鹀的 *ze-ze-ze-ze-ze-ze ziiii* 声，参考 XC431582（Albert Lastukhin），鸣叫声亦似黄鹀。**分布**：西伯利亚泰加林至中国西北部和中北部。在中国，指名亚种繁殖于西北地区的天山、阿尔泰山和东北地区（呼伦湖），越冬于新疆西部、黑龙江、内蒙古东南部、北京、河北、河南、陕西南部、甘肃南部和青海东南部，迷鸟至江苏和香港；*fronto* 亚种则为青海柴达木盆地东部和附近甘肃地区的留鸟。**习性**：喜林缘、林间空地和火烧后或过伐的针叶林及混交林。越冬于农耕地、荒地和果园。

1459. 灰眉岩鹀 / 淡灰眉岩鹀   Rock Bunting   *Emberiza cia*   huīméi yánwú
15~17 cm   图版162   LC

识别： 较大的鹀。灰色头部具特征性黑色条纹，下体暖褐色。雌鸟似雄鸟，但体色较暗。与戈氏岩鹀的区别为头部条纹为黑色而非褐色且头部灰色区域明显偏白色。*stracheyi* 亚种比 *par* 亚种和指名亚种体型更小、下体色深且腰部偏棕色。*stracheyi* 亚种和 *par* 亚种具皮黄色翼斑。**鸣声：** 鸣唱声为较长的加速清晰叽喳短调，似鹪鹩和芦鹀，参考 XC420698（Pascal Christe）。鸣叫声为尖厉的拖长 *tsii* 声，告警声为更长的重复 *tsii* 声，其他鸣叫声还有短促的 *tiip* 声、叽喳声和 *trrr* 声。**分布：** 非洲西北部、南欧至中亚和喜马拉雅山脉。在中国为海拔 4000 m 以下地区性常见留鸟，*par* 亚种见于新疆西北部的阿尔泰山脉和天山西部，*stracheyi* 亚种见于西藏西南部的札达、噶尔和普兰地区。**习性：** 喜干燥而少植被覆盖的多岩丘陵山坡和沟谷，冬季移至开阔的灌丛生境。

1460. 戈氏岩鹀 / 灰眉岩鹀   Godlewski's Bunting   *Emberiza godlewskii*
gēshì yánwú   15~18 cm   图版162   LC

识别： 大型鹀。似灰眉岩鹀，区别为头部深灰色且侧冠纹栗色而非黑色。与三道眉草鹀的区别在于顶冠纹灰色。雌鸟似雄鸟。但体色较浅。诸亚种存在差异，南部的 *yunnanensis* 亚种比指名亚种体色更深且偏棕色，最西部的 *decolorata* 亚种体色最浅。幼鸟头部、翕部和胸部具黑色纵纹，故在野外与三道眉草鹀幼鸟难以区分。**鸣声：** 鸣唱声多变，似灰眉岩鹀但由更高音的 *tsitt* 声引出，参考 XC414437（Frank Lambert）。鸣叫声为尖细而拖长的 *tzii* 声和生硬的 *pett pett* 声。**分布：** 诸亚种见于阿尔泰山脉、俄罗斯外贝加尔地区、蒙古国、印度东北部以及中国北部、中部和西南部，越冬于缅甸东北部。在中国，常见于新疆极西部天山山麓地区、塔里木盆地西缘（*decolorata* 亚种）、西藏南部和东部、青海南部、四川西部、云南西北部（*khamensis* 亚种）、华北地区青海至内蒙古西部（指名亚种）、云南北部、西藏极东南部至四川中部（*yunnanensis* 亚种）、四川北部和东部东至黑龙江南部而南至湖南（*omissa* 亚种）。指名亚种和 *yunnanensis* 亚种部分个体冬季南迁。**习性：** 栖于干燥多岩的丘陵山坡和近森林并具灌丛的沟谷地区，亦见于农耕地。

1461. 三道眉草鹀   Meadow Bunting   *Emberiza cioides*   sāndàoméi cǎowú
15~18 cm   图版162   LC

识别： 较大的棕色鹀。头部图纹明显，具栗色的胸带和白色的眉纹、上髭纹、颏部以及喉部。雄鸟繁殖羽脸部具独特的褐色、白色和黑色图纹，胸部栗色，腰部棕色。雌鸟体色较浅，眉纹和颊纹皮黄色，胸部浓皮黄色。雄雌鸟分别似罕见的栗斑腹鹀雄雌鸟，区别为喉部与胸部对比明显、耳羽为褐色而非灰色、白色翼斑不甚明显、翕部纵纹较少且腹部无栗色块斑。幼鸟体色浅且纵纹较多，极似戈氏岩鹀和灰眉岩鹀的幼鸟，区别为中央尾羽棕色羽缘较宽。外侧尾羽羽缘白色。*weigoldi* 亚种比指名亚种体色更鲜亮且偏棕色，*tanbagataica* 亚种体色最浅且腰部棕色较少、胸带较窄，*castaneiceps* 亚种体型最小、体色最深且上体纵纹较少。**鸣声：** 鸣唱声为急促短调，似戈氏岩鹀但引导音不如戈氏岩鹀的 *tsitt* 音高，由突出的停歇处发出，参考

433

XC424309（Anon Torimi）。鸣叫声为一连串快速的尖厉 zit-zit-zit 声。**分布：**西伯利亚南部、蒙古国、中国北部和东部至日本，诸亚种间存在过渡，故对其分布信息不详。在中国，tanbagataica 亚种为西北地区天山山脉的留鸟，cioides 亚种为西北地区阿尔泰山脉和青海东部地区的留鸟，weigoldi 亚种见于东北大部地区，castaneiceps 亚种为华中和华东地区留鸟而部分个体冬季南迁至台湾和华南沿海。**习性：**栖于山区和丘陵地区的开阔灌丛和林缘地带，冬季下至较低海拔的平原地区。

1462. 白顶鹀　White-capped Bunting　*Emberiza stewarti*　báidǐng wú

15~17 cm　　　　　　　　　　　　　　　　　　　图版162　LC

识别：中型鹀。雄鸟繁殖羽头部图纹独特，脸部银白色，具黑色围兜和眉纹，与灰色头顶、枕部和后领环形成对比。上体浓褐色，下体白色并具褐色胸斑。具宽阔白色尾缘。冬羽色较暗。雌鸟上体褐色，具深色细纹和对比明显的棕色腰部。**鸣声：**鸣唱声为简单而轻快的金属嘎嘎声和一连串叽喳声，参考 XC183974（Albert Lastukhin），鸣叫声为高音 tit 声和断续的 tchirit 声。**分布：**广布于中亚地区，迷鸟见于新疆西部，为 2013 年发现的中国新记录。**习性：**栖于开阔多岩山地、灌丛和高海拔森林，冬季下至低海拔山谷。

1463. 栗斑腹鹀　Jankowski's Bunting　*Emberiza jankowskii*　lìbānfù wú

15~16 cm　　　　　　　　　　　　　　　　　　　图版162　国一/EN

识别：较大的棕色鹀。具白色眉纹和深褐色下髭纹。似三道眉草鹀，区别为耳羽灰色、翕部纵纹较多并具白色翼斑。喉部和胸部羽色不形成对比，腹部中央具特征性深栗色块斑，而当此斑块模糊时特征则为偏白色胸部。雌鸟似雄鸟，但体色较浅，亦似三道眉草鹀，区别为耳羽偏灰色、翕部纵纹较多、具白色翼斑且胸部中央浅灰色。**鸣声：**鸣唱声简单或复杂，具有似灰眉岩鹀的引导音，收尾则似黄鹀鸣唱声的最末音，参考 XC324700（Frank Lambert）。鸣叫声包括 tsitt 召唤声、sstlitt 告警声以及尖细的 hsiu 声。**分布：**朝鲜、西伯利亚东南部和中国东北部。在中国，繁殖于黑龙江东南部、吉林和内蒙古东北部，越冬于辽宁、河北和内蒙古东南部。由于不明原因，其种群数量和分布范围有所减缩，被列为世界性濒危。**习性：**栖于低缓丘陵和峡谷中的灌丛和草地，尤其是常绿沙丘，亦见于沙地矮林。

1464. 灰颈鹀　Grey-necked Bunting　*Emberiza buchanani*　huījǐng wú

14~16 cm　　　　　　　　　　　　　　　　　　　图版163　LC

识别：中型鹀。头部纯灰色并具浅色眼圈和偏黄色下髭纹，下体偏粉色。幼鸟和成鸟非繁殖羽体色较浅，顶冠、胸部和两胁具黑色纵纹。与圃鹀的区别为棕色的胸、腹部之间无明显分界且头部蓝灰色而非绿灰色。**鸣声：**飞行中发出轻柔的 tsip 声，亦作 tchcup 声。鸣唱声从高处发出，为似圃鹀的 ti-ti-ti tiu-tiu-tiuu u 声，第二音调更低，参考 XC378895（Oscar Campbell）。**分布：**土耳其、伊朗、中亚山区至中国西部和蒙古国西部，越冬于巴基斯坦和印度西部。在中国地区性甚常见，neobscura 亚种繁殖于新疆西部和西北部的中海拔荒芜地区，冬季南迁。**习性：**秋季迁徙前集群，并与其他鹀类混群。

1465. 圃鹀 Ortolan Bunting *Emberiza hortulana* pǔ wú 15~17 cm 图版163 LC

识别：较大的鹀。头、胸部纯绿灰色，具明显的浅色眼圈以及特征性浅黄色下髭纹和喉部。与灰颈鹀的区别为偏灰色胸部与棕色腹部分界明显且头部为绿灰色。翼斑通常为白色。雌鸟和幼鸟体色较暗，顶冠、枕部和胸部具黑色纵纹，与其他鹀类的区别为无眉纹、具明显的皮黄色下髭纹且头部沾绿色。**鸣声**：鸣唱声从突出的停歇处发出，为三四个音调相似的清脆叫声续以一至三声（通常为两声）音调更低的清晰叫声似 *dzii dzii huii huii*，参考 XC422864（Stanislas Wroza）。鸣叫声包括短促的 *tew* 声、干涩的 *plet* 声和金属音 *ziie* 声。**分布**：西欧、中欧、中亚至阿尔泰山和蒙古国西部，越冬于非洲并罕至印度。在中国，不常见于新疆西北部阿尔泰山、天山和喀什西部地区具稀疏灌丛的开阔干旱原野，冬季南迁。**习性**：集小群，觅食于树上和地面。常并足跳跃。

1466. 白眉鹀 Tristram's Bunting *Emberiza tristrami* báiméi wú
14~16 cm 图版163 LC

识别：中型鹀。头部条纹明显。雄鸟具明显的黑白色头部图纹、黑色喉部以及无纵纹的棕色腰部。雌鸟和雄鸟非繁殖羽体色较暗、头部图纹对比不甚明显，但图纹仍似雄鸟繁殖羽，区别为颏部色浅。与田鹀的区别为枕部无红色，与黄眉鹀的区别为无黄色眉纹、尾部色浅而偏黄褐色、胸部和两胁纵纹较少且喉部色深。**鸣声**：鸣唱声从树冠发出，前部分为清晰高音，后部分音调更高或更低，参考 XC272486（Ukolov Ilya）。鸣叫声以多变而简单且快速重复的叫声收尾，最后一音通常为短促的 *chit* 声。**分布**：中国东北和附近的西伯利亚地区，越冬于中国南部并偶至缅甸北部和越南北部。在中国，繁殖于东北林区，越冬于华南常绿林，迁徙时记录于华东沿海各省份。**习性**：多隐于山坡林下茂密灌丛中。常集小群。

1467. 栗耳鹀 Chestnut-eared Bunting *Emberiza fucata* lì'ěr wú
14~16 cm 图版163 LC

识别：中型鹀。雄鸟繁殖羽不易被误认，栗色的耳羽与灰色的顶冠和颈侧形成对比，黑色颊纹延至胸部与黑色纵纹形成的项纹相连，并和白色喉、胸部以及棕色胸带形成对比。雌鸟和雄鸟非繁殖羽相似，但体色较浅且无明显特征，似圃鹀第一冬羽，区别为耳羽和腰部偏棕色且尾侧偏白色。*arcuata* 亚种雄鸟比指名亚种体色更深更艳丽，且项纹偏黑色、翕部黑色纵纹较少而棕色胸带较宽。相似的 *kuatunensis* 亚种体色更深，且上体偏红色，并具狭窄的胸带。**鸣声**：鸣唱声从灌丛顶部发出，比其他鹀类更快更嘈杂，由断续的 *zwee* 声加速至叽喳声并以 *triip triip* 声收尾，参考 XC285724（Peter Boesman），鸣叫声为似田鹀的爆破音 *pzick* 声。**分布**：喜马拉雅山脉西部至中国、蒙古国东部和西伯利亚东部，越冬于朝鲜半岛、日本南部和中南半岛北部。在中国，常见于东北（*fucata* 亚种）、华中、西南地区和西藏东南部（*arcuata* 亚种），不甚常见并繁殖于江苏南部、福建和江西（*kuatunensis* 亚种），越冬于台湾和海南，迁徙途经华东大部地区。**习性**：本属典型习性。冬季集群。

1468. 小鹀　Little Bunting　*Emberiza pusilla*　xiǎo wú　11~14 cm　图版163　LC

识别：小型鹀。体具纵纹。两性相似。上体褐色并具深色纵纹，下体偏白色，胸部和两胁具黑色纵纹。成鸟繁殖羽不易被误认，体型小，头部具黑色和栗色条纹以及浅色眼圈。冬羽耳羽和顶冠纹暗栗色，颊纹和耳羽边缘灰黑色，眉纹和第二道颊纹暗皮黄褐色。**鸣声**：鸣叫声为轻柔的高音 *pwick* 声或 *tip tip* 声，亦作 *tsew* 声。鸣唱声为短哨音，参考 XC431304（Albert Lastukhin）。**分布**：繁殖于欧洲极北部和亚洲北部，越冬于印度东北部、中国和东南亚。在中国，迁徙时节常见于东北地区，越冬于新疆极西部、华中、华东和华南的大部地区以及台湾。**习性**：常与鹀类混群。隐于茂密植被、灌丛和芦苇地中。

1469. 黄眉鹀　Yellow-browed Bunting　*Emberiza chrysophrys*
huángméi wú　13~17 cm　　　　　　　　　　　图版163　LC

识别：较小的鹀。头部具横斑。似白眉鹀，区别为眉纹前半段为黄色、下体偏白色且纵纹较多、翼斑亦偏白色、腰部更为斑驳且尾羽色较深、黑色颊纹更为明显并分散汇入胸部纵纹中。与灰头鹀冬羽的区别为腰部棕色、头部条纹较多且对比更为明显。**鸣声**：鸣唱声似白眉鹀但更为缓慢且不如其嘈杂，从其繁殖区域的茂密森林中树上发出，参考 XC376510〔Lars Edenius〕，召唤声为似灰头鹀的短促 *ziit* 声。**分布**：繁殖于俄罗斯贝加尔湖以北地区，越冬于中国南部。在中国不常见，越冬于长江流域和南方沿海各省份有稀疏矮丛的开阔地带。**习性**：通常见于林缘的次生灌丛中。常与其他鹀类混群。

1470. 田鹀　Rustic Bunting　*Emberiza rustica*　tián wú　13~15 cm　图版163　VU

识别：较小而体色艳丽的鹀。腹部白色。雄鸟不易被误认，头部具黑白色条纹，略具羽冠、枕部、胸带、两胁纵纹和腰部均为棕色。雌鸟和雄鸟非繁殖羽相似，但体羽白色区域较暗并沾皮黄色，脸颊后方通常具偏白色点斑。幼鸟特征不甚明显且纵纹较多。*latifascia* 亚种顶冠比指名亚种更黑，胸带和两胁纵纹偏深红色。**鸣声**：鸣唱声为悦耳的啭鸣，从高处发出，参考 XC383561（Terje Kolaas）。最普遍的鸣叫声为尖厉 *tzip* 声，告警声为高音 *tsiee* 声。**分布**：繁殖于欧亚大陆北部泰加林，越冬于中国。在中国，指名亚种为华中、华东、华南各省份和新疆极西部常见冬候鸟。**习性**：栖于泰加林、石楠丛和沼泽地带，越冬于开阔地区、人工林地和公园。

1471. 黄喉鹀　Yellow-throated Bunting　*Emberiza elegans*
huánghóu wú　15~16 cm　　　　　　　　　　　图版163　LC

识别：中型鹀。腹部白色，头部具不易被误认的黑、黄色图纹和短羽冠。雌鸟似雄鸟，但体色较暗，并以褐色取代黑色、皮黄色取代黄色。与田鹀的区别为脸颊纯褐色而无黑色边缘且脸颊后方无浅色块斑。*ticehursti* 亚种比指名亚种色浅且禽部纵纹较窄，*elegantula* 亚种比指名亚种体色更深且禽部、胸部和两胁的纵纹更为色深且明显。**鸣声**：鸣唱声为似田鹀的单调叽喳声，从树上停歇处发出，参考 XC389042（Alex Thomas）。鸣叫声为流水般的重复尖厉 *tzik* 声。**分布**：不连续分布于中国中部和东北、朝鲜半岛以及西伯利亚东南部。在中国较常见，*elegantula* 亚种为华中至西南地区留鸟，指名亚种繁殖于黑龙江北部（以及西伯利亚东南部）而越冬于东南地区和台湾，*ticehursti* 亚种繁殖于东北地区（和朝鲜）而越冬于华南和东南沿海。**习性**：栖于丘陵、山脊地区的干燥落叶林和混交林，越冬于有荫林地、森林和次生灌丛地带。

1472. 黄胸鹀　Yellow-breasted Bunting　*Emberiza aureola*
huángxiōng wú　14~16 cm　　　　　　　　　图版163　国一/CR

识别：体色艳丽的中型鹀。雄鸟繁殖羽顶冠和枕部栗色，脸部和喉部黑色，黄色的领环和胸腹之间由栗色胸带间隔，肩羽处具明显白斑。*ornata* 亚种额部黑色区域更大且比指名亚种更深。雄鸟非繁殖羽体色明显更浅，颏部和喉部黄色，耳羽黑色并具杂斑。雌鸟和亚成鸟顶冠纹浅沙色，侧冠纹深色，颊纹不明显并具浅皮黄色长眉纹。诸亚种均具特征性白色肩斑和狭窄白色翼斑，飞行时明显可见。**鸣声**：鸣唱声为比圃鹀缓慢而音高的 *djiiii-djiiii weee-weee ziii-ziii* 声及其变调，多为升调，从明显的停歇处发出，参考 XC486297（Stanislas Wroza），鸣叫声为短促而响亮的金属音 *tic* 声。**分布**：繁殖于西伯利亚至中国东北部，越冬于中国南部和东南亚。在中国曾极为常见但如今已罕见并为世界性极危，指名亚种繁殖于新疆北部阿尔泰山脉，*ornata* 亚种繁殖于东北，两个亚种迁徙均途经中国大部并越冬于中国极南部沿海地区（包括台湾和海南）。**习性**：栖于大面积的稻田、芦苇地、高草丛和潮湿灌丛。冬季集大群并常与其他鸟类混群。

1473. 栗鹀　Chestnut Bunting　*Emberiza rutila*　lì wú　14~15 cm　　　图版163　LC

识别：较小的栗色和黄色鹀。雄鸟繁殖羽不易被误认，整个头部、上体和胸部均为栗色而腹部为黄色。雄鸟非繁殖期亦相似，但体色较暗且头、胸部沾黄色。雌鸟特征不甚明显，顶冠、翕部、胸部和两胁具深色纵纹，与黄胸鹀和灰头鹀的雌鸟区别为腰部棕色且无白色的翼斑和尾缘。幼鸟纵纹较密。**鸣声**：鸣唱声多变，似黄腰柳莺和林鹨，比灰头鹀音调更高，从树上较低停歇处发出，参考 XC485204（Stanislas Wroza）。**分布**：繁殖于西伯利亚南部和外贝加尔地区的泰加林中，越冬于中国南部和东南亚。在中国，繁殖于极东北地区并可能亦繁殖于长白山一带，越冬鸟较常见于南方各省份和台湾，迁徙时见于整个中国东半部地区。**习性**：喜海拔 2500 m 以下有低矮灌丛的开阔针叶林、混交林和落叶林。冬季见于林地边缘和农耕地区。

1474. 藏鹀　Tibetan Bunting　*Emberiza koslowi*　zàng wú
16~17 cm　　　　　　　　　　　　　　　图版164　国二/NT

识别：较大的褐、灰、黑、白色鹀。雄鸟繁殖羽头部黑色，眉纹白色，颈圈灰色，背部栗色，并具特征性白色围兜和黑色项纹。雌鸟和雄鸟非繁殖羽体色较暗且无黑色项纹。**鸣声**：鸣唱声为以颤音收尾的数个叽喳声，参考 XC139777（Yong Ding Li）。飞行时发出 *tsip tsip* 声，召唤声为尖细而拖长的 *seee* 声。**分布**：中国特有种。不常见于青海东南部和西藏东部海拔 3600 ~ 4600 m 地区。**习性**：栖于林线以上的开阔高山灌丛、低矮刺柏丛以及云实属（*Caesalpinia*）植物灌丛中。冬季集小群活动于山谷地带。

1475. 黑头鹀 **Black-headed Bunting** *Emberiza melanocephala* hēitóu wú
16~18 cm
图版164　LC

识别： 较大的斑驳褐色鹀。下体偏黄色且无纵纹。雄鸟繁殖羽头部黑色，冬羽体色较暗，背部偏褐色并具黑色纵纹，腰部有时沾棕色。雌鸟和幼鸟皮黄褐色，上体具深色纵纹。雄雌鸟均具两道偏白色翼斑。幼鸟在野外与褐头鹀难以区分。雌鸟与除褐头鹀以外的其他鹀类区别为体色较单一、尾下覆羽黄色且尾部无白色。与褐头鹀的区别为喙较大且不呈锥形。**鸣声：** 鸣唱声悦耳并加速，似黍鹀，从高处发出，参考 XC417229（Harry Hussey），飞行时发出似黄鹀的深沉生硬 *tchip* 声或金属音 *tzik* 声。**分布：** 繁殖于地中海东部至中亚，越冬于印度，迷鸟至泰国、中国、日本和加里曼丹岛。在中国，为新疆西部罕见迁徙过境鸟，迷鸟至云南西南部、福建、浙江、香港和台湾。**习性：** 栖于有稀疏灌丛的开阔原野。

1476. 褐头鹀 **Red-headed Bunting** *Emberiza bruniceps* hètóu wú
15~17 cm
图版164　LC

识别： 较大的偏黄色鹀。头部无条纹。雄鸟不易被误认，栗色的头、胸部与亮黄色的颈圈和腹部形成对比，部分个体具些许红色。雄鸟非繁殖羽体色较暗。雌鸟上体浅沙黄色，下体浅黄色，顶冠和翕部具偏黑色纵纹，与黑头鹀雌鸟的区别为腰、臀部黄色且翼羽边缘皮黄色而非白色。幼鸟体羽偏灰色，纵纹密布并延至胸部。**鸣声：** 鸣唱声为沙哑的单音短调，似黑头鹀但更为尖细，从明显的停歇处或在飞行中发出，参考 XC378933（Oscar Campbell），鸣叫声包括 *twip* 声、金属音 *ziff* 声、粗哑的 *jiip* 声以及 *prrit* 声。**分布：** 中亚，越冬于印度。在中国地区性常见，繁殖于阿尔泰山、天山和新疆西部地区，迷鸟至北京和香港。**习性：** 栖于有灌丛的开阔干旱平原。

1477. 硫黄鹀 **Yellow Bunting** *Emberiza sulphurata* liúhuáng wú
13~14 cm
图版164　VU

识别： 小型鹀。头部偏绿色，眼先和颏部偏黑色，并具明显白色眼圈和两道宽阔白色翼斑，两胁具模糊黑色纵纹。雄鸟繁殖羽和灰头鹀 *sordida* 亚种雄鸟的区别为头部色浅且喉、胸部之间无羽色对比。雌鸟和雄鸟非繁殖羽与灰头鹀的区别为无眉纹、胸部纵纹较少、颊纹不明显且喙为单色。与黄雀的区别为喙和尾较长、腰部色暗、外侧尾羽白色且气场不同。**鸣声：** 鸣唱声为似灰头鹀但更短的叽喳声，从树冠发出，参考 XC285691（Peter Boesman），鸣叫声为轻柔的 *tsip tsip* 声。**分布：** 繁殖于日本，越冬于中国南部和菲律宾。在中国罕见，越冬于台湾和福建，迁徙过境鸟偶见于华东江苏至华南广东一带，冬候鸟定期见于香港。**习性：** 喜山麓地区的落叶林、混交林和次生林。

1478. 灰头鹀 **Black-faced Bunting** *Emberiza spodocephala* huītóu wú
13~16 cm
图版164　LC

识别： 小型黑色和黄色鹀。指名亚种雄鸟繁殖羽头部、枕部和喉部灰色，眼先和颏部黑色，上体余部浓栗色并具明显黑色纵纹，下体浅黄色或偏白色，肩羽具白斑，尾部色深并具白色边缘。雄鸟冬羽和雌鸟头部橄榄色，贯眼纹和耳羽下方月牙状斑为黄色。雄鸟冬羽和硫黄鹀的区别为眼先无黑色。*sordida* 亚种和 *personata* 亚种头部比指名亚种偏绿灰色，*personata* 亚种喉部和胸部上方黄色。**鸣声**：鸣唱声为一连串活泼清脆的叽喳声和颤音，似芦鹀，从明显的停歇处发出，参考 XC420553（Yann Muzica），鸣叫声为轻柔的 *tsii-tsii* 声。**分布**：繁殖于西伯利亚、日本、中国东北部和中部，越冬于中国南部。在中国常见，指名亚种繁殖于东北地区而越冬于华南、海南和台湾，*personata* 亚种偶尔越冬于华东和华南沿海，*sordida* 亚种繁殖于华中而越冬于华南、华东和台湾。**习性**：觅食于森林和灌丛的地面。不断摆尾，露出外侧尾羽的白色羽缘。越冬于芦苇地、灌丛和林缘地带。

1479. 灰鹀　Grey Bunting *Emberiza variabilis*　huī wú　14~17 cm　　图版164　LC

识别：较大的青灰色鹀。雄鸟繁殖羽通体青灰色，翕部具黑色纵纹，肩羽具一排外缘浅灰色的黑色点斑。雄鸟冬羽上体和胸部的羽缘棕色，腹部羽缘白色。雌鸟体羽褐色并具纵纹，似灰头鹀，区别为外侧尾羽无白色。**鸣声**：鸣唱声为简单的短调续以轻柔的拖长音，参考 XC388680（Ukolov Ilya），鸣叫声为似灰头鹀的尖厉 *zhii* 声。**分布**：繁殖于日本北部和俄罗斯堪察加半岛南部，越冬于日本南部和琉球群岛。在中国，偶有记录于东部沿海、台湾以及宁夏和内蒙古西部的贺兰山地区。**习性**：性隐蔽，栖于山地森林中的竹丛和有荫林下植被中。

1480. 苇鹀　Pallas's Bunting *Emberiza pallasi*　wěi wú　13~15 cm　　图版164　LC

识别：小型鹀。头部黑色。雄鸟繁殖羽白色的下髭纹与黑色的头部和喉部形成对比，颈圈白色，下体灰色，上体具灰色和黑色横斑。似芦鹀，区别为体型略小、上体几乎无褐色和棕色、小覆羽蓝灰色而非棕色和白色且翼斑更为明显。雌鸟、雄鸟非繁殖羽以及各阶段幼鸟均为浅沙黄色，且顶冠、翕部、胸部和两胁具深色纵纹，耳羽不如芦鹀和红颈苇鹀色深，其他区别还包括上喙较直而不具弧度、尾部较长。**鸣声**：鸣唱声为单音重复（四至六次），从灌丛顶部或草茎上发出，参考 XC162715（Patrick Franke）。普遍的鸣叫声为似麻雀的细弱 *chleep* 声，亦作似芦鹀的模糊 *dziu* 声。**分布**：不连续，*polaris* 亚种繁殖于俄罗斯西伯利亚高山苔原带，指名亚种繁殖于西伯利亚南部和蒙古国北部的干旱平原，冬季南迁。在中国，为西北地区（*polaris* 亚种）和东北呼伦湖及黑龙江北部（指名亚种）的夏候鸟，迁徙途经西北地区，越冬于甘肃、陕西北部以及辽宁经华东、台湾至广东的沿海地区。**习性**：似其他苇鹀和芦鹀。

1481. 红颈苇鹀　Ochre-rumped Bunting *Emberiza yessoensis*
hóngjǐng wěiwú　13~15 cm　　　　　　　　　　　图版164　NT

识别：较小的鹀。雄鸟繁殖羽头部黑色，似芦鹀和苇鹀，区别为无白色下髭纹且腰部和枕部棕色。雌鸟繁殖羽似雄鸟，但头部图纹则似芦鹀雌鸟，与芦鹀的区别为下体纵纹较少且色浅、枕部粉棕色、顶冠和耳羽色深。雄鸟非繁殖羽似雌鸟，但喉部色较深。**鸣声**：鸣唱声为简短的叽喳声并常伴以短促颤音，从高芦苇丛中发出，参考 XC285605（Peter Boesman），鸣叫声为短促的 *tick* 声，飞行时发出似芦鹀的 *bschet* 声。**分布**：繁殖于日本、中国东北部和西伯利亚极东南部地区，冬季南迁至日本沿海、朝鲜半岛以及中国东部和南部。世界性近危。在中国不常见，*continentalis* 亚种繁殖于东北沼泽地区，越冬于江苏和福建沿海，迁徙途经辽宁、河北和山东，迷鸟至香港。**习性**：栖于芦苇地、有灌丛的沼泽地和高海拔潮湿草甸。越冬于沿海沼泽地区。

1482. 芦鹀　Reed Bunting *Emberiza schoeniclus*　lú wú　15~17 cm　图版164　LC

识别：较小的鹀。头部黑色并具明显白色下髭纹。雄鸟繁殖羽似苇鹀，区别为上体偏棕色。雌鸟和雄鸟非繁殖羽头部黑色大部消失，顶冠和耳羽具杂斑，眉纹皮黄色，亦似苇鹀，区别为小覆羽棕色而非灰色且上喙具弧度。诸亚种间具细微差异。在中国繁殖的几个亚种中，*minor* 亚种体型最小，*pyrrhuloides* 亚种和 *zaidamensis* 亚种体型较大且喙较圆，*zaidamensis* 亚种比 *pyrrhuloides* 亚种偏皮黄色而少灰色。**鸣声**：鸣唱声为一短串似家麻雀的踌躇短促叮当声，从灌丛或芦苇上发出，多变但通常以一个颤音收尾，参考 XC430644（Alex Thomas），普遍的鸣叫声则为哀婉的降调 *seeoo* 声，迁徙季节发出沙哑的 *brzee* 召唤声。**分布**：古北界。在中国地区性常见，*pyrrhuloides* 亚种繁殖于西北地区而越冬于黄河上游和甘肃西北部，*minor* 亚种繁殖于东北地区而越冬于华东沿海，*zaidamensis* 亚种为青海北部柴达木盆地和新疆南部的留鸟，*pallidior* 亚种越冬于华中、华东和华南且迷鸟至台湾，此外 *passerina* 亚种、*parvirostris* 亚种和 *incognita* 亚种的越冬个体亦偶见于西北地区。**习性**：栖于高芦苇地，但冬季亦觅食于林地、田野和乡村开阔地区。

▌雀鹀科　Passerellidae　美洲鹀　（2 属 2 种）

一科分布于美洲的雀类，具锥形喙，食籽，体羽褐色或灰色，许多种类的头部具独特的斑纹。

1483. 白冠带鹀　White-crowned Sparrow *Zonotrichia leucophrys*
báiguān dàiwú　14~17 cm　　　　　　　　　　图版164　LC

识别：健壮的大型雀鹀。尾长，顶冠纹白色，并具黑色侧冠纹、白色眉纹和狭窄黑色贯眼纹。脸侧至喉部以及下体为灰色。两翼褐色并具两道狭窄白色翼斑。冬羽眉纹灰色，顶冠纹皮黄色。喙粉色，跗跖偏黄色。**鸣声**：鸣叫声为生硬的 *pink* 或 *pzit* 声，参考 XC432599（Logan McLeod），飞行时发出尖细的升调 *seeet* 声。**分布**：繁殖于北美，冬季南迁远至墨西哥。*gambelii* 亚种偶至俄罗斯东北部、日本、朝鲜半岛，迷鸟至中国东北。**习性**：喜沿海灌丛和林地边缘生境。

1484. 稀树草鹀　Savannah Sparrow *Passerculus sandwichensis*　xīshù cǎowú
12~15 cm　　　　　　　　　　　　　　　　　图版163　LC

识别：中型雀鹀。体具条纹，似鹀。头部图纹似黄眉鹀雄鸟冬羽，区别为眉纹白色（仅眼部前方为黄色）。侧冠纹、髭纹和颊斑边缘均为黑色，上体斑驳褐色并具白色羽缘形成的两道翼斑，翕部灰色。下体白色，胸部和两胁布满纵纹。与大部分鹀类的区别为外侧尾羽边缘不白。**鸣声**：在非繁殖区通常较安静，偶尔发出尖细的 *seet*、*chip* 或 *tzip* 声。**分布**：北美经阿拉斯加偶至西伯利亚远东地区，越冬于美国南部和中美洲地区。在中国为 2017 年 4 月于青海发现的新记录。**习性**：受惊时常以独特的起伏或阶梯状上升飞行远离观察者。

第三部分 附录

附录 1 书中有绘图但未编号的鸟类名录

中文名	学名	英文名	页码
美洲潜鸭	*Aythya americana*	Redhead	图版165
环颈潜鸭	*Aythya collaris*	Ring-necked Duck	图版165
小潜鸭	*Aythya affinis*	Lesser Scaup	图版165
绒海番鸭	*Melanitta fusca*	Velvet Scoter	图版165
埃及圣鹮	*Threskiornis aethiopicus*	African Sacred Ibis	图版17
黑腹蛇鹈	*Anhinga melanogaster*	Oriental Darter	图版21
细嘴兀鹫	*Gyps tenuirostris*	Slender-billed Vulture	图版165
短嘴半蹼鹬	*Limnodromus griseus*	Short-billed Dowitcher	图版42
大黄脚鹬	*Tringa melanoleuca*	Greater Yellowlegs	图版44
白喉林鸽	*Columba vitiensis*	Metallic Pigeon	图版165
斑姬地鸠	*Geopelia striata*	Zebra Dove	图版55
白腹针尾绿鸠	*Treron seimundi*	Yellow-vented Green Pigeon	图版56
喜山金背啄木鸟	*Dinopium shorii*	Himalayan Flameback	图版165
小金背啄木鸟	*Dinopium benghalense*	Black-rumped Flameback	图版165
小葵花凤头鹦鹉	*Cacatua sulphurea*	Yellow crested Cockatoo	图版76
菲律宾斑扇尾鹟	*Rhipidura nigritorquis*	Philippine Pied Fantail	图版165
黑头攀雀	*Remiz macronyx*	Black-headed Penduline Tit	图版165
黄喉噪鹛	*Pterorhinus galbanus*	Yellow-throated Laughingthrush	图版118
斑胸鸦雀	*Paradoxornis flavirostris*	Black-breasted Parrotbill	图版125
日本绣眼鸟	*Zosterops japonicus*	Japanese White-eye	图版165
琉球姬鹟	*Ficedula owstoni*	Ryukyu Flycatcher	图版165

附录 2　藏南、南海诸岛、天山地区鸟类补充名录

中文名	学名	英文名
<td colspan="3" align="center">藏南</td>		
沼泽鹧鸪	*Ortygornis gularis*	Swamp Francolin
丛林鹑	*Perdicula asiatica*	Jungle Bush Quail
印度鸬鹚	*Phalacrocorax fuscicollis*	Indian Cormorant
印度兀鹫	*Gyps indicus*	Indian Vulture
南亚鸨	*Houbaropsis bengalensis*	Bengal Florican
灰腹杜鹃	*Cacomantis passerinus*	Grey-bellied Cuckoo
棕翅歌百灵	*Mirafra assamica*	Rofous-winged Bush Lark
蓝头矶鸫	*Monticola cinclorhynchus*	Blue-capped Rock Thrush
须草莺	*Schoenicola striata*	Bristled Grassbird
南亚大草莺	*Graminicola bengalensis*	Indian Grassbird
细嘴鹣鹛	*Argya longirostris*	Slender-billed Babbler
丛林鹣鹛	*Argya striata*	Jungle Babbler
阿氏雅鹛	*Malacocincla abbotti*	Abbott's Babbler
奥氏穗鹛	*Stachyris oglei*	Snowy-throated Babbler
大蓝仙鹟	*Cyornis magnirostris*	Large Blue Flycatcher
黑胸织雀	*Ploceus benghalensis*	Black-breasted Weaver
<td colspan="3" align="center">南海诸岛</td>		
石鸻	*Esacus magnirostris*	Beach Stone-curlew
银鸽	*Columba argentina*	Silvery Pigeon
爪哇斑鸠	*Streptopelia bitorquata*	Island Collared Dove
尼柯巴鸠	*Caloenas nicobarica*	Nicobar Pigeon
棕头绿鸠	*Treron fulvicollis*	Cinnamon-headed Green Pigeon
小绿鸠	*Treron olax*	Little Green Pigeon
红颈绿鸠	*Treron vernans*	Pink-necked Green Pigeon
马来皇鸠	*Ducula pickeringii*	Grey Imperial Pigeon
斑皇鸠	*Ducula bicolor*	Pied Imperial Pigeon
白腹金丝燕	*Collocalia esculenta*	Glossy Swiftlet
<td colspan="3" align="center">天山地区</td>		
里海地鸦	*Podoces panderi*	Turkestan Ground Jay
布氏柳莺	*Phylloscopus subviridis*	Brooks's Leaf Warbler
岩䴓	*Sitta tephronota*	Eastern Rock Nuthatch
欧歌鸲	*Luscinia luscinia*	Thrush Nightingale

参考文献：

本手册并非对中国鸟类区系分类学进行科学厘定。抱有此目的的读者请参考郑光美主编并定期更新的《中国鸟类分类与分布名录》（*A Checklist on the Classification and Distribution of the Birds of China*）等学术出版物。为了不因列出数百个不同来源的完整参考文献而造成本书篇幅的冗长，在此我仅列出使用最多的一些参考文献。

李湘涛，2004. 中国猛禽 [M]. 北京：中国林业出版社 .

李湘涛，2004. 中国雉鸡 [M]. 北京：中国林业出版社 .

萧木吉，2014. 台湾野鸟手绘图鉴 [M]. 台北：台北市野鸟学会等 .

尹琏，费嘉伦，林超英，2017. 中国香港及华南鸟类野外手册 [M]. 长沙：湖南教育出版社 .

张国强，2015. 阿勒泰野鸟 [M]. 福州：海峡书局 .

赵欣如，2018. 中国鸟类图鉴 [M]. 北京：商务印书馆 .

郑光美，2017. 中国鸟类分类与分布名录（第三版）[M]. 北京：科学出版社 .

郑作新，1987. 中国鸟类区系纲要 [M]. 北京：科学出版社 .

Brazil M, 2009. Birds of East Asia[M]. London: A&C Black.

Craik R, Lê Quý Minh, 2018. Birds of Vietnam[M]. Barcelona: Lynx Edicions.

Grimmett R, Inskipp C, Inskipp T, 1998. Birds of the Indian Subcontinent[M]. London: Christopher Helm.

Lynx and BirdLife International, 2010. Handbook of the Birds of the World[M]. Barcelona: Lynx Edicions.

Robson C, 2000. A Field Guide to the Birds of Southeast Asia[M]. London: New Holland.

Vladimir Evgenevich Flint, 1984. A Field Guide to the Birds of Russia and Adjacent Territories[M]. Princeton: Princeton University Press.

Van der Ven J, 2002. Looking at Birds of Kyrgyz Republic Central Asia[M]. Bishkek: Rarity.

中文名索引

分号前加粗数字为图版编号，分号后数字为物种编号，*代表未编号物种（英文名索引和学名索引与此相同）。

英文名索引

A

Aberrant Bush Warbler **99**; 840
African Sacred Ibis **17**; *
Alashan Redstart **144**; 1286
Aleutian Tern **49**; 413
Alexandrine Parakeet **76**; 638
Alpine Accentor **152**; 1358
Alpine Chough **88**; 729
Alpine Leaf Warbler **102**; 871
Alpine Swift **65**; 539
Alpine Thrush **133**; 1173
Altai Accentor **152**; 1359
Altai Snowcock **8**; 71
American Golden Plover **37**; 310
American Wigeon **3**; 31
Amur Falcon **74**; 625
Amur Paradise-Flycatcher **84**; 706
Annam Limestone Babbler **115**; 993
Ancient Murrelet **52**; 430
Arctic Warbler **104**; 896
Ashy Bulbul **95**; 807
Ashy Drongo **83**; 695
Ashy Minivet **79**; 660
Ashy Wood Pigeon **54**; 443
Ashy Woodswallow **78**; 653
Ashy-headed Green Pigeon **56**; 457
Ashy-throated Parrotbill **126**; 1101
Ashy-throated Warbler **101**; 859
Asian Barred Owlet **62**; 515
Asian Brown Flycatcher **137**; 1215
Asian Desert Warbler **123**; 1081
Asian Dowitcher **42**; 353
Asian Emerald Cuckoo **57**; 475
Asian Fairy Bluebird **82**，**128**; 1128
Asian House Martin **97**; 820
Asian Koel **57**; 473
Asian Lesser Cuckoo **58**; 485
Asian Openbill **16**; 153
Asian Palm Swift **65**; 538
Asian Pied Starling **132**; 1163
Asian Rosy Finch **157**; 1410
Asian Short-toed Lark **92**; 787
Asian Stubtail **98**; 847
Assam Laughingthrush **120**; 1046
Australasian Bush Lark **93**; 772
Azure Tit **91**; 760
Azure-winged Magpie **85**; 711

B

Baer's Pochard **5**; 43
Baikal Bush Warbler **109**; 936
Baikal Teal **3**; 25
Baillon's Crake **33**; 273
Baird's Sandpiper **41**; 346
Band-bellied Crake **33**; 276
Banded Bay Cuckoo **57**; 477
Bar-backed Partridge **9**; 86
Bar-headed Goose **2**; 7
Barn Swallow **96**; 814
Barnacle Goose **1**; 5
Barred Buttonquail **34**; 295
Barred Cuckoo Dove **55**; 452
Barred Laughingthrush **117**; 1016
Barred Warbler **123**; 1076
Bar-tailed Godwit **39**; 329
Bar-tailed Treecreeper **130**; 1147
Bar-winged Flycatcher-shrike **78**; 651
Bar-winged Wren Babbler **112**; 967
Bay Woodpecker **72**; 617
Baya Weaver **151**; 1352
Bay-backed Shrike **80**; 674
Bearded Reedling **100**; 771
Beautiful Nuthatch **129**; 1143
Beautiful Sibia **122**; 1072
Beijing Hill Babbler **124**; 1094
Besra **26**; 235
Bhutan Laughingthrush **119**; 1037
Bianchi's Warbler **103**; 885
Bimaculated Lark **92**; 782
Black Baza **23**; 213
Black Bittern **18**; 170
Black Bulbul **95**; 809
Black Drongo **83**; 694
Black Eagle **25**; 224
Black Grouse **7**; 63
Black Kite **29**; 244
Black Lark **93**; 784
Black Noddy **45**; 382
Black Redstart **145**; 1289
Black Scoter **6**; 50
Black Stork **16**; 154
Black Tern **49**; 423
Black Woodpecker **72**; 605
Black-backed Forktail **142**; 1263
Black-backed Swamphen **34**; 281
Black-bellied Sandgrouse **53**; 435
Black-bellied Tern **49**; 420
Black-bibbed Tit **89**; 757
Black-billed Capercaillie **7**; 62
Black-breasted Parrotbill **125**; *

Black-breasted Thrush **134**; 1184
Black-browed Bushtit **100**; 853
Black-browed Parrotbill **125**; 1109
Black-browed Reed Warbler **107**; 911
Black-capped Kingfisher **67**; 555
Black-chinned Babbler **113**; 977
Black-chinned Fruit Dove **56**; 465
Black-chinned Yuhina **127**; 1123
Black-collared Starling **132**; 1162
Black-crested Bulbul **94**; 792
Black-crowned Night Heron **19**; 174
Black-eared Shrike Babbler **81**; 685
Black-faced Bunting **164**; 1478
Black-faced Laughingthrush **119**; 1042
Black-faced Spoonbill **17**; 164
Black-faced Warbler **98**; 832
Black-footed Albatross **13**; 128
Black-headed Bulbul **94**; 791
Black-headed Bunting **164**; 1475
Black-headed Greenfinch **160**; 1439
Black-headed Gull **46**; 389
Black-headed Ibis **17**; 159
Black-headed Penduline Tit **165**; *
Black-headed Shrike Babbler **81**; 682
Black-headed Sibia **122**; 1070
Black-hooded Oriole **82**; 691
Black-legged Kittiwake **46**; 384
Black-naped Monarch **84**; 703
Black-naped Oriole **82**; 690
Black-naped Tern **50**; 418
Black-naped Woodpecker **73**; 613
Black-necked Crane **35**; 292
Black-necked Grebe **15**; 147
Black-necklaced Scimitar Babbler **111**; 956
Black-rumped Flameback **165**; *
Black-rumped Magpie **86**; 723
Black-streaked Scimitar Babbler **111**; 957
Black-tailed Crake **33**; 271
Black-tailed Godwit **39**; 330
Black-tailed Gull **48**; 397
Black-throated Accentor **152**; 1364
Black-throated Blue Robin **141**; 1254
Black-throated Bushtit **100**; 851
Black-throated Laughingthrush **118**; 1027
Black-throated Loon **15**; 123
Black-throated Parrotbill **126**; 1106
Black-throated Prinia **110**; 946

Chinese Crested Tern **49**; 410
Chinese Cupwing **97**; 826
Chinese Egret **20**; 190
Chinese Francolin **7**; 74
Chinese Fulvetta **124**; 1086
Chinese Grassbird **109**, **112**; 1000
Chinese Grey Shrike **81**; 680
Chinese Grosbeak **156**; 1395
Chinese Grouse **7**; 59
Chinese Leaf Warbler **101**; 862
Chinese Monal **11**; 102
Chinese Nuthatch **129**; 1137
Chinese Penduline Tit **91**; 770
Chinese Pond-Heron **19**; 178
Chinese Rubythroat **141**; 1251
Chinese Sparrowhawk **26**; 233
Chinese Spotbill Duck **4**; 34
Chinese Thrush **136**; 1205
Chinese White-browed Rosefinch **159**; 1433
Christmas Island Frigatebird **22**; 194
Chukar Partridge **8**; 72
Cinereous Tit **90**; 764
Cinereous Vulture **24**; 218
Cinnamon Bittern **18**; 169
Citrine Wagtail **153**; 1370
Clamorous Reed Warbler **106**; 910
Claudia's Leaf Warbler **105**; 902
Clicking Shrike Babbler **81**; 686
Coal Tit **90**; 749
Collared Babbler **115**; 997
Collared Bush Robin **141**; 1258
Collared Crow **87**; 736
Collared Falconet **74**; 620
Collared Finchbill **93**; 789
Collared Grosbeak **156**; 1391
Collared Kingfisher **67**; 556
Collared Myna **131**; 1157
Collared Owlet **62**; 514
Collared Pratincole **45**; 377
Collared Scops Owl **59**; 494
Collared Treepie **86**; 720
Common Buttonquail **34**; 293
Common Chaffinch **155**; 1389
Common Chiffchaff **102**; 877
Common Crane **35**; 290
Common Cuckoo **58**; 489
Common Flameback **73**; 614
Common Goldeneye **6**; 52
Common Grasshopper Warbler **109**; 933
Common Green Magpie **85**; 716
Common Greenshank **45**; 375
Common Hawk Cuckoo **58**; 481

Common Hill Partridge **9**; 81
Common Hoopoe **66**; 571
Common Iora **78**; 654
Common Kestrel **74**; 623
Common Kingfisher **67**; 558
Common Linnet **161**; 1442
Common Merganser **6**; 54
Common Moorhen **34**; 282
Common Murre **52**; 428
Common Myna **131**; 1158
Common Nightingale **140**; 1248
Common Pheasant **12**; 115
Common Pochard **5**; 42
Common Quail **34**; 78
Common Raven **87**; 739
Common Redpoll **161**; 1443
Common Redshank **45**; 371
Common Redstart **145**; 1290
Common Ringed Plover **38**; 312
Common Rosefinch **157**; 1411
Common Sandpiper **44**; 366
Common Shelduck **2**; 19
Common Snipe **43**; 362
Common Starling **131**; 1170
Common Swift **65**; 540
Common Tailorbird **107**; 952
Common Tern **50**; 419
Common White Tern **51**; 383
Common Whitethroat **123**; 1082
Common Wood Pigeon **53**; 441
Cook's Swift **65**; 543
Coppersmith Barbet **70**; 585
Coral-billed Scimitar Babbler **111**; 963
Corn Bunting **162**; 1456
Corn Crake **33**; 269
Cotton Pygmy Goose **3**; 24
Crested Bunting **162**; 1454
Crested Finchbill **93**; 788
Crested Goshawk **26**; 231
Crested Ibis **17**; 161
Crested Kingfisher **67**; 561
Crested Lark **93**; 777
Crested Myna **131**; 1156
Crested Serpent Eagle **23**; 219
Crested Shelduck **2**; 21
Crested Tit Warbler **100**; 856
Crested Treeswift **64**; 531
Crimson Sunbird **149**; 1334
Crimson-breasted Woodpecker **71**; 595
Crimson-browed Finch **159**; 1435
Crow-billed Drongo **83**; 696
Curlew Sandpiper **42**; 338

D

Dalmatian Pelican **21**; 193
Darjeeling Woodpecker **72**; 600
Dark-bodied Woodpecker **71**; 593
Dark-breasted Rosefinch **157**; 1407
Dark-necked Tailorbird **107**; 953
Dark-rumped Rosefinch **158**; 1421
Dark-rumped Swift **65**; 544
Dark-sided Flycatcher **137**; 1214
Dark-sided Thrush **133**; 1180
Daurian Jackdaw **87**; 731
Daurian Partridge **8**; 76
Daurian Redstart **145**; 1293
Daurian Starling **132**; 1164
David's Fulvetta **114**; 989
Davidson's Leaf Warbler **105**; 906
Demoiselle Crane **35**; 288
Derbyan Parakeet **76**; 637
Desert Finch **160**; 1440
Desert Wheatear **147**; 1310
Desert Whitethroat **123**; 1078
Dollarbird **66**; 551
Dunlin **42**; 344
Dusky Crag Martin **96**; 818
Dusky Eagle Owl **60**; 503
Dusky Fulvetta **114**; 986
Dusky Thrush **136**; 1201
Dusky Warbler **102**; 873

E

Eared Pitta **77**; 643
Eastern Barn Owl **59**; 490
Eastern Buzzard **30**, **31**; 256
Eastern Cattle Egret **20**; 180
Eastern Crowned Warbler **103**; 878
Eastern Curlew **39**; 327
Eastern Goldfinch **161**; 1448
Eastern Grass Owl **59**; 491
Eastern Imperial Eagle **25**; 228
Eastern Marsh Harrier **27**; 239
Eastern Olivaceous Warbler **107**; 923
Eastern Orphean Warbler **123**; 1080
Eastern Yellow Wagtail **153**; 1369
Egyptian Nightjar **63**; 527
Egyptian Vulture **24**; 209
Elegant Scops Owl **59**; 499
Elliot's Laughingthrush **119**; 1040
Elliot's Pheasant **12**; 111
Emei Leaf Warbler **104**; 890
Emerald Dove **54**; 455

Eurasian Blackbird **134**; 1188
Eurasian Blackcap **123**; 1075
Eurasian Bullfinch **156**; 1401
Eurasian Buzzard 30, **31**; 259
Eurasian Collared Dove **55**; 448
Eurasian Coot **34**; 283
Eurasian Crag Martin **96**; 817
Eurasian Crimson-winged Finch **160**; 1402
Eurasian Curlew **39**; 328
Eurasian Dotterel **38**; 321
Eurasian Eagle Owl **60**; 501
Eurasian Golden Oriole **82**; 687
Eurasian Hobby **74**; 627
Eurasian Jackdaw **87**; 730
Eurasian Jay **85**; 710
Eurasian Magpie **86**; 722
Eurasian Nightjar **63**; 526
Eurasian Nuthatch **129**; 1133
Eurasian Oystercatcher **36**; 298
Eurasian Pygmy Owlet **62**; 513
Eurasean Reed Warbler **106**; 919
Eurasian Robin **140**; 1236
Eurasian Scops Owl **59**; 497
Eurasian Siskin **161**; 1451
Eurasian Skylark **92**; 775
Eurasian Sparrowhawk **26**; 236
Eurasian Spoonbill **17**; 163
Eurasian Teal **4**; 37
Eurasian Thick-knee **36**; 296
Eurasian Three-toed Woodpecker **71**; 592
Eurasian Tree Sparrow **150**; 1342
Eurasian Treecreeper **130**; 1145
Eurasian Wigeon **3**; 30
Eurasian Woodcock **43**; 355
Eurasian Wren **128**; 1132
Eurasian Wryneck **71**; 587
European Bee-eater **68**; 570
European Golden Plover **37**; 308
European Goldfinch **161**; 1447
European Greenfinch **160**; 1436
European Honey Buzzard **24**; 210
European Pied Flycatcher **143**; 1271
European Roller **66**; 550
European Turtle Dove **55**; 446
Eversmann's Redstart **144**; 1287
Eyebrowed Thrush **135**; 1195
Eyebrowed Wren-babbler **115**; 995

F

Fairy Pitta **77**; 649
Falcated Duck **3**; 29
Ferruginous Flycatcher **137**; 1217
Ferruginous Pochard **5**; 44
Fieldfare **136**; 1202
Fire-breasted Flowerpecker **148**; 1322
Fire-capped Tit **91**; 744
Fire-fronted Serin **161**; 1449
Fire-tailed Myzornis **122**; 1074
Fire-tailed Sunbird **149**; 1335
Firethroat **141**; 1253
Flamecrest **128**; 1129
Flavescent Bulbul **95**; 802
Flesh-footed Shearwater 13, **14**; 141
Forest Wagtail **152**; 1367
Fork-tailed Sunbird **149**; 1331
Franklin's Gull **47**; 394
Fujian Niltava **138**; 1230
Fulvous Parrotbill **126**; 1105
Fulvous-breasted Woodpecker **72**; 598

G

Gadwall **3**; 28
Ganada Goose **1**; 4
Gansu Leaf Warbler **101**; 865
Garganey **3**; 26
Germain's Swiftlet **64**; 533
Giant Babax **116**; 1021
Giant Laughingthrush **117**; 1018
Giant Nuthatch **129**; 1142
Glaucous Gull **48**; 400
Glaucous-winged Gull **48**; 399
Glossy Ibis **17**; 162
Godlewski's Bunting **162**; 1460
Goldcrest **128**; 1130
Golden Babbler **113**; 978
Golden Bush Robin **142**; 1261
Golden Eagle **25**; 229
Golden Parrotbill **126**; 1107
Golden Pheasant **12**; 116
Golden-breasted Fulvetta **124**; 1083
Golden-crested Myna **131**; 1153
Golden-fronted Fulvetta **114**; 981
Golden-fronted Leafbird **147**; 1316
Golden-headed Cisticola **110**; 943
Golden-throated Barbet **70**; 580
Gold-naped Finch **155**; 1406

Gould's Shortwing **139**; 1237
Grandala **134**; 1181
Gray's Grasshopper Warbler **108**; 925
Great Barbet **70**; 577
Great Bittern **18**; 165
Great Bustard **32**; 260
Great Cormorant **21**; 204
Great Crested Grebe **15**; 145
Great Crested Tern **49**; 408
Great Eared Nightjar **63**; 524
Great Egret **20**; 184
Great Frigatebird **22**; 195
Great Grey Owl **61**; 511
Great Grey Shrike **81**; 679
Great Hornbill **69**; 572
Great Iora **78**; 655
Great Knot **40**; 332
Great Myna **131**; 1155
Great Parrotbill **125**; 1096
Great Reed Warbler **106**; 908
Great Slaty Woodpecker **72**; 619
Great Spotted Woodpecker **72**; 602
Great Thick-knee **36**; 297
Great Tit **90**; 762
Great White Pelican **21**; 191
Greater Coucal **57**; 468
Greater Flameback **73**; 615
Greater Flamingo **16**; 148
Greater Necklaced Laughingthrush **117**; 1026
Greater Painted Snipe **43**; 322
Greater Racket-tailed Drongo **83**; 700
Greater Sand Plover **38**; 318
Greater Scaup **5**; 46
Greater Short-toed Lark **92**; 781
Greater Spotted Eagle **25**; 225
Greater White-fronted Goose **1**; 13
Greater Yellowlegs **44**; *
Greater Yellownape **73**; 606
Green Bee-eater **68**; 564
Green Cochoa **136**; 1208
Green Imperial Pigeon **54**; 466
Green Peafowl **12**; 121
Green Sandpiper **44**; 367
Green Shrike Babbler **81**; 684
Green-backed Flycatcher **143**; 1274
Green-backed Tit **90**; 765
Green-billed Malkoha **57**; 470
Green-crowned Warbler **103**; 882
Green-eared Barbet **70**; 579
Greenish Warbler **104**; 889
Green-legged Partridge **9**; 118

Narcissus Flycatcher **143**; 1273
Naumann's Thrush **136**; 1200
Naung Mung Scimitar Babbler **115**; 998
Nepal Cupwing **97**; 828
Nepal Fulvetta **114**; 992
Nepal House Martin **97**; 821
Nonggang Babbler **113**; 972
Nordmann's Greenshank **45**; 376
Northern Boobook **62**; 520
Northern Fulmar **14**; 134
Northern Goshawk **26**; 237
Northern Hawk Cuckoo **58**; 482
Northern Hawk Owl **62**; 512
Northern House Martin **97**; 819
Northern Lapwing **36**; 302
Northern Pintail **4**; 36
Northern Shoveler **3**; 27
Northern Shrike **81**; 678
Northern Wheatear **147**; 1308

O

Ochre-rumped Bunting **164**; 1481
Olive-backed Pipit **154**; 1381
Olive-backed Sunbird **149**; 1328
Omeishan Liocichla **121**; 1056
Orange-bellied Leafbird **147**; 1317
Orange-breasted Green Pigeon **56**; 456
Orange-breasted Trogon **66**; 546
Orange-flanked Bluetail **142**; 1259
Orange-headed Thrush **133**; 1171
Oriental Bay Owl **59**; 492
Oriental Cuckoo **58**; 488
Oriental Darter **21**; *
Oriental Dwarf Kingfisher **67**; 560
Oriental Hobby **74**; 628
Oriental Honey-Buzzard **24**; 211
Oriental Magpie **86**; 724
Oriental Magpie Robin **137**; 1210
Oriental Pied Hornbill **69**; 573
Oriental Plover **38**; 320
Oriental Pratincole **45**; 378
Oriental Reed Warbler **106**; 909
Oriental Scops Owl **59**; 498
Oriental Skylark **92**; 774
Oriental Stork **16**; 157
Oriental Turtle Dove **55**; 447
Ortolan Bunting **163**; 1465

P

Pacific Golden Plover **37**; 309
Pacific Loon **15**; 124
Pacific Reef-Heron **20**; 189
Pacific Swallow **96**; 815
Pacific Swift **65**; 541
Paddyfield Pipit **154**; 1376
Paddyfield Warbler **106**; 917
Painted Stork **16**; 152
Pale Blue Flycatcher **139**; 1223
Pale Martin **96**; 813
Pale Rosefinch **159**; 1426
Pale Thrush **135**; 1196
Pale-capped Pigeon **54**; 444
Pale-chinned Flycatcher **139**; 1224
Pale-footed Bush Warbler **98**; 848
Pale-headed Woodpecker **73**; 616
Pale-legged Leaf Warbler **104**; 893
Pale-throated Wren Babbler **112**; 969
Pallas's Bunting **164**; 1480
Pallas's Fish Eagle **29**; 247
Pallas's Grasshopper Warbler **108**; 927
Pallas's Gull **46**; 396
Pallas's Leaf Warbler **101**; 866
Pallas's Rosefinch **159**; 1430
Pallas's Sandgrouse **53**; 434
Pallid Harrier **28**; 241
Pallid Scops Owl **59**; 496
Parasitic Jaeger **52**; 426
Pechora Pipit **154**; 1382
Pectoral Sandpiper **42**; 351
Pelagic Cormorant **21**; 202
Pere David's Snowfinch **151**; 1348
Peregrine Falcon **75**; 631
Pheasant-tailed Jacana **39**; 323
Philippine Cuckoo Dove **55**; 453
Philippine Duck **4**; 32
Philippine Pied Fantail **165**; *
Pied Avocet **36**; 301
Pied Bushchat **146**; 1305
Pied Cuckoo **57**; 472
Pied Falconet **74**; 621
Pied Harrier **28**; 242
Pied Heron **20**; 186
Pied Kingfisher **67**; 562
Pied Triller **79**; 665
Pied Wheatear **147**; 1311
Pine Bunting **162**; 1458
Pine Grosbeak **155**; 1397
Pink-browed Rosefinch **158**; 1420
Pink-rumped Rosefinch **158**; 1419

Pink-tailed Rosefinch **155**; 1388
Pintail Snipe **43**; 360
Pin-tailed Green Pigeon **56**; 460
Pin-tailed Parrotfinch **151**; 1354
Plain Flowerpecker **148**; 1321
Plain Laughingthrush **118**; 1031
Plain Mountain Finch **157**; 1408
Plain Prinia **110**; 951
Plain-backed Snowfinch **151**; 1350
Plain-tailed Warbler **103**; 886
Plaintive Cuckoo **57**; 478
Pleske's Grasshopper Warbler **108**; 928
Plumbeous Water Redstart **145**; 1296
Pomarine Jaeger **52**; 425
Przevalski's Nuthatch **129**; 1139
Puff-throated Babbler **115**; 1002
Puff-throated Bulbul **95**; 804
Purple Cochoa **136**; 1207
Purple Heron **19**; 183
Purple Needletail **64**; 537
Purple Sunbird **149**; 1327
Purple-naped Sunbird **148**; 1326
Pygmy Blue Flycatcher **144**; 1285
Pygmy Cormorant **21**; 201
Pygmy Cupwing **97**; 829

R

Radde's Warbler **102**; 868
Rainbow Bee-eater **68**; 567
Ratchet-tailed Treepie **86**; 721
Red Avadavat **151**; 1353
Red Crossbill **161**; 1445
Red Junglefowl **12**; 103
Red Knot **40**; 333
Red Phalarope **44**; 365
Red Turtle Dove **55**; 449
Red-backed Shrike **80**; 670
Red-billed Blue Magpie **85**; 714
Red-billed Chough **88**; 728
Red-billed Leiothrix **122**; 1066
Red-billed Scimitar Babbler **111**; 962
Red-billed Starling **132**; 1160
Red-billed Tropicbird **17**; 149
Red-breasted Flycatcher **143**; 1278
Red-breasted Goose **1**; 3
Red-breasted Merganser **6**; 55
Red-breasted Parakeet **76**; 636
Red-collared Woodpecker **73**; 611

学名索引

A

Abroscopus albogularis **98**; 831
Abroscopus schisticeps **98**; 832
Abroscopus superciliaris **98**; 830
Acanthis flammea **161**; 1443
Acanthis hornemanni **161**; 1444
Accipiter badius **26**; 232
Accipiter gentilis **26**; 237
Accipiter gularis **26**; 234
Accipiter nisus **26**; 236
Accipiter soloensis **26**; 233
Accipiter trivirgatus **26**; 231
Accipiter virgatus **26**; 235
Aceros nipalensis **69**; 575
Acridotheres albocinctus **131**; 1157
Acridotheres burmannicus **132**; 1159
Acridotheres cristatellus **131**; 1156
Acridotheres grandis **131**; 1155
Acridotheres tristis **131**; 1158
Acrocepahlus tangorum **106**; 916
Acrocephalus agricola **106**; 917
Acrocephalus arundinaceus **106**; 908
Acrocephalus bistrigiceps **107**; 911
Acrocephalus concinens **106**; 915
Acrocephalus dumetorum **106**; 918
Acrocephalus melanopogon **107**; 912
Acrocephalus orientalis **106**; 909
Acrocephalus schoenobaenus **107**; 913
Acrocephalus scirpaceus **106**; 919
Acrocephalus sorghophilus **107**; 914
Acrocephalus stentoreus **106**; 910
Actinodura egertoni **121**; 1059
Actinodura morrisoniana **121**; 1064
Actinodura nipalensis **121**; 1061
Actinodura ramsayi **121**; 1060
Actinodura souliei **121**; 1063
Actinodura waldeni **121**; 1062
Actinodura cyanouroptera **120**; 1051
Actinodura strigula **120**; 1052
Actitis hypoleucos **44**; 366
Aegithalos bonvaloti **100**; 853
Aegithalos caudatus **100**; 849
Aegithalos concinnus **100**; 851

Aegithalos fuliginosus **100**; 854
Aegithalos glaucogularis **100**; 850
Aegithalos iouschistos **100**; 852
Aegithina lafresnayei **78**; 655
Aegithina tiphia **78**; 654
Aegolius funereus **62**; 518
Aegypius monachus **24**; 218
Aerodramus brevirostris **64**; 532
Aerodramus germani **64**; 533
Aethopyga christinae **149**; 1332
Aethopyga gouldiae **149**; 1329
Aethopyga ignicauda **149**; 1335
Aethopyga latouchii **149**; 1331
Aethopyga nipalensis **149**; 1330
Aethopyga saturata **149**; 1333
Aethopyga siparaja **149**; 1334
Agraphospiza rubescens **157**; 1404
Agropsar philippensis **132**; 1165
Agropsar sturninus **132**; 1164
Aix galericulata **3**; 23
Alauala cheleensis **92**; 787
Alauda arvensis **92**; 775
Alauda gulgula **92**; 774
Alauda japonica **92**; 776
Alauda leucoptera **92**; 773
Alcedo atthis **67**; 558
Alcedo hercules **67**; 559
Alcedo meninting **67**; 557
Alcippe davidi **114**; 989
Alcippe fratercula **114**; 990
Alcippe hueti **114**; 991
Alcippe morrisonia **114**; 988
Alcippe nipalensis **114**; 992
Alcippe poioicephala **114**; 987
Alectoris chukar **8**; 72
Alectoris magna **8**; 73
Alophoixus flaveolus **95**; 803
Alophoixus pallidus **95**; 804
Amandava amandava **151**; 1353
Amaurornis cinerea **33**; 278
Amaurornis phoenicurus **33**; 277
Ampeliceps coronatus **131**; 1153
Anas acuta **4**; 36
Anas carolinensis **4**; 38
Anas crecca **4**; 37
Anas luzonica **4**; 32
Anas platyrhynchos **4**; 35
Anas poecilorhyncha **4**; 33
Anas zonorhyncha **4**; 34
Anastomus oscitans **16**; 153
Anhinga melanogaster **21**; *
Anorrhinus austeni **69**; 574
Anous minutus **45**; 382
Anous stolidus **45**; 381

Anser albifrons **1**; 13
Anser anser **1**; 9
Anser caerulescens **2**; 8
Anser cygnoides **2**; 10
Anser erythropus **1**; 14
Anser fabalis **1**; 11
Anser indicus **2**; 7
Anser serrirostris **1**; 12
Anthipes monileger **137**; 1218
Anthracoceros albirostris **69**; 573
Anthreptes malacensis **149**; 1325
Anthus campestris **154**; 1378
Anthus cervinus **155**; 1384
Anthus godlewskii **154**; 1377
Anthus gustavi **154**; 1382
Anthus hodgsoni **154**; 1381
Anthus pratensis **154**; 1379
Anthus richardi **154**; 1375
Anthus roseatus **154**; 1383
Anthus rubescens **155**; 1385
Anthus rufulus **154**; 1376
Anthus spinoletta **155**; 1386
Anthus sylvanus **155**; 1387
Anthus trivialis **154**; 1380
Antigone antigone **35**; 287
Antigone canadensis **35**; 285
Antigone vipio **35**; 286
Apus acuticauda **65**; 544
Apus apus **65**; 540
Apus cooki **65**; 543
Apus nipalensis **65**; 545
Apus pacificus **65**; 541
Apus salimali **65**; 542
Aquila chrysaetos **25**; 229
Aquila fasciata **25**; 230
Aquila heliaca **25**; 228
Aquila nipalensis **25**; 227
Arachnothera longirostra **148**; 1336
Arachnothera magna **148**; 1337
Arborophila ardens **9**; 89
Arborophila atrogularis **9**; 83
Arborophila brunneopectus **9**; 86
Arborophila crudigularis **9**; 84
Arborophila gingica **9**; 88
Arborophila mandellii **9**; 85
Arborophila rufipectus **9**; 87
Arborophila rufogularis **9**; 82
Arborophila torqueola **9**; 81
Ardea alba **20**; 184
Ardea cinerea **19**; 181
Ardea insignis **20**; 182
Ardea intermedia **20**; 185
Ardea purpurea **19**; 183

Phylloscopus forresti **101**; 864
Phylloscopus fuligiventer **102**; 872
Phylloscopus fuscatus **102**; 873
Phylloscopus goodsoni **105**; 903
Phylloscopus griseolus **102**; 869
Phylloscopus hainanus **105**; 905
Phylloscopus humei **101**; 860
Phylloscopus ijimae **103**; 879
Phylloscopus inornatus **101**; 861
Phylloscopus intensior **105**; 906
Phylloscopus intermedius **103**; 880
Phylloscopus kansuensis **101**; 865
Phylloscopus maculipennis **101**;
859
Phylloscopus magnirostris **104**; 891
Phylloscopus occisinensis **102**; 871
Phylloscopus ogilviegranti **105**;
904
Phylloscopus omeiensis **103**; 887
Phylloscopus plumbeitarsus **104**;
888
Phylloscopus poliogenys **103**; 881
Phylloscopus proregulus **101**; 866
Phylloscopus pulcher **101**; 858
Phylloscopus reguloides **105**; 901
Phylloscopus ricketti **105**; 899
Phylloscopus schwarzi **102**; 868
Phylloscopus sibilatrix **101**; 857
Phylloscopus sindianus **102**; 876
Phylloscopus soror **103**; 886
Phylloscopus subaffinis **102**; 874
Phylloscopus tenellipes **104**; 893
Phylloscopus tephrocephalus **103**;
883
Phylloscopus trochiloides **104**; 889
Phylloscopus trochilus **102**; 875
Phylloscopus valentini **103**; 885
Phylloscopus whistleri **103**; 884
Phylloscopus xanthodryas **104**; 894
Phylloscopus xanthoschistos **105**;
907
Phylloscopus yunnanensis **101**; 862
Pica bottanensis **86**; 723
Pica pica **86**; 722
Pica serica **86**; 724
Picoides funebris **71**; 593
Picoides tridactylus **71**; 592
Picumnus innominatus **71**; 588
Picus canus **73**; 612
Picus chlorolophus **73**; 607
Picus guerini **73**; 613
Picus rabieri **73**; 611
Picus squamatus **73**; 610
Picus vittatus **73**; 608

Picus xanthopygaeus **73**; 609
Pinicola enucleator **155**; 1397
Pitta moluccensis **77**; 650
Pitta nympha **77**; 649
Pitta sordida **77**; 648
Platalea leucorodia **17**; 163
Platalea minor **17**; 164
Plectophenax nivalis **160**; 1453
Plegadis falcinellus **17**; 162
Ploceus manyar **151**; 1351
Ploceus philippinus **151**; 1352
Pluvialis apricaria **37**; 308
Pluvialis dominica **37**; 310
Pluvialis fulva **37**; 309
Pluvialis squatarola **37**; 311
Pnoepyga albiventer **97**; 825
Pnoepyga formosana **97**; 827
Pnoepyga immaculata **97**; 828
Pnoepyga mutica **97**; 826
Pnoepyga pusilla **97**; 829
Podiceps auritus **15**; 146
Podiceps cristatus **15**; 145
Podiceps grisegena **15**; 144
Podiceps nigricollis **15**; 147
Podoces biddulphi **86**; 726
Podoces hendersoni **86**; 725
Poecile davidi **89**; 755
Poecile hypermelaenus **89**; 757
Poecile montanus **89**; 758
Poecile palustris **89**; 756
Poecile superciliosus **89**; 754
Poecile weigoldicus **89**; 759
Polyplectron bicalcaratum **12**;
119
Polyplectron katsumatae **12**; 120
Polysticta stelleri **5**; 47
Pomatorhinus erythrocnemis **111**;
956
Pomatorhinus erythrogenys **112**;
955
Pomatorhinus ferruginosus **111**;
963
Pomatorhinus gravivox **111**; 957
Pomatorhinus hypoleucos **112**; 954
Pomatorhinus musicus **111**; 961
Pomatorhinus ochraceiceps **111**;
962
Pomatorhinus ruficollis **111**; 960
Pomatorhinus schisticeps **111**; 959
Pomatorhinus superciliaris **111**;
964
Pomatorhinus swinhoei **111**; 958
Porphyrio indicus **34**; 281
Porphyrio poliocephalus **34**; 280

Porzana porzana **33**; 274
Prinia atrogularis **110**; 946
Prinia crinigera **110**; 944
Prinia flaviventris **110**; 950
Prinia hodgsonii **110**; 949
Prinia inornata **110**; 951
Prinia polychroa **110**; 945
Prinia rufescens **110**; 948
Prinia superciliaris **110**; 947
Procarduelis nipalensis **157**; 1407
Prunella atrogularis **152**; 1364
Prunella collaris **152**; 1358
Prunella fulvescens **152**; 1363
Prunella himalayana **152**; 1359
Prunella immaculata **152**; 1366
Prunella koslowi **152**; 1365
Prunella montanella **152**; 1362
Prunella rubeculoides **152**; 1360
Prunella strophiata **152**; 1361
Psarisomus dalhousiae **77**; 641
Pseudibis davisoni **17**; 160
Pseudobulweria rostrata **14**; 136
Pseudopodoces humilis **91**; 761
Psilopogon asiatica **70**; 583
Psilopogon duvaucelii **70**; 584
Psilopogon faber **70**; 581
Psilopogon faiostrictus **70**; 579
Psilopogon franklinii **70**; 580
Psilopogon haemacephala **70**; 585
Psilopogon lineatus **70**; 578
Psilopogon nuchalis **70**; 582
Psilopogon virens **70**; 577
Psittacula alexandri **76**; 636
Psittacula derbiana **76**; 637
Psittacula eupatria **76**; 638
Psittacula finschii **76**; 633
Psittacula himalayana **76**; 634
Psittacula krameri **76**; 639
Psittacula roseata **76**; 635
Psittinus cyanurus **76**; 632
Psittiparus bakeri **125**; 1111
Psittiparus gularis **125**; 1112
Psittiparus ruficeps **125**; 1110
Pterocles orientalis **53**; 435
Pterodroma hypoleuca **14**; 135
Pterorhinus albogularis **117**; 1024
Pterorhinus berthemyi **118**; 1034
Pterorhinus caerulatus **118**; 1032
Pterorhinus chinensis **118**; 1027
Pterorhinus courtoisi **118**; 1029
Pterorhinus davidi **118**; 1031
Pterorhinus gularis **118**; 1030
Pterorhinus koslowi **116**; 1022
Pterorhinus lanceolatus **116**; 1020

473

图书在版编目(CIP)数据

中国鸟类野外手册：马敬能新编版：上下册/(英)
约翰·马敬能编著；李一凡译.—北京：商务印书馆，
2022(2024.7 重印)

ISBN 978-7-100-20288-6

Ⅰ.①中… Ⅱ.①约…②李… Ⅲ.①鸟类—中国—
手册 Ⅳ.①Q959.7-62

中国版本图书馆 CIP 数据核字(2021)第 173782 号

权利保留，侵权必究。

中国鸟类野外手册
马敬能新编版
(上、下册)

〔英〕约翰·马敬能 编著
李一凡 译

商 务 印 书 馆 出 版
(北京王府井大街 36 号 邮政编码 100710)
商 务 印 书 馆 发 行
北京新华印刷有限公司印刷
ISBN 978-7-100-20288-6
审图号：GS(2021)7060 号

2022 年 1 月第 1 版 开本 880×1230 1/32
2024 年 7 月北京第 4 次印刷 印张 26½
定价：200.00 元